U0382279

中国北方主要作物
需水量与耗水管理

康绍忠　孙景生　张喜英　佟玲　王景雷　李思恩　等　著

中国水利水电出版社
www.waterpub.com.cn
·北京·

内 容 提 要

　　水资源短缺与生态环境恶化是制约我国北方地区经济社会发展的主要因素。作物需水量与耗水量是确定作物灌溉制度以及地区灌溉用水量的基础，是流域规划、水资源利用与管理，农作物种植区划等项工作的重要资料。本书是近 20 位专家学者长期定位研究成果的系统总结和凝练，系统探索了中国北方主要作物需水量与耗水管理的方法、规律、应用和对策等方面内容。全书共分 13 章，书中图表内容丰富，不仅可以查询中国北方地区不同作物的需水数据，而且反映了国内外作物需水量与耗水量研究的最新进展。本书可供从事农田水利工程规划、设计、管理工作的科技人员及大中专院校师生使用学习，也可供水文水资源、农学、生态、环境等有关专业领域的科技人员参考。

图书在版编目（ＣＩＰ）数据

中国北方主要作物需水量与耗水管理 / 康绍忠等著.
-- 北京：中国水利水电出版社，2018.10
　　ISBN 978-7-5170-6879-2

Ⅰ．①中… Ⅱ．①康… Ⅲ．①作物需水量－研究－中国②作物－用水管理－研究－中国 Ⅳ．①S311
②S274.1

中国版本图书馆CIP数据核字(2018)第215659号

审图号：GS（2018）1619 号

书　　　名	**中国北方主要作物需水量与耗水管理** ZHONGGUO BEIFANG ZHUYAO ZUOWU XUSHUILIANG YU HAOSHUI GUANLI
作　　　者	康绍忠　孙景生　张喜英　佟玲　王景雷　李思恩 等 著
出 版 发 行	中国水利水电出版社 （北京市海淀区玉渊潭南路 1 号 D 座　100038） 网址：www. waterpub. com. cn E - mail：sales@waterpub. com. cn 电话：(010) 68367658（营销中心）
经　　　售	北京科水图书销售中心（零售） 电话：(010) 88383994、63202643、68545874 全国各地新华书店和相关出版物销售网点
排　　　版	中国水利水电出版社微机排版中心
印　　　刷	北京印匠彩色印刷有限公司
规　　　格	184mm×260mm　16 开本　42.25 印张　1002 千字
版　　　次	2018 年 10 月第 1 版　2018 年 10 月第 1 次印刷
印　　　数	0001—1000 册
定　　　价	**198.00 元**

前　言

从理论上说，作物需水量（crop water requirement）是指生长在大面积上的无病虫害作物，当土壤水分和肥力适宜时，在给定的生长环境中能取得高产潜力的条件下，为满足植株蒸腾和棵间蒸发以及组成植株体所需的水量。但在实际中，由于组成植株体的水量只占总需水量中很小的一部分（一般小于1%），而且这一小部分的影响因素较复杂，难以准确计算，因此一般将此部分忽略不计，即认为作物需水量就是正常生长、达到高产条件下的植株蒸腾量与棵间蒸发量之和。作物耗水量（crop evapotranspiration，ET）通常指作物在一般生长条件下的植株蒸腾量和棵间蒸发量之和，有时也称为作物蒸发蒸腾量或农田蒸散量、农田总蒸发量。

作物需水量与耗水量是水文循环的重要环节和水量平衡的主要分量，而且与作物生理活动以及产量形成有着密切的关系，是农业高效用水和水资源科学配置、流域规划制定、地区水利规划以及灌排工程规划、设计、管理的基本依据。作物需水量与耗水量研究，一直是农田水利、农业气象、水文学与水资源、作物栽培、土壤物理以及自然地理等相关领域共同关注的重要课题，作物需水量与耗水量的观测、估算以及对变化环境的响应与调控是水科学领域研究的热点。

我从在武汉水利电力学院上大学开始，就对作物需水量研究产生了浓厚的兴趣，1982年大学毕业论文选择跟随茆智老师做"水稻需水量研究"。1981年第4期《农田水利与小水电》期刊上的多篇水稻需水量估算方法研究论文曾让我兴奋不已，能量平衡法、水汽扩散法、综合法等让我感觉有好多神秘的未知世界还需要继续探索。30多年前，苏联的布德科（Будыко М И）、英国的彭曼（Penman H L）、美国的布兰尼（Blaney H F）乃至詹森（Jensen M E）等早期在世界上从事作物需水量与水热平衡研究的代表性科学家的名字就深深地印在了我的脑海里。2013年暑假，我和胡笑涛、杜太生、佟玲等在美国科罗拉多州考察访问，参观美国农业部农业研究局（USDA-ARS）中部大平原试验站。在该站的前门大厅看到当年在大学本科学习《农田水利学》课程时，教科书中介绍的20世纪初提出用水面蒸发量方法估算作物需水量的学者布莱格斯（Briggs L J）和尚兹（Shantz H L）的照片，依然使我兴奋不已。

在本科毕业论文中，依据茆智老师带领我们收集到的湖北漳河、广东石牌岭、安徽滁县等地的水稻需水量及相关气象和作物生长发育等试验资料，利用算盘和手拉计算尺，分析了水稻需水量与水面蒸发、气温、日照时数、相对湿度等气象因素的单相关和复相关关系，建立了估算水稻需水量的经验与半经验公式。为了追寻作物需水量研究的梦想，1982年秋，我到了当时很多人认为生活不便、条件艰苦的西北小镇——陕西杨凌，开始了人生的重要一站。我在那里学习和工作了整整20年，跟随西北农业大学熊运章教授攻读硕士、博士研究生。基于我在武汉跟随茆智老师做本科毕业论文对作物需水量研究的一点了解，加之我详细学习了1982年农业出版社出版的我的导师熊运章教授翻译的美国ASCE灌溉需水量委员会主席Jensen M E编写的《Consumptive Use of Water and Irrigation Water Requirements》和汪志农老师从意大利巴里地中海农学院学习时带回的那本1977年联合国粮农组织出版的Doorenbos J等编写的《灌溉排水丛书》第24分册《Guidelines for Predicting Crop Water Requirements》，更加激起了我对作物需水量研究的兴趣。在导师想让我做关中灌区地下水动态预报研究时，我还是选择了做"计算与预报作物需水量的数学模型研究"的硕士学位论文，怀着一定要建立中国人自己的估算作物需水量的"Penman"公式的幼稚理想，在当时的西北农业大学灌溉试验站建设了作物需水量试验场。我亲自到陕西石头河水库工程局二处买回了搭建活动防雨棚用的铁轨、从汉中买回了精密称重磅秤、在眉县段家做了防雨棚和小型称重式蒸渗器；在西安龙首村气象仪器商店买回了E601型水面蒸发皿、自动风速仪、两台热球微风仪、太阳净辐射仪、自记通风干湿表等，建设了气象参数梯度观测架。以小麦、玉米为对象，在两年试验资料和收集甘肃、山西、陕西等省灌溉试验资料的基础上，分析了旱作物需水量与大气蒸发力、土壤含水量、作物叶面积指数等因素的关系，建立了作物系数与叶面积指数的关系以及水分胁迫条件下土壤水分修正系数与相对有效含水率的关系，发展了一种估算大气蒸发力的热力学方法，并以此为基础构建了估算与预报作物需水量的数学模型。相关研究结果发表在1985年的《干旱地区农业研究》和1986年的《西北农业大学学报》等期刊上。相关试验观测研究一直持续到2002年我调离西北农林科技大学。在此期间，我多次赴野外调研，特别是1984年6月25日—7月24日，行程2600

余公里，先后到山西省运城地区临猗县夹马口灌区灌溉试验站、山西省临汾地区汾西灌区灌溉试验站、山西省临汾地区水利局、山西省水利厅水管处、山西省水利科学研究所、河北省水利厅水管处、河北省水利科学研究所、河北省地理研究所、河北藁城灌溉试验站、中国科学院山东禹城综合实验站、中国农业科学院农田灌溉研究所、河南人民胜利渠忠义试验场、河南省水利科学研究所、河南省水利厅灌溉处、河南省地理科学研究所等地考察灌溉科学与水平衡试验并收集有关作物需水量试验资料，拜会了许多专家和有丰富实践经验的生产一线的同志，收获颇多。特别是在中国科学院山东禹城综合实验站的唐登银、程维新老师给我详细介绍了作物耗水与农田蒸发研究的国际进展及禹城站的研究状况。那时唐登银老师从英国留学回来不久，我清楚地记得他在现场介绍禹城站的蒸发观测工作以及英国 Monteith 模型等，使我思路更加开阔。1985 年春天我硕士研究生毕业前，他还写信动员我到中国科学院禹城综合实验站工作。

从 1985 年我在西北农业大学硕士研究生毕业参加工作开始，就参加了全国作物需水量等值线图协作研究，先后在陕西省水利厅贺正中高级工程师的支持下，主持承担了"汉中地区水稻需水量研究"（1987 年 12 月通过鉴定，居国内先进水平）、"陕西省作物需水量及灌溉分区的研究"（1989 年 10 月通过鉴定，居国内领先水平）以及"陕西省历年灌溉试验资料的整编与分析"（1991 年 6 月通过水利部组织的验收），1988 年在《水利学报》发表了《稻田腾发量预报方法的初步研究》一文。1992 年以上述工作为基础，主编出版了《陕西省作物需水量及分区灌溉模式》一书。1994 年，我参加了中国农业科学院农田灌溉研究所陈玉民、郭国双研究员主编的《中国主要农作物需水量与灌溉》一书的编写工作，并作为该书的技术统稿人之一，在河南新乡中国农业科学院农田灌溉研究所的招待所和广东省水科所罗怀彬等一起住了很长一段时间。在 20 世纪 80 年代中，我先后参加了在山东烟台和辽宁铁岭召开的两次全国作物需水量协作研究会议，1984 年 11 月在山东烟台首次全国作物需水量协作研讨会上，已故的中国农业科学院农田灌溉研究所原所长粟宗嵩先生在开幕式的主席台上表扬了我提交的那篇"作物需水量——基本概念、研究动态和展望"的油印综述论文。当天晚上几个省水利科学研究所的研究人员到我住的房间讨论交流。这次会议成为了我进入全国作物灌溉理论研究学术领域的重要起点。在 20 世纪 80 年代中后期，我先后应邀给山西、陕西、甘肃等省的灌溉试验学习班和研讨班讲课或作报告。在全国作物需水量协作研究中，我和中国农业科学院农田灌溉研究所陈玉民、郭国双、中国水利水电科学研究院赵玲爽、内蒙古自治区水利科学研究所冯文基、辽宁省水利科学研究所宋毅夫、山西省水利科学研究所张鸿、新疆维吾尔自治区水利水电科学研究所薄玉华、黑龙江省水利科学研究所富作礼、山西省水利厅管理处杜友信、甘肃省水利厅管理处吴宜兰、陕西省水利厅农水处贺正中、西北水利科学研究所张学、陕西省汉中地区灌溉试验站董厥祥、泾惠渠灌区灌溉试验站王辛未和董作文、宝鸡峡灌区灌溉试验站郑明杰、洛惠渠灌区灌溉试验站蒋柏森、交口抽渭灌区灌溉试验站刘毓中等前辈相识，他们对我做好作物需水量研究工作给予了无私的帮助和鼓励。

20 世纪 90 年代开始，我先后主持承担了国家自然科学基金面上项目"土壤-植物-大气连续体水分运移理论及其应用的研究"（编号 58979385）、"黄土区农田水分微循环理论及其应用的研究"（编号 39470428）、"西北旱区果园不同尺度耗水估算模型的建立及其耦合研究"（编号 50679081）、"西北旱区流域尺度耗水对人-地关系变化响应的实验与模拟"（编号 50528909）、国家杰出青年科学基金项目"农业生态系统中水分溶质迁移机制与调控"（编号 49725102）、国家自然科学基金重点项目"西北旱区农业与生态节水应用基础研究"（编号 50339030）以及国家重大基础性研究项目课题"海河流域农田水循环过程与农业高效用水机理"（编号 2006CB403406）、霍英东教育基金会高校青年教师基金项目"农田水量转化规律及其节水调控原理的研究"、水利部水利水电科学基金项目"农田水分微循环规律及其节水调控原理的研究"（编号 92046551）、中国科学院"百人计划"项目"黄土区土-植-气连续体水分运转与调控及其对土壤侵蚀环境影响的研究"等，这些项目力求把作物需水量与耗水过程作为土壤-植被-大气水分传输的一个环节，从不同尺度上研究农田水热通量过程、影响因素和量化表征，把作物需水量与耗水过程的机理研究推进到了一个新的阶段。

2002 年开始，在"十五""十一五"和"十二五"国家"863"计划中，我们先后实施了"作物高效用水生理调控与非充分灌溉技术研究"（编号 2002AA6Z-3031）、"基于作物生命健康需水信息的非充分灌溉技术"（编号 2006AA100203）、"作物生命需水过程控制与高效用水生理调控技术及产品"（编号 2011AA100502）等课题，我有幸与西北农林科技大学蔡焕杰教授、中国农业科学院农田灌溉研究所孙景生研究员、中国科学院遗传与发育研究所农业资源中心张喜英研究员、中国农业大学冯绍元、郭萍、杨晓光教授等合作。这些课题力求通过研究作物生命需水信息获取与尺度转换技术、作物生命需水与区域耗水时空格局优化设计技术、作物生命需水和区域水资源健康利用条件下的经济耗水控制指标、控制作物生命需水过程的节水调质高效灌溉新模式、作物生命需水信息管理与高效用水决策技术及新产品、控制作物生命需水过程的高效用水生理调控技术与新产品、实施田间小定额非充分灌溉的新技术与施灌控制设备，获取更准确的多尺度作物生命需水信息，提出更科学与实用的需水指标及标准，开发更实用的田间小定额非充分灌溉设备和产品，研制更通用的需水信息查询与非充分灌溉决策支持系统。在研究过程中，优选了适合不同类型区、不同尺度条件下的作物生命需水信息采集与估算的最优方法，创新了单株-农田-区域等不同尺度的作物生命需水信息时空尺度转换技术和作物耗水时空格局优化设计技术；提出了典型缺水地区不同水文年综合考虑产量和品质的主要作物生命需水指标和区域水资源健康利用的作物经济耗水指标；建立了基于生命需水信息与水分-品质-产量-效益综合模型的节水调质高效灌溉多目标优化决策方法与北方不同区域主要作物的节水调质高效灌溉模式，考虑水分调控对产量和品质的综合影响，并由粮食作物向特色经济作物扩展；开发了基于 WEB GIS 的作物生命需水多维信息查询与管理系统以及非充分灌溉决策支持系统；研制出智能式非充分灌溉预报器以及实施作物生命需水过程控制的田间小定额非充分灌溉设备和环保型作物高效用水生理调控产品。这些研究把作物生命需水过程及其调控与作物高效用水更加紧密地联系在一起，更加突出了作物需水量与耗水量研究和农业高效用水的有效对接。

上述研究过程中，在甘肃河西走廊建设了中国农业大学石羊河实验站，并与合作者一起在甘肃武威、河南新乡、河北栾城、陕西杨凌、新疆阿克苏等地的试验站进行了作物耗水与水热碳通量的长期定位综合观测，积累了较系统的试验研究资料。我所指导的孙景生、龚道枝、佟玲、夏桂敏、刘晓志、张宝忠、李思恩、张晓涛、许小燕、汤博、丁日升、张彦群、李小娟、曾䴖婷、刘春伟、郭维华、邱让建、王景雷、姜雪连、纪莎莎、赵鹏等的博士学位论文研究工作以及孙景生、马清林、龚道枝、佟玲、马福生、庞秀明、李霆、屈艳萍、张晓涛、杨磊、王若水、康敏、张鑫、关雪等的硕士学位论文研究工作，进一步充实了该领域的研究成果。他们毕业后有的成为了我重要的合作者，有的成为了我研究团队的重要成员，有的还在该领域继续探索。

近 10 多年来，我国的节水灌溉事业得到了较快的发展，灌区节水工程改造和高效节水灌溉工程面积、水肥一体化技术推广面积增加迅速，但还是较多的注重工程建设、轻视科学管理。在节水灌溉工程规划设计、水资源配置与管理以及灌溉系统运行控制中依然缺乏基础科学数据的支持。虽然建设的高效节水工程很漂亮，但仍然没有按照作物生命需水信息进行科学灌溉，没有按照作物水肥需求规律进行真正意义上的水肥一体化，致使水肥利用效率偏低。究其原因，还是在规划设计和运行管理过程中缺乏方便采用和精确可靠的作物需水量与耗水量数据及其估算方法，虽然国际上 1973 年美国土木工程协会

（ASCE）灌溉排水分会组织出版了 Jensen M E 等编著的《Consumptive Use of Water and Irrigation Water Requirements》，1977 年和 1998 年，联合国粮农组织出版了 Doorenbos J 等编著的《灌溉排水丛书》第 24 分册《Guidelines for Predicting Crop Water Requirements》和 Allen R G 等编著的《灌溉排水丛书》第 56 分册《Crop Evapotranspiration：Guidelines for Computing Crop Water Requirements》，但上述著作中介绍的作物需水量与耗水量估算方法并不完全适合我国实际情况，导致直接应用时会产生较大的误差。中国 1994 年由水利电力出版社出版的《中国主要农作物需水量与灌溉》和 1993 年由中国农业科技出版社出版的《中国主要农作物需水量等值线图研究》，介绍了大量的作物需水量与耗水量及其变化规律的资料，但采用的是 20 世纪 90 年代前的试验观测数据。由于科学技术进步以及气候、作物品种、栽培模式、灌溉技术水平等均发生了较大变化，上述著作中的作物需水量与耗水量及其变化规律、作物需水估算方法和模型参数已不能满足现代农业高效用水发展的需要。所以，2010 年我就开始拟定编写大纲，组织参加国家"863"计划课题"基于作物生命健康需水信息的非充分灌溉技术"的相关同志，拟根据本世纪的最新研究资料编写《中国北方主要作物需水量与耗水管理》一书，力求将我们研究所取得的最新成果告知社会，供生产设计和管理部门以及研究者参考使用。但写这本书的难度确实较大，牵涉的作物种类多、区域范围广、资料年限长、技术内容涉及面广，有些方面的研究还不系统，加之本人近年总是忙于到处奔波，很难静下心来总结思考和提炼。虽然大多数合作者们一年前就把初稿交给了我，我也没有集中时间修改书稿尽快给大家反馈意见，影响了出版进程。

　　本书力求全面总结"十五""十一五"和"十二五"我们所承担的国家"863"计划课题和其他相关课题的研究成果。全书共 13 章，具体包括绪论、作物耗水量的测定方法及对比分析、中国北方主要作物需水量与耗水规律、作物需水量与耗水量估算方法及应用、作物需水量与耗水量的尺度转换方法及应用、作物耗水对变化环境响应的量化与评价、中国北方主要作物需水量分区与耗水时空格局优化设计、中国北方主要作物需水量数字化图、中国北方主要作物需水量信息查询系统、作物水分动态响应模型与有限水高效灌溉模式、温室作物节水调质高效灌溉优化决策方法、变化环境下的作物耗水管理对策和基于作物生命需水信息的高效用水调控技术与产品研发及应用等内容。其中，第 1 章由康绍忠、佟玲、张晓涛、张宝忠、丁日升、杜太生撰写；第 2 章由丁日升、李思恩、康绍忠、张晓涛、张喜英撰写；第 3 章由刘祖贵、孙景生、张喜英、康绍忠、佟玲、杨晓光、蔡焕杰撰写；第 4 章由李思恩、康绍忠、张喜英、丁日升、张宝忠、龚道枝、刘春伟、邱让建、姜雪连、赵鹏撰写；第5章由佟玲、王景雷、张晓涛、张彦群、姜雪连、康绍忠撰写；第6章由佟玲、汤博、翟平蕾、康绍忠撰写；第7章由王素芬、王峰、康绍忠、张喜英、李小娟、孙景生撰写；第8章由王景雷、宋妮、陈智芳、孙景生撰写；第9章由陈智芳、王景雷、宋妮、孙景生撰写；第10章由张喜英、杜太生、孙景生、李小娟、蔡焕杰、康绍忠撰写；第11章由杜太生、康绍忠、王峰、陈金亮、郭萍撰写；第12章由杜太生、张喜英、粟晓玲、康绍忠、纪莎莎、吴友杰、吴迪、薄晓东、李建芳撰写；第13章由张喜英、冯绍元、康绍忠、丁日升、王凤新、蔡焕杰、陈素英、杜太生撰写。全书由康绍忠、孙景生、张喜英统稿，佟玲、王景雷为学术秘书。

在撰写过程中，我们力求注重全书的系统性、科学性、创新性和前瞻性，但由于著者水平和时间所限，对该领域的最新进展了解还不是十分全面，对有些问题的分析与认识还有待更进一步深化，一些科学数据还需进一步积累，错误和不足之处也在所难免，恳请读者批评指正。

康绍忠

2016 年 11 月 16 日于北京

目录

Contents

前言

第1章 绪论 ·· 1

1.1 作物需水量与耗水量的概念 ··· 1

1.2 作物需水量与耗水量测定方法评述 ·· 3

1.3 作物需水量与耗水量估算方法评述 ·· 12

1.4 作物需水量与耗水量点面尺度转换研究 ·· 16

1.5 作物需水量与耗水量对变化环境的响应及调控 ······························ 23

1.6 基于作物生命需水信息的高效用水调控理论与技术 ························ 28

参考文献 ··· 32

第2章 作物需水量与耗水量的测定方法及对比分析 ····················· 41

2.1 需水量与耗水量测定原理及数据标准化方法 ································· 41

2.2 不同方法测定葡萄园需水量与耗水量的对比与分析 ······················ 65

2.3 不同方法测定玉米田需水量与耗水量的对比与分析 ······················ 72

2.4 不同方法测定制种玉米田需水量与耗水量的对比与分析 ················· 77

2.5 遥感法测定区域作物需水量与耗水量的分析与评价 ······················ 83

参考文献 ··· 92

第3章 中国北方主要作物需水量与耗水规律 ······························· 96

3.1 主要大田作物的需水量与耗水规律 ·· 96

3.2 设施栽培作物的需水量与耗水规律 ·· 135

3.3 果树需水量与耗水规律 ·· 150

3.4 西瓜需水量与耗水规律 ·· 158

参考文献 ··· 160

第4章 作物需水量与耗水量估算方法及应用 ································ 162

4.1 基于作物系数法估算作物需水量和耗水量的研究 ·························· 163

4.2 葡萄园耗水量估算方法的比较与改进及其应用 ·········· 188

4.3 苹果园耗水量估算方法的研究 ·········· 211

4.4 地膜覆盖条件下的作物耗水量计算研究 ·········· 224

4.5 不同冠层阻力估算方法对作物耗水量估算精度影响的研究 ·········· 233

4.6 不同种植密度下的大田作物耗水量估算方法研究 ·········· 241

4.7 基于非均匀下垫面有效阻力的制种玉米耗水量估算模型与应用 ·········· 246

4.8 温室环境中作物耗水量的估算研究 ·········· 256

参考文献 ·········· 265

第5章 作物需水量与耗水量的尺度转换方法及应用 ·········· 272

5.1 单株到群体尺度的作物耗水量转换 ·········· 272

5.2 作物需水量与耗水量空间插值方法与检验 ·········· 280

5.3 ANUSPLIN 方法在参考作物需水量空间插值中的应用 ·········· 289

5.4 基于 DEM 与 GIS 的 ET 点面尺度转换函数与应用 ·········· 291

5.5 基于 PCA 和 GWR 的区域作物需水量估算方法 ·········· 295

5.6 不同站点密度及插值方法对参考作物需水量空间插值精度的影响 ·········· 303

参考文献 ·········· 307

第6章 作物耗水对变化环境响应的量化与评价 ·········· 310

6.1 作物耗水对变化环境响应的分析 ·········· 310

6.2 对变化环境响应的作物耗水理论概述 ·········· 312

6.3 区域参考作物需水量对气候变化响应的量化与评价 ·········· 315

6.4 区域实际耗水对变化环境响应的量化与评价 ·········· 328

参考文献 ·········· 347

第7章 中国北方主要作物需水量分区与耗水时空格局优化设计 ·········· 351

7.1 中国北方主要作物需水量分区 ·········· 351

7.2 中国北方典型地区主要作物经济需水量指标 ·········· 360

7.3 区域作物耗水时空格局优化设计 ·········· 364

参考文献 ·········· 389

第8章 中国北方主要作物需水量数字化图 ·········· 391

8.1 作物需水量数字化图概述 ·········· 391

8.2 中国北方主要作物需水量数据来源及标准化 ·········· 393

8.3 中国北方主要作物需水量的空间化处理 ·········· 396

8.4 中国北方主要作物数字化需水量图 ·········· 409

参考文献 ·········· 422

第9章 中国北方主要作物需水量信息查询系统 ·········· 423

9.1 中国北方主要作物需水量信息查询系统及开发环境 ·········· 423

9.2 需求分析及数据库设计 ·········· 425

9.3　系统总体设计 ·· 432

9.4　系统详细设计 ·· 434

9.5　系统实现 ·· 436

参考文献 ·· 454

第 10 章　作物水分动态响应模型与有限水高效灌溉模式 ······· 456

10.1　作物对水分亏缺响应与缺水减产系数 ···················· 457

10.2　主要大田作物对水分亏缺的动态响应与非充分灌溉模式 ······ 462

10.3　设施蔬菜不同阶段缺水对产量和品质的影响及节水调质高效灌溉模式 ··· 483

10.4　果树节水调质高效灌溉模式 ···························· 496

参考文献 ·· 499

第 11 章　温室作物节水调质高效灌溉优化决策方法 ··········· 501

11.1　基于水分-品质响应关系的节水调质高效灌溉 ·············· 501

11.2　水分敏感型品质指标优选与品质综合评价方法 ············· 510

11.3　作物综合品质-水分响应关系的量化 ···················· 521

11.4　基于作物生理响应机制的品质模型 ······················ 531

11.5　温室作物节水调质优化灌溉决策 ························ 540

参考文献 ·· 555

第 12 章　变化环境下的作物耗水管理对策 ·················· 558

12.1　利用高水分利用效率品种减少作物耗水 ·················· 558

12.2　通过生理调控减少作物奢侈蒸腾耗水 ···················· 564

12.3　通过群体调控提升作物产量和水分利用效率 ·············· 573

12.4　调控作物耗水的灌溉技术改进措施 ······················ 585

12.5　调控区域作物耗水的种植结构与水资源优化配置策略 ········ 600

参考文献 ·· 608

第 13 章　基于作物生命需水信息的高效用水调控技术与产品研发及应用 ··· 612

13.1　基于作物生命需水信息的作物高效节水调控技术与产品研究体系 ··· 612

13.2　用于作物高效用水调控的非充分灌溉预报器 ·············· 615

13.3　基于网络的作物高效用水调控非充分灌溉决策支持系统 ······ 623

13.4　作物高效用水调控制剂研制与应用 ······················ 640

13.5　田间小定额非充分灌溉技术与控制设备 ·················· 642

参考文献 ·· 658

第1章

绪　　论

1.1　作物需水量与耗水量的概念

从理论上说，作物需水量（crop water requirement）是指生长在大面积上的无病虫害作物，当土壤水分和肥力适宜时，在给定的生长环境中能取得高产潜力的条件下，为满足植株蒸腾和棵间蒸发以及组成植株体所需的水量。但在实际中，由于组成植株体的水量只占总需水量中很微小的一部分（一般小于1‰），而且这一小部分的影响因素较复杂，难以准确计算，因此一般将此部分忽略不计，即认为作物需水量是正常生长、达到高产条件下的植株蒸腾量与棵间蒸发量之和[1]。作物需水量受作物生长发育和对水分需求的各种因素的影响，包括作物种类与品种、作物生育期、天气条件（包括太阳辐射、气温、日照、风速和湿度等）和土壤条件等[2]。作物需水量和主要影响因子之间的关系极为复杂。天气条件对作物需水量的影响很大。从物理角度来讲，最有理论依据又最便于实用的表示天气条件对作物需水量影响的参数是大气蒸发力，即认为大气中存在一种控制各种下垫面蒸发过程的能力。它是由大气状况决定的，是一个重要的天气、气候特征。这些特征是各种蒸发过程的共同原因或依据。它与蒸发面的类型无关。它的大小接近于自由水面蒸发量 E_0 值。不同种类的作物，其本身形态构造和生长季节不同，对水分需求也不相同。凡生长期长、叶面积大、生长速度快、根系发达的作物需水量较大，反之需水量较小。同一作物，不同品种其需水量也各异。影响作物需水量的土壤因素主要是土壤质地、结构、养分、有机质和地下水埋深等。

作物耗水量（crop evapotranspiration，ET）通常指作物在正常或非正常生长条件下的植株蒸腾量和棵间蒸发量，有时也称为作物蒸发蒸腾量或作物蒸散（发）量。它受下垫面条件（如地形、土壤质地、土壤水分状况等），作物生理特性（如作物种类、品种、生育期等），气象因素（如太阳辐射、温度、湿度、风速等），灌溉与栽培管理措施等因素影响[2]。棵间蒸发是水从液态变成气态，并从蒸发面散失的过程。除受气象因素影响外，它还受作物冠层覆盖程度以及土壤水分状况的影响。频繁的降雨、灌溉或者地下水位较浅时，表层土壤含水率较高，土壤水分不构成棵间水分蒸发的限制因素，它只由气象条件控制。但是，如果降雨和灌溉的间隔过长，随着表层土壤变干，棵间蒸发迅速变小直至停止。植株蒸腾是由作物组织液态水在叶气孔腔内汽化并通过叶气孔进入大气的过程。植株蒸腾与直接蒸发一样，取决于能量供应、水汽压梯度和风速，同时土壤含水率、土壤向根系传导水的能力、渍涝、土壤含盐量、作物特性以及环境和栽培措施等对植株蒸腾速率也有较大影响。棵间蒸发与植株蒸腾在农田中同时发生，很难将两者区分开来。棵间蒸发与植株蒸腾的比例在作物生育期内会有很大变化。

作物需水量与耗水量既是水文循环的重要环节和水量平衡的主要分量，而且与作物的生理活动以及产量的形成有着密切的关系，是制定流域规划、地区水利规划以及灌排工程规划、设计、管理和农田灌排实施的基本依据。作物需水量与耗水量研究，一直是农田水利、农业气象、作物栽培、水文学与水资源、土壤物理以及自然地理等相关领域共同关注的重要课题，作物需水量与耗水量的观测、估算以及对变化环境的响应和调控是水科学领域研究的热点。

国外对作物需水量与耗水量的研究已经有 200 多年的历史[3]。1802 年，Dalton 提出综合考虑风、空气温度和湿度对蒸发影响的蒸发定律后，蒸发的理论计算才具有明确的物理意义。道尔顿蒸发定律对近代蒸发理论的创立有着决定性的作用。1887 年，美国建立了农业试验站，开始进行作物需水量与耗水量试验。1887 年，Mead 测定了灌溉小麦、大麦、燕麦、玉米和园艺作物的需水量。1910—1913 年，美国 Briggs L J 和 Shantz H L 在美国科罗拉多州 USDA-ARS 中部大平原试验站进行了包括有 55 种作物和品种的作物需水量试验，还记载了气象资料，并认为太阳辐射是影响作物需水量的主要因素。1916 年，以此为基础，提出了估算作物需水量的水面蒸发量方法[4-6]。1926 年，Bowen 从能量平衡出发，提出了计算耗水量的波文比-能量平衡法。1939 年，Thornthwaite 和 Holzman 利用近地面边界层相似理论，提出了计算耗水量的空气动力学方法[7]。1948 年，Penman 和 Thornthwaite 同时提出了"蒸发力"的概念及相应计算公式[8,9]。1951 年，Swinbank 提出用涡度相关法计算作物耗水量[10]。20 世纪 50 年代，苏联学者提出大区域平均耗水量的气候学估算公式及水量平衡法。1965 年，Monteith 在研究下垫面耗水时引入冠层阻力的概念导出了 Penman-Monteith 公式[11]，为非饱和下垫面的耗水研究开辟了一条新途径。1966 年，Philip 提出较完整的土壤-作物-大气连续系统（SPAC）概念[12]，把其当作一个连续、动态的系统进行研究，以克服传统方法所存在的缺陷，在理论上是继 Monteith 后作物耗水计算领域的又一重大突破。20 世纪 70 年代以来，遥感技术被越来越多地应用于区域作物耗水估算。1973 年，美国土木工程协会灌溉排水分会组织出版由 Jensen M E 等编写的《Consumptive Use of Water and Irrigation Water Requirements》[4]。1977 年，联合国粮农组织出版由 Doorenbos J 等编写的灌溉排水丛书第 24 分册《Guidelines for Predicting Crop Water Requirements》[6]。1998 年，出版了由 Allen R G 等编写的灌溉排水丛书第 56 分册《Crop Evapotranspiration：Guidelines for Computing Crop Water Requirements》[5]。在上述著作中对作物需水量与耗水量的估算方法进行了系统的介绍。

中国的作物需水量与耗水量研究始于 1926 年中山大学农学院丁颖教授在广东省进行的多点水稻需水量试验，在积累了 3 年系统资料的基础上，于 1929 年发表了水稻需水量与水面蒸发量比值的系统结果[3]。20 世纪 50 年代中期之前，中国仅有水文、气象台站应用小型水面蒸发器测得的水面蒸发数据，作物耗水研究工作甚少。中国大规模的作物需水量试验工作始于 20 世纪 50 年代中后期。为适应当时发展农业生产、提高灌溉用水管理水平和大量灌溉工程建设的需要，中央和大部分省（自治区、直辖市）都相继成立了灌溉试验研究机构和 200 多处灌溉试验站（场），当时从事灌溉试验的研究人员达 2000 多人，在全国范围内对小麦、水稻、玉米、棉花、大豆、油菜等主要农作物的需水量、需水规律、作物高产的土壤水分条件、灌溉制度和灌水方法以及盐碱地排水改良、污水灌溉、田间灌溉沟畦规格等，进行了大量的试验研究工作。1956 年制定了《灌溉试验暂行规范》。十年动乱时期，以作物需水量为主的灌溉试验工作基本停顿。改革开放以后，1980 年，水利部农水局在河南新乡中国农业科学院农田灌溉研究所主持召开了部分省（自治区、直辖市）灌溉试验工作座谈会；之后，又委托农田灌溉研究所组织全国各省（自治区、直辖市）开展了作物需水量协作研究。1984 年与 1986 年，全国作物需水量研究协作组在山东烟台和辽宁铁岭召开了全国作物需水量等值线图协作研究工作会议。为了配合全国作物需水量等值线图协作研究，各省（自治区、直辖市）投入大量资金购置试验用地，并建设了标准测坑和气象站，充实了试验研究人员。全国灌溉试验站网基本形成。为了使灌溉试验工作进一步走向正规化和标准化，水利部于 1990 年 10 月颁布了《灌溉试验规范》（SL 13—90），进一步明确了灌溉试验站设置要求和技术要求。到 1990 年，全国灌溉试验站发展到 460 余处，试验研究人员达到 7000 余人，分布在除西藏以外的全国各省（自治区、直辖市）内，其中许多省（自治区、直辖市）成立了中心灌溉试验站。在水利部农村水利水保司组织全国灌溉试验资料系统整编和进行全国作物需水量等值线图协作研究的基础上，绘制了我国主要农作物需水量等值线图[13]，出版了《中国主要作物需水量与灌溉》。这些成果不仅为农业节水技术的研究和应用提供了理论指导，而且在中国的水资源评价、灌区节水规划、灌溉用水管理和流域规划等工作中得到了广泛采用。农业气象、自然地理等学科的专家对作物耗水量与需水量也做了大量研究，如 1991 年中国科学院地理研究所谢贤群、左大康、唐登银等出版了《农田蒸发——测定与计算》[14]；1994 年，中国科学院地理研究所程维新等基于多年在山东禹城综合试验站的系统试验，出版了《农田蒸发与作物耗水量研究》[15]；国家气象局气象科学研究院裴步祥基于 20 世纪 60—80 年代在辽宁荣盘、山东泰安、山西万荣、河南郑州、广东广州等地的试验研究，出版了《蒸发和蒸散的测定与计算》[16]，这些著作的出版在早期也为中国的作物需水量与耗水量研究提供了重要的参考。

1.2 作物需水量与耗水量测定方法评述

目前，作物需水量与耗水量的测定方法大体可分为水文学法（包括水量平衡法和蒸渗仪法等）、微气象学法（包括波文比-能量平衡法、涡度相关法和空气动力学法等）、作物生理学法（包括茎流法、气孔计法等）和红外遥感法等四类[17,18]。

1.2.1 水文学法

水文学法包括水量平衡法和蒸渗仪法[19]。

水量平衡法的基本原理是根据计算区域内水量的收入和支出的差额来估算作物需水量或耗水量，属于一种间接的测定方法。它是测定作物需水量或耗水量最基本的方法，常用来对其他测定或估算方法进行检验或校核。该方法的优点是适用范围广，测量空间尺度可小至几平方米，大至几十平方千米，非均匀下垫面和任何天气条件下都可以应用，不受微气象法中许多条件的限制。只要能弄清计算区域边界范围内外的水分交换量和取得足够精确的水量平衡各分量测定值，就可以得到较为准确的作物需水量或耗水量。但是，这种方法也存在一些不足之处，它要求水量平衡方程中各分量的测定值足够精确，且要弄清计算区域边界范围内外的水分交换量，而这些又往往难以做到很精确。这种方法用于测定一小块地或一个小区域时，精度较高；但当测定区域较大时，计算的区域边界很难确定，区域内雨量站分布不均等容易导致计算精度降低。另外，这种方法得到的只是某一时段内（通常一周以上）区域总的作物需水量或耗水量，因而不能反映其动态变化过程。此外，如果深层渗漏或径流量较大，水量平衡法的使用也会受到限制[20]。

蒸渗仪法也可以说是一种基于水量平衡原理发展起来的作物需水量或耗水量的测定方法。所谓蒸渗仪法，就是将蒸渗仪（装有土壤和作物的容器）埋设于土壤中，并对土壤水分进行调控，有效地反映实际的需水或耗水过程；再通过对蒸渗仪的称量，就可以得到作物需水量或耗水量。自从1937年美国俄亥俄州的肖克顿安装了带有自动记录设备的著名整体水文循环测渗仪以后，该仪器的发展非常快，实现了作物需水量或耗水量的精确测量。目前，蒸渗仪已遍及世界各地，并且已发展成拥有各种不同类型的系列产品，采用各种技术办法改进了对作物需水量或耗水量的测定。

蒸渗仪法是一种直接测定的方法，与水量平衡法相比，它的一个显著优点就在于它能直接测定作物需水量或耗水量，测定时间步长为几分钟到几小时，测定精度可达0.01～0.02mm。但蒸渗仪内外土壤的空间变异性、作物种类及其密度分布差异直接影响蒸渗仪法的精度。例如，当蒸渗仪被受旱作物或裸土包围时，通常会产生"绿洲效应"。当蒸渗仪内外的作物冠层部分相互越过蒸渗仪边界时，蒸渗仪面积并不是实际的耗水面积，若仍以其实际尺寸计算，则会造成一定误差。另外，蒸渗仪的制作（包括材质、尺寸）也对精度有影响。该方法的缺点是测得的数据可能缺乏代表性，仅能代表整个田间某一点处的作物需水量或耗水量，可能会限制作物的根系生长，不宜用于高大作物，不适宜于裂隙大的土壤，而且仪器与作物之间会产生热流交换。因此，使用中要注意样地代表性及保持表面连续性，避免平流效应影响，尽量降低"绿洲效应"导致的测定误差。此外，仪器造价昂贵、维修比较困难。Allen通过对比试验后提出，要确保蒸渗仪内的作物生长状况与周围大田相同，应最大限度地减少在其周围由于人为踩踏产生的影响，否则将会给估值带来30%以上的误差。尽管如此，它的观测结果还是为率定和校验其他方法提供了科学的依据[21]。

目前，常用的蒸渗仪主要有三种类型：第一种是非称重式蒸渗仪，它通过各种土壤水分测量技术测定土壤水分变化，用可控制的排水系统来定期测定排水量，据此估算作物需水量或耗水量；第二种是飘浮式蒸渗仪，它是以静水浮力称重原理为基础，将装有土柱的容器安装在漂浮于水池中的浮船上，组成漂浮系统；当土柱中的水分增减而引起重量变化时，装有土柱的容器在水池中的沉没深度也将发生变化，故测出土柱容器的沉没值，便可计算土柱中作物的需水量或耗水量；第三种是称重式蒸渗仪，其下部安装有称重装置测定失水量，先进的蒸渗仪具有很高的精度，可以测定微小的重量变化，得到短时段内的作物需水量或耗水量[22]。

国外许多学者对用蒸渗仪测量作物需水量与耗水量进行了大量研究。20 多年来，蒸渗仪法在国内也得到大量的应用，中国科学院生态网络试验站以及中国农业大学、西北农林科技大学、中国水利水电科学研究院、中国农业科学院农田灌溉研究所等单位建设了很好的蒸渗仪系统，不仅为当地灌溉水科学管理提供了依据，而且为分析比较波文比-能量平衡法、涡度相关法、水量平衡法以及构建作物耗水量计算模型提供了基础数据。

1.2.2 微气象学法

随着计算机科学和气象科学的迅速发展，数据自动采集与处理系统日益先进。在此基础之上，微气象学法已发展成为常见的作物需水量与耗水量测定方法。该类方法主要包括波文比-能量平衡法、涡度相关法和空气动力学法等[23]。

波文比-能量平衡法的两大理论支柱是能量平衡原理和边界层扩散理论，其关键在于波文比 β 的确定。根据雷诺相似原理，假定感热和潜热交换系数相等，利用波文比系统测得农田净辐射 R_n、土壤热通量 G、冠层上方两个高度上的温度差 ΔT 和水汽压差 Δe 后，就能计算出农田的潜热通量和相应的作物需水量或耗水量。波文比-能量平衡法物理概念明确、方法简单。该法只需要两个高度的要素观测值，不用求湍流交换系数，而且精度较高，可作为其他测定方法的判别标准。但是，使用波文比系统观测的区域要具有相对开阔、均一的下垫面，且天气平稳少变，辐射和风速都没有过于剧烈的变化。该方法在实际应用中，也还存在一些值得注意的问题：①在干旱地区，作物常常遭受水分胁迫，ΔT 值很大，而 Δe 值非常小，如果 Δe 测定精度较差，则会产生较大误差；为了保证数据的可靠性，仪器安装区要有足够的风浪区长度，最好有 200 倍以上的仪器安装高度，但可根据实际情况作适当调整，一般不能小于 20 倍的仪器安装高度，最低也不能低于 12 倍的仪器安装高度，否则可能会因不满足基本假设而产生较大偏差，甚至错误；②在连续观测过程中，可以通过定时交换上、下两个传感器，保持干湿表球体湿润、干净来提高测量精度；③通常在早晨和黄昏时段，由于感热通量要改变其方向，因而所测数据会出现不稳定甚至矛盾的现象。当有降雨或田间灌溉时，土壤的热通量会发生较大变化，感热和潜热可能会产生较大的水平梯度，从而使计算结果不能很好地与实际情况相吻合，且此时两个高度的水汽差很小，可能会因小于仪器的分辨率而产生较大的误差。因此，在处理试验数据时，应根据实际情况对数据进行分析。

自 1926 年 Bowen 提出波文比-能量平衡法[24]以来，广大学者对该方法的适用性和精度进行了大量评价，并运用该方法监测各种生态系统的水热通量，确定耗水量，计算作物系数，调查作物水分关系等。如 Fuchs 等[25]、Sinclair 等[26]研究表明，该方法的测量误差一般在 10% 之内。随后，Angus 等[27]、Frangi 等[28]的研究也证明，该方法在半干旱条件下仍然具有较高的精度。而对于极端干旱条件，水汽压的测定探头必须具有很高的观测精度才能取得较好的测定结果。此外，如果研究区域存在感热平流，就会在水平方向上也产生不可忽略的潜热通量，所以平流效应是影响该方法精度的另一个重要方面。国内外在这方面已进行了大量的研究，如黄妙芬于 2001 年分析了该方法在绿洲荒漠交界处的适用性[29]。但是目前提出的平流修正公式都过于简单，而且所需参数不易测定，不同地区间存在较大差异，尚未形成适合干旱地区的具有较强物理意义的平流修正公式。

当假设条件满足时，波文比-能量平衡法的测定精度较高，被广泛应用于测定水热通量、计算作物系数等，取得了一系列成果。如 Tattari 等[30]运用该方法研究了芬兰南部大麦田的耗水规律，并且分析了误差来源和数据取舍标准。Todd 等[31]用该方法估算了半干旱地区灌溉条件下紫花苜蓿的耗水量，并对不同波文比系统之间以及与大型蒸渗仪之间进行了对比研究。Casa 等[32]对意大利中部的亚麻籽耗水规律进行研究，并评价了波文比-能量平衡法的测定精度。Olejnik 等[33]应用该方法研究了欧洲裸地的耗水量，分析比较了模型计算值和实测值之间的差异。Pedro 等利用波文比-能量平衡法、水量平衡法等对巴西东北部芒果的需水量进行了研究。2004 年，Yunusaa 等利用波文比系统、茎流计、微型蒸渗仪等研究了澳大利亚地区滴灌条件下葡萄树潜热和感热通量的变化规律[34]。国内应用波文比-能量平衡法测定农田耗水的研究主要开始于 20 世纪 80 年代中后期。经过近 30 年的发展，该方法已经广泛应用。朱治林等[35]根据 1998 年淮河流域能量和水循环试验加密观测获得的资料，用波文比-能量平衡法计算了该地区的潜热和感热通量状况，并对梅雨期的显热和波文比进行了进一步分析。李彦等[36]利用该方法对绿洲—荒漠交界处的绿洲和荒漠的蒸发与地表热量平衡过程进行了探讨，结果表明，波文比-能量平衡法对于绿洲适用而对于荒漠却不适用。孙卫国等[37]通过采用波文比-能量平衡法、廓线梯度法和综合阻抗法等分别计算了农田植被层上的耗水量，结果表明，用波文比-能量平衡法计算的潜热通量存在系统性偏小的现象。李胜功等[38,39]运用波文比-能量平衡法分析了内蒙古奈曼小麦和大豆生长期的微气象变化。莫兴国等[40]分析了华北平原冬小麦生态系统辐射收支、热量平衡以及耗水在植株蒸腾和棵间土壤蒸发之间的分配特征。刘苏峡等[41]根据在中国栾城农业生态试验站观测的田间试验资料，分析了土壤水分和土壤-大气界面对麦田水热传输的抑制和加速作用，发现土壤水分越小，感热通量越大，潜热通量越小，反之亦然。杨晓光等[42]利用波文比系统监测了太行山山前平原冬小麦耗水规律，结果显示，波文比-能量平衡法测定的耗水量与 0～60cm 土层的土壤相对含水量呈线性负相关。2002 年，张永强等[43]通过运用波文比-能量平衡法与涡度相关法对华北平原典型农田水、热与 CO_2 通量平衡过程进行了研究，并对这两种方法进行了对比分析。

涡度相关法属于微气象学的经典方法之一。它是基于涡度相关理论，通过直接测定与计算下垫面潜热和感热的湍流脉动值而求得的作物需水量或耗水量，是一种直接测定方法。采用涡度相关技术测量作物耗水量始于 20 世纪 30 年代。1930 年，Scrace 记录了垂直方向风速分量和水平分量成正比的信号，并用于计算水平动量的垂直涡度通量的涡度能量[44]。随着该技术的发展，1955 年，Swinbank 着重研究了测量显热和潜热通量的涡度相关技术[45]。1965 年，Dayer 和 Mather 研制出用于测量气压较低地区涡度的"涡动能量仪"，使得该技术的推广和应用发展很快。在过去的 20 多年里，涡度相关法至少在研究领域已经成为作物耗水量测定的一种标准方法[46]。涡度相关法的误差可能来源于理论假设与客观实际的偏差，也可能由仪器设备本身或使用不当造成。由于传感器、记录仪的频率响应特性限制及有限的观测时间，不可能观测到对垂直通量起作用的整个湍流频率范围，主要表现在对高频部分的截断，其高频损失程度还与仪器架设高度、大气稳定度有关。另外，测量垂直风速脉动量时，仪器安装倾斜也可能导致误差。涡度相关法直接测量通量，它在湍流扩散度、风速剖面形状以及漂浮力的影响方面没有特别的假定。它将通量密度表示为在一定的时间间隔内，垂向速度的波动与水汽浓度的协方差。该技术要求传感器的响应时间的量级应为零点几秒。涡度相关法的原理是测量出所有与水汽的垂向传输有关的涡流运动。这就要求涡流信号的取样频率足够高（10～20Hz），平均协方差的时段要足够长（一般为 15～30min）。1968 年，Blank 等研究表明，在密植作物覆盖区，用涡度相关法测得的日耗水量和用液压测渗仪测得的结果相比差异在 5％以下，精度很高；但在无风和植被覆盖稀疏的情况下，误差一般比较大，结果不太理想。1979 年，Kanemasu 等根据实测的涡度相关资料，得出在很粗糙的表面上采用涡度相关法远比其他一些依靠梯度公式来决定通量的方法更为方便和准确，而在比较平坦的表面上，涡度相关法则需要装置较高的传感器。

涡度相关法的主要优点如下：

（1）通过测定垂直风速与水汽密度的脉动，从气象学角度首次实现了对作物耗水量的直接观测，是作物耗水观测技术的一个重大突破。相比空气动力学法或波文比-能量平衡法等传统观测手段，该方法理论假设少，精度高。

（2）可以对地表作物耗水实施长期的、连续的和非破坏性的定点监测。

（3）相比其他传统的观测方法，如蒸渗仪法等，该方法测量步长较短，可以在短期内获取大量高时间分辨率的作物耗水与环境变化信息。对高秆作物，其取样周期一般为 30min；对矮秆作物，取样周期可短到 10min。短周期有利于研究水分交换对环境变化的快速响应；同时，相比蒸渗仪法，它的测量代表区域更广，典型的风浪区长度可达 100～2000m。

（4）利用某些气体浓度快速测量仪器（如 LI-7000，LI-7500 等），可以实现对水和 CO_2 的同步监测，把水文学和生态学关注的两个关键元素联系到一起，促进了水碳循环过程的耦合研究。

然而，任何方法都有利弊，涡度相关法亦不例外。主要不足表现如下：

（1）其应用易受地形和气象条件限制。它要求下垫面平坦、均一，但实际观测中地形往往非常复杂，平流效应不可低估，因而对不规则地形的测量要考虑平流校正。这种校正往往比较复杂；对于气候条件比较稳定的夜间，其观测结果也存在很大不确定性。不过对作物而言，夜间耗水一般较小，相对 CO_2，测定的水汽误差一般较小。

（2）涡度相关法测定耗水存在能量不闭合及耗水低估现象，这点已被诸多研究证实。

（3）涡度相关法的传感器十分精密，长期在野外观测时，经常需要维护，在恶劣天气下易受损坏。如在中国西北干旱荒漠区，春季沙尘暴频发，传感器易损坏，造成测量误差和缺测。在热带地区，降水频繁，可能直接造成传感器不能正常工作。这些传感器都是尖端仪器，成本较高，长期放在野外，受昼夜温差的影响，容易老化，这也增加了持续观测的维护成本。

（4）涡度相关数据系列的校正与插补比较复杂，且不同的站点，校正与插补的方法不一样，这要求各站点根据自身情况确定最优的校正与插补方法。

但是，涡度相关法的优点远胜过其缺点，正因为其不可比拟的优势，全球通量网才以其为主要技术手段，展开对生态系统水分交换的长期监测。

空气动力学法又称为紊流扩散法。这种方法基于地面边界层梯度扩散理论，1939年，由 Holzman 和 Thornthwaite 首次提出[7]。它认为近地面层温度、水汽压和风速等各种物理属性的垂直梯度受大气传导性制约，可根据温度、湿度和风速的梯度及廓线方程，求解出潜热和感热通量。空气动力学法需要能够正确地测定作物上方不同高度处的水汽压。另外，空气动力学法与其他微气象方法一样，对下垫面及空气稳定度要求严格，否则误差较大，在测定范围上受到极大的限制。

1.2.3 作物生理学法

作物生理学法是指在作物生理学基础之上发展而成的需水量或耗水量测定方法，包括茎流法、气孔计法、称重法、风调室法等。这里仅介绍茎流法和气孔计法两种方法。

茎流法是通过注射和测定可检测的示踪物来计算树液流速，并由此推断水流通量，即作物植株蒸腾量，配套利用微型蒸渗仪测定棵间土壤蒸发量，从而获得作物需水量或耗水量。茎流法的示踪物可以是热源、染料或放射性同位素等。其中，又以热量法茎流测定技术最为常用，主要包括[47]：

（1）热脉冲法（heat pulse method）曾被 Zimmermann 誉为"最美妙的测量液流速度的方法"的热脉冲法，1932年由德国科学家 Huber 首次用于测量树木木质部液流速率，开辟了作物水分生理研究的新途径[48]。Marshall 和 Closs 在理论上有了新的突破[49]，Swanson 研究讨论了安装探头的损伤效应[50]，并与 Whitfield 找到了一个较好的二维数值校正方法[51]。Edwards 等又将 Huber 的热脉冲补偿系统、Marshall 的流速流量转换分析及 Swanson 的损伤分析综合起来，提出了较为完整的理论与技术[52]。热脉冲法的基本原理是在树干定点部位以热脉冲间断地加热树液，在上下位点用电桥测定热平衡时间，换算出树干液流速度和树干液流量，即树冠蒸腾耗水量。由于木质部边材各个位点液流速率的异质性，因而需要测定不同方向、不同深度处的液流速率，然后根据统计方法将点上的速率整合到整个边材面积上。与此方法配套的仪器为热脉冲茎流测定仪，包括探测器、数据采集器、电源等，其中探测器又由上下游感应探针和热探针组成。此法的准确性已经在很多树木上得到检验，但是当树干液流较小时，热脉冲法不够准确。

（2）热平衡法（heat balance method）指将一个加热套裹在作物茎或枝条外面，连续加热茎表皮、木质部和树液，茎表面的温度通过安装在周围的温度传感器来感应，依据热量平衡原理求出被液流带走的热量来计算茎秆内液体流量。这种方法可恒定功率加热和变化功率加热，而变化功率加热的方法耗电低，且避免了液流较低时对树干的过分加热。

（3）热扩散探针法（thermal dissipation probe method）是1985年首先由法国科学家 Granier 提出来[53]。它是将2个长为2cm、直径为1.2mm的探针插入作物茎秆中，上部探针含有加热器和热电偶，下面探针只有热电偶，恒定加热，通过测定两探针的温差值来计算液流速度。与其他几种热量法相比，此法安装简单方便，计算简便且费用相对较低。

长期以来，上述三种热量法茎流测定技术因操作简单、可连续监测、环境破坏性小等优点而深受研究者的青睐。然而，在具体使用这些方法测定液流或分析处理数据时，还是存在着以下一些值得注意的问题：

（1）热脉冲法只是在作物茎秆某个部位整个横截面上某一个或几个点上进行液流速率测定，然后用加权平均或算术平均的方法整合得到整株的液流量。这样，误差就产生于单个点的测定以及整合过程。

（2）相比连续测定的热平衡法和热扩散探针法，热脉冲法是一种半连续的测定方法。实际的液流是在发出热脉冲后很短时间内测定的，而在所设定测定间隔的剩余时间里只是散发多余的热量来达到平衡状态。如此一来，液流与气象因素的相关关系仅仅是针对测定时间间隔的前一段时间而言。

（3）热脉冲法和热扩散探针法都必须在树干上用钻头打孔以便安装探针，这样就破坏了木质部正常的液流，因此，需要进行较为合理的伤流校正。而热平衡法因其是将加热套裹在外面，所以不存在伤流校正的问题。

（4）这三种方法都是采用热技术，因此可能会因升高了形成层温度而对表皮组织造成伤害。

（5）这三种方法测得的仅仅是作物耗水量的一个部分，棵间土壤蒸发需另外测定。

（6）由单株耗水外推至作物群体耗水时需要进行尺度耦合。

气孔计法，就是将测定时环境相对湿度设定为仪器叶室的平衡湿度，选取正常生长的叶片夹入叶室，分别测定上、下两个表面的蒸腾速率，两者之和即为叶片蒸腾速率，重复多次，用平均蒸腾速率与作物冠层叶面积换算得到植株蒸腾量。气孔计法难以保证准确得到作物在自然状态下的蒸腾量，也很难避免将单个叶片蒸腾外推至整个冠层所带来的统计误差，棵间土壤蒸发也需另外测定。

1.2.4　红外遥感法

20世纪70年代以来，随着遥感技术不断发展，测定作物需水量与耗水量的红外遥感法应运而生。所谓红外遥感法，主要是利用多光谱卫星的可见光——近红外及热红外波段的数据，反演得到地表反照率、植被指数、地表温度及比辐射率等地表参数后，建立模型进行求取。目前所发表的模型主要包括统计模型和物理模型两大类。各模型的共同点在于，都需要首先反演地表反照率和地表温度，再求得地表可利用能量；然后利用简单的参考作物需水量（ET_0）公式计算，或者进一步推算感热通量；最后利用能量平衡方程求得作物耗水量[54,55]。

随着遥感信息定量化研究不断深入，遥感技术在计算作物耗水量，特别是大、中尺度范围的耗水时空分布中，其优越性已日益彰显。首先，由于遥感技术可以不断地提供不同时空尺度的地表特征信息，因而利用这些信息可以将耗水计算模型外推扩展到缺乏详尽气象资料的区域尺度，反演出区域同一时刻的耗水分布。其次，由于它是通过植被的光谱特性、红外信息结合微气象参数来计算耗水量，从而摆脱了微气象学法因下垫面条件的非均一性而带来的以"点"代"面"的局限性，进而为区域作物耗水计算开辟了新途径。最后，相对于在地面布设一些稀疏点来进行观测而言，应用遥感技术进行区域尺度作物耗水量的监测较为经济和高效。因此，遥感方法监测作物耗水量为区域水资源合理配置提供了一种更加有效的途径。

遥感方法是区域作物耗水估算及其时空分布规律研究的一种有力工具，并且随着遥感技术的不断发展，特别是多光谱、多角度、多分辨率的遥感影像的应用以及非均匀下垫面区域气象场结构研究的继续深入，地表参数反演的精度在不断提高，区域作物耗水遥感模型也在逐步完善。作物耗水遥感模型在挖掘现有遥感信息精确模拟作物耗水机理的同时，也在朝着简单，便于实际应用的方向发展。在美国爱达荷州，利用 SEBAL 模型绘制的季节性作物耗水图，已被用于预测灌溉对熊河及蛇河流域上游流量减小的影响。Chen 等[56]用 GIS 和归一化植被指数（NDVI）及白天表层温度变量三种方法估算湿地水面蒸发和实际作物耗水量。Mcvicar 等[57]研究用阻力能量平衡模型和 AVHRR 遥感数据获得气温、相对湿度、太阳辐射和风速，进一步估算 NDVI，并分析了这些参数对潜在腾发量与实际腾发量的影响。Ray 等[58]利用月平均气象资料，根据 FAO - 24 修正的 Blaney - Criddle 公式计算 ET_0（参考作物需水量），采用印度遥感卫星数据建立了多时段作物结构、生成植被光谱指数模型、估算作物耗水量的遥感数据库。Farah 等[59]基于 Landsat - TM 影像的参数和 SVAT（土壤-植被-大气传输模型）参数之间的半经验关系计算 SVAT 参数的空间变异和不同水力单元的相关蒸发量。石宇虹等[60]利用 NOAA/AVHRR 资料，系统地分析了 NDVI 的变化规律，NDVI 的变化状况及其值的高低可较好地反应水稻实际生长状况。徐建春等[61]利用 Landsat - TM 和 MSS 遥感数据提取反映生态环境的植被、土地亮度、湿度、热度指数，结合气候数据和其他地学辅助信息，在 GIS 的支持下建立环境质量评价模型，经投影变换、双线性插值处理，生成研究区气温、降水、蒸发量的栅格图层。

近些年来，虽然在非均匀及稀疏植被下垫面能量传输机制的研究方面取得了较大的进展，但在遥感信息与作物耗水机理模型的链接中仍存在一些问题[54,55]：

（1）地表温度的反演问题。热红外传感器探测的是地表辐射温度，又称为地球表面的"皮肤"温度（Skin temperature）。然而，地表远非"皮肤"状或均一的二维实体，各样的组分及其各异的几何结构均增加了地表真实温度的反演难度。作物耗水模型中利用遥感地表温度或代替较难获得的空气动力学温度计算感热通量，或进行一些参数的计算（如 WDI）。因而，地表温度的反演准确度直接影响着作物耗水量估算的精确度。

（2）尺度问题。尺度问题包括时间延拓和空间延拓两个方面。在将瞬时耗水量扩展至日耗水量时所要求的"绝对晴天"在现实中出现的几率不会很大。空间延拓主要指耗水模型中所需的气象参数由点测资料标定遥感像元面的数据，进而再从像元面扩展到"区域"甚至"全球"；另外，用来进行模型结果比较的局地观测数据与计算时所利用的遥感数据的尺度也存在差异。然而，不同尺度信息之间往往是非线性、不确定的，时空尺度的延拓应是未来的研究重点。

（3）阻力问题。"面"上的气孔阻力、表面阻力（对于植被下垫面，常称为冠层阻力）及空气动力学阻力等对于区域作物耗水量估算关键的参数仍然需要依靠冠层高度及风速等"点"上资料来推算得到平均信息。如何充分利用遥感数据而建立机理性较强的辅助性的阻力模型，是今后需要进一步探讨的问题。

（4）各种模型均有一定的假设条件，且大多数模型只在晴空无云、风速稳定、地形平缓的条件下有较好的效果。

1.2.5　问题与展望

测定作物需水量与耗水量的方法多种多样，但是没有一种方法是最完美的，每种方法都有自己的优势，同时，也存在各自的不足。因此，在测定作物需水量与耗水量时，可以根据客观实际，结合各种方法的特点及适用范围，选择最优的方法。例如，当需要测定的是一个区域的作物需水量或耗水量，且所在地的下垫面条件和天气变化比较复杂多变时，可以考虑采用水量平衡法或者红外遥感法；当研究目的是探讨或挖掘某种具体作物的蒸腾耗水特性，且研究对象所在地地形比较复杂、空间变异性较大时，茎流法可以作为一个较为合理地选择[17]。

几十年来，随着科学技术的迅猛发展和各个学科的相互渗透，有关作物需水量与耗水量测定方法的研究工作也在不断地向前推进，为科学研究和实践应用提供了很多便利的手段和方法。各种新的测定方法不断涌现并显现出其独特的优越性，与此同时，一些历史较久远的经典测定方法不断地得到改进并日趋完善；一大批先进的仪器设备在科研和实践中孕育并诞生，从而使高精度、自动化成为可能，在大大提高结果的可靠性和工作效率的同时，大量节约了人力、物力。然而，也存在着一些不容忽视的问题，可从以下几个方面进行阐述：首先，不同测定方法，各自都有其独特的学科背景、理论基础、假设条件以及适用范围。因而，各种方法之间的相关性、可比性和可检验性比较复杂，从而为各种方法之间的同步比较研究和准确标定带来了困难。例如，作物生理学方法测定作物蒸腾是在叶片或单株水平上进行的，要将其与涡度相关等微气象学方法进行对比，只有通过尺度转化模型将其外推至群体水平，然而这两种方法得到的结果是否具有可比性还值得探讨。其次，尽管科学技术的发展带动了作物需水量与耗水量测定方法的研究，促使了一大批高新仪器设备的研究和开发，但是由于有的测定方法不够简便实用，仪器设备通常比较昂贵且难于维修，从而在很大程度上影响了新方法、新技术的推广及应用。再次，不同的测定方法，有的是在均匀单一下垫面条件这一假设下才适用，而事实上，绝大多数情况是下垫面条件比较复杂，从而导致理论与实际脱节。

纵观几种不同的作物需水量与耗水量测定方法，相对而言，茎流法、涡度相关法和红外遥感法具有更为广阔的发展前景。茎流法具有操作简单、可连续监测、环境破坏性小、适用范围广等显著优势，可用来确定作物的水分输送格局及其具体的数量，从而深入挖掘作物的蒸腾耗水特性。结合有关作物生理指标和外界环境因素，可以更加深入揭示作物水分利用与气孔导度、叶水势、叶面积、气象因子等的关系，进而揭示作物蒸腾耗水的内在调节机制及外在影响因素。涡度相关法理论假设少、精度高，可对作物耗水实施长期的、连续的和非破坏性的定点监测；测量步长短，可以在短期内获取大量高时间分辨率的作物耗水信息；测量代表区域相对较广，可以实现对水和 CO_2 通量的同步监测。红外遥感法可以将作物耗水量模型外推扩展到缺乏详尽气象资料的区域尺度，摆脱了微气象学法因下垫面条件的非均一性而带来的以"点"代"面"的局限性，进而为区域作物耗水量测定提供了新的手段和方法。

1.3 作物需水量与耗水量估算方法评述

准确地估算作物需水量与耗水量，预测和模拟农田水分转换与消耗过程，是优化农田水管理与科学合理利用水资源的前提。关于作物需水量与耗水量估算的研究最早可以追溯到 1802 年的道尔顿定律，随着科学技术水平、实验设备和观测手段的提高，人们相继提出一系列估算的理论和经验模型。这些方法在估算精度上均得到了一定提高，但由于作物耗水包含了作物生理过程和大气物理过程等复杂环节，另外对作物耗水量的求解或近似解的过程多是基于假设条件，所以总有些不完善之处[62]。例如 Priestley - Taylor 模型[63]、Penman - Monteith 模型[11] 和 Shuttleworth - Wallace 模型[64] 等，目前已广泛应用于作物需水量与耗水量的模拟和预测。Priestley 和 Taylor 以平衡蒸发（当下垫面上空的空气趋于饱和或当下垫面的湿度与空气相等时，此时的蒸发称为平衡蒸发）为基础，引进一常数 α，推出了无平流条件下蒸发力的计算公式，即 Priestley - Taylor 公式，并被用于作物需水量与耗水量的估算。Priestley 和 Taylor 分析了海洋和大范围饱和陆面资料，认为常数 α 的最佳值为 1.26。后来许多学者分析了各自的资料，得出了不同的 α 值，并发现 α 有日变化和季节变化，这表明 α 不应是常数，它实际上反映了平流的变化情况，在不同平流条件下 α 有不同值[65]。1956 年，Penman 将能量平衡原理和空气动力学原理结合起来，提出了只需利用普通气象资料便可估算作物需水量或耗水量的 Penman 公式。1965 年，Monteith 在 Penman 工作的基础上引入冠层阻力的概念，提出了著名的 Penman - Monteith 模型[11]。该模型全面考虑影响作物耗水的大气物理特性和植被生理特性，具有坚实的物理基础，能清楚地了解作物耗水变化过程及其影响机制，计算相对简单，在实际中得到了广泛应用。研究同时发现，该模型可以较好地估算稠密冠层的作物耗水量，而估算稀疏冠层的作物耗水量存在一定误差[66]。由于 Penman - Monteith 模型将下垫面概化为一个均一的整体，只能得出作物耗水总量，不能区分作物植株蒸腾与棵间土壤蒸发两个不同的物理过程。1985 年，Shuttleworth 和 Wallace 将植被冠层、土壤表面看成两个既相互独立、又相互作用的水汽源，建立了适于稀疏冠层的双源 Shuttleworth - Wallace 作物耗水量模型[64]。由于该模型较好地考虑了棵间土壤蒸发，有效地提高了作物叶面积指数较小时的耗水估算精度，因而被广泛应用于稀疏冠层的作物耗水量估算。但该模型在计算时，需要 5 个阻力参数，即 3 个空气动力学参数、1 个土壤阻力参数和 1 个冠层阻力参数，计算过程较为复杂，特别是不同的冠层阻力公式，对估算结果的影响还较大，因而这些问题也限制了该模型的应用。

作物需水量与耗水量的估算方法很多，概括起来主要包括直接估算法（主要包括单源 Penman - Monteith 模型、双源 Shuttleworth - Wallace 模型和多源 Clumping 模型等）与间接估算法（主要包括单作物系数法和双作物系数法）[62]。

1.3.1 直接估算法

1.3.1.1 单源 Penman - Monteith 模型

1948 年，Penman 将能量平衡原理和空气动力学理论相结合，基于在英格兰南部洛桑试验站（Rothamsted Experimental Station）的试验研究，首先提出了无水汽水平输送情况下估算水面蒸发、裸地蒸发和牧草耗水的公式[8]。尔后通过对作物水分蒸腾生理机制的研究，于 1953 年，首次提出单叶片气孔蒸腾的计算模式[67]。1956 年，Penman 从能量平衡公式出发引入干燥力的概念，得到只需利用普通气象资料的 Penman 公式[68]。1965 年，Monteith 在 Penman 工作的基础上，引入冠层阻力的概念，构建了著名的 Penman - Monteith 模型[11]。该模型较全面地考虑了影响作物耗水的大气物理特性和作物生理特性，具有很好的物理基础，能比较清楚地了解作物耗水变化过程及其影响机制，为作物需水与非饱和下垫面作物耗水的研究开辟了新途径。该模型计算相对简单，在农田尺度作物需水量与耗水量的估算中得到了广泛应用。1989 年，Allen 等在 Penman - Monteith 模型原式的基础上，假设作物冠层阻力与作物高度成反比，空气动力学阻力与风速成反比关系，得到了在假想条件下的 Penman - Monteith 近似式，并用该式和其他几个 Penman 修正式的计算结果与分布在世界各地的 11 个蒸渗仪实测资料进行了比较，结果表明，用 Penman - Monteith 近似式计算的参考作物潜在耗水量与实测值最为接近[69]。Jensen 等用 20 种估算或测定耗水量的方法与蒸渗仪的实测参考作物耗水量作比较后发现，不论在干旱地区还是湿润地区，Penman - Monteith 模型都是最好的一种估算方法[70]。在国内，应用 Penman - Monteith 模型估算作物耗水量的方法也得到了广泛认可。刘钰等应用河北省雄县和望都两地的气象资料，用 Penman 修正式和 Penman - Monteith 模型分别估算了参考作物耗水量，并建议在国内推广应用标准化的 Penman - Monteith 模型估算参考作物耗水量[71]。

大量研究表明，Penman - Monteith 模型将作物冠层看成位于动量源汇处的一片大叶，将作物冠层和土壤当作一层，忽略了植被冠层与土壤之间的水热特性差异。该模型仅可以较好地估算稠密冠层的作物耗水量，而对于稀疏冠层、植株蒸腾与棵间土壤蒸发的通量源汇面存在较大差异，且两者之间的相互作用比较强烈，因而 Penman - Monteith 模型不适合估算稀疏冠层的作物耗水量[72]。然而，也有一些学者将具有变化冠层阻力的 Penman - Monteith 模型成功地应用于较为稀疏冠层的作物耗水量的估算，而且在不同水分条件下，都具有较高的精度[73,74]。因此，Penman - Monteith 模型能否很好地应用于稀疏冠层的作物耗水量估算还存在一些争议。

1.3.1.2 双源 Shuttleworth - Wallace 模型

由于 Penman - Monteith 模型能否很好地应用于稀疏冠层的作物耗水量估算还存在争议，而且该模型很难将植株蒸腾和棵间土壤蒸发分开。1985 年，Shuttleworth 和 Wallace 将作物冠层、棵间土壤表面看成两个既相互独立、又相互作用的水汽源，建立了适于估算稀疏冠层作物耗水的双源 Shuttleworth - Wallace 模型[64]。由于该模型较好地考虑了棵间土壤蒸发，因而有效地提高了冠层叶面积指数较小时的作物耗水估算精度。众多学者应用该模型对行播作物和灌丛作物耗水量进行了估算，取得了很好的结果。例如 Ortega Farias 等应用 Shuttleworth - Wallace 模型估算了智利酿酒葡萄园的潜热通量，并用涡度相关法进行了验证，结果表明模型估算精度较高[75]。Anadranistakis 等利用 Shuttleworth - Wallace 模型估算了雅典农业大学试验站棉花、小麦和玉米的耗水量，其误差均在 8% 以内[76]。Kato 等在日本鸟取大学的高粱试验田中应用了 Penman - Monteith 和 Shuttleworth - Wallace 模型，并用波文比-能量平衡法进行了验证，结果表明，Shuttleworth - Wallace 模型显著提高了稀疏冠层的作物耗水量估算精度[77]。Stannard 以涡度相关法实测值为基础，比较了 Penman - Monteith、Shuttleworth - Wallace 和 Priestley - Taylor 模型，结果表明，Shuttleworth - Wallace 模型的估算精度最高[78]。Sene 应用 Shuttleworth - Wallace 模型估算了西班牙南部半干旱气候条件下葡萄园的耗水量[79]。Teh 等用 Shuttleworth - Wallace 模型估算了玉米、向日葵套种模式下的耗水量。结果表明，尽管该模型估算的植株蒸腾在峰值时略有低估现象，但从总体上而言，棵间土壤蒸发和植株蒸腾的估算精度都比较高[80]。

1.3.1.3　多源 Clumping 模型

尽管 Shuttleworth - Wallace 模型在稀疏冠层作物耗水估算量方面取得了较大进步，但 Shuttleworth - Wallace 模型仍然存在一些假定和不完善的地方。对于作物植株密度较低且非均匀分布的作物来说，就不能很好地满足 Shuttleworth - Wallace 模型的假定条件，作物耗水估算结果会出现较大偏差。因此 Brenner 和 Incoll 基于 Shuttleworth - Wallace 模型的理论框架，逐步发展形成了 Clumping 模型[81]。该模型将土壤蒸发进一步细化为冠层覆盖范围内的棵间土壤蒸发和棵间裸露土壤的蒸发。不少研究表明，其估算效果优于 Shuttleworth - Wallace 模型。此外，其他形式的多源模型也得到了进一步的发展，其理论更加完善和合理[82]。但多源模型的参数相对比较复杂，而且随着测取参数的增加，累计误差也会不断加大，其估算效果和实际应用受到很大限制。

1.3.2　间接估算法

作物需水量与耗水量的间接估算法，就是利用参考作物蒸发蒸腾量乘以作物系数而间接获得作物需水量，或在此基础上再乘以土壤水分修正系数而获得作物实际耗水量。作物系数受作物类型、生长发育阶段、土壤干湿状况等许多因子的影响。计算时可采用单作物系数和双作物系数两种方法。单作物系数（K_c）定义为实际作物的需水量（ET_c）与实测或估算的参考作物的需水量（ET_0）的比值，是计算作物需水量的重要参数。1982 年，Wright 最早提出了并已被联合国粮农组织（FAO）采纳和修正的作物系数概念及作物需水量计算公式[83]。尽管 FAO 推荐了作物系数计算方法和标准状态下（白天平均最低相对湿度 45%，平均风速 2m/s，半湿润气候条件）各类作物的作物系数参考数值，但由于作物系数受土壤、气候、作物生长状况和栽培管理方式等诸多因素影响，确定各地区、各类作物的实际值时，必须充分利用当地试验资料进行修正或重新计算[62]。

1.3.2.1　单作物系数

单作物系数法计算公式为

$$ET_c = K_c ET_0 \tag{1.1}$$

式中：ET_c 为实际作物的需水量，mm；ET_0 为参考作物的需水量，mm；K_c 为综合作物系数，与作物种类、品种、生育期和作物的群体叶面积指数等因素有关，是作物自身生物学特性的反映。

1.3.2.2　双作物系数

双作物系数计算公式为

$$ET_c = (K_{cb} K_s + K_e) ET_0 \tag{1.2}$$

式中：K_{cb} 为基础作物系数，是表层土壤干燥而根区平均含水量不构成土壤水分胁迫条件

下 ET_c 与 ET_0 的比值，侧重反映了作物潜在蒸腾的影响作用；K_s 为土壤水分胁迫系数，主要和田间土壤有效水分有关，当土壤供水充足时，$K_s=1$；K_e 为表层土壤蒸发系数，代表了作物地表覆盖较小的苗期和前期生长阶段中，除 K_{cb} 中包含的残余土壤蒸发效果外，在降雨或灌溉发生后由大气蒸发力引起的表层湿润土壤的蒸发损失比。

双作物系数把作物系数分为基础作物系数和土壤蒸发系数两部分。基础作物系数反映植株蒸腾作用，而土壤蒸发系数则描述棵间土壤蒸发部分。棵间土壤蒸发与植株蒸腾的比例在作物生育期内会有很大变化。在作物完全覆盖地面以后，棵间土壤蒸发相对较小，植株蒸腾占主导地位；但当作物较小或比较稀疏时，在降雨或灌溉后，棵间土壤蒸发则起主要作用，可以占到很大比例，特别是在土壤表面经常湿润的条件下。由于大部分作物在生育期中有相当一部分时间地面覆盖不完全，此时，要准确估算作物需水量就需全面考虑棵间土壤蒸发和植株蒸腾。对大多数作物来说，在播种和苗期基础作物系数较小，K_{cb} 为 0.15～0.2；快速生长期迅速增大，为 0.3～0.8；当冠层完全覆盖地面后，达最大值，接近于 1.0；成熟期迅速减小，为0.8～0.15。

1977 年和 1998 年，FAO 出版的灌溉排水丛书第 24 分册《Guidelines for Predicting Crop Water Requirements》和 56 分册《Crop Evapotranspiration：Guidelines for Computing Crop Water Requirements》，推荐了参考作物需水量 ET_0 的计算方法，确定了作物系数的计算方法和步骤，并给出了不同地区不同作物系数的推荐值。国内外学者以此为基础，在实践中不断修正计算方法，并结合当地具体气候和作物条件来确定适合的作物系数[5,6]。

1977 年，FAO 出版的灌溉排水丛书第 24 分册《Guidelines for Predicting Crop Water Requirements》推荐采用 4 种方法估算参考作物需水量，即修正 Penman 法、辐射法、Blaney - Criddle 法和蒸发皿法。它提出的参考作物需水量（reference crop evapotranspiration）系指高度一致、生长旺盛、完全覆盖地面而不缺水的绿色草地（8～15cm）的需水量。FAO 估算参考作物需水量的辐射方法建立在 Makkink 方法基础上，最初是在荷兰湿润气候条件下提出的。Doorenbos 和 Pruitt[6] 在 Makkink 公式的基础上提出的辐射方法是在原公式中加入一个修正系数来修正空气动力学因素对参考作物需水量的影响，只需太阳辐射和气温资料。在可以获取精确气象资料的地方，用辐射法和作物系数计算 5 天时段的平均作物需水量结果很好。一些研究结果表明该法的估算值在干旱地区基本准确，但在湿润地区则偏高 20%。20 世纪 50 年代早期，Blaney - Criddle 方法在干旱的美国西部开始较多地应用于灌溉作物需水量研究。FAO 推荐的 Blaney - Criddle 方法通过引入一个修正系数，可以适合于更广泛的气候条件。修正系数可以通过湿度、风速和日照条件估算确定。蒸发皿法用一个标准容器测定的水面蒸发作为 ET_0 参数[6]，并被广泛用于灌溉作物需水量估算和实时灌溉决策中。但是，为了将自由水面的蒸发量修正为绿色矮秆草地的需水量，需要一个蒸发皿系数。1997 年，Doorenboos 和 Pruitt 给出了用蒸发皿数据估算参考作物需水量的修正系数，其值与蒸发皿类型、风速、空气湿度和周围环境状况有关，利用蒸发皿水面蒸发量估算参考作物需水量，对干旱地区偏高 9%～20%，在湿润气候下偏低 3%～5%。FAO 修正 Penman 方法中包含一个修正的风函数，该函数是由世界各地的蒸渗仪资料推导出的。研究表明，FAO 修正 Penman 方法估算值过高。1998 年出版的灌溉排水丛书第 56 分册《Crop Evapotranspiration：Guidelines for Computing Crop Water Requirements》推荐的 Penman - Monteith 法通过引入空气动力学和冠层阻力，更好地模拟了风和湍流效应，以及作物冠层的气孔行为，被认为是估算参考作物需水量的最好方法。

大量研究比较表明，修正的 Penman 法为了得到满意的结果需要对风函数根据当地具体条件修正。辐射方法在湿润区空气动力学项相对较小，结果较好，但在干旱地区的表现不可靠，而且低估耗水量。Blaney - Criddle 温度法是一种经验方法，为了获得满意的结果也需要根据当地条件校正。蒸发皿法容易受蒸发皿周围微气象条件的影响，并且其表现不可靠。Penman - Monteith 模式在干旱和湿润地区的表现都很好，研究都得到了令人信服的结果。但由于作物的地面覆盖、作物冠层特性、空气动力学阻力与矮秆牧草的差别很大，作物需水量与参考作物需水量的差异明显。作物耗水量可以直接测量，也可以利用 Penman - Monteith 模型对不同作物通过调整反射率和空气动力学阻力及作物冠层阻力来估算。但是，反射率和阻力难以准确估算和确定，因为两者随着气象条件、作物生长发育以及表面湿润条件而变化。因此，在灌溉水管理中作物需水量的估算一般采用参考作物需水量 ET_0 与作物系数 K_c 相乘的计算方法。

在干旱缺水时，土壤含水量降低，土壤中毛管传导率减小，根系吸水率降低，供水不足，作物遭受水分胁迫，引起叶片含水量减小，气孔阻力增大，从而导致水分胁迫条件下的作物实际耗水低于无水分胁迫时的作物需水。水分胁迫条件下的作物耗水量 ET_a 是充分供水条件下的作物需水量 ET_c 和土壤水分胁迫系数 K_θ 的乘积。在水分胁迫条件下，计算作物耗水量的关键是确定土壤水分胁迫系数 K_θ。K_θ 的计算方法主要有：FAO - 56 推荐的方法[5]、Doorenboos 方法[84]、Jensen 方法[4]、康绍忠方法[85]、Hands 和 Retchie 方法[84]等。

1.4 作物需水量与耗水量点面尺度转换研究

作物需水量与耗水量跨越了不同的空间尺度，小到水分子在植株器官中的运动，大到整个国家甚至全球的作物需水状况，其跨度达十几个数量级。同时，由于空间尺度范围大，气候、地形、植被或土地利用、土壤水分状况等影响作物需水量与耗水量的因子具有随机性和不确定性，作物需水量与耗水量也表现出较强的空间异质性，致使大尺度作物需水与耗水研究成果不能是小尺度作物需水与耗水研究成果的简单叠加，而小尺度研究成果亦不是大尺度研究成果的简单插值或分解。因此很多学者一直在探索研究作物需水量与耗水量的空间分布特征、作物需水量与耗水量的采样策略及由点到面的尺度转换技术。由于技术设备、人力、财力等的限制，作物需水量与耗水量及其影响因子的测定通常只能在短时间、小范围测定，同时影响作物需水量与耗水量的主要因子（如区域的土壤类型、气候等）存在时空异质性，使得某一尺度下作物需水量与耗水量具有较高的尺度依赖性，在某一尺度上建立的模型或方法一般不能移植到高一级或低一级时空问题中求解，致使小尺度（田间站点数据）的各类作物需水量与耗水量计算方法运用于大尺度、长时间上将产生较大误差。因此研究如何以较小的代价获取较多的作物需水量与耗水量信息、探索不同尺度之间的作物生命需水转换方法对于提高无资料或站点稀疏地区的作物需水量与耗水量精度、优化区域灌溉制度、实现区域农业水资源可持续发展有着非常重要的理论和实际意义。无论进行作物需水量与耗水量时间尺度的研究还是空间尺度的研究，传统的方法都需以区域内大量试验数据为基础，但受生产条件、技术水平等影响，实测资料十分有限，推算得出的公式大多为经验公式，具有较强的区域限制性。因此，引入新的理论和计算方法研究作物生命需水的时空尺度特征显得尤为迫切。

由叶片到个体的尺度转换建立在单叶的蒸腾速率和不同层次的叶面积的精确测定，个体到群体的尺度转换建立在个体蒸腾量准确获得的基础上[86]。应用热技术直接测定个体蒸腾耗水量简化了空间尺度转换过程。根据叶片或个体尺度的测定结果，结合环境因子及作物冠层结构特征的尺度转换可得到作物单株或群体的需水量或耗水量。实际应用中，常借助液流和作物茎秆直径、茎秆截面积、叶面积及叶量和冠幅及冠层投影面积和蒸腾有关系的生物学因子，结合作物取样调查数据，推算研究区内每一个个体的耗水量和群体耗水量[87]。

不同中间因子的尺度转换结果存在差异，如 Hatton 等认为选择与个体大小直接有关的因子——茎秆直径作为中间转换因子效果较好[88]。而 Čermák 等认为尺度转换因子中最佳的指标为叶量，因为叶量综合了叶面积和叶干重的信息，其中叶干重是叶片辐射吸收量的线性函数[89]。尺度外推时的取样方法及样本数的确定也引起了研究者的注意，即怎样合理安排有限资源使之可以最大限度地反应群体耗水信息。样株选取可按完全随机或总体特征分布函数的分位数的方法确定。许多研究者认为，在液流个体间变异性最主要的驱动因子的分布函数的分位数处选取样株进行测定，可使尺度外推效果较好，尤其是在研究对象液流的个体差异较大时，随机选取样株的方法结果可能不可靠[89]。Bethenod 等在测定玉米田耗水量时，通过随机量取研究地 34 株样本测定其直径，分析其频率分布，测定直径出现频率最高的植株的液流，按照分析结果，他们选择直径范围为 20mm 左右的 8 株玉米进行液流测定，测定结果与波文比测定结果较吻合[90]。

Miller 等研究认为，根据研究对象自身因子和环境因子聚类的方法来选取代表株的方法，可以提高尺度转换的精度[91]。在研究区域内按照网格化布置样点，获取研究地土壤样品测定其质地及水分含量，并利用地统计学空间插值的方法获取空间每点的土壤含水量数据；利用 LIDAR 成像来提取叶面积、直径、树高和地表及冠层的海拔高度等信息，根据这些信息对研究区域进行聚类分析，将研究区域分成几个亚区，每个亚区的个体有相似的直径和土壤水分状况，假定其液流量也相似。这样只需在每个亚区选择一个代表株进行测定便可推求群体的耗水量。但对研究区域分区的信息不易取得，某种程度上限制了其应用。

由群体或农田到区域尺度的作物需水量与耗水量的尺度转换较多采用空间插值方法，或用分布式水文模型方法与遥感方法估算区域作物需水量与耗水量的空间分布。空间插值可以分为几何方法、统计方法、空间统计方法、函数方法、随机模拟方法、物理模型模拟方法和综合方法。最常用的几何方法有泰森多边形和反距离加权方法[92]；常用的统计方法有趋势面方法和多元回归方法。空间统计又称地质统计学，是建立在空间相关的先验模型之上，假定空间随机变量具有二阶平稳性，或者是服从空间统计的本征假设（intrinsic hypothesis），空间统计方法以 Kriging 及其各种变种（Cokriging 等）为代表；常用的函数方法有傅里叶级数、样条函数、双线性内插、立方卷积法等。常用的随机模拟方法有高斯过程、马尔科夫过程、蒙特卡罗方法、人工神经网络方法等。每种插值方法都有优缺点，主要依赖插值点数据的特性，对某些数据拟合很好的方法可能不适合其他一些数据[93]。如牛振国等根据公式对气压、辐射进行坡度、坡向和高度校正，利用 GIS 的空间分析功能，建立了基于 DEM 的内蒙古半干旱鄂尔多斯高原考考赖沟流域 ET_0 的分布式模型[94]。史海滨等根据 118 万 km^2 面积内 135 个非规则分布气象站 30 年气象资料，通过对非规则采样信息的正则化处理，在传统最优内插估计方法基础上，进行了误差控制下的适当外推，构成了内插与外推的合理结合，采用地质统计学原理，充分利用 ET_0 区域信息的特征，采用 Kriging 最优无偏估计方法对区域信息进行估计，绘制各月的 ET_0 最优等值线图及估计精度 σ_k^2 等值线图[95]。佟玲等利用石羊河流域及周边 17 个站的参考作物蒸发蒸腾量与海拔高程建立回归方程，基于 DEM 借助 GIS 软件得到石羊河流域参考作物蒸发蒸腾量的空间分布图[96]。常秀华利用辽宁抚顺地区 3 个气象站的年平均 ET_0 与海拔高程建立的回归方程，基于 DEM 借助 ArcView3.2 软件得到该地区参考作物蒸发蒸腾量的空间分布图[97]。Phillips 等采用 Kriging 方法对哥伦比亚河流域 700~1000 个温度、湿度、风速数据进行插值，解包含温度、湿度、风速三个变量的非线性方程组，模拟 1990 年三个时段（1 月 9—13 日、4 月 4—8 日、8 月 2—6 日）的潜在蒸发蒸腾量[98]。Martínez - Cob 采用普通克里格 Kriging、协克里格 Cokriging 及改进的残差克里格方法插值西班牙东北部山区多年平均 ET_0，总体上，三种方法在验证站的估值与观测值一致性较好，改进的残差克里格插值要比其他两个方法差些[99]。Ashraf 等采用美国内布拉斯加州、堪萨斯州、科罗拉多州 1989—1990 两年 17 个站的日气象数据，通过 Kriging、反距离平方、反距离、Cokriging 方法插值 ET_0，对比发现 Kriging 方法 RMSE 最小，且先插值气象变量后计算 ET_0 比先计算 ET_0 后插值的 RMSE 低[100]。Dalezios 等将带有两个偏移系数的指数半变异模型作为最适合的拟合理论模型，在希腊 380 个 50km×50km 格网内进行了 ET_0 的 Kriging 插值，并绘制了月 ET_0 与年 ET_0 等值线图。对比结果表明，空间统计学可用于绘制复杂地形大区域 ET_0 等值线图[101]。Harcum 等基于美国科罗拉多州 17 个气象站 1982 年 5 月 30 日—9 月 1 日气象资料与内布拉斯加州 15 个气象站 1983 年和 1984 年 5 月 30 日—9 月 1 日气象资料，采用卡尔曼滤波（kalman filter）插值法获得区域日 ET_0，把 ET_0 看作一个随机过程，考虑了时间与空间相关，并考虑了测量误差与模型误差。而月 ET_0 可看作是时间上不相关的，因此可用 Kriging 插值月 ET_0 等值线，经检验卡尔曼滤波是可行的空间插值法[102]。倪广恒等基于全国范围 210 个气象站 1976—2000 年逐日气象资料，应用 FAO - 56 Penman - Monteith 公式计算各站 ET_0，利用反距离空间加权插值方法得到全国 ET_0 分布图[103]。

作物需水量与耗水量空间尺度转换方面，Zhao 等根据 1961—2000 年逐月气象数据计算黑河流域及周边 15 个县的 ET_0，基于 30m 分辨率的 DEM 并借助 GIS 估算黑河流域 ET_0 的空间分布，采用《中国农业百科全书》春小麦不同生育阶段的平均作物系数 K_c，并由 $ET_0×K_c$ 得到春小麦的需水量 ET_c 的分布[104]。Hashmi 等首先将落基山脉东边科罗拉多州 6 个气象站的气象数据在流域内进行插值，由于 Penman - Monteith 公式所需的气象资料不能完全满足，此研究采用 FAO - 24 Blaney - Criddle 公式计算 ET_0，然后依据 DEM 调整 ET_0，依据土地利用图生成 K_c 分布图，两者相乘得到研究区作物需水量 ET_c 分布，发现依赖距离的插值方法、泰森多边形与反距离加权方法不适合此研究，Kriging 法效果好一些[105]。Ray 等把遥感与 GIS 结合起来估算印度中西部半干旱地区 MRBC 灌区的区域作物需水量，由 IRS - 1C 遥感影像获取土壤调整植被指数（SAVI），建立作物系数与 SVAI 的回归方程，计算每个栅格的作物系数，用 FAO - 24 修正的 Blaney - Criddle 公式计算 3 个站的月 ET_0 值，借助 GIS 软件采用反距离平方插值法得到 ET_0 分布图，ET_0 与 K_c 相乘得到区域作物需水量分布图[106]。王景雷等把 GIS 的空间数据管理功能和地统计学的空间分析功能有机结合，用地统计学、反距离加权、多项式与基于 DEM 的趋势面分析法等多种插值方法进行山东省冬小麦需水量等值线图的绘制，所得结果与当地冬小麦实际用水分布状况较为吻合[107,108]。佟玲利用石羊河流域春小麦需水量与海拔高程建立回归方程，基于 DEM 借助 GIS 软件得到石羊河流域春小麦需水量的空间分布图，并与反距离加权插值法和样条插值法的结果比较，认为基于 DEM 的回归方法效果最好[109]。

　　FAO - 56 推荐的 Penman - Monteith 方法主要适用于单点的单一作物耗水量计算。对于区域多种作物组合的耗水量计算，首先要根据不同代表点的气象观测资料计算代表点的耗水量，然后用插值法绘制区域耗水量的分布图。但这种方法很难克服气象因素和作物耗水的空间变异所产生的较大计算误差，没有考虑多种作物组合中作物与作物间的交互作用。区域作物耗水量的空间分布受气候、地形、植被或土地利用、土壤水分状况等因素影响，不少学者采用不同的方法进行了研究，但这些研究所考虑的影响因素较少。如果研究区的高差和范围都相对较大，气象站点的分布又比较稀疏，地形所带来的气温的影响，坡度和坡向对辐射的影响，海拔高度对气压的影响都不能忽略[93]。

　　20 世纪 60 年代后期，遥感技术的应用为用能量平衡法计算区域作物耗水量提供了可能。20 世纪 80 年代以后，利用遥感作物冠层温度估算区域耗水量分布的研究变得十分活跃，并在一些发达国家得到了一定的应用。结合大尺度区域的遥感和地面气象资料，许多学者对估算作物耗水量的各种方法进行了研究。地表能量平衡方程和 Penman - Monteith 阻力模型是物理基础较坚实且应用最广泛的两种方法。基于地球表面能量平衡原理估算作物耗水量的遥感方法已被证明是有效的、成本相对较低的方法。1990 年以来，这一方法已取得较大的发展。其原理是：在不考虑由平流引起的水平能量传输的情况下，地表单位面积的垂向净收入能量的分配形式主要包括用于大气升温的感热通量，用于水在物态转换时（如蒸发、凝结、升华、融化等）所需的潜热通量，用于地表加热的土壤热通量，还有一部分消耗于植被光合作用、新陈代谢活动引起的能量转换和植物组织内部及植冠空间的热量储存，这一部分能量通常比测量主要成分的误差还要小，常常忽略不计。利用遥感数据计算作物耗水量时，一般在分别计算出净辐射量、土壤热通量及感热通量后，将潜热通量作为余项求出，净辐射量可由遥感方法得出，土壤热通量通常是找出与净辐射量的经验关系，但求解区域的感热通量较复杂，需要区域分布的气温、地表粗糙长度及风速等地面资料，一般较难获得。因而，感热通量的精确反演，一直为遥感蒸发蒸腾模型研究领域的热点[110]。

　　Penman - Menteith 模型综合了可以解释辐射和感热及平流传输的能量平衡与空气动力学传输方程，故有着坚实的物理基础。但该模型仍然只描述了一维垂向通量。遥感技术的应用为 Penman - Menteith 模型直接估算区域作物耗水量提供了一种有效途径。其基本步骤为：首先由遥感数据和具有空间代表性的地面气象资料结合 Penman - Menteith 模型计算得到作物的潜在耗水量；然后通过遥感信息，如地表温度、植被指数等，计算得到实际耗水量与潜在耗水量的比值系数；最后将该系数与之前所得的潜在耗水量相乘得到实际耗水量[111-113]。

　　常用的区域作物耗水量遥感模型的基本方法大致分类如下：

　　（1）单层模型。把土壤和植被作为一个整体、一个边界层来研究其传输过程，假设所有传输发生在地表有效粗糙长度。此类模型首先将感热通量用一个一维通量梯度表达式模拟，然后由能量平衡方程用"余项法"计算耗水量。

　　（2）附加阻力模型。由于用遥感地表温度代替空气动力学温度计算感热通量会带来误差，尤其在半干旱区与部分植被覆盖区，将得到过高的感热通量估计值[114]。因而，许多学者引入"附加阻力"来改善其计算准确度（需要指出，这里的"附加阻力"不同于微气象领域中的"空气动力学附加阻力"[116]）。

　　（3）双层模型。单层模型通过单一的表面温度、表面阻力及空气动力学阻力计算能量通量，未考虑土壤表面和植被冠层各自的能量平衡、温度及水汽压系统之间的区别；在将非均匀下垫面较为复杂的动力传送和热量传输过程进行简化的同时，也牺牲了计算精度。

　　为了更精确地表达作物耗水过程，利用 Shuttleworth - Wallace[64] 双层模型（简称 S - W 模型），将非均匀下垫面的土壤表面和植被冠层作为两个边界层分别进行能量平衡计算。同时，根据能量守恒原理，从参考高度处散发的总能量通量是各层能量通量之和。以感热通量为例，从土壤表面输送到源汇层界面的感热通量加上从冠层表面输送到该界面的感热通量应该等于从该界面输送到参考高度的感热通量，在将该模型综合遥感信息进行计算时，一种思路是：遥感源汇层界面向上的通量，即在确定净辐射量和土壤热通量后，通过联解参考高度处的感热平衡方程及总能量平衡方程求得。从而实现了用一层界面向上的通量代替土壤、植被冠层向界面的二层通量。S - W 模型将土壤和植被叶片看作连续的湍流输送源，被称为系列模型，但应用仍局限于农业气象的田间尺度上。Lhomme 等[116] 基于 S - W 模型，并假设热红外表面温度为土壤与植被冠层表面温度的加权平均值，权重因子分别为土壤和植被的覆盖率，推导出一种感热通量双层模式。Norman 等[115] 对系列模型进行了简化，提出了应用遥感数据的平行模型（简称 N95 模型），该模型假设土壤通量和冠层通量互相平行，土壤表面和植被冠层分别与上层大气进行独立的能量和水汽交换。Norman 等认为，这种假设在半干旱地区、较低或中等叶面积指数及中等风速的情况下是成立的。研究表明，在植被稀疏且分布不均匀时，中等风速情况下，棵间土壤表面蒸发与植被冠层蒸腾只有微弱的耦合关系。这种简化的平行模型综合利用遥感数据和地面数据，易于求解，适用于半干旱区较为常见的稀疏植被条件，因而促使双层模型在区域尺度上的应用向前迈进了一步。该模型利用遥感所获多角度或单角度亮度温度反演或进行迭代计算得出表面组分温度，在将经典双层模型进行简化的同时，保持了一定的精度；而且，模型所需输入的参数较少，因此实际操作性较强。但在植被较为稀疏的情况下，土壤热辐射对净辐射的贡献取决于土壤表面温度，这时将净辐射通量在土壤和冠层间采用比尔定律进行分配，会产生较大的系统误差。Kustas 和 Norman[117] 对模型进行了改进，建立了机理性更强的净辐射量分配的算法；另外，当植被叶片呈如行播作物的聚集簇生时，叶面只能截留稀疏散布叶片所接受太阳辐射量的 70%～80%，因而改进的模型引入一个聚集因子进行修正，同时，该因子也可修正簇生带来的冠层内部风速的改变。上述系列模式属于"分层模型"（layer model）[118]：土壤层在植被冠层之下，各源通量在冠层顶部汇合，相互耦合；而将土壤蒸发和植被蒸腾分开考虑的还有一种补丁模型（patch model），即植被呈斑块状镶嵌在裸露的土壤表面，各源通量只有与空气的垂直作用，而无相互作用，蒸腾和蒸发并列放置，不存在耦合关系，因而被称为"分块模型"[119]。

常用的遥感作物耗水模型包括：

（1）SEBAL（surface energy balance algorithm for land）。SEBAL 是由 Bastiaansen 等[120] 提出的多步骤求取地面特征参数进而得到区域耗水量的模型。该模型利用遥感数据反演得到的地表温度，半球反照率和归一化植被指数 NDVI 及其相互关系得出不同地表类型的宽带地表通量（包括感热通量和土壤热通量）后，用余项法逐像元地计算区域的分布。SEBAL 为基于能量平衡原理的单层模型，它无论作为计算模型还是验证模型已在许多研究中得到了成功的应用[121]。其主要优点是物理基础较为坚实，适合于不同的气候条件区；另外，模型可以利用各种具有可见光、近红外和热红外波段的卫星遥感数据，并结合常规地面资料（如风速、气温、太阳净辐射等）计算能量平衡的各分量，因而可得出不同时空分辨率的分布图。运用空气和地表温度的实验方程，消去难以获取的空气温度参数。但模型在计算感热通量时，需要在遥感图像中选择干（热）点和湿（冷）点，某些情况下可能不易选择。在参数化时，对表面粗糙度的物理过程描述不充分，例如，模型只将下垫面粗糙度表示为叶面积指数的函数，未考虑地表结构，如植被行距、形状及分布状态等对其的影响；模型中仍应用了一些经验关系，在使用时需要进行率定，如宽带行星反照率与大气顶反照率的关系；模型仅适合在晴朗无云的天气和植被茂密的平原地区应用[92]。

（2）植被指数-温度梯形模型。由于作物耗水直接影响了作物与土壤的热量平衡，因此也影响了作物和土壤本身的温度。作物耗水与表面温度的这种依赖关系，为利用热红外遥感信息推求作物耗水量提供了一种途径。Jackson 等利用 Penman - Monteith 公式和能量平衡单层模型估算得出能代表最小和最大作物耗水速率的叶面最高和最低温度。然后将这些值与实际叶面温度进行比较，得出作物实际耗水与潜在耗水之比。基于此，提出了作物水分胁迫指数（crop water stress index，CWSI），该指数在灌溉制度的制定、作物估产及植物病虫害监测等领域有着广泛的应用[94]。但计算该指数需要叶温，而大多数航天航空遥感器所能测得的是地表的混合温度。因此 CWSI 仅限于在农田等植被密集区应用。为克服 CWSI 的弱点，Moran 等[111] 基于能量平衡双层模型，引入水分亏缺指数（water deficit index，WDI），提出植被指数-温度梯形模型（vegetation index/temperature trapezoid，VITT），成功地将 Jackson 等提出的作物水分胁迫模型扩展到部分植被覆盖的区域。Yang 等[122] 在所选甘蔗试验田，通过测定不同土壤水分和作物状况下的光谱反射率及地表温度确立 VITT 梯形。定义土壤水分有效性指数（Ma＝1－WDI），从而将水量平衡方程和遥感能量平衡方程联系起来。试验表明，两者所得 Ma 具有很好的相关性。Yang 等认为，LANDSAT TM 数据结合 VITT 模型是局地尺度作物耗水估算的一种较为实用的方法。姜杰等[113]采用 LANDSAT7 ETM＋遥感数据，与地面同步观测相结合，利用 VITT 模型，通过 Penman-Monteith 模型定义地气温差与植被覆盖度的理论边界，并运用修正的 Jackson 正弦关系，计算得到华北平原太行山山前平原农区的日蒸发蒸腾量频率分布。研究者将设在农区的试验站所在 30m×30m 像元的日耗水量与站内的蒸渗仪观测值比较后，发现模拟值与实测值具有较好的一致性。虽然 VITT 模型在非均匀下垫面条件下的区域作物耗水分布图计算中已显示出一定的优势，但在实际应用中仍存在一些不足：一方面，依据散点图进行梯形包络线范围的确定时，人为因素对此影响较大，应用时需要借助 Penman-Monteith 模型与特定日期、特定时刻的气象资料确立梯形的理论边界；另外，需要了解研究区域的土地利用类型；另一方面，Penman-Monteith 模型的输入参数，如饱和水汽压、空气温度、风速等，通常不易获取，也很难从测定"点"扩展到与遥感数据对应像元尺度的"面"。

（3）半经验模型。半经验模型一般是用从遥感信息容易获得的参数得出瞬时或日蒸发蒸腾量。其中，应用最广泛的是由瞬时地表-空气温差得出日耗水量的简化模型（simplified method）[123]。该模型最早由 Jackson 等于 1977 年提出，以后又有许多学者（如 Seguin、Caselles 等）对其进行研究和改进。尽管模型所需输入的参数较少，但可以很好地模拟有不同植被覆盖度的各种下垫面的复杂耗水机理。该模型的不足之处在于：在自然界，一天之内不时有云层穿过，风速变化，此时各气象因子会随之发生改变，使得地表温度的日变化幅度较大。因此用地方时 13：00 时的瞬时地表温度得出的日通量，其精度会受到影响[124]。

遥感作物耗水量的估算主要是利用可见光、近红外及热红外波段的反射和辐射信息及其变化规律进行相关地表参数的反演后，结合近地层大气的风速、温度和湿度等信息估算而来。近些年来，虽然在非均匀及稀疏植被下垫面能量传输机制的研究方面取得了较大的进展，但在遥感信息与作物耗水机理模型的链接中仍存在如下问题：

（1）地表温度的反演问题。热红外传感器探测的是地表辐射温度，又称为地球表面的"皮肤"温度（skin temperature）。然而，地表远非"皮肤"状或均一的二维实体，各样的组分及其各异的几何结构均增加了地表真实温度的反演难度。作物耗水模型中利用遥感地表温度或代替较难获得的空气动力学温度计算感热通量，或进行一些参数的计算（如 WDI）。因而，地表温度的反演准确度直接影响着蒸发蒸腾量估算的精确度。

（2）尺度问题。包括时间延拓和空间延拓两个方面。在将瞬时蒸发蒸腾量进行日蒸发蒸腾量的扩展时所要求的"绝对晴天"在现实中出现的几率不会很大[125]。空间延拓主要指作物耗水模型中所需的气象参数由点测资料标定遥感像元面的数据，进而再从像元面扩展到"区域"甚至"全球"；另外，用来进行模型结果比较的局地观测数据与计算时所利用的遥感数据的尺度也存在差异[126]。然而，不同尺度信息之间往往是非线性、不确定的，时空尺度的延拓应是未来的研究重点。

（3）阻力问题。"面"上的气孔阻力、表面阻力（对于植被下垫面，常称为冠层阻力）及空气动力学阻力等对于区域蒸发蒸腾量估算关键的参数仍然需要依靠冠层高度及风速等

"点"上资料来推算得到平均信息。如何充分利用遥感数据建立机理性较强的辅助性的阻力模型，也是需要进一步探讨的问题。

目前，遥感方法是区域作物耗水估算及其时空分布规律研究的一种有力工具，并且随着遥感技术的不断发展，特别是多光谱、多角度、多分辨率的遥感影像的应用以及非均匀下垫面区域气象场结构研究的继续深入，地表参数反演的精度在不断提高，区域作物耗水遥感模型也在逐步完善。作物耗水遥感模型在挖掘现有遥感信息精确模拟作物耗水机理的同时，也在朝着简单、便于实际应用的方向发展。在美国爱达荷州，利用 SEBAL 模型绘制的季节性作物耗水图，已被用来预测对地下水系统的回补量和灌溉对熊河及蛇河流域上游流量减小的影响[127]。遥感技术将为区域水资源的有效利用与合理配置提供一种更加有效的途径。

1.5　作物需水量与耗水量对变化环境的响应及调控

随着全球气候变化和人类活动的加剧，变化环境下的水循环及其时空演化规律研究已经引起各部门人士的高度关注。其中作物需水量与耗水量是水循环与水热平衡的重要分量，也是地-气相互作用与陆-气系统耦合与模拟的重要过程，还是水资源科学评价与管理以及农业水利工程规划设计的重要依据。越来越引起水文水资源、农业水利、农田生态、自然地理、农业气象等多学科的关注。气候变化以及不同区域耕地表面参数的空间变化、农业结构调整、作物布局改变和节水灌溉发展、作物生产力提高和水资源配置对区域尺度作物需水量与耗水量会产生重大影响。变化环境下不同尺度作物需水量和耗水量的响应过程研究是进行水资源科学管理的重要基础。

1.5.1　变化环境及其对作物需水与耗水的影响

变化环境分为气候变化和人类活动影响两个方面。人类活动的影响包括下垫面条件与人类生产实践改变两个方面。

1.5.1.1　气候变化及对作物需水与耗水的影响

目前，气候变化问题日益受到人们的关注，而温室效应是引起全球气候变化的最主要因素。自 1750 年以来，全球大气中二氧化碳浓度值从工业化前的约 280mg/L 增加到 2005 年的 379mg/L[128]，对气候变化产生了重要影响，表现如下：

（1）气温呈不断增加趋势。过去 100 年（1906—2005 年）中全球平均气温升高了 0.74℃[129]。中国气温也上升了 0.5～0.8℃，增温最强烈的地区为华北、内蒙古东部和东北地区[130]。

（2）降水的变化。北半球中高纬度陆区的降水每 10 年增加 0.5%～1%，热带陆区的降水增加 0.2%～0.3%，亚热带陆区每年减少 0.3%左右；南半球的广大地区则变化不大。就中国而言，降水在 20 世纪 50 年代最多，以后逐渐减少[131]。

（3）空气湿度的变化。1976—2004 年，大气水汽浓度升高了 2.2%，到 2100 年，大气湿度可能再提高 10%[132]。

（4）海平面升高，积雪和海冰面积减少。自 1961 年以来，全球平均海平面上升的平均速率为每年 1.8mm。从 1978 年以来的卫星资料显示，北极年平均海冰面积已经以每 10

年 2.7%的速率退缩[131]。

Goyal[133]研究了印度拉贾斯坦邦干旱区作物耗水对全球变暖的敏感性，用 Penman-Monteith 公式计算 ET_0。根据 1971—2002 年温度、太阳辐射、风速与水汽压±20%以内的变化研究对作物耗水的影响，没有考虑降水和气孔阻力对 CO_2 浓度增加的响应。随着温度升高 20%，耗水增加 14.8%；净辐射增大 20%，耗水增加 11%；风速增大 20%，耗水增加 7%；水汽压增加 20%，耗水减少 4.31%。温度、水汽压增加 10% 而净辐射减少 10%，从而使耗水减少 0.3%。温度增加 10% 而净辐射、水汽压与风速减少 10%，使耗水减少 0.36%。

1.5.1.2 下垫面条件改变及对作物需水与耗水的影响

下垫面条件改变主要包括植树造林与垦荒、过度放牧、农村城市化、灌区开发等。大面积植树造林或大量砍伐森林，破坏原始植被，气候和周围环境受到严重的影响，均会对周围农田作物耗水产生影响。城市化是人类社会发展的必然趋势。1950 年，中国城市化水平为 12.51%，到 1970 年，仅增加了 4.89%[134]。改革开放以来，中国的城市化发展迅速，按照常住人口统计，中国 2014 年的城镇化率达到 54.77%[135]。随着中国城市化的进程加快，城市面积逐步扩张，导致绿地迅速减少，不透水面积增加，城市与郊区农田之间产生的温湿度水平差异，导致了城郊大气之间的平流作用，对整个下垫面的耗水量都产生了较大影响。扩大灌溉面积一定条件下改善了局部地区气候环境。灌溉可使土壤湿润，热容量增大，蒸发作用使空气湿润，也使土壤温度和近地层气温的日较差减小。在干旱与半干旱气候区进行大规模灌溉，使灌区地表的小气候发生改变，还能增加灌区范围水分的内循环，降水随之增多。长期灌溉导致局部相对湿度增加和 ET_0 下降，陕西泾惠渠灌区 20 世纪 30 年代开灌后相对湿度呈明显上升，而 ET_0 呈下降趋势；陕西宝鸡峡灌区开灌后礼泉、富平相对湿度呈上升，而 ET_0 呈显著下降趋势[136]；内蒙古河套灌区过去 50 年相对湿度呈明显上升，而 ET_0 呈下降趋势；石羊河流域凉州过去 50 年相对湿度呈微弱上升趋势，而 ET_0 呈显著下降趋势[96]。

1.5.1.3 人类生产实践变化及对作物需水与耗水的影响

人类生产实践变化主要指设施农业发展、覆盖种植、节水栽培与实施非充分灌溉、调亏灌溉、调整种植结构、保墒抑蒸剂应用及作物抗旱节水新品种应用等。

荷兰、日本、以色列、美国、加拿大等国是设施农业十分发达的国家。中国从 20 世纪 70 年代开始引进蔬菜的设施栽培技术，并进行试验研究。70 年代中期，塑料大棚发展到 0.53 万 hm²，1981 年发展为 0.72 万 hm²。据不完全统计，1996 年，全国的设施农业面积达到 69.8 万 hm²，2012 年达到 386 万 hm²。中国设施农业面积增长迅速，改变了下垫面状况，使得农田水分状况和作物生长环境从根本上发生了改变，温室与大田相比，湿度增大，风速减小，在相同生产力条件下减小了作物需水或耗水。

近年来，覆膜种植面积大幅度增加。据相关部门统计，2011 年，中国地膜用量已达 120 万 t，覆盖栽培面积达 2330 万 hm²。覆膜后，有效减少土壤蒸发量，对蒸腾量的影响不大，从而使耗水总量减少。这种减少在生育期的早期作物不能覆盖地表时表现显著，而生长盛期则不明显。

与传统灌溉相比，非充分灌溉与调亏灌溉等节水灌溉技术能有效减少作物奢侈蒸腾与棵间蒸发。康绍忠、杜太生等试验获得的甘肃民勤膜下滴灌棉花各阶段作物系数 K_c 比 FAO 推荐值在生育中期小 50% 左右，用此 K_c 估算 ET 比用 FAO 推荐值减少 30%。在滴灌条件下，Farahani 等[137]在叙利亚实验得到的棉花在中期的作物系数较 FAO 推荐值小 24%，根据 FAO 推荐值算得的耗水量比实际值大 33%。杜太生[138]研究得出西北干旱荒漠绿洲区棉花滴灌条件下的作物系数均低于同期沟灌的处理，棉花作物系数主要受灌水量的影响，相同灌水水平下不同供水模式对作物系数的影响差异不显著。

随着水资源日趋短缺，作物抗旱节水新品种越来越受重视。20 世纪初，Briggs 和 Shantz 通过 6 种 C_3 作物盆栽试验发现不同作物的水分利用效率（WUE）有明显差别，其中小麦的 WUE 最高，达到 1.97g/kg，而苜蓿最低为 1.16g/kg，两者相差 70%[139]。董宝娣、张正斌等对 12 个小麦品种的平均产量、耗水量和水分利用效率以及对灌溉处理的响应分析得出：在华北平原种植石家庄 8 号等高产高 WUE 型小麦，其在不降低产量和水分利用效率的情况下，可减少灌水 60~120mm[140]。

农业种植结构调整会对单位面积作物耗水产生显著影响，如甘肃河西走廊石羊河流域，随着农业种植结构的调整，单位面积作物耗水量由 20 世纪 50 年代的 506.9mm 减少为 2003 年的 449.1mm，单位面积净灌溉需水量由 20 世纪 50 年代的 455.7mm 减少为 2003 年的 331.9mm。在农作物总播种面积一定条件下，降低粮食作物比例、增大经济作物与其他农作物比例均能显著降低流域单位面积耗水量及单位面积净灌溉需水量。但经济作物与其他农作物种植面积比例提高到一定程度后，继续调整农业种植结构，不能显著降低流域单位面积耗水量。

1.5.2　不同尺度作物耗水对变化环境响应的定量研究

部分学者研究了单株尺度、群体尺度、农田尺度、区域尺度上两者对 ET 变化的影响，但定量区分人类活动与气候变化对 ET 变化的贡献率的研究还鲜有报道。

1.5.2.1　单株与群体尺度

康绍忠等[141]在大型人工气候室内进行了 CO_2 浓度增加对春小麦耗水和水分利用效率影响的试验。研究结果表明：空气中 CO_2 浓度由 325×10^{-6} 增加为 650×10^{-6} 时，叶气孔阻力 R_s 在充分和中等供水条件下增大 125.67%，在干旱条件下增加 47.93%；叶片水平的水分利用效率增加 2.522~6.936 倍，平均为 4.057 倍；试验期内的群体耗水平均减小 10.04%。基于 GISS 和 GFDL 通用循环模型，模拟了 CO_2 浓度增加一倍后农田耗水的变化规律，研究表明：不同月份作物耗水对气候因素和植被特征（R_s、LAI）变化的敏感性不同，仅考虑气温增高的最大，考虑全部气候因素变化时的作物耗水变化居中，气候因素与植被特征均变化时作物耗水的变幅最小，植被特征变化使作物耗水减小的效应能抵消气候变化使作物耗水增加的效应。Allen 等[142]研究了环境控制室内 CO_2 浓度增加对大豆耗水的影响。CO_2 浓度增加一倍，最高温度/最低温度为 28℃/18℃时作物耗水减小 9%，表明 CO_2 浓度的升高对作物耗水有抑制作用。

1.5.2.2　区域尺度

如何定量区分区域上作物对变化环境中人类活动与气候变化的响应？对于长时间尺度上的作物耗水，可以看成是对降水（P）和蒸发能力（E_0）的响应。不少学者根据观测到的流域作物耗水与降水、径流以及蒸发能力之间的数量关系提出了描述流域作物耗水

（ET）的经验公式，Budyko 公式[143]是这类公式中被广泛应用的代表之一：

$$\frac{ET}{P}=\left\{\frac{E_0}{P}\left[1-\exp\left(-\frac{E_0}{P}\right)\right]\tanh\left(\frac{P}{E_0}\right)\right\}^{0.5} \tag{1.3}$$

傅抱璞[144]从 Budyko 基本的假设出发，运用量纲分析和微积分理论推导了式（1.4）：

$$ET=P+E_0-(P^\omega+E_0^\omega)^{1/\omega} \tag{1.4}$$

式中：ω 为与下垫面条件有关的一个综合参数，与地形、植被和土壤透水性等因素有关。不同时期，由于人类活动引起的下垫面条件变化是影响 ω 的主要原因。通过不同时期 ω 值求出气候条件改变情况下的大尺度 ET，从而区分气候及人类活动对 ET 的影响。

ET 变化可以看作是由气候原因引起的变化 ΔET^{clim} 和由人类活动引起的变化 ΔET^{hum} 两部分组成，表示如下：

$$\Delta ET^{\text{tot}}=\Delta ET^{\text{clim}}+\Delta ET^{\text{hum}} \tag{1.5}$$

在下垫面条件不变的情况下，可以推出 ET 随气候因素变化的公式如下：

$$\Delta ET^{\text{clim}}=\frac{\partial ET}{\partial P}\Delta P+\frac{\partial ET}{\partial E_0}\Delta E_0 \tag{1.6}$$

基于傅抱璞公式[144]：

$$\frac{\partial ET}{\partial P}=1-\left[1+\left(\frac{P}{E_0}\right)^\omega\right]^{\frac{1}{\omega}-1}\left(\frac{P}{E_0}\right)^{\omega-1} \tag{1.7}$$

$$\frac{\partial ET}{\partial E_0}=1-\left[1+\left(\frac{E_0}{P}\right)^\omega\right]^{\frac{1}{\omega}-1}\left(\frac{E_0}{P}\right)^{\omega-1} \tag{1.8}$$

这样，我们可尝试将气候变化和人类活动对 ET 的影响区分开来。

1.5.3　变化环境下作物耗水时空格局优化设计与管理

1.5.3.1　变化环境下区域尺度作物耗水时空格局优化设计

区域作物耗水时空格局优化设计就是在一定的区域产量或效益目标下，如何在空间上和时间上设计作物耗水过程，使区域作物净耗水损失最小，减少区域总耗水损失，提高水分生产率和水分效益，或在总量控制、定额管理的条件下，如何进行数字化设计，使区域用水总额通过耗水在时空上的优化分配，实现最高区域产量或效益。它需要基于地理信息系统，在充分考虑影响作物生长的气象、地形、土壤等自然因素的时间和空间维度变异性，以主要作物生命需水指标及生长影响因子时空分异为基础，通过建立作物分布式耗水模型和区域作物耗水时空格局动态优化模型，得到区域作物耗水最高产出效率的分配方案，实现优化区域作物耗水时空格局的目的。其具有时空变异性、农业用水高效性和生态环境和谐性的特征。依据区域作物耗水时空格局优化设计结果，可按照水资源和农业资源的时空分布特征，考虑作物耗水影响因子的时空变异性，兼顾经济、社会和生态效益，得到区域作物耗水最高水分产出效益的分配方案，合理调整作物时空布局，对指导农业生产，促进研究区域水资源高效利用、农业可持续发展和缓解水资源供需矛盾具有重要的科学意义。

区域作物耗水时空格局优化设计研究立足于区域作物生长的时间维度和空间维度，基于地理信息系统将作物耗水及其影响因子进行空间离散，划分作物耗水响应单元并建立作物分布式耗水模型；基于空间状态函数的元胞自动机等方法获取作物生产优势区域；构建基于智能区间优化算法的区域作物耗水时空格局动态优化模型，获得以作物耗水产出效率最高为目标的区域作物耗水时空动态格局。

区域作物耗水时空格局与农业种植结构密切相关，合理调整作物种植结构对提高区域耗水的水分产出效益有着重要的作用。合理的农业种植结构的内涵可理解为时间变异性、空间变异性和效益综合性的体现。种植业同时具有经济、社会及生态环境属性，这就要求农业种植结构优化要满足经济、社会及生态环境等综合效益的最大化。种植结构优化主要采用线性规划、非线性规划、动态规划等传统的方法以及新近发展起来的智能优化方法，如遗传算法、模拟退火方法、模糊优化、混沌优化、禁忌搜索、蚁群算法、粒子群算法等方法，对于这种复杂大系统的优化具有很大的优越性。这些智能方法与现代信息技术、计算机技术的有机结合，使得种植结构优化这些复杂大系统模型的建立、求解变得容易起来，同时提高了优化效率和优化效果。

在该领域的研究虽然取得了一些进展，但还未能综合考虑不同经济与生态环境效益下，区域多种作物组合及多种景观单元组合的不同尺度耗水规律及交互作用的作物时空格局，未实现变化环境下的区域耗水时空格局的优化。在该领域的研究难点是如何建立基于作物生长机制的区域分布式耗水模型。

1.5.3.2 变化环境下农田作物耗水管理与调控

在满足一定产量（生物量）或收益前提下，通过遗传改良、生理调控、群体适应、灌水技术改进，尽可能地降低作物耗水量。

作物抗旱节水是在干旱半干旱气候环境下生存和繁衍的手段，高水分利用效率和高产是目的。作物要抗旱、高 WUE、高产，必须具备三个方面的性能：一是保持水分；二是耐旱；三是水分高效利用。作物在抗旱和水分高效利用方面有明显的遗传和生理差异[145]。董宝娣等[140]试验结果表明同一灌溉处理下不同小麦品种的耗水量有显著差异，平均耗水量一般为 $420\sim470\text{mm}$，差异在 10% 左右。

降低作物奢侈蒸腾是作物耗水管理的重要手段。研究发现[146,147]，作物在水分充分供应、气孔开度较大的条件下，存在奢侈蒸腾。其机理是作物叶片光合速率与蒸腾速率对气孔开度的响应不同。一般条件下，光合速率随气孔开度增加而增加，但当气孔开度达到某一值时，光合速率增加不再显著；而蒸腾速率则随气孔开度增大而线性增加，即可通过（叶片）气孔调节、（单株）株型调控、（群体）理想冠层构建，减少奢侈蒸腾，实现节水与增产的统一。通过作物的株型形成与耗水及产量形成之间的关系，提出节水高效型理想株型的形态特征指标。基于作物地上部和地下部之间的互反馈关系及其对根-土环境的响应，建立有利于低耗水与高 WUE 的根冠关系。确定农田高效用水的作物群体时空分布特征以及影响农田整体抗旱特性和水分利用效率的群体因素及调控指标，主要农作物高效用水群体优化结构的综合栽培技术要素。但在该领域的研究单一叶片尺度较多，没有考虑多尺度的耦合，个体研究或者微观尺度的研究不能代表区域实际。在该方面的研究还面临许多挑战，例如，如何根据作物环境因素优化设计和调控气孔的开度？采用什么量化模型？

气孔最优如何扩展到单株或群体的最优？瞬时最优如何到生育期、周年或多年最优？时空尺度如何转换？

1.6 基于作物生命需水信息的高效用水调控理论与技术

中国缺水问题在很大程度上要靠节水解决。发展现代节水农业，通过各种节水灌溉理论与技术的创新和采取综合节水措施来提高水分利用效率（WUE）是未来中国粮食安全保障和水资源可持续利用的根本途径，也是保障中国食物安全、水安全和生态安全的重大战略。目前，中国农业节水的最大潜力在田间，通过各种田间节水措施提高作物水分生产效率是节水农业发展的关键，也是节水灌溉发展的基础。田间是水分转化的场所，灌溉水输送到田间转化为土壤水后才能为作物所利用，最终转化为经济产量。作物吸收的水分中仅有 $1\%\sim2\%$ 用于植物器官的形成，其他绝大部分水分以叶片蒸腾和棵间蒸发的方式向大气散失，因此田间蒸发蒸腾耗水是农业生产耗水的主要形式。从当前世界发达国家农业节水的发展趋势来看，传统的仅仅追求单产最高的丰水高产型农业正在向节水高效优质型农业转变，作物灌溉也由传统的"丰水高产型灌溉"向"节水优产型非充分灌溉"转变。目前人们已更多的考虑如何挖掘植物自身的生理节水潜力和创造高效用水环境，即利用作物遗传和生态生理特性以及干旱胁迫信号 ABA 的响应机制，通过时间（生育期）或空间（水平或垂直方向的不同根系区域）上的主动的根区水分调控，减少田间的蒸发蒸腾损失，以达到节水、高效、优质的目的[148]。基于生命需水信息的作物高效节水调控理论与技术正是实现上述目标的重要基础和有效途径。

1.6.1 基于生命需水信息的作物高效用水调控的理论基础

1.6.1.1 作物生长冗余调控与缺水补偿效应理论

作物在其生长发育方面存在着大量的冗余，包括株高、叶面积、分蘖或分枝、繁殖器官、甚至细胞组分和基因结构等，而且这种冗余随着辅助能量（如水、肥）的增加而增大。生长冗余，本是作物适应波动环境的一种生态对策，以便增大稳定性，减少物种灭绝的危险，但这种固有的冗余特性在人类可以对环境施加影响并对物种加以保护的条件下，则变成了高产栽培中的巨大浪费和负担[149]。植物生理学家研究提出的作物生长冗余理论、同化物转移的"库源"学说以及缺水对禾谷类作物不同生理功能影响的先后顺序（细胞扩张→气孔运动→蒸腾运动→光合作用→物质运输），从分子水平上为作物不同生育期亏缺调控灌溉定量化和可操作化的深层次研究提供了理论基础。合理的灌溉能够调控作物根系生长发育，使茎、根、叶各部分不产生过量生长，控制作物各部分的最优生长量，维持根冠间协调平衡的比例，可以实现提高经济产量和水分利用效率的目的。此外，适时适度的亏水不仅可以有效地控制营养生长，使更多的光合同化产物输送到生殖器官，而且节省了大量工时，便于田间的栽培管理及密植度的进一步增加。

任何一种节水方法在达到节水目的的前提下，必须保证对产量不会产生太大的影响。现代节水高效灌溉的技术瓶颈就在于如何通过系统的生命水分信息监测与诊断对作物耗水状况进行最优调控，从而最大限度地充分利用作物在经受水分胁迫时的"自我保护"作用和水分胁迫解除后的"补偿"作用。大量研究表明，水分胁迫并非完全是负效应，特定发育阶段、有限的水分胁迫对提高产量和品质是有益的。植物在水分胁迫解除后，会表现出一定的补偿生长功能，适度的水分亏缺不仅不降低作物的产量，反而能增加产量、提高 *WUE*。因此，在作物生长发育的某些阶段主动施加一定程度的水分胁迫，能够影响光合同化产物向不同组织器官的分配，以调节作物的生长进程。例如，康绍忠等在陕西长武对玉米进行的调亏灌溉试验，苗期和拔节期均中度调亏相比于苗期重度调亏、拔节期中度调亏处理可在保持相同产量水平下使玉米水分利用效率显著提高。

1.6.1.2　根冠通信理论

根冠通信理论为在作物不同根系空间上进行亏缺调控灌溉提供了理论基础。20 世纪 80 年代以后的大量研究表明[150-153]，植物在叶片水分状况无任何变化之前，其地上部对土壤干旱就已经有了反应，这种反应几乎与土壤的水分亏缺效应同时发生。由此可见，当土壤水分下降时，植物必定能够"感知"根系周围的土壤水分状况，并以一定方式将信息传递至地上部，从而调节生长发育的机制，使地上部做出各种反应。可以简单设想处于相对较干燥土壤中的部分根系会产生某些化学信号，这些信号在总的水流量和叶片水分状况尚未发生变化时就传递到地上部发挥作用。随着土壤继续变干，越来越多的根系产生更大强度的化学信号物质，从而使植物地上部能够随土壤水分的可利用程度来调整自身的生长发育和生理过程[154]。现在人们已经普遍接受气孔导度受土壤含水量控制是通过根的化学信号而不是依赖于叶水势这一观点[153,155,156]。根系化学信号是植物体内平衡和优化水分利用的预警系统，国内外学者对干旱条件下根源化学信号的类型、产生与运输进行了大量的研究，发现土壤干旱时根系能够合成并输出多种信号物质，这些信号能够以电化学波或以具体的化学物质而从受干旱的细胞中输出，它能够从产生部位向作用部位输送。

尽管调控地上部的根源信号物质有很多，但最普遍、研究最多也最令人信服的是脱落酸（ABA）。大量研究表明，根系受到干旱胁迫时能迅速合成 ABA，其含量因植物种类不同而成几倍甚至几十倍的增加，而且根系合成 ABA 的量与根系周围的水分状况密切相关。Zhang 和 Davies[156]的研究结果说明根系 ABA 含量可作为测量根系周围土壤水分状况的一个指标。梁建生等[157]的试验结果也证明了这一点，而且进行复水处理，干旱诱导合成的 ABA 即迅速降到对照水平。Liang 等[158]研究玉米和银合欢木质部 ABA 浓度与根系 ABA 含量间的关系时观察到，两者间存在近线性关系。这表明木质部 ABA 浓度可以作为根源 ABA 的定量指标，并用以直接反映根系感应土壤环境的能力。以上这些结果均表明，ABA 具有控制气孔、感知土壤水分可利用状况、调控植物营养生长与生殖生长，从而实现最优化调节的作用。从这一意义上讲，根系化学信号物质的合成是根系对土壤不良环境做出的即时响应。据此，康绍忠等提出了以刺激作物根系吸水功能和改变根区剖面土壤湿润方式为核心，以调节气孔开度，减少"奢侈"蒸腾，提高水分利用效率，大量节水而不减产或提高品质为最终目的的根系分区交替灌溉（alternate partial root-zone irrigation，APRI）理论与技术[148]，并在甘肃民勤进行了连续多年的田间试验。结果表明，应用根系分区交替灌溉技术可以以不牺牲产量为代价，实现产量和水分利用效率的同步提高。

1.6.1.3　作物控水调质理论

作物品质与品种、施肥、气候、水分生长环境等多种因素有关，而水分是实现对作物品质改善的媒体和介质。有关研究表明，在作物某些生育阶段通过控制水分，改善植株代谢，促进光合产物的增加，可以改善产品品质。例如，灌水虽然增加了西红柿产量却降低了果实内糖、有机酸等可溶性含量[159]；在桃树营养生长季节，仅维持较低水平的土水势，而在果实膨大期实行频繁的灌水，结果节约了大量的用水量，也改善了水果的品质[160]。陈秀香等[161]研究了 4 个水分处理条件下加工番茄的产量和果实品质，结果表明，加工番茄的产量、品质与土壤含水量密切相关。灌前过高或过低的土壤含水量会影响产量及茄红素、可溶性固形物、可溶性糖、可溶性酸等品质指标。灌前土壤相对田间持水量为 $70\% \sim 75\%$ 处理的加工番茄产量最高，品质较好，水分利用效率最高，既能实现高产高效，又可达到节水灌溉的目的。杜太生等在甘肃河西干旱荒漠绿洲区的田间试验结果[138]也表明，采用根系分区交替灌溉技术，灌水定额为 37.5mm 时隔沟交替灌溉棉花的霜前花产量较常规沟灌提高了 35.5%，灌水定额为 24mm 时交替滴灌的霜前花产量较常规滴灌提高了 10.63%。该技术明显增加了棉花纤维长度，改善了皮棉品质。2004—2005 年进行的葡萄田间试验结果也表明，根系分区交替灌溉可显著提高鲜食葡萄的 VC 含量和可食部的比例，调整可溶性固形物含量和果酸含量，提高了葡萄的成熟度[138]。

1.6.1.4　作物有限水量最优分配理论

在供水不足的条件下，把有限的水量在作物间或作物生育期内进行最优分配，允许作物在水分非敏感期经受一定程度的水分亏缺，把有限的灌溉水量灌到对作物产量贡献最大的水分敏感期所在的生育阶段，以获得最大的总产量和效益，即解决有限水量在生育阶段的最佳分配问题。因此，要确定各生育阶段缺水对产量的影响，尽可能减少对作物产量最敏感的生育阶段内的缺水，使减产降低到最低程度。同时对相同时段生长的作物，减产系数最高的要优先供水，允许牺牲局部，以获得总产量最高或纯收益最佳。该理论主要包括不同作物缺水敏感指数的确定、作物水分-产量模型以及优化灌溉模型等内容[162,163]。截至目前，虽然对非充分灌溉条件下的作物水分-产量模型进行了大量的研究工作，并相继提出了加法模型、乘法模型及加乘混合模型等，但它们大多是缺乏物理意义的统计回归分析模型，且水分敏感系数或指数在不同地区和同一地区不同水文年间的变化较大。关于有限灌溉水在作物间和作物生育期不同生育时段间的优化分配问题，国外在编制不同亏水度作物生长模拟模型的基础上，将作物水分-产量模型广泛地应用于灌溉系统的模拟，提出了各种不同配水计划的预测效果，制定了相应的作物非充分灌溉模式与实施操作技术。国内在这方面虽然也做了大量的研究工作，但大多数的优化配水结果多是针对某一具体作物或灌区，目前尚未形成较通用的非充分灌溉设计软件，更无基于网络、面向基层水管人员或农户使用的非充分灌溉设计软件，缺乏与实施非充分灌溉制度相适应的低定额灌溉的先进地面灌水方式及相应配套设备与产品的研究和开发[164-166]。同时，有限水量最优分配还需要考虑产量与品质和灌水量的关系，探讨基于需水信息和水分-产量-综合品质-效益模型的作物节水调质高效灌溉优化决策方法及灌溉控制阈值等科学问题，推动以作物水分-产量模型为基础的作物非充分灌溉理论，向以综合考虑水分-产量-品质耦合关系为基础的作物节水调质高效灌溉新理论的发展[167-169]。

1.6.2　基于生命需水信息的作物高效用水调控技术研究

基于生命需水信息的作物高效节水调控技术的研究主要包括：对作物生命需水信息采

集与估算方法进行筛选和改进，重点研究作物生命需水信息的时空变异特征与尺度转换技术，综合考虑土壤类型、水文年份及水源保证条件确定节水灌溉条件下作物生命需水指标与经济耗水量标准，建立主要作物的水分-产量-品质-效益模型，提出主要作物节水调质高效灌溉模式，在此基础上构建基于生命需水信息的作物高效用水调控技术体系，实现信息获取方法、指标体系、模式与规程、产品与设备以及管理系统的创新，形成较为完善的节水调质高效灌溉决策技术、小定额均匀高效施灌技术与设备、作物生理节水调控技术与制剂；研制出基于网络的数字化作物生命需水信息管理系统、数字化作物需水量图、智能式高效节水灌溉信息管理与预报器以及基于作物生命需水信息的高效节水灌溉决策支持系统。

1.6.2.1　作物生命需水信息获取与时空尺度转换技术

该方面的研究包括综合比较不同尺度作物生命需水信号采集与估算的涡度相关法、波文比-能量平衡法、遥感监测法、茎液流＋棵间蒸发测定法、水量平衡法、作物系数法以及理论模拟法，确定各种方法在不同类型区的应用条件，改进原有监测和估算方法，提出适合不同类型区、不同尺度条件下作物生命需水信息采集与估算的最优方法，研究节水灌溉条件下作物生命健康需水量的估算方法。研究不同尺度下作物生命需水信息的时空变异特征，在 GIS 支持下基于 DEM 获取宏观地形因子（经度、纬度、高程）和微观地形因子（坡度、坡向、遮蔽度），采用空间插值法完成各气象因子栅格数据库的建立，在此基础上分析气象因子、地形因子与作物生命需水信息之间的定量关系；研究考虑尺度效应的作物生命需水信息采样策略，确定合适的观测尺度，探索不同尺度条件下作物生命需水信息采样时间间隔和采样站点的空间分布；研究不同尺度、不同下垫面条件的作物需水转换方法[163]。

1.6.2.2　基于作物生命需水信息的高效节水灌溉技术模式

该方面主要包括利用先进的实验设施与土壤、作物、气象观测手段，开展节水灌溉条件下作物需水量试验研究；获取主要大田作物与特色经济作物节水灌溉条件下的生命需水过程、需水量指标体系以及保障一定产量水平和品质标准的不同生育阶段最低需水量；提出不同类型区、不同水文年份、不同供水保证率下主要农作物的经济耗水量标准。研究节水灌溉条件下作物水分-产量-品质-效益模型及其节水调质高效灌溉决策方法，建立基于综合考虑经济效益和生态效应的作物水分-经济-生态模型及相应的区域高效用水灌溉模式；开发与高效节水灌溉模式相配套的灌水技术与农艺措施，提出主要农作物对环境友好的节水优质高效灌溉技术操作规程。

1.6.2.3　适于田间小定额高效节水灌溉的施灌控制技术与设备

该方面主要包括研究大田宽行作物（棉花、玉米）、果树与蔬菜细流沟灌及大田密植作物交替隔畦灌方式下的灌水技术参数与实施技术；研制和改进柔性和硬性多出口输水管、脉冲沟灌发生器等配套灌水器材；研制同时减少灌溉水入渗速率与土壤蒸发的制剂或产品；开发和改进适合大田小定额灌溉的透水软管、负压灌溉渗水管等产品。筛选可以较为真实地模拟植物叶片失水的材料，研制面向农户的简便式高效节水灌溉预报器，研究并确定不同作物各个生长时期内的高效节水灌溉预警阈值；开发基于先进的现代掌上电脑（PDA）、面向灌区基层技术与管理人员的智能式高效节水灌溉信息管理与预报器。

1.6.2.4　基于作物生命需水信息的高效节水灌溉决策支持系统

该方面的研究主要包括构建不同类型区、不同水文年份主要农作物生命需水量数据库与不同供水条件下的作物经济需水量数据库；研究建立不同类型区参考作物需水量计算模型库，主要农作物节水条件下作物生命需水量计算模型与作物、气象、土壤等参数库；运用 GIS 划定各分析单元，选择典型计算代表点，构建数字化主要农作物需水量等值线图及其网上查询与信息管理系统。以全国灌溉试验数据库为基础，筛选确定主要农作物的水分生产模型系统；研制高效节水灌溉条件下适合不同区域的土壤墒情及作物水分预报模型系统；构建不同尺度下作物需水信息的耦合识别及其定量模型，研究基于多指标智能决策技术和 GIS 支持下的非充分灌溉优化决策软件；以互联网为依托，采用专家系统构建技术和面向对象的语言，进行软件的二次开发与应用系统集成，形成一套基于网络、方便用户使用的作物高效节水灌溉决策支持系统。

参 考 文 献

[1] 康绍忠，刘晓明，熊运章. 土壤-植物-大气连续体水分传输理论及其应用 [M]. 北京：水利电力出版社，1994.

[2] 陈玉民，郭国双，王广兴，等. 中国主要作物需水量与灌溉 [M]. 北京：水利电力出版社，1995.

[3] 康绍忠，蔡焕杰. 农业水管理学 [M]. 北京：中国农业出版社，1996.

[4] 马文. E. 詹森. 耗水量与灌溉需水量 [M]. 熊运章，林性粹，译. 北京：农业出版社，1982.

[5] Allen R G, Pereira L S, Raes D, et al. Crop Evapotranspiration: Guidelines for Computing Crop Water Requirements [M]. Irrigation and Drainage Paper, No. 56, FAO, Rome, 1998.

[6] Doorenbos J, Pruitt W O. Guidelines for Predicting Crop Water Requirements [M]. Irrigation and Drainage Paper, No. 24, FAO, Rome, 1977.

[7] Thornthwaite C W, Holzman B. The determination of evaporation from land and water surfaces [J]. Monthly Weather Review, 1939, 67: 4.

[8] Penman H L. Natural evaporation from open water, bare soil – and grass [J]. Proceedings of Royal Society of London, 1948, 193: 120 – 145.

[9] Thornthwaite C W. An approach toward a rational classification of climate [J]. Geographical Review, 1948, 38 (1): 55 – 94.

[10] Swinbank W C. The measurement of vertical transfer of heat and water vapor by eddies in the lower atmosphere [J]. Journal of the Atmospheric Sciences, 1951, 8 (3): 135 – 145.

[11] Monteith J. Evaporation and Environment [M]. Symposium of Society for Experimental Biology, The State and Movement of Water in Living Organisms. NY: Academic Press, 1965.

[12] Philip J R. Plant water relations: some physical aspects [J]. Annual Review of Plant Physiology, 1966, 17: 245 – 268.

[13] 中国主要农作物需水量等值线图协作组. 中国主要农作物需水量等值线图研究 [M]. 北京：中国农业科技出版社，1996.

[14] 谢贤群，左大康，唐登银. 农田蒸发——测定与计算 [M]. 北京：气象出版社，1991.

[15] 程维新，胡朝炳，张兴权. 农田蒸发与作物耗水量研究 [M]. 北京：气象出版社，1994.

[16] 裴步祥. 蒸发和蒸散的测定与计算 [M]. 北京：气象出版社，1989.

[17] 屈艳萍，康绍忠，张宝忠，等. 植物蒸发蒸腾量测定与估算方法的研究现状及展望 [J]. 水利水电科学进展，2006，26 (3): 72 – 77.

[18] Rana G, Katerji N. Measurement and estimation of actual evapotranspiration in the field under Mediterranean climate: a review [J]. European Journal of Agronomy, 2000, 13: 125 – 153.

[19]　Holme J W. Measuring evapotranspiration by hydrological methods [J]. Agricultural Water Management，1984，8：29-40.

[20]　张永忠，李宝庆. 用水量平衡法计算农田实际蒸发量 [G] //左大康，谢贤群. 农田蒸发研究. 北京：气象出版社，1991.

[21]　Allen R G，Smith M，Pereira L S，et al. An update for the calculation of reference evapotranspiration [J]. ICID Bulletin，1994，43 (2)：64-92.

[22]　Aboukhaled A，Alfaro A，Smith M. Lysimeters [M]. Irrigation and Drainage Paper，No. 39，FAO，Rome，1982.

[23]　左大康. 我国农田蒸发测定方法和蒸发规律研究的近期进展 [G] //左大康，谢贤群. 农田蒸发研究. 北京：气象出版社，1991.

[24]　Bowen I S. The ratio of heat losses by conductions and by evaporation from any water surface [J]. Physical Reviews，1926，27 (6)：779-787.

[25]　Fuchs M，Tanner C B. Error analysis of Bowen ratios measured by differential psychrometry [J]. Agricultural Meteorology，1970，7 (4)：329-334.

[26]　Sinclair T R，Allen L H，Lemon E R. An analysis of errors in the calculation of energy flux densities above vegetation by a Bowen-ratio profile method [J]. Boundary-Layer Meteorology，1975，8 (2)：129-139.

[27]　Angus D E，Watts P J. Evapotranspiration——How good is the Bowen ratio method [J]. Agricultural Water Management，1984，8 (1-3)：133-150.

[28]　Frangi J P，Garrigues C，Haberstock H，et al. Evapotranspiration and stress indicator through Bowen ratio method [C] //Camp C R，Sadler E J，Yober R E (eds). Evapotranspiration and Irrigation Scheduling. Proceedings of the International Conference，San Antonio，TX，1996，3-6 November，800-805.

[29]　黄妙芬. 绿洲荒漠交界处波文比-能量平衡法适用性的气候学研究 [J]. 干旱区地理，2001，24 (3)：259-264.

[30]　Tattari S，Ikonen J P，Sucksdorff Y. A comparison of evapotranspiration above a barley field based on quality tested Bowen ratio data and Deardorff modelling [J]. Journal of Hydrology，1995，170 (1-4)：1-14.

[31]　Todd R W，Evett S R，Howell T A. The Bowen ratio-energy balance method for estimating latent heat flux of irrigated alfalfa evaluated in a semi-arid，advective environment [J]. Agricultural and Forest Meteorology，2000，103 (4)：335-348.

[32]　Casa R，Russell G，Locascio B. Estimation of evapotranspiration from a field of linseed in central Italy [J]. Agricultural and Forest Meteorology，2000，104 (4)：289-301.

[33]　Olejnik J，Eulenstein F，Kedziora A，et al. Evaluation of a water balance model using data for bare soil and crop surfaces in Middle Europe [J]. Agricultural and Forest Meteorology，2001，106 (2)：105-116.

[34]　Yunusaa I A M，Walkera R R，LU P. Evapotranspiration components from energy balance，sap-flow and microlysimetry techniques for an irrigated vineyard in inland Australia [J]. Agricultural and Forest Meteorology，2004，127：93-107.

[35]　朱治林，孙晓敏，张仁华. 淮河流域典型地面水热通量的观测分析 [J]. 气候与环境研究，2001，6 (3)：214-220.

[36]　李彦，黄妙芬. 绿洲—荒漠交界处蒸发与地表热量平衡分析 [J]. 干旱区地理，1996，19 (3)：80-87.

[37]　孙卫国，申双和. 农田蒸散量计算方法的比较研究 [J]. 南京气象学院学报，2000，23 (1)：101-105.

［38］ 李胜功，原薗芳信，何宗颖，等．内蒙古奈曼麦田生长期的微气象变化 ［J］．中国沙漠，1995，15
　　　（3）：216－221.

［39］ 李胜功．灌溉与无灌溉大豆田的热量平衡 ［J］．兰州大学学报（自然科学版），1997，33（1）：98－104.

［40］ 莫兴国，刘苏峡．冬小麦能量平衡及蒸散分配的季节变化分析 ［J］．地理学报，1997，52（6）：536－542.

［41］ 刘苏峡，刘伟东．土壤水分及土壤-大气界面对麦田水热传输的作用 ［J］．地理研究，1999，18
　　　（1）：24－30.

［42］ 杨晓光，沈彦俊．麦田水热传输的控制效应及非线性特征分析 ［J］．中国农业大学学报，2000，5
　　　（1）：101－104.

［43］ 张永强，沈彦俊，刘昌明，等．华北平原典型农田水、热与 CO_2 通量的测定 ［J］．地理学报，
　　　2002，57（3）：333－342.

［44］ Scrase F J. Some characteristics of eddy motion in the atmosphere ［R］. Geophysical Memoirs，♯52，
　　　Meteorological Office，London，56 PP，1930.

［45］ Swinbank W C. Eddy Transports in the Lower Atmosphere ［R］. Melbourne，Australia：Tech. Pa-
　　　per No. 2，Division of Meteorological Physics，Commonwealth Scientific and Industrial Research Or-
　　　ganization，1955，414.

［46］ Itier B，Brunet Y. Recent developments and present trends in evaporation research：a partial survey
　　　［G］//Camp C R，Sadler E J，Yoder R E （ed）. Evapotranspiration and Irrigation Scheduling Pro-
　　　ceedings of the International Conference ［C］. Nov 3－6，1996，San Antonia，Texas.

［47］ 孙慧珍，周晓峰，康绍忠．应用热技术研究树干液流进展 ［J］．应用生态学报，2004，15（6）：
　　　1074－1078.

［48］ Melvin T T，Zimmermann M H. Xylem Structure and The Ascent of Sap ［M］. Spinger－verlag，
　　　Heideberg，New York，Tokyo，2002.

［49］ Marshall D C. Measurement of sap flow in conifers by heat transport ［J］. Plant Physiology，1958，
　　　33：385－396.

［50］ Swanson R H. Significant historical developments in thermal methods for measuring sap flow in trees
　　　［J］. Agricultural Foresty Meteorology，1994，72：113－132.

［51］ Swanson R H，Whitfield D W A. A numerical analysis of heat pulse velocity theory and practice
　　　［J］. Journal of Experimental Botang，1981，32（126）：221－239.

［52］ Edwards W R N，Becker P，Èermák. A unified nomenclature for sap flow measurements ［J］. Tree
　　　Physiology，1996，17：65－67.

［53］ Granier A. A new method for measure sap flow ［J］. Annales of Science Forestieres，1985，42：
　　　193－200.

［54］ Engman T Edwin. Recent advances in remote sensing in hydrology ［EB/OL］［J］. Reviews of Geo-
　　　physics，1995，33（S2）：967.

［55］ 张晓涛，康绍忠，王鹏新，等．估算区域蒸发蒸腾量的遥感模型对比分析 ［J］．农业工程学报，
　　　2006，22（7）：6－13.

［56］ Chen J H，Kan C E，Tan C H，et al. Use of spectral information for wetland evapotranspiration
　　　assessment ［J］. Agricultural Water Management，2002，55：239－248.

［57］ Mcvicar T R，Jupp D L B. Using AVHRR data and meteorological surfaces as covariates to spatially
　　　interpolate moisture availability in the Murray－Darling Basin ［R］. CSIRO Land and Water Techni-
　　　cal Report 50/99，1999，11.

［58］ Ray S S，Dadhwal V K，Navalgund R R. Performance evaluation of an irrigation command area u-
　　　sing remote sensing：a case study of Mahi command，Gujarat，India ［J］. Agricultural Water Man-
　　　agement，2002，56：81－91.

[59]　Farah H O, Bastiaanssen W G M. Impart of spatial variations of land surface parameters on regional evaporation: a case study with remote sensing data [J]. Hydrological Processes, 2001 (15): 1585 – 1607.

[60]　石宇虹, 朴瀛, 张菁, 等. 应用 NOAA/AVHRR 资料监测水稻长势的研究 [J]. 应用气象学报, 1999, 2: 243 – 248.

[61]　徐建春, 赵英时, 刘振华. 利用遥感和 GIS 研究内蒙古中西部地区环境变化 [J]. 遥感学报, 2002, 6 (2): 142 – 149.

[62]　张宝忠. 干旱荒漠绿洲葡萄园水热传输机制与蒸发蒸腾估算方法研究 [D]. 北京: 中国农业大学, 2009.

[63]　Priestly C, Taylor R J. On the assessment of surface heat flux and evaporation using large – scale parameters [J]. Monthly Weather Review, 1972, 100 (2): 81 – 92.

[64]　Shuttleworth W J, Wallace J S. Evaporation from sparse crops-an energy combination theory [J]. Quarterly Journal of the Royal Meteorological Society, 1985, 111 (469): 839 – 855.

[65]　Ding R S, Kang S Z, Li F S, et al. Evapotranspiration measurement and estimation using modified Priestley – Taylor model in an irrigated maize field with mulching [J]. Agricultural and Forest Meteorology, 2013, 168: 140 – 148.

[66]　Zhang B Z, Kang S Z, Li F S, et al. Comparison of three evapotranspiration models to Bowen ratio – energy balance method for a vineyard in an arid desert region of northwest China [J]. Agricultural and Forest Meteorology, 2008, 148: 1629 – 1640.

[67]　Penman H L. The Physical Basis of Irrigation Control [C]. Report of the 13th International Horticultural Congress, London, 1952.

[68]　Penman H L. Evaporation: an introductory survey [J]. Netherlands Journal of Agricultural Science, 1956, 4 (1): 9 – 29.

[69]　Allen R G, Jensen M E, Wright J L, et al. Operational estimates of reference evapotranspiration [J]. Agronomy Journal, 1989, 81: 650 – 662.

[70]　Jensen M E, Burman R D, Allen R G. Evapotranspiration and irrigation water requirements [R]. Manuals and Reports on Engineering Practice, No. 70. New York: American Society of Civil Engineers, 1990.

[71]　刘钰, Perira L S, 蔡林根. 参照腾发量的新定义及计算方法对比 [J]. 水利学报, 1997 (6): 27 – 33.

[72]　Farahani H J, Bausch W C. Performance of evapotranspiration models for maize – bare soil to closed canopy [J]. Transactions of the ASAE, 1995, 38 (4): 1049 – 1060.

[73]　Rana G, Katerji N, Mastrorilli M, et al. Validation of a model of actual evapotranspiration for water stressed soybeans [J]. Agricultural and Forest Meteorology, 1997, 86 (3 – 4): 215 – 224.

[74]　Rana G, Katerji N, Mastrorilli M, et al. A model for predicting actual evapotranspiration under soil water stress in a Mediterranean region [J]. Theoretical and Applied Climatology, 1997, 56 (1): 45 – 55.

[75]　Ortega Farias S, Carrasco M, Olioso A, et al. Latent heat flux over Cabernet Sauvignon vineyard using the Shuttleworth and Wallace model [J]. Irrigation Science, 2007, 25 (2): 161 – 170.

[76]　Anadranistakis M, Liakatas A, Kerkides P, et al. Crop water requirements model tested for crops grown in Greece [J]. Agricultural Water Management, 2000, 45 (3): 297 – 316.

[77]　Kato T, Kimura R, Kamichika M. Estimation of evapotranspiration, transpiration ratio and water – use efficiency from a sparse canopy using a compartment model [J]. Agricultural Water Management, 2004, 65 (3): 173 – 191.

[78]　Stannard D I. Comparison of Penman – Monteith, Shuttleworth – Wallacc and modified Priestley-

Taylor evapotranspiration models for wildland vegetation in semiarid rangeland [J]. Water Resources Research，1993，29 (5)：1379 - 1392.

[79] Sene K J. Parameterisations for energy transfers from a sparse vine crop [J]. Agricultural and Forest Meteorology，1994，71 (1 - 2)：1 - 18.

[80] Teh C B S, Simmonds L P, Wheeler T R. Modelling the partitioning of solar radiation capture and evapotranspiration in intercropping systems. Proceeding of the 2nd International Conference on Tropical Climatology，Meteorology and Hydrology [C]. TCMH - 2001，Brussels，Belgium，12 - 14 December，2001.

[81] Brenner A J, Incoll L D. The effect of clumping and stomatal response on evaporation from sparsely vegetated shrublands [J]. Agricultural and Forest Meteorology，1997，84 (3 - 4)：187 - 205.

[82] Zhang B Z, Kang S Z, Zhang L, et al. An evapotranspiration model for sparsely vegetated canopies under partial root - zone irrigation [J]. Agricultural and Forest Meteorology，2009，149：2007 - 2011.

[83] Wright J L. New evapotranspiration crop coefficients [J]. Journal of the Irrigation and Drainage Division，1982，108 (IR2)：57 - 74.

[84] 康绍忠. 农业水土工程概论 [M]. 北京：中国农业出版社，2007.

[85] 康绍忠. 计算与预报农田蒸散量的数学模型研究 [J]. 西北农业大学学报，1986，14 (1)：90 - 101.

[86] Martin T A, Brown K J, Cermák J, et al. Crown conductance and tree and stand transpiration in a second - growth Abies amabilis forest [J]. Canadian Journal of Forest Research，1997，27 (6)：797 - 808.

[87] 张彦群. 西北旱区葡萄园耗水规律和冠层水碳耦合模型研究 [D]. 北京：中国农业大学，2012.

[88] Hatton T J, Moore S J, Reece P H. Estimating stand transpiration in a Eucalyptus populnea woodland with the heat pulse method：measurement errors and sampling strategies [J]. Tree Physiology，1995，15 (4)：219 - 227.

[89] Čermák J, Kučera J, Nadezhdina N. Sap flow measurements with some thermodynamic methods，flow integration within trees and scaling up from sample trees to entire forest stands [J]. Trees - Structure and Function，2004，18 (5)：529 - 546.

[90] Bethenod O, Katerji N, Goujet R, et al. Determination and validation of corn crop transpiration by sap flow measurement under field conditions [J]. Theoretical and Applied Climatology，2000，67 (3)：153 - 160.

[91] Miller G R, Chen X, Rubin Y, et al. Designing a stand - scale network of plant - level water flux measurement stations using cluster analysis and geostatistical techniques [C]. American Geophysical Union，Fall Meeting 2006，Abstract H51C - 0496，2006.

[92] 张晓涛. 区域蒸发蒸腾量的空间插值与遥感估算 [D]. 北京：中国农业大学，2010.

[93] 佟玲. 西北内陆干旱区石羊河流域农业耗水对变化环境响应的研究 [D]. 杨凌：西北农林科技大学，2007.

[94] 牛振国，李保国，张凤荣，等. 参考作物蒸散量的分布式模型 [J]. 水科学进展，2002，13 (3)：303 - 307.

[95] 史海滨，陈亚新，徐英，等. 大区域非规则采样系统 ET₀ 的最优等值线图 Kriging 法绘制应用. 农业高效用水与水土环境保护 [C]. 西安：陕西科学技术出版社，2000：266 - 271.

[96] 佟玲，康绍忠，杨秀英，等. 石羊河流域参考作物蒸发蒸腾量空间分布规律的研究 [J]. 沈阳农业大学学报，2004，35 (6)：432 - 435.

[97] 常秀华. 基于 GIS 的抚顺地区参考作物需水量时空演变规律研究 [D]. 沈阳：沈阳农业大学，2006.

［98］ Phillips D L，Marks D G. Spatial uncertainty analysis：propagation of interpolation errors in spatially distributed models ［J］. Ecological Modelling，1996，91：213 - 229.

［99］ Martínez - Cob A. Multivariate geostatistical analysis of evapotranspiration and precipitation in mountainous terrain ［J］. Journal of Hydrology，1996，174：19 - 35.

［100］ Ashraf M，Loftis J C，Hubbard K G. Application of geostatistics to evaluate partial weather station networks ［J］. Agricultural and Forest Meteorology，1997，84：255 - 271.

［101］ Dalezios N R，Loukas A，Bampzelis D. Spatial variability of reference evapotranspiration in Greece ［J］. Physics and Chemistry of the Earth，2002，27：1031 - 1038.

［102］ Harcum J B，Loftis J C. Spatial interpolation of penman evapotranspiration ［J］. Transactions of the American Society of Agricultural Engineers，1987，30 (1)：129 - 136.

［103］ 倪广恒，李新红，丛振涛，等. 中国参考作物腾发量时空变化特性分析 ［J］. 农业工程学报，2006，22 (5)：1 - 4.

［104］ Zhao C Y，Nan Z R，Chen G D. Methods for estimating irrigation needs of spring wheat in the middle Heihe basin，China ［J］. Agricultural Water Management，2005，75 (1)：54 - 70.

［105］ Hashmi M A，Garcia L A. Spatial and temporal errors in estimating regional evapotranspiration ［J］. Journal of Irrigation and Drainage Engineering，1998，124 (2)：108 - 114.

［106］ Ray S S，Dadhwal V K. Estimation of crop evapotranspiration of irrigation command area using remote sensing and GIS ［J］. Agricultural Water Management，2001，49 (3)：239 - 249.

［107］ 王景雷，孙景生，张寄阳. 基于 GIS 和地统计学的作物需水量等值线图 ［J］. 农业工程学报，2004，20 (5)：51 - 54.

［108］ 王景雷，孙景生，周祖昊，等. 基于 DEM 的作物需水量估算方法 ［J］. 灌溉排水学报，2005，24 (5)：36 - 38.

［109］ 佟玲. 石羊河流域作物蒸发蒸腾量时空分异规律的研究 ［D］. 杨凌：西北农林科技大学，2004.

［110］ Cellier P，Richard G，Robin P. Partition of sensible heat fluxes into bare soil and the atmosphere ［J］. Agricultural and Forest Meteorology，1996，82：245 - 265.

［111］ Moran M S，Rahman A F，Washburne J C，et al. Combining the Penman - Monteith equation with measurements of surface temperature and reflectance to estimate evaporation rates of semiarid grassland ［J］. Agricultural and Forest Meteorology，1996，80：87 - 109.

［112］ 沈彦俊，唐常源，Kondoh A，等. 陆气界面蒸散发过程及通量的遥感估算 ［G］ //中国地理学会水文专业委员会第八次全国水文学术会议论文集《水文水资源与区域可持续发展》. 北京：中国地理学会，2004：112 - 121.

［113］ 姜杰，张永强，刘昌明. 运用高分辨率 ETM＋数据计算区域作物蒸散 ［J］. 水科学进展，2005，16 (2)：274 - 279.

［114］ Lhomme J P，Chehbouni A，Monteny B. Sensible heat flux - radiometric surface temperature relationship over sparse vegetation：Parameterizing B - 1 ［J］. Boundary - Layer Meteorology，2000，97：431 - 457.

［115］ Norman J M，Kustas W P，Humes K S. Source approach for estimating soil and vegetation energy fluxes in observations of directional radiometric surface temperature ［J］. Agricultural and Forest Meteorology，1995，77：263 - 293.

［116］ Lhomme J P，Monteny B，Amadou M. Estimating sensible heat flux from radiometric temperature over sparse millet ［J］. Agricultural and Forest Meteorology，1994，68：77 - 91.

［117］ Kustas W P，Norman J M. Evaluation of soil and vegetation heat flux predictions using a simple two-source model with radiometric temperatures for partial canopy cover ［J］. Agricultural and Forest Meteorology，1999，94：13 - 29.

[118] Kustas W P, Norman J M. Reply to comments about the basic equations of dual-source vegetation-atmosphere transfer models [J]. Agricultural and Forest Meteorology, 1999, 94: 275 - 278.

[119] Lhomme J P, Chehbouni A. Comments on dual-source vegetation-atmosphere transfer models [J]. Agricultural and Forest Meteorology, 1999, 94: 269 - 273.

[120] Bastiaansen W G M, Menenti M, Feddes R A, et al. A remote sensing surface energy balance algorithm for land (SEBAL) 1. Formulation [J]. Journal of Hydrology, 1998, 212 - 213: 198 - 212.

[121] 王介民, 高峰, 刘绍民. 流域尺度 ET 的遥感反演 [J]. 遥感技术与应用, 2003, 18 (5): 332 - 338.

[122] Yang X H, Zhou Q M, Melville M. Estimating local sugarcane evapotranspiration using Landsat TM image and a VITT concept [J]. International Journal of Remote Sensing, 1997, 18 (2): 453 - 459.

[123] Carlson T N, Capehart W J, Gillies R R. A new look at the simplified method for remote sensing of daily evapotranspiration [J]. Remote Sensing Environment, 1995, 54: 161 - 167.

[124] Courault D, Lagouarde J P, Aloui B. Evaporation for maritime catchment combining a meteorological model with vegetation information and airborne surface temperatures [J]. Agricultural and Forest Meteorology, 1996, 82: 93 - 117.

[125] 张仁华. 实验遥感模型及地面基础 [M]. 北京: 科学出版社, 1996: 235 - 240.

[126] Brunsell N A, Gillies R R. Scale issues in land - atmosphere interactions: implications for remote sensing of the surface energy balance [J]. Agricultural and Forest Meteorology, 2003, 117: 203 - 221.

[127] 中国灌溉排水发展中心, 水利部 GEF 海河项目办公室. 利用遥感监测 ET 技术研究与应用 [M]. 北京: 中国农业科学技术出版社, 2003: 28 - 36.

[128] 水利部应对气候变化研究中心. 全球变暖及我国气候变化的事实 [J]. 中国水利, 2008, (2): 28 - 30, 34.

[129] IPCC. Summary for Policymakers of the Synthesis Report of the IPCC Fourth Assessment Report [C]. Cambridge, UK: Cambridge University Press, 2007.

[130] 秦大河. 中国气候与环境演变 (上) [J]. 资源环境与发展, 2007 (3): 1 - 4.

[131] 孙成权, 高峰, 曲建升. 全球气候变化的新认识——IPCC 第三次气候变化评价报告概览 [J]. 自然杂志, 2002, 24 (2): 114 - 122.

[132] Willett Katharine M, Gillett Nathan P, Jones Philip D, et al. Attribution of observed surface humidity changes to human influence [J]. Nature, 2007, 449 (7163): 710 - 712.

[133] Goyal R K. Sensitivity of evapotranspiration to global warming: a case study of arid zone of Rajasthan (India) [J]. Agricultural Water Management, 2004, 69 (1): 1 - 11.

[134] 孟祥林. 城市化进程研究——时空背景下城市、城市群的发展及其影响因素的经济学分析 [D]. 北京: 北京师范大学, 2006.

[135] 吴莉娅. 中国城市化前景分析 [D]. 重庆: 西南师范大学, 2002.

[136] 曹红霞, 粟晓玲, 康绍忠, 等. 陕西关中地区参考作物蒸发蒸腾量变化及原因 [J]. 农业工程学报, 2007, 23 (11): 8 - 16.

[137] Farahani H J, Oweis T Y, Izzi G. Crop coefficient for drip - irrigated cotton in a Mediterranean environment [J]. Irrigation Science, 2008, 26 (5): 375 - 383.

[138] 杜太生. 干旱荒漠绿洲区作物根系分区交替灌溉的节水机理与模式研究 [D]. 北京: 中国农业大学, 2006.

[139] Briggs L J, Shantz H J. Relative water requirements of plants [J]. Journal of Agricultural Research, 1914, 3: 1 - 63.

[140] 董宝娣, 张正斌, 刘孟雨, 等. 小麦不同品种的水分利用特性及对灌溉制度的响应 [J]. 农业工

程学报，2007，23（9）：27 - 33.

[141]　康绍忠，蔡焕杰，刘晓明，等. 大气 CO_2 浓度增加对农田蒸发蒸腾和作物水分利用的影响 [J].
　　　　水利学报，1996（4）：18 - 26.

[142]　Allen L H，Pan D Y，Boote K J，et al. Carbon dioxide and temperature effects on evapotranspira-
　　　　tion and water use efficiency of soybean [J]. Agronomy Journal，2003，95（4）：1071 - 1081.

[143]　Budyko M. Climate and Life [M]. New York：Academic Press，1974.

[144]　傅抱璞. 论陆面蒸发的计算 [J]. 大气科学，1981，5（1）：23 - 31.

[145]　张正斌，徐萍，周晓果，等. 作物水分利用效率的遗传改良研究进展 [J]. 中国农业科学，2006，
　　　　39（2）：289 - 294.

[146]　康绍忠. 以节水高产为目标的田间水量最优调控理论问题 [G] //《中国科协首届青年学术年会
　　　　论文集》（农科分册）. 北京：中国科学技术出版社，1992：515 - 519.

[147]　康绍忠. 农田灌溉原理研究领域几个问题的思考与探索 [J]. 灌溉排水，1992，11（3）：1 - 7.

[148]　康绍忠，张建华，梁宗锁，等. 控制性交替灌水———一种新的农田节水调控思路 [J]. 干旱地区
　　　　农业研究，1997，15（1）：1 - 6.

[149]　盛承发. 生长的冗余———作物对于虫害超越补偿作用的一种解释 [J]. 应用生态学报，1990，3
　　　　（1）：26 - 30.

[150]　Cowan I R. Stomata behavior and environment [J]. Advances of Botany Research，1988（4）：117 -
　　　　228.

[151]　Bates L M，Hall A E. Stomatal closure with soil water depletion not associated with change in bulk
　　　　leaf water stress [J]. Oecologia，1981（50）：62 - 65.

[152]　Blackman P G，Davies W J. Root to shoot communication in maize plants of the effect of soil drying
　　　　[J]. Journal of Experimental Botany，1985（36）：39 - 48.

[153]　Davies W J，Zhang J H. Root signals and the regulation of growth and development of plants in dr-
　　　　ying soil [J]. Annual Review of Plant Physiology and Plant Molecular Biology，1991（42）：
　　　　55 - 76.

[154]　Jones H G. Stomatal control of photosynthesis and transpiration [J]. Journal of Experimental Bot-
　　　　any，1998（49）：387 - 398.

[155]　Gollan T，Passioura J B，Munns R. Soil water status affects the stomatal conductance of fully tur-
　　　　gid wheat and sunflower leaves [J]. Australian Journal of Plant Physiology，1986（13）：
　　　　459 - 464.

[156]　Zhang J H，Davies W J. Abscisic acid produced in dehydrating roots may enable the plant to meas-
　　　　ure the water status of the soil [J]. Plant，Cell and Environment，1989（12）：73 - 81.

[157]　梁建生，张建华. 根系逆境信号 ABA 的产生和运输及其生理作用 [J]. 植物生理学通讯，1998，
　　　　34（5）：329 - 338.

[158]　Liang J S，Zhang J H，Wong M H. How do roots control xylem sap ABA concentration in re-
　　　　sponse to soil drying [J]. Plant and Cell Physiology，1997（38）：10 -16.

[159]　Baselga Y J J，Prieto L M H，Rodriguezd R A. Response of processing tomato to three different
　　　　levels of water and nitrogen applications [J]. Acta Horticulturae，1993，335：149 - 153.

[160]　Ayars J E，Phene C J，Hutmacher R B，et al. Subsurface drip irrigation of row crop：A review of
　　　　15 years of research at water management research laboratory [J]. Agricultural Water Manage-
　　　　ment，1999，42（1）：1 - 27.

[161]　陈秀香，马富裕，方志刚，等. 土壤水分含量对加工番茄产量和品质影响的研究 [J]. 节水灌溉，
　　　　2006，4：1 - 4.

[162]　康绍忠，杜太生，孙景生，等. 基于生命需水信息的作物高效节水调控理论与技术 [J]. 水利学

报，2007，38（6）：661-667.

［163］陈亚新，康绍忠. 非充分灌溉原理［M］. 北京：水利电力出版社，1995.

［164］康绍忠，蔡焕杰. 作物根系分区交替灌溉和调亏灌溉的理论及实践［M］. 北京：中国农业出版社，2002.

［165］康绍忠. 采用节水调质高效灌溉提高作物品质［J］. 中国水利，2009（21）：13.

［166］康绍忠，李万红，霍再林. 粮食生产中水资源高效利用的科学问题——第74期"双清论坛"综述［J］. 中国科学基金，2012（6）：321-324.

［167］王峰. 温室番茄产量与品质对水分亏缺的响应及节水调质灌溉指标［D］. 北京：中国农业大学，2011.

［168］杜太生，康绍忠. 基于水分-品质响应关系的特色经济作物节水调质高效灌溉［J］. 水利学报，2011，42（2）：245-252.

［169］康绍忠，胡笑涛，蔡焕杰，等. 现代农业与生态节水的前沿理论创新及未来研究重点［J］. 水利学报，2004（12）：1-7.

第2章

作物需水量与耗水量的测定
方法及对比分析

准确测定作物需水量或耗水量（ET）是水文科学基础理论研究、制定作物灌溉制度、规划作物种植结构和水资源科学配置等一系列科学及生产实际问题的基础。测量 ET 的方法较多，按照原理大致可分为水文学法、微气象学法、植物生理学法、同位素法、遥感反演法等。水文学法主要包括经典的水量平衡法、蒸渗仪法等，微气象学法主要有涡度相关法、波文比-能量平衡法、空气动力学法、大孔径闪烁仪法、箱式法等，植物生理学法有茎流计法和气孔计法等。尽管前人对不同方法的比较已经进行了较多研究，但系统地评价各测定方法在中国北方的精度和适用性，以及校正途径，还研究甚少。因此，我们的研究主要在中国西北干旱区连续多年的大型称重式蒸渗仪、涡度相关、波文比-能量平衡和茎流计法同步对比观测的基础上，分析对比不同测定方法的适用性，选取观测数据的校正理论，为 ET 观测理论提供标准的科学方法。

2.1 需水量与耗水量测定原理及数据标准化方法

2.1.1 水量平衡法

水量平衡法是一种间接的测定方法，通过计算代表范围内土壤水量的收入和支出之差来推求作物 ET，即将作物耗水作为水量平衡方程的余项进行推求。其表达式为

$$ET_c = R + I - F \pm Q + \Delta W \tag{2.1}$$

式中：ET_c 为时段 t 内的作物需水量或耗水量；R 为保存在土壤计划湿润层的有效雨量，一般取单次降雨量大于 5mm 的降雨为有效雨量；I 为时段 t 内的灌水量；F 为地表径流量，考虑到干旱区作物生育期很少存在地表径流，该项取为 0；ΔW 为时段 t 内土壤水平衡计算层内储水量的减少量，根据单次灌水量、土壤质地及制种玉米根系分布情况，土壤水平衡计算层取 100cm；Q 为时段 t 内耕作层下边界的地下水补给量或深层渗漏量，当地下水埋深较深时，地下水补给量可以忽略，且根据在干旱区甘肃河西走廊的土壤水分观测

结果，灌水前后 100cm 处土壤含水量基本不变化，深层渗漏量可以忽略，故该项取值为 0。式中各项均以 mm 计。

根据干旱区情况，式（2.1）可简化为

$$ET_c = R + I + \Delta W \qquad (2.2)$$

其中，ΔW 可以用土壤含水量，由式（2.3）求得

$$\Delta W = 1000z_{rt}[\theta_z(t_2) - \theta_z(t_1)] \qquad (2.3)$$

式中：z_{rt} 为土壤水平衡计算深度，m；$\theta_z(t_1)$、$\theta_z(t_2)$ 分别为计算时段初和时段末的计划湿润层平均土壤含水量，m^3/m^3。

该方法的优点是适用范围广，测量空间尺度可小至 $10m^2$，大至 $10km^2$，时间尺度从一周至一年[1]。非均匀下垫面和任何天气条件下都可以应用，不受微气象方法中许多条件的限制。因此，它最为适合下垫面不均一，土地利用状况复杂情况下的大面积耗水量测定，可用来对其他测定或估算方法进行检验或校核[2]。准确计算区域边界范围内外的水分交换量和取得足够精确的水量平衡各分量测定值，就可以得到较为准确的农田总耗水量。然而水量平衡法各分项，如地表径流项、深层渗漏项、地下水补给项准确值不易得到，降低了水量平衡法的精确性。在干旱气候环境下，地表径流项可忽略[3,4]，但是实际上地表径流项能否忽略依赖于降雨的特征（如雨量、持续时间和强度等），且仅对于特定的土壤种类（砂壤土）才能忽略[1]。很多研究表明，在干旱区可以忽略深层渗漏项，但是实际上此项是否能忽略依赖于土壤深度、渗透性及土壤储水性[5]，需要验证每个观测点土壤渗透性，确定土壤深层渗漏是否可以忽略。当地下水位较低时，地下水补给项可以忽略；当地下水位较高时，地下水补给项不可忽略。干旱区地表蒸发强烈，地下水补给项通常被忽略。

水量平衡法中，土壤含水量的测定影响较大。首先，由于土壤含水量具有空间变异性，导致取样点的土壤含水量情况不一定能够代表整个区域的土壤含水量特征。土壤含水量具有空间变异性有两层含义：其一局部灌溉模式条件下，土壤干湿分界明显，小尺度内不同测点土壤含水量差异较大，张宝忠在中国西北旱区应用水量平衡法时为了确保土壤含水量的代表性，分别测量沟里、垄上和遮阴三个位置的土壤含水量并取平均以增强其代表性[6]；其二由于土壤自身组成、结构不同引起土壤含水量具有空间变异性，为此应增加随机取样的数量，使所取得的样本在较高的置信水平下具有较高的精确性。Hupet 等的研究表明，在 $6300m^2$ 的研究面积上，置信水平为 0.95，相对精确性为 10% 条件下，需要 17～31 个样本点[7]。其次，土壤水分的测量方法影响测量值的准确性。常用的土壤水分测定方法主要有取土烘干法、中子仪测定法、时域反射仪测定法。取土烘干法是其他土壤水分测定方法的基础和依据，方法简单，精度高，但不能连续定位观测。中子仪测定法多用于科研，表层土壤含水量不易准确测定。时域反射仪测定法比较先进，能够连续、快速地对土壤水分进行定位观测，且无辐射，对土壤结构不会起破坏作用[8]，所测表层土壤含水率比中子仪测定法精度要高得多[2]。当水量平衡法各分项不能准确测定或是各分项对水量平衡所起作用较大而被忽略时，此方法产生的误差较大。最后，水量平衡法不能测定作物耗水的动态变化过程，也不能在短期内获得可靠的耗水量，而只能给出长时段（一般为一周以上）的总耗水量，若进行一周以下水量平衡的研究，需要增加取样点数量。

2.1.2　大型称重式蒸渗仪法

大型称重式蒸渗仪通过直接测定箱内土体重量的变化来测定植物蒸腾和土壤蒸发，测定精度较高，可自动记录小时，甚至分钟尺度数据，已经成为测定农田 ET 的标准仪器[9,10]。大型称重式蒸渗仪（简称蒸渗仪）测定作物 ET 的理论是水量平衡原理。对蒸渗仪内的土体使用水量平衡方程，其中，ΔW 由称重系统直接称出，一般设置蒸渗仪称重时间间隔为 0.5h 或 1.0h。称重系统在不同时间准确称取蒸渗仪内土体的重量，并由数据采集系统记录，相邻整点间重量的差值即该 0.5h 或 1.0h 内的 ΔW，精度可达到 0.02mm。由于作物种植在蒸渗仪内的土体中，地表径流量和地下水补给量为 0。另外，深层渗漏量为土体排出的水量，可由排水系统准确获取。研究中蒸渗仪内土体深度可达 2m，深层渗漏量可以忽略。在无降雨、无灌溉时段，式（2.1）可以简化为

$$ET_c = \Delta W \qquad\qquad (2.4)$$

该方法有以下优点：①测量精度高，例如中国农业大学石羊河实验站（简称石洋河实验站）新建的称重式蒸渗仪测量精度为 0.02mm；②测定面积较大，深度较深，例如石羊河实验站的称重式蒸渗仪表面积为 4.0m²，深度为 2.0m；③同步测定多种指标，通过在蒸渗仪箱体内增加其他传感器，可同时测定土壤水分和温度的垂直剖面或提取溶液进行土壤养分分析。蒸渗仪测定农田 ET 时需要注意几个问题：

（1）绿洲效应。如果蒸渗仪箱体内作物长势和土壤水分都优于箱外大田作物，或蒸渗仪周围的保护区范围不够大，将会产生绿洲效应。这将会导致蒸渗仪测定值高于实际结果。因此要保证蒸渗仪周围有足够的风浪区，并且箱体内外的土壤水分尽量保持一致。

（2）边框效应。在作物没有完全覆盖地表前，蒸渗仪的箱体外框会反射太阳光，导致箱内的植物接受到更多的辐射，因而测定值偏高。因此，应尽量减少蒸渗仪边框的加热效应，使裸露的边框面积尽量少。

（3）裂缝效应。蒸渗仪箱体内的土壤由于干燥可能会出现裂缝，当采用低频地面灌溉时，灌溉后水分沿着裂缝迅速下渗到底层，导致灌溉不均匀。为了减小裂缝对灌溉不均匀的影响，可以采用少量多次灌溉的方式实现。

2.1.3　涡度相关法测定原理及数据处理标准化方法

2.1.3.1　涡度相关法测定原理及数据处理

Swinbank 提出利用涡度相关系统测量温度、湿度、风速的脉动值，从而计算近地层潜热通量（可转化为 ET）和感热通量，其公式为

$$\lambda ET = \lambda \rho_a \overline{w'q'} \qquad\qquad (2.5)$$

$$H_s = C_p \rho_a \overline{w'T'} \qquad\qquad (2.6)$$

式中：ρ_a 为空气密度，kg/m³；w' 为垂直风速脉动值，m/s；q' 为比湿的脉动值，g/g；$\overline{w'q'}$ 为垂直风速与比湿脉动的协方差；λET 为水汽垂直通量，W/m²；ET 为作物需水量或耗水量，kg/(m²·s)；λ 为水的汽化潜热，J/kg；H_s 为感热通量，W/m²；C_p 为空气的定压比热，J/(kg·K)；T' 为虚温的脉动值，K；$\overline{w'T'}$ 为垂直风速与温度脉动的协方差。

式（2.5）和式（2.6）表明，只需测量垂直风速与比湿、温度脉动的协方差，便可求出相应的通量。水汽通量除以汽化潜热便得到该时段内的作物 ET。

涡度相关法的原理较为简单，但如果直接将观测的数据代入公式进行计算而不对观测

数据进行必要的校正和插补，在某些情况下会产生很大的误差。因此，有必要对观测结果进行必要的校正和插补，保证数据的质量。在研究中采用的涡度相关系统为开路式系统。根据前人的研究，数据校正步骤包括：异常值剔除、传感器的频率响应校正、坐标轴旋转、潜热通量的空气密度校正、缺失通量数据的插补。

（1）异常值剔除。异常值通常由随机电信号异常或超声传感器障碍（如降雨）引起。在实际通量计算中，异常值和超出临界值的数据需要剔除，否则会导致通量数据异常。参照通量资料剔除的普适标准，具体的剔除标准为：①异常数据，当某一时刻通量观测数据与前 5 个时刻通量观测数据的平均值之差的绝对值大于这 5 个数据方差的 5 倍时，视为异常数据，予以剔除；②降雨时段数据，降雨时，KH_2O 水汽计无法正常工作，潜热数据通常显示为"NAN"，这种情况下潜热数据予以剔除；③超出合理范围，制种玉米夜间凝结放热一般不会超过 $100W/m^2$，因此低于 $-100W/m^2$ 的潜热数据予以剔除。

（2）传感器的频率响应校正。传感器对信号波动响应的能力被称为传感器频率响应特征，对传感器的这些局限性的校正称为频率响应校正。频率响应局限可能来源于传感器布置、信号采集和处理。信号频率响应问题在涡度相关系统发展之初就已被意识到，但直到 20 世纪 80 年代后期 Moore 给出了进行频率响应校正的简单算法后才普遍使用[11]。通过应用频率响应校正可以消除传感器以及物理分离引起的通量误差。测定通量的不准确可能来源于传感器不能对较快和较慢信号波动的准确响应。这种频率响应误差可以通过测定信号谱与实际信号谱的比值来确定。依赖频率的比值函数称为传递函数，某值为 0～1.0。频率响应传递函数受传感器时间常数，模拟和数字滤波器的频率响应，信号路径，传感器分离，闭路系统的管道衰减等因素影响。校正频率响应衰减的通量需要知道实际和衰减协谱。

为了进行频率响应校正，经常把理想协谱与频率响应传递函数相乘得到衰减协谱。通过实际模型协谱积分值与衰减模型协谱积分值的比值可以得到通量校正因子。湍流通量的误差 $\Delta F/F$，可由式（2.7）得到

$$\frac{\Delta F}{F} = 1 - \frac{\int_0^\infty T_{ws}(f) S_{ws}(f) \mathrm{d}f}{\int_0^\infty T_{ws}(f) \mathrm{d}f} \tag{2.7}$$

式中：T_{ws} 为传感器垂直风速 w 和标量 s 的传递函数，是多个频率响应函数的乘积；S_{ws} 为 w 和 s 关于实际频率 f（单位：Hz）的理想协谱。

涡度相关方法的标量 s 垂直通量的传递函数 T_{ws} 可以表示为实际频率 f 的函数：

$$T_{ws}(f) = G_w(f) G_s(f) T_{ss}(f) \sqrt{T_{pw}(f)} \sqrt{T_{ps}(f)} \tag{2.8}$$

式中：G_w、G_s 分别为传感器的高、低频损失；T_{ss} 为由于传感器分离引起的高频损失，例如三维风速仪与水汽计的垂直分离；T_{pw} 为风速向量线性平均引起的高频损失；T_{ps} 为标量的线性平均引起的高频损失。

$G_{w(s)}$ 可以表示为

$$G_{w(s)}(f) = [1 + (2\pi f \tau_{w(s)})^2]^{-1/2} \tag{2.9}$$

式中：$\tau_{w(s)}$ 为时间常数，由传感器确定。

根据经验拟合给出了 T_{ss} 一个简单表达式：

$$T_{ss}(n_{ss}) = e^{-9.9n_{ss}^{1.5}} \tag{2.10}$$

$$n_{ss} = \frac{fd_{ss}}{\bar{u}} \tag{2.11}$$

式中：n 为标准化频率；$\bar{u}$ 为平均水平风速；d_{ss} 为传感器间的有效侧向距离，$d_{ss} = d_{sa}|\sin(\beta_d)|$；$d_{sa}$ 为传感器实际距离；$\sin(\beta_d)$ 为传感器连线与风向夹角。

风向量线性平均的传递函数 T_{pw}：

$$T_{pw}(n_w) = \frac{2}{\pi n_w}\left(1 + \frac{e^{-2\pi n_w}}{2} - 3\frac{1-e^{-2\pi n_w}}{4\pi n_w}\right) \tag{2.12}$$

$$n_w = \frac{fd_{pl}}{\bar{u}} \tag{2.13}$$

式中：d_{pl} 为三维超声风速仪的路径长度。

标量线性平均的传递函数 T_{ps}：

$$T_{ps}(n_s) = \frac{1}{2\pi n_s}\left(3 + e^{-2\pi n_s} - 4\frac{1-e^{-2\pi n_s}}{2\pi n_s}\right) \tag{2.14}$$

$$n_s = \frac{fd_s}{\bar{u}} \tag{2.15}$$

式中：d_s 为三维超声风速仪的路径长度或 KH_2O 水汽计的路径长度。

理论计算需要谱模型。已有很多著作给出了湍流标量和矢量的谱和协谱的计算方法[12,13]。开路涡度相关系统对风速依赖性不太强，主要依赖于传感器路径长度和分离距离。在不稳定和中性大气条件下，频率响应的校正因子与稳定度关系不大。然而，它们在稳定条件下关系很明显的原因可能是协谱变化显著[14]。

图 2.1 是典型晴天中午时段（2009 - 07 - 14，12：00—12：30）的水平风速（u）、垂直风速（w）、气温（T）和水汽密度（H_2O）的功率谱与实际频率的关系图。从图中可以看出，在惯性子区间内（能量传递区），4 个属性的功率基本满足能量从低频区按一定的斜率传递到高频区规律。这表明三维风速仪和 KH_2O 水汽计对高频信号的响应能力基本可以满足实际需要。但是，当频率高于 2.0Hz 时，气温和水汽密度的功率谱曲线呈轻微向上凸起趋势［图 2.1（c）和图 2.1（d）］，这可能是由于仪器高频损失引起，因此需要进行频率响应校正。

图 2.2 是垂直风速与气温和水汽密度的协谱关系。从图中可以看出，在惯性子区间内，气度和水汽密度的协谱满足能量从低频区按一定的斜率传递到高频区的规律。类似于图 2.1 的功率谱，当频率高于 2.0Hz 时，协谱值也有轻微向上凸起趋势，这表明高频采集区可能有通量损失，需要进行频率响应校正[11]。

图 2.3 显示了经过频率响应校正前后的潜热通量和感热通量的比较，下标 0 表示校正前数据，下标 1 表示校正后数据。经过频率响应后，潜热和感热通量都有所增加，潜热通量增加 6%，感热通量增加 2%。这表明频率响应校正对于湍流通量的影响较大，是通量数据后处理过程的必须环节。Wolf 等的研究表明，频率响应校正之后，潜热通量增加 15%～18%，感热通量增加 2%[15]，潜热通量增加量大于感热通量，可能是不同作物以及传感器的原因。Moore 等研究对感热通量和潜热通量的校正量为 5%～10%，对于某些特

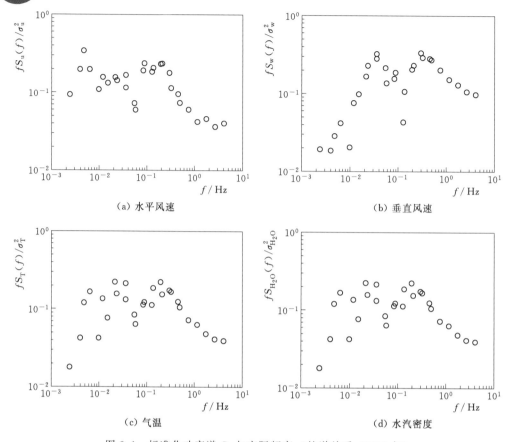

图 2.1　标准化功率谱 S_x 与实际频率 f 的谱关系（2009 年）

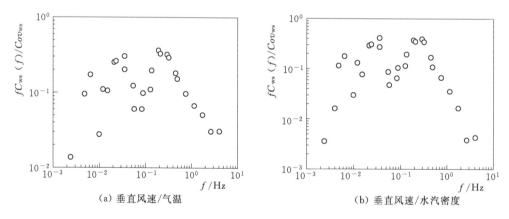

图 2.2　标准化协谱 $fC_{ws}(f)/Cov_{ws}$ 与实际频率 f 的谱关系（2009 年）

定的条件影响更大[11]，与已有结果类似。

（3）坐标轴旋转。坐标轴旋转的目的是剔除仪器倾斜误差和侧风影响湍流通量矢量成分，以消除平均垂直风速不为 0 的影响，也就是说使速度和标量浓度梯度仅存在于垂直方向，因而不存在水平平流，也没有风向切变导致的侧风向动量通量。用超声风速计观测风速时面临着怎样安装风速计和确定安装角度等问题。即使地形水平均一，仪器进行严格的

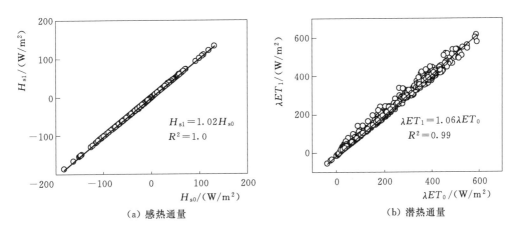

（a）感热通量

（b）潜热通量

图 2.3　频率响应校正前后的感热通量和潜热通量比较（2009 年 7 月 13—31 日）

水平设置调试，平均气流也不能保证水平。Lee 等认为对流效应及中尺度环流、地表不均一和倾斜地表引起的局地热环流以及大气湍流尺度降低阻碍边界层发展是造成垂直风速非零的主要原因[16]。因此，需要采用适当的坐标轴旋转方法，以消除其影响。目前采用较多的坐标轴旋转方法有：二次坐标轴旋转法、三次坐标轴旋转法以及平面拟合法。

二次坐标轴旋转法的做法为，首先沿着垂直 Z 轴旋转 XOY 平面，使得 X 轴平行于水平风速方向，然后沿着 Y 轴旋转 XOZ 平面，使得垂直风速在新的 XOY 平面上为 0。三次坐标轴旋转法在二次坐标轴旋转的基础上，通过进一步旋转使 $\overline{w'v'}$ 为 0，相应的平均侧风应力为 0。二次或三次坐标轴旋转方法在斜坡地形下的通量计算中得到了广泛的应用[12,17]，然而，二次或者三次坐标轴旋转在长期通量研究中存在着通量平均期间内实际的平均垂直风速可能不为 0 的不足。对于每半小时的通量数据，采用二次或三次坐标轴旋转法可能会产生显著的偏差或长期通量平衡中的系统低估。

针对此问题，Paw 等提出了可以用来估计平均垂直风速的平面拟合（PF）法，表明平面拟合法在比较规则或均匀的平地或坡地能取得较好的校正效果，但在非平坦的下垫面条件下并不适用[18]。李思恩的研究也表明，应用平面拟合法校正下垫面均一、平坦的农田生态系统通量效果比较理想[19]。但是其不能用于单个通量的计算，必须有多组通量数据的平均周期才

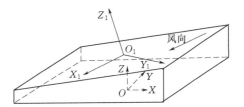

图 2.4　利用平面拟合法进行坐标旋转的示意图

能使用。因此，我们在研究中选用平面拟合法对 30min 通量数据进行坐标轴旋转校正。具体做法为：通过数据和统计的方法拟合出一个新平面，在该平面上平均垂直风速可以表达为两个方向水平风速的函数且保证垂直风速的平均值为 0。图 2.4 为在坡地上利用平面拟合法进行坐标旋转的示意图。

OZ 与水平面 XOY 垂直，风向如箭头指示。$X_1O_1Y_1$ 为拟合得到的新平面，其中 O_1Z_1 垂直于 $X_1O_1Y_1$，O_1X_1 方向是新坐标系的水平方向。于是，平均垂直风速 $\overline{w}$ 可以表示为水平风速的线性关系函数，即：

$$\overline{w} = b_0 + b_1 \overline{u} + b_2 \overline{v} \tag{2.16}$$

式中：b_0、b_1 和 b_2 为回归参数。

在各生育期选取共 10d 的 30min 三维超声风速仪测定的风速资料，采用 SPSS 软件进行回归拟合，使得函数 S 的值达到最小：

$$S = \sum_{i=1}^{n} (\overline{w_i} - b_0 - b_1 \overline{u_i} - b_2 \overline{v_i})^2 \tag{2.17}$$

式中：$\overline{u_i}$、$\overline{v_i}$ 和 $\overline{w_i}$ 为选取的 30min 风速资料。

一旦 b_0、b_1 和 b_2 被确定，用平面拟合法校正后的潜热和感热通量值可以按式（2.18）和式（2.19）计算：

$$\lambda ET_{PF} = \lambda \rho_a \overline{w_p' q'} = \lambda \rho_a (P_{31} \overline{u_m' q'} + P_{32} \overline{v_m' q'} + P_{33} \overline{w_m' q'}) \tag{2.18}$$

$$H_{sPF} = C_p \rho_a \overline{w_p' T'} = C_p \rho_a (P_{31} \overline{u_m' T'} + P_{32} \overline{v_m' T'} + P_{33} \overline{w_m' T'}) \tag{2.19}$$

式中：w_p 为在新平面上的垂直风速。

P_{31}、P_{32} 和 P_{33} 计算公式如下：

$$P_{31} = \frac{-b_1}{\sqrt{b_1^2 + b_2^2 + 1}} \tag{2.20}$$

$$P_{32} = \frac{-b_2}{\sqrt{b_1^2 + b_2^2 + 1}} \tag{2.21}$$

$$P_{33} = \frac{1}{\sqrt{b_1^2 + b_2^2 + 1}} \tag{2.22}$$

利用平面拟合校正法对中国农业大学石羊河实验站 2011 年制种玉米生育期内感热和潜热数据进行校正，校正前后的比较如图 2.5 所示。平面拟合校正后潜热和感热数据均略有降低，但变化不明显，基本可以忽略。这是因为研究区域较为平坦且仪器经过严格的水平设置调试，这与张鑫在西北干旱区葡萄园的研究结果相似[20]。因此，我们可以得出在西北干旱区平坦农田使用涡度相关系统进行耗水监测不需要进行坐标轴旋转校正。

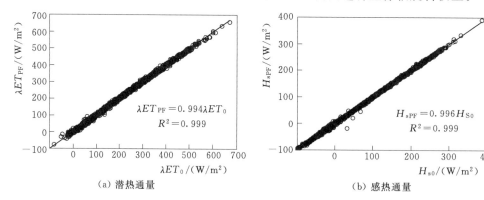

图 2.5　利用平面拟合校正的潜热和感热数据与原始观测数据的相关性（2011 年）
（横坐标为校正前通量，纵坐标为校正后通量）

（4）潜热通量的空气密度校正。当用涡度相关系统观测某气体成分的湍流通量时，需要考虑因热量或水汽通量的传输引起的气体的密度变化。如果测量的是该气体相对于干空气混合比的脉动或混合比的平均梯度变化，不需要进行校正。但是如果测量的是相对于湿空气的混合比，该项校正是十分必要的。因此，对于潜热通量需要进行空气密度校正。Webb 等详细阐述了空气密度校正的方法和步骤，对于潜热通量，以协方差形式给出了其表达式 [式（2.23）]，通过此式可以校正感热和潜热通量对水汽通量的影响[21]。

$$\lambda ET = \lambda \left(1 + \frac{M_d \rho_v}{M_v \rho_d}\right) \left\{ \overline{w' \rho_v} + \frac{\rho_v}{T} \overline{w' \left[T_s \left(1 + 0.32 \frac{e}{P}\right) \right]} \right\} \tag{2.23}$$

式中：M_d、M_v 分别为干空气和水汽分子量；ρ_d、ρ_v 分别为干空气密度和水汽密度，kg/m^3。

我们在西北干旱区利用空气密度校正法对 2011 年制种玉米生育期内潜热数据进行了校正，校正前后的潜热通量相关关系如图 2.6 所示。从图中可以看出，经过空气密度校正，潜热通量提高大约 2%。

（5）缺失通量数据的插补。对于断电、系统故障等因素造成的数据缺失以及异常值剔除后的数据序列，需要建立一套完整的数据插补方法，形成完整的数据序列。目前在通量界常用的数据插补方法有平均昼夜变化法、人工神经网络法和半经验法。我们在研究中数据插补的具体方法为：①缺失的降雨时段潜热通量按 0 处理；②对于小于 2h 的缺失数据，采用线性内插的方法进行插补；③对于 2h以上缺失的潜热数据，采用 P‐T 系数平均昼夜法插补，对于 2h 以上缺失的感热数据，采用平均昼夜法插补[22]，插补周期为 7d。

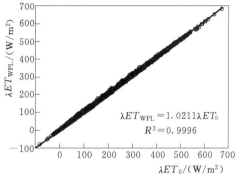

图 2.6　利用空气密度校正的潜热数据与原始观测数据的相关性（甘肃武威）（2011 年）
（横坐标为校正前通量，纵坐标为校正后通量）

2.1.3.2　涡度相关法测定数据的能量闭合度评价

评价通量观测数据质量的方法很多，包括原始数据分析、谱分析、稳态测试、大气湍流统计特征和能量平衡闭合等，其中能量平衡闭合程度的评价是数据质量评价的重要参照方法之一。其表达式为

$$R_n - G = \lambda ET + H_s \tag{2.24}$$

式中：R_n 为净辐射，W/m^2；G 为土壤热通量，W/m^2；λET 为潜热通量，W/m^2；H_s 为感热通量，W/m^2。

一般来说，涡度相关系统观测的潜热与感热通量之和 $\lambda ET + H_s$ 小于可供能量 $R_n -G$，即普遍存在能量不闭合现象。根据前人的研究，能量不闭合的主要原因有：①通量观测中的采样误差，即涡度相关系统的通量贡献区面积与能量分量测定仪器的测量面积不同造成的湍流能量与有效能量之间的误差；②测量仪器不准确标定带来的仪器系统偏差，以及数据处理不规范对能量平衡的影响；③其他能量吸收项如冠层热储量、植物光合耗能等的忽略；④高频与低频湍流通量损失，理论和实践经验说明应当考虑高频和低频湍流通量的损失，但目前仍没有一种方法能对频率的响应进行准确校正；⑤平流效应的影响，即使在较为平坦的下垫面，当大气层结稳定性很强时由于夜间泄流和平流现象的发生，也会影响能量平衡的闭合程度。

Wilson 等详细分析了 FLUXNET 各站点的能量平衡闭合状况，闭合度分布为 $0.56 \sim 1.20$[23]。Li Z Q 等详细评价了 ChinaFLUX 各站点的能量平衡闭合状况，其平均闭合度为 0.73[24]。本书的研究能量平衡闭合情况如图 2.7 所示，制种玉米生育期内半小时尺度通量的能量闭合度为 0.854，这表明经过数据校正后，涡度相关系统观测的通量数据较为可靠。

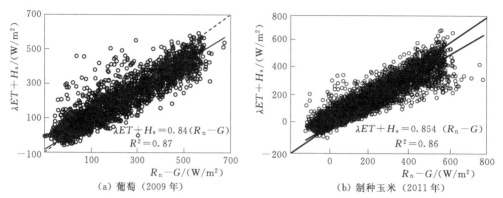

(a) 葡萄 (2009 年)　　　　　　　(b) 制种玉米 (2011 年)

图 2.7　涡度相关能量平衡闭合状况 (2011 年半小时通量值)

另外，在制种玉米全生育期共选取典型晴天和阴天各 10d（5—9 月每月各 2d），分析不同天气情况下的能量闭合状况，如图 2.8 所示。晴天情况下：$\lambda ET + H_s = 0.854(R_n - G)$，$R^2 = 0.893$；阴天情况下：$\lambda ET + H_s = 0.920(R_n - G)$，$R^2 = 0.907$。晴天的能量闭合率低于阴天。从散点的离散程度还可以看出，晴天情况下不同时刻的能量闭合率差异较阴天情况大。

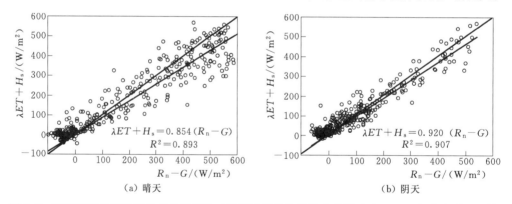

(a) 晴天　　　　　　　　　　(b) 阴天

图 2.8　阴天和晴天两种天气条件下制种玉米涡度相关能量闭合情况对比 (2011 年半小时通量值)

能量强制闭合被认为是一种提升涡度相关系统测定通量数据质量的可靠方法，通过能量强制闭合可以有效地修正潜热的低估现象[25,26]。我们在研究中对于白天（$R_n > 0$）的通量数据，采用波文比强制闭合法进行能量强制闭合。其具体做法为：①计算出可利用能量与潜热、感热通量和之间的差值 D；②将该差值按照每日 10：00—15：00 平均的波文比 β 分配给潜热和感热。具体公式如下：

$$D = (R_n - G) - (\lambda ET + H_s) \tag{2.25}$$

$$D = \Delta \lambda ET + \Delta H_s \tag{2.26}$$

$$\beta = \frac{H_s}{\lambda ET} \tag{2.27}$$

$$\Delta \lambda ET = \frac{D}{1+\beta} \tag{2.28}$$

$$\Delta H_s = D - \Delta \lambda ET \tag{2.29}$$

根据 Tolk 等的研究，夜间的潜热耗能占全天的 $3\%\sim10\%$，且其只与气象因子（主要是 VPD）有关[27]。因此，研究中采用 Ding 介绍的过滤/插值法对夜间（$R_n<0$）潜热通量数据进行处理[28]。其具体做法为：①当夜间潜热通量小于 0 或摩擦风速小于 0.15m/s 时，将对应的潜热数据删除；②在每个生育期分别在剩余的夜间潜热通量和 VPD 之间建立经验公式；③根据建立起的经验公式对删除的潜热数据进行插补。

能量强制闭合前后制种玉米半小时尺度潜热通量的相关性如图 2.9 所示，变化过程的比较如图 2.10 所示。从图 2.9 可以看出，经过能量强制闭合，半小时尺度潜热通量提升大约 8.6%，有效地修正了涡度相关法潜热通量的低估现象。从图 2.10 可以看出，能量强制闭合对制种玉米不同生育阶段潜热能量的提升幅度不同，在生育初期和生育末期，能量强制闭合对潜热通量的提升效应不明显；在生育中期，潜热通量有显著提升。这说明，在制种玉米生长旺盛期，涡度相关法监测制种玉米潜热通量能量低估现象最为显著。以

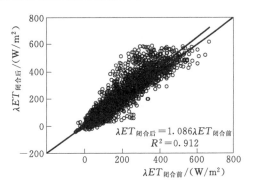

图 2.9　利用能量强制闭合前后制种玉米半小时尺度潜热通量的相关性（2011 年）

后在论述中未加特殊说明涡度相关法数据均采用能量强制闭合后数据[29]。

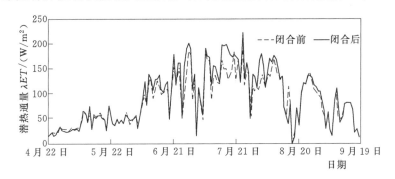

图 2.10　能量强制闭合前后全生育期日均潜热通量的比较（2011 年）

2.1.3.3　涡度相关法测定数据的空间代表性分析

利用涡度相关法测定通量时，传感器被安置在地表以上的一定高度处，所测得的下垫面与大气之间的物质、能量和动量交换的信息只能代表发生在特定下垫面或某一部分下垫面的物理过程[30]。通量观测的空间代表性，也就是由点到面的代表性，是指仪器所在点的测量值能在多大程度上反映实际下垫面的平均或累积状况[30]。与此相关的研究可以应用在通量观测塔的选址，通量观测数据的质量控制和通量观测的尺度扩展等方面[31]。对于代表性问题的研究现在还没有绝对可靠的定量方法，只能提出一个衡量标准，即实际值

与观测值的差在多大范围内变化是可以接受的，对可接受值作统计分析即可做出代表性的大致评价。对于通量观测来说，真实的通量值是非常难以获得的，因此对空间代表性的研究还存在着一定的工作难度和局限性。

通量贡献区（footprint）或源面积（source area）是指对近地面层某一点所观测到的湍流交换过程有贡献的有效源汇区域或者说对观测点的通量大小产生主要影响的下垫面区域[32,33]。通量贡献区分析可以有效地将对测量值产生重要影响的下垫面区域与源权重很小的不重要区域分开，评价下垫面特征对通量数据产生的影响。通量贡献区的大小与位置随着风向、仪器观测高度、下垫面粗糙度和边界层特征（如大气稳定度等）的变化会发生瞬时的改变[30,34,35]。与通量贡献区相联系的另一个概念是通量贡献函数或称源权重函数，它是描述近地面层表面源汇空间分布和仪器观测值之间关系的函数。通量贡献函数的值可以理解为表面区域某一点源对通量观测值贡献程度的大小。目前在通量界使用的"footprint"既可指通量贡献区，也可指通量贡献函数。通量贡献分析是指对通量贡献函数的求解，可靠的通量贡献函数解可以用来对观测数据进行质量评价，以保证通量来源于所关注的研究区域。通量贡献分析是评价通量观测空间代表性的重要工具。

通量贡献区的概念自提出以来，大量的实验学家致力于发展通量贡献模型并将其应用到实验研究中[36]。这使得对通量贡献的评价，用基于物理方法的标准代替经验方法成为可能。经典的风浪区长度与测量高度之间的 100∶1 经验性法则，虽可以作为通量观测中通量贡献区大小的粗略估计，但正逐渐被基于物理方法的标准所替代。但是求解通量贡献函数不是很简单，有很多估算通量贡献函数的模型，包括解析模型、Lagrangian 随机质点弥散模型、大涡模拟模型和总体平均闭合模型。另外，这些方法的一部分已经被参数化，为了实际应用的目的简化了原来的算法[37-39]。关于 footprint 概念的发展的详细介绍，可以参阅有关文献 [34,40]。我们选用物理意义明确的解析模型 FSAM 进行分析。

有很多估算 footprint 函数的模型，因为二维欧拉解析通量源区模型（FSAM）[41]具有数学简单、计算成本合理和精度满意的特征，所以被用来确定我们通量测定的贡献区。FSAM 算法是基于平均风速平行并与 x 轴方向相反的烟羽假定。点 $(0,0,z_m)$ 的通量值 η 可由下垫面上的源强分布 Q_η 与 footprint 函数得到

$$\eta(0,0,z_m) = \int_{-\infty}^{x} \int_{-\infty}^{+\infty} Q_\eta(x,y,z=z_0) f(-x,-y,z_m-z_0) \mathrm{d}y \mathrm{d}x \qquad (2.30)$$

$f(-x,-y,z_m-z_0)$ 将点 $(0,0,z_m)$ 的通量 η 与下垫面上的源强分布 Q_η 联系起来，因此把它称为通量贡献函数。该模型不考虑平均风向的湍流扩散，并假定横向风速为高斯分布。源权重函数值可以理解为某一给定点源如 (x_s,y_s,z_0) 对观测点通量值 δ 贡献的相对权重。因此，源权重函数的大小依赖于点源与某观测点之间的距离。可以认为在点 (x_s,y_s,z_0) 处有一个单位强度的点源，则

$$Q_\eta(x,y,z_0) = Q_{\eta,u} \delta(x_s-x) \delta(y_s-x) \qquad (2.31)$$

式中：$Q_{\eta,u}$ 为下垫面上连续的单位源强常数；δ 为 Dirac-delta 分布函数。

因而，把式（2.31）代入式（2.30）卷积中，得到 $\eta(0,0,z_m)$ 的值与源权重函数 f 成比例的式（2.32）：

$$\eta(0,0,z_m) = Q_{\eta,u} f(-x_s,-y_s,z_m-z_0) \qquad (2.32)$$

源权重函数提供了关于单个点源相对权重的信息。然而，实际中经常需要得到表面的什么区域对高度 z_m 处的 η 值最有影响。换句话说，对 η 值产生贡献的 P 水平的最小区域是什么？这个最小区域 Ω_P 被定义为水平 P 的源区。

运用 K 理论，并参阅参考文献 [42]，浓度扩散的垂直通量 F 可以表达为

$$F(x,y,z) = -K_C(z)\frac{\partial C}{\partial z} = -K_C(z)Q_{C,u}\frac{D_y}{U}\frac{\partial D_z}{\partial z} = D_y(x,y)\overline{F^y}(x,z) \tag{2.33}$$

式中：$K_C(z)$ 为涡度扩散率；$\overline{F^y}$ 为侧风向的积分通量；$D_y(x,y)$ 为横向的浓度分布函数。

通过下面的二维平流扩散方程，把横向的积分通量 $\overline{F^y}$ 与侧风向的积分浓度 $\overline{C^y}$ 和平均风速廓线 $\overline{u}(z)$ 相联系：

$$-\frac{\partial}{\partial z}\overline{F^y} = \overline{u}(z)\frac{\partial}{\partial x}\overline{C^y} \tag{2.34}$$

积分式（2.34），在 z_m 高度的垂直通量表达式为

$$\overline{F^y}(x,z_m) = \overline{F^y}(x,z_0) - \int_{z_0}^{z_m}\overline{u}(z)\frac{\partial}{\partial x}\overline{C^y}(x,z)\mathrm{d}z \tag{2.35}$$

应用地表横向风积分单位点源 $\overline{F_u^y}$ 的边界条件：$\overline{F^y}(x,z_0) = \overline{F_u^y}\delta(x)$，式（2.35）被简化为

$$\overline{F^y}(x>0,z_m) = -\int_{z_0}^{z_m}\overline{u}(z)\frac{\partial}{\partial x}\overline{C^y}(x,z)\mathrm{d}z \tag{2.36}$$

应用式（2.32）、式（2.33）、式（2.35）和式（2.36），二维通量源权重函数为

$$f_F(x,y,z_m-z_0) = \frac{F(x,y,z_m)}{F_u} = \frac{1}{F_u}[\overline{F^y}(x,z_0) + \overline{F^y}(x>0,z_m)]D_y(x,y) \tag{2.37}$$

式中：F 为垂直湍流通量，对应式（2.32）的 η；F_u 为表面单位点源（汇）强度，对应于式（2.32）的 $Q_{\eta,u}$。

P 水平的通量源区 Ω_P 可以用 $F(x,y,z_m-z_0)=F_P$ 的等值线限定的区域来表示，即 P 是 footprint 函数整体积分 φ_{tot} 的一部分。因此，P 水平源区被定义为能达到 P 水平通量贡献率的最小区域上的通量贡献函数的积分。

$$P = \frac{\varphi_P}{\varphi_{tot}} = \frac{\iint\limits_{\Omega_P} F(x,y,z_m)\mathrm{d}x\mathrm{d}y}{\int_{-\infty}^{\infty}\int_{0}^{\infty} F(x,y,z_m)\mathrm{d}x\mathrm{d}y} \tag{2.38}$$

式中：φ_P 为通量贡献函数在 Ω_P 上的积分。

因为 $\varphi_{tot}=1.0^{[41]}$，所以式（2.38）简化为

$$P = \frac{\varphi_P}{\varphi_{tot}} = \frac{1}{F_u}\iint\limits_{\Omega_P} F(x,y,z_m)\mathrm{d}x\mathrm{d}y \tag{2.39}$$

对于任何的 P_F，除了 $P_F=1.0$，Ω_{PF} 的边界被限制在 $x>0$，因而，应用式（2.36）和式（2.37），式（2.39）被写为

$$P = \frac{1}{F_u}\iint\limits_{\Omega_P}\left[-\int_{z_0}^{z_m}\overline{u}(z)\frac{\partial}{\partial x}\overline{C^y}(x,z)\mathrm{d}z D_y(x,y)\right]\mathrm{d}x\mathrm{d}y \tag{2.40}$$

源区 Ω_P 依靠有效测量高度 z_m（传感器安装高度与零平面位移之间距离）、表面粗糙

长度 z_0、大气稳定度 z_m/L（L 为 Obukhov 长度）、横向风速波动强度 σ_v/u_*（σ_v 为横向风速的标准差，u_* 为摩擦风速）。大气稳定度包括不稳定状态（$z_m/L<0$），稳定状态（$z_m/L>0$）和中性状态（$z_m/L\approx0$）。

$$L=\frac{-u_*^3\ T}{kg\ \overline{w'T'}}\tag{2.41}$$

式中：T 为大气平均温度，K；k 为冯·卡门常数，取 0.4；g 为重力加速度，取 9.8 m/s²；$\overline{w'T'}$ 为感热通量。

输入满足条件的参数，模型输出不同贡献率水平 P 的通量源区位置和尺度参数值，进而可以绘出 P 水平的源区范围。

图 2.11 显示了大气稳定条件下（$z_m/L=0.046$，L 为 Obukhov 长度）90%通量贡献源区的权重函数分布情况。从图 2.11 中可知，涡度相关系统测定的通量贡献区在上风向是非正态分布，主要贡献区分布在 150m 以内。最大通量贡献值出现在上风区大约 50m，在主要贡献区的 1/3 处。测定通量贡献源区在侧向区满足标准正态分布。图 2.12 显示了玉米全生育期的不稳定和稳定大气层结条件下通量贡献源区的空间分布，稳定大气层结通量贡献区大约是不稳定大气层结的 2 倍[43]。

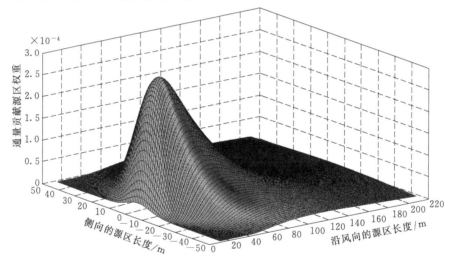

图 2.11　大气稳定条件下（$z_m/L=0.046$）90%通量贡献源区的
权重函数分布（2009 年 8 月 12 日）

2.1.4　波文比-能量平衡法原理及数据处理

利用波文比-能量平衡法测定作物耗水的理论基础是能量平衡原理与近地层梯度扩散理论。根据能量平衡原理，对于给定下垫面，能量平衡方程可表达为

$$R_n=\lambda ET+H_s+G+AD+PH+M\tag{2.42}$$

式中：AD 为能量水平交换量，W/m²；PH 为光合作用耗能；M 为冠层储能及作物新陈代谢等耗能，W/m²。

对于大面积的均一下垫面，能量垂直交换量远大于水平交换量，AD 项可略去不计。此外，PH 项和 M 项远小于其他各项，一般情况下也可以忽略，式（2.42）可简化为

$$R_n=\lambda ET+H_s+G\tag{2.43}$$

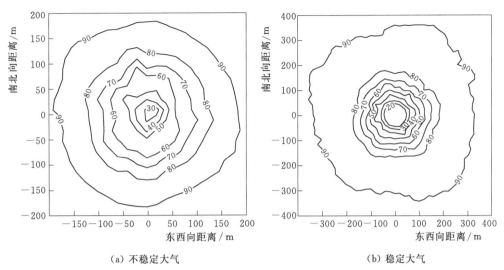

（a）不稳定大气　　　　　　　　　　　（b）稳定大气

图 2.12　玉米全生育期的不稳定和稳定大气层结条件下通量贡献源区的空间分布（2009 年）

根据近地层梯度扩散理论，单位时间内因湍流交换产生的潜热和感热通量可表达为

$$\lambda ET = -\lambda \rho_a K_v \frac{\partial q}{\partial z} \tag{2.44}$$

$$H_s = -\rho_a C_p K_h \frac{\partial T}{\partial z} \tag{2.45}$$

式中：K_v 为潜热湍流交换系数，m^2/s；$\partial q/\partial z$ 为近地层空气的比湿梯度，$1/m$；K_h 为感热湍流交换系数，m^2/s；$\partial T/\partial z$ 为近地层的温度梯度，$℃/m$。

1926 年，Bowen 提出用一个比值，即波文比（β）来反映能量平衡中感热通量和潜热通量的比例关系，其表达式为

$$\beta = \frac{H_s}{\lambda ET} = \frac{C_p P_a K_h}{0.622 \lambda K_v} \frac{\Delta T}{\Delta e} \tag{2.46}$$

式中：P_a 为大气压，kPa；λ 为水的汽化潜热，J/kg；ΔT 为两个高度的温度差，$℃$；Δe 为两个高度的水汽压差，kPa。

根据雷诺相似理论，感热和潜热的湍流交换系数相等，其余项为常数。式（2.46）可化简为

$$\beta = \gamma \frac{\Delta T}{\Delta e} \tag{2.47}$$

其中，γ 为湿度计常数，其表达式为

$$\gamma = \frac{C_p P_a}{0.622 \lambda} \tag{2.48}$$

将式（2.43）和式（2.46）联立可以得出

$$\lambda ET = \frac{R_n - G}{1 + \beta} \tag{2.49}$$

$$H_s = \frac{\beta}{1 + \beta}(R_n - G) \tag{2.50}$$

根据波文比系统测得 R_n、G 两个高度的 T 和 e 后，计算出两个高度间的 ΔT 和 Δe，

将其代入上述各式，便可计算出 β、λET 和 H_s，并由潜热通量 λET 除以汽化潜热 λ，换算得到作物需水量或耗水量。

波文比-能量平衡法具有较多的理论假设和限制条件，当气象、作物等因素及仪器精度满足不了其条件时，会产生较大的误差，因此需要对其数据进行严格的筛选，选出满足条件的数据，并对不满足条件的数据剔除，选用适当的方法进行插补。我们在研究中按以下步骤进行前期数据处理。

（1）利用方向性判断筛选数据。Perez 等通过数学和物理分析，确定了 Δe、ΔT 与 β 以及（$R_n - G$）之间相互制约的定性关系，如图 2.13 所示[44]。当 λET 和 H 符号不满足要求时，能量传输方向出现错误，数据需要剔除。

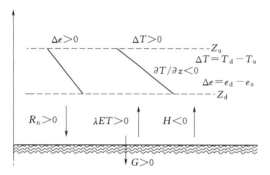

图 2.13 波文比系统数据筛选方向性判断中各分量方向符号规定

我们在中国农业大学石羊河实验站研究中波文比系统在制种玉米全生育期采集数据方向性判断结果见表 2.1。从表中可以看出，2011 年全生育期共 6787 组数据，合格数据为 4228 组，合格数据占总数据的 62.30%，合格数据比例较低。进一步分析，白天数据（7：30—19：00）共 3553 组，其中合格数据 3324 组，合格数据占白天总数据的 93.55%，合格比例很高；夜间数据（0：00—7：00 和 19：30—24：00）共 3234 组，合格数据 904 组，合格数据仅占

表 2.1　　　　　　波文比系统采集数据方向性判断结果（2011 年）

时段	可利用能	水汽压差	数据总量	波文比 β	能量通量	合格数据量	合格率/%
白天	$R_n - G > 0$	$\Delta e > 0$	3323	$0 \geqslant \beta > -1$	$\lambda ET > 0$；$H \leqslant 0$	643	18.10
				$\beta > 0$	$\lambda ET > 0$；$H > 0$	2678	75.37
		$\Delta e < 0$	2	$\beta < -1$	$\lambda ET < 0$；$H > 0$	2	0.06
	$R_n - G < 0$	$\Delta e > 0$	228	$\beta < -1$	$\lambda ET > 0$；$H < 0$	1	0.03
		$\Delta e < 0$	0	$0 \geqslant \beta > -1$	$\lambda ET < 0$；$H \geqslant 0$	0	0
				$\beta > 0$	$\lambda ET < 0$；$H < 0$	0	0
	小计		3553			3324	93.55
晚上	$R_n - G > 0$	$\Delta e > 0$	391	$0 \geqslant \beta > -1$	$\lambda ET > 0$；$H \leqslant 0$	359	11.10
				$\beta > 0$	$\lambda ET > 0$；$H > 0$	29	0.90
		$\Delta e < 0$	0	$\beta < -1$	$\lambda ET < 0$；$H > 0$	0	0
	$R_n - G < 0$	$\Delta e > 0$	2800	$\beta < -1$	$\lambda ET > 0$；$H < 0$	473	14.63
		$\Delta e < 0$	43	$0 \geqslant \beta > -1$	$\lambda ET < 0$；$H \geqslant 0$	0	0
				$\beta > 0$	$\lambda ET < 0$；$H < 0$	43	1.33
	小计		3234			904	27.95
全天	总计		6787			4228	62.30

夜间总数据的 27.95%。夜间不合格数据占不合格数据总数的 91.05%，白天不合格数据仅占 8.95%。夜间不合格数据较多是因为夜间 R_n 较小，(R_n-G) 的符号正负交错出现，容易发生错误；且夜间大气多处于层结稳定状态，潜热和感热的湍流交换系数不满足雷诺相似理论，不符合波文比法的应用条件。方向性判断结果表明，白天数据质量较好，夜间数据质量较差。

（2）利用拒绝域判断筛选数据。在波文比数据满足方向性判断的基础上，潜热通量能否准确测定取决于 β 能否准确测量。尤其是当 β 值接近 -1 时，β 测量的偏差将会导致潜热通量和感热通量出现严重偏离，而这些异常值是方向性判断无法剔除的。根据式（2.46），β 的精度与温湿度梯度的准确测定密不可分，但是以往的研究只是简单地直接给出 β 的取舍区间，再利用相邻数据进行插补，没有建立 β 取值范围与传感器精度的关系，缺乏理论基础，随意性较强。针对此问题，Perez 等综合考虑水汽压梯度和温湿度探头的辨别率，提出了拒绝域理论。利用该理论，可以确定 β 取值的动态拒绝区间。在我们的研究中，温湿度探头精度 $\delta\Delta T$ 和 $\delta\Delta e$ 分别为 0.1℃和 0.04kPa，β 的拒绝域是以 $\beta=-1\pm\varepsilon$ 曲线围成的一个动态拒绝域，其中：

$$\varepsilon=\frac{\delta\Delta e-\gamma\delta\Delta T}{\Delta e}=\frac{0.046}{\Delta e} \tag{2.51}$$

具体拒绝域类型见表 2.2。拒绝域判断结果显示，不合理的数据也主要集中出现在夜间，与方向性判断结果一致。

表 2.2　　　　　　　　　　　　波文比能量平衡法 β 的拒绝域类型

β 拒 绝 域			类型
$R_n-G>0$	$\Delta e>0$	$\beta<-1+|\varepsilon|$	I
$R_n-G>0$	$\Delta e<0$	$\beta>-1-|\varepsilon|$	II
$R_n-G<0$	$\Delta e>0$	$\beta>-1-|\varepsilon|$	III
$R_n-G<0$	$\Delta e<0$	$\beta<-1+|\varepsilon|$	IV

（3）数据插补。对于不满足方向性判断和拒绝域判断剔除的数据和由于仪器故障导致缺失的数据予以插补。白天缺失和舍去数据时段较短，可利用相邻数据，采用线性内插的方法进行插补。夜间大气多处于层结稳定状态，温湿度廓线非相似性，不符合波文比法的应用条件，不合格数据一般占夜间总数据量的一半以上。随着仪器的使用年限增加，仪器精度降低，夜间不合格数据进一步增多，给数据插补造成很大困难。夜间 ET 占总 ET 的 3%~10%[27]，夜间潜热数据的缺失将导致 ET 的低估。

针对此问题，假定对于某一具体区域指定作物夜间累积 ET 占全天 ET 的比例是相对固定的，尝试运用波文比法测定的白天 ET 推求制种玉米全天 ET。从表 2.3 中可以看出，虽然蒸渗仪法和涡度相关法测定的制种玉米全生育期 ET 分别为 564.69mm 和 474.17mm，全生育期白天 ET 分别为 514.43mm 和 433.45mm，两种方法测定的全生育期 ET 和白天 ET 结果不同，但是，白天 ET 占全天 ET 的比例在不同生育阶段和全生育期是十分接近的：蒸渗仪法在苗期、拔节期、抽穗期、灌浆期、成熟期和全生育期该比例分别为 82.35%、90.42%、93.82%、92.14%、93.12% 和 91.10%，涡度相关法该比例对应为 86.19%、91.27%、94.30%、92.52%、90.48% 和 91.41%。这表明假定是成立的，对于某一具体区域指定作物夜间 ET 占全天 ET 的比例相对固定，可以利用其他测定方法（如涡度相关法或蒸渗仪法）得到的白天 ET 占全天 ET 的比例和波文比法测定的白天 ET 值推求波文比法全天 ET，结果见表 2.4，波文比法测定苗期、拔节期、抽穗期、灌浆期、成熟期和全生育期 ET 分别为 109.61mm、106.30mm、106.24mm、97.60mm、78.18mm 和 497.93mm。

表 2.3　　　　　　制种玉米两种方法测定的白天 ET 占全天 ET 的比例（2011 年）

生育期	日　　期	天数/d	全天 ET/mm		白天 ET/mm		白天 ET 占全天 ET 的比例/%	
			LSI	EC	LSI	EC	LSI	EC
苗期	4 月 22 日—6 月 8 日	48	74.52	68.94	61.37	59.42	82.35	86.19
拔节期	6 月 9 日—7 月 5 日	27	116.51	108.58	105.35	99.10	90.42	91.27
抽穗期	7 月 6—25 日	20	152.03	115.98	142.64	109.37	93.82	94.30
灌浆期	7 月 26 日—8 月 20 日	26	133.56	102.42	123.06	94.76	92.14	92.52
成熟期	8 月 21 日—9 月 19 日	30	88.07	78.25	82.01	70.80	93.12	90.48
全生育期	4 月 22 日—9 月 19 日	151	564.69	474.17	514.43	433.45	91.10	91.41

注　LSI 为大型称重式蒸渗仪测定值；EC 为涡度相关法测定值。

表 2.4　　　　　　利用波文比法白天 ET 测定值推求全天 ET（2011 年）

生育期	日　　期	天数/d	白天 ET 占全天 ET 的比例/%	白天 ET/mm	全天 ET/mm
苗期	4 月 22 日—6 月 8 日	48	86.20	94.48	109.61
拔节期	6 月 9 日—7 月 5 日	27	91.27	97.02	106.30
抽穗期	7 月 6—25 日	20	94.30	100.18	106.24
灌浆期	7 月 26 日—8 月 20 日	26	92.51	90.29	97.60
成熟期	8 月 21 日—9 月 19 日	30	90.48	70.74	78.18
全生育期	4 月 22 日—9 月 19 日	151	90.92	452.71	497.93

2.1.5　茎流计法原理及数据处理

茎流计法可根据原理不同分为：热脉冲法、热扩散法和热平衡法。热脉冲法（heat pulse velocity，HPV）是 1932 年德国植物生理学家 Huber 首次提出，并率先运用到实际研究中的。该方法只适用于直径大于 30mm 的木本，可以用于分析树干剖面液流的特征[45]，其准确性在树木研究中得到检验，但树干液流较低时热脉冲技术测定值不准确[46]。

热脉冲法是在植物茎秆部安装热脉冲发射器（热源），定时发射短时热脉冲，加热汁液，随着植物向上液流热脉冲向上运动，由在热源的上方一定距离处安装的热敏探针 T_1 探测其温度峰值，确定热脉冲到达时间，测定植物液流速度的。目前为了消除环境温度变化的影响，在植物茎秆下方不受热源影响的地方，安装另一个热敏探针 T_2，通过探测温差（T_1-T_2）峰值，确定热脉冲到达时间来测定植物液流速度的，假设从加热到两个热敏探针的温差出现峰值的时差为 t_e 可用式（2.52）计算热脉冲速率：

$$V = \frac{X_d - X_u}{2t_e} \qquad (2.52)$$

式中：V 为热脉冲速率，mm/s；X_d 为加热针上方的热敏探针与加热探针的距离，mm，一般为 10mm；X_u 为加热针下方的热敏探针与加热探针的距离，mm，一般为 5mm；t_e 为加热到两个热敏探针的温差出现峰值的时差，s。

探针对植物茎秆液流有干扰，同时在钻洞和插入过程中对周围组织也有损伤。上述测量方法获得的热脉冲速率 V 并非未受干扰植物茎秆中的真实的热脉冲速率，而是明显地对植物茎秆液流速率"真值"的低估。为植物茎秆导管中的液流速率 HPV 可用二次抛物线校正方程：

$$HPV = aV^2 + bV + c \tag{2.53}$$

式中：a、b、c 是常数，决定于受影响组织面积的大小，其值则与探针的材料和探针间隔有关。

植物茎秆液流速率 SFD 可用式（2.54）计算：

$$SFD = HPV \frac{\rho_s c_s}{\rho c} \tag{2.54}$$

式中：ρ、ρ_s 分别为植物茎秆木质部和树液的密度；c、c_s 分别为植物茎秆木质部和树液比热。

ρc 的大小可通过对边材样品的简单测量得到，可使用以下几种方法。

（1）由植物茎秆密度与湿度比确定：

$$\frac{\rho c}{\rho_s c_s} = \rho_b (c_w + m) \tag{2.55}$$

式中：ρ_b 为植物茎秆的密度（干重/新鲜时体积）；m 为茎秆的含水率；c_w 为植物茎秆的比热，可通过温度 T（℃）估算。

$$c_w = 0.266 + 0.00116T \tag{2.56}$$

（2）由植物茎秆中液体与木质的体积比确定：

$$\frac{\rho c}{\rho_s c_s} = F_1 + 0.505 F_m \tag{2.57}$$

式中：F_1、F_m 分别为由植物茎秆中液体与木质占整个茎秆的体积比。

我们采用该方法计算，苹果树分别取 0.45 和 0.5。

植物茎秆液流速率在茎秆的径向不同位置处是不同的，因此计算蒸腾流时要测定茎秆不同深度处的液流速率值，并用式（2.58）计算：

$$Q_m = 2\pi \int_{R_2}^{R_1} r U_v'(r) \mathrm{d}r \tag{2.58}$$

式中：Q_m 为液流量，mm^3/s；R_1 为植物茎秆木质部外边界半径，mm；R_2 为植物茎秆木质部内边界半径，mm；r 为测定点半径，mm；$U_v'(r)$ 为测定点 r 处的液流速率函数，mm/s，由植物茎秆木质部不同径向测定点的液流速率 SFD 值拟合得出。

由此即可推求液流通量。实际工作中，对于较细茎秆或枝条的植物，可用标定法确定。对较粗茎秆或枝条的植物有以下方法：①简单平均法，用不同点上测出的 SFD 的算术平均值乘以木质部切面面积（SA）即可得，但精度较差；②抛物线积分法，即假设 SFD 随植物茎秆径向按二阶多项式变化，求得多项式系数，用上式积分获得树液流量。

随着热技术的发展，先后有两类方法发展起来，即热扩散法与热平衡法。热扩散式探针法（thermal dissipation probe，TDP）是 Granier[47] 在热脉冲法的基础上进行改造形成的方法，又称恒定热流传感器法（constant - heat flow sensors）或 Granier 方法。该方法是将一对内置热电偶的探针平行插入树干木质部，上方探针加热，下方探针不加热，作为参考，监测上下两个探针之间的温差。根据温差与液流速率的经验关系确定液流速率[48]。

热平衡法是 Čermák 于 1973 年[49]提出并用于测定树木的液流，又称为树干热平衡法（trunk heat balance，THB）或 Čermák 方法。该方法通常是在树干平行插入 5 个加热片，并在相应位置插入 4 对热电偶，然后给定功率加热，在忽略树干热容影响的情况下，用热平衡公式计算，直接得到液流通量，无需校正。基于组织热平衡原理，Sakuratani 1981 年[50]发明了一种不用插入加热探针而是以加热片加热的包裹式液流计来测定树干液流，即茎部热平衡法（stem heat balance，SHB），适用于直径较小的植株。该方法经 Steinberg 和 Baker 等人发展应用于直径较小的树木或草本，无伤测定，精度较高。该方法在灌木及农作物的液流测定中推广应用[51-53]，都收到了良好的效果。在了解该方法原理的基础上，正确使用该方法所得结果比较准确，在许多研究中已经被证实[53]。目前已有的包裹式液流计探头直径型号为 2~120mm，其中直径 60mm 以下的探头应用时误差较小[54]。

包裹式茎流计采用热平衡原理，通过在植物茎秆部施以恒定电压的热量，并通过上下两个热电偶来测定茎流携带走的热量，从而对植物茎秆的液流量与液流速率进行推算并连续监测。其热平衡方程表达式为

$$P_{in} = Q_r + Q_v + Q_f \tag{2.59}$$

式中：P_{in} 为输入的热量，根据欧姆定律求得，$P_{in} = V^2/R$；Q_f 为植物茎秆液流带走的热量；Q_v 为沿树干方向散失的热量。其中，

$$Q_v = q_u + q_d \tag{2.60}$$

式中：q_u 为向上散失的热量；q_d 为向下散失的热量。

其计算方程分别为

$$q_u = KstA \frac{dT_u}{dX} \tag{2.61}$$

$$q_d = KstA \frac{dT_d}{dX} \tag{2.62}$$

式中：Kst 为茎秆的热传导率，W/(m·K)，木本植物一般为 0.42；A 为茎秆横截面积，m^2；dT_u/dX 和 dT_d/dX 为温度梯度，K/m；dX 是热电偶节点间距，m；dT_u、dT_d 分别为探头上方和下方的两个热电偶节点间温差。

$$dT_u = (A - B) \times 0.04 \tag{2.63}$$

$$dT_d = (H_b - H_a) \times 0.04 \tag{2.64}$$

式中：A、B、H_b 和 H_a 分别为探头测定的电压，mV；0.04 为热电偶信号转化系数，mV/℃。

从式（2.60）~式（2.64）可得到下列方程：

$$Q_v = q_u + q_d = KstA \frac{(A - B) + (H_b - H_a)}{dX} \times 0.04 \tag{2.65}$$

Q_r 为沿水平方向散失的热量，计算公式为

$$Q_r = Ksh(C - H_c) \tag{2.66}$$

式中：$C - H_c$ 为探头水平方向两个热电偶的电压差；Ksh 为鞘传导率，即水平方向的热传导速率。

Ksh 在每天液流为 0 值时（通常认为在凌晨 4：00—5：00）通过热平衡原理进行计

算，计算公式如下：

$$Ksh = \frac{P_{in} - Q_v}{C - H_c} \qquad (2.67)$$

最后，茎秆液流量 Q_f（g/s）为

$$Q_f = \frac{P_{in} - Q_v - Q_r}{\dfrac{C_p}{dT}} \qquad (2.68)$$

式中：C_p 为水的比热，$J/(g/℃)$；dT 为上下两组热电偶的温度差，其值为：$dT = [(A + B) - (H_a + H_b)]/2$。

为简化参数，仪器中取 $AH = A - H_a$，$BH = B - H_b$，$CH = C - H_c$，则

$$Q_f = \frac{\left(\dfrac{V^2}{R} - 0.04 KstA \dfrac{AH - BH}{dX} - KshCH \right) \times 2 \times 0.04}{4.2} \qquad (2.69)$$

上述方法已被广泛地应用于多个树种液流量的测定且准确性已得到证明[55,56]。许多学者对热脉冲法、热平衡法和热扩散法及其他方法进行对比，均得到较为一致的结果[57-60]。茎流计法能在保持植株完整、不破坏周围生长环境的情况下测量单株的液流速度，从而较准确地确定单株的蒸腾量。该方法可以在较短时间尺度（小时）上揭示生理和环境因子对单株尺度的蒸腾响应。它的主要优点是不受复杂地形和空间异质性的影响，但由单株尺度提升到农田尺度有一定的难度，需要选取适当的方法进行尺度提升[61,62]。

2.1.6　遥感结合 SEBAL 方法测定作物 ET 原理

遥感传感器可以快捷、周期地获取大范围的二维甚至三维分布的地表电磁波信息，它已越来越广泛地应用在农业、地理、地质、海洋、水文、气象环境监测、地球资源勘探、军事侦察等多个方面。在农业水土工程领域中，遥感数据在水土资源动态变化监测、作物种植面积提取、作物长势监测和估产及作物水分亏缺估计等方面已有广泛的应用。

可见光和红外遥感获取土壤水分状况或通过建立光谱反射率与土壤湿度经验关系来实现，或结合光谱植被指数和热红外遥感获取的陆地表面温度提取土壤水分含量信息，从而进行农田水热时空动态估计，监测农作物亏水程度以指导灌溉。也可以利用遥感信息建立区域作物耗水的遥感反演方法，并根据气象数据计算潜在耗水，从而对作物受水分胁迫状况出评价。

SEBAL（surface energy balance algorithm for land）是由 Bastiaansen 等提出的多步骤求取地面特征参数进而得到区域作物耗水量[63]。利用遥感数据反演得到的地表温度 T_r，半球反照率 r_0 和归一化植被指数 $NDVI$ 及其相互关系得出不同地表类型的宽带地表通量（包括感热通量和土壤热通量）后，用余项法逐像元地计算区域 ET 的分布[64]。

求解区域的 H，需要区域分布的气温、地表粗糙长度及风速等地面资料，一般较难获得。为了解决这个问题，SEBAL 方法采用了冷点和热点作为边界条件，假设地表与空气温差 δT_a 和地表温度呈线性关系，并利用 Monin-Obukhov 相似假设对方程进行迭代求解。冷（湿）点，指影像中水分供应充足，植被较为密集的那个像元，在这一点，地表可利用能量完全用作作物耗水，$\lambda ET \cong R_n - G$，$\delta T_a \cong 0$；热（干）点是指干燥且无植被覆盖的像元，此点，作物耗水约为零，$H \cong R_n - G$，$\delta T_a \cong (R_n - G)r_a/\rho_a C_p$。

SEBAL 无论作为计算方法还是验证方法已在许多研究中得到了成功地应用。其主要

优点是物理基础较为坚实，适合于不同的气候条件区；另外，方法可以利用各种具有可见光、近红外和热红外波段的卫星遥感数据，并结合常规地面资料（如风速、气温、太阳净辐射等）计算能量平衡的各分量，因而可得出不同时空分辨率的 ET 分布图。运用空气和地表温度的实验方程，消去难以获取的空气温度参数。

通过蒸发比 W，并假设蒸发比在 24h 内大致保持不变，从而将计算得到的瞬时 ET 扩展为日 ET 值：

$$W = \frac{\lambda ET}{R_n - G} = \frac{R_n - G - H}{R_n - G} \tag{2.70}$$

SEBAL 方法计算中所需的遥感参数包括：地表反照率 α，归一化差值植被指数 $NDVI$，地表比辐射率 ε 和地表温度 T_s，对于 LANDSAT7 ETM＋遥感数据，利用 SEBAL 方法计算区域日 ET。

净辐射是地表能量、动量、水分输送与交换过程中的主要来源，可根据地表辐射平衡方程由入射能量减去出射能量求得。通常，净辐射通量 R_n 白天为正，夜晚为负。

$$R_n = K_{in} - K_{out} + L_{in} - L_{out} - (1 - \varepsilon)L_{in} \tag{2.71}$$

$$K_{out} = \alpha K_{in} \tag{2.72}$$

$$L_{in} = \sigma \varepsilon_a T_{0ref}^4 \tag{2.73}$$

$$L_{out} = \sigma \varepsilon T_s^4 \tag{2.74}$$

式中：K_{in} 为入射短波辐射，W/m^2；K_{out} 为出射短波辐射，W/m^2；L_{in} 为入射长波辐射，W/m^2；L_{out} 为出射长波辐射，W/m^2；σ 为 Stefan - Boltzman 常数 $[5.67 \times 10^{-8}\ W/(m^2 K^4)]$；$\varepsilon_a$ 为大气比辐射率；T_{0ref} 为参考高度的空气温度，K，可以取灌水充足的植被表面温度；T_s 为地表温度，K。

（1）地表反照率 α。计算地表反照率需要各波段的辐射亮度、大气外光谱反射率、各波段的权重系数、大气外反照率和大气单向透射率等参数，其求解过程如下：

$$L_\lambda = \frac{LMAX_\lambda - LMIN_\lambda}{Q_{calmax} - Q_{calmin}}(Q_{cal} - Q_{calmin}) + LMIN_\lambda \tag{2.75}$$

式中：L_λ 为 λ 波段的辐射亮度，$W/(m^2 \cdot \mu m \cdot sr)$；$Q_{cal}$ 为像元灰度值；Q_{calmax} 为最大 DN 值，即 $Q_{calmax} = 255$；$LMAX_\lambda$ 和 $LMIN_\lambda$ 分别为遥感器所接收到的 λ 波段的最大和最小辐射亮度，即相对应于 $Q_{calmax} = 255$ 和 $Q_{calmin} = 0$（NLAPS 产品）或 $Q_{calmin} = 1$（LPGS 产品）时的最大和最小辐射亮度。

$$\alpha_{toa} = \sum c_\lambda \rho_\lambda \quad (i = 1, 2, 3, 4, 5, 7) \tag{2.76}$$

式中：α_{toa} 为大气外反照率；c_λ 为 λ 波段的权重系数，由 λ 波段的 α_{toa} 求得，$\sum c_\lambda = 1$。

$$\rho_\lambda = \frac{\pi L_\lambda d_r^2}{ESUN_\lambda \cos\theta} \tag{2.77}$$

式中：ρ_λ 为 λ 波段的大气外光谱反射率；d_r 为日地天文单位距离；$ESUN_\lambda$ 为大气外光谱辐照度，$W/(m^2 \cdot \mu m)$；θ 为太阳天顶角，rad。

$$\alpha = \frac{\alpha_{toa} - \alpha_{path-radiance}}{\tau_{sw}^2} \tag{2.78}$$

式中：$\alpha_{path-radiance}$ 为程辐射率，$W/(m^2 \cdot \mu m \cdot sr)$，其值通常为 $0.025 \sim 0.04$；τ_{sw} 为大气单向透射率。

在晴空且较为干燥的大气条件下：

$$\tau_{sw} = 0.75 \times 2 \times 10^{-5} z \tag{2.79}$$

式中：z 为海拔高度，m，可以从 DEM 数据中获得。

（2）归一化差值植被指数 $NDVI$。

$$NDVI = \frac{\rho_4 - \rho_3}{\rho_4 + \rho_3} \tag{2.80}$$

式中：ρ_4、ρ_3 分别为近红外、红光波段的反射率。

（3）地表比辐射率 ε。比辐射率为物体的辐射出射度与同温度、同波长下的黑体辐射出射度的比值。地表比辐射率通过与 $NDVI$ 的经验关系求取[65]：

$$\varepsilon = 1.009 + 0.047 \ln NDVI \tag{2.81}$$

式中：$NDVI > 0$。否则，假定 ε 等于 1（如水体）。

（4）地表温度 T_s。地表温度可以由热红外波段通过大气校正法、单窗算法或单通道法反演。SEBAL 方法在利用 Plank 公式由 LANDSAT7 ETM+波段 6 计算出地面物体的亮度温度后，将结果经过地表比辐射率简单校正后获得地表温度：

$$T_s = \frac{K_2}{\ln\left(\frac{K_1}{L_6} + 1\right)\varepsilon^{0.25}} \tag{2.82}$$

式中：L_6 为 LANDSAT7 ETM+第 6 波段的大气外光谱辐射强度；K_1、K_2 为热红外波段校正参数，$W/(m^2 \cdot \mu m \cdot sr)$，$K_1 = 666.09$、$K_2 = 1282.71$（K）。

（5）大气比辐射率 ε_a。

$$\varepsilon_a = 1.08(-\ln \tau_{sw})^{0.265} \tag{2.83}$$

（6）入射波辐射 K_{in}。

$$K_{in} = \frac{G_{sc} \cos\theta}{d_r^2} \tau_{sw} \tag{2.84}$$

式中：G_{sc} 为太阳常数，$G_{sc} = 1367 W/m^2$。

土壤热通量指的是由于传导作用而存储在土壤和植被中的那部分能量，与热流方向的土温梯度、土壤热容量、热传导率成正比，在热量平衡中是一个相对较小的量，直接计算较为困难，一般通过 G 与 T_s、R_n、α、$NDVI$ 的统计关系求得，根据卫星过境时间进行适当修正：

$$G = \frac{T_s - 273.16}{\alpha}\left[0.0032\frac{\alpha}{c_{11}} + 0.0062\left(\frac{\alpha}{c_{11}}\right)^2\right](1 - 0.978 NDVI^4)R_n \tag{2.85}$$

式中：c_{11} 为卫星过境时间对 G 的影响，过境时间在地方时 12 点以前 c_{11} 取 0.9，在 12 点到 14 点之间取 1.0；在 14 点到 16 点之间取 1.1。

感热通量是指由于传导和对流作用而散失到大气中的那部分能量，是关于大气稳定度、风速和表面粗糙度的函数。其计算公式为

$$H = \frac{\rho C_p dT}{r_a} \tag{2.86}$$

$$\rho = 349.635 \frac{\left(\frac{T - 0.0065Z}{T}\right)^{5.26}}{T} \tag{2.87}$$

式中：T 为空气温度，K；Z 为高程。

计算感热通量的公式中，H、dT 和 r_a 均是未知量，且彼此直接相关，SEBAL 中采用迭代方法计算。步骤如下：

（1）根据稳定表面风廓线关系估算摩擦速度的空间分布。稳定表面的风廓线关系为

$$\frac{u_x}{u_*} = \frac{\ln \dfrac{z_x}{z_{om}}}{k} \tag{2.88}$$

式中：u_x 为高度 z_x 处的风速，m/s；u_* 为摩擦速度；k 为冯·卡门（Karman）常数，$k = 0.41$；z_{om} 为动量传输表面粗糙度，m，可采用 Su 提出的经验公式[66]：

$$\begin{cases} z_{om} = 0.005 + 0.5 \left(\dfrac{NDVI}{NDVI_{max}} \right)^{2.5} & NDVI \geqslant 0 \\ z_{om} = 0.001 & NDVI < 0 \end{cases} \tag{2.89}$$

（2）根据气温在一定范围内随高程增加而降低，在研究区内选定某一参考高度 z_{ref}，利用 DEM 数据对 T_s 进行校正：

$$T_s^* = T_s - 0.0065(z - z_{ref}) \tag{2.90}$$

式中：z 为 DEM 数据中的高程值，单位应与 z_{ref} 一致。

（3）假设 dT 与 T_s^* 呈线性关系，建立经验公式：

$$dT = cT_s^* + d \tag{2.91}$$

参数 c、d 通过在遥感影像上选定两个极端"指示"像元——"干点""湿点"来确定。"干点"指干燥的天然裸地或没有植被覆盖的闲置农田，假设在干点满足 $H \approx R_n - G_0$（即，可利用能量完全用于表面加热）；"湿点"指影像中水分供应充足、处于潜在作物耗水水平的像元，一般出现在刚灌水后的农田，在湿点 $H \approx 0$（即，可利用能量完全用于作物耗水），基于此假设，得到 dT 值。

（4）计算空气动力学阻力 r_a：

$$r_a = \frac{\ln \dfrac{z_2}{z_1}}{k u_*} \tag{2.92}$$

通常，z_1 取值略高于植被冠层的平均高度，z_2 取值略低于边界层高度，实际应用中，一般取 $z_1 = 0.01$m，$z_2 = 2$m。

（5）将 r_a 代入式（2.86），得到感热通量 H。

（6）由于表面加热导致近地层大气处于不稳定状态，SEBAL 方法应用 Monin - Obukhov 相似理论，引入大气热量传输与动量传输的稳定度订正因子 Ψ_h 和 Ψ_m，并计算 Monin - Obukhov 长度 L，对空气动力学阻力 r_a 进行校正后，迭代求解 H。Ψ_h 和 Ψ_m 的具体求解方法如下：

$$L = -\frac{\rho C_p u_*^3 T_s}{k g H} \tag{2.93}$$

1）$L > 0$，稳定状态：

$$\Psi_{m(z)} = \Psi_{h(z)} = -5 \frac{z}{L} \tag{2.94}$$

2）$L < 0$，非稳定状态：

$$x_{(z)} = \left(1 + 16 \frac{z}{L} \right)^{0.25} \tag{2.95}$$

$$\Psi_{m(z)} = 2\ln\frac{1+x_{(z)}}{2} + \ln\frac{1+x_{(z)}^2}{2} - 2\arctan x_{(z)} + 0.5\pi \tag{2.96}$$

$$\Psi_{h(z)} = 2\ln\frac{1+x_{(z)}^2}{2} \tag{2.97}$$

3) $L=0$，中性状态：

$$\Psi_m = \Psi_h = 0 \tag{2.98}$$

式中：g 为重力加速度，$g=9.81\mathrm{m/s^2}$；$x_{(z)}$ 为 z 高度的参数。

（7）将 $\Psi_{h(z_1)}$、$\Psi_{h(z_2)}$ 和 $\Psi_{m(z_x)}$ 代入下列公式中，对 r_a 进行校正：

$$r_a = \frac{\ln\dfrac{z_2}{z_1} - \Psi_{h(z_2)} + \Psi_{h(z_1)}}{ku_*} \tag{2.99}$$

$$u_* = \frac{ku_x}{\ln\dfrac{z_x}{z_{om}} - \Psi_{m(z_x)}} \tag{2.100}$$

一般地，重复运行步骤（5）～（7），直到得到稳定的感热通量 H。

最后计算得到作物 ET。

（1）计算日净辐射量 R_{n24}。

$$R_{n24} = (1-\alpha)R_{a24} - 110\tau_{sw} \tag{2.101}$$

$$R_{a24} = \frac{G_{sc}}{\pi d_r}(\omega_s\sin\phi\sin\delta + \cos\phi\cos\delta\sin\omega_s) \tag{2.102}$$

$$\omega_s = \arccos(-\tan\phi\tan\delta) \tag{2.103}$$

$$\delta = 0.409\sin\left(\frac{2\pi}{365}J - 1.39\right) \tag{2.104}$$

式中：ϕ 为像元的地理纬度，rad；δ 为太阳赤纬。

（2）引入蒸发比，日作物 ET_{24} 可表达为

$$ET_{24} = \frac{W(R_{n24} - G_{24})}{\lambda} \tag{2.105}$$

式中：R_{n24} 为日净辐射通量；G_{24} 为日土壤热通量；λ 为水的汽化潜热。

将 ET_{24} 的单位换算为 mm/d：

$$ET_{24} = \frac{86400W(R_{n24} - G_{24})}{[2.501 - 0.002361(T_s - 273.15)] \times 10^6} \tag{2.106}$$

2.2 不同方法测定葡萄园需水量与耗水量的对比与分析

水量平衡法是理论上较为完善的方法，在地下水位较深的干旱地区具有较高的精度，用其检验波文比-能量平衡法的测定精度也是比较经济和常用的方法[6]。但由于水量平衡法适用于时间步长较长时段 ET 的计算，因此选取 3～7d 为计算时间步长，应用水量平衡法计算该时段内日平均 ET。我们以水量平衡法为标准，评价波文比法和涡度相关法在干旱区测定 ET 的精确性。

如图 2.14 所示，以中国农业大学石羊河实验站为例，三种耗水方法测定干旱区葡萄

园日耗水量较接近。相对于水量平衡法，波文比法高估葡萄园耗水量 3%，涡度相关法低估葡萄园耗水量 3%。表 2.5 的两组回归方程的决定系数均较高，涡度相关法决定系数略高，表明涡度相关法与水量平衡法测定 ET 相关性更强。误差分析表明，涡度相关法 RMSE 和 RE 均小于波文比法的对应值，表明涡度相关法测定葡萄园 ET 更准确。Malek 的研究表明采用水量平衡法测定草甸系统的日耗水量为波文比法的 98%，相关系数为 0.987[67]。Li 等研究表明涡度相关法测量干旱区葡萄园日耗水量较水量平衡法测量值偏小 1.57%，波文比法测量值较水量平衡法测量值大 5.19%[4]。

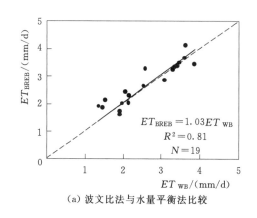
（a）波文比法与水量平衡法比较

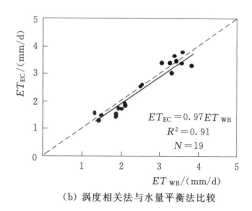
（b）涡度相关法与水量平衡法比较

图 2.14　波文比法 BREB、涡度相关法 EC 和水量平衡法 WB
测定葡萄园日耗水量的比较（2008 年）

表 2.5　涡度相关法、波文比法与水量平衡法测定葡萄园 ET 相关统计分析（2008 年）

方法比较	回归方程	R^2	RMSE /(mm/30min)	RE	IA
BREB vs. WB	$ET_{BREB} = 1.03ET_{WB}$	0.81	0.34	0.13	0.99
EC vs. WB	$ET_{EC} = 0.97ET_{WB}$	0.91	0.27	0.11	0.99

注　数据选自 5 月 19 日—9 月 20 日，RMSE 单位为 mm/d。

2.2.1　不同时间步长波文比法与涡度相关法测定葡萄园 ET 的对比分析

以日为时间步长分析两种方法测定葡萄园日耗水量的差异，如图 2.15（a）所示，拟合方程的斜率达 0.95，决定系数达 0.86。全生育期波文比法测定葡萄园日耗水量平均值为 2.77mm，涡度相关法测定值为 2.61mm。相对于 EC 而言，BREB 高估葡萄园的耗水量 6.3%。两种方法测定值 RMSE 为 0.49mm/d，RE 为 0.19，一致性指数 IA 为 0.95，表明两种方法测定值非常接近。实测数据点大致均匀分布在回归直线的两侧，表明采用两种方法研究日耗水量时，没有明显的系统性高估或是低估现象。

步长为 30min 时两种方法的差异如图 2.15（b）所示，拟合曲线的斜率为 0.98，决定系数为 0.78。两种方法测定值的 RMSE 为 0.033mm/30min，RE 为 0.60，一致性指数 IA 为 0.93，也表明两种方法测定的值非常接近。当 ET 较高时，ET_{BREB} 有低于 ET_{EC} 的趋势，存在系统性低估。Pauwels 应用涡度相关法和波文比法测定草原的小时耗水量并对其进行回归分析，拟合直线斜率为 0.75[68]，虽低于我们的对应值，但不存在系统高估现象。

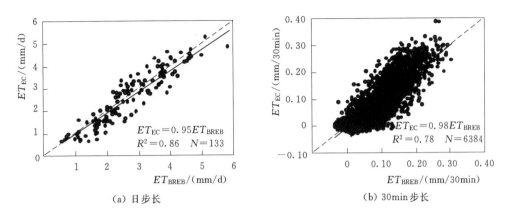

（a）日步长　　　　　　　　　　　　　　　（b）30min 步长

图 2.15　不同时间步长两种方法测定葡萄园耗水量的比较（2008 年）

2.2.2　不同天气条件波文比法与涡度相关法测定葡萄园 *ET* 的对比分析

　　2008 年和 2009 年全生育期选出典型晴天与阴天各 5d（2008 年 5—9 月每月各选取 1d；2009 年 6 月选 2d，7—9 月各选 1d），对半小时耗水量进行回归分析，如图 2.16 所示。无论是晴天还是阴天，回归方程的斜率均小于 1，BREB 测定耗水量均高于 EC 测定值。晴天条件下回归方程的斜率更接近 1，相关系数更高，表明在晴天条件下两种方法测

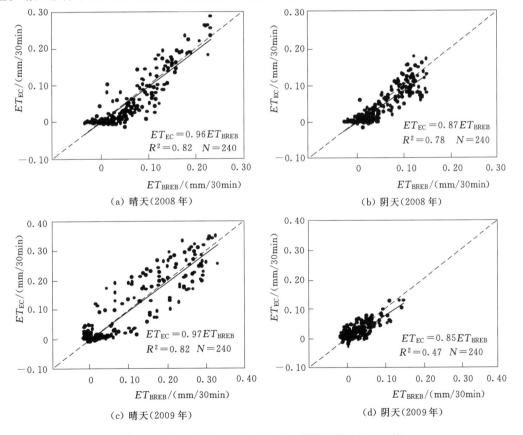

（a）晴天（2008 年）　　　　　　　　　　　（b）阴天（2008 年）

（c）晴天（2009 年）　　　　　　　　　　　（d）阴天（2009 年）

图 2.16　两种方法测定晴天与阴天葡萄园耗水量的比较

定值差异小，在阴天条件下差异较大。天气的阴晴导致大气稳定度不同，湍流交换强弱不同，两种方法测定的差异可能与大气稳定状况有关。

2.2.3 灌水前后波文比法与涡度相关法测定葡萄园 ET 的对比分析

选取灌水前后各 1d 的数据（天气条件相似，试验期间共灌水 5 次），分析灌水对两种方法测定葡萄园耗水量的影响，如图 2.17 所示。灌水后回归方程斜率明显大于灌水前回归方程的斜率，且由灌水前小于 1 转变为灌水后大于 1，决定系数没有明显变化。波文比法测定葡萄园耗水量由高估转为低估，涡度相关法则相反。另有研究表明，灌水后的 ET_{EC}/ET_{BREB} 值对比降雨前有明显升高的趋势，李思恩认为造成此现象是由于采用了沟灌，不均一的灌水方式可能会导致温湿度廓线的不一致，从而使得水热交换系数不等，当水汽交换系数高于感热交换系数时，波文比法测定的 ET 低于真实值[19]。

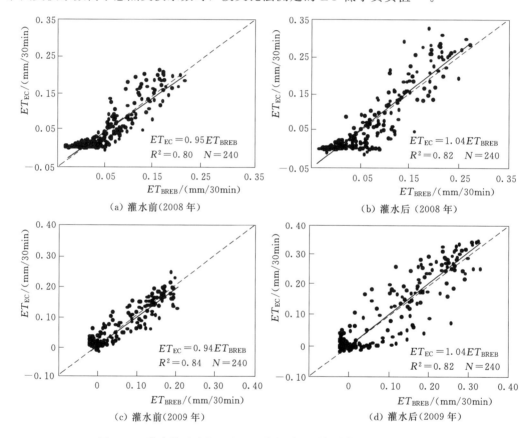

图 2.17 灌水前后波文比法和涡度相关法测定葡萄园耗水量的比较

2.2.4 不同生育期波文比法与涡度相关法测定葡萄园 ET 的对比分析

相对于涡度相关法而言，全生育期波文比法高估葡萄园总耗水量 6.3%，但并不是在生育期的各个阶段均呈现高估趋势（表 2.6，图 2.18）。在生育前期，BREB 高估耗水量；在生育中后期，则相反。目前，一部分研究认为 BREB 高估耗水量，EC 低估耗水量[4,15,69,70]，也有研究认为涡度相关法测定耗水量比波文比法测定值偏大[71,72]，均与我们结果存在一定差异。一方面，一些研究主要选取生育期的某个或是某几个阶段进行观测，选取时段不同直接影响两种方法测定耗水量的相对大小关系；另一方面，数据校正、筛选和插值等数据处理方法的不同可能导致不同的结果。Wolf 研究了数据校正方法对涡度相关法计算耗水量的影响，研究表明信号延迟校正和频率响应校正对耗水量的影响达 20%，未应用以上两种校正会导致涡度相关法测定耗水量的低估[15]。Brotzge 比较了涡度相关法和波文比法测定耗水量的差异，对波文比法获得的数据进行筛选时直接去除 $-2.0<\beta<-0.5$ 范围内的数据点，虽然剔除了严重偏离点，但使得去除插补过程引入了人为误差，可能与真实的耗水变化规律存在偏差[73]。

表 2.6　　　　　　　各生育期两种方法测定葡萄园总耗水量与日耗水量的比较

年份	生长期	时　间	总耗水量/mm		日耗水量/(mm/d)	
			ET_{BREB}	ET_{EC}	ET_{BREB}	ET_{EC}
2008	新梢生长期	5月11日—6月10日	60.06	44.96	1.94	1.45
	开花期	6月11—18日	17.29	15.14	2.16	1.89
	浆果生长期	6月19日—8月10日	162.54	152.46	3.07	2.88
	浆果成熟期	8月11日—9月15日	111.38	115.02	3.09	3.20
	落叶期	9月16—27日	17.79	19.52	1.48	1.63
	全生育期	5月11日—9月27日	369.06	347.10	2.64	2.48
2009	萌芽期	4月27日—5月5日	12.88	—	1.43	—
	新梢生长期	5月6日—6月3日	56.61	—	1.95	—
	开花期	6月4—17日	38.32	34.93	2.74	2.50
	浆果生长期	6月18日—8月3日	144.97	158.15	3.08	3.36
	浆果成熟期	8月4日—9月18日	106.94	—	2.32	—
	落叶期	9月19日—10月5日	28.15	—	1.66	—
	全生育期	4月27日—10月5日	387.87	—	2.39	—

注　2008年涡度相关系统缺测6月19—24日时段数据；2009年涡度相关系统仅有6月1日—9月10日数据，因此只能对比该时段耗水量的差异。

2.2.5　波文比法与涡度相关法测定葡萄园 ET 变化的差异

分析涡度相关法和波文比法测定干旱区葡萄园耗水量日变化。如图2.19可知，从全生育期平均来看，白天时段（9:00—16:00），涡度相关法测定耗水量高于波文法测定

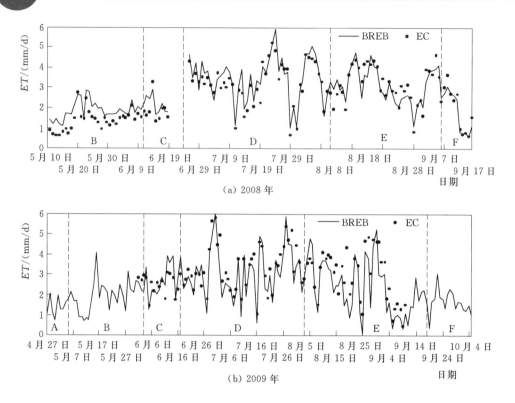

图 2.18　两种方法测定葡萄园全生育期日耗水量的比较

(注：A 为萌芽期，B 为新梢生长期，C 为开花期，D 为浆果生长期，E 浆果成熟期，

F 落叶期，2008 年 EC 缺测 6 月 19—24 日数据)

值，夜间时段（16：00—24：00，0：00—6：00），则相反。分析各生育期的变化情况可知，白天时段，新梢生长期和开花期，波文比法高估葡萄园耗水量，浆果生长期、浆果成熟期和落叶期，波文比法低估葡萄园耗水量；夜间时段，普遍存在波文比法测定的耗水量大于涡度相关法测定的耗水量。

2.2.6　不同 $R_n - G$ 条件下波文比法与涡度相关法测定葡萄园 ET 的对比分析

我们分析了在不同的 $R_n - G$ 条件下，两种方法测定的潜热通量值的相关性、误差及一致性指数见表 2.7。随着可利用能量的提高，两种方法测定值的相关性逐渐增强，相对 RMSE 逐渐减小，一致性逐渐增加，表明随着可利用能量的增加，两种方法测定葡萄园 ET 更加接近。当可利用能量处于 [−50，100] 区间内，相关性分析的结果表明两组测定值相关性较弱，拟合比例系数偏离 1 较远，表明波文比法测定值存在严重偏差，但此时潜热通量值较小，误差可以忽略不计。假设经过全面校正的涡度相关系统测定的潜热通量值准确，那么可利用能量测量的不确定性是引起两种方法测定 ET 存在差异的原因之一。此两种微气象学法测定的 ET 代表了仪器周围约 $1000m^2$ 的平均情况，而利用波文比法时，净辐射和土壤热通量的测定仅能代表其周围几平方米的平均情况，认为能量平衡方程净辐射分项和土壤热通量分项在 $1000m^2$ 均一不变[74]。实际上，单点测定 R_n 和 G 并不一定能代表 $1000m^2$ 内的能量收支情况[74]。测量的源区面积的差异可能引起波文比法测定的不准确。

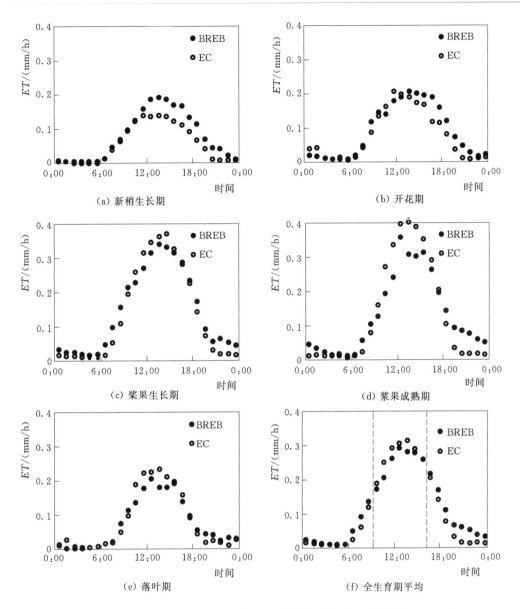

图 2.19　涡度相关法和波文比法测定干旱区葡萄园耗水量日变化对比（2008 年）
（注：两种方法测定葡萄园耗水量日变化为各生育期内同时段平均值）

表 2−7　　　　不同 R_n-G 条件下两种方法测定葡萄园 ET 的差异（2008 年）

R_n-G	N	$\overline{ET_{BREB}}$	$\overline{ET_{EC}}$	$ET_{EC}=AET_{BREB}$		$RMSE$	RE	IA
				A	R^2			
[−50，100]	3982	0.021	0.013	0.44	0.09	0.026	1.99	0.61
(100，250]	1203	0.092	0.091	0.98	0.35	0.039	0.43	0.74
(250，500]	1199	0.147	0.154	1.06	0.67	0.043	0.28	0.87

注　两种方法测定耗水量 ET 与 $RMSE$ 的单位为 mm/30min；$\overline{ET_{BREB}}$ 为给定时间步长内波文比法测定耗水量的平均值；$\overline{ET_{EC}}$ 为给定时间步长内涡度相关法测定耗水量的平均值。

2.3 不同方法测定玉米田需水量与耗水量的对比与分析

2.3.1 大型称重式蒸渗仪测定玉米田 ET 的可靠性分析

影响蒸渗仪测定值的因素包括安装位置、种植密度、作物长势、叶面积等，因此有必要对比分析蒸渗仪测定的 ET 误差。表 2.8 给出了玉米各个生育阶段中国农业大学石羊河实验站两台蒸渗仪测定的 ET 对比结果。由表可知，白天两台蒸渗仪测定 ET 的 MBE 和相对 MBE 变化范围分别为 $-0.004 \sim 0.033$ mm/h 和 $-3.5\% \sim 10.7\%$，夜间为 $0.001 \sim 0.004$ mm/h 和 $3.1\% \sim 18.8\%$。两台蒸渗仪半小时 ET 的回归结果显示直线斜率与 1.0 没有显著差别，表明两台蒸渗仪测定的 ET 具有较好的一致性。使用两台蒸渗仪测定 ET 的平均值进行分析。另外，对蒸渗仪测定 $ET(ET_L)$ 与涡度相关试验田的水量平衡结果 (ET_{WB}) 进行对比分析。玉米全生育期每 $7 \sim 10 d ET_{WB}$ 平均值与相应的 ET_L 显示两者具有较好的一致性，线性回归斜率为 0.93，决定系数为 0.83（图 2.20）。全生育期总 ET_{WB} 为 576.4mm，非常接近总 ET_L（599.5mm）。因而，我们中应用两台蒸渗仪的平均 ET_L 评价涡度相关法测定的 ET_{EC}。

表 2.8　　　　　东蒸渗仪半小时测定值 $ET(ET_E)$ 与西蒸渗仪

半小时测定值 (ET_W) 的比较（2009 年）

生育期	日　期	天数 /d	时间	N	平均 ET /(mm/h)		MBE /(mm/h)	RBE /%	回归指标		
					ET_W	ET_E			截距 /(mm/h)	斜率	R^2
苗期	4 月 22 日— 6 月 5 日	45	白天	1088	0.105	0.102	−0.004	−3.5	0.002	0.947	0.88
			夜间	999	0.016	0.018	0.001	6.7	0.005	0.738	0.50
拔节期	6 月 6 日— 7 月 9 日	34	白天	832	0.405	0.405	0.000	0.1	0.004	0.989	0.95
			夜间	750	0.032	0.036	0.004	12.7	0.010	0.835	0.63
抽穗期	7 月 10 日— 8 月 3 日	25	白天	596	0.475	0.508	0.033	6.6	0.027	1.013	0.97
			夜间	519	0.038	0.042	0.004	9.1	0.012	0.794	0.51
灌浆期	8 月 4 日— 9 月 10 日	38	白天	880	0.343	0.347	0.003	0.9	0.008	0.985	0.96
			夜间	742	0.031	0.032	0.001	3.1	0.009	0.748	0.60
成熟期	9 月 11— 27 日	17	白天	405	0.142	0.158	0.016	10.7	0.013	1.019	0.95
			夜间	315	0.019	0.023	0.004	18.8	0.007	0.830	0.72
全生育期	4 月 22 日— 9 月 27 日	159	白天	3801	0.288	0.295	0.007	2.3	0.002	0.947	0.88
			夜间	3325	0.027	0.029	0.002	8.8	0.005	0.736	0.50

注　 N 是半小时测定值的数目；MBE 是平均偏差误差；RBE 是相对偏差误差；R^2 是决定系数。

2.3.2　涡度相关法与大型称重式蒸渗仪测定半小时 ET 的对比分析

涡度相关系统测定的原始半小时 ET（ET_{EC}）与蒸渗仪平均半小时的 ET（ET_L）对比分析结果见表 2.9。由表可知，在玉米各个生育阶段，白天平均偏差误差（MBE）与 RBE 变化从 -0.132mm/h 到 0.004mm/h 和 -32.5% 到 2.9%，夜间变化从 -0.012mm/h 到 -0.004mm/h 和 -32.7% 到 -21.5%。全生育阶段，白天 MBE 和 RBE 分别为 -0.064mm/h 和 -21.8%，夜间分别为 -0.008mm/h 和 -30.2%。这表明涡度相关系统测定的 ET 不管是白天值还是夜间值都与蒸渗仪测定值的差别比较大，主要是 ET_{EC} 偏低。

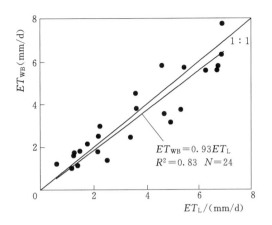

图 2.20　大型称重式蒸渗仪测定 ET（ET_L）与土壤水量平衡法计算 ET（ET_{WB}）的比较（2009 年）

表 2.9　涡度相关系统测定的半小时 ET（ET_{EC}）与蒸渗仪测定值 ET（ET_L）的比较（2009 年）

生育期	日　期	天数/d	时间	N	平均 ET /(mm/h)		MBE /(mm/h)	RBE /%	回归指标		
					ET_{EC}	ET_L			截距/(mm/h)	斜率	R^2
苗期	4 月 22 日— 6 月 5 日	45	白天	1088	0.105	0.104	0.001	1.4	0.019	0.832	0.69
			夜间	999	0.012	0.017	−0.005	−29.3	0.003	0.529	0.27
拔节期	6 月 6 日— 7 月 9 日	34	白天	832	0.273	0.405	−0.132	−32.5	0.026	0.611	0.84
			夜间	750	0.024	0.034	−0.010	−29.3	0.009	0.434	0.19
抽穗期	7 月 10 日— 8 月 3 日	25	白天	596	0.365	0.492	−0.127	−25.8	−0.154	0.950	0.99
			夜间	519	0.028	0.040	−0.012	−31.0	0.008	0.496	0.25
灌浆期	8 月 4 日— 9 月 10 日	38	白天	880	0.277	0.345	−0.068	−19.6	0.026	0.727	0.85
			夜间	742	0.021	0.031	−0.010	−32.7	0.007	0.450	0.18
成熟期	9 月 11 日— 27 日	17	白天	405	0.154	0.150	0.004	2.9	0.004	1.004	0.85
			夜间	315	0.016	0.021	−0.004	−21.5	0.000	0.771	0.50
全生育期	4 月 22 日— 9 月 27 日	159	白天	3801	0.228	0.291	−0.064	−21.8	0.031	0.675	0.85
			夜间	3325	0.020	0.028	−0.008	−30.2	0.006	0.495	0.27

注　N 是半小时测定值的数目；MBE 是平均偏差误差；RBE 是相对偏差误差；R^2 是决定系数。

涡度相关系统测定值存在明显能量不闭合现象。因而，应用波文比强制闭合法对半小时 ET_{EC} 进行校正。图 2.21 显示了各个生育阶段校正后的 ET_{EC} 与 ET_L 的关系具有较好的一致性。表 2.10 统计分析了差别的大小。表中结果显示全生育期两种方法白天相对 MBE 为 -4.8%，远小于校正前两者的 -21.8%。已有研究也表明波文比强制闭合法能较好地校正白天的涡度相关测定 ET。

然而，校正后夜间的 ET_{EC} 与 ET_L 差别较大，各个生育阶段 RBE 从 -30% 到 -95%，

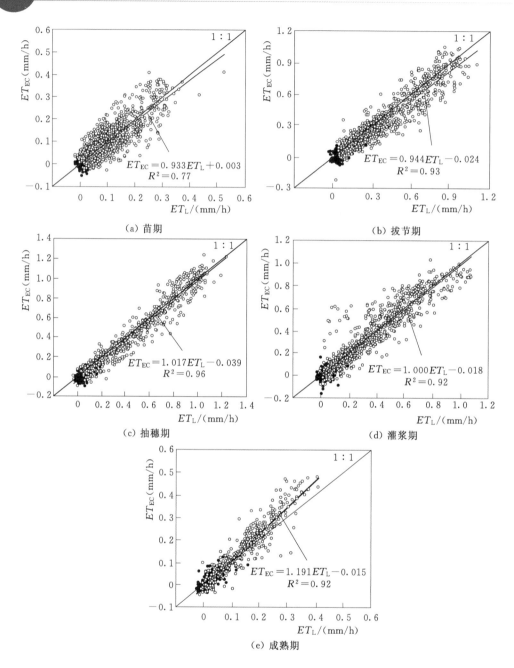

图 2.21 应用波文比强制闭合和过滤插值法校正后各个生育阶段半小时
白天值（空心圆）和夜间值（实心圆）涡度相关法测定 ET（ET_{EC}）与
蒸渗仪测定值（ET_L）的线性关系（2009 年）

比校正前的差别大。这些结果表明，波文比强制闭合法不适合对夜间 ET_{EC} 进行校正。接下来，应用过滤插值法对夜间 ET_{EC} 进行校正。校正后 ET_{EC} 与 ET_L 差别明显减小，全生育期夜间 RBE 为 -10.3%，小于校正前的 -30.2%（表 2.10）和能量闭合后校正的 -71.6%。校正后 ET_{EC} 占每日值为 7.3%，与已有结果相一致[27]。

表 2.10　波文比强制闭合和过滤插值法校正后半小时涡度相关测定 $ET(ET_{EC})$

与蒸渗仪测定值 ET（ET_L）的比较（2009 年）

生育期	日　期	天数 /d	时间	N	平均 ET /(mm/h)		MBE /(mm/h)	RBE /%	回归指标		
					ET_{EC}	ET_L			截距 /(mm/h)	斜率	R^2
苗期	4 月 22 日— 6 月 5 日	45	白天	1088	0.107	0.104	0.003	2.9	0.018	0.853	0.67
			夜间	999	0.017	0.018	−0.001	−5.2	0.009	0.415	0.31
拔节期	6 月 6 日— 7 月 9 日	34	白天	832	0.361	0.405	−0.044	−10.8	−0.017	0.933	0.87
			夜间	750	0.031	0.034	−0.002	−4.6	0.019	0.365	0.34
抽穗期	7 月 10 日— 8 月 3 日	25	白天	596	0.460	0.492	−0.032	−6.5	−0.044	1.025	0.94
			夜间	519	0.034	0.040	−0.005	−12.9	0.018	0.518	0.41
灌浆期	8 月 4 日— 9 月 10 日	38	白天	880	0.338	0.345	−0.007	−2.1	0.007	0.958	0.87
			夜间	742	0.026	0.031	−0.005	−15.5	0.016	0.272	0.30
成熟期	9 月 11 — 27 日	17	白天	405	0.164	0.150	0.014	9.6	−0.016	1.204	0.87
			夜间	315	0.018	0.021	−0.003	−12.6	−0.001	0.912	0.62
全生育期	4 月 22 日— 9 月 27 日	159	白天	3801	0.277	0.291	−0.014	−4.8	0.002	0.944	0.91
			夜间	3325	0.025	0.028	−0.003	−10.3	0.010	0.515	0.44

注　N 是半小时测定值的数目；MBE 是平均偏差误差；RBE 是相对偏差误差；R^2 是决定系数。

2.3.3　涡度相关法与大型称重式蒸渗仪测定每日 ET 的对比分析

通过累加半小时的 ET 得到每日值，校正前后的涡度相关系统测定的每日 ET_{EC} 与蒸渗仪法测定值比较结果见表 2.11。由表中可以看出，校正前的每日 ET_{EC} 与 ET_L 在玉米各

表 2.11　波文比强制闭合法和过滤插值法校正前后的涡度相关测定 $ET(ET_{EC})$

与蒸渗仪测定值（ET_L）的比较（2009 年）

生育期	日　期	天数 /d	ET_{EC}			ET_L		MBE /(mm/d)	RBE /%
			校正	累加值 /mm	日均值 /(mm/d)	累加值 /mm	日均值 /(mm/d)		
苗期	4 月 22 日— 6 月 5 日	45	校正前	63.2	1.40	65.2	1.45	−0.04	−2.6
			校正后	66.3	1.47			0.02	1.7
拔节期	6 月 6 日— 7 月 9 日	34	校正前	122.6	3.60	180.7	5.32	−1.73	−32.4
			校正后	161.1	4.76			−0.56	−10.5
抽穗期	7 月 10 日— 8 月 3 日	25	校正前	115.9	4.64	156.8	6.27	−1.64	−26.1
			校正后	145.9	5.84			−0.43	−6.9
灌浆期	8 月 4 日— 9 月 10 日	38	校正前	129.8	3.42	163.1	4.29	−0.88	−20.5
			校正后	152.2	4.00			−0.29	−6.7
成熟期	9 月 11 — 27 日	17	校正前	33.8	1.99	33.7	1.98	0.01	0.6
			校正后	36.2	2.13			0.15	7.4
全生育期	4 月 22 日— 9 月 27 日	159	校正前	465.3	2.93	599.5	3.77	−0.84	−22.4
			校正后	562.4	3.54			−0.23	−6.2

注　校正指的是对涡度相关系统测定的白天 ET 利用波文比强制闭合法和夜间 ET 利用过滤插值法进行校正；MBE 是平均偏差误差；RBE 是相对偏差误差。

生育阶段差别都较大，差别最大的在拔节期，相对 MBE 为 -32.4%，与该阶段能量不闭合率最大相一致。校正前全生育期总 ET_{EC} 为 $465.3mm$，比总 $ET_L 599.5mm$ 低 22.4%。校正前后两种方法测定值的零截距的线性回归斜率分别为 0.73（$R^2=0.88$）和 0.94（$R^2=0.93$）（图 2.22）。

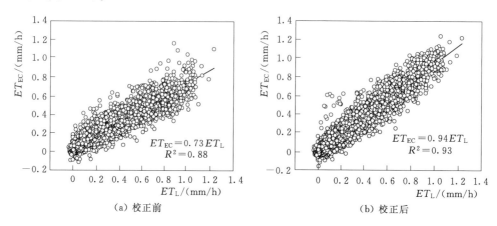

（a）校正前　　　　　　　　　　（b）校正后

图 2.22　波文比强制闭合和过滤插值法校正前后的涡度相关测定 $ET(ET_{EC})$
与蒸渗仪测定值（ET_L）的线性关系（2009 年）

校正后的 ET_{EC} 与 ET_L 差别较小，全生育期相对 MBE 为 -6.2%，小于校正前的 -22.4%。校正后的全生育期总 ET_{EC} 为 $562.4mm$，平均每日值为 $3.54mm/d$，都非常接近 ET_L，相对 MBE 为 -6.2%（表 2.11）。图 2.23 显示了校正后的每日 ET_{EC} 与 ET_L 的零截距线性回归斜率为 0.92（$R^2=0.97$），表明两者很接近。

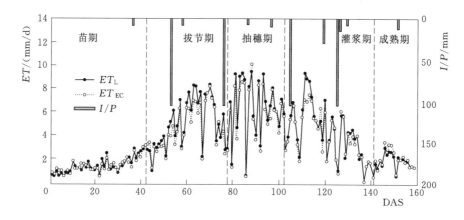

图 2.23　波文比强制闭合和过滤插值法校正后的涡度相关测定 $ET(ET_{EC})$
与蒸渗仪测定值（ET_L）的季节变化（2009 年）

当灌溉或强降雨发生后，蒸渗仪箱体边界阻止土壤水分的侧向运移或深层渗滤，因而蒸渗仪内的水分含量可能高于箱外。通过表 2.12，在灌溉后 3 个晴天或强降雨两个晴天后，蒸渗仪测定 ET 高于校正后的涡度相关测定值，表明这些天的蒸渗仪测定 ET 偏高。Rana 等[1]研究结果表明在灌溉和强降雨后，蒸渗仪箱内的水分消耗高于周围大田耗水，

蒸渗仪测定 ET 可能偏高。

表 2.12 灌溉后 3 个晴天和强降雨后 2 个晴天的涡度相关测定 $ET(ET_{EC})$
与蒸渗仪测定值（ET_L）的比较（2009 年）

灌溉和降雨	日 期	ET_{EC}		ET_L		MBE /(mm/d)	RBE /%
		累加值 /mm	日均值 /(mm/d)	累加值 /mm	日均值 /(mm/d)		
第一次灌溉	6 月 13 日	12.3	4.09	16.3	5.43	−1.34	−24.7
第二次灌溉	7 月 6 日	18.3	6.11	22.8	7.60	−1.49	−19.6
第三次灌溉	8 月 4 日	19.0	6.33	24.9	8.30	−1.97	−23.7
第四次灌溉	8 月 24 日	10.8	3.57	12.8	4.27	−0.70	−16.4
强降雨	8 月 18 日	8.8	4.40	10.8	5.40	−1.00	−18.5
小 计		69.2	4.90	87.6	6.20	−1.30	−20.6

注 每次灌溉量为 105mm，2009 年 8 月 18 日的强降雨量为 27.8mm；MBE 是平均偏差误差；RBE 是相对偏差误差。

如图 2.24 所示，在去除灌溉和强降雨后称重式蒸渗仪测定 ET 高估的部分后，与校正后的涡度相关法测定值较一致，线性回归斜率为 0.96（$R^2 = 0.98$）。减去高估的蒸散量（18.4mm），蒸渗仪测定值为 581.1mm，与涡度相关法测定总蒸散量 562.4mm 较一致。

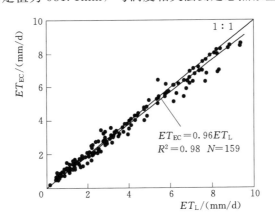

图 2.24 波文比强制闭合法和过滤插值法校正后的
涡度相关测定 $ET(ET_{EC})$ 与蒸渗仪测定值减去
灌溉和强降雨后高估部分（ET_L）的线性
关系（2009 年）

2.4 不同方法测定制种玉米田需水量与耗水量的对比与分析

2.4.1 不同方法测定的制种玉米不同生育期 ET 的对比分析

将水量平衡法测定的制种玉米生育期每 5d 左右的耗水量，蒸渗仪法测定的每小时

ET，涡度相关法和波文比-能量平衡法测定的每半小时耗水分别按各生育期时间截点累加，得出 4 种方法测定的制种玉米不同生育期和全生育期的 ET 见表 2.13。水量平衡法、蒸渗仪法、涡度相关法和波文比-能量平衡法测定的全生育期 ET 分别为 501mm、566mm、474mm 和 498mm，全生育期日均 ET 分别为 3.32mm/d、3.75mm/d、3.14mm/d 和 3.30mm/d。水量平衡法从苗期到成熟期各生育期 ET 测定结果分别为 68mm、107mm、122mm、111mm 和 93mm，各生育期日均 ET 分别为 1.42mm/d、3.96mm/d、6.10mm/d、4.27mm/d 和 3.10mm/d。蒸渗仪法从苗期到成熟期各生育期 ET 测定结果分别为 75mm、117mm、152mm、134mm 和 88mm，各生育期日均 ET 分别为 1.56mm/d、4.32mm/d、7.60mm/d、5.14 mm/d和 2.94mm/d。涡度相关法从苗期到成熟期各生育

表 2.13　　制种玉米不同测定方法测定 ET 在不同生育期的分布 （2011 年）

方　　法	生育期	阶　　段	天数/d	日均 ET/(mm/d)	总 ET/mm	占全生育期/%
水量平衡法	苗期	4 月 22 日—6 月 8 日	48	1.42	68	13.57
	拔节期	6 月 9 日—7 月 5 日	27	3.96	107	21.36
	抽穗期	7 月 6—25 日	20	6.10	122	24.35
	灌浆期	7 月 26 日—8 月 20 日	26	4.27	111	22.16
	成熟期	8 月 21 日—9 月 19 日	30	3.10	93	18.56
	全生育期	4 月 22 日—9 月 19 日	151	3.32	501	100
蒸渗仪法	苗期	4 月 22 日—6 月 8 日	48	1.56	75	13.25
	拔节期	6 月 9 日—7 月 5 日	27	4.32	117	20.67
	抽穗期	7 月 6—25 日	20	7.60	152	26.86
	灌浆期	7 月 26 日—8 月 20 日	26	5.14	134	23.67
	成熟期	8 月 21 日—9 月 19 日	30	2.94	88	15.55
	全生育期	4 月 22 日—9 月 19 日	151	3.75	566	100
涡度相关法	苗期	4 月 22 日—6 月 8 日	48	1.44	69	14.56
	拔节期	6 月 9 日—7 月 5 日	27	4.02	109	23.00
	抽穗期	7 月 6—25 日	20	5.80	116	24.47
	灌浆期	7 月 26 日—8 月 20 日	26	3.94	102	21.52
	成熟期	8 月 21 日—9 月 19 日	30	2.61	78	16.45
	全生育期	4 月 22 日—9 月 19 日	151	3.14	474	100
波文比-能量平衡法	苗期	4 月 22 日—6 月 8 日	48	2.29	110	22.08
	拔节期	6 月 9 日—7 月 5 日	27	3.94	106	21.29
	抽穗期	7 月 6—25 日	20	5.31	106	21.29
	灌浆期	7 月 26 日—8 月 20 日	26	3.75	98	19.68
	成熟期	8 月 21 日—9 月 19 日	30	2.61	78	15.66
	全生育期	4 月 22 日—9 月 19 日	151	3.30	498	100

期耗水测定结果分别为 69mm、109mm、116mm、102mm 和 78mm，各生育期日均 ET 分别为 1.44mm/d、4.02mm/d、5.80mm/d、3.94mm/d 和 2.61mm/d。波文比-能量平衡法从苗期到成熟期各生育期耗水测定结果分别为 110mm、106mm、106mm、98mm 和 78mm，各生育期日均 ET 分别为 2.29mm/d、3.94mm/d、5.31mm/d、3.75mm/d 和 2.61mm/d。

以水量平衡法为基准，蒸渗仪法高估 13.0%，涡度相关法低估 5.4%，波文比-能量平衡法与其结果比较接近。从不同生育期看，波文比-能量平衡法测定的苗期 ET 为 110mm，占总 ET 的 22.08%，明显高于另外三种方法 13.57%、13.25% 和 14.56%，说明波文比-能量平衡法在苗期存在耗水高估现象。蒸渗仪法在抽穗期和灌浆期的 ET 为 286mm，占总 ET 的 50.53%，明显高于另外三种方法 46.51%、45.99% 和 40.96%，说明蒸渗仪法在制种玉米生长旺盛期存在明显的耗水高估现象。涡度相关法测定的各生育期 ET 与水量平衡法最为接近。

表 2.13 列出了四种方法测定制种玉米全生育期的 ET 值以及 ET 在不同生育期的分布情况：蒸渗仪法、涡度相关法和波文比-能量平衡法的测定结果均与水量平衡法测定结果比较接近，能够适用于制种玉米 ET 监测。然而，观测也表明，这三种方法测定结果之间仍存在一定的差异。这三种方法能够在小时间尺度上获取 ET 信息，那么如果将尺度缩小至日尺度，甚至小时尺度，或者是在不同天气情况下，三种方法的测量有何差异，产生差异的原因是什么，对于分析三种方法在生育期尺度上表现出差异的原因，评价各种方法的测定结果具有重要的意义。

2.4.2 不同方法测定的制种玉米日尺度 ET 的对比分析

图 2.25 为 EC、BREB 和 LYS 测定的制种玉米全生育期所有日尺度上的 ET 比较结果。从图 2.25 中可以看出，BREB 与 EC 两种方法结果非常接近，回归方程为 $ET_{BREB}=0.960ET_{EC}$，决定系数 R^2 为 0.903。这说明两种方法测定的日 ET 不仅在结果上非常一致，相关性也很好。从图中还可以看出，当日 ET 较小时，散点大多落在回归方程的上方，而日 ET 较小的日期集中在苗期，说明 BREB 在苗期存在着 ET 高估现象，这与表 2.5 中各种方法 ET 在不同生育期的分布结果一致。从图中可以看出，在 EC 能量强制闭合前，EC 与 LYS 的回归方程为 $ET_{EC}=0.715ET_{LYS}$，决定系数 R^2 为 0.800；经过能量强

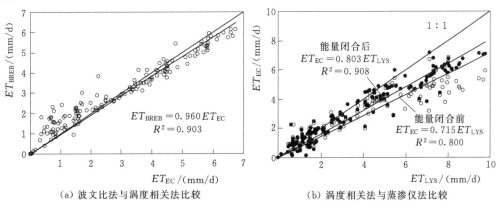

（a）波文比法与涡度相关法比较　　　　　（b）涡度相关法与蒸渗仪法比较

图 2.25　三种方法测定的制种玉米日 ET 之间的相关性（2011 年）

制闭合，EC 与 LYS 的回归方程为 $ET_{EC}=0.803ET_{LYS}$，决定系数 R^2 为 0.908。这一方面说明了 EC 能量强制闭合的必要性，经过能量强制闭合不仅在一定程度上修正了 EC 低估 ET 现象，而且提高了 EC 与 LYS 的相关性，使 EC 测定结果更加准确；另一方面，尽管经过能量强制闭合，LYS 结果仍明显高于 EC，说明 LYS 测定日尺度 ET 存在系统高估现象。

图 2.26 为三种方法测定的 2011 年甘肃武威制种玉米日 ET 全生育期逐日变化的比较。从图中可以更清晰地看出，三种方法测定的全生育期日 ET 变化趋势基本一致：苗期较小，之后随着制种玉米的生长逐渐升高，到抽穗期达到峰值，之后逐渐下降。在苗期，EC 与 LYS 测定结果接近，BREB 测定结果高于另两种方法；在抽穗期和灌浆期，EC 与 BREB 测定结果接近，LYS 测定结果明显高于另两种方法；在拔节期和成熟期，三种方法测定的每日 ET 基本一致。

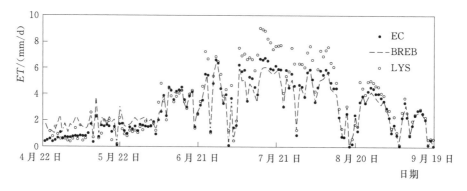

图 2.26　三种方法测定的制种玉米全生育期 ET 逐日变化过程的比较（2011 年）

2.4.3　三种方法测定的制种玉米小时尺度 ET 的对比分析

图 2.27 为 BREB 和 EC 测定的制种玉米全生育期所有半小时和 1 小时 ET 的比较。由图可以看出，在半小时尺度，BREB 与 EC 两种方法结果也非常接近，回归方程为 $ET_{BREB}=0.976ET_{EC}$，决定系数 R^2 为 0.903，两者测定结果相关性也很好。从图中还可以看出，当半小时 ET 较小时，散点也大部分落在回归方程上方，说明在半小时尺度上 BREB 在苗期也存在着 ET 高估现象，日尺度和生育期的 ET 均是由半小时尺度的 ET 值

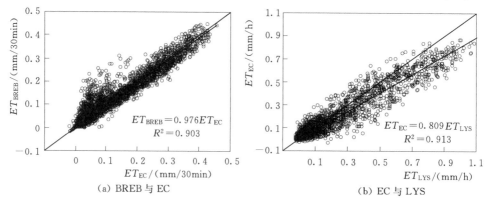

（a）BREB 与 EC　　　　　　　　　（b）EC 与 LYS

图 2.27　三种方法测定的制种玉米生育期小时（半小时）尺度 ET 之间的相关性（2011 年）

累加得到的，BREB 半小时尺度上的苗期 ET 高估直接导致了其日尺度和整个苗期 ET 的高估。小时尺度 EC 与 LYS 的回归方程为 $ET_{EC}=0.809ET_{LYS}$，决定系数 R^2 为 0.913。小时尺度的 ET 比较结果与日尺度相似，LYS 测定小时尺度 ET 也存在系统高估现象。

为分析三种方法在作物不同生育期 ET 测定结果的差异，在 2011 年制种玉米不同生育期各选择一个典型晴天，分析三种方法测定的 ET 日变化过程（其中 BREB 只分析白天8：00—20：00 数据），如图 2.28 所示。从图中可以看出，三种方法测定的不同生育期典型晴天 ET 日变化趋势基本一致。制种玉米 ET 均呈规则的钟形变化趋势，即中午高，早

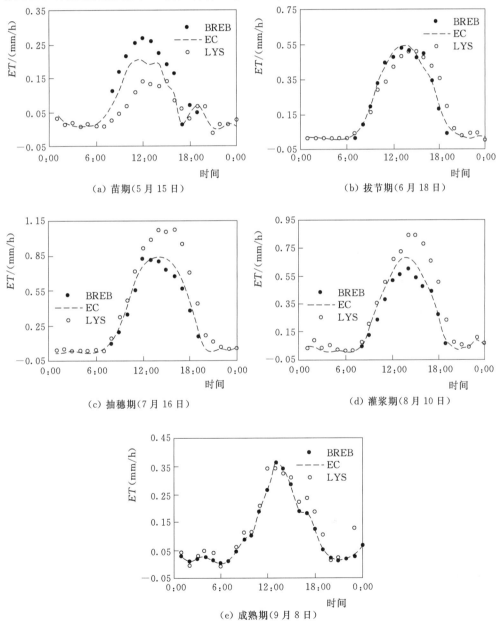

图 2.28　制种玉米不同生育期三种方法测定的典型晴天 ET 日变化的比较（2011 年）

晨和傍晚依次降低，夜间 ET 较小，徘徊在 0 附近；不同生育期 ET 峰值均出现在 14：00 左右。同时可以看出，在不同生育期，三种方法测定的 ET 日变化过程有一定的差异。苗期白天各时刻的 ET 大小 BREB＞EC＞LYS；抽穗期和灌浆期 EC 和 BREB 各时刻 ET 比较接近，LYS 从正午 12：00 到 19：00 测定的 ET 高于另两种方法，且在 14：00 附近这种差异最为显著；拔节期和成熟期三种方法各时刻 ET 测值均比较接近。

为解释波文比法在苗期耗水高估现象，绘出了 BREB 和 EC 两种方法测定的中午 14：00 的 β 的逐日变化过程如图 2.29 所示。李思恩在研究中指出，中午的 β 与白天平均值一致性较好，可以用中午 14：00 左右的 β 代表白天平均的 β[19]。从图中可以看出，在苗期 BREB 测定的 β 明显低于 EC。当可供能量（$R_n - G$）一定的情况下，β 实测值偏小将导致潜热高估，ET 测定值偏高。究其根本原因可能是苗期温差小，温湿度探头的精度达不到要求。另一方面还可能是因为在苗期相对其他生育期，下垫面湿润状况不均匀，BREB 要求的水热交换系数 $K_h = K_v$ 的条件无法满足，这些原因都有可能导致 β 测值偏低。

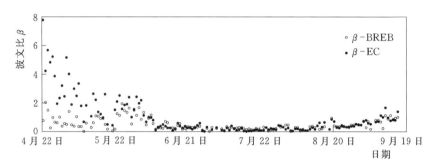

图 2.29　利用波文比法和涡度相关法测定的制种玉米
生育期每日 14：00 的 β 值比较（2011 年）

LYS 在抽穗期和灌浆期测定的 ET 明显偏高可能原因如下：

（1）空间尺度效应。LYS 测定 ET 空间尺度较小，其测值仅代表该仪器范围内的作物耗水。EC 和 BRER 测定 ET 空间尺度较大，在其通量贡献区域内，道路和田埂等裸土面积较大，而裸土的蒸发量远小于生长旺盛期的制种玉米 ET，因此导致 EC 和 BREB 所测 ET 数据较小，这种现象在制种玉米的生长旺盛期（抽穗期和灌浆期）尤为显著。

（2）LYS 的"绿洲效应"。由于蒸渗仪土体外框的阻隔，蒸渗仪周围有裸土，导致测值较高。

（3）LYS 的"边框效应"。金属传热速度大于土壤，当辐射加热蒸渗仪的外金属边框时，会将热量传给蒸渗仪内的土壤，土壤温度的升高将导致 ET 的增加[75]。

上述的绿洲效应、边框效应在一年中太阳辐射最强的 7—8 月最为显著，正值制种玉米的抽穗期和灌浆期。以上原因共同导致了 LSY 测定制种玉米抽穗期、灌浆期 ET 明显高于另外两种方法。

2.4.4　不同天气条件下三种方法测定的制种玉米田 ET 的对比分析

在制种玉米全生育期选出典型晴天与阴天各 10d（5—9 月各选取 1d），对三种方法测定的小时尺度耗水进行相关分析，如图 2.30 和图 2.31 所示。从图 2.30 可以看出，在晴天情况下，$ET_{LYS} = 1.110ET_{EC}$，决定系数 R^2 为 0.924；在阴天情况下，$ET_{LYS} = 1.035ET_{EC}$，决定系数 R^2 为 0.809。阴天情况下 ET_{LYS} 仅比 ET_{EC} 高出 3.5%，远低于晴天情况下的 11%。这是因为在阴天情况下，太阳辐射和温度比晴天低，LYS 由于边框效应、绿洲效应等造成的 ET 高估小于晴天情况。从图 2.31 可以看出，在晴天情况下，$ET_{EC} = 0.978ET_{BREB}$，决定系数 R^2 为 0.900；在阴天情况下，$ET_{EC} = 0.996ET_{BREB}$，决定系数 R^2 为 0.926。阴天和晴天情况下 BREB 和 EC 测定结果比较接近。

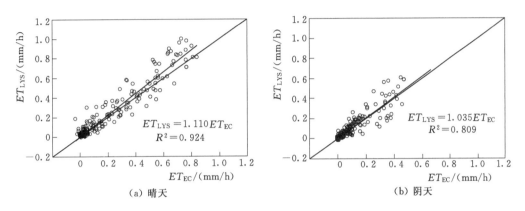

图 2.30　不同天气条件下蒸渗仪法和涡度相关法测定的制种玉米
ET 之间的相关性（2011 年）

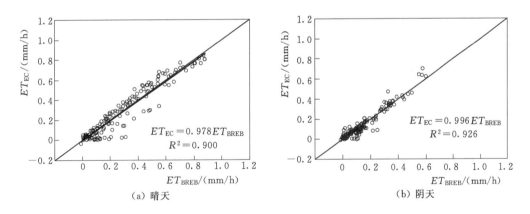

图 2.31　两种天气条件下涡度相关法和波文比法测定的制种玉米
ET 之间的相关性（2011 年）

2.5　遥感法测定区域作物需水量与耗水量的分析与评价

传统上，作物实际 ET 或作为水量平衡方程的余项法进行计算，或利用土壤水分亏缺函数对估算得到的潜在 ET 进行修正，或由气象数据结合田间测量得到。由于很难通过仪器测得足够数量的、可靠的作物实际 ET 数据，因此，作物 ET 主要通过各种方法，特别是气候学方法进行估算。与传统的作物 ET 计算方法相比，利用遥感进行作物 ET 监测具有快捷、经济、大区域尺度及可视化显示等特点。遥感方法以严格的次序执行一系列公式，从而将由卫星或航天飞机等测得的光谱辐射强度转化为实际的 ET。遥感方法可以估算小到田间地块，大到小型工程及流域多种空间尺度的 ET；与实地测量相比，遥感方法可以较少的花费来提供相似时间尺度的详细的 ET 分布信息。

利用遥感数据并结合 SEBAL 方法可获得区域作物 ET。SEBAL 方法通过利用各种具有可见光、近红外和热红外波段的卫星遥感数据，并结合常规地面资料（如气温、风速和太阳辐射等）计算能量平衡各分量，从而可得出不同时空分辨率的 ET 分布图[63]。中国科学院兰州高原大气物理研究所在"黑河地区地-气相互作用实验研究（黑河实验，HEIFE）"中[76]，将利用 SEBAL 方法和 LANDSAT 数据得到的黑河实验区地表特征参数、净辐射通量、土壤热通量和潜热通量等与地面实测值进行比较表明：无论在夏季还是深秋，地表反照率相对误差均在 10% 左右；地表温度的偏差约为 2℃；地表净辐射通量和土壤热通量的相对误差都小于 10%；潜热通量的相对误差为 8.3%。

以位于甘肃河西走廊石羊河流域下游的民勤绿洲为例，如图 2.32 所示。表 2.14 列出了民勤绿洲各土地利用类型所占的比例，选取 2000 年 3 月 5 日、4 月 6 日、7 月 11 日和 10 月 31 日四景 LANDSAT7 ETM+遥感影像，分别代表 2000 年的冬、春、夏和秋季情境，应用 SEBAL 方法获得研究区作物实际 ET。

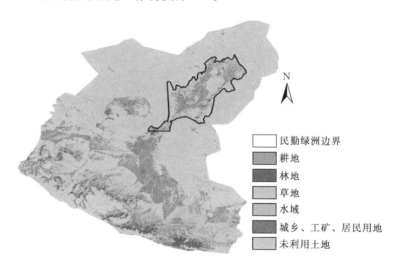

图 2.32　甘肃民勤绿洲位置及石羊河流域 2000 年土地利用类型图

表 2.14　　　　　甘肃民勤绿洲各土地利用类型在总面积中所占的比例

总面积 /km²	在总面积中的比例/%						合计
	耕地	林地	草地	水域	城乡、工矿、居民用地	未利用土地	
3219.96	36.07	3.38	12.79	0.30	1.96	45.50	100

图 2.33 为民勤气象站 2000 年降水量分布和 ET_0 的日变化曲线，其中，ET_0 由 P-M 公式计算得到。2000 年 3 月 5 日、4 月 6 日、7 月 11 日和 10 月 31 日对应的儒略日分别为 2000 年第 65 天、第 97 天、第 193 天和第 305 天。从图 2.33 中可以看出，第 193 天的日

平均 ET_0 为 8.89mm/d，为全年中仅次于第 163 天的第二大值；第 97 天处于春旱期，自第 56 天到第 96 天长达 41d 的时间里都没有降水发生。

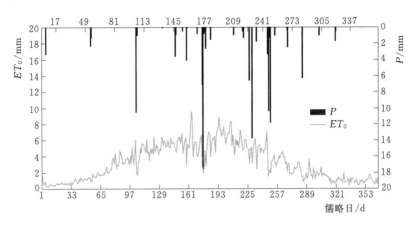

图 2.33　甘肃民勤气象站 2000 年降水量分布和 ET_0 的变化过程

2.5.1　遥感法测定的地表特征参数

图 2.34～图 2.36 为用 SEBAL 方法计算得到的研究区地表特征参数的空间分布特征。从地表反照率分布图及由其统计计算得到的直方图中可以看出，甘肃民勤绿洲地表反照率具有以下特点：

（1）地表反照率在冬、春、夏和秋季基本集中于 0.1～0.55，其中，4 月 6 日、7 月 11 日的反照率变化曲线均表现为明显的双峰状，较低的峰值为农田代表值，较高的峰值对应于除水体外，以裸地为主的其他覆被类型，由于水体像元数量较少，在 0.05 附近波峰不为明显。3 月 5 日，地面植被较少，反照率为明显的单峰型，峰值为 0.31，而在 0.195 附近不太明显的突起由灌溉农田和融水湿润的河道形成。10 月 31 日，反照率曲线呈三峰状，最低波峰在 0.18 附近，为灌溉农田和水库中水位较浅水域。

（2）研究区反照率平均值在夏季 7 月 11 日最小，为 0.26。从分布曲线上可以看出，该日农田波峰和以裸地为主的波峰峰值均偏左侧，在 4 月 6 日最大为 0.32。3 月 5 日和 10 月 31 日分别为 0.31 和 0.30。秋季节农田庄稼或成熟或收割，冬季地面还覆有冰雪，因而地表反照率较高；而 4 月 6 日经过春耕和地膜覆盖后，地表反照率加大，由图 2.35（b）该日的植被指数分布图可以看出；且自 2 月 25 日以来几乎没有降水（图 2.33），地面较干旱，因而反照率较秋冬季略高。

对于 NDVI，从其分布图可以看出，夏季 7 月 11 日地面植被浓郁，在秋季较稀疏（10 月 31 日），而在春季 4 月 6 日植被最显稀疏，原因同上。NDVI 的分布直方图在夏季 7 月 11 日表现为明显的双峰状，农田部分的 NDVI 在 0.3～0.60 变化，峰值在 0.47 附近；在 3 月 5 日、4 月 6 日和 10 月 31 日，NDVI 曲线均为单峰型，农田区的 NDVI 基本为 0.1～0.2。裸地部分峰值除 7 月 1 日较小，为 0.07 外，其余几日峰值均在 0.08 附近。另外，夏季 NDVI 的分布范围最宽，其次为秋季，冬季最窄，这是由不同季节的植被生长和分布状况决定的。

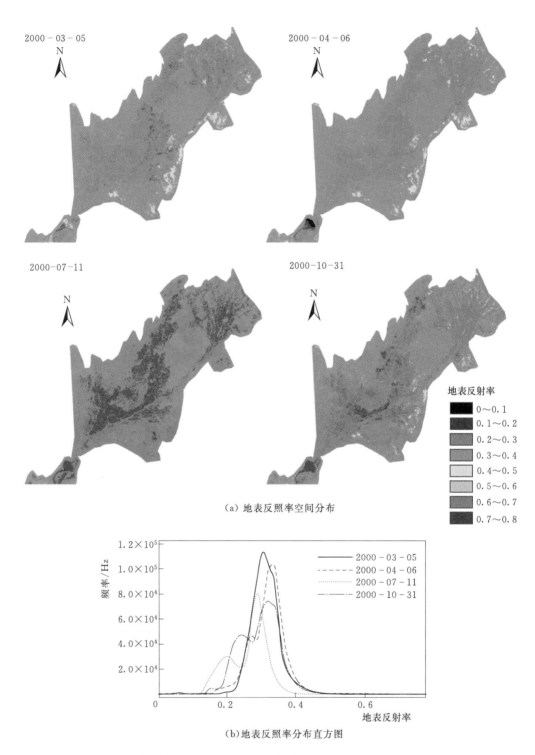

（a）地表反照率空间分布

地表反射率

0～0.1
0.1～0.2
0.2～0.3
0.3～0.4
0.4～0.5
0.5～0.6
0.6～0.7
0.7～0.8

（b）地表反照率分布直方图

图 2.34 甘肃民勤绿洲地表反照率的空间分布特征

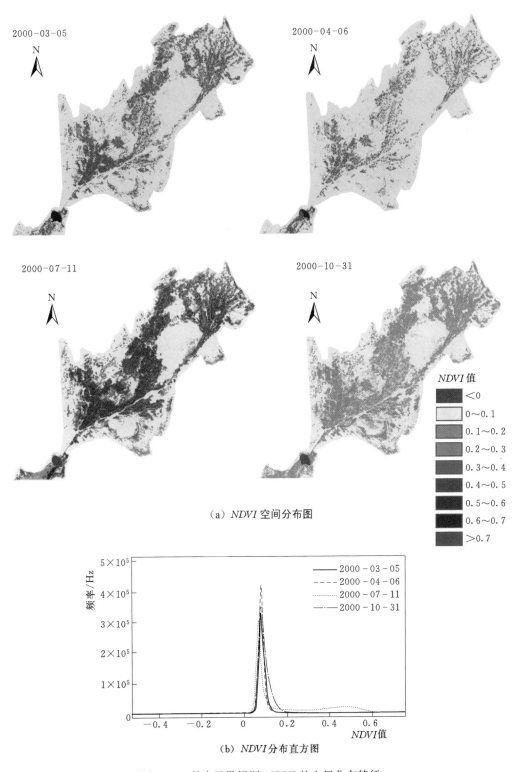

（a）NDVI 空间分布图

（b）NDVI 分布直方图

图 2.35 甘肃民勤绿洲 NDVI 的空间分布特征

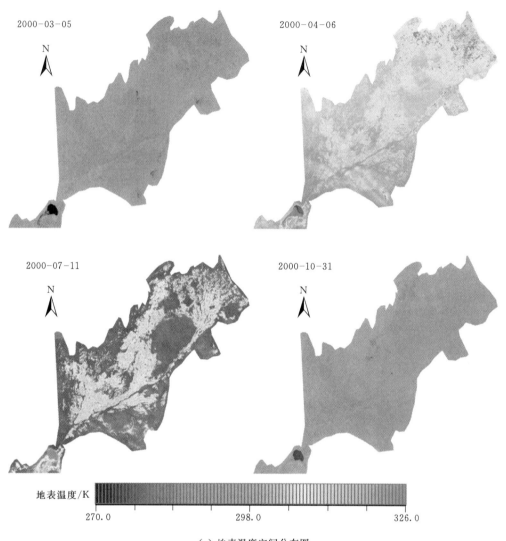

（a）地表温度空间分布图

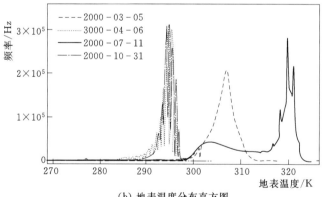

（b）地表温度分布直方图

图 2.36　甘肃民勤绿洲地表温度的空间分布特征

　　地表温度经过比辐射率校正后得到,与 NDVI 类似。在 3 月 5 日、4 月 6 日和 10 月 31 日农田波峰不明显,为单峰型曲线;7 月 11 日地表温度有两个明显的峰值,且分布范围比较宽,值也比较大,较高峰值对应于裸地,约为 320K,较低的农田峰值为 303K。从 3 月 5 日开始,地表温度曲线向右移动,即地表温度渐渐升高,到夏季 7 月 11 日达到最高;而当秋季来临后,温度又缓慢降低,到 10 月 31 日基本回落至 3 月 5 日的温高。地表温度的分布图还反映出,3 月 5 日和 10 月 31 日部分灌溉农田的温度较低;在夏季,植被、裸地和水体等各种覆被区分较明显。

　　为了进一步验证反演参数的合理性,分别在河道、裸地、稀疏植被、农田和水库五种土地覆盖类型中,随机选取 5 组数据,每组 4 个样点对 SEBAL 方法得到的地表反照率、NDVI 和地表温度进行分析。

　　由图 2.37 (a) 中水库的反照率变化曲线可以看出,在 3 月 5 日,红崖山水库中大部分水面处于结冰状态,平均反照率可达 0.42;随着气温升高,水体冰消雪化,4 月 6 日反照率降至 0.05 左右;而在 7 月 11 日和 10 月 31 日,因水库水位较浅,反照率较高,分别为 0.16 和 0.15。在 3 月 5 日与水库相连的河道,因水量较少,反照率为 0.08,之后随着河道中水位的不断上升,反照率逐渐降低。裸地、农田和稀疏植被的反照率均在 7 月 11 日达到最低,之后又缓慢回升,这是由植被生长过程和地表的干湿状况决定的。

　　裸地的 NDVI 值在年内变化比较平稳,维持在 0.08 左右。水体(河道和水库)的

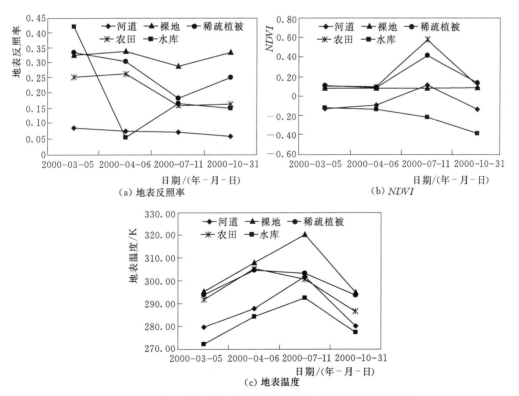

图 2.37　甘肃民勤绿洲不同覆被类型条件下各参数的年内变化

$NDVI$ 值在 7 月 11 日为 0.11，大于 0。这是河道中有稀疏水草或河床变化后有植被生长，从而使 $NDVI$ 在夏季陡然升高。农田和稀疏植被的 $NDVI$ 值在 7 月 11 日均为最高，这是由植被在夏季生长较为茂盛决定的［图 2.37（b）］。图 2.37（c）显示出裸地、河道和水库的地表温度与气温密切相关，均呈现出先升高再降低，夏季最高的变化趋势。而农田和稀疏植被表面温度还受到植被生长状态的影响，因而在长势较旺盛的 7 月 11 日，两者的地表温度较低，在此点为下降趋势，进一步表明了植被的调温功能。这五种土地覆被类型中，地表温度由高到低的变化顺序为：裸地＞稀疏植被＞农田＞河道＞水库。

2.5.2 遥感法测定的作物日 ET 与精度评价

作物日 ET 的分布特征如图 2.38 所示。7 月 11 日各类覆被明显区分，由直方图也可以看出，该日 ET 的变化范围最大；个别像元的日 ET 可达 8.65mm/d，农田峰值对应的日 ET 为 6.60mm/d，裸地峰值对应的日 ET 为 1.87mm/d。10 月 31 日，民勤绿洲的日 ET 量最小，平均值为 0.32mm/d，对应的直方图偏向左侧，直方图面积最小；3 月 5 日次之，平均值为 0.50mm/d。4 月 6 日农田波峰逐渐明显，ET 开始增大，到夏季 7 月 11 日达到最大。

参照《甘肃省农村年鉴》（2000—2003 年），2000 年民勤县农作物总播种总面积为 4.77 万 hm²，占耕地面积的 74.42%；其中，春小麦和春玉米为主要粮食作物，播种面积分别为 2.16 万 hm² 和 0.67 万 hm²，占农作物总播种面积的 59.46%。另外，民勤县还有马铃薯和棉花等主要经济作物。

表 2.15 列出从 SEBAL 方法的估算结果中提取的植被区（$NDVI > 0.1$）ET 的平均值，和由 FAO-56 P-M 公式计算得到的日 ET_0 与民勤主要农作物与经济作物相应生育期的作物系数 K_c 相乘得到作物在影像获取日的需水量。其中，春小麦的生育期为 3 月 21 日—7 月 16 日，春玉米生育期从 4 月 14 日—9 月 13 日，马铃薯的生育期为 4 月 14 日—9 月 6 日，棉花生育期由 4 月 21 日—10 月 20 日。从表 2.15 中可以看出，SEBAL 估算得的植被区 ET 平均值均小于 ET_0（P-M），且在 4 月 6 日和 7 月 11 日，SEBAL 估算得到的植被区实际 ET 要小于作物需水量，表明 SEBAL 估算的植被区 ET 较为合理。王春梅等利用 LANDSAT7 ETM+ 数据和 SEBAL 方法计算得到 2005 年 6 月 22 日甘肃武威市农作物区域的 ET 平均值为 5.23mm/d，与我们的估算结果接近。

表 2.15　利用遥感结合 SEBAL 估算的甘肃民勤绿洲植被区 ET 与作物系数法获得的作物 ET 的比较

日期	ET_0(P-M)	春小麦 K_c/需水量	春玉米 K_c/需水量	马铃薯 K_c/需水量	棉花 K_c/需水量	遥感结合 SEBAL 方法植被区 ET 平均值
2000-03-05	1.78	—	—	—	—	0.72
2000-04-06	4.02	0.55/2.21	—	—	—	1.48
2000-07-11	8.89	1.32/11.73	0.97/8.62	0.73/6.49	0.69/6.13	4.97
2000-10-31	1.47	—	—	—	—	0.43

注　作物系数无单位，作物 ET 单位为 mm/d。

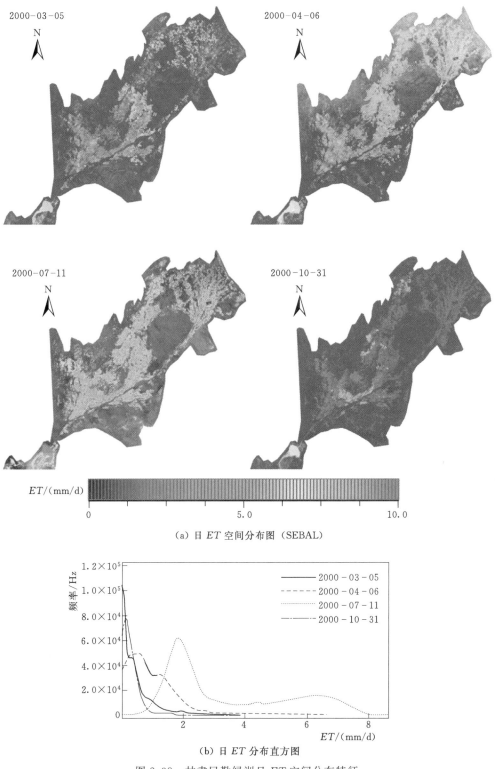

(a) 日 ET 空间分布图 (SEBAL)

(b) 日 ET 分布直方图

图 2.38　甘肃民勤绿洲日 ET 空间分布特征

参 考 文 献

[1] Rana G，Katerji N. Measurement and estimation of actual evapotranspiration in the field under Mediterranean climate: a review [J]. European Journal of Agronomy，2000，13（2-3）：125-153.

[2] 屈艳萍，康绍忠，张晓涛，等. 植物蒸发蒸腾量测定方法述评 [J]. 水利水电科技进展，2006，26（3）：72-77.

[3] Holmes J W. Measuring evapotranspiration by hydrological methods [J]. Agricultural Water Management，1984，8（1-3）：29-40.

[4] Li S，Kang S，Zhang L，et al. A comparison of three methods for determining vineyard evapotranspiration in the arid desert regions of northwest China [J]. Hydrological Processes，2008，22（23）：4554-4564.

[5] 康绍忠，刘晓明，熊运章. 土壤-植物-大气连续体水分传输理论及其应用 [M]. 北京：水利电力出版社，1994.

[6] 张宝忠. 干旱荒漠绿洲葡萄园水热传输机制与蒸发蒸腾估算方法研究 [D]. 北京：中国农业大学，2009.

[7] Hupet F，Vanclooster M. Sampling strategies to estimate field areal evapotranspiration fluxes with a soil water balance approach [J]. Journal of Hydrology，2004，292：262-280.

[8] 龚元石，李子忠. 应用时域反射仪测定农田土壤水分 [J]. 水科学进展，1997，8（4）：329-334.

[9] Allen R G，Pereira L S，Raes D，et al. Crop Evapotranspiration：Guidelines for Computing Crop Water Requirements [M]. Rome：FAO Irrigation and Drainage Paper，No. 56，1998.

[10] Young M H，Wierenga P J，Mancino C F. Monitoring near-surface soil water storage in turfgrass using time domain reflectometry and weighing lysimeter [J]. Soil Science Society of America Journal，1997，61（4）：1138-1148.

[11] Moore C J. Frequency response corrections for eddy correlation systems [J]. Boundary-Layer Meteorology，1986，37（1）：17-35.

[12] Kaimal J C，Finnigan J J. Atmospheric Boundary Layer Flows：Their Structure and Measurement [M]. New York：Oxford University Press，1994.

[13] Foken T. Micrometeorology [M]. Berlin：Springer Verlag，2008.

[14] Kaimal J C，Wyngaard J C，Izumi Y，et al. Spectral characteristics of surface-layer turbulence [J]. Quarterly Journal of the Royal Meteorological Society，1972，98（417）：563-589.

[15] Wolf A，Saliendra N，Akshalov K，et al. Effects of different eddy covariance correction schemes on energy balance closure and comparisons with the modified Bowen ratio system [J]. Agricultural and Forest Meteorology，2008，148：942-952.

[16] Lee X，Massman W J，Law B E. Handbook of Micrometeorology：A Guide for Surface Flux Measurement and Analysis [M]. New York：Kluwer Academic Publishers，2004.

[17] Wilczak J，Oncley S，Stage S. Sonic anemometer tilt correction algorithms [J]. Boundary-Layer Meteorology，2001，99（1）：127-150.

[18] Paw U K T，Baldocchi D D，Meyers T P，et al. Correction of eddy-covariance measurements incorporating both advective effects and density fluxes [J]. Boundary-Layer Meteorology，2000，97（3）：487-511.

[19] 李思恩. 西北旱区典型农田水热碳通量的变化规律与模拟研究 [D]. 北京：中国农业大学，2009.

[20] 张鑫. 石羊河流域葡萄园三种耗水量测定方法的比较与评价研究 [D]. 北京：中国农业大学，2010.

［21］ Webb E K，Pearman G I，Leuning R. Correction of flux measurements for density effects due to heat and water vapour transfer ［J］. Quarterly Journal of the Royal Meteorological Society，1980，106 （447）：85 - 100.

［22］ Falge E，Baldocchi D，Olson R，et al. Gap filling strategies for defensible annual sums of net ecosystem exchange ［J］. Agricultural and Forest Meteorology，2001，107 （1）：43 - 69.

［23］ Wilson K，Goldstein A，Falge E，et al. Energy balance closure at FLUXNET sites ［J］. Agricultural and Forest Meteorology，2002，113 （1 - 4）：223 - 243.

［24］ Li Z Q，Yu G R，Wen X F，et al. Energy balance closure at ChinaFLUX sites ［J］. Science in China，Series D，Earth Science，2005，48：51 - 62.

［25］ Twine T E，Kustas W P，Norman J M，et al. Correcting eddy - covariance flux underestimates over a grassland ［J］. Agricultural and Forest Meteorology，2000，103 （3）：279 - 300.

［26］ Chávez J L，Gowda P H，Howell T A，et al. Estimating hourly crop ET using a two - source energy balance model and multispectral airborne imagery ［J］. Irrigation Science，2009，28 （1）：79 - 91.

［27］ Tolk J A，Howell T A，Evett S R. Nighttime evapotranspiration from alfalfa and cotton in a semiarid climate ［J］. Agronomy Journal，2006，98 （3）：730.

［28］ Ding R，Kang S，Li F，et al. Evaluating eddy covariance method by large - scale weighing lysimeter in a maize field of northwest China ［J］. Agricultural Water Management，2010，98 （1）：87 - 95.

［29］ 杨建房. 西北旱区制种玉米耗水监测与计算方法研究 ［D］. 杨凌：西北农林科技大学，2012.

［30］ Schmid H P. Experimental design for flux measurements：matching scales of observations and fluxes ［J］. Agricultural and Forest Meteorology，1997，87 （2 - 3）：179 - 200.

［31］ Gockede M，Rebmann C，Foken T. A combination of quality assessment tools for eddy covariance measurements with footprint modelling for the characterisation of complex sites ［J］. Agricultural and Forest Meteorology，2004，127 （3 - 4）：175 - 188.

［32］ Schmid H P，Oke T R. A model to estimate the source area contributing to turbulent exchange in the surface layer over patchy terrain ［J］. Quarterly Journal of the Royal Meteorological Society，1990，494 （116）：965 - 988.

［33］ Wilson J D，Swaters G E. The source area influencing a measurement in the planetary boundary layer：The "footprint" and the "distribution of contact distance" ［J］. Boundary - Layer Meteorology，1991，55 （1）：25 - 46.

［34］ Schmid H P. Footprint modeling for vegetation atmosphere exchange studies：a review and perspective ［J］. Agricultural and Forest Meteorology，2002，113 （1 - 4）：159 - 183.

［35］ Kljun N，Rotach M W，Schmid H P. A three - dimensional backward Lagrangian footprint model for a wide range of boundary - layer stratifications ［J］. Boundary - Layer Meteorology，2002，103 （2）：205 - 226.

［36］ Vesala T，Rannik Ü，Leclerc M，et al. Flux and concentration footprints ［J］. Agricultural and Forest Meteorology，2004，127 （3 - 4）：111 - 116.

［37］ Horst T W，Weil J C. How far is far enough？ The fetch requirements for micrometeorological measurement of surface fluxes ［J］. Journal of Atmospheric and Oceanic Technology，1994，11 （4）：1018 - 1025.

［38］ Hsieh C I，Katul G，Chi T. An approximate analytical model for footprint estimation of scalar fluxes in thermally stratified atmospheric flows ［J］. Advances in Water Resources，2000，23 （7）：765 - 772.

［39］ Kljun N，Calanca P，Rotach M W，et al. A simple parameterisation for flux footprint predictions ［J］. Boundary - Layer Meteorology，2004，112 （3）：503 - 523.

［40］ Foken T，Leclerc M Y. Methods and limitations in validation of footprint models ［J］. Agricultural and Forest Meteorology，2004，127（3－4）：223－234.

［41］ Schmid H P. Source areas for scalars and scalar fluxes ［J］. Boundary－Layer Meteorology，1994，67（3）：293－318.

［42］ Horst T W，Weil J C. Footprint estimation for scalar flux measurements in the atmospheric surface layer ［J］. Boundary－Layer Meteorology，1992，59（3）：279－296.

［43］ 丁日升. 干旱内陆区玉米田水热传输机理与蒸散发模型研究 ［D］. 北京：中国农业大学，2012.

［44］ Perez P J，Castellvi F，Ibanez M，et al. Assessment of reliability of Bowen ratio method for partitioning fluxes ［J］. Agricultural and Forest Meteorology，1999，97（3）：141－150.

［45］ Smith D M，Allen S J. Measurement of sap flow in plant stems ［J］. Journal of Experimental Botany，1996，47（12）：1833.

［46］ Nicolas E，Torrecillas A，Ortuno M F，et al. Evaluation of transpiration in adult apricot trees from sap flow measurements ［J］. Agricultural Water Management，2005，72（2）：131－145.

［47］ Granier A. A new method of sap flow measurement in tree stems ［J］. Annals of Forest Science，1985，42：193－200.

［48］ Granier A. Evaluation of transpiration in a Douglas－fir stand by means of sap flow measurements ［J］. Tree Physiology，1987，3（4）：309－320.

［49］ Čermák J，Deml M，Penka M. A new method of sap flow rate determination in trees ［J］. Biologia Plantarum，1973，15（3）：171－178.

［50］ Sakuratani T. A heat balance method for measuring water flux in the stem of intact plants ［J］. Journal of Agricultural Meteorology，1981，37（1）：9－17.

［51］ Senock R S，Ham J M. Heat balance sap flow gauge for small diameter stems ［J］. Plant，Cell & Environment，1993，16：593－601.

［52］ Senock R S，Ham J M. Measurements of water use by prairie grasses with heat balance sap flow gauges ［J］. Journal of Range Management，1995，48（2）：150－158.

［53］ Trambouze W，Voltz M. Measurement and modelling of the transpiration of a Mediterranean vineyard ［J］. Agricultural and Forest Meteorology，2001，107（2）：153－166.

［54］ Peramaki M，Vesala T，Nikinmaa E. Analysing the applicability of the heat balance method for estimating sap flow in boreal forest conditions ［J］. Boreal Environment Research，2001，6（1）：29－44.

［55］ Granier A，Biron P，Bréda N，et al. Transpiration of trees and forest stands：short and long－term monitoring using sapflow methods ［J］. Global Change Biology，1996，2（3）：265－274.

［56］ Lundblad M，Lagergren F，Lindroth A. Evaluation of heat balance and heat dissipation methods for sapflow measurements in pine and spruce ［J］. Annals of Forest Science，2001，58（6）：625－638.

［57］ Lu P，Urban L，Zhao P. Granier's thermal dissipation probe（TDP）method for measuring sap flow in trees：theory and practice ［J］. Acta Botanica Sinica，2004，46（6）：631－646.

［58］ Clearwater M J，Meinzer F C，Andrade J L，et al. Potential errors in measurement of nonuniform sap flow using heat dissipation probes ［J］. Tree Physiology，1999，19（10）：681－690.

［59］ Lu P，Woo K C，Liu Z T. Estimation of whole－plant transpiration of bananas using sap flow measurements ［J］. Journal of Experimental Botany，2002，53（375）：1771－1779.

［60］ Saugier B，Granier A，Pontailler J Y，et al. Transpiration of a boreal pine forest measured by branch bag，sap flow and micrometeorological methods ［J］. Tree Physiology，1997，17：511－520.

［61］ 张彦群. 西北旱区葡萄园耗水规律和冠层水碳耦合模型研究 ［D］. 北京：中国农业大学，2012.

［62］ 姜雪连. 西北旱区制种玉米父本母本耗水特性及蒸发蒸腾量估算方法研究 ［D］. 北京：中国农业

大学，2016.

[63] Bastiaansen W，Menenti M，Feddes R A，et al. A remote sensing surface energy balance algorithm for land (SEBAL). 1. Formulation [J]. Journal of Hydrology，1998，212：198 - 212.

[64] 张晓涛. 区域蒸发蒸腾量的空间插值与遥感估算 [D]. 北京：中国农业大学，2010.

[65] Van de Griend A A，Owe M. On the relationship between thermal emissivity and the normalized difference vegetation index for natural surfaces [J]. International Journal of Remote Sensing，1993，14 (6)：1119 - 1131.

[66] Su Z. The Surface Energy Balance System (SEBS) for estimation of turbulent heat fluxes [J]. Hydrology and Earth System Sciences，2002，6 (1)：85 - 100.

[67] Malek E，Bingham G E. Comparison of the Bowen ratio - energy balance and the water balance methods for the measurement of evapotranspiration [J]. Journal of Hydrology，1993，146：209 - 220.

[68] Pauwels V，Samson R. Comparison of different methods to measure and model actual evapotranspiration rates for a wet sloping grassland [J]. Agricultural Water Management，2006，82 (1 - 2)：1 - 24.

[69] 戚培同，古松，唐艳鸿，等. 三种方法测定高寒草甸生态系统蒸散比较 [J]. 生态学报，2008，28 (1)：202 - 211.

[70] Barr A G，King K M，Gillespie T J，et al. A comparison of Bowen ratio and eddy correlation sensible and latent heat flux measurements above deciduous forest [J]. Boundary - Layer Meteorology，1994，71 (1)：21 - 41.

[71] 刘绍民，孙中平，李小文，等. 蒸散量测定与估算方法的对比研究 [J]. 自然资源学报，2003，18 (2)：161 - 167.

[72] Shi T T，Guan D X，Wu J B，et al. Comparison of methods for estimating evapotranspiration rate of dry forest canopy：Eddy covariance，Bowen ratio energy balance，and Penman - Monteith equation [J]. Journal of Geophysical Research - Atmospheres，2008，113 (D19)：1 - 15.

[73] Brotzge J A，Crawford K C. Examination of the surface energy budget：A comparison of eddy correlation and Bowen ratio measurement systems [J]. Journal of Hydrometeorology，2003，4 (2)：160 - 178.

[74] Foken T. The energy balance closure problem：an overview [J]. Ecological Applications，2008，18 (6)：1351 - 1367.

[75] 张永强. 土壤-植被-大气系统水热传输机理及区域蒸散模型 [D]. 北京：中国科学院，2004.

[76] 马耀明，王介民，Menenti M，等. 卫星遥感结合地面观测估算非均匀地表区域能量通量 [J]. 气象学报，1999，57 (2)：180 - 189.

第3章

中国北方主要作物
需水量与耗水规律

作物需水量是指作物在土壤水分和肥力等条件适宜、经过正常生长发育、获得高产时的植株蒸腾、棵间土壤蒸发以及组成植株体的水量之和。但在实际中由于组成植株体的水量只占总需水量中很微小的一部分（一般小于1％），而且这一小部分的影响因素较复杂，难以准确计算，故均将此部分忽略不计，即认为作物需水量是作物正常生长、达到高产条件下的植株蒸腾量与棵间土壤蒸发量之和。作物耗水量通常指作物在任一土壤水分和肥力条件下的植株蒸腾量、棵间土壤蒸发量和构成植株体的水量之和，在这种情况下，植株可能生长良好，也可能因供水、肥力不足或病虫害防治不当而生长不良。因此，作物需水量是作物耗水量的一个特定值，即在各项条件均处于最适状态下的作物耗水量值。农作物生长发育的自然条件和农业耕作技术措施对作物需水量和耗水量有很大的影响。不同的作物因其播种日期或生育期长短不同，其需水量、耗水量均存在一定的差异；由于不同地区或不同年份的自然条件和栽培管理措施存在差异。因此，同一种作物地区间和年际间的需水量、耗水量也往往存在差异性。即使在同一地区，同一作物品种也往往因为种植方式（平作、垄作），覆盖方式（地膜覆盖、秸秆覆盖），灌水方式（地面灌、喷灌和微灌等）以及水肥调控等措施的不同而导致作物的需水量或者耗水量也不尽相同。作物需水量是灌溉规划、灌溉工程设计和作物科学用水与高效用水管理的基本依据。

3.1 主要大田作物的需水量与耗水规律

3.1.1 小麦需水量与耗水规律

小麦是中国仅次于稻谷的第三大粮食作物，常年播种面积和产量分别占全国粮食的1/4和1/5以上。小麦的分布遍及全国各省（自治区、直辖市）。在中国一般以长城为界，长城以北大多为春小麦，以南则为冬小麦。中国以冬小麦种植为主，其种植面积和产量约占小麦总面积和总产量的90％以上。北方冬小麦区分布在长城以南，六盘山以东，秦岭—淮河以北的各省区，包括山东、河南、河北、山西、陕西等省，该区小麦的种植面积和产量均占全国的 2/3 以上，有中国的"麦仓"之称。春小麦生产季节短，以一年一熟为主，主要分布在长城以北的内蒙古、东北和西北地区。春季播种，秋季收获。小麦的需水量和耗水量具有时空变化特性，其耗水量的多少与土壤、气候、品种以及栽培措施等密切相关。

3.1.1.1 冬小麦需水量与耗水规律

1. 冬小麦需水量

根据河南新乡 2006—2009 年连续 3 年的测坑试验结果，冬小麦需水量为 452.30～475.70mm，日需水量为 1.97～2.06mm（表 3.1）。从播种到越冬阶段，麦苗群体均较小，地面覆盖度低，加之气温逐渐下降，其阶段需水量和日需水量比较低，分别为 67.30～91.30mm 和 0.92～1.25mm，阶段需水量占全生育期需水量的 14.15%～20.19%。越冬至返青期，这一阶段气温最低，小麦停止生长，因而需水减少，为小麦需水量及需水强度最低的阶段，阶段需水量为 25.20～43.70mm，日需水量为 0.44～0.77mm，需水模系数为 5.47%～9.66%。从返青至拔节，随气温逐渐升高，小麦生长发育加快，需水量相应增大，阶段需水量为 31.20～39.50mm，日需水量为 2.23～2.63mm，需水模系数为 6.90%～8.30%。拔节至抽穗期，随着气温进一步升高，冬小麦快速生长，进入营养生长和生殖生长并进阶段，需水量快速增大，阶段需水量为 133.00～143.10mm，日需水量为 2.89～3.49mm，需水模系数为 29.34%～30.08%。抽穗至灌浆期，叶面积达到最大，阶段需水量为 35.00～58.90mm，日需水量亦达到最大，为 3.89～5.89mm，需水模系数 7.74%～12.53%。灌浆至成熟期，阶段需水量为 118.10～139.70mm，日需水量为 3.61～4.66mm，需水模系数为 25.89%～29.37%（表 3.1）。结果表明，新乡地区冬小麦年际间的需水量变化规律基本一致，且年际间的差异不大。

张喜英等在河北栾城用大型蒸渗仪对冬小麦需水量进行了测定，1995—2000 年 5 个生长季节的冬小麦平均需水量为 453.0mm（表 3.2）。不同生长季的冬小麦需水量受气象

表 3.1 河南新乡冬小麦的需水量与需水规律

年份	项目	生育阶段						全生育期
		播种—越冬期	越冬—返青期	返青—拔节期	拔节—抽穗期	抽穗—灌浆期	灌浆—成熟期	
2006—2007	需水量/mm	91.30	43.70	31.20	133.00	35.00	118.10	452.30
	日需水量/(mm/d)	1.25	0.77	2.23	2.89	3.89	3.94	1.97
	需水模系数/%	20.19	9.66	6.90	29.40	7.74	26.11	100
2007—2008	需水量/mm	67.30	27.20	39.50	143.10	58.90	139.70	475.70
	日需水量/(mm/d)	0.92	0.44	2.63	3.49	5.89	4.66	2.06
	需水模系数/%	14.15	5.72	8.30	30.08	12.38	29.37	100
2008—2009	需水量/mm	89.40	25.20	33.80	135.10	57.70	119.20	460.40
	日需水量/(mm/d)	1.24	0.44	2.26	3.07	4.81	3.61	1.98
	需水模系数/%	19.42	5.47	7.34	29.34	12.53	25.89	100

要素影响显著，如 1997—1998 年冬小麦生长季节的需水量比 1996—1997 年生长季少 16.28%，为 5 个生长季节中最少的一季。其主要影响因素是日照，在冬小麦旺盛生长期间的 4—5 月中旬阴天多，日照时数平均只有 3.4h/d，低于平均水平 50%，需水量降低明显。从不同年际间冬小麦不同月份平均日需水量变化图（图 3.1）可以看出，由于需水量受到气候条件的影响每年有所不同，因此在制定灌溉制度和确定灌溉定额时应考虑气候条件的年际变化。

表 3.2　　　　　　　1995—2000 年用大型蒸渗仪测定的冬小麦需水量（河北栾城）

年　份	1995—1996 年	1996—1997 年	1997—1998 年	1998—1999 年	1999—2000 年	1995—2000 年平均
需水量/mm	461.8	479.2	401.2	459.7	463.0	453.0

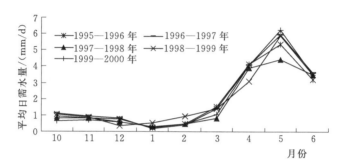

图 3.1　冬小麦 5 个生长季不同月份平均日需水量（河北栾城）

图 3.1 显示冬小麦生长季不同月份平均日需水量的变化，不同生长季节的变化趋势相似。冬小麦在越冬前平均日需水量为 1.07mm，越冬期间降低到 0.47mm，越冬后至返青起身期间平均日需水量为 1.20mm；进入拔节期，冬小麦进入旺盛生长时期，需水量随着作物叶面积指数快速增大和大气蒸散力的增强而明显升高，达到 4.0~6.0mm/d；在 5 月抽穗—开花期间最高可达 6.0~9.0mm/d；到灌浆后期需水量降至 3.0~5.0mm/d。在需水强度最高的 4 月和 5 月，需水量约占整个生育期的 57.0%，越冬前苗期需水量约占整个生育期的 21.0%，越冬期间为 8.0%，返青起身期（3 月）为 6.0%，成熟期为 8.0%。因为大型蒸渗仪测定的需水量受到边行效应、孤岛效应等的影响，故其观测结果比实际值可能偏大，田间充分供水条件下冬小麦的需水量比上面的值要偏小一些。

2. 冬小麦作物系数

作物需水量（ET_c）可以通过参考作物需水量（ET_0）乘以作物系数（K_c）计算得到：

$$ET_c = ET_0 K_c \tag{3.1}$$

$$K_c = \frac{ET_c}{ET_0} \tag{3.2}$$

用大型蒸渗仪测得的没有水分亏缺条件下的作物耗水量可作为作物需水量（ET_c），参考作物需水量 ET_0 可用联合国粮农组织推荐的 Penman - Monteith 公式计算。根据上述公式和大型蒸渗仪的测定值，计算得到的 5 个生长季冬小麦月平均作物系数 K_c 见表 3.3。冬小麦整个生长季节作物系数为 0.93，从抽穗到灌浆 K_c 大于 1，其他生育期因为作物群体小，作物需水量低于参考作物需水量，其 K_c 值小于 1，特别是在越冬期，K_c 值只有 0.4 左右。

表 3.3　　　　　　河北栾城冬小麦各月平均作物系数 K_c（1995—2000 年）

月　份	10	11	12	1	2	3	4	5	6	全生育期 /mm
参考作物需水量 ET_0/(mm/d)	2.00	1.10	0.70	0.70	1.30	2.10	3.10	3.80	4.60	487.00
作物需水量 ET_c/(mm/d)	1.20	0.90	0.60	0.30	0.50	1.20	3.80	5.40	3.30	453.00
作物系数 K_c	0.60	0.82	0.86	0.43	0.38	0.57	1.23	1.42	0.72	0.93

注　6 月的数值为 6 月 1—10 日结果的平均值。

河南新乡测定结果（表 3.4）表明，冬小麦全生育期的 K_c 值为 0.93~1.01，冬小麦返青以前 K_c 值小于 1，有的年份灌浆—成熟期的 K_c 值也小于 1。越冬—返青期的 K_c 最小，为 0.36~0.64；返青以后，冬小麦生长加快，需水量逐渐增加，K_c 也逐渐增大，至抽穗—灌浆期 K_c 达到最大，为 1.25~1.47；灌浆以后随着叶面积指数的减少，需水量降低，K_c 也逐渐降低。

表 3.4　　　　　河南新乡冬小麦各生育期作物系数 K_c（2006—2009 年）

年份	项目	生　育　阶　段						全生育期
		播种—越冬期	越冬—返青期	返青—拔节期	拔节—抽穗期	抽穗—灌浆期	灌浆—成熟期	
2006—2007	需水量 ET_c/mm	91.30	43.70	31.20	133.00	35.00	118.10	452.30
	ET_0/mm	102.20	68.40	28.90	111.90	28.10	141.60	481.10
	作物系数 K_c	0.89	0.64	1.08	1.19	1.25	0.83	0.94
2007—2008	需水量 ET_c/mm	67.30	27.20	39.50	143.10	58.90	139.70	475.70
	ET_0/mm	88.60	62.60	38.30	114.30	40.00	127.30	471.10
	作物系数 K_c	0.76	0.43	1.03	1.25	1.47	1.10	1.01
2008—2009	需水量 ET_c/mm	89.40	25.20	33.80	135.10	57.70	119.20	460.40
	ET_0/mm	117.10	69.80	29.80	109.70	40.00	129.20	495.60
	作物系数 K_c	0.76	0.36	1.13	1.23	1.44	0.92	0.93
K_c 均值		0.81	0.48	1.08	1.22	1.39	0.95	0.96

3. 冬小麦蒸腾量（T）、棵间土壤蒸发量（E）及其影响因素

作物需水量由作物蒸腾量（T）和棵间土壤蒸发量（E）组成。采用棵间蒸发皿测定作物行间的棵间土壤蒸发量，即可确定作物生育期内的蒸腾量和棵间土壤蒸发量以及两者之间的比例关系。孙宏勇等[1]对华北平原冬小麦的棵间土壤蒸发规律进行了研究，表 3.5 为连续 5 个生长季的冬小麦蒸腾量和棵间土壤蒸发量占需水量比例随月份变化的情况。由于受到叶面积指数变化的影响，使达到地表的太阳辐射发生变化，加之不同时期气象因素不同，所以棵间土壤蒸发和作物蒸腾随着时间的变化而不同。在越冬前冬小麦棵间土壤蒸发和蒸腾比例相似，越冬期间主要以棵间土壤蒸发为主；从返青期开始，蒸腾所占比例超过棵间土壤蒸发。1995—1996 年生长季测定结果是棵间土壤蒸发占总需水量的比例为 29.7%，总棵间土壤蒸发量为 137.2mm，蒸腾量为 324.6mm。测定结果表明冬小麦大约有 30％的耗水是无效的棵间土壤蒸发失水，减少这部分水分消耗对提高农田水分利用效率会有明显作用。

表 3.5　冬小麦生长季不同月份棵间土壤蒸发（E）和作物蒸腾（T）占需水量（ET）比例（河北栾城，1995—2000 年）

月份	10	11	12	1	2	3	4	5	6	总计
ET/mm	59.2	36.9	19.5	8.2	8.1	28.3	104.8	163.5	33.3	461.8
T/ET/％	51.2	63.6	41.7	3.1	35.2	69.0	73.1	82.5	81.7	70.3
E/ET/％	48.8	36.4	58.3	96.9	64.8	31.0	26.9	17.5	18.3	29.7

（1）叶面积指数对棵间土壤蒸发和作物蒸腾的影响。当土壤水分能够满足作物蒸腾需要时，棵间土壤蒸发量占需水量的比例（E/ET）主要受叶面积指数和土壤表面温度影响，图 3.2（a）显示河北栾城冬小麦的 E/ET 随叶面积指数的变化规律，随着叶面积指数增大，棵间土壤蒸发占需水量的比例变小，两者之间的关系可用下面的关系式表示：

$$\left.\begin{array}{l}\dfrac{E}{ET}=\dfrac{1}{1+0.5LAI+0.18LAI^2}\\R^2=0.945\end{array}\right\} \tag{3.3}$$

式中：E、ET 分别为棵间土壤蒸发量和作物需水量，mm；LAI 为叶面积指数。

由式（3.3）可以看出，当土壤含水量不是土壤蒸发的限制因素时，E/ET 主要受叶面积指数的影响。

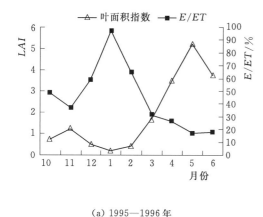

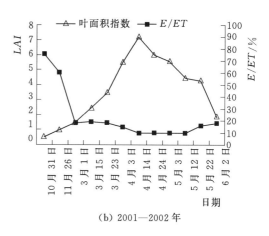

(a) 1995—1996 年　　　　　　　　　　　(b) 2001—2002 年

图 3.2　河北栾城冬小麦生长季不同月份叶面积指数和棵间土壤蒸发占需水量比例（E/ET）

由图 3.2（b）可以看出，2001—2002 年的试验结果与 1995—1996 年的相似。在播种至返青期，E/ET 比较大，随后逐渐减少，抽穗期达到最小值，然后又逐渐增大。即冬小麦在抽穗期叶面积指数达到最大值时，E/ET 最小。其关系可用式（3.4）表示，决定系数为 0.8236。

$$\left.\begin{array}{l}\dfrac{E}{ET}=0.3693LAI^{-0.7493}\\R^2=0.8236\end{array}\right\} \tag{3.4}$$

（2）土壤水分对棵间土壤蒸发和作物蒸腾的影响。作物蒸腾是作物根系吸收整个根层的土壤水分，而棵间土壤蒸发主要是利用土壤表层水分，随着表层土壤水分的减少，棵间土壤蒸发也随着降低，但作物蒸腾可能没有改变，这样土壤表层含水量对棵间土壤蒸发占需水量比例（E/ET）的影响会很明显，如图 3.3 所示，在叶面积指数为 3 时，E/ET 随土壤表层含水量（θ_v）的变化可用下面的关系式表示：

$$\left.\begin{array}{l} \dfrac{E}{ET}=1.16+0.53\ln\theta_v \\[2mm] R^2=0.92 \end{array}\right\} \tag{3.5}$$

式中：θ_v 为土壤体积含水量，cm^3/cm^3。

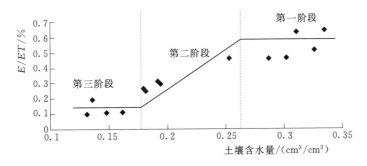

图 3.3　河北栾城棵间土壤蒸发占需水量比例（E/ET）随表层土壤
含水量（0～10cm）变化（LAI 为 3）

E/ET 随表层土壤含水量变化过程可分为三个阶段，当土壤表层含水量维持在高水平时，E/ET 也维持在较恒定状态，属于恒定蒸发阶段；随着水分散失，土壤表层含水量降低，棵间土壤蒸发速率急剧减少，E/ET 也随之显著下降，这时处于第二个阶段，即快速递减阶段；随着表层土壤含水量降低到一定程度，蒸发的水分主要来源于水分扩散，蒸发量稳定在很低的水平，这时 E/ET 不再继续下降，与 E 同样维持恒定的低水平，这时蒸发处于第三阶段。从减少棵间无效耗水角度看，维持表层土壤含水量低对减少棵间土壤蒸发会有明显促进作用。

根据 2001 年实测资料，用中子仪测定的土壤水分和测定土壤水分后 2～3d 的棵间土壤蒸发占需水量比例（E/ET）进行分析，结果显示表层土壤含水量对 E/ET 有显著影响。如图 3.4（a）～（c）所示，0～10cm 深度的土壤含水量与 E/ET 的相关性明显好于 0～30cm、0～50cm 的土壤含水量与 E/ET 的关系，且随着土层深度的增加，相关性越来越差。这说明棵间蒸发主要发生在土壤的表层。

4. 冬小麦耗水规律

在河南新乡的试验结果表明，不同供水条件下冬小麦的耗水量为 342.60～460.40mm。任一生育时期受旱都会造成耗水量的降低，其耗水规律如下。

从播种到越冬阶段，麦苗及群体均小，地面覆盖度小，气温逐渐下降，其阶段耗水量和日耗水量比较低，分别为 82.50～90.30mm 和 1.15～1.25mm/d，耗水量模系数为 19.42%～25.91%；越冬至返青期，这一阶段气温最低，小麦停止生长，因而需水减少，

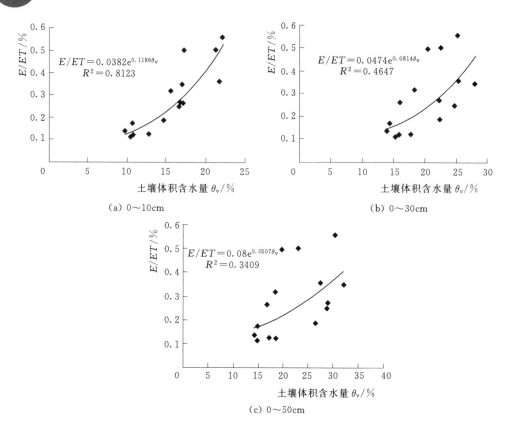

图 3.4　河北栾城棵间土壤蒸发占需水量比例（E/ET）
与不同深度土壤含水量的关系

为小麦阶段耗水量及日耗水量最低的阶段，分别为 19.30～25.20mm 和 0.34～0.44mm/d，耗水模系数为 4.63%～6.33%；从返青至拔节，随着温度的逐渐升高，小麦生长发育加快，耗水量相应增大，阶段耗水量为 26.40～33.90mm，日耗水量为 1.76～2.26mm/d，耗水模系数为 6.33%～9.41%；拔节至抽穗期，随着气温进一步升高，冬小麦快速生长，进入营养生长和生殖生长并进阶段，耗水量快速增大，阶段耗水量为 97.10～135.10mm，日耗水量为 2.21～3.07mm/d，耗水模系数为 27.21%～37.51%；抽穗至灌浆期，叶面积达到最大，阶段耗水量为 35.20～57.70mm，日耗水量亦达到最大，为 2.93～4.81mm/d，耗水模系数为 10.27%～14.54%；灌浆成熟期，阶段耗水量为 33.10～121.20mm，日耗水量为 1.00～3.67mm/d，耗水模系数为 9.18%～29.05%，该阶段受旱对耗水量、日耗水量及模系数影响最大（表 3.6）。由表 3.6 显示，不同生育期干旱处理的冬小麦日耗水量从播种出苗以后，有个逐渐增加的过程，然后随着气温的降低其日耗水量逐渐减少，到越冬—返青期间达到最低值；返青以后，随着气温的升高、植株的快速生长，日耗水量又逐渐增加，到抽穗—灌浆期间达到最大值；此后，随着叶面积的下降，日耗水量逐渐降低；任一生育时期受旱均会造成该阶段日耗水量的降低，并对以后生长阶段的日耗水造成一定的影响；在冬小麦生长的前期，各处理的日耗水量差异不大，到了拔节以后，各处理间的差异逐渐变大。

表 3.6　　　　不同水分条件冬小麦不同生育期的阶段耗水量、日耗水量与
耗水模系数（河南新乡，2008—2009 年）

处 理	项 目	生 育 阶 段						全生育期
		播种—越冬期	越冬—返青期	返青—拔节期	拔节—抽穗期	抽穗—灌浆期	灌浆—成熟期	
适宜水分	耗水量/mm	89.40	25.20	33.80	135.10	57.70	119.20	460.40
	日耗水量/(mm/d)	1.24	0.44	2.26	3.07	4.81	3.61	1.98
	模系数/%	19.42	5.48	7.34	29.34	12.53	25.89	100
播种—拔节期干旱	耗水量/mm	82.50	19.30	26.40	113.50	54.30	121.20	417.20
	日耗水量/(mm/d)	1.15	0.34	1.76	2.58	4.52	3.67	1.79
	模系数/%	19.77	4.63	6.33	27.20	13.02	29.05	100
拔节—抽穗期干旱	耗水量/mm	90.30	20.50	32.00	97.10	50.40	58.20	348.50
	日耗水量/(mm/d)	1.25	0.36	2.13	2.21	4.20	1.76	1.50
	模系数/%	25.91	5.88	9.18	27.86	14.46	16.71	100
抽穗—灌浆期干旱	耗水量/mm	87.10	21.70	30.50	128.50	35.20	39.60	342.60
	日耗水量/(mm/d)	1.21	0.38	2.03	2.92	2.93	1.20	1.47
	模系数/%	25.42	6.33	8.90	37.52	10.27	11.56	100
灌浆—成熟期干旱	耗水量/mm	84.40	22.80	33.90	133.80	52.40	33.10	360.40
	日耗水量/(mm/d)	1.17	0.40	2.26	3.04	4.37	1.00	1.55
	模系数/%	23.42	6.33	9.41	37.13	14.54	9.17	100

注　播种—拔节期干旱、拔节—抽穗期干旱、抽穗—灌浆期干旱、灌浆—成熟期干旱在进行干旱处理的生育阶段，其土壤水分控制下限均为田间持水量的 40%（计划湿润层内的土壤含水量值，播种—拔节期、拔节—抽穗期、抽穗—灌浆期、灌浆—成熟期的计划湿润层深度分别为 40cm、60cm、80cm 和 80cm），在不进行干旱处理的生育期保持与适宜水分处理的一致；适宜水分处理各生育期的土壤水分控制下限均为田间持水量的 65%。

由表 3.6 还可以看出，在适宜水分条件下冬小麦整个生育期内耗水量最多的生育阶段是拔节—抽穗期，其次是灌浆—成熟期。这两个时期的耗水量占据了冬小麦整个生育期耗水量的 68% 左右，而越冬期耗水量最少。因此，拔节—抽穗期是冬小麦一生中的关键需水期，其次是灌浆期，只要保证这两个时期的需水要求，一般就能获得高产。

（1）冬小麦耗水量年际间的差异。河南新乡的试验结果表明，同一冬小麦品种在同一地区相同试验处理下，不同年份冬小麦的耗水量也存在差异，2007—2008 年度的冬小麦耗水量比 2006—2007 年度的高（表 3.7）。究其原因，其耗水量的差异可能是由于年际间的气候条件以及管理措施的差异引起。

（2）品种对冬小麦耗水量的影响。2007—2008 年度河南新乡的试验结果（表 3.8）表明，不同冬小麦品种的耗水量和耗水规律亦受干旱时期的影响，但其表现规律一致。适宜水分处理的阶段耗水量和全生育期耗水量最高，任何生育阶段受旱都会造成该阶段耗水量的减少，并对以后阶段的耗水产生一定的影响，从而造成全生育期耗水量的降低，其中灌浆—成熟期干旱处理的耗水量最低。不同品种耗水量的大小依次为：豫麦 49-198＞郑麦 98＞郑麦 004。

表 3.7　　　　　　　　　不同年份冬小麦不同生育期耗水量的差异（河南新乡）

年份	处理	项目	生育阶段						全生育期
			播种—越冬期	越冬—返青期	返青—拔节期	拔节—抽穗期	抽穗—灌浆期	灌浆—成熟期	
2006—2007	适宜水分	耗水量	91.30	43.70	31.20	133.00	35.00	118.10	452.30
		日耗水量	1.25	0.77	2.23	2.89	3.89	3.94	1.97
	播种—拔节期干旱	耗水量	88.20	40.20	24.20	125.00	33.50	120.80	431.90
		日耗水量	1.21	0.71	1.73	2.72	3.72	4.03	1.89
	拔节—抽穗期干旱	耗水量	97.60	49.60	33.30	81.60	34.70	99.00	395.80
		日耗水量	1.34	0.87	2.38	1.77	3.85	3.30	1.73
	抽穗—灌浆期干旱	耗水量	93.20	42.40	29.70	92.40	19.00	104.80	381.50
		日耗水量	1.28	0.74	2.12	2.01	2.11	3.49	1.67
	灌浆—成熟期干旱	耗水量	90.80	37.00	27.80	107.80	30.30	58.30	352.00
		日耗水量	1.24	0.65	1.98	2.34	3.36	1.94	1.54
2007—2008	适宜水分	耗水量	67.30	27.20	39.50	143.10	58.90	139.70	475.70
		日耗水量	0.92	0.44	2.63	3.49	5.89	4.66	2.06
	播种—拔节期干旱	耗水量	84.00	23.70	31.20	127.80	57.00	137.80	461.50
		日耗水量	1.15	0.38	2.08	3.04	6.00	4.59	2.00
	拔节—抽穗期干旱	耗水量	82.90	26.70	37.80	85.60	46.10	123.90	403.00
		日耗水量	1.14	0.43	2.52	2.09	4.61	4.13	1.74
	抽穗—灌浆期干旱	耗水量	71.30	27.10	38.20	121.50	37.50	126.90	422.50
		日耗水量	0.98	0.44	2.55	2.96	3.75	4.23	1.83
	灌浆—成熟期干旱	耗水量	84.60	27.10	42.00	115.30	57.50	66.70	393.20
		日耗水量	1.16	0.44	2.80	2.81	5.75	2.22	1.70

注　耗水量和日耗水量的单位分别为 mm 和 mm/d；不同生育期干旱的处理标准与表 3.6 一致。

表 3.8　冬小麦不同品种在不同水分处理下的耗水量差异（河南新乡，2007—2008 年）

品种	处理	阶段耗水量/mm						全生育期/mm
		播种—越冬期	越冬—返青期	返青—拔节期	拔节—抽穗期	抽穗—灌浆期	灌浆—成熟期	
郑麦98	适宜水分	67.3	27.2	39.5	143.1	58.9	139.7	475.7
	播种—拔节期干旱	84.0	23.7	31.2	124.8	60.0	137.8	461.5
	拔节—抽穗期干旱	82.9	26.7	37.8	85.6	46.1	123.9	403.0
	抽穗—灌浆期干旱	71.3	27.1	38.2	121.5	37.5	126.9	422.5
	灌浆—成熟期干旱	84.6	27.1	42.0	115.3	57.5	66.7	393.2
豫麦49－198	适宜水分	82.1	25.2	37.9	134.2	59.0	151.8	490.2
	播种—拔节期干旱	81.6	23.8	29.9	132.8	56.8	138.1	463.0
	拔节—抽穗期干旱	81.7	28.5	43.3	89.1	53.1	111.0	406.7

续表

品　种	处　理	阶段耗水量/mm						全生育期/mm
		播种—越冬期	越冬—返青期	返青—拔节期	拔节—抽穗期	抽穗—灌浆期	灌浆—成熟期	
豫麦49-198	抽穗—灌浆期干旱	82.4	26.4	42.0	132.4	38.8	134.6	456.6
	灌浆—成熟期干旱	77.9	24.6	37.5	130.1	55.5	90.6	416.2
郑麦004	适宜水分	57.3	24.8	30.8	136.8	54.2	136.0	439.9
	播种—拔节期干旱	58.5	25.1	22.5	132.8	51.6	127.6	418.1
	拔节—抽穗期干旱	59.0	20.1	23.1	70.6	51.9	118.5	343.2
	抽穗—灌浆期干旱	51.1	22.9	21.8	92.5	30.3	104.2	322.8
	灌浆—成熟期干旱	50.8	24.5	25.4	93.0	45.1	61.7	300.5

注　不同生育期干旱的处理标准与表3.6一致。

（3）农田覆盖对冬小麦耗水量的影响。农田覆盖（如地膜覆盖、秸秆覆盖、液膜覆盖等）是保墒和减少棵间蒸发损失的一项非常重要的节水措施，已在干旱少雨的地区普遍应用。河南新乡的覆盖试验结果表明，无覆盖、秸秆覆盖、地膜覆盖的耗水量分别为316.6～461.2mm、206.9～431.2mm、253.4～410.1mm。在不同的水分处理下无覆盖处理的耗水量均最高，在高水分条件下（80%田间持水量），秸秆覆盖处理的耗水量高于地膜覆盖。当土壤含水量不大于田间持水量的70%时，地膜覆盖的耗水量高于秸秆覆盖。可见，在土壤水分较低时，由于地膜覆盖的保墒作用促进了作物的生长，可加速土壤水分的消耗，使得地膜覆盖的耗水量反而高于秸秆覆盖的处理；在不同的水分处理下，不同覆盖处理的耗水量均随着土壤水分的降低而降低（表3.9）。

表3.9　　地膜和秸秆覆盖条件下冬小麦的耗水量（河南新乡，2007—2008年）

水分处理	覆盖处理	阶段耗水量/mm						全生育期耗水量/mm
		播种—越冬期	越冬—返青期	返青—拔节期	拔节—抽穗期	抽穗—灌浆期	灌浆—收获期	
80%	无覆盖	74.6	24.5	32.0	131.5	59.3	139.3	461.2
	秸秆覆盖	61.2	14.6	18.9	137.0	60.0	139.4	431.1
	地膜覆盖	64.8	13.6	27.8	126.1	54.5	123.3	410.1
70%	无覆盖	68.6	23.5	26.0	126.5	56.3	127.3	428.2
	秸秆覆盖	57.7	11.5	12.9	84.4	41.8	100.5	308.8
	地膜覆盖	64.1	12.0	20.4	120.4	52.3	118.4	387.6
60%	无覆盖	60.4	17.3	20.3	103.7	53.8	131.5	387.0
	秸秆覆盖	53.1	10.8	16.1	62.4	41.7	80.7	264.8
	地膜覆盖	54.5	7.5	15.0	90.2	39.4	95.0	301.6
50%	无覆盖	56.9	13.7	19.2	84.1	43.2	99.5	316.6
	秸秆覆盖	50.6	6.8	12.1	44.1	34.7	58.6	206.9
	地膜覆盖	50.3	8.8	12.2	80.4	36.2	65.5	253.4

注　80%、70%、60%和50%为土壤含水量为田间持水量的80%、70%、60%和50%，表示不同水分处理的土壤水分控制下限；秸秆覆盖处理的覆盖量为7500kg/hm²。

（4）灌水方式对冬小麦耗水量的影响。冬小麦的灌溉方式往往因为种植方式而发生改变，比如平作和垄作，在平作条件下一般采用畦灌方式，而在垄作条件下，往往采用沟灌方式。结果表明，冬小麦垄作沟灌的耗水量要小于平作畦灌，在同一灌水方式下，随灌水次数和灌溉量增加，各处理的耗水量显著增加（表3.10）。

表3.10 冬小麦不同生育阶段耗水量及耗水模系数（河南洛阳，2009—2010年）

处理	耗水指标	播种—越冬期	越冬—返青期	返青—拔节期	拔节—抽穗期	抽穗—灌浆期	灌浆—收获期	全生育期
L1	日耗水量/(mm/d)	1.68	0.80	1.39	3.83	5.38	1.04	1.88
	阶段耗水量/mm	62.02	31.16	76.60	130.26	59.14	35.28	394.46
	耗水模系数/%	15.72	7.90	19.42	33.02	14.99	8.94	100
P1	日耗水量/(mm/d)	1.96	1.04	1.49	4.81	5.32	1.80	2.24
	阶段耗水量/mm	72.48	40.51	81.85	153.89	53.16	59.49	461.38
	耗水模系数/%	15.71	8.78	17.74	33.35	11.52	12.89	100
L2	日耗水量/(mm/d)	1.57	0.64	1.42	3.54	4.64	1.41	1.78
	阶段耗水量/mm	58.06	24.77	77.83	113.17	46.43	49.18	369.44
	耗水模系数/%	15.72	6.70	21.07	30.63	12.57	13.31	100
P2	日耗水量/(mm/d)	1.65	0.95	1.53	4.19	4.12	1.72	1.99
	阶段耗水量/mm	61.05	37.02	84.11	125.82	41.15	62.09	411.24
	耗水模系数/%	14.85	9.00	20.45	30.60	10.01	15.10	100
L3	日耗水量/(mm/d)	1.75	0.60	0.91	3.85	5.23	1.52	1.78
	阶段耗水量/mm	64.85	23.45	48.96	91.73	78.40	53.10	360.49
	耗水模系数/%	17.99	6.50	13.58	25.45	21.75	14.73	100
P3	日耗水量/(mm/d)	1.85	0.71	1.10	4.34	4.87	1.40	1.83
	阶段耗水量/mm	68.35	22.60	59.40	108.47	63.29	49.11	371.22
	耗水模系数/%	18.41	6.09	16.00	29.22	17.05	13.23	100

注 L1、L2、L3表示垄作沟灌方式，其灌溉定额分别为1800m³/hm²、1350m³/hm²和900m³/hm²；P1、P2、P3为平作畦灌方式，灌溉定额分别为3000m³/hm²、2250m³/hm²和1500m³/hm²。

3.1.1.2 春小麦需水量与耗水规律

1. 春小麦需水量

春小麦需水量在年际间和地区间同样存在差异，这往往与种植的品种、土壤以及气象条件密切相关。2001—2002年中国农业科学院农田灌溉研究所在内蒙古达拉特旗的试验结果表明，该地春小麦的需水量为538.1～545.4mm，年际间的差异不大。其需水规律为，苗期日需水量最小，分别为3.33mm/d、3.42mm/d，随着生育进程的推进，需水量逐渐增加，至抽穗—开花期达到高峰，分别为8.47mm/d、8.59mm/d，随后开始逐渐下降，灌浆—成熟期分别降为5.31mm/d、5.55mm/d；需水模系数以灌浆—成熟期最大，分别为33.54%、33.61%，拔节—孕穗期次之，其值分别为24.92%、21.76%，其他生育期的模系数相近，差异不大（表3.11）。

表 3.11   内蒙古达拉特旗春小麦的需水量与需水规律（2001—2002 年）

年份	项 目	生 育 阶 段					全生育期
		苗期	分蘖期	拔节—孕穗期	抽穗—开花期	灌浆—成熟期	
2001	需水量/mm	76.60	79.10	134.10	67.80	180.50	538.10
	日需水量/(mm/d)	3.33	6.59	8.38	8.47	5.31	5.79
	模系数/%	14.24	14.70	24.92	12.60	33.54	100
2002	需水量/mm	75.30	90.70	118.70	77.40	183.30	545.40
	日需水量/(mm/d)	3.42	5.67	7.92	8.59	5.55	5.74
	模系数/%	13.81	16.63	21.76	14.19	33.61	100

2. 春小麦作物系数

根据 2001 年内蒙古达拉特旗春小麦生育期的实测资料，利用水量平衡模型反推求得的春小麦相邻两次取土测定土壤水分时间间隔内的平均作物系数（表 3.12）。从表 3.12 中可以看出，春小麦作物系数 K_c 均是前期小、中期大、后期又小，最高值达到了 1.8093。利用表 3.12 的数据分别绘出了春小麦作物系数 K_c 随播后天数（D）和生育期累积积温（T）的变化规律，结果如图 3.5 和图 3.6 所示。分别用 4 次、5 次和 6 次多项式对上述两种关系进行回归分析，根据多项式曲线与数据点的拟合程度及相关系数的大小，发现春小麦作物系数 K_c 与播后天数的关系可用 6 次多项式进行良好地表达，而与生育期累积积温的关系则呈现为 4 次多项式关系，其关系式分别如下：

$$K_c = a_0 + a_1 D + a_2 D^2 + a_3 D^3 + a_4 D^4 + a_5 D^5 + a_6 D^6 \qquad (3.6)$$

$$K_c = a_0 + a_1 T + a_2 T^2 + a_3 T^3 + a_4 T^4 \qquad (3.7)$$

式中：K_c 为作物系数；D 为播后天数，d；T 为生育期累积积温，℃；a_0、a_1、a_2、a_3、a_4、a_5、a_6 为回归系数，其值及统计分析结果列于表 3.13 中。

表 3.12   播后不同时期春小麦作物系数 K_c 的模拟计算结果

播后天数 D /d	积温 T /℃	K_c	平均绝对误差	平均相对误差 /%
2	9.2	0.5678	1.06	8.1
13	123.3	0.6457	0.84	6.4
16.5	179.5	0.5678	0.69	5.3
29	310.6	0.8202	0.74	5.9
33.5	463.0	1.4372	0.77	5.8
39.5	591.5	1.5917	0.62	5.6
44.5	644.4	1.7194	0.64	5.9
49.5	783.4	1.7772	0.84	6.2
55.5	933.7	1.8093	0.41	4.8
61	1041.3	1.5092	0.66	6.2
67.5	1190.6	1.4820	0.56	5.3

续表

播后天数 D /d	积温 T /℃	K_c	平均绝对误差	平均相对误差 /%
74.5	1366.0	1.3613	0.61	6.6
79	1490.7	1.1869	0.55	6.8
84	1621.2	0.7638	0.72	6.9
93	1851.6	0.5548	0.61	6.8

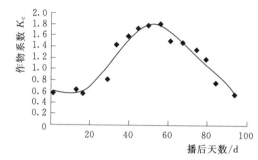

图 3.5　春小麦作物系数随播后天数的变化

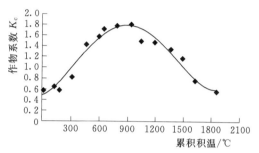

图 3.6　春小麦作物系数随累积积温的变化

表 3.13　　春小麦作物系数 K_c 与播后天数（D）和累积积温（T）函数的回归系数

变量	回　归　系　数							R^2	标准差	样本数 n
	a_0	a_1	a_2	a_3	a_4	a_5	a_6			
D	0.56207	0.0202	-4.22×10^{-3}	2.83×10^{-4}	-6.50×10^{-6}	6.27×10^{-8}	-2.2×10^{-10}	0.945	0.1493	15
T	0.47096	7.89×10^{-4}	4.24×10^{-6}	-5.18×10^{-9}	1.45×10^{-12}			0.942	0.1371	15

　　由表 3.13 可知，较高的确定系数（R^2）表明两条曲线与数据点拟合都非常好。春小麦作物系数的最高值出现在播后 55d 左右，即 6 月 10 日前后，正是春小麦抽穗期，此时叶面积指数最大，同时也是这一地区一年中日均 ET_0 值最高的时期，雨季尚未到来，空气湿度相对较低，作物需水量较大，因此作物系数 K_c 值较高。

　　3. 春小麦蒸腾（T）和棵间土壤蒸发（E）及其影响因素

　　2001—2002 年内蒙古达拉特旗春小麦不同生育阶段的棵间土壤蒸发量、耗水量及其比例（E/ET）见表 3.14。结果表明，在苗期，由于植株矮小、农田覆盖度低，使得其棵间土壤蒸发量占同期耗水量的比值（E/ET）最大；此后随着叶面积指数的增加 E/ET 开始快速下降，到了抽穗—开花期 E/ET 降至最小值；灌浆—成熟期随着作物叶片的衰老死亡、叶面积指数的降低，E/ET 有所增加。在正常供水条件下，春小麦全生长期棵间土壤蒸发量及作物蒸腾量分别占其需水量的 21%～23% 和 77%～79%。

　　（1）叶面积指数对作物蒸腾和棵间土壤蒸发的影响。2001—2002 年在内蒙古达拉特旗的试验结果表明，春小麦棵间土壤蒸发量与叶面积指数 LAI 的关系极为密切，E/ET 随 LAI 的增加而呈幂函数形式下降，当 $LAI<2$ 时，E/ET 随着叶面积指数的增加快速减

表 3.14　　　春小麦的作物蒸腾量与棵间土壤蒸发量及 *E/ET*（内蒙古达拉特旗）

年份	项目	苗期	分蘖期	拔节—孕穗期	抽穗—开花期	灌浆—成熟期	全生长期
2001	作物蒸腾量 *T*/mm	22.20	54.10	112.50	61.20	159.10	409.10
	棵间土壤蒸发量 *E*/mm	40.40	25.00	21.60	8.60	27.40	123.00
	耗水量 *ET*/mm	62.60	79.10	134.10	69.80	186.50	532.10
	E/ET/%	64.54	31.61	16.11	12.32	14.69	23.12
2002	作物蒸腾量 *T*/mm	39.60	71.80	101.40	67.50	152.70	433.00
	棵间土壤蒸发量 *E*/mm	35.80	18.90	17.30	9.80	30.60	112.40
	耗水量 *ET*/mm	75.40	90.70	118.70	77.30	183.30	545.40
	E/ET/%	47.48	20.84	14.57	12.68	16.70	20.61

少，E/ET 曲线斜率较陡；当 $LAI=2\sim3$ 时，E/ET 的值下降变缓；当 $LAI>3$ 时，E/ET 对叶面积指数的增加反应不再敏感，其比值变化不大（图 3.7）。E/ET 与 LAI 的回归关系式为

$$E/ET=0.3662LAI^{-0.8202}, \quad R^2=0.8941 \quad （2001 \text{年}） \tag{3.8}$$

$$E/ET=0.3433LAI^{-0.6743}, \quad R^2=0.8906 \quad （2002 \text{年}） \tag{3.9}$$

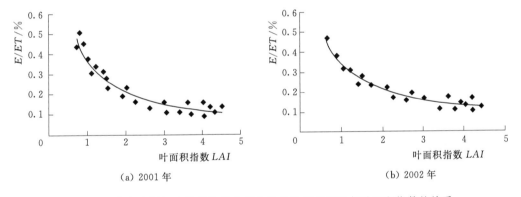

(a) 2001 年　　　　　　　　　　　(b) 2002 年

图 3.7　春小麦棵间土壤蒸发量占耗水量的比例 E/ET 与叶面积指数的关系

（2）土壤水分对作物蒸腾和棵间土壤蒸发的影响。棵间土壤蒸发量的大小受表层土壤水分状况的制约。2002 年在内蒙古达拉特旗进行的试验结果表明，春小麦棵间土壤蒸发随着 0～10cm 深度土壤含水量的增加呈指数函数增大，土壤含水量越大，棵间土壤蒸发越大；当表层土壤含水量高于 12% 时，棵间土壤蒸发随着土壤含水量的下降快速下降，当土壤含水量小于 12% 时，棵间土壤蒸发下降缓慢，当土壤含水量降至 7% 左右时，棵间土壤蒸发变化不大（图 3.8）。2002 年 5 月 23—29 日对拔节初期的春小麦进行了灌水后棵间土壤蒸发量的连续测定（6 次重复，分别标记为 E1、E2、E3、E4、E5、E6），结果显示，沙土地刚灌水后第一天，棵间土壤蒸发最大，随着表层土壤水分的蒸发损失以及作物的吸收利用，表层土壤含水量迅速降低，棵间土壤蒸发也随之快速降低，灌水后的头 3d，棵间土壤蒸发下降最快；灌水 4d 后，由于表层土壤干燥，土壤含水量变化较小，棵间土壤蒸发波动不大（图 3.9）。

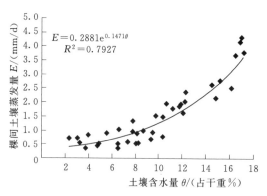

图 3.8 春小麦棵间土壤蒸发与 0~10cm
土壤水分的关系

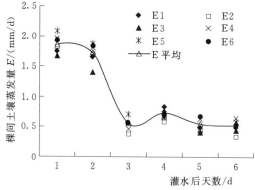

图 3.9 灌水后春小麦棵间土壤蒸发的变化
过程（2002 年 5 月 23—29 日）

4. 春小麦耗水规律

春小麦耗水量以及变化规律同样受供水条件的影响，在内蒙古达拉特旗沙土地的试验结果表明，该地春小麦在不同供水条件下的耗水量为 434.90~538.10mm，适宜水分处理的耗水量最大，其次为苗期轻旱的处理，拔节—孕穗期重旱处理的最小；任一生育期干旱都会造成全生育期耗水量、阶段耗水量和日耗水量的降低，受旱越重，降低越多，不同处理的阶段耗水量、日耗水量和耗水模系数在生育期内具有相似的变化规律。灌浆—成熟期的阶段耗水量最大，为 127.50~180.50mm；拔节—孕穗期的次之，为 94.90~134.10mm；抽穗—开花期的最小，为 48.70~67.80mm；苗期和分蘖期的阶段耗水量相当。春小麦日耗水量在整个生育期总体表现为先增后减的趋势，抽穗—开花期日耗水量达到最高，为 6.09~8.47mm/d；灌浆—成熟期降低为 3.75~5.31mm/d；苗期的最小，为 2.34~3.33mm/d。耗水模系数表现为苗期和分蘖期的相当，为 11.23%~17.06%，灌浆—成熟期的最大，拔节—孕穗期的次之，抽穗—开花期的最小，其大小分别为 26.59%~35.61%、21.82%~27.77% 和 10.47%~13.95%（表 3.15）。

表 3.15　　　　　春小麦不同干旱处理的阶段耗水量、日耗水量、模系数

（内蒙古达拉特旗，2001 年）

处理	项　　目	生　育　阶　段					全生育期
		苗期	分蘖期	拔节—孕穗期	抽穗—开花期	灌浆—成熟期	
适宜水分	耗水量/mm	76.60	79.10	134.10	67.80	180.50	538.10
	日耗水量/(mm/d)	3.33	6.59	8.38	8.47	5.31	5.79
	模系数/%	14.24	14.70	24.92	12.60	33.54	100
苗期轻旱	耗水量/mm	60.50	75.10	127.00	65.30	174.10	502.00
	日耗水量/(mm/d)	2.63	6.26	7.94	8.16	5.12	5.50
	模系数/%	12.05	14.96	25.30	13.01	34.68	100
苗期重旱	耗水量/mm	53.80	73.40	121.30	61.20	169.30	479.00
	日耗水量/(mm/d)	2.34	6.12	7.58	7.65	4.98	5.15
	模系数/%	11.23	15.32	25.32	12.78	35.34	100

处理	项　目	生　育　阶　段					全生育期
		苗期	分蘖期	拔节—孕穗期	抽穗—开花期	灌浆—成熟期	
分蘖期 轻旱	耗水量/mm	71.80	73.80	114.40	60.30	177.10	497.40
	日耗水量/(mm/d)	3.12	6.15	7.15	7.54	5.21	5.34
	模系数/%	14.44	14.84	23.00	12.12	35.61	100
分蘖期 重旱	耗水量/mm	74.80	70.20	109.80	59.80	168.00	482.60
	日耗水量/(mm/d)	3.25	5.85	6.86	7.48	4.94	5.19
	模系数/%	15.50	14.55	22.75	12.39	34.81	100
拔节—孕穗期 轻旱	耗水量/mm	72.90	75.00	103.40	54.80	157.40	463.50
	日耗水量/(mm/d)	3.17	6.25	6.46	6.85	4.63	4.98
	模系数/%	15.73	16.18	22.31	11.82	33.96	100
拔节—孕穗期 重旱	耗水量/mm	73.80	74.20	94.90	50.20	141.80	434.90
	日耗水量/(mm/d)	3.21	6.18	5.93	6.27	4.17	4.68
	模系数/%	16.97	17.06	21.82	11.54	32.61	100
抽穗—开花期 轻旱	耗水量/mm	72.70	77.60	133.10	52.60	143.80	479.80
	日耗水量/(mm/d)	3.16	6.47	8.32	6.57	4.23	5.16
	模系数/%	15.15	16.17	27.74	10.96	29.97	100
抽穗—开花期 重旱	耗水量/mm	75.40	77.40	129.30	48.70	134.60	465.40
	日耗水量/mm	3.28	6.45	8.08	6.09	3.96	5.00
	模系数/%	16.20	16.63	27.78	10.46	28.92	100
灌浆—成熟期 轻旱	耗水量/mm	74.50	76.30	132.30	67.10	144.80	495.00
	日耗水量/(mm/d)	3.24	6.36	8.27	8.39	4.26	5.32
	模系数/%	15.05	15.41	26.73	13.56	29.25	100
灌浆—成熟期 重旱	耗水量/mm	75.90	76.10	133.10	66.90	127.50	479.50
	日耗水量/(mm/d)	3.30	6.34	8.32	8.36	3.75	5.16
	模系数/%	15.83	15.87	27.73	13.95	26.59	100
连续轻旱	耗水量/mm	59.10	74.30	118.20	60.60	135.00	447.20
	日耗水量/(mm/d)	2.57	6.19	7.39	7.58	3.87	4.81
	模系数/%	13.22	16.61	26.43	13.55	30.19	100

注　不同生育期轻旱、重旱的土壤水分下限控制标准分别为 60%、50%（占田间持水量的百分比，下同）；连续轻旱的处理除苗期的土壤水分控制下限为 70%、分蘖期为 50% 外，其余生育期均为 60%；适宜水分处理各生育期的土壤水分控制下限为 65%。

　　春小麦耗水量以及耗水规律同样受灌水技术的影响。杨开静等[2]在甘肃省武威市中国农业大学石羊河试验站进行大田试验，研究了五种不同滴灌定额（30mm、35mm、40mm、45mm 和 50mm）对西北旱区春小麦耗水量和产量的影响（表 3.16）。结果表明，灌水定额在 30~50mm 范围内，总灌水量、春小麦各生育期及全生育期的日耗水量和总耗水量均随灌水定额的增加而增加。滴灌春小麦生育期内耗水量基本变化趋势为苗期—抽穗期＞抽穗—开花期＞开花—成熟期，即小麦在营养生长期的耗水量大于生殖生长期。日耗水量基本变化趋势为抽穗—开花期＞苗期—抽穗期＞开花—成熟期。

表 3.16　　滴灌条件下春小麦各生育阶段的耗水量与耗水强度（甘肃武威，2012 年）

处理	苗期—抽穗期		抽穗—开花期		开花—成熟期		全生育期	
	耗水量/mm	日耗水量/(mm/d)	耗水量/mm	日耗水量/(mm/d)	耗水量/mm	日耗水量/(mm/d)	总耗水量/mm	日耗水量/(mm/d)
W1	147.0	2.7	122.0	13.6	80.0	1.9	349.0	3.0
W2	189.0	3.4	112.0	12.4	87.0	2.1	388.0	3.3
W3	154.0	2.8	113.0	12.6	103.0	2.5	370.0	3.2
W4	186.0	3.4	113.0	12.5	128.0	3.1	427.0	3.6
W5	160.0	2.9	167.0	18.5	140.0	3.3	467.0	4.0

注　W1、W2、W3、W4、W5 分别表示灌水定额为 30mm、35mm、40mm、45mm、50mm（各处理灌水时的土壤水分下限为土壤基质势−40kPa）。

3.1.2　玉米需水量与耗水规律

玉米属禾本科、高产 C_4 作物，经济价值较高，是中国最主要的杂粮，目前在中国粮食作物中其种植面积和总产量居第一位。中国北纬 40°以北，多为春季播种，为春玉米。北纬 38°以南，气温较高，无霜期多在 190d 以上，玉米夏季播种，为夏玉米。冀、晋、陕、鲁及新疆等省（自治区），靠北部种植春玉米，南部复种夏玉米，中部春、夏玉米交叉种植。各地种植的玉米由于土壤、气候、品种、生育期以及栽培管理措施不同，造成玉米需水量及耗水规律在地区间以及年际间具有一定的差异。

3.1.2.1　春玉米需水量与耗水规律

1. 春玉米需水量

2001—2002 年在内蒙古达拉特旗的试验结果表明，该地春玉米需水量 531.50～585.30mm；其需水规律为，苗期的日需水量最小，为 2.84～3.50mm/d。随着生育进程的推进，需水量逐渐增加，至抽雄—吐丝期达到高峰，为 6.21～6.28mm/d。此后随着叶面积指数的减少、气温的降低日需水量开始逐渐下降，灌浆—成熟期降为 3.11～3.25mm/d。需水模系数拔节期最大，为 28.96%～29.67%；灌浆—成熟期次之，为 27.20%～28.66%；抽雄—吐丝期因生育期短，其模系数最小（表 3.17）。2012—2014 年甘肃武威地膜覆盖春玉米的需水量为 552.50～656.00mm。2013 年的需水量最低，而 2012 年的需水量最高，且与 2014 年的需水量相差不大。不同年份春玉米日需水规律与内蒙古达拉特旗的基本一致，只是在需水模系数的大小排序上存在一定的差异。其需水量也比内蒙古达拉特旗的高，这可能与生育阶段划分、土壤及气候条件的差异有关，该地春玉米需水量年际间的差异也较大（表 3.18）。因此，春玉米需水量在年际间和地区间同样存在差异，这往往与种植的品种、土壤以及气象条件密切相关。

2. 春玉米作物系数

2001 年在内蒙古达拉特旗沙土地进行了春玉米作物系数 K_c 的研究，表 3.19 为根据春玉米生育期的实测资料，利用水量平衡模型反推求得的春玉米相邻两次取土测定土壤水分时间间隔内的平均 K_c。从表 3.19 中可以看出，春玉米的 K_c 呈现前期小、中期大、后期

表 3.17　　　　　　　　　　　内蒙古达拉特旗春玉米需水量与需水规律

年份	项目	生育阶段				全生育期
		苗期	拔节期	抽雄—吐丝期	灌浆—成熟期	
2001	阶段需水量/mm	102.10	157.70	119.40	152.30	531.50
	日需水量/(mm/d)	2.84	6.07	6.28	3.11	4.09
	模系数/%	19.21	29.67	22.46	28.66	100
2002	阶段需水量/mm	157.30	169.50	99.30	159.20	585.30
	日需水量/(mm/d)	3.50	5.65	6.21	3.25	4.21
	模系数/%	26.88	28.96	16.97	27.20	100

表 3.18　　　　　　　　　　　甘肃武威覆膜春玉米需水量与需水规律

年份	项目	生育阶段				全生育期
		苗期	拔节期	抽雄—吐丝期	灌浆—成熟期	
2012	阶段需水量/mm	159.50	133.40	163.20	199.90	656.00
	日需水量/(mm/d)	3.13	4.94	5.83	4.08	4.23
	模系数/%	24.31	20.34	24.88	30.47	100
2013	阶段需水量/mm	124.30	132.10	155.00	141.10	552.50
	日需水量/(mm/d)	2.59	4.56	5.53	3.81	3.89
	模系数/%	22.50	23.91	28.05	25.54	100
2014	阶段需水量/mm	128.50	148.20	142.20	234.40	653.30
	日需水量/(mm/d)	3.13	5.93	6.77	4.26	4.60
	模系数/%	19.67	22.68	21.77	35.88	100

又小的规律，K_c 最高值约为 1.27。利用表 3.19 中的数据以春玉米 K_c 作为因变量，分别绘出了春玉米作物系数 K_c 随播后天数（D）和随生育期累积积温（T）的变化规律，结果如图 3.10 和图 3.11 所示。

表 3.19　　　　　　　内蒙古达拉特旗春玉米播后不同时期的作物系数 K_c

播后天数 D /d	积温 T /℃	K_c	平均绝对误差	平均相对误差 /%
11	202.4	0.4227	0.74	6.4
17	330.9	0.4052	0.81	6.6
23	436.1	0.4443	0.67	5.2
29	573.5	0.5974	0.72	5.8
37	758.2	0.6555	0.77	5.8
44	907.5	0.9088	0.64	5.8
52	1105.4	1.0089	0.69	6.4
60	1311.2	1.1388	0.61	4.2
67	1482.6	1.2676	0.56	7.3

续表

播后天数 D /d	积温 T /℃	K_c	平均绝对误差	平均相对误差 /%
78	1750.4	1.2458	0.61	6.8
84	1885.7	1.1504	0.54	5.1
91	2057.7	1.0986	0.64	8.0
96	2170.4	0.9707	0.59	7.5
102	2295.5	0.8760	0.63	7.4
107	2393.9	0.7845	0.71	7.9
115	2536.1	0.7124	0.66	7.7
123	2673.7	0.5755	0.62	6.0
128	2816.6	0.4866	0.59	6.3

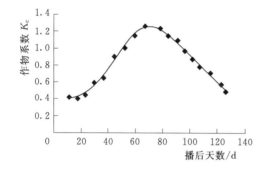

图 3.10　内蒙古达拉特旗春玉米作物　　　　图 3.11　内蒙古达拉特旗春玉米作物
系数随播种后天数的变化　　　　　　　　系数随生长季累积积温的变化

回归分析结果表明，春玉米 K_c 与播后天数及与生育期累积积温之间均呈现六次多项式关系，其回归关系式如下：

$$K_c = a_0 + a_1 D + a_2 D^2 + a_3 D^3 + a_4 D^4 + a_5 D^5 + a_6 D^6 \qquad (3.10)$$

$$K_c = a_0 + a_1 T + a_2 T^2 + a_3 T^3 + a_4 T^4 + a_5 T^5 + a_6 T^6 \qquad (3.11)$$

式中：K_c 为作物系数；D 为播后天数，d；T 为生育期累积积温，℃；a_0、a_1、a_2、a_3、a_4、a_5、a_6 为回归系数，其值及统计分析结果见表 3.20。

表 3.20　　　　内蒙古达拉特旗春玉米作物系数 K_c 与播后天数（D）和
累积积温（T）函数的回归系数

变量	回归系数							R^2	标准差 S_e	样本数 n
	a_0	a_1	a_2	a_3	a_4	a_5	a_6			
D	0.35234	0.015829	-1.62×10^{-3}	7.38×10^{-5}	-1.20×10^{-6}	8.53×10^{-9}	-2.2×10^{-11}	0.9905	0.0356	18
T	0.50639	-7.96×10^{-4}	1.67×10^{-6}	1.275×10^{-10}	-8.769×10^{-13}	3.475×10^{-16}	-4.067×10^{-20}	0.9900	0.0365	18

由表 3.20 显示，回归方程的决定系数（R^2）分别达到了 0.9905 和 0.9900，回归曲线与数据点拟合得非常好。因此，可以用播后天数和累积积温来模拟计算春玉米作物系数。

3. 春玉米蒸腾（T）和棵间土壤蒸发（E）及其影响因素

2001—2002 年在内蒙古达拉特旗的研究结果表明，春玉米苗期棵间土壤蒸发量占同期需水量的比值（E/ET）最大，为 0.45～0.67；随着生育进程的推进，棵间土壤蒸发量所占比例迅速减少，到抽雄—吐丝期 E/ET 达到最小，为 0.12～0.20；灌浆—成熟期 E/ET 有所增加，为 0.16～0.22。全生长期春玉米棵间土壤蒸发量和作物蒸腾量分别占其需水量的 28%～30% 和 70%～72%（表 3.21）。

表 3.21　适宜土壤水分条件下春玉米蒸腾量与棵间土壤蒸发量（内蒙古达拉特旗）

年份	生育阶段	苗期	拔节期	抽雄—吐丝期	灌浆—成熟期	全生长期
2001	作物蒸腾量 T/mm	33.40	115.30	105.13	127.53	381.36
	棵间土壤蒸发量 E/mm	68.73	42.42	14.22	24.75	150.12
	需水量 ET/mm	102.13	157.72	119.35	152.28	531.48
	E/ET	0.67	0.27	0.12	0.16	0.28
2002	作物蒸腾量 T/mm	87.31	117.91	79.00	124.26	408.48
	棵间土壤蒸发量 E/mm	70.01	51.58	20.28	34.98	176.85
	需水量 ET/mm	157.32	169.49	99.28	159.24	585.33
	E/ET	0.45	0.30	0.20	0.22	0.30

（1）叶面积指数对棵间土壤蒸发量的影响。春玉米棵间土壤蒸发量与叶面积指数 LAI 有着极为密切的关系。2001—2002 年在内蒙古达拉特旗的研究表明，在生长前期，由于叶面积指数较低，棵间土壤蒸发量相对较大；随着叶面积指数的迅速增加，植株蒸腾量变大，棵间土壤蒸发所占比例（E/ET）明显减小；到春玉米抽雄—吐丝期达到最小，为 0.12～0.20；此后随着叶面积指数的下降，E/ET 呈缓慢增加的趋势（图 3.12）。

（2）土壤含水量对棵间土壤蒸发量的影响。棵间土壤蒸发量除与叶面积指数和气象因

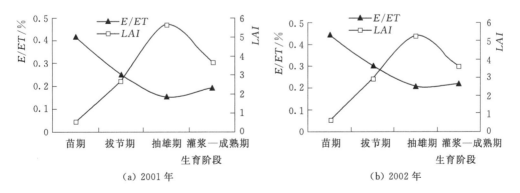

（a）2001 年　　　　　　　　　（b）2002 年

图 3.12　内蒙古达拉特旗春玉米 E/ET 与叶面积指数在生育期内的变化

素有关外，还与表层土壤含水量密切相关。在内蒙古达拉特旗沙土地的试验结果表明，在叶面积指数和气象因素相似的条件下，春玉米棵间蒸发随着表层 $0\sim20$cm 土壤含水量的增加呈指数函数增大，土壤含水量越大，棵间蒸发越大（图 3.13）。当 $0\sim20$cm 土壤体积含水量在 $18\%\sim22\%$ 时，棵间蒸发随着土壤含水量的降低快速下降，当土壤体积含水量小于 18% 时，棵间蒸发的下降速度变慢，当土壤体积含水量在 10% 左右时，棵间蒸发变化不大。

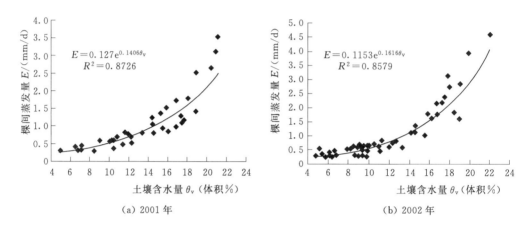

(a) 2001 年 (b) 2002 年

图 3.13　春玉米棵间土壤蒸发与表层 $0\sim20$cm 土壤含水量的关系

在内蒙古达拉特旗沙土地春玉米生长前期（2001 年）和后期（2002 年）灌水后进行了棵间蒸发量的连续测定（重复次数分别标记为 E1、E2、E3、E4、E5）。结果表明，刚灌水后第一天，棵间蒸发最大。随着表层土壤水分的蒸发损失以及作物的吸收利用，棵间蒸发迅速降低，灌水后的头 $3\sim4$ 天，棵间蒸发下降最快。灌水 4 天以后，由于表层土壤蒸散失水变得比较干燥，土壤水分变化不大，因此棵间蒸发下降很慢（图 3.14）。由此可见，表层土壤水分对春玉米棵间蒸发量有很大的影响，此外，玉米前期的棵间蒸发量明显大于后期，是后期的 2 倍多，这可能是受叶面积指数和气温影响的结果。

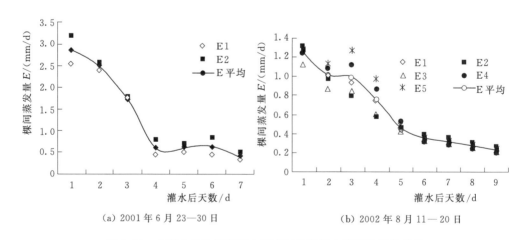

(a) 2001 年 6 月 23—30 日 (b) 2002 年 8 月 11—20 日

图 3.14　内蒙古达拉特旗灌水后春玉米棵间土壤蒸发量的变化

4. 春玉米耗水规律

根据中国农业科学院农田灌溉研究所在内蒙古达拉特旗沙土地的试验结果表明，该地春玉米在不同生育期水分亏缺条件下的耗水量为 517.30～585.30mm，适宜水分条件下的耗水量最大，为 585.30mm，全生育期轻旱的耗水量最小，为 517.30mm。从阶段耗水量来看，苗期、拔节期、灌浆—成熟期的较大，分别为 136.30～157.30mm、154.40～169.50mm 和 119.00～159.20mm；抽雄—吐丝期的最小，为 81.50～99.30mm。耗水模系数与阶段耗水量有着相同的变化规律，苗期、拔节期、灌浆—成熟期的较大，分别为 25.95%～29.40%、28.96%～31.17% 和 23.00%～27.20%，其中拔节期的最大，抽雄—吐丝期的最小，为 14.87%～17.51%。播种出苗后，随着气温的升高以及植株群体叶面积的增加，春玉米的日耗水量开始逐渐增大，拔节期迅速增加，到抽雄—吐丝期达到最大，为 5.09～6.21 mm/d。此后随着气温的降低以及叶面积的下降，日耗水量快速降低，到灌浆—成熟期降为 2.38～3.25mm/d（表 3.22）。可见，在春玉米任一生长阶段受到水分胁迫，都会降低该阶段的耗水量和日耗水量，受旱越重，其阶段耗水量和日耗水量越小，前一阶段的受旱还会对以后生育阶段的耗水产生一定的后效性影响。

表 3.22　内蒙古达拉特旗春玉米不同干旱处理下的耗水量、日耗水量与耗水模系数（2002 年）

处　理	项　目	生　育　阶　段				全生育期
		苗期	拔节期	抽雄—吐丝期	灌浆—成熟期	
适宜水分	阶段耗水量/mm	157.30	169.50	99.30	159.20	585.30
	日耗水量/(mm/d)	3.50	5.65	6.21	3.25	4.21
	模系数/%	26.88	28.96	16.97	27.20	100
苗期轻旱	阶段耗水量/mm	146.70	162.90	90.50	141.30	541.40
	日耗水量/(mm/d)	3.26	5.43	5.65	2.83	3.89
	模系数/%	27.10	30.09	16.72	26.10	100
苗期重旱	阶段耗水量/mm	136.30	163.20	88.70	137.10	525.30
	日耗水量/(mm/d)	3.03	5.44	5.54	2.74	3.78
	模系数/%	25.95	31.07	16.89	26.10	100
拔节期轻旱	阶段耗水量/mm	156.60	162.60	88.80	141.80	549.80
	日耗水量/(mm/d)	3.48	5.42	5.55	2.84	3.96
	模系数/%	28.48	29.57	16.15	25.79	100
拔节期重旱	阶段耗水量/mm	155.80	154.40	88.10	134.50	532.80
	日耗水量/(mm/d)	3.46	5.15	5.50	2.69	3.83
	模系数/%	29.24	28.98	16.54	25.24	100
抽雄—吐丝期轻旱	阶段耗水量/mm	156.40	168.10	86.50	152.60	563.60
	日耗水量/(mm/d)	3.48	5.60	5.41	3.05	4.06
	模系数/%	27.75	29.83	15.35	27.08	100

处　理	项　目	生　育　阶　段				全生育期
		苗期	拔节期	抽雄—吐丝期	灌浆—成熟期	
抽雄—吐丝期 重旱	阶段耗水量/mm	156.10	168.50	81.50	142.00	548.10
	日耗水量/(mm/d)	3.47	5.62	5.09	2.84	3.94
	模系数/%	28.48	30.74	14.87	25.91	100
灌浆—成熟期 轻旱	阶段耗水量/mm	155.50	168.40	95.90	130.90	550.70
	日耗水量/(mm/d)	3.46	5.61	6.00	2.62	3.96
	模系数/%	28.24	30.58	17.41	23.77	100
灌浆—成熟期 重旱	阶段耗水量/mm	151.50	167.50	94.10	124.20	537.30
	日耗水量/(mm/d)	3.37	5.58	5.88	2.48	3.87
	模系数/%	28.20	31.17	17.51	23.12	100
连续轻旱	阶段耗水量/mm	152.10	160.10	86.10	119.00	517.30
	日耗水量/(mm/d)	3.38	5.34	5.38	2.38	3.72
	模系数/%	29.40	30.95	16.64	23.01	100

注　适宜水分处理各生育期土壤水分控制下限为 $65\%\sim70\%$（占田间持水量的百分数，下同）；轻旱、重旱的土壤水分下限控制标准分别为 $55\%\sim60\%$、$45\%\sim50\%$；连续轻旱处理各生育期的土壤水分控制下限均为 $55\%\sim60\%$。

对于甘肃武威地区的覆膜春玉米，在不同的灌溉制度下其耗水量为 $497.10\sim691.70$mm，灌溉定额的大小对耗水量的影响很大；在灌溉定额一定时，灌溉次数对阶段耗水量的影响要明显大于对全生育期耗水量的影响。此外，春玉米耗水量与灌水方式有关。2010 年，孟伟超[3]在甘肃武威进行的垄植春玉米常规沟灌（CFI）和隔沟交替沟灌（AFI）表明，在常规沟灌条件下，不同地面坡度处理的灌溉定额为 $3350\text{m}^3/\text{hm}^2$，玉米全生育期耗水量平均为 444.47mm，日耗水量为 3.22mm/d；隔沟交替灌处理中，不同地面坡度处理的灌溉定额为 $2435\text{m}^3/\text{hm}^2$，玉米全生育期耗水量平均为 342.10mm，日耗水量为 2.48mm/d（表 3.23）。其中，常规沟灌比隔沟交替沟灌多灌水 183.00mm，但总耗水仅高 102.40mm，说明在隔沟交替沟灌条件下，交替灌溉控制部分根区湿润和干燥明显刺激了根系吸收的补偿效应，增强其从土壤中吸收水分的能力。隔沟交替沟灌和常规沟灌日耗水量最大的阶段均在抽穗—灌浆期，分别为 2.90mm/d 和 4.18mm/d，主要原因是该期为玉米生长发育及干物质积累的重要阶段，大气温度较高，蒸发量大，故水分需求较大。吴迪的研究表明[4]，对于制种玉米隔沟交替沟灌 AFI-1、AFI-2 处理的平均耗水量分别为 352.90mm、352.00mm，常规沟灌 CFI-1、CFI-2 处理的平均耗水量分别为 424.60mm、365.40mm，小畦灌溉 BI 处理平均耗水量为 621.10mm（表 3.24）。制种玉米各个处理日耗水量最大的生育阶段都在灌浆期，常规沟灌（CFI-1、CFI-2）分别为 5.20mm/d、4.67mm/d；隔沟交替沟灌（AFI-1、AFI-2）分别为 5.04mm/d、4.76mm/d；小畦灌溉 BI 为 8.51mm/d。

表 3.23　甘肃武威不同沟灌模式覆膜春玉米各生育阶段的耗水量与日耗水量（2010 年）

处理	地面坡度	苗期 (5月1日—6月4日)		拔节期 (6月5日—7月16日)		抽穗—灌浆期 (7月17日—8月14日)		成熟期 (8月15日—9月15日)		全生育期 (5月1日—9月15日)	
		耗水量/mm	日耗水量/(mm/d)	耗水量/mm	日耗水量/(mm/d)	耗水量/mm	日耗水量/(mm/d)	耗水量/mm	日耗水量/(mm/d)	耗水量/mm	日耗水量/(mm/d)
CFI-1	1.5‰	81.80	2.34	105.90	2.52	119.50	4.12	124.00	3.88	431.20	3.12
CFI-2	2.0‰	89.70	2.56	112.60	2.68	117.80	4.06	129.30	4.04	449.40	3.26
CFI-3	3.0‰	96.50	2.76	119.70	2.85	126.10	4.35	110.50	3.45	452.80	3.28
AFI-1	1.5‰	82.60	2.36	90.30	2.15	84.70	2.92	88.90	2.78	346.50	2.51
AFI-2	2.0‰	82.70	2.36	99.50	2.37	83.30	2.87	79.30	2.48	344.80	2.50
AFI-3	3.0‰	76.20	2.18	89.30	2.13	84.00	2.90	85.50	2.67	335.00	2.43

表 3.24　甘肃武威不同灌水处理覆膜制种春玉米各生育期的耗水量（2012 年）

处理	苗期 (4月21日—6月9日)		拔节期 (6月10—29日)		抽穗期 (6月30日—8月4日)		灌浆期 (8月5—24日)		成熟期 (8月25日—9月20日)		全生育期 (4月21日—9月20日)	
	耗水量/mm	日耗水量/(mm/d)	耗水量/mm	日耗水量/(mm/d)	耗水量/mm	日耗水量/(mm/d)	耗水量/mm	日耗水量/(mm/d)	耗水量/mm	日耗水量/(mm/d)	耗水量/mm	日耗水量/(mm/d)
CFI-1	55.70	1.11	78.10	3.91	104.80	2.91	104.00	5.20	82.00	3.04	424.60	2.78
CFI-2	48.60	0.97	51.90	2.60	101.80	2.83	93.40	4.67	69.70	2.58	365.40	2.39
AFI-1	41.50	0.83	66.10	3.31	82.60	2.29	100.80	5.04	61.90	2.29	352.90	2.31
AFI-2	37.80	0.76	61.50	3.08	80.60	2.24	95.20	4.76	76.90	2.85	352.00	2.30
BI	78.50	1.57	98.80	4.94	154.40	4.29	170.20	8.51	119.20	4.41	621.10	4.06

注　其中 CFI-1 的灌溉定额为 $3250 m^3/hm^2$，CFI-2、AFI-1、AFI-2 的灌溉定额为 $2250 m^3/hm^2$，BI 为常规畦灌，其灌溉定额为 $4540 m^3/hm^2$。

在干旱少雨的新疆，目前通常采用膜下滴灌方式种植玉米，膜下滴灌玉米的耗水量大小与灌水定额和灌水次数有关。由表 3.25 可知，膜下滴灌玉米各处理全生育期耗水量与灌溉定额的大小有一定的关系，其耗水量随滴灌定额的增大而增大，不同处理中以 MDI-5 最大，MDI-1 最小，两者相差 175.0mm[5]。膜下滴灌玉米各处理的阶段耗水量均表现为生育前期少，中后期多的变化趋势。播种—拔节期，由于气温较低，植株幼小，生长发育较为缓慢，日耗水量、阶段耗水量均较小，耗水模系数平均仅为 14.34%；同时因灌水定额的差异，此阶段 MDI-3、MDI-4 和 MDI-5 的阶段耗水量和日耗水量明显高于 MDI-1 和 MDI-2。拔节—抽雄期，气温上升较快，玉米植株快速生长，日耗水量和阶段耗水量均增大，耗水模系数平均为 24.6%；此阶段各处理耗水量和日耗水量随灌溉定额的增大而增大，即 MDI-5＞MDI-4＞MDI-2＞MDI-3＞MDI-1。抽雄—灌浆期为玉米营养生长和生殖生长并进阶段，各处理的日耗水量均达到最大，但由于生育天数较短，此阶段各处理的耗水量与拔节—抽雄期相差不大，耗水模系数平均为 22.9%；各处理耗水量亦随灌溉定额的增大而增大，其中 MDI-5、MDI-4 和 MDI-3 间的差异不明显。进入灌浆—成熟期，各处理日耗水量均略有下降，但此生育阶段持续时间长，全生育期中此阶段耗水量最大，各处理耗水模系数平均达到了 38.2%，MDI-5 的日耗水量和阶段耗水量最大，分别为 4.10mm/d 和 211.80mm，其次是 MDI-4 和 MDI-3，MDI-2 的日耗水量和阶段耗水量最小。

表 3.25　新疆石河子膜下滴灌不同灌水处理玉米各生育期的耗水量、日耗水量与耗水模系数 （2010 年）

生育期	项　目	MDI-1	MDI-2	MDI-3	MDI-4	MDI-5
播种—拔节期	阶段耗水量/mm	46.6	47.0	91.4	87.0	87.4
	日耗水量/(mm/d)	1.3	1.4	3.1	2.9	2.9
	耗水模系数/%	11.7	10.5	17.9	16.3	15.3
拔节—抽雄期	阶段耗水量/mm	87.4	128.8	113.9	133.7	141.1
	日耗水量/(mm/d)	3.0	4.5	4.4	5.1	5.4
	耗水模系数/%	22.0	28.9	22.3	25.1	24.7
抽雄—灌浆期	阶段耗水量/mm	83.7	103.8	121.4	123.7	131.5
	日耗水量/(mm/d)	3.0	3.8	5.1	5.2	5.5
	耗水模系数/%	21.1	23.3	23.8	23.2	23.0
灌浆—成熟期	阶段耗水量/mm	179.1	166.2	183.9	188.5	211.8
	日耗水量/(mm/d)	2.9	2.6	3.5	3.6	4.1
	耗水模系数/%	45.1	37.3	36.0	35.4	37.0
合　计	总耗水量/mm	396.8	445.8	510.6	532.9	571.8

注　MDI-1、MDI-2、MDI-3、MDI-4、MDI-5 的滴灌定额分别为 2400m³/hm²、3000m³/hm²、3600m³/hm²、4200m³/hm² 和 4800m³/hm²。

　　由上述分析可以看出，不同地区的试验结果因品种、灌水处理、生育阶段的划分标准等的差异，造成春玉米生育期内不同地区的阶段耗水量、耗水模系数以及日耗水量具有一定的差异，生育期内耗水高峰的生育阶段亦不一致，但日耗水量的变化随玉米生育进程的推进具有相似的规律。

3.1.2.2　夏玉米需水量与耗水规律

1. 夏玉米需水量

　　夏玉米需水量与需水规律同样受土壤、气候、品种以及栽培措施等因素的影响。在河北栾城用称重式蒸渗仪进行的研究表明，从 1996 年到 2000 年，该地区夏玉米的平均需水量为 423.50mm，年份之间具有一定的差异（表 3.26）。图 3.15 显示的是夏玉米日需水量随生育期的变化，苗期平均日需水量在 2～4mm/d，7 月、8 月旺盛生长期间为 3～5mm/d，灌浆期降低到 3～4mm/d。

表 3.26　用大型蒸渗仪测定的夏玉米全生育期需水量 （河北栾城，1996—2000 年）

年份	1996	1997	1998	1999	2000	1996—2000 年平均
需水量/mm	434.2	448.9	396.4	431.8	406.0	423.5

　　在河南新乡进行的夏玉米试验结果表明，该地区夏玉米需水量为 323.00～384.00mm，播种—拔节期、灌浆—成熟期的阶段需水量均较大，为 86.20～135.20mm，需水模系数为 26.69%～35.36%；抽雄—灌浆期的需水量和需水模系数最小，分别为 65.00～65.30mm、17.01%～20.12%。不同年份日需水量的变化规律均为播种出苗后逐渐增加，到抽雄—灌浆期达到高峰，为 5.02～5.93mm/d，随后日需水量逐渐降低；受年际间气象因素的影响，夏玉米需水量年际间存在一定

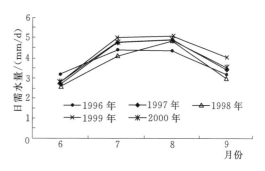

图 3.15　夏玉米生育期内各月平均日需水量（河北栾城）

的差异，2008 年的需水量最小，为 323.00mm，2009 年的最高，为 384.00mm（表 3.27）。

表 3.27　　　　　　　　　　河南新乡夏玉米的需水量、日需水量和模系数

年份	项　　目	生　育　阶　段				全生育期
		播种—拔节期	拔节—抽雄期	抽雄—灌浆期	灌浆—成熟期	
2007	需水量/mm	135.20	73.80	65.20	108.20	382.40
	日需水量/(mm/d)	3.14	4.92	5.93	3.28	3.98
	模系数/%	35.36	19.30	17.05	28.29	100
2008	需水量/mm	86.20	81.10	65.00	90.70	323.00
	日需水量/(mm/d)	2.46	4.05	5.42	2.67	3.20
	模系数/%	26.69	25.11	20.12	28.08	100
2009	需水量/mm	112.30	92.10	65.30	114.30	384.00
	日需水量/(mm/d)	3.40	4.39	5.02	3.27	3.77
	模系数/%	29.24	23.98	17.01	29.77	100

2. 夏玉米作物系数

　　在河北栾城用大型称重式蒸渗仪测得夏玉米在充分供水条件下的需水量（ET_c），参考作物需水量 ET_0 用联合国粮农组织推荐的 Penman - Monteith 公式计算，然后计算 1996—2000 年 5 个生长季夏玉米月平均作物系数 K_c，其结果见表 3.28。夏玉米整个生长季节 K_c 为 1.09，只有苗期的 K_c 低于 1.0，其他生长期均高于 1.0。2001 年在充分供水条件下的夏玉米观测结果与 5 年的平均值比较接近，这说明夏玉米需水量在该地区比较稳定。

　　由表 3.29 可以看出，河南新乡地区夏玉米作物系数在生育期内的变化规律与河北的相似，全生育期 K_c 为 0.90～1.05，播种—拔节期的 K_c 最小，均小于 1，随着生育期的进行，K_c 逐渐增大，到抽雄—灌浆期达到最大，为 1.22～1.30，拔节—抽雄期的次之，为 1.10～1.16，灌浆后 K_c 逐渐下降，拔节—抽雄期、抽雄—灌浆期两个阶段的 K_c 均大于 1，表明该阶段的需水强烈，是玉米的两个需水关键期。

表 3.28   河北栾城夏玉米生育期各月平均作物系数

年 份	项 目	6 月	7 月	8 月	9 月	全生育期
1996—2000	参考作物需水量 ET_0/(mm/d)	5.10	3.80	3.40	3.00	386.00
	作物需水量 ET_c/(mm/d)	3.00	4.70	4.70	3.50	422.00
	作物系数 K_c	0.59	1.24	1.38	1.17	1.09
2001	参考作物需水量 ET_0/(mm/d)	3.79	4.07	3.12	2.51	381.70
	作物需水量 ET_c/(mm/d)	2.28	4.66	5.52	3.19	454.20
	作物系数 K_c	0.60	1.14	1.77	1.27	1.19

注   6 月数据:1996—2000 年为 6 月 11—30 日的平均值,2001 年为 6 月 8—30 日的平均值;9 月数据:1996—2000 年为 9 月 1—20 日的平均值,2001 年为 9 月 1—27 日的平均值。

表 3.29   河南新乡夏玉米不同生育阶段的作物系数 K_c

年份	项 目	生 育 阶 段				全生育期
		播种—拔节期	拔节—抽雄期	抽雄—灌浆期	灌浆—成熟期	
2007	需水量 ET_c/mm	135.20	73.80	65.20	108.20	382.40
	ET_0/mm	136.30	63.70	50.80	112.30	363.10
	作物系数 K_c	0.99	1.16	1.28	0.96	1.05
2008	需水量 ET_c/mm	86.20	81.10	65.00	90.70	323.00
	ET_0/mm	122.90	73.60	53.30	108.40	358.20
	作物系数 K_c	0.70	1.10	1.22	0.84	0.90
2009	需水量 ET_c/mm	112.30	92.10	65.30	114.30	384.00
	ET_0/mm	153.60	81.70	50.20	108.00	393.50
	作物系数 K_c	0.73	1.13	1.30	1.06	0.98

3. 夏玉米蒸腾（T）和棵间土壤蒸发（E）及其影响因素

表 3.30 是在河北栾城用大型蒸渗仪和小型棵间土壤蒸发皿测得的夏玉米棵间土壤蒸发（E）和作物蒸腾（T）占需水量（ET）比例随生育期内不同月份的变化情况。由于受作物叶面积指数变化的影响,使到达地表的太阳辐射发生变化,加之不同时期气象因素的变化,会导致棵间土壤蒸发和植物蒸腾随着时间的变化而不同。1996 年,夏玉米整个生育期棵间土壤蒸发占需水量比例（E/ET）为 30.3%,在生长旺盛时期大约 80% 的需水量是作物蒸腾,在灌浆后期为 74%,而苗期 50% 以上是棵间土壤蒸发。同样,在 2001 年夏玉米整个生育期,作物蒸腾量占总需水量的 64.0%,而棵间土壤蒸发占总需水量的 36.0%。也就是说,夏玉米在整个生育期间有很大一部分为非生产性耗水,而其中大部分集中在 6 月。6 月叶片还没有封垄,主要以棵间土壤蒸发为主,E/ET 为 66.2%;7 月、8 月和 9 月叶面积不断增大,棵间土壤蒸发逐渐减少,植株蒸腾逐渐增加,E/ET 分别为 49.8%、22.1%、22.3%。棵间土壤蒸发占需水量的比值最大出现在 6 月,最小出现在 8 月、9 月,7 月的棵间土壤蒸发和作物蒸腾量所占比例与该月有无降雨及表层土壤湿润状况关系密切,有降雨时棵间土壤蒸发所占比例要大些,如 2001 年棵间土壤蒸发所占比例明显高于 1996 年（表 3.30）。

表 3.30　　　　　河北栾城夏玉米生育期各月棵间土壤蒸发和作物
蒸腾占需水量（ET）比例

年份	项　目	6 月 (10—30 日)	7 月	8 月	9 月 (1—20 日)	全生育期
1996	需水量 ET/mm	56.2	159.7	165.0	53.3	434.2
	T/ET/%	35.1	71.8	77.9	74.2	69.7
	E/ET/%	64.9	28.2	22.1	25.8	30.3

年份	项　目	6 月 (8—30 日)	7 月	8 月	9 月 (1—27 日)	全生育期
2001	需水量 ET/mm	52.4	144.5	171.2	86.1	454.2
	T/ET/%	33.8	50.2	77.9	77.8	64.0
	E/ET/%	66.2	49.8	22.1	22.3	36.0

由表 3.31 显示，河南新乡夏玉米播种—拔节期也以棵间土壤蒸发为主，棵间土壤蒸发占阶段需水量的 53.08%；玉米拔节以后，作物需水转向以蒸腾为主，E/ET 开始减小，至抽雄—灌浆期降至最低，为 16.06%，灌浆后随着夏玉米逐渐成熟，叶片开始衰老，叶面积指数减小，植株蒸腾减弱，E/ET 又呈上升趋势，其值为 27.25%，全生育期棵间土壤蒸发占需水量的 32.94%。

表 3.31　　　　河南新乡夏玉米各生育阶段的棵间土壤蒸发量及 E/ET（2007 年）

项　目	生育阶段				全生育期
	播种—拔节期	拔节—抽雄期	抽雄—灌浆期	灌浆—成熟期	
需水量 ET/mm	128.1	78.3	68.5	118.9	393.8
棵间土壤蒸发 E/mm	68.0	18.3	11.0	32.4	129.7
作物蒸腾 T/mm	60.1	60.0	57.5	86.5	264.1
E/ET/%	53.08	23.37	16.06	27.25	32.94

当土壤水分能够满足作物蒸腾需要时，棵间土壤蒸发占 ET 的比例主要受叶面积指数和土壤表面温度影响，图 3.16 显示夏玉米棵间土壤蒸发占 ET 比例随叶面积指数的变化，随着叶面积指数的快速增大，棵间土壤蒸发占 ET 比例则快速降低，两者之间的关系可用下面的关系式表示为

$$\left.\begin{array}{l} \dfrac{E}{ET}=1.12\mathrm{e}^{-0.34LAI} \\ R^2=0.895 \end{array}\right\} \tag{3.12}$$

式中：E、ET 分别表示棵间土壤蒸发和作物需水量，mm；LAI 为叶面积指数。

4. 夏玉米耗水规律

河南新乡的研究表明，夏玉米耗水量多少受干旱时期和干旱程度的影响，适宜水分处理的最高，为 384.00mm，全生育期连续轻旱的最低，为 256.10mm。从不同生育期干旱来看，苗期重旱处理的耗水量最低，为 258.10mm；播种—拔节期、拔节—抽雄期和灌浆—成熟期的阶段耗水量较大，其中灌浆—成熟期的最大，为 51.80～114.30mm，该阶

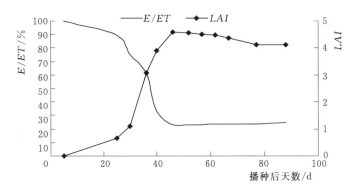

图 3.16 夏玉米叶面积指数（*LAI*）和棵间土壤蒸发占
需水量比例（*E/ET*）随播后天数的变化（河南新乡）

段的耗水量受干旱的影响最大，播种—拔节期的耗水量与之相当，抽雄—灌浆期的耗水量最小。耗水模系数以播种—拔节期的最大，为 23.56%～39.96%；灌浆—成熟期的耗水模系数次之，为 17.63%～29.77%；抽雄—灌浆期的最小，为 11.51%～19.60%。不同处理日耗水量的变化规律均为播种出苗后逐渐增加，到抽雄—灌浆期达到高峰，为 2.58～5.02mm/d，但抽雄期干旱的处理，其日耗水高峰出现在拔节—抽雄期，为 4.02～4.21mm/d，随后日耗水量逐渐降低；任何生育阶段受旱，其阶段耗水量和日耗水量均随干旱程度的加重而降低（表 3.32）。

表 3.32　　　　　　　不同干旱处理夏玉米生育期各阶段耗水量、
日耗水量和模系数（河南新乡，2009 年）

处 理	项 目	生 育 阶 段				全生育期
		播种—拔节期	拔节—抽雄期	抽雄—灌浆期	灌浆—成熟期	
适宜水分	阶段耗水量/mm	112.30	92.10	65.30	114.30	384.00
	日耗水量/(mm/d)	3.40	4.39	5.02	3.27	3.77
	模系数/%	29.24	23.98	17.01	29.77	100
苗期轻旱	阶段耗水量/mm	96.40	80.40	53.10	89.90	319.80
	日耗水量/(mm/d)	2.92	3.83	4.09	2.57	3.14
	模系数/%	30.14	25.14	16.60	28.11	100
苗期重旱	阶段耗水量/mm	60.80	72.70	50.60	74.00	258.10
	日耗水量/(mm/d)	1.84	3.46	3.89	2.11	2.53
	模系数/%	23.56	28.17	19.60	28.67	100
拔节期轻旱	阶段耗水量/mm	113.90	71.40	45.10	61.90	292.30
	日耗水量/(mm/d)	3.45	3.40	3.47	1.77	2.87
	模系数/%	38.97	24.43	15.43	21.18	100
拔节期重旱	阶段耗水量/mm	111.80	62.50	44.30	61.20	279.80
	日耗水量/(mm/d)	3.39	2.97	3.41	1.75	2.74
	模系数/%	39.96	22.34	15.83	21.87	100

续表

处　理	项　目	生　育　阶　段				全生育期
		播种—拔节期	拔节—抽雄期	抽雄—灌浆期	灌浆—成熟期	
抽雄期轻旱	阶段耗水量/mm	110.10	88.40	46.50	84.00	329.00
	日耗水量/(mm/d)	3.33	4.21	3.58	2.40	3.23
	模系数/%	33.47	26.87	14.13	25.53	100
抽雄期重旱	阶段耗水量/mm	109.70	84.40	33.60	64.10	291.80
	日耗水量/(mm/d)	3.32	4.02	2.58	1.83	2.86
	模系数/%	37.59	28.92	11.51	21.98	100
灌浆期轻旱	阶段耗水量/mm	107.60	88.00	60.70	64.60	320.90
	日耗水量/(mm/d)	3.26	4.19	4.67	1.84	3.15
	模系数/%	33.53	27.42	18.92	20.13	100
灌浆期重旱	阶段耗水量/mm	110.74	87.83	56.75	54.65	309.97
	日耗水量/(mm/d)	3.36	4.18	4.37	1.56	3.04
	模系数/%	35.73	28.34	18.31	17.63	100
全生育期轻旱	阶段耗水量/mm	93.90	64.80	45.60	51.80	256.10
	日耗水量/(mm/d)	2.85	3.09	3.51	1.48	2.51
	模系数/%	36.67	25.30	17.80	20.23	100

注　适宜水分处理各生育期土壤水分下限为 65%～70%（占田间持水量的百分数，下同）；轻旱、重旱的土壤水分下限控制分别为 60%、50%；全生育期轻旱处理播种—拔节期、灌浆—成熟期的土壤水分下限分别为 55% 和 50%，拔节—抽雄期、抽雄—灌浆期的土壤水分下限均为 60%。

夏玉米耗水量亦受灌水次数的影响，在灌水次数相同时，还受灌水时期的影响。在河南新乡控制试验条件下的研究结果（表 3.33）表明，夏玉米的阶段耗水量和全期耗水量随着灌水次数的减少亦呈减少的趋势，各年均是灌 4 水的耗水量最高，灌 2 水的耗水量最低；灌 3 水处理的耗水量为 248.60～318.20mm。同样是灌 3 水，灌水定额相同，由于灌水时期组合不同，夏玉米的耗水量都会出现较大的差异。由表 3.33 可以看出，凡是在 3 个连续生育阶段灌水的处理（拔节、抽雄、灌浆 3 水，苗期、拔节、抽雄 3 水），其耗水量均较高，只要中间哪个生育阶段不灌水，都会造成耗水量的降低，比如苗期、抽雄、灌浆 3 水和苗期、拔节、灌浆 3 水处理，其中灌水时期早的处理耗水量就大些；在灌 2 水的处理中，只要两个连续的生育阶段不灌水，就会导致其耗水量最低，比如苗期、灌浆 2 水的处理。灌水次数相同处理的耗水量在年际间存在差异，同样是灌 4 水，2009 年的耗水量最大，2008 年的最低，2007 年的只比 2008 年的略高些。

夏玉米耗水量还与种植密度有关，全生育期耗水量随种植密度的增加呈增加趋势。在河南开封的研究结果表明，郑单 958 夏玉米全生育期耗水量为 350.70～400.00mm，其耗水量随种植密度的增加而增加，低密度处理和高密度处理之间相差 49.30mm；夏玉米的阶段耗水量以拔节—抽雄期的最高，其次是吐丝—成熟期，分别占全生育期耗水量的 30.7%～31.9% 和 25.2%～26.9%；不同密度处理的阶段耗水量总体变化趋势一致，相差幅度不大（表 3.34）[6]。

表 3.33　　　　不同灌水次数对夏玉米生育期耗水量的影响（河南新乡）

年份	处　理	项　目	生　育　阶　段				全生长期
			播种—拔节期	拔节—抽雄期	抽雄—灌浆期	灌浆—成熟期	
2007	苗期、拔节、抽雄、灌浆 4 水	耗水量/mm	118.80	60.50	60.20	86.80	326.30
		日耗水量/(mm/d)	2.76	4.03	5.47	2.63	3.40
	苗期、拔节、抽雄 3 水	耗水量/mm	125.90	59.00	58.40	74.90	318.20
		日耗水量/(mm/d)	2.93	3.93	5.31	2.27	3.31
	苗期、拔节、灌浆 3 水	耗水量/mm	120.60	63.60	45.00	51.90	281.10
		日耗水量/(mm/d)	2.80	4.24	4.09	1.57	2.93
	苗期、拔节 2 水	耗水量/mm	118.40	60.90	36.90	27.60	243.80
		日耗水量/(mm/d)	2.75	4.06	3.35	0.84	2.54
2008	苗期、拔节、抽雄、灌浆 4 水	耗水量/mm	86.00	84.10	65.90	86.70	322.70
		日耗水量/(mm/d)	2.46	4.20	5.49	2.55	3.20
	苗期、拔节、抽雄 3 水	耗水量/mm	85.00	81.20	63.60	43.30	273.10
		日耗水量/(mm/d)	2.43	4.06	5.30	1.27	2.70
	苗期、拔节、灌浆 3 水	耗水量/mm	81.70	81.30	40.30	47.80	251.10
		日耗水量/(mm/d)	2.35	2.03	4.84	2.00	2.46
	苗期、抽雄、灌浆 3 水	耗水量/mm	82.10	40.50	58.10	67.90	248.60
		日耗水量/(mm/d)	2.33	4.06	3.36	1.41	2.49
2009	苗期、拔节、抽雄、灌浆 4 水	耗水量/mm	113.00	93.90	64.00	108.00	378.90
		日耗水量/(mm/d)	3.42	4.47	4.92	3.09	3.71
	拔节、抽雄、灌浆 3 水	耗水量/mm	84.90	85.60	58.60	86.60	315.70
		日耗水量/(mm/d)	2.57	4.07	4.51	2.47	3.09
	苗期、抽雄、灌浆 3 水	耗水量/mm	100.60	60.50	45.10	72.40	278.60
		日耗水量/(mm/d)	3.05	2.88	3.47	2.07	2.73
	苗期、拔节、灌浆 3 水	耗水量/mm	106.60	87.80	43.80	61.70	299.90
		日耗水量/(mm/d)	3.23	4.18	3.37	1.76	2.94
	苗期、拔节、抽雄 3 水	耗水量/mm	108.40	86.60	60.40	59.00	314.40
		日耗水量/(mm/d)	3.28	4.12	4.64	1.69	3.08
	苗期、拔节 2 水	耗水量/mm	106.70	94.80	36.80	46.40	284.70
		日耗水量/(mm/d)	3.23	4.52	2.83	1.33	2.79
	苗期、抽雄 2 水	耗水量/mm	104.80	63.40	46.80	77.60	292.60
		日耗水量/(mm/d)	3.17	3.02	3.60	2.22	2.87
	苗期、灌浆 2 水	耗水量/mm	107.70	46.70	31.10	53.80	239.30
		日耗水/(mm/d)	3.26	2.23	2.39	1.54	2.35

注　处理苗期、拔节、抽雄、灌浆 4 水是指在苗期、拔节期、抽雄期、灌浆期各灌 1 水共 4 水；苗期、灌浆 2 水表示在苗期、灌浆期各灌 1 水共 2 水，其他处理的含义与之相似。

表 3.34　　　　　不同种植密度处理夏玉米生育期各阶段的耗水量和
全生育期总耗水量（河南开封，2009 年）

种植密度/（株/hm²）	阶段耗水量/mm				全生育期耗水量/mm
	播种—拔节期	拔节—抽雄期	抽雄—吐丝期	吐丝—成熟期	
52500	92.9	107.8	56.2	93.8	350.7
60000	98.2	118.5	60.5	97.8	375.0
67500	94.6	120.9	68.4	95.6	379.5
75000	91.5	126.6	74.2	107.7	400.0

夏玉米耗水量还受覆盖材料及覆盖方式的影响。在河南新乡的试验结果表明，在不同的覆盖条件下，夏玉米的耗水量均随着土壤水分的降低而减少；在相同土壤水分处理下，地膜覆盖的耗水量最少，不覆盖处理的最高，秸秆覆盖的居中；不同处理夏玉米的日耗水量具有相似的变化规律，播种—拔节期的日耗水量最低，随着夏玉米生育进程的推进，日耗水量逐渐增高，到抽雄—灌浆期达到最大，随后随着叶面积指数的降低、天气变凉以及植株的衰老而逐渐降低（表 3.35）。

表 3.35　　　　　地面灌溉条件下不同覆盖处理夏玉米生育期
各阶段的耗水量（河南新乡，2007 年）

水分处理	覆盖处理	项　目	生　育　阶　段				全生育期
			播种—拔节期	拔节—抽雄期	抽雄—灌浆期	灌浆—成熟期	
75%	地膜覆盖	耗水量/mm	107.00	64.90	66.50	88.20	326.60
		日耗水量/(mm/d)	2.55	3.42	5.54	2.94	3.23
	秸秆覆盖	耗水量/mm	113.30	76.00	72.00	92.20	353.50
		日耗水量/(mm/d)	2.70	4.00	6.00	3.07	3.27
	不覆盖	耗水量/mm	128.10	78.30	68.50	118.90	393.80
		日耗水量/(mm/d)	3.05	4.12	5.71	3.40	3.65
65%	地膜覆盖	耗水量/mm	88.90	58.30	57.20	85.10	289.50
		日耗水量/(mm/d)	2.12	3.07	4.77	2.84	2.87
	秸秆覆盖	耗水量/mm	87.90	62.10	60.80	79.50	290.30
		日耗水量/(mm/d)	2.09	3.27	5.07	2.27	2.69
	不覆盖	耗水量/mm	102.40	65.80	67.40	109.30	344.90
		日耗水量/(mm/d)	2.44	3.46	5.62	3.42	3.19
55%	地膜覆盖	耗水量/mm	73.40	53.80	52.20	65.10	244.50
		日耗水量/(mm/d)	1.75	2.83	4.35	2.17	2.42
	秸秆覆盖	耗水量/mm	79.80	55.10	53.30	73.20	261.40
		日耗水量/(mm/d)	1.90	2.90	4.44	2.03	2.42
	不覆盖	耗水量/mm	89.20	59.10	56.50	84.70	289.50
		日耗水量/(mm/d)	2.12	3.11	4.70	2.65	2.68

注　75%、65%、55%为土壤水分控制下限（占田间持水量的百分数），秸秆覆盖处理的覆盖量为 7500kg/hm²。

雨养条件下，夏玉米的耗水量主要受生育期降水量多少的影响，同时也受秸秆覆盖量的影响。由表3.36[7]可以看出，2003年夏玉米的耗水量比2002年的高141.30～170.90mm，其耗水量高的原因是2003年夏玉米生长期间的降雨量为685.9mm，而2002年只有192.9mm。可见，在雨养条件下，降雨量的多少是影响耗水量的主要因素。夏玉米耗水量有随着覆盖量的增加而呈降低的趋势，覆盖量越大，总耗水量越小。T2、T3、T4、T5处理的两年平均总耗水量分别较对照（T1）减少约3.07%、5.81%、7.41%和10.58%。从阶段耗水量和模系数来看，两年的试验结果均是拔节—孕穗期的最大，抽雄—吐丝期的次之。从排序来看，两年的结果具有一定的差异，2002年为拔节—孕穗期＞抽雄—吐丝期＞苗期＞灌浆—成熟期，而2003年为拔节—孕穗期＞抽雄—吐丝期＞灌浆—成熟期＞苗期。

表3.36　　　　不同秸秆覆盖处理夏玉米各生育期耗水量与模系数（陕西杨凌）

年份	处理	项目	生育阶段				全生育期
			苗期	拔节—孕穗期	抽雄—吐丝期	灌浆—成熟期	
2002	T1	耗水量/mm	52.40	130.20	115.20	35.00	332.80
		模系数/%	15.75	39.12	34.62	10.52	100
	T2	耗水量/mm	47.90	122.00	108.80	33.90	312.60
		模系数/%	15.32	39.03	34.80	10.84	100
	T3	耗水量/mm	43.80	114.50	103.10	32.50	293.90
		模系数/%	14.90	38.96	35.08	11.06	100
	T4	耗水量/mm	43.50	113.10	101.40	31.30	289.30
		模系数/%	15.04	39.09	35.05	10.82	100
	T5	耗水量/mm	41.50	107.20	96.10	30.50	275.30
		模系数/%	15.07	38.94	34.91	11.08	100
2003	T1	耗水量/mm	92.60	150.40	136.90	94.20	474.10
		模系数/%	19.53	31.72	28.88	19.87	100
	T2	耗水量/mm	78.80	167.10	132.50	91.10	469.50
		模系数/%	16.78	35.59	28.22	19.40	100
	T3	耗水量/mm	80.00	158.60	136.00	91.50	466.10
		模系数/%	17.16	34.03	29.18	19.63	100
	T4	耗水量/mm	70.80	161.30	139.00	86.70	457.80
		模系数/%	15.47	35.23	30.36	18.94	100
	T5	耗水量/mm	62.70	162.40	128.90	92.20	446.20
		模系数/%	14.05	36.40	28.89	20.66	100

注　T1、T2、T3、T4、T5的覆盖量分别约为0kg/hm²、1030kg/hm²、2060kg/hm²、3090kg/hm²和4120kg/hm²。

3.1.3　棉花需水量与耗水规律

棉花属锦葵科棉属，是中国重要的经济作物之一，其种植面积居经济作物之首，约占经济作物播种面积的1/3。中国北方棉区主要包括：新疆、甘肃及河西走廊、河北长城以南、山东、河南、山西南部、陕西关中、甘肃陇南、北京和天津地区等。北方棉区分布广，气候、土壤、品种以及栽培条件差异很大，因而其需水量以及耗水规律在地区以及年际间具有一定的差异。

3.1.3.1　棉花需水量与作物系数

棉花各生育阶段的需水量及日需水量因植株的生长发育进程、群体结构以及气象条件的差异存在较大的不同。在河南新乡的春棉和夏棉试验结果表明，棉花苗期需水量最少，模系数为 6.10%～18.62%；蕾期需水量明显增加，模系数为 18.43%～20.31%；到花铃期需水量达到最大，模系数为 43.18%～63.87%；吐絮—成熟期的需水量变小，模系数降为 7.09%～17.88%。不同年份间棉花日需水量具有相似的变化规律，出苗后日需水量逐渐增加，到花铃期达到最大，为 4.14～5.02mm/d，此后逐渐降低。这种前期小、中期大、后期又小的需水规律是棉花自身生理需水与生态环境条件长期相适应的结果（表3.37）。由表 3.37 还可以看出，棉花因种植季节的不同，其需水量存在较大的差异，夏棉比春棉的生长季短，故其需水量比春棉的低。

作物系数 K_c 是估算作物需水量最基本的参数。由河南新乡试验结果计算的棉花 K_c 表明，棉花全生育期的 K_c 为 0.82～1.06，夏棉的全生育期 K_c 最高，为 1.06；春棉的 K_c 较低，为 0.82～0.85；棉花生育期内的 K_c 变化规律基本一致，苗期的 K_c 最小，为 0.20～0.59。随着棉花的生长发育以及气温的升高，K_c 逐渐增大，到花铃期（开花—吐絮期）达到最大，为 1.16～1.42，之后开始逐渐降低（表 3.37）。同一地区不同年际间棉花相同生育期 K_c 差异大的原因可能是降雨或灌水时间及灌水量的差异造成的。

表 3.37　棉花生育期各阶段的需水量、日需水量、模系数和作物系数（河南新乡）

年份	项　　目	生　育　阶　段				全生育期
		苗期	蕾期	花铃期	吐絮期	
1998	阶段需水量/mm	29.60	97.60	291.80	66.60	485.60
	日需水量/(mm/d)	0.59	3.61	4.36	1.67	2.64
	模系数/%	6.10	20.10	60.09	13.71	100
	作物系数 K_c	0.20	1.01	1.16	0.84	0.85
1999	阶段需水量/mm	51.70	89.90	311.50	34.60	487.70
	日需水量/(mm/d)	1.03	3.21	5.02	0.80	2.67
	模系数/%	10.60	18.43	63.87	7.09	100
	作物系数 K_c	0.27	1.05	1.20	0.64	0.82
2010	阶段需水量/mm	75.00	81.80	173.90	72.00	402.70
	日需水量/(mm/d)	3.13	3.56	4.14	1.76	3.10
	模系数/%	18.62	20.31	43.18	17.88	100
	作物系数 K_c	0.59	1.24	1.42	1.10	1.06

注　1998—1999 年为春棉，2010 年为夏棉。

3.1.3.2　棉花耗水规律

在河南新乡地区，棉花耗水量随着灌溉定额的增加而增大，在防雨棚隔绝降雨的条件下棉花耗水量为 352.20～526.90mm，1998—1999 年的试验结果差异不大，并且具有相同的耗水规律。棉花各生育阶段的耗水量不同，苗期耗水量最少，模系数为 5.56% ～ 13.69%，蕾期耗水量明显增加，模系数为 12.99% ～ 20.67%，到花铃期耗水量达到最大，模系数为 59.08% ～ 66.47%，吐絮—成熟期的耗水量变小，模系数降为 5.50% ～ 14.69%。不同处理的日耗水量呈现前期小、中期大、后期又小的变化规律，出苗后日耗水量逐渐增加，到花铃期达到最大，为 3.40 ～ 5.19mm/d，此后逐渐降低（表 3.38）。1997—1999 年在山西霍泉灌区李堡的大田试验也取得了类似的结果（表 3.39），阶段耗水量与模系数也同样反映出前期小、中期大、后期又小的变化规律，哪一个生育阶段灌水都会使该阶段的耗水量与模系数增大；不同年份之间相同的灌水处理耗水量差异较大，这是由降雨量的差异引起的，1998 年棉花的耗水量最大，1999 年的次之，1997 年的最小。由此可见，耗水量大小与土壤含水量高低有关，一般灌水量大或降雨多的年份，土壤含水量高，耗水量也就大；反之，灌水量小或降雨量少的年份，土壤含水量较低，耗水量一般较小。大田试验无防雨设施不能排除降雨的影响，阶段耗水量大小除与灌水量有关外，也与该阶段的降雨量关系很大，降雨越多，阶段耗水量就越大，模系数也越大。因此，在不同的年份，相同生育阶段的耗水量和模系数会发生相应的变化，呈现出一定的差异。

表 3.38　　　　　　不同灌溉处理棉花各生育阶段耗水量与模系数（河南新乡）

年份	处理	项　目	生　育　阶　段				全生育期
			苗期	蕾期	花铃期	吐絮—成熟期	
1998	40%ET	阶段耗水量/mm	29.00	58.90	228.10	36.20	352.20
		日耗水量/(mm/d)	0.58	2.36	3.40	0.79	1.82
		模系数/%	8.24	16.72	64.76	10.28	100
	55%ET	阶段耗水量/mm	35.70	51.20	256.80	50.60	394.30
		日耗水量/(mm/d)	0.72	2.05	3.83	1.26	2.03
		模系数/%	9.05	12.99	65.13	12.83	100
	70%ET	阶段耗水量/mm	29.90	86.20	272.20	55.80	444.10
		日耗水量/(mm/d)	0.60	3.45	4.06	1.40	2.29
		模系数/%	6.73	19.41	61.29	12.57	100
	85%ET	阶段耗水量/mm	29.30	108.90	311.30	77.40	526.90
		日耗水量/(mm/d)	0.59	4.04	4.65	1.94	2.72
		模系数/%	5.56	20.67	59.08	14.69	100
1999	40%ET	阶段耗水量/mm	47.50	59.50	215.90	34.20	357.10
		日耗水量/(mm/d)	0.95	2.13	3.48	0.80	1.84
		模系数/%	13.30	16.66	60.46	9.58	100
	55%ET	阶段耗水量/mm	54.70	64.70	249.30	30.90	399.60
		日耗水量/(mm/d)	1.09	2.31	4.02	0.72	2.06
		模系数/%	13.69	16.19	62.39	7.73	100
	70%ET	阶段耗水量/mm	53.70	73.20	300.90	24.90	452.70
		日耗水量/(mm/d)	1.07	2.61	4.85	0.58	2.33
		模系数/%	11.86	16.17	66.47	5.50	100

续表

年份	处理	项　目	苗期	蕾期	花铃期	吐絮—成熟期	全生育期
1999	85%ET	阶段耗水量/mm	49.70	106.70	322.10	44.20	522.70
		日耗水量/(mm/d)	0.99	3.81	5.19	1.03	2.69
		模系数/%	9.51	20.41	61.62	8.46	100

注　40%ET、55%ET、70%ET、85%ET 的灌溉定额分别为 210mm、278mm、345mm 和 428mm。

表 3.39　不同灌溉处理棉花各生育阶段耗水量与模系数（山西霍泉灌区）

年份	灌水时期	项　目	苗期	蕾期	花铃期	吐絮期	全生长期
1997	蕾期、花铃前期、花铃后期	阶段耗水量/mm	60.30	34.30	275.00	40.50	410.10
		模系数/%	14.70	8.36	67.06	9.88	100
	蕾期、花铃前期	阶段耗水量/mm	42.60	54.90	152.90	56.60	307.00
		模系数/%	13.88	17.88	49.80	18.44	100
	蕾期、花铃后期	阶段耗水量/mm	41.90	55.70	194.90	54.40	346.90
		模系数/%	12.08	16.06	56.18	15.68	100
1998	蕾期、花铃前期	阶段耗水量/mm	132.10	236.70	151.10	125.40	645.30
		模系数/%	20.47	36.68	23.42	19.43	100
	蕾期、花铃后期	阶段耗水量/mm	117.50	260.50	164.30	108.80	651.10
		模系数/%	18.05	40.01	25.23	16.71	100
	蕾期、花铃期	阶段耗水量/mm	127.70	222.90	168.70	107.30	626.60
		模系数/%	20.38	35.57	26.92	17.12	100
	蕾期	阶段耗水量/mm	102.70	249.40	162.80	48.10	563.00
		模系数/%	18.24	44.30	28.92	8.54	100
	吐絮初期	阶段耗水量/mm	111.60	218.50	146.70	94.70	571.50
		模系数/%	19.53	38.23	25.67	16.57	100
	不灌水	阶段耗水量/mm	141.70	167.10	170.90	48.10	527.80
		模系数/%	26.85	31.66	32.38	9.11	100
1999	蕾期、花铃期	阶段耗水量/mm	62.30	191.30	275.60	30.10	559.30
		模系数/%	11.14	34.20	49.28	5.38	100
	蕾期	阶段耗水量/mm	84.80	167.40	206.40	29.00	487.60
		模系数/%	17.39	34.33	42.33	5.95	100
	花铃期	阶段耗水量/mm	66.30	94.50	232.90	23.80	417.50
		模系数/%	15.88	22.64	55.78	5.70	100
	不灌水	阶段耗水量/mm	37.70	137.90	184.40	46.60	406.60
		模系数/%	9.27	33.92	45.35	11.46	100

中国农业科学院农田灌溉研究所于 2009 年 4—10 月和 2010 年 4—10 月分别在新疆生产建设兵团灌溉试验中心站和石河子大学节水灌溉试验站对膜下滴灌和地下滴灌的棉花耗水量进行了研究。其中 2009 年膜下滴灌试验设 3 个灌水水平，2 个灌水周期，共 7 个处理（表 3.40）；2010 年膜下滴灌和地下滴灌试验设 4 个灌水下限，7 个灌水水平，8 个处理（表 3.41），各处理重复 3 次，顺序排列。按照棉花的生长习性将棉花的生育期划分为苗期、蕾期、花铃期和吐絮期 4 个生育阶段，其中苗期和吐絮期不进行水分处理，为保证顺利出苗，播种后灌出苗水（不滴肥）45mm。

表 3.40　　　　　膜下滴灌试验设计（新疆生产建设兵团灌溉试验中心站，2009 年）

处理	蕾　期		花　铃　期	
	灌水周期/d	灌水定额/mm	灌水周期/d	灌水定额/mm
T1	7	22.5	7	37.5
T2	7	30.0	7	37.5
T3	10	22.5	7	37.5
T4	10	30.0	7	37.5
T5	10	30.0	7	30.0
T6	10	30.0	10	30.0
T7	10	30.0	10	37.5

表 3.41　　　　　膜下滴灌与地下滴灌试验设计（新疆石河子，2010 年）

处理	灌水控制下限/%		灌水定额/mm	
	蕾期	花铃期	蕾期	花铃期
T1	50	70	37.5	33.0
T2	60	70	30.0	33.0
T3	70	70	22.5	33.0
T4	80	70	15.0	33.0
T5	60	50	30.0	55.5
T6	60	60	30.0	45.0
T7	60	80	30.0	22.5
T8	80	80	15.0	22.5

注　灌水控制下限以棉田窄行 0～70cm 土壤含水量为依据；灌水控制下限为土壤含水率占田间持水率的百分比。

滴灌棉花两个生长季的耗水量结果（表 3.42～表 3.44）表明，滴灌棉花耗水过程与棉花需水过程相类似，在播种—出苗期棉田耗水主要为膜间裸土蒸发，耗水量最小；苗期由于植株矮小，叶片较少，植株蒸腾较小，棉田耗水较少；进入蕾期后棉花生长开始由营养生长向生殖生长过渡，棉株生长旺盛，棉田基本封行，棉花耗水快速增加；生殖和营养生长并进的花铃期处于棉花需水需肥关键期，棉花耗水最高，随后随着棉花的吐絮以及气温的回落棉田耗水逐渐减少。膜下滴灌棉花全生育期的耗水量和日耗水量分别为 373.50～514.90mm 和 2.17～3.16mm/d，棉花在苗期、蕾期、花铃期和吐絮期的耗水量分别占全生育耗水量的 17%～24%、13%～19%、42%～58% 和 5%～16%；地下滴灌棉花全生育期的耗水量和日耗水量分别为 471.40～539.90mm 和 2.89～3.31mm/d，棉花在苗期、蕾期、花铃期和吐絮期的耗水量分别占全生育耗水量的 21%～24%、13%～18%、43%～52% 和 10%～17%。

表 3.42 　　不同水分处理对膜下滴灌棉花耗水量的影响（新疆生产建设兵团灌溉试验中心站，2009 年）

处理	苗期（49d）5月2日—6月19日		蕾期（23d）6月20日—7月12日		花铃期（53d）7月13日—9月3日		吐絮期（47d）9月4日—10月20日		全生育期（172d）5月2日—10月20日	
	耗水量/mm	日耗水量/(mm/d)	耗水量/mm	日耗水量/(mm/d)	耗水量/mm	日耗水量/(mm/d)	耗水量/mm	日耗水量/(mm/d)	耗水量/mm	日耗水量/(mm/d)
T1	84.50	1.72	80.90	3.52	262.10	4.95	25.50	0.54	453.00	2.63
T2	86.90	1.77	92.80	4.03	282.80	5.34	36.80	0.78	499.30	2.90
T3	87.10	1.78	70.30	3.06	259.10	4.89	29.40	0.63	445.90	2.59
T4	87.00	1.78	76.50	3.33	260.30	4.91	26.70	0.57	450.50	2.62
T5	84.00	1.71	74.50	3.24	233.60	4.41	26.70	0.57	418.80	2.43
T6	85.10	1.74	70.40	3.06	199.30	3.76	18.80	0.40	373.50	2.17
T7	84.30	1.72	81.80	3.56	232.30	4.38	38.80	0.83	437.20	2.54

从表 3.42 还可以看到，膜下滴灌条件下不同时期、不同程度的水分胁迫均会对棉花耗水过程造成不同程度的影响，总的趋势为棉花的阶段耗水量、全生育期耗水量以及不同时期的日耗水量均随水分胁迫的加剧而降低。例如，全生育期充分供水处理 T2，全生育期耗水量和日耗水量在所有处理中均最高；与 T2 相比，蕾期水分胁迫处理 T1、T3 和 T4 蕾期耗水量分别降低了 11.90mm、22.50mm 和 16.30mm，花铃期水分胁迫处理 T5、T6 和 T7 花铃期耗水量分别降低了 49.20mm、83.60mm 和 50.50mm。

表 3.43 　　不同水分处理对膜下滴灌棉花耗水量的影响（新疆石河子，2010 年）

处理	苗期（48d）5月8日—6月24日		蕾期（20d）6月25日—7月14日		花铃期（51d）7月15日—9月3日		吐絮期（44d）9月4日—10月17日		全生育期（163d）5月8日—10月17日	
	耗水量/mm	日耗水量/(mm/d)	耗水量/mm	日耗水量/(mm/d)	耗水量/mm	日耗水量/(mm/d)	耗水量/mm	日耗水量/(mm/d)	耗水量/mm	日耗水量/(mm/d)
T1	104.80	2.18	63.20	3.16	235.70	4.62	72.10	1.64	475.80	2.92
T2	105.80	2.20	75.50	3.78	259.80	5.09	69.30	1.58	510.40	3.13
T3	106.20	2.21	84.90	4.25	245.60	4.82	69.30	1.58	506.00	3.10
T4	105.50	2.20	98.30	4.92	246.70	4.84	64.40	1.46	514.90	3.16
T5	105.60	2.20	73.30	3.67	184.50	3.62	69.20	1.57	432.60	2.65
T6	106.00	2.21	78.60	3.93	199.30	3.91	60.20	1.37	444.10	2.72
T7	105.30	2.19	84.30	4.22	266.50	5.23	48.90	1.11	505.00	3.10
T8	105.00	2.19	96.40	4.82	255.40	5.01	50.40	1.15	507.20	3.11

表 3.44　　不同水分处理对地下滴灌棉花耗水量的影响（新疆石河子，2010 年）

处理	苗期（48d）5月8日—6月24日		蕾期（20d）6月25日—7月14日		花铃期（51d）7月15日—9月3日		吐絮期（44d）9月4日—10月17日		全生育期（163d）5月8日—10月17日	
	耗水量/mm	日耗水量/(mm/d)	耗水量/mm	日耗水量/(mm/d)	耗水量/mm	日耗水量/(mm/d)	耗水量/mm	日耗水量/(mm/d)	耗水量/mm	日耗水量/(mm/d)
T1	113.90	2.37	67.00	3.35	253.80	4.98	81.10	1.84	515.80	3.16
T2	114.50	2.39	74.30	3.72	272.80	5.35	78.30	1.78	539.90	3.31
T3	114.70	2.39	82.30	4.12	263.30	5.16	78.30	1.78	538.60	3.30
T4	114.30	2.38	88.40	4.42	261.30	5.13	73.40	1.67	537.60	3.30
T5	114.30	2.38	75.10	3.76	203.80	4.00	78.20	1.78	471.40	2.89
T6	114.60	2.39	74.30	3.72	218.90	4.29	69.20	1.57	477.00	2.93
T7	114.20	2.38	79.40	3.97	277.90	5.45	58.00	1.32	529.50	3.25
T8	114.80	2.39	94.20	4.71	266.70	5.23	57.50	1.31	533.20	3.27

2010 年试验得出了与 2009 年试验相类似的结果，但棉花耗水过程略有不同，由于 2010 年种植时间较晚，所以棉花苗期相对有所推后，气温较高，棉籽的萌芽和棉苗生长相对较快，棉田土壤无效蒸发以及棉株蒸腾也相对较高，最终导致棉花苗期耗水量和日耗水量较高；进入花铃期后又遇到了低温和阴天的干扰，导致棉花花铃期耗水量和日耗水量小于正常年份。由表 3.43 和表 3.44 可以看出，水分处理对棉花耗水的影响不仅与水分胁迫程度和胁迫时间有关，而且受灌水方式的影响。膜下滴灌试验，与对照处理 T8 相比，蕾期水分胁迫花铃期正常供水的处理 T1、T2 和 T3，其蕾期耗水量分别降低了 33.20mm、20.90mm 和 11.50mm，全生育期耗水量 T1 和 T3 分别降低了 31.40mm 和 1.20mm，而 T2 处理增加了 3.20mm；蕾期正常供水花铃期水分胁迫的处理 T5 和 T6，其花铃期耗水量分别降低了 70.90mm 和 56.10mm，其全生育期耗水量分别降低了 74.60mm 和 63.10mm。而地下滴灌条件下，与处理 T8 相比，T1、T2 和 T3 蕾期耗水量分别降低了 27.20mm、19.90mm 和 11.90mm，全生育期耗水量 T1 降低了 17.40mm，而 T2 和 T3 的全生育期耗水量分别增加了 6.70mm 和 5.40mm；花铃期水分胁迫的 T5、T6 处理的花铃期耗水量分别降低了 62.90mm 和 47.80mm，全生育期耗水量分别降低了 61.80mm 和 56.20mm。试验结果表明，棉花蕾期阶段耗水量减小的程度随着水分胁迫的加剧而加剧，花铃期阶段耗水量也得到了相似的结论；与全生育期充分供水处理相比，蕾期水分胁迫花铃期正常供水处理的全生育期耗水量降低较小，甚至大于对照处理，而蕾期正常供水花铃期水分胁迫处理的全生育期耗水量比对照处理小得多；相同的水分胁迫发生在前期对棉花耗水量的影响小于发生在后期的影响；蕾期相同程度的水分胁迫对膜下滴灌棉花蕾期耗水量和全生育期耗水量的影响大于地下滴灌，花铃期相同水分胁迫的试验结果与蕾期结果相似。

耕作方式对棉花的耗水量具有明显影响。刘浩等[8]的研究结果显示，免耕和翻耕两种耕作方式下棉田棵间土壤蒸发量存在明显差异，免耕和翻耕处理在棉花整个生育期内日平均棵间土壤蒸发量分别为 1.26mm/d 和 1.58mm/d，免耕处理比翻耕处理显著减小了

20.3％。从表 3.45 中可以看出，除吐絮期外，免耕和翻耕方式对喷灌条件下麦后移栽夏棉各生育期阶段耗水量和日耗水量的影响无显著差异；而各生育期的耗水量与土壤含水量有关，亏缺灌溉处理的阶段耗水量和日耗水量均显著低于相应的适宜供水处理。与相同耕作方式的适宜供水处理相比，免耕亏缺灌溉和翻耕亏缺灌溉在全生育期的耗水量分别降低了 61.60mm 和 52.90mm。各处理棉花在整个生育期的耗水规律基本一致：日耗水量随着棉花生育进程的推移逐渐增大，到花铃期达到峰值，为 3.50～4.19mm/d，吐絮期又迅速减小，即耗水特性表现为前期小、中期大、后期减小的变化规律。

表 3.45　　不同耕作方式下麦后移栽夏棉各生育期的耗水量（河南新乡，2010 年）

处理	项　　目	苗期	蕾期	花铃期	吐絮期	全生育期
CT	阶段耗水量/mm	75.00	81.80	173.90	72.00	402.70
	日耗水量/(mm/d)	3.13	3.56	4.14	1.76	3.10
NT	阶段耗水量/mm	70.30	77.20	175.80	77.20	400.50
	日耗水量/(mm/d)	2.93	3.36	4.19	1.88	3.08
CS	阶段耗水量/mm	61.10	68.30	155.00	65.40	349.80
	日耗水量/(mm/d)	2.55	2.97	3.69	1.59	2.69
NS	阶段耗水量/mm	58.40	65.10	146.80	68.60	338.90
	日耗水量/(mm/d)	2.44	2.83	3.50	1.67	2.61

注　CT 代表翻耕适宜供水；NT 代表免耕适宜供水；CS 代表翻耕亏缺灌溉；NS 代表免耕亏缺灌溉。适宜供水的土壤水分控制下限为田持的 70％，亏缺灌溉的土壤水分控制下限为田持的 60％。

3.2　设施栽培作物的需水量与耗水规律

设施栽培也叫保护地栽培，它是在一定的设备条件下由人工控制环境条件进行科学管理的一种栽培方式。日光温室是目前中国东北、华北、西北等地冬春蔬菜生产的最重要的设施之一，它为反季节蔬菜的生产以及人民生活水平的改善提供了重要保障。近年来，通过日光温室栽培的作物越来越多，种植面积也呈增长趋势，由于不同作物的需水特性、生育期、生长季节以及栽培管理措施的差异，使得其需水量或耗水量在生育期内的变化有所不同。

3.2.1　温室番茄需水量与耗水规律

3.2.1.1　番茄需水量

番茄，又名西红柿，属茄科一年生草本植物。由于它具有适应性强、营养丰富、外观美丽、果菜兼用等特点，在我国种植比较普遍。番茄根系发达，吸收水肥能力强，耗水量较大，属半耐旱蔬菜。河南新乡的试验结果表明，温室滴灌番茄的需水量为 311.10～351.80mm，年际间的需水量具有一定的差异，但不同年份番茄的需水规律基本一致，结果—采收期的需水量及模系数最大，分别为 152.20～176.20mm 和 48.92％～50.09％，开花—坐果期的次之，苗期的最小。番茄日需水量随着生育进程的推进逐渐增加，从苗期到开花坐果期增加最快，随后增加较慢，到结果—采收期达到生育期中的最大值，为 3.17～4.19mm/d（表 3.46）。

表 3.46   河南新乡温室滴灌番茄的阶段需水量与日需水量

年份	苗期			开花—坐果期			结果—采收期			全生育期需水量/mm
	需水量/mm	日需水量/(mm/d)	模系数/%	需水量/mm	日需水量/(mm/d)	模系数/%	需水量/mm	日需水量/(mm/d)	模系数/%	
2008	57.20	1.50	18.39	101.70	2.99	32.69	152.20	3.17	48.92	311.10
2009	62.50	1.69	17.77	113.10	3.14	32.15	176.20	4.19	50.08	351.80

3.2.1.2 番茄耗水规律

河南新乡的试验结果显示，温室滴灌条件下番茄耗水量与生育期内的供水状况有很大的关系，不论是总耗水量还是阶段耗水量均随着土壤水分的提高呈增加的趋势，高水分处理的耗水量最大，为 329.20~356.90mm，受旱处理的全期耗水量、阶段耗水量和日耗水量都随着受旱程度的增加而下降；番茄在中期和后期土壤水分高的处理耗水量较大，在生育中期或后期重旱处理的耗水量都很小，为 255.80~283.70mm。不同年份的耗水量具有一定的差异，2009 年番茄的耗水量比 2008 年的高，但不同处理的耗水规律基本一致，结果—采收期的耗水量及模系数最大，分别为 99.40~200.80mm 和 38.86%~54.39%，开花—坐果期的次之，苗期的最小；在同一生育阶段因供水量的差异造成阶段耗水量和模系数有较大的差异，特别是在结果—采收期。番茄日耗水量随着生育进程的推进逐渐增加，从苗期到开花—坐果期增加最快，随后增加较慢，到结果—采收期达到生育期中的峰值，分别为 2.07~3.54mm/d（2008 年）和 2.91~4.78mm/d（2009 年）；在 2008 年结果—采收期干旱处理的日耗水高峰在开花—坐果期，为 2.82~2.85mm/d，而其他处理的日耗水高峰均在结果—采收期（表 3.47）。

表 3.47   河南新乡温室滴灌番茄不同处理的阶段耗水量与日耗水量

年份	处理	苗期			开花—坐果期			结果—采收期			全生育期耗水量/mm
		耗水量/mm	日耗水量/(mm/d)	模系数/%	耗水量/mm	日耗水量/(mm/d)	模系数/%	耗水量/mm	日耗水量/(mm/d)	模系数/%	
2008	T50-70-70	45.40	1.20	15.70	93.60	2.75	32.37	150.20	3.13	51.93	289.20
	T60-70-70	56.10	1.48	18.87	95.50	2.81	32.12	145.70	3.04	49.01	297.30
	T70-70-70	66.90	1.76	20.50	98.50	2.90	30.19	160.90	3.35	49.31	326.30
	T60-50-70	57.60	1.51	22.30	62.50	1.84	24.21	138.10	2.88	53.49	258.20
	T60-60-70	57.70	1.52	21.19	70.70	2.08	25.95	144.00	3.00	52.86	272.40
	T60-80-70	57.20	1.50	18.39	101.70	2.99	32.69	152.20	3.17	48.92	311.10
	T60-70-50	60.70	1.60	23.73	95.70	2.82	37.41	99.40	2.07	38.86	255.80
	T60-70-60	59.50	1.56	21.63	96.80	2.85	35.19	118.80	2.47	43.18	275.10
	T60-70-80	59.50	1.57	18.22	97.30	2.86	29.79	169.80	3.54	51.99	326.60
	T80-80-80	68.40	1.80	20.78	100.60	2.96	30.56	160.20	3.34	48.66	329.20
2009	T50-70-70	62.70	1.70	19.28	100.00	2.78	30.74	162.60	3.87	49.98	325.30
	T60-70-70	59.40	1.61	18.07	99.90	2.78	30.39	169.40	4.03	51.54	328.70
	T70-70-70	69.60	1.88	20.25	102.80	2.86	29.91	171.30	4.08	49.84	343.70

续表

年份	处　理	苗期			开花—坐果期			结果—采收期			全生育期耗水量/mm
		耗水量/mm	日耗水量/(mm/d)	模系数/%	耗水量/mm	日耗水量/(mm/d)	模系数/%	耗水量/mm	日耗水量/(mm/d)	模系数/%	
2009	T60-50-70	59.10	1.60	21.21	70.10	1.95	25.15	149.50	3.56	53.64	278.70
	T60-60-70	62.20	1.68	21.01	85.20	2.37	28.77	148.70	3.54	50.22	296.10
	T60-80-70	62.50	1.69	17.77	113.10	3.14	32.14	176.20	4.19	50.09	351.80
	T60-70-50	61.70	1.67	21.75	99.60	2.77	35.11	122.40	2.91	43.14	283.70
	T60-70-60	59.10	1.60	19.35	102.00	2.83	33.40	144.30	3.44	47.25	305.40
	T60-70-80	64.90	1.75	17.58	103.50	2.87	28.03	200.80	4.78	54.39	369.20
	T80-80-80	61.00	1.65	17.09	114.60	3.18	32.11	181.30	4.32	50.80	356.90

注　处理编号中的数字 50、60、70、80 表示土壤水分控制下限占田持的百分比，如 T60-70-70 表示前期、中期、后期 3 个时期的土壤水分控制下限分别为田持的 60%、70% 和 70%。

2008 年陈平[9]在甘肃武威市凉州区中国农业大学石羊河试验站对温室番茄垄沟覆膜沟灌的耗水规律进行了研究，由图 3.17 可以看出，各生育期番茄耗水量的大小顺序是：果实成熟期＞开花—坐果期＞苗期，然而果实成熟期重度水分亏缺 T5 处理在果实成熟期的耗水量小于开花—坐果期。水分亏缺对苗期耗水量影响较小，但对开花—坐果期和果实成熟期影响较大，开花—坐果期对照 T7（CK）处理的耗水量为 76.80mm，而水分亏缺的 T3 和 T4 处理分别为 53.60mm 和 60.30mm；在果实成熟期，T7（CK）处理的耗水量为 124.80mm，而水分亏缺的 T5 和 T6 分别为 68.00mm 和 101.00mm。同时水分亏缺大大降低了番茄的日耗水量，在开花期，T3、T4 和 T7（CK）处理日耗水量分别为 1.00mm/d、1.13mm/d 和 1.43mm/d；在果实成熟期，T5、T6 和 T7 处理日耗水量分别为 1.15mm/d、1.71mm/d 和 2.11mm/d。从总耗水量上来看，果实成熟期重度水分亏缺处理的 T5 总耗水量最小，为 183.10mm，对照处理 T7（CK）最大，为 246.30mm。这说明水分亏缺可以在一定程度上抑制作物的总耗水量和日耗水量，但不同生育期水分亏缺

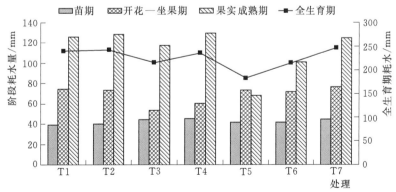

图 3.17　甘肃武威不同生育期水分亏缺条件下温室番茄垄沟覆膜沟灌的耗水规律

［注：图中 T7 为高水分处理（对照），以对照灌水量作为标准；T1 为苗期低水分处理（1/3 标准）；T2 为苗期中水分处理（2/3 标准）；T3 为开花—坐果期低水分处理（1/3 标准）；T4 为开花—坐果期中水分处理（2/3 标准）；T5 为果实成熟期低水分处理（1/3 标准）；T6 为果实成熟期中水分处理（2/3 标准）］

对其影响的程度各不相同。

刘军淇[10]于2008—2009年在甘肃武威市凉州区对温室番茄覆膜沟灌不同调亏处理的耗水规律进行了研究。由表3.48可知,番茄不同生育期耗水量顺序为:果实采摘后期＞果实采摘前期＞开花—坐果期＞苗期,但T5和T6处理果实采摘后期耗水量小于果实采摘前期耗水量,尤其T5处理更为明显,原因是这两个处理在果实采摘后期均存在水分亏缺且T5亏水程度最高;而T1和T2处理开花—坐果期耗水量小于苗期耗水量,尤其T1处理更为明显,这与T1和T2处理在开花—坐果期进行了亏水处理有关。在苗期不存在水分亏缺处理的情况下,水分亏缺处理的开花—坐果期、果实采摘前期和果实采摘后期的阶段耗水量均小于其他处理,其中果实采摘前期和果实采摘后期表现尤为显著。如开花—坐果期1/3标准灌水量的T1处理耗水量为39.8mm,2/3标准灌水量的T2处理耗水量为66.6mm,而对照处理T7同期耗水量为78.9mm;果实采摘前期1/3标准灌水量的T3处理耗水量为75.2mm,2/3标准灌水量的T4处理耗水量为136.0mm,而对照处理T7同期耗水量为185.6mm;果实采摘后期1/3标准灌水量的T5处理耗水量为114.6mm,2/3标准灌水量的T6处理耗水量为167.1mm,对照处理T7同期耗水量为230.7mm;水分亏缺明显导致了耗水量的下降。对于全生育期而言,果实采摘前期亏水程度较大的T3处理耗水量最小为444.7mm,充分灌水的对照处理T7耗水量最大为562.3mm。

表3.48 不同水分亏缺条件下覆膜沟灌番茄各阶段耗水量和日耗水量

处理	苗期		开花—坐果期		果实采摘前期		果实采摘后期		全生育期	
	耗水量/mm	日耗水量/(mm/d)	耗水量/mm	日耗水量/(mm/d)	耗水量/mm	日耗水量/(mm/d)	耗水量/mm	日耗水量/(mm/d)	耗水量/mm	日耗水量/(mm/d)
T1	68.8	1.5	39.8	0.7	180.1	2.0	209.9	2.4	498.6	1.8
T2	67.9	1.5	66.6	1.1	188.0	2.1	216.5	2.2	539.0	1.9
T3	69.3	1.5	82.2	1.4	75.2	0.8	218.0	2.5	444.7	1.6
T4	71.2	1.6	80.1	1.3	136.0	1.5	224.9	2.6	512.2	1.8
T5	68.1	1.5	84.2	1.4	183.0	2.0	114.6	1.3	449.9	1.6
T6	69.8	1.5	83.3	1.4	181.4	2.0	167.1	1.9	501.6	1.8
T7(CK)	67.1	1.5	78.9	1.3	185.6	2.0	230.7	2.7	562.3	2.0

注 T7为高水分处理(对照),以对照的灌水量作为标准;T1为开花—坐果期低水分处理(1/3标准);T2为开花—坐果期中水分处理(2/3标准);T3为果实采摘前期低水分处理(1/3标准);T4为果实采摘前期中水分处理(2/3标准);T5为果实采摘后期低水分处理(1/3标准);T6为果实采摘后期中水分处理(2/3标准)。

2011—2012年秋冬茬不同种植密度下的温室番茄各个生育期耗水量顺序与2010—2011年冬春茬顺序相同。不同密度处理在苗期、开花—坐果期、果实成熟与采摘期的阶段耗水量分别为38.6～47.3mm、62.5～68.3mm和74.4～78.6mm,日耗水量为1.33～1.63mm/d、0.99～1.08mm/d和1.26～1.33mm/d,耗水模系数分别为21.12%～24.40%、34.37%～37.06%和40.47%～42.39%。耗水量和日耗水量同样随着种植密度的增加而增大。全生育期各处理的耗水量也存在显著性差异,HD处理比LD处理的耗水量高出18.7mm,增幅为10.66%;全生育期的平均日耗水量为1.23mm/d(表3.49)[11]。

表 3.49　　　　　　　不同种植密度下的温室膜下沟灌番茄各阶段耗水量和日耗水量

生长季	处理	苗期		开花—坐果期		果实成熟与采摘期		全生育期	
		耗水量/mm	日耗水量/(mm/d)	耗水量/mm	日耗水量/(mm/d)	耗水量/mm	日耗水量/(mm/d)	耗水量/mm	日耗水量/(mm/d)
2010—2011年冬春茬	LD	19.0b	0.6	90.4	1.25	294.9c	3.15	404.3d	2.08
	RLD	21.4ab	0.63	94.1	1.28	296.7c	3.17	412.2c	2.10
	MD	23.1ab	0.70	97.5	1.30	303.8b	3.20	424.4b	2.14
	RHD	23.8a	0.68	98.6	1.31	304.8b	3.24	427.2b	2.16
	HD	23.4a	0.66	98.5	1.36	315.0a	3.27	436.9a	2.19
2011—2012年秋冬茬	LD	38.6b	1.33	62.5	0.99	74.4d	1.26	175.5d	1.16
	RLD	38.7b	1.33	67.9	1.08	76.6c	1.30	183.2c	1.21
	MD	45.5a	1.57	64.1	1.02	76.9bc	1.30	186.5bc	1.24
	RHD	45.9a	1.58	66.4	1.05	76.7b	1.30	189.0b	1.25
	HD	47.3a	1.63	68.3	1.08	78.6a	1.33	194.2a	1.29

注　LD、RLD、MD、RHD、HD 的密度分别为 31056 株/hm²、37257 株/hm²、43478 株/hm²、49689 株/hm² 和 55901 株/hm²；a、b、c、d 表示在 $P=0.05$ 水平下的显著性差异。

综合两个生长周期分析可知：除开花—坐果期外，LD 和 HD 处理的耗水量均有显著性差异。番茄全生育期耗水量随着种植密度的增加而增加，两个生长周期的温室番茄耗水量在 LD 和 HD 处理间相差最大，分别为 32.6mm 和 18.7mm；不同生育期，两个生长周期内不同种植密度番茄耗水量最大相差分别为果实成熟期的 20.1mm 和苗期的 8.7mm。因为生育期的长短和所处季节不同所致，使得 2011—2012 年秋冬茬不同种植密度温室番茄全生育期耗水量仅为 2010—2011 年冬春茬的 43.4%～44.4%[11]。

3.2.2　茄子需水量与耗水规律

茄子属茄科类蔬菜，为一年生草本植物。茄子生长适温为 20～30℃，需水需肥较多，是我国主要的蔬菜种类之一，在生产中占有重要地位，其栽培面积远比番茄大。东北、华东、华南地区以栽培长茄为主，华北、西北地区以栽培圆茄为主。茄子分枝多，植株高大，叶片大而薄，蒸腾作用强，因此茄子喜水、怕旱，但也怕湿度过大，湿度大易导致病害发生。茄子需水量及耗水规律与其生长季节、生育期长短以及栽培管理措施密切相关。

3.2.2.1　茄子需水量

河南新乡的试验结果表明，2008—2009 年滴灌条件下温室茄子的需水量为 288.90～347.20mm，不同年份间的需水量有较大的差异，这可能与年份间的温室小气候及管理措施的差异有关。不同年份茄子的需水规律基本一致，需水量和模系数在苗期最小，随着生育期的进行逐渐增加，到结果—采收期需水量及模系数达到最大，分别为 131.50～171.20mm 和 45.52%～49.31%；茄子的日需水量也随着生育进程的推进逐渐增加，从苗期到开花—坐果期增加最快，从开花—坐果期到结果—采收期增加较慢，结果—采收期达到生育期中的最大值，为 3.13～4.39mm/d（表 3.50）。

表 3.50　　　　　　　　河南新乡温室滴灌茄子的阶段需水量与日需水量

年份	苗期			开花—坐果期			结果—采收期			全生育期需水量/mm
	需水量/mm	日需水量/(mm/d)	模系数/%	需水量/mm	日需水量/(mm/d)	模系数/%	需水量/mm	日需水量/(mm/d)	模系数/%	
2008	70.10	1.56	24.26	87.30	2.91	30.22	131.50	3.13	45.52	288.90
2009	57.50	1.85	16.56	118.50	4.09	34.13	171.20	4.39	49.31	347.20

3.2.2.2　茄子耗水规律

河南新乡 2008—2009 年的试验结果显示（表 3.51）温室滴灌条件下茄子耗水量与生育期内的供水状况有很大的关系，该地茄子耗水量为 247.80～356.60mm，耗水量的大小随着土壤水分的提高呈增加趋势，并且水分亏缺的时期不同对耗水量的影响亦不相同。高水分处理的耗水量最大，为 330.30～356.60mm，不同处理的耗水量都随着受旱程度的增加而下降；茄子在中期和后期高水分处理的耗水量较大，在生育中期或后期重旱处理的耗水量都很小，为 247.80～276.60mm。尽管不同年份不同处理的耗水量具有一定的差异，但其耗水规律基本一致，结果—采收期的耗水量及模系数最大，分别为 79.00～183.00mm 和 31.88%～53.68%，开花—坐果期的次之，苗期的最小；在同一生育阶段因供水量的差异造成耗水量和模系数有较大的差异，特别是在生育期长的结果—采收期。茄子日耗水量也随着生育进程的推进逐渐增加，从苗期到开花—坐果期增加最快，从开花—坐果期到结果—采收期增加较慢，结果—采收期达到生育期中的最大值，分别为 2008 年的 1.88～3.71mm/d 和 2009 年的 3.11～4.69mm/d，在结果—采收期受旱的处理，其日耗水高峰在开花—坐果期，而其他处理的日耗水高峰均在结果—采收期。

表 3.51　　　　　　河南新乡温室滴灌茄子不同处理的阶段耗水量与日耗水量

年份	处理	苗期			开花—坐果期			结果—采收期			总耗水量/mm
		耗水量/mm	日耗水量/(mm/d)	模系数/%	耗水量/mm	日耗水量/(mm/d)	模系数/%	耗水量/mm	日耗水量/(mm/d)	模系数/%	
2008	T50-70-70	55.90	1.24	18.50	96.30	3.21	31.86	150.00	3.57	49.64	302.20
	T60-70-70	62.50	1.39	21.02	94.20	3.14	31.69	140.60	3.35	47.29	297.30
	T70-70-70	71.70	1.59	24.27	90.30	3.01	30.57	133.40	3.17	45.16	295.40
	T80-70-70	75.60	1.68	24.35	92.60	3.09	29.82	142.30	3.39	45.83	310.50
	T70-50-70	75.70	1.68	28.36	66.40	2.21	24.88	124.80	2.97	46.76	266.90
	T70-60-70	74.30	1.65	26.96	73.50	2.45	26.67	127.80	3.04	46.37	275.60
	T70-80-70	70.10	1.56	24.26	87.30	2.91	30.22	131.50	3.13	45.52	288.90
	T70-70-50	72.10	1.60	29.10	96.70	3.22	39.02	79.00	1.88	31.88	247.80
	T70-70-60	74.90	1.66	28.31	89.50	2.98	33.82	100.20	2.39	37.87	264.60
	T70-70-80	74.40	1.65	23.18	94.30	3.14	29.37	152.30	3.63	47.45	321.00
	T80-80-80	76.80	1.71	23.25	97.80	3.26	29.61	155.70	3.71	47.14	330.30
2009	T50-70-70	43.10	1.39	14.84	97.50	3.36	33.56	149.90	3.84	51.60	290.50
	T60-70-70	50.00	1.61	16.66	99.10	3.42	33.02	151.00	3.87	50.32	300.10

续表

年份	处 理	苗期			开花—坐果期			结果—采收期			总耗水量 /mm
		耗水量 /mm	日耗水量 /(mm/d)	模系数 /%	耗水量 /mm	日耗水量 /(mm/d)	模系数 /%	耗水量 /mm	日耗水量 /(mm/d)	模系数 /%	
2009	T70-70-70	58.10	1.87	18.69	100.60	3.47	32.37	152.10	3.90	48.94	310.80
	T80-70-70	64.80	2.09	19.19	105.50	3.64	31.24	167.40	4.29	49.57	337.70
	T70-50-70	59.10	1.91	21.99	65.40	2.25	24.33	144.30	3.70	53.68	268.80
	T70-60-70	56.00	1.81	19.94	75.20	2.59	26.77	149.70	3.84	53.29	280.90
	T70-80-70	57.50	1.85	16.56	118.50	4.09	34.13	171.20	4.39	49.31	347.20
	T70-70-50	57.30	1.85	20.72	98.10	3.38	35.46	121.20	3.11	43.82	276.60
	T70-70-60	58.60	1.89	19.64	101.80	3.51	34.13	137.90	3.54	46.23	298.30
	T70-70-80	59.30	1.91	17.17	103.10	3.56	29.85	183.00	4.69	52.98	345.40
	T80-80-80	65.90	2.12	18.48	116.60	4.02	32.70	174.10	4.46	48.82	356.60

注　T50-70-70表示苗期、开花—坐果期、结果—采收期的土壤水分控制下限分别占田间持水量的50%、70%和70%，其余处理表示的含义与之相似。

王燕丛等[12]对温室滴灌茄子进行了调亏试验研究，也得到了相似的结果。温室青茄在苗期的耗水量最小，随着生育期的推进，阶段耗水量和耗水模系数逐渐增大，至成熟—采摘期达到最大值，各处理的阶段耗水量和耗水模系数分别为104.80~153.50mm和49.98%~64.12%。温室青茄的日耗水量也随着生育期的推进逐渐增大，到成熟—采摘期达到最大值。在调亏灌溉条件下，温室青茄的耗水量与亏水程度有较大相关性，总耗水量与阶段耗水量均随亏水程度增大而呈减小的趋势。与CK相比，苗期重度水分亏缺处理T1和轻度水分亏缺处理T2耗水分别减少9.55%和5.79%；开花—坐果期重度水分亏缺处理T3和轻度水分亏缺处理T4耗水分别减少10.00%和4.66%；成熟—采摘期重度亏水处理T5和轻度水分亏缺处理T6耗水分别减少21.17%和10.83%（表3.52）。

表3.52　河南新乡调亏灌溉条件下日光温室青茄的耗水量与耗水特征（2011年）

生育期	项 目	处 理						
		T1	T2	T3	T4	T5	T6	CK
苗期	阶段耗水量/mm	20.80	29.20	26.90	34.10	35.00	33.10	38.00
	日耗水量/(mm/d)	0.59	0.83	0.77	0.97	1.00	0.95	1.09
	耗水模系数/%	8.64	11.65	11.24	13.45	16.69	13.96	14.29
开花—坐果期	阶段耗水量/mm	66.40	68.50	59.00	66.80	69.90	67.80	75.60
	日耗水量/(mm/d)	2.37	2.45	2.11	2.39	2.50	2.42	2.70
	耗水模系数/%	27.60	27.34	24.64	26.34	33.33	28.58	28.42
成熟—采摘期	阶段耗水量/mm	153.40	152.90	153.50	152.70	104.80	136.30	152.40
	日耗水量/(mm/d)	3.41	3.40	3.41	3.39	2.33	3.03	3.39
	耗水模系数/%	63.76	61.01	64.12	60.21	49.98	57.46	57.29
全生育期	总耗水量/mm	240.60	250.60	239.40	253.60	209.70	237.20	266.00
	日耗水量/(mm/d)	2.23	2.32	2.22	2.35	1.94	2.20	2.46

注　T1、T2分别表示苗期重度亏水和轻度亏水；T3、T4分别表示开花—坐果期重度亏水和轻度亏水；T5、T6分别表示成熟—采摘期重度亏水和轻度亏水。不同生育期重度亏水和轻度亏水的灌水定额分别为对照处理CK的60%和80%；CK为适宜水分处理，即当计划湿润层（苗期为20cm，其他生育期均为40cm）内平均土壤含水率达到田间持水量的70%~75%时开始灌水。

3.2.3 辣椒需水量与耗水规律

辣椒，又称为番椒、海椒、辣子、辣角、秦椒等，是一种茄科辣椒属植物。辣椒对水分条件要求严格，它既不耐旱也不耐涝，喜欢比较干爽的气候条件。目前中国北方种植的辣椒主要分布在东北、华北，另外西北、内蒙古和新疆地区也有部分种植。

3.2.3.1 甜椒需水量与耗水规律

1. 甜椒需水量

甜椒主根不发达，各生育期对水分要求有所不同：幼苗期植株需水不多，如果土壤含水量过大，根系会发育不良，植株徒长纤弱；初花期植株生长量大，需水量随之增加，但土壤水分过会造成落花；结果和果实膨大期则需要充足的水分。

河南新乡温室滴灌试验研究表明，甜椒需水量在年际间也存在差异，其需水量为309.30~358.90mm；不同年份甜椒的需水规律基本一致，结果—采收期的需水量及模系数最大，分别为161.60~248.60mm 和 52.25%~69.27%，开花—坐果期的次之，苗期的最小；其日需水量也随着生育进程的推进逐渐增加，从苗期到开花—坐果期增加最快，从开花—坐果期到结果—采收期增加较慢，结果—采收期达到最大值，为 3.19~3.37mm/d（表3.53）。

表3.53　河南新乡温室滴灌甜椒的阶段需水量与日需水量

年份	苗期			开花—坐果期			结果—采收期			全生育期需水量/mm
	需水量/mm	日需水量/(mm/d)	模系数/%	需水量/mm	日需水量/(mm/d)	模系数/%	需水量/mm	日需水量/(mm/d)	模系数/%	
2003	38.90	2.29	10.84	71.40	3.10	19.89	248.60	3.19	69.27	358.90
2008	62.50	1.45	20.20	85.20	3.16	27.55	161.60	3.37	52.25	309.30

2. 甜椒耗水规律

河南新乡的研究结果显示，滴灌条件下温室甜椒的耗水量与不同生育阶段的水分亏缺状况密切相关，其耗水量随着土壤水分的提高呈增加趋势，并且水分亏缺的时期不同对耗水量的影响亦不相同。高水分处理的耗水量最大，为309.30~358.90mm，不同处理的耗水量都随着水分胁迫程度的增加而下降；甜椒在中期和后期高水分处理的耗水量较大，在生育中期重旱或后期受旱处理的耗水量都很小，为226.30~296.80mm。由于气候以及生育期的差异，不同年份甜椒的耗水量具有一定的差异，2003年甜椒高水分处理的耗水量比2008年的高49.60mm，但不同处理的耗水规律基本一致，结果—采收期的耗水量及模系数最大，分别为85.70~248.60mm 和 37.87%~73.32%，开花—坐果期的次之，苗期的最小。在同一生育阶段，供水量的差异会造成阶段耗水量和模系数有较大的差异，特别是在生育期长的结果—采收期。甜椒的日耗水量也随着生育进程的推进逐渐增加，从苗期到开花—坐果期增加最快，开花—坐果期到结果—采收期增加变缓，结果—采收期达到生育期中的最大值，分别为2003年的1.65~3.19mm/d和2008年的1.78~3.37mm/d；除结果—采收期受旱处理的日耗水高峰在开花—坐果期外，其他处理的日耗水高峰均在结果—采收期（表3.54）。

表 3.54　　　　　　　河南新乡温室滴灌不同处理的甜椒阶段耗水量与日耗水量

年份	处理	苗期			开花—坐果期			结果—采收期			总耗水量/mm
		耗水量/mm	日耗水量/(mm/d)	模系数/%	耗水量/mm	日耗水量/(mm/d)	模系数/%	耗水量/mm	日耗水量/(mm/d)	模系数/%	
2003	T70-80-80	38.90	2.29	10.84	71.40	3.10	19.89	248.60	3.19	69.27	358.90
	T60-80-70	31.20	1.84	9.15	65.60	2.85	19.24	244.20	3.13	71.61	341.00
	T50-80-70	28.50	1.68	8.80	57.90	2.52	17.88	237.40	3.04	73.32	323.80
	T70-70-80	36.40	2.23	11.31	55.40	2.02	17.21	230.10	2.72	71.48	321.90
	T70-60-70	38.60	2.14	12.17	49.70	2.41	15.67	228.90	2.95	72.16	317.20
	T70-50-70	37.90	2.27	12.77	46.40	2.16	15.63	212.50	2.94	71.60	296.80
	T70-80-60	39.90	2.35	13.04	70.90	3.08	23.18	195.10	2.50	63.78	305.90
	T70-80-60	37.30	2.19	14.38	69.70	3.03	26.87	152.40	1.95	58.75	259.40
	T70-80-50	36.50	2.15	15.61	68.50	2.98	29.30	128.80	1.65	55.09	233.80
2008	T80-80-80	62.50	1.45	20.20	85.20	3.16	27.55	161.60	3.37	52.25	309.30
	T70-70-60	55.90	1.30	22.50	83.30	3.09	33.54	109.20	2.27	43.96	248.40
	T70-70-50	56.80	1.32	25.10	83.80	3.10	37.03	85.70	1.78	37.87	226.30
	T70-70-60	55.60	1.29	19.10	84.20	3.12	28.92	151.30	3.15	51.98	291.10
	T50-70-70	44.30	1.03	17.48	73.70	2.73	29.08	135.40	2.82	53.44	253.40
	T80-70-70	64.70	1.50	21.73	82.70	3.07	27.78	150.30	3.13	50.49	297.70
	T60-80-70	50.10	1.17	18.70	78.30	2.90	29.23	139.50	2.91	52.07	267.90
	T70-50-70	55.70	1.29	22.84	66.40	2.46	27.24	121.70	2.54	49.92	243.80
	T70-80-70	54.40	1.27	19.44	85.30	3.16	30.48	140.20	2.92	50.08	279.90
	T70-70-70	56.10	1.30	20.45	77.20	2.86	28.14	141.00	2.94	51.41	274.30
	T70-60-70	55.50	1.29	21.43	70.50	2.61	27.22	133.00	2.77	51.35	259.00

注　T70-80-80 表示苗期、开花—坐果期、结果—采收期的土壤水分控制下限分别占田间持水量的 70%、80% 和 80%，其余处理表示的含义与之相似。

王若水[13]在甘肃省民勤县薛百乡日光温室膜下沟灌条件下，研究了不同阶段调亏对甜椒耗水规律的影响。结果表明，不同生育阶段的亏水对该阶段以及整个生育期的耗水量产生了明显的抑制作用，与对照（T1）相比，亏水处理的耗水量降低了 30%～38%；苗期亏水处理 T2 的耗水量最大，为 237.8mm，而盛果期亏水处理 T4 的耗水量最小，为192.68mm。各阶段的水分调亏明显降低了该阶段的耗水量，日耗水量较高的时期均出现在生育中后期，甜椒盛果期为日耗水量最大的阶段，而盛果后期的日耗水量最小（图 3.18）。

3.2.3.2　辣椒耗水规律

辣椒的耗水规律与甜椒极其相似。刘军淇[10]对温室辣椒覆膜沟灌和膜下滴灌两种灌水方式下的耗水规律进行了研究（表 3.55 和表 3.56）。由表 3.55 可知，沟灌辣椒不同生育期耗水量顺序为：果实采摘前期＞果实采摘后期＞开花—坐果期＞苗期，但 T3 处理果实采摘前期耗水量明显小于果实采摘后期耗水量，这是由于 T3 处理在果实采摘前期亏水程度较大的缘故；而 T1 和 T2 处理开花—坐果期耗水量小于苗期耗水量，这与 T1 和 T2

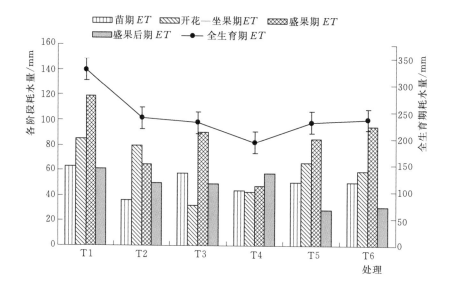

图 3.18 甘肃民勤温室膜下沟灌各调亏灌溉处理甜椒的耗水规律

[注：苗期、开花—坐果期、盛果期、盛果后期的适宜土壤水分控制范围分别为田持的
65%～90%、65%～90%、70%～90%、75%～90%，对照 T1 适宜水分处理，
T2、T3、T4 分别为苗期亏水处理（40%～60%）、开花—坐果期亏水处理
（40%～60%）、盛果期亏水处理（40%～60%），T5 和 T6 分别为盛果后期
轻度亏水处理（60%～80%）和重度亏水处理（40%～60%）]

处理在开花—坐果期进行了亏水处理有关。在苗期不存在水分亏缺的情况下，开花—坐果期、果实采摘前期和果实采摘后期进行水分亏缺处理的耗水量均小于其他处理，其中果实采摘前期和果实采摘后期表现尤为显著，这可能与果实采摘期果实大量形成造成需水量加大以及气温回升导致蒸发蒸腾量加大有关。其中，开花—坐果期重度亏水处理（T1）的

表 3.55 甘肃武威不同水分亏缺条件下沟灌辣椒各生育期耗水量和日耗水量

处理	苗期		开花—坐果期		果实采摘前期		果实采摘后期		全生育期	
	耗水量/mm	日耗水量/(mm/d)	耗水量/mm	日耗水量/(mm/d)	耗水量/mm	日耗水量/(mm/d)	耗水量/mm	日耗水量/(mm/d)	耗水量/mm	日耗水量/(mm/d)
T1	62.0	1.2	37.0	0.6	229.3	2.2	183.0	2.7	511.3	1.8
T2	67.4	1.3	52.5	0.9	220.8	2.1	193.4	2.9	534.1	1.9
T3	66.8	1.3	83.1	1.4	80.5	0.8	182.3	2.7	412.7	1.5
T4	69.2	1.3	85.8	1.5	154.8	1.5	185.2	2.8	495.0	1.8
T5	62.1	1.2	88.7	1.5	229.7	2.2	76.9	1.2	457.4	1.6
T6	70.7	1.4	86.8	1.5	226.5	2.2	140.9	2.1	524.9	1.9
T7	71.4	1.4	78.4	1.3	228.2	2.2	184.4	2.8	562.4	2.0

注 T7 为高水分处理（对照），以对照的灌水量作为标准；T1 为开花—坐果期低水分处理（1/3 标准）；T2 为开花—坐果期中水分处理（2/3 标准）；T3 为果实采摘前期低水分处理（1/3 标准）；T4 为果实采摘前期中水分处理（2/3标准）；T5 为果实采摘后期低水分处理（1/3 标准）；T6 为果实采摘后期中水分处理（2/3 标准）。

耗水量为 37.0mm，中度亏水处理（T2）的耗水量为 52.5mm，而对照处理（T7）同期耗水量为 78.4mm；果实采摘前期重度亏水处理（T3）的耗水量为 80.5mm，中度亏水处理（T4）的耗水量为 154.8mm，而对照处理（T7）同期耗水量为 228.2mm；果实采摘后期重度亏水处理（T5）的耗水量为 76.9mm，中度亏水处理（T6）的耗水量为 140.9mm，对照处理（T7）同期耗水量为 184.4mm；水分亏缺明显导致了耗水量的下降。对于全生育期而言，果实采摘前期亏水程度较大的 T3 处理耗水量最小，为 412.7mm，充分灌水的对照处理 T7 耗水量最大，为 562.4mm。

表 3.56　　甘肃武威不同水分亏缺条件下滴灌辣椒各生育期耗水量和日耗水量

处理	苗期		开花—坐果期		果实采摘前期		果实采摘后期		全生育期	
	耗水量 /mm	日耗水量 /(mm/d)	耗水量 /mm	日耗水量 /(mm/d)	耗水量 /mm	日耗水量 /(mm/d)	耗水量 /mm	日耗水量 /(mm/d)	耗水量 /mm	日耗水量 /(mm/d)
T1	77.5	1.5	17.5	0.3	126.5	1.2	102.0	1.5	323.5	1.1
T2	69.3	1.3	24.1	0.4	130.1	1.2	103.4	1.5	326.9	1.1
T3	71.5	1.4	36.2	0.6	73.3	0.7	109.7	1.6	290.7	1.0
T4	68.4	1.3	43.5	0.7	96.2	0.9	106.0	1.6	314.1	1.1
T5	62.8	1.2	42.7	0.7	134.2	1.3	54.4	0.8	294.1	1.0
T6	67.1	1.3	37.6	0.6	143.2	1.4	85.4	1.3	333.3	1.2
T7	79.5	1.5	37.1	0.6	131.9	1.3	113.2	1.7	361.7	1.3

注　T1、T2、T3、T4、T5、T6、T7 处理的含义与表 3.55 中的相同。

表 3.56 表明，滴灌辣椒不同生育期耗水量顺序与沟灌辣椒稍有不同，为果实采摘前期＞果实采摘后期＞苗期＞开花—坐果期，但 T3 和 T4 处理果实采摘前期耗水量小于果实采摘后期耗水量，尤其 T3 处理更为明显，这是由于这两个处理在果实采摘前期均进行了水分亏缺且 T3 亏水程度最大的缘故；与沟灌辣椒不同，滴灌辣椒开花—坐果期各处理耗水量均小于苗期，这是由于苗期未进行水分亏缺处理并且只存在缓苗水和定植水，其灌水量与开花—坐果期的滴灌灌水量相比明显偏大，这也是苗期各处理耗水量未存在明显差异的原因。而在进行了水分亏缺处理的开花—坐果期、果实采摘前期和果实采摘后期，水分亏缺处理的耗水量均小于其他处理，尤其是亏水程度较大的处理表现最为显著。其中，开花—坐果期 T1 处理耗水量为 17.5mm，T2 处理耗水量为 24.1mm，而对照处理 T7 同期耗水量为 37.1mm；果实采摘前期 T3 处理耗水量为 73.3mm，T4 处理耗水量为 96.2mm，而对照处理 T7 同期耗水量为 131.9mm；果实采摘后期 T5 处理耗水量为 54.4mm，T6 处理耗水量为 85.4mm，对照处理 T7 同期耗水量为 113.2mm；水分亏缺明显导致了阶段耗水量的下降。果实采摘前期亏水程度较大的 T3 处理全生育期耗水量最小为 290.7mm，充分灌水 T7 处理耗水量最大为 361.7mm。

对比沟灌和滴灌辣椒的日耗水量变化规律可知，除苗期以外，沟灌辣椒各处理在其他生育期的耗水量均明显大于滴灌辣椒，其中全生育期沟灌对照处理耗水量为 562.4mm，而滴灌对照处理为 361.7mm，相比沟灌而言，滴灌处理耗水量减少 30％ 以上，起到了显著的节水效果，而这既与灌水量的不同有关，也和两者的局部小气候差异（如相对湿度等）有关。

3.2.4 白菜需水量与耗水规律

3.2.4.1 白菜需水量

白菜原产于中国北方，俗称大白菜，属十字花科芸薹属一年生草本植物，在南北各地均有栽培。在河南新乡[14]的研究表明，温室白菜在地面灌条件下的全生育期需水量和日均需水量分别为214.0mm、2.14mm/d，白菜日需水量在生育期内呈降低趋势，苗期的最大，为2.81mm/d，莲坐期的略低些，在包心期迅速降为1.28mm/d；从需水模系数来看，莲坐期的模系数最大为41.50%，苗期次之，包心期最小，为25.70%（表3.57）。

表 3.57　　　　河南新乡日光温室畦灌条件下白菜不同生育阶段的需水量

项　　目	生　育　阶　段			全生育期
	苗期	莲坐期	包心期	
阶段需水量/mm	70.20	88.80	55.00	214.00
日需水量/(mm/d)	2.81	2.77	1.28	2.14
模系数/%	32.80	41.50	25.70	100

3.2.4.2 白菜棵间土壤蒸发量

刘浩等[14]在河南新乡研究了不同土壤水分下限对白菜耗水量及棵间土壤蒸发量的影响。由图3.19可知，3个水分处理的棵间土壤蒸发变化规律基本一致，在白菜生育期内棵间土壤蒸发主要分为3个阶段：第一个阶段为白菜播后0~31d，由于白菜生长处于生育前期（苗期），叶面积指数较小（$LAI<0.5$），因而土壤含水量和叶面积指数对棵间土壤蒸发的影响较小，棵间土壤蒸发主要受大气蒸发力的控制。随着白菜生育阶段的推移，第二个阶段（播后32~72d）每次灌水之后棵间土壤蒸发明显增大，而后随着表层土壤含水量的降低而逐渐减小，并且随着白菜叶面积指数的逐渐增大，表层土壤含水量对棵间土壤蒸发的影响越来越小。此期间棵间土壤蒸发不仅受大气因素的影响，而且受表层土壤含水量和叶面积指数的影响。第三个阶段为白菜播后73d至收获，白菜逐渐进入成熟阶段，由于太阳辐射和气温的降低，棵间土壤蒸发的变化趋于平缓。

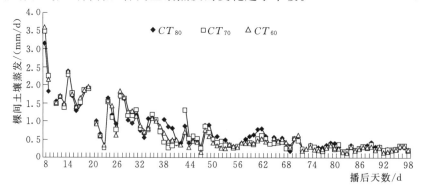

图 3.19　不同水分处理温室白菜生育期内棵间土壤蒸发的逐日变化过程

（注：CT_{80}、CT_{70}、CT_{60}表示土壤水分控制下限分别为田间持水量的80%、70%和60%的处理）

由表 3.58 可以看出，温室白菜棵间土壤蒸发 E 随着白菜生育期的推移呈减小的趋势，棵间土壤蒸发量占全生育期总耗水量的 39.57％～42.03％；受外界因素和白菜自身因素的影响，不同水分处理白菜棵间土壤蒸发在生育期内的变化规律一致，呈逐渐减小的趋势，苗期的 E/ET 最大，为 58.13％～59.06％，莲坐期次之，包心期的 E/ET 最小，为 26.37％～28.76％；不同水分处理间全生育期的 E/ET 差异不大，但低水分处理（CT_{60}）的最高，为 42.03％。采用普通地面畦灌的灌溉方式，温室白菜全生育期的总耗水量在 210mm 左右，其中约有 40％的耗水为棵间土壤蒸发量。在土壤充分供水和叶面积指数较小的条件下，温室白菜棵间土壤蒸发的大小主要受气象因素的影响，棵间土壤蒸发与辐射、气温和相对湿度等气象因子成指数关系，土壤蒸发与辐射和气温成正相关，与相对湿度成负相关。

表 3.58　　日光温室畦灌条件下白菜各生育期的耗水量及棵间土壤蒸发量（河南新乡，2006 年）

处理	项　目	生育阶段			全生育期
		苗期	莲坐期	包心期	
CT_{80}	阶段耗水量 ET/mm	70.20	88.80	55.00	214.00
	日耗水量/(mm/d)	2.81	2.77	1.28	2.14
	模系数/％	32.80	41.50	25.70	100
	棵间蒸发量 E/mm	40.81	28.51	15.82	85.14
	E/ET/％	58.13	32.11	28.76	39.79
CT_{70}	阶段耗水量 ET/mm	68.30	85.20	53.40	206.90
	日耗水量/(mm/d)	2.73	2.66	1.24	2.07
	模系数/％	33.01	41.18	25.81	100
	棵间蒸发量 E/mm	40.34	27.44	14.08	81.86
	E/ET/％	59.06	32.21	26.37	39.57
CT_{60}	阶段耗水量 ET/mm	70.20	74.10	49.60	193.90
	日耗水量/(mm/d)	2.81	2.32	1.15	1.94
	模系数/％	36.20	38.22	25.58	100
	棵间蒸发量 E/mm	41.05	26.49	13.95	81.49
	E/ET/％	58.48	35.75	28.13	42.03

注　CT_{80}、CT_{70}、CT_{60} 表示土壤水分控制下限分别为田间持水量的 80％、70％和 60％的处理。

3.2.4.3　白菜耗水规律

白菜耗水量与土壤水分状况密切相关[14]，高水分处理（CT_{80}）的耗水量最大，为 214.0mm，中水分处理（CT_{70}）的其次，低水分处理（CT_{60}）的最小，为 193.9mm。不同处理的耗水规律基本一致，日耗水量随着生育进程的推进呈现减少的趋势，从表 3.58 中可以看出，由于苗期没有进行水分处理试验，三个处理在此阶段的耗水量差异较小，日平均耗水量为 2.73～2.81mm/d，耗水模系数 32.80％～36.20％；进入莲坐期，此时白菜处于营养生长阶段，地上部分迅速生长，叶面积指数逐渐增大，但气温逐渐降低，日耗水量比苗期的低，为 2.32～2.77mm/d，不同处理间差异较大，模系数达到最大 38.22%～41.50%；当白菜进入包心期，随着气温和辐射降低，空气相对湿度升高，白菜的耗水量逐渐降低，三个处理该阶段日平均耗水量分别为 1.28mm/d、1.24mm/d、1.15mm/d，模系数分别为 25.70%、25.81% 和 25.58%。

3.2.5 萝卜需水量与耗水规律

3.2.5.1 萝卜需水量

萝卜为十字花科萝卜属的一年或两年生植物，起源于温带地区，为半耐寒性蔬菜，在中国各地均有栽培，品种极多，常见的有白萝卜、青萝卜、红萝卜、水萝卜和心里美等。在萝卜生长期中，如水分不足，不仅产量会降低，而且肉质根容易糠心、味苦、味辣、品质粗糙；如水分过多，则土壤透气性差，影响肉质根膨大，并易烂根；如水分供应不均，又常导致根部开裂，只有在土壤含水量为田间持水量的 65%～80% 的条件下，才易获得优质高产的产品。刘浩等[15]在河南新乡的研究结果表明，温室萝卜地面畦灌条件下的需水量为 234.6mm，日均需水量 2.35mm/d。日需水量随着生育进程的推进呈现减少的趋势，播种—定苗期日需水量最大，为 3.78mm/d，需水模系数 33.80%；定苗—肉质根膨大期地上部分迅速生长，叶面积指数逐渐增大，但气温逐渐降低，日需水量比播种—定苗期的低，为 2.93mm/d，模系数为 19.99%；肉质根膨大期随着气温的持续降低，日需水量也逐渐减少，为 2.40mm/d，模系数达到最大，为 42.03%；进入成熟期，随着气温和辐射的进一步降低，空气相对湿度升高，萝卜的日需水量和模系数均达到最小，分别为 0.45mm/d 和 4.18%（表 3.59）。

表 3.59　　不同水分处理温室地面灌萝卜的阶段需水量、日需水量与模系数

（河南新乡，2006 年）

生育期	播种—定苗期 （9 月 4 日— 9 月 24 日）	定苗—肉质根 膨大期 （9 月 25 日— 10 月 10 日）	肉质根膨大期 （10 月 11 日— 11 月 20 日）	成熟期 （11 月 21 日— 12 月 12 日）	全生育期 （9 月 4 日— 12 月 12 日）
阶段需水量/mm	79.30	46.90	98.60	9.80	234.60
日需水量/(mm/d)	3.78	2.93	2.40	0.45	2.35
模系数/%	33.80	19.99	42.03	4.18	100

3.2.5.2 萝卜棵间蒸发量

在地面畦灌条件下温室种植萝卜生育期内的棵间土壤蒸发同样分为三个阶段：第一个阶段为萝卜播后 0～29d，由于萝卜生长处于生育前期（苗期），叶面积指数较小（$LAI<0.5$），因而叶面积指数对棵间土壤蒸发的影响较小，棵间土壤蒸发主要受大气蒸发力和表层土壤含水量的影响。随着萝卜的生长发育，进入第二个阶段（播后 30～72d），每次灌水之后棵间土壤蒸发明显增大，而后随着表层土壤含水量的降低而逐渐减小。此期间萝卜叶面积指数逐渐增大，棵间土壤蒸发不仅受大气因素的影响，而且受表层土壤含水量和叶面积指数的影响。第三个阶段为萝卜播后 73d 至收获，萝卜逐渐进入成熟阶段，由于太阳辐射和气温的降低，棵间土壤蒸发的变化趋于平缓。纵观萝卜整个生育期，棵间土壤蒸发表现为前期大后期小，呈逐渐减小的趋势[15]（图 3.20）。

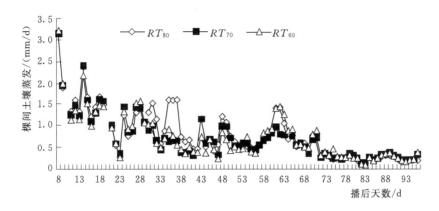

图 3.20　不同水分处理温室萝卜生育期内棵间土壤蒸发的逐日变化

(注：RT_{80}、RT_{70}、RT_{60} 表示土壤水分控制下限分别为田间持水量的 80%、70% 和 60%)

从表 3.60 中可以看出，由于定苗前没有进行水分处理，三个水分处理在此阶段的棵间土壤蒸发量和耗水量差异较小，阶段棵间土壤蒸发量占耗水量的比例（E/ET）为 46.73%～48.25%；定苗至肉质根膨大期萝卜地上部分迅速生长，叶面积指数逐渐增大，棵间土壤蒸发相应减少，不同处理的日平均棵间土壤蒸发量分别为 1.08mm/d、0.88mm/d 和 0.81mm/d，E/ET 分别为 36.82%、33.21% 和 37.62%，各处理的棵间土壤蒸发量

表 3.60　　　　　温室地面畦灌不同水分处理下萝卜的耗水量与棵间土壤蒸发量

(河南新乡，2006 年)

处理	项　目	播种—定苗期	定苗—肉质根膨大期	肉质根膨大期	成熟期	全生育期
RT_{80}	耗水量 ET/mm	79.30	46.90	98.60	9.80	234.60
	日耗水量/(mm/d)	3.78	2.93	2.40	0.45	2.35
	模系数/%	33.80	19.99	42.03	4.18	100
	棵间蒸发量 E/mm	38.26	17.27	28.63	6.08	90.24
	E/ET/%	48.25	36.82	29.04	62.04	38.47
RT_{70}	耗水量 ET/mm	79.40	42.40	83.20	7.70	212.70
	日耗水量/(mm/d)	3.78	2.65	2.03	0.35	2.13
	模系数/%	37.33	19.93	39.12	3.62	100
	棵间蒸发量 E/mm	37.10	14.08	25.82	5.28	82.28
	E/ET/%	46.73	33.21	31.03	68.57	38.68
RT_{60}	耗水量 ET/mm	78.10	34.50	69.00	8.40	190.00
	日耗水量/(mm/d)	3.72	2.16	1.68	0.38	1.90
	模系数/%	41.11	18.16	36.31	4.42	100
	棵间蒸发量 E/mm	36.63	12.98	23.78	5.84	79.23
	E/ET/%	46.90	37.62	34.46	69.52	41.70

注　RT_{80}、RT_{70}、RT_{60} 表示土壤水分控制下限分别为田间持水量的 80%、70% 和 60%。

占阶段耗水量的比例明显减小，直到肉质根膨大期 E/ET 降到最小，分别为 29.04％、31.03％和 34.46％；当萝卜进入成熟期后，叶片衰老变黄，辐射和气温降到全生育期最小，相对湿度达到全生育期最大，植株蒸腾受到限制，三个处理的 E/ET 分别上升至62.04％、68.57％和 69.52％。从全生育期来看，温室萝卜全生育期的总耗水量在 220mm左右，其中有 38％左右的耗水为棵间土壤蒸发量；棵间土壤蒸发量占耗水量的比例表现出前期大，中期逐渐减小，后期再增大的变化规律。在土壤充分供水和叶面积指数较小的条件下，土壤蒸发的大小主要受气象因素的影响，棵间土壤蒸发量与辐射、气温和相对湿度等气象因子呈指数函数关系，棵间土壤蒸发量与辐射和气温成正相关，与相对湿度成负相关。

3.2.5.3 萝卜耗水规律

温室萝卜耗水量与土壤水分状况密切相关，从表 3.60 可知，高水分处理（RT_{80}）的耗水量最大，为 234.6mm，中水分处理（RT_{70}）的次之，低水分处理（RT_{60}）的最小，为 190.0mm。不同水分处理的耗水规律基本一致，日耗水量随着生育进程的推进呈现减少的趋势，由于播种—定苗期各水分处理没有达到设定的下限，处理间的土壤水分差异不大，因此三个处理在此阶段的耗水量差异较小，日平均耗水量最大，为 3.72～3.78mm/d，耗水模系数为 33.80％～41.11％；定苗—肉质根膨大期地上部分迅速生长，叶面积指数逐渐增大，但气温逐渐降低，日耗水量比播种—定苗期的低，为 2.16～2.93mm/d，模系数为 18.16％～19.99％；肉质根膨大期随着气温的持续降低，日耗水量也逐渐减少，为1.68～2.40mm/d，模系数达到最大，为 36.31％～42.03％；进入成熟期，随着气温和辐射的进一步降低，空气相对湿度升高，萝卜的日耗水量和模系数达到最小，分别为 0.35～0.45mm/d 和 3.62％～4.42％。

3.3 果树需水量与耗水规律

中国是世界果树种植大国之一，果品达 50 余种，在中国北方主要以苹果、梨、桃、葡萄、红枣为主。由于果树是以收获果实为目的的多年生木本经济作物，兼具树木大、多年生和可获得经济效益的特征，因而果园的需水与耗水具有其特殊性。果树根系深、分布范围广，周年都在消耗水分，对其需水量与耗水规律的测定具有一定难度。目前国内有关果树需水量与耗水规律的研究较少，且资料不全面，已有的资料也只是一年中果树从春季发芽到果实采收完成这一段时间测定的结果。由于果树是多年生的，同一棵果树的需水量和耗水量与不同年份的气象条件、树龄和栽培管理措施有关，同一类果树的耗水量在地区间和年际间亦存在差异。

3.3.1 苹果树需水量与耗水规律

苹果，是中国的第一大果树，在中国北方地区的农业生产和果树种植中占有重要地位。陕西、山东、辽宁、河北、河南、山西、甘肃 7 省的苹果种植面积和产量分别占全国的 85％和 90％左右。苹果树的需水量与耗水规律在年生长季内存在明显的季节性变化，在地区间也存在差异性。

3.3.1.1　苹果树需水量

刘春伟[16]在甘肃武威中国农业大学石羊河试验站苹果园采用液流-微型蒸渗仪法与水量平衡法测定的需水量相近，两种方法测定的苹果树全生育期（萌芽—开花期至成熟—采收期）的需水量分别为 582.5～674.2mm 和 627.4～692.2mm（表 3.61）。

表 3.61　甘肃武威茎干液流法和水量平衡法测定的苹果树不同生育阶段的需水量

年份	生育期划分	起始日期	天数/d	生育期 ET/mm		日需水量 ET/(mm/d)	
				ET_{WB}	ET_{SF}	ET_{WB}	ET_{SF}
2008	萌芽—开花期	4 月 5 日—5 月 10 日	36	109.0	106.5	3.0	3.0
	展叶—幼果期	5 月 11 日—6 月 15 日	36	178.7	140.5	5.0	3.9
	果实膨大期	6 月 16 日—9 月 1 日	78	271.5	320.2	3.5	4.1
	成熟—采收期	9 月 2 日—10 月 1 日	30	94.5	99.2	3.1	3.3
	全生育期	4 月 5 日—10 月 1 日	180	653.7	666.4	3.7	3.7
2009	萌芽—开花期	4 月 5 日—5 月 7 日	33	109.4	93.2	3.3	2.8
	展叶—幼果期	5 月 8 日—6 月 13 日	37	179.3	174.2	4.8	4.7
	果实膨大期	6 月 14 日—8 月 22 日	70	311.0	290.3	4.4	4.1
	成熟—采收期	8 月 23 日—9 月 27 日	36	92.5	116.5	2.6	3.2
	全生育期	4 月 5 日—9 月 27 日	176	692.2	674.2	3.9	3.8
2010	萌芽—开花期	4 月 9 日—5 月 14 日	36	139.0	106.7	3.9	3.0
	展叶—幼果期	5 月 15 日—6 月 20 日	37	166.2	166.5	4.5	4.5
	果实膨大期	6 月 21 日—9 月 1 日	73	254.9	246.0	3.5	3.4
	成熟—采收期	9 月 2 日—9 月 28 日	27	66.8	63.3	2.5	2.3
	全生育期	4 月 9 日—9 月 28 日	173	627.4	582.5	3.6	3.4

注　ET_{WB} 为水量平衡法计算得到的需水量；ET_{SF} 为液流-微型蒸渗仪法测定得到的需水量。

由表 3.61 可以看出，2008 年期间，采用液流-微型蒸渗仪法测定得到的全生育期需水量（ET）值为 666.4mm，高于水量平衡法的 653.7mm；2009—2010 年，液流-微型蒸渗仪法比水量平衡法测定值低。两种方法不同生育阶段的日需水量以展叶—幼果期最高，果实膨大期次之。液流-微型蒸渗仪法和水量平衡法测定的日需水量分别为 3.4～3.8mm/d 和 3.6～3.9mm/d。显见，液流-微型蒸渗仪法和水量平衡法测定的苹果树需水量值比较接近，两者存在极显著线性相关关系，故在长时间尺度上利用液流-微型蒸渗仪法测定苹果树的需水量具有较高精度。

3.3.1.2　苹果树作物系数

基于水量平衡法测定的甘肃武威 4—9 月苹果树的需水量（ET_c）和参考作物需水量（ET_0）计算得到的作物系数 K_c 列于表 3.62 中。由表 3.62 可以看出，苹果树全生育期的 K_c 为 0.81～0.91，除 2008 年成熟—采收期外，不同生育阶段的 K_c 均小于等于 1，K_c 在生育期内呈波动性的变化，规律性不强；K_c 在年际间具有一定的差异，这可能与年际间的气象因素、苹果树的需水状况等密切相关。

表 3.62　　　甘肃武威水量平衡法测定的苹果树不同生育阶段的作物系数 K_c

年份	项　目	生　育　阶　段				全生育期
		萌芽—开花期	展叶—幼果期	果实膨大期	成熟—采收期	
2008	需水量 ET_c/mm	109.00	178.70	271.50	94.50	653.70
	ET_0/mm	145.44	187.03	383.19	91.92	807.58
	作物系数 K_c	0.75	0.96	0.71	1.03	0.81
2009	需水量 ET_c/mm	109.40	179.30	311.00	92.50	692.20
	ET_0/mm	143.15	179.40	329.85	108.57	760.97
	作物系数 K_c	0.76	1.00	0.94	0.85	0.91
2010	需水量 ET_c/mm	139.00	166.70	254.90	66.80	627.40
	ET_0/mm	140.49	179.06	353.72	73.67	746.94
	作物系数 K_c	0.99	0.93	0.72	0.91	0.84

3.3.1.3　苹果树耗水规律

2010 年关芳[17]在畦灌条件下对苹果树进行调亏灌溉的试验结果表明（图 3.21），亏水处理的苹果树全生育期耗水量要低于充分灌溉的苹果树，其中轻度亏水处理（果实膨大期 2/3ET，下同）T1、中度亏水处理（果实膨大期 1/2ET，下同）T4 较对照全生育期耗水量分别减少了 7.75% 和 10.71%。随着亏水程度的加重，苹果树全生育期耗水量降低的幅度增大。在灌水量相同的情况下，在果实膨大期推迟灌水时间也会对苹果树耗水量产生影响，轻度亏水处理中，延后灌水时间处理的全生育期耗水量与对照之间没有明显差异；而中度亏水处理中，延后 7d 和 15d 灌水时间的处理 T2 和 T6 的全生育期耗水量与对照相比分别提高了 8.89% 和 4.05%。不同处理果实膨大期的耗水量占全生育期耗水量的比例最高，最高达到 45.32%，这主要是由于果实膨大期持续的时间最长，同时该生育期也是果树生长最旺盛的时期，需水量较大。在果实膨大期相同灌水时间且不延后的情况下，不同亏水处理之间果实膨大期的耗水量大小表现为 T4＜T1＜CK，亏水程度越高，果实膨大期的耗水量越低；轻度亏水处理中，与 T1 相比，T5（灌水延后 7d）和 T3（灌水延后 15d）的果实膨大期耗水量分别降低了 6.57mm 和 33.59mm；中度亏水处理中，延后 7d 灌水时间的 T2 处理较 T4 的耗水量略有提高（图 3.21）。可见，在果实膨大期对灌水时间进行适当延后可以降低果树的耗水量。

2008 年康敏[18]在甘肃武威的试验亦表明，各阶段亏水处理均减少了苹果树的耗水量，开花—坐果期、幼果生长期、果实膨大期的中度亏水处理 T1、T3、T5 以及果实膨大期轻度亏水处理 T6 的耗水量均明显减小，实测对照（CK）、T1、T3、T5 和 T6 的耗水量分别为 667.7mm、568.5mm、499.4mm、538.4mm 和 586.6mm，T1、T3、T5 和 T6 处理耗水量与 CK 相比的减小幅度分别为 14.86%、25.21%、19.37% 和 12.15%；而开花—坐果期、幼果生长期和果实成熟期轻度亏水的 T2、T4、T8 处理的耗水量却减少不多（图 3.22）。成熟—采收期各处理耗水量较其他阶段明显减少，这是由于该阶段苹果树叶片逐渐老化，蒸腾作用明显降低，需水量减小所致。

3.3.2　枣树需水量与耗水规律

枣树为鼠李科枣属落叶乔木，小枝呈"之"字形弯曲。枣树的抗旱、耐湿、抗寒、抗

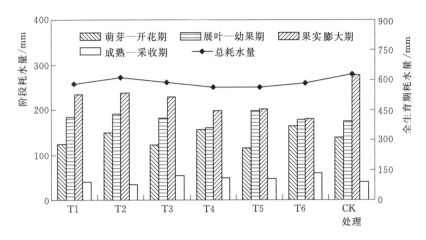

图 3.21　不同调亏灌溉处理下苹果树的耗水规律（甘肃武威，2010 年）

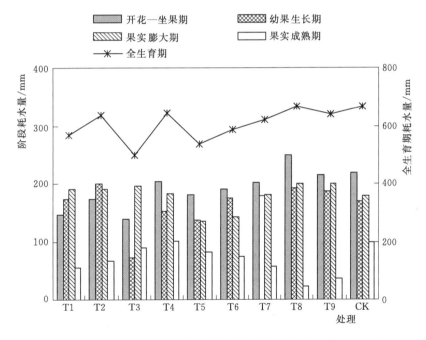

图 3.22　不同阶段调亏处理苹果树的耗水规律（甘肃武威，2008 年）

［注：CK 为充分灌水处理（对照），以对照生育期的灌水量 I 作为标准；T1 为开花—坐果期中度
亏水处理（0.5I）；T2 为开花—坐果期轻度亏水处理（0.75I）；T3 为幼果生长期中度亏水处理
（0.5I）；T4 为幼果生长期轻度亏水处理（0.75I）；T5 为果实膨大期中度亏水处理（0.5I）；
T6 为果实膨大期轻度亏水处理（0.75I）；T7 为果实成熟期中度亏水处理（0.5I）；T8 为
果实成熟期轻度亏水处理（0.75I）；T9 为果实成熟期重度亏水处理（不灌水）］

热性都很强，对土壤适应性也强，不论沙土、黏土、低洼盐碱地、山丘地均能适应，高山
区也能栽培。目前中国对枣树的需水量与耗水规律的研究相对较少。

梨枣原产于山西运城龙居乡东辛庄一带，栽培数量极少，为枣树中稀有的名贵鲜食品
种。自 1981 年开发培育，已推广到全国十几个省（自治区、直辖市）。以早实、丰产、果

实特大、皮薄肉厚、清香甜脆、风味独特等特点，受到人们的重视和消费者的欢迎。
2005—2007 年崔宁博[19]在陕西杨凌对梨枣树进行了调亏灌溉试验研究，由图 3.23 可知，

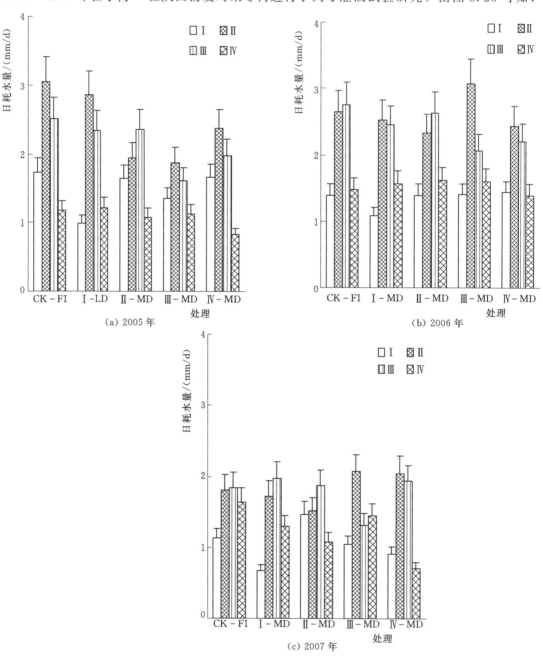

图 3.23　温室梨枣树全生育期耗水强度变化（陕西杨凌，2005—2007 年）
［注：I 为萌芽—展叶期（4 月初—5 月上旬）、II 为开花—坐果期（5 月中旬—6 月底）、
III 为果实膨大期（7 月初—8 月初）、IV 为果实成熟期（8 月中旬—9 月中旬）；CK-FI
为充分供水（灌水定额 90mm）；LD 为轻度亏水（灌水定额 60mm）；MD 为
中度亏水（灌水定额 45mm）；SD 为重度亏水（不灌水）］

不同生育期各亏水处理梨枣树耗水过程线均表现为单峰曲线，不同处理具有相似的耗水规律：萌芽—展叶期日耗水量较小，均为 0.7~1.5mm/d；进入开花—坐果期后随着新梢的发育，叶面积显著增加，同时温室内太阳辐射强度增大、气温升高，日耗水量迅速升至 1.5~3.0mm/d，果实膨大期梨枣树冠幅发育达到最大，梨枣树日耗水量为 1.3~2.8mm/d，8 月以后梨枣树进入果实成熟期，树体自身生理活性放缓，叶片也开始老化，同时温室内气温因遭遇频繁阴雨天气而降低，因而梨枣树日耗水量下降明显，为 0.7~1.6mm/d，果实采摘以后随着气温的降低日耗水量逐渐降到最低值。与对照相比，2005 年萌芽—展叶期至果实成熟期各亏水处理的梨枣树日耗水量分别降低 42.6％、36.5％、36.2％ 和 30.0％，2006 年分别降低 22.4％、12.2％、25.3％ 和 11.0％，2007 年分别降低 39.5％、15.7％、27.9％ 和 56.8％。由此表明，梨枣树耗水高峰期主要在开花—坐果期与果实膨大期，而各生育期亏水处理的梨枣树日耗水量明显低于对照的日耗水量。

表 3.63 表明，不同生育期亏水处理对梨枣树各生育期的耗水具有明显影响。亏水处

表 3.63　　　　不同生育期亏水处理对大田梨枣树耗水规律的影响

（陕西杨凌，2006—2007 年）

年份	处　理	生育期	耗水量 /mm	日耗水量 /(mm/d)	耗水模数 /%
2006	I-LD+IV-MD	I	58.5	1.95	13.29
		II	165.2	3.84	37.53
		III	162.0	4.38	36.80
		IV	54.5	1.43	12.38
		全生育期	440.2	2.97	100
	I-MD+IV-SD	I	76.5	2.55	18.12
		II	163.5	3.80	38.73
		III	160.0	4.32	37.91
		IV	22.1	0.58	5.24
		全生育期	422.1	2.85	100
2007	I-SD+IV-MD	I	7.0	0.22	1.42
		II	146.5	4.19	29.89
		III	199.3	4.75	40.66
		IV	137.4	3.62	28.03
		全生育期	490.2	3.33	100
	I-MD+IV-LD	I	58.8	1.84	10.44
		II	146.2	4.18	25.95
		III	202.6	4.83	35.97
		IV	155.7	4.10	27.64
		全生育期	563.3	3.83	100

　注　生育期划分（I、II、III、IV）和亏水处理（LD、MD、SD，其中带＋表示连续亏水）说明与图 3.23 一致。

理使得亏水时段的梨枣树耗水量明显低于对照，降低程度与水分亏缺度成正比。梨枣树全生育期内的阶段耗水量总体呈单峰趋势，同时，由于不同年份各生育期内降水与水分亏缺度的不同，使得两年间耗水量存在差异，2007 年的全期耗水量明显高于 2006 年；2006 年为果实膨大期≈开花—坐果期＞果实成熟期≈萌芽—展叶期，2007 年为果实膨大期＞开花—坐果期≈果实成熟期＞萌芽—展叶期。两年试验期间不同处理的梨枣树各生育期日耗水量、耗水模数与阶段耗水量的变化规律基本相似。2006 年、2007 年不同生育期最大日耗水量分别为 4.38mm/d、4.83mm/d。梨枣树耗水模数反映了不同生育期内耗水占全生育期耗水总量的比重。2006 年 Ⅱ 期与 Ⅲ 期的耗水模数为 37%～39%，2007 年为 26%～41%。

3.3.3 葡萄需水量与耗水规律

葡萄属于葡萄科多年生蔓生果树，是我国栽培最早、分布最广的果树之一，主要分布在东北、华北、西北和黄淮海地区。葡萄对土壤水分状况的要求较严格，在早春萌芽、新梢生长期、幼果膨大期均要求有充足的水分供应，土壤含水量为田间持水量的 70% 左右为宜，在浆果成熟期前后土壤含水量以 60% 左右较好。干旱缺水会造成葡萄植株生长发育不良、果形偏小、早期落叶和树势衰弱老化等，但雨量过多要注意及时排水，以免湿度过大影响浆果质量，还易发生病害。葡萄的需水量与耗水规律与地理位置、气候、土壤、田间栽培管理等因素有关。

2006 年，李思恩[20]在甘肃武威采用水量平衡法（WB）、涡度相关法（EC）和波文比-能量平衡法（BREB）对沟灌葡萄园耗水量（ET）进行了一个完整生长季的观测。观测结果见表 3.64。三种方法测定的全生育期总 ET（ET_{WB}、ET_{EC} 和 ET_{BREB}）分别为 325.1mm、341.9mm 和 319.9mm，即 BREB 高于 WB 5.17%，EC 低于 WB 1.60%，涡度相关和波文比测定的各生育期 ET 及总 ET 与水量平衡法测定的 ET 值均较接近，差异不到 10%。

表 3.64　　　　水量平衡法、涡度相关法和波文比-能量平衡法测定的
葡萄 ET（甘肃威武，2006 年）

生育期	时段	天数/d	累计 ET/mm			日平均 ET/(mm/d)		
			ET_{WB}	ET_{BREB}	ET_{EC}	ET_{WB}	ET_{BREB}	ET_{EC}
发芽期	4 月 30 日—5 月 8 日	9	12.6	9.5	8.7	1.40	1.06	0.97
抽穗—展叶期	5 月 9 日—6 月 10 日	33	70.0	60.6	79.2	2.12	1.84	2.40
花期	6 月 11 日—7 月 3 日	23	56.9	60.3	54.0	2.47	2.62	2.35
果实膨大期	7 月 4 日—8 月 10 日	38	94.7	108.8	85.2	2.49	2.86	2.24
成熟期	8 月 11 日—9 月 2 日	23	47.3	58.9	49.5	2.06	2.56	2.15
落叶期	9 月 3 日—10 月 7 日	35	43.6	43.8	43.3	1.25	1.25	1.24
全生育期	4 月 30 日—10 月 7 日	161	325.1	341.9	319.9	2.02	2.12	1.99

2010 年刘宝磊[21]对不同灌水方式下酿酒葡萄的耗水规律进行了研究。由表 3.65 可知，当地沟灌的总耗水量高达 499.98mm，而小管出流灌溉不同灌水模式下酿酒葡萄的耗水总量为 270.11～311.54mm，其中小管出流 100%ET 处理比当地沟灌节水达 38.5%；

各调亏灌溉模式下的总耗水量均随着水分亏缺程度的加重而减少，处理 T2 全生育期灌水量 198.90mm，而总耗水量也只有 270.11mm，均为各处理中的最小值。上述各处理耗水规律说明小管出流处理灌溉方式较当地沟灌在节约灌溉用水方面起到了明显的作用，而水分的亏缺程度减少了作物的水分消耗，亏缺程度越大，耗水量越小。

表 3.65　不同灌水模式下酿酒葡萄的阶段耗水量和总耗水量（甘肃武威，2010 年） 单位：mm

处理	萌芽期	新梢生长期	开花期	浆果生长期	浆果成熟期	落叶期	总耗水	灌水量
T1	31.40	32.80	28.60	150.30	50.20	14.10	307.40	260.10
T2	31.90	31.50	29.90	118.50	43.90	14.41	270.11	198.90
T3	31.10	28.20	28.40	157.70	47.30	18.84	311.54	252.50
T4	31.20	32.10	28.40	141.40	40.80	18.04	291.94	221.90
沟灌（CK）	53.00	108.50	48.30	185.20	80.20	24.78	499.98	414.70

注　T1、T2、T3、T4 为小管出流调亏灌溉，其水分处理分别为 100%ET、浆果生长期 50%ET、新梢生长期 75%ET、新梢生长期和浆果生长期 75%ET 处理；CK 为当地沟灌。

2012 年许彬[22]在甘肃武威的研究也表明，不同灌水方式下酿酒葡萄的耗水量差异明显，传统沟灌全生育期耗水量为 429.6mm，小管出流灌水方式下耗水量为 183.6～301.7mm，明显低于沟灌处理，说明小管出流灌溉方式较当地沟灌在节约灌溉用水方面起到了显著的作用，小管出流灌水方式下不同水分调亏处理也明显减少了葡萄的水分消耗，水分调亏程度越大，葡萄的耗水量越小（表 3.66，图 3.24）。

表 3.66　不同水分处理下酿酒葡萄耗水量 ET 变化规律

处理	W1	W2	W3	W4	W5	W6	W7	W8	W9	W10	CK
ET/mm	301.7	248.3	269.6	248.5	248.5	228.5	208.3	211.2	183.6	189.2	429.6
浆果生长期控水	100%	100%	100%	100%	100%	75%	50%	75%	75%	50%	600
浆果成熟期控水	100%	75%	50%	25%	0	100%	100%	75%	50%	50%	600

注　本试验根据试验站气象资料计算出当地 ET 值作为充分灌溉的定额。分别在浆果生长期、浆果成熟期进行控水；25% 表示对该生育阶段灌水量为充分灌溉的 25%，其他的含义相似。CK 为当地沟灌灌溉方式，每次灌水量为 600m³/hm²。

小管出流灌水方式下不同水分处理酿酒葡萄耗水量差异明显，水分亏缺程度越大，耗水量越小。全生育期充分灌溉处理 W1 耗水量最大，为 301.7mm；W9 的耗水量最小，为 183.6mm。W10 的耗水量略高于 W9，为 189.2mm，W9、W10 的耗水量分别比 W1 减少 39% 和 37%。酿酒葡萄耗水差异主要体现在浆果生长期，该阶段是酿酒葡萄细胞分裂期，营养生长比较旺盛，耗水强度大，对水分亏缺处理敏感。浆果生长期水分亏缺处理的 W6、W7、W8、W9 和 W10 的耗水量明显低于前期充分灌溉处理 W1、W2、W3、W4 以及 W5。浆果成熟期是品质积累关键期，是各项品质指标的物理转化阶段，水分亏缺对耗水量的影响较小，主要是因为后期降雨频繁，没有进行充分灌溉，不同水分亏缺处理下的耗水量差异不大（图 3.24）。

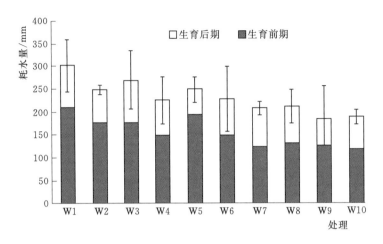

图 3.24　甘肃武威不同水分处理下酿酒葡萄生育期耗水量（2012 年）

3.4　西瓜需水量与耗水规律

西瓜又名水瓜、寒瓜，属葫芦科西瓜属，为一年生蔓性草本植物。它堪称"瓜中之王"，原产于非洲。西瓜耐旱，同时需水量大，要求空气干燥，极不耐涝。西瓜需水量和耗水规律与品种、环境条件以及栽培管理措施有关。

3.4.1　西瓜需水量

根据在河南新乡的研究结果，在地面灌条件下地膜西瓜的日需水量表现为生育前期较小、中期大、后期小的变化规律。苗期的需水量最小，为 1.45mm/d，随着生育进程的推进，日需水量逐渐增大，至果实膨大期达到最大，为 5.17mm/d，成熟期又迅速减小；各生育阶段的需水模数由小到大依次为：开花—坐果期、苗期、成熟期和果实膨大期，果实膨大期的需水模数最大，为 30.46%，成熟期的次之，开花—坐果期的最小，为 19.45%，全生育期总需水量为 220.6mm，日均需水量 2.66mm（表 3.67）。

表 3.67　地面灌条件下大田地膜西瓜各生育阶段的需水量（河南新乡，2013 年）

项　目	生　育　阶　段				全生育期
	苗期(34d)	开花—坐果期(18d)	果实膨大期(13d)	成熟期(18d)	(83d)
阶段需水量/mm	49.50	42.90	67.20	61.00	220.60
日需水量/(mm/d)	1.46	2.38	5.17	3.39	2.66
需水模数/%	22.44	19.45	30.46	27.65	100

3.4.2　西瓜作物系数

在河南新乡的研究表明，地膜西瓜地面灌条件下的全生育期作物系数 K_c 为 0.71，K_c 在生育期内的变化规律与日需水量的变化规律一致，呈中间大两头小的单峰曲线，苗期的 K_c 最小，随生育进程逐渐增大，至果实膨大期达到最大值，为 1.28，随后 K_c 呈下降趋势（表 3.68）。

表 3.68　　地面灌条件下大田地膜西瓜各生育阶段的作物系数（河南新乡，2013 年）

项　目	生　育　阶　段				全生育期 (83d)
	苗期(34d)	开花—坐果期(18d)	果实膨大期(13d)	成熟期(18d)	
需水量 ET_c/mm	49.5	42.9	67.2	61.0	220.6
ET_0/mm	121.1	65.8	52.5	69.9	309.3
作物系数 K_c	0.41	0.65	1.28	0.87	0.71

3.4.3　西瓜耗水规律

王锋[23]在甘肃省民勤县研究了干旱荒漠绿洲区调亏灌溉对西瓜耗水量的影响，两年试验结果（图 3.25）显示，在覆膜沟灌条件下西瓜耗水量随着灌水量的增加而增大，充分灌水的对照 T9 耗水量最大，分别为 416.4mm（2005 年）和 433.4mm（2006 年）；坐

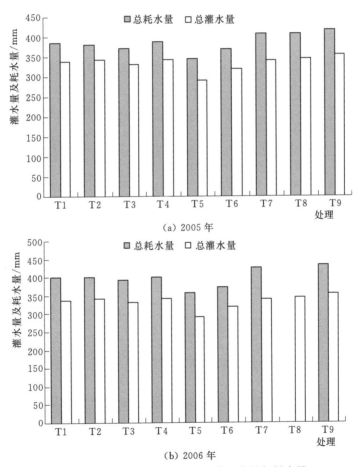

(a) 2005 年

(b) 2006 年

图 3.25　甘肃民勤不同处理的灌溉水量与耗水量

［注：T9 为充分灌溉（CK），以 CK 生育期的灌水量作为标准；T1 为播种—开花期
中度亏水（1/2 标准）；T2 为播种—开花期轻度亏水（2/3 标准）；T3 为开花—坐果期
中度亏水（1/2 标准）；T4 为开花—坐果期轻度亏水（2/3 标准）；T5 为坐果—膨大期
中度亏水（1/2 标准）；T6 为坐果—膨大期轻度亏水（2/3 标准）；T7 为膨大—成熟期
中度亏水（1/2 标准）；T8 为膨大—成熟期轻度亏水（2/3 标准）］

果—膨大期中度亏水的 T5 耗水量最小,分别为 344.6mm(2005 年)和 357.7mm(2006年)。在坐果—膨大期轻度亏水的 T6 的耗水量比 T5 大些,但其产量水平水分利用效率和灌溉水利用效率均最高;在不同的生育期,耗水量随着水分亏缺程度的增大而减小。2006年试验耗水量在总体上要高于 2005 年试验,这是由于 2006 年降水量大于 2005 年。从总体趋势来看,耗水量是随着灌溉水量和降水量的增加而呈现增加的趋势。

参 考 文 献

[1] 孙宏勇,刘昌明,张喜英,等. 华北平原冬小麦田间蒸散与棵间蒸发的变化规律研究 [J]. 中国生态农业学报,2004,12 (3):62-64.
[2] 杨开静,王凤新,马丹,等. 滴灌灌水定额对西北旱区春小麦耗水和产量的影响研究 [J]. 节水灌溉,2013 (12):12-15,19.
[3] 孟伟超. 西北旱区玉米隔沟交替灌溉灌水技术要素试验研究 [D]. 北京:中国农业大学,2011.
[4] 吴迪. 西北旱区制种玉米高效地面灌水技术参数研究与模式应用 [D]. 北京:中国农业大学,2013.
[5] 刘战东,肖俊夫,刘祖贵,等. 膜下滴灌不同灌水处理对玉米形态、耗水量及产量的影响 [J]. 灌溉排水学报,2011,30 (3):60-64.
[6] 刘战东,肖俊夫,南纪琴,等. 种植密度对夏玉米形态指标、耗水量及产量的影响 [J]. 节水灌溉,2010,(9):8-10,14.
[7] 孟毅,蔡焕杰,王健,等. 麦秆覆盖对夏玉米的生长及水分利用的影响 [J]. 西北农林科技大学学报(自然科学版),2005,33 (6):131-135.
[8] 刘浩,孙景生,张寄阳,等. 喷灌条件下耕作方式和亏缺灌溉对麦后移栽棉产量和水分利用的影响 [J]. 应用生态学报,2012,23 (2):389-394.
[9] 陈平. 石羊河流域温室番茄节水调质及优化灌溉制度试验研究 [D]. 杨凌:西北农林科技大学,2009.
[10] 刘军淇. 西北旱区日光温室蔬菜节水调质试验研究 [D]. 北京:中国农业大学,2011.
[11] 宋金涓. 不同种植密度对温室番茄产量、品质及水分利用的影响 [D]. 北京:中国农业大学,2012.
[12] 王燕丛,刘浩,孙景生,等. 调亏灌溉对日光温室青茄品质和耗水规律的影响 [J]. 灌溉排水学报,2012,31 (1):73-77.
[13] 王若水. 民勤绿洲区三种温室作物耗水规律及节水效应研究 [D]. 北京:中国农业大学,2008.
[14] 刘浩,孙景生,段爱旺,等. 日光温室白菜棵间土壤蒸发变化规律试验研究 [J]. 水土保持学报,2008,22 (1):207-211.
[15] 刘浩,孙景生,段爱旺,等. 日光温室萝卜棵间土壤蒸发规律试验 [J]. 农业工程学报,2009,25 (1):176-180.
[16] 刘春伟. 西北旱区苹果园水分传输机理与耗水模拟 [D]. 北京:中国农业大学,2012.
[17] 关芳. 西北旱区调亏灌溉苹果树耗水规律与水分品质响应关系研究 [D]. 北京:中国农业大学,2011.
[18] 康敏. 石羊河流域苹果树耗水规律及节水调质试验研究 [D]. 杨凌:西北农林科技大学,2009.
[19] 崔宁博. 西北半干旱区梨枣树水分高效利用机制与最优调亏灌溉模式研究 [D]. 杨凌:西北农林科技大学,2009.
[20] 李思恩. 西北旱区典型农田水热碳通量的变化规律与模拟研究 [D]. 北京:中国农业大学,2009.

［21］ 刘宝磊. 干旱荒漠绿洲区酿酒葡萄小管出流调亏灌溉试验研究 ［D］. 北京：中国农业大学，2011.

［22］ 许彬. 西北干旱荒漠绿洲区酿酒葡萄小管出流节水调质试验研究 ［D］. 北京：中国农业大学，2013.

［23］ 王锋. 干旱荒漠绿洲区调亏灌溉对西瓜水分利用与品质影响的研究 ［D］. 杨凌：西北农林科技大学，2007：39-41.

第4章

作物需水量与耗水量
估算方法及应用

准确地估算作物需水量与耗水量，是预测和模拟农田水分转换与消耗过程，优化农田水管理与科学利用水资源的前提。对作物需水量与耗水量的研究已有 200 多年历史，取得了一系列成果。关于作物需水量与耗水量估算的研究，最早可追溯到 1802 年的道尔顿定律[1]。随着科学技术水平、实验设备和观测手段的提高，人们相继提出了一系列估算的理论和经验模型。1926 年，Bowen 从能量平衡方程出发，提出了估算作物耗水量的波文比-能量平衡法[2]。1939 年，Thornthwaite 和 Holzman 利用近地面边界层相似理论，提出了估算作物耗水量的空气动力学方法[3]。1948 年，Penman 和 Thornthwaite 同时提出了"大气蒸发力"的概念及相应的估算公式[4]。基于能量平衡方程和物质传输方程，通过引入饱和水汽压-温度方程，避开了复杂的湍流传输过程，Penman 提出了估算自由水面蒸发的计算公式，即知名的 Penman 综合法[5]。Monteith 在 Penman 工作的基础上，于1965 年引入冠层阻力的概念，提出了著名的 Penman - Monteith 模型[6]。该模型全面考虑影响作物需水与耗水的大气物理特性和植被生理特性，具有坚实的物理基础，能清楚地了解作物需水与耗水变化过程及其影响机制，计算相对简单，在实际中得到了广泛应用。

由于 Penman - Monteith 模型将下垫面概化为一个均一整体，只能得出作物耗水总量，不能区分作物植株蒸腾与棵间土壤蒸发两个不同的物理过程，1985 年，Shuttleworth 和 Wallace 将植被冠层、土壤表面看成两个既相互独立、又相互作用的水汽源，建立了适于稀疏冠层的双源 Shuttleworth - Wallace 作物耗水量模型[7]。由于该模型较好地考虑了棵间土壤蒸发，有效地提高了作物叶面积指数较小时的耗水估算精度，因而被广泛应用于稀疏冠层的作物耗水量估算。但该模型在计算时，需要 5 个阻力参数，计算过程较为复杂，特别是不同的冠层阻力公式，对估算结果的影响还较大，因而这些问题也限制了该模型的应用。20 世纪 60 年代以来，出现了模拟土壤—植物—大气连续体（SPAC）中能量与物质交换过程的研究，以克服传统方法所存在的缺陷。虽然其中一些参数目前还难以精确估计而未能达到应用的程度，但在理论上是继 1965 年 Monteith 后作物耗水量估算领域的又一大突破。

除了以上估算作物需水量与耗水量的直接法外，作物系数法是一种计算简单、适用性强的间接估算法。由于 Penman - Monteith 方程中冠层阻力较难获得，因此 FAO 对模型的冠层阻力进行标准化后计算参考作物的需水量，然后乘以代表不同条件的特定作物的作物系数获得作物需水量。参考作物需水量是指一个生长良好和供水充足的绿色矮秆牧草的耗水量。FAO - 56 分册对参考作物需水量给出了明确定义和标准化计算方法，作物系数 K_c 代表了各种作物实际耗水量与参考作物耗水量的比值[8]。作物系数法是一种简单、方便和可复制的估算各种作物和气候条件的作物耗水量方法，已经被广泛地应用在农业生产中，且被证明是一种估算作物耗水量和需水量的成功可靠方法。但该方法一般用于一天或更长时段，不太适合估算小时尺度的作物需水量与耗水量[8]。

4.1　基于作物系数法估算作物需水量和耗水量的研究

传统的作物需水量估算方法大多面向田间水分充分供应、作物无水分胁迫的情况。而在非充分灌溉条件下，土壤和作物水分受到限制，作物蒸腾和棵间土壤蒸发过程不但受大气蒸发力和作物因素影响，还与土壤水分条件密切相关。作物系数法是一种比较简单适用的估算水分胁迫条件下耗水的方法，它仅需要 ET_0（气象参数），K_c（作物系数）和 K_s（土壤参数）。

4.1.1　充分供水条件下单作物系数法估算作物需水量

在充分供水条件下，作物需水量仅受大气和作物因素影响。通常利用参考作物需水量估算作物需水量[8]：

$$ET_c = K_c ET_0 \qquad (4.1)$$

式中：ET_c 为作物需水量，mm/d；ET_0 为参考作物需水量，mm/d，它是反映大气蒸发力的指标，反映气象条件对作物需水的影响；K_c 为作物系数，反映不同作物之间的差别，其影响因素众多，如天气状况、耕作状况、土壤、水分管理及作物本身生长情况等。

4.1.1.1　参考作物需水量 ET_0 计算

参考作物需水量反映了大气蒸发力，即气象因素对作物需水的影响。其计算精度直接影响作物需水量计算。FAO - 56 分册推荐使用 Penman - Monteith 公式计算参考作物需水量，并对参考作物需水量作了定义[8]。即为一种假想的参照作物冠层的耗水速率，即假设作物高度为 0.12m，固定的叶面阻力为 70s/m，反射率为 0.23，类似于表面开阔，高度一致，生长旺盛，地面完全覆盖的绿色草地需水量。这使计算公式实现了统一化、标准化，目前被作为计算参考作物需水量的国际标准方法：

$$ET_0 = \frac{0.408\Delta(R_n - G)}{\Delta + \gamma(1 + 0.34U_2)} + \frac{\dfrac{900}{T + 273}\gamma U_2(e_s - e_d)}{\Delta + \gamma(1 + 0.34U_2)} \qquad (4.2)$$

式中：R_n 为地表净辐射，MJ/(m²d)；G 为土壤热通量，MJ/(m²d)；e_s 为饱和水汽压，kPa；e_d 为实际水汽压，kPa；Δ 为饱和水汽压-温度曲线斜率，kPa/℃；γ 为湿度计常数，kPa/℃；U_2 为 2m 高处风速，m/s。各参数计算方法见参考文献 [8]。

4.1.1.2　单作物系数的计算

单作物系数法将作物系数的变化过程划分为几个阶段，根据作物蒸腾和棵间蒸发的变化，用作物某个生育阶段的平均值来表示。将作物全生育期分为 4 个阶段：初始生长期、发育期、中期和成熟期。初期阶段从播种开始到作物覆盖地面，覆盖率接近 10%（$K_c = K_{cini}$）；发育阶段从初始生长阶段结束到作物有效覆盖地面，覆盖率达 70%～80%；中期阶段从充分覆盖到成熟开始，叶片开始变黄（$K_c = K_{cmid}$）；成熟期阶段从中期结束到生理成熟或收获（$K_c = K_{cend}$）。

依据中国科学院栾城试验站（地处河北栾城）2004—2005 年冬小麦的实测资料，对该方法进行了验证。根据田间冬小麦的实际生长情况，划分作物的 4 个生长发育阶段为：初始生长期 DAS（days after sowing）0—DAS141（2004 年 10 月 11 日—2005 年 3 月 1 日），长度为 141d；发育阶段 DAS142—DAS179（2005 年 3 月 2 日—4 月 8 日），长度为 37d；生长中期 DAS180—DAS221（2005 年 4 月 9 日—5 月 20 日），长度为 41d；成熟期 DAS222—DAS244（2005 年 5 月 21 日—6 月 12 日），长度为 22d。全生育期为 244d。冬小麦在出苗后（2004 年 10 月 19 日）和越冬期前（2004 年 11 月 20 日）灌水各一次，所以越冬期与越冬前作物系数相差不大，故把越冬期归到生育前期。

FAO-56 分册推荐的冬小麦各生育阶段的单作物系数分别为：$K_{cini(tab)} = 0.7$（非冻土期）；$K_{cini(tab)} = 0.4$（冻土期）；$K_{cmid(tab)} = 1.15$；$K_{cend(tab)} = 0.4$。此值为特定状况下的参考值（即半湿润地区空气湿度约 45%，风速约 2m/s，无水分胁迫，管理良好，生长正常，且大面积高产的作物条件），在实际应用中要根据当地的天气和作物情况进行调整。

初始阶段作物系数（K_{cini}）的计算。确定 K_{cini} 值时需考虑降雨或灌溉的影响。土壤蒸发处在第一阶段时，蒸发速率 $E_{s0} = 1.15ET_0$，所需时间 $t_1 = REW/E_{s0}$。当湿润间隔时间 $t_w < t_1$ 时，$K_{cini} = 1.15$；土壤蒸发处在第二阶段时，即 $t_w > t_1$，K_{cini} 计算公式为

$$K_{cini} = \frac{TEW - (TEW - REW)\exp\left[\dfrac{-(t_w - t_1)E_{s0}\left(1 + \dfrac{REW}{TEW - REW}\right)}{TEW}\right]}{t_w ET_0} \tag{4.3}$$

式中：TEW 为土壤蒸发层最大可供蒸发水量，mm；REW 为土壤表层易蒸发水量，约为 10mm；t_w 为湿润间隔时间，d；t_1 为第一阶段蒸发所需时间，d；E_{s0} 为土壤蒸发速率，mm/d；ET_0 为参考作物需水量，mm。

其中当参考作物需水量 $ET_0 > 5$mm/d 时，TEW、REW 计算公式为

$$TEW = 1000(\theta_{fc} - 0.5\theta_{wp})Z_e \tag{4.4}$$

当 $ET_0 \leqslant 5$mm/d 时：

$$TEW = 1000(\theta_{fc} - 0.5\theta_{wp})Z_e\sqrt{\frac{ET_0}{5}} \tag{4.5}$$

式中：Z_e 为土壤表层的蒸发深度，0.15～0.2m；θ_{fc} 为土壤田间持水量，cm^3/cm^3；θ_{wp} 为土壤凋萎系数，cm^3/cm^3。

$$REW = \begin{cases} 20 - 0.15Sa & (Sa > 80\%) \\ 11 - 0.06Cl & (Cl > 50\%) \\ 8 + 0.08Cl & (Sa < 80\%, Cl < 50\%) \end{cases} \tag{4.6}$$

式中：Sa 为蒸发层土壤中的砂粒含量，%；Cl 为蒸发层土壤中的黏粒含量，%。

平均湿润间隔时间为

$$t_w = \frac{L_{ini}}{n_w + 0.5} \tag{4.7}$$

式中：L_{ini} 为初期阶段长度，d；n_w 为初期湿润次数。

每次平均湿润深度为

$$H = \frac{\sum P_n + \sum I_w}{n_w} \tag{4.8}$$

式中：H 为平均湿润深度，mm；P_n 为降雨量，mm；I_w 为灌溉量，mm。

当平均湿润深度 $H < TEW$ 时，第一阶段的蒸发过程可能比较短，实际 TEW 和 REW 要进行调整。对轻度入渗（$H < 10\text{mm}$）：

$$\left. \begin{array}{l} TEW' = 10\text{mm} \\ REW' = \min\left[\max\left(2.5, \frac{6}{ET_0}\right)^{0.5}, 7\right] \end{array} \right\} \tag{4.9}$$

对深度入渗（$H > 40\text{ mm}$），土壤质地为粗壤土时：

$$TEW' = \min[15, 7(ET_0)^{0.5}] \tag{4.10}$$

$$REW' = \min(6, TEW' - 0.01) \tag{4.11}$$

土壤质地为细壤土时：

$$TEW' = \min[28, 13(ET_0)^{0.5}] \tag{4.12}$$

$$REW' = \min(9, TEW' - 0.01) \tag{4.13}$$

$$t_1 = REW'/E_{s0} \tag{4.14}$$

如果 $t_w < t_1$，$K_{cini} = 1.15$，否则用 K_{cini} 的计算式估算，式中 TEW、REW 用 TEW' 和 REW' 代替。当入渗深度为 $10\text{mm} < H < 40\text{mm}$ 时，

$$K_{cini} = K_{cini}(<10\text{mm}) + \frac{I-10}{30}[K_{cini}(>40\text{mm}) - K_{cini}(<10\text{mm})] \tag{4.15}$$

对 K_{cmid} 和 K_{cend} 的调整估算公式为

$$K_{cmid} = K_{cmid(tab)} + [0.04(U_2-2) - 0.004(RH_{min}-45)]\left(\frac{h_c}{3}\right)^{0.3} \tag{4.16}$$

$$K_{cend} = \begin{cases} K_{cend(tab)} + [0.04(U_2-2) - 0.004(RH_{min}-45)]\left(\frac{h_c}{3}\right)^{0.3} & (K_{cend(tab)} \geqslant 0.45) \\ K_{cend} = K_{cend(tab)} & (K_{cend(tab)} < 0.45) \end{cases} \tag{4.17}$$

式中：RH_{min} 为最小相对湿度，%；h_c 为作物冠层平均高度，m。

中国科学院栾城站试验地土壤为砂壤土，其土壤参数中砂粒含量 $Sa = 68\%$，黏粒含量 $Cl = 13\%$，田间持水量和凋萎系数分别按照 $0.28\text{cm}^3/\text{cm}^3$ 和 $0.13\text{cm}^3/\text{cm}^3$ 计算，所以 REW 取值 $= 8.01\text{mm}$；当地冬小麦生长初期（2004 年 10 月 11 日—2005 年 3 月 1 日）参考作物需水量 $ET_0 = 1.20\text{mm/d}$，则相应 TEW 取值 $= 14.20$。

根据试验期间天气情况对阶段作物系数进行调整。在初期阶段，冬小麦生长时间长度为 141d，期间经历 13 次降雨和 2 次灌溉，土壤湿润频率为 9.1d，参考作物阶段平均需水量为 1.20mm/d，则调整后作物系数 $K_{cini} = 0.92$。冬小麦生育中期，经历 41d，阶段 U_2

平均值为 3.1m/s，$RH_{\min}$ 平均值为 61%，作物冠层平均高度为 0.51m，据此计算调整后的 K_{cmid} 为 1.18。冬小麦成熟期，经历 22d，阶段 U_2 平均值为 2.4m/s，$RH_{\min}$ 平均值为 65%，作物冠层平均高度为 0.67m，按照 FAO - 56 的推荐值为 $K_{\text{cend}}=0.39$，则可采用此值。

4.1.1.3　单作物系数法作物需水量估算结果检验

根据估算的冬小麦阶段作物系数，$K_{\text{cini}}=0.92$，$K_{\text{cmid}}=1.18$，$K_{\text{cend}}=0.39$，由 $ET_c=ET_0K_c$ 得出的需水量变化过程与蒸渗仪实测值进行比较，如图 4.1 所示。由图可见，需水量估算值与大型蒸渗仪实测值吻合较好。

全生育期不同日期估算值与实测值在全生育期的对比如图 4.2 所示，两者回归线在 1:1 线上方，斜率为 1.20，模拟精度检验 $RMSE=1.96\text{mm/d}$。经 SPSS 相关性分析 Pearson 相关系数为 0.92，达到极显著水平（$P<0.01$），说明估算较好。但由于采用单作物系数，是取得的冬小麦生长阶段的平均作物系数值与参考作物需水量的乘积得到的 ET_c，故其值在某些天气条件下会与实测值有较大的偏差，如冬小麦生长初期比大型蒸渗仪实测值偏高，而生长中期模拟值偏低，说明初期作物系数估计值偏大，中期作物系数估计值偏小。另外，实测值与估算值出现的一些较大偏差是由于蒸渗仪实测值受偶然因素干扰所致，引起读数出现很大的波动，而且实测值有时出现负值的读数误差。总体来看，ET_c 估算与实测较为接近。

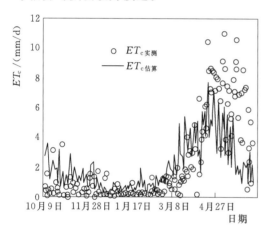

图 4.1　河北栾城冬小麦日需水量估算值
与大型蒸渗仪实测值的逐日变化趋势

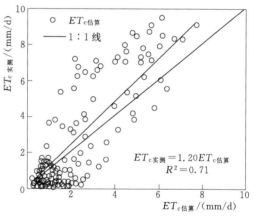

图 4.2　河北栾城冬小麦日需水量估算值
与大型蒸渗仪实测值的关系

4.1.1.4　单作物系数曲线

将最终得出的单作物系数绘制成阶段性作物系数曲线如图 4.3 所示。从冬小麦整个生长期来看，实测的作物系数逐日变化具有很明显的规律性，从出苗到返青期很长一段时间内作物系数均保持在较低水平上，$K_{\text{cini}}=0.92$；从返青期 3 月 8 日之后，冬小麦作物系数迅速增大 0.74，在抽穗期达到最大值，$K_{\text{cmid}}=1.18$；随后开始下降，成熟时降到 $K_{\text{cend}}=0.39$。在短时期内，作物系数表现出明显的波动，这种波动与降水或灌溉引起土面蒸发有直接关系。从图 4.3 中可以看出，在作物生长初期，这种波动更显著，在中后期，随着作物冠层覆盖度的增大，蒸腾量占蒸散量的比例逐渐增大，土面蒸发占比例降低，所以土面蒸发不会引起较大的波动。

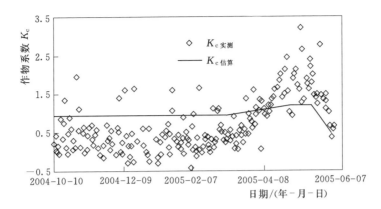

图 4.3　2004—2005 年冬小麦单作物系数（K_c）的变化曲线

4.1.2　充分供水条件下双作物系数法估算需水量

双作物系数法将作物植株蒸腾和棵间土壤蒸发分别考虑，基础作物系数（K_{cb}）反映作物蒸腾，土壤蒸发系数（K_e）反映土壤表面蒸发，其表达式为[8]

$$K_c = K_{cb} + K_e \qquad (4.18)$$

式中：K_{cb} 为基础作物系数，是表土干燥而根区土壤水分满足作物蒸腾需水要求时 ET_c/ET_0 的比值；K_e 为土壤蒸发系数，是灌溉后或降雨后由于土壤表土湿润使棵间土壤蒸发强度在短时间内增加而对 ET_c 产生的影响。

相应的作物需水量表达式为[8]

$$ET_c = (K_{cb} + K_e)ET_0 \qquad (4.19)$$

4.1.2.1　基础作物系数 K_{cb} 的估算

根据基础作物系数的定义可知，$K_{cb}ET_0$ 代表了在土壤表面干燥情况下 ET_c 中的作物蒸腾部分 T_r，但是也有一部分干燥土壤表面下的土壤水分蒸发，其值很小，可忽略。通过 FAO - 56 中给定的在特定标准状况下（即半湿润气候区，空气湿度约为 45%，风速约为 2m/s，作物供水充足，管理良好，生长正常，大面积高产的作物条件）的基础作物系数 $K_{cb(tab)}$，以及利用气象资料和作物高度数据估算实际 K_{cb}。FAO - 56 给定 $K_{cb(tab)}$ 按照作物生长发育期分为三个阶段值考虑：生长初期 K_{cbini}、中期 K_{cbmid} 和后期 K_{cbend}，其值分别为 $K_{cbini} = 0.15 \sim 0.50$；$K_{cbmid} = 1.10$；$K_{cbend} = 0.15 \sim 0.30$。

$$K_{cb} = K_{cb(tab)} + [0.04(U_2 - 2) - 0.004(RH_{min} - 45)]\left(\frac{h_c}{3}\right)^{0.3} \qquad (4.20)$$

式中：$K_{cb(tab)}$ 为 FAO - 56 给定的标准状况下基础作物系数；RH_{min} 为最小相对湿度，%；h_c 为作物冠层平均高度，m。

其中最低相对湿度 RH_{min} 可以用最高气温 T_{max} 和最低气温 T_{min} 计算：

$$RH_{min} = 100 \frac{\exp\left(\dfrac{17.27T_{min}}{T_{min} + 237.3}\right)}{\exp\left(\dfrac{17.27T_{max}}{T_{max} + 237.3}\right)} \qquad (4.21)$$

4.1.2.2　土壤蒸发系数 K_e 的估算

灌溉或者降雨后，农田土壤表层湿润，K_e 值达到最大；当表层土壤干燥时 K_e 最小，

$K_e ET_0$ 代表了棵间土壤蒸发量。K_e 用最大作物系数和 K_{cb} 确定。

$$K_e = K_r (K_{c,\max} - K_{cb}) \leqslant f_{ew} K_{c,\max} \tag{4.22}$$

式中：$K_{c,\max}$ 为灌溉或降水后的最大作物系数值；K_r 为蒸发衰减系数；f_{ew} 为棵间蒸发土壤占全部土壤的比例（0~1）。

根据 $K_{cb(tab)} = 1.2$ 和 $K_{cb} + 0.05$ 来确定 $K_{c,\max}$：

$$K_{c,\max} = \max\left\{ 1.2 + [0.04(U_2 - 2) - 0.004(RH_{\min} - 45)] \left(\frac{h_c}{3}\right)^{0.3}, (K_{cb} + 0.05) \right\} \tag{4.23}$$

式中：1.2 为在灌溉或降雨后 3~4d 表土湿润时对 K_{cb} 的影响效应。如果灌溉或降雨频繁，如 1~2d 一次，土壤很少有机会吸收热量，那么系数 1.2 可以减小到 1.1 左右；其他符号意义同前。计算 $K_{c,\max}$ 的时间尺度可以从天到月。

K_r 值的变化主要取决于表层土壤水分损失量。蒸发过程的第一阶段，即大气蒸发力控制阶段，灌溉或降雨之后土壤含水量达到田间持水量时，棵间土壤蒸发量最大，表层土壤累积蒸发损失量等于易蒸发水量，所以有：

$$K_r = 1 \tag{4.24}$$

在土壤水分蒸发的第二阶段，即土壤含水量限制阶段，表层土壤累积蒸发损失量大于易蒸发水量，棵间土壤蒸发量随着表土含水量的减少而减少，K_r 值计算式为

$$K_r = \frac{TEW - D_{e,i-1}}{TEW - REW} \tag{4.25}$$

式中：TEW 为土壤蒸发层最大可供蒸发水量，mm；REW 为土壤表层易蒸发水量，约为 10mm；$D_{e,i-1}$ 为第 $i-1$ 天的表层土壤水累计损耗量，mm。其中，TEW 和 REW 的参考值由 FAO 给出，即根据美国土壤结构分类法划分的土壤类型，其典型土壤类型的 θ_{fc}、θ_{wp} 和 TEW 分别见表 4.1 中所列。

表 4.1　　　　　　　不同土壤类型的土壤参数特征值[8]（FAO-56，1998）

土壤类型	土壤水分特征参数			水分蒸发参数	
	θ_{fc} /(m^3/m^3)	θ_{wp}/ (m^3/m^3)	$\theta_{fc} - \theta_{wp}$/ ($m^3/m^3$)	第一阶段供蒸发的水分 REW/ (m^3/m^3)	第一、二阶段供蒸发的水分 $TEW^a (Z_e=0.1m)$/ (m^3/m^3)
砂土	0.07~0.17	0.02~0.07	0.17~0.29	2~7	6~12
壤质砂土	0.11~0.19	0.03~0.10	0.20~0.24	4~8	9~14
砂壤土	0.18~0.28	0.06~0.16	0.05~0.11	6~10	15~20
壤土	0.20~0.30	0.07~0.17	0.06~0.12	8~10	16~22
粉砂壤土	0.22~0.36	0.09~0.21	0.11~0.15	8~11	18~25
粉砂	0.28~0.36	0.12~0.22	0.13~0.19	8~11	22~26
粉砂黏壤土	0.30~0.37	0.17~0.24	0.13~0.19	8~11	22~27
粉砂黏土	0.30~0.42	0.02~0.07	0.16~0.20	8~12	22~28
黏土	0.32~0.40	0.03~0.10	0.13~0.18	8~12	22~29

注　θ_{fc} 为田间持水量；θ_{wp} 为凋萎系数；REW 为土壤表层易蒸发水量；TEW 为土壤蒸发层最大可供蒸发量；
　　$TEW^a = (\theta_{fc} - 0.5\theta_{wp}) Z_e$。

TEW、REW 值分别为 14.21、8.01。第 i 天的表层土壤水损耗量可以根据土壤表层水量平衡方程求取：

$$D_{e,i}=D_{e,i-1}-P_i+RO_i-\frac{I_i}{f_w}+\frac{E_i}{f_{ew}}+T_{ew,i}+DP_{e,i} \tag{4.26}$$

式中：$D_{e,i}$、$D_{e,i-1}$ 分别为第 i 天和 $i-1$ 天的土壤含水量，mm；P_i 为第 i 天的降水量，mm；RO_i 为第 i 天土壤表层的径流量，mm；I_i 为第 i 天的灌溉量，mm；E_i 为第 i 天的土壤蒸发量，mm；$T_{ew,i}$ 为第 i 天土壤蒸发层的蒸腾损失量，mm；$DP_{e,i}$ 为土壤表层的深层渗漏量，mm。

对于初始阶段从灌溉或降雨到第 i 天累计蒸发量，若灌溉或降雨后表层土壤达到田间持水量，则 $D_{e,i-1}=0$；若土壤表层长时间处于干燥状态，则 $D_{e,i-1}=TEW$。所以 $0\leqslant D_{e,i-1}\leqslant TEW$。此处取 $D_{e,i-1}=15\text{mm}$。

其中，$T_{ew,i}$ 根据作物根系层加权平均进行计算：

$$T_{ew,i}=u_f^t K_{cb,i}K_{s,i}ET_0 \tag{4.27}$$

式中：$K_{s,i}$ 为该层土壤水分胁迫系数；u_f^t 为根系层内不同深度的加权系数，在作物根系层呈指数分布[9]，深度 z_1 到深度 z_2（$z_2>z_1$）处的蒸腾加权系数采用式（4.28）计算：

$$u_f^t=\left[\frac{1}{1-\exp(-w_u)}\right]\left\{\exp\left[-w_u\left(\frac{z_1}{z_r}\right)\right]\left[1-\exp\left(-w_u\frac{z_2-z_1}{z_r}\right)\right]\right\} \tag{4.28}$$

式中：w_u 为水分利用分布系数，其值为 $0\sim5$[9]，此处取 $w_u=3.64$[10]；z_r 为根系层的深度；z_1、z_2 分别为地表到根系层内某一深度的厚度。

对 $DP_{e,i}$ 项，灌溉或降雨后，若表层含水量超过土壤田间持水量时，则产生深层渗漏，其计算式为

$$DP_{e,i}=(P_i-RO_i)+\frac{I_i}{f_w}-D_{e,i-1} \tag{4.29}$$

如果 $D_{e,i}<\theta_{fc}$ 时：
$$DP_{e,i}=0 \tag{4.30}$$

f_{ew} 受作物覆盖度和地表湿润度的控制，可根据式（4.31）确定：

$$f_{ew}=\min(1-f_c,f_w) \tag{4.31}$$

式中：f_c 为作物冠层覆盖度；$1-f_c$ 为平均土壤裸露系数，$0.01\sim1$；f_w 为降水或灌溉后的土壤表面湿润系数，见表 4.2。

由于我们的研究各小区灌溉采用传统畦灌形式，所以降水或灌溉后 $f_w=1.0$。

表 4.2　降水或灌溉条件下的地表湿润系数（f_w）（FAO-56，1998）

地表湿润方式	地表湿润系数	地表湿润方式	地表湿润系数
降水	1.0	沟灌—窄沟	0.6~1.0
喷灌	1.0	沟灌—宽沟	0.4~0.6
漫灌	1.0	沟灌—交替沟灌	0.3~0.5
畦灌	1.0	滴灌	0.3~0.4

作物冠层覆盖度（f_c）与作物叶面积指数有直接关系，可应用实测的作物冠层透光率资料。如果缺少，则可以利用基础作物系数（K_{cb}）和作物冠层高度（h_c）的函数计算：

$$f_c = \left(\frac{K_{cb} - K_{c,min}}{K_{c,max} - K_{c,min}} \right)^{(1+0.5h_c)} \tag{4.32}$$

式中：f_c 为冠层覆盖度；K_{cb} 为作物某一生育阶段的基础作物系数；$K_{c,min}$ 为无植被覆盖的干燥裸土的最小作物系数，取 $0.15 \sim 0.20$；$K_{c,max}$ 为灌溉或降雨后土壤表面湿润后最大作物系数（按式4.23计算）；h_c 为作物在此生育阶段的冠层高度，m。

为了计算数据稳定，限定 $K_{cb} - K_{c,min} \geqslant 0.01$，由于 f_c 值和 K_{cb} 每日都在变化，所以式（4.32）的适用步长为 1d。

4.1.2.3　双作物系数法估算作物需水量模型的输入、输出参数确定

露点温度在双作物系数法中用于计算日最小相对湿度值。根据日平均相对湿度和日平均气温，利用 Tetens 方程计算：

$$T_{dew} = \frac{C_3 \ln\left(\dfrac{e_a}{C_1} \right)}{C_2 - \ln\left(\dfrac{e_a}{C_1} \right)} \tag{4.33}$$

式中：T_{dew} 为露点温度，℃；e_a 为实际水汽压，kPa；C_1、C_2、C_3 为经验系数，分别取值：$C_1 = 0.61$，$C_2 = 17.56$，$C_3 = 241.88$。

根据影响作物需水的因素，模型涉及的参数主要有气象数据、作物特征指标和土壤水分参数等 3 部分（表 4.3）。输出变量包括：参考作物需水量（mm/d），作物需水量（mm/d），作物蒸腾量（mm/d），棵间土壤蒸发量（mm/d），以及作物系数等。

表 4.3　　　　　　　双作物系数法估算作物需水量模型中涉及的因素及参数

因素	输入参数
气象因素	日平均温度（℃），日最高温度（℃），日最低温度（℃），日照时数（h），相对湿度（%），风速（m/s），降雨量（mm），露点温度（℃）
土壤因素	土壤初始含水量（cm³/cm³），田间持水量（cm³/cm³），凋萎含水量（cm³/cm³），土壤表面初始蒸发水量和易蒸发水量（mm），土壤表面湿润比例（%）
作物因素	作物冠层高度（m），作物生育期长度（d），作物根系深度（m）

以华北平原冬小麦为例，作物参数中最大作物高度取 0.68m，最小和最大根系深度分别取 0.15m 和 1.80m。冬小麦生育时期长度为初期阶段 $L_{ini} = 141d$，发育阶段 $L_{dev} = 37d$；$L_{mid} = 41d$；$L_{lat} = 22d$。FAO-56 给出的标准状况下基础作物系数值分别是 $K_{cbini} = 0.15$，$K_{cbmid} = 1.10$，$K_{cbend} = 0.15$。

4.1.2.4　充分供水条件下估算作物需水量的双作物系数法检验

图 4.4 描述了采用双作物系数法模拟的河北栾城冬小麦作物系数日变化规律。从图 4.4 中可见，双作物系数法估算值与实测值变化趋势基本一致，相关性分析显示实测值和估算值的相关性达到极显著。双作物系数法较之单作物系数法计算更加繁杂，但它能够反映出作物日变化过程和土壤表层含水量变化对作物系数的影响。在冬小麦拔节期以前，每次灌溉或者降雨后作物系数都会有一个明显地增加，在越冬期以前尤为明显。这说明双作物系数可以直接对土壤含水量的变化做出反应，可以应用于田间水量平衡计算，以及日灌溉制度的设计与制定。

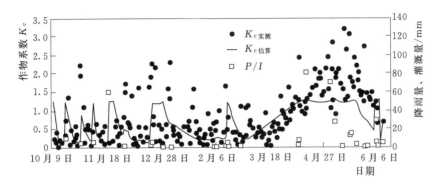

图 4.4　河北栾城用双作物系数法估算的冬小麦作物系数 K_c 与实测值的比较

图 4.5 为利用估算的作物系数（$K_{cb} + K_e$）与 ET_0 相乘得到的作物需水量 $ET_{估算}$ 变化曲线，与大型蒸渗仪实测值 $ET_{实测}$ 吻合较好。在冬小麦生长后期，实测值比估算值稍偏高，主要是这个时期降水较多加上风的影响，造成仪器的系统误差所致。从整个生育期来看，实测值和估算值平均日需水量分别为 2.2mm/d 和 1.8mm/d，需水总量估算值比实测值低 19%。相关分析结果表明，两者相关系数达 0.62（$P < 0.01$）（图 4.6）。

图 4.7 为用单作物系数法和双作物系数法估算的冬小麦日需水量比较。单作物系数法

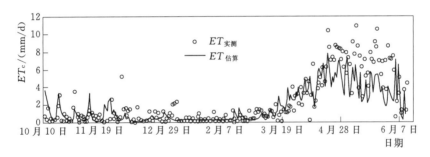

图 4.5　用双作物系数法估算的充分灌溉条件下冬小麦全生育期日需水量与
大型蒸渗仪实测值的比较（2004—2005 年，河北栾城）

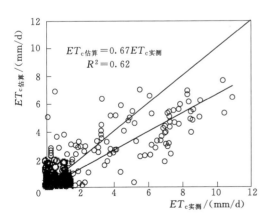

图 4.6　用双作物系数法估算冬小麦日需水量与
蒸渗仪实测值的比较（2005 年，河北栾城）

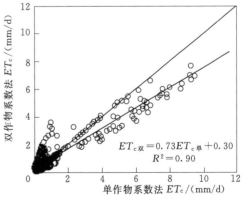

图 4.7　用单作物系数法和双作物系数法估算
的冬小麦需水量比较（2005 年，河北栾城）

计算结果偏大，分析原因主要为冬小麦拔节—抽穗期双作物系数 K_c 比单作物系数计算值偏低，两者分别是 1.22 和 1.55，相差 26.7%。总体来看，R^2 为 0.90（$P<0.01$），$RMSE=$ 0.93，两者计算结果接近。

将蒸渗仪实测需水量和土壤微型蒸渗仪测得的蒸发量按月进行日平均，与双作物系数法计算的需水量和棵间蒸发量相比较见表 4.4。土壤蒸发量的值按 $E=K_eET_0$ 计算而得。各月份的日平均棵间蒸发量和需水量在冬小麦生长前期误差较小，后期误差有所上升。全生育期的需水量相对误差在 16% 以内，E/ET_c 比例相对误差最小为 5%，而棵间蒸发 E 的相对误差较大为 55%，这主要是由土壤微型蒸渗仪的缺陷所致。

表 4.4　双作物系数法估算的 ET_c、E、T 及 E/ET_c 与实测值的比较（河北栾城，2005 年）

指标	月份	各月日平均值/(mm/d)									全生育期 /mm
		10	11	12	1	2	3	4	5	6	
实测值	ET_c	1.89	1.20	0.29	0.16	0.29	1.36	5.51	6.71	3.74	504.64
	E	1.61	1.06	0.29	0.16	0.20	0.43	1.74	0.75	0.55	179.75
	T	0.28	0.14	0	0	0.09	0.93	3.77	5.96	3.19	324.89
	E/ET_c/%	85.39	88.61	99.00	99.80	69.09	31.54	31.63	11.18	14.78	35.62
估算值	ET_c	1.19	0.90	0.39	0.26	0.42	1.63	4.66	4.11	3.30	424.07
	E	0.88	0.73	0.26	0.15	0.27	0.01	0.09	0.22	1.85	81.50
	T	0.31	0.18	0.12	0.11	0.15	1.62	4.57	3.89	1.45	342.57
	E/ET_c/%	51.01	68.19	48.47	50.59	46.85	3.43	1.85	4.90	31.14	19.22
相对误差 /%	ET_c	37	25	−34	−63	−45	−20	15	39	12	16
	E	45	31	0	−15	−35	98	95	71	−236	55
	E/ET_c	40	23	46	38	32	89	94	55	−108	5

作物系数取决于作物冠层的生长发育状况。冬小麦作物系数全生长期变化过程与作物叶面积指数 LAI 变化过程十分接近。冬小麦生长初期，作物系数较小，随着作物生长发育，蒸腾量在作物耗水总量中的比例逐渐加大，作物系数也随着冠层的发育而逐渐增大。一般在 5 月冬小麦抽穗—扬花期，作物叶面积指数达到最大值，此时，作物系数在同期内达到全生育期最高。随着冬小麦成熟期的到来，叶片枯萎黄化衰老，作物系数开始下降。

过往的研究通常是将作物系数看作从播种开始的时间的函数。Sepaskhah 和 Andam 建立了 K_c 与作物生长天数（days after sowing，DAS）和生长期的日均温（growing degree-day，GDD）的三次函数关系[11]，还有的研究使用作物生长日积温或热量指标与作物系数建立联系[12]。但是，这些方法存在的一个缺点是没有考虑综合环境和种植因子的影响，这种影响主要与作物叶面积指数有关。Pereira 等的研究指出了麦类作物 K_c 依 LAI 变化的试验结论[13]。通过作物特征来表达 K_c 的其他方法，如作物冠层覆盖度或作物遮阴面积（ground covered）等也有应用价值[8]。

将各月实测冬小麦叶面积指数与作物系数进行分析，表明作物系数与叶面积指数的变化存在明显一致的规律性（图 4.8）。初期作物系数与叶面积指数都较小，两者变化十分吻合，后期冬小麦进入旺盛生长阶段，其叶面积指数迅速增大到 5 以上，作物系数虽然升

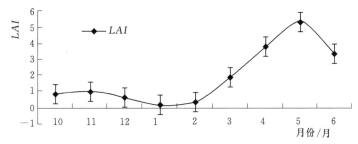

图 4.8　充分供水条件下冬小麦叶面积指数（LAI）变化（河北栾城，2005 年）

高相对较小，但同样在抽穗—灌浆期达到最大值。根据以上分析可知，冬小麦作物系数与其叶面积指数间存在密切联系。因此，可以用冬小麦叶面积指数来估算作物系数，以此估计冬小麦作物需水量。

以冬小麦作物系数为因变量，对应的叶面积指数为自变量进行回归分析，其结果见表 4.5。在各种估算模式中，K_c - LAI 的指数关系相关系数最大，估算的 K_c 与实测值的 T 检验分析表明，指数关系最优（$R^2 = 0.97$），所以采用指数关系表达 K_c - LAI 关系。这与 Ritchie 和 Johnson 的研究结果相近[14]。

表 4.5　　　　　　　河北栾城冬小麦作物系数与叶面积指数的关系

回归方程	关 系 式	相关系数	实测值与模拟值 T 检验	
			相关系数 R^2	显著性概率
对数方程	$K_c = 0.37\ln(LAI) + 0.61$	0.67	0.82	Sig. <0.01
乘幂方程	$K_c = 0.46 LAI^{0.57}$	0.84	0.93	Sig. <0.01
指数方程	$K_c = 0.23\exp(0.41 LAI)$	0.95	0.97	Sig. <0.01

所以，以叶面积指数作指标的作物耗水量估算形式为

$$ET_c = 0.23\exp(0.41 LAI) ET_0 \tag{4.34}$$

将不同时期测定的叶面积指数代入式（4.34），得到不同时期的 ET_c，与大型蒸渗仪实测值进行比较（图 4.9 和图 4.10），最大绝对误差为 1.26mm/d，平均绝对误差为 0.34mm/d，最大相对误差为 24.8%，平均相对误差为 15.1%，相关系数为 $R^2 = 0.95$，

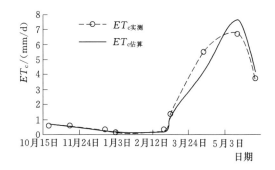

图 4.9　采用叶面积指数估算 K_c 乘以 ET_0 获得的冬小麦 ET_c 与实测值的比较（河北栾城，2005 年）

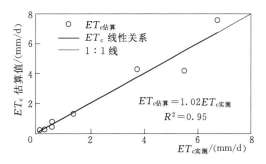

图 4.10　采用叶面积指数估算 K_c 乘以 ET_0 获得的冬小麦 ET_c 与实测值的相关性（河北栾城，2005 年）

模拟值与实测值的相关性极显著。可见，以叶面积指数代替作物系数求取作物耗水量的方法是可行的。本结论与干旱地区棉田耗水量模拟的相关研究结果相近[15]。

但是应当指出，虽然作物系数与叶面积指数存在较好的相关性，要全面地描述 K_c 的变化过程还需要考虑影响作物系数的一些相关因素，才可以解释每次降水或者灌溉间隔内作物 ET_c 的减少情况[16]。

4.1.3 水分胁迫条件下估算作物耗水量的双作物系数

水分胁迫条件下的作物耗水 ET_a 受到土壤含水量的影响，所以引入土壤水分胁迫系数 K_s：

$$ET_a = (K_s K_{cb} + K_e) ET_0 \qquad (4.35)$$

式中：K_s 为土壤水分胁迫系数，表征作物根区土壤含水量不足时对作物蒸腾影响的反映。

4.1.3.1 土壤水分胁迫系数（K_s）的计算

K_s 由根系层的土壤含水量决定，可表征为作物受土壤水分胁迫的程度，计算式为

$$K_s = \frac{TAW - D_r}{TAW - RAW} = \frac{TAW - D_r}{(1-p)TAW} \qquad (4.36)$$

式中：TAW 为根系层土壤的总有效水量，mm，通常把田间持水量与凋萎含水量之差作为土壤根层的总有效水量；RAW 为根系层的可供土壤水量，mm，把田间持水量与土壤临界含水量之差作为根层的有效可供水量；p 为水分胁迫阈值，即土壤水分胁迫前根系层土壤水量占总根系层可供土壤水量的比值，其值为 $0\sim1$；D_r 为根系层水分损耗量，mm。

阈值 P 是大气蒸发力的函数，FAO-56 给出了各种作物的参考 p 值，但是 p 值与作物耗水 ET_a 有关，在作物耗水量 ET_a 低时，所给 P 的参考值比 ET_a 高时还要高些。所以要按照 ET_c 对 P 进行调节：

$$p = P_{tab} + 0.04(5 - ET_a) \qquad (4.37)$$

式中：p 是由作物种类和土壤性质决定的，并随作物生长阶段的发展而变化，其变化范围控制在 $0.1\sim0.8$；ET_a 为耗水量，mm/d；P_{tab} 为给定的水分胁迫阈值，$ET_a \approx 5mm/d$ 时，$P_{tab} = 0.55$。

根系层的 TAW 由土壤田间持水量和凋萎含水量决定：

$$TAW = 1000(\theta_{fc} - \theta_{wp})Z_r \qquad (4.38)$$

式中：θ_{fc} 为田间持水量，cm^3/cm^3；θ_{wp} 为凋萎含水量，cm^3/cm^3；Z_r 为根系深度，m；对于冬小麦 FAO-56 给定的最大 Z_r 为 $1.5\sim1.8m$。

RAW 可通过 p 求得

$$RAW = pTAW \qquad (4.39)$$

D_r 可由土壤根层的水量平衡方程求解：

$$D_{r,i} = D_{r,i-1} - (p_i - RO_i) - I_i - CR_i + ET_{a,i} + DP_i \qquad (4.40)$$

式中：$D_{r,i}$、$D_{r,i-1}$ 分别为第 i 天、第 $i-1$ 天根层的土壤含水量，mm；p_i 为第 i 天的降水量，mm；RO_i 为第 i 天土壤表面的径流量，mm；I_i 为第 i 天的灌溉量，mm；CR_i 为第 i 天的毛管水上升量，mm；$ET_{a,i}$ 为第 i 天的作物耗水量，mm；DP_i 为第 i 天根系层下的深层渗漏量，mm。

对于根层土壤含水量 $D_{r,i}$，当灌溉或降雨后，根层土壤含水量达到田间持水量时，则

假设 $D_{r,i}=0$；在没有灌溉或降雨阶段，随着根层土壤水分含量的消耗，根层有效水分较少，当达到最小值 θ_{wp} 时，$K_s=1$，则 $D_{r,i}$ 最大为 TAW。所以 $0 \leqslant D_{r,i} \leqslant TAW$。

对于初始根层土壤含水量 $D_{r,i-1}$，可以通过土壤含水量实际测定，通过式（4.41）计算：

$$D_{r,i-1}=1000(\theta_{fc}-\theta_{i-1})Z_r \tag{4.41}$$

式中：θ_{i-1} 为根层平均土壤含水量，cm^3/cm^3。

对于根层的深层渗漏量 DP_i，在灌溉或降雨后土壤含水量达到或者超过田间持水量时，就会发生根层水分的渗漏：

$$DP_i=(P_i-RO_i)+I_i-ET_{c,i}-D_{r,i-1} \tag{4.42}$$

当 $D_{r,i}>0$ 时，$DP_i=0$；当 $D_{r,i}=0$ 时，$DP_i>0$。此式与表层土壤水分的渗漏计算［式（4.29）］是相互独立考虑的。

对作物因素输入资料由于各个处理的水分胁迫程度不同，造成冬小麦植株特征的差异，土壤水分影响作物扎根深度、作物高度等，因此处理间的输入值不同，见表4.6。

表 4.6　　　　　　　　不同灌溉处理冬小麦株高和根系深度参数值

参　数	T0	T1	T2	T3	T4	T5
平均最大株高/m	0.60	0.68	0.67	0.68	0.69	0.69
根系最小深度/m	0.15	0.15	0.15	0.15	0.15	0.15
根系最大深度/m	1.80	1.80	1.70	1.60	1.60	1.60

注　T0 为旱作处理；T1 为灌溉 1 水处理；T2 为灌溉 2 水处理；T3 为灌溉 3 水处理；T4 为灌溉 4 水处理；T5 为灌溉 5 水处理。

4.1.3.2　估算结果及其检验

将 2004 年、2005 年基于大型蒸渗仪测得的河北栾城地区冬小麦耗水量实测值与模拟值放在一起进行成对样本 T 检验：两组数据差异不显著（$T=-1.066$，$P=0.287>0.05$），$R=0.794^{**}$（** 表示在 0.01 水平上极显著相关）。但是蒸渗仪实测结果偏高（图 4.11 和图 4.12），这主要是由蒸渗仪的测量误差造成的。尤其是在冬小麦拔节期以后，实测值与估算值的最大绝对误差达到 4.72mm/d，平均绝对误差 2.05mm/d，最大相对误差 63.10%，平均相对误差为 27.37%。这段时间降雨频繁，成为造成蒸渗仪读数误差的一个主要原因。

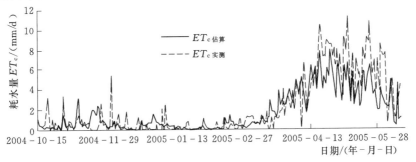

图 4.11　河北栾城充分供水条件下 T5 处理耗水量 $ET_{c估算}$ 与
大型蒸渗仪实测值 $ET_{c实测}$ 的比较

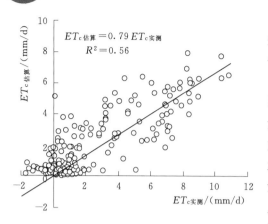

图 4.12　河北栾城充分供水条件下 T5 处理耗水量
估算值与大型蒸渗仪实测值的相关性

　　不同灌溉试验区中，处理 T0～T5 在各生长阶段均出现不同程度的水分亏缺，以旱作处理 T0 和灌溉四水处理 T4 为例模拟的日耗水变化如图 4.13 所示。从图 4.13 中可以分析，由于灌水影响使处理 T4 的日耗水量在每次灌水后要高于处理 T0 的耗水量，如 2004 年 11 月 18 日 T4 灌水 60 mm，其耗水量在 11 月 18 日—12 月 3 日内日平均耗水量比 T0 高 0.93mm/d。后期的两次灌水（4 月 30 日和 5 月 19 日）均有同样的效应出现。但在 4 月 8 日灌水后，T4 的耗水量并没有出现高出 T0 处理的现象，主要是由于在 2 月 25 日—4 月 7 日期间长期干旱，造成

土壤水分严重亏缺，灌水效果主要是补充了土壤水分的严重亏缺状态，而在耗水量上并没有明显增加。

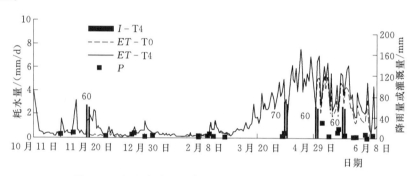

图 4.13　河北栾城用双作物系数法模拟的非充分灌溉
条件下 T0 和 T4 处理冬小麦生育期耗水变化

　　土壤水分胁迫系数 K_s [式（4.36）] 主要与田间土壤有效水分有关，在田间供水充足情况下 $K_s=1$。土壤水分胁迫系数与土壤含水量之间有一定关系，而且还受气象、土壤类型、作物种类、根系和田间灌溉方式等很多因素的综合影响。对土壤水分有效性方面（available soil water，ASW）主要有两种观点。一种认为从田间持水量到凋萎系数之间的整个土壤水分含量范围内，土壤水对作物是同等有效的，当土壤含水量低于凋萎系数时就不能被作物有效吸收（Veihmeyer 和 Hendrickson）[17]。另一种观点则认为，从田间持水量到凋萎系数之间的整个土壤水分范围内 K_s 与土壤含水量为线性关系，随着土壤含水量的降低，土壤水分有效性直线下降。对 T0 处理的分析表明，当土壤含水量接近或者小于临界含水量 W_j（$W_j=TAW-RAW$）时，K_s 就会迅速减小。从所列的三个处理看，降水增加时，K_s 值迅速增大而且达到 1。

　　为了说明农田土壤水分对作物的影响，Jackson 将作物水分胁迫系数 CWSI（crop water stress index）定义为 1 和田间实际耗水量 ET_a 与田间潜在耗水量 ET_c 比值的差值，$0 \leqslant CWSI \leqslant 1$。$CWSI=1$ 说明作物耗水量为 0，作物受到严重水分胁迫。土壤水分供应充

足，作物未受胁迫 $CWSI$ 为 0。

以灌溉 5 水的 T5 处理在各生育时期的耗水量为需水量 ET_c，其他处理相应时段耗水量 ET_a 与其比较。现以 T0、T2、T4 三个处理为例加以说明作物水分胁迫系数与降雨量和灌溉的关系。T0 处理和 T2 处理在越冬期未灌水，冬小麦生长前期都受到不同程度的水分胁迫，耗水量相对较小，只在每次降水过后，$CWSI$ 值有所降低，耗水量随之加大。T2 处理在冬小麦拔节期灌水 70mm，所以拔节以后 $CWSI$ 值迅速降低到 0.1 以下，到抽穗期 $CWSI$ 值又呈上升趋势，达到 0.9；T_4 处理由于冬前灌水 60mm，其 $CWSI$ 值一直维持在 0。

但是考虑到作物耗水实际上包括了蒸腾和蒸发两个过程，作物体内的水分平衡过程与蒸腾关系密切而与蒸发的关系不大。因此计算作物的水分就应该只考虑蒸腾而不包含蒸发，当作物叶面积指数较小，或者土壤表面较湿润时，该式所计算的结果不能很好地反映作物本身的水分亏缺程度。但是由前述研究结果可知，在冬小麦生长后期作物蒸腾作用加强，占耗水量的比例很大，所以利用 $CWSI$ 可以近似地表示作物受水分胁迫的情况，本书引出 $CSWI$ 只是说明双作物系数法可以应用到作物对土壤水分的反应上。

田间灌水次数以及灌水时间的不同，导致土壤水分胁迫和作物水分胁迫系数的不同（图 4.14 和图 4.15），最终影响耗水总量和棵间蒸发所占比例大小。把模型估算的调亏处理下冬小麦耗水量和棵间蒸发数据进行比较（表 4.7），结果表明，在出苗到分蘖期各处理均未灌水，所以 ET、E 和 E/ET 值都相同；分蘖到越冬期处理 T3、T4、T5 灌过一次越冬水 60mm，所以其 ET、E 和 E/ET 值均比未进行灌溉的处理要高，主要是这一阶段冬小麦叶面积指数较低，地面覆盖度低，灌水使土壤表层含水量增加，从而加大了土壤蒸发，从蒸发和蒸腾分配来看，此阶段耗水量增加 0.927mm/d，而土壤蒸发量增加了 0.864mm/d，占 ET 增加量的 93%；而在拔节到抽穗期（4 月 8 日—5 月 1 日），处理 T1、T2、T3、T4、T5 分别灌溉 70mm、70mm、70mm、70mm 和 130mm，这段时间内冬小麦日平均耗水量分别比不灌溉处理 T0 高 0.205mm/d、0.155mm/d、0.204mm/d、0.186mm/d 和 0.231mm/d，棵间蒸发量分别比 T0 处理高 0.074mm/d、0.025mm/d、0.073mm/d、0.054mm/d 和 0.098mm/d，E 增加量占 ET 增加量的比例（$\Delta E/\Delta ET$）分别为 36.1%、16.1%、35.8%、29.0% 和 42.4%，与前期相比 $\Delta E/\Delta ET$ 值均大大降低，主要因为这一时期，冬小麦生长旺盛，根系发育发达，大量吸收土壤水分，叶面积指数增加，蒸腾强烈；而地面在冠层遮阴作用下，得到的太阳辐射能量很小，棵间蒸发处于很低的状态。

减少灌水次数和灌水量可以明显降低无效的棵间蒸发和耗水总量，从全生育期各处理耗水量差异上可以看出这一点。从 0 水到 5 水处理，随着灌溉量增加，E、ET 及 E/ET 的比例均呈现上升趋势，但是灌溉 1 水和 2 水处理的 E/ET 值比不灌水的处理还要低 0.53% 和 0.77%，分析原因主要是由于旱作处理下虽然降低了表层土壤含水量，抑制了一部分无效棵间蒸发量，但是作物的发育及长势也受到一定影响，旱作干旱胁迫下作物过早成熟，植株提前枯黄，使得后期的抑制效果不那么明显，从而加大了棵间蒸发比例。

冬小麦全生育期日平均棵间蒸发量，灌溉 0 水和灌溉 2 水处理的值最低，保持在 0.2mm/d 左右，说明灌溉 2 水的 T2 处理既起到了减少棵间蒸发量又促进了作物生长。因为这两次灌溉分别在冬小麦生长的拔节期和抽穗—开花期进行，这两个时期是冬小麦旺盛生长期，并且作物耗水开始转为以植株蒸腾为主。据有关研究表明，这两个生长期的作物

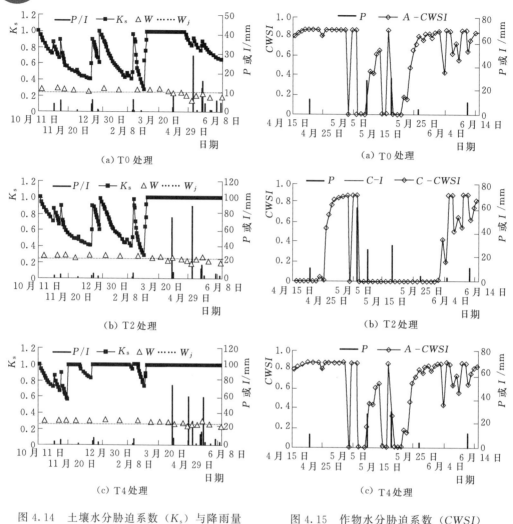

图 4.14 土壤水分胁迫系数（K_s）与降雨量（P）的关系（$A=$T0；$C=$T2；$E=$T4）；（T0 为旱作处理；T2 为灌溉 2 水处理；T4 为灌溉 4 水处理）

图 4.15 作物水分胁迫系数（$CWSI$）与降雨量（P）和灌溉量（I）的关系（T0 为旱作处理；T2 为灌溉 2 水处理；T4 为灌溉 4 水处理）

表 4.7　　　　不同灌溉处理下冬小麦各生育阶段日平均棵间土壤蒸发 E，耗水量 ET 和 E/ET 变化（河北栾城，2004—2005 年）

处理	指 标	出苗—分蘖期	分蘖—越冬期	越冬—返青期	返青—拔节期	拔节—抽穗期	抽穗—开花期	开花—灌浆期	灌浆—成熟期	全生育期
T0	$E/$(mm/d)	0.504	0.084	0.197	0.003	0.042	0.195	0.156	0.535	0.214
	$ET/$(mm/d)	0.753	0.212	0.282	2.286	4.861	4.087	3.324	2.273	2.260
	$E/ET/$%	66.96	39.47	69.76	0.13	0.87	4.76	4.69	23.56	26.27
T1	$E/$(mm/d)	0.504	0.084	0.197	0.003	0.116	0.195	0.156	0.536	0.224
	$ET/$(mm/d)	0.753	0.212	0.282	2.286	5.066	4.749	4.014	2.769	2.516
	$E/ET/$%	66.96	39.47	69.76	0.13	2.28	4.10	3.88	19.34	25.74

续表

处理	指　标	出苗—分蘖期	分蘖—越冬期	越冬—返青期	返青—拔节期	拔节—抽穗期	抽穗—开花期	开花—灌浆期	灌浆—成熟期	全生育期
T2	$E/(mm/d)$	0.504	0.084	0.197	0.005	0.067	0.195	0.155	0.535	0.218
	$ET/(mm/d)$	0.753	0.212	0.282	2.288	5.016	4.747	4.013	2.929	2.530
	$E/ET/\%$	66.96	39.48	69.76	0.23	1.33	4.10	3.88	18.25	25.50
T3	$E/(mm/d)$	0.504	0.948	0.223	0.003	0.115	0.195	0.161	0.613	0.345
	$ET/(mm/d)$	0.753	1.139	0.361	2.286	5.065	4.748	4.019	3.008	2.673
	$E/ET/\%$	66.96	83.26	61.65	0.12	2.28	4.10	4.01	20.38	30.34
T4	$E/(mm/d)$	0.504	0.948	0.223	0.005	0.096	0.363	0.161	0.614	0.365
	$ET/(mm/d)$	0.753	1.139	0.361	2.289	5.047	4.918	4.020	3.010	2.692
	$E/ET/\%$	66.96	83.26	61.65	0.23	1.91	7.39	4.01	20.41	30.73
T5	$E/(mm/d)$	0.504	0.948	0.223	0.005	0.140	0.195	0.161	0.615	0.349
	$ET/(mm/d)$	0.753	1.139	0.361	2.290	5.092	4.751	4.021	3.011	2.677
	$E/ET/\%$	66.96	83.26	61.65	0.23	2.75	4.11	4.02	20.42	30.42

注　T0 为旱作处理；T1 为灌 1 水处理；T2 为灌 2 水处理；T3 为灌 3 水处理；T4 为灌 4 水处理；T5 为灌 5 水处理。

耗水模系数分别达 25.7％和 38.3％，所以关键期灌关键水、适量水可以达到充分利用田间有效水分的目的，对节水农业发展十分重要。

4.1.4　水分胁迫条件下估算作物耗水量的单作物系数法

关于水分胁迫条件下作物实际耗水量估算研究中，单作物系数法被广泛采用。其基于 Penman 蒸发力公式或 Penman - Monteith 参考作物需水量公式，从考虑影响作物耗水的土壤、作物、大气三个方面出发，利用相对有效土壤含水量、作物叶面积指数等指标对 ET_a 进行估算[18]。

在水分胁迫条件下，作物耗水量的估算模型一般表达为

$$\left. \begin{array}{l} ET_a = f_1(\theta) f_2(LAI) \\ ET_0 = f(\theta, LAI, ET_0) \end{array} \right\} \tag{4.43}$$

式中：ET_a 为作物实际耗水量，mm；$f_1(\theta)$ 为土壤水分胁迫系数；$f_2(LAI)$ 为作物生物学特性函数。

函数 $f_1(\theta)$ 和 $f_2(LAI)$ 因作物种类、灌溉管理、土壤耕作方式和作物种植方式的不同而不同。

很多研究认为对于单一作物群体而言，叶面积指数（LAI）可以很好地代表作物生物特性对耗水量的影响。用作物水分充足时的耗水量与参考作物耗水量的比值同叶面积指数进行回归分析，可以得到两者之间的关系。很多研究应用不同函数关系表达了 $f_2(LAI)$ 与 LAI 的关系，比如线形、指数等。

$$f_2(LAI) = aLAI + b \tag{4.44}$$

或者
$$f_2(LAI) = ae^{bLAI} \tag{4.45}$$

式中：a、b 为经验系数。

$f_1(\theta)$ 能用作物可吸收利用土壤有效含水量表示，而土壤有效含水量又受土壤类型、土壤结构的影响，所以用相对有效土壤含水量$(\theta - \theta_{wp})/(\theta_k - \theta_{wp})$表达。

$$f_1(\theta) = f\left(\frac{\theta - \theta_{wp}}{\theta_k - \theta_{wp}}\right) \tag{4.46}$$

式中：θ 为土壤实际含水量，mm；θ_{wp} 为凋萎含水量，mm；θ_k 为临界土壤含水量，mm，其值即为作物耗水开始受土壤水分影响时的土壤含水量，可以通过实测资料确定。

根据充分供水和水分不足时的耗水量和土壤含水量，建立缺水时的耗水量和充分供水时的耗水量的比值 ET_a/ET_c 与土壤含水量间的函数关系，找出 $ET_a/ET_c < 1$ 时的土壤含水量即 θ_k 值。

不同的研究也根据气象、土壤和作物条件，建立了多种 $f_1(\theta)$ 函数形式：线形[20]、指数[19]、乘幂[21]和对数[22]等。

函数 $f_2(LAI)$ 与 LAI 关系式利用式（4.47）表达：

$$f_2(LAI) = K_c = \frac{ET_c}{ET_0} = 0.2279 e^{0.4075LAI} \tag{4.47}$$

函数 $f_1(\theta)$ 利用实测土壤含水量，及同期冬小麦叶面积指数和参考作物需水量 ET_0 计算回归得出（图 4.16）。

利用蒸渗仪建立的 $f(LAI)$ 与实测资料建立的 $f(\theta)$ 综合联立，得出根据 ET_0、作物生物学特性和相对土壤有效含水量建立的作物耗水量估算模式：

$$ET_a = \begin{cases} 0.2279 e^{0.4075LAI} ET_0 & (\theta \geqslant \theta_k) \\ 0.2279 e^{0.4075LAI} 0.886 \left(\dfrac{\theta - \theta_k}{\theta_k - \theta_{wp}} \right)^{0.6975} ET_0 & (\theta_{wp} < \theta < \theta_k) \\ 0 & (\theta \leqslant \theta_{wp}) \end{cases} \tag{4.48}$$

为检验模型的模拟精度，以冬小麦为例，利用试验实测资料对模型进行验证分析。将叶面积指数实测值，土壤凋萎湿度 θ_{wp}、临界土壤含水量 θ_k 及土壤含水量实测值 θ 代入式（4.48），即可得出实际耗水量估算值 ET。

根据中子仪测定的 T0、T1、T2 三个处理的土壤含水量、降雨量、灌溉量，利用土壤水量平衡方程确定作物耗水量实测值 $ET_{实测}$。把 $ET_{估算}$ 和 $ET_{实测}$ 放在一起回归，得

$$\left. \begin{array}{l} ET_{估算} = 1.0363 ET_{实测} \\ R^2 = 0.72 \end{array} \right\} \tag{4.49}$$

可见，冬小麦耗水量的估算值与实测值相关性较好，模型模拟精度较高（图 4.17）。

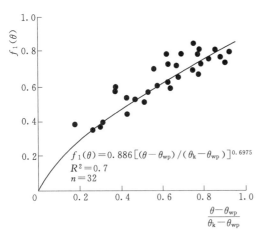

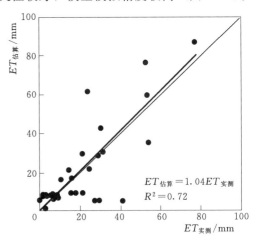

图 4.16　土壤水分胁迫函数 $f_1(\theta)$ 与土壤
相对有效含水量的关系（$N=32$）

图 4.17　估算耗水量（$ET_{估算}$）与
实测耗水量（$ET_{实测}$）的比较

4.1.5　基于双作物系数法的制种玉米耗水估算

在 FAO - 56 中，实际作物耗水量（ET_c）通过作物系数（K_c）乘以参考作物需水量（ET_0）得[8]

$$ET_c = K_s K_c ET_0 \tag{4.50}$$

在双作物系数法中，K_c 划分为代表作物蒸腾组分的基础作物系数（K_{cb}）和代表土壤表面蒸发组分的土壤蒸发系数（K_e）：

$$K_c = K_s K_{cb} + K_e \tag{4.51}$$

式中：K_s 为土壤水分胁迫系数，该值取决于土壤根系活动层内可利用的水量。

制种玉米包括父本母本两个品系的植株，依据 Allen 等[8]总的基础作物系数应为每种作物基础作物系数依据占地面积和株高加权平均得

$$K_{cb} = \frac{f_m h_m K_{cbm} + f_f h_f K_{cbf}}{f_m h_m + f_f h_f} \tag{4.52}$$

式中：f_m、f_f 分别为父本和母本植株种植面积与总的地表覆盖比值；h_m、h_f 分别为父本母本株高，m；K_{cbm}、K_{cbf} 分别为父本母本 K_{cb}。

f_m、f_f 可由父本母本的叶面积指数（LAI）确定：

$$f_m = \frac{LAI_m}{LAI_m + LAI_f} \tag{4.53}$$

$$f_f = \frac{LAI_f}{LAI_m + LAI_f} \tag{4.54}$$

式中：LAI_m、LAI_f 分别为父本和母本的叶面积指数，m^2/m^2。

制种玉米父本（T_{cm}）母本（T_{cf}）蒸腾及土壤蒸发（E_{cs}）由式（4.55）计算：

$$T_{cm} = K_{sm} K_{cbm} ET_0 \tag{4.55}$$

$$T_{cf} = K_{sf} K_{cbf} ET_0 \tag{4.56}$$

$$E_{cs} = K_e ET_0 \tag{4.57}$$

4.1.5.1　用双作物系数法估算制种玉米耗水量及其组分的研究

本书采用考虑父本母本的双作物系数法估算制种玉米耗水量（ET_c）。由图 4.18 可知，与涡度相关实测值（ET_{EC}）相比，ET_c 两年均高于 ET_{EC}。2013 年 ET_c 高于 ET_{EC}

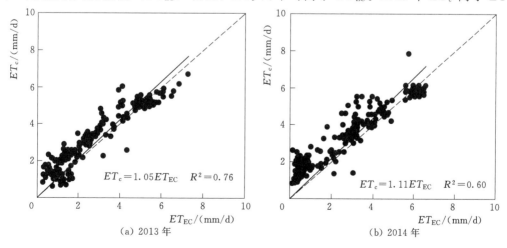

图 4.18　用双作物系数法估算的制种玉米耗水量与涡度相关实测值的相关分析（甘肃武威）

5%，相关系数（R^2）、绝对误差（MAE）、均方差（$RMSE$）和修正系数（E_1）分别为 0.76、0.67mm/d、0.80mm/d 和 0.58；2014 年 ET_c 高于 ET_{EC} 11%，R^2、MAE、$RMSE$ 和 E_1 分别为 0.60、0.86mm/d、1.05mm/d 和 0.45（表 4.8）。最初的不考虑作物差异的双作物系数法估算玉米的 ET，也出现了高于实测值的现象。Zhang 等采用双作物系数法估算夏玉米 ET，估算值高于涡度相关实测值 7%[23]。Ding 等采用双作物系数法估算春玉米 ET 高于涡度相关实测值 2%[24]。Jiang 等采用双作物系数法估算不同种植密度下制种玉米的 ET，其值高于涡度相关实测值 9%[25]。全生育期内，ET_c 在生育中期及后期与 ET_{EC} 较为接近，而前期和快速生长期明显高于涡度相关实测值（图 4.19），这主要

表 4.8　　　　用双作物系数法估算的制种玉米耗水量及其组分与
实测值的相关分析结果（甘肃武威）

年份	回归方程	n	R^2	MAE/(mm/d)	$RMSE$/(mm/d)	E_1
2013	$ET_c = 1.05ET_{EC}$	132	0.76	0.67	0.80	0.58
	$T_{cm} = 1.17T_{sm}$	62	0.70	0.70	0.84	0.39
	$T_{cf} = 1.04T_{sf}$	62	0.81	0.44	0.54	0.56
	$E_{cs} = 1.16E_s$	59	0.30	0.21	0.24	−0.08
2014	$ET_c = 1.11ET_{EC}$	145	0.60	0.86	1.05	0.45
	$T_{cm} = 1.27T_{sm}$	72	0.56	1.06	1.20	0.19
	$T_{cf} = 1.21T_{sf}$	72	0.60	0.93	1.06	0.02
	$E_{cs} = 1.03E_s$	64	0.31	0.18	0.22	0.14

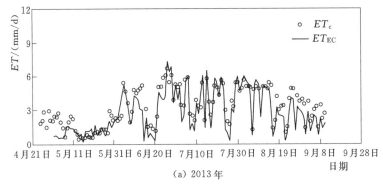

(a) 2013 年

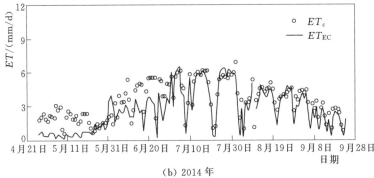

(b) 2014 年

图 4.19　采用双作物系数法估算的制种玉米全生育期耗水量过程与
涡度相关实测值的比较（甘肃武威）

是因为生育前期基础作物系数（K_{cb}）为定值，不能反映作物生长情况。快速生长期日尺度 K_{cb} 通过前期和中期 K_{cb} 拟合的线性关系得到，而由于作物冠层覆盖度的非线性变化，实际的作物 K_{cb} 也不是线性增加[24]。Jiang 等采用双作物系数法估算制种玉米的 ET 时生育前期和快速生长期也高于涡度相关实测的 ET[25]。

由图 4.20 可知，采用双作物系数法估算的父本蒸腾量（T_{cm}）两年均明显高于茎流计实测值（T_{sm}）。2013 年 T_{cm} 高于 T_{sm} 17%，R^2、MAE、$RMSE$ 和 E_1 分别为 0.70、0.70mm/d、0.84mm/d 和 0.39。2014 年高于 T_{sm} 27%，R^2、MAE、$RMSE$ 和 E_1 分别为 0.56、1.06mm/d、1.20mm/d 和 0.19。2013 年采用双作物系数法估算的母本蒸腾量（T_{cf}）接近茎流计实测值（T_{sf}），仅高于 T_{sf} 4%，R^2、MAE、$RMSE$ 和 E_1 分别为 0.81、0.44mm/d、0.54mm/d 和 0.56，而 2014 年 T_{cf} 明显高于 T_{sf}，R^2、MAE、$RMSE$ 和 E_1 分别为 0.60、0.93mm/d、1.06mm/d 和 0.02（表 4.8）。两年试验阶段内的 T_{cm} 均高于 T_{sm}；2013 年生育中期 T_{cf} 接近实测值，而生育后期高于 T_{sf}。2014 年，生育中期明显高于实测值（图 4.21）。估算的蒸腾量偏高可能是因为父本或母本生育中期完全覆盖时估算的基础作物系数（$K_{cb\ full}$）偏高导致父本母本基础作物系数（K_{cbi}）偏高导致。Ringersma 和 Sikking 采用双作物系数法估算萨赫勒地区的篱笆植被的 ET 时，也发现该种方法会高估

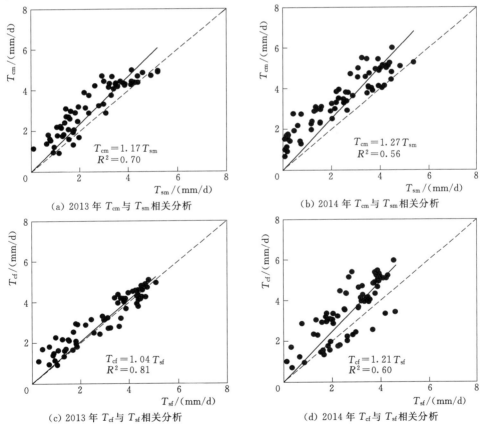

（a）2013 年 T_{cm} 与 T_{sm} 相关分析　　　　（b）2014 年 T_{cm} 与 T_{sm} 相关分析

（c）2013 年 T_{cf} 与 T_{sf} 相关分析　　　　（d）2014 年 T_{cf} 与 T_{sf} 相关分析

图 4.20　用双作物系数法估算制种玉米父本、母本蒸腾量与
茎流计实测值的相关分析（甘肃武威）

$K_{cb\,full}$，即使采用调整系数进行修正仍然出现偏高的现象[26]。

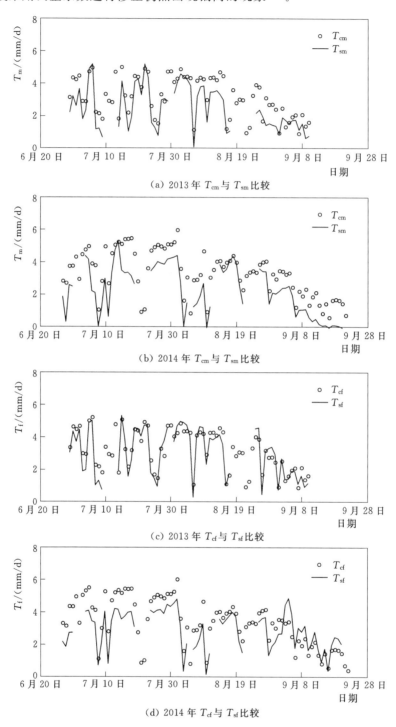

(a) 2013 年 T_{cm} 与 T_{sm} 比较

(b) 2014 年 T_{cm} 与 T_{sm} 比较

(c) 2013 年 T_{cf} 与 T_{sf} 比较

(d) 2014 年 T_{cf} 与 T_{sf} 比较

图 4.21 采用双作物系数法估算制种玉米父本母本全生育期
蒸腾量过程与茎流计实测值的比较（甘肃武威）

由图 4.22 可知，采用双作物系数法估算的土壤蒸发（E_{cs}）两年均高于微型蒸渗仪的实测值（E_s）。2013 年 E_{cs} 高于 E_s 16%，2014 年仅高于 E_s 3%，但两年的 R^2 和 E_1 均较低，MAE 和 $RMSE$ 较高。2013 年 R^2、MAE、$RMSE$ 和 E_1 分别为 0.30、0.21mm/d、0.24mm/d 和 $-$0.08；2014 年 R^2、MAE、$RMSE$ 和 E_1 分别为 0.31、0.18mm/d、0.22mm/d 和 0.14（表 4.8）。这主要是由于生育后期，最后一次灌水后估算值偏高导致的（图 4.23）。Zhao 等采用该方法估算冬小麦与夏玉米轮作系统土壤蒸发发现，冬小麦估算值在

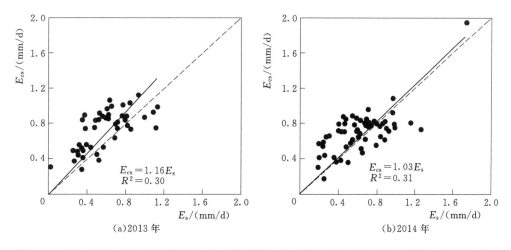

图 4.22　用双作物系数法估算制种玉米土壤蒸发与微型蒸渗仪实测值的相关分析（甘肃武威）

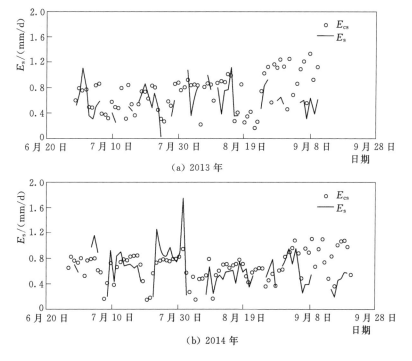

图 4.23　用双作物系数法估算制种玉米全生育期土壤蒸发过程与
微型蒸渗仪实测值的比较（甘肃武威）

9月明显高于实测值。夏玉米估算值与实测值拟合线性关系的斜率接近 1，且 R^2 也较高，但拟合值在生育后期也出现高于实测值的现象[28]。这可能是由于生育后期叶片发黄枯萎，测量冠层覆盖度较低，模拟的土壤蒸发增大，而部分发黄叶片并未脱落，截获部分光能，导致实际的土壤蒸发偏小。

4.1.5.2 应用双作物系数法估算葡萄园耗水量及其组分的研究

采用 FAO-56 分册推荐的双作物系数模型，对西北地区典型沟灌葡萄园总耗水量 ET、植株蒸腾 T 和土壤蒸发 E 分别进行了估算，并采用 2013—2014 年葡萄全生育期的涡度相关系统实测 ET，植株茎流计实测 T 和微型蒸渗仪实测 E，对模型计算结果进行了评价。结果表明，当采用根据实测蒸腾量 T 得到的基础作物系数 K_{cb}，双作物系数模型能较好地模拟葡萄园总蒸（散）发及其组分。

双作物系数模型中 ET、T 和 E 的计算公式分别为[8]

$$ET = (K_s K_{cb} + K_e) ET_0 \qquad (4.58)$$

$$T = K_s K_{cb} ET_0 \qquad (4.59)$$

$$E = K_e ET_0 \qquad (4.60)$$

式中：ET_0 为参考作物需水量；K_c 为作物系数；K_s 为水分胁迫系数；K_{cb} 为基础作物系数；K_e 为土壤蒸发系数。其中 K_{cb} 随着种植模式、品种、地区和气候条件的不同而存在很大差异（表 4.9）。因此本研究采用根据实测蒸腾 T 得到的 K_{cb} 值来代替 FAO-56 中的推荐值。

表 4.9 不同品种酿酒葡萄的基础作物系数 K_{cb} 值

文献来源		基础作物系数 K_{cb}			品种	栽培系统
		前期	中期	后期		
FAO-56 推荐值[8]		0.15	0.65	0.40	葡萄	—
Teixeira 等[29]		0.55~0.57	0.72~0.73	0.60~0.63	小席拉	单壁篱架
Allen 和 Pereira[94]		0.20~0.25	0.40~0.70	0.30~0.55	葡萄	—
Fandiño 等[30]		0.08~0.11	0.27~0.57	0.07~0.25	阿尔巴利诺	单壁篱架
Poblete-Echeverría 和 Ortega-Farias[31]		0.20~0.27	0.50~0.55	0.43	梅鹿辄	单壁篱架
中国农业大学 石羊河实验站	2013 年观测值	0.03	0.56	0.05	梅鹿辄	单壁篱架
	2014 年观测值	0.05	0.46	0.10		

其他参数的计算公式详见 FAO-56 分册。2013—2014 年实测值和由双作物系数法计算得到的葡萄园 ET、T 和 E 的季节变化如图 4.24 所示。

结果表明，双作物系数法能较好地模拟葡萄园 ET 及其各组分（图 4.24，表 4.10）。灌溉和降雨后实测与模拟的 ET 和 E 均突然增大，之后随土壤变干而迅速降低。2013—2014 年模拟的 ET 与实测值的决定系数 R^2 为 0.81，均方根误差 $RMSE$ 为 0.64mm/d，平均绝对误差 MAE 为 0.51mm/d；模拟的蒸发与实测值的决定系数 R^2 为 0.76，均方根误差 $RMSE$ 为 0.44mm/d，平均绝对误差 MAE 为 0.34mm/d；模拟的作物

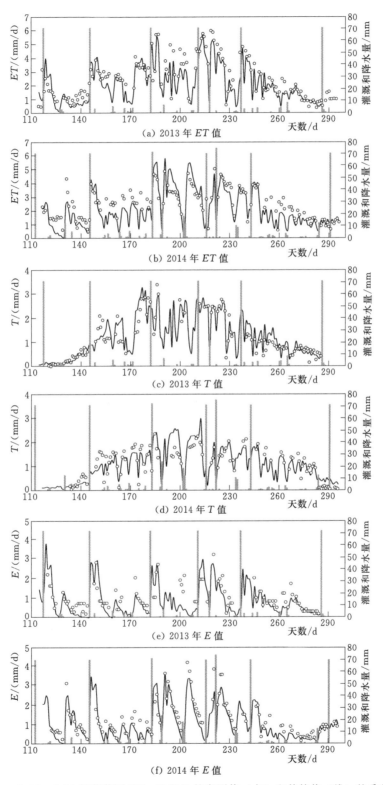

图 4.24　2013—2014 年葡萄园 ET、T 和 E 的实测值（点）和估算值（线）的季节变化

表 4.10 实测葡萄园 *ET* 及其各组分与模拟值之间的参数统计

参数	年份	a/(mm/d)	b	R^2	RMSE/(mm/d)	MAE/(mm/d)	PMARE/%
ET	2013	0.05	0.87	0.85	0.62	0.48	22.3
	2014	−0.48	1.13	0.80	0.66	0.54	24.5
	总体	−0.13	0.96	0.81	0.64	0.51	23.4
E	2013	−0.07	0.93	0.60	0.50	0.37	39.9
	2014	−0.06	0.92	0.84	0.39	0.31	31.6
	总体	−0.07	0.92	0.76	0.44	0.34	35.5
T	2013	0.19	0.93	0.84	0.37	0.28	58.0
	2014	0.13	0.93	0.74	0.35	0.26	52.8
	总体	0.16	0.93	0.80	0.36	0.27	55.4

注 a 为 *ET* 实测值与模拟值相关关系的截距，b 为斜率，R^2 为决定系数，RMSE 为均方根误差，MAE 为平均绝对误差，PMARE 为平均绝对百分比误差。

蒸腾与实测值的 R^2 为 0.80，均方根误差 RMSE 为 0.36mm/d，平均绝对误差 MAE 为 0.27mm/d。这表明模拟值与实测值一致性较好，双作物系数法能精确地模拟葡萄园 *ET* 及其各组分。

4.2 葡萄园耗水量估算方法的比较与改进及其应用

4.2.1 三种估算葡萄园耗水方法在西北内陆干旱区的对比研究

由于作物耗水的测定受到诸多时空因素限制，所以利用耗水模型来估算其变化规律和特征显得十分重要。目前，耗水模型中常用的有单源 Penman - Monteith 模型（简称 P - M 模型）、双源 Shuttleworth - Wallace 模型（简称 S - W 模型）和多源 Clumping 模型（简称 C 模型）。

P - M 模型将作物冠层看成位于动量源汇处的一片大叶，将作物冠层和土壤当作一层。该模型因其计算简洁而被广泛采用，许多研究表明，P - M 模型可以较好地估算稠密冠层的作物耗水。但是，由于 P - M 模型忽略了作物冠层与土壤之间的水热特性差异，特别是对于宽行作物而言，蒸腾与蒸发的通量源汇面存在较大差异，因此 P - M 模型不适合估算宽行作物的耗水。然而，也有一些学者将具有变化冠层阻抗的 P - M 模型成功地应用于宽行作物耗水的估算，而且在不同的水分条件下，该模型都具有较高的精度[32-35]。

由于 P - M 模型能否很好地应用于宽行作物耗水估算还存在较大争议，而且该模型很难将植株蒸腾和土壤蒸发分开。Shuttleworth 和 Wallace[7] 于 1985 年将植被冠层、土壤表面看成两个既相互独立、又相互作用的水汽源，建立了宽行作物的耗水 Shuttleworth - Wallace 模型。由于该模型较好地考虑了土壤蒸发，因而有效地提高了作物叶面积指数较小时的耗水估算精度。众多学者应用该模型对宽行作物耗水进行了估算，都取得了较好的结果。但对于该模型的研究大多都集中在某一时段，没有对作物整个生育阶段的特异性进行详细的探讨。

尽管 S - W 模型在宽行作物耗水估算方面取得了较好的结果，但该模型仍存在许多假定条件和不足之处。因此，基于 S - W 模型的理论框架逐步发展出了多层模型。C 模型作为一种较为简单的多层模型，突破了 S - W 模型中关于下垫面冠层均匀分布的理论假设，该模型将土壤蒸发进一步细分为冠层盖度范围内的土壤蒸发和裸露地表的土壤蒸发，其理论更加完善和合理。Brenner 和 Incoll[36]将该方法应用于西班牙地区干旱流域的耗水估算。Domingo 等[37]将该模型各组分之间的能量分配进一步进行了改进。然而多层模型的参数相对比较复杂，而且随着测取参数的增加，累计误差也会不断加大，其估算效果未必最佳，并且不便于推广使用[38]。

综上所述，尽管已有不少学者对单源 P-M 模型、双源 S-W 模型和多源 C 模型进行了较为系统的研究和应用，但将这三种模型应用于我国西北干旱荒漠绿洲区葡萄园的报道甚为少见，因此研究和探讨这三种作物耗水模型在我国西北旱区特定环境条件下的适用性和估算效果等一系列问题具有极其重要的意义。本节旨在以中国西北干旱荒漠绿洲区的甘肃河西走廊石羊河流域沟灌葡萄园为例，将波文比-能量平衡法的测定值作为标准，探讨各模型的适用范围和限制条件，同时筛选出较为适合当地采用的估算模型，并为进一步构建更加适合的作物耗水估算模型提供理论基础，也为制定该地区葡萄园的灌溉制度提供有用依据。

4.2.1.1　葡萄园耗水模型及参数确定

1. Penman-Monteith 模型及参数确定

P-M 模型的基本表达式如下[6]：

$$\lambda ET = \frac{\Delta(R_n - G) + \rho C_p VPD / r_a}{\Delta + \gamma[1 + (r_c / r_a)]} \tag{4.61}$$

式中：λET 为葡萄园潜热通量，W/m^2；λ 为水的汽化潜热，J/kg；ET 为葡萄园耗水量，mm；Δ 为饱和水汽压-温度曲线的斜率，$kPa/℃$；R_n 为净辐射，W/m^2；G 为土壤热通量，W/m^2；ρ 为空气密度，kg/m^3；C_p 为空气的定压比热，$J/(kg \cdot K)$；VPD 为饱和差，kPa；γ 为湿度计常数，$kPa/℃$；r_a 为空气动力学阻力，s/m；r_c 为冠层阻力，s/m。

冠层阻力 r_c 采用 Jarvis 模型估算。该模型根据植物气孔导度对一系列单一控制环境因子的响应，假设各环境变量对气孔导度的影响函数各自独立，得到了一个阶乘性多环境因子变量综合模型，具体表达式如下[39]：

$$r_c = \frac{r_{STmin}}{LAI_e \prod_i F_i(X_i)} \tag{4.62}$$

式中：r_{STmin} 为最小气孔阻力，s/m；根据实测资料，取值 $146s/m$；LAI_e 为有效叶面积指数，当 $LAI \leqslant 2$ 时，$LAI_e = LAI$；当 $LAI \geqslant 4$ 时，$LAI_e = LAI/2$；当 $2 < LAI < 4$ 时，$LAI_e = 2$；X_i 为某一环境变量；$F_i(X_i)$ 为环境变量 X_i 的胁迫函数（$0 \leqslant F_i(X_i) \leqslant 1$），其表达式为[39]

$$F_1(S) = \frac{S}{1100} \frac{1100 + a_1}{S + a_1} \tag{4.63}$$

$$F_2(T_a) = \frac{(T_a - T_L)(T_H - T_a)^{(T_H - a_2)/(a_2 - T_L)}}{(a_2 - T_L)(T_H - a_2)^{(T_H - a_2)/(a_2 - T_L)}} \tag{4.64}$$

$$F_3(VPD) = e^{-a_3 VPD} \tag{4.65}$$

$$F_4(\theta) = \begin{cases} 1 & (\theta_z \geqslant \theta_{fc}) \\ \dfrac{\theta_z - \theta_{wp}}{\theta_{fc} - \theta_{wp}} & (\theta_{wp} < \theta_z < \theta_{fc}) \\ 0 & (\theta_z \leqslant \theta_{wp}) \end{cases} \tag{4.66}$$

式中：S 为光合有效辐射，W/m^2；T_a 为气温，$℃$；θ_z 为根区土壤含水量，cm^3/cm^3；θ_{fc} 为田

间持水量，cm^3/cm^3；θ_{wp} 为凋萎含水量，cm^3/cm^3；T_H、T_L 分别为作物生长停滞的临界温度，℃，取值 40℃ 和 0℃[40]；a_1、a_2 和 a_3 为经验系数，通过多元回归最优化拟合获得。

空气动力学阻力 r_a 采用式（4.67）计算：

$$r_a = \frac{\ln[(z-d)/(h_c-d)]\ln[(z-d)/z_0]}{k^2 u} \tag{4.67}$$

式中：k 为卡曼常数，取值为 0.40；z 为参照高度，m，即风速与温湿度测量高度；d 为零平面位移，m；u 为参考高度处的水平风速，m/s；z_0 为动量传输粗糙度长度，m。

粗糙度长度 z_0 和零平面位移 d 随作物高度 h_c 和叶面积指数 LAI 的改变而变化，其表达式为[36]

$$z_0 = \begin{cases} z_0' + 0.3 h_c X^{0.5} & (0 < X < 0.2) \\ 0.3 h_c (1 - d/h_c) & (0.2 < X < 1.5) \end{cases} \tag{4.68}$$

$$d = 1.1 h_c \ln(1 + X^{0.25}) \tag{4.69}$$

$$X = c_d LAI$$

式中：h_c 为作物高度，m；z_0' 为裸地的粗糙度长度，取值 0.01m；c_d 为拖曳系数，取值为 0.07。

2. Shuttleworth – Wallace 模型及参数确定

S－W 模型是在冠层和土壤双层能量平衡模式框架下建立的，其特点是能够分别计算土壤蒸发和作物蒸腾量，且形式较为简单，应用广泛。其表达式为[7]

$$\lambda ET = \lambda E + \lambda T = C_{sw}^s PM_{sw}^s + C_{sw}^p PM_{sw}^p \tag{4.70}$$

$$PM_{sw}^s = \frac{\Delta A_{sw} + \dfrac{\rho C_P VPD - \Delta r_a^s (A_{sw} - A_{sw}^s)}{r_a^a + r_a^s}}{\Delta + \gamma[1 + r_s^s/(r_a^a + r_a^s)]} \tag{4.71}$$

$$PM_{sw}^p = \frac{\Delta A_{sw} + (\rho C_P VPD - \Delta r_a^p A_{sw}^s)/(r_a^a + r_a^p)}{\Delta + \gamma[1 + r_s^p/(r_a^a + r_a^p)]} \tag{4.72}$$

$$C_{sw}^s = \frac{1}{1 + R_{sw}^s R_{sw}^a / R_{sw}^p (R_{sw}^s + R_{sw}^a)} \tag{4.73}$$

$$C_{sw}^p = \frac{1}{1 + R_{sw}^p R_{sw}^a / R_{sw}^s (R_{sw}^p + R_{sw}^a)} \tag{4.74}$$

$$R_{sw}^s = (\Delta + \gamma) r_a^s + \gamma r_s^s \tag{4.75}$$

$$R_{sw}^p = (\Delta + \gamma) r_a^p + \gamma r_s^p \tag{4.76}$$

$$R_{sw}^a = (\Delta + \gamma) r_a^a \tag{4.77}$$

式中：λE 为土壤蒸发潜热通量，W/m^2；λT 为植株蒸腾潜热通量，W/m^2；λ 为水的汽化潜热，J/kg；E 为土壤蒸发，mm；T 为植株蒸腾，mm；r_s^p 为冠层阻抗，s/m；r_a^p 为从叶片到冠层通量平均高度处的空气动力学阻力，s/m；r_s^s 为地表阻力，s/m；r_a^s 为从地表到冠层通量平均高度处的空气动力学阻力，s/m；r_a^a 为从冠层通量平均高度到参照高度处的空气动力学阻力，s/m；A_{sw}、A_{sw}^s 分别为到达下垫面和地表的可利用能量，W/m^2，其表达式为

$$A_{sw} = R_n - G \tag{4.78}$$

$$A_{sw}^s = R_{nsw}^s - G \tag{4.79}$$

式中：R_{nsw}^s 为到达地表的净辐射能量，W/m^2，可由式（4.80）计算：

$$R_{nsw}^s = R_n \exp(-CLAI) \tag{4.80}$$

式中：C 为消光系数，对于完全发育的葡萄冠层为 0.68，裸露地表为 0。

由于葡萄的覆盖度仅为 0.35 左右，根据覆盖度进行线性插值获得葡萄园整体的消光系数为 0.24。

该模型中的冠层阻抗采用 Jarvis 的经验公式计算[39]：

$$r_s^p = \frac{r_{STmin}}{LAI_e \prod_i F_i(X_i)} \tag{4.81}$$

式中各参数的计算见式（4.63）～式（4.66）。

空气动力学阻力 r_a^a 和 r_a^s 由风廓线和湍流扩散系数共同决定。冠层上方的湍流扩散系数 K 可由式（4.82）表达：

$$K = ku_*(z-d) \tag{4.82}$$

式中：u_* 为摩擦风速，m/s。

湍流扩散系数在冠层内呈指数衰减，则表达式为

$$K = K_h \exp\left[-n\left(1-\frac{z}{n}\right)\right] \tag{4.83}$$

式中：K_h 为冠层顶处的湍流扩散系数，m^2/s；n 为湍流扩散衰减系数。

Brutsaert[41] 研究表明，当作物高度 $h_c < 1m$ 时，$n = 2.5$；当作物高度 $h_c > 10m$ 时，$n = 4.25$。根据线性插值取 $n = 2.6$。K_h 的表达式为[41]

$$K_h = ku_*(h_c-d) \tag{4.84}$$

将上述湍流扩散系数积分便可得到空气动力学阻力 r_a^a 和 r_a^s，其表达式为[41]

$$r_a^a = \frac{1}{ku_*}\ln\left(\frac{z-d}{h_c-d}\right) + \frac{h_c}{nK_h}\left\{\exp\left[n\left(1-\frac{z_0+d}{h_c}\right)\right]-1\right\} \tag{4.85}$$

$$r_a^s = \frac{h_c \exp n}{nK_h}\left[\exp\left(\frac{-nz_0'}{h_c}\right) - \exp\left(-n\frac{z_0+d}{h_c}\right)\right] \tag{4.86}$$

冠层的空气动力学阻力 r_a^p 采用 Shuttleworth 和 Wallace 提出的公式[7]：

$$r_a^p = \frac{r_b}{2LAI} \tag{4.87}$$

式中：r_b 为单位冠层面积的边界层阻力，取值为 $50s/m$[42]。

地表阻力采用 Anadranistakis 等得到的公式进行计算[43]：

$$r_s^s = r_{smin}^s f(\theta_s) \tag{4.88}$$

式中：r_{smin}^s 为最小的地表阻力，取值为 $100s/m$[44]；θ_s 为表层土壤含水量，cm^3/cm^3。

Sene[46] 研究表明，干旱地区降雨后地表 10cm 以下土壤含水量变化很小，因此表层土壤含水量取 0～10cm 含水量的均值。

$f(\theta_s)$ 近似采用 Thompson 等的表达式[44]：

$$f(\theta_s) = 2.5\frac{\theta_{fc}}{\theta_s} - 1.5 \tag{4.89}$$

式中：θ_{fc} 为土壤田间持水量，cm^3/cm^3。

3. Clumping 模型及参数确定

C 模型是在 S-W 模型的理论框架下发展起来的。该模型突破了 S-W 模型中关于下

垫面冠层均匀分布的理论假设，将土壤蒸发进一步细分为冠层盖度范围内的地表蒸发和裸露地表的蒸发，其表达式为[36]

$$\lambda ET = \lambda E^{s} + \lambda E^{bs} + \lambda T = f(C_{c}^{s} PM_{c}^{s} + C_{c}^{p} PM_{c}^{p}) + (1-f) C_{c}^{bs} PM_{c}^{bs} \tag{4.90}$$

式中：λE^{s} 为冠层盖度范围内土壤蒸发潜热，W/m^{2}；E^{s} 为冠层盖度范围内土壤蒸发，mm；λE^{bs} 为裸露地表处土壤蒸发潜热，W/m^{2}；E^{bs} 为裸露地表处土壤蒸发，mm；f 为冠层覆盖度，式中各项表达式如下[36]：

$$PM_{c}^{p} = \frac{\Delta A_{c} + (\rho C_{p} VPD - \Delta r_{a}^{p} A_{c}^{s})/(r_{a}^{a} + r_{a}^{p})}{\Delta + \gamma[1 + r_{s}^{p}/(r_{a}^{a} + r_{a}^{p})]} \tag{4.91}$$

$$PM_{c}^{s} = \frac{\Delta A_{c} + (\rho C_{p} VPD - \Delta r_{a}^{s} A_{c}^{p})/(r_{a}^{a} + r_{a}^{s})}{\Delta + \gamma[1 + r_{s}^{s}/(r_{a}^{a} + r_{a}^{s})]} \tag{4.92}$$

$$PM_{c}^{bs} = \frac{\Delta A_{c} + [\rho C_{p} VPD - \Delta r_{a}^{bs}(A_{c} - A_{c}^{bs})]/(r_{a}^{a} + r_{a}^{bs})}{\Delta + \gamma[1 + r_{s}^{bs}/(r_{a}^{a} + r_{a}^{bs})]} \tag{4.93}$$

$$C_{c}^{s} = R_{c}^{bs} R_{c}^{p}(R_{c}^{s} + R_{c}^{a})/[R_{c}^{s} R_{c}^{p} R_{c}^{bs} + (1-f) R_{c}^{s} R_{c}^{p} R_{c}^{a} + f R_{c}^{bs} R_{c}^{s} R_{c}^{a} + f R_{c}^{bs} R_{c}^{p} R_{c}^{a}] \tag{4.94}$$

$$C_{c}^{p} = R_{c}^{bs} R_{c}^{s}(R_{c}^{p} + R_{c}^{a})/[R_{c}^{s} R_{c}^{p} R_{c}^{bs} + (1-f) R_{c}^{s} R_{c}^{p} R_{c}^{a} + f R_{c}^{bs} R_{c}^{s} R_{c}^{a} + f R_{c}^{bs} R_{c}^{p} R_{c}^{a}] \tag{4.95}$$

$$C_{c}^{bs} = R_{c}^{s} R_{c}^{p}(R_{c}^{bs} + R_{c}^{a})/[R_{c}^{s} R_{c}^{p} R_{c}^{bs} + (1-f) R_{c}^{s} R_{c}^{p} R_{c}^{a} + f R_{c}^{bs} R_{c}^{s} R_{c}^{a} + f R_{c}^{bs} R_{c}^{p} R_{c}^{a}] \tag{4.96}$$

$$R_{c}^{s} = (\Delta + \gamma) r_{a}^{s} + \gamma r_{s}^{s} \tag{4.97}$$

$$R_{c}^{p} = (\Delta + \gamma) r_{a}^{p} + \gamma r_{s}^{p} \tag{4.98}$$

$$R_{c}^{bs} = (\Delta + \gamma) r_{a}^{bs} + \gamma r_{s}^{bs} \tag{4.99}$$

$$R_{c}^{a} = (\Delta + \gamma) r_{a}^{a} \tag{4.100}$$

式中：A_{c}、A_{c}^{p}、A_{c}^{s} 和 A_{c}^{bs} 分别为葡萄园总的、冠层获得的、冠层盖度范围内土壤获得的和裸露地表区土壤获得的可利用能，W/m^{2}；r_{a}^{bs} 为裸露地表区土壤表面到冠层通量平均高度处的空气动力学阻力，s/m；r_{s}^{bs} 为裸露地表的地表阻力，s/m。

到达冠层的净辐射 R_{n} 部分被冠层吸收 R_{n}^{p}，部分被冠层下方的土壤吸收 R_{n}^{s}，部分净辐射能量被裸露地表直接吸收：

$$R_{nc}^{s} = R_{n} e^{-C LAI/f} \tag{4.101}$$

$$R_{nc}^{p} = R_{n} - R_{nc}^{s} \tag{4.102}$$

$$A_{c}^{s} = R_{nc}^{s} - G^{s} \tag{4.103}$$

$$A_{c}^{bs} = R_{n} - G^{bs} \tag{4.104}$$

$$A_{c}^{p} = R_{nc}^{p} \tag{4.105}$$

式中：R_{nc}^{p}、R_{nc}^{s} 分别为被葡萄冠层截获的和到达冠层下方地表的净辐射，W/m^{2}；G^{s}、G^{bs} 分别为冠层盖度范围内和裸露地表区的土壤热通量，W/m^{2}；C 为完全发育的葡萄冠层消光系数，取值为 0.68[46]。

C 模型是在 S-W 模型的基础上又引入了裸露地表阻力 r_{s}^{bs} 和从裸露地表到冠层通量平均高度处的空气动力学阻力 r_{a}^{bs}。裸露地表阻力 r_{s}^{bs} 可利用式（4.88）和式（4.89）进行计算，但其中的土壤含水量为裸露地表处的土壤含水量。裸露地表的空气动力学阻力 r_{a}^{bs} 计算过程如下：

当裸露地表的湍流扩散不受周围冠层影响时，从地表到冠层通量平均高度处的空气动力学阻力 r_{a}^{b} 为[36]

$$r_{a}^{b} = \ln[(z_{m}/z_{0}')^{2}/(k^{2} u_{m})] \tag{4.106}$$

式中：z_m 为冠层通量平均高度，m，假定为 $0.75h_c^{[36]}$；u_m 为 z_m 处的水平风速，m/s。

葡萄园中裸露地表的空气动力学阻力 r_a^{bs} 介于 r_a^b 和 r_a^s 之间，其具体值可根据盖度 f 进行线性插值获得[36]。

C 模型其余各项阻力的计算函数与 S-W 模型相同。

4.2.1.2　三种葡萄园耗水估算模型的验证及应用

1. 晴天天气条件下葡萄耗水估算值与实测值的日变化对比

分别选取葡萄生育前期、中期和后期天气晴好，具有代表性的连续 3d 来分析和对比这三种耗水估算模型在鲜食酿酒葡萄不同生育阶段的估算结果与波文比-能量平衡法（BREB）测定值之间的日变化趋势（图 4.25 和图 4.26），计算时段为 30min。从图中可

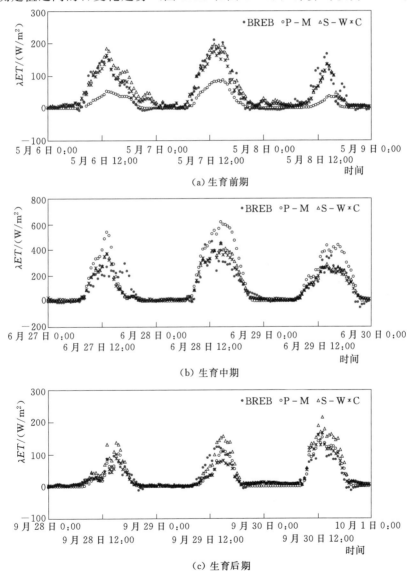

图 4.25　典型晴天鲜食葡萄园潜热通量估算值与实测值之间的对比

（甘肃武威，2006 年）

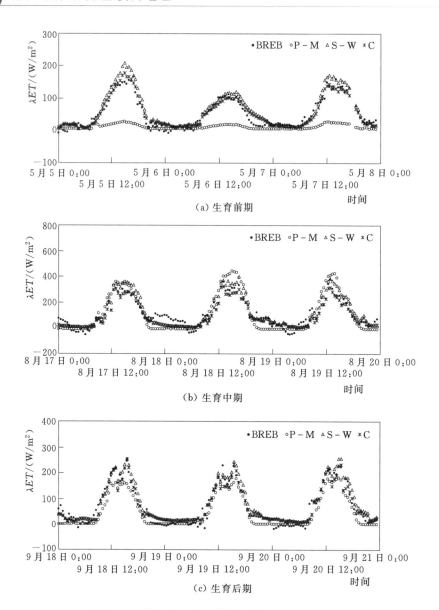

图 4.26 典型晴天酿酒葡萄园潜热通量估算值与
实测值之间的对比（甘肃武威，2008 年）

以看出，这三种模型估算的潜热通量与波文比-能量平衡法测定值之间的日变化趋势基本
一致，但数量上有所差异。从整体上看，S-W 模型和 C 模型的估算结果与波文比-能量
平衡法测定值比较接近，而 P-M 模型的估算值则偏差较大。

P-M 模型忽略了作物冠层与土壤之间的水热特性差异，并且假定下垫面各向同性。
所以，P-M 模型对稀疏植被耗水的估算效果主要取决于：①植被和土壤状况是否较好地
满足各向同性；②土壤的蒸发比值（土壤蒸发耗水与土壤可利用能量的比值）和作物的蒸
腾比值（作物蒸腾耗水与作物可利用能量的比值）是否一致。

从图 4.25 和图 4.26 可以看出，葡萄生育前期，P-M 模型的估算值明显低于波文

比-能量平衡法实测值，这与 Farahani 和 Bausch[49]、Kato 等[42]的研究结果一致。这主要是由于：①该时期叶面积指数较小，叶片之间重叠程度很低，该模型假定叶片均匀分布于下垫面后，基本不会高估作物吸收的可利用能；②该地区葡萄行距较大，葡萄对地表的覆盖度很低，因此土壤蒸发占耗水总量的比例较大，而 P-M 模型主要考虑了植株蒸腾作用，因此造成该时期的估算值明显偏小。到达葡萄生育中期，P-M 模型又可能会高估耗水，尤其是在 2006 年鲜食葡萄园阳光充足的中午时分。Ortega-Farias 等[33]应用 P-M 模型估算沟灌西红柿耗水的研究结果也表明，典型晴天天气条件下为 11：00—16：00，P-M 模型的估算值明显偏大，其日变化误差最大达 20.5%，这与我们的结论基本一致。造成这种现象的原因主要如下：

（1）该时期叶面积指数较大，但是由于葡萄特殊的管理方式（将葡萄藤绑扎在单篱架上），叶片之间相互重叠。因此，P-M 模型假定叶片均匀分布于下垫面后，就会过高估计作物对太阳可利用能的吸收。

（2）葡萄园垄上地表的土壤含水量较低，并且在强烈的辐射条件下，表层会形成一层干土层，从而有效地阻止了水分蒸发。因此土壤蒸发比值明显小于作物的蒸腾比值。所以，高估作物吸收的太阳可利用能就可能会造成 P-M 模型高估耗水。葡萄生育后期，P-M 模型估算值与实测值较为接近。

此外，造成 P-M 模型估算值与实测值产生偏差的原因还有：①土壤表层形成的干土层会增强地表与大气间感热交换，气温升高，饱和差增大，促使干燥力变大，但葡萄会通过调节自身气孔开度来阻止水分的过度散失，而 P-M 公式中冠层阻抗未充分反映包括作物叶片和地表的这些变化情况；②该葡萄园采取了沟灌节水灌溉方式，葡萄沟间和垄上土壤含水量差距较大，P-M 模型将下垫面作均一化的简化后，会带来一定误差；③模型中冠层阻抗主要考虑了气孔阻力的影响，而没有充分考虑土壤蒸发和气象条件[45]。因此，将 P-M 模型应用于某种特定作物时，其冠层阻抗与环境因子之间的具体函数关系及取值也将发生一定变化[46]，对于稀疏植被而言，还应考虑土壤蒸发的影响[47]。

由于 S-W 模型和 C 模型将土壤蒸发作为单独的源汇项进行考虑，区分了植被冠层与土壤之间的水热特性差异，因此 S-W 模型和 C 模型的估算值与波文比-能量平衡法实测值之间的一致性较好，特别是 C 模型。Farahani 和 Bausch[48]、Farahani 和 Ahuja[85]、Domingo 等[37]以及 Brenner 和 Incoll[36]的研究也表明，S-W 模型和 C 模型估算的稀疏植被耗水具有较高精度。但这两种模型和波文比-能量平衡法之间仍然存在一定差异，除以上论述的冠层阻抗和地表阻力的影响外，另一个可能的原因是由于对冠层能量吸收估算不准所致。S-W 模型和 C 模型都没有考虑土壤与冠层之间的反射率、长波辐射等的差异。Brenner 和 Incoll[36]的研究表明，冠层与裸地之间的长波辐射差值最大可达 $100W/m^2$。并且这两种模型未将葡萄园行带走向与太阳的日运动轨迹结合起来，综合考虑葡萄树对地表的遮阴时间和遮阴范围，因而太阳辐射截留分配模型过于简单。此外，模型没有充分考虑局部湿润灌溉方式的影响。

2. 降雨前后葡萄园耗水估算值与实测值的日变化对比

在中国西北干旱地区，葡萄园表层土壤含水量很低，因而降雨前后葡萄园耗水会发生较大变化，很有必要探讨降雨前后这三种模型的估算效果。图 4.27 为一次降雨后（降雨

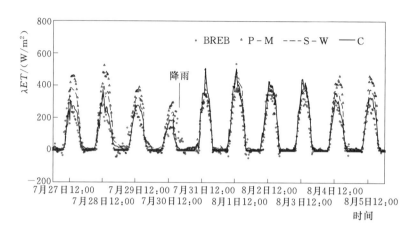

图 4.27 降雨前后鲜食葡萄园潜热通量估算值与
实测值的日变化对比（甘肃武威，2006 年）

时间为 2006 年 7 月 30 日 15：00—19：00，降雨量为 29.0mm）葡萄园潜热通量估算值与
波文比-能量平衡法实测值之间的对比分析。从图 4.27 中可以看出：S-W 模型和 C 模型
的估算效果较好，P-M 模型估算值偏低。P-M 模型估算效果较差的主要原因是：雨后
土壤表面很湿润，棵间土壤蒸发显著增大。P-M 模型估算值仅仅通过大气饱和差减小促
使冠层阻抗减小来增大估算值，但大气饱和差减小的同时也会使 P-M 模型中的干燥力项
减小，影响估算值的增加幅度，因而其估算值偏小。而 S-W 模型和 C 模型单独考虑了土
壤蒸发的作用，所以其估算效果优于 P-M 模型。

3. 灌溉后葡萄园耗水估算值与实测值的日变化对比

评价灌溉耗水模型估算精度必须注重其在灌水后的估算效果。图 4.28 为灌溉后（灌
水时间为 2007 年 6 月 21 日）模型估算的葡萄园耗水与波文比-能量平衡法实测值之间的
对比。从图 4.28 可以看出，这三种模型的估算值与实测值之间的日变化趋势较为一致。
刚灌溉后，P-M 模型估算值略微偏低，灌溉后第 6 天，该模型估算值已明显高于实测
值，其变化过程和原因与降雨后的一致。而 C 模型则高估了葡萄耗水。这主要是由于
S-W 模型和 C 模型都没有考虑局部湿润灌溉方式对耗水的影响，而中国西北干旱荒漠绿
洲区的葡萄园，由于采用了沟灌根系分区灌溉方式，沟中和垄上的土壤含水量相差很大，
并且灌溉湿润面积仅占总面积的 1/3 左右，因此，将沟中和垄上做均一化处理后，可能会
产生较大误差。从式（4.88）和式（4.89）可以看出，地表阻力随土壤含水量的增加，减
少较快，呈非线性变化。葡萄园刚灌溉后不久，沟间土壤的地表阻力仅为垄上土壤的 1%
左右，因此 S-W 模型和 C 模型将下垫面地表做均一化处理后，就会低估地表阻力，在地
表可利用能相同的情况下，S-W 模型和 C 模型就会高估蒸发量。但我们发现，灌溉后前
两天 S-W 模型的估算值与实测值之间的偏差反而较小，这主要是由于灌溉后不久，地表
接受的能量中分配给耗水的比例增加，土壤与葡萄树的能量支出差别变小，即土壤的蒸发
比值和作物的蒸腾比值相近，所以当 S-W 模型高估冠层可利用能，而低估土壤可利用能
时，尽管其估算的耗水看起来更接近于实测值，但蒸腾和蒸发组分关系会存在较大偏差，
这方面在下节将作详细讨论。

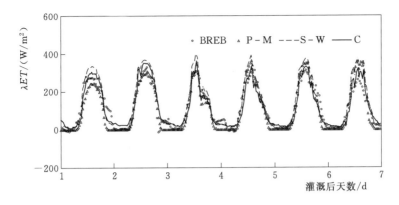

图 4.28　灌溉后酿酒葡萄园潜热通量估算值与实测值的日变化对比
（甘肃武威，2007 年）

4. 霜冻前后葡萄园耗水估算值与实测值的日变化对比

在中国西北干旱荒漠绿洲区，昼夜温差大，在作物生育前期和后期都可能会发生霜冻，因而研究霜冻前后各模型的估算效果对该地区的模型优化和应用都具有极其重要的现实意义。图 4.29 为葡萄生育后期，一次霜冻后（霜冻发生时间为 2006 年 9 月 10 日黎明前后）各模型估算的葡萄耗水与实测值之间的对比分析。从图 4.29 中可以看出：各模型估算值都明显大于实测值。这主要是由于霜冻在一定程度上破坏了葡萄生理机能，其表现为细胞膜系统和细胞骨架系统结构的破坏以及细胞酶系统活性的抑制或丧失，冠层阻抗增大，作物蒸腾减少。而模型中的冠层阻抗并不能反映作物的这一生理变化，因而模拟的冠层阻抗值偏小，造成了这三种模型估算值都大于波文比-能量平衡法实测值。

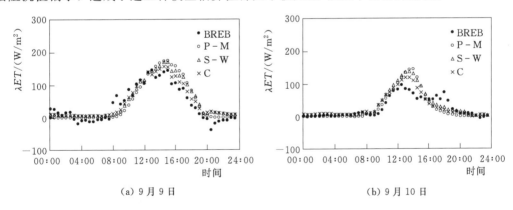

(a) 9 月 9 日　　　　　　　　　　　　　　(b) 9 月 10 日

图 4.29　霜冻前后鲜食葡萄园潜热通量估算值与实测值的日变化对比（甘肃武威，2006 年）

5. 葡萄全生育期耗水估算值与实测值的对比

图 4.30～图 4.32 和表 4.11 分别为这三种模型估算的葡萄全生育期 30min 耗水值与波文比-能量平衡法实测值之间的对比和相关性分析。从图 4.30（a）和图 4.31（a）中可以看出，当耗水较小时，P-M 模型的估算值与实测值较为接近，但有低估的现象；当耗水较大时，P-M 模型的估算结果则会偏大。这充分表明，在干旱荒漠绿洲区沟灌条件下的葡萄园中，当光照强烈、土壤水分不足时，土壤表层会形成一层干土层，从而使地表阻

力急剧增大，限制了地表蒸发。尽管潜热总通量在强烈的太阳辐射和较大的饱和差条件下会有所增加，但其仍低于由于气象条件决定的耗水变化幅度，而 P－M 公式中的冠层阻抗不能充分反映葡萄冠层和土壤地表阻力的综合变化。因而中午时分，当耗水很大时，P－M 模型的估算值存在系统性偏大的趋势。

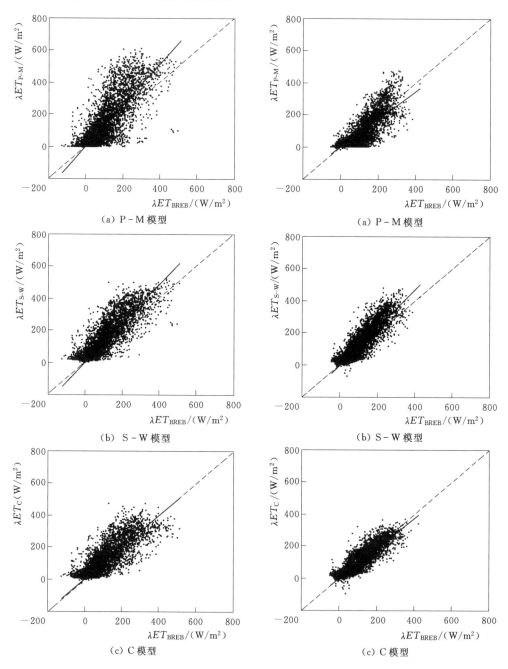

图 4.30　鲜食葡萄全生育期瞬时潜热通量估算值与实测值的对比（甘肃武威，2006 年）

图 4.31　酿酒葡萄全生育期瞬时潜热通量估算值与实测值的对比（甘肃武威，2007 年）

表 4.11　　　　葡萄全生育期瞬时潜热通量估算值与实测值之间
的相关性统计分析（甘肃武威）

年份	模型	相关方程	R^2	ε_1	d_1	MAE /(W/m²)	$\overline{Q}$ /(W/m²)	$\overline{P}$ /(W/m²)
2006	P－M	$\lambda ET_{P-M}=1.29\,\lambda ET_{BREB}$	0.724	0.205	0.686	56.95	61.69	100.88
	S－W	$\lambda ET_{S-W}=1.22\,\lambda ET_{BREB}$	0.771	0.460	0.751	38.69	61.69	90.38
	C	$\lambda ET_{C}=0.99\lambda ET_{BREB}$	0.736	0.556	0.779	31.78	61.69	73.65
2007	P－M	$\lambda ET_{P-M}=0.87\,\lambda ET_{BREB}$	0.719	0.432	0.736	34.20	63.36	48.43
	W	$\lambda ET_{S-W}=1.19\,\lambda ET_{BREB}$	0.810	0.464	0.755	32.29	63.36	79.33
	C	$\lambda ET_{C}=0.94\,\lambda ET_{BREB}$	0.808	0.578	0.787	25.41	63.36	65.40
2008	P－M	$\lambda ET_{P-M}=0.82\,\lambda ET_{BREB}$	0.725	0.433	0.737	36.84	76.76	53.95
	S－W	$\lambda ET_{S-W}=1.11\,\lambda ET_{BREB}$	0.804	0.520	0.773	31.19	76.76	91.75
	C	$\lambda ET_{C}=0.94\,\lambda ET_{BREB}$	0.805	0.608	0.800	25.50	76.76	79.37

注　λET_{BREB} 为波文比-能量平衡法实测的葡萄园耗水；λET_{PM}、λET_{SW} 和 λET_{C} 分别为 P－M 模型、S－W 模型和 C 模型估算的葡萄园耗水；R^2 为决定系数；ε_1 为修正效率指数；d_1 为修正亲和指数；MAE 为平均绝对误差；$\overline{Q}$ 为波文比-能量平衡法实测值的平均值；$\overline{P}$ 为耗水模型估算值的平均值。

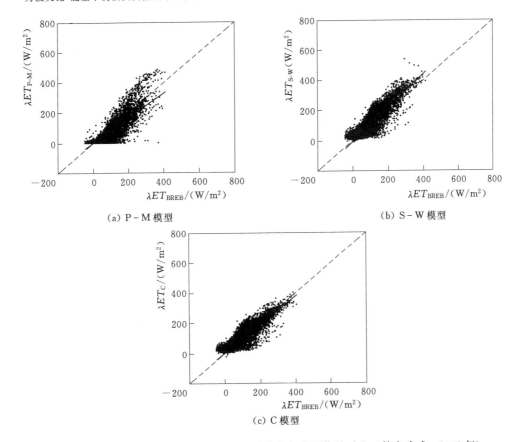

（a）P－M 模型　　　　　　（b）S－W 模型

（c）C 模型

图 4.32　酿酒葡萄全生育期瞬时潜热通量估算值与实测值的对比（甘肃武威，2008 年）

从整个生育期看，P－M 公式高估了 2006 年鲜食葡萄园的耗水，其回归方程的斜率为 1.29，决定系数 R^2 为 0.724，修正效率指数 ε_1 为 0.205，修正亲和指数 d_1 为 0.686，平均绝对误差 MAE 为 56.95W/m^2，模型估算的葡萄全生育期耗水均值和波文比-能量平衡法的实测值分别为 100.88W/m^2 和 61.69W/m^2；而该模型低估了 2007 年和 2008 年酿酒葡萄园的耗水，其回归方程的斜率分别为 0.87 和 0.82，R^2 为 0.719 和 0.725，ε_1 为 0.432 和 0.433，d_1 为 0.736 和 0.737，MAE 为 34.20W/m^2 和 36.84W/m^2。模型估算的 2007 年葡萄全生育期耗水均值和波文比-能量平衡法的实测值分别为 48.43W/m^2 和 63.36W/m^2，2008 年为 53.95W/m^2 和 76.76W/m^2。

由于 S－W 模型和 C 模型引入了地表阻力参数，从而能够在一定程度上反映土壤蒸发的实际情况。S－W 模型估算的 2006—2008 年耗水与实测值之间回归方程的斜率分别为 1.22、1.19 和 1.11，R^2 为 0.771、0.810 和 0.804，ε_1 为 0.460、0.464 和 0.520，d_1 为 0.751、0.755 和 0.773，MAE 为 38.69W/m^2、32.29W/m^2 和 31.19W/m^2，模型估算的全生育期耗水均值分别为 90.38W/m^2、79.33W/m^2 和 91.75W/m^2。尽管该模型的估算精度有一定提高，但 S－W 模型高估了葡萄园耗水。这主要原因如下：

（1）冠层可利用能。葡萄藤被固定在葡萄棚架上，葡萄叶片之间相互重叠，而 S－W 模型假定叶片均匀分布于下垫面，因此高估了冠层可利用能，导致该模型高估了作物蒸腾量。Heilman 等[50]的研究也表明，当叶面积指数相同时，叶片之间重叠程度小时，冠层吸收的可利用能量较大。Brenner 和 Incoll[36]也指出，S－W 模型高估蒸腾量是由于该模型高估了冠层吸收能所致。

（2）地表阻力。地表阻力随土壤含水量呈非线性变化，葡萄园沟间和垄上的土壤含水量差别较大，因此 S－W 模型将下垫面地表做均一化处理后，就会低估地表阻力。因此，沟灌葡萄园不能很好地满足 S－W 模型的假定条件，导致了一定偏差。Stannard[51]、Brenner 和 Incoll[36]以及 Ortega－Farias 等[31]的研究也表明，S－W 模型估算的下垫面耗水略大于实测值，与结论基本一致。

C 模型突破了 S－W 模型中关于下垫面冠层均匀分布的理论假设，该模型将土壤蒸发进一步细分为冠层盖度范围内的地表蒸发和裸露地表的蒸发，其理论更加完善和合理。该模型估算的 2006—2008 年耗水与实测值之间的回归方程斜率分别为 0.99、0.94 和 0.94，R^2 为 0.736、0.808 和 0.805，ε_1 为 0.556、0.578 和 0.608，d_1 为 0.779、0.787 和 0.800，MAE 为 31.78W/m^2、25.41W/m^2 和 25.50W/m^2，模型估算的葡萄全生育期耗水均值分别为 73.65W/m^2、65.40W/m^2 和 79.37W/m^2，其模拟效果优于 P－M 模型和 S－W 模型。

从以上分析可以发现，S－W 模型估算结果略大于波文比-能量平衡法实测值，C 模型估算效果最好，比较适合该地区葡萄园耗水的估算。但我们同时可以发现，模型在灌溉后的估算精度问题还有待进一步研究。

4.2.2 基于局部灌溉方式和土壤遮阴度的葡萄耗水估算模型

前节对单源 P－M 模型、双源 S－W 模型和多源 C 模型进行了比较和分析。研究表明，尽管 S－W 模型和 C 模型，特别是 C 模型估算的葡萄园耗水较为准确，但我们同时可以发现，灌溉后不久，由于土壤不符合模型均一性的假定，这两种模型的估算精度需要进一步探讨。而且目前的研究主要集中在天然植被、雨养农业和采用传统灌溉方式下农田的耗水量估算，因而土壤含水量的分布相对比较均匀，地表阻力的空间变异性较小，所以在进行耗水量估算的过程中，通常将地表做均一化处理，而不考虑地表湿润程度和湿润面积对模型估算效果的影响。但我国西北干旱荒漠绿洲区的葡萄园采用了沟灌根系分区灌溉方式，沟中和垄上的土壤含水量相差很大，而且灌溉湿润面积占总面积的 1/3 左右。因此，将沟中和垄上做相同处理后，可能会产生较大误差。所以，将基于 S-W 模型，综合考虑下垫面局部湿润的灌溉方式和土壤遮阴度低等特点，构建局部湿润灌溉方式下稀疏植被的耗水估算模型。将该模型称为局部湿润灌溉耗水模型（简称 PRI-ET 模型）。本节将以甘肃武威酿酒葡萄园连续 2 年的试验资料为基础，验证 PRI-ET 模型的估算精度，并分析该模型对各个输入参数因子的敏感性等，这将进一步完善宽行作物的耗水估算理论和方法，为我国西北旱区葡萄耗水量估算和合理灌溉制度的制定提供有力依据。

4.2.2.1　基于局部灌溉方式和土壤遮阴度的宽行作物耗水模型构建

　　基于局部湿润灌溉方式和土壤遮阴度的宽行作物耗水模型（简称 PRI-ET 模型）的基本理论是能量平衡方程和空气动力学方程。PRI-ET 模型是对 S-W 模型的进一步发展和深化（图 4.33）。该模型综合考虑了局部湿润和稀疏冠层对地表遮阴程度等因素对下垫面土壤蒸发的影响，进一步将作物蒸腾划分为两部分：灌溉湿润区上方作物的蒸腾和非灌溉干燥区上方作物的蒸腾；土壤表面蒸发划分为四部分：作物冠层遮阴范围内灌溉湿润区的土壤蒸发、作物冠层遮阴范围内非灌溉干燥区的土壤蒸发、作物冠层遮阴范围外灌溉湿润区的土壤蒸发、作物冠层遮阴范围外非灌溉干燥区的土壤蒸发。

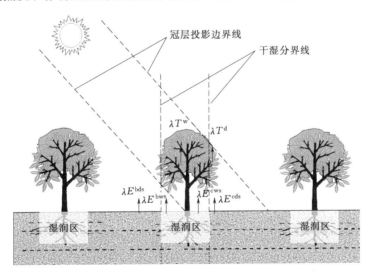

图 4.33　PRI-ET 模型构建思路示意图

　　本节中 p 表示作物，s 表示土壤，c 表示遮阴，b 表示裸露，w 表示湿润，d 表示干燥，则葡萄耗水量由式（4.107）表示：

$$\lambda ET = \lambda T^{w} + \lambda T^{d} + \lambda E^{cws} + \lambda E^{cds} + \lambda E^{bws} + \lambda E^{bds} \tag{4.107}$$

式中：λT^{w}、λT^{d} 分别为遮阴范围内灌溉湿润区上方作物和非灌溉干燥区上方作物的蒸腾潜热通量，W/m^{2}；λE^{cws}、λE^{cds} 分别为作物冠层遮阴范围内灌溉湿润区和作物冠层遮阴范围内非灌溉干燥区的土壤蒸发潜热通量，W/m^2；λE^{bws}、λE^{bds} 分别表示作物冠层遮阴范围外灌溉湿润区和作物冠层遮阴范围外非灌溉干燥区的土壤蒸发潜热通量，W/m^2。

假定稀疏植被对地表的遮阴度为 f，其中遮阴地表中湿润面积占总面积的比例为 f_{cw}，遮阴地表中干燥面积占总面积的比例为 f_{cd}，裸露地表中湿润面积占总面积的比例为 f_{bw}，裸露地表中干燥面积占总面积的比例为 f_{bd}。

则式（4.107）中各项表达式为

$$\lambda T^w = f_{cw}\frac{\Delta A^{pw}+\rho C_P VPD_0/r_a^{pw}}{\Delta+\gamma(1+r_s^{pw}/r_a^{pw})}=f_{cw}\frac{\Delta A^{pw}r_a^{pw}+\rho C_P VPD_0}{(\Delta+\gamma)r_a^{pw}+\gamma r_s^{pw}} \tag{4.108}$$

$$\lambda T^d = f_{cd}\frac{\Delta A^{pd}+\rho C_P VPD_0/r_a^{pd}}{\Delta+\gamma(1+r_s^{pd}/r_a^{pd})}=f_{cd}\frac{\Delta A^{pd}r_a^{pd}+\rho C_P VPD_0}{(\Delta+\gamma)r_a^{pd}+\gamma r_s^{pd}} \tag{4.109}$$

$$\lambda E^{cws} = f_{cw}\frac{\Delta A^{cws}+\rho C_P VPD_0/r_a^{cws}}{\Delta+\gamma(1+r_s^{cws}/r_a^{cws})}=f_{cw}\frac{\Delta A^{cws}r_a^{cws}+\rho C_P VPD_0}{(\Delta+\gamma)r_a^{cws}+\gamma r_s^{cws}} \tag{4.110}$$

$$\lambda E^{cds} = f_{cd}\frac{\Delta A^{cds}+\rho C_P VPD_0/r_a^{cds}}{\Delta+\gamma(1+r_s^{cds}/r_a^{cds})}=f_{cd}\frac{\Delta A^{cds}r_a^{cds}+\rho C_P VPD_0}{(\Delta+\gamma)r_a^{cds}+\gamma r_s^{cds}} \tag{4.111}$$

$$\lambda E^{bws} = f_{bw}\frac{\Delta A^{bws}+\rho C_P VPD_0/r_a^{bws}}{\Delta+\gamma(1+r_s^{bws}/r_a^{bws})}=f_{bw}\frac{\Delta A^{bws}r_a^{bws}+\rho C_P VPD_0}{(\Delta+\gamma)r_a^{bws}+\gamma r_s^{bws}} \tag{4.112}$$

$$\lambda E^{bds} = f_{bd}\frac{\Delta A^{bds}+\rho C_P VPD_0/r_a^{bds}}{\Delta+\gamma(1+r_s^{bds}/r_a^{bds})}=f_{bd}\frac{\Delta A^{bds}r_a^{bds}+\rho C_P VPD_0}{(\Delta+\gamma)r_a^{bds}+\gamma r_s^{bds}} \tag{4.113}$$

式中：A^{pw}、A^{pd} 分别为遮阴范围内灌溉湿润区上方作物吸收的和非灌溉干燥区上方作物吸收的可利用能，W/m^2；A^{cws}、A^{cds} 分别为作物冠层遮阴范围内灌溉湿润区和作物冠层遮阴范围内非灌溉干燥区的土壤可利用能，W/m^2；A^{bws}、A^{bds} 分别为作物冠层遮阴范围外灌溉湿润区和作物冠层遮阴范围外非灌溉干燥区的土壤可利用能，W/m^2；r_a^{pw}、r_a^{pd} 分别为遮阴范围内灌溉湿润区上方作物从叶片到冠层通量平均高度处和非灌溉干燥区作物从叶片到冠层通量平均高度处的空气动力学阻力，s/m；r_s^{pw}、r_s^{pd} 分别为遮阴范围内灌溉湿润区上方作物和非灌溉干燥区上方作物的冠层阻抗，s/m；r_a^{cws}、r_a^{cds} 分别为作物冠层遮阴范围内灌溉湿润区和作物冠层遮阴范围内非灌溉干燥区的土壤的空气动力学阻力，s/m；r_s^{cws}、r_s^{cds} 分别表示作物冠层遮阴范围内灌溉湿润区土壤和作物冠层遮阴范围内非灌溉干燥区土壤的地表阻力，s/m；r_a^{bws}、r_a^{bds} 分别为作物冠层遮阴范围外灌溉湿润区土壤和作物冠层遮阴范围外非灌溉干燥区土壤的空气动力学阻力，s/m；r_s^{bws}、r_s^{bds} 分别为作物冠层遮阴范围外灌溉湿润区土壤和作物冠层遮阴范围外非灌溉干燥区土壤的地表阻力，s/m；VPD_0 为冠层通量平均高度处的饱和差，kPa，其表达式为[79]

$$VPD_0 = VPD + \frac{[\Delta A-(\Delta+\gamma)\lambda ET]r_a^a}{\rho C_p} \tag{4.114}$$

式中：VPD 为参考高度处的饱和差，kPa；A 为葡萄园总的可利用能，W/m^2；r_a^a 为从冠层通量平均高度到参考高度的空气动力学阻力，s/m；其余符号意义同前。

将式（4.108）～式（4.114）代入式（4.107）得

$$\lambda ET = f_{cw}C^{pw}PM^{pw}+f_{cd}C^{pd}PM^{pd}+f_{cw}C^{cws}PM^{cws}+f_{cd}C^{cds}PM^{cds}$$
$$+f_{bw}C^{bws}PM^{bws}+f_{bd}C^{bds}PM^{bds} \tag{4.115}$$

式（4.104）中 PM^{pw}、PM^{pd}、PM^{cws}、PM^{cds}、PM^{bws} 和 PM^{bds} 项可以分别表示为

$$PM^{\mathrm{pw}}=\frac{\Delta A+[\rho C_{\mathrm{P}}VPD-\Delta(A-A^{\mathrm{pw}})r_{\mathrm{a}}^{\mathrm{pw}}]/(r_{\mathrm{a}}^{\mathrm{a}}+r_{\mathrm{a}}^{\mathrm{pw}})}{\Delta+\gamma[1+r_{\mathrm{s}}^{\mathrm{pw}}/(r_{\mathrm{a}}^{\mathrm{a}}+r_{\mathrm{a}}^{\mathrm{pw}})]} \tag{4.116}$$

$$PM^{\mathrm{pd}}=\frac{\Delta A+[\rho C_{\mathrm{P}}VPD-\Delta(A-A^{\mathrm{pd}})r_{\mathrm{a}}^{\mathrm{pd}}]/(r_{\mathrm{a}}^{\mathrm{a}}+r_{\mathrm{a}}^{\mathrm{pd}})}{\Delta+\gamma[1+r_{\mathrm{s}}^{\mathrm{pd}}/(r_{\mathrm{a}}^{\mathrm{a}}+r_{\mathrm{a}}^{\mathrm{pd}})]} \tag{4.117}$$

$$PM^{\mathrm{cws}}=\frac{\Delta A+[\rho C_{\mathrm{P}}VPD-\Delta(A-A^{\mathrm{cws}})r_{\mathrm{a}}^{\mathrm{cws}}]/(r_{\mathrm{a}}^{\mathrm{a}}+r_{\mathrm{a}}^{\mathrm{cws}})}{\Delta+\gamma[1+r_{\mathrm{s}}^{\mathrm{cws}}/(r_{\mathrm{a}}^{\mathrm{a}}+r_{\mathrm{a}}^{\mathrm{cws}})]} \tag{4.118}$$

$$PM^{\mathrm{cds}}=\frac{\Delta A+[\rho C_{\mathrm{P}}VPD-\Delta(A-A^{\mathrm{cds}})r_{\mathrm{a}}^{\mathrm{cds}}]/(r_{\mathrm{a}}^{\mathrm{a}}+r_{\mathrm{a}}^{\mathrm{cds}})}{\Delta+\gamma[1+r_{\mathrm{s}}^{\mathrm{cds}}/(r_{\mathrm{a}}^{\mathrm{a}}+r_{\mathrm{a}}^{\mathrm{cds}})]} \tag{4.119}$$

$$PM^{\mathrm{bws}}=\frac{\Delta A+[\rho C_{\mathrm{P}}VPD-\Delta(A-A^{\mathrm{bws}})r_{\mathrm{a}}^{\mathrm{bws}}]/(r_{\mathrm{a}}^{\mathrm{a}}+r_{\mathrm{a}}^{\mathrm{bws}})}{\Delta+\gamma[1+r_{\mathrm{s}}^{\mathrm{bws}}/(r_{\mathrm{a}}^{\mathrm{a}}+r_{\mathrm{a}}^{\mathrm{bws}})]} \tag{4.120}$$

$$PM^{\mathrm{bds}}=\frac{\Delta A+[\rho C_{\mathrm{P}}VPD-\Delta(A-A^{\mathrm{bds}})r_{\mathrm{a}}^{\mathrm{bds}}]/(r_{\mathrm{a}}^{\mathrm{a}}+r_{\mathrm{a}}^{\mathrm{bds}})}{\Delta+\gamma[1+r_{\mathrm{s}}^{\mathrm{bds}}/(r_{\mathrm{a}}^{\mathrm{a}}+r_{\mathrm{a}}^{\mathrm{bds}})]} \tag{4.121}$$

式（4.115）中系数 C^{pw}、C^{pd}、C^{cws}、C^{cds}、C^{bws} 和 C^{bds} 可以表示为

$$
\begin{aligned}
C^{\mathrm{pw}}=&\frac{R_{\mathrm{pd}}R_{\mathrm{cws}}R_{\mathrm{cds}}R_{\mathrm{bws}}R_{\mathrm{bds}}(R_{\mathrm{pw}}+R_{\mathrm{a}})}{R_{\mathrm{pw}}R_{\mathrm{pd}}R_{\mathrm{cws}}R_{\mathrm{cds}}R_{\mathrm{bws}}R_{\mathrm{bds}}+f_{\mathrm{cw}}R_{\mathrm{pd}}R_{\mathrm{cws}}R_{\mathrm{cds}}R_{\mathrm{bws}}R_{\mathrm{bds}}R_{\mathrm{a}}+f_{\mathrm{cd}}R_{\mathrm{pw}}R_{\mathrm{cws}}R_{\mathrm{cds}}R_{\mathrm{bws}}R_{\mathrm{bds}}R_{\mathrm{a}}}\\
&+f_{\mathrm{cw}}R_{\mathrm{pw}}R_{\mathrm{pd}}R_{\mathrm{cds}}R_{\mathrm{bws}}R_{\mathrm{bds}}R_{\mathrm{a}}+f_{\mathrm{cd}}R_{\mathrm{pw}}R_{\mathrm{pd}}R_{\mathrm{cws}}R_{\mathrm{bws}}R_{\mathrm{bds}}R_{\mathrm{a}}+f_{\mathrm{bw}}R_{\mathrm{pw}}R_{\mathrm{pd}}R_{\mathrm{cws}}R_{\mathrm{cds}}R_{\mathrm{bds}}R_{\mathrm{a}}\\
&+f_{\mathrm{bd}}R_{\mathrm{pw}}R_{\mathrm{pd}}R_{\mathrm{cws}}R_{\mathrm{cds}}R_{\mathrm{bws}}R_{\mathrm{a}}
\end{aligned}
$$
$$\tag{4.122}$$

$$
\begin{aligned}
C^{\mathrm{pd}}=&\frac{R_{\mathrm{pw}}R_{\mathrm{cws}}R_{\mathrm{cds}}R_{\mathrm{bws}}R_{\mathrm{bds}}(R_{\mathrm{pd}}+R_{\mathrm{a}})}{R_{\mathrm{pw}}R_{\mathrm{pd}}R_{\mathrm{cws}}R_{\mathrm{cds}}R_{\mathrm{bws}}R_{\mathrm{bds}}+f_{\mathrm{cw}}R_{\mathrm{pd}}R_{\mathrm{cws}}R_{\mathrm{cds}}R_{\mathrm{bws}}R_{\mathrm{bds}}R_{\mathrm{a}}+f_{\mathrm{cd}}R_{\mathrm{pw}}R_{\mathrm{cws}}R_{\mathrm{cds}}R_{\mathrm{bws}}R_{\mathrm{bds}}R_{\mathrm{a}}}\\
&+f_{\mathrm{cw}}R_{\mathrm{pw}}R_{\mathrm{pd}}R_{\mathrm{cds}}R_{\mathrm{bws}}R_{\mathrm{bds}}R_{\mathrm{a}}+f_{\mathrm{cd}}R_{\mathrm{pw}}R_{\mathrm{pd}}R_{\mathrm{cws}}R_{\mathrm{bws}}R_{\mathrm{bds}}R_{\mathrm{a}}+f_{\mathrm{bw}}R_{\mathrm{pw}}R_{\mathrm{pd}}R_{\mathrm{cws}}R_{\mathrm{cds}}R_{\mathrm{bds}}R_{\mathrm{a}}\\
&+f_{\mathrm{bd}}R_{\mathrm{pw}}R_{\mathrm{pd}}R_{\mathrm{cws}}R_{\mathrm{cds}}R_{\mathrm{bws}}R_{\mathrm{a}}
\end{aligned}
$$
$$\tag{4.123}$$

$$
\begin{aligned}
C^{\mathrm{cws}}=&\frac{R_{\mathrm{pw}}R_{\mathrm{pd}}R_{\mathrm{cds}}R_{\mathrm{bws}}R_{\mathrm{bds}}(R_{\mathrm{cws}}+R_{\mathrm{a}})}{R_{\mathrm{pw}}R_{\mathrm{pd}}R_{\mathrm{cws}}R_{\mathrm{cds}}R_{\mathrm{bws}}R_{\mathrm{bds}}+f_{\mathrm{cw}}R_{\mathrm{pd}}R_{\mathrm{cws}}R_{\mathrm{cds}}R_{\mathrm{bws}}R_{\mathrm{bds}}R_{\mathrm{a}}+f_{\mathrm{cd}}R_{\mathrm{pw}}R_{\mathrm{cws}}R_{\mathrm{cds}}R_{\mathrm{bws}}R_{\mathrm{bds}}R_{\mathrm{a}}}\\
&+f_{\mathrm{cw}}R_{\mathrm{pw}}R_{\mathrm{pd}}R_{\mathrm{cds}}R_{\mathrm{bws}}R_{\mathrm{bds}}R_{\mathrm{a}}+f_{\mathrm{cd}}R_{\mathrm{pw}}R_{\mathrm{pd}}R_{\mathrm{cws}}R_{\mathrm{bws}}R_{\mathrm{bds}}R_{\mathrm{a}}+f_{\mathrm{bw}}R_{\mathrm{pw}}R_{\mathrm{pd}}R_{\mathrm{cws}}R_{\mathrm{cds}}R_{\mathrm{bds}}R_{\mathrm{a}}\\
&+f_{\mathrm{bd}}R_{\mathrm{pw}}R_{\mathrm{pd}}R_{\mathrm{cws}}R_{\mathrm{cds}}R_{\mathrm{bws}}R_{\mathrm{a}}
\end{aligned}
$$
$$\tag{4.124}$$

$$
\begin{aligned}
C^{\mathrm{cds}}=&\frac{R_{\mathrm{pw}}R_{\mathrm{pd}}R_{\mathrm{cws}}R_{\mathrm{bws}}R_{\mathrm{bds}}(R_{\mathrm{cds}}+R_{\mathrm{a}})}{R_{\mathrm{pw}}R_{\mathrm{pd}}R_{\mathrm{cws}}R_{\mathrm{cds}}R_{\mathrm{bws}}R_{\mathrm{bds}}+f_{\mathrm{cw}}R_{\mathrm{pd}}R_{\mathrm{cws}}R_{\mathrm{cds}}R_{\mathrm{bws}}R_{\mathrm{bds}}R_{\mathrm{a}}+f_{\mathrm{cd}}R_{\mathrm{pw}}R_{\mathrm{cws}}R_{\mathrm{cds}}R_{\mathrm{bws}}R_{\mathrm{bds}}R_{\mathrm{a}}}\\
&+f_{\mathrm{cw}}R_{\mathrm{pw}}R_{\mathrm{pd}}R_{\mathrm{cds}}R_{\mathrm{bws}}R_{\mathrm{bds}}R_{\mathrm{a}}+f_{\mathrm{cd}}R_{\mathrm{pw}}R_{\mathrm{pd}}R_{\mathrm{cws}}R_{\mathrm{bws}}R_{\mathrm{bds}}R_{\mathrm{a}}+f_{\mathrm{bw}}R_{\mathrm{pw}}R_{\mathrm{pd}}R_{\mathrm{cws}}R_{\mathrm{cds}}R_{\mathrm{bds}}R_{\mathrm{a}}\\
&+f_{\mathrm{bd}}R_{\mathrm{pw}}R_{\mathrm{pd}}R_{\mathrm{cws}}R_{\mathrm{cds}}R_{\mathrm{bws}}R_{\mathrm{a}}
\end{aligned}
$$
$$\tag{4.125}$$

$$
\begin{aligned}
C^{\mathrm{bws}}=&\frac{R_{\mathrm{pw}}R_{\mathrm{pd}}R_{\mathrm{cws}}R_{\mathrm{cds}}R_{\mathrm{bds}}(R_{\mathrm{bws}}+R_{\mathrm{a}})}{R_{\mathrm{pw}}R_{\mathrm{pd}}R_{\mathrm{cws}}R_{\mathrm{cds}}R_{\mathrm{bws}}R_{\mathrm{bds}}+f_{\mathrm{cw}}R_{\mathrm{pd}}R_{\mathrm{cws}}R_{\mathrm{cds}}R_{\mathrm{bws}}R_{\mathrm{bds}}R_{\mathrm{a}}+f_{\mathrm{cd}}R_{\mathrm{pw}}R_{\mathrm{cws}}R_{\mathrm{cds}}R_{\mathrm{bws}}R_{\mathrm{bds}}R_{\mathrm{a}}}\\
&+f_{\mathrm{cw}}R_{\mathrm{pw}}R_{\mathrm{pd}}R_{\mathrm{cds}}R_{\mathrm{bws}}R_{\mathrm{bds}}R_{\mathrm{a}}+f_{\mathrm{cd}}R_{\mathrm{pw}}R_{\mathrm{pd}}R_{\mathrm{cws}}R_{\mathrm{bws}}R_{\mathrm{bds}}R_{\mathrm{a}}+f_{\mathrm{bw}}R_{\mathrm{pw}}R_{\mathrm{pd}}R_{\mathrm{cws}}R_{\mathrm{cds}}R_{\mathrm{bds}}R_{\mathrm{a}}\\
&+f_{\mathrm{bd}}R_{\mathrm{pw}}R_{\mathrm{pd}}R_{\mathrm{cws}}R_{\mathrm{cds}}R_{\mathrm{bws}}R_{\mathrm{a}}
\end{aligned}
$$
$$\tag{4.126}$$

$$C^{\mathrm{bds}}=\frac{R_{\mathrm{pw}}R_{\mathrm{pd}}R_{\mathrm{cws}}R_{\mathrm{cds}}R_{\mathrm{bws}}(R_{\mathrm{bds}}+R_{\mathrm{a}})}{R_{\mathrm{pw}}R_{\mathrm{pd}}R_{\mathrm{cws}}R_{\mathrm{cds}}R_{\mathrm{bws}}R_{\mathrm{bds}}+f_{\mathrm{cw}}R_{\mathrm{pd}}R_{\mathrm{cws}}R_{\mathrm{cds}}R_{\mathrm{bws}}R_{\mathrm{bds}}R_{\mathrm{a}}+f_{\mathrm{cd}}R_{\mathrm{pw}}R_{\mathrm{cws}}R_{\mathrm{cds}}R_{\mathrm{bws}}R_{\mathrm{bds}}R_{\mathrm{a}}}$$

$$+f_{\mathrm{cw}}R_{\mathrm{pw}}R_{\mathrm{pd}}R_{\mathrm{cds}}R_{\mathrm{bws}}R_{\mathrm{bds}}R_{\mathrm{a}}+f_{\mathrm{cd}}R_{\mathrm{pw}}R_{\mathrm{pd}}R_{\mathrm{cws}}R_{\mathrm{bws}}R_{\mathrm{bds}}R_{\mathrm{a}}+f_{\mathrm{bw}}R_{\mathrm{pw}}R_{\mathrm{pd}}R_{\mathrm{cws}}R_{\mathrm{cds}}R_{\mathrm{bds}}R_{\mathrm{a}}$$

$$+f_{\mathrm{bd}}R_{\mathrm{pw}}R_{\mathrm{pd}}R_{\mathrm{cws}}R_{\mathrm{cds}}R_{\mathrm{bws}}R_{\mathrm{a}}$$

$$(4.127)$$

式（4.122）～式（4.126）中参数 R_{pw}、R_{pd}、R_{cws}、R_{cds}、R_{bws}、R_{bds} 和 R_{a} 可以表示为

$$R_{\mathrm{pw}}=(\Delta+\gamma)r_{\mathrm{a}}^{\mathrm{pw}}+\gamma r_{\mathrm{s}}^{\mathrm{pw}} \tag{4.128}$$

$$R_{\mathrm{pd}}=(\Delta+\gamma)r_{\mathrm{a}}^{\mathrm{pd}}+\gamma r_{\mathrm{s}}^{\mathrm{pd}} \tag{4.129}$$

$$R_{\mathrm{cws}}=(\Delta+\gamma)r_{\mathrm{a}}^{\mathrm{cws}}+\gamma r_{\mathrm{s}}^{\mathrm{cws}} \tag{4.130}$$

$$R_{\mathrm{cds}}=(\Delta+\gamma)r_{\mathrm{a}}^{\mathrm{cds}}+\gamma r_{\mathrm{s}}^{\mathrm{cds}} \tag{4.131}$$

$$R_{\mathrm{bws}}=(\Delta+\gamma)r_{\mathrm{a}}^{\mathrm{bws}}+\gamma r_{\mathrm{s}}^{\mathrm{bws}} \tag{4.132}$$

$$R_{\mathrm{bds}}=(\Delta+\gamma)r_{\mathrm{a}}^{\mathrm{bds}}+\gamma r_{\mathrm{s}}^{\mathrm{bds}} \tag{4.133}$$

$$R_{\mathrm{a}}=(\Delta+\gamma)r_{\mathrm{a}}^{\mathrm{a}} \tag{4.134}$$

4.2.2.2 沟灌葡萄园耗水模型的构建与参数确定

1. 局部灌溉葡萄园耗水模型的构建

中国西北旱区石羊河流域葡萄园采用固定一边沟灌的局部湿润节水灌溉方式，而且将葡萄藤绑扎在单篱架上，其主体都位于垄上，并且对地表的遮阴度很低，是典型的稀疏植被，因此该地区葡萄园耗水量的估算可以采用前面构建的 PRI－ET 模型（图 4.34）。根据实际情况，该模型可以简化为[79]

$$\lambda ET=\lambda T^{\mathrm{d}}+\lambda E^{\mathrm{cds}}+\lambda E^{\mathrm{bws}}+\lambda E^{\mathrm{bds}} \tag{4.135}$$

式中：λT^{d} 为作物蒸腾潜热通量，$\mathrm{W/m^2}$；λE^{cds} 为沟中土壤蒸发潜热通量，$\mathrm{W/m^2}$；λE^{bws}、λE^{bds} 分别为冠层遮阴范围内和遮阴范围外的垄上土壤蒸发潜热通量，$\mathrm{W/m^2}$。

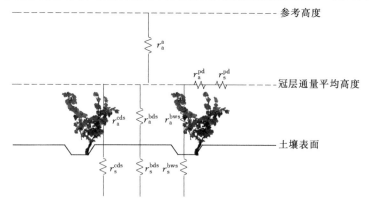

图 4.34　葡萄园 PRI－ET 模型示意图

式（4.135）中各项表达式为

$$\lambda T^{\mathrm{d}} = f_{\mathrm{cd}} \frac{\Delta A^{\mathrm{pd}} r_{\mathrm{a}}^{\mathrm{pd}} + \rho C_{\mathrm{P}} VPD_0}{(\Delta + \gamma) r_{\mathrm{a}}^{\mathrm{pd}} + \gamma r_{\mathrm{s}}^{\mathrm{pd}}} \tag{4.136}$$

$$\lambda E^{\mathrm{cds}} = f_{\mathrm{cd}} \frac{\Delta A^{\mathrm{cds}} r_{\mathrm{a}}^{\mathrm{cds}} + \rho C_{\mathrm{P}} VPD_0}{(\Delta + \gamma) r_{\mathrm{a}}^{\mathrm{cds}} + \gamma r_{\mathrm{s}}^{\mathrm{cds}}} \tag{4.137}$$

$$\lambda E^{\mathrm{bws}} = f_{\mathrm{bw}} \frac{\Delta A^{\mathrm{bws}} r_{\mathrm{a}}^{\mathrm{bws}} + \rho C_{\mathrm{P}} VPD_0}{(\Delta + \gamma) r_{\mathrm{a}}^{\mathrm{bws}} + \gamma r_{\mathrm{s}}^{\mathrm{bws}}} \tag{4.138}$$

$$\lambda E^{\mathrm{bds}} = f_{\mathrm{bd}} \frac{\Delta A^{\mathrm{bds}} r_{\mathrm{a}}^{\mathrm{bds}} + \rho C_{\mathrm{P}} VPD_0}{(\Delta + \gamma) r_{\mathrm{a}}^{\mathrm{bds}} + \gamma r_{\mathrm{s}}^{\mathrm{bds}}} \tag{4.139}$$

式中：f_{cd} 为葡萄对地表的遮阴度；f_{bw} 为灌水沟的面积占葡萄园总面积的比例（简称灌溉湿润面积比）；f_{bd} 为垄上裸露地表面积占葡萄园总面积的比例；A^{pd}、A^{bws}、A^{cds} 和 A^{bds} 分别为葡萄冠层、沟间土壤、垄上遮阴范围内土壤和垄上裸露地表的可利用能，$\mathrm{W/m^2}$；$r_{\mathrm{s}}^{\mathrm{pd}}$ 为葡萄冠层阻抗，$\mathrm{s/m}$；$r_{\mathrm{a}}^{\mathrm{pd}}$ 为从葡萄叶片到冠层通量平均高度处的空气动力学阻力，$\mathrm{s/m}$；$r_{\mathrm{s}}^{\mathrm{bws}}$、$r_{\mathrm{s}}^{\mathrm{cds}}$ 和 $r_{\mathrm{s}}^{\mathrm{bds}}$ 分别为葡萄园沟间土壤、垄上遮阴范围内土壤和垄上裸露土壤的地表阻力，$\mathrm{s/m}$；$r_{\mathrm{a}}^{\mathrm{bws}}$、$r_{\mathrm{a}}^{\mathrm{cds}}$ 和 $r_{\mathrm{a}}^{\mathrm{bds}}$ 分别为葡萄园沟间土壤、垄上遮阴范围内土壤和垄上裸露土壤的空气动力学阻力，$\mathrm{s/m}$。

将式（4.136）～式（4.139）代入式（4.135）得

$$\lambda ET = f_{\mathrm{cd}} C^{\mathrm{pd}} PM^{\mathrm{pd}} + f_{\mathrm{cd}} C^{\mathrm{cds}} PM^{\mathrm{cds}} + f_{\mathrm{bw}} C^{\mathrm{bws}} PM^{\mathrm{bws}} + f_{\mathrm{bd}} C^{\mathrm{bds}} PM^{\mathrm{bds}} \tag{4.140}$$

式（4.140）中 PM^{pd}、PM^{bws}、PM^{cds} 和 PM^{bds} 项的表达式见式（4.117）、式（4.119）～式（4.121），式（4.140）中系数 C^{pd}、C^{bws}、C^{cds} 和 C^{bds} 可以表示为

$$C^{\mathrm{pd}} = \frac{R_{\mathrm{bws}} R_{\mathrm{cds}} R_{\mathrm{bds}} (R_{\mathrm{pd}} + R_{\mathrm{a}})}{R_{\mathrm{pd}} R_{\mathrm{bws}} R_{\mathrm{cds}} R_{\mathrm{bds}} + f_{\mathrm{cd}} R_{\mathrm{bws}} R_{\mathrm{cds}} R_{\mathrm{bds}} R_{\mathrm{a}} + f_{\mathrm{bw}} R_{\mathrm{pd}} R_{\mathrm{cds}} R_{\mathrm{bds}} R_{\mathrm{a}}} \tag{4.141}$$
$$+ f_{\mathrm{cd}} R_{\mathrm{pd}} R_{\mathrm{bws}} R_{\mathrm{bds}} R_{\mathrm{a}} + f_{\mathrm{bd}} R_{\mathrm{pd}} R_{\mathrm{bws}} R_{\mathrm{cds}} R_{\mathrm{a}}$$

$$C^{\mathrm{bws}} = \frac{R_{\mathrm{pd}} R_{\mathrm{cds}} R_{\mathrm{bds}} (R_{\mathrm{bws}} + R_{\mathrm{a}})}{R_{\mathrm{pd}} R_{\mathrm{bws}} R_{\mathrm{cds}} R_{\mathrm{bds}} + f_{\mathrm{cd}} R_{\mathrm{bws}} R_{\mathrm{cds}} R_{\mathrm{bds}} R_{\mathrm{a}} + f_{\mathrm{bw}} R_{\mathrm{pd}} R_{\mathrm{cds}} R_{\mathrm{bds}} R_{\mathrm{a}}} \tag{4.142}$$
$$+ f_{\mathrm{cd}} R_{\mathrm{pd}} R_{\mathrm{bws}} R_{\mathrm{bds}} R_{\mathrm{a}} + f_{\mathrm{bd}} R_{\mathrm{pd}} R_{\mathrm{bws}} R_{\mathrm{cds}} R_{\mathrm{a}}$$

$$C^{\mathrm{cds}} = \frac{R_{\mathrm{pd}} R_{\mathrm{bws}} R_{\mathrm{bds}} (R_{\mathrm{cds}} + R_{\mathrm{a}})}{R_{\mathrm{pd}} R_{\mathrm{bws}} R_{\mathrm{cds}} R_{\mathrm{bds}} + f_{\mathrm{cd}} R_{\mathrm{bws}} R_{\mathrm{cds}} R_{\mathrm{bds}} R_{\mathrm{a}} + f_{\mathrm{bw}} R_{\mathrm{pd}} R_{\mathrm{cds}} R_{\mathrm{bds}} R_{\mathrm{a}}} \tag{4.143}$$
$$+ f_{\mathrm{cd}} R_{\mathrm{pd}} R_{\mathrm{bws}} R_{\mathrm{bds}} R_{\mathrm{a}} + f_{\mathrm{bd}} R_{\mathrm{pd}} R_{\mathrm{bws}} R_{\mathrm{cds}} R_{\mathrm{a}}$$

$$C^{\mathrm{bds}} = \frac{R_{\mathrm{pd}} R_{\mathrm{bws}} R_{\mathrm{cds}} (R_{\mathrm{bds}} + R_{\mathrm{a}})}{R_{\mathrm{pd}} R_{\mathrm{bws}} R_{\mathrm{cds}} R_{\mathrm{bds}} + f_{\mathrm{cd}} R_{\mathrm{bws}} R_{\mathrm{cds}} R_{\mathrm{bds}} R_{\mathrm{a}} + f_{\mathrm{bw}} R_{\mathrm{pd}} R_{\mathrm{cds}} R_{\mathrm{bds}} R_{\mathrm{a}}} \tag{4.144}$$
$$+ f_{\mathrm{cd}} R_{\mathrm{pd}} R_{\mathrm{bws}} R_{\mathrm{bds}} R_{\mathrm{a}} + f_{\mathrm{bd}} R_{\mathrm{pd}} R_{\mathrm{bws}} R_{\mathrm{cds}} R_{\mathrm{a}}$$

2. PRI - ET 模型的参数确定

可利用能量 A、A^{pd}、A^{bws}、A^{cds} 和 A^{bds} 分别由以下公式计算：

$$A = R_n - G \tag{4.145}$$

$$A^{pd} = A - A^{cds} \tag{4.146}$$

$$A^{bws} = R_n^{bws} - G^{bws} = R_n - G^{bws} \tag{4.147}$$

$$A^{cds} = R_n^{cds} - G^{cds} \tag{4.148}$$

$$A^{bds} = R_n^{bds} - G^{bds} = R_n - G^{bds} \tag{4.149}$$

式中：R_n、R_n^{bws}、R_n^{cds} 和 R_n^{bds} 分别为下垫面、沟中土壤、垄上遮阴土壤和垄上裸露土壤的净辐射，W/m^2；G^{bws}、G^{cds} 和 G^{bds} 分别为沟中土壤、垄上遮阴土壤和垄上裸露土壤的热通量，W/m^2。

根据冠层吸收的 Beer 法则，遮阴地表的净辐射为

$$R_n^{cds} = R_n \exp(-CLAI/f_{cd}) \tag{4.150}$$

式中：C 为消减系数，对于完全发育的葡萄冠层为 0.68[50]。

4.2.2.3 模型验证

1. 两种模型估算的葡萄全生育期耗水与实测值的对比

PRI - ET 和 S - W 模型估算的酿酒葡萄全生育期 30min 时间步长的耗水与波文比-能量平衡法实测值之间的对比和相关性分析见图 4.35 和图 4.36 以及表 4.12。从表 4.12 可以看出，S - W 模型估算的 2007 年葡萄耗水与实测值之间相关方程的斜率为 1.19，R^2 为 0.810，ε_1 为 0.464，d_1 为 0.755，MAE 为 32.30W/m^2，估算的全生育期均值和实测值分别为 79.33W/m^2 和 63.36W/m^2；估算的 2008 年葡萄耗水与实测值之间相关方程的斜率为 1.11，R^2 为 0.804，ε_1 为 0.520，d_1 为 0.773，MAE 为 31.19W/m^2，估算的全生育期耗水均值和实测值分别为 91.75W/m^2 和 76.76W/m^2。以上分析可以表明，S - W 模型高估了葡萄园耗水，主要是由于该模型将下垫面作物和土壤做均一化处理所致。

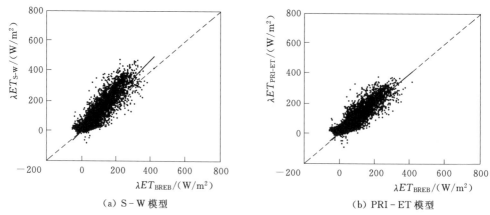

(a) S - W 模型   (b) PRI - ET 模型

图 4.35 S - W 模型和 PRI - ET 模型估算的酿酒葡萄全生育期瞬时耗水与波文比-能量平衡法实测值的对比（甘肃武威，2007 年）

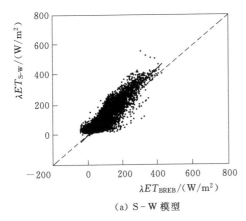 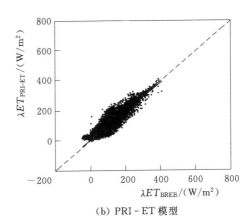

（a）S－W 模型　　　　　　　　　　（b）PRI－ET 模型

图 4.36　S－W 模型和 PRI－ET 模型估算的葡萄全生育期瞬时耗水与
波文比-能量平衡法实测值的对比（甘肃武威，2008 年）

表 4.12　　PRI－ET 和 S－W 模型估算的葡萄全生育期瞬时耗水与波文比-能量
平衡法实测值的相关统计分析（甘肃武威，2007—2008 年）

年份	模型	相关方程	R^2	ε_1	d_1	MAE /(W/m²)	$\overline{Q}$ /(W/m²)	$\overline{P}$ /(W/m²)
2007	PRI－ET	$\lambda ET_{PRI\text{-}ET}=0.98\,\lambda ET_{BREB}$	0.813	0.594	0.794	25.00	63.36	64.55
	S－W	$\lambda ET_{S\text{-}w}=1.19\,\lambda ET_{BREB}$	0.810	0.464	0.755	32.30	63.36	79.33
2008	PRI－ET	$\lambda ET_{PRI\text{-}ET}=0.95\,\lambda ET_{BREB}$	0.852	0.646	0.822	22.99	76.76	77.82
	S－W	$\lambda ET_{S\text{-}w}=1.11\,\lambda ET_{BREB}$	0.804	0.520	0.773	31.19	76.76	91.75

注　λET_{BREB} 为波文比-能量平衡法实测的葡萄园潜热通量；$\lambda ET_{PRI\text{-}ET}$ 为 PRI－ET 模型估算的葡萄园潜热通量；R^2 为确定系数；ε_1 为修正效率指数；d_1 为修正亲和指数；MAE 为平均绝对误差；$\overline{Q}$ 为波文比-能量平衡法实测值的平均值；$\overline{P}$ 为模型估算值的平均值。

　　构建的 PRI－ET 模型综合考虑了沟灌的局部湿润灌水方式和葡萄冠层对地表遮阴程度低的实际情况，突破了 S－W 模型冠层均匀分布于下垫面的假定，同时模型的土壤蒸发项将沟中、垄上遮阴范围内和遮阴范围外的土壤分别作为蒸发源汇项进行单独考虑，因此，PRI－ET 模型能够更好地反映作物蒸腾和土壤蒸发的实际情况，有效地提高了耗水的估算精度。从表 4.12 可以看出，PRI－ET 模型估算的 2007 年葡萄全生育期耗水与实测值之间相关方程的斜率为 0.98，R^2 为 0.813，ε_1 为 0.594，d_1 为 0.794，MAE 为 25.00W/m²，估算的全生育期耗水均值为 64.55W/m²；估算的 2008 年耗水与实测值之间相关方程的斜率为 0.95，R^2 为 0.852，ε_1 为 0.646，d_1 为 0.822，MAE 为 22.99W/m²，估算的全生育期耗水均值为 77.82W/m²，明显优于 S－W 模型。

　　2. 两种模型估算的葡萄不同生育期耗水量与实测值的对比

　　表 4.13 为模型估算的 2007—2008 年酿酒葡萄不同生育期耗水量与波文比-能量平衡法实测值之间的比较。从表 4.13 中可以看出，在葡萄各个生育期，S－W 模型估算的耗水量均大于波文比-能量平衡法的实测值。2007 年高估全生育期耗水量达 93.23mm，即高于实测值 25.12%；2008 年高估 76.24mm，即高于实测值 19.11%。而 PRI－ET 模型估算的耗水量与实测值之间的一致性较好，尽管葡萄生育前后期略有所高估，但在葡萄生育

中期能够很好地反映其耗水规律。2007 年在葡萄开花期、浆果生长期和浆果成熟期，PRI-ET 模型与实测值之间的差值最大为 3.29mm，即低估实测值 3.78%；2008 年在葡萄浆果生长期和浆果成熟期，PRI-ET 模型与实测值之间的差值为 5.23mm 和 4.14mm，即低估实测值 3.12% 和 3.72%，但葡萄开花期，PRI-ET 模型高估达 17.12%，这主要是由于 2008 年葡萄开花期较短，耗水总量较小所致。PRI-ET 模型估算的 2007—2008 年葡萄全生育期耗水量为 389.15mm 和 404.35mm，仅高估 18.03mm 和 5.43mm，即 4.86% 和 1.36%。

表 4.13 两种模型估算的葡萄不同生育期耗水量与波文比-能量平衡法实测值的对比（甘肃武威，2007—2008 年）

年份	生育期	时段	天数/d	实测值/mm	估算值/mm	
					PRI-ET	S-W
2007	萌芽期	5月1—7日	7	8.81	12.88	12.63
	新梢生长期	5月8日—6月7日	31	59.76	74.94	82.76
	开花期	6月8日—7月3日	26	78.27	76.77	93.77
	浆果生长期	7月4日—8月10日	38	116.29	114.07	139.04
	浆果成熟期	8月11日—9月15日	36	87.04	83.75	102.37
	新梢成熟及落叶期	9月16日—10月11日	26	20.95	26.75	33.79
	全生育期	5月1日—10月11日	164	371.12	389.15	464.35
2008	萌芽期	5月4—10日	7	11.68	12.85	13.43
	新梢生长期	5月11日—6月10日	31	58.69	66.98	87.42
	开花期	6月11—23日	13	30.25	35.43	37.06
	浆果生长期	6月24日—8月10日	48	167.46	162.23	194.69
	浆果成熟期	8月11日—9月15日	36	111.42	107.28	121.95
	新梢成熟及落叶期	9月16—27日	12	19.41	19.58	20.60
	全生育期	5月4日—9月27日	147	398.92	404.35	475.16

3. 两种模型在灌溉后估算值与实测值的对比

评价耗水模型估算精度不仅看其估算的潜热总通量的精度，还必须注重其对耗水各组分（蒸腾和蒸发）的估算精度。图 4.37 为一次灌溉后（灌溉时间为 2007 年 6 月 21 日，灌水量为 70mm）S-W 模型和 PRI-ET 模型估算的葡萄园耗水与波文比-能量平衡法实测值之间的对比。从图 4.37 中可以看出，这两种模型估算的葡萄耗水与波文比-能量平衡法实测值的日变化趋势较为一致，但 S-W 模型明显高估了 λET。灌溉后前两天 S-W 模型估算的 λET 与波文比-能量平衡法实测值之间的偏差较小，其峰值附近最大误差为 64.30W/m²，偏差为 20.1%。随着沟中表层土壤含水量的降低，其峰值附近的误差有增加的趋势，灌溉后第 6 天中午峰值附近，S-W 模型估算值的最大误差为 132.83W/m²，偏差达到 42.3%。然而我们并不能简单地认为灌溉后一两天，当下垫面湿润时，S-W 模型的估算效果就优于下垫面干燥时的情况。由于灌溉后不久，沟中土壤的地表阻力很小，因此土壤的蒸发比值和作物的蒸腾比值相近，所以当 S-W 模型高估冠层可利用能，而低估土壤可利用能时，其估算的 λET 不会产生很大误差，但其估算的耗水中蒸腾和蒸发组分关系会存在较大偏差。从表 4.14 和表 4.15 中可以看出，S-W 模型估算的日蒸腾量和蒸发量与实测值之间的误差为 14.85% ~ 42.89% 和 7.10% ~ 13.05%。

表 4.14　　　　两种模型在灌溉后估算的蒸腾量与茎流计实测值的对比（甘肃武威，2007 年）

灌溉后天数	茎流量/(mm/d)	PRI-ET 模型		S-W 模型	
		估算值/(mm/d)	相对误差/%	估算值/(mm/d)	相对误差/%
1	1.46	1.33	−8.70	1.68	14.85
2	1.53	1.62	5.48	2.19	42.89
3	1.48	1.34	−9.22	1.76	19.01
4	1.49	1.41	−5.63	2.00	34.14
5	1.48	1.59	7.09	2.11	42.81
6	1.48	1.42	−4.26	1.87	26.08

表 4.15　　　　两种模型在灌溉后估算的土壤蒸发量与微型蒸渗仪实测值的对比（甘肃武威，2007 年）

灌溉后天数	土壤蒸发量/(mm/d)	PRI-ET 模型		S-W 模型	
		估算值/(mm/d)	相对误差/%	估算值/(mm/d)	相对误差/%
1	2.49	2.58	3.50	2.78	11.26
2	2.17	2.14	−1.29	2.44	12.31
3	2.08	2.13	2.24	2.23	7.10
4	2.30	2.16	−6.18	2.52	9.52
5	2.41	2.25	−6.75	2.62	8.66
6	1.52	1.52	0.49	1.71	13.05

与 S-W 模型相比，PRI-ET 模型估算的耗水与波文比-能量平衡法实测值较为一致。灌水后，该模型估算值与实测值之间中午峰值附近的最大差为 22.98W/m²，其误差为 18.6%，日累计误差在 10% 以内。从表 4.14 和表 4.15 中可以看出，PRI-ET 模型估算的日蒸腾量和日蒸发量与实测值之间的误差仅为 4.26% ~ 9.22% 和 0.49% ~ 6.75%。但从图 4.37 中还可以看出，尽管 PRI-ET 模型估算的葡萄蒸腾变化趋势与液流测定仪的实测值相近，但在白天峰值附近和夜晚有较大差异，这主要是由于葡萄树本身存在水容的作用，具有一定的调节能力[50]。尽管日液流量与实际蒸腾量之间存在一定差异，但仍可以判断模型估算的效果，树干液流量的日累计值仍可以作为树木单株的蒸腾量[51]。

4. 两种模型在降雨后的估算值与实测值的对比

选取 2007 年每次降雨后连续 2~3 天的数据来分析降雨对各模型估算效果的影响，全生育期内降雨后蒸腾和蒸发资料连续的共有 5 次，表 4.16 列出了这 5 次降雨后共 11 天模型估算的葡萄耗水量及各组分与实测值之间的统计分析。从表 4.16 中可以看出，PRI-ET 模型低估作物蒸腾 3.38%，高估土壤蒸发 3.07%，这可能是由于：①PRI-ET 模型略微

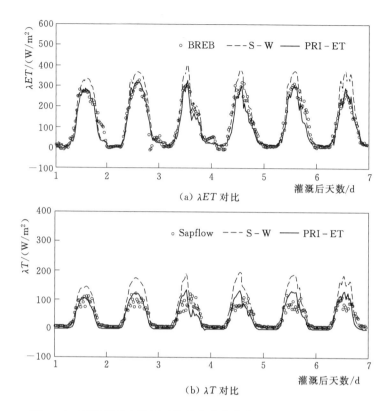

图 4.37　两种模型在灌溉后估算的葡萄潜热通量和蒸腾潜热通量
与实测值的日变化对比（甘肃武威，2007 年）

低估了冠层吸收能；②将单株尺度的液流量提升到葡萄园尺度耗水量时，存在一定的尺度转换误差。同时，我们也可以发现，使用热脉冲仪测定的葡萄蒸腾量与微型蒸渗仪测定的土壤蒸发量之和 ET_{hps+ml} 小于波文比-能量平衡法实测值约 5.8%。这一结果与 Trambouze 等[51]的研究一致。以上分析表明，PRI - ET 模型能够较为准确地估算降雨后的作物蒸腾和土壤蒸发。与此相比，S - W 模型高估作物蒸腾达 12.93%，高估土壤蒸发为 2.74%。S - W 模型估算土壤蒸发精度较高主要是由于降雨后，地表湿润比较均匀，较好地满足了模型的均匀性假定。

表 4.16　　两种模型在降雨后的估算值与实测值的对比 （甘肃武威，2007 年）

参数	实测值/mm	PRI - ET 模型		S - W 模型	
		估算值/(mm/d)	相对误差/%	估算值/(mm/d)	相对误差/%
蒸腾（T）	18.49	17.86	−3.38	20.88	12.93
蒸发（E）	27.92	28.78	3.07	28.68	2.74
ET_{hps+ml}	46.41	46.64	0.50	49.56	6.80
ET_{BREB}	43.87	46.64	6.31	49.56	12.97

注　植株蒸腾（T）由 SF200 型热脉冲探头测定；土壤蒸发（E）由微型蒸渗仪测定；ET_{hps+ml} 为 SF200 型热脉冲探头实测的作物蒸腾和微型蒸渗仪实测的土壤蒸发之和；ET_{BREB} 为波文比-能量平衡法实测的耗水量。

尽管 PRI－ET 模型对沟灌条件下葡萄园耗水量的估算精度有显著提高，但仍有不少假定和不完善的地方。对于像葡萄一样冠层较高的作物，冠层阻抗在耗水总量的计算中比重很大，冠层阻抗与饱和差、含水量、作物的生理状态等因素有关。由于植物气孔行为的生化过程和生理过程十分复杂，目前人们对气孔开闭的了解还很不明确，尚没有什么理论模型可预测气孔开闭过程和气孔阻力的大小，只能依据气孔阻力与环境的关系建立一些模型[53,54]。而且气孔运动具有滞后性和不确定性，尤其在作物受到较严重胁迫时，这种特征更为明显。该地区葡萄园采用了沟灌的灌水方式，并且葡萄种植于沟的一侧，因此，葡萄根系靠近垄的一边可能会受到一定的水分胁迫，这部分根系合成 ABA 向地上部输送，使气孔开度降低，进一步增加了冠层阻抗模拟的复杂性。从图 4.37 作物蒸腾日变化规律也可以看出，葡萄液流的实际变化规律并不会随着外界条件的变化而剧烈改变，作物本身会进行一定的调节，以保护自身不受外界环境的伤害，而目前的冠层阻抗模型并没有充分反映这些特点。

土壤蒸发的空气动力学阻力不仅受到风速和风向的影响，而且由于沟间和垄上表层土壤含水量的巨大差异，其上部空气的温湿度会产生一定差异，因而空气之间可能会产生小范围局部热力环流，影响地表空气动力学阻力计算。另外采用了较为简单的地表阻力模型，这些都会在一定程度上影响模型的估算效果。

下垫面能量分配估算的准确与否是影响模型估算精度的另一个重要因素。在沟灌条件下，由于葡萄藤绑扎在篱架上，其较低的冠层覆盖程度使得很大一部分太阳辐射直接照射在裸露地表上，从而造成了作物蒸腾占总耗水量的比率很小，并且垄上裸露地表产生的感热通量 H 较大，其中一部分会被葡萄冠层所利用，从而增强作物蒸腾。Heilman 等[50]的研究表明，葡萄园在滴灌条件下土壤感热通量的 1％～30％会被植被的蒸腾所利用。Ham 和 Heilman[54]对棉花的研究表明，地表产生的感热通量中约有 1/3 能量会被作物蒸腾所消耗。PRI－ET 模型估算的葡萄蒸腾量低于液流测定仪的实测值，可能部分原因就是该模型低估了葡萄冠层吸收的可利用能。此外，模型也没有考虑土壤与冠层以及土壤各部分之间反射率、长波辐射等的差异。

总之，PRI－ET 模型有效提高了局部沟灌条件下稀疏植被—葡萄园的耗水估算精度。

4.3　苹果园耗水量估算方法的研究

4.3.1　考虑冠层光能截获分布特征变化的苹果树耗水模型研究

果树冠层光能截获与蒸腾是果园 SPAC 水热传输中的重要过程。定量模拟果树冠层光能截获与蒸腾过程，对于优化果园冠层结构[55]和高效用水管理从而提高果品优质率和水分利用效率，具有重要的指导作用。自 Monteith 和 Beer 分别提出"大叶"蒸腾模式和光能削减定律以来[6]，国内外许多学者分别对果树蒸腾过程和果树冠层光能截获进行了大量的研究。Thorpe 对大叶模型进行了修正，建立了单株果树的蒸腾模型[56]，后来Caspari[57]、Green[58]和 Zhang[59]等依据 Thorpe 模式的基本原理[56]，先后建立了自己的蒸腾模型，分别模拟了梨、苹果、核桃等果树的蒸腾过程。对于果树冠层光能截获过程，Jackson 和 Palmer 率先建立模型计算了不透光、不反射、不同冠层类型行作果树冠层在不同纬度、年内不同时间的光截获[60]，该模型已经成功地计算了各种果树冠层[61]。还有研究表明该模型更适合用于密植的果树，如李树不透光、不反射的冠层结构。在经济高大果树中该模型不太适用，因为为了维持果树的高产和优质，透光是首要考虑的。因此，有必要建立一种考虑行作方向、冠层结构、时间和纬度对光在冠层内透射、截获和分布影响的模型。Palmer 正是基于这一考虑建立了果树光截获修正模型，该模型对 1972 年模型进行了修正，假定冠层只由叶片组成，冠层沿行向上的断面为长方形，果树栽培行向与正北方向的夹角为变量，并且考虑透光[63]。Buwalda 等利用可视化模拟方法对葡萄冠层能量截获和光合作用的空间分布变化进行了模拟[64]。模型采用三维动态模型，能快速、方便地再现光合作用的时空动态，克服了一维模型难以应用到复杂冠层的缺陷。Annandale 等开发了二维果树光截获模型，考虑了冠层结构特征和行方向，分小时或天的时间段模拟。模型中为了计算土面光照时空分布，计算了太阳光到达地面的冠层内路径长度[64]。模型还假定叶片在椭圆冠层内均质分布，光辐射消减遵循 Beer 定律。考虑到光合有效辐射和近红外辐射波段的直射和漫反射相互作用机理不同，模型分别对光合有效辐射和近红外辐射波段的直射和漫反射进行了计算。直射光的消减依赖于冠层的维数和结构、方位角和天顶角以及果树栽培行向。模型能很好地适用于均质、椭圆型且对称分布的冠层，当用于其他类型的冠层时，其总体误差高达 40%。如果该模型与果树水分传输模型耦合，会提高果树耗水的模拟精度，因为它精确地描述了果树冠层和地面能量的时空动态。

考虑果树冠层光能分布特征变化的蒸腾模拟也是近些年才进行的工作，主要是计算机技术和自动监测仪器的高速发展为此项研究提供了条件。Green 等利用三维冠层光截获模型和 Penman – Monteith 模型相结合尝试性地模拟了果树的光能截获和蒸腾[65,66]。研究中采用旋转辐射仪测定冠层光能截获，热脉冲技术测定树干液流，测定结果分别与模拟结果进行了比较，取得了较为满意的效果。但该模型假定叶面积密度是均匀分布的，这与实际不符。

4.3.2 模型构建

4.3.2.1 果树冠层光能截获模型构建

假定树冠为连续整体，全部由叶片组成，叶片为非均匀分布，表面为椭球曲面，太阳辐射穿透冠层遵循 Beer 定律。如图 4.38 所示，θ 为太阳光线方位角，α 为太阳光线入射角，r_x、r_y、r_z 为椭球曲面沿 x、y、z 坐标轴方向的半径，(x_0, y_0, z_0) 为椭球曲面的中心。

冠层表面曲面方程如下：

$$\left(\frac{x-x_0}{r_x}\right)^2 + \left(\frac{y-y_0}{r_y}\right)^2 + \left(\frac{z-z_0}{r_z}\right)^2 = 1 \tag{4.151}$$

经过给定位置 (x', y', z') 太阳光线矢量方程如下：

$$\frac{x-x'}{\cos\theta\cos\alpha} = \frac{y-y'}{\sin\theta\cos\alpha} = \frac{z-z'}{\sin\alpha} \tag{4.152}$$

太阳光线截获方程[67,68]如下：

$$Q(x', y', z') = Q_0 \prod_{i=1}^{N} e^{-0.5\rho_i S_i \sqrt{\delta}} \tag{4.153}$$

式中：Q_0、$Q(x',y',z')$ 分别为冠层上方太阳辐射和所求位置 (x',y',z') 的太阳辐射；i 为太阳辐射穿透过冠层的序号；N 为太阳辐射穿透过冠层的个数；ρ_i 为第 i 个冠层的叶面积密度；S_i 为第 i 个冠层的穿透距离；δ 为叶片对太阳辐射的截获系数，一般取 0.5。

如何求得给定位置 $P(x',y',z')$ 的太阳辐射，关键是求取 S_i。在这里为了简化计算，假定 r_x 和 r_y 是等长度的，且为 r_{xy}，这与文中的苹果树冠层形状也相符合。当太阳光线穿透冠层时有两种情形，一种是和曲面有两个交点 $P_1(x_1,y_1,z_1)$ 和 $P_2(x_2,y_2,z_2)$，另外一种是只有一个交点 $P_2(x_2,y_2,z_2)$ 到达所求位置 P（图 4.39）。

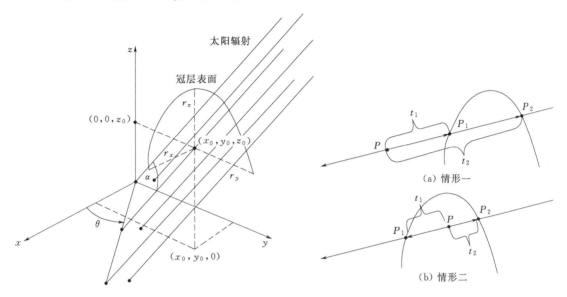

图 4.38　果树太阳光线截获模型示意图　　　图 4.39　太阳光线穿透冠层到达所求位置的两种情形

（1）第一种情况：

令 $t = \dfrac{x-x'}{\cos\theta\cos\alpha} = \dfrac{y-y'}{\sin\theta\cos\alpha} = \dfrac{z-z'}{\sin\alpha}$，则有：

$$\begin{cases} x = x' + t\cos\theta\cos\alpha \\ y = y' + t\sin\theta\cos\alpha \\ z = z' + t\sin\alpha \end{cases} \tag{4.154}$$

将式（4.154）代入式（4.151）得到关于 t 的一元二次方程：

$$At^2 + Bt + C = 0 \tag{4.155}$$

其中：

$$A = r_z^2\cos^2\alpha + r_{xy}^2\sin^2\alpha$$

$$B = 2r_z^2(x'-x_0)\cos\theta\cos\alpha + 2r_z^2(y'-y_0)\sin\theta\cos\alpha + 2r_{xy}^2(z'-z_0)\sin\alpha$$

$$C = r_z^2(x'-x_0)^2 + r_z^2(y'-y_0)^2 + r_{xy}^2(z'-z_0)^2 - r_{xy}^2r_z^2$$

解方程（4.155）得到 t_1 和 t_2，则有：

$$S = \sqrt{(x_2-x_1)^2 + (y_2-y_1)^2 + (z_2-z_1)^2}$$
$$= |t_2-t_1|$$
$$= \sqrt{(t_1+t_2)^2 - 4t_1t_2}$$
$$= \frac{\sqrt{B^2-4AC}}{|A|} \tag{4.156}$$

（2）第二种情况：

$$S = \sqrt{(x_2-x')^2 + (y_2-y')^2 + (z_2-z')^2} = |t_2| \quad (t_2>t_1) \tag{4.157}$$

如何判定是哪种情况，按下面计算式确定：①如果 $\left(\frac{x'-x_0}{r_x}\right)^2 + \left(\frac{y'-y}{r_y}\right)^2 + \left(\frac{z'-z}{r_z}\right)^2 > 1$，则是第一种情形；②如果 $\left(\frac{x'-x_0}{r_x}\right)^2 + \left(\frac{y'-y_0}{r_y}\right)^2 + \left(\frac{z'-z_0}{r_z}\right)^2 < 1$，则是第二种情形。

对于给定位置的穿透冠层可能有几个，上述两种情况都有可能出现。

通过上面的计算只能得到冠层内太阳总辐射，而蒸腾模型需要净辐射，故须把太阳总辐射转化为净辐射。苹果树冠层内净辐射与太阳总辐射呈线性相关，其关系如下：

$$R_N(x',y',z') = aQ(x',y',z') + b \tag{4.158}$$

式中：a、b 为经验常数，分别取 0.72 和 −32.43，W/m^2[69]。

4.3.2.2 苹果树冠层蒸腾模型

在苹果树冠层内取一微分单元体 dv，其中心位置坐标为 (x',y',z')，叶面积密度为 $\rho_l(x',y',z')$，则叶面积为 $\rho_l(x',y',z')dv$。该单元体的叶面积占整个冠层叶面积的权重为 $\rho_l(x',y',z')dv/S_l$。假定该微分单元体内叶片蒸腾速率相同，则根据 Penman - Monteith 公式，该单元体内蒸腾 dT_r 为

$$dT_r = \frac{1}{\lambda}\frac{sR_N(x',y',z')r_b(x',y',z') + \rho_a c_p VPD_a}{(s+2\gamma)r_b(x',y',z') + \gamma/g_s(x',y',z')}\rho_l(x',y',z')/S_l dv \tag{4.159}$$

在苹果树冠层内积分得到下面三维的单树蒸腾模型，为

$$\lambda T_r = \oiiint_\Sigma \frac{sR_N(x',y',z')r_b(x',y',z') + \rho_a c_p VPD_a}{(s+2\gamma)r_b(x',y',z') + \gamma/g_s(x',y',z')}\rho_l(x',y',z')/S_l dv \tag{4.160}$$

式中：$R_N(x',y',z')$ 为位置 (x',y',z') 的净辐射通量；ρ_a、c_p、VPD_a 分别为空气密度、比热及饱和水汽压差；s 和 γ 分别为饱和水汽压-温度曲线斜率和比湿度计常数；r_b 和 g_s 分别为叶片边界层阻力和气孔导度；S_l 为果树总叶面积。

气孔导度采用 Jarvis 模型[39]计算：

$$g_s(x,y,z) = g_{cmax} f[R_N(x',y',z')] f(VPD_a) f(T) f(\delta M) \tag{4.161}$$

式中：g_{cmax} 为最大气孔导度；$f(R_N)$、$f(VPD_a)$、$f(T)$ 和 $f(\delta M)$ 为 Jarvis[39]、Stewart[70]、Granier 和 Loustau[71]分别提出的太阳净辐射、空气湿度、空气温度和土壤水分亏缺修正函数。

$$f(R_N) = \frac{R_N(1-0.001k_r)}{k_r - R_N} \tag{4.162}$$

式中：k_r 为经验常数；R_N 为太阳净辐射。

$$f(VPD_a) = \frac{1 - k_{d1}VPD_a}{1 + k_{d2}VPD_a} \tag{4.163}$$

式中：k_{d1}、k_{d2} 为经验常数。

$$f(T) = \frac{(T - T_1)(T_h - T)^\alpha}{(k_T - T_1)(T_h - k_T)^\alpha} \tag{4.164}$$

$$\alpha = \frac{T_h - k_T}{k_T - T_1}$$

式中：k_T 为经验常数；T_h、T_1 分别为气孔导度为 0 时的最高和最低温度，分别取 40 和 0[72]。

$$f(\delta M) = 1 - \exp[k_m(\delta M - \delta M_{max})] \tag{4.165}$$

$$\delta M = M_{max} - M$$

式中：k_m、δM_{max} 为经验常数；M_{max}、M 分别为最大和实际根区土壤储水量，在研究中取根区 2m 土层土壤储水量。

4.3.2.3　考虑冠层光能截获分布特征变化的苹果树蒸腾模型的验证

利用考虑冠层光能分布特征变化的蒸腾模型对 2004 年 7 月 1—31 日（发芽后的天数 DAB 89 - DAB 119）期间苹果树蒸腾过程进行了估算。

1. 模型离散化处理及参数确定

两个模型主要通过光截获函数联系起来，考虑到计算过程的简化，并假定 $r_b(x', y', z')$ 与空间位置无关，即为 r_b，得到如下蒸腾模型：

$$\lambda T_r = \sum_{i=1}^{n} \sum_{j=1}^{m} \sum_{k=1}^{l} \frac{sR_N(x_i', y_j', z_k')r_b + \rho_a c_p VPD_a}{(s + 2\gamma)r_b + \gamma/g_s(x_i', y_j', z_k')} \rho_l(x_i', y_j', z_k')/S_l dv \tag{4.166}$$

在模型运用时，将冠层分成 4 层，每层分成 12 个方向，每个径向由下到上依次分成 4、3、2、1 个深度，所以共分成 120 个计算单元。模型涉及参数众多，冠层几何形状参数为试验测定值，气孔导度模型参数采用非线性最优化技术进行拟合确定。模型输入的气孔导度模型参数与冠层结构参数值见表 4.17。

表 4.17　　　　　　　　模型输入的气孔导度模型参数与冠层结构参数值

气孔导度模型参数		冠层结构参数	
参数	取值	参数	取值
$g_{cmax}/(mm/s)$	12.8	行距/m	3.2
$k_r/(W/m^2)$	426	株距/m	3.0
$k_T/℃$	23.5	树高/m	2.69
k_{d1}	0.32	冠层高度/m	2.05
k_{d2}	−0.13	冠层半径/m	1.40
k_m	0.035	总叶面积/m^2	25.8
$\delta M_{max}/mm$①	660	叶片平均特征宽度/cm	4.2
R^2	0.68	叶片平均倾角/(°)	23.9

① 假定苹果树根区深度在 2004 年 7 月 1—31 日期间为定值。

2. 模型输入变量的测定

模型涉及的变量有冠层叶面积指数空间分布、气象因子（太阳辐射、空气温度和相对湿度、风速、降水量）与土壤含水率。其中，气象因子（太阳辐射、空气温度和相对湿度、风速、降水量）由自动气象站测定，土壤含水率由 TRIM 测定，如图 4.40 所示，而冠层叶面积指数用冠层内水平网格的叶面积指数，然后按比例在高度上分配水平网格的叶面积指数，即可得到每个计算单元内的叶面积。

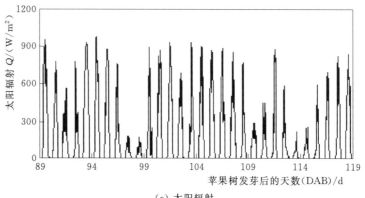

（a）太阳辐射

（b）空气温度

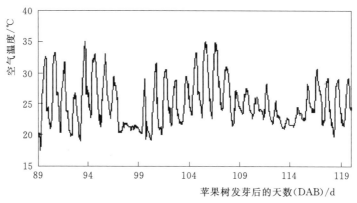

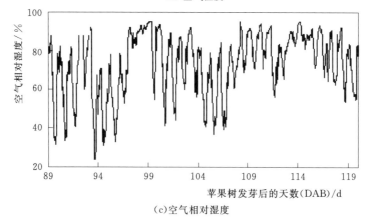

（c）空气相对湿度

图 4.40（一）　估算期间气象因子和 2m 土层土壤储水量的变化
（陕西杨凌，2004 年 7 月 1—31 日）

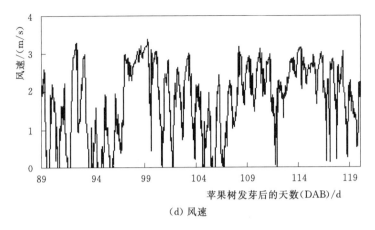

(d) 风速

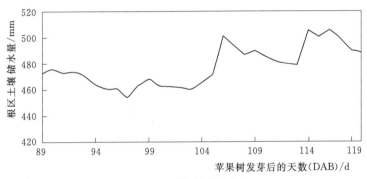

(e) 根区土壤储水量

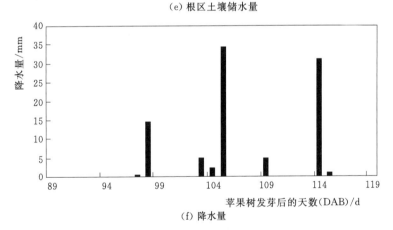

(f) 降水量

图 4.40 (二)　估算期间气象因子和 2m 土层土壤储水量的变化

(陕西杨凌，2004 年 7 月 1—31 日)

4.3.3　模型估算值与实测值的比较

4.3.3.1　苹果树蒸腾模型估算值与树干液流实测值的比较

如图 4.41 所示，苹果树蒸腾模型估算值与树干液流实测值的变化趋势相近。白天误差较小，相对误差绝对值为 3.6%～53.2%；夜间相差较大，在 0.5L/h 左右，相对误差绝对值为 30%～100%。白天误差存在的原因是苹果树蒸腾模型重点考虑了直射光的截获，同时由于树冠水容的存在导致树干瞬时液流量并不等于瞬时蒸腾值。与白天相比，夜间误差较大的主要原因是，苹果树气孔关闭，气孔导度为0，同时太阳辐射也接近为0，从式（4.160）可知，苹果树蒸腾计算值接近0；为补充白天叶片蒸腾过大造成树干和冠层的失水，树干液流仍然以0.5L/h的流量上升。

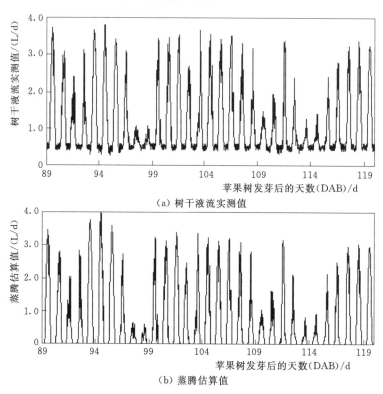

（a）树干液流实测值

（b）蒸腾估算值

图 4.41　苹果树蒸腾模型估算结果与树干液流实测值的比较

（陕西杨凌，2004 年 7 月 1—31 日）

4.3.3.2　晴天和阴天条件下苹果树蒸腾估算值与树干液流实测值的对比分析

如图 4.42（a）所示，晴天 DAB93-96 苹果树白天蒸腾估算值与树干液流实测值比较接近，相对误差的绝对值为 3.5%～11.6%，平均为 8.6%，而夜间蒸腾估算值接近于 0，树干液流值在 0.5L/h 左右波动。上午 10：00—12：00，苹果树蒸腾估算值大多比树干液流实测值大 3.5%～11.3%，下午 12：00—18：00，比树干液流实测值小 4.3%～11.6%。如图 4.42（b）所示，阴天 DAB110 苹果树白天蒸腾估算值与树干液流实测值相比差异较大，相对误差的绝对值为 12.5%～53.2%，平均为 30.8%，夜间蒸腾估算值与树干液流实测值的差值，比晴天的小些，平均约为 0.3L/h。多云转晴天 DAB111 蒸腾估算值与树干液流实测值相比，相对误差的绝对值为 10.3%～41.8%，平均为 23.6%。综合以上分析，蒸腾估算值与树干液流实测值相比，白天的误差比夜间的小得多。不同天气条件下其平均相对误差的大小顺序为：晴天＜晴天多云＜阴天。究其主要原因有两个：一是苹果树蒸腾模型重点考虑了太阳直射光的截获，而忽略了太阳散射光及地面的反射光的截获；二是苹果树干瞬时液流值并不能等同于苹果树的实际瞬时蒸腾值。

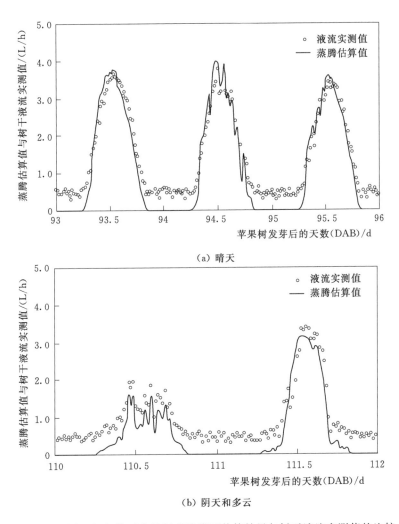

(a) 晴天

(b) 阴天和多云

图 4.42 不同天气条件下苹果树蒸腾模型估算结果与树干液流实测值的比较

4.3.4 C 模型在苹果树耗水估算中的应用与改进研究

如 4.2 节所述，P - M 模型适用于下垫面均一的 ET 估算，但 P - M 模型不能区分植物蒸腾和土壤蒸发。Shuttleworth 和 Wallace 研究了稀疏植被覆盖表面的耗水规律，假设作物冠层为均匀覆盖，引入冠层阻力和土壤阻力两个参数，建立了由作物冠层和冠层下地表组成的双源耗水模型（简称 S - W 模型）。由于该模型较好地考虑土壤蒸发，因而有效地提高了作物叶面积指数较小时的 ET 模拟精度[7]。S - W 模型在稀疏植被的耗水量计算上要优于 Penman - Monteith 公式。S - W 模型将耗水简单区分为土壤蒸发和植株蒸腾两部分，但冠层下方遮阴部分的土壤蒸发和裸露地表的土壤蒸发差别较大，不能简单地归一化处理。1997 年，Brenner 和 Incoll 通过考虑遮阴率的影响，建立了 Clumping 模型（简称 C 模型），将土壤蒸发分为冠层下方的土壤蒸发和裸露地表的土壤蒸发，有效提高了 S - W 模型的模拟精度[36]。

冠层阻力对耗水模型的估算结果影响很大。目前得到冠层阻力的有效方法是在采用空气动力学方法计算空气动力学阻力的基础上，利用茎干液流的测定值反推冠层阻力。这种思路仅适用于下垫面比较均一的作物及体内储水量不多的作物。更多学者在耗水量估算中，采用 Jarvis 经验模型计算冠层阻力。Zepplel 等采用 VPD、R_n、土壤含水量及太阳照射范围内的叶面积指数来计算冠层阻力，模型考虑了一天中太阳的运动规律，提出了长时间尺度耗水量的计算思路。该模型的估算值与实测茎干液流值更接近[73]。Matsumoto 采用 Jarvis 公式来研究冠层导度的变化，认为影响冠层导度的环境参数存在地区差异[74]。Matejka 在冠层阻力模型中采用了叶水势影响因子，水势的瞬时值比较难以测定，考虑植物茎干微变化会更易于模型应用[75]。根据以上研究，采用 Jarvis 模型计算冠层阻力，Jarvis 冠层阻力模型的基本原理是测定气孔阻力的最小值，结合冠层叶面积指数，根据植物气孔阻力对一系列单一控制环境因子的响应，假设各个环境变量对气孔导度的影响函数各自独立，得到一个阶乘性多环境因子变量综合模型。Li 采用水汽压差和光合有效辐射来计算冠层阻力，取得了较好的多源模型模拟结果[76]。

土壤蒸发是宽行作物耗水量的重要组成部分，其大小与裸土面积占整个冠幅面积的比例有关[77]。因此，土壤蒸发量随叶面积指数的变化而变化。通过遮阴率的小时变化来确定裸土面积所占比例，可以提高土壤蒸发量的估算精度。总之，长时间土壤蒸发和植株蒸腾的准确测定或估算有助于灌溉制度的制定。

4.3.4.1　C 模型在苹果树耗水估算中的应用及阻力参数估算

1. C 模型在苹果园中应用简介

S-W 模型将耗水简单区分为土壤蒸发和植株蒸腾两部分，但是冠层下方和裸露地表的耗水差别较大。1997 年，Brenner 和 Incoll 建立了 Clumping 模型（简称 C 模型），将土壤蒸发分为冠层下方的土壤蒸发和裸露地表的土壤蒸发[36]，其模型示意图如图 4.43 所示。

由于充分考虑了冠层下方与裸地的土壤蒸发，C 模型有效地提高了稀疏植被的模拟精度。C 模型的详细计算公式见 4.2.1.1 节。

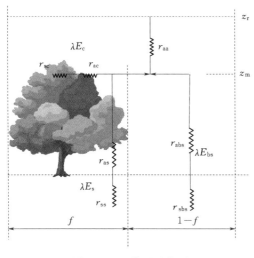

图 4.43　C 模型示意图

其中下标 s、b 和 c 分别表示冠层下方、无冠层遮盖裸地和冠层表面的潜热通量。r_{aa} 为空气动力学阻力；r_{ac} 为叶片边界层空气阻力；r_{as}、r_{abs} 分别为冠层遮盖和裸地的土壤表层边界层空气阻力；r_{sc}、r_{ss} 和 r_{sbs} 分别为冠层阻力、土壤阻力和裸地土壤阻力；f 为冠幅所占比例

2. 苹果耗水估算 C 模型阻力参数估算

C 模型是在 S-W 模型的基础上区分裸地蒸发与冠层下的土壤蒸发，故裸露地表空气动力学阻力和土壤阻力 r_{abs}、r_{sbs} 可利用 S-W 模型中的土壤空气动力学阻力（r_{as}）和土壤阻力（r_{ss}）计算。对于无冠层的裸地地表，其到冠层通量平均高度处的空气动力学阻力 r_{ab} 为

$$r_{ab} = \ln[(z_m/z_0')^2/(k^2 u_m)] \quad (4.167)$$

式中：z_m 为冠层通量平均高度，m，假定为 $0.75 h_c$；h_c 为冠层高度；u_m 为 z_m 处的水平风速，m/s。

在苹果园中，可近似利用遮盖度 f

线性差值 r_{ab} 和 r_{as} 来计算裸露地表的空气动力学阻力 r_{abs}。遮盖度 f 根据实际测定结果取 0.83。

冠层通量平均高度到参照高度空气动力学阻力 r_{aa} 和地表到冠层通量平均高度 r_{as} 可以由风廓线和湍流扩散系数来计算。冠层的空气动力学阻力 r_{ac} 采用 Shuttleworth 和 Wallace 提出的公式[7]计算。

土壤阻力 r_{ss} 采用表层土壤含水量函数计算[78-80]。

采用 Jarvis 的冠层阻力模型来估算冠层阻力,具体模型表达式如下[39]:

$$r_{ST} = \frac{r_{STmin}}{\prod_i F_i(X_i)} \qquad (4.168)$$

$$r_c = \frac{r_{ST}}{LAI_e} \qquad (4.169)$$

式中:r_{ST}、r_{STmin} 分别为平均气孔阻力和最小气孔阻力,s/m,根据实测资料,西北地区苹果园最小气孔阻力约为 70s/m;LAI_e 为有效叶面积指数〔依据试验期间实测 LAI 与日序数(DOY)进行回归得到插补方程〕;X_i 为净辐射、水汽压差、土壤含水量等环境变量;$F_i(X_i)$ 为对应特定环境变量 X_i 的影响函数〔$0 \leqslant F_i(X_i) \leqslant 1$〕,其具体表达式如下:

$$F_1(R_s) = \frac{R_s}{1100} \frac{1100 + a_1}{R_s + a_1} \qquad (4.170)$$

$$F_2(VPD) = e^{-a_2 VPD} \qquad (4.171)$$

式中:R_s 为太阳总辐射,W/m;VPD 为水汽压差,Pa;a_1、a_2 为经验系数,通过多元回归最优化拟合获得。

根据实际测定平均气孔阻力与总辐射、VPD 数据,采用综合优化软件包(1stOpt,七维高科有限公司)拟合,得到 a_1、a_2 分别为 750W/m² 和 0.34。本书试验设定为充分灌水,故不考虑土壤含水量的影响。Forrester 因为考虑到 VPD 对冠层阻力影响较大,在计算中忽略了空气温度函数,取得较好的结果[81]。Wallace 和 McJannet 认为 VPD 和 R_s 对蒸腾量影响最大[82]。中国西北干旱地区冠层阻力主要受水汽压差影响,故在计算冠层阻力时也忽略空气温度函数。

4.3.4.2 考虑冠层缝隙率变化的苹果园耗水量模型构建

生产实践中,往往需要确定整个生育期的耗水量[83]。C 模型中遮盖度 f 决定了土壤蒸发中裸地面积与冠层覆盖面积的比例。在整个生育期耗水量模型中,生育前期冠层缝隙度较大,f 较小,所以整个生育期的 f 与冠层缝隙度密切相关。我们在研究中根据太阳日运动规律,建立了遮盖度 f 与太阳高度角、时角、冠层缝隙率的季节耗水模型(C_j),如图 4.44 所示。

C 模型中,遮盖度 f 仅与冠幅宽度及行距有关。但是,遮盖度 f 不仅与太阳辐射的太阳高度角 α 有关,还与冠层缝隙度大小关系密切。假定行距、株距分别为 a、b;冠幅直径为 L,假定太阳入射方向的冠层的投影为近似的圆形,其面积范围为 S',入射方向实际冠层投影面积为 S,缝隙度为 F,冠幅面积为 S_0。则考虑冠层缝隙度时,S、S' 存在以下关系(图 4.45):

$$S = FS' \qquad (4.172)$$

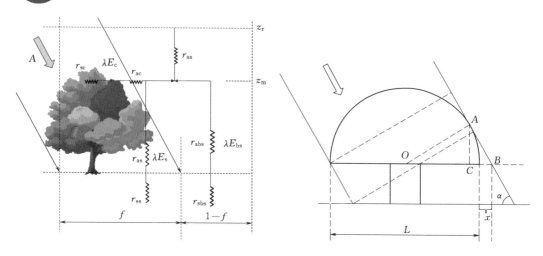

图 4.44　考虑太阳辐射角度的 C_j 模型示意图
其中下标 s、b 和 c 分别表示冠层下方、无冠层
遮盖裸地和冠层表面的潜热通量；r_{aa} 为空气动
力学阻力；r_{ac} 为叶片边界层空气阻力；r_{as}、
r_{abs} 分别为冠层遮盖和裸地的土壤表层边界层
空气阻力；r_{sc}、r_{ss} 和 r_{sbs} 分别为冠层阻力，土
壤阻力和裸地土壤阻力；f 为冠幅所占比例

图 4.45　计算遮盖度 f 的示意图

假定冠层形状为半球体，地面阴影长度与冠幅直径的差为 x，则在 $\triangle OAB$ 中：

$$\sin\alpha = \frac{0.5L}{0.5L + x} \tag{4.173}$$

太阳入射时地面阴影区域的面积 S' 计算如下：

$$S' = \pi \left(\frac{L+x}{2}\right)^2 = \frac{1}{4} S_0 \left[3 + \frac{1}{(\sin\alpha)^2}\right] \tag{4.174}$$

冠层遮盖度的表达式如下：

$$f = \frac{S}{ab} = \frac{FS_0}{4ab} \left[3 + \frac{1}{(\sin\alpha)^2}\right] \tag{4.175}$$

式中：F 为缝隙度，由冠层结构分析结果计算；S_0 为冠幅实际测定值，生育期内无修剪，假定其为常数。

太阳高度角 α 的表达式如下：

$$\sin\alpha = \sin\varphi\sin\delta + \cos\varphi\cos\delta\cos\left(\frac{t_h}{24} \times 360°\right) \tag{4.176}$$

$$\delta = 23.5\sin(0.986m - 78.9) \tag{4.177}$$

式中：φ 为地理纬度；δ 为太阳倾角（赤纬）；m 为从 1 月 1 日排序的日序数，即 DOY，$t_h/24 \times 360°$ 为太阳时角，正午时为零，下午为正。

可以采用缝隙度和冠幅面积来计算更加合理的遮盖度，从理论上来讲，季节变化模型适用于长时间尺度的耗水估算。季节变化的 C 模型的表达式及其余各项阻力的计算函数与 C 模型相同。

4.3.4.3 两种苹果树耗水量估算模型的对比分析

1. 估算的苹果树日平均蒸腾量与茎秆液流测定值的比较

从表 4.18 可以看出，C 模型和 C_j 模型的估算均值范围为 2.12～2.78mm/d。两者模拟的方程的系数为 0.59～0.94；生育阶段 Ⅰ 和 Ⅱ 的 R^2 分别为 0.46～0.85 和 0.42～0.62；平均绝对误差 MAE 和均方误差 $RMSE$ 分别为 0.97mm/d 和 1.42mm/d；亲和指数 d 约为 0.54。不同年份不同生育期日均 C_j 模型的 MAE、$RMSE$ 均低于 C 模型，亲和指数高于 C 模型。这表明 C_j 模型模拟值更接近茎秆液流测定蒸腾量的变化规律。

表 4.18　　　　苹果树不同生育阶段 C 模型和 C_j 模型估算的日均蒸腾量
与苹果树液流观测值 SF 间的比较（甘肃武威）

年份	生育阶段	SF /(mm/d)	模型	T /(mm/d)	b	R^2	MAE /(mm/d)	$RMSE$ /(mm/d)	d
2008	4 月 9 日—6 月 20 日	3.16	C	2.36	0.73	0.61	0.90	1.14	0.55
		2.40	C_j	0.75	0.63	0.85	1.04	0.57	
	6 月 21 日—9 月 27 日	3.48	C	2.48	0.74	0.61	1.01	1.41	0.46
		3.48	C_j	2.60	0.78	0.62	0.92	1.21	0.49
2009	4 月 9 日—6 月 30 日	3.12	C	2.71	0.84	0.46	0.80	1.03	0.63
		3.12	C_j	2.78	0.86	0.52	0.74	0.91	0.66
	7 月 1 日—9 月 26 日	2.86	C	2.60	0.94	0.42	0.97	1.24	0.45
		2.86	C_j	2.69	0.97	0.43	0.95	1.20	0.46
2010	4 月 9 日—6 月 30 日	3.45	C	2.13	0.59	0.57	1.52	3.12	0.50
		3.45	C_j	2.19	0.62	0.66	1.42	2.75	0.54
	7 月 1 日—9 月 30 日	2.91	C	2.12	0.76	0.60	0.82	1.06	0.54
		2.91	C_j	2.27	0.81	0.60	0.76	0.92	0.57

注　各年生育阶段依照树干直径生长规律与叶片生长规律综合确定，SF 为实测茎干液流量；T 为各模型估算值；b 为两者的线性回归系数；R^2 为决定系数；MAE 为平均绝对误差；$RMSE$ 为均方根误差；d 为修正后的亲和指数。2008 年 4 月 9 日—6 月 20 日为生育阶段 Ⅰ，2009 年和 2010 年 4 月 9 日—6 月 30 日为阶段 Ⅰ，其余时间为生育阶段 Ⅱ。

2. 估算的苹果树棵间土壤蒸发量与实测值的比较

将 C 模型和 C_j 模型估算的土壤蒸发量与微型蒸渗仪的实测值对比，其结果见表 4.19。

表 4.19　　　　不同年份苹果园棵间土壤蒸发估算值与微型
蒸渗仪实测值的比较（甘肃武威）

年份	E_s /(mm/d)	E_m/(mm/d)		b		R^2		MAE/(mm/d)		d	
		C	C_j	C	C_j	C	C_j	C	C_j	C	C_j
2008	1.00	0.89	1.10	0.85	1.05	0.32	0.35	0.24	0.25	0.57	0.59
2009	1.15	0.98	1.18	0.85	1.02	0.54	0.52	0.38	0.37	0.56	0.60
2010	1.24	1.16	1.35	0.91	1.06	0.50	0.57	0.25	0.30	0.63	0.61

注　$E_m = bE_s$，b 为拟合系数；E_s 为微型蒸渗仪实测棵间土壤蒸发；E_m 为不同模型估算的棵间土壤蒸发。

从表 4.19 中可以看出，C 模型土壤蒸发量估算值小于实际测定值，而 C_j 模型估算值略高于实际值。拟合系数 b 可以看出 C_j 模型的估算值误差在 5％左右低于 C 模型。2008 年和 2010 年 C_j 模型估算值的 R^2 均高于 C 模型。2008 年和 2009 年 C_j 模型的亲和指数 d 分别为 0.59 和 0.60，均高于 C 模型。

3. 用 C_j 模型估算的苹果树耗水量季节变化与实测值的比较

从表 4.20 中可以看出，苹果树萌芽—开花期实测 E/ET 为 39.2％～48.3％，而 C_j 模型估算值为 46.1％～51.6％；果实—膨大期和成熟期实测 E/ET 比例为 19.0％～32.5％。2008—2010 年整个生育期 C_j 模型估算的耗水量分别为 628.2mm、623.8mm、571.7mm；估算的全生育期 E/ET 比例为 24.1％～31.7％。

表 4.20　不同年份苹果树各生育期用 C_j 模型估算与实测的耗水量及组分的比较（甘肃武威）

年份	生育期	起始日期	实测的蒸腾量/mm	土壤蒸发 E/mm	实测 ET/mm	实测 E/ET/%	估算的蒸腾量/mm	估算的土壤蒸发 E_m/mm	估算 ET/mm	估算 E/ET/%
2008	萌芽—开花期	4 月 5 日—5 月 10 日	64.7	41.8	106.5	39.2	59.2	60.5	119.6	50.5
	展叶—幼果期	5 月 11 日—6 月 15 日	116.4	24.1	140.5	17.2	105.2	43.9	149.1	29.5
	果实—膨大期	6 月 16 日—9 月 1 日	250.5	69.7	320.2	21.8	230.7	66.3	297.0	22.3
	成熟—采收期	9 月 2 日—10 月 1 日	76.0	23.2	99.2	23.4	45.9	16.5	62.4	26.4
	全生育期	4 月 5 日—10 月 1 日	507.6	158.8	666.5	23.8	441.0	187.2	628.2	29.8
2009	萌芽—开花期	4 月 5 日—5 月 7 日	56.6	36.6	93.2	39.3	67.2	57.5	124.7	46.1
	展叶—幼果期	5 月 8 日—6 月 13 日	134.4	39.8	174.2	22.8	110.3	35.6	145.9	24.4
	果实—膨大期	6 月 14 日—8 月 22 日	235.1	55.2	290.3	19.0	219.7	43.8	263.5	16.6
	成熟—采收期	8 月 23 日—9 月 27 日	85.2	31.3	116.5	26.9	76.2	13.4	89.6	15.0
	全生育期	4 月 5 日—9 月 27 日	511.3	162.9	674.2	24.2	473.5	150.3	623.8	24.1
2010	萌芽—开花期	4 月 9 日—5 月 14 日	55.2	51.5	106.7	48.3	56.0	59.8	115.9	51.6
	展叶—幼果期	5 月 15 日—6 月 20 日	124.7	41.8	166.5	25.1	100.1	39.2	139.3	28.1
	果实—膨大期	6 月 21 日—9 月 1 日	175.2	70.8	246.0	28.8	196.8	67.4	264.2	25.5
	成熟—采收期	9 月 2 日—9 月 28 日	42.7	20.6	63.3	32.5	37.4	15.0	52.4	28.7
	全生育期	4 月 9 日—9 月 28 日	397.8	184.7	582.5	31.7	390.3	181.4	571.7	31.7

4.4　地膜覆盖条件下的作物耗水量计算研究

地膜覆盖栽培是利用聚乙烯或其他塑料薄膜，在作物播种前或播种后覆盖在农田表面，配合其他栽培措施，以改善农田生态环境，促进作物生长发育，提高产量和品质的一种保护性栽培技术。该技术具有以下特点：

（1）保墒效果显著。地膜覆盖切断了土壤水分与大气交换通道，抑制了土壤蒸发，使大部分水分在膜下循环，土壤水分能较长时间储存于土壤中供植物利用。同时，覆膜后土壤温度上下层差异加大，使较深层的土壤水分向上层运移积聚，具有提墒作用。因此，覆膜土壤根层含水量较裸地明显提高，且相对稳定。但地膜覆盖也阻隔了雨水直接进入土壤，增加了降水的径流。一般情况下，农田覆盖度不宜超过 80%。

（2）增温效果明显。一般早春地膜覆盖较裸地土表日均温提高 2～5℃，作物生育期积温增加 200～300℃。

（3）促进土壤养分供给。地膜覆盖改善了土壤水热条件，土壤微生物活动增强，有利于土壤有机质矿化，加速有机质分解，从而提高土壤氮、磷、钾有效养分的供应水平。

（4）促进作物光合作用。由于地膜的反光作用，作物叶片不仅接受太阳直接辐射，而且还接受地膜反射而来的短波辐射和长波辐射的作用，特别是中下部叶片光照条件得到改善，有利于提高群体光合作用，大幅度提高单产。

（5）提升作物品质。如覆膜棉花霜前花比率、纤维强度增加；覆膜西瓜含糖量提高；覆膜西红柿果实大、色泽好，并增加了含糖量和维生素含量等。由于地膜覆盖的特殊效应，该技术广泛应用于世界农业生产，美国、欧洲、中国和日本等均有许多报道。中国是世界上地膜生产和使用量最多的国家。地膜覆盖栽培广泛应用于全国范围，覆盖作物涵盖了蔬菜、水果、粮食作物、经济作物、花草、树苗等。粮食作物地膜覆盖栽培普遍增产 30% 左右，经济作物增产达 20%～60%[85]。

鉴于地膜覆盖栽培技术的大面积应用，准确估算与预测该条件下的作物耗水量对于优化农田水分管理具有重要参考价值。采用地膜覆盖后，水汽由农田向大气传输的通道有作物—大气、裸露土壤—大气以及覆盖层—大气。经典的双源耗水估算模式 Shuttleworth - Wallace 模型（简称 S - W）只考虑了水汽在两种通道的传输，即作物至大气和裸土至大气，而未考虑覆盖层的影响，直接应用该模型估算覆盖情形下耗水量可能会造成较大的误差。Farahani 和 Ahuja 在 Shuttleworth - Wallace 模型的基础上，考虑了覆盖对土壤蒸发的影响，构建了一个三维的耗水估算模型，包含 7 个阻力参数，以蒸渗仪测定值为标准进行了验证，表明所构建的模型估算精度较高[85]。吴丛林等根据能量平衡原理，建立了覆盖条件下的冬小麦地四维耗水估算模型，包含多个参数，并应用小麦地一个生长季度的观测资料进行了验证[86]。Lagos 等根据能量平衡原理与欧姆定律，考虑了覆盖对辐射、地温和土壤蒸发的影响，建立了一个三维的耗水估算模型，共包含 8 个阻力参数，并以涡度相关测量值为标准进行了验证，表明其精度较高[88]。

上述模型一般为三维或多维模型，需计算 7 个或更多阻力参数，而这些参数很难测定与获取，不利于模型的推广与使用；在验证模型的精度时，采用的实测数据一般周期较短，而且代表区域较小，因而其验证带有较大不确定性；此外，以上研究多局限于将所构建的模型与实测进行对比，还缺乏不同模型之间的比较与分析，而这是优化与改进模型的基础。

因而，我们的研究在前人基础上，应用涡度相关仪对大面积的覆膜玉米地进行连续的定位观测，以获取长时间、大面积与高精度的作物耗水数据；以 S - W 模型为基础，考虑覆盖对水汽传输的影响，通过对其改进构建一个参数少、精度高的耗水估算模型（简称

MS－W 模型）；以涡度相关测定值为标准，验证 S－W 模型及 MS－W 模型的精度，并进行两模型之间的对比分析，以探索地膜覆盖条件下的最优耗水计算方法。

4.4.1 地膜覆盖条件下的作物耗水计算模型

覆盖条件下，作物耗水计算可以分为三个部分，如图 4.46 所示。首先是从作物冠层传输至大气参考高度的水汽通量，即作物蒸腾量 λT，该水汽传输需克服作物冠层阻力 r_s^c，叶片边界层阻力 r_a^c 和冠层源汇项高度至大气参考高度的空气动力学阻力 r_a^a。第二部分是裸露地表至大气参考高度的水汽通量，即裸土蒸发量。该部分水汽传输需克服土壤阻力 r_s^s，土壤表面至冠层源汇高度的空气动力学阻力 r_a^s 和冠层源汇项高度至大气参考高度的空气动力学阻力 r_a^a。第三个部分是覆盖层蒸发，即水汽穿越覆盖层传输至大气的通量，或称为膜孔蒸发。膜孔蒸发需克服的阻力包括覆盖层土壤阻力 r_m^s，空气动力学阻力 r_a^s 和 r_a^a。通过耦合地表能量平衡方程和空气动力学方程，可推导出覆盖条件下的作物耗水计算普适模型（详细推导见参考文献 [88]）：

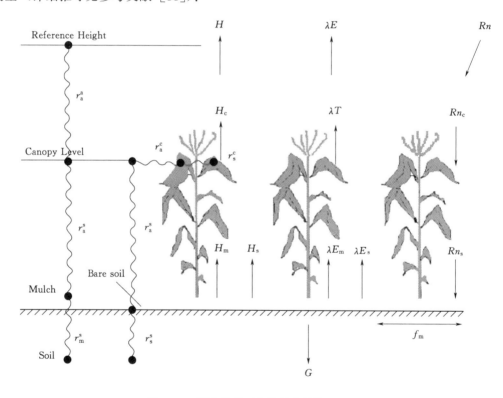

图 4.46　覆盖条件下作物耗水计算原理图

$$\lambda ET = \lambda T + (1 - f_m)\lambda E_s + f_m \lambda E_m = C_c PM_c + (1 - f_m)C_s PM_s + f_m \lambda E_m \quad (4.178)$$

$$PM_c = \frac{\Delta A + [\rho C_P VPD - \Delta r_a^c (A - A_c)]/(r_a^a + r_a^c)}{\Delta + \gamma[1 + r_s^c/(r_a^a + r_a^c)]} \quad (4.179)$$

$$PM_s = \frac{\Delta A + [\rho C_P VPD - \Delta r_a^s (A - A_s)]/(r_a^a + r_a^s)}{\Delta + \gamma[1 + r_s^s/(r_a^a + r_a^s)]} \quad (4.180)$$

$$PM_m = \frac{\Delta A + [\rho C_P VPD - \Delta r_a^s (A - A_m)]/(r_a^a + r_a^s)}{\Delta + \gamma [1 + r_s^m/(r_a^a + r_a^s)]} \tag{4.181}$$

$$C_c = \frac{R_a + R_c}{R_c} \left[1 + \frac{R_a}{R_c} + (1 - f_m) \frac{R_a}{R_s} + f_m \frac{R_a}{R_m} \right]^{-1} \tag{4.182}$$

$$C_s = \frac{R_a + R_s}{R_s} \left[1 + \frac{R_a}{R_c} + (1 - f_m) \frac{R_a}{R_s} + f_m \frac{R_a}{R_m} \right]^{-1} \tag{4.183}$$

$$C_m = \frac{R_a + R_m}{R_m} \left[1 + \frac{R_a}{R_c} + (1 - f_m) \frac{R_a}{R_s} + f_m \frac{R_a}{R_m} \right]^{-1} \tag{4.184}$$

$$R_c = (\Delta + \gamma) r_a^c + \gamma r_s^c \tag{4.185}$$

$$R_s = (\Delta + \gamma) r_a^s + \gamma r_s^s \tag{4.186}$$

$$R_m = (\Delta + \gamma) r_a^s + \gamma r_s^m \tag{4.187}$$

$$R_a = (\Delta + \gamma) r_a^a \tag{4.188}$$

式中：λET 为覆盖条件下作物耗水量；λT 为作物蒸腾量；λE_s 为棵间土壤蒸发量；λE_m 为覆盖土壤层蒸发量；f_m 为地膜覆盖率。各阻力 r_a^a、r_a^s、r_a^a、r_a^c 和 r_s^s 所代表含义与原始的 Shuttleworth - Wallace 模型一致。其他符号意义同前。

在地膜覆盖条件下，可近似认为覆盖层土壤阻力 r_m^s 接近于 ∞，上述方程可简化为[88]

$$\lambda ET_{msw} = \lambda T + (1 - f_m) \lambda E_s = C_c PM_c + (1 - f_m) C_s PM_s \tag{4.189}$$

$$C_c = \frac{R_a + R_c}{R_c} \left[1 + \frac{R_a}{R_c} + (1 - f_m) \frac{R_a}{R_s} \right]^{-1} \tag{4.190}$$

$$C_s = \frac{R_a + R_s}{R_s} \left[1 + \frac{R_a}{R_c} + (1 - f_m) \frac{R_a}{R_s} \right]^{-1} \tag{4.191}$$

式中各参数 C_c、C_s、R_a、R_s 和 R_c 的计算方法详见参考文献 [88]。上述公式即为地膜覆盖条件下计算作物耗水量的 MS - W 模型。

4.4.2 模型参数与输入变量

模型输入参数主要包括土壤含水量、空气温湿度和风速、净辐射、土壤热通量、消光系数、冠层高度与叶面积指数等。其中，土壤含水量由 Diviner 2000 直接测定；空气温湿度和风速、净辐射和土壤热通量由涡度相关仪测定；冠层高度与叶面积指数采用手工测量；消光系数采用 0.42，详细可见参考文献 [88]。

4.4.3 MS - W 模型与 S - W 模型的验证及对比分析

4.4.3.1 两种模型估算的覆膜玉米 30min 耗水量与涡度相关实测值的比较

图 4.47 为 S - W 模型和 MS - W 模型估算的甘肃武威覆膜玉米 2007—2008 年三个时段 ET 日变化与涡度相关观测值的对比图。表 4.21 列出了两种模型估算值与涡度相关实测值的相关分析和相应的误差统计结果。

从图 4.47 中可看出，在 2007 年春玉米生长初期（5 月 1—8 日），S - W 模型估算的 $ET(ET_{S-w})$ 明显高于涡度相关测量值（ET_{EC}），而 MS - W 模型估算值（ET_{MS-w}）则与

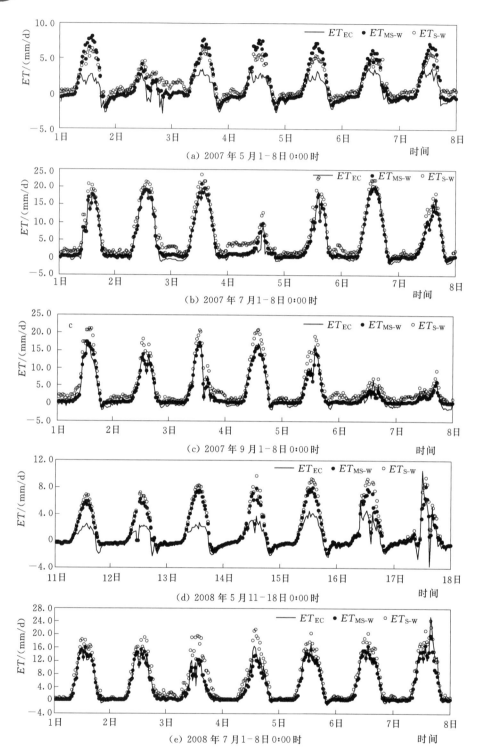

图 4.47（一） Shuttleworth - Wallace 模型、修正的 Shuttleworth - Wallace
模型估算的甘肃武威覆膜春玉米 30min ET 与涡度相关实测值的比较

（"-"表示涡度相关实测值；"●"表示 MS - W 模型估算值；"○"表示 S - W 模型估算值）

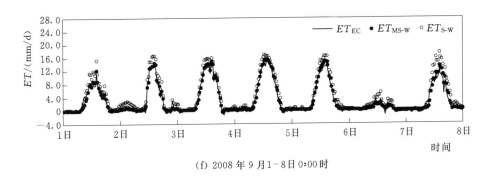

(f) 2008 年 9 月 1—8 日 0:00 时

图 4.47 (二)　Shuttleworth - Wallace 模型，修正的 Shuttleworth - Wallace
模型估算的甘肃武威覆膜春玉米 30 min ET 与涡度相关实测值的比较

（"–"表示涡度相关实测值；"●"表示 MS - W 模型估算值；"○"表示 S - W 模型估算值）

ET_E 较为接近。表 4.21 中的统计分析表明，S - W 模型估算值与涡度相关实测值的回归方程为 $ET_{S-w} = 1.35 ET_{EC}$，决定系数 R^2 为 0.46，平均相对误差 MBE 为 1.28mm/d，相对平均标准差 $RMSE$ 为 1.06mm/d，一致性指数 IA 为 0.89。对比 S - W 模型，MS - W 模型的 MBE 显著降低至 0.08mm/d，表明估算精度明显提高。

表 4.21　2007—2008 年基于 S - W 模型与 MS - W 模型估算的覆膜玉米 30min
耗水值与涡度相关实测值的回归方程及误差统计分析 （甘肃武威）

年份	时　段	模型	回归方程	R^2	n	MBE /(mm/d)	$RMSE$ /(mm/d)	IA
2007	5 月 1—8 日	S - W	$ET_{S-w} = 1.35 ET_{EC}$	0.46	336	1.28	1.06	0.89
		MS - W	$ET_{MS-w} = 0.46 ET_{EC}$	0.47	336	0.08	1.61	0.78
	7 月 1—8 日	S - W	$ET_{S-w} = 1.26 ET_{EC}$	0.92	336	2.12	2.40	0.97
		MS - W	$ET_{MS-w} = 1.11 ET_{EC}$	0.95	336	0.82	1.28	0.99
	9 月 1—8 日	S - W	$ET_{S-w} = 1.26 ET_{EC}$	0.92	336	0.67	2.22	0.96
		MS - W	$ET_{MS-w} = 1.11 ET_{EC}$	0.95	336	1.94	1.32	0.98
2008	5 月 11—18 日	S - W	$ET_{S-w} = 1.67 ET_{EC}$	0.68	336	1.32	2.19	0.90
		MS - W	$ET_{MS-w} = 0.66 ET_{EC}$	0.68	336	0.22	0.95	0.98
	7 月 1—8 日	S - W	$ET_{S-w} = 1.24 ET_{EC}$	0.93	336	1.78	2.56	0.97
		MS - W	$ET_{MS-w} = 1.04 ET_{EC}$	0.92	336	0.52	1.71	0.98
	9 月 1—8 日	S - W	$ET_{S-w} = 1.24 ET_{EC}$	0.96	336	1.21	1.73	0.98
		MS - W	$ET_{MS-w} = 0.94 ET_{EC}$	0.92	336	0	1.22	0.98
2007—2008 年		S - W	$ET_{S-w} = 1.17 ET_{EC}$	0.89	14592	1.41	1.57	0.96
		MS - W	$ET_{MS-w} = 0.98 ET_{EC}$	0.90	14592	0.25	1.05	0.97

在 2007 年覆膜玉米生长中期（7 月 1—8 日），ET_{S-w} 仍明显高于 ET_{EC}，而 ET_{MS-w} 与 ET_{EC} 则较为吻合。S - W 模型估算值与涡度相关实测值的回归方程为 $ET_{S-w} = 1.26 ET_{EC}$，

R^2 为 0.92，MBE 为 2.12mm/d，$RMSE$ 为 2.40mm/d，IA 为 0.97。相比 S－W 模型，MS－W 模型估算值与涡度相关实测值的回归方程为 $ET_{MS-w} = 1.11ET_{EC}$，R^2 增加至 0.95，MBE 降低至 0.82mm/d，$RMSE$ 降低至 1.28mm/d，IA 增加至 0.99，可见在该生长阶段 MS－W 模型的精度明显高于 S－W 模型。

在 2007 年覆膜玉米生长末期（9 月 1—8 日），ET_{s-w} 仍高于 ET_{EC}，ET_{MS-w} 与 ET_{EC} 则非常接近。S－W 模型估算值与涡度相关实测值的回归方程为 $ET_{s-w} = 1.26ET_{EC}$，R^2 为 0.92，MBE 为 0.67mm/d，$RMSE$ 为 2.22mm/d，IA 为 0.96。对比 S－W 模型，MS－W 模型估算值与涡度相关实测值的回归方程为 $ET_{MS-w} = 1.11ET_{EC}$，R^2 增加为 0.95，MBE 为 1.94mm/d，$RMSE$ 降低为 1.32mm/d，IA 增加为 0.98。

在 2008 年覆膜玉米生长初期（5 月 11—18 日），S－W 模型的估算误差较大，而 MS－W 模型的误差明显减小。S－W 模型估算值与涡度相关实测值的回归方程为 $ET_{s-w} = 1.67ET_{EC}$，R^2 为 0.68，MBE 为 1.32mm/d，$RMSE$ 为 2.19mm/d，IA 为 0.90。对比 S－W 模型，MS－W 模型估算值与涡度相关实测值的回归方程为 $ET_{MS-w} = 0.66ET_{EC}$，R^2 为 0.68，MBE 显著降低为 0.22mm/d，$RMSE$ 明显减少为 0.95mm/d，IA 增加为 0.98。

在 2008 年覆膜玉米生长旺盛期（7 月 1—8 日），MS－W 模型的精度仍优于 S－W 模型。S－W 模型估算值与涡度相关实测值的线性回归方程为 $ET_{s-w} = 1.24ET_{EC}$，R^2 为 0.93，MBE 为 1.78mm/d，$RMSE$ 为 2.56mm/d，IA 为 0.97。MS－W 模型估算值与涡度相关实测值的回归方程为 $ET_{MS-w} = 1.04ET_{EC}$，R^2 为 0.92，MBE 显著降低为 0.52mm/d，$RMSE$ 明显减少为 1.71mm/d，IA 增加为 0.98。

在 2008 年春玉米生长末期（9 月 1—8 日），MS－W 模型计算值比 S－W 模型计算值更接近实测值。S－W 模型估算值与涡度相关实测值的线性回归方程为 $ET_{s-w} = 1.24ET_{EC}$，R^2 为 0.96，MBE 为 1.21mm/d，$RMSE$ 为 1.73mm/d，IA 为 0.98。而 MS－W 模型估算值与涡度相关实测值的回归方程为 $ET_{MS-w} = 0.94ET_{EC}$，R^2 为 0.92，MBE 显著降低为 0mm/d，$RMSE$ 减少为 1.22mm/d，IA 为 0.98。

应用两种模型估算的 2007—2008 年覆膜玉米所有 30min ET 与涡度相关实测值的比较如图 4.48 和表 4.21 所示。从图 4.48 (a) 能看出 ET_{s-w} 与 ET_{EC} 对应的散点大部分位于 1∶1 线上方，而 ET_{MS-w} 与 ET_{EC} 对应的散点则均匀分布在 1∶1 线上下。S－W 模型估算值与涡度相关实测值的回归方程为 $ET_{s-w} = 1.17ET_{EC}$，R^2 为 0.89，MBE 为 1.41mm/d，$RMSE$ 为 1.57mm/d，IA 为 0.96。而 MS－W 模型估算值与涡度相关实测值的回归方程为 $ET_{MS-w} = 0.98ET_{EC}$，MBE 显著降低为 0.25mm/d，$RMSE$ 显著减少为 1.05mm/d。从上述对比分析可看出，MS－W 模型估算的 30min ET 较 S－W 估算值更为准确。

4.4.3.2　S－W 模型和 MS－W 模型估算的覆膜玉米日耗水量与涡度相关实测量值的比较

两种模型估算的覆膜玉米日 ET 与涡度相关实测值的比较如图 4.49 和图 4.50 所示。图 4.49 描述了 2007—2008 年两季覆膜玉米生育期内模型估算值与涡度相关实测日 ET 逐日变化的对比。在 2007 年和 2008 年的玉米生育前期，ET_{s-w} 明显高于 ET_{EC}，而 ET_{MS-w} 与 ET_{EC} 则相对接近。在 2007 年和 2008 年的覆膜玉米生育中后期，ET_{s-w} 仍高于 ET_{EC}，而 ET_{MS-w} 与 ET_{EC} 则非常接近。从图 4.50 中可看出，ET_{s-w} 与 ET_{EC} 相关的

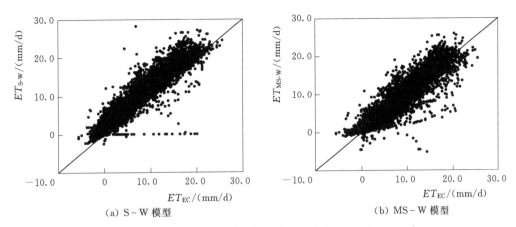

（a）S－W 模型　　　　　　　　　（b）MS－W 模型

图 4.48　应用 S－W 模型和 MS－W 模型估算的 2007—2008 年
覆膜玉米全生育期 30min 耗水量与涡度相关实测值的比较

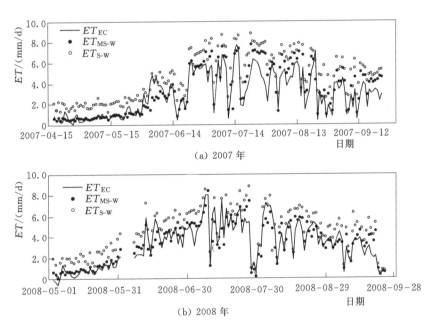

（a）2007 年

（b）2008 年

图 4.49　2007—2008 年两季覆膜玉米生长期间 ET_{MS-w}、
ET_{S-w} 和 ET_{EC} 季节变化的比较（甘肃武威）

散点几乎均位于 1∶1 线上方，而 ET_{MS-w} 与 ET_{EC} 相关的散点则均匀分布在 1∶1 线两侧。这表明 S－W 模型估算的日 ET 明显存在系统性高估，而 MS－W 模型则能较准确地计算日 ET。

　　研究还比较了由两种模型的均方根误差 $RMSE$ 与平均相对误差 MBE 的逐日变化趋势，如图 4.51 所示。该图显示，MS－W 模型计算的日 $RMSE$ 在 2007—2008 年两季春玉米生育期内几乎均低于 S－W 模型估算值，在 2008 年 5 月表现尤为显著；与之类似，MS－W 模型计算的日 MBE 也几乎均低于 S－W 模型估算值。这表明 MS－W 模型的估算精度要高于 S－W 模型。

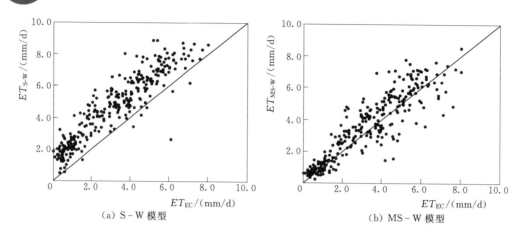

（a）S－W 模型   （b）MS－W 模型

图 4.50　2007—2008 年两季覆膜玉米全生育期日 ET_{S-w}、ET_{MS-w} 与
ET_{EC} 的相关散点图（甘肃武威）

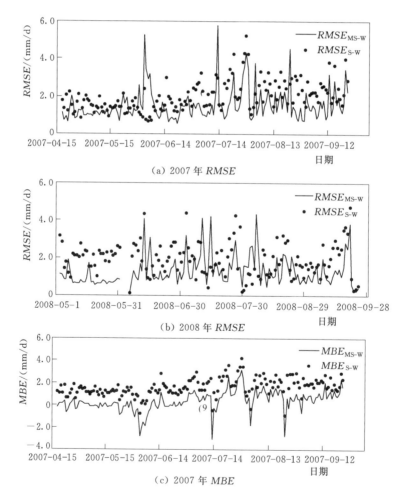

（a）2007 年 RMSE

（b）2008 年 RMSE

（c）2007 年 MBE

图 4.51（一）　2007—2008 年两季覆膜玉米生育期两种模型产生的均方根误差
RMSE 和平均相对误差 MBE 的逐日变化比较（甘肃武威）

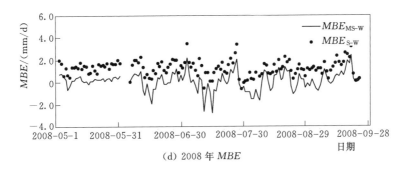

（d）2008 年 MBE

图 4.51（二） 2007—2008 年两季覆膜玉米生育期两种模型产生的均方根误差
$RMSE$ 和平均相对误差 MBE 的逐日变化比较（甘肃武威）

究其原因可能是 MS－W 模型考虑了覆盖对土壤蒸发的抑制作用，而 S－W 模型未能考虑，因而 MS－W 模型估算的棵间土壤蒸发比 S－W 模型估算值要更为准确，导致 ET_{MS-W} 较 ET_{S-W} 也更为精确。为验证该分析，还以微型蒸渗仪观测的棵间土壤蒸发为标准，验证了两种模型估算棵间土壤蒸发的精度。

图 4.52 为两模型估算的棵间土壤蒸发与微型蒸渗仪实测值的对比。该图表明，S－W 模型估算的棵间土壤蒸发量明显高于微型蒸渗仪实测值，两者线性回归方程为 $E_{S-W} = 3.41E_{lysimeter}$，$R^2$ 为 0.92，表明 S－W 模型的估算值存在系统性高估。而 MS－W 模型与测量值的线性回归方程为 $E_{MS-W} = 1.07E_{lysimeter}$，$R^2$ 为 0.92，这表明 MS－W 模型估算的棵间土壤蒸发较 S－W 模型估算值更为准确。

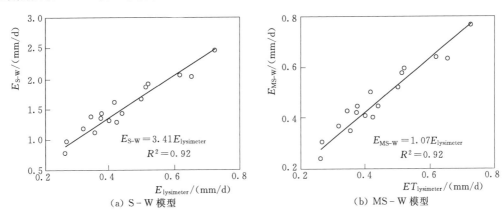

（a）S－W 模型   （b）MS－W 模型

图 4.52 用 MS－W 模型和 S－W 模型估算的覆膜玉米棵间土壤蒸发（E_{MS-W}，E_{S-W}）
与微型蒸渗仪实测值（$E_{lysimeter}$）的比较（甘肃武威）

4.5 不同冠层阻力估算方法对作物耗水量估算精度影响的研究

4.5.1 四种冠层阻力模型估算作物耗水的对比研究

目前已有许多作物耗水估算模型，如一维的 Penman － Monteith 模型、二维的 Shuttleworth － Wallace 模型。在这些模型的估算中，最难确定的参数往往是冠层阻力[54]。不同于气孔阻力，冠层阻力是指整个冠层群体的平均阻力，在实际操作中不可能用仪器去测定每一个气孔的阻力值再进行计算，而应用少数气孔阻力测定值推求冠层阻力又将遇到难以逾越的"尺度扩展"障碍，因而通常采用冠层阻力与环境因子的经验关系估算，但其估算结果也可能存在误差，进而影响 ET 的估算精度。因而，开展不同冠层阻力模型之间的对比研究，揭示各模型的精度与适用性，还有待深入研究[89]。

目前国际上应用较多的冠层阻力模型有 Farias 模型、Katerji 模型、Todorovic 模型和 Jarvis 模型等。Farias 模型是应用冠层阻力与有效能量、空气水汽压差和土壤有效含水量等因素之间的经验关系，进而估算冠层阻力的一种经验方法。该模型认为冠层阻力与水汽压差成正比，与有效能量和土壤有效含水量均成反比[32]。Farias 等将该模型嵌入 Penman - Monteith 模型计算了西红柿的耗水量，发现当模拟时间步长为 20min 时，估算结果仅高于实测值 3.6％。当时间步长为日时，估算值比实测值高 3.9％。估算结果表明该阻力模型能较好地计算西红柿冠层阻力[32]。

Katerji 模型是基于冠层阻力与空气动力学阻力、有效能量和空气水汽压差等因素间的经验关系，通过测量上述环境因子估算冠层阻力的一种半经验半理论方法。该方法已应用于计算苜蓿、莴苣、甜高粱、向日葵和大豆等多种作物的冠层阻力[90]。Katerji 和 Rana 将该模型嵌入 Penman - Monteith 模型计算了六种农作物的耗水量，发现模拟步长从小时到日，模拟精度均较高。但该方法计算冠层阻力时，需利用已有观测资料率定经验函数的斜率与截距[89]。

Todorovic 冠层阻力模型基于冠层阻力与气温、水汽压差、有效能量、风速等因素的关系，通过求解二次方程估算冠层阻力[90]。应用该方法估算阻力时，仅需测量少数气象参数，计算简单。Todorovic 将该方法计算的阻力值代入 Penman - Monteith 模型，计算了草地耗水量，发现计算结果与蒸渗仪测量值非常接近[90]。

Jarvis 模型是基于气孔阻力与辐射、水汽压差、气温和土壤有效含水量之间的半经验半理论关系，把冠层阻力与环境因子的关系看成一个协同的胁迫函数，而其中每个因子的胁迫函数相互独立，并采用阶乘将各胁迫函数联系起来，通过尺度扩展推导出的冠层阻力估算方法。该模型被广泛应用于农作物和牧草以及森林植被的冠层阻力计算，是目前国际通用的计算方法之一[39]。

从以上研究不难看出，前人研究多局限于对某一冠层阻力模型的应用与分析，还缺乏不同冠层阻力模型之间的对比研究。进行不同冠层阻力模型之间的对比分析，是评价模型估算精度、揭示模型适用范围、应用条件与优化方法的基础。尤其是上述模型均为半经验半理论甚至纯经验模型，进行模型间的对比筛选更显得尤为重要。

由于冠层阻力难以实测，因而难以用实测资料直接验证冠层阻力模型的精度，通常将冠层阻力模型嵌入耗水模型估算耗水量，以实测的耗水数据来评价冠层阻力模型的估算精度。我们的研究利用涡度相关法对地处中国西北内陆干旱区的甘肃武威春玉米地进行了两年观测，将测量的耗水值作为标准，以上述四种冠层阻力模型为研究对象，将其分别嵌入 Penman - Monteith 模型和上节修正的 Shuttleworth - Wallace 模型，评判各阻力模型的估算精度，探讨与揭示产生误差的原因，以推荐适合作物耗水估算的最优冠层阻力模型。

4.5.2　冠层阻力模型

4.5.2.1　Farias 冠层阻力模型

Farias 冠层阻力模型计算如下[32]：

$$\gamma_{\mathrm{FA}}^s = \frac{\rho C_{\mathrm{p}} VPD}{\Delta (R_{\mathrm{n}} - G)} F(\theta)^{-1} = \gamma_i F(\theta)^{-1} \tag{4.192}$$

$$F(\theta) = \frac{\theta_i - \theta_{\mathrm{wp}}}{\theta_{\mathrm{fc}} - \theta_{\mathrm{wp}}} \tag{4.193}$$

式中：θ_{fc} 为土壤田间持水量，$\mathrm{cm}^3/\mathrm{cm}^3$；$\theta_{\mathrm{wp}}$ 为土壤凋萎系数，$\mathrm{cm}^3/\mathrm{cm}^3$；$\theta_i$ 为根区 0~100cm 内平均的土壤含水量，$\mathrm{cm}^3/\mathrm{cm}^3$；$F$ 值为 0~1；θ_i 值为 θ_{f}~θ_{w}；其他符号意义同前。

4.5.2.2　Katerji 冠层阻力模型

Katerji 冠层阻力模型计算公式如下：

$$\frac{\gamma_{\mathrm{KP}}^s}{\gamma_{\mathrm{a}}} = a\,\frac{\gamma^*}{\gamma_{\mathrm{a}}} + b \tag{4.194}$$

式中：a、b 为经验参数；r_{a} 为空气动力学阻力。

本研究中采用 4 月和 5 月的资料进行拟合求取。r^* 可用式（4.195）计算[89]：

$$\gamma^* = \frac{\Delta + \gamma}{\Delta\gamma}\,\frac{\rho C_{\mathrm{p}} VPD}{A} \tag{4.195}$$

式中：A 为可供能量，其值为 $R_{\mathrm{n}} - G$。其他符号意义同前。

4.5.2.3　Todorovic 冠层阻力模型

$$aX^2 + bX + c = 0 \tag{4.196}$$

$$a = \frac{\Delta + \gamma Y}{\Delta + \gamma} Y VPD, \quad b = -\gamma Y t, \quad c = -(\Delta + \gamma)t \tag{4.197}$$

$$X = \frac{r_{\mathrm{c}}}{r_i}, \quad Y = \frac{r_i}{r_{\mathrm{a}}} \tag{4.198}$$

式中：X 为 r_{c} 与 r_i 的比值；Y 为 r_i 与 r_{a} 的比值；t 以式（4.199）表示；其他符号意义同前[90]。

$$t = \frac{\gamma}{\Delta}\,\frac{VPD}{\Delta + \gamma} \tag{4.199}$$

4.5.2.4　Jarvis 冠层阻力模型

$$r_{\mathrm{c}} = \frac{r_{\mathrm{cmin}}}{f(R_{\mathrm{s}})\,f(VPD)\,f(T_{\mathrm{a}})\,F(\theta)} \tag{4.200}$$

$$f(R_{\mathrm{s}}) = \frac{R_{\mathrm{s}}(1000 + k_1)}{1000(R_{\mathrm{s}} + k_1)} \tag{4.201}$$

$$f(VPD) = \exp(-k_2 VPD) \tag{4.202}$$

$$f(T_{\mathrm{a}}) = \frac{(T_{\mathrm{a}} - T_{\mathrm{L}})(T_{\mathrm{H}} - T_{\mathrm{a}})^t}{(k_3 - T_{\mathrm{L}})(T_{\mathrm{H}} - k_3)^t}, \quad t = \frac{T_{\mathrm{H}} k_3}{k_3 - T_L} \tag{4.203}$$

$$F(\theta) = \frac{\theta - \theta_{\mathrm{wp}}}{\theta_{\mathrm{fc}} - \theta_{\mathrm{wp}}}$$ (4.204)

4.5.3 将四种冠层阻力模型嵌入 P-M 模型估算春玉米耗水量与涡度相关实测值的对比研究

将 Farias 阻力模型嵌入 P-M 模型估算的春玉米耗水（ET_{Farias}）与涡度相关实测的耗水（ET_{EC}）如图 4.53 和图 4.54 所示。从图 4.53（a）的逐日变化能看出，2007 年 ET_{Farias} 在春玉米生育前期明显高于 ET_{EC}，生育中期和后期两者比较接近。在 2008 年全生育期 ET_{Farias} 几乎均高于 ET_{EC}。从图 4.54（a）可看出：

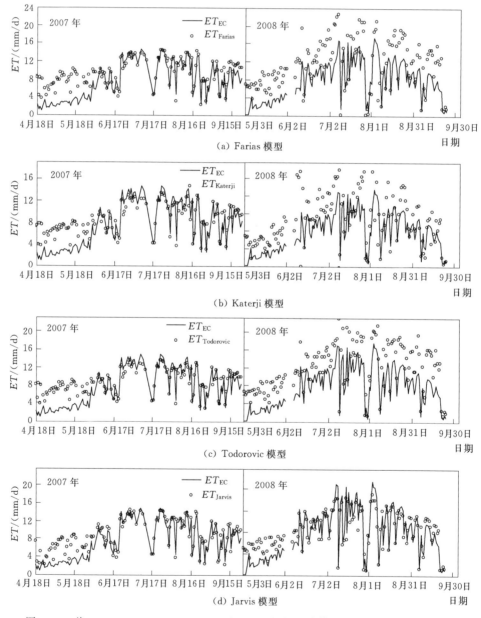

图 4.53 将 Farias、Katerji、Todorovic 和 Jarvis 冠层阻力模型嵌入 P-M 模型估算的春玉米白天平均 ET 与涡度相关实测值（ET_{EC}）逐日变化的比较（甘肃武威）

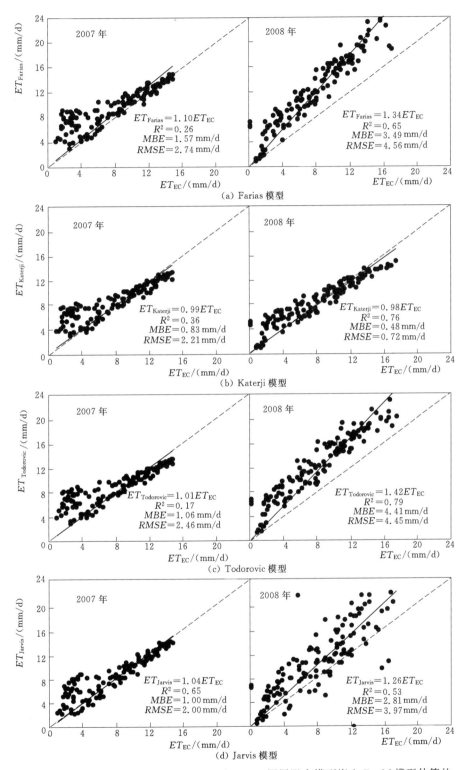

图 4.54　将 Farias、Katerji、Todorovic 和 Jarvis 冠层阻力模型嵌入 P - M 模型估算的
春玉米日 ET 与涡度相关实测值（ET_{EC}）的相关比较（甘肃武威）

（1）在 2007 年春玉米生育期，当 ET_{EC} 低于 8mm/d 时，散点几乎均位于 1∶1 线上侧，表明 ET_{Farias} 明显高于 ET_{EC}，此阶段主要位于春玉米生育前期，冠层覆盖度较小，土壤蒸发与作物蒸腾存在显著差异，由于 P－M 模型将下垫面看作均一的水汽源而不区分蒸发与蒸腾作用，可能是该阶段 ET_{Farias} 高于 ET_{EC} 的主要原因；当 ET_{EC} 高于 8mm/d 时，散点主要分布在 1∶1 线附近，说明两者较接近，此阶段主要位于春玉米中后期，冠层充分发育，土壤几乎被叶片全部遮阴，土壤蒸发量很低，蒸腾占耗水的比例很高，下垫面可看作均一的水汽源，符合 P－M 模型的理论假设条件，因而 ET_{Farias} 与 ET_{EC} 较接近。

（2）在 2008 年春玉米生育期，散点几乎均位于 1∶1 线上侧，说明模型存在系统性高估。其原因可能为 Farias 阻力模型与 P－M 模型的估算均存在一定误差。统计分析表明，2007 年回归方程为 $ET_{Farias} = 1.10ET_{EC}$，决定系数 R^2 为 0.26，平均相对误差 MBE 为 1.57mm/d，均方根误差 $RMSE$ 为 2.74mm/d；2008 年为：$ET_{Farias} = 1.34ET_{EC}$，$R^2 = 0.65$，$MBE$ 为 3.49mm/d，$RMSE$ 为 4.56mm/d。

将 Katerji 阻力模型嵌入 P－M 模型估算的耗水（$ET_{Katerji}$）如图 4.53（b）和图 4.54（b）所示。与 ET_{Farias} 类似，在 2007 年春玉米生育前期，$ET_{Katerji}$ 明显高于 ET_{EC}，而中后期接近。统计结果为回归方程 $ET_{Katerji} = 0.99ET_{EC}$，$R^2 = 0.36$，$MBE$ 为 0.83mm/d，$RMSE$ 为 2.21mm/d。在 2008 年春玉米全生育期 $ET_{Katerji}$ 明显高于 ET_{EC}，其回归方程 $ET_{Katerji} = 0.98ET_{EC}$，$R^2 = 0.76$，$MBE$ 为 0.48mm/d，$RMSE$ 为 0.72mm/d。其高估原因与 Farias 模型类似。

图 4.53（c）和图 4.54（c）为将 Todorovic 冠层阻力模型嵌入 P－M 模型估算的耗水（$ET_{Todorovic}$）与 ET_{EC} 的对比。与 Farias 冠层阻力模型和 Katerji 冠层阻力模型类似，在 2007 年生育前期 $ET_{Todorovic}$ 高于 ET_{EC}，中后期接近 ET_{EC}，在 2008 年春玉米全生育期几乎均高于 ET_{EC}。

将 Jarvis 阻力模型代入 P－M 模型估算的耗水生育前期（ET_{Jarvis}）与 ET_{EC} 的对比如图 4.53（d）和图 4.54（d）所示。在 2007 年春玉米生育期，与 Farias 模型、Katerji 模型和 Todorovic 模型的规律类似，生育前期 $ET_{Todorovic}$ 高于 ET_{EC}，中后期与 ET_{EC} 非常接近。但相比上述三个模型，ET_{Jarvis} 的 R^2 最高，$RMSE$ 最低，说明其精度最高。在 2008 年春玉米生育期，ET_{Farias}、$ET_{Katerji}$ 和 $ET_{Todorovic}$ 几乎高于 ET_{EC}，但 ET_{Jarvis} 与 ET_{EC} 却较接近，其回归方程 $ET_{Jarvis} = 1.26ET_{EC}$，$R^2 = 0.53$，$MBE$ 为 2.81mm/d，$RMSE$ 为 3.97mm/d，MBE 和 $RMSE$ 均为四模型中最低，这说明 2008 年春玉米生育期 Jarvis 冠层阻力模型的精度仍高于其他冠层阻力模型。

4.5.4 将四种冠层阻力模型嵌入 MS－W 模型估算的春玉米耗水量与涡度相关实测值的对比分析

将 Farias 阻力模型嵌入 MS－W 模型估算的玉米耗水（ET_{Farias}）与 ET_{EC} 的对比如图 4.55（a）所示。从 2007 年到 2008 年两季春玉米，ET_{Farias} 与 ET_{EC} 均较为接近，不同于 P－M 模型在春玉米生育前期容易产生较大误差，MS－W 模型在春玉米生育前期表现出了良好的精度，ET_{Farias} 与 ET_{EC} 几乎相等。图 4.56（a）显示，2007 年回归方程为 $ET_{Farias} = 1.03ET_{EC}$，$R^2$ 为 0.88，MBE 为 0.24mm/d，$RMSE$ 为 1.66mm/d，2008 年 $ET_{Farias} = 0.92ET_{EC}$，$R^2$ 为 0.88，MBE 为 -0.45mm/d，$RMSE$ 为 1.59mm/d。

图 4.55（b）为 Katerji 阻力模型嵌入 MS－W 模型估算的春玉米日耗水（$ET_{Katerji}$）

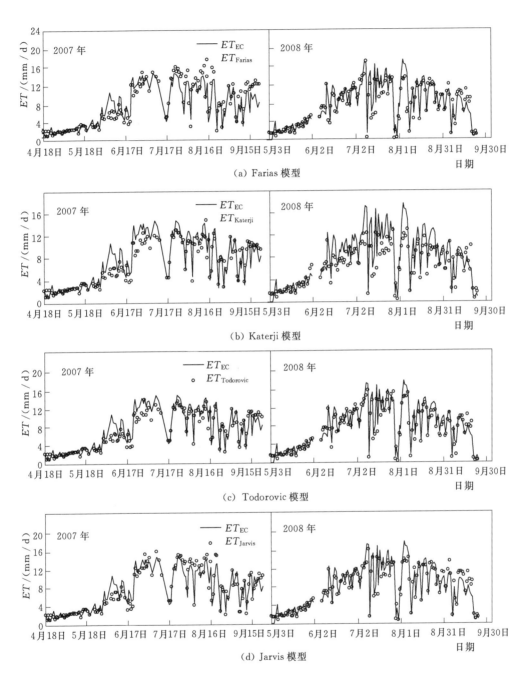

图 4.55　将 Farias、Katerji、Todorovic 和 Jarvis 冠层阻力模型嵌入 MS-W 模型估算
的春玉米日 ET 与涡度相关实测值（ET_{EC}）逐日变化的比较（甘肃武威）

与 ET_{EC} 的对比图。从两年的结果可看出，$ET_{Katerji}$ 与 ET_{EC} 非常接近，$ET_{Katerji}$ 值 2007 年略高，2008 年略低，图 4.56（b）结果表明，2007 年估算值 $ET_{Katerji}$ 与涡度相关实测值 ET_{EC} 的回归方程 $ET_{Katerji}=0.90ET_{EC}$，R^2 为 0.91，MBE 为 0.72mm/d，$RMSE$ 为 1.47mm/d。

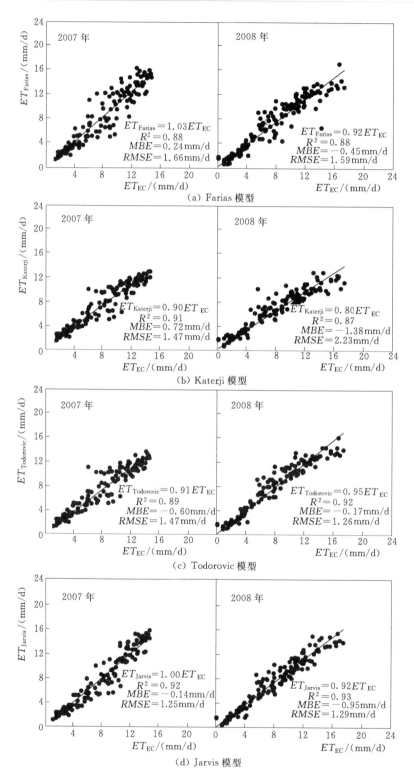

图 4.56　将 Farias、Katerji、Todorovic 和 Jarvis 冠层阻力模型嵌入 MS－W 模型估算的
春玉米日 ET 与涡度相关实测值（ET_{EC}）的相关图（甘肃武威）

2008 年两者的回归方程为 $ET_{\text{Katerji}} = 0.80ET_{\text{EC}}$，$R^2$ 为 0.87，MBE 为 -1.38mm/d，$RMSE$ 为 2.23mm/d。

应用 Todorovic 冠层阻力模型与 MS-W 模型估算的春玉米耗水（$ET_{\text{Todorovic}}$）与 ET_{EC} 的对比如图 4.55（c）和图 4.56（c）所示，与 Farias 模型和 Katerji 模型相似，Todorovic 模型结合 MS-W 模型也能较好地估算春玉米日耗水量，2007 年估算值 $ET_{\text{Todorovic}}$ 与涡度相关实测值 ET_{EC} 的回归方程为 $ET_{\text{Todorovic}} = 0.91ET_{\text{EC}}$，$R^2 = 0.89$，$MBE$ 为 -0.60mm/d，$RMSE$ 为 1.47mm/d，2008 年两者的回归方程为 $ET_{\text{Todorovic}} = 0.95ET_{\text{EC}}$，$R^2 = 0.92$，$MBE$ 为 -0.17mm/d，$RMSE$ 为 1.26mm/d。

将 Jarvis 阻力模型代入 MS-W 模型估算的耗水（ET_{Jarvis}）与 ET_{EC} 的对比如图 4.55（d）和图 4.56（d）所示。相比 Farias 模型、Katerji 模型和 Todorovic 模型，Jarvis 模型嵌入 MS-W 模型估算的耗水量精度最高，与实测值最接近，两年春玉米生育期估算值 ET_{Jarvis} 与涡度相关实测值 ET_{EC} 的回归方程分别为 $ET_{\text{Jarvis}} = 1.00ET_{\text{EC}}$ 和 $ET_{\text{Jarvis}} = 0.92ET_{\text{EC}}$，其斜率与 1 最为接近；两年的 MBE 分别为 -0.14mm/d 和 -0.95mm/d，比其他三种冠层阻抗模型的对应值均低；两年的 $RMSE$ 分别为 1.25 和 1.29，均低于其他三种冠层阻抗模型计算结果。这表明，无论采用 P-M 模式或 MS-W 模式估算 ET，Jarvis 冠层阻抗模型的估算精度要优于 Farias 模型、Katerji 模型和 Todorovic 模型。

4.6　不同种植密度下的大田作物耗水量估算方法研究

作物耗水量 ET 受许多因素如气象参数、作物特性、灌溉制度和田间管理等因素的影响，同时还与作物种植密度密切相关[91]。种植密度的增加，有利于冠层截获太阳辐射，使更多能量用于冠层蒸腾消耗。许多研究表明，随着种植密度的升高，作物蒸腾量呈显著增加趋势，而棵间土壤蒸发由于遮阴率增加呈减小趋势[92]。如前所述，估算 ET 的方法较多，包括 Penman-Monteith 模型、Shuttleworth-Wallace 模型以及 Clumping 模型等，但作物系数法因原理简单、精度较高，目前被广泛应用。该方法可分为单作物系数法和双作物系数法。单作物系数法中，作物蒸腾和棵间土壤蒸发被合成一个单作物系数，双作物系数法包括两个系数，即代表作物蒸腾的基础作物系数（K_{cb}）和代表棵间土壤蒸发的土壤蒸发系数（K_e）。假设 ET_0 可以代表气象因子影响，K_c 主要受作物数量、类型、密度及高度的影响，且 K_c 随着叶面积和密度的减小而减小。Allen 等[8] 发现在作物生育中期，冠层覆盖度随密度的变化而变化。此时实际的 K_c 值应该根据代表实际冠层发育程度的调整系数（A_{cm}）对标准值进行调整得到，但该方法仅适用于作物的生育中期作物达到完全覆盖情况。Allen 和 Pereira[94] 提出采用密度系数（K_d）修正标准状况下单作物系数和基础作物系数，该方法适用于生育中期或后期冠层覆盖度较高的情况。这几种方法是否适用于不同种植密度下西北旱区制种玉米还有待进一步研究。我们构建一个相对精确且简单的模型，估算不同种植密度下制种玉米 ET 和 K_c，并比较 Allen 等、Allen 和 Pereira 和所构建模型估算不同密度下制种玉米 ET 的精度。

4.6.1　不同种植密度下作物系数及需水量模型的构建

在标准条件下，即作物的生长不受土壤水分盐分胁迫，不受作物密度、病虫害、杂草或施肥等条件限制，作物的需水量可用式（4.205）估算[8]：

$$ET = K_c ET_0 \tag{4.205}$$

而双作物系数法 K_c 划分为两个系数，即代表作物蒸腾的基础作物系数（K_{cb}）和代表棵间土壤蒸发的土壤系数（K_e）[8]：

$$ET = (K_{cb} + K_e) ET_0 \tag{4.206}$$

参考作物需水量（ET_0）采用 FAO-56 推荐的 Penman-Monteith 公式计算[8]：

$$ET_0 = \frac{0.408\Delta(R_n - G) + \gamma \dfrac{900}{T+273} u_2 (e_s - e_a)}{\Delta + \gamma(1 + 0.34 u_2)} \tag{4.207}$$

式中：ET_0 为参考作物需水量，mm/d；R_n 为植被表面净辐射量，W/m^2；G 为土壤热通量，W/m^2；Δ 为饱和水汽压-温度关系曲线的斜率，kPa/℃；γ 为湿度计常数，kPa/℃；T 为空气平均温度，℃；u_2 为在地面以上 2m 高处的平均风速，m/s；e_s 为空气饱和水汽压，kPa；e_a 为空气实际水汽压，kPa。

研究表明，当种植密度变化导致实际的叶面积指数 LAI 低于最大 LAI_{max} 时，K_c 值趋于减小。Allen 等[8] 提出了适用于生育中期不同密度下计算 K_c 的经验公式（Allen 方法）：

$$K_{c,adj} = K_c - A_{cm} \tag{4.208}$$

式中：$K_{c,adj}$ 为校准后的作物系数；K_c 为标准管理措施下的作物系数；A_{cm} 为校准系数，由式（4.209）计算：

$$A_{cm} = 1 - \left[\frac{LAI}{LAI_{dense}}\right]^{0.5} \tag{4.209}$$

式中：LAI 为不同密度下实际的叶面积指数；LAI_{dense} 为标准管理措施下作物的叶面积指数。

Allen 等[8] 还假定 LAI 是种植密度的函数：

$$\frac{LAI}{LAI_{dense}} = \left[\frac{population}{population_{dense}}\right]^a \tag{4.210}$$

式中：$population$ 为实际生长条件下的种植密度，株/m^2；$population_{dense}$ 为标准管理措施下作物的种植密度，株/m^2；生长良好条件下 $\alpha = 0.5$，胁迫条件下 $\alpha = 1$。

对于双作物系数法的改进，Allen 和 Pereira[94] 引入了一个密度系数（K_d）量化了种植密度对基础作物系数的影响，任何阶段当 LAI 低于最大 LAI 时，基础作物系数（K_{cb}）（K_{cb} 方法）可由式（4.211）计算：

$$K_{cb,adj} = K_{c,min} + K_d (K_{cb,full} - K_{c,min}) \tag{4.211}$$

式中：$K_{cb,adj}$ 为不同密度下经过校准后的基础作物系数；$K_{c,full}$ 为作物生长中期冠层完全覆盖条件下的作物系数；$K_{c,min}$ 为裸土时最小的作物系数；K_d 为密度系数，是实测的冠层 LAI 的函数，可依据 Allen 等[8] 提出的方法计算：

$$K_d = 1 - e^{-0.7LAI} \tag{4.212}$$

式（4.211）中的 $K_{cb,full}$ 为作物生长中期作物平均高度和气象参数的函数，可依据 Allen 等[8] 计算：

$$K_{cb,full} = F_r \left\{ \min(1.0 + 0.1h, 1.20) + [0.04(u_2 - 2) - 0.004(RH_{min} - 45)]\left(\frac{h}{3}\right)^{0.3} \right\} \tag{4.213}$$

式中：h 为作物冠层最大高度，m；u_2 为生育中期 2m 处的平均风速，m/s；RH_{min} 为生育中期平均最小的日相对湿度；F_r 为阻力修正系数，对大部分一年生农作物，平均的阻力约为 100s/m，F_r 取值为 $1^{[8]}$。

Allen 和 Pereira[94] 提出的不同密度下单作物系数 K_c 的改进方法为（K_{cm} 方法）：

$$K_{cm} = K_{soil} + K_d \left(\max \left[K_{c,full} - K_{soil}, \frac{K_{c,full} - K_{soil}}{2} \right] \right) \qquad (4.214)$$

式中：K_{cm} 为考虑了棵间土壤蒸发的总的 K_c；$K_{c,full}$ 为完全覆盖条件下的 K_c，等于 $K_{cb,full}$ 或者 $K_{cb,full} + 0.05^{[94]}$；$K_{soil}$ 为没有作物土壤完全裸露时的 K_c；K_d 由等式（4.207）计算。

上述方法计算复杂，根据早前的研究，作物的蒸腾随着密度的增加线性增加[95]，而 LAI 和种植密度为幂函数[96] ［式（4.210）］，K_c 和 LAI 函数关系是相似的[97]，因此引入密度比（$K_{density}$）量化不同种植密度下相对 ET 和相对 LAI 的关系[98]：

$$K_{density} = \frac{K_{c,d}}{K_{c,dm}} = \frac{ET_{c,d}}{ET_{c,dm}} = \left[\frac{LAI}{LAI_{dense}} \right]^{\beta} \qquad (4.215)$$

式中：$K_{c,d}$、$ET_{c,d}$ 分别为调整后的不同种植密度下的 K_c 和 ET；$K_{c,dm}$ 和 $ET_{c,dm}$ 分别为标准管理措施下达到完全覆盖的作物 K_c 和 ET（本研究选取 127500 株/ha 作为标准值）；β 为调整系数。因而，不同生育阶段不同种植密度下的 $ET_{c,dadj}$ 可通过下式计算（$K_{density}$ 方法）：

$$ET_{c,dadj} = K_{density} K_{d,cm} ET_0 \qquad (4.216)$$

4.6.2　不同种植密度下制种玉米作物系数的修正

采用 Allen、K_{cm}、K_{cb} 和 $K_{density}$ 四种方法计算不同生育阶段不同种植密度下平均 K_c（图 4.57）。式（4.215）中的调整系数 β 通过 2012 年和 2013 年不同种植密度下实测的 LAI 和 K_c 拟合得到，取值为 0.45（$R^2 = 0.71$，$n = 144$，$RMSE = 0.06mm/d$）。实测的不同种植密度下 K_c 通过水量平衡估算的 ET 与参考作物需水量 ET_0 的比值得到。与实测的 K_c 相比，采用 Allen 方法计算得到的 K_c 低估实测值 8% ［图 4.57（a）］，决定系数 R^2 为 0.90，平均误差 MBE 为 $-0.099mm/d$，均方差 $RMSE$ 为 0.016mm/d。调整后的 K_c 在制种玉米生育前期明显低于实测值，最大偏差达到 0.35，但在其他生育期该方法评价效果很好。这与 Allen 等研究结果一致，Allen 等研究表明，该方法仅适用于作物达到完全覆盖的生长中期和后期，由于种植密度减小引起的 LAI 减小的情况[8]。K_{cb} 方法比实测 K_c 高 6% ［图 4.57（b）］，R^2、MBE 和 $RMSE$ 分别为 0.86、$-0.076mm/d$ 和 0.018mm/d。采用 K_{cm} 方法估算的 K_c 比实测值低 3% ［图 4.57（c）］，R^2、MBE 和 $RMSE$ 分别为 0.88、$-0.005mm/d$ 和 0.014mm/d。Ringersma 和 Sikking 采用 K_{cb} 方法估算萨赫勒地区植被屏障 K_c，研究发现该方法高估 $K_{cb,full}$，即使加入阻力调整系数（F_r）[99]。Allen 和 Pereira 采用 K_{cm} 方法估算加利福尼亚的大豆、甜瓜、草莓和西红柿的 K_c，结果表明估算值低于实测值[94]。但采用 $K_{density}$ 方法仅比实测值低 2% ［图 4.57（d）］，且有较高的 R^2，较低的 MBE 和 $RMSE$，R^2、MBE 和 $RMSE$ 分别为 0.99、$-0.016mm/d$ 和 0.001mm/d。

4.6.3　不同作物系数模型估算不同种植密度下制种玉米 ET 的评价

采用 2012—2013 年涡度相关实测的 ET（ET_{EC}）验证用 Allen，K_{cm}、K_{cb} 和 $K_{density}$ 方

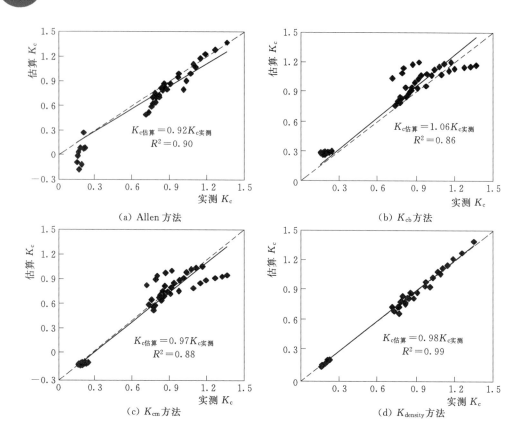

图 4.57 采用四种不同方法估算的不同种植密度下制种玉米
K_c 与实测的 K_c 的相关性（甘肃武威）

法估算的 K_c 与参考作物需水量 ET_0 相乘得到的 ET，分别记为 ET_{Allen}、ET_{Kcm}、ET_{Kcb} 和 $ET_{Kdensity}$。2012 年，与实测 ET_{EC} 相比［图 4.58（a）～（d）］，ET_{Allen} 比实测值低 2%，MBE、$RMSE$ 和 R^2 分别为 −0.06mm/d、0.84mm/d 和 0.80（表 4.22）；ET_{Kcb} 比 ET_{EC} 高 9%，MBE、$RMSE$ 和 R^2 分别为 0.48mm/d、0.97mm/d 和 0.73；ET_{Kcm} 比实测值高 8%，MBE、$RMSE$ 和 R^2 分别为 0.35mm/d、0.86mm/d 和 0.81；而 $ET_{Kdensity}$ 仅比实测值低 1%，MBE、$RMSE$ 和 R^2 分别为 0.05mm/d、0.67mm/d 和 0.85。2013 年，与涡度相关实测值相比［图 4.58（e）～（h）］，ET_{Allen} 比实测值低 7%，R^2、MBE 和 $RMSE$ 分别为 0.65、0.12mm/d 和 0.80mm/d（表 4.22）。ET_{Kcm} 比 ET_{EC} 低 9%，R^2、MBE 和 $RMSE$ 分别为 0.79、−0.04mm/d 和 0.73mm/d。ET_{Kcb} 比实测值低 4%，R^2、MBE 和 $RMSE$ 分别为 0.75、0.14mm/d 和 0.78mm/d。但 $ET_{Kdensity}$ 接近 ET_{EC}，且有较高的 R^2，较低的 MBE 和 $RMSE$。因此 $K_{density}$ 方法估算全生育期日尺度 ET 均有较高的精度。

由图 4.59 可知，当 LAI 小于 $3m^2/m^2$ 时，2012 年 ET_{Allen} 低于涡度相关实测值，2013 高于实测值，尤其在生育前期［图 4.59（a）］。与 ET_{EC} 相比，2012 年 ET_{Kcm} 和 ET_{Kcb} 明显高估 ET_{EC}，尤其是 ET_{Kcb}，2013 年生育中期低估 ET_{EC}。而 $ET_{Kdensity}$ 在全生育期均与实测值较为接近，因此 $K_{density}$ 方法更适合用于估算全生育期不同种植密度制种玉米的需水量。

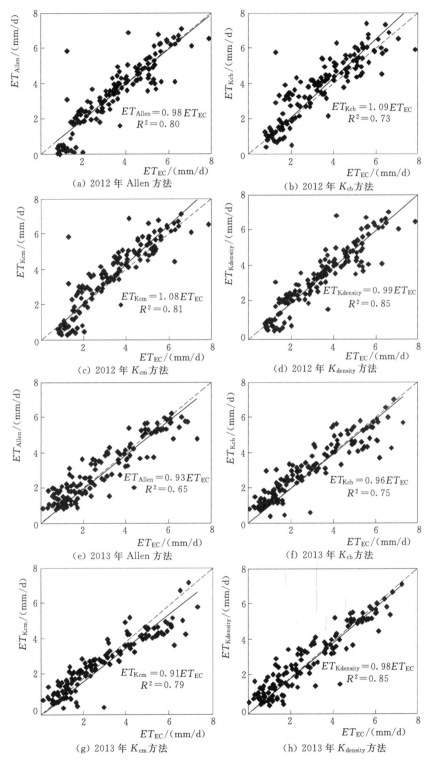

图 4.58 用四种作物系数模型估算制种玉米需水量与涡度相关
实测值 ET_{EC} 之间的相关性（甘肃武威）

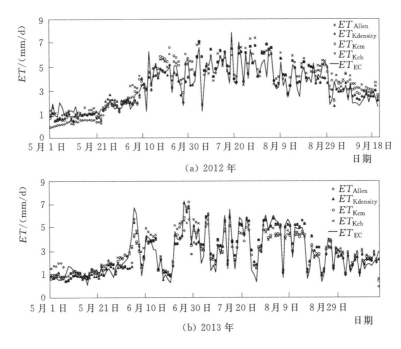

图 4.59　用四种作物系数模型估算制种玉米需水量与涡度
相关实测值 ET_{EC} 的比较（甘肃武威）

表 4.22　　　　用四种作物系数模型估算制种玉米需水量与涡度相关
实测值 ET_{EC} 的相关性分析（甘肃武威）

年份	回归方程	n	R^2	$MBE/(mm/d)$	$RMSE/(mm/d)$
2012	$ET_{Allen}=0.98ET_{EC}$	142	0.80	−0.06	0.84
	$ET_{Kcm}=1.08ET_{EC}$	142	0.81	0.35	0.86
	$ET_{Kcb}=1.09ET_{EC}$	142	0.73	0.48	0.97
	$ET_{Kdensity}=0.99ET_{EC}$	142	0.85	0.05	0.67
2013	$ET_{Allen}=0.93ET_{EC}$	142	0.65	0.12	0.80
	$ET_{Kcm}=0.91ET_{EC}$	142	0.79	−0.04	0.73
	$ET_{Kcb}=0.96ET_{EC}$	142	0.75	0.14	0.78
	$ET_{Kdensity}=0.98ET_{EC}$	142	0.85	0.07	0.67

4.7　基于非均匀下垫面有效阻力的制种玉米耗水量估算模型与应用

4.7.1　基于非均匀下垫面有效阻力的 P－M 模型构建

最初的 P－M 模型认为冠层为单一的大叶，忽略了棵间土壤蒸发和植株作物蒸腾的非均匀性[100]。因此我们在研究中针对制种玉米父本和母本高矮不一的状况，构建了基于非均匀下垫面有效阻力的 P－M 模型，用此估算制种玉米 ET。该模型认为每个蒸发源都有自己的阻力参数，下垫面蒸发源的水热通量在平均的冠层高度（z_m）处相互作用，从 z_m 到冠层上方的参考高度（z_r）处需考虑空气动力学阻力。P－M 模型中的有效空气动力学及冠层阻力参数为相应各组分阻力的组合，最初 P－M 模型中的冠层阻力及空气动力学阻力用有效表面阻力和有效空气动力学阻力代替，计算公式如下：

$$\lambda ET = \frac{\Delta(R_n - G) + \rho C_p VPD / r_a^e}{\Delta + \gamma(1 + r_c^e / r_a^e)} \tag{4.217}$$

式中：r_c^e 为有效的冠层阻力；r_a^e 为有效的空气动力学阻力。

4.7.1.1　非均匀下垫面有效表面阻力的模型构建

最简单的有效表面阻力组合方法是冠层和土壤阻力依据欧姆定律并联得到：

$$\langle r_c^e \rangle_p = 1 \Big/ \left(\frac{1}{r_c^p} + \frac{1}{r_s^s} \right) \tag{4.218}$$

由于制种玉米冠层为非均一冠层，存在父本植株、母本植株、覆膜土壤和裸土四种组分（图 4.60），覆膜表面土壤蒸发可忽略不计，故只考虑裸土表面土壤蒸发。有效表面阻力应为父本冠层阻力（r_{cm}），母本冠层阻力（r_{cf}）及裸土阻力（r_{ss}）的耦合。当冠层达到完全覆盖时（$f=1$），棵间土壤蒸发可忽略不计，有效表面阻力等于总的作物冠层阻力：

$$\langle r_c^e \rangle_p = r_c^p \tag{4.219}$$

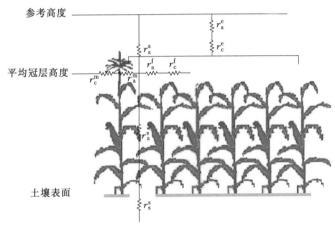

图 4.60　覆膜制种玉米水分传输阻力分布示意图

（r_c^m、r_c^f 分别为父本母本冠层阻力；r_a^m、r_a^f 为父本母本边界层阻力；r_c^e、r_a^e 分别为有效的表面阻力及空气动力学阻力；r_s^s 为土壤阻力；r_a^a 为平均冠层高度到参考高度的空气动力学阻力；r_a^s 为土壤与平均冠层高度处的空气动力学阻力）

在作物生育前期或后期，冠层未达到完全覆盖，土壤阻力应该考虑在内。Were 等研究表明，对于草本植物较好的冠层阻力与土壤阻力耦合方法是以覆盖度（f）为权重因子并联耦合的方法[100]。为了考虑覆膜对棵间土壤蒸发的影响，引入覆膜比（f_s）：

$$\langle r_c^e \rangle_p = 1 \Big/ \left[\frac{f}{r_c^p} + \frac{(1-f)f_s}{r_s^s} \right] \tag{4.220}$$

式中：$\langle r_c^e \rangle_p$ 为以覆盖度（f）为权重因子并联耦合得到的有效表面阻力，s/m；r_c^p 为总的作物冠层阻力，s/m；f_s 为裸土所占的比例，取 $f_s = 0.25$。

研究表明，土壤蒸发与 LAI 密切相关[101]。较高的叶面积增加了冠层截获的辐射，减小了到达地表的辐射，因此减小了土壤阻力的比例。当 $f<1$ 时，提出以 LAI 为权重因子对作物冠层阻力与土壤阻力进行并联耦合的方法：

$$\langle r_c^e \rangle_{pL} = 1 \left/ \left[\frac{c_0}{r_c^p} + (c_1 - c_2 LAI) \frac{1}{r_s^s} \right] \right. \tag{4.221}$$

式中：$\langle r_c^e \rangle_{pL}$ 为以 LAI 为权重因子并联耦合得到的有效表面阻力，s/m；c_0、c_1 和 c_2 为经验系数，由 2014 年 $f<1$ 时，实测的有效表面阻力。

父本和母本冠层阻力及土壤阻力拟合得到（c_0、c_1 和 c_2 分别为 1.30、0.17 和 0.05）。

甘肃河西走廊制种玉米中父本行与母本行的比例为 1∶5，采用父本和母本冠层阻力并联耦合计算方法如下：

$$\frac{1}{r_c^p} = \sum_{i=1}^{5} \frac{1}{r_c^{fi}} + \frac{1}{r_c^{m1}} \tag{4.222}$$

式中：r_c^{fi} 为靠近父本行第 i 行母本冠层阻力；r_c^{m1} 为父本行的冠层阻力。

由实测资料可知，母本行个体之间的差异不明显，所以

$$r_c^{f1} = r_c^{f2} = r_c^{f3} = r_c^{f4} = r_c^{f5} \tag{4.223}$$

由并联可知，父本和母本冠层阻力并联耦合计算公式简化如下：

$$\frac{1}{r_c^p} = \frac{1}{r_c^{m1}} + \frac{5}{r_c^{f1}} = \frac{n_m}{r_c^m} + \frac{n_f}{r_c^f} \tag{4.224}$$

式中：n_m、n_f 分别为父本和母本所占的比例。当 $f=1$ 时，土壤阻力可忽略，有效表面阻力由父本和母本冠层阻力并联耦合得到（$\langle r_c^e \rangle_p$），计算公式如下：

$$\langle r_c^e \rangle_p = \left(\frac{n_m}{r_c^m} + \frac{n_f}{r_c^f} \right)^{-1} \tag{4.225}$$

当 $f<1$ 时，土壤阻力不可忽略，作物总的冠层阻力和土壤阻力采用两种方法耦合，即以覆盖度为权重因子的并联耦合方法：

$$\langle r_c^e \rangle_p = \left[\frac{f}{r_c^p} + \frac{(1-f)f_s}{r_s^s} \right]^{-1} = \left[f \left(\frac{n_m}{r_c^m} + \frac{n_f}{r_c^f} \right) + \frac{(1-f)f_s}{r_s^s} \right]^{-1} \tag{4.226}$$

和以 LAI 为权重因子的并联耦合方法：

$$\langle r_c^e \rangle_{pL} = \left[c_0 \left(\frac{1}{r_c^p} \right) + \frac{c_1 - c_2 LAI}{r_s^s} \right]^{-1} = \left[c_0 \left(\frac{n_m}{r_c^m} + \frac{n_f}{r_c^f} \right) + \frac{c_1 - c_2 LAI}{r_s^s} \right]^{-1} \tag{4.227}$$

式（4.225）～式（4.227）中父本和母本冠层阻力（r_c^i）采用有效叶面积指数法计算[102]：

$$r_c^i = \frac{r_{st}^i}{LAI_{eff,i}} \tag{4.228}$$

式中：r_{st}^i 为父本或母本冠层内平均实测气孔阻力，s/m；$LAI_{eff,i}$ 为父本或母本有效叶面积指数，式（4.226）和式（4.227）中的土壤阻力（r_s^s）由表层土壤含水量确定[102]，土壤阻力由经验公式计算：

$$r_s^s = A\theta_s^B \tag{4.229}$$

式中：θ_s 为 0～20cm 土层土壤含水量，cm³/cm³；A 和 B 由 2013 年甘肃武威实测土壤阻力（r_s^{sm}）和 θ_s 拟合得到，分别为 12 和 -2.25，r_s^{sm} 由蒸渗仪实测的 E 由多源模型反推得到。

4.7.1.2　非均匀下垫面有效空气动力学阻力模型构建

非均匀下垫面有效空气动力学阻力为平均冠层高度处的作物总的边界层阻力（r_a^p）与平均冠层高度到参考高度处的空气动力学阻力（r_a^a）之和。对于制种玉米 r_a^p 为平均冠层高度处父本和母本边界层阻力（r_a^m，r_a^f）与土壤空气动力学阻力（r_a^s）的并联耦合，其耦合方法与父本和母本冠层阻力和土壤阻力耦合方法相同。因此当 $f=1$ 时，有效空气动力学阻力 $\langle r_a^e \rangle_p$ 计算公式如下：

$$\langle r_a^e \rangle_p = r_a^p + r_a^a = \left(\frac{n_m}{r_a^m} + \frac{n_f}{r_a^f} \right)^{-1} + r_a^a \tag{4.230}$$

当 $f<1$ 时，有效空气动力学阻力采用两种方法计算，即以覆盖度为权重因子的并联耦合方法：

$$\langle r_a^e \rangle_p = \left[\frac{f}{r_a^p} + \frac{(1-f)f_s}{r_a^s} \right]^{-1} + r_a^a = \left[f \left(\frac{n_m}{r_a^m} + \frac{n_f}{r_a^f} \right) + \frac{(1-f)f_s}{r_a^s} \right]^{-1} + r_a^a \tag{4.231}$$

和以 LAI 为权重因子的并联耦合方法：

$$\langle r_a^e \rangle_{pL} = \left[c_0 \left(\frac{n_m}{r_a^m} + \frac{n_f}{r_a^f} \right) + \frac{c_1 - c_2 LAI}{r_a^s} \right]^{-1} + r_a^a \tag{4.232}$$

1. 空气动力学阻力模型

从土壤表面到平均冠层高度处的空气动力学阻力 r_a^s 和从平均冠层高度处到参考高度处的空气动力学阻力 r_a^a 依据 Shuttleworth 和 Gurney 计算[103]：

$$r_a^s = \frac{h \exp n_e}{n_e K_h} \left\{ \exp \left(\frac{-n_e z_{0g}}{h} \right) - \exp \left[\frac{-n_e (z_0 + d_p)}{h} \right] \right\} \tag{4.233}$$

$$r_a^a = \frac{1}{k u_*} \left[\ln \left(\frac{z_r - d}{h - d} \right) \right] + \frac{h}{n_e K_h} \left\{ \exp \left[n_e \left(1 - \frac{z_0 + d_p}{h} \right) \right] - 1 \right\} \tag{4.234}$$

$$u_* = \frac{k u_r}{\ln \left[(z_r - d)/z_0 \right]} \tag{4.235}$$

$$K_h = k u_* (h - d) \tag{4.236}$$

式中：h 为平均冠层高度，m；n_e 为湍流扩散系数的衰减常数；k 为卡曼常数，0.41；K_h 为冠层高度 h 处湍流扩散系数，m^2/s；z_{0g} 为土壤表面的粗糙度，取值为 0.01m；z_r 为参考高度，m；u_* 为摩擦速度，m/s；d_p 为封闭冠层的零平面位移，m，为 $0.63h$；z_0 为粗糙度，m；d 为作物的零平面位移，m。

n_e、z_0 和 d 分别用式（4.237）～式（4.239）计算：

$$d = \begin{cases} h - z_{0c}/0.3 & (LAI \geqslant 4) \\ 1.1h \ln[1 + (c_d LAI)^{1/4}] & (LAI < 4) \end{cases} \tag{4.237}$$

$$z_0 = \min \{ 0.3(h - d), z_{0g} + 0.3h(c_d LAI)^{0.5} \} \tag{4.238}$$

$$n_e = \begin{cases} 2.5 & (h \leqslant 1) \\ 2.306 + 0.194h & (1 < h < 10) \\ 4.25 & (h \geqslant 10) \end{cases} \tag{4.239}$$

式中：z_{0c} 为封闭冠层的粗糙度，m，为 $0.13h$；LAI 为平均叶面积指数；c_d 为平均阻力系数，由式（4.240）计算：

$$c_d = \begin{cases} 1.4 \times 10^{-3} & (h=0) \\ [-1+\exp(0.909-3.03z_{0c}/h)]^4/4 & (h>0) \end{cases} \tag{4.240}$$

2. 边界层阻力模型

对于制种玉米父本和母本叶片的边界层阻力（r_a^i）与总的叶面积指数有关，依据 Shuttleworth 和 Wallace 公式[7]计算：

$$r_a^i = \frac{r_b^i}{2LAI_i} \tag{4.241}$$

式中：r_b^i 为作物 i 单位面积的平均边界层阻力，s/m，由式（4.242）计算[7]：

$$r_b^i = \frac{1}{a}\left[\frac{u(z)_i}{w_i}\right]^{-0.5} \tag{4.242}$$

$$a = 0.01$$

式中：w_i 为作物 i 的叶宽，m；$u(z)_i$ 为作物 i 群落内的风速垂直分布。

计算公式如下：

$$u(z)_i = u_{h,i}\exp\left(\alpha\frac{z_{0,i}}{h_i-1}\right) \tag{4.243}$$

式中：α 为风速衰减系数（$\alpha = 2.5$）；$u_{h,i}$ 为冠层高度 h_i 处的风速，可用式（4.244）计算：

$$u_{h,i} = \frac{u_r\ln[(h_i-d_i)/z_{0,i}]}{\ln[(z_r-d_i)/z_{0,i}]} \tag{4.244}$$

式中：u_r 为参考高度处的风速；其他符号意义同前。

4.7.1.3　基于下垫面实测水分通量由公式反推父本和母本冠层阻力及土壤阻力

为了验证所提出的非均匀下垫面有效表面阻力模型的精度，基于制种玉米涡度相关实测的 ET 和茎流计所测得父本和母本植株蒸腾，以及用微型蒸渗仪所测得棵间土壤蒸发量，利用 P - M 模型反推得到实测的父本和母本冠层阻力及土壤阻力。构建基于有效阻力的 P - M 模型认为作物及土壤通量在作物平均高度（z_m）处相互作用，而 z_m 与参考高度 z_r 间仅考虑空气动力学阻力（r_a^a）。基于下垫面实测通量由公式反推父本和母本冠层阻力及土壤阻力由实测值经多源模型反推得到：

$$r_c^{ec} = \frac{\Delta Ar_a^e + \rho C_P VPD - \lambda(\Delta+\gamma)ETr_a^e}{\lambda ET\gamma} \tag{4.245}$$

$$r_c^{sf} = \frac{\Delta A_c^f r_a^f + \rho C_P VPD_0 - \lambda(\Delta+\gamma)T^f r_a^f}{\lambda T^f \gamma} \tag{4.246}$$

$$r_c^{sm} = \frac{\Delta A_c^m r_a^m + \rho C_P VPD_0 - \lambda(\Delta+\gamma)T^m r_a^m}{\lambda T^m \gamma} \tag{4.247}$$

$$r_s^{sm} = \frac{\Delta A_s r_a^s + \rho C_P VPD_0 - \lambda(\Delta+\gamma)Er_a^s}{\lambda E\gamma} \tag{4.248}$$

式中：r_c^{ec} 为涡度相关实测 ET 经基于有效阻力的 P - M 模型反推得到的有效表面阻力；r_c^{sm}、r_c^{sf} 为父本和母本冠层阻力，s/m，由茎流计实测 T 经多源模型反推得到；r_s^{sm} 为土壤阻力，s/m，由微型蒸渗仪实测 E 经多源模型反推得到；T^m、T^f 为父本植株和母本植株蒸腾量，mm，由茎流计测得；E 为土壤蒸发，mm，由微型蒸渗仪测得；A 为总冠层可利用能量，W/m²；A_c^m、A_c^f 和 A_s 分别为父本植株、母本植株及土壤可利用能量，W/m²；r_a^e 为有效空气动力学阻力，s/m；r_a^m、r_a^f 为父本植株和母本植株边界层阻力，s/m；r_a^s 为土壤与平均冠层高度处的空气动力学阻力，s/m。

VPD 和 VPD_0 分别为参考高度及平均冠层高度处的水汽压亏缺（kPa）。VPD_0 由式 （4.249）计算：

$$VPD_0 = VPD + \frac{r_a^a}{\rho C_p}[\Delta A - (\Delta + \gamma)\lambda ET] \tag{4.249}$$

冠层总的可利用能量（A）由式（4.250）计算：

$$A = R_n - G \tag{4.250}$$

父本和母本植株冠层可利用能量（A_c^i）可依据比尔定律计算：

$$A_c^i = R_n[1 - \exp(-kLAI_i)] \tag{4.251}$$

式中：LAI_i 为父本和母本植株的叶面积指数；k 为消光系数，日变化值由太阳高度角（β）确定：

$$k = \frac{k_{\min,i}}{\sin\beta} \tag{4.252}$$

式中：$k_{\min,i}$ 为第 i 种作物的最小消光系数，即太阳高度角为 90°时的消光系数，由晴天中午 12：00 实测的消光系数确定。

土壤可利用能量（A_s）由式（4.253）计算：

$$A_s = R_n - n_f A_c^f - (1 - n_f)A_c^m - G \tag{4.253}$$

式中：n_f 为母本所占的比例，为 5/6。

4.7.2 基于非均匀下垫面有效阻力的制种玉米耗水估算模型验证

4.7.2.1 非均匀下垫面有效表面阻力估算结果的验证

有效表面阻力（$\langle r_c^e \rangle_p$）在 $f=1$ 时仅考虑作物冠层阻力，即为基于下垫面实测通量由公式反推的父本冠层阻力（r_c^{sm}）和母本冠层阻力（r_c^{sf}）并联耦合得到，而 $f<1$ 时采用以覆盖度为权重因子考虑作物阻力和土壤阻力（r_s^{sm}）并联耦合。由图 4.61 （a）和图 4.61 （b）可知，$\langle r_c^e \rangle_p$ 在两年试验阶段均高于 r_c^{ec}，2013 年，$\langle r_c^e \rangle_p$ 高于 r_c^{ec} 72%，R^2、MAE、$RMSE$ 和修正系数（E_1）分别为 0.73、225.09s/m、374.49s/m 和 −0.08。2014 年，$\langle r_c^e \rangle_p$ 高于 r_c^{ec} 45%，R^2、MAE、$RMSE$ 和 E_1 分别为 0.56、110.31s/m、187.15s/m 和 −0.42（表 4.23）。而在玉米完全覆盖（$f=1$）时，两年 $\langle r_c^e \rangle_p$ 均与 r_c^{ec} 较为一致（图 4.62），2013 年仅高于 r_c^{ec} 3%，2014 年仅低估 r_c^{ec} 3%，且均具有较高的 R^2 和 E_1，较低的 MAE 和 $RMSE$。整体精度不高主要是由于生育后期（$f<1$ 时），$\langle r_c^e \rangle_p$ 明显比 r_c^{ec} 偏高导致的（2013 年高于 r_c^{ec} 119%，2014 年高于 r_c^{ec} 80%），且两年 $\langle r_c^e \rangle_p$ 均具有较低的 R^2 和 E_1，较高的 MAE 和 $RMSE$，2013 年，R^2、MAE、$RMSE$ 和 E_1 分别为 0.84、509.84s/m、618.5s/m 和 −1.54（表 4.23）。2014 年，R^2、MAE、$RMSE$ 和 E_1 分别为 0.52、224.38s/m、293.65s/m 和 −1.69（表 4.23）。这主要是因为生育后期冠层未完全覆盖，土壤蒸发所占比例较大，不能完全忽略。而此时作物叶片衰老，土壤表面地膜老化破损等原因导致测量的覆盖度高于实际覆盖度，从而低估土壤阻力所占比例，而生育后期作物的表面阻力大于土壤的表面阻力，土壤阻力比例降低导致估算的表面阻力偏大。

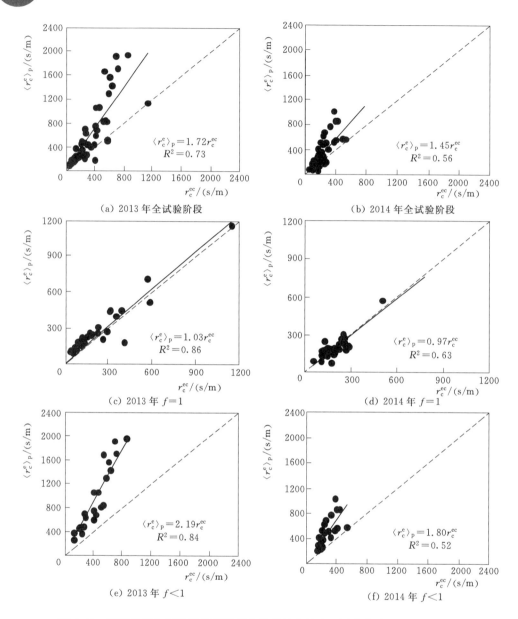

图 4.61　以覆盖度为权重因子并联耦合得到的有效表面阻力与基于下垫面水分
通量反推的实测的有效表面阻力的相关性（甘肃武威）

因此，当 $f<1$ 时，引入以 LAI 为权重因子的并联耦合方法（$\langle r_c^e \rangle_{pL}$）。由图 4.63 可知，当 $f<1$ 时，与 $\langle r_c^e \rangle_p$ 相比，$\langle r_c^e \rangle_{pL}$ 更接近实测值，2013 年 $\langle r_c^e \rangle_{pL}$ 高于 r_c^{ec} 4%，R^2、MAE、$RMSE$ 和 E_1 分别为 0.76、69.24s/m、85.59s/m 和 0.66；2014 年 $\langle r_c^e \rangle_{pL}$ 低估 r_c^{ec} 7%，R^2、MAE、$RMSE$ 和 E_1 分别为 0.78、56.13s/m、96.40s/m 和 0.33（图 4.63，表 4.23）。这主要是因为棵间土壤蒸发与需水量的比例和 LAI 大小紧密相关，高的 LAI 增加了冠层截获的光能辐射，减小了到达地表的光能辐射[104]，土壤蒸发减小，土壤阻力所占的比例随 LAI 的增加而减小。在研究中土壤阻力所占的比例通过实测值拟合得到，因

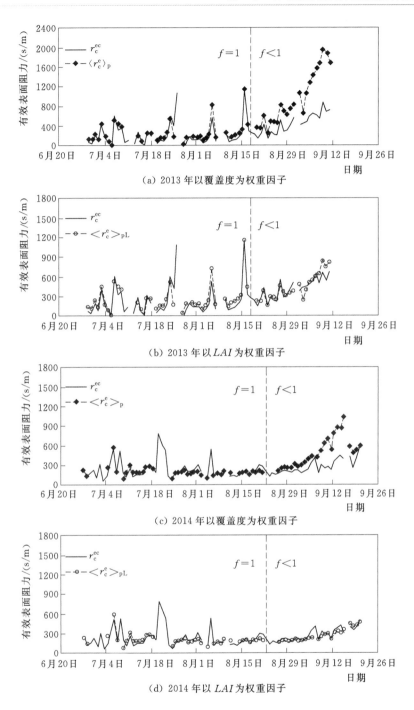

图 4.62　以覆盖度和 LAI 为权重因子并联耦合得到的有效表面阻力与
基于下垫面水分通量反推的实测有效表面阻力的对比（甘肃武威）

此有很高的精度。整个试验阶段，改进后的并联耦合方法精度明显提高，2013 年仅高于 r_c^{ec} 3%，2014 年低估 r_c^{ec} 5%，且与 $\langle r_c^e \rangle_p$ 相比，$\langle r_c^e \rangle_{pL}$ 具有更高的 R^2 和 E_1，更低的 MAE 和 $RMSE$。

表 4.23　以覆盖度和 LAI 为权重因子并联耦合得到的有效表面阻力与基于下垫面水分通量反推求导的实测有效表面阻力的相关方程及统计参数（甘肃武威）

年份	项　目	回归方程	N	R^2	$MAE/(\text{s/m})$	$RMSE/(\text{s/m})$	E_1
2013	全试验阶段	$\langle r_c^e \rangle_p = 1.72 r_c^{ec}$	62	0.73	225.09	374.49	-0.08
		$\langle r_c^e \rangle_{pL} = 1.03 r_c^{ec}$	62	0.86	66.66	79.57	0.68
	$f=1$	$\langle r_c^e \rangle_p = 1.03 r_c^{ec}$	40	0.86	65.25	76.19	0.68
	$f<1$	$\langle r_c^e \rangle_p = 2.19 r_c^{ec}$	22	0.84	509.84	618.50	-1.54
		$\langle r_c^e \rangle_{pL} = 1.04 r_c^{ec}$	22	0.76	69.24	85.59	0.66
2014	全试验阶段	$\langle r_c^e \rangle_p = 1.45 r_c^{ec}$	64	0.56	110.31	187.15	-0.42
		$\langle r_c^e \rangle_{pL} = 0.95 r_c^{ec}$	64	0.74	44.58	70.52	0.42
	$f=1$	$\langle r_c^e \rangle_p = 0.97 r_c^{ec}$	39	0.63	38.94	48.25	0.47
	$f<1$	$\langle r_c^e \rangle_p = 1.80 r_c^{ec}$	25	0.52	224.38	293.65	-1.69
		$\langle r_c^e \rangle_{pL} = 0.93 r_c^{ec}$	25	0.78	56.13	96.40	0.33

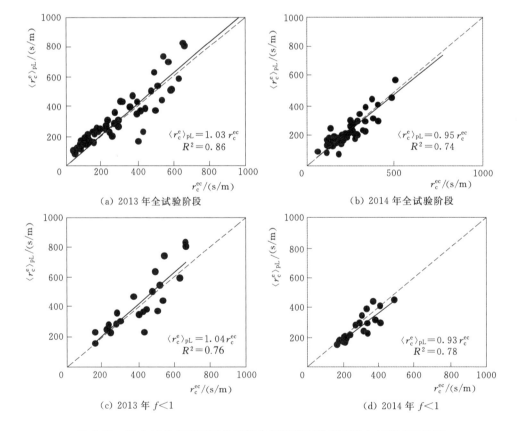

(a) 2013 年全试验阶段　　　　　(b) 2014 年全试验阶段

(c) 2013 年 $f<1$　　　　　(d) 2014 年 $f<1$

图 4.63　以 LAI 为权重因子并联耦合得到的有效表面阻力与基于下垫面水分通量反推的实测有效表面阻力的相关性（甘肃武威）

4.7.2.2　基于两种有效阻力估算方法的 P–M 耗水模型估算值与涡度相关实测值的对比

采用基于两种有效阻力估算方法的 P–M 模型模拟制种玉米 ET，即 $f<1$ 时，以覆盖度（ET_f）和 LAI（ET_{LAI}）为权重因子的考虑作物和土壤阻力并联耦合方法，而 $f=1$ 时，两种方法均考虑父本和母本阻力并联耦合。由图 4.64 可知，与涡度相关实测值（ET_{EC}）相比，两年的 ET_f 均低于实测值，2013 年 ET_f 低于 ET_{EC} 9%，R^2、MAE、$RMSE$ 和 E_1 分别为 0.83、0.52mm/d、0.64mm/d 和 0.67；2014 年 ET_f 低于 ET_{EC} 7%，R^2、MAE、$RMSE$ 和 E_1 分别为 0.85、0.50mm/d、0.66mm/d 和 0.61（表 4.24）。Were 等[105]用基于以覆盖度为权重因子并联耦合得到的有效阻力的 P–M 模型估算种植叶羌活灌木和草本植物的两个地块 ET 值，也出现低估涡度相关实测值的现象。全生育期内，ET_f 在生育中期与 ET_{EC} 非常接近，生育后期低于 ET_{EC}。这主要是因为后期以覆盖度为权重因子并联耦合得到的有效表面阻力值偏大。

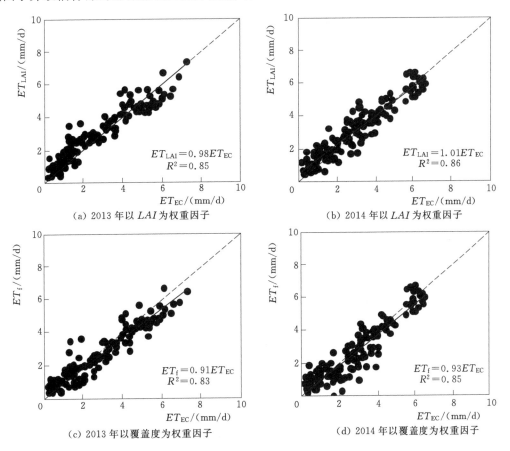

图 4.64　基于以覆盖度和 LAI 为权重因子估算有效阻力的 P–M
模型估算制种玉米 ET 值与涡度相关实测值对比（甘肃武威）

与 ET_f 相比，ET_{LAI} 在全生育期均与 ET_{EC} 较为一致（图 4.65），且具有较高的 E_1，较低的 MAE 和 $RMSE$。2013 年仅低于 ET_{EC} 2%，R^2、MAE、$RMSE$ 和 E_1 分别为 0.85、0.45mm/d、0.61mm/d 和 0.71；2014 年 ET_{LAI} 高于 ET_{EC} 1%，R^2、MAE、$RMSE$ 和 E_1

分别为 0.86、0.51mm/d、0.64mm/d 和 0.65（表 4.24）。因此基于以 LAI 为权重因子并联耦合得到的有效阻力的 P - M 模型更适合用于估算我国西北旱区制种玉米的 ET 值。

表 4.24　　基于以覆盖度和 LAI 为权重因子估算有效阻力的 P - M 模型估算

制种玉米 ET 值与涡度相关实测值对比（甘肃武威）

年份	回归方程	N	R^2	MAE/(mm/d)	$RMSE$/(mm/d)	E_1
2013	$ET_f = 0.91 ET_{EC}$	133	0.83	0.52	0.64	0.67
	$ET_{LAI} = 0.98 ET_{EC}$	133	0.85	0.45	0.61	0.71
2014	$ET_f = 0.93 ET_{EC}$	147	0.85	0.50	0.66	0.61
	$ET_{LAI} = 1.01 ET_{EC}$	147	0.86	0.51	0.64	0.65

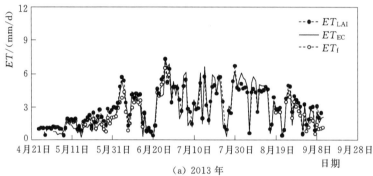

(a) 2013 年

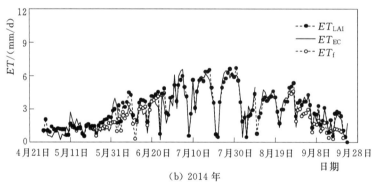

(b) 2014 年

图 4.65　基于以覆盖度和 LAI 为权重因子估算有效阻力的 P - M
模型估算制种玉米 ET 过程与涡度相关实测值对比（甘肃武威）

4.8　温室环境中作物耗水量的估算研究

目前，Penman - Monteith（P - M）模型是模拟温室作物耗水量的最常用模型。该模型综合考虑了冠层能量和水汽传输，但模型中的气孔阻力和空气动力学阻力（r_a）较难连续自动测定，一般通过其与特定环境变量的关系进行估算。研究表明，气孔阻力与太阳辐射、空气温度、空气湿度、水汽压差、CO_2 浓度和土水势有关[106]。Stanghellini 研究得出了温室西红柿气孔阻力与太阳辐射、水汽压差、空气温度和 CO_2 浓度之间的关系[114]，而 Jolliet 和 Bailey 发现气孔阻力只与前两项因子有较强的相关性[120]。研究表明，很多温室作物，如黄瓜[107]、垂叶榕[108]、天蓝葵[109] 和西葫芦[110] 的气孔阻力与太阳辐射有较好的相关性。

在大田中，r_a 主要通过叶-气表面的水汽湍流交换参数化，以一个与风速和作物几何学相关的对数方程表示[112]。该模型中当风速接近于 0 时，r_a 接近于无穷大。在自然通风的日光温室，由于通风口较小，风速较低，大田中的 r_a 估算公式并不适用于温室。由于空气和水汽间涡动传输，r_a 也可用一组与自由对流（由于温度差引起的空气密度差产生的浮升力）、强迫对流（外部风压引起）和混合对流（自由对流和强迫对流）相关的无量纲组合高尔夫数（G_r）和雷诺数（R_e）表示[110]。热传输系数的计算公式因对流类型的不同而有差异。准确区分对流类型及基于不同对流类型估算热传输系数对于 r_a 的准确估算具有重要影响，并最终影响温室作物耗水量的准确估算。

先前的研究表明，假设对流类型为自由对流时，P－M 模型能准确估算温室天蓝葵和垂叶榕的耗水量[109]。Rouphael 和 Colla 发现假设对流类型为混合对流时，P－M 模型具有较高的决定系数，耗水测定值和预测值的回归方程斜率接近 1。但先前的研究在应用 P－M 模型估算作物耗水量时未区分温室内的对流类型[108]。此外，先前的研究大部分在温带或海洋性气候的欧洲和地中海地区进行[109]，对中国西北旱区自然通风及温度和水汽压差均较高的日光温室耗水模拟的研究还较少。因此本研究拟通过茎流计实测的耗水资料，区分温室内的对流条件，分析对流类型对 P－M 法估算温室作物耗水量的影响。

4.8.1　不同对流条件下空气动力学阻力确定

由于空气和水汽间涡流传输，空气动力学阻力可由单叶片的热传输系数方程表示：

$$r_a = \frac{\rho c_p}{h LAI} \tag{4.254}$$

式中：r_a 为空气动力学阻力，s/m；h 为热传输系数，$W/(m^2 \cdot K)$。

热传输系数根据不同的对流类型有不同的计算公式。叶片一般较薄，假定叶片上下表面温度相同，对于一个给定叶片，自由对流条件下的热传输系数可用 McAdams 公式计算[112]：

$$h_1 = 0.37 \left(\frac{k_c}{d} \right) G_r^{0.25} \tag{4.255}$$

当流动空气与温度高的物体接触时，热量以强迫对流方式散失。强迫对流条件下的热传输系数可用 Grober 和 Erk 公式计算[113]：

$$h_2 = 0.60 \left(\frac{k_c}{d} \right) Re^{0.5} \tag{4.256}$$

在温室中，空气很少完全静止不动，Stanghellini 发现对流热传输既有自由对流又有强迫对流（混合对流），并给出如下公式[115]：

$$h_3 = 0.37 \left(\frac{k_c}{d} \right) (G_r + 6.92 Re^2)^{0.25} \tag{4.257}$$

式中：k_c 为空气的导热系数，$W/(m \cdot K)$；G_r 为高尔夫数；Re 为雷诺数；d 为叶片特征长度，m，可用式（4.258）表示[112]：

$$d = \frac{2}{1/L + 1/W}$$

(4.258)

式中：L 为叶片长度，m；W 为叶片宽度，m。

高尔夫数（G_r）反映了薄层流或汹涌流形式的自由对流的空气流动，且可用叶片和空气间温度差的一个方程表示[108]：

$$G_r = \frac{\beta g d^3 |T_1 - T_a|}{v^2}$$

(4.259)

式中：T_1 为叶片温度，℃；β 为空气的热膨胀系数，K^{-1}；v 为空气的运动黏度，m^2/s；g 为重力加速度，m/s^2。

雷诺数（Re）反映了一个强加的空气流动对对流的影响，且可表达为风速的一个方程[108]：

$$Re = \frac{ud}{v}$$

(4.260)

式中：u 为风速，m/s。

高尔夫数和雷诺数平方的相对大小常用来划分空气流动对流类型：当 $G_r/Re^2 \geqslant 10$，纯自由对流发生；若 $G_r/Re^2 \leqslant 0.1$，纯强迫对流发生；若 $0.1 < G_r/Re^2 < 10$，混合对流发生[108]。

4.8.2 温室内对流条件分析

2010—2011 年和 2011—2012 年测定期间，辣椒平均叶片特征长度均为 5.1cm；温室内平均风速分别为 0.03m/s 和 0.04m/s；辣椒冠层与空气的温度差分别为 −2.5℃ 和 −1.8℃。2010—2012 年测定期间，测定的西红柿平均叶片特征长度均为 6.0cm，温室内平均风速分别为 0.05m/s 和 0.04m/s；西红柿冠层与空气的温度差分别为 −2.4℃ 和 −1.9℃。对于辣椒，两个生长季测定期间的平均 Re 分别为 1.06×10^2 和 1.14×10^2；G_r 分别为 4.13×10^4 和 4.07×10^4。对于西红柿，两个生长季测定期间的平均 Re 分别为 1.91×10^2 和 1.35×10^2；G_r 分别为 6.83×10^4 和 6.44×10^4。计算的辣椒和西红柿温室内的平均 Re 和 G_r 与 Bailey 等[108]的计算结果接近。用对流类型划分标准可以得出，辣椒温室内，两个生长季测定期间，分别有 81% 和 71% 的时间为混合对流，其余时间为纯自由对流，纯强迫对流没有发生；西红柿温室内，两个生长季测定期间，分别有 88% 和 77% 的时间为混合对流，其余时间为纯自由对流，纯强迫对流没有发生。由于通风口较小，温室内风速较低阻止了纯强迫对流的发生。纯自由对流主要发生在夜间和清晨，此时温室内通风口关闭，空气接近静止。其余时间内由于温室内风速较低，而冠层和空气温差较大，对流形式为混合对流，此时辣椒温室内平均的 G_r/Re^2 分别为 3.14 和 3.18；西红柿温室内平均的 G_r/Re^2 分别为 2.62 和 3.10。图 4.66 分别为辣椒和西红柿温室内 3d 的 G_r/Re^2 日变化，虚线为纯自由对流与混合对流的分界线。从图 4.66 中可以看出，大部分时间温室内对流类型为混合对流。

4.8.3 不同对流条件下 P – M 耗水模型估算值与测定值的对比分析

图 4.67（a）、（b）和图 4.68（a）、（b）分别为纯自由对流条件下，热传输系数（h）用 McAdams 公式计算时，辣椒和西红柿 P – M 模型每 15min 耗水估算值 ET_{P-M} 与茎流计

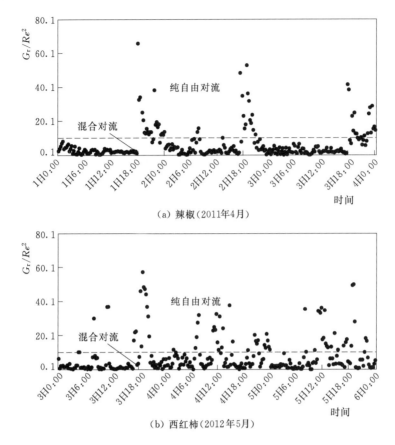

(a) 辣椒 (2011年4月)

(b) 西红柿 (2012年5月)

图 4.66　温室内 G_r/Re^2 的日变化（甘肃武威）

测定值 ET_{SF} 的比较。对应的相关性统计见表 4.25。从图 4.67、图 4.68 中可以看出，纯自由对流条件下，h 用 McAdams 公式计算时，P－M 模型均低估了辣椒和西红柿的耗水量，这与 Montero 等[109]研究得出的假设对流条件为自由对流时，P－M 模型能准确预测天蓝葵耗水量的结果不一致。这可能与 McAdms 公式低估了 h 有关。研究表明，G_r 较低时（$G_r < 10^6$），纯自由对流条件下 h 测定值大于计算值[110]。此外，McAdams 公式由规则的垂直矩形平板得出，而叶片平面（如图 4.66 中的辣椒和西红柿叶片）的空气动力学阻力（r_a）小于规则的平板[116]。因此，McAdams 公式可能低估了 h，从而高估了 r_a，进而低估了辣椒和西红柿的耗水量。纯自由对流条件下，h 用 Stanghellini 公式计算时 P－M 模型耗水估算值与 h 用 McAdams 公式计算时接近［图 4.67（c）、（d），图 4.68（c）、（d）和表 4.25］，均低估了辣椒和西红柿的耗水值。

　　混合对流条件下，h 用 Stanghellini 公式计算时 P－M 模型能较好预测辣椒和西红柿的耗水量（图 4.69）。对于辣椒，两季回归方程的斜率分别为 1.01 和 1.00，R^2 分别为 0.95 和 0.92，MAE 分别为 0.007（mm/15min）和 0.012（mm/15min），$RMSE$ 分别为 0.0121（mm/15min）和 0.0168（mm/15min），d_{IA} 分别为 0.99 和 0.98；对于西红柿，两季回归方程的斜率分别为 0.96 和 1.00，R^2 分别为 0.94 和 0.85，MAE 分别为 0.012（mm/15min）和 0.013（mm/15min），$RMSE$ 分别为 0.0190（mm/15min）和 0.0219（mm/15min），d_{IA} 分别为 0.99 和

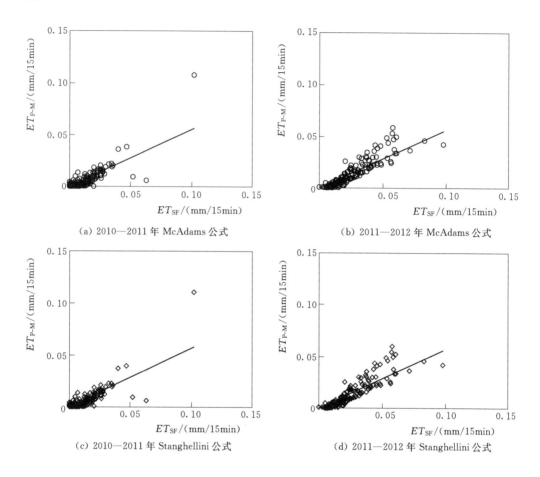

(a) 2010—2011 年 McAdams 公式

(b) 2011—2012 年 McAdams 公式

(c) 2010—2011 年 Stanghellini 公式

(d) 2011—2012 年 Stanghellini 公式

图 4.67　纯自由对流条件下 h 分别用 McAdams 公式和 Stanghellini 公式计算时辣椒 P-M 耗水模型估算值 ET_{P-M} 与测定值 ET_{SF} 的比较（甘肃武威）

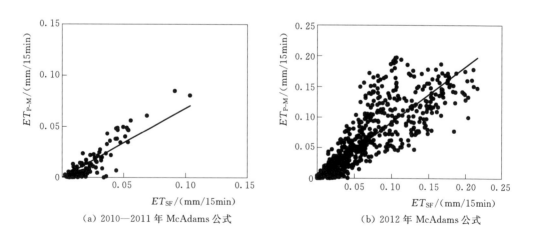

(a) 2010—2011 年 McAdams 公式

(b) 2012 年 McAdams 公式

图 4.68（一）　纯自由对流条件下 h 分别用 McAdams 公式和 Stanghellini 公式计算时西红柿 P-M 耗水模型估算值 ET_{P-M} 与测定值 ET_{SF} 的比较（甘肃武威）

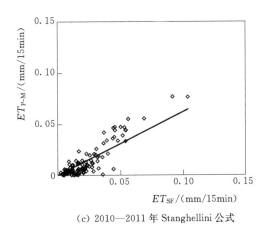
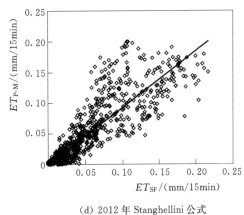

（c）2010—2011 年 Stanghellini 公式　　　　　　（d）2012 年 Stanghellini 公式

图 4.68（二）　纯自由对流条件下 h 分别用 McAdams 公式和 Stanghellini 公式计算时
西红柿 P－M 耗水模型估算值 $ET_{P\text{-}M}$ 与测定值 ET_{SF} 的比较（甘肃武威）

表 4.25　　　不同对流条件下辣椒和西红柿 P－M 耗水模型模拟值 $ET_{P\text{-}M}$ 与
茎流计测定值 ET_{SF} 的比较的相关性统计（甘肃武威）

作物	年份	对流类型	热传输系数公式	相 关 方 程	R^2	MAE /(mm /15min)	RMSE /(mm /15min)	d_{IA}
辣椒	2010—2011	纯自由对流	McAdams	$ET_{P-M-McAdams}=0.56ET_{SF}$	0.68	0.004	0.0069	0.85
			Stanghellini	$ET_{P-M-Stanghellini}=0.57ET_{SF}$	0.69	0.004	0.0068	0.85
		混合对流	Grober&Erk	$ET_{P-M-Grober\&Erk}=0.98ET_{SF}$	0.95	0.006	0.0118	0.98
			Stanghellini	$ET_{P-M-Stanghellini}=1.01ET_{SF}$	0.95	0.007	0.0121	0.99
		不区分对流类型	Stanghellini	$ET_{P-M-Stanghellini}=1.00ET_{SF}$	0.95	0.006	0.0112	0.99
	2011—2012	纯自由对流	McAdams	$ET_{P-M-McAdams}=0.56ET_{SF}$	0.81	0.008	0.0104	0.87
			Sanghellini	$ET_{P-M-Stanghellini}=0.57ET_{SF}$	0.81	0.008	0.0103	0.87
		混合对流	Grober&Erk	$ET_{P-M-Grober\&Erk}=0.98ET_{SF}$	0.92	0.011	0.0166	0.97
			Stanghellini	$ET_{P-M-Stanghellini}=1.0ET_{SF}$	0.92	0.012	0.0168	0.98
		不区分对流类型	Stanghellini	$ET_{P-M-Stanghellini}=0.98ET_{SF}$	0.92	0.011	0.0154	0.98
西红柿	2010—2011	纯自由对流	McAdams	$ET_{P-M-McAdams}=0.68ET_{SF}$	0.76	0.008	0.0095	0.91
			Stanghellini	$ET_{P-M-Stanghellini}=0.69ET_{SF}$	0.77	0.008	0.0096	0.91
		混合对流	Grober&Erk	$ET_{P-M-Grober\&Erk}=0.94ET_{SF}$	0.94	0.012	0.0194	0.99
			Stanghellini	$ET_{P-M-Stanghellini}=0.96ET_{SF}$	0.94	0.012	0.0190	0.98
		不区分对流类型	Stanghellini	$ET_{P-M-Stanghellini}=0.96ET_{SF}$	0.95	0.012	0.0181	0.99
	2012	纯自由对流	McAdams	$ET_{P-M-McAdams}=0.91ET_{SF}$	0.80	0.014	0.0232	0.94
			Stanghellini	$ET_{P-M-Stanghellini}=0.92ET_{SF}$	0.80	0.014	0.0231	0.94
		混合对流	Grober&Erk	$ET_{P-M-Grober\&Erk}=0.98ET_{SF}$	0.85	0.013	0.0218	0.96
			Stanghellini	$ET_{P-M-Stanghellini}=1.00ET_{SF}$	0.85	0.013	0.0219	0.96
		不区分对流类型	Stanghellini	$ET_{P-M-Stanghellini}=0.99ET_{SF}$	0.84	0.013	0.0222	0.96

注　计算时段均为 15min，辣椒模拟时间分别为 2011 年 3 月 6—13 日、3 月 30 日—4 月 10 日；2012 年 4 月 18—30 日；西红柿模拟时间分别为 2011 年 5 月 8—20 日、5 月 27 日—6 月 2 日；2012 年 5 月 3—12 日、5 月 14—25 日、5 月 31 日—6 月 19 日、6 月 21 日—7 月 4 日，其中 6 月 10 日、11 日和 18 日由于温室进行了部分遮阴，数据未进行模拟计算。

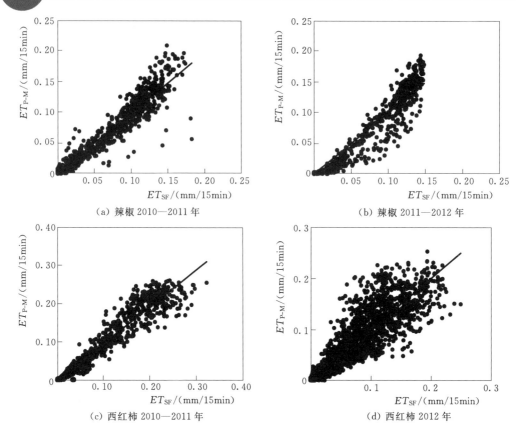

（a）辣椒 2010—2011 年　　　　　　　（b）辣椒 2011—2012 年

（c）西红柿 2010—2011 年　　　　　　（d）西红柿 2012 年

图 4.69　混合对流条件下 h 用 Stanghellini 公式计算时 P－M
耗水模型估算值 ET_{P-M} 与测定值 ET_{SF} 的比较（甘肃武威）

0.96（表 4.25）。P－M 模型对 r_a 的大小较敏感[116]。Bailey 等[108]研究表明，混合对流条件下，Stanghellini 公式 r_a 预测值与测定值有较好的一致性。这可能是混合对流条件下，h 用 Stanghellini 公式计算时，P－M 模型能较好预测辣椒和西红柿耗水量的原因。

混合对流条件下，h 用 Grober & Erk 公式计算时，P－M 模型也能较好预测辣椒和西红柿的耗水量（图 4.70）。混合对流条件下，对于辣椒，$G_r/6.92Re^2$ 从 0.02 变动到 1.44，两年的均值分别为 0.45 和 0.46；对于西红柿，$G_r/6.92Re^2$ 从 0 变动到 1.44，两年的均值分别为 0.38 和 0.45。Grober 和 Erk 公式计算的 h 值与 Stanghellini 公式计算值接近（图 4.71），表明混合对流中强迫对流占主要部分，这与 Bailey 等[108]的结果一致。因此 h 用 Grober & Erk 公式计算时，P－M 模型也能较好预测辣椒和西红柿的耗水量，但其表现稍差于 h 用 Stanghellini 公式计算时，主要是由于混合对流下 Grober & Erk 公式未考虑温度差引起的"烟囱效应"。

由于大部分白天时间为混合对流（高蒸腾主要发生在白天），而其余时间为纯自由对流，h 用 Stanghellini 公式计算时，P－M 模型辣椒和西红柿的耗水估算值与 h 用 McAdams 公式计算时接近（表 4.25）。因此对不区分对流条件下，h 用 Stanghellini 公式计算时，P－M 模型的表现进行了评价，其结果如图 4.72 所示，相关性分析见表 4.25。从图 4.72 中可以看出，h 用 Stanghellini 公式计算时 P－M 模型能较好模拟温室辣椒和西红柿

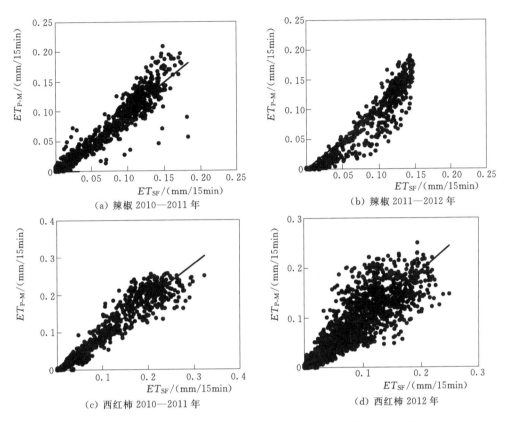

图 4.70　混合对流条件下 h 用 Grober & Erk 公式计算时 P－M 耗水
模型估算值 ET_{P-M} 与测定值 ET_{SF} 的比较（甘肃武威）

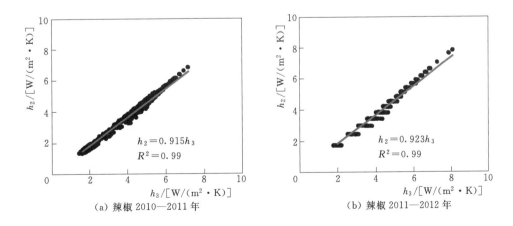

图 4.71（一）　混合对流条件下 Grober & Erk 公式计算的 $h(h_2)$
与 Stanghellini 公式计算的 $h(h_3)$ 的关系

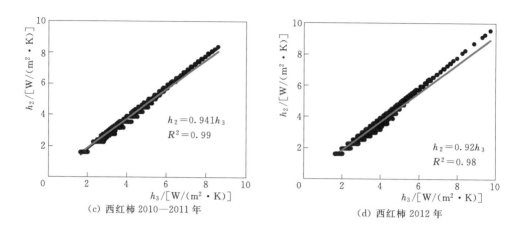

(c) 西红柿 2010—2011 年　　　　　　　(d) 西红柿 2012 年

图 4.71（二）　混合对流条件下 Grober & Erk 公式计算的 $h(h_2)$
与 Stanghellini 公式计算的 $h(h_3)$ 的关系

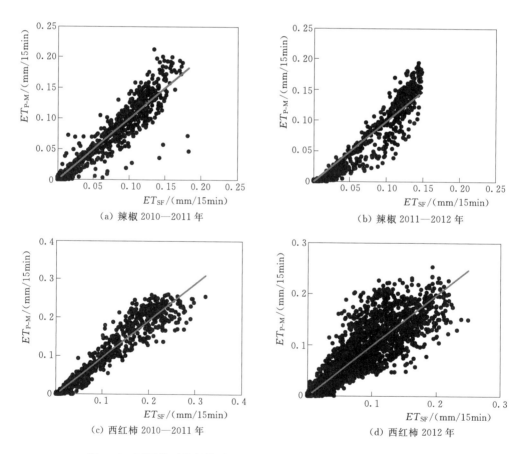

(a) 辣椒 2010—2011 年　　　　　　　(b) 辣椒 2011—2012 年

(c) 西红柿 2010—2011 年　　　　　　　(d) 西红柿 2012 年

图 4.72　不区分对流条件下 h 用 Stanghellini 公式计算时 P - M 耗水
模型估算值 ET_{P-M} 与测定值 ET_{SF} 的比较（甘肃武威）

的耗水量。类似的结果在温室西葫芦上也有观察到[110]。综上所述，在不区分对流条件下，h 用 Stanghellini 公式计算时的 P–M 模型可以用来模拟西北旱区日光温室辣椒和西红柿的耗水量。

<h1 style="text-align:center">参 考 文 献</h1>

[1]　Dalton J. On evaporation. Essay Ⅲ in: Experimental Essays on the Constitution of Mixed Gases; On the force of steam or vapour from water or other liquids in different temperatures; both in a Torrecellian vacuum and in air; on evaporation; and on the expansion of gases by heat [J]. Memoirs and Proceedings of the Man chester Literary & Philosophical Society, 1802, 5 (2): 574–594.

[2]　Bowen I S. The ratio of heat losses by conduction and by evaporation from any water surface [J]. Physical Review, 1926, 27 (6): 779–787.

[3]　Thornthwaite C W, Holzman B. The determination of evaporation from land and water surfaces [J]. Monthly Weather Review, 1939, 67 (1): 4–11.

[4]　Thornthwaite C W. An approach toward a rational classification of climate [J]. Geographical Review, 1948, 38 (1): 55–94.

[5]　Penman H L. Natural evaporation from open water, bare soil and grass [J]. Proceedings of the Royal Society of London, 1948, 193 (1032): 120–145.

[6]　Monteith J L. Evaporation and environment [J]. Symposia of the Society for Experimental Biology, 1965, 19 (19): 205–234.

[7]　Shuttleworth W J, Wallace J S. Evaporation from sparse crops – an energy combination theory [J]. Quarterly Journal of the Royal Meteorological Society, 1985, 111 (469): 839–855.

[8]　Allen R G, Pereira L S, Raes D, et al. Crop Evapotranspiration: Guidelines for Computing Crop Water Requirements [C]. Rome, Italy: FAO Irrigation and Drainage Paper, 1998.

[9]　Kendy E, Gérard – Marchant P, Todd Walter M, et al. A soil – water – balance approach to quantify groundwater recharge from irrigated cropland in the North China Plain [J]. Hydrological Processes, 2003, 17 (10): 2011–2031.

[10]　Conger B V, Novak F J, Afza R, et al. Somatic embryogenesis from cultured leaf segments of Zea mays [J]. Plant Cell Reports, 1987, 6 (5): 345–347.

[11]　Sepaskhah A R, Andam M. Crop coefficient of sesame in a semi – arid region of IR Iran [J]. Agricultural Water Management, 2001, 49 (1): 51–63.

[12]　Nielsen D C, Hinkle S E. Field evaluation of basal crop coefficients for corn based on growing degree days, growth stage, or time [J]. Transactions of the ASAE, 1996, 39 (1): 97–103.

[13]　Pereira L S, Perrier A, Allen R G, et al. Evapotranspiration: concepts and future trends [J]. Journal of Irrigation and Drainage Engineering, 1999, 125 (2): 45–51.

[14]　Ritchie J T, Johnson B S Stewart B A, et al. Irrigation of Agricultural Crops [J]. Agronomy Monograph, 1990, 30: 363–390.

[15]　慕彩芸，马富裕，郑旭荣，等. 覆膜滴灌棉田蒸散量的模拟研究 [J]. 农业工程学报，2005，21 (4): 25–29.

[16]　Itier B, Flura D, Belabbes K, et al. Relations between relative evapotranspiration and predawn leaf water potential in soybean grown in several locations [J]. Irrigation Science, 1992, 13 (3): 109–114.

[17]　Veihmeyer F J, Hendrickson A H. Soil – moisture conditions in relation to plant growth [J].

Plant Physiology，1927，2（1）：71－82.

[18] Ritchie J T. Model for predicting evaporation from a row crop with incomplete cover [J]. Water Resources Research，1972，8（5）：1204－1213.

[19] 刘绍民，李银芳. 新疆月太阳总辐射气候学计算方法的研究 [J]. 干旱区地理，1997，20（3）：75－81.

[20] 黄冠华，沈荣开，张瑜芳，等. 作物生长条件下蒸发与蒸腾的模拟及土壤水分动态预报 [J]. 武汉水利电力大学学报，1995（5）：481－487.

[21] 康绍忠，熊运章. 干旱缺水条件下麦田蒸散量的计算方法 [J]. 地理学报，1990（4）：475－483.

[22] Zhang Y，Yu Q，Liu C，et al. Estimation of winter wheat evapotranspiration under water stress with two semiempirical approaches [J]. Agronomy Journal，2004，96（1）：159－168.

[23] Zhang B，Liu Y，Xu D，et al. The dual crop coefficient approach to estimate and partitioning evapotranspiration of the winter wheat－summer maize crop sequence in North China Plain [J]. Irrigation Science，2013，31（6）：1303－1316.

[24] Ding R，Kang S，Zhang Y，et al. Partitioning evapotranspiration into soil evaporation and transpiration using a modified dual crop coefficient model in irrigated maize field with ground－mulching [J]. Agricultural Water Management，2013，127：85－96.

[25] Jiang X，Kang S，Tong L，et al. Crop coefficient and evapotranspiration of grain maize modified by planting density in an arid region of northwest China [J]. Agricultural Water Management，2014，142：135－143.

[26] Ringersma J，Sikking A F S. Determining transpiration coefficients of Sahelian vegetation barriers [J]. Agroforestry Systems，2001，51（1）：1－9.

[27] Dai J，Li W，Tang W，et al. Manipulation of dry matter accumulation and partitioning with plant density in relation to yield stability of cotton under intensive management [J]. Field Crops Research，2015，180：207－215.

[28] Zhao N，Liu Y，Cai J，et al. Dual crop coefficient modelling applied to the winter wheat－summer maize crop sequence in North China Plain：basal crop coefficients and soil evaporation component [J]. Agricultural Water Management，2013，117：93－105.

[29] Teixeira E I，Moot D J，Brown H E，et al. The dynamics of lucerne（Medicago sativa L.）yield components in response to defoliation frequency [J]. European Journal of Agronomy，2007，26（4）：394－400.

[30] Fandiño M，Cancela J J，Rey B J，et al. Using the dual－Kc approach to model evapotranspiration of Albarino vineyards（Vitis vinifera L. cv. Albarino）with consideration of active ground cover [J]. Agricultural Water Management，2012，112：75－87.

[31] Poblete－Echeverría C A，Ortega－Farias S O. Evaluation of single and dual crop coefficients over a drip－irrigated Merlot vineyard（Vitis vinifera L.）using combined measurements of sap flow sensors and an eddy covariance system [J]. Australian Journal of Grape and Wine Research，2013，19（2）：249－260.

[32] Ortega－Farias S，Olioso A，Antonioletti R，et al. Evaluation of the Penman－Monteith model for estimating soybean evapotranspiration [J]. Irrigation Science，2004，23（1）：1－9.

[33] Ortega－Farias S O，Olioso A，Fuentes S，et al. Latent heat flux over a furrow－irrigated tomato crop using Penman－Monteith equation with a variable surface canopy resistance [J]. Agricultural Water Management，2006，82（3）：421－432.

[34] Rana G，Katerji N，Mastrorilli M，et al. Validation of a model of actual evapotranspiration for water stressed soybeans [J]. Agricultural and Forest Meteorology，1997，86（3－4）：215－224.

[35]　Rana G，Katerji N，Mastrorilli M，et al. A model for predicting actual evapotranspiration under soil water stress in a Mediterranean region [J]. Theoretical and Applied Climatology，1997，56 (1)：45 - 55.

[36]　Brenner A J，Incoll L D. The effect of clumping and stomatal response on evaporation from sparsely vegetated shrublands [J]. Agricultural and Forest Meteorology，1997，84 (3 - 4)：187 - 205.

[37]　Domingo F，Villagarc A L，Brenner A J，et al. Evapotranspiration model for semi - arid shrub - lands tested against data from SE Spain [J]. Agricultural and Forest Meteorology，1999，95 (2)：67 - 84.

[38]　张劲松，孟平，尹昌君. 植物蒸散耗水量计算方法综述 [J]. 世界林业研究，2001，14 (2)：23 - 28.

[39]　Jarvis P G. The interpretation of the variations in leaf water potential and stomatal conductance found in canopies in the field [J]. Philosophical Transactions of the Royal Society of London B：Biological Sciences，1976，273 (927)：593 - 610.

[40]　Brutsaert W. Evaporation into the atmosphere：theory，history and applications [M]. Berlin：Springer Science & Business Media，2013.

[41]　Kato T，Kimura R，Kamichika M. Estimation of evapotranspiration，transpiration ratio and water-use efficiency from a sparse canopy using a compartment model [J]. Agricultural Water Management，2004，65 (3)：173 - 191.

[42]　Brisson N，Itier B，Lhotel J C，et al. Parameterisation of the Shuttleworth - Wallace model to estimate daily maximum transpiration for use in crop models [J]. Ecological Modelling，1998，107 (2 - 3)：159 - 169.

[43]　Anadranistakis M，Liakatas A，Kerkides P，et al. Crop water requirements model tested for crops grown in Greece [J]. Agricultural Water Management，2000，45 (3)：297 - 316.

[44]　Thompson N，Ayles M，Barrie I A. The Meteorological Office Rainfall and Evaporation Calculation System：MORECS (July 1981) [M]. Bracknell，Berks：Meteorological Office，1981.

[45]　Camillo P J，Gurney R J. A resistance parameter for bare - soil evaporation models [J]. Soil Science，1986，141 (2)：95 - 105.

[46]　Sene K J. Parameterisations for energy transfers from a sparse vine crop [J]. Agricultural and Forest Meteorology，1994，71 (1 - 2)：1 - 18.

[47]　Vorosmarty C J，Federer C A，Schloss A L. Potential evaporation functions compared on US watersheds：Possible implications for global - scale water balance and terrestrial ecosystem modeling [J]. Journal of Hydrology，1998，207 (3 - 4)：147 - 169.

[48]　Farahani H J，Bausch W C. Performance of evapotranspiration models for maize - bare soil to closed canopy [J]. Transactions of the ASAE，1995，38 (4)：1049 - 1059.

[49]　Heilman J L，Mclnnes K J，Gesch R W，et al. Effects of trellising on the energy balance of a vineyard [J]. Agricultural and Forest Meteorology，1996，81 (1)：79 - 93.

[50]　Stannard D I. Comparison of Penman - Monteith，Shuttleworth - Wallace，and modified Priestley - Taylor evapotranspiration models for wildland vegetation in semiarid rangeland [J]. Water Resources Research，1993，29 (5)：1379 - 1392.

[51]　Trambouze W，Bertuzzi P，Voltz M. Comparison of methods for estimating actual evapotranspiration in a row - cropped vineyard [J]. Agricultural and Forest Meteorology，1998，91 (3 - 4)：193 - 208.

[52]　Yunusa I，Walker R R，Loveys B R，et al. Determination of transpiration in irrigated grapevines：comparison of the heat - pulse technique with gravimetric and micrometeorological methods [J]. Irrigation Science，2000，20 (1)：1 - 8.

[53] Ham J M，Heilman J L. Aerodynamic and surface resistances affecting energy transport in a sparse crop [J]. Agricultural and Forest Meteorology，1991，53 (4)：267 - 284.

[54] Rana G，Katerji N. Measurement and estimation of actual evapotranspiration in the field under Mediterranean climate：a review [J]. European Journal of Agronomy，2000，13 (2 - 3)：125 -153.

[55] Robinson T C，Lakaso A N，REN Z B. Modifying apple tree canopies for improved production efficiency [J]. HortScience，1991，26 (8)：1005 - 1012.

[56] Thorpe M R，Sauger B，Auger S，et al. Photosynthesis and transpiration of an isolated tree：model and validation [J]. Plant Cell and Environment，1978，1：269 - 277.

[57] Caspari H W，Green S R，Edwards WRN. Water use by kiwifruit vines and apple trees by the heat pulse technique，[J]. Agricultural and Forest Meteorology，1993，67：13 - 27.

[58] Green S R，Clothier B E. Transpiration of apple trees as determined by heat pulse and a Penman - Monteith model [J]. Agricultural and Forest Meteorology，1995，67：13 - 27.

[59] Zhang H P，Simmonds L P，Morison J，et al. Estimation of transpiration by single trees：comparison of sap flow measurements with a combination equation [J]. Agricultural and Forest Meteorology，1997，87 (2 - 3)：155 - 169.

[60] Jackson J E，Palmer J W. Interception of light by model hedgerow orchards in relation to latitude，time of year and hedgerow configuration and orientation [J]. Journal of Applied Ecology，1972，9：341 - 357.

[61] Palmer J W，Jackson J E，Ferree D C. Light interception and distribution in horizontal and vertical canopies of red raspberries [J]. Journal of Horticultural Science，1987，62：493 - 499.

[62] Palmer J W. Diurnal light interception and a computer model of light interception by hedgerow apple orchards [J]. Journal of Applied Ecology，1977，14：601 - 614.

[63] Buwalda J G，Curtis J P，Smith G S. Use of interactive computer graphics for simulation of radiation interception and photosynthesis for canopies of kiwifruit vines with heterogeneous surface shape and leaf area distribution [J]. Annals of Botany，1993，72：17 - 26.

[64] Annandale J G，Jovanovic N Z，Campbell G S，et al. Two - dimensional solar radiation interception model for hedgerow fruit trees [J]. Agricultural and Forest Meteorology，2004，121：207 - 225.

[65] Green S R. Radiation balance，transpiraion and phytosynthsis of an isolated tree [J]. Agricultural and Forest Meteorology，1993，64：201 - 221.

[66] Green S R，Mcnaughton K，Wunscher J N，et al. Modelling light interception and transpiration of apple tree canopies [J]. Agronomy Journal，2003，95：1380 - 1387.

[67] Campbell G S，Norman J M. An introduction to environmental biophysics [M]. 2nd ed. New York：Springer，1998：120 - 126.

[68] Norman J M，Welles J M. Radiative transfer in an array of canopies [J]. Agronmy Journal，1983，75：481 - 488.

[69] 孟平，张劲松，樊巍，等. 农林复合生态系统研究 [M]. 北京：科学出版社，2004.

[70] Stewart J B. Modeling surface conductance of pine forest [J]. Agricultural and Forest Meteorology，1988，43：19 - 35.

[71] Granier A，Loustau D. Measuring and modeling the transpiration of a maritime pine canopy from sap - flow data [J]. Agricultural and Forest Meteorology，1994，71：61 - 81.

[72] Green S R，Vogeler I，Clothier B E，et al. Modelling water uptake by a mature apple tree [J]. Australian Journal of Soil Research，2003，41 (3)：365 - 380.

[73] Zeppel M J，Macinnis - ng C M，Yunusa I A，et al. Long term trends of stand transpiration in a

remnant forest during wet and dry years [J]. Journal of Hydrology, 2008, 349: 200 - 213.

[74] Matsumoto K, Ohta T, Nakai T, et al. Responses of surface conductance to forest environments in the Far East [J]. Agricultural and Forest Meteorology, 2008, 148: 1926 - 1940.

[75] Matejka F, Střelcová K, Hurtalová T, et al. Seasonal changes in transpiration and soil water content in a spruce primeval forest during a dry period [M]. Bioclimatology and Natural Hazards. Springer Netherlands, 2009: 197 - 206.

[76] Li X, Yang P, Ren S, et al. Modeling cherry orchard evapotranspiration based on an improved dual - source model [J]. Agricultural Water Management, 2010, 98: 12 - 18.

[77] Agam N, Evett S R, Tolk J A, et al. Evaporative loss from irrigated interrows in a highly advective semi - arid agricultural area [J]. Advances in Water Resources, 2012, 50: 20 - 30.

[78] Kool D, Ben-gal A, Agam N, et al. Spatial and diurnal below canopy evaporation in a desert vineyard: Measurements and modeling [J]. Water Resources Research, 2014, 50 (8): 7035 - 7049.

[79] 张宝忠. 干旱荒漠绿洲葡萄园水热传输机制与蒸发蒸腾估算方法研究 [D]. 北京：中国农业大学, 2009.

[80] Villagarcía L, Were A, García M, et al. Sensitivity of a clumped model of evapotranspiration to surface resistance parameterisations: application in a semi - arid environment [J]. Agricultural and Forest Meteorology, 2010, 150: 1065 - 1078.

[81] Forrester D I, Theiveyanathan S, Collopy J J, et al. Enhanced water use efficiency in a mixed Eucalyptus globulus and Acacia mearnsii plantation [J]. Forest Ecology and Management, 2010, 259 (9): 1761 - 1770.

[82] Wallace J, Mcjannet D. Processes controlling transpiration in the rainforests of north Queensland, Australia [J]. Journal of Hydrology, 2010, 384: 107 - 117.

[83] Rousseaux M C, Figuerola P I, Correa - Tedesco G, et al. Seasonal variations in sap flow and soil evaporation in an olive (Olea europaea L.) grove under two irrigation regimes in an arid region of Argentina [J]. Agricultural Water Management, 2009, 96 (6): 1037 - 1044.

[84] 李思恩. 西北旱区典型农田水热碳通量的变化规律与模拟研究 [D]. 北京：中国农业大学, 2009.

[85] Farahani H J, Ahuja L R. Evapotranspiration modeling of partial canopy/residue - covered fields [J]. Transactions of the ASAE, 1996, 39 (6): 2051 - 2064.

[86] 吴从林, 黄介生, 沈荣开. 地膜覆盖条件下 SPAC 系统水热耦合运移模型的研究 [J]. 水利学报, 2000 (11): 89 - 96.

[87] Lagos L O, Martin D L, Verma S B, et al. Surface energy balance model of transpiration from variable canopy cover and evaporation from residue - covered or bare - soil systems [J]. Irrigation Science, 2009, 28 (1): 51 - 64.

[88] Li S, Kang S, Zhang L, et al. Measuring and modeling maize evapotranspiration under plastic film-mulching condition [J]. Journal of Hydrology, 2013, 503 (1): 153 - 168.

[89] Katerji N, Rana G. Modelling evapotranspiration of six irrigated crops under Mediterranean climate conditions [J]. Agricultural and Forest Meteorology, 2006, 138 (1 - 4): 142 - 155.

[90] Todorovic M. Single - layer evapotranspiration model with variable canopy resistance [J]. Journal of Irrigation & Drainage Engineering, 1999, 125 (5): 235 - 245.

[91] Kang S, Gu B, Du T, et al. Crop coefficient and ratio of transpiration to evapotranspiration of winter wheat and maize in a semi - humid region [J]. Agricultural Water Management, 2003, 59 (3): 239 - 254.

[92] Eberbach P, Pala M. Crop row spacing and its influence on the partitioning of evapotranspiration

by winter – grown wheat in Northern Syria [J]. Plant and Soil，2005，268 (1)：195 – 208.

[93] Chen S，Zhang X，Sun H，et al. Effects of winter wheat row spacing on evapotranpsiration，grain yield and water use efficiency [J]. Agricultural Water Management，2010，97 (8)：1126 – 1132.

[94] Allen R G，Pereira L S. Estimating crop coefficients from fraction of ground cover and height [J]. Irrigation Science，2009，28 (1)：17 – 34.

[95] Allen R G，Pruitt W O，Businger J A，et al. Evaporation and transpiration. In：Wootton et al (TaskCom.) ASCE handbook of hydrology [M]. New York：American Society of Civil Engineers，1996：125 – 252，784.

[96] Wright J L. New evapotranspiration crop coefficients [J]. Proceedings of the American Society of Civil Engineers，Journal of the Irrigation and Drainage Division，1982，108 (IR2)：57 – 74.

[97] 刘战东，肖俊夫，于景春，等. 春玉米品种和种植密度对植株性状和耗水特性的影响 [J]. 农业工程学报，2012，28 (11)：125 – 131.

[98] Qiu R，Song J，Du T，et al. Response of evapotranspiration and yield to planting density of solar greenhouse grown tomato in northwest China [J]. Agricultural Water Management，2013，130：44 – 51.

[99] Ringersma J，Sikking A F S. Determining transpiration coefficients of Sahelian vegetation barriers [J]. Agroforestry Systems，2001，51 (1)：1 – 9.

[100] Were A，Villagarcía L，Domingo F，et al. Analysis of effective resistance calculation methods and their effect on modelling evapotranspiration in two different patches of vegetation in semi – arid SE Spain [J]. Hydrology and Earth System Sciences，2007，11 (5)：1529 – 1542.

[101] Zhang B，Kang S，Li F，et al. Comparison of three evapotranspiration models to Bowen ratio – energy balance method for a vineyard in an arid desert region of northwest China [J]. Agricultural and Forest Meteorology，2008，148 (10)：1629 – 1640.

[102] Wallace J S，Verhoef A. Modelling interactions in mixed – plant communities：light，water and carbon dioxide [J]. Leaf Development and Canopy Growth，2000，204：250.

[103] Shuttleworth W J，Gurney R J. The theoretical relationship between foliage temperature and canopy resistance in sparse crops [J]. Quarterly Journal of the Royal Meteorological Society，1990，116 (492)：497 – 519.

[104] Reicosky D C，Warnes D D，Evans S D. Soybean evapotranspiration，leaf water potential and foliage temperature as affected by row spacing and irrigation [J]. Field Crops Research，1985，10：37 – 48.

[105] Were A，Villagarcía L，Domingo F，et al. Aggregating spatial heterogeneity in a bush vegetation patch in semi – arid SE Spain：a multi – layer model versus a single – layer model [J]. Journal of Hydrology，2008，349 (1)：156 – 167.

[106] Berryman C A，Eamus D，Duff G A. Stomatal responses to a range of variables in two tropical tree species grown with CO_2 enrichment [J]. Journal of Experimental Botany，1994，45 (5)：539 – 546.

[107] Yang X，Short T H，Fox R D，et al. Transpiration，leaf temperature and stomatal resistance of a greenhouse cucumber crop [J]. Agricultural and Forest Meteorology，1990，51 (3 – 4)：197 – 209.

[108] Bailey B J，Montero J I，Biel C，et al. Transpiration of Ficus benjamina：comparison of measurements with predictions of the Penman – Monteith model and a simplified version [J]. Agricultural and Forest Meteorology，1993，65 (3 – 4)：229 – 243.

[109] Montero J I，Antón A，Munoz P，et al. Transpiration from geranium grown under high temperatures and low humidities in greenhouses [J]. Agricultural and Forest Meteorology，2001，107

(4)：323 - 332.

[110]　Rouphael Y，Colla G. Modelling the transpiration of a greenhouse zucchini crop grown under a Mediterranean climate using the Penman - Monteith equation and its simplified version [J]. Crop and Pasture Science，2004，55 (9)：931 - 937.

[111]　Brutsaert W，Stricker H. An advection - aridity approach to estimate actual regional evapotranspiration [J]. Water Resources Research，1979，15 (2)：443 - 450.

[112]　Mcadams W H. Heat Transmission [M]. New York：McGraw - Hill，1954.

[113]　Grober H，Erk S，Grigull U. Fundamentals of Heat Transfer [M]. New York：McGraw - Hill，1961.

[114]　Stanghellini C. Transpiration of greenhouse crops：An aid to climate management [D]. IMAG，1987.

[115]　王厚华，周根明，李新禹. 传热学 [M]. 重庆：重庆大学出版社，2006.

[116]　Dixon M，Grace J. Natural convection from leaves at realistic Grashof numbers [J]. Plant Cell & Environment，1983，6 (8)：665 - 670.

[117]　Vogel S. Convective cooling at low air speeds and the shapes of broad leaves [J]. Journal of Experimental Botany，1970，21 (1)：91 - 101.

[118]　Zhang L，Lemeur R. Effect of aerodynamic resistance on energy balance and Penman - Monteith estimates of evapotranspiration in greenhouse conditions [J]. Agricultural and Forest Meteorology，1992，58 (3 - 4)：209 - 228.

[119]　Kitano M，Eguchi H. Buoyancy effect on forced convection in the leaf boundary layer [J]. Plant Cell & Environment，1990，13 (9)：965 - 970.

[120]　Jolliet O，Bailey B J. The effect of climate on tomato transpiration in greenhouses：measurements and models comparison [J]. Agricultural and Forest Meteorology，1992，58 (1 - 2)：43 - 62.

第5章

作物需水量与耗水量的
尺度转换方法及应用

　　传统的作物需水量与耗水量估算方法都是以点为基础，其结果只能代表试验站点附近很小的范围。在较大区域情况下，由于地表并不均匀，以点代面的方法会带来较大误差。虽然可以通过多点观测、结合空间插值方法，提高较大区域作物耗水量的估算精度，但是多点密集观测会使成本成倍增加，并不适合推广应用[1,2]。20 世纪 70 年代以来，遥感技术应用于作物耗水量研究，为大尺度作物耗水量研究开辟了新的途径[3]。目前基于遥感技术的方法，在作物耗水量空间尺度转换方面具有明显的优势，但是该类方法需要建立准确的基于像元的作物耗水量模型和符合实际情况的时间尺度转换方法，过程较为复杂，成本较高。

　　为准确测定作物需水量与耗水量，国内外学者在不同尺度作了许多尝试以求发展适当的测定方法。目前测定作物需水量与耗水量的方法可分为叶片、单株、农田三个尺度：叶片尺度的测定方法有气孔计法、剪枝称重法；单株尺度的测定方法有蒸渗仪法、整树容器法、同位素示踪法、风调室法、热技术法；农田尺度的测定方法有波文比-能量平衡法、涡度相关法[4,5]。农田尺度作物需水量与耗水量的测定还要依赖于叶片及单株尺度的准确测定，并通过合理的尺度转换方法推求。

5.1　单株到群体尺度的作物耗水量转换

5.1.1　单株到果园蒸腾量的尺度转换方法比较

　　果树单株蒸腾量一般采用液流法测定，但液流测定结果为单株尺度蒸腾量，要得到果园的耗水量必须借助尺度转换因子将单株尺度上推到果园尺度。前人在树木的研究中尺度转换常采用树木直径作为液流量的表征因子。通过测定大量树木的直径，推算液流量并累加得到林分尺度耗水量。尺度转换因子的选择通常根据液流与植物生物学因子，包括直径、叶面积等的相关关系确定。此处以甘肃武威中国农业大学石羊河实验站某葡萄园为例，介绍单株到果园蒸腾量的尺度转换方法。葡萄园中类似研究较少，本节首先比较采用不同转换方法得到的果园蒸腾量与波文比-能量平衡法（BREB）测定结果之间的差异，在此基础上得到适用于西北旱区葡萄园尺度转换的公式。

（1）由样株液流通量平均值转换：

$$T_s = \frac{\frac{1}{N}\sum_{i=1}^{N} Q_i}{A_G} \tag{5.1}$$

式中：T_s 为果园平均蒸腾速率，mm/d；N 为测定的样株数目；Q_i 为第 i 株液流通量，L/d；A_G 为根据种植密度确定的单株占地面积，m^2。

（2）由液流通量 Q_i 与果树叶面积关系转换：

$$T_s = \frac{1}{N}\sum_{i=1}^{N} SV_{li} \frac{A_1}{A_G} \tag{5.2}$$

式中：SV_{li} 为第 i 株基于叶面积的液流速率，L/($m^2 \cdot$ d)，即 Q_i 与第 i 株的叶面积之比；A_1 为葡萄园单株平均叶面积，m^2；A_1/A_G 相当于叶面积指数 LAI，由 15 个位置 30 株葡萄的叶面积测定值除以葡萄占地面积计算得到。

（3）由果树液流通量与茎干截面积关系转换：

$$T_s = \frac{1}{N}\sum_{i=1}^{N} SV_{si} \frac{A_s}{A_G} \tag{5.3}$$

式中：SV_{si} 为第 i 株基于茎干截面积的液流速率，L/($cm^2 \cdot$ d)，即 Q_i 与第 i 株的茎干截面积之比；A_s/A_G 为葡萄园单位占地面积上的茎干截面积，cm^2/m^2，根据测定整个葡萄园 15 个样点 235 个植株的直径计算得到。

（4）由不同直径等级果树液流通量与茎干截面积关系转换。式（5.2）和式（5.3）应用的前提是 SV_{li} 和 SV_{si} 不随叶面积和直径变化而变化，Q_i 与 A_1 或 A_s 的比值为定值，在整个葡萄园是随机分布的，即换而言之，Q_i 与 A_1 或 A_s 线性正相关，即

$$T_s = \sum_{r=1}^{b}\left(SV_{sr} \frac{A_{sr}}{A_G}\right) \tag{5.4}$$

$$SV_{sr} = \frac{1}{n}\sum_{i=1}^{n} SV_{si} \tag{5.5}$$

式中：SV_{sr} 为第 r 个直径等级基于茎干截面积的液流速率，L/($cm^2 \cdot$ d)；A_{sr}/A_G 为葡萄园单位占地面积上的第 r 个直径等级的茎干截面积，cm^2/m^2，每个等级的液流速率为该等级的液流测定树木平均值；n 为第 r 个等级测定的株数。

这种估测方法的前提是测定植株的直径分布与葡萄园总的直径分布比例一致。本试验中液流速率随直径增大而减小（图 5.1），应考虑直径分布频率进行尺度上推，根据测定整个葡萄园 15 个样点 235 个植株的直径来确定直径分布频率并按大小将整个直径范围分为 6 个等级。各等级的株数及距地面 20cm 处的截面积占所测样本茎干截面积总量的比例基本服从正态分布（表 5.1）。

生育期用微型蒸渗仪对葡萄园行间土壤蒸发量（E_s）进行了测定。微型蒸渗仪每 1～3d 称量一次，每次测定株间不同位置的蒸发量。不同部位 E_s 存在较大差别，灌水沟内蒸

发量显著大于垄上裸土和垄上遮阴位置。在本研究中，假定三个部位所占地表面积的比例相同，因此，用三个部位蒸发量的平均值作为葡萄园株间平均土壤蒸发量。

表 5.1　　葡萄园不同直径等级的株数比例及距地面 20cm 处茎干截面积比例

直径等级/cm	<1.4	1.4~2.0	2.0~2.6	2.6~3.2	3.2~3.8	>3.8
株数比例/%	20.4	15.3	15.7	23.8	18.3	6.4
距地面 20cm 处茎干截面积比例/%	3.5	6.4	11.9	29.0	32.4	16.8

注　植株总量 235 株，距地面 20cm 处茎干截面积合计 1292.0cm²。

各式推求的葡萄全生育期（4 月 28 日—10 月 5 日）耗水量为 367.4~394.9mm，接近波文比-能量平衡法（BREB）测定值 386.9mm（表 5.2）。其中蒸腾量均在 200mm 左右，蒸发量为 181.0mm，占耗水总量的 47.2%~49.3%。总体来看，式（5.1）和式（5.2）估算的耗水量与 BREB 测定结果最接近，式（5.3）和式（5.4）分别高估和低估蒸腾量 4% 和 10%。

葡萄园不同时刻液流通量 Q 的变化主要受环境因子影响，而同一时刻不同个体 Q 的差异则与个体叶面积不同有关。2009 年和 2010 年测定结果均表明，单株叶面积极显著地影响 Q，随叶面积增大，Q 线性增大，叶面积个体变异可以解释液流通量个体间差异的 60%，两年的 Q 与叶面积的回归直线斜率没有显著差异（图 5.2）。然而，Q 与 D_{20} 之间相关关系不显著。因此，我们用单位叶面积液流速率 SV_l 与葡萄园平均叶面积指数 LAI 来推算葡萄园蒸腾量 T_s，即式（5.2）是具有理论基础的。

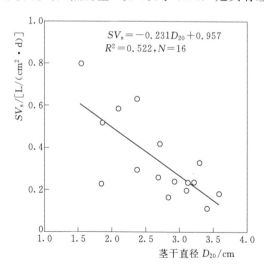 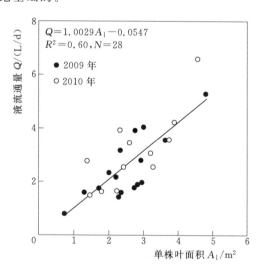

图 5.1　葡萄液流速率（SV_s）与距地表 20cm 处茎干直径（D_{20}）的关系（甘肃武威）　　图 5.2　葡萄园单株液流通量（Q）与叶面积（A_l）的关系

葡萄园日蒸腾量 T_s 为 0.13~2.70mm/d 波动，平均值为 1.25mm/d；耗水量为 0.25~4.84mm/d，平均值为 2.38mm/d。T_s 和 E_s 最小值之和小于 T_s+E_s 最小值，两者最大值之和大于 T_s+E_s 最大值，说明 T_s 和 E_s 最值并非同时出现（表 5.3）。棵间土壤蒸发量占

耗水量的比值 E_s/ET 在生长季波动变化，从 0.14 到 0.92，该比值随土壤含水量的升高而显著升高（图 5.3）。

表 5.2　　　各种尺度转换公式计算的葡萄园 ET 与 BREB 测定结果的比较

各分量	式（5.1）	式（5.2）	式（5.3）	式（5.4）	BREB
T_s/mm	202.5	202.0	213.9	186.4	—
E_s/mm	181.0	181.0	181.0	181.0	—
$T_s + E_s$/mm	383.5	383.0	394.9	367.4	386.9

表 5.3　　　　　　2009 年甘肃武威葡萄园耗水量各组分特征值

组分	最小值/(mm/d)	最大值/(mm/d)	均值/(mm/d)	总量/mm
T_s	0.13	2.70	1.25	202.0
E_s	0.10	3.59	1.12	181.0
$T_s + E_s$	0.25	4.84	2.38	383.0
ET_{BREB}	0.40	4.99	2.51	386.9

日尺度 T_s 与微型蒸渗仪测定的土壤蒸发量（E_s）之和（$T_s + E_s$）与 BREB 测定值（ET_{BREB}）之间存在显著的线性关系，回归方程强制截距为零时的决定系数为 0.75，斜率 1.032（图 5.4）。整个生长季 4 月 28 日—10 月 5 日共 161d，其中液流测定天数 128d，灌水及仪器故障导致 33d 无液流数据，缺失数据用液流与 R_s、VPD 和 θ 的多元回归方程插补。整个生长季葡萄耗水量为 383.0mm，其中 T_s 为 202.0mm，占 52.7%，棵间土壤蒸发量为 181.0mm。液流与微型蒸渗仪结合测定的耗水量仅比波文比-能量平衡法测定结果低 1%。

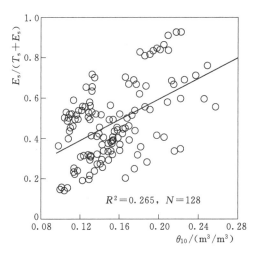

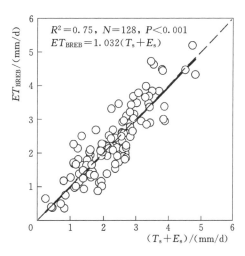

图 5.3　葡萄园棵间土壤蒸发量占耗水量比例（E_s/ET）与 0~10cm 土层含水量（θ_{10}）之间的关系（甘肃武威）

图 5.4　波文比能量平衡法测定的葡萄园日耗水量（ET_{BREB}）与茎流计测定蒸腾量（T_s）和微型蒸渗器测定的棵间土壤蒸发量（E_s）之和之间的关系（甘肃武威）

以波文比-能量平衡法测定结果为标准，评价不同尺度转化公式在该葡萄园的适用性，式（5.1）和式（5.2）的尺度转换效果优于式（5.3）、式（5.4）（表 5.2）。选取尺度转换公式的基础是确定液流空间变异的决定因子，研究中液流通量个体差异与叶面积显著相关，而与葡萄茎干直径之间相关关系不显著，这与大多数树木研究结果不同。可能是由于葡萄园存在人为管理，使得直径较大的植株叶面积不一定大，而叶面积决定蒸腾面积。因此，直径较大的葡萄液流量不一定大。所以我们根据葡萄园平均叶面积进行尺度转换估算耗水量（式 5.2）。

式（5.1）根据所有植株液流量的平均值与单株葡萄的占地面积进行尺度转换，结果也较好。而式（5.3）的转换效果较差，主要是由于液流通量与茎干直径不存在显著的相关关系造成的。式（5.4）中根据直径分布频率外推，可以将不同直径等级的液流速率的差别包含进去，本研究中单位茎干截面积的液流速率则随茎干直径增大有降低趋势，将液流速率按照直径等级加权平均理论上应取得较好的尺度转换结果，但实际效果并不理想，可能是由于适用该方法的样本数目应足够大，但研究中总取样数目有限时，其代表性不好，导致总体尺度转换效果较差。取样数目较大时，式（5.4）应取得较好的转换结果。

5.1.2 制种玉米父本母本单株液流到群体蒸腾量的尺度转换方法

有关制种玉米尺度提升研究较少。本章采用不同尺度转换因子对单株液流进行尺度提升，得到群体蒸腾，加上微型蒸渗器所测得棵间土壤蒸发得到作物 ET。与涡度相关实测 ET 相比，得到适合西北旱区制种玉米单株液流到群体蒸腾量的尺度转换公式。

采用叶面积为尺度转换因子对父本母本液流进行尺度提升：

$$T_{\text{L}} = \frac{n_{\text{m}}}{N_{\text{m}}}\sum_{i=1}^{N_{\text{m}}}\frac{Q_{\text{m}i}}{LA_{\text{m}i}}LAI_{\text{m}} + \frac{n_{\text{f}}}{N_{\text{f}}}\sum_{i=1}^{N_{\text{f}}}\frac{Q_{\text{f}i}}{LA_{\text{f}i}}LAI_{\text{f}} \qquad (5.6)$$

式中：T_{L} 为采用叶面积进行尺度转换获得的蒸腾量；N_{m}、N_{f} 分别为父本或母本的样本数；n_{m}、n_{f} 分别为父本或母本占总植株数量的比值；$Q_{\text{m}i}$、$Q_{\text{f}i}$ 分别为第 i 株父本或母本的单株液流速率，L/（天株）；$LA_{\text{m}i}$、$LA_{\text{f}i}$ 为第 i 株父本或母本的单株叶面积，m^2；LAI_{m}、LAI_{f} 分别为父本或母本的平均叶面积指数，m^2/m^2。

$$T_{\text{D}} = \frac{n_{\text{m}}}{N_{\text{m}}}\sum_{i=1}^{N_{\text{m}}}\frac{Q_{\text{m}i}}{D_{\text{m}i}}D_{\text{m}} + \frac{n_{\text{f}}}{N_{\text{f}}}\sum_{i=1}^{N_{\text{f}}}\frac{Q_{\text{f}i}}{D_{\text{f}i}}D_{\text{f}} \qquad (5.7)$$

式中：T_{D} 为采用茎粗进行尺度转换因子获得的蒸腾量；$D_{\text{m}i}$、$D_{\text{f}i}$ 分别为第 i 株父本或母本的茎粗，cm；D_{m}、D_{f} 分别为单位面积上父本或母本的平均茎粗，cm/m^2。

当忽略作物个体生物因素之间差别时，作物的群体蒸腾可以通过平均单株液流速率和单位面积植株数量得到，计算公式如下：

$$T_{\text{M}} = Q_{\text{m}}P_{\text{m}} + Q_{\text{f}}P_{\text{f}} \qquad (5.8)$$

式中：T_{M} 为茎粗尺度转换因子得到的群体蒸腾；Q_{m}、Q_{f} 分别为平均的父本或母本的单株液流，L/（天株）；P_{m}、P_{f} 分别为单位占地面积父本或母本的株数，株/m^2。

以涡度相关法测定的 ET_{EC} 为标准，从叶面积、茎粗和密度为转换因子三种尺度提升方法中比较确定最优的尺度提升方法（图 5.5）。试验阶段内，分析比较了采用制种玉米叶面积、茎粗和密度尺度提升后得到的 ET 与 ET_{EC} 相关关系（图 5.5，表 5.4），2013 年

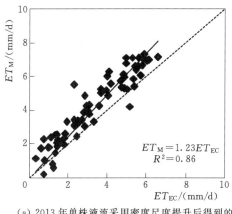

(a) 2013 年单株液流采用密度尺度提升后得到的
$ET(ET_M)$ 与涡度相关法测定值（ET_{EC}）的比较

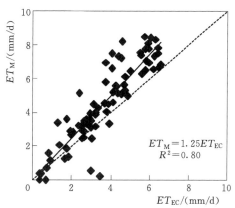

(b) 2014 年单株液流采用密度尺度提升后得到的
$ET(ET_M)$ 与涡度相关法测定值（ET_{EC}）的比较

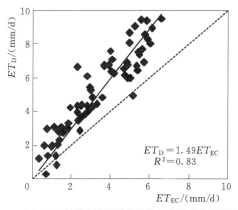

(c) 2013 年单株液流采用茎粗尺度提升后得到的
$ET(ET_D)$ 与涡度相关法测定值（ET_{EC}）的比较

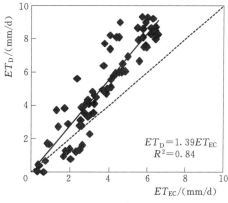

(d) 2014 年单株液流采用茎粗尺度提升后得到的
$ET(ET_D)$ 与涡度相关法测定值（ET_{EC}）的比较

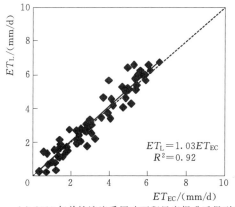

(e) 2013 年单株液流采用叶面积尺度提升后得到的
$ET(ET_L)$ 与涡度相关法测定值（ET_{EC}）的比较

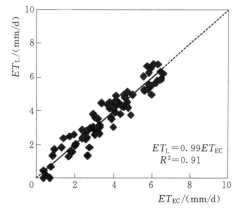

(f) 2014 年单株液流采用叶面积尺度提升后得到的
$ET(ET_L)$ 与涡度相关法测定值（ET_{EC}）的比较

图 5.5　单株液流尺度提升后得到的群体蒸腾＋微型蒸渗器测得的棵间土壤蒸发
与涡度相关法测定值的比较（甘肃武威）

和 2014 年采用密度为转换因子得到的 $ET(ET_M)$ 与 ET_{EC} 的回归方程的斜率为 1.23 和 1.25。2013 年决定系数 (R^2)、平均绝对偏差 (MAE)、均方差 $(RMSE)$ 和修正系数 (E_1) 分别为 0.86、0.98mm/d、1.36mm/d 和 0.37；2014 年 R^2、MAE、$RMSE$ 和 E_1 分别为 0.80、1.42mm/d、2.52mm/d 和 0.27。由图 5.6 可知，试验阶段两年的 ET_M 均明显高估实测值。

以茎粗为尺度转换因子得到的 $ET(ET_D)$ 在两年的试验阶段均明显高估实测值（图 5.6）。ET_D 与 ET_{EC} 的两年的回归方程斜率分别为 1.49 和 1.39，2013 年 R^2、MAE、$RMSE$ 和 E_1 分别为 0.83、1.93mm/d、4.78mm/d 和 -0.24；2014 年 R^2、MAE、$RMSE$ 和 E_1 分别为 0.84、3.61mm/d、19.85mm/d 和 -1.40（图 5.5，表 5.4）。而与涡度相关实测值相比，采用叶面积为尺度转换因子得到的 $ET(ET_L)$ 在所测阶段与实测值有较好的一致性（图 5.6）。2013 年 ET_L 仅比 ET_{EC} 高估 3%，R^2、MAE、$RSME$ 和 E_1 分别为 0.92、0.60mm/d、0.57mm/d 和 0.63，2014 年 ET_L 仅比 ET_{EC} 低估 1%，且 R^2、MAE 和 E_1 分别为 0.91、0.61mm/d、0.88mm/d 和 0.56（表 5.4）。相比以茎粗和密度为转换因子，以叶面积为转换因子更接近实测值，且具有较高的 R^2 和 E_1，较低的 MAE 和 $RMSE$，这主要是因为液流速率与叶面积指数相关性最高。因此，采用叶面积为尺度转换因子更适合西北旱区制种玉米 ET 由单株液流到群体的尺度提升。

表 5.4　　　　单株液流尺度提升后得到的群体蒸腾＋微型蒸渗器测得的
棵间土壤蒸发与涡度相关法测定值的对比

年份	方法	回归方程	R^2	MAE/(mm/d)	$RMSE$/(mm/d)	E_1
2013	叶面积	$ET_L = 1.03ET_{EC}$	0.92	0.60	0.57	0.63
	茎粗	$ET_D = 1.49ET_{EC}$	0.83	1.93	4.78	-0.24
	密度	$ET_M = 1.23ET_{EC}$	0.86	0.98	1.36	0.37
2014	叶面积	$ET_L = 0.99ET_{EC}$	0.91	0.61	0.88	0.56
	茎粗	$ET_D = 1.39ET_{EC}$	0.84	3.61	19.85	-1.40
	密度	$ET_M = 1.25ET_{EC}$	0.80	1.42	2.52	0.27

注　ET_M、ET_D 和 ET_L 分别为采用密度、茎粗和叶面积尺度提升后的 ET。

不同天气状况下不同尺度提升方法得到的小时 ET 与涡度相关法测定值 ET_{EC} 的对比如图 5.7 所示，图中为晴天和阴天状况下采用叶面积（ET_L）、茎粗（ET_D）和密度（ET_M）为尺度转换因子得到 ET 的日变化。ET_L、ET_D 和 ET_M 晴天和阴天的日变化趋势基本一致，但晴天三者之间的值相差较大。ET_D 和 ET_M 在晴天中午蒸腾量较大的时段明显大于涡度相关法测定值（ET_{EC}），而晴天蒸腾较小的时段（夜间、清晨和傍晚）ET_D 和 ET_M 与实测值较为一致。而 ET_L 全天的时段均有较好的精度。在阴天状况下，ET_D、ET_M 和 ET_L 之间差别较小，均与实测值较为接近。由此可知，采用叶面积为尺度转换因子更适合估算西北旱区制种玉米小时 ET。

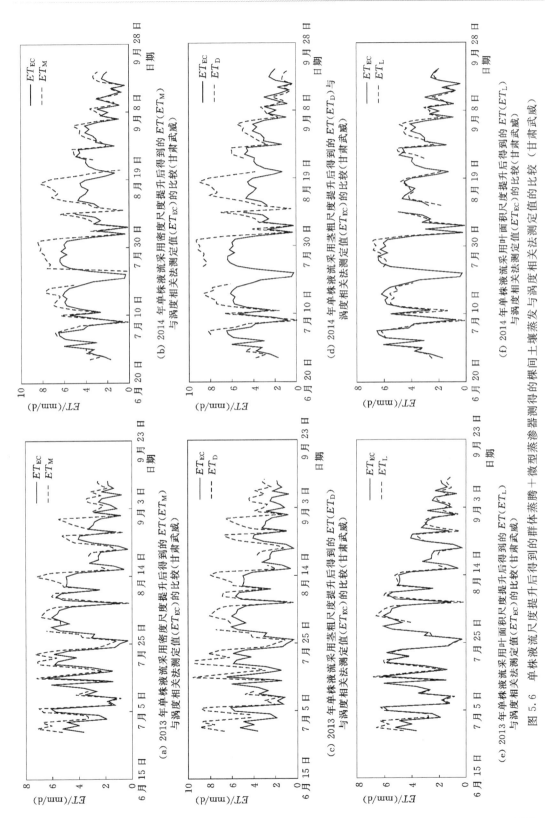

(a) 2013 年单株液流采用密度尺度提升得到的 ET(ET_M) 与涡度相关法测定值(ET_{EC})的比较（甘肃武威）

(b) 2014 年单株液流采用密度尺度提升后得到 ET(ET_M) 与涡度相关法测定值(ET_{EC})的比较（甘肃武威）

(c) 2013 年单株液流采用茎粗尺度提升得到的 ET(ET_D) 与涡度相关法测定值(ET_{EC})的比较（甘肃武威）

(d) 2014 年单株液流采用茎粗尺度提升后得到的 ET(ET_D)与涡度相关法测定值(ET_{EC})的比较（甘肃武威）

(e) 2013 年单株液流采用叶面积尺度提升后得到的 ET(ET_L) 与涡度相关法测定值(ET_{EC})的比较（甘肃武威）

(f) 2014 年单株液流采用叶面积尺度提升后得到的 ET(ET_L)与涡度相关法测定值(ET_{EC})的比较（甘肃武威）

图 5.6　单株液流尺度提升后得到的群体蒸腾＋微型蒸渗器测得的棵间土壤蒸发与涡度相关法测定值的比较（甘肃武威）

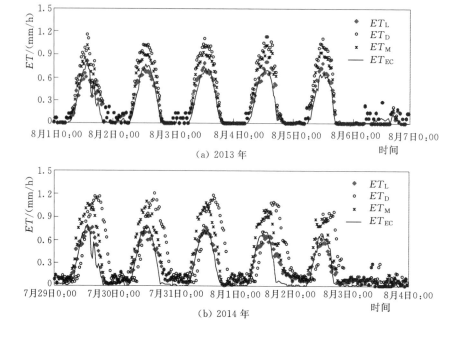

图 5.7　单株液流尺度提升后的群体蒸腾＋微型蒸渗器棵间土壤蒸发实测的小时 ET 与
涡度相关法测定值的对比（甘肃武威）

（ET_M、ET_D、ET_L 和 ET_{EC} 分别为采用密度、茎粗和叶面积尺度提升后
的 ET 及涡度相关法测定值）

5.2　作物需水量与耗水量空间插值方法与检验

　　通过模型估算或实测的作物需水量与耗水量都是点上的值。研究区面积较大时，地形和土地利用的空间变异性与非均匀性均会影响需水量与耗水量，需要进行空间尺度转换，获得其空间分布规律，为区域水资源管理和灌溉水调度提供依据。作物需水量与耗水量的空间插值方法可以分为几何方法、统计方法、空间统计方法、函数方法、随机模拟方法、物理模型模拟方法和综合方法等[6]。目前众多学者基于 GIS 应用不同的插值方法研究区域需水量与耗水量的空间分布，归纳起来主要有两大类：一是基于 DEM，用 Kriging 方法或与海拔高度、经度、纬度、坡度、坡向之间的回归关系插值温度、太阳辐射、空气水汽压与风速等气象要素，然后使用 Penman - Monteith 公式等估算参考作物需水量 ET_0，配合作物系数与土壤水分修正系数，获得作物需水量与耗水量的空间分布；二是应用 Kriging、IDW 与回归方法等直接插值 ET_0 或作物需水量与耗水量。对于众多的空间插值方法，没有绝对最优的空间插值方法，一般情况下应根据研究区域的具体条件选定。

5.2.1　Spline 样条曲线插值法

　　Spline 插值法广泛用于气象要素以及作物需水量和耗水量空间分布变化的分析[7-9]。Spline 通过两样本点间的曲线变形达到最佳拟合的插值效果。该法的优点是相对比较稳健，对其潜在统计模型依赖性不强；缺点是不能提供误差估计，并且要求研究区域是规则的[10]。

5.2.2　反距离加权（IDW）插值法

反距离加权插值法首先是由气象学家和地质工作者提出的。它的基本原理是假设平面上分布一系列离散点，已知其位置坐标 (x_i, y_i) 和属性值 $Z_i(i=1,2,\cdots,n)$，$P(x,y)$ 为任一格网点，根据周围离散点的属性值，通过距离加权插值求 P 点属性值[11]。距离加权插值法综合了泰森多边形的邻近点法和多元回归法的渐变方法的长处，它假设 P 点的属性值是在局部邻域内所有数据点的距离加权平均值，可以进行比较精确平滑地插值[12]。周围点与 P 点因分布位置的差异，对 $P(Z)$ 影响不同，这种影响被称为权函数 $w_i(x,y)=1/[d_i(x,y)]^u$，幂指数 u 的选择影响不同距离数据的作用以及表面的平滑性。对于一个较大的幂指数，较近的数据点被给定一个较高的权重份额，距离较远的点在插值上起的作用小，可能产生非常尖锐的插值图；对于一个较小的幂指数，权重比较均匀地分配给各数据点，可提高插值的平滑性。计算一个格网结点时，给予一个特定数据点的权值，与指定幂指数的结点到观测点的距离倒数成比例，配给的权重是一个分数，所有权重的总和等于1。当一个观测点与一个格网结点重合时，该观测点被给予一个实际为 1 的权重，所有其他观测点被给予一个几乎为 0 的权重。换言之，该结点被赋给与观测点一致的值，这就是一个准确插值[13]。权函数主要与距离有关，有时也与方向有关，若在 P 点周围四个方向上均匀取点，便可不考虑方向因素，P 点的属性值可表示为

$$P(Z) = \sum_{i=1}^{n} \frac{Z_i}{[d_i(x,y)]^u} \Bigg/ \sum_{i=1}^{n} \frac{1}{[d_i(x,y)]^u} \tag{5.9}$$

式中：$d_i(x,y)$ 为由离散点 (x_i,y_i) 至 $P(x,y)$ 点的距离，$d_i(x,y)=[(x-x_i)^2+(y-y_i)^2]^{0.5}$；$P(Z)$ 为待求点值，权函数 $w_i(x,y)=1/[d_i(x,y)]^u$；u 为幂指数，可通过交叉验证方法使得均方根预测误差最小来获得。

在使用反距离加权插值法时，当增加、删除或改变一个点时，需要重新计算权函数 $w_i(x,y)$，为了克服反距离加权插值法的这一缺陷，在以下两个方面进行了改进[12]：

（1）通过修改反距离加权插值法的权函数 $w_i(x,y)=1/[d_i(x,y)]^u$，使其只能在局部范围内起作用，以改变反距离加权插值法的全局插值性质，即它利用了局部最小二乘方法来消除或减少所生成等值线的"鸭蛋"外观。

（2）增加圆滑参数以便修匀已被插值的格网来降低"牛眼"影响，增加圆滑参数的值可增强圆滑的效果。

反距离加权插值法是 GIS 软件根据点数生成规则格网数据文件的最常见的方法，具有算法简单、易于实现的特点。该方法的不足是没有考虑数据样本在空间的分布，往往会因为采样点的分布不均而使得估值结果产生偏差，另外，由于插值结果肯定介于估值区域的实测最大值和最小值之间，等值线只根据实测数据内插，当实测数据漏测区域为最大值、最小值时，该法也会漏估其最大值、最小值[14]，这时用这种插值结果绘出的等值线，平滑美观，但与实际有出入。当区域内试验站网密度较大，控制较好时用此法估值可取得较好的效果，可以把它当作精确估值，否则只能作平滑估值用。

5.2.3　地统计学方法

地统计学的核心是半方差函数（Semivariogram）和克里格（Kriging）插值。与经典的插值方法不同，地统计学最大限度地利用了空间取样所提供的各种信息。在估计未知样

点数值时，它不仅考虑了待估样点与邻近已知样点的空间位置，而且还考虑了各邻近样点彼此之间的位置关系。除了上述的几何因素外，还利用了已有观测值空间分布的结构特征，使这种估计比其他传统的估计方法更精确，更符合实际，并且避免系统误差的出现，给出估计误差和精度。常用于研究有一定随机性和有一定结构性的各种变量的空间分布规律。近年来，地统计学不仅被广泛用于土壤、水土保持等研究中，为研究土壤水、盐以及泥沙的空间迁移、扩散和分布关系等提供了强有力的工具[15]，而且在作物需水量的估值和空间结构分析方面也得到了初步应用。

5.2.3.1 半方差函数与区域化变量的空间分布

所谓区域化变量就是一种数值空间函数，它在空间的每一个点 x_i 都取一个值 Z。作物需水量由于在空间的变化不规则因此可以看成是一个区域化变量。区域化随机变量与普通随机变量有很大的不同：普通随机变量的取值按某种概率分布而变化，而区域化随机变量则根据其在一个区域内的位置取不同的值。

半方差函数是地统计学分析中的关键概念，它可用于研究区域化随机变量的差异和内在联系：通过测定区域化变量分隔等距离的样点间的差异来研究（区域化）变量的空间相关性和空间结构。空间相关分析是用来检验空间变量的取值是否与相邻空间上该变量的取值大小相关[16]。进行空间相关分析的变量必须满足正态分布，并由随机抽样而获得。其基本定义为在以距离 h 相隔的两点 x 和 $x+h$ 处的两个区域化变量值 $Z(x)$ 和 $Z(x+h)$ 之间的变异可以用其增量 $[Z(x)-Z(x+h)]$ 平方的数学期望（即区域化变量增量的方差）来表示：

$$\gamma(h) = \frac{1}{2} E[Z(x) - Z(x+h)]^2 \tag{5.10}$$

式中：$\gamma(h)$ 为半方差函数；h 为滞后距离；E 为数学期望；$Z(x)$ 为在位置 x 处的变量值；$Z(x+h)$ 为在与位置 x 偏离 h 处的变量值。

随着滞后距离的变化，可计算出一系列的半方差函数值。以 h 为横坐标，$\gamma(h)$ 为纵坐标作图，便得到半方差函数曲线图。从计算公式可见，半方差函数实际上是一个协方差函数，是同一个变量在一定相隔距离上差值平方的期望值。差值越小，说明在此距离段上该变量值的相关性越好，差值越大，则在此距离段上该变量值的相关性越差。

上述是较为严格的数学定义，适用于空间上连续分布的变量。但在实际工作中，采样点常常是离散的，对于观测的数据系列 $Z_i(i=1,2,3,\cdots,n)$ 样本半方差函数值的计算如下：

$$\gamma(h) = \frac{1}{2N_h} \sum_{i=1}^{N_h} [Z(x_i) - Z(x_i + h)]^2 \tag{5.11}$$

式中：$\gamma(h)$ 为半方差函数；h 为滞后距离，数学上已经证明，变异函数只有在分离距离为最大距离的 $1/2$ 之内才有意义；N_h 为在 $(x_i, x_i + h)$ 之间用来计算样本的变异函数值的样本的对数；$Z(x_i)$ 为处于点 x_i 处变量的实测值；$Z(x_i + h)$ 为与点 x_i 偏离 h 处变量的实测值。此半方差函数被称为实验半方差函数。

根据实验半方差函数就可以作出半方差曲线。当存在空间自相关时，随着距离 h 的增大，半方差函数值 $\gamma(h)$ 也增大，当 h 超过某一称为"变程"（range）a 的距离后，$\gamma(h)$ 往往不再增大，并稳定在一个极限值附近，该值 $\gamma(\infty)$ 称为"基台值"（Sill）。在此范围内，两个点 $Z(x_i+h)$ 和 $Z(x_i)$ 间存在某种程度的相关关系，而 $h>a$ 时，它们就不再相关，因此，变程 a 可以看作区域化变量的影响范围。半方差函数曲线在 y 轴上的截距称为块金系数（Nugget）。

当被研究对象在不同的方向上呈现出不同性质时就称为各向异性。通过对各个方向 a 上的 $\gamma(h)$ 的研究，就可以确定是否有异向性存在。异向性一般通过线性变换使之转换为各向同性，并可以综合成一个各向异性模型。如果被研究对象在各个方向上没有显著差异，可以不考虑其方向性，而在全方向上计算半方差函数，研究其性质。半方差函数的形状反映了空间分布的结构或空间相关类型，同时还能给出这种空间相关的范围。实验半方差函数的形状有很大变化，如果不存在相关性，半方差函数会立即达到最大值，表明该现象是完全随机的。半方差函数如果是水平直线，则表现为"纯块金"效应，这是由微型结构所致，并且常常附加有其他结构的变异。半方差函数要么显示"块金效应"，要么显示一定范围的空间相关结构，当在半方差函数中有识别不出的相关结构时，那么其中就存在纯的"块金"。

5.2.3.2　克里格估值

克里格方法是以空间自相关为基础，利用原始数据和半方差函数的结构性，对区域化变量进行无偏估值的插值方法。鉴于作物需水量具有随机性的不规则特征，所以将依空间位置 x 而变化的作物需水量 $Z(x)$，解释为随机变量 $Z(x)$ 的一次具体现实。设位于 x_0 处的作物需水量估计值为 Z_0^*，它是周围若干站点实测需水量 $Z(x_i)(i=1,2,\cdots,n)$ 的线性组合，即

$$Z_0^* = \sum_{i=1}^{n} \lambda_i Z(x_i) \tag{5.12}$$

式中：λ_i 为权重系数。

只要 $\sum_{i=1}^{n} \lambda_i = 1$，就能满足无偏条件，估值问题就转化为在约束条件下求极值问题[17,18]。

目标函数：$\qquad\qquad \min(\sigma_k^2)=\min\{E[(Z_0-Z_0^*)^2]\}$

$$\sum_{i=1}^{n} \lambda_i = 1 \tag{5.13}$$

约束条件：

式中：σ_k^2 为估计方差。

根据空间变异分析理论，可将估计方差 σ_k^2 写成半变异函数 $\gamma(h)$ 的函数：

$$\sigma_k^2 = 2\sum_{i=1}^{n} \lambda_i \gamma(x_i - x_0) - \sum_{i=1}^{n}\sum_{j=1}^{n} \lambda_i \lambda_j \gamma(x_i - x_j) \tag{5.14}$$

式中：$\gamma(x_i - x_0)$、$\gamma(x_i - x_j)$ 分别为 x_i 与 x_0、x_i 与 x_j 之间的半变异函数值。

为了求估计方差的极小值，引入拉格朗日函数 S：

$$S = 2\sum_{i=1}^{n} \lambda_i \gamma(x_i - x_0) - \sum_{i=1}^{n}\sum_{j=1}^{n} \lambda_i \lambda_j \gamma(x_i - x_j) - 2u\left(\sum_{i=1}^{n} \lambda_i - 1\right) \tag{5.15}$$

要使估计方差最小，必须满足：

$$\frac{\partial S}{\partial \lambda_i}=0 \quad (i=1,2,\cdots n) \tag{5.16}$$

从式（5.16）可得如下的方程组：

$$\begin{cases} \sum_{i=1}^{n} \lambda_i \gamma(x_i - x_0) + u = \gamma(x_j - x_0) & (j = 1, 2, \cdots, n) \\ \sum_{i=1}^{n} \lambda_i = 1 \end{cases} \tag{5.17}$$

即

$$\begin{vmatrix} \gamma_{11} & \cdots & \gamma_{1n} & 1 \\ \vdots & \vdots & \vdots & \vdots \\ \gamma_{n1} & \cdots & \gamma_{m} & 1 \\ 1 & \cdots & 1 & 0 \end{vmatrix} \begin{vmatrix} \lambda_1 \\ \vdots \\ \lambda_n \\ u \end{vmatrix} = \begin{vmatrix} \gamma_{01} \\ \vdots \\ \gamma_{0n} \\ 1 \end{vmatrix}$$

式中：γ_{ij} 距离为 x_i 和 x_j 之间的变异函数值，$u = \gamma(x_i - x_j)$；u 为拉格朗日值。

解上述方程组即可得到所有的权重 λ_1，$\cdots$，λ_n 和拉格朗日值 u。利用计算所得到的权重拉格朗日值，不仅可通过式（5.12）求得估计 Z_0^*，还可利用式（5.18）计算克里格估计方差。

$$\sigma_k^2 = \sum_{i=1}^{n} \lambda_i (x_0 - x_i) + u \tag{5.18}$$

利用 ArcGIS 地统计分析模块进行地统计分析的基本步骤如图 5.8 所示[19]。

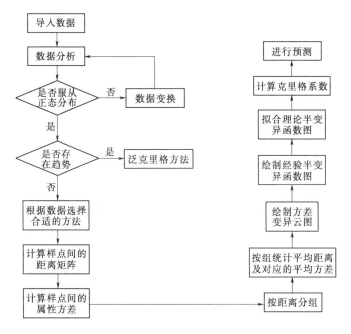

图 5.8 克里格插值方法的主要步骤

5.2.4 多项式插值

多项式插值是根据空间的采样数据用多项式（包括一阶、二阶、多阶）拟合一个数学曲面，该数学曲面采用最小二乘方法生成，可反映观测数据的空间分布变化情况。

多项式插值可分为全局多项式插值和局部多项式插值两大类型。

全局多项式插值又称为趋势面分析。趋势面分析是对具有空间特征的观测数据进行空间分析的一种方法，它是用某种形式的函数所代表的曲面来逼近观测数据的空间分布。这个函数从总体上反映了观测数据的区域性变化趋势，称为趋势面部分；观测数据的实测值与这个函数对应值之差，称为偏差部分，它反映了局部性的变化。也就是说，把观测数据的实测值分解成两部分，趋势面部分和偏差部分，趋势面部分用一个函数表示，它反映观测数据的总体变化，可以认为是由大范围的系统性因素引起的；偏差部分反映了局部性的变化特点，可以认为由局部因素和随机因素引起的。

趋势面分析要考虑两个方面的问题：一是趋势面函数（数学表达式）的确定；二是拟合精度的确定。多项式能够逼近任意连续函数，用多项式作趋势面能较好地反映连续变化的分布趋势，一般说多项式次数越高，则趋势面与实测数据偏差越小，但是次数较高的趋势面只在观测点附近效果较好，外推和内插的效果并不理想。在实际应用中，对起伏变化比较缓和的简单观测数据配合次数较低的趋势面，就可以反映出区域背景；而变化复杂且起伏较多的采样数据要配合次数较高的趋势面。通常趋势面分析用于分析趋势和异常而不追求高的拟合精度，一般达到 $60\%\sim80\%$，阶数为 $1\sim4$ 即可，拟合精度按 R^2 系数和 F 值检验。另外在趋势面拟合中，空间位置以平面坐标为佳，即将经纬度坐标转换为以米为单位的平面大地坐标。

对于区域化变量，其空间分布一般比较复杂，用一个低次多项式来拟合整个研究区域是不切实际的，而若用高次多项式来模拟又会出现函数的不稳定性。如果缩小区域的范围，当划分的范围越小，地形变化就越简单，也就越容易拟合。局域多项式插值是用多个多项式进行拟合，每个多项式都只在特定重叠的邻近区域内有效，通过设定搜索半径和方向来定义邻近区域。

从空间自相关性的概念可知，空间上越靠近，属性就越相似，相关性也越高。那么，两个样点间在多远的距离内具备相关性可以不考虑，或者其相关性将消失呢？可以根据经验或专业背景找出这么一个阈值，作为邻近区域的半径。如果其自相关性在不同的方向上消失的距离值也不同的话，还需要设置一个方向值以及长短两个半径值，此时的邻近区域将呈椭圆。通过半径和方向可以定义出一个以待估点为中心的区域（圆或者椭圆），此外，还可以通过限制参与某待估点值进行预测的样点数来定义邻近区域，即参与某点预测的最多样点数和最少样点数。在由半径和方向决定的区域内包含到的样点数为 0 时，则扩大搜索区域使其达到最小样点数值。

局部多项式插值方法由于仅仅用邻近的已测点来估计未知点的值，拟合的数据表面着重反映数据大比例尺的分布状况，体现的是数据的局部特征。整体插值方法通常不直接用于空间插值，而是用来检测不同于总趋势的最大偏离部分，在去除了宏观趋势特征后，可用剩余残差来进行局部插值。由于整体插值方法将短尺度的、局部的变化看作随机的和非结构的噪声，从而丢失了这一部分信息，局部插值方法恰好能弥补整体插值方法的缺陷，可用于局部异常值，而且不受插值表面上其他点的内插值影响。

局部多项式插值并不是阶数越高越好，邻域方向及半径决定了插值效果。即使采用同一阶数的多项式，邻域方向及半径的不同（决定了参与估算的已知点的数目和形状）会导致估算结果的不同。

5.2.5　径向基函数插值法

径向基函数是一系列精确插值法的统称。基函数是由单个变量的函数构成的，单个变量是指待估点到样点间的距离 H，其中每一插值法都是距离 r 的基函数。从概念上来说，径向基函数插值法就像将一个软膜插入并经过各个已知测点，同时又使表面的总曲率最小，也就是说其基于曲度插值[19]，其基本形式为

$$F(P) = \sum_{j=1}^{n} a_j \phi(\parallel p - p_j \parallel) + \alpha_{n+1} \tag{5.19}$$

式中：p_j 为已知的点（$j=1,2,\cdots,n$）；a_j 为待定系数（权重）（$j=1,2,\cdots,n$）；ϕ 为径向基函数；$\parallel \cdot \parallel$ 为欧氏范数。

当 $F(P)$ 满足插值条件 $F(P_i) = f_i (i=1,2,\cdots,n)$ 时，可得到如下的线性代数方程组：

$$\sum_{j=1}^{n} a_j \phi(\parallel p_i - p_j \parallel) + \alpha_{n+1} = f_i \quad (i=1,2,\cdots,n) \tag{5.20}$$

用矩阵表示为

$$\begin{pmatrix} \phi & 1 \\ 1 & 0 \end{pmatrix} \begin{pmatrix} \alpha \\ \alpha_{n+1} \end{pmatrix} = \begin{pmatrix} f \\ 0 \end{pmatrix} \tag{5.21}$$

式中：ϕ 为 $i \times j$ 的矩阵；1 为单位列向量；α 为待求权重系数；f 为包含已知数据点的列向量；α_{n+1} 为偏差参数。

径向基函数有如下几种常用的选择：

薄板样条函数：$\phi(r) = c^2 r^2 \ln(cr)$；张力样条函数：$\phi(r) = \ln(cr/2) + l_0(cr) + \gamma$，其中 l_0 为贝塞尔函数，$\gamma = 0.5771$。规则样条函数：$\phi(r) = \ln(cr/2)^2 + E_1(cr)^2 + \gamma$，其中 E_1 为指数积分函数 $E_1(x) = \int_1^{\infty} \frac{e^{-tx}}{t} dt$，$\gamma = 0.5771$；（反）二次曲面函数：$\phi(r) = (r^2 + c^2)^{\beta}$，$\phi(r) = (r^2 + c^2)^{-\beta}$。

上述的每一函数式中都带有一个平滑因子 c，以使得生成的曲面不至于太粗糙。不同的径向基函数方法计算模型不同，插值表面也不同。在实际应用中，许多人都发现二次曲面的效果最佳。通常俗称的样条插值法就是径向基函数插值法的一种。此后在实际应用中又发展出了多种样条插值法，包括 GRASS 软件的 RST（Regulation Spline with Tension），ANUSPLIN 样条插值软件自带的多种样条插值法，通过方法的改进，大大提升了样条插值的精度。

另外，径向基函数是一种比较严格的插值方法，也就是说拟合的数据表面必须通过已知点，径向基函数比同为精确插值法 IDW 的优点在于，它可以计算出高于或低于样点 Z 值的预测值。

5.2.6 ANUSPLIN 插值法

ANUSPLIN 是 Hutchinson 在澳大利亚国立大学（Australian National University）开发的基于 TPS 和 PTPS 算法的气象数据插值软件[20]，用来计算并最优化薄盘光滑样条曲面以适合空间分布的气象数据。该软件考虑了气象要素与经度、纬度和海拔高度的相关关系，其计算效率较高且操作简便[21]。该方法已经广泛用于不同区域、不同时间尺度气象要素的空间插值，并显现出其优越性，包括季平均降水量、陆地与海面月平均降水量[22,23]、日降水量[24,25]、年平均水汽压和月平均水汽压[26]、月平均气温[27,28]、日平均气温[29,30]及日太阳辐射和蒸发量[24]等。

TPS 是样条插值法中的特例，由 Wahba 和 Wendelberger[31] 最先提出，其模型为

$$\begin{cases} z^*(s_i) = f(s_i) + \varepsilon(s_i) \\ f(s_i) = \sum_{j=1}^{m} v_j\varphi_j(s_i) + \sum_{i=1}^{N} w_i\phi(r_i) \\ \phi(r_i) = r_i^2\log(r_i) \end{cases} \quad (5.22)$$

式中：$f(s_i)$ 为未知的光滑函数；$\varepsilon(s_i)$ 为随机误差函数，其期望值为零，方差为 $e_i\sigma^2$；$\sum_{i=1}^{m} v_j\varphi_j(s_i)$ 为 m 项的低次幂多项式；$\sum_{i=1}^{N} w_i\phi(r_i)$ 为数据"接近度"或"保真度"；$\phi(r_i)$ 为一个基础函数，其中，$r_i = \|s_i - s_0\|$ 为预测站点 s_0 与已知站点 s_i 的欧氏距离。函数 $f(s_i)$ 通过将式（5.23）最小化来确定：

$$\sum_{i=1}^{N} \{[z^*(s_i) - f(s_i)]/e_i\}^2 + \rho J_m(f) \quad (5.23)$$

式中：$J_m(f)$ 为函数 f 的粗糙度测度函数，定义为函数 f 的 m 阶偏导；ρ 为正的光滑参数，ρ 和 m 在数据保真度与曲面的粗糙度之间起平衡作用，由广义交叉验证 GCV（generalized cross validation）的最小化来确定[32]。

TPS 的关键在于如何优化光滑参数，表面和趋势预测的准确性取决于光滑度。其优势在于插值速度快，且可以利用较少的协变量得到较为精确的预测值，在如何较好地适合数据点方面较为灵活。根据用户定义的光滑参数值，薄板样条函数可以从正确内插数据表面到越来越光滑的方程间变化，在某些情况下变成一个薄板[33]。

Wahba[34] 通过引入线性协变量子模型，从理论上对 TPS 进行了扩展，建立了局部薄板光滑样条法（partial thin plate smoothing spline，PTPS）：

$$z^*(s_i) = g(s_i) + \sum_{l=0}^{k} \beta_l q^k(s_i) + \varepsilon(s_i) \quad (i=1,2,\cdots,n) \quad (5.24)$$

式中：$z^*(s_i) = g(s_i) + \sum_{l=0}^{k} \beta_l q^k(s_i)$ 为需要估计的方程；$g(s_i)$ 为未知的光滑函数；$\sum_{l=0}^{k} \beta_l q^k(s_i)$ 为独立协变量函数；β_l 为未知参数（$l=1,2,\cdots,k$），当协变量的系数 $\beta_l=0(l=1, 2,\cdots,k)$ 时，模型简化为薄盘光滑样条原型；当缺少第一项独立自变量时（ANUSPLIN 中不允许这种情况出现），模型变为简单的多元线性回归。事实上薄盘样条函数可以理解为广义的标准多变量线性回归模型，只不过其参数是用一个合适的非参数化光滑函数代替。函数 f 和参数 $\beta_l(l=1,2,\cdots,k)$ 的确定方法同式（5.23）。

PTPS 方法通过最小化 GCV 求得参数值，直接使结果满足了预测的准确性，而不完全依赖于统计模型的合理性。GCV 计算采用"One point move"的方法，依次移去一个样点，用剩余样点在一定的光滑参数下进行曲面拟合得到该点的估计值，再计算观测值和估计值的方差。也可以用最大似然法 GML（generalized max likehood）或期望真实平方误差 ETSE（expected true square error）最小化确定。

ANUSPLIN 可以输出判别误差来源和插值质量的统计参数，包括观测数据的统计值（如均值、方差、标准差等）、拟合曲面的参数有效数量估计（Signal，信号自由度）、剩余自由度（Error）、光滑参数 RHO、广义交叉验证、期望真实均方误差、最大似然法误差、均方残差（mean square residual，MSR）、误差方差估计（data error variance estimate，VAR）及其平方根（RTGCV，RTMSR，RTVAR）。统计结果还给出了具有最大均方残差（RTMSR）的数据点序列，可用来进行数据质量控制，以检验并消除原始数据在位置和数值上的错误。

Signal 指示了拟合曲面的复杂程度，RHO 平衡了拟合曲面的精确度与平滑度。当RHO 过小和 Signal 的值等于观测站点的数量，或者 RHO 过大和 Signal 过小都预示着拟合过程找不到最优光滑参数，这两种情况在 ANUSPLIN 的日志文件中均以"＊"符号标出。Hutchinson 建议 Signal 值不应大于观测站点数目的一半，否则说明数据点可能过于稀疏、数据误差存在正相关或拟合函数过于复杂。

在基于薄盘光滑样条法的 ANUSPLIN 软件中，采用以下三种插值模型对各气象要素进行曲面拟合，各模型的样条次数取值为 2、3、4：

（1）以经纬度作为独立变量的双变量薄盘样条插值（BVTPS）。

（2）三变量局部薄盘样条插值（TVPTPS），包含 BVTPS 和以高程为线性协变量子模型。

（3）三变量薄盘样条插值（TVTPS），以经度、纬度、高程为独立变量，高程单位分别为 km、m 和 m/10。

基于广义交叉验证 GCV，比较筛选统计误差最小，信噪比（信号自由度与剩余自由度之比）最小，且信号自由度小于总站点数的 1/2 的模型为气象要素的最佳模型。

5.2.7　不同插值法的交叉验证方法

同一源数据采用不同的空间化处理方法可能得到不同的结果，即使采用同一种方法，使用的相关参数不同，估值结果也有差别。在确定用哪种方法进行空间化处理之前，通常对源数据采用不同的方法和不同的参数进行空间化处理，然后再对不同的模型统计参数进行比较，从中选择较好的估值方法，通常采用交叉验证与一般检验两种方法来评判。

交叉验证将所有数据都用于趋势分析和空间化估算模型的确定，然后从源数据中依次删除一个采样点，用剩下的数据再对该点进行预测，最后比较所有已知站点的实测值和相应的预测值。

一般检验是先从源数据中删除一部分数据作为检验数据，剩下数据作为训练数据用于进行数据预测，接下来和交叉验证方法类似，将预测值和已测值相比较。最后通过计算误差的统计量来判断空间化处理方法及其参数的可取性。常采用下面指标来评估不同空间化处理方法的优劣。

预测误差的均值（mean predicted error，MPE）；预测误差的均方根（root mean square error，RMSE）；克里格标准误差的均值（average kriging standard error，AKSE）；标准化误差的均值（mean standardized error，MSE）；标准化误差的均方根（root mean square standardized error，RMSSE）。其中前两个指标对上述所有方法均适用。后三个指标多用于地统计学。

$$MPE = \frac{1}{n} \sum_{i=1}^{n} \left[z'(s_i) - z(s_i) \right] \qquad (5.25)$$

$$RMSE = \sqrt{\frac{1}{n} \sum_{i=1}^{n} \left[z'(s_i) - z(s_i) \right]^2} \qquad (5.26)$$

$$AKSE = \sqrt{\frac{1}{n} \sum_{i=1}^{n} \sigma'^2(s_i)} \qquad (5.27)$$

$$MSE = \frac{1}{n}\sum_{i=1}^{n}\frac{z'(s_i) - z(s_i)}{\sigma'(s_i)} \tag{5.28}$$

$$RMSSE = \sqrt{\frac{1}{n}\sum_{i=1}^{n}\frac{z'(s_i) - z(s_i)^2}{\sigma'(s_i)}} \tag{5.29}$$

式中：$z'(s_i)$ 为交叉验证预测值；$z(s_i)$ 为实测值；$\sigma'(s_i)$ 为预测的标准误差。

MPE 和 MSE 用来检验模型的偏差，当模型无偏差时，MPE 和 MSE 应当为 0，$RMSE$ 是指预测值与实测值的距离平方的平均值的平方根。预测值与实测值的距离越短，预测值与真值就越靠近，预测误差的均方根就小，该统计量将被用来比较不同模型预测值与真值的接近程度。因此这个值越小越好。$AKSE$ 可以评估预测值的不确定性，$AKSE$ 与 $RMSE$ 越接近，说明正确地估算了预测过程中的变异度，说明这个模型是有效的。如果 $AKSE$ 大于 $RMSE$ 说明过高地估算了预测过程中的变异度。如果 $AKSE$ 小于 $RMSE$ 说明过低地估算了预测过程中的变异度。一般来说，模型越好，预测误差均值越靠近 0（评价模型的无偏性），$RMSE$ 越小（评价模型的最佳性），$AKSE$ 越接近于 $RMSE$，$RMSSE$ 越接近于 1（评价模型的有效性）。

5.3　ANUSPLIN 方法在参考作物需水量空间插值中的应用

采用"先插值后计算"的步骤，以甘肃石羊河流域为例，首先利用 ANUSPLIN 插值得到 1959—2008 年 50 年月平均气象要素，包括平均气温（℃）、最高气温（℃）、最低气温（℃）、实际水汽压（kPa）、2m 高风速（m/s）、太阳辐射［MJ/(m² · d)］和降水量（mm）等；然后按照 1998 年 FAO - 56 分册中的方法获得流域多年日平均 ET_0 分布图；最后将计算得到的日平均 ET_0 乘以各月天数获得月 ET_0 分布图，年总 ET_0 由各月 ET_0 求和得到。

图 5.9 为插值表面提取的 ET_0 与由气象站点数据计算得到的 ET_0 的相关性比较，二者的斜率为 1.014，相关系数为 0.998。说明气象要素的插值模型较好地平衡了插值点数据的真实性和插值曲面的光滑度。对于气象站点稀疏、地形起伏较大的西北干旱区，考虑地形、地理要素等辅助信息的气象要素的空间插值模型可以提高气象要素的空间插值精度；从而通过"先插值后计算"的研究步骤可以有效地模拟空间分布的 ET_0。

图 5.10 为利用 FAO - 56 Penman - Monteith 公式和插值得到的气象要素空间数据计算的石羊河流域多年月平均 ET_0 的空间分布图。图 5.11 为流域多年月平均 ET_0 年内变化规律。图 5.12 为流域内 4 个站点的多年月平均 ET_0 的变化曲线。

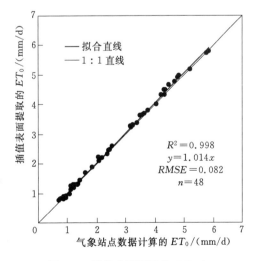

图 5.9　插值表面提取的 ET_0 与用气象站点数据计算的 ET_0 比较

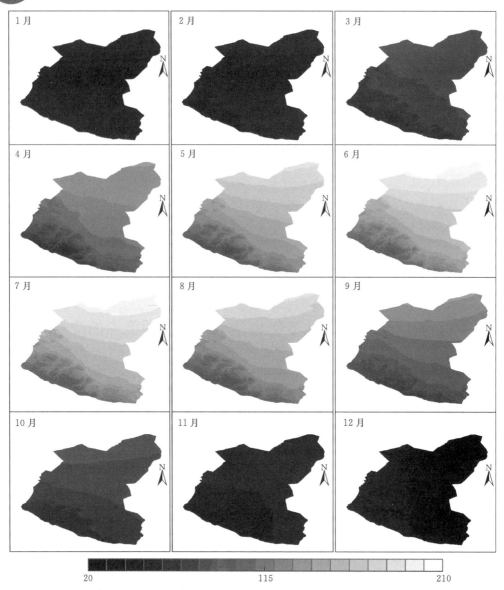

图 5.10　采用 ANUSPLIN 方法获得的甘肃石羊河流域多年月平均 ET_0 空间分布图

（单位：mm/month）

　　多年月平均 ET_0 的年内变化规律呈现 "单峰状"，ET_0 值在气温较低的 12 月到次年 2 月较小，在气温较高的 5—8 月较大，其峰值出现在 7 月。与倪广恒等[35]对全国范围 210 个气象站点的研究结果一致。由流域内 4 个站点的多年月平均 ET_0 的变化曲线可以看出，从 2—11 月，ET_0 均表现为由乌鞘岭站点（上游）至民勤站点（下游）逐渐增大的变化趋势。

　　图 5.13 为研究区春小麦和春玉米生育期的 ET_0 分布图，春玉米生长季的 ET_0 高于春小麦生长季。图 5.14 为研究区多年平均 ET_0 的分布图，与 5—8 月月平均 ET_0 的空间分布相似，分析可知，5—8 月月平均 ET_0 占全年 ET_0 总量的 56%，因而决定了全年的分布特征，这与佟玲等[36]的分析结果一致。

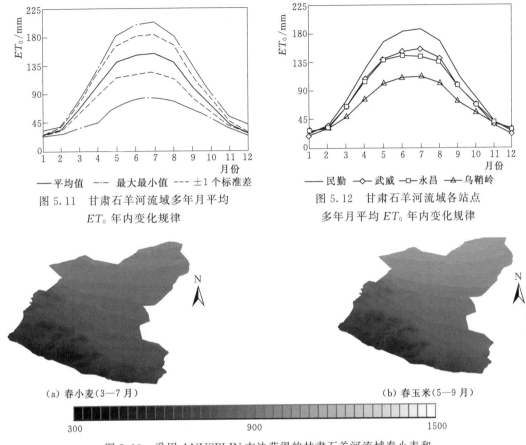

图 5.11　甘肃石羊河流域多年月平均　　　图 5.12　甘肃石羊河流域各站点
ET_0 年内变化规律　　　　　　　　　多年月平均 ET_0 年内变化规律

图 5.13　采用 ANUSPLIN 方法获得的甘肃石羊河流域春小麦和
春玉米生育期 ET_0 空间分布图（单位：mm/season）

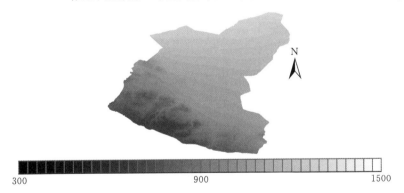

图 5.14　采用 ANUSPLIN 方法获得的甘肃石羊河流域
多年平均 ET_0 空间分布图（单位：mm/a）

5.4　基于 DEM 与 GIS 的 ET 点面尺度转换函数与应用

以甘肃石羊河流域为例，其数字高程模型（DEM）及试验站、气象站分布如图 5.15 所示。IDW 与 Ordinary Kriging 插值方法适合于地形起伏变化不大、样本点较多且均匀分布的下垫面，借助 ArcGIS 9.0 软件空间分析功能均可实现，但研究区范围较大、地形复杂，且站点稀少分布不均，插值结果不理想，需考虑海拔高度、坡度、坡向及经度、纬度变化对作物耗水量的影响。以石羊河流域春小麦为例，对多种因素组合的点面转换函数比较（表 5.5），选择 $RMSE$ 最小的作为最优转换函数。

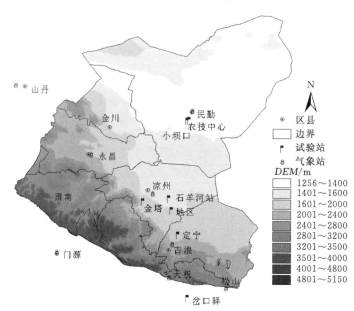

图 5.15　甘肃石羊河流域数字高程模型（DEM）及试验站、气象站分布

表 5.5　　采用 10 个转换函数插值甘肃石羊河流域多年平均春小麦 ET_c 结果比较

转　换　函　数		金塔	石羊河站	小坝口	定宁	岔口驿	永昌	山丹	门源	$RMSE$ /mm
$f(H,V,A^*,W,S)$	$ET_{c插值}$/mm	535.9	567.9	590.0	545.9	429.2	476.7	532.1	406.1	56.2
	误差/mm	−44.0	56.0	7.6	−31.3	1.1	−1.6	−2.1	14.4	
	相对误差/%	−8.9	9.0	1.3	−6.1	0.3	−0.3	−0.4	3.4	
$f(H,V,W,S)$	$ET_{c插值}$/mm	545.3	570.6	581.9	531.4	431.6	503.5	521.3	398.2	50.3
	误差/mm	−53.4	53.3	15.7	−16.8	−1.3	−28.3	8.7	22.3	
	相对误差/%	−10.9	8.5	2.6	−3.3	−0.3	−6.0	1.6	5.3	
$f(H,V,W,A^*)$	$ET_{c插值}$/mm	544.3	569.8	587.9	537.5	423.3	493.8	519.8	407.3	48.2
	误差/mm	−52.4	54.0	9.6	−22.9	7.0	−18.7	10.1	13.2	
	相对误差/%	−10.7	8.7	1.6	−4.5	1.6	−3.9	1.9	3.1	
$f(H,V,A^*,S)$	$ET_{c插值}$/mm	537.3	569.9	585.5	545.7	429.0	477.3	534.4	404.8	46.0
	误差/mm	−45.4	54.0	12.1	−31.1	1.3	−2.2	−4.5	15.7	
	相对误差/%	−9.2	8.7	2.0	−6.0	0.3	−0.5	−0.8	3.7	
$f(H,W,A^*,S)$	$ET_{c插值}$/mm	536.6	568.7	588.8	545.9	429.1	477.0	531.9	405.8	45.9
	误差/mm	−44.7	55.2	8.8	−31.3	1.2	−1.9	−2.0	14.7	
	相对误差/%	−9.1	8.8	1.5	−6.1	0.3	−0.4	−0.4	3.5	
$f(H,W,S)$	$ET_{c插值}$/mm	539.1	560.7	595.5	526.5	434.0	507.9	520.0	400.0	44.7
	误差/mm	−47.2	63.2	2.0	−11.9	−3.7	−32.8	9.9	20.5	
	相对误差/%	−9.6	10.1	0.3	−2.3	−0.9	−6.9	1.9	4.9	

续表

转换函数		金塔	石羊河站	小坝口	定宁	岔口驿	永昌	山丹	门源	RMSE/mm
$f(H,W,V)$	$ET_{c插值}$/mm	542.4	570.2	578.5	530.7	440.1	502.9	527.7	391.2	44.1
	误差/mm	−50.5	53.6	19.0	−16.2	−9.9	−27.8	2.2	29.4	
	相对误差/%	−10.3	8.6	3.2	−3.1	−2.3	−5.9	0.4	7.0	
$f(H,V,S)$	$ET_{c插值}$/mm	544.6	569.1	585.2	531.0	431.8	504.0	519.0	399.0	43.6
	误差/mm	−52.7	54.8	12.3	−16.5	−1.6	−28.8	10.9	21.5	
	相对误差/%	−10.7	8.8	2.1	−3.2	−0.4	−6.1	2.1	5.1	
$f(H,W,A^*)$	$ET_{c插值}$/mm	541.4	565.1	595.2	535.9	423.0	494.8	518.7	409.6	42.0
	误差/mm	−49.5	58.7	2.4	−21.3	7.3	−19.7	11.2	10.9	
	相对误差/%	−10.1	9.4	0.4	−4.1	1.7	−4.1	2.1	2.6	
$f(H,V,A^*)$	$ET_{c插值}$/mm	545.3	571.3	584.5	537.4	423.1	494.1	521.7	406.3	41.8
	误差/mm	−53.3	52.5	13.1	−22.8	7.1	−19.0	8.2	14.2	
	相对误差/%	−10.8	8.4	2.2	−4.4	1.7	−4.0	1.5	3.4	

注　H 为海拔高度，V 为纬度，W 为经度，S 为坡度，A^* 代表 $\cos(\pi A/180)$。误差为由转换函数插值法得到的 $ET_{c插值}$ 与各站点试验资料计算的 ET_c 值的差。

表 5.5 结果表明，转换函数为 $f(H,V,A^*)$ 的 $RMSE$ 值最小，为 41.8mm，因此选择与 DEM 中的海拔高度 H 及其派生出的坡向 A 及纬度 V 的转换函数进行春小麦 ET_c 点—面空间尺度转换，转换函数如下：

$$ET_c = aH + bV + c\cos(\pi A/180) + d \quad (5.30)$$

式中：a、b、c、d 为转换函数系数[37]。

在 ArcGIS 9.0 软件的 ArcToolbox 中，把 grid 格式的大地坐标下 DEM 文件转成点 shape 格式文件，在 ArcView 3.3 软件中对点 shape 格式文件进行编辑，在其属性表 attributes 里添加两个 field - x 与 field - y，

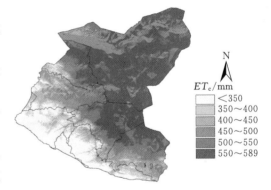

图 5.16　基于 DEM 转换函数的甘肃石羊河流域多年平均春小麦 ET_c 空间分布

采用计算器 calculate，使 x＝[shape] . getx，y＝[shape] . gety，即可提取出各栅格中心点的经度、纬度，输出 grid 格式的经度、纬度文件，再转成 ASCII 格式。根据地图投影转换公式[38]，在 Visual Basic 6.0 软件里编程得到地理坐标下各栅格中心点的经度、纬度，再把 DEM、坡向及纬度数据以 ASCII 格式文件输入 Visual Basic 6.0 软件里，用转换函数对春小麦 ET_c 在空间上进行内插，然后把计算结果仍以 ASCII 格式文件返回到 ArcView 3.3 软件中，得到基于 DEM 与 GIS 建立的石羊河流域多年平均春小麦 ET_c 的空间分布图（图 5.16）。

用石羊河站的实测春小麦 ET_c 值对各方法插值结果验证，Ordinary Kriging，IDW 与基于 DEM 结合 GIS 的转换函数法的相对误差分别为 16.76%，18.82% 和 13.76%。因此，基于 DEM 与 GIS 的转换函数法建立石羊河流域春小麦 ET_c 空间分布模型效果最好。

基于 2000 年石羊河流域 1：10 万土地利用分布图，借助 ArcView 3.3 软件分析功能，得到 2000 年流域耕地空间分布图（图 5.17），通过叠加分析从而得到石羊河流域耕地面

积上多年平均春小麦 ET_c 的空间分布图（图5.18）。石羊河流域耕地表面春小麦多年平均全生育期 ET_c 变化范围为 $270\sim589\text{mm}$。

根据近50年各站春小麦生育期降雨资料，选取25％、50％和75％三个典型水文年，获得各站不同典型年春小麦 ET_c，采用基于 DEM 与 GIS 的转换函数法获得25％、50％和75％三个典型水文年春小麦 ET_c 空间分布（图5.19）。甘肃石羊河流域春小麦 ET_c 空间分布趋势

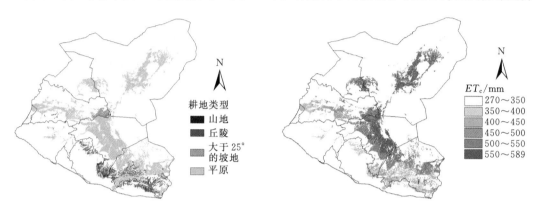

图5.17　2000年甘肃石羊河流域耕地空间分布　　　图5.18　基于 DEM 转换函数的甘肃石羊河流域耕地面积上多年平均春小麦 ET_c 的空间分布

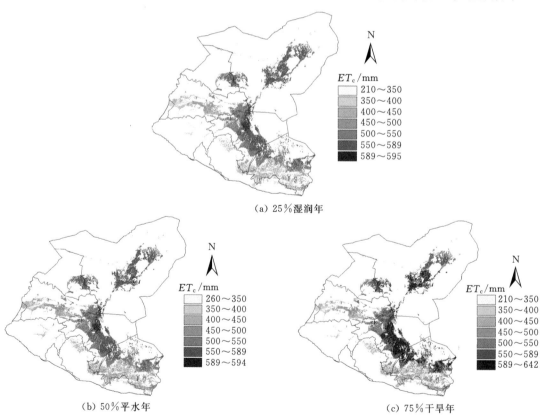

图5.19　三种典型年甘肃石羊河流域春小麦 ET_c 空间分布插值结果

大致为从西南至东北、由山区向绿洲平原递增，25%湿润年春小麦全生育期 ET_c 变化范围为210~595mm，50%平水年春小麦全生育期 ET_c 变化范围为260~594mm，75%干旱年春小麦全生育期 ET_c 变化范围为210~642mm，各站春小麦 ET_c 实测值与插值结果相差在11.4%以内。统计三个典型年春小麦 ET_c 空间分布图中各值段所占面积（图5.20），可以发现，随着干旱强度增加，>500mm 的高值区春小麦 ET_c 所占面积有增大趋势。

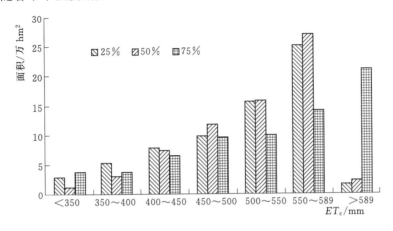

图5.20　三种典型年甘肃石羊河流域春小麦 ET_c
空间分布图中各值段所占面积统计

5.5　基于 PCA 和 GWR 的区域作物需水量估算方法

作物需水量与耗水量的影响因素复杂，而且影响因子间往往存在相关性。相关性的存在违背了传统的全局回归分析中影响因子相互独立的基本假定。另外，作物需水量与耗水量是典型的区域化变量[39]，而几乎所有的区域化变量都具有空间依赖性，空间依赖的存在由于违反了大多数传统统计分析中观测值相互独立的基本假定[40]，因此经典的全局回归模型尽管可以分析描述作物需水量与耗水量变化的全貌，但由于模型给出的回归系数整体上被假定为一个常数，因此无法揭示不同地方影响因素对作物需水量的影响，也不能反映作物需水量与耗水量局部的变化特征，在很多情况下很难确切反映作物需水量与耗水量随空间位置的变化情况。

主成分分析（PCA）通过对众多影响因子相关矩阵内部结构的研究，可以将原来多个相互影响的因子处理为少数几个综合的影响因子。通过对原始数据的变换和处理不仅保留了原始影响因子的主要信息，而且各因子间的相关性也得以弱化[41]。该方法已在地下水污染成因分析研究中得到了应用[42]。由 Fotheringham 等[43]提出来的地理加权回归方法（GWR）由于使用数据子样本的距离权重在空间上对每个点进行局部线性回归估计，参数估计的每个集合是基于邻近观察值的子样本的距离加权，可以在空间上对每个参数进行估计，因此可以有效地探测空间数据的非平稳性与空间依赖性[44]。该方法已广泛用于复杂地区降雨量空间分布[45]、灌溉用水效率分析[46]等研究中，与传统的全局回归分析相比均取得了较好效果。基于上述分析，因此将 PCA 方法和 GWR 结合，首先利用 PCA 方法消除各影响因子的相关性，再采用地理加权回归方法建立作物需水（耗水）与主导因子的关系，这样不仅可以降低数据处理的工作量，提高运行效率，而且能够分析各主导因子的回归系数在空间上的变化及分布，详尽地揭示各主导因子对作物需水量与耗水量空间分布的影响，为区域作物需水量与耗水量的估算提供有益的探索。

5.5.1 数据来源与分析方法

5.5.1.1 数据来源

以华北平原为例，气象数据主要包括最高气温、最低气温、平均气温、风速、相对湿度、降雨、蒸发、日照时数、日较差等要素，来源于中国气象局，资料系列为建站至2004年，根据各站点小麦生育期特点，对资料进行再处理，分别求得各站点冬小麦生育期各气象要素的多年平均值。此处仅以冬小麦需水量分析为例，冬小麦需水量数据主要来自"全国主要作物需水量等值线图研究"和"全国灌溉试验资料整编"的研究成果，并利用"八五"至"十一五"期间国内取得的有关研究成果对上述两项成果的数据进行充实和订正。宏观地形因子数据和冬小麦需水量数据来源于全国灌溉试验数据库。DEM采用SRTM3数据，并经严格的几何校正、配准、投影变换处理。坡度、坡向、遮蔽度等微观地形因子从ArcGIS表面分析模块根据研究区DEM数据派生得到。

5.5.1.2 分析方法

1. 主成分分析

在确定影响作物需水量的 p 个影响因子后，假定获得了 n 个不同灌溉试验站点的影响因子数值，每个灌溉试验站的 p 个影响因子数值分别为 x_1，x_2，$\cdots x_p$，则可得到一个 $n \times p$ 阶矩阵：

$$\boldsymbol{X} = \begin{bmatrix} x_{11} & x_{12} & \cdots & x_{1p} \\ x_{21} & x_{22} & \cdots & x_{2p} \\ \vdots & \vdots & \vdots & \vdots \\ x_{n1} & x_{n2} & \cdots & x_{np} \end{bmatrix} \tag{5.31}$$

为了从众多数据中寻找到影响作物需水量的主要影响因子，就要在 p 维空间中加以考察，其难度相当大。而通过降维处理，即用较少的几个主要影响因子来代替原来较多的影响因子，并且使其既能尽量多地反映原来较多因子所反映的信息，同时各主要影响因子之间又彼此独立，不仅可有效地减轻工作量，而且还可提高精度[41]。

2. 地理加权回归模型

传统的全局回归模型假定参数在整个研究区域内是恒定不变的。实际上影响作物需水量各影响因素的参数（如风速）在空间上是不一致的，具有空间非平稳性，因此全局回归模型在处理分析作物需水量这类具有空间异质性的数据时存在不少困难。而Fotheringham等提出的地理加权回归（GWR）模型通过对一般线性回归模型进行扩展，允许参数在空间区域上有一定的变化，扩展后模型的参数是位置 i 的函数。GWR模型基本形式如下[43]：

$$Y_i = \alpha_{i0} + \sum_{k=1}^{p} \alpha_{ik} x_{ik} + \theta_i \quad (i = 1, 2, \cdots, n) \tag{5.32}$$

式中：$i = 1, 2 \cdots, n$ 为观测值个数；α_{ik} 为在回归点 i 的第 k 个参数。

由于GWR模型中的参数随空间位置变化而变化，不能用最小二乘法（OLS）估计参数，宜采用加权最小二乘法（WLS）进行参数估计：

$$\alpha_i^* = (X^T \omega_i X)^{-1} X^T \omega_i Y \tag{5.33}$$

式中：ω_i 为 $n \times n$ 的加权矩阵，对角线上的每个元素都是关于观测值所在位置 j 与回归点 i 的位置之间距离的函数，其作用是权衡不同空间位置 $j(j=1, 2, \cdots, n)$ 的观测值对于回归点 i 参数估计的影响程度，而非对角元素为 0。矩阵 ω 可以表示为如下形式：

$$\boldsymbol{\omega}_i = \begin{bmatrix} \omega_{i1} & & & & \\ & \omega_{i2} & & 0 & \\ & & \ddots & & \\ & 0 & & & \\ & & & & \omega_{in} \end{bmatrix} \tag{5.34}$$

采用加权最小二乘法估计参数，权重通常根据地理空间的位置确定。选用式（5.35）作为权函数：

$$\left. \begin{aligned} \omega_i(u) &= \left[1 - \left(\frac{d_i(u)}{h} \right)^2 \right]^2 & [d_i(u) < h] \\ \omega_i(u) &= 0 & [d_i(u) \geqslant h] \end{aligned} \right\} \tag{5.35}$$

式中：$\omega_i(u)$ 为第 i 个监测点对 u 点的权重；$d_i(u)$ 为第 i 个监测点到 u 点的距离；h 为带宽，由于研究区监测站点具有一定的集聚性，因此采用交叉验证方法确定。

5.5.2　影响作物需水量的主导因子分析

5.5.2.1　影响因子的初步选择

影响作物需水量的因素很多，本书根据目前较易获取的资料为基础，初步选择气象因子、宏观地形因子和微观地形因子三类共 15 种影响因子进行主成分分析，将这些影响因子选用不同的空间化处理方法进行处理后，获得整个华北地区的各影响因子分布图。

5.5.2.2　影响因子的标准化处理

由于影响作物需水量的影响因子量纲并不完全相同，而且各影响因子数值在数量级上差异也较大，难于进行线性组合。因此，在进行主成分分析之前，需对原始数据作标准化处理，使得每个影响因子的平均值为 0，方差为 1。采用式（5.36）利用空间分析模块的栅格计算器对主要影响因子进行原始数据的标准化：

$$x_{ij} = \frac{x_{ij}^* - \overline{x}_j^*}{\sqrt{\text{var}(x_j^*)}} \quad (i=1,2,\cdots,n; \quad j=1,2,\cdots,p) \tag{5.36}$$

式中：x_{ij}^* 为第 i 样本的第 j 个指标的原始数据；$\overline{x}_j^*$ 和 $\sqrt{\text{var}(x_j^*)}$ 分别是第 j 个指标原始数据的平均值和标准差。

5.5.2.3　确定特征值及主成分贡献率

利用空间分析模块中的多变量分析工具箱进行主成分分析，各个主成分的贡献率与累计贡献率见表 5.6。

由表 5.6 可知，第 1、第 2、第 3、第 4 主成分的累计贡献率已高达 86.14%，即前 4 个主成分已经对 15 个影响因子所涵盖的大部分信息进行了概括，其中第 1 主成分携带的信息最多，达到了 48% 以上，主成分 5～15 对总体方差的贡献率很小，故选取前 4 个因子作为主成分，代表影响作物需水量的主要影响因子。

表 5.6　　　　　　　　　　特征值及主成分贡献率

主成分	特征值	贡献率/%	累计贡献率/%	主成分	特征值	贡献率/%	累计贡献率/%
1	3.7008	48.52	48.52	9	0.0538	0.70	99.03
2	1.7119	22.44	70.96	10	0.0282	0.37	99.40
3	0.6513	8.54	79.50	11	0.0204	0.27	99.67
4	0.5064	6.64	86.14	12	0.0122	0.16	99.83
5	0.4369	5.73	91.87	13	0.0071	0.09	99.92
6	0.2800	3.67	95.54	14	0.0051	0.07	99.99
7	0.1240	1.63	97.17	15	0.0009	0.01	100.00
8	0.0886	1.16	98.33				

5.5.2.4　主要影响因子的识别

主要影响因子的识别是通过各影响因子对主成分的贡献率即主成分荷载进行分析，荷载大的即可认为是主要影响因子。对于特征值 λ_1、λ_2、$\cdots$、λ_{15} 分别求出其特征向量 μ_1、μ_2、$\cdots$、μ_{15}，特征向量乘以特征值的开平方即是各指标 X_1、X_2、$\cdots$、X_{15} 在各主成分上的载荷，从而得到主成分载荷矩阵，由于每个因子中各原始变量的系数差别不明显，因此需要对荷载矩阵进行方差最大旋转，将因子中各变量的系数向最大和最小转化，使每个因子上具有最高荷载的变量数最少，以使得对因子的解释变得容易，旋转后的荷载矩阵见表 5.7。

表 5.7　　　　　　　　　　方差旋转后主成分荷载矩阵

项　目	第1主成分	第2主成分	第3主成分	第4主成分
经度	-0.0826	0.6460	0.0549	0.0006
纬度	-0.5655	0.0312	0.2907	-0.0049
高程	-0.1882	-0.3596	0.3099	-0.0130
坡度	-0.0717	-0.1238	0.0570	-0.0119
坡向	-0.0024	-0.0051	0.0084	-0.7079
遮蔽度	-0.0969	0.2639	0.0122	0.0062
生育期平均温度	0.3551	0.1534	-0.5837	0.0078
最低气温	0.3834	0.2683	-0.4968	0.0074
最高气温	0.1477	-0.1920	-0.6639	0.0053
日较差	-0.3813	-0.5294	0.2303	-0.0094
日照时数	-0.6184	-0.0170	0.3036	-0.0042
蒸发	-0.6739	-0.0673	0.1271	-0.0005
相对湿度	0.6160	0.1577	-0.2522	0.0114
平均风速	0.0488	0.6875	0.0406	0.0029
降雨量	0.6824	-0.0306	-0.0237	-0.0070

从表 5.7 看出，第 1 主成分在蒸发、日照时数、相对湿度、降雨量上有较大的荷载，这些因子中，蒸发和日照时数为热力因子，降雨量和相对湿度为水分因子，也就是说影响作物需水量的主要因素为热力因子和水分因子。第 2 主成分在平均风速和经度上有较大的荷载，平均风速为动力因子，经度也和平均风速具有显著的关系，从西向东，随着经度的

增加，风速也显著增加，因此第 2 主成分可以认为主要是动力因子的影响。第 3 主成分最高气温具有较高的荷载，因此可认为是热力因子的影响。第 4 主成分坡向的荷载较大，坡向为微观地形因子，说明微观地形因子对作物需水量也具有一定的影响[47]。

5.5.2.5　华北地区作物需水量各主导因子空间分布

利用 ArcGIS 空间分析扩展模块的多变量分析工具，可以很方便地得到各个主成分的空间分布，如图 5.21 所示。

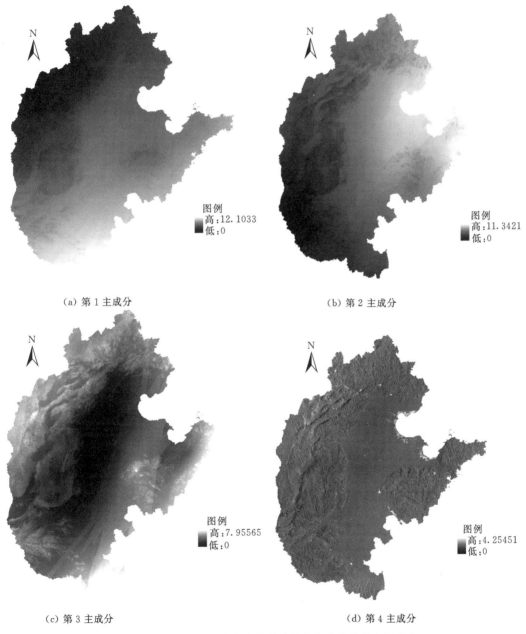

（a）第 1 主成分　　　　　　　　　　　　　　　　（b）第 2 主成分

（c）第 3 主成分　　　　　　　　　　　　　　　　（d）第 4 主成分

图 5.21　华北地区影响冬小麦需水量的各主成分的空间分布

可以看出，第 1 主成分从西北到东南逐渐升高。河南南部信阳、南阳等地，冬小麦生育期降雨量大，相对湿度高，但是日照时数却相对较低，因而第 1 主成分值相对较高，而山西北部的河曲、蔚县、五寨等地的日照时数较大，生育期降雨量较小，因此第 1 主成分值较小。第 2 主成分基本上是从西向东逐渐增高，西部的三门峡、运城、五寨等地的风速较小，平均风速均在 2m/s 左右，而东部沿海地区的秦皇岛、唐山、青岛等地的生育期平均风速均在 2.5m/s 以上，因此第 2 主成分呈现东高西低趋势。第 3 主成分在石家庄、邢台等地出现一低值区，这与该地区冬小麦生育期平均最高气温低于相邻地区相吻合。第 4 主成分空间分布没有明显的规律，低值区与高值区相互交错，反映了微地形的影响。

5.5.3 结果与讨论

5.5.3.1 PCA 处理对全局回归影响分析

利用华北地区 67 个站点 15 种影响因子和 15 个主成分分别与冬小麦需水量进行全局回归分析，结果见表 5.8。

表 5.8　华北地区影响作物需水量的各主成分与原始变量全局回归结果比较

项　目		回归系数		标准误		t 值		p 值		VIF	
1	2	原始变量	主成分	原始变量	主成分	原始变量	主成分	原始变量	主成分	原始变量	主成分
常数项	常数项	194.16	434.68	516.16	77.88	0.38	5.58	0.71	0.000001***	—	—
经度	PCA1	0.23	−10.52	3.08	2.15	0.07	−4.88	0.94	0.000011***	9.18	3.28
纬度	PCA2	2.27	10.12	6.30	2.12	0.36	4.76	0.72	0.000017***	14.03	2.54
高程	PCA3	−0.01	−9.85	0.04	3.32	−0.38	−2.96	0.71	0.004605**	21.24	2.79
坡度	PCA4	0.69	−5.52	2.96	3.15	0.23	−1.76	0.82	0.09	2.44	1.28
坡向	PCA5	−2.15	4.55	5.08	6.29	−0.42	0.72	0.67	0.47	1.45	3.80
遮蔽度	PCA6	123.38	0.35	120.09	4.75	1.03	0.07	0.31	0.94	1.32	2.33
平均气温	PCA7	21.98	−10.21	38.46	10.26	0.57	−1.00	0.57	0.32	423.27	2.98
风速	PCA8	23.89	0	9.32	12.04	2.56	0	0.01***	1.00	9.32	3.16
日照时数	PCA9	0.07	4.64	0.05	12.84	1.38	0.36	0.17	0.72	15.53	3.06
最低气温	PCA10	−18.75	−21.86	39.05	12.7	−0.48	−1.72	0.63	0.09	682.14	1.66
最高气温	PCA11	6.34	−12.55	10.63	13.1	0.6	−0.96	0.55	0.34	37.15	1.56
相对湿度	PCA12	−4.31	10.07	2.02	14.6	−2.13	0.69	0.04**	0.49	12.9	1.56
降雨量	PCA13	0.01	47.66	0.16	17.55	0.04	2.72	0.97	0.009004**	6.88	1.48
蒸发	PCA14	−0.06	80.85	0.05	25.18	−1.32	3.21	0.19	0.002289***	8.43	1.43
日较差	PCA15	−0.94	111.86	22.21	65.07	−0.04	1.72	0.97	0.09	178.35	1.40

注　1. 原始变量、主成分分别代表项目栏下的第 1 列和第 2 列影响因子。

　　2. ** 表示在 5% 显著性水平下差异显著。*** 表示在 1% 显著性水平下差异显著。

从表 5.8 中可以看出，原始变量回归结果尽管修正的 R^2 也比较高，但有不少变量的方差膨胀因子都大于 10，说明该回归方程存在变量冗余，某些变量与其他变量存在共线性，不能满足变量相对独立的假设条件。经过对原始变量进行主成分分析，所有变量的方差膨胀因子都小于 10[48]，基本上解决了变量之间的共线性问题，AIC 值由处理前的

639.40 降为 616.48，修正的 R^2 也从处理前的 0.5776 增加到 0.6999，说明经过对影响因子的变换，回归效果得到明显改善。

　　为了检验这两种回归模型残差是否存在自相关，采用 Moran's I 方法来计算自相关系数。两种回归分析残差自相关性分析结果一并列入表 5.9。可以看出，在没有进行数据处理前，Moran's I 值为 0.23，Z 值为 2.67＞2.58，表明残差存在显著的自相关。通过对原始数据进行 PCA 处理，Moran's I 值降为 0.14，Z 值降为 1.64，说明残差的自相关性明显减弱，回归方程的解释能力得到增强。

　　从表 5.8 可以看出，PCA1、PCA2、PCA3、PCA13、PCA14 五个因子在 1％显著性水平下影响显著，为了减少计算工作量，因此选用这五个影响因子作为影响作物需水的主导因子，仍然以作物需水量作为因变量采用全局回归分析方法进行回归分析，为了便于和所有变量参与回归的效果进行比较，其结果列于表 5.10。

表 5.9　　华北地区影响冬小麦需水量各主成分与原始变量全局回归结果比较

项　目	AIC	R^2	修正 R^2	残差 Moran's I	残差 Z
原始变量	639.40	0.6736	0.5776	0.23	2.67
主成分	616.48	0.7682	0.6999	0.14	1.64

表 5.10　　　　　　　　15 变量与 5 变量全局回归结果比较

项　目	AIC	R^2	修正 R^2	残差 Moran's I	残差 Z
15 变量回归分析	616.48	0.7682	0.6999	0.14	1.64
5 变量回归分析	616.99	0.6951	0.6593	0.16	1.89

　　从表 5.10 可以看出，尽管减少了 10 个自变量，但回归模型的能力并没有太大变化，无论 AIC 值还是修正 R^2 变化都不大，但是残差的 Moran's I 和 Z 值都有些许增大，说明残差存在正相关，因此用加权回归模型作进一步分析。

5.5.3.2　地理加权回归分析

　　利用 5 个自变量，采用 ArcGIS 软件统计分析工具箱中的 GWR 工具进行，为了进一步验证各回归系数在空间上是否平稳，分别对常数项及五个因子的回归系数进行空间自相关分析，结果见表 5.11。

表 5.11　　　　　　　　　　回归系数空间非平稳性分析

项　目	常　数	PCA1 系数	PCA2 系数	PCA3 系数	PCA4 系数	PCA5 系数
Moran's I	0.891221	1.062763	0.764856	0.734611	0.887527	0.777675
预期指数	−0.015152	−0.015152	−0.015152	−0.015152	−0.015152	−0.015152
方差	0.008767	0.008863	0.008837	0.008778	0.008868	0.008792
残差 Z	9.680058	11.449928	8.297617	8.002719	9.585455	8.455554
p 值	0.000000＊＊＊	0.000000＊＊＊	0.000000＊＊＊	0.000000＊＊＊	0.000000＊＊＊	0.000000＊＊＊

注　　＊＊＊表示在 1％显著性水平下差异显著。

从表 5.11 可以看出，GWR 的各项系数的 $Moran's\ I$ 值均大于 0，Z 值均大于 2.58，表明在 1‰显著水平下，各系数呈现较强的空间自相关，也就是说这些回归系数在空间上是非平稳的，因此我们使用 GWR 回归方法可以比较精细地考虑不同影响因子在不同空间位置对作物需水量的定量影响。

为了说明加权回归模型的效果，将全局回归分析和地理加权回归结果列于表 5.12。

表 5.12 全局回归分析与 GWR 回归效果比较 （$n=67$）

项 目	AIC	R^2	修正 R^2	残差 $Moran's\ I$	残差 Z
5变量全局回归分析	616.99	0.6951	0.6593	0.16	1.89
5 变量 GWR 回归分析	274.64	0.7922	0.7616	0.09	1.14

从表 5.12 可以看出，AIC 值显著降低，从 616.99 降到 274.64，修正的 R^2 从 0.6593 升高到 0.7616，$Moran's\ I$ 值由 0.16 降为 0.09，Z 值由 1.89 降为 1.14、残差的自相关性减弱，模型解释能力增强。

5.5.3.3 基于 PCA 和 GWR 获得的华北地区作物需水量空间分布

根据各影响因子及其回归系数的空间分布情况，利用 ArcGIS 软件进行栅格计算，获得研究区域的多年平均作物需水量空间分布图（图 5.22）。可以看出，冬小麦需水量基本呈现北高南低的趋势，南部地区冬小麦生育期降雨量大，相对湿度高，日照时数低，而华北北部地区冬小麦生育期不仅降雨量偏小，相对湿度低，日照时数和蒸发均较高，因此总体上呈现北高南低趋势，但在山西长治盆地有一局部高值区，河北张北地区有相对低值区，北京、保定、泊头、陵县、泰安一线为高值区，石家庄、邢台、朝城为相对低值区，出现这一现象的因素复杂，既有气象也有地形因子的影响，如太行山前平原的石家庄、邢台等地，由于太行山的阻挡，使得东南沿海北下的潮湿气团在此停留，形成较多的阴雨天，日照时数与相邻地区相比较低，因此在该区域形成相对低值区[49]。

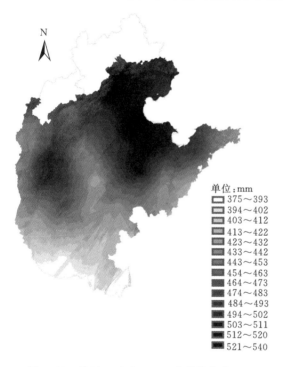

图 5.22 基于 PCA 和 GWR 获得的华北地区多年平均冬小麦需水量空间分布

单位:mm
- 375～393
- 394～402
- 403～412
- 413～422
- 423～432
- 433～442
- 443～453
- 454～463
- 464～473
- 474～483
- 484～493
- 494～502
- 503～511
- 512～520
- 521～540

该方法不仅消除了各影响因子的相关性，提高数据的处理效率，而且减少了残差的空间自相关，提高了回归模型的解释能力，对大区域作物需水量的估算具有一定的借鉴意义。

5.6　不同站点密度及插值方法对参考作物需水量空间插值精度的影响

5.6.1　数据来源与方法

本书数据来源于海河流域（流域面积 31.8 万 km²）162 个国家农业气象站 2002—2005 年旬值气象资料以及各站点海拔、经度、纬度。海河流域气象站点分布如图 5.23 所示。

插值方法采用 ArcGIS 软件中常用的 Spline、IDW 和 Ordinary Kriging（OK）插值法，以及本章 5.4 节的基于 DEM 与 GIS 的 ET 点面尺度转换函数法（Regression）。

5.6.2　插值模型比较方法

根据站点不同密度，从 162 个站点中选取了 10 个代表性站点作为基准站点，各站点属性及分布如表 5.13、图 5.24 所示。这些站点包括了流域内不同程度的海拔、经度、纬度和坡向，较为均匀分布于海河流域内全境。从剩余站点中（152 个）分别随机选取 150 个、140 个、120 个、80 个、40 个、20 个、10 个站点作为插值站点（图 5.24），用以上不同的插值方法对 ET_0 计算值进行插值，并以基准站点的插值结果和计算的实际 ET_0 值结果进行比较验证，使用以下三个统计量：平均误差（mean absolute error，MAE），平均相对误差绝对值（relative absolute error，RAE）和均方根误差（root mean square error，RMSE）来分析各插值模型的结果优劣性。

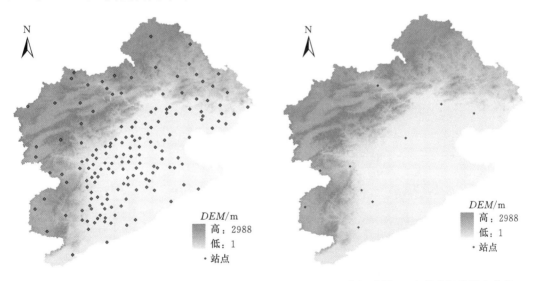

图 5.23　海河流域气象站点分布　　　图 5.24　海河流域 10 个基准气象站点分布

5.6.3　结果与分析

从表 5.14 可得各插值法中，由于 Regression 插值法基于地理要素的线性回归，所以更大程度上依赖于站点本身的地理要素。所以无论在任何站点密度条件下，插值所得结果均比较类似。这使得 Regression 插值法在站点密度值较低时，也能比较合适地反映出 ET_0

表 5.13　　　　　　　　海河流域 10 个基准气象站点的基本情况

编号	站名	海拔/m	经度/(°)	纬度/(°)	坡向/(°)
1	安阳	62.9	114.40	36.12	39.81
2	沁县	947.0	112.68	36.76	53.43
3	鸡泽	42.0	114.86	36.91	2.49
4	内丘	75.0	114.50	37.28	73.81
5	寿阳	1066.0	113.17	37.90	183.43
6	井陉	230.0	114.13	38.03	134.29
7	安新	7.0	115.93	38.91	146.31
8	唐山	27.8	118.15	39.67	280.01
9	三河	24.0	117.08	39.96	225.00
10	宣化	627.0	115.03	40.56	43.58

空间分布的实际情况,而其他三种方法在站点密度较小时,则不能很好反映出海河流域 ET_0 的空间分布。当站点密度达到 1.3 个/万 km^2 及以上时,IDW 法和 OK 法能够体现流域内 ET_0 空间分布。对于 Spline 插值法而言,在站点密度较小时插值非常不均匀,当密度达到 2.5 个/万 km^2 及以上时,可以反映出流域内 ET_0 空间分布的特征。当流域内站点密度达到或超过 3.8 个/万 km^2 时,Spline,IDW 和 OK 法所得的 ET_0 空间分布结果非常类似,均能较好地反映出流域内 ET_0 空间分布的特征,并且较单由依靠地理要素进行回归分析的 Regression 插值法所得结果更加符合实际情况。

所以当站点密度较低时,Regression 插值法不受站点密度影响,能比较合适地反映出流域内 ET_0 空间分布的特点,而当密度达到一定值(1.3 个/万 km^2)时,IDW 法和 OK 法可以较好地反映出流域内 ET_0 空间分布的特征,尤其在站点密度较大(4.3 个/万 km^2),分布较均匀时,更能良好地体现 ET_0 空间分布的特征。

表 5.14　　　　　　　海河流域内不同站点密度各插值方法 ET_0 空间分布

站点密度 /(个/万 km^2)	插值 站点分布	Spline	IDW	OK	Regression
0.3					
0.6					

续表

站点密度 （个/万 km²）	插值 站点分布	Spline	IDW	OK	Regression
1.3		1200 700	1200 700	1200 700	1200 700
2.5		1200 700	1200 700	1200 700	1200 700
3.8		1200 700	1200 700	1200 700	1200 700
4.3		1200 700	1200 700	1200 700	1200 700
4.6		1200 700	1200 700	1200 700	1200 700

分析流域内各不同站点密度不同插值方法所得到的结果，从图 5.25～图 5.27 可得 Spline 插值法结果最差，所得结果的平均误差 MAE，平均相对误差绝对值 RAE 和均方根误差 $RMSE$ 明显高于其他三种插值，并且在各种不同站点密度条件下结果都不是很理想。而在其他三种插值模型（IDW、OK 和 Regression）中，插值精度在不同站点密度条件下体现了不同的结果。对于精度相对较差的 Spline 插值法而言，其插值结果的精度随着站点密度增加而上升，插值结果的精度随站点密度降低而下降，所以在使用 Spline 插值法并且需要得到较高精度的结果时需要较高的站点密度。本研究表明，当使用 Spline 插值法时，只有当站

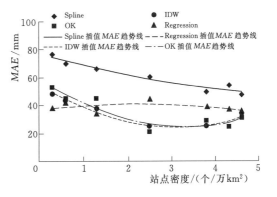

图 5.25　海河流域内不同站点密度下 ET_0 各插值方法 MAE 变化趋势

点密度达到 4.6 个/万 km² 或者站点密度更大时，此方法的精度才能达到其他三种方法的精度。对于 IDW 法和 OK 法而言，在不同密度条件下的这两种方法插值结果表明站点密度越低，插值误差越大，而当站点密度达到一定值时，继续增加站点密度，插值结果不会越来越精确，其精确度反而会降低。如图 5.25～图 5.27 所示，本研究中适合流域 IDW 法和 OK 法插值最佳密度为 1.3～4.3 个/万 km²，在此密度范围内站点插值结果最优，高于 4.3 个/万 km² 或者低于 1.3 个/万 km² 时，插值结果精度均会受到影响。而对于 Regression 插值法而言，由于受到回归法多因子的限制，所以在各站点密度情况下，Regression 法的精度都比较稳定，各误差统计量并不会随着站点密度的改变产生较大的变动，而是在一定范围内波动。由于 Regression 法插值所得结果精确度比较稳定，所以当站点密度较低时，该方法体现了较大的优越性，在本研究中当站点密度低于 1.3 个/万 km² 时，Regression 法均体现了很好的插值精度，其插值精度超过其他三种方法。但当站点密度处于 1.3～4.3 个/万 km² 的范围时，OK 法和 IDW 法所体现的结果要好于 Regression 法。当密度大于 4.3 个/万 km² 时，Regression 法和 OK 法、IDW 法结果精度相差不大。

图 5.25～图 5.27 表明，Spline 法在各种密度条件下，MAE 值均较大，并且远高于其他三种方法。当采用 Regression 法时在各种站点密度条件下 RAE 均小于 5%，但是 RAE 在此流域范围内也不会低于 3%，而 OK 法和 IDW 法在站点达到一定密度时，或站点密度在某一范围内（1.3～4.3 个/万 km²），其精度要高于 Regression 法，并且误差可以低于 3%。通过 $RMSE$ 显示，在站点密度位于 1.3～4.3 个/万 km²，OK 法和 IDW 法精度要高于 Regression 法，而当密度大于 4.3 个/万 km² 时，此三种方法精度差别不大。以上分析表明在各种站点密度条件下，Regression 插值法误差比较稳定，站点密度的加大对其影响较小，所以，在站点密度较低，或者站点稀少的地区使用 Regression 插值法可保证其插值精度，而在站点密度能得到保证的情况下使用 IDW 法或者 OK 法，可以得到更高的插值精度。这一结论在目前的插值研究中得到了一定程度的验证，尤其是在目前 Regression 插值法的研究中：Tong 等[37]在石羊河流域内通过几种插值方法的比较采用 Regression 法对该地区春小麦耗水进行插值，其站点密度为 1.25 个/万 km²；Zhao 等[50]在

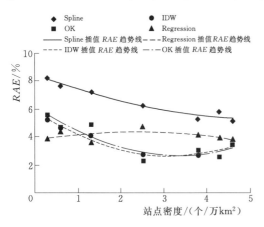

图 5.26　海河流域内不同站点密度下
ET_0 各插值方法 RAE 变化趋势

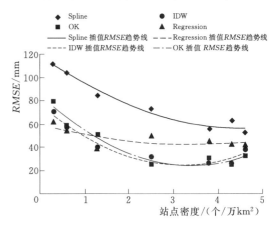

图 5.27　海河流域内不同站点密度下
ET_0 各插值方法 $RMSE$ 变化趋势

黑河流域中通过几种插值方法的比较，采用 OK 法对该地区温度进行插值，该地区站点密度为 1.5 个/万 km²。这些研究在研究区域站点密度低于 1.3 个/万 km² 时，推荐使用了 Regression 插值法，在研究区域站点密度高于 1.3 个/万 km² 而低于 4.3 个/万 km² 时，推荐使用了 OK 法，均与本研究结果相一致。

由于 Spline 法是样条曲线插值法，对统计模型本身依赖性不强，比较依赖统计样本数量，样本的数量增多将有助于插值精度的提高，所以当站点数量加大，站点密度变高时，Spline 法的精度会提高。Regression 法由于综合了流域内地理要素，包括海拔、经度、纬度和坡向，所以在站点密度较低的时候，能够利用 DEM 提取的地理信息较好的拟合区域内 ET_0 的值，而当站点密度加大时，由于 ET_0 的地域差异性使其不符合 Regression 法回归所得的值，所以精度会有所下降。而 IDW 法和 OK 法在插值时考虑了邻近站点值的权重，所以在站点密度较低时的精度较低，当站点密度增大时，具有较好的插值精度。

综上所述，①Regression 插值法精度比较稳定，在站点密度较低时（小于 1.3 个/万 km²）表现优于其他插值法，仍能比较合理地反映出 ET_0 空间分布的实际情况。但在站点密度较高时（大于 1.3 个/万 km²）其插值精度要低于 IDW 和 OK 插值法；②对于 IDW 和 OK 插值法，当站点密度越低时，插值精度越低，而站点密度达到一定值（4.3 个/万 km²）时，继续增大站点密度反而不能提高精度，这两种插值方法的最适宜站点密度区间为（1.3~4.3 个/万 km²）；③对于 Spline 插值法，插值精度随着站点密度增加而上升，随着站点密度减少而下降，在各站点密度条件下，Spline 插值精度均低于其他三种插值法；④在研究 ET_0 插值空间分布和空间插值精度时，以站点密度 1.3 个/万 km² 为分界线，当站点密度低于此密度时，推荐使用 Regression 插值法，当站点密度大于 1.3 个/万 km² 时，推荐使用 IDW 和 OK 插值法，当站点密度大于 4.3 个/万 km²，以上三种插值法并无显著差别，不推荐使用 Spline 插值法，除非站点密度达到或超过 4.3 个/万 km²。

参 考 文 献

[1]　王景雷，孙景生，付明军，等. 区域作物需水量估算存在的问题及解决途径 [J]. 节水灌溉，2005（3）：4-7.

[2]　杨建军. 基于遥感的新疆潜在蒸散模式研究 [D]. 乌鲁木齐：新疆大学，2009.

[3]　邱国玉，李瑞丽. 气候变化与区域水分收支：实测、遥感与模拟 [M]. 北京：科学出版社，2011：47-55.

[4]　马玲，赵平，饶兴权，等. 乔木蒸腾作用的主要测定方法 [J]. 生态学杂志，2005，24（1）：88-96.

[5]　王华田，马履一. 利用热扩式边材液流探针（TDP）测定树木整株蒸腾耗水量的研究 [J]. 植物生态学报，2002，26（6）：661-667.

[6]　李新，程国栋，卢玲. 空间内插方法比较 [J]. 地球科学进展，2000，15（3）：260-265.

[7]　Hasenauer H，Merganicova K，Petrisch R，et al. Validation daily climate interpolations over complex terrain in Austria [J]. Agricultural and Forest Meteorology，2003，119(1-2)：87-107.

[8]　Hutchinson M F. Interpolation of rainfall data with thin plate smoothing splines-part Ⅰ：Two dimensional smoothing of data with short range correlation [J]. Journal of Geographic Information and Decision Analysis，1998，2（2）：139-151.

［9］ Hutchinson M F．Interpolation of rainfall data with thin plate smoothing splines－part Ⅱ：Two dimensional smoothing of data with short range correlation ［J］．Journal of Geographic Information and Decision Analysis，1998，2 (2)：152－167.

［10］ 何红艳，郭志华，肖文发．降水空间插值技术的研究进展 ［J］．生态学杂志，2005，24 (10)：1187－1191.

［11］ 刘兆平，杨进，武炜．地球物理数据网格化方法的选取 ［J］．物探与化探，2010，34 (1)：93－97.

［12］ 白世彪，陈晔，王建．等值线绘图软件 SURFER 7.0 中九种插值法介绍 ［J］．物探化探计算技术，2002，24 (2)：157－162.

［13］ 邬伦，刘瑜，张晶，等．地理信息系统原理、方法和应用 ［M］．北京：科学出版社，2001.

［14］ 付宪坤．插值技术在农业宏观决策支持系统中的应用研究 ［D］．北京：中国农业大学，2006.

［15］ 王景雷，孙景生，张寄阳，等．基于 GIS 和地统计学的作物需水量等值线图 ［J］．农业工程学报，2004，20 (5)：51－54.

［16］ 黎夏，刘凯．GIS 与空间分析-原理与方法 ［M］．北京：科学出版社，2006.

［17］ 李恩羊，袁新．作物需水量的最优估计 ［J］．水利学报，1989 (10)：45－49.

［18］ 赵斌，蔡庆华．地统计学分析方法在水生态系统研究中的应用 ［J］．水生生物学报，2000 (5)：514－520.

［19］ 汤国安，杨昕．ArcGIS 地理信息系统空间分析实验教程 ［M］．北京：科学出版社，2006.

［20］ Hutchinson M F．Anusplin Version 4.3 User Guide ［M］．Canberra：The Australian National University，Centre for Resource and Environmental Studies，2004.

［21］ Hijmans R J，Cameron S E，Parra J L，et al．Very high resolution interpolated climate surfaces for global land areas ［J］．International Journal of Climatology，2005，25：1965－1978.

［22］ Price D，Mckenney D，Nalder I，et al．A comparison of two statistical methods for spatial interpolation of Canadian monthly mean climate data ［J］．Agricultural and Forest Meteorology，2000，101：81－94.

［23］ Zheng X，Basher R．Thin plate smoothing spline modeling of spatial climate data and its application to mapping South Pacific rainfalls ［J］．Monthly Weather Review，1995，123：3086－3102.

［24］ Jeffrey S J，Carter J O，Moodie K B，et al．Using spatial interpolation to construct a comprehensive archive of Australian climate data ［J］．Environmental Modelling and Software，2001，16：309－330.

［25］ Tait A，Henderson R，Turner R，et al．Thin plate smoothing spline interpolation of daily rainfall for new zealand using a climatological rainfall surface ［J］．International Journal of Climatology，2006，26：2097－2115.

［26］ 沈艳，熊安元，施晓晖，等．中国 55 年来地面水汽压网格数据集的建立及精度评价 ［J］．气象学报，2008，66 (2)：283－291.

［27］ Boer E P J，Beurs K M，Hartkamp A D．Kriging and thin plate splines for mapping climate variables ［J］．International Journal of Applied Earth Observation and Geoinformation，2001，3 (2)：146－154.

［28］ 关宏强，蔡福，王阳，等．短时间序列气温要素空间插值方法精度的比较研究 ［J］．气象与环境学报，2007，23 (5)：40－61.

［29］ Jarvis C，Stuart N．A comparison among strategies for interpolating maximum and minimum daily air temperatures．Part Ⅰ：the selection of "guiding" topographic and land cover ［J］．Journal of Applied Meteorology，2001，40 (6)：1060－1074.

［30］ Jarvis C，Stuart N．A comparison among strategies for interpolating maximum and minimum daily air temperatures. Part Ⅱ: the interaction between number of guiding variables and the type of interpolation method [J]. Journal of Applied Meteorology, 2001, 40 (6): 1075 - 1084.

[31]　Wahba G, Wendelberger J. Some new mathematical methods for variational objective analysis using splines and cross validation [J]. Monthly Weather Review, 1980, 108: 1122 - 1143.

[32]　刘志红, Mcvicar T R, Li L T, 等. 基于 5 变量局部薄盘光滑样条函数的蒸发空间插值 [J]. 中国水土保持科学, 2006, 4 (6): 23 - 30.

[33]　Hancock P A, Hutchinson M F. Spatial interpolation of large climate data sets using bivariate thin plate smoothing splines [J]. Environmental Modelling & Software, 2006, 21: 1684 - 1694.

[34]　Wahba G. Spline Models for Observational Data [M]. Society for Industrial and Applied Mathematics, Philadelphia, Pennsylvania, 1990.

[35]　倪广恒, 李新红, 丛振涛, 等. 中国参考作物腾发量时空变化特性分析 [J]. 农业工程学报, 2006, 22 (5): 1 - 4.

[36]　佟玲, 康绍忠, 粟晓玲. 石羊河流域气候变化对参考作物蒸发蒸腾量的影响 [J]. 农业工程学报, 2004, 20: 15 - 18.

[37]　Tong L, Kang S Z, Zhang L. Temporal and spatial variations of evapotranspiration for spring wheat in the Shiyang river basin in northwest China [J]. Agricultural Water Management, 2007, 87 (3): 241 - 250.

[38]　孔祥元, 梅是义. 控制测量学（下册）[M]. 武汉: 武汉大学出版社, 2001.

[39]　袁新, 李恩羊. 参照作物需水量的空间变异性 [J]. 水利学报, 1990, 21 (2): 33 - 37.

[40]　马荣华, 黄杏元, 朱传耿. 用 ESDA 技术从 GIS 数据库中发现知识 [J]. 遥感学报, 2002, 6 (2): 102 - 107.

[41]　吴景社, 康绍忠, 王景雷, 等. 基于主成分分析和模糊聚类方法的全国节水灌溉分区研究 [J]. 农业工程学报, 2004, 20 (4): 64 - 68.

[42]　Mathes S E, Rasmussen T C. Combining multivariate statistical analysis with geographic information systems mapping: a tool for delineating groundwater contamination [J]. Hydrogeology Journal, 2006, 14 (8): 1493 - 1507.

[43]　Fotheringham A S, Charlton M, Brunsdon C. The geography of parameter space: an investigation into spatial non - stationarity [J]. International Journal of Geographic Information Systems, 1996 (10): 605 - 627.

[44]　苏方林. 基于地理加权回归模型的县域经济发展的空间因素分析-以辽宁省县域为例 [J]. 学术论坛, 2005 (5): 81 - 84.

[45]　玄海燕, 黎锁平, 刘树群. 区域降水量与经纬度及海拔关系的分析 [J]. 甘肃科学学报, 2006, 18 (4): 26 - 28.

[46]　张龄方, 古建廷, 林俊男. 以地理加权回归分析建立灌溉率与各影响因子之关系 [J]. 农业工程学报（中国台湾）, 2006, 52 (2): 73 - 82.

[47]　王景雷, 孙景生, 宋妮, 等. 基于 GIS 和 PCA 的冬小麦需水量影响因子分析 [J]. 武汉大学学报（工学版）, 2009, 42 (5): 640 - 643.

[48]　Nicolas R D, Athanasios L, Dimitrios B. Spatial variability of reference evapotranspiration in Greece [J]. Physics and Chemistry of the Earth, 2002, 27: 1031 - 1038.

[49]　王景雷, 康绍忠, 孙景生, 等. 基于 PCA 和 GWR 的作物需水量空间分布估算 [J]. 科学通报, 2013, 58: 1131 - 1139.

[50]　Zhao C Y, Nan Z R, Cheng G D. Methods for modelling of temporal and spatial distribution of air temperature at landscape scale in the southern Qilian mountains [J]. Ecological Modelling, 2005, 189: 209 - 220.

第6章

作物耗水对变化环境响应的
量化与评价

　　随着全球气候变化和人类活动的加剧，水资源供需矛盾会越来越突出，研究变化环境下水循环及其时空演变规律对于未来水资源的科学管理具有重要的意义。作物耗水是水循环与水热平衡的重要分量，也是地—气相互作用与陆—气系统耦合与模拟的重要过程，还是水资源科学评价与管理以及农业水利工程规划设计的重要依据。气候变化、不同区域耕地表面参数的空间变化、农业结构调整、作物布局改变和节水灌溉发展、作物生产力提高、生态植被建设和水资源配置对区域尺度作物耗水会产生重大影响，因此，研究变化环境下不同尺度作物耗水的响应过程是进行水资源科学管理的重要基础。

6.1　作物耗水对变化环境响应的分析

6.1.1　作物耗水对气候变化的响应

　　目前，全球气候变化日益受到人们的关注，而温室效应是引起全球气候变化的最主要因素。自 1750 年以来，全球大气中 CO_2 浓度从工业化前约 280mg/L 增加到 2005 年 379mg/L[1]。这将对气候变化产生重要的影响，主要表现在以下四个方面：

　　（1）大气温度呈不断增加趋势，在过去 100 年（1906—2005 年）内，全球平均气温升高了 0.74℃[2]。中国气温也上升了 0.5～0.8℃，以华北、内蒙古东部和东北等地区气温增加最强烈[3]。

　　（2）大气降水发生改变。北半球中高纬度和热带陆区的降水每 10 年分别增加0.5％～1％和 0.2％～0.3％，而亚热带陆区的降水每年减少 0.3％左右，但南半球广大地区的降水则变化不大。就中国而言，降水在 20 世纪 50 年代最多，以后逐渐减少，华北地区尤其如此[4]。

　　（3）大气湿度发生变化。1976—2004 年，大气水汽浓度升高了 2.2％，到 2100 年，大气湿度可能再提高 10％[5]。

（4）海平面升高，积雪和海冰面积减少。自 1961 年以来，全球平均海平面平均上升速率为每年 1.8mm。从 1978 年以来的卫星资料显示，北极年平均海冰面积已经以每 10 年 2.7％的速率退缩[2]。

由于全球气候变化，将会对区域作物耗水 ET 产生影响。如 Goyal[6] 对印度拉贾斯坦邦干旱区 ET 对全球气候变化的敏感性进行了分析，发现温度升高 20％，ET 增加 14.8％；净辐射增大 20％，ET 增加 11％；风速增大 20％，ET 增加 7％；水汽压增加 20％，ET 减少 4.3％。当温度、水汽压增加 10％而净辐射减少 10％时，ET 减少 0.3％；当温度增加 10％而净辐射、水汽压与风速减少 10％时，ET 减少 0.36％。

6.1.2　作物耗水对人类活动变化的响应

1. 作物耗水对下垫面条件改变的响应

下垫面条件改变主要包括植树造林与垦荒、过度放牧、农村城市化、灌区开发等。过去几十年，我国由于人口快速增长及掠夺式的开发，大量砍伐森林，破坏原始植被，气候和周围环境受到严重的影响，导致作物耗水变化。

城市化是人类社会发展的必然趋势，1950 年，中国城市化水平为 12.5％，到 1970 年，仅增加了 4.9％[7]，1978 年以来，中国的城市化发展迅速，到 2000 年城市化水平达到 36.2％，预计到 2020 年，中国城市化水平将达 60％左右[8]。随着我国城市化的进程加快，城市面积逐步扩张，城市与郊区农田之间产生的温湿度水平差异，导致了城郊大气之间的平流作用，对作物耗水会产生较大影响。

扩大灌溉面积可一定程度上改善局部地区气候环境。灌溉可使土壤湿润、热容量增大，蒸发作用使空气湿润，也使土壤温度和近地层气温的日较差减小。在干旱与半干旱气候区进行大规模灌溉，使灌区地表的小气候发生改变，还能增加灌区范围水分的内循环，降水随之增多。1930 年以来，美国俄克拉荷马州、科罗拉多州、内布拉斯加州的 62000km² 面积的灌溉地区初夏雨量增加约 10％[9]。

长期灌溉也会导致局部相对湿度增加和 ET_0 下降。如中国陕西泾惠渠灌区 30 年代开灌后，空气相对湿度呈明显上升而 ET_0 呈下降趋势；陕西宝鸡峡灌区开灌后，礼泉、富平空气相对湿度也呈上升而 ET_0 呈显著下降趋势[10]；内蒙古河套灌区过去 50 年相对湿度呈明显上升而 ET_0 呈下降趋势；石羊河流域凉州过去 50 年相对湿度呈微弱上升趋势而 ET_0 呈显著下降趋势[11]，相应的会使作物耗水发生变化。

2. 作物耗水对人类生产实践变化的响应

人类生产实践变化主要包括设施农业发展、覆盖种植、节水栽培与实施非充分灌溉、调亏灌溉等、调整种植结构、保墒抑蒸剂应用及作物抗旱节水新品种应用等。

荷兰、日本、以色列、美国、加拿大等国是设施农业十分发达的国家。中国从 20 世纪 70 年代开始引进蔬菜的设施栽培技术，到 70 年代中期，塑料大棚面积为 0.53 万 hm²，1981 年为 0.72 万 hm²，1996 年，中国设施农业面积达到 69.8 万 hm²，而 1999 年已达 133 万 hm²[12]。近 20 年来，中国设施农业面积迅速增长，使下垫面状况发生了变化，从而农田水分状况和作物生长环境相应改变。温室与大田相比，湿度增大，风速减小，在相同生产力条件下减小了作物耗水。

近年来，覆膜作物面积大幅度增加。2006 年，中国覆膜作物种植面积已超过 1300 万

hm^2，农用地膜用量由 1991 年的 64.2 万 t 上升到 2005 年的 176.2 万 t[13]。覆膜玉米面积由 1988 年的 39.72 万 hm^2 上升到 2007 年的 266.07 万 hm^2[14]，覆膜棉花面积达到了 325.6 万 hm^2[15]。作物覆膜后作物蒸腾量并没有减少，但能有效减少土壤蒸发量，从而使作物耗水减少，这种减少在作物生育早期表现明显，而生长盛期则不明显。

与传统灌溉相比，非充分灌溉与调亏灌溉等能有效减少作物奢侈蒸腾与棵间蒸发。杜太生等[16]发现，甘肃民勤膜下滴灌棉花各阶段作物系数 K_c 比 FAO 推荐值在生育中期小 50%左右，用此 K_c 估算 ET 比用 FAO 推荐值减少 30%。在滴灌条件下，Farahani 等[17]在叙利亚得到的棉花中期的作物系数较 FAO 推荐值小 24%，根据 FAO 推荐值估算的蒸发量比实际值大 33%。杜太生[18]发现西北干旱荒漠绿洲区棉花滴灌条件下的作物系数均低于同期沟灌处理。

随着水资源日趋短缺，作物抗旱节水新品种越来越受重视[19]。20 世纪初，Briggs 和 Shantz 通过六种 C$_3$ 作物盆栽试验发现不同作物的水分利用率（WUE）有明显差别，其中小麦的 WUE 最高，达到 1.97g/kg，而苜蓿最低为 1.16g/kg，两者相差 70%[20]。董宝娣等[21]发现在华北平原种植石家庄 8 号等高产高 WUE 型小麦，在不降低产量和水分利用效率的情况下，可减少灌水 60～120mm。

在农作物总播种面积一定条件下，降低粮食作物比例、增大经济作物与其他农作物比例均能显著降低流域单位面积作物耗水量及单位面积农业净灌溉需水量。如随着农业种植结构的调整，中国西北甘肃石羊河流域单位面积作物耗水量由 20 世纪 50 年代的 506.9mm 减少为 2003 年的 449.1mm，单位面积农业净灌溉需水量由 20 世纪 50 年代的 455.7mm 减少为 2003 年的 331.9mm。但经济作物与其他农作物种植面积比例提高到一定程度后，继续调整农业种植结构，不能显著降低流域单位面积耗水量[11]。

6.2 对变化环境响应的作物耗水理论概述

6.2.1 Penman 作物耗水理论

Penman 假设认为实际作物耗水量通常达不到参考作物需水量，而是参考作物需水量的一定比例[22]。该比例为土壤含水量和植被生长状况的函数。数学表达式为

$$ET = K_c ET_0 \qquad (6.1)$$

式中：ET 为实际作物耗水量；ET_0 为参考作物需水量；K_c 为作物系数。

目前计算 ET_0 应用最多的是 1998 年 FAO-56 最新推荐的 Penman-Monteith 公式。Allen 等[23]详细介绍了使用不同气象数据计算小时、日、月参考作物需水量的公式。Allen 等建议使用 FAO-56 Penman-Monteith 公式计算每小时 ET_0 时，白天地表阻力 $r_s = 50s/m$，夜间地表阻力 $r_s = 200s/m$，但计算日 ET_0 时仍使用地表阻力 $r_s = 70s/m$[24]。多数学者研究表明，在不同气候区、不同地区将 Penman-Monteith 方法计算的 ET_0 值与实测值或其他公式计算值进行比较，认为 Penman-Monteith 方法适用范围广，计算结果也更为可靠。Smith[25]对各种气候条件下的计算 ET_0 的公式进行了评价，发现 FAO-56 Penman-Monteith 公式表现的精度最高。Beyazgül 等[26]通过对土耳其西部 Gediz 流域棉田 1998 年的参考作物需水量进行研究，通过六种方法计算 ET_0，发现 Penman-Monteith

方法估算干旱、湿润区日、月参考作物需水量结果均较好。Kashyap 等[27]在印度一块半湿润试验小区中央安装蒸渗仪测定 ET_0，与 10 种计算日 ET_0 的气象方法（Penman、FAO Penman、FAO Corrected – Penman、1982 Kimberly – Penman、Penman – Monteith、Turc – Radiation、Priestley – Taylor、FAO Radiation、Hargreaves 和 FAO Blaney – Criddle）对比，以 RMSE 为评价标准，Penman – Monteith 方法最好。国内的研究结果也表明，对于 ET_0 的计算，Penman – Monteith 的方法要优于其他方法。孙景生等[28]根据内蒙古包头气象站 1961—1990 年观测的气象资料，采用蒸渗仪实测的 ET_0 值与 Penman – Monteith、1982 Kimberly – Penman、FAO Penman、Turc – Radiation、FAO Blaney – Criddle、Priestley – Taylor、Penman、Hargreaves、FAO Radiation、FAO Corrected – Penman 10 种计算参考作物需水量 ET_0 的方法进行了对比研究，结果表明 FAO 推荐的 Penman – Monteith 法估算 ET_0，其平均误差值和 RMSE 值与其他各种方法相比均为最小，决定系数 R^2 最高，具有最高的估算精度。

而对于作物系数而言，由于作物系数是作物本身生物学特性的反映，与作物的种类、品种、生育期、作物群体叶面积指数等因素有关，但是其值大小可根据田间实测耗水量以及用相同阶段的气象因素计算出的参考作物需水量求得[29]。FAO – 56 推荐了两种标准状况下（无病虫害、土壤肥力和土壤水分状况良好的大面积作物，且能在一定气候条件下获得潜在最高产量的情况）计算作物系数的方法：即单作物系数法和双作物系数法，并分别讨论了缺水、土壤肥力低下、病虫害、渍、涝、盐或者不同的耕作管理水平等非标准情况对作物系数的影响[23]。实际作物耗水量可通过参考作物需水量 ET_0 与作物系数 K_c 的乘积求得。

6.2.2　Budyko 理论

苏联著名气候学家 Budyko 在进行全球水量和能量平衡分析时，发现陆面长期平均耗水量（ET）主要由大气对陆面的水分供给（降水量 P）和蒸发能力（参考作物需水量 ET_0）之间的平衡决定[30,31]。基于此，在年或多年尺度上，用降水量代表陆面耗水的水分供应条件，用参考作物需水量代表蒸发蒸腾的能量供应条件，于是对区域耗水限定了如下边界条件：在极端干燥条件下，比如沙漠地区，全部降水均将转化为耗水量，即由于这些地区的蒸发能力较大，能够把所有降水转化为实际耗水量；而在极端湿润条件下，可用于耗水的能量（参考作物需水量）均将转化为潜热，即由于这些地区的降水能力较大，所有的蒸发能力均可以转化为实际耗水。并提出了满足此边界条件的水热耦合平衡方程的一般形式：

$$\frac{ET}{P} = f\left(\frac{ET_0}{P}\right) = f(\varphi) \tag{6.2}$$

式中：φ 为辐射干燥度（简称干燥度），$\varphi = R_n/\lambda P$ 或者 ET_0/P，作为水热联系的量度指标已被广泛地应用于气候带划分与自然植被带的区划，对探讨自然地理的规律具有重大意义[32]；Budyko 认为 f 是一个普适函数，是一个满足如上边界条件并独立于水量平衡和能量平衡的水热耦合平衡方程。这就是 Budyko 假设。

不少学者根据所观测的流域降水、径流以及耗水能力之间的数量关系提出了描述区域耗水 ET 的经验公式，如 Schreiber 公式[33]：

$$ET = P\left[1 - \exp\left(\frac{-ET_0}{P}\right)\right] \tag{6.3}$$

Ol′dekop 公式[34]：

$$ET = ET_0 \tanh \frac{P}{ET_0} \tag{6.4}$$

中国气候学家傅抱璞教授根据流域水文气象的物理意义提出了一组 Budyko 假设的微分形式，通过量纲分析和数学推导，得出了 Budyko 假设的解析表达式，对 Budyko 假设的发展做出了重要贡献[35]。其解析式表达如下：

$$ET = P + ET_0 - (P^\omega + ET_0^\omega)^{1/\omega} \tag{6.5}$$

可以变化为

$$\frac{ET}{P} = 1 + \frac{ET_0}{P} - \left[1 + \left(\frac{ET_0}{P}\right)^\omega\right]^{1/\omega} \tag{6.6}$$

或

$$\frac{ET}{ET_0} = 1 + \frac{P}{ET_0} - \left[1 + \left(\frac{P}{ET_0}\right)^\omega\right]^{1/\omega} \tag{6.7}$$

式中：ω 为积分常数，其范围为 $(1, \infty)$。

傅抱璞的推导不仅为 Budyko 假定提供了坚实的数理基础，其公式的对称形式则证实了 Budyko 对水热耦合平衡的理解。作为近些年来研究的热点，傅抱璞公式由于给出了解析式，使得计算实际耗水有了理论依据。近年来，国内外众多学者对其进行了进一步的研究，并对其进行了发展[36]。Milly 在美国落基山区域进行了土壤蓄水能力和降水随机特性的影响，并基于 Budyko 假设提出了 Milly 公式[37-39]。Choudury 基于美国 10 个大流域以及 8 组田间观测资料，提出了 Choudury 公式，并对 Budyko 假设所涉及的尺度问题进行了探讨[40]。Zhang 等在研究植被类型对水量平衡的影响下，并验证了傅抱璞公式，发展并提出了基于傅抱璞公式的统一理解[41,42]。Yang 和 Sun 在中国黄河、海河、甘肃内陆河 108 个流域提出了基于傅抱璞公式统一理解蒸发正比和互补理论，提出 ω 的半经验公式，并在年尺度上进行了验证[43,44]。

6.2.3 Bouchet 互补关系理论

Bouchet 基于能量平衡的思想。假定在初始状态下，实际耗水 ET，参考作物需水量 ET_0 与充分湿润条件下耗水量 ET_w，三者的数值相等。即：

$$ET = ET_0 = ET_w \tag{6.8}$$

当下垫面水分减少时，实际耗水会减少 $(ET_w - ET)$，从而释放出更多的能量成为显热，在不考虑大气平流作用的影响下，大气对陆面的反馈作用使该地区空气湍流增强，温度升高，湿度降低，从而导致参考作物需水量增加，其增加值 $(ET - ET_0)$ 与实际耗水减少值相等，即：

$$ET + ET_0 = 2ET_w \tag{6.9}$$

基于蒸发互补假设，目前有三个典型的蒸发互补模型：平流—干旱（Advection - Aridity）蒸发互补模型[44]、区域蒸发互补相关模型[45]（Complementary Relationship Areal Evapotranspiration）和非饱和蒸发互补模型[46]（Complementary Relationship from Nonsaturated Surfaces）。

蒸发互补关系目前还仅仅为一个假设，主要是基于能量平衡原理的解释，尚缺乏坚实的数学物理基础。

6.3　区域参考作物需水量对气候变化响应的量化与评价

6.3.1　气候变化响应量化的理论推导

参考作物需水量对于气候变化的响应，除了目前的敏感性分析研究外，也有学者尝试定量区分各气象因子对其影响。Rotstayn 等[47]建立了一个 ET_0 对气候变化响应的模型。Roderick 等[48]建立了基于蒸发皿蒸发量对气候变化的定量区分方程。Donohue 等[49]应用 Penman 1948 公式的 Shuttleworth[50]形式，定量区分了 ET_0 对气候变化的响应，并以此计算了澳大利亚大陆内各地区 ET_0 对气候变化的响应。

Penman 在计算潜在蒸散发量时，把 ET_0 分成辐射项（Radiational Forcing）和空气动力项（Drying Power of the Atmosphere，或称平流项 advection）两部分。辐射项代表当地辐射能量可以转化成潜热的能力；而空气动力项则代表着周围大气将多余显热绝热转化为额外潜热的能力。

由 Penman 1948 的公式可将 ET_0 分为两项，即辐射项和空气动力学项：

$$ET_0 = ET_{0R} + ET_{0A} \tag{6.10}$$

式（6.10）对时间求导，可得

$$\frac{\mathrm{d}ET_0}{\mathrm{d}t} = \frac{\mathrm{d}ET_{0R}}{\mathrm{d}t} + \frac{\mathrm{d}ET_{0A}}{\mathrm{d}t} \tag{6.11}$$

我们采用 FAO-56 Penman-Monteith 公式计算并分析 ET_0 对气候变化的响应。

对于 Penman-Monteith 公式而言，包含了 T_a、u_2、e_a 和 R_n 四项基本气象因素，其中和热力学项（ET_{0R}）有关的三个气象因素分别为 T_a、u_2 和 R_n，而其中的 T_a 对其的影响又是通过 Δ（饱和水汽压-温度关系曲线的斜率）来进行表征。所以式（6.11）中的 $\mathrm{d}ET_{0R}/\mathrm{d}t$ 可以写作：

$$\frac{\mathrm{d}ET_{0R}}{\mathrm{d}t} = \frac{\partial ET_{0R}}{\partial \Delta}\frac{\mathrm{d}\Delta}{\mathrm{d}T_a}\frac{\mathrm{d}T_a}{\mathrm{d}t} + \frac{\partial ET_{0R}}{\partial R_n}\frac{\mathrm{d}R_n}{\mathrm{d}t} + \frac{\partial ET_{0R}}{\partial u_2}\frac{\mathrm{d}u_2}{\mathrm{d}t} \tag{6.12}$$

以 Penman-Monteith 公式为基础对式（6.12）中的各项进行求导可得

$$\frac{\partial ET_{0R}}{\partial \Delta}\frac{\mathrm{d}\Delta}{\mathrm{d}T_a}\frac{\mathrm{d}T_a}{\mathrm{d}t} = \frac{0.408(1+0.34u_2)R_n\gamma}{[\Delta+\gamma(1+0.34u_2)]^2}\frac{\mathrm{d}\Delta}{\mathrm{d}T_a}\frac{\mathrm{d}T_a}{\mathrm{d}t} \tag{6.13}$$

$$\frac{\partial ET_{0R}}{\partial R_n}\frac{\mathrm{d}R_n}{\mathrm{d}t} = \frac{0.408\Delta}{\Delta+\gamma(1+0.34u_2)}\frac{\mathrm{d}R_n}{\mathrm{d}t} \tag{6.14}$$

$$\frac{\partial ET_{0R}}{\partial u_2}\frac{\mathrm{d}u_2}{\mathrm{d}t} = -\frac{0.139\gamma\Delta R_n}{[\Delta+\gamma(1+0.34u_2)]^2}\frac{\mathrm{d}u_2}{\mathrm{d}t} \tag{6.15}$$

同理，对于空气动力学项（ET_{0A}）相关的三个气象因素为 T_a、u_2 和 e_a，而其中的 T_a 对 ET_{0A} 的影响则是通过 Δ（饱和水汽压-温度关系曲线的斜率）和 e_s（饱和水汽压）来进行表征。所以式（6.11）中的 $\mathrm{d}ET_{0A}/\mathrm{d}t$ 可以表示为

$$\frac{\mathrm{d}ET_{0A}}{\mathrm{d}t} = \frac{\partial ET_{0A}}{\partial \Delta}\frac{\mathrm{d}\Delta}{\mathrm{d}T_a}\frac{\mathrm{d}T_a}{\mathrm{d}t} + \frac{\partial ET_{0A}}{\partial u_2}\frac{\mathrm{d}u_2}{\mathrm{d}t} + \frac{\partial ET_{0A}}{\partial e_s}\frac{\mathrm{d}e_s}{\mathrm{d}T_a}\frac{\mathrm{d}T_a}{\mathrm{d}t} + \frac{\partial ET_{0A}}{\partial e_a}\frac{\mathrm{d}e_a}{\mathrm{d}t} \tag{6.16}$$

同样由 Penman-Monteith 公式可得式（6.16）中的各项式为

$$\frac{\partial ET_{0A}}{\partial \Delta}\frac{\mathrm{d}\Delta}{\mathrm{d}T_a}\frac{\mathrm{d}T_a}{\mathrm{d}t} = -\frac{\gamma u_2(e_s-e_a)900/(T_a+273)}{[\Delta+\gamma(1+0.34u_2)]^2}\frac{\mathrm{d}\Delta}{\mathrm{d}T_a}\frac{\mathrm{d}T_a}{\mathrm{d}t} \tag{6.17}$$

$$\frac{\partial ET_{0A}}{\partial u_2}\frac{du_2}{dt} = \frac{(\Delta+\gamma)\gamma(e_s-e_a)900/(T_a+273)}{[\Delta+(1+0.34u_2)\gamma]^2}\frac{du_2}{dt} \tag{6.18}$$

$$\frac{\partial ET_{0A}}{\partial e_s}\frac{de_s}{dT_a}\frac{dT_a}{dt} = \frac{\gamma[900/(T_a+273)]u_2}{\Delta+\gamma(1+0.34u_2)}\frac{de_s}{dT_a}\frac{dT_a}{dt} \tag{6.19}$$

$$\frac{\partial ET_{0A}}{\partial e_a}\frac{de_a}{dt} = -\frac{\gamma[900/(T_a+273)]u_2}{\Delta+\gamma(1+0.34u_2)}\frac{de_a}{dt} \tag{6.20}$$

为定量化各气象因素（R_n、e_a、T_a 和 u_2）对 ET_0 的影响，把以上推导所得各式对其各气象因素相关项进行合并归类后便可以计算气候变化中各气象因素变化对 ET_0 变化的贡献大小，定量化 ET_0 对气候变化的响应。

在研究 ET_0 变化对温度（T_a）的响应时，即考虑 dT_a/dt 对 dET_0/dt 的影响时，需要对式（6.12）和式（6.16）中有 dT_a/dt 的三项求和，即对式（6.13）、式（6.17）和式（6.19）三式相加求和（其中忽略 dT_a/dt 对 dR_n/dt 的影响，并认为 T_a 是 dR_n/dt 和 e_s 的唯一变量函数）。于是 ET_0 变化对气候变化中温度（T_a）变化响应的定量化公式可表示为

$$\frac{\partial ET_0}{\partial T_a}\frac{dT_a}{dt} = \frac{\partial ET_{0R}}{\partial \Delta}\frac{d\Delta}{dT_a}\frac{dT_a}{dt} + \frac{\partial ET_{0A}}{\partial \Delta}\frac{d\Delta}{dT_a}\frac{dT_a}{dt} + \frac{\partial ET_{0A}}{\partial e_s}\frac{de_s}{dT_a}\frac{dT_a}{dt} \tag{6.21}$$

代入式（6.13）、式（6.17）和式（6.19）可得到

$$\frac{\partial ET_0}{\partial T_a}\frac{dT_a}{dt} = -\frac{\gamma u_2(e_s-e_a)900/(T_a+273)}{[\Delta+\gamma(1+0.34u_2)]^2}\frac{d\Delta}{dT_a}\frac{dT_a}{dt} + \frac{0.408(1+0.34u_2)R_n\gamma}{[\Delta+\gamma(1+0.34u_2)]^2}\frac{d\Delta}{dT_a}\frac{dT_a}{dt}$$

$$+ \frac{\gamma[900/(T_a+273)]u_2}{\Delta+\gamma(1+0.34u_2)}\frac{de_s}{dT_a}\frac{dT_a}{dt} \tag{6.22}$$

式（6.22）即为气候变化中温度变化对参考作物需水量变化贡献大小的定量化方程。

同样，对于在研究 ET_0 变化对风速（u_2）的响应时，即考虑 du_2/dt 对 dET_0/dt 的影响时，需要对式（6.12）和式（6.16）中有 du_2/dt 的两项，即式（6.15）和式（6.18）相加求和。于是 ET_0 变化对气候变化中风速（u_2）变化响应的定量化公式可表示为

$$\frac{\partial ET_0}{\partial u_2}\frac{du_2}{dt} = \frac{\partial ET_{0R}}{\partial u_2}\frac{du_2}{dt} + \frac{\partial ET_{0A}}{\partial u_2}\frac{du_2}{dt} \tag{6.23}$$

代入（6.15）和式（6.18）可得到

$$\frac{\partial ET_0}{\partial u_2}\frac{du_2}{dt} = -\frac{0.139\gamma\Delta R_n}{[\Delta+\gamma(1+0.34u_2)]^2}\frac{du_2}{dt} + \frac{(\Delta+\gamma)\gamma(e_s-e_a)900/(T_a+273)}{[\Delta+(1+0.34u_2)\gamma]^2}\frac{du_2}{dt} \tag{6.24}$$

式（6.24）即为气候变化中风速变化对参考作物需水量变化贡献大小的定量化方程。

ET_0 对于净辐射的响应只在辐射项中产生，即考虑 dR_n/dt 对 dET_0/dt 的影响时只需要考虑 dR_n/dt 对 dET_{0R}/dt 的影响即可，即

$$\frac{\partial ET_0}{\partial R_n}\frac{dR_n}{dt} = \frac{\partial ET_{0R}}{\partial R_n}\frac{dR_n}{dt} \tag{6.25}$$

代入式（6.14）可得

$$\frac{\partial ET_0}{\partial R_n}\frac{dR_n}{dt} = \frac{0.408\Delta}{\Delta+\gamma(1+0.34u_2)}\frac{dR_n}{dt} \tag{6.26}$$

相同的，ET_0 对于实际水汽压的响应只在辐射项中产生，即考虑 de_a/dt 对 dET_0/dt 的影响时只需要考虑 de_a/dt 对 dET_{0A}/dt 的影响即可，即

$$\frac{\partial ET_0}{\partial e_a}\frac{de_a}{dt}=\frac{\partial ET_{0A}}{\partial e_a}\frac{de_a}{dt} \tag{6.27}$$

代入式（6.20）可得

$$\frac{\partial ET_0}{\partial e_a}\frac{de_a}{dt}=-\frac{\gamma[900/(T_a+273)]u_2}{\Delta+\gamma(1+0.34u_2)}\frac{de_a}{dt} \tag{6.28}$$

通过式（6.22）、式（6.24）、式（6.26）和式（6.28）四式就能分别定量化区分 ET_0 变化对气候变化中温度（T_a）、风速（u_2）、净辐射（R_n）和实际水汽压（e_a）变化的响应。

6.3.2　ET_0 对气候变化响应的量化评价

6.3.2.1　海河流域 ET_0 对气候变化响应的量化评价

首先对 ET_0 对气候变化响应的量化方程所涉及的 1950—2007 年气象因素 ET_0、P、R_n、T_a、u_2 和 e_a，利用 Kendall 检验法和 Pettitt 非参数变点检验法，进行了变化趋势分析，其结果见表 6.1。

表 6.1　　　　1950—2007 年海河流域 ET_0 对气候变化响应的量化方程中所涉及
的气象因素的变化趋势

统计量	多年平均值	多年变化率	检验值	变化趋势
参考作物需水量（ET_0）	1002.5mm	−1.0mm/a	−2.65	↓ * *
降雨量（P）	522mm	−2.0mm/a	−1.58	↓
净辐射量（R_n）	8.05MJ/(m² · d)	−0.012MJ/(m² · d · a)	−5.63	↓ * *
平均温度（T_a）	283.6K	0.03K/a	4.98	↑ * *
风速（u_2）	1.77m/s	−0.01m/(s · a)	−6.29	↓ * *
实际水汽压（e_a）	1113Pa	0.74Pa/a	1.90	↑

注　↑表示上升趋势；↓表示下降趋势；＊＊表示显著性水平达到 0.01。

海河流域的太阳净辐射和风速呈现整体明显下降趋势，温度在全流域呈现整体明显上升趋势，降水量呈现不明显的整体下降趋势。这表明海河流域在近 58 年内日照时数下降，风速降低，有变得愈加暖干的趋势。流域内各气象要素变化序列均在 20 世纪 80 年代产生变点。其中风速、太阳净辐射以及温度产生变点的时间为 80 年代中期。

利用式（6.22）、式（6.24）、式（6.26）和式（6.28）计算的海河流域 34 个站点的 ET_0 对 T_a、u_2、R_n、e_a 的响应及 ET_0 的变化率列于表 6.2。

表 6.2　　　　　海河流域各站点 ET_0 对各气象因素变化响应的量化　　　　单位：mm/a²

序号	气象站点	净辐射量（R_n） $\dfrac{\partial ET_0}{\partial R_n}\dfrac{dR_n}{dt}$	平均温度（T_a） $\dfrac{\partial ET_0}{\partial T_a}\dfrac{dT_a}{dt}$	实际水汽压（e_a） $\dfrac{\partial ET_0}{\partial e_a}\dfrac{de_a}{dt}$	风速（u_2） $\dfrac{\partial ET_0}{\partial u_2}\dfrac{du_2}{dt}$	ET_0 变化率 dET_0/dt
1	安阳	−1.6	0.9	−0.8	−0.4	−1.9
2	保定	−1.1	1.8	0.1	−1.5	−0.8
3	北京	−1.2	2.5	0.6	−0.6	1.3

序号	气象站点	净辐射量（R_n） $\dfrac{\partial ET_0}{\partial R_n}\dfrac{dR_n}{dt}$	平均温度（T_a） $\dfrac{\partial ET_0}{\partial T_a}\dfrac{dT_a}{dt}$	实际水汽压（e_a） $\dfrac{\partial ET_0}{\partial e_a}\dfrac{de_a}{dt}$	风速（u_2） $\dfrac{\partial ET_0}{\partial u_2}\dfrac{du_2}{dt}$	ET_0 变化率 dET_0/dt
4	沧州	−1.3	2.1	−1.3	−2.8	−3.4
5	朝阳	−0.8	0	−1.7	−1.5	−4.0
6	承德	−0.7	0.1	−0.7	−0.9	−2.1
7	大同	−0.5	1.9	0	−0.5	0.9
8	德州	−0.2	0.4	−1.8	−0.8	−2.4
9	多伦	−0.7	2.5	−1.0	−0.8	0
10	丰宁	−0.4	1.7	−0.3	−0.8	0.2
11	怀来	−0.3	2.8	−0.9	−2.4	−0.9
12	黄骅	−1.2	2.6	−0.7	−1.3	−0.6
13	惠民	−0.3	1.6	−1.2	−0.6	−0.5
14	晋东南	−0.6	1.0	0.3	0.8	1.5
15	廊坊	−1.3	2.8	−0.2	−3.3	−1.9
16	乐亭	−0.3	2.8	−0.5	−2.5	−0.4
17	南宫	−0.6	1.0	−0.7	−2.2	−2.5
18	青龙	−0.7	1.8	−1.2	−1.6	−1.7
19	秦皇岛	−0.8	1.3	−0.6	−1.3	−1.4
20	饶阳	−1.0	1.1	−0.2	−0.5	−0.7
21	石家庄	−2.0	1.8	−0.1	−0.4	−0.8
22	塘沽	−0.6	2.4	−0.4	−1.2	0.1
23	唐山	−1.4	3.8	0.5	−2.0	0.8
24	天津	−1.4	1.6	−0.6	−1.9	−2.4
25	围场	−0.6	1.9	−0.5	−1.0	−0.2
26	蔚县	−0.4	2.4	−0.3	−0.4	1.2
27	邢台	−1.8	0.8	−0.1	−0.4	−1.4
28	新乡	−1.1	2.0	0.3	−1.9	−0.7
29	阳泉	−1.0	1.5	−0.5	−1.2	−1.3
30	右玉	−0.3	1.4	−0.3	−1.1	−0.2
31	原平	−0.8	0.7	−0.4	0.9	0.5
32	榆社	−1.3	2.0	−0.1	−1.6	−1.1
33	张家口	−0.6	3.0	−0.7	−3.5	−1.8
34	遵化	−1.2	1.5	−0.3	−1.9	−1.9
全流域		−0.9	1.7	−0.5	−1.3	−1.0

从表 6.2 可以得出，各个站点中，温度对 ET_0 的影响全部为正值，其余三个气象因素对 ET_0 的影响除个别站点外均为负值，在产生负影响的三个气象因素中风速和净辐射量对 ET_0 的影响大于实际水汽压的影响。对多数站点而言，温度是对 ET_0 影响最大的气象因素。

表 6.2 表明全流域 34 个站点的 ET_0 对净辐射的响应均为负值，对温度的响应均为正值，这表明温度上升带来的 ET_0 上升是普遍存在的，而净辐射的降低对 ET_0 的负影响在全流域范围内存在。风速影响在全流域 34 个站点中呈现负效应的有 32 个站点，只有两个站点晋东南和原平站对风速的响应呈现了正效应，这表明流域内 ET_0 对风速的响应呈现负效应是普遍存在的。在流域 34 个站点中，有 28 个站点对实际水汽压呈现了 ET_0 的负效应。流域内温度升高造成的 ET_0 变化为 1.7mm/a^2，风速下降而造成的 ET_0 变化为 -1.3mm/a^2，净辐射下降造成的 ET_0 变化为 -0.9mm/a^2，由实际水汽压造成的 ET_0 变化为 -0.5mm/a^2。而这些变化共同产生的结果是使得海河流域 ET_0 变化为 -1.0mm/a^2。即在海河流域内，温度对 ET_0 产生了正向的影响，使得 ET_0 呈现上升趋势，而其他三个气象因素使得流域内 ET_0 产生了负向的影响，而综合结果使得 ET_0 产生了负变化率。在四个气象因素中，对 ET_0 变化率影响最大的是温度，其次是风速，而实际水汽压的变化所带来的影响最小。

利用 ArcGIS 软件的 ArcMap 的功能，把 34 个站点的 ET_0 变化对各气象因素响应结果用 IDW 法进行插值，获得海河流域 ET_0 对四个气象因素变化响应量化的空间分布如图 6.1 所示。由图 6.1（a）可知，对于实际水汽压而言，在流域普遍范围内影响较小，但基本上在整个流域对 ET_0 变化的影响为负值（表 6.2），一般低于 1mm/a^2，其中流域东南部影响在整个流域中较大，最大值达到 -1.7mm/a^2，只有北京地区附近，海河入海口（沧州），以及流域西南部和南部有少量呈现上升趋势。整体而言，在整个流域影响低于其他三个气象因素。e_a 对于 ET_0 在全流域的影响基本不大，并且在流域各个不同地区显示不同正负向的影响，只在流域东南部（徒骇马颊河流域）显示了比较明显的负向值。

由图 6.1（b）可知，对于净辐射而言，海河流域地区 ET_0 对净辐射的响应体现为一种负的趋势，其中以流域平原地区更为显著，较大值地区包括石家庄 -2.0mm/a^2、安阳 -1.6mm/a^2 等地，均位于流域平原区，而流域平原区 ET_0 对净辐射的响应较流域山地区更为激烈，尤其在下游入海口以及流域南部地区更为显著。流域北部影响较小。净辐射对 ET_0 变化率在全流域均体现了负值的影响，尤其在流域中部平原区和最南部（河南省境内）体现的影响要大于流域其他地区，其影响值流域北部偏小。

由图 6.1（c）可知，ET_0 对于大气平均温度的响应在海河全流域范围内呈现一种正的趋势，即由于温度升高，使得海河流域 ET_0 呈现一种上升变化的趋势，这种变化率多年平均值为 1.7mm/a^2，在海河入海口，流域西北部山地区这种趋势更为明显，最大值在唐山，达到 3.8mm/a^2，整体而言，温度是目前海河流域内对 ET_0 变化贡献最大的气象因素，在全流域广大范围内显示了非常明显的正向影响，其中影响最大的地区是流域中部和流域北部山地区。

由图 6.1（d）可知海河流域 ET_0 对于风速的响应在流域绝大部分地区呈现一种负的

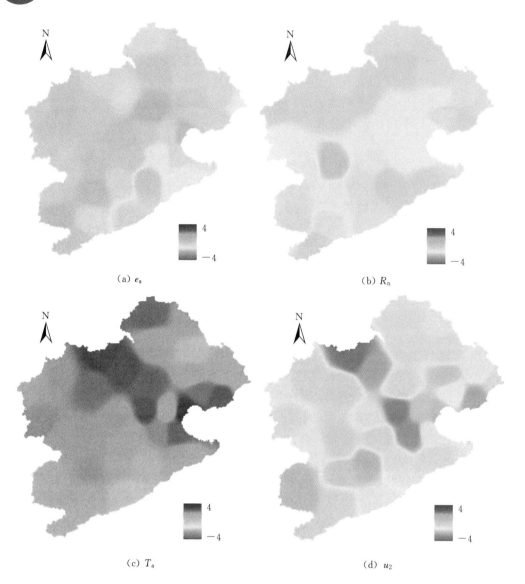

(a) e_a (b) R_n

(c) T_a (d) u_2

图 6.1　海河流域 ET_0 变化对气候变化响应的空间分布（单位：mm/a^2）

趋势，即随着风速的降低，海河流域的 ET_0 变化速率存在下降趋势，在流域的中部地带，以及海河入海口这种趋势更为显著，流域的西北部山地区这种趋势也很明显，最大值站点为西北部张家口站，达到 $-3.5mm/a^2$，而在流域西南部山区地带，ET_0 对风速的响应存在一定程度的上升趋势，如晋东南为 $0.8mm/a^2$，原平为 $0.9mm/a^2$。风速是海河流域对 ET_0 影响第二敏感的因素，也是对海河流域内 ET_0 产生负影响趋势的最大敏感因素。从计算结果可知风速的下降是流域内 ET_0 值下降的主要原因，u_2 在全流域范围也显示了普遍下降的趋势，除了西南部山区地带有对 ET_0 变化率一定程度的上升影响，整个流域内的沿海地区和西北部山区地带体现的下降值大于流域内其他地区。

　　图 6.2 列出了 ET_0 变化速率在年内的变化，ET_0 变化速率有明显的季节变化规律，

而且造成这种变化规律的原因不是由一个气象因素造成的，而是多个气象因素整体作用的综合结果。

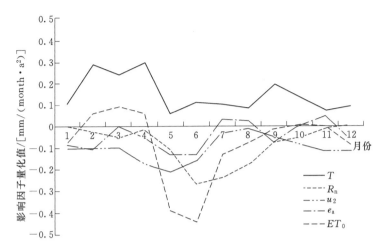

图 6.2 海河流域 ET_0 对气候变化响应的年内变化

如图 6.2 所示，温度在全年过程中均体现了一种正的影响，即 ET_0 变化率对于温度的响应在全年时间内均呈现增大的趋势，尤其是在 2 月、3 月和 4 月达到高峰值，此外在 9 月和 10 月也有一个峰值，说明温度在对 ET_0 变化率影响上有季节性变化效应，在春季和秋季对 ET_0 变化速率影响最为显著。净辐射在全年不同月份均对 ET_0 变化产生了负的影响，尤其是在 6 月、7 月和 8 月这三个月，在这三个月中净辐射对 ET_0 变化产生的影响最大，这也是全年中的最大值，而净辐射在全年的其他时间段内对 ET_0 变化速率的影响较小，所以净辐射对 ET_0 变化率在夏季的影响最大，而在其他季节则影响较低。风速和净辐射在流域内年内变化非常相似，在全年内对 ET_0 的变化产生的影响均为负值，从 4—6 月负的影响较大，即风速的影响在春季十分显著。实际水汽压在全年内对 ET_0 变化率在不同的月有不同的影响，在 7 月、8 月和 11 月是正的影响趋势，而在其他月是负的影响，最大负影响出现在 5 月和 6 月。总体而言，ET_0 变化速率在 2 月、3 月、4 月以及 10 月呈现正的影响，主要原因是在这段时间内温度的正影响要大于其他三项气象因素对 ET_0 影响的总和，而 ET_0 变化速率由于其他三项因素的影响在 5—8 月这段时间内呈现比较明显的负值。综上所述，对于流域内 ET_0 多年变化趋势为 -1.0mm/a^2 的主要原因是风速、实际水汽压以及净辐射对其的影响，而在年内变化中，ET_0 变化速率在夏季呈现明显下降的趋势的原因主要是对风速、实际水汽压和净辐射的综合响应。综上所述，流域内 ET_0 对气候变化响应是基于多种气象因素综合影响的结果。

海河流域 1950—2007 年 ET_0 的整体变化趋势为 -1.0mm/a^2，表 6.3 显示了海河流域辐射项和空气动力学项在整体上对 ET_0 变化速率的影响。ET_0 变化速率对辐射项的响应为 0.2mm/a^2，而对空气动力学项的响应为 -1.2mm/a^2。这表明海河流域 ET_0 呈现下降的趋势主要是由于空气动力学项下降所引起的，而辐射项对 ET_0 变化速率的影响较小。从表 6.3 可知，辐射项对温度的响应为 0.4mm/a^2，空气动力学项对温度的响应则为 -0.3mm/a^2；辐射项对风速的响应为 0.7mm/a^2，空气动力学项对风速的响应则为

$-2.0 \text{mm}/\text{a}^2$。辐射项对净辐射的响应为$-0.9 \text{mm}/\text{a}^2$，为辐射项影响中最主要的因素。实际水汽压仅对空气动力学项有影响。对于空气动力学项而言，风速为影响空气动力学项变化的最大因素。

表 6.3 　　　　1950—2007 年海河流域各气象因素变化对 ET_0 变化的贡献大小　　　单位：mm/a^2

ET_0 变化率						
辐射项产生的变化率			空气动力学项产生的变化率			
温度	净辐射	风速	温度	风速	水汽压	
$\dfrac{\partial ET_{0R}}{\partial \Delta}\dfrac{\mathrm{d}\Delta}{\mathrm{d}T_a}\dfrac{\mathrm{d}T_a}{\mathrm{d}t}$	$\dfrac{\partial ET_{0R}}{\partial R_n}\dfrac{\mathrm{d}R_n}{\mathrm{d}t}$	$\dfrac{\partial ET_{0R}}{\partial u_2}\dfrac{\mathrm{d}u_2}{\mathrm{d}t}$	$\dfrac{\partial ET_{0A}}{\partial \Delta}\dfrac{\mathrm{d}\Delta}{\mathrm{d}T_a}\dfrac{\mathrm{d}T_a}{\mathrm{d}t}$	$\dfrac{\partial ET_{0A}}{\partial u_2}\dfrac{\mathrm{d}u_2}{\mathrm{d}t}$	饱和水汽压 $\dfrac{\partial ET_{0A}}{\partial e_s}\dfrac{\mathrm{d}e_s}{\mathrm{d}T_a}\dfrac{\mathrm{d}T_a}{\mathrm{d}t}$	实际水汽压 $\dfrac{\partial ET_{0A}}{\partial e_a}\dfrac{\mathrm{d}e_a}{\mathrm{d}t}$
0.4	-0.9	0.7	-0.3	-2.0	1.6	-0.5
					1.1	
0.2			-1.2			
-1.0						

表 6.4 表示的是各站点辐射项和空气动力学项对 ET_0 变化率的贡献大小。图 6.3 表示的是海河流域辐射项和空气动力学项对 ET_0 变化率变化的贡献在全流域的空间分布。

表 6.4 　　　　海河流域各站点辐射项和空气动力学项对 ET_0 变化的贡献大小　　　单位：mm/a^2

站点	辐射项	空气动力学项	站点	辐射项	空气动力学项
安阳	-1.14	-0.80	秦皇岛	0.70	-2.40
保定	0.09	-0.85	青龙	0.27	-1.68
北京	-0.31	1.57	饶阳	-0.44	-0.23
沧州	0.54	-3.96	石家庄	-1.25	0.48
朝阳	0.31	-4.33	塘沽	0.52	-0.39
承德	-0.44	-1.70	唐山	0.29	0.52
大同	0.25	0.64	天津	-0.14	-2.23
德州	0.41	-2.79	围场	0.49	-0.67
多伦	0.41	-0.37	蔚县	0.54	0.64
丰宁	0.48	-0.29	邢台	-1.29	-0.16
怀来	1.20	-2.07	新乡	0.47	-1.13
黄骅	-0.08	-0.52	阳泉	-0.18	-1.07
惠民	0.41	-0.94	右玉	0.86	-1.09
晋东南	-0.85	2.38	原平	-1.19	1.66
廊坊	0.99	-2.93	榆社	0.05	-1.11
乐亭	2.07	-2.51	张家口	1.35	-3.15
南宫	0.71	-3.21	遵化	0.16	-2.08

从表 6.4 可得全流域 34 个站点中辐射项呈现负影响的有 10 个站点，呈现正影响趋势的有 24 个站点，总平均值为 0.18mm/a²，为不显著上升，其中最大值为乐亭站 2.07mm/a²。从图 6.3 空间分布可知，辐射项对 ET_0 影响从流域西南向北逐渐由负值过渡到正值，并且逐渐升高，流域北部地区的影响大于中部平原区影响，但总体而言，辐射项对 ET_0 变化速率的贡献在全流域范围内并不明显。

由表 6.4 可知，全流域 34 个站点中，空气动力学项中呈现负趋势的有 27 个站点，呈现正趋势的有 7 个站点，总平均趋势为 −1.08mm/a²，体现了一种显著下降的趋势，最大值为朝阳站 −4.33mm/a²。从图 6.3 空间分布可知，流域绝大部分地区空气动力学项体现下降趋势，在流域的中部平原区、流域西北部以及滦河下游地区空气动力学项呈现负趋势较为明显，尤其在流域东南部平原区，这种负向趋势较为显著，流域其余广大地方均体现了这种负向趋势，而在流域西南部山地区则体现了正影响趋势。海河流域内辐射项的影响在总体上要低于空气动力学项，ET_0 变化对空气动力学项响应多为负值，对辐射项响应多为正值，并且各站的空气动力学项的影响要大于辐射项的影响。

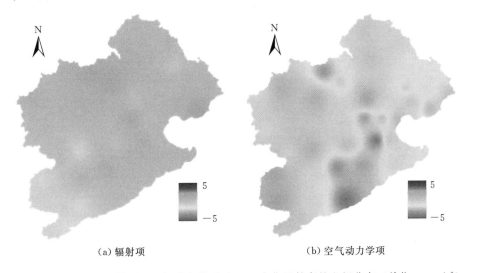

（a）辐射项　　　　　　　　　　　　（b）空气动力学项

图 6.3　海河流域辐射项和空气动力学项对 ET_0 变化贡献率的空间分布（单位：mm/a²）

6.3.2.2　黑河流域 ET_0 对气候变化响应的量化评价

首先对 ET_0 对气候变化响应的量化方程所涉及的 1955—2013 年气象因素 ET_0、P、R_n、T_a、u_2 和 e_a，利用 Kendall 检验法和 Pettitt 非参数变点检验法，进行了变化趋势分析，其结果见表 6.5。

表 6.5　1955—2013 年黑河流域 ET_0 对气候变化响应的量化方程中所涉及的气象因素的变化趋势

统　计　量	多年平均值	多年变化率	检验值	变化趋势
参考作物需水量（ET_0）	1066.8mm	−0.70mm/a	−0.06	↓
降雨量（P）	194mm	0.11mm/a	2.50	↑ *
净辐射量（R_n）	7.93MJ/(m²·d)	−0.0025MJ/(m²·d·a)	−0.36	↓

统计量	多年平均值	多年变化率	检验值	变化趋势
平均温度（T_a）	278.5K	0.024K/a	6.42	↑＊＊
风速（u_2）	2.26m/s	−0.0062m/(s·a)	−5.03	↓＊＊
实际水汽压（e_a）	584.6Pa	0.87Pa/a	3.61	↑＊＊

注　↑表示上升趋势；↓表示下降趋势；＊表示显著性水平达到0.05；＊＊表示显著性水平达到0.01。

分析黑河流域各个站点气象因素的变化发现，流域风速呈现整体明显下降趋势，而实际水汽压和温度在全流域呈现整体明显上升趋势。

利用式（6.22）、式（6.24）、式（6.26）和式（6.28）计算的黑河流域25个站点的ET_0对T_a、u_2、R_n、e_a的响应及ET_0变化率列于表6.6。

表6.6　　　　黑河流域各站点ET_0对各气象因素变化响应的量化　　　　单位：mm/a²

气象站点	净辐射量（R_n）	平均温度（T_a）	实际水汽压（e_a）	风速（u_2）	ET_0变化率
阿右旗	−0.0038	−0.5296	−0.1387	−0.0060	−0.6781
德令哈	−0.0024	−0.8038	−0.0524	−0.0228	−0.8814
鼎新	0.0013	5.1466	−7.1404	−0.0052	−1.9978
额济纳旗	0.0062	−2.8164	0.4236	−0.0052	−2.3918
刚察	−0.0031	−0.1548	−0.5003	−0.0030	−0.6611
高台	−0.0044	2.2941	−5.0109	−0.0043	−2.7255
拐子湖	0.0009	0.4570	−0.2716	0.0110	0.1972
吉河德	0.0008	4.1986	5.8139	0.0007	10.0141
金塔	0.0019	5.4071	−6.3899	−0.0232	−1.0041
景泰	−0.0024	−0.1035	−2.4704	−0.0050	−2.5812
酒泉	0.0029	−3.4506	−1.1453	0.0171	−4.5759
马鬃山	0.0002	0.5478	1.2014	0.0014	1.7509
门源	−0.0013	0.5803	3.0569	−0.0003	3.6357
民勤	−0.0016	−0.8411	−2.7284	−0.0018	−3.5729
祁连	0.0006	6.6676	0.7485	−0.0196	7.3971
山丹	−0.0013	6.3828	−7.0912	−0.0093	−0.7191
松山	−0.0025	5.4296	−8.9508	0.0035	−3.5202
托勒	−0.0008	1.5152	−0.3479	0.0003	1.1668
乌鞘岭	0.0013	5.5104	−4.4752	0.0024	1.0388
梧桐沟	−0.0001	2.7199	0.3073	0.0146	3.0417
武威	−0.0018	−0.3445	−1.2093	−0.0046	−1.5602
野牛沟	−0.0008	1.7853	−4.7111	−0.0021	−2.9287
永昌	−0.0013	−0.3552	−4.9883	−0.0001	−5.3447
玉门镇	0.0001	−0.4895	−4.8729	−0.0106	−5.3728
张掖	0.0024	2.0506	1.6888	0.0127	3.7545
全流域	−0.0004	1.6322	−1.9702	−0.0024	−0.3408

　　表 6.6 表明黑河流域各个站点中，温度对 ET_0 的影响大部分为正值，对多数站点而言，实际水汽压为对 ET_0 影响最大的气象因素，温度次之，然后是风速，净辐射最次。全流域 25 个站点的 ET_0 对净辐射、温度的响应正负值各半，这表明净辐射与温度升高和降低对 ET_0 的影响在全流域范围内并不明显；实际水汽压与风速在全流域负趋势占大多数，这表明流域内 ET_0 对实际水汽压与风速的响应呈现负的影响。

　　流域内净辐射变化造成 ET_0 的变化为 -0.0004mm/a^2，温度变化造成的 ET_0 的变化为 1.6322mm/a^2，实际水汽压变化造成的 ET_0 变化为 -1.9702mm/a^2，风速变化造成的 ET_0 的变化为 -0.0024mm/a^2。而这些导致的结果是使得黑河流域内 ET_0 变化为 -0.3408mm/a^2。因此，在黑河流域内，温度对 ET_0 变化产生了正的影响，使得 ET_0 呈现上升趋势，而其他三个因素使得流域内 ET_0 变化产生了负的影响，而综合结果使得 ET_0 产生了负变化速率。在四个因素中，对 ET_0 变化率影响最大的是实际水汽压，其次是平均温度，而净辐射的变化所带来的影响最小。

　　黑河流域 ET_0 变化对气候变化响应情况的空间分布如图 6.4 所示。由图 6.4 （a）可知，实际水汽压是流域内对 ET_0 影响最大的气象因素，流域北部吉诃德、额济纳旗影响为正值，且最大值达到 5.61mm/a^2，流域中部以及南部山区影响大部分为负值，最小值达到 -6.90mm/a^2，即由于实际水汽压的降低，使得黑河流域 ET_0 呈现了下降的趋势，这种变化速率多年平均值为 -1.97mm/a^2。

　　由图 6.4 （b）可知，黑河流域 ET_0 变化对净辐射的响应为一种负的趋势，是四个气象因素中影响最小的，其中以流域南部地区较为显著，其影响值在流域中部偏小。

　　由图 6.4 （c）可知，黑河流域 ET_0 变化对平均温度的响应在全流域范围内为正的趋势，在流域南部山地区以及中部平原大部分地区这种趋势更为明显，最大值为祁连，达到 6.7mm/a^2，整体而言，温度是目前黑河流域内对 ET_0 变化贡献较大的气象因素，在全流域广大范围内显示了非常明显的正影响。

　　由图 6.4 （d）可知，黑河流域 ET_0 对风速的响应在流域南部部分地区内呈现负的趋势，北部部分地区内呈现正的趋势，对整体来说这种影响并不明显。

　　黑河流域 1955—2013 年 ET_0 的整体变化率为 -0.3408mm/a^2，表 6.7 显示了黑河流域辐射项和空气动力学项在整体上对 ET_0 变化速率的影响。ET_0 变化速率对辐射项的响应为 1.0875mm/a^2，而对空气动力学项的响应为 -1.4283mm/a^2。这表明黑河流域 ET_0 呈下降趋势主要是由于空气动力学项下降所引起的，而辐射项对 ET_0 变化速率的影响相对较小。辐射项对温度的响应为 1.0867mm/a^2，空气动力学项对温度的响应则为负值，为 -0.9733mm/a^2；辐射项对风速的响应为 0.0012mm/a^2，空气动力学项对风速的响应则为 -0.0035mm/a^2；辐射项对净辐射的响应为 -0.0004mm/a^2。温度是辐射项影响中最主要的因素，实际水汽压仅对空气动力学项有影响。对于空气动力学项而言，实际水汽压为影响空气动力学项变化的最大因素。

　　表 6.8 列出了黑河流域各站点辐射项和空气动力学项对于各站点 ET_0 变化率的贡献大小。从表 6.8 可知，全流域 25 个站点中辐射项呈现负影响的只有 1 个站点，呈现正影响趋势的有 24 个站点，总平均值为 1.09mm/a^2，其中最大值为民勤站 2.61mm/a^2，说明 ET_0 变化对辐射项响应为正影响。空气动力学项中呈现负趋势的有 18 个站点，呈现正趋

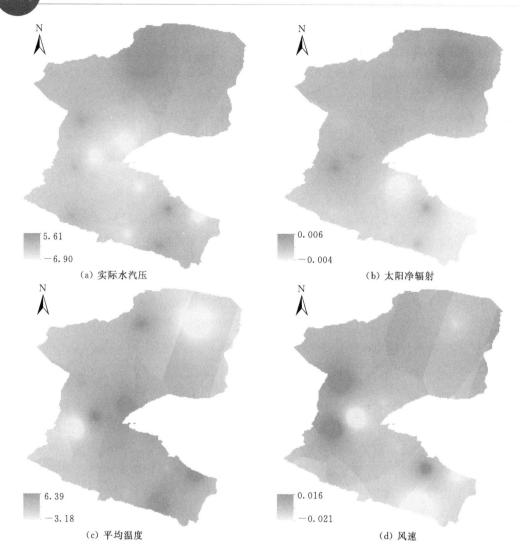

(a) 实际水汽压   (b) 太阳净辐射

(c) 平均温度   (d) 风速

图 6.4 黑河流域 ET_0 变化对气候变化响应的空间分布（单位：mm/a^2）

表 6.7　　　　　　　　**黑河流域各气象因素变化对 ET_0 变化的贡献大小**　　　　　单位：mm/a^2

ET_0 变化率						
辐射项产生的变化率			空气动力学项产生的变化率			
温度 $\dfrac{\partial ET_{0R}}{\partial \Delta}\dfrac{d\Delta}{dT_a}\dfrac{dT_a}{dt}$	净辐射 $\dfrac{\partial ET_{0R}}{\partial R_n}\dfrac{dR_n}{dt}$	风速 $\dfrac{\partial ET_{0R}}{\partial u_2}\dfrac{du_2}{dt}$	温度 $\dfrac{\partial ET_{0A}}{\partial \Delta}\dfrac{d\Delta}{dT_a}\dfrac{dT_a}{dt}$	风速 $\dfrac{\partial ET_{0A}}{\partial u_2}\dfrac{du_2}{dt}$	水 汽 压	
					饱和水汽压 $\dfrac{\partial ET_{0A}}{\partial e_s}\dfrac{de_s}{dT_a}\dfrac{dT_a}{dt}$	实际水汽压 $\dfrac{\partial ET_{0A}}{\partial e_a}\dfrac{de_a}{dt}$
1.0867	−0.0004	0.0012	−0.9733	−0.0035	1.5188	−1.9702
					−0.4514	
1.0875			−1.4283			
−0.3408						

势的有 7 个站点，总平均趋势为 -1.43mm/a^2，大部分地区呈现下降的趋势，下降最大的为永昌站 -6.446mm/a^2。黑河流域辐射项对 ET_0 变化的影响在总体上要低于空气动力学项，ET_0 变化对辐射项响应多为正值，对空气动力学项响应多为负值。

表 6.8　　　　黑河流域各站点辐射项和空气动力学项对 ET_0 变化的贡献大小　　　　单位：mm/a^2

站点	辐射项	空气动力学项	站点	辐射项	空气动力学项
阿右旗	2.062	-2.740	民勤	2.610	-6.183
德令哈	0.811	-1.692	祁连	1.332	6.065
鼎新	0.938	-2.936	山丹	1.680	-2.399
额济纳旗	1.357	-3.749	松山	2.067	-5.587
刚察	-0.119	-0.542	托勒	0.786	0.380
高台	0.838	-3.564	乌鞘岭	0.780	0.259
拐子湖	1.678	-1.481	梧桐沟	0.757	2.284
吉河德	2.112	7.902	武威	0.467	-2.027
金塔	0.935	-1.939	野牛沟	0.554	-3.483
景泰	0.134	-2.715	永昌	1.101	-6.446
酒泉	0.863	-5.439	玉门镇	0.245	-5.617
马鬃山	1.779	-0.028	张掖	0.867	2.888
门源	0.554	3.082			

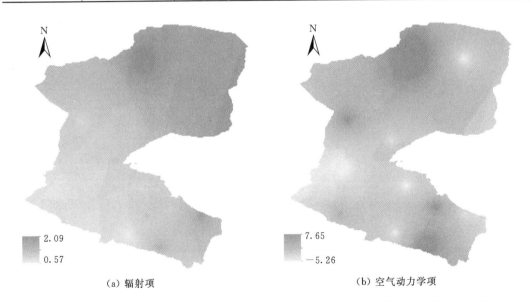

图 6.5　黑河流域辐射项和空气动力学项对 ET_0 变化贡献率的空间分布（单位：mm/a^2）

从图 6.5 可看出，黑河流域南部以及中部大部分区域辐射项对 ET_0 变化的影响呈负值，北部大部分地区为正值，尤其在内蒙古额济纳旗达到最大值。辐射项对 ET_0 变化的影响总体上低于空气动力学项，各站点 ET_0 变化的空气动力学项影响也大于辐射项的影响。流域内绝大部分地区空气动力学项呈现下降趋势，仅仅只有在北部以及南部局部区域才有小范围的正影响趋势。

6.4 区域实际耗水对变化环境响应的量化与评价

6.4.1 模型的理论推导

对于长时间尺度上的实际耗水（ET），可以看成是对降水（P）和蒸发能力（可近似用 ET_0 表示）的响应。不少学者根据观测到的流域 ET 与降水、径流以及蒸发能力之间的数量关系提出了描述流域 ET 的经验公式，其中 Budyko（1974）公式是这类公式中被广泛应用的代表之一：

$$\frac{ET}{P} = \left\{ \frac{ET_0}{P} \left[1 - \exp\left(-\frac{ET_0}{P} \right) \right] \tanh\left(\frac{P}{ET_0} \right) \right\}^{0.5} \tag{6.29}$$

傅抱璞[35] 从 Budyko 基本的假设出发，运用量纲分析和微积分理论推导得出 Budyko 假设的解析式：

$$ET = P + ET_0 - (P^\omega + ET_0^\omega)^{\frac{1}{\omega}} \tag{6.30}$$

式（6.30）也可描述为以下两种形式：

$$\frac{ET}{P} = 1 + \frac{ET_0}{P} - \left[1 + \left(\frac{ET_0}{P} \right)^\omega \right]^{\frac{1}{\omega}} \tag{6.31}$$

$$\frac{ET}{ET_0} = 1 + \frac{P}{ET_0} - \left[1 + \left(\frac{P}{ET_0} \right)^\omega \right]^{\frac{1}{\omega}} \tag{6.32}$$

参照式（6.30），可写出实际耗水的全微分形式：

$$\delta ET = \frac{\partial ET}{\partial P} \delta P + \frac{\partial ET}{\partial ET_0} \delta ET_0 + \frac{\partial ET}{\partial \omega} \delta \omega \tag{6.33}$$

从式（6.30）中可以求得 $\partial ET/\partial P$ 和 $\partial ET/\partial ET_0$ 的解析表达式：

$$\frac{\partial ET}{\partial P} = 1 - \left[1 + \left(\frac{P}{ET_0} \right)^\omega \right]^{\frac{1}{\omega}-1} \left(\frac{P}{ET_0} \right)^{\omega-1} \tag{6.34}$$

$$\frac{\partial ET}{\partial ET_0} = 1 - \left[1 + \left(\frac{ET_0}{P} \right)^\omega \right]^{\frac{1}{\omega}-1} \left(\frac{ET_0}{P} \right)^{\omega-1} \tag{6.35}$$

式中：$\partial ET/\partial P$ 和 $\partial ET/\partial ET_0$ 的取值范围为 $(0,1)$，同样，$\partial ET/\partial \omega$ 也可以通过对式（6.30）求偏导，而得出解析式：

$$\frac{\partial ET}{\partial \omega} = -(ET_0^\omega + P^\omega)^{\frac{1}{\omega}} \left[-\frac{\ln(ET_0^\omega + P^\omega)}{\omega^2} + \frac{1}{\omega} \frac{ET_0^\omega \ln(ET_0) + P^\omega \ln(P)}{ET_0^\omega + P^\omega} \right] \tag{6.36}$$

把式（6.36）改成无量纲形式：

$$\frac{\partial (ET/P)}{\partial \omega} = -(1 + \varphi^\omega)^{\frac{1}{\omega}} \left[-\frac{\ln(1+\varphi^\omega)}{\omega^2} + \frac{\varphi^\omega}{\omega} \frac{\ln(\varphi)}{1+\varphi^\omega} \right] \tag{6.37}$$

考虑到流域下垫面在相当时间内处于稳定状态，参数 ω 对同一流域中可采用一固定值，于是实际耗水的全微分形式（6.33）可以简化为

$$\delta ET = \frac{\partial ET}{\partial P} \delta P + \frac{\partial ET}{\partial ET_0} \delta ET_0 \tag{6.38}$$

ΔET 变化可以看作是由气候原因引起的变化 ΔET^{clim} 和由人类活动引起的变化

ΔET^{hum} 两部分组成，可表示如下：

$$\Delta ET^{\text{tot}} = \Delta ET^{\text{clim}} + \Delta ET^{\text{hum}} \tag{6.39}$$

式（6.39）随时间变化（$\delta ET/\delta t$）如下：

$$\frac{\delta ET^{\text{tot}}}{\delta t} = \frac{\delta ET^{\text{clim}}}{\delta t} + \frac{\delta ET^{\text{hum}}}{\delta t} \tag{6.40}$$

由于 Budyko 假设基于长时间尺度，所以 ΔET^{clim} 可以看作是基于 Budyko 假设所产生的 ΔET 的变动，对式（6.40）中的 ΔET^{clim} 做 Budyko 方程全微分形式，即式（6.38）的变换，可得

$$\frac{\delta ET^{\text{clim}}}{\delta t} = \frac{\partial ET}{\partial P}\frac{\delta P}{\delta t} + \frac{\partial ET}{\partial ET_0}\frac{\delta ET_0}{\delta t} \tag{6.41}$$

把式（6.41）代入到式（6.40），可得

$$\frac{\delta ET^{\text{tot}}}{\delta t} = \frac{\partial ET}{\partial P}\frac{\delta P}{\delta t} + \frac{\partial ET}{\partial ET_0}\frac{\delta ET_0}{\delta t} + \frac{\delta ET^{\text{hum}}}{\delta t} \tag{6.42}$$

则，人类活动对实际耗水影响随时间变化（$\delta ET^{\text{hum}}/\delta t$）的方程可表示为

$$\frac{\delta ET^{\text{hum}}}{\delta t} = \frac{\delta ET^{\text{tot}}}{\delta t} - \frac{\partial ET}{\partial P}\frac{\delta P}{\delta t} - \frac{\partial ET}{\partial ET_0}\frac{\delta ET_0}{\delta t} \tag{6.43}$$

式中：ET^{tot} 为实际耗水，利用 Penman 的假设进行表述，则可以表示为

$$ET^{\text{tot}} = K_c ET_0 \tag{6.44}$$

式中：K_c 为作物系数。把式（6.44）代入式（6.43），可得：

$$\frac{\delta ET^{\text{hum}}}{\delta t} = \left(K_c - \frac{\partial ET}{\partial ET_0} \right)\frac{\delta ET_0}{\delta t} - \frac{\partial ET}{\partial P}\frac{\delta P}{\delta t} \tag{6.45}$$

式中：ET_0 采用 FAO - 56 Penman - Monteith 公式估算。

于是，$\delta ET_0/\delta t$ 可描述为一个受气象因素变化所控制的函数，可以表示为

$$\frac{\delta ET_0}{\delta t} = f(R_n, T, U, e_a) \tag{6.46}$$

即，ET_0 变化率可以看作是气候变化中各气象因素（净辐射 R_n，大气温度 T，风速 U 和实际水汽压 e_a）变化率的函数。把式（6.34）、式（6.35）和式（6.46）代入式（6.45），并把 $\delta ET_0/\delta t$ 记作 $f(ET_0)$，把 $\delta P/\delta t$ 记作 $f(P)$，则可以得到 $\delta ET^{\text{hum}}/\delta t$ 即人类活动对耗水影响随时间变化的最终方程形式如下：

$$\frac{\delta ET^{\text{hum}}}{\delta t} = \left\{ K_c - 1 + \left[1 + \left(\frac{ET_0}{P} \right)^\omega \right]^{\frac{1}{\omega}-1} \left(\frac{ET_0}{P} \right)^{\omega-1} \right\} f(ET_0)$$
$$- \left\{ 1 - \left[1 + \left(\frac{P}{ET_0} \right)^\omega \right]^{\frac{1}{\omega}-1} \left(\frac{P}{ET_0} \right)^{\omega-1} \right\} f(P) \tag{6.47}$$

式中：K_c 为作物系数（无量纲）；ω 为与下垫面条件有关的一个综合参数；P 为降水量，mm/a；ET_0 为参考作物需水量，mm/a；$f(ET_0)$ 和 $f(P)$ 为与气象因素变化相关的函数，mm/a²；把式（6.34）、式（6.35）和式（6.46）代入式（6.41），可得

$$\frac{\delta ET^{\text{clim}}}{\delta t} = \left\{ 1 - \left[1 + \left(\frac{ET_0}{P} \right)^\omega \right]^{\frac{1}{\omega}-1} \left(\frac{ET_0}{P} \right)^{\omega-1} \right\} f(ET_0)$$
$$+ \left\{ 1 - \left[1 + \left(\frac{P}{ET_0} \right)^\omega \right]^{\frac{1}{\omega}-1} \left(\frac{P}{ET_0} \right)^{\omega-1} \right\} f(P) \tag{6.48}$$

定义 A 和 B 分别为

$$A = \left[1 + \left(\frac{P}{ET_0}\right)^\omega\right]^{\frac{1}{\omega}-1} \left(\frac{P}{ET_0}\right)^{\omega-1} \tag{6.49}$$

$$B = \left[1 + \left(\frac{ET_0}{P}\right)^\omega\right]^{\frac{1}{\omega}-1} \left(\frac{ET_0}{P}\right)^{\omega-1} \tag{6.50}$$

另设 $x = P/ET_0$，则 $ET_0/P = x^{-1}$，于是 A 和 B 可以简化为

$$A = (1 + x^\omega)^{\frac{1}{\omega}-1} x^{\omega-1} \tag{6.51}$$

$$B = (1 + x^{-\omega})^{\frac{1}{\omega}-1} x^{-\omega+1} \tag{6.52}$$

其中 A 和 B 有如下关系：

$$\frac{A}{B} = x^{\omega-1} \tag{6.53}$$

即 $A = Bx^{\omega-1}$ 或者 $B = Ax^{-\omega+1}$，把式（6.49）和式（6.50）分别代入式（6.47）和式（6.48），则把式（6.47）和式（6.48）简化为

$$\frac{\delta ET^{\mathrm{hum}}}{\delta t} = (K_c - 1 + B)f(ET_0) - (1-A)f(P) \tag{6.54}$$

$$\frac{\delta ET^{\mathrm{clim}}}{\delta t} = (1-B)f(ET_0) + (1-A)f(P) \tag{6.55}$$

设 $\delta ET^{\mathrm{clim}}/\delta t = M$，$\delta ET^{\mathrm{hum}}/\delta t = N$，记 $f(ET_0)$ 为 ET_0'，$f(P)$ 为 P'，联立式（6.54）和式（6.55），则有

$$N = K_c ET_0' - M \tag{6.56}$$

为确立区分人类活动 $\delta ET^{\mathrm{clim}}/\delta t$ 和气候变化 $\delta ET^{\mathrm{hum}}/\delta t$，建立两者的关系，定义 α 为两者的比值，即

$$\alpha = \frac{\dfrac{\delta ET^{\mathrm{hum}}}{\delta t}}{\dfrac{\delta ET^{\mathrm{clim}}}{\delta t}} = \frac{N}{M} \tag{6.57}$$

则代入式（6.56），并展开可得 α 为

$$\alpha = \frac{\dfrac{\delta ET^{\mathrm{hum}}}{\delta t}}{\dfrac{\delta ET^{\mathrm{clim}}}{\delta t}} = \frac{N}{M} = \frac{K_c ET_0' - M}{M} = \frac{K_c ET_0' - (1-A)P' - (1-B)ET_0'}{(1-A)P' + (1-B)ET_0'}$$

$$= \frac{K_c - (1-A)\dfrac{P'}{ET_0'} - (1-B)}{(1-A)\dfrac{P'}{ET_0'} + (1-B)} \tag{6.58}$$

利用式（6.53）消去式（6.58）的 B，可得到

$$\alpha = \frac{N}{M} = \frac{K_c - (1-A)\dfrac{P'}{ET_0'} - (1 - Ax^{1-\omega})}{(1-A)\dfrac{P'}{ET_0'} + (1 - Ax^{1-\omega})} \tag{6.59}$$

以上即为耗水对变化环境响应的区分方程，通过 α 的比值大小，来区分人类活动和气

候变化对耗水变化的贡献大小，由于在长期时间尺度下地区内的降雨量和蒸发能力的比值是一个定值，即 $x=P/ET_0$ 是一个定值，而表示流域下垫面参数 ω 在相当长的时期内处于稳定状态，参数 ω 对同一流域中可采用一固定值，所以 $A=(1+x^\omega)^{\frac{1}{\omega}-1}x^{\omega-1}$ 即为固定值，于是人类活动和气候变化对流域内耗水的影响的评定式（6.59），便可以简化为

$$\alpha=\frac{N}{M}=\frac{K_c-a\dfrac{P'}{ET_0'}-b}{a\dfrac{P'}{ET_0'}+b} \tag{6.60}$$

其中 $a=(1-A)$，$b=(1-B)$，即 a 和 b 为某一流域在长期时间状态下所对应的参数。

6.4.2 模型中参数的影响因素

在式（6.60）中存在两个参数，分别是 a 和 b，其中

$$a=1-A=1-\left[1+\left(\frac{P}{ET_0}\right)^\omega\right]^{\frac{1}{\omega}-1}\left(\frac{P}{ET_0}\right)^{\omega-1} \tag{6.61}$$

$$b=1-B=1-\left[1+\left(\frac{ET_0}{P}\right)^\omega\right]^{\frac{1}{\omega}-1}\left(\frac{ET_0}{P}\right)^{\omega-1} \tag{6.62}$$

a 和 b 在不同 ω 值和不同 P/ET_0 的条件下，各自的值变化规律如图 6.6 所示。

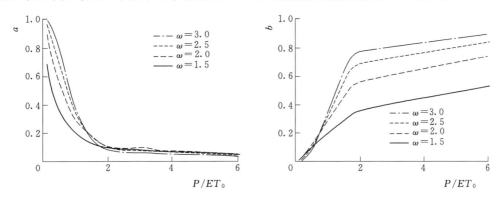

图 6.6 参数 a、b 在不同 ω 和不同 P/ET_0 条件下的变化规律

从图 6.6 可看出，a 值随着 P/ET_0 的值变大而降低，其值在 $P/ET_0<2$ 时较为敏感，当 $P/ET_0>2$ 时变化范围不大，并且其值低于 0.1。在 P/ET_0 为定值的条件下，ω 值越小，a 值越低。而 b 值随着 P/ET_0 的值增大而升高，其值在 $P/ET_0<2$ 时同样较为敏感，当 P/ET_0 值在相同的条件下，b 值随着 ω 值变大而升高。说明在干燥地区，a 和 b 值对环境的响应比较敏感，而在较湿润的地区（$P/ET_0>2$），a 和 b 相对环境不敏感。这是由于 a 和 b 与 ω 相关，而 ω 是傅抱璞公式中的参数，它与流域下垫面特性有关，如作物覆盖、土壤属性和地貌特性等。ω 值为反映这些因素的综合反映。

Zhang 等[36]根据澳大利亚的流域水量平衡数据给出 ω 的取值范围为（1.7，5.0），同时指出定量估算比较困难，只给出了森林、草原等植被条件下的参考值。孙福宝[51]利用 ω 拟合值估算流域年耗水量，认为各流域采用一个参数值来预报年实际耗水量有着足够好的精度。并做出了解释：在对同一流域而言，在土地利用没有大规模的发生改变时，植被在对气候变化进行反馈调节的过程中缓慢发生变化（如 100 年）[32]，陆面植被特征可被认

为是相对稳定，即参数 ω 在每个流域可取值为一个常数，并对我国多个流域的 ω 值建议了取值范围。刘蕾等[52]取 $\omega=1.8$ 估算耗水量。围绕 ω 的定量估算，谭冠日等[53]曾利用云南省具有不同下垫面类型的小流域观测资料建立了地形起伏度与 ω 的经验关系；傅抱璞[54]将地形、土壤、植被等因素考虑进 ω，推导出了一个 ω 与降水强度和径流系数间的半经验关系。

对于不同的 ω，有显著的区域分布特征[51]：内陆河流域 ω 值最小（$\omega=1.60$），青藏高原地区（即兰州上游）ω 值其次（$\omega=2.27$），接下来是海河流域 ω 值（$\omega=2.95$），而兰州下游地区（即黄土高原及下游平原）的 ω 值（$\omega=3.22$）。在本文的后续研究中，采用海河流域 ω 值（$\omega=2.95$）。

a 和 b 在不同 ω 和不同的 P/ET_0 的条件下的值见表 6.9，可以看出在 ω 为一定值的条件下，a 和 b 为定值，对某一流域而言，由于在长期时间内 P/ET_0 和参数 ω 为定值，则 a 和 b 也为定值，即在同一流域内条件下，a 的大小和模型中的 P'/ET_0' 以及 K_c 有关，即流域内耗水变化对人类活动和气候变化的响应只和 P'/ET_0' 以及当地总作物系数 K_c 有关。其中 P'/ET_0' 表征了气候变化的影响，而 K_c 则表征了人类活动的影响。

表 6.9　　　　　　　参数 a、b 在不同 ω 和不同的 P/ET_0 的条件下的值

参数	P/ET_0	$\omega=3.0$	$\omega=2.5$	$\omega=2.0$	$\omega=1.5$
a	0.10	0.99	0.97	0.90	0.69
	0.25	0.94	0.88	0.76	0.52
	0.50	0.77	0.68	0.55	0.36
	0.75	0.56	0.49	0.40	0.27
	1.00	0.37	0.34	0.29	0.21
	1.50	0.16	0.17	0.17	0.13
	2.00	0.08	0.09	0.11	0.10
	10.00	0	0	0	0.01
b	0.10	0	0	0	0.01
	0.25	0.01	0.02	0.03	0.04
	0.50	0.08	0.09	0.11	0.10
	0.75	0.21	0.21	0.20	0.15
	1.00	0.37	0.34	0.29	0.21
	1.50	0.63	0.55	0.45	0.29
	2.00	0.77	0.68	0.55	0.36
	10.00	0.99	0.97	0.90	0.69

6.4.3　模型的物理意义分析

考虑 N、M，即 $\delta ET^{clim}/\delta t = M$ 和 $\delta ET^{hum}/\delta t = N$ 的相互关系，由于在 6.4.1 中设定 N/M 为 α，考虑 α 的变化，如图 6.7 所示，包括以下四种情况：

（1）当 $N>0$，$M>0$ 时，即实际耗水变化对人类活动和气候变化的响应均呈现正趋势：则当 $\alpha>1$ 时，则 $N>M$，即 $|\delta ET^{hum}/\delta t| > |ET^{clim}/\delta t|$，即该地区，耗水变化对人类活

动的响应要大于对气候变化的响应；而当 $0<\alpha<1$ 时，则 $N<M$，即 $|ET^{\mathrm{hum}}/\delta t|<|\delta ET^{\mathrm{clim}}/\delta t|$，即在该地区，耗水变化对人类活动的响应要小于对气候变化的响应。

（2）当 $N>0$，$M<0$ 时，即人类活动对耗水变化的影响是正趋势，而气候变化对耗水变化的影响则是负趋势：则当 $\alpha<-1$ 时，$N>-M$，$N+M>0$，即 $|\delta ET^{\mathrm{hum}}/\delta t|>|\delta ET^{\mathrm{clim}}/\delta t|$，人类活动对实际耗水的变化占主要影响；当 $-1<\alpha<0$ 时，$N<-M$，$N+M<0$，即 $|ET^{\mathrm{hum}}/\delta t|<|\delta ET^{\mathrm{clim}}/\delta t|$，即气候变化对实际耗水的变化占主要影响。

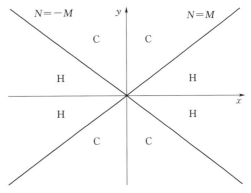

图 6.7　α 值变化的物理意义

（3）当 $N<0$，$M>0$ 时，即人类活动对耗水变化的影响是负趋势，而气候变化对耗水变化的影响是正趋势：则当 $\alpha<-1$ 时，$N<-M$，$N+M<0$，即 $|\delta ET^{\mathrm{hum}}/\delta t|>|\delta ET^{\mathrm{clim}}/\delta t|$，人类活动对于耗水变化的贡献要大于气候变化对耗水变化的贡献；当 $-1<\alpha<0$ 时，$N>-M$，$N+M>0$，即 $|ET^{\mathrm{hum}}/\delta t|<|\delta ET^{\mathrm{clim}}/\delta t|$，则人类活动对于耗水变化的贡献要小于气候变化对耗水变化的贡献。

（4）当 $N<0$，$M<0$ 时，即人类活动和气候变化均对耗水呈现负趋势影响：则当 $\alpha>1$，则 $N<M$，$|\delta ET^{\mathrm{hum}}/\delta t|>|\delta ET^{\mathrm{clim}}/\delta t|$，人类活动对实际耗水的变化占主要影响；而 $0<\alpha<1$，则，$N>M$，$|ET^{\mathrm{hum}}/\delta t|<|\delta ET^{\mathrm{clim}}/\delta t|$，气候变化对实际耗水的变化占主要影响。

对于最终结果而言，N，M 以及 α 值变化所表达的意义如图 6.7 所示。对于某一研究区域的耗水对变化环境的响应，则考虑该区域的 N 和 M 的值，分别以气候变化和人类活动对耗水变化的响应为坐标轴，横坐标表示耗水变化对人类活动的响应，纵坐标表示耗水对气候变化的响应，于是当表示该区域耗水对变化环境响应的点的值落在区域标号为 H 的区域内，则表明在该区域人类活动对耗水变化的影响占主导地位，该点落在区域标号为 C 的区域内，则表明在该区域气候变化对耗水变化的影响占主导地位。

两条边界线为 $|\alpha|=1$，即在 $|\alpha|<1$ 时，气候变化对流域内耗水影响占主导地位；而在 $|\alpha|>1$ 时，人类活动对流域内耗水影响占主导地位。即当 $-1<\alpha<1$ 时，气候变化对耗水影响大于人类活动对其的影响，当 $\alpha<-1$ 时或者 $\alpha>1$ 时，人类活动对于耗水的影响大于气候变化对其的影响。

6.4.4　海河流域实际耗水对变化环境响应的量化评价

6.4.4.1　海河流域蒸发能力和降水能力的变化趋势分析

图 6.8 为海河流域内蒸发能力变化（ET'_0）和降雨能力变化（P'）的关系图。当 $P'>ET'_0$ 时，表明研究区域存在变湿润趋势；当 $P'<ET'_0$ 时，表明研究区域存在变干燥趋势。由表 6.10 可知，在海河流域的 34 个站点中共有 10 个站点有变湿润的趋势，其变化趋势和站点分布如图 6.9 所示。在整个海河流域内变湿润地区仅在海河南部以及北部山地区，并且变化速率均不大，存在较大变化趋势的站点为承德（$1.5\mathrm{mm/a^2}$）、张家口（$1.3\mathrm{mm/a^2}$）和南宫（$1.2\mathrm{mm/a^2}$）。而在流域的其他地区，尤其是海河流域下游入海口以及西南部山地区，均呈现了较大的变干燥趋势。这说明海河流域内大部分地区变得更加干燥，尤其

在位于海河流域下游地区以及环渤海地区，这种趋势更为显著。此外，西南部山地区变干燥的趋势也较为显著。

表 6.10　　　　　　1950—2007 年海河流域各站点 P' 与 ET_0' 变化的结果　　　　　　单位 mm/a^2

站点	P'	ET_0'	$P'-ET_0'$	站点	P'	ET_0'	$P'-ET_0'$
安阳	-1.5	-1.9	0.4	秦皇岛	-3.1	-1.7	-1.4
保定	-2.3	-0.8	-1.5	青龙	-3.0	-1.4	-1.6
北京	-2.5	1.3	-3.8	饶阳	-2.9	-0.7	-2.2
沧州	-3.5	-3.4	-0.1	石家庄	-1.7	-0.8	-0.9
朝阳	-3.4	-4.0	0.6	塘沽	-2.1	0.1	-2.2
承德	-0.6	-2.1	1.5	唐山	-3.5	0.8	-4.3
大同	-0.2	0.9	-1.1	天津	-1.9	-2.4	0.5
德州	-3.3	-2.4	-0.9	围场	0.7	-0.2	0.9
多伦	0.3	0	0.3	蔚县	-0.1	1.2	-1.3
丰宁	-0.8	0.2	-1.0	邢台	-1.3	-1.4	0.1
怀来	-1.1	-0.9	-0.2	新乡	-2.4	-0.7	-1.7
黄骅	-4.3	-0.6	-3.7	阳泉	-2.9	-1.3	-1.6
惠民	-2.2	-0.5	-1.7	右玉	-0.5	-0.2	-0.3
晋东南	-2.0	1.5	-3.5	原平	-0.9	-1.1	0.2
廊坊	-2.2	-1.9	-0.3	榆社	-2.9	0.5	-3.4
乐亭	-2.6	-0.4	-2.2	张家口	-0.5	-1.8	1.3
南宫	-1.3	-2.5	1.2	遵化	-4.5	-1.9	-2.6

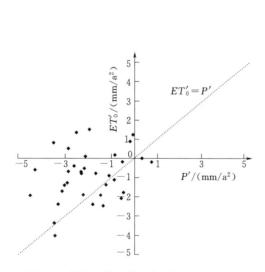

图 6.8　海河流域各站点的 $P'-ET_0'$ 关系图

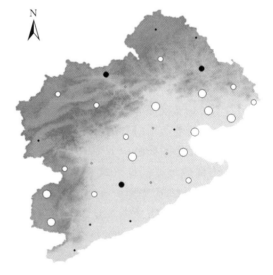

图 6.9　海河流域各站点 $P'-ET_0'$ 变化趋势图

（● 变湿润趋势特显著；• 变湿润趋势显著；· 变湿润趋势不显著；○ 变干燥趋势特显著；○ 变干燥趋势显著；。变干燥趋势不显著）

6.4.4.2 海河流域耗水对变化环境响应的量化评价

海河流域耗水对变化环境响应的结果见表 6.11。在海河流域 34 个站点内,有北京、大同、丰宁、晋东南、唐山、塘沽、围场、蔚县和榆社 9 个站点人类活动对耗水的变化占主要影响(图 6.10 和图 6.11)。这 9 个站点具体而言分为三种情况:①大城市包括北京、唐山、塘沽;②山西能源煤矿产区包括大同、晋东南、榆社;③滦河流域站点包括丰宁、围场、蔚县。

表 6.11　　海河流域内各站点耗水对变化环境响应的结果　　单位:mm/a²

站点	人类活动影响	气候变化影响	站点	人类活动影响	气候变化影响
安阳	−0.17	−1.25	秦皇岛	1.60	−2.21
保定	1.15	−1.82	青龙	1.41	−1.92
北京	2.88	−1.78	饶阳	1.73	−2.25
沧州	−0.05	−2.89	石家庄	0.67	−1.33
朝阳	−0.09	−2.88	塘沽	1.50	−1.42
承德	−0.41	−0.64	唐山	3.24	−2.56
大同	1.12	−0.15	天津	−0.45	−1.59
德州	0.61	−2.68	围场	−0.65	0.55
多伦	−0.26	0.26	蔚县	0.51	0.00
丰宁	0.73	−0.63	邢台	−0.05	−1.05
怀来	0.56	−1.01	新乡	1.34	−1.86
黄骅	2.66	−3.18	阳泉	1.11	−2.25
惠民	1.23	−1.65	右玉	0.18	−0.40
晋东南	1.96	−1.11	原平	2.43	−1.89
廊坊	0.23	−1.85	榆社	0.31	−0.78
乐亭	1.41	−1.75	张家口	−0.44	−0.46
南宫	−0.68	−1.23	遵化	2.12	−2.82

以下将分析三种类型站点耗水对变化环境响应产生不同结果的原因。采用对比分析法,即在耗水对人类活动响应显著的站点和对气候变化响应显著的相同类型的站点分别进行对比分析。

(1)对于大城市类型的站点,选取北京和石家庄进行比较,两站点均位于华北平原区,均是华北地区的大城市,气候地理条件类似。北京站的 $ET_0' = 1.3\text{mm/a}^2$,$P' = -2.5\text{mm/a}^2$,这表明北京站在近 50 多年内蒸发能力呈现不断增大的趋势,而降水能力则呈现不断下降趋势,这使得北京的气候总体呈现不断变干燥的趋势。在 $P'-ET_0'$ 图中

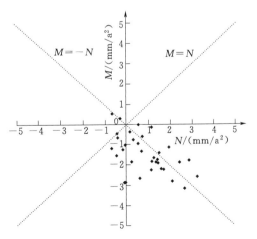

图 6.10　海河流域各站点耗水对变化环境的响应分区

335

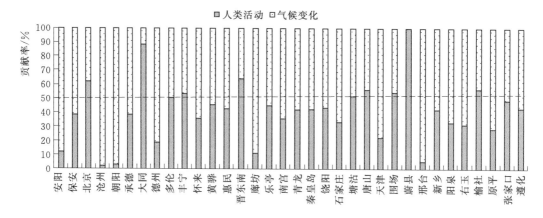

图 6.11　海河流域人类活动和气候变化对各站点耗水变化的贡献率

处于第二象限［图 6.12 (a)］，即降水减少，蒸发上升。实际耗水对变化环境的响应分别为人类活动对实际耗水变化率的影响为 $N = 2.88\,\text{mm/a}^2$，气候变化对实际耗水变化率的影响为 $M = -1.78\,\text{mm/a}^2$。这表明在人类活动影响下该区域实际耗水呈现增大趋势，增幅为 $2.88\,\text{mm/a}^2$，而气候变化影响下该区域耗水呈现降低趋势，降幅为 $-1.78\,\text{mm/a}^2$。该地区实际耗水变化对变化环境总的响应结果为 $1.10\,\text{mm/a}^2$，这导致了该地区的实际耗水历年来呈现不断上升的趋势。这其中主要是由于耗水对人类活动的响应所造成的。在该地区由于变化环境所导致实际耗水的变化中，人类活动占 62%，而气候变化占 38%。反映到 $N\text{-}M$ 图上，由于人类活动对耗水变化率的影响为正值，气候变化对其影响为负值，所以该点落在第四象限，但是位于 $N = -M$ 线之上，为 H 区内，即人类活动影响为主区域内，如图 6.12 (b) 所示。

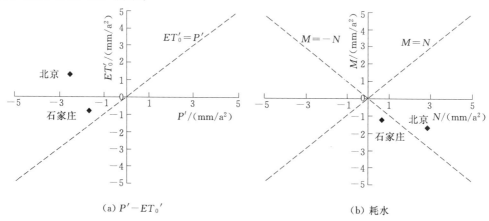

(a) $P'-ET_0'$

(b) 耗水

图 6.12　北京站和石家庄站 $P'\text{-}ET_0'$ 及
耗水对变化环境响应关系图

石家庄站 $ET_0' = -0.8\,\text{mm/a}^2$，$P' = -1.7\,\text{mm/a}^2$，这表明石家庄站在 58 年内蒸发能力呈现下降趋势，降水能力也呈现下降趋势，但由于降水能力下降速率要大于蒸发能力下降速率，所以该地区仍呈现不断变干燥的趋势。在 $P'\text{-}ET_0'$ 图中处于第三象限，位于

$ET'_0 = P'$线的上方，即降水减少，蒸发减少，降水减少速率大于蒸发减少速率，地区呈现变干燥趋势。石家庄站 $N = 0.67\text{mm/a}^2$，$M = -1.33\text{mm/a}^2$，表明耗水对人类活动的响应为正值，即当地人类活动使得耗水呈现不断增大的趋势，但是气候变化对耗水速率变化影响呈现负的趋势，表明气候变化使得耗水呈现下降的趋势，总体结果为该地区实际耗水呈现下降的变化趋势，其速率为 -0.66mm/a^2，反映为主要是气候变化对实际耗水所造成的影响。在该地区由于变化环境所导致实际耗水的变化中，人类活动占 33%，而气候变化占 67%。反映在 $N - M$ 图上，该点由于人类活动对耗水速率变化的影响为正值，气候变化对其影响为负值，同样落在第四象限，但是由于该点落在 $N = -M$ 线之下，为 C 区内，即气候变化影响为主区域内。

北京站和石家庄站两站点的降水能力在 58 年内均呈现下降趋势，但是两城市的蒸发能力变化有所不同。北京站 58 年内参考作物需水量呈现增加趋势，而石家庄站则呈现降低趋势。两站点气候变化均造成了实际耗水的下降，两站点的人类活动均造成了当地实际耗水的增加。不同的是北京站增加的幅度较大，超过了该地气候变化对耗水影响，而石家庄站人类活动的影响相对较小，尚未达到气候变化对耗水的影响程度。所以北京站以人类活动对耗水变化影响为主，呈现实际耗水增大趋势，而石家庄站仍以气候变化对耗水变化影响为主，呈现实际耗水降低的趋势。

两站点的耗水变化对变化环境的响应均较为显著，气候变化和人类活动均是对耗水的变化有显著影响，耗水变化对气候变化的响应相差不大，而耗水变化对人类活动的响应有较大不同，在城市规模上石家庄其开发程度不及北京，所以人类活动对北京的影响更为显著。

北京站和石家庄站耗水变化对变化环境的响应均较为显著，但石家庄站气候变化对耗水变化的影响占主导，而北京站则是人类活动对耗水变化的影响占主导。

（2）对于阳泉站、榆社站和原平站，此三个站点均位于海河流域西部山区，位于山西省境内。山西省是我国能源大省，所以该地区是人类活动剧烈的地区，探究该地区的耗水对变化环境的响应可以作为海河流域地区耗水对变化环境响应的典型。

阳泉站的 $ET'_0 = -1.3\text{mm/a}^2$，$P' = -2.9\text{mm/a}^2$。这表明阳泉站在近 50 多年内蒸发能力呈现不断下降趋势，同样降水能力也呈现下降趋势，但是由于降水下降速率要大于耗水下降速率，使得该地区呈现不断变干燥的趋势。在 $P' - ET'_0$ 图中处于第三象限，位于 $ET'_0 = P'$ 线的上方，即降水减少，蒸发亦减少，但降水速率降低要大于耗水速率降低速率，呈现变干燥趋势。阳泉站的人类活动对耗水变化率的贡献为 $N = 1.11\text{mm/a}^2$，这表明在人类活动影响下该区域耗水呈现增大趋势，其增幅为 1.11mm/a^2。气候变化对耗水变化率的贡献为 $M = -2.25\text{mm/a}^2$，这表明在气候变化影响下该区域实际耗水呈现降低趋势，其降幅为 -2.25mm/a^2。人类活动和气候变化总的影响结果使得该地区耗水呈现下降趋势，变化速率为 -1.14mm/a^2，表明该地区的实际耗水对变化环境的响应呈现不断下降趋势。在变化环境导致的实际耗水的变化中，人类活动占 33%，而气候变化占 67%。反映到 $N - M$ 图上时，由于人类活动对耗水速率变化的影响为正值，气候变化对其影响为负值，所以该点落在第四象限，但是位于 $N = -M$ 线之下，为 C 区内，即气候变化影响为主区域内，如图 6.13 所示。

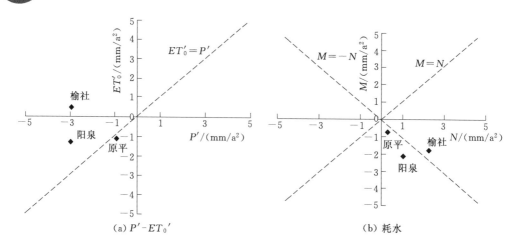

图 6.13　阳泉站、榆社站和原平站 $P'-ET_0'$ 及
耗水对变化环境响应关系

原平站 $ET_0' = -1.1\,\text{mm/a}^2$，$P' = -0.9\,\text{mm/a}^2$，表明原平站在 50 多年内蒸发能力下降，降水能力也下降，但由于降水下降速率要小于参考作物需水量下降速率，所以该地区仍呈现变湿润的趋势。在 $P'-ET_0'$ 图中处于第三象限位，位于 $ET_0' = P'$ 线的下方，即降水减少，蒸发减少，降水减少速率小于蒸发减少速率，该地区仍呈现变湿润趋势，但此趋势并不十分明显（$0.2\,\text{mm/a}^2$）。该地区耗水对变化环境响应结果为 $N = 0.31\,\text{mm/a}^2$，$M = -0.78\,\text{mm/a}^2$，表明人类活动使得当地耗水不断增大，但是气候变化使得当地耗水不断降低，由于该地区耗水对气候变化的响应要大于对人类活动的响应，所以该地区耗水仍呈现下降趋势，其降幅为 $-0.46\,\text{mm/a}^2$，反映为主要是气候变化对其造成的影响。在变化环境导致耗水的整体变化中，人类活动占 28%，气候变化占 72%。反映在 $N-M$ 图上表现为，该点由于人类活动对耗水速率变化的影响为正值，气候变化对其影响为负值，同样落在第四象限，但是由于该点落在 $N = -M$ 线之下，为 C 区内，即气候变化影响为主的区域内。

对于榆社站而言，此站点 $ET_0' = 0.5\,\text{mm/a}^2$，$P' = -2.9\,\text{mm/a}^2$。这表明榆社站在近 50 多年内蒸发能力呈现上升趋势，降水能力呈现不断下降趋势，所以该地区呈现不断变干燥的趋势。在 $P'-ET_0'$ 图中处于第二象限，位于 $ET_0' = P'$ 线的上方，即降水减少，蒸发增加，该地区有变干燥趋势，并且此趋势显著。榆社站 $N = 2.43\,\text{mm/a}^2$，$M = -1.89\,\text{mm/a}^2$，这表明当地耗水变化对人类活动的响应为正值，即人类活动使得耗水增大，但是耗水变化对气候变化的响应为负值，即气候变化使得耗水降低，耗水对变化环境响应的总体结果为其耗水呈现上升趋势，其值大小为 $0.54\,\text{mm/a}^2$，反映出耗水变化对人类活动的响应是主要原因。实际耗水变化对变化环境的响应中，人类活动占 56%，气候变化占 44%。反映在 $N-M$ 图上表现为，该点由于人类活动对耗水速率变化的影响为正值，气候变化对其影响为负值，同样落在第四象限，但是由于该点落在 $N = -M$ 线之上，为 H 区内，即人类活动影响为主区域内。

以上三个站点在海河流域内均为海河西部山地区站点，其海拔，经纬度均相类似。三座城市的降水在 58 年内均呈现下降趋势，其中阳泉站和榆社站下降较为显著，远大于原平站点的下降趋势，以气候变化对耗水影响为主的阳泉站和原平站的耗水呈现降低的趋势，而在人类活动变化对耗水影响为主的榆社站，耗水呈现上升趋势。三个站点气候变化对耗水变化均呈现负影响，即，使得耗水降低。三个站点的人类活动均对耗水变化呈现正影响，不同的是榆社站耗水对人类活动的响应，超过了该地区耗水对气候变化的响应，阳泉站和原平站的人类活动尚未达到气候变化对耗水变化的影响程度。所以榆社站以人类活动对耗水变化影响为主，而阳泉站和原平站仍以气候变化对耗水影响为主。

榆社站位于中国能源煤炭主要产区，其人类活动加剧了当地耗水的影响，而阳泉站和原平站不在山西主要能源产区，所以人类活动对其影响有限，并且这些站点位于流域上游山地区以内，所以耗水对变化环境的响应仍以气候变化为主。

综上所述，阳泉站和榆社站为气候变化和人类活动对耗水变化影响均较为显著的站点，其中榆社站耗水变化以对人类活动的响应为主。榆社站则为气候变化和人类活动对耗水变化影响均不显著的站点。

（3）承德站和丰宁站两站点均位于海河流域北部山地区，均为人类活动不剧烈的地区。承德站的 $ET_0'=-2.1mm/a^2$，$P'=-0.6mm/a^2$。这表明承德站在近50多年内 ET_0 呈现下降趋势，降水也呈现下降趋势，但是由于降水下降速率要小于 ET_0 下降速率，使得该地区呈现变湿润趋势。在 $P'-ET_0'$ 图中处于第三象限，位于 $ET_0'=P'$ 线的下方，即降水减少，蒸发亦减少，但蒸发降低速率大于降雨降低速率，所以该地区仍呈现变湿润趋势。耗水对人类活动响应为 $N=-0.41mm/a^2$，这表明在人类活动影响下该区域耗水呈现减少趋势，其减少速率为 $-0.41mm/a^2$。耗水变化对气候变化的响应为 $M=-0.64mm/a^2$，这表明气候变化影响下该区域耗水也呈现下降趋势，其下降速率为 $-0.64mm/a^2$。人类活动和气候变化总的影响结果导致了该地区耗水变化对变化环境的响应为 $-1.05mm/a^2$，这导致了该地区的实际耗水呈现下降的趋势。此趋势其中主要是由于气候变化所导致的（61%），人类活动占39%。反映在 $N-M$ 图上时，由于人类活动和气候变化对耗水速率变化的影响均为负值，气候变化对其影响为负值，所以该点落在第三象限，为C区内，即气候变化影响为主区域内，如图6.14（b）所示。

丰宁站的 $ET_0'=0.2mm/a^2$，$P'=-0.8mm/a^2$。这表明丰宁站在近50多年内 ET_0 存在不显著上升趋势，而降水则呈现下降趋势，降水减少，潜在耗水加大，这使得该地区呈现不断变干燥的趋势。在 $P'-ET_0'$ 图中处于第二象限，位于 $ET_0'=P'$ 线的上方，即降水减少，蒸发增加，所以该地区呈现变干燥趋势。人类活动对耗水变化率的影响为 $N=0.73mm/a^2$，这表明在人类活动影响下该区域耗水呈现增加趋势，其上升速率为 $0.73mm/a^2$。气候变化对耗水变化的影响为 $M=-0.63mm/a^2$，表明在气候变化影响条件下该区域的耗水呈现降低趋势，其降低速率为 $-0.63mm/a^2$。实际耗水变化对变化环境的总体响应 $0.1mm/a^2$ 为正影响，表明该地区实际耗水存在不显著上升趋势。其中主要是由于人类活动对其影响造成的。在变化环境导致的耗水的整体变化中，人类活动占54%，而气候变化占46%。反映在 $N-M$ 图上时，由于人类活动对耗水变化率影响为正值，气候变化对耗水速率变化的影响均为负值，所以该点落在第四象限，为H区内，即人类活动影响为主区域内，如图6.14（b）所示。

承德站和丰宁站均位于海河流域北部流域山地区，此两站点均为小型城市。两站点的

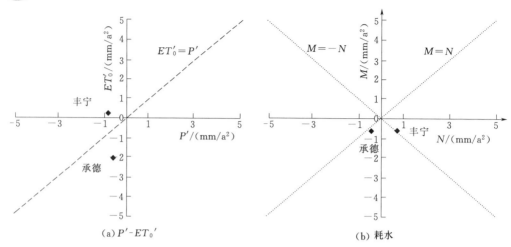

图 6.14　承德站和丰宁站 P'-ET_0' 及
耗水对变化环境响应关系图

降水在 58 年内均呈现下降趋势，且趋势相近。但是两站点的 ET_0 变化趋势有所不同，丰宁站 58 年 ET_0 呈现较小的增加趋势，而承德站则呈现降低趋势。两站点气候变化对耗水变化均呈现负影响，即降低了实际耗水，且趋势相近。承德站人类活动对实际耗水同样呈现负影响，即也降低了实际耗水，但其下降趋势不如气候变化对耗水的影响趋势，所以承德站仍以气候变化对耗水的影响为主。而丰宁站人类活动对耗水变化呈现正趋势，使得耗水产生上升趋势，不同的是人类活动对耗水影响较气候变化对耗水的影响大，其程度超过了耗水变化对气候变化的响应，所以使得丰宁站以人类活动对耗水变化的影响为主。

整体而言，这两个站点均属于气候变化和人类活动对耗水变化影响较小的站点。

从表 6.11 可得在海河流域内 34 个站点中，人类活动对耗水造成正影响的有 24 个站点，这 24 个站点正响应的整体值为 1.36mm/a^2，耗水变化对人类活动产生负影响的有 10 个站点，耗水对这 10 个站点负响应的整体值为 -0.33mm/a^2。气候变化对耗水变化率呈现正影响（使其产生增大趋势）只有 3 个站点，而使其呈现负影响的（使其产生降低趋势）有 31 个站点。海河流域山地区内，尤其是北部和西北部山地区，其气候变化对耗水速率变化较小，通过空间插值得出最大为 0.55mm/a^2，并且是正向影响，即该地区的气候变化使得耗水速率变快，增大了该地区的耗水，海河流域气候变化对 ET' 影响较大区域一般位于海河流域内平原区，通过空间插值得出最大值为 -3.18mm/a^2，并且平原区的气候变化以使当地耗水速率降低为主，尤其在下游东南部一带。海河流域最北部地区以及南部区域呈现人类活动对其耗水为负影响，即人类活动使得上述地区的耗水变化呈现降低的趋势，其最大值为 -0.68mm/a^2，出现在最北部山地区；在流域的西部山地区以及海河流域东部城市区和沿渤海湾一带人类活动较为剧烈，使得这些区域的耗水速率呈现上升趋势，其值最大可达到 3.24mm/a^2。

由图 6.15，海河流域气候变化和人类活动对耗水的影响可分为三类：

第一类是气候变化和人类活动对其影响均较小的地区，这些地区多位于北部和西北部山地区，在这些地区无论是气候变化还是人类活动对耗水变化的影响均较小。

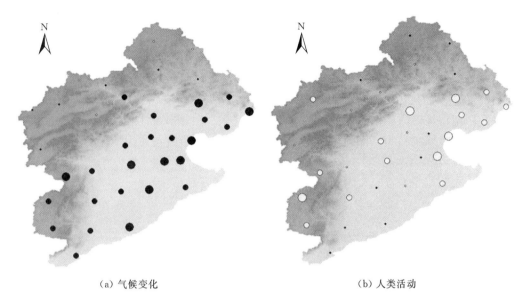

（a）气候变化　　　　　　　　　　　（b）人类活动

图 6.15　海河流域气候变化和人类活动对耗水变化的贡献大小分布
（●特显著下降；●显著下降；·不显著下降；○特显著上升；○显著上升；。不显著上升）

　　第二类是气候变化和人类活动对其影响均较大的地区，主要位于海河中部平原地区，海河流域西南部山地区，滦河下游地区以及海河下游入海口环渤海湾地区，在这个区域，人类活动和气候变化对其影响均较大。

　　第三类是气候变化影响较大，而人类活动影响较小的地区，主要位于海河中部以及南部平原区，在这些地区，气候变化对耗水影响较大，而人类活动对耗水影响较小。

　　图 6.16 表示的是海河流域气候变化和人类活动对耗水变化贡献的空间分布。从图

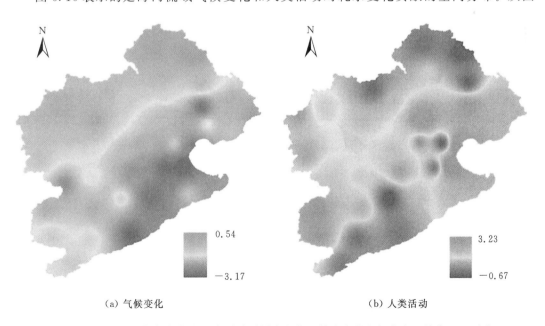

（a）气候变化　　　　　　　　　　　（b）人类活动

图 6.16　海河流域气候变化和人类活动对耗水变化贡献大小的空间分布（单位：mm/a^2）

6.16（a）可知，在耗水对气候变化的响应中，在流域山地区，气候变化的响应多为正值；在平原区，则气候变化的响应为负值。其气候变化对其耗水响应与地区海拔的相关性如图6.17所示，海拔高度在耗水变化对气候变化的响应中有一定程度的影响。在海拔高度较低的地区，气候变化对耗水变化的影响较大；在海拔较高地区，气候变化对耗水变化的影响较小。图6.16（b）显示的是海河流域耗水对人类活动的响应的空间分布，海河流域下游区以及西南山地区人类活动对耗水的影响较为显著；在北部山地区及南部平原区，其影响为负值，并且影响较小。海河流域内人类活动对耗水的影响与海拔高度的相关性并不显著。相对于气候变化对耗水的响应和海拔的相关性，人类活动对于耗水的响应与当地地理环境依赖较少，毕竟海拔高度等地理环境对气候变化的影响较大。

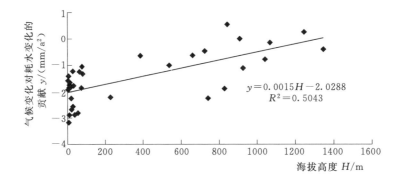

图6.17　气候变化对耗水影响贡献大小与海拔高度的关系

从图6.15和图6.16可看出，耗水变化对人类活动响应较大地区位于海河下游区以及环渤海口，此外西部山地区，尤其是西南山地区影响较大，此外大城市，如北京等，也影响较大。10个产生负影响的站点主要位于海河流域北部以及南部，对人类活动变化响应较小。气候变化对耗水造成非负影响的站点在34个站点中仅有3个，分别是多伦0.26mm/a²，围场0.55mm/a²，以及蔚县0mm/a²，此3个站点均位于海河流域区北部，其余31个站点均造成负影响，整体平均值为−1.65mm/a²。海河流域耗水整体对于气候变化响应较大的地区主要在海河流域的华北广大平原区内，说明这一地区耗水对气候变化的响应较大，并且总体呈现负响应趋势。在气候变化对ET'产生负影响，即使得ET'速率降低的31个站点中，其速率超过−2.00mm/a²的站点有9个，速率为1.00~2.00mm的有16个站点，在1.00mm以下的有6个。6个速率低于1.00mm的站点均位于西北部山区，而大于1.00mm的站点多位于流域中下游平原区。

图6.18为海河流域各站耗水对变化环境的响应，在流域西北部山地区，耗水对变化环境响应较小，而流域耗水对变化环境响应较大的地区位于流域平原区，以原平和承德为基准线，其线西北部为耗水对变化环境不敏感区，西南部平原区为耗水对变化环境敏感区。

图6.19为IDW插值法获得的海河流域$|\alpha|$值的空间分布，$|\alpha|$值越大，表示人类活动对耗水变化的贡献所占比例越大。可以看到人类活动对耗水变化贡献较大地区为海河流域西北部和西南部山地区。而广大海河流域平原区仍以气候变化对耗水变化贡献较大

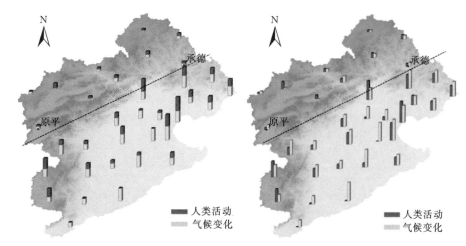

图 6.18　海河流域各站耗水对变化环境的响应

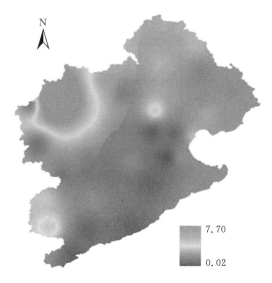

图 6.19　海河流域 $|\alpha|$ 值的空间分布

为主。

图 6.20 是海河流域气候变化和人类活动对耗水变化贡献率的空间分布,说明在海河流域西南部,以及流域西部山区和中部大城市中,人类活动对耗水的影响要大于气候变化对耗水的影响,此外由于气候变化引起的海河流域耗水变化的比重在海河流域平原区要大于在海河流域山地区。人类活动影响在平原区的影响要小于在山地区的影响,即在平原区耗水变化多是由于气候变化所带来的变动。山地区耗水变化多是由于人类活动所带来的影响。

在流域平原区大部分地区,仍以气候变化对耗水速率影响为主。而在山地区,尤其是西北部山地区和流域北部区域以人类活动对耗水变化影响为主。耗水对变化环境的响应中,其中环渤海地区和高海拔区,耗水对于人类活动的响应要大于低海拔地区的响应。

以承德原平为基准线,位于此线西北,海河流域气候变化和人类活动对耗水变化均较小,即其耗水对气候变化和人类活动的响应较小,而位于此线西北的地区,耗水对变化环境的响应较大。

总体看来,近 50 多年来海河流域内西南山地区,环渤海口地区以及滦河下游地区耗水对人类活动的响应较明显。这些地区耗水对气候环境的响应也同样剧烈;流域平原中部和南部地区气候变化对耗水的影响是主要的,人类活动对耗水变化的影响相对较低;西北部山地区耗水对变化环境的响应不大,人类活动和气候变化对耗水变化影响较小,变化环境未对耗水造成明显的趋势性变化。

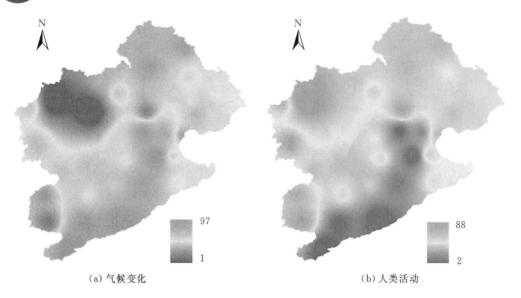

（a）气候变化 （b）人类活动

图 6.20 海河流域气候变化和人类活动对耗水变化贡献率的空间分布（%）

6.4.5 黑河流域实际耗水对变化环境响应的量化评价

6.4.5.1 黑河流域蒸发能力和降水能力的变化趋势分析

图 6.21 为黑河流域内蒸发能力变化（ET_0'）和降雨能力变化（P'）的关系图。当 $P' > ET_0'$ 时，表明研究区域存在变湿润趋势；当 $P' < ET_0'$ 时，表明研究区域存在变干燥趋势。表 6.12 为黑河流域的 25 个站点中共有 14 个站点有变湿润的趋势，其余 11 个站点有变干燥的趋势，其变化趋势和站点分布如图 6.22 所示。在整个黑河流域内变湿润的地区占了很大一部分，大部分在流域南部地区以及北部部分地区，存在较大变化趋势的站点为德令哈 5.82mm/a²、额济纳旗 5.67mm/a²、山丹 4.75mm/a²。而在流域北部地区呈现变干燥的趋势的部分也很少，且变干燥的趋势不明显。这说明黑河流域大部分地区变得更加湿润。

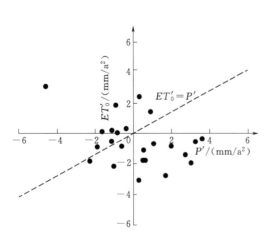

图 6.21 黑河流域各站点的 $P'-ET_0'$ 关系图

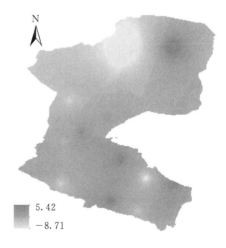

图 6.22 黑河流域各站点 $P'-ET_0'$ 变化趋势图（单位：mm/a²）

表 6.12 　　　　黑河流域 1955—2013 年各站点 P' 与 ET'_0 变化的结果 　　　单位：mm/a^2

站点	P'	ET'_0	$P'-ET'_0$	站点	P'	ET'_0	$P'-ET'_0$
阿右旗	1.97	−1.20	3.17	民勤	−0.63	−1.24	0.61
德令哈	3.03	−2.79	5.82	祁连	−0.41	0.48	−0.89
鼎新	1.07	−0.98	2.05	山丹	2.73	−2.02	4.75
额济纳旗	1.68	−3.99	5.67	松山	−1.89	−1.25	−0.64
刚察	−1.05	−2.34	1.29	托勒	−1.14	0.28	−1.42
高台	0.31	−4.38	4.69	乌鞘岭	−0.85	0.06	−0.91
拐子湖	0.90	1.98	−1.08	梧桐沟	−1.19	0.46	−1.65
吉河德	−4.59	4.40	−8.99	武威	0.55	−1.59	2.14
金塔	0.65	−2.52	3.17	野牛沟	3.28	−0.80	4.08
景泰	−2.31	−2.62	0.31	永昌	3.59	−0.52	4.10
酒泉	−1.14	−0.77	−0.37	玉门镇	0.50	−2.52	3.02
马鬃山	0.35	3.43	−3.08	张掖	−0.96	2.67	−3.63
门源	−1.65	0.18	−1.83				

由表 6.12 可知，流域内变湿润的站点一共有 14 个。这些站点中有 11 个站点降雨能力呈现上升的趋势，而蒸发能力呈现下降的趋势，所以这些区域存在变湿润的趋势；而另外刚察、景泰、民勤这 3 个气象站，降雨能力和蒸发能力均呈现下降的趋势，但是由于蒸发能力的下降速率要大于降雨能力下降的速率，所以存在变湿润的趋势。

变干燥区的站点一共有 11 个。这些站点中有 7 个站点降雨能力呈现下降的趋势，而蒸发能力呈现上升的趋势，所以这些区域存在变干燥的趋势；有 2 个站点——拐子湖、马鬃山，它们降雨能力与蒸发能力均呈现上升的趋势，但是由于蒸发能力的上升速率要大于降雨能力上升的速率，所以这些区域存在变干燥的趋势；其余的 2 个站点——酒泉、松山，它们降雨能力和蒸发能力均呈现下降的趋势，但由于蒸发能力的下降速率要小于降雨能力下降的速率，所以这些地区存在变干燥的趋势。

6.4.5.2 黑河流域耗水对变化环境响应的量化评价

黑河流域耗水对变化环境响应的结果见表 6.13，黑河流域的 25 个站点中共有 22 个站点人类活动对耗水的变化占主要影响，只有 3 个站点气候变化对耗水的变化占主要影

表 6.13 　　　　黑河流域各站耗水变化对变化环境的响应结果 　　　单位：mm/a^2

站点	人类活动影响	气候变化影响	站点	人类活动影响	气候变化影响	站点	人类活动影响	气候变化影响
阿右旗	2.13	−1.26	景泰	0.26	0.61	乌鞘岭	6.81	−5.94
德令哈	1.56	−0.69	酒泉	−0.30	1.17	梧桐沟	3.01	−2.14
鼎新	1.79	−0.92	马鬃山	0.78	0.09	武威	1.08	−0.21
额济纳旗	1.25	−0.37	门源	3.49	−2.62	野牛沟	2.17	−1.30
刚察	0.59	0.28	民勤	0.48	0.39	永昌	5.22	−4.35
高台	0.92	−0.04	祁连	1.11	−0.24	玉门镇	1.03	−0.16
拐子湖	0.47	0.40	山丹	1.72	−0.85	张掖	1.12	−0.25
吉河德	1.81	−0.94	松山	0.03	0.85			
金塔	1.08	−0.21	托勒	2.69	−1.82			

响，即景泰、酒泉、松山 3 个站点。这说明人类活动为影响黑河流域耗水变化的主要因素。

从表 6.13 可得在黑河流域内 25 个站点中，人类活动对耗水造成正影响的有 24 个站点，这 24 个站点正影响的整体值为 1.77mm/a^2，耗水变化对人类活动产生负影响的只有 1 个站点：酒泉－0.3mm/a^2。气候变化对耗水变化率呈现正影响（使其产生增大趋势）只有 7 个站点，这 7 个站点正影响的整体值为 0.54mm/a^2，而使其呈现负影响的（使其产生降低趋势）的有 18 个站点，这 18 个站点负影响的整体值为－1.35mm/a^2。

表 6.14　　　　　　黑河流域内人类活动对耗水变化占主要影响的站点贡献比例　　　　　　　%

站点	人类活动	气候变化	站点	人类活动	气候变化	站点	人类活动	气候变化
阿右旗	63	37	金塔	84	16	梧桐沟	58	42
德令哈	69	31	马鬃山	90	10	武威	84	16
鼎新	66	34	门源	57	43	野牛沟	63	37
额济纳旗	77	23	民勤	55	45	永昌	55	45
刚察	67	33	祁连	82	18	玉门镇	87	13
高台	95	5	山丹	67	33	张掖	82	18
拐子湖	54	46	托勒	60	40			
吉诃德	66	34	乌鞘岭	53	47			

图 6.23 表示的是黑河流域气候变化和人类活动对耗水变化贡献的空间分布。从图 6.23 (a) 可知在耗水对气候变化的响应中，在流域山地区以及北部部分地区，气候变化的响应为负值，其他地区气候变化的响应为正值。图 6.23 (b) 显示的是黑河流域区耗水对人类活动的响应的空间分布，黑河流域南部山区以及北部大部分地区人类活动对耗水的正影响较为显著，在流域中部及北部部分地区，其影响为负值，并且影响较小。黑河流域内气候变化和人类活动对耗水的影响与海拔高度的相关性很小。

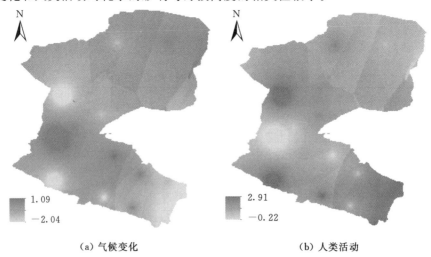

(a) 气候变化　　　　　　　　　　　　(b) 人类活动

图 6.23　黑河流域气候变化和人类活动对耗水变化贡献的空间分布（单位：mm/a^2）

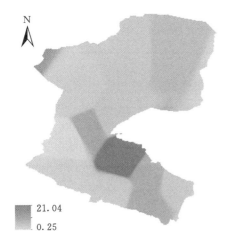

图 6.24 黑河流域 $|\alpha|$ 值的空间分布

图 6.24 为 IDW 插值法获得的黑河流域 $|\alpha|$ 值的空间分布，$|\alpha|$ 值越大，表示人类活动对耗水变化的贡献所占比例越大。可以看到黑河流域大部分区域人类活动对耗水变化贡献较大，贡献较小地区只有黑河流域中部部分地区，可见黑河流域大部分地区人类活动对耗水贡献较大。

图 6.25 为黑河流域气候变化和人类活动对耗水变化贡献率的空间分布，在黑河流域中部部分地区气候变化引起的黑河流域耗水变化的比重大于人类活动的影响，而流域其他地区人类活动引起的黑河流域耗水变化的比重大于气候变化的影响，即在黑河流域耗水变化多是由于人类活动引起的。

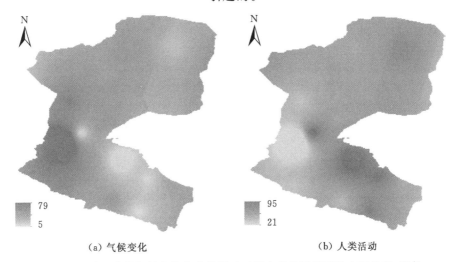

(a) 气候变化   (b) 人类活动

图 6.25 黑河流域气候变化和人类活动对耗水变化贡献率的空间分布（％）

参 考 文 献

［1］ 水利部应对气候变化研究中心. 全球变暖及我国气候变化的事实［J］. 中国水利，2008（2）：28-30，34.

［2］ IPCC. Summary for Policymakers of the Synthesis Report of the IPCC Fourth Assessment Report［R］. Cambridge，UK：Cambridge University Press，2007.

［3］ 秦大河. 中国气候与环境演变（上）［J］. 资源环境与发展，2007（3）：1-4.

［4］ 孙成权，高峰，曲建升. 全球气候变化的新认识——IPCC 第三次气候变化评价报告概览［J］. 自然杂志，2002，24（2）：114-122.

［5］ Willett K M，Gillett N P，Jones P D，et al. Attribution of observed surface humidity changes to human influence［J］. Nature，2007，449（7163）：710-712.

［6］ Goyal R K. Sensitivity of evapotranspiration to global warming：a case study of arid zone of Rajasthan (India) [J]. Agricultural Water Management，2004，69 (1)：1 - 11.

[7] 孟祥林. 城市化进程研究——时空背景下城市、城市群的发展及其影响因素的经济学分析 [D]. 北京：北京师范大学，2006.

[8] 吴莉娅. 中国城市化前景分析 [D]. 重庆：西南师范大学，2002.

[9] 崔学明. 农业气象学 [M]. 北京：高等教育出版社，2006.

[10] 曹红霞，粟晓玲，康绍忠，等. 陕西关中地区参考作物蒸发蒸腾量变化及原因 [J]. 农业工程学报，2007，23 (11)：8 - 16.

[11] 佟玲. 西北干旱内陆区石羊河流域农业耗水对变化环境响应的研究 [D]. 杨凌：西北农林科技大学，2007.

[12] 秦巧燕，贾陈忠，曲东，等. 我国设施农业发展现状及施肥特点 [J]. 湖北农学院学报，2002，22 (4)：373 - 376.

[13] 中华人民共和国农业部. 中国农业年鉴 [M]. 北京：中国农业出版社，2006.

[14] 佟屏亚. 农机与农艺结合的典型范例——记玉米覆膜栽培技术的产生与发展 [J]. 农业科技与装备，2007，133：7 - 9.

[15] 中国农业科学院棉花研究所. 2007 年全国棉花栽培技术监测报告 [R]. 2007.

[16] 杜太生，康绍忠，胡笑涛，等. 根系分区交替滴灌对棉花产量和水分利用效率的影响 [J]. 中国农业科学，2005，38 (10)：2061 - 2068.

[17] Farahani H J，Oweis T Y，Izzi G. Crop coefficient for drip - irrigated cotton in a Mediterranean environment [J]. Irrigation Science，2008，26 (5)：375 - 383.

[18] 杜太生. 干旱荒漠绿洲区作物根系分区交替灌溉的节水机理与模式研究 [D]. 北京：中国农业大学，2006.

[19] 张正斌，徐萍，周晓果，等. 作物水分利用效率的遗传改良研究进展 [J]. 中国农业科学，2006，39 (2)：289 - 294.

[20] Briggs L J，Shantz H J. Relative water requirements of plants [J]. Journal of Agricultural Research，1914，3：1 - 63.

[21] 董宝娣，张正斌，刘孟雨，等. 小麦不同品种的水分利用特性及对灌溉制度的响应 [J]. 农业工程学报，2007，23 (9)：27 - 33.

[22] Shuttleworth W J. 蒸发：水文学手册 [M]. 张建云，李纪生，译. 北京：科学出版社，2002：104 - 155.

[23] Allen R G，Pereira L S，Raes D，et al. Crop evapotranspiration：Guidelines for Computing Crop Water Requirements [M]. Rome，Italy：United Nations Food and Agriculture Organization，Irrigation and Drainage Paper 56，1998.

[24] Allen R G，Pruitt W O，Wright J L，et al. A recommendation on standardized surface resistance for hourly calculation of reference ET_0 by the FAO 56 Penman - Monteith method [J]. Agricultural Water Management，2006，81：1 - 22.

[25] Smith M. The application of climatic data for planning and management of sustainable rained and irrigated crop production [J]. Agricultural and Forest Meteorology，2000，103：99 - 108.

[26] Beyazgül M，Kayam Y，Engelsman F. Estimation methods for crop water requirements in the Gediz Basin of western Turkey [J]. Journal of Hydrology，2000，229 (1 - 2)：19 - 26.

[27] Kashyap P S，Panda R K. Evaluation of evapotranspiration estimation methods and development of crop - coefficients for potato crop in a sub - humid region [J]. Agricultural Water Management，2001，50：9 - 25.

[28] 孙景生，刘祖贵，张寄阳，等. 风沙区参考作物需水量的计算 [J]. 灌溉排水，2002，21 (2)：17 - 20.

［29］ 康绍忠，蔡焕杰. 农业水管理学 ［M］. 北京：中国农业出版社，1996：104 - 105.

［30］ Budyko M I. Evaporation under Natural Conditions ［M］. Gidrometeoizdat，Leningrad，1948，English translation by Isr. Program for Science. Translate，1963，Jerusalem.

［31］ Budyko M I. Climate and Life ［M］. Translated from Russian by Miller D H，Academic，SanDiego，California，1974.

［32］ Eagleson P S. Ecohydrology：Darwinian Expression of Vegetation From and Function ［M］. Cambridge：Cambridge University Press，2002.

［33］ Schreiber P. Uber die Beziehungen zwischen dem Niederschlag und Wasserfuhrung der flvsse in Mitteleuropa ［J］. Meteorologische Zeitschrift，1904，21：441 - 452.

［34］ Ol′dekop E M. On the evaporation from river basins ［M］. Transactions on meteorological observations. Tartu，Estonia：University of Tartu，1911，4：200 - 201.

［35］ 傅抱璞. 论陆面蒸发的计算 ［J］. 大气科学，1981，5 (1)：23 - 31.

［36］ Zhang L，Hickel K，Dawes W R，et al. A rational function approach for estimating mean annual evapotranspiration ［J］. Water Resources Research，2004，40，W02502，doi：10. 1029/2003 WR002710.

［37］ Milly P C D. An analytic solution of the stochastic storage problem applicable to soil water ［J］. Water Resources Research，1993，29：3755 - 3758.

［38］ Milly P C D. Climate，interseasonal storage of soil water and the annual water balance ［J］. Advances in Water Resources，1994，17：19 - 24.

［39］ Milly P C D. Climate，soil water storage，and the average annual water balance ［J］. Water Resources Research，1994，30：2143 - 2156.

［40］ Choudhury B J. Evaluation of an empirical equation for annual evaporation using field observations and results from a biophysical model ［J］. Journal of Hydrology，1999，216：99 - 110.

［41］ Zhang L，Dawes W R，Walker G R. Response of mean annual evapotranspiration to vegetation changes at catchment scale ［J］. Water Resources Research，2001，37：701 - 708.

［42］ Yang D W，Sun F B，Liu Z Y，et al. Interpreting the complementary relationship in non - humid environments based on the Budyko and Penman hypotheses ［J］. Geophysical Research Letters，2006，33，L18402，doi：10. 1029/2006GL027657.

［43］ Yang D W，Sun F B，Liu Z Y，et al. Analyzing spatial and temporal variability of annual water - energy balance in non - humid regions of China using the Budyko hypothesis ［J］. Water Resources Research，2007，43，W04426，doi：10. 1029/2006WR005224.

［44］ Brutsaert W，Stricker H. An advection - aridity approach to estimate actual regional evapotranspiration ［J］. Water Resources Research，1979，15 (2)：443 - 450.

［45］ Morton F I. Operational estimates of areal evapotranspiration and their significance to the science and practice of hydrology ［J］. Journal of Hydrology，1983，66：1 - 76.

［46］ Granger R J. A complementary relationship approach for evaporation from nonsaturated surfaces ［J］. Journal of Hydrology，1989，111：31 - 38.

［47］ Rotstayn L D，Roderick M L，Farquhar G D. A simple pan - evaporation model for analysis of climate simulations：evaluation over Australia ［J］. Geophysical Research Letters，2006，33 (17)，L17715. doi：10. 1029/2006GL027114.

［48］ Roderick M L，Rotstayn L D，Farquhar G D，et al. On the attribution of changing pan evaporation ［J］. Geophysical Research Letters，2007，34，doi：10. 1029/2007GL031166.

［49］ Donohue R J，Mcvicar T R，Roderick M L. Assessing the ability of potential evaporation formulations to capture the dynamics in evaporative demand within a changing climate ［J］. Journal of Hydrology，2010，386：186 - 197.

[50]　Shuttleworth W J. Evaporation. In：Maidment，D. R. （Ed.），Handbook of Hydrology ［M］. McGraw‐Hill，Sydney，1993.

[51]　孙福宝. 基于 Budyko 水热耦合平衡假设的流域蒸散发研究 ［D］. 北京：清华大学，2007.

[52]　刘蕾，夏军，丰华丽. 陆地系统生态需水量计算方法初探 ［J］. 中国农村水利水电，2005（2）：32‐35.

[53]　谭冠日，王宇，方锡林，等. 陆面蒸发公式的检验 ［J］. 气象学报，1984，42（2），231‐237.

[54]　傅抱璞. 山地蒸发的计算 ［J］. 气象科学，1996，16（4）：328‐335.

第7章

中国北方主要作物需水量分区与耗水时空格局优化设计

7.1 中国北方主要作物需水量分区

作物根系从土壤中吸收的水分主要用来维持正常的生理机能，提供参加光合作用的水分并输送养分，只有极少部分变成作物体内的生命物质，绝大部分通过植株蒸腾和土壤蒸发进入大气。由于作物蒸发蒸腾是在大气环境和作物特性影响下所进行的物理和生物生理过程，因此作物需水量必然受气象因素所控制，随气象要素变化而变化，并随作物不同而不同[1]。为了揭示不同作物需水量的区域差异性和区内一致性，需要对其进行分区评价，以利于区域水利工程的规划设计及水土资源的科学管理。

影响作物需水量的因素较多，但主要受气象因素的影响，气象因素又与地理位置、地形密切相关。自然地理及气候条件具有明显的地域性差异，不同的作物也有一定的适宜种植区。因此本章首先根据影响作物需水量的主要宏观地理因子和主要气象要素进行参考作物需水量分区，然后参考北方地区主要作物的适宜种植区和行政区域调整最后的分区界线，绘制主要作物需水量分区图。

7.1.1 分区原则及方法

7.1.1.1 分区原则

作物需水量与地理位置、气候及作物种植类型密切相关。这些条件既有明显的地域差异性，又有其相似性，互相联系、互为影响。为了因地制宜地指导主要作物灌溉管理，应按照"归纳相似性，区别差异性，照顾行政区界"的方针，并根据分区目标与要求，依照以下原则进行分区[2,3]：

（1）气候、地形、地貌等自然地理条件基本一致或相似。

（2）尽可能与农业区划、水利区划兼容。

（3）兼顾县级行政区界和已有水利设施的完整性。

7.1.1.2 分区方法

作物需水量分区与农业及自然区划既有相似性，又有特殊性。相似性是均需考虑当地的自然地貌、地形和气候气象，特殊性是作物需（耗）水量分区需要为灌溉管理和灌区建设服务，因此更要考虑当地水资源和作物适宜种植情况[4,5]。根据上述原则，综合考虑作物需水量分区的特点和农业部门已完成的主要作物适宜种植区划，首先考虑自然地理特点和气候要素，采用模糊聚类方法进行参考作物需水量的分区，然后根据主要作物适宜种植区划的经验和相关成果，依据比较大的分异性和目前的行政区划进行分区边界的调整。

7.1.2 参考作物需水量分区指标体系

根据确定的基本原则和方法，选择反映自然地理特征的宏观地理指标（经度、纬度和高程）、反映当地热力因子的指标（日照时数和平均温度）、反映当地动力因子的风速指标、反映当地水资源状况的降雨量指标、反映当地潜在蒸发蒸腾强度的指标 ET_0 以及反映当地蒸发和降雨特征的干燥度等 9 项指标，作为分区指标[3-5]。

1. 宏观地理因子（经度、纬度、高程）

不同的地理位置气候差异较大，如南方以热带季风气候和亚热带季风气候为主，而北方则以温带季风气候和温带大陆性气候为主。另外，高程也对气候产生较大影响。同纬度地区，平原和高原的日较差和年较差均有所不同，对作物需水量的影响也不同。这里选取易于获取的经度、纬度、高程三个指标作为宏观地理因子。

2. 热力因子（日照时数、平均温度）

蒸发蒸腾过程中水分由液态转化为气态所需的能量主要来源于太阳辐射。通常来说，太阳辐射越强，作物蒸发蒸腾的速率越高。太阳辐射主要受实际日照时数等的影响，另外温度也与太阳辐射高度相关，并且温度与作物一些代谢过程的强弱密切相关。在一定的范围内，温度越高，代谢越快，因此选取日照时数和平均温度作为热力因子。

3. 动力因子（风速）

风速与水汽扩散过程中阻力的大小密切相关。它对作物需水量的影响主要通过对阻力的影响实现。通常来说，风速越大，水汽扩散阻力越小，蒸发蒸腾越强；风速降低，蒸发蒸腾速率也相应降低，同时这一调节过程也受作物生理过程控制。因此将风速作为主要动力因子。

4. 年平均降雨量

作物消耗的水分归根结底来自于降雨。通常降雨量的多少反映一个地方的干旱程度，年平均降雨量也是气候的重要衡量指标，并且容易获取，因此将此作为反映当地水资源量的重要指标。

5. 参考作物需水量 ET_0

参考作物需水量能够全面地反映一个地区的蒸发能力。若某一地区的年降水量小于该地区的 ET_0，则说明该地区降雨多被蒸发掉。因此在干旱区的气候及水资源研究中，参考作物需水量是决定该地区气候和影响该地区水资源的重要指标。

6. 干燥度

在诸多气候因素中，与灌溉关系最大的是降水和蒸发。降水不但直接供给作物需水，而且也提供了发展灌溉的水源。蒸发量的大小也直接影响到农作物对灌溉的要求，蒸发量大的地方，作物耗水量大，易发生干旱，要获得高产稳产必须发展灌溉。在那些降水量小而蒸发量又大的地区，灌溉是发展农业生产的重要手段。可见，反映气候干湿程度的指标是作物需水量分区的重要指标之一。

目前，国内气候干湿划分的指标多采用干燥度指标。所谓干燥度是采用某一时期最大可能蒸发量与平均降水量之比来综合评价干湿气候的划分。由于用降水量多少来划分干旱与湿润，只考虑水分收入，不考虑水分支出，没有水分平衡的概念，不能定量地说明水分的盈亏。另外，一个地区的干旱与湿润，不完全取决于降水量的多少，而是与当地可能蒸发量的大小、积温的多少等因素有关。有限的降水量并不一定导致干旱，如有些地区，虽然降水量少，但那里的蒸发量也小。因此，用可能蒸发与降水量之比——干燥度来划分干旱与湿润，就比降水量指标更趋合理，对农业生产更有实际意义。干燥度可分为年干燥度、季干燥度和月干燥度等。干燥度指标用式（7.1）表示：

$$K=\frac{E_{\mathrm{m}}}{P} \tag{7.1}$$

式中：K 为干燥度；E_{m} 为年（或季、月）最大可能蒸发量，mm，在实际应用中近似用参考作物需水量 ET_0 替代；P 为年（或季、月）平均降水量，mm。

7.1.3　参考作物需水量分区指标的主成分分析

依据收集整理的中国北方地区 321 个站点的宏观地形数据和主要气象因子数据，加上计算了各站点的年平均参考作物需水量和年平均干燥度值，共获得 9 个需水量分区指标，分别用 x_1，x_2，$\cdots$，x_9 来表示。321 个样本的编号分别用 1～321 来表示，各指标编号代表的意义见表 7.1。根据式（7.2）规格化后得到各样本的规格化值，并按式（7.3）或式（7.4）计算得到的相关系数矩阵 R，其结果见表 7.2。

$$x_{ij}=\frac{x_{ij}^{*}-\overline{x_{j}^{*}}}{\sqrt{\mathrm{var}(x_{j}^{*})}} \quad (i=1,2,\cdots,n;\ j=1,2,\cdots,p) \tag{7.2}$$

式中：x_{ij}^{*} 为第 i 样本的第 j 个指标的原始数据；$\overline{x_{j}^{*}}$ 为第 j 个指标原始数的平均值；$\sqrt{\mathrm{var}(x_{j}^{*})}$ 为第 j 个指标原始数的标准差。

$$R=\begin{Bmatrix} r_{11} & r_{12} & \cdots & r_{1p} \\ r_{21} & r_{22} & \cdots & r_{2p} \\ \vdots & \vdots & \vdots & \vdots \\ r_{n1} & r_{n2} & \cdots & r_{np} \end{Bmatrix} \tag{7.3}$$

式中：r_{ij}（$i,j=1,2,\cdots,p$）为原来变量 x_i 与 x_j 的相关系数，其计算公式为

$$r_{ij}=\frac{\sum_{k=1}^{n}(x_{ki}-\ddot{x}_i)(x_{kj}-\ddot{x}_j)}{\sqrt{\sum_{k=1}^{n}(x_{ki}-\ddot{x}_i)^2\sum_{k=1}^{n}(x_{kj}-\ddot{x}_j)^2}} \tag{7.4}$$

因为 R 为实对称矩阵（即 $r_{ij}=r_{ji}$），所以只需计算其上三角元素或下三角元素即可。

由相关系数矩阵计算特征值，以及各个主成分的贡献率与累计贡献率（表 7.3）。从表 7.3 中可知，第 1、第 2、第 3、第 4 主成分的累计贡献率已高达 86.53%，故只需求出第 1、第 2、第 3、第 4 主成分 Y_1、Y_2、Y_3、Y_4 即可。

对于特征值 λ_1，λ_2，$\cdots$，λ_9 分别求出其特征向量 μ_1，μ_2，$\cdots$，μ_9，也即是各指标 x_1，

x_2，$\cdots$，x_9 在各主成分上的载荷，从而得到主成分载荷矩阵，这里仅列出前四个主成分荷载（表7.4）。

表7.1 指 标 编 号

指标编号	指标名称	指标编号	指标名称
x_1	经度/(°)	x_6	年平均风速/(m/s)
x_2	纬度/(°)	x_7	年平均降雨量/mm
x_3	高程/m	x_8	参考作物需水量 ET_0/mm
x_4	年均日照时数/h	x_9	年平均干燥度
x_5	年平均温度/℃		

表7.2 相 关 系 数 矩 阵 R

指标编号	x_1	x_2	x_3	x_4	x_5	x_6	x_7	x_8	x_9
x_1	1.000	0.239	−0.551	0.081	0.230	0.039	0.677	−0.509	−0.497
x_2	0.239	1.000	−0.383	0.203	0.229	−0.529	−0.253	−0.213	0.025
x_3	−0.551	−0.383	1.000	0.112	−0.076	−0.474	−0.338	0.108	0.107
x_4	0.081	0.203	0.112	1.000	0.503	−0.041	−0.252	0.247	−0.204
x_5	0.230	0.229	−0.076	0.503	1.000	−0.094	−0.001	0.228	−0.120
x_6	0.039	−0.529	−0.474	−0.041	−0.094	1.000	0.264	0.350	−0.063
x_7	0.677	−0.253	−0.338	−0.252	−0.001	0.264	1.000	−0.609	−0.572
x_8	−0.509	−0.213	0.108	0.247	0.228	0.350	−0.609	1.000	0.534
x_9	−0.497	0.025	0.107	−0.204	−0.120	−0.063	−0.572	0.534	1.000

表7.3 特征值及主成分贡献率

主成分	特征值	贡献率/%	累计贡献率/%	主成分	特征值	贡献率/%	累计贡献率/%
1	2.91	32.38	32.38	6	0.33	3.69	96.90
2	1.95	21.68	54.06	7	0.18	2.00	98.90
3	1.64	18.20	72.26	8	0.08	0.94	99.84
4	1.28	14.27	86.53	9	0.01	0.16	100.00
5	0.60	6.68	93.21				

表7.4 主 成 分 荷 载 矩 阵

原变量	主 成 分			
	Y_1	Y_2	Y_3	Y_4
x_1	0.510	0.149	0.107	−0.072
x_2	0.083	0.553	−0.156	−0.480
x_3	−0.324	−0.002	−0.351	0.605
x_4	−0.057	0.462	0.347	0.363
x_5	0.040	0.460	0.383	0.199
x_6	0.072	−0.433	0.588	−0.063
x_7	0.506	−0.233	0.018	0.160
x_8	−0.431	−0.018	0.477	−0.054
x_9	−0.420	−0.062	−0.007	−0.441

从表 7.4 可看出，第 1 主成分与 x_1、x_7、x_8、x_9 有较大的荷载，除了经度以外，其他 3 个都与干燥度有关，因此第 1 主成分可以认为是干燥度的代表。第 2 主成分与 x_2、x_4、x_5 有较大的荷载，除了纬度以外，其他两个因子都是热力因子，因此第 2 主成分可认为是热力因子的代表。第 3 主成分与 x_6、x_8（平均风速和参考作物需水量）有较大的荷载，可认为第 3 主成分是动力因子的代表。第 4 主成分与 x_3、x_9（高程和干燥度）有较大的荷载，可认为第四主成分是地形地貌的代表。

通过主成分荷载和各样本的规格化值，可得出不同样本的主成分得分，从而可以通过模糊聚类方法 FCM 算法来进行作物需水量分区。

7.1.4　利用 FCM 算法进行参考作物需水量分区

参考已有的农业、水利区划成果，初步确定中国北方分为 5 个区[6]，则 $C=5$。利用 MATLAB 自带的 FCM 函数聚类分析，同时选定最大迭代次数为 100，允许误差 E 为 10^{-5}，根据 321 个样本的主成分资料，经过 60 次迭代，目标函数达到最小值 424.57，得到此时各样本的隶属度矩阵。取各样本最大隶属度所在分区作为各样本分类依据，从而得到初步分区结果，各样本点空间分布及初步分区如图 7.1 所示。

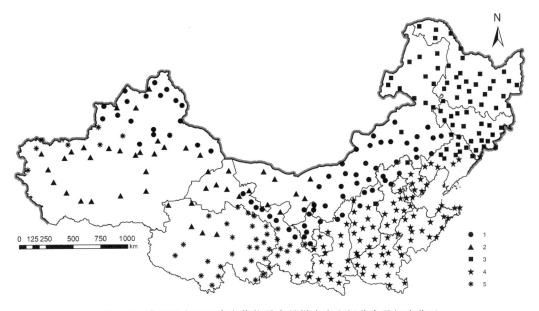

图 7.1　中国北方地区参考作物需水量样本点空间分布及初步分区

为了将点状样本分类结果与地级市为单位的面状进行链接，采用 Spacal Join 命令进行空间叠置分析，将地级市设为目标图层，样本图层设为链接图层，样本站点包括在地级市图层内或距离最近的样本站点不超过 50km，由此得到各个县级市的空间分类图。

考虑到作物种植的具体需求与实施，为了便于灌溉工程的实施和开展，根据行政区划完整的原则，对初步聚类结果作出调整，获得中国北方参考作物需水量分区如图 7.2 所示。

7.1.5　中国北方主要作物需水量分区及其评价

在进行参考作物需水量分区后，充分借鉴已有的作物种植区划研究成果，采用 ArcGIS

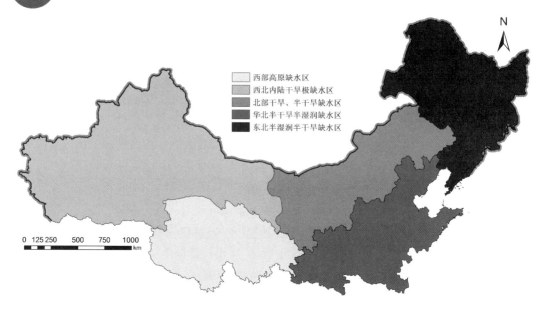

图 7.2　中国北方地区参考作物需水量分区

的叠加处理功能将参考作物需水量分区和作物种植分区进行叠加处理，进而得到中国北方地区主要作物（小麦、玉米、棉花）需水量分区。

7.1.5.1　中国北方冬小麦需水量分区评价

中国北方冬小麦区主要包括河南、山东、北京、天津、新疆的全部以及河北、山西、陕西、甘肃、辽宁、宁夏的部分地区，是中国冬小麦最主要产区。2015 年该区播种面积近 1480 万 hm²，占全国冬小麦种植面积的 65%，总产量 8680 万吨，占全国的 70%，平均单产 5860kg/hm²。黄淮海平原冬麦区单产达到 6274.2kg/hm²，单产水平居冬小麦其他主产区之首，其播种面积占全国的 50%，产量占全国的 57.7%。

根据参考作物需水量分区和冬小麦种植区划，将中国北方分为 4 个区，分别为东北半湿润缺水冬麦区、黄淮海平原干旱缺水冬麦区、西北黄土高原干旱缺水冬麦区和西北内陆干旱缺水冬麦区，具体分布如图 7.3 所示。

东北半湿润缺水冬麦区，由辽宁南部靠近辽东湾的部分地区组成。该区域早期主要种植春小麦，近年来，当地冬季温度升高，可以确保冬小麦安全过冬，播种面积逐渐扩大，但不超过 10 万亩。该区域冬小麦全生育期需水量为 361～500mm，濒临黄海的大连地区冬小麦需水量较小，低于 400mm。

黄淮海平原干旱缺水冬麦区，包括河北省中南部、山东省全部，以及山西、河南等省部分地区。该区域冬小麦全生育期需水量变化为 361～550mm。其中河北保定与山西临汾一带，有一低值封闭区，冬小麦需水量低于 400mm；山东省济南、惠民沿黄河两岸有一高值封闭区，冬小麦需水量高于 500mm；随后向四周逐渐降低至鲁南地区，需水量低于 400mm。豫北地区冬小麦需水量高于豫南地区，安阳与郑州之间有一椭圆形封闭区，冬小麦需水量为 450～500mm。

西北黄土高原干旱缺水冬麦区，包括甘肃省东南部，陕西省中南部，宁夏、山西、河

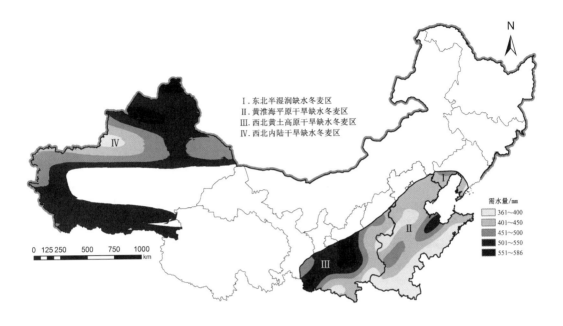

I. 东北半湿润缺水冬麦区
II. 黄淮海平原干旱缺水冬麦区
III. 西北黄土高原干旱缺水冬麦区
IV. 西北内陆干旱缺水冬麦区

需水量/mm
361~400
401~450
451~500
501~550
551~586

图 7.3　中国北方冬小麦需水量分区及其多年平均需水量空间分布图

南等省（自治区）部分地区。该区域冬小麦全生育期需水量变化为 361~586mm，陕南汉中、豫西卢氏、山西临汾等地冬小麦需水量较小，低于 400mm，陕北延安、甘肃武都等地冬小麦需水量较高。

西北内陆干旱缺水冬麦区，即为新疆地区，以天山为界分为北疆和南疆，南疆地区受塔克拉玛干大沙漠的影响，仅在塔里木盆地周围种植冬小麦，需水量为 500~550mm，越靠近沙漠需水量越高。北疆大部分地区冬小麦需水量低于 550mm，仅在克拉玛依附近有一个高值封闭区，冬小麦需水量高于 550mm，可能与附近的古尔班通古特沙漠有关；天山山脉西部的伊犁河谷为新疆年降雨量最大地区，相应冬小麦需水量最小，低于 400mm，随后向四周逐渐增加，沿着天山山脉东部巴里坤地区有一低值封闭区，冬小麦需水量为 450~500mm。

7.1.5.2　中国北方春玉米需水量分区及其评价

中国北方春玉米种植区较广，除青海省外的其他北方地区均可种植，是中国春玉米最主要产区。20 世纪 90 年代，该区年均播种面积近 980 万 hm^2，占全国玉米种植面积的 43%，总产量占全国的 47% 左右。2006—2008 年统计，年均玉米播种面积 1348.4 hm^2，占全国总面积 47.2%，总产量占全国的 48%，平均单产 6878.3kg/hm^2。单产水平因气温原因，由东北向西北逐渐递增，西北内陆玉米区单产达到 7824.3kg/hm^2，单产水平居春玉米其他主产区之首。

根据参考作物需水量分区和春玉米种植区划，并结合相关经验，将北方春玉米分为东北半湿润半干旱春玉米区、北方干旱半干旱春玉米区、黄淮平原半干旱半湿润春玉米区、西北内陆春玉米区、新疆内陆极干旱春玉米区 5 个分区。春玉米需水量分区及其多年平均需水量空间分布如图 7.4 所示。

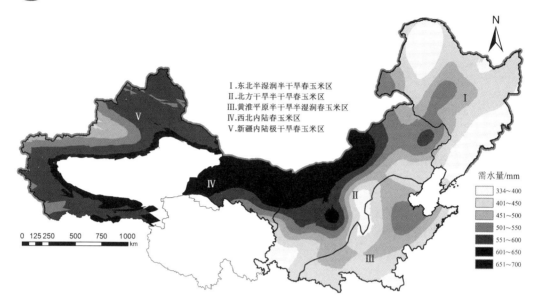

图 7.4   中国北方春玉米需水量分区及其多年平均需水量空间分布图

东北半湿润半干旱春玉米区，春玉米全生育期需水量变化为 334～550mm。其中辽东、吉东地区需水量低于 400mm，与俄罗斯接壤的北部地区有一低值封闭区，春玉米需水量低于 400mm，黑龙江富裕与内蒙古乌兰浩特地区需水量高于 500mm，其余大部分地区需水量均为 400～500mm。

北方干旱半干旱春玉米区，春玉米全生育期需水量变化为 334～700mm。其中山西右玉与临汾之间有一狭长低值封闭区，需水量低于 400mm，该区域地处山西省中心，且面积较大，随着面积的扩大，春玉米需水量逐渐增至 500mm；内蒙古拐子湖与朱日和之间春玉米需水量超过 650mm，为该区域需水量高值区。

黄淮平原半干旱半湿润春玉米区，春玉米全生育期需水量变化为 334～550mm，豫南信阳地区春玉米需水量最小，郑州以北的豫北地区春玉米需水量超过豫南地区近 100mm；河北黄骅、饶阳、南宫及与其接壤的山东惠民、济南、莘县组成一个高值封闭区，春玉米需水量最高，超过 500mm；陕南汉中地区春玉米需水量为 400～450mm，关中高于陕南。

西北内陆春玉米区，主要包括甘肃、内蒙古的西北部，春玉米全生育期需水量变化为 400～700mm。其中甘肃地区从东南向西北春玉米需水量逐渐增加，内蒙古大部分地区春玉米需水量超过了 650mm。

新疆内陆极干旱春玉米区，即为新疆地区，以一年一熟春玉米为主，春玉米全生育期需水量变化为 400～650mm。其中天山山脉西部的伊犁河谷需水量最低，需水量随面积增加而逐渐增加，大部分地区为 500～600mm，在南疆塔克拉玛干沙漠四周春玉米需水量较高。北疆阿拉山口、克拉玛依附近有一个高值封闭区，春玉米需水量高于 600mm。

7.1.5.3   中国北方夏玉米需水量分区及其评价

中国北方夏玉米区主要包括河南、河北、山东、山西、北京、天津、陕西等省（直辖市）的全部以及新疆、甘肃、宁夏、内蒙古等省（自治区）的部分地区。2015 年该区播种面积近 1910 万 hm^2，占全国玉米种植面积的 50％，总产量 10920 万吨，占全国的 50％，平均产量 5700kg/hm^2。

根据参考作物需水量分区和夏玉米种植区划，并结合相关经验，将夏玉米分为北方干旱半干旱夏玉米区、黄淮平原半干旱半湿润夏玉米区、新疆内陆极干旱夏玉米区 3 个区、中国北方夏玉米需水量分区及其多年平均需水量空间分布如图 7.5 所示。

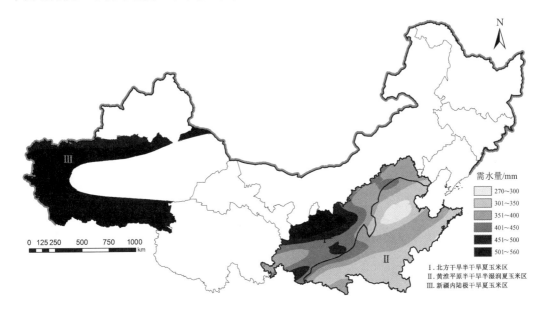

图 7.5　中国北方夏玉米需水量分区及其多年平均需水量空间分布图

北方干旱半干旱夏玉米区，夏玉米全生育期需水量变化为 350～560mm，宁夏及其周边地区需水量高于 450mm，其中宁夏中部地区及与其接壤的甘肃靖远、陕西横山一带需水量最高，超过 500mm；甘南藏族自治州略低，夏玉米需水量为 350～400mm。

黄淮平原半干旱半湿润夏玉米区，夏玉米全生育期需水量变化为 270～450mm，大部分地区夏玉米需水量基本在 400mm 以下，河北省石家庄地区有一低值封闭区，夏玉米需水量低于 300mm，是整个黄淮平原夏玉米需水量最低区；以黄河为界，豫北地区夏玉米需水量高于豫中及豫南地区；山东省济南、莘县等沿黄河两岸地区需水量较高，为 350～400mm，其余地区均低于 350mm；陕南汉中地区夏玉米需水量较低，为 300～400mm；关中地区略高，为 350～450mm。

新疆内陆极干旱夏玉米区，主要为南疆地区，受塔克拉玛干大沙漠的影响，夏玉米全生育期需水量变化为 450～560mm，大部分地区超过 500mm，仅在靠近天山山脉的西北部地区需水量略低，为 450～500mm。

7.1.5.4　中国北方棉花需水量分区及其评价

中国北方棉区主要包括新疆、河南、河北、山东、山西、北京、天津、辽宁、陕西、甘肃、宁夏等省（自治区、直辖市），是中国棉花主产区。2015 年该区播种面积近 300 万 hm^2，占全国棉花种植面积的 78.5％左右，总产量 466 万吨，约占全国棉花产量的 83％，平均产量 1563kg/hm^2。

根据棉花种植区域和参考作物需水量分区，将中国北方分为北部特早熟半干旱缺水棉区、黄河流域半干旱缺水棉区、西北内陆干旱缺水中早熟棉区3个分区，中国北方棉花需水量分区及多年平均需水量空间分布如图7.6所示。

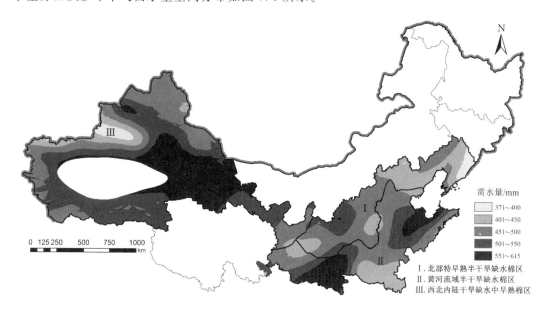

图7.6　中国北方棉花需水量分区及其多年平均需水量空间分布图

北部特早熟半干旱缺水棉区，棉花全生育期需水量变化为371～550mm，辽东地区棉花需水量较小，低于400mm，陕北榆林一带需水量高于500mm；山西太原与河北接壤地区有一封闭区，棉花需水量为400～450mm。

黄河流域半干旱缺水棉区，是中国主要产棉区，棉花全生育期需水量变化为400～600mm，主要包括山东、河南两大产棉省份。河南省棉花需水量为400～500mm，豫北高于豫南；山东省棉花需水量整体略高于河南省，为450～600mm，棉花需水量变化规律性较强，以莱州湾为中心，逐渐向外扩散，需水量呈降低趋势，济南、惠民沿黄河两岸一带需水量较高。

西北内陆干旱缺水中早熟棉区，包括新疆及甘肃的河西走廊地区，棉花全生育期需水量变化为371～615mm。河西走廊是中国内地通往新疆的要道，需水量沿着甘肃向新疆方向逐渐增加，甘肃西北部棉花需水量最高，超过600mm。天山山脉将新疆维吾尔自治区划为南疆和北疆，南疆由于塔克拉玛干大沙漠的影响，只有在沙漠边缘地区可以植棉，北疆气候湿润，种植业相比南疆发达，棉花需水量大部分400～550mm，天山山脉西部的伊犁河谷棉花需水量低于450mm，随后向四周逐渐增加，在北疆阿拉山口、克拉玛依附近有一个高值封闭区，棉花需水量为500～550mm。

7.2　中国北方典型地区主要作物经济需水量指标

纵观国内外已有的作物需水量研究成果，绝大部分反映了丰产灌溉条件（以追求高产为目的的灌溉模式）下不同作物的需水量及其变化规律。但是，大量灌溉实践表明，作物本身具有生理节水与抗旱能力。作物各生育阶段的需水量不同，各生育阶段对水分的敏感程度也不同，适当地进行水分亏缺调控，对于促进群体的高产更为有效。作物水分生产函数是对作物耗水量与产量间的定量描述，研究作物水分生产函数，科学确定作物的经济需水量指标是实现有限水量在作物生长期内优化分配，达到作物节水优质高效的重要依据。

7.2.1 作物产量与耗水量的关系及其经济需水量指标的确定方法

作物产量与全生育期耗水量的关系可归纳为两大类[7]：

$$Y = a_0 ET + b_0 \quad \text{（适用中、低产量水平）} \tag{7.5}$$

$$Y = c_1 + b_1 ET + a_1 ET^2 \quad \text{（适用较高产量水平）} \tag{7.6}$$

式中：Y 为作物产量，kg/hm^2；ET 为耗水量，mm；a_0、b_0、a_1、b_1、c_1 为经验系数。

大量研究表明[8]，只有在一定范围内 Y 随 ET 线性增加，当 Y 达到一定水平后，再继续增加则要靠其他农业措施。因此，线性关系一般只适用于灌溉资源不足、管理水平不高、农业资源未能充分发挥的中低产地区。随着水源条件的改善和管理水平的提高，Y 与 ET 的关系出现了一个明显的界限值。当 ET 小于此界限值时，Y 随 ET 的增加而增加，开始增加的幅度较大，然后减少；当达到该界限值时，产量不再增加，其后 Y 随 ET 增大而减小。因此，作物产量与耗水量呈现出二次抛物线关系。

由作物产量与全生育期耗水量二次抛物线可知，曲线上最高点即为作物最大产量，求解方式如下：

将式（7.6）两边取导数，可得：

$$\frac{dY}{dET} = b_1 + 2a_1 ET \tag{7.7}$$

令 $\frac{dY}{dET} = 0$，即可得作物产量最高时的经济需水量指标：

$$b_1 + 2a_1 ET_{经济} = 0 \tag{7.8}$$

即

$$ET_{经济} = \frac{-b_1}{2a_1} \tag{7.9}$$

7.2.2 北方典型地区作物产量与耗水量关系及经济需水量指标

按照作物产量与耗水量的关系，中国北方典型地区不同作物的产量与耗水量关系以及基于产量最高和水分利用效率最高的经济需水量指标结果见表7.5～表7.8。

表7.5　北方典型地区夏玉米产量与耗水量关系及经济需水量指标

区　　域	代表点	$Y = c_1 + b_1 ET + a_1 ET^2$				
		a_1	b_1	c_1	$-b_1/(2a_1)$	$(c_1/a_1)^{0.5}$
黄淮海平原半干旱半湿润夏玉米区	保定	−0.1333	116.0	−14838.0	435.1	333.6
	石家庄	−0.8733	619.0	−102706.5	354.4	342.9
	安阳	−0.0657	53.6	−3302.5	407.9	224.2
	天津	−0.2020	142.0	−17530.5	351.5	294.6
	陵县	−0.0640	54.0	−4941.0	421.9	277.9
	惠民	−0.1333	116.0	−14838.0	435.1	333.6

区　　域	代表点	$Y=c_1+b_1ET+a_1ET^2$				
		a_1	b_1	c_1	$-b_1/(2a_1)$	$(c_1/a_1)^{0.5}$
黄淮海平原半干旱半湿润夏玉米区	驻马店	-0.2724	204.8	-29770.5	375.9	330.6
	郑州	-0.1740	138.6	-21426.0	398.3	350.9
	蚌埠	-0.1751	138.9	-18902.0	396.6	328.6
	济南	-0.0640	54.0	-4941.0	421.9	277.9
	潍坊	-0.2293	186.0	-28890.0	405.6	355.0
北方干旱半干旱夏玉米区	离石	-0.0620	54.0	-2854.5	435.5	214.6
	宝鸡	-0.0515	47.9	-3726.5	465.0	269.0
	西安	-0.1007	115.2	-25400.0	572.0	502.2
新疆内陆极干旱夏玉米区	—	暂缺				

表 7.6　　　　北方典型地区春玉米产量与耗水量关系及经济需水量指标

区　　域	代表点	$Y=c_1+b_1ET+a_1ET^2$				
		a_1	b_1	c_1	$-b_1/(2a_1)$	$(c_1/a_1)^{0.5}$
东北半湿润半干旱春玉米区	—	暂缺				
北方干旱半干旱春玉米区	承德	-0.0668	62.8	-7870.1	470.1	343.2
	榆林	-0.0573	63.6	-8112.2	555.0	376.3
	大同	-0.0668	62.8	-7870.1	470.1	343.2
	张家口	-0.0668	62.8	-7870.1	470.1	343.2
	原平	-0.2287	227.2	-47037.0	496.7	453.5
	包头	-0.1091	117.9	-25898.0	540.3	487.2
西北内陆春玉米区	银川	-0.1091	117.9	-25898.0	540.3	487.2
	张掖	-0.0583	76.0	-14110.8	651.8	492.0
	民勤	-0.0759	94.8	-13308.3	624.5	418.7
新疆内陆极干旱春玉米区	吐鲁番	-0.2967	307.6	-65896.0	518.4	471.3

表 7.7　　　　北方典型地区冬（春）小麦产量与耗水量关系及经济需水量指标

区　　域	代表点	作物	$Y=c_1+b_1ET+a_1ET^2$				
			a_1	b_1	c_1	$-b_1/(2a_1)$	$(c_1/a_1)^{0.5}$
东北半湿润缺水春麦区	承德	冬小麦	-0.0330	31.3	-2089.1	474.2	251.6
	遵化	冬小麦	-0.0467	53.6	-9334.5	573.9	447.1

区　域	代表点	作物	$Y=c_1+b_1ET+a_1ET^2$				
			a_1	b_1	c_1	$-b_1/(2a_1)$	$(c_1/a_1)^{0.5}$
黄淮海平原干旱缺水冬麦区	北京	冬小麦	−0.0467	53.6	−9334.5	573.9	447.1
	保定	冬小麦	−0.0413	40.7	−4521.0	492.7	330.9
	天津	冬小麦	−0.0467	53.6	−9334.5	573.9	447.1
	长治	冬小麦	−0.0380	37.1	−3954.0	488.2	322.6
	安阳	冬小麦	−0.0293	32.9	−2674.5	561.4	302.1
	郑州	冬小麦	−0.0607	53.5	−4360.5	440.7	268.0
	临沂	冬小麦	−0.0747	72.0	−11334.0	481.9	389.5
	济南	冬小麦	−0.0553	65.9	−13558.4	595.8	495.2
	潍坊	冬小麦	−0.0333	36.1	−4245.0	542.0	357.0
西北黄土高原干旱缺水春麦区	榆林	冬小麦	−0.0723	74.4	−14571.0	514.5	448.9
	阳城	冬小麦	−0.0380	37.1	−3954.0	488.2	322.6
	大同	冬小麦	−0.0330	31.3	−2089.1	474.2	251.6
西北内陆干旱缺水冬麦区	若羌	冬小麦	−0.0253	33.0	−5079.5	652.2	448.1
		春小麦	−0.0444	46.2	−6395.1	520.3	379.5
	焉耆	冬小麦	−0.0253	33.0	−5079.5	652.2	448.1
		春小麦	−0.0444	46.2	−6395.1	520.3	379.5
	吐鲁番	冬小麦	−0.0253	33.0	−5079.5	652.2	448.1
		春小麦	−0.0444	46.2	−6395.1	520.3	379.5

表 7.8　　　　北方典型地区棉花产量与耗水量关系及经济需水量指标

区　域	代表点	$Y=c_1+b_1ET+a_1ET^2$				
		a_1	b_1	c_1	$-b_1/(2a_1)$	$(c_1/a_1)^{0.5}$
西北内陆干旱缺水中早熟棉区	吐鲁番	−0.0092	10.4	−1410.1	565.2	391.5
北部特早熟半干旱缺水棉区	保定	−0.0107	12.0	−1743.0	560.7	403.6
	长治	−0.0147	17.0	−3574.9	578.2	493.1
	安阳	−0.0173	20.2	−4143.4	583.8	489.4
黄河流域干旱缺水棉区	西安	−0.0199	24.4	−6140.6	613.1	555.5
	介休	−0.0147	17.0	−3574.9	578.2	493.1
	临沂	−0.1653	195.0	−55950.0	589.8	581.8
	驻马店	−0.0152	14.3	−2287.5	470.4	387.9
	信阳	−0.1007	115.2	−25400.0	572.0	502.2

7.3　区域作物耗水时空格局优化设计

随着社会经济发展，中国人增、地减、水缺的矛盾日益突出，农业受制于水的状况将长期存在。1995—2014 年年均干旱受灾面积 2687.9hm²，约占耕地面积的 20%，全国年平均缺水量高达 500 多亿 m³。因干旱减产的粮食达数百亿公斤，缺水对农业产生了不利影响，威胁粮食安全[9,10]。种植业是农业耗水大户，灌溉用水约占农业总用水量的 90%，针对这种情况，必须优化与农业水资源密切相关的区域作物耗水时空格局，按照水资源和农业资源的时空分布特征，考虑作物耗水量及其影响因子的时空变异性，兼顾经济、社会和生态效益，得到区域作物耗水量（ET）最高水分产出效益的分配方案，达到优化区域作物耗水时空格局的目的，对指导农业生产，促进研究区域水资源高效利用、农业可持续发展和缓解水资源供需矛盾具有重要的科学意义。

7.3.1　作物耗水时空格局优化设计的涵义

作物耗水时空格局优化设计是指基于地理信息系统，在充分考虑影响作物生长的气象、地形、土壤等自然因素的时间和空间维度变异性，以主要作物生命需水指标及生长影响因子时空分异为基础，通过建立作物分布式耗水模型和区域作物耗水时空格局动态优化模型，得到区域 ET 最高水分生产率的分配方案，实现优化作物耗水时空格局的目的。

7.3.2　作物耗水时空格局优化设计方法

作物耗水时空格局优化设计主要通过分析作物耗水影响因子、建立作物分布式耗水模型和耗水时空格局优化模型实现。

7.3.2.1　作物耗水及其影响因子空间分布

以研究区域数字高程模型（digital elevation model，DEM）、作物空间分布、气候数据、土壤分布和作物耗水空间分布为基础。基于 DEM 数据提取坡度、坡向、坡长等微观地形因子数据，得到地形因子空间分布图，在地形因子空间分布图上叠加土壤分布图和作物空间分布图，并将土壤理化性质指标和作物类型特征指标赋值，根据用户所设定的精度、土壤属性和作物分布空间变异性，获得作物耗水时空格局优化计算单元。其中，土壤理化性质指标包括土壤质地、容重、田间持水量和渗透系数；作物特征指标包括叶面积指数和收获指数，根据土壤和作物空间分布的空间变异性赋予相应的数值。将气象因子、作物耗水量和作物产量数据根据其不同属性采用不同的计算方法分布到耗水计算单元，其中气象因子、作物耗水量采用空间插值方法将已知点的实测数据展布到空间区域，作物产量采用 GIS 的空间分析功能，将实测数据按作物空间分布赋值。

7.3.2.2　分布式作物耗水量模型

1. 作物耗水量综合影响因子分析

作物耗水量影响因子分析是从研究作物耗水量及其相关变量内部依赖关系出发，把一些具有错综复杂关系的变量归结为少数几个综合因子。本书采用因子分析法，其数学模型用矩阵表示为[11]

$$L_{n\times 1} = A_{nk}F_{k\times 1} + \varepsilon_{n\times 1} \tag{7.10}$$

式中：$L = L_1, L_2, \cdots, L_n$ 为可观测的 n 个耗水量影响因子指标所构成的 n 维随机向量；

$A=(a_{ij})_{nk}$ 为因子载荷矩阵，a_{ij} 表示第 i 个变量在第 j 个公共因子上的负荷，简称因子负荷，它反映了第 i 个变量在第 j 个公共因子上的相对重要性；$F=F_1,F_2,\cdots,F_k(k<n)$ 为不可观测的向量，称 F 为 L 的公共因子或者潜因子。另外，$L_i(i=1,2,\cdots,n)$ 中不能被公共因子解释的部分，即其特有的因子称作特殊因子，记为 $\varepsilon_i(i=1,2,\cdots,n)$，它只对 L_i 起作用。

作物耗水量影响因子分析的结果由公共因子 F_j、各变量的因子荷载 a_{ij}、变量共同度 h_i^2 和公共因子的方差贡献率 g_j^2 来表示。因子载荷 a_{ij} 是第 i 个变量 L_i 与第 j 个公共因子 F_j 的相关系数，a_{ij} 反映了 L_i 对 F_j 的依赖程度，绝对值越大，其密切程度越高，同时也反映了 L_i 对 F_j 的相对重要性；因子载荷矩阵 A 中行的平方和称为变量 L_i 的共同度，它描述全部公共因子对变量的总方差的贡献，共同度 h_i^2 越大，说明公共因子包含的信息越多，影响就越大；因子载荷矩阵 A 中列的平方和称为公共因子 F_j 对 L 的贡献，表示同一个公共因子 F_j 对 L 的每一分量 $L_i(i=1,2,\cdots,n)$ 所提供的方差贡献之总和，反映了公共因子 F_j 与所有原始变量 $L_i(i=1,2,\cdots,n)$ 的关系，是衡量公共因子相对重要性的指标，g_j^2 越大，表明公共因子 F_j 对 L 的贡献越大，一般情况，认为公共因子的累加贡献率超过 80%，所得到的公共因子可以说明全部的原始信息[12]。

因子分析需要通过 KMO（kaiser meyer olkin）检验以及 Bartlett's 球形检验，这是两个常用的因子分析模型有效性的统计指标。如原变量间相互作用较大，KMO 值就较大，适合因子分析，反之 KMO 值较小，不适合因子分析，其检验标准见表 7.9。

表 7.9　　　　　　　　　作物耗水量影响因子 KMO 检验标准

KMO 值	是否适合因子分析	KMO 值	是否适合因子分析
KMO>0.9	非常适合	0.6<KMO<0.7	尚可
0.8<KMO<0.9	很适合	0.5<KMO<0.6	不太适合
0.7<KMO<0.8	适合	KMO<0.5	不适合

Bartlett's 统计指标用于检验相关矩阵是不是单位矩阵。计算 Bartlett's 球形检验的卡方统计值，所计算出的统计值越大，在分布中越接近分布的尾端，所对应的假设概率值越小。其中，P 值越小越认为样本中变量的关联是总体中各变量关联的可靠指标。据此，判定相关矩阵是单位矩阵的假设是否不成立，不成立才可以进行因子分析。

2. 分布式作物耗水模型构建

根据式（7.11）计算第 l 种作物的第 j 个作物耗水量综合影响因子的权系数 β_j^l，A_{ij}^l 是第 l 种作物的第 j 个作物耗水量综合影响因子相对第 i 个耗水量影响因子的得分值，n 是耗水量影响因子的总数，f_j^l 是第 l 种作物的第 j 个作物耗水量综合影响因子的贡献率；根据式（7.12）来计算，其中 a_{ij}^l 是第 l 种作物的第 j 个作物耗水量综合影响因子和第 i 个耗水量影响因子的相关系数；根据式（7.13）计算第 l 种作物的第 j 个作物耗水量综合影响因子的权重。

$$\beta_j^l=\sum_{i=1}^{n}A_{ij}^l f_j^l \tag{7.11}$$

$$f_j^l = \sum_{i=1}^{n} (a_{ij}^l)^2 \tag{7.12}$$

$$\omega_j^l = \frac{\beta_j^l}{\sum_{j=1}^{t} \beta_j^l} \tag{7.13}$$

则单种分布式作物耗水量模型如下：

$$ET_l = \sum_{j=1}^{t} \omega_j^l f x_j^l \tag{7.14}$$

式中：ET_l 为第 l 种作物的单位面积全生育期适宜耗水量，由式（7.12）和式（7.13）确定；x_j^l 为第 l 种作物的第 j 个作物耗水量综合影响因子；f 为线性函数。

3. 作物生产优势区域确定

确定作物生产优势区域是优化作物耗水时空格局的基础，主要由确定作物生育期耗水量适宜区间、作物耗水量综合影响因子区间及空间区域划分组成。具体如下：

（1）确定全生育期耗水量适宜区间。在干旱半干旱地区，作物产量水平主要取决于水分这一因素，研究表明，作物全生育期耗水量和产量之间关系的详细变化过程是比较复杂的，很难用简单的低阶函数描述。多数情况下作物全生育期耗水量和产量关系可以用如下二次函数关系表达：

$$Y = aET_c^2 + bET_c + c \tag{7.15}$$

式中：Y 为作物产量，kg/hm^2；ET_c 为作物全生育期耗水量，mm；a、b、c 为由灌溉试验资料确定的经验系数，随地区气候条件、土壤类型、肥力水平、作物种类、作物品种的不同而变化。

对以上二次函数关系式求导，得到作物产量 Y 的极大值，此时 ET_c 的值满足如下：

$$\frac{dY}{dET_c} = (aET_c^2 + bET_c + c)' = 2aET_c + b = 0 \tag{7.16}$$

$$ET_c^+ = -\frac{b}{2a} \tag{7.17}$$

式中：ET_c^+ 为 Y 最大时对应的 ET_c 值，mm。

作物需水系数 $K(m^3/kg)$ 表示每公顷土地上每生产 1kg 粮食需要消耗的水量，即：

$$K = \frac{ET_c}{Y} \tag{7.18}$$

将式（7.15）代入式（7.18），可得：

$$K = \frac{ET_c}{Y} = \frac{ET_c}{aET_c^2 + bET_c + c} \tag{7.19}$$

该式可用于分析 K 与作物耗水量之间的关系，它是一个反抛物线，反抛物线函数存在最小值，即 $1/K$ 的最大值，式（7.19）经变形得：

$$\frac{1}{K} = \frac{aET_c^2 + bET_c + c}{ET_c} = aET_c + b + \frac{c}{ET_c} \tag{7.20}$$

对式（7.20）求导，得：

$$\frac{d(1/K)}{dET_c} = a - \frac{c}{ET_c^2} = 0 \tag{7.21}$$

$$ET_c^- = \sqrt{\frac{c}{a}} \tag{7.22}$$

式中：ET_c^- 为作物水分生产率最大时对应的 ET_c 值，mm。

区间 $[ET_c^-,\ ET_c^+]$ 可以认为是耗水量适宜区间。

（2）确定作物耗水量综合影响因子适宜区间。由作物全生育期耗水量适宜区间，基于作物耗水量计算单元样本数据，可根据式（7.23），计算得到研究区作物耗水量综合影响因子适宜区间。

$$\hat{F}_k = \arg \min_{F_k \subseteq [f_k^-, f_k^+]} \left[\sum \mathrm{d}(f_k, F_k) + \sum \sigma(F_k) \right] \tag{7.23}$$

式中：$\hat{F}_k$ 为第 k 个作物耗水量综合影响因子的适宜区间；$[f_k^-, f_k^+]$ 为作物耗水量计算单元样本数据中，符合 $[ET_c^-,\ ET_c^+]$ 的样本所对应的第 k 个耗水影响因子的范围；f_k 为作物耗水量计算单元样本数据中第 k 个耗水量影响因子的值；$\mathrm{d}(f_k, F_k)$ 为 f_k 和 F_k 之间的距离；$\sigma(F_k)$ 为 F_k 的方差。即找到一个最佳的 $F_k = \hat{F}_k$，使作物耗水量综合影响因子与其适宜区间的距离加上适宜区间的方差之和最小。

（3）研究区域分区。基于作物耗水量影响因子时空分异特性，采用系统聚类法对研究区域进行分区，辅以经验法进行分区调整。

聚类分析（cluster analysis）是统计学所研究的"物以类聚"问题的一种方法，它属于多变量统计分析的范畴，聚类分析能够从样本数据出发，客观地决定分类标准[13]。聚类分析法主要有系统聚类分析法（hierarchical cluster analysis）和快速聚类分析法（k-means cluster analysis）[14,15]。

系统聚类法影响因子原始数据用如下矩阵表示：

$$\boldsymbol{X} = \begin{bmatrix} X_{11} & X_{12} & \cdots & X_{1n} \\ X_{21} & X_{22} & \cdots & X_{2n} \\ \vdots & \vdots & \vdots & \vdots \\ X_{m1} & X_{m2} & \cdots & X_{mn} \end{bmatrix} \tag{7.24}$$

式中：m 为待分类区域个数；n 为待分类区域中指标的个数。

在本书中，X_{ij} 是第 i 个待分类区域的第 j 个作物耗水量综合影响因子数据。

地形、土壤、气象等作物耗水量影响因子具有不同的量纲和数量级，为降低甚至排除数量级特别小的影响因子的作用，对分类结果产生影响，在聚类分析之前要对其进行标准化处理。采用正态标准化法计算公式如下：

$$X_{ij}' = \frac{X_{ij} - \overline{X}_j}{\sigma_j} \tag{7.25}$$

式中：X_{ij}' 为标准化后第 i 个待分类区域第 j 个耗水影响因子值；X_{ij} 为第 i 个待分类区域第 j 个耗水影响因子值；$\overline{X}_j$ 为第 j 个耗水量影响因子数据的平均值；σ_j 为第 j 个耗水量影响因子所有数据的标准差。

利用系统聚类法的一般准则，将 n 个指标看成 n 个类 G_1，G_2，$\cdots$，G_n；取相关系数最大的两类合并为一个新类 G_{n+1}，计算 G_{n+1} 与各类的相关系数，再取相关系数最大的两

类合并为一个新类 G_{n+2}，如此反复，每次缩小一类，直至合理为止。

相关系数矩阵可表示为

$$\boldsymbol{R} = \begin{bmatrix} r_{11} & r_{12} & \cdots & r_{1n} \\ r_{21} & r_{22} & \cdots & r_{2n} \\ \vdots & \vdots & \vdots & \vdots \\ r_{n1} & r_{n2} & \cdots & r_{nn} \end{bmatrix} \tag{7.26}$$

式中：$r_{ij}(i,j=1,2,\cdots,n)$ 为原变量 X_i 和 X_j 的相关系数，其计算公式可表示为

$$r_{ij} = \frac{\sum\limits_{k=1}^{m}(X_{ki}-\overline{X}_i)(X_{kj}-\overline{X}_j)}{\sqrt{\sum\limits_{k=1}^{m}(X_{ki}-\overline{X}_i)^2 \sum\limits_{k=1}^{m}(X_{kj}-\overline{X}_j)^2}} \tag{7.27}$$

式中：$r_{ij}=r_{ji}$，$\boldsymbol{R}$ 为实对称阵，只需计算其上三角元素或下三角元素即可。

运用系统聚类法时，新类与旧类的距离有 8 种求算方法，分别为最短距离法、最长距离法、中间距离法、类平均法、可变法、可变平均法、重心法、离差平方和法，以上方法的通用公式[16]为

$$D_{rk}^2 = \alpha_p D_{kp}^2 + \alpha_q D_{kq}^2 + \beta D_{pq}^2 + \gamma|D_{kp}^2 - D_{kq}^2| \tag{7.28}$$

式中：D_{rk} 为新类 r 与旧类 k 之间的距离；α_p、α_q、β 和 γ 为不同方法的系数。

以上 8 种不同类型的距离定义都符合距离公理，都可以作为样本之间的相异程度度量来建立系统聚类过程，根据所要进行聚类的样本特点来选择合适的方法。

系统聚类法常用的距离测度方法为：欧氏距离、欧氏距离平方、切比雪夫距离、明可夫斯基距离、幂距离、马氏距离、比例距离[17]。本书采用欧氏距离平方进行计算。

聚类要素的距离矩阵可表示为

$$\boldsymbol{D} = (d_{ij})_{m\times m} = \begin{bmatrix} 0 & d_{12} & \cdots & d_{1m} \\ d_{21} & 0 & \cdots & d_{2m} \\ \vdots & \vdots & \vdots & \vdots \\ d_{m1} & d_{m2} & \cdots & 0 \end{bmatrix} \tag{7.29}$$

式中：d_{ij} 表示第 i 个样本和第 j 个样本之间的距离，且 $d_{ij}=d_{ji}$。

（4）确定作物生产优势区域。利用式（7.29）计算（3）中确定的每个分区中作物耗水量综合影响因子与其适宜区间的距离，距离数值越小表示该区域内的作物耗水量综合影响因子与其适宜区间越接近，则该区域内相对来说越适合种植这种作物，从而可以得到研究区不同作物生产优势区域。

$$D(f,\hat{F}) = \sum_{k=1}^{n} \frac{\mathrm{d}(f_k,\hat{F}_k)\omega_k}{\sigma(\hat{F}_k)} \tag{7.30}$$

式中：$\mathrm{d}(f_k,\hat{F}_k)$ 为第 k 个作物耗水综合影响因子与其适宜区间的距离；ω_k 为第 k 个作物耗水综合影响因子的权重；$\sigma(\hat{F}_k)$ 为第 k 个作物耗水综合影响因子适宜区间的方差。

4. 作物耗水时空格局优化设计模型建立

由于作物耗水量及其影响因子均具有不确定性，为充分考虑耗水的不确定性因素及其

影响，在建立作物耗水时空格局优化模型时，将各种不确定性因素以区间数的形式表示到模型中，建立基于智能区间优化算法的区域作物耗水时空格局优化模型。

（1）区间数规划模型概述。区间规划问题（interval programming）就是将目标函数或约束函数中的不确定性参数，以区间的形式给出并加以求解，运用区间规划理念解决实际问题，区间分析（interval analysis）是由 Moore[18,19] 于 1959 年提出针对区间数的分析，是解决不确定性系统优化的一种主要手段。考虑研究问题的不确定性因素及其影响，重视问题决策的风险性，以区间数度量不确定性变量，结合实际问题的规划设计模型，运用区间运算和区间算法，辅以计算机设计及现代优化算法，对决策问题进行求解[20]。当实际问题中存在不确定性时，将目标函数与约束条件中的参数表示成区间数的形式更加合理，同时，决策变量与目标函数也将以区间的形式表示，其具体形式如下所示：

$$
\begin{cases}
\min f^\pm(x^\pm,a^\pm)=\{f_1^\pm(x^\pm,a^\pm),f_2^\pm(x^\pm,a^\pm),\cdots,f_l^\pm(x^\pm,a^\pm)\} \\
\text{s. t. } g_{k_1}^\pm(x^\pm,a^\pm)\leqslant b_{k_1}^\pm \qquad b_{k_1}^\pm=[b_{k_1}^-,b_{k_1}^+] \qquad (k_1=1,2,\cdots,l_1) \\
h_{k_2}^\pm(x^\pm,a^\pm)=b_{k_2}^\pm \qquad b_{k_2}^\pm=[b_{k_2}^-,b_{k_2}^+] \qquad (k_2=1,2,\cdots,l_2) \\
x^\pm=[x_1^\pm,x_2^\pm,\cdots,x_{l_3}^\pm]^\mathrm{T} \quad x_{k_3\min}\leqslant x_{k_3}^\pm\leqslant x_{k_3\max} \quad (k_3=1,2,\cdots,l_3) \\
a^\pm=[a_1^\pm,a_2^\pm,\cdots,a_{l_4}^\pm]^\mathrm{T} \qquad a_{k_4}^\pm=[a_{k_4}^-,a_{k_4}^+] \qquad (k_4=1,2,\cdots,l_4)
\end{cases}
\tag{7.31}
$$

式中：$f^\pm(x^\pm,a^\pm)$ 为区间目标函数；$g^\pm(x^\pm,a^\pm)$ 为区间不等式约束；$h^\pm(x^\pm,a^\pm)$ 为区间等式约束；$x^\pm$ 为 l_3 维的区间决策向量；$a^\pm$ 为 l_4 维的区间参数向量；$b_{k_1}^\pm$ 为第 k_1 个不等式的约束区间；$b_{k_2}^\pm$ 为第 k_2 个等式的约束区间。

（2）基于区间数的作物耗水时空格局优化模型。依据区间数理论，建立基于区间优化算法的区域作物耗水时空格局优化模型，该模型包括目标函数和约束条件两部分。

1）目标函数。以作物水分生产效益，即单位面积单位耗水量的净收益最大为目标函数：

$$
\max z^\pm=\sum_{k=1}^{u}\sum_{l=1}^{v}\frac{v_{kl}^\pm}{ET_{kl}^\pm}\frac{x_{kl}^\pm}{x_k^\pm}
\tag{7.32}
$$

式中：$v_{kl}^\pm$ 为第 k 个分区第 l 种作物单位面积净产值区间，元；$ET_{kl}^\pm$ 为第 k 个分区第 l 种作物单位面积全生育期适宜耗水量区间，mm；$x_{kl}^\pm$ 为第 k 个分区第 l 种作物最优年种植面积区间，hm²；$x_k^\pm$ 为第 k 个分区种植作物总播种面积区间，hm²。

2）约束条件。

a. 耕地总面积约束，$\sum_{k=1}^{u}\sum_{l=1}^{v}x_{kl}^\pm\leqslant ab^\pm$，$x_{kl}^\pm$ 是第 k 个分区第 l 种作物最优年种植面积区间（hm²），a 是复种指数，$b^\pm$ 是总耕地面积区间（hm²）。

b. 水资源约束，$\sum_{k=1}^{u}\sum_{l=1}^{v}m_{kl}^\pm x_{kl}^\pm\leqslant Q^\pm$，$m_{kl}^\pm$ 是第 k 个分区第 l 种作物的毛灌溉定额区间（m³/hm²），$x_{kl}^\pm$ 是第 k 个分区第 l 种作物最优年种植面积区间（hm²），$Q^\pm$ 是全年种植业灌溉可用水量区间（m³）。

c. 经济指标约束，$\sum_{k=1}^{u}\sum_{l=1}^{v}v_{kl}^\pm x_{kl}^\pm\geqslant V^\pm$，$v_{kl}^\pm$ 是第 k 个分区第 l 种作物单位面积净产值区间（元），$x_{kl}^\pm$ 是第 k 个分区第 l 种作物最优年种植面积区间（hm²），$V^\pm$ 是农作物总净产值区间（元）。

d. 非负约束, $x_{kl}^{\pm} \geqslant 0 (k=1,2,\cdots,u; l=1,2,\cdots,v)$。

在上述目标函数公式和约束条件公式中, u 为分区总数, v 为种植作物总数。

7.3.2.3 作物耗水时空格局优化方法应用

1. 研究区域概况

石羊河流域是甘肃省河西走廊三大内陆河流域之一, 位于甘肃省河西走廊东段, 乌鞘岭以西, 祁连山北麓, 东经 $101°41' \sim 104°16'$, 北纬 $36°29' \sim 39°27'$。总面积 4.16 万 km^2, 流域在行政上包括武威市的凉州区、民勤县、古浪县和天祝藏族自治县部分乡镇, 金昌市的金川区和永昌县, 以及张掖地区肃南裕固族自治县东部 (图 7.7)。该流域多年平均降雨量 281.2mm, 主要粮食作物有小麦、玉米、大麦、洋芋、豆类等, 经济作物以胡麻、瓜类、油料、棉花、果树、甜菜、葵花、烟叶等为主。

2. 石羊河流域主要作物分布式耗水模型建立

(1) 主要作物耗水及其影响因子空间分布。以石羊河流域海拔、坡度、坡向、生育期各站点参考作物蒸发蒸腾量 ET_0、有效降雨量 P_e、活动积温 T、土壤干容重 ρ_s、饱和导水率 k_s 为耗水影响因子, 由气象资料计算得到的 ET_0、P_e、T, 由试验资料获得的 ET_c、ρ_s、k_s, 均是点上的值, 石羊河流域范围较大, 地形和土地利用存在空间变异性与非均匀性, 需进行空间尺度转换, 点面转换采用目前应用较多的 IDW 反距离加权插值[21] 和 Ordinary Kriging 插值[22] 法, 采用交叉验证法来对插值结果进行验证空间插值精度, 选取平均绝对误差 (mean absolute error, MAE) 和均方根误差 (root mean square error, RMSE) 作为评估标准对插值结果进行分析比较。MAE 能反映估计值的实测误差范围, 定量给出误差的大小, RMSE 主要反映样点数据的估值和极值效应[23], 两个参数数值越小, 精度越高。

1) 石羊河流域地形因子提取。使用 1:250000 数字高程模型 DEM (digital elevation model) (图 7.8), 空间分辨率为 100m×100m, 分别生成流域的坡度 (图 7.9) 和坡向图 (图 7.10), 坡度变化范围为 $0° \sim 54°$。

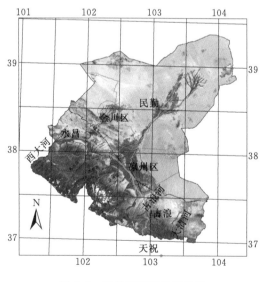

图 7.7 石羊河流域地理位置

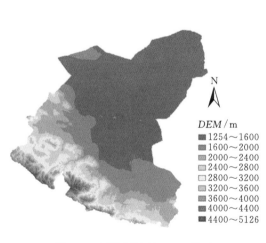

图 7.8 石羊河流域 DEM 模型

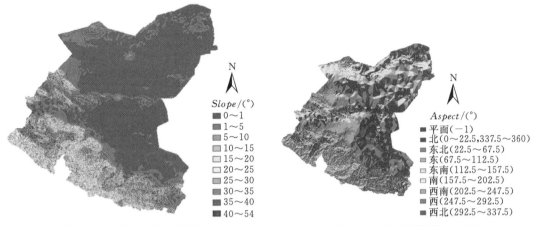

图 7.9　石羊河流域坡度图　　　　　　　　　图 7.10　石羊河流域坡向图

2）作物生育期有效降雨 P_e 空间分布。作物生育期内有效降雨量采用简化方法计算[24]，把石羊河流域凉州、民勤、永昌、古浪、天祝、山丹、门源灌溉试验站的多年平均春小麦和春玉米生育期 P_e 计算结果在流域范围内按 IDW 和 OK（ordinary kriging）插值法内插，得到石羊河流域多年平均春小麦和春玉米生育期 P_e 空间分布图（图 7.11 和图 7.12）。

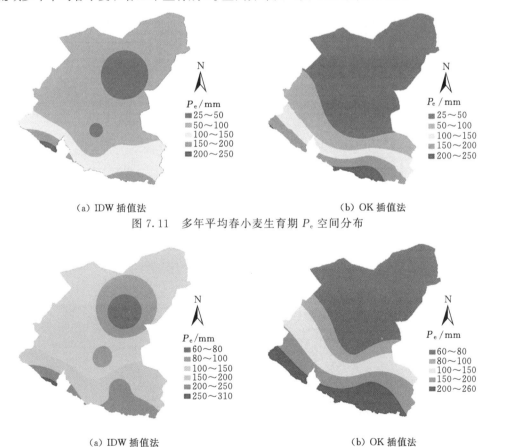

（a）IDW 插值法　　　　　　　　　　　　　（b）OK 插值法

图 7.11　多年平均春小麦生育期 P_e 空间分布

（a）IDW 插值法　　　　　　　　　　　　　（b）OK 插值法

图 7.12　多年平均春玉米生育期 P_e 空间分布

3）ET_0 和 ET_c 空间分布。春小麦和春玉米多年平均生育期 ET_0 和 ET_c 资料采用佟玲[22]计算资料。春小麦和春玉米 ET_c 两种插值方法误差比较见表 7.10，OK 插值法的平均绝对误差和均方根误差均低于 IDW 插值法，采用 OK 插值法得到春小麦和春玉米多年平均生育期 ET_0 和 ET_c 空间分布如图 7.13 和图 7.14 所示。春小麦和春玉米生育期 ET_0 和 ET_c 均有从西南向东北递增的趋势，相对应的区域内，春小麦生育期 ET_0 要低于春玉米生育期 ET_0。

表 7.10   两种插值方法误差比较

插值方法	春 小 麦		春 玉 米	
	MAE/(mm/d)	$RMSE$/(mm/d)	MAE/(mm/d)	$RMSE$/(mm/d)
IDW	21.46	98.67	8.95	88.57
OK	11.64	38.77	2.91	37.25

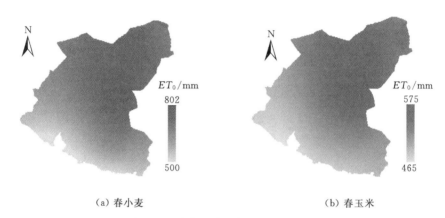

（a）春小麦   （b）春玉米

图 7.13   多年平均生育期 ET_0 空间分布

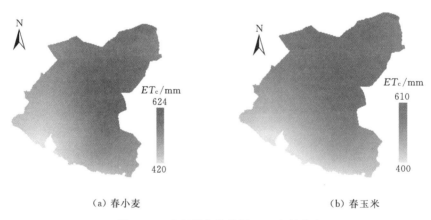

（a）春小麦   （b）春玉米

图 7.14   多年平均生育期 ET_c 空间分布

4）作物生育期活动积温 T 空间分布。研究表明，影响中国西北干旱区春小麦生长的主导气象因子不小于 0℃活动积温[23]，影响中国春玉米潜在种植分布的主导气候因子不小于 10℃活动积温[24]，基于石羊河流域及周边地区 11 个气象站 1978—2007 年共 30 年日平均气温，计算得到的多年平均春小麦生育期不小于 0℃活动积温和多年平均春玉米生育期不小于 10℃活动积温，按 OK 插值法内插。多年平均春小麦和春玉米生育期 T 空间分布如图 7.15 所示。

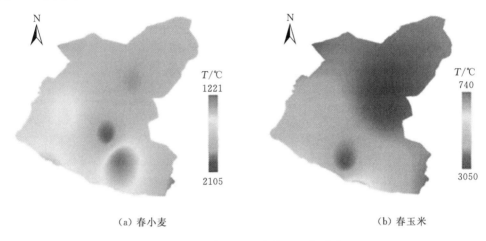

（a）春小麦　　　　　　　　　　　　　（b）春玉米

图 7.15　多年平均生育期 T 空间分布

5）土壤干容重 ρ_s 和土壤饱和导水率 k_s 空间分布。土壤干容重和土壤饱和导水率数据采用贾宏伟试验结果[25]。石羊河流域土壤类型主要为灌漠土、潮土及固定风沙土。把石羊河流域绿洲及绿洲边缘 28 个有代表性的试验点土壤干容重和土壤饱和导水率在石羊河流域范围内按 OK 插值法内插，得到土壤干容重 ρ_s 空间分布（图 7.16）和土壤饱和导水率 k_s 空间分布（图 7.17），土壤干容重从南向北依次递增，土壤饱和导水率从中部民勤凉州交界处向两边逐渐减小。

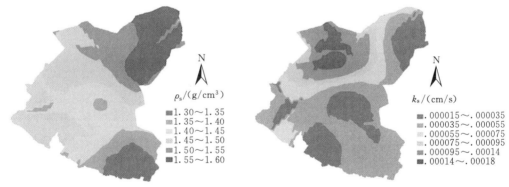

图 7.16　石羊河流域土壤干容重 ρ_s 空间分布　　　图 7.17　石羊河流域土壤饱和导水率 k_s 空间分布

（2）石羊河流域耕地表面耗水量计算单元划分。流域上游海拔较高的祁连山及下游沙漠、戈壁不能种植春小麦和春玉米等农作物，收集到了石羊河流域 2000 年 1∶250000 土地利用图（数据来源于国家自然科学基金委员会"中国西部环境与生态科学数据中心"），如图 7.18 和图 7.19 所示。将石羊河流域 DEM 图、坡度图、坡向图、土壤干容重 ρ_s 空间分布图、饱和导水率 k_s 空间分布图分别与春小麦和春玉米全生育期参考作物需水量 ET_0、作物耗水量 ET_c、有效降雨量 P_e、活动积温 T 空间分布图进行相交分析，得到石羊河流域耗水量计算单元，将其与流域耕地空间分布图叠加，得到石羊河流域耕地表面的耗水计算单元，如图 7.20 所示。每个耗水计算单元上的耗水影响因子是一定的，基于春小麦耗水影响因子数据划分出了 3896 个耗水计算单元，基于春玉米耗水影响因子划分出了 3730 个耗水计算单元，可用如下矩阵表示：

$$L=\begin{bmatrix} L_{11} & L_{12} & \cdots & L_{1n} \\ L_{21} & L_{22} & \cdots & L_{2n} \\ \vdots & \vdots & \vdots & \vdots \\ L_{p1} & L_{p2} & \cdots & L_{pn} \end{bmatrix} \tag{7.33}$$

式中：n 为影响因子个数，$n=9$；p 为耗水计算单元个数，对于春小麦来说，$p=3896$，对于春玉米来说，$p=3730$。

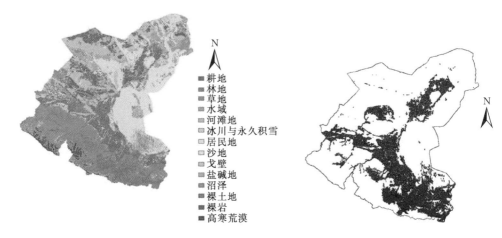

图 7.18　石羊河流域土地利用分类　　　图 7.19　石羊河流域耕地空间分布

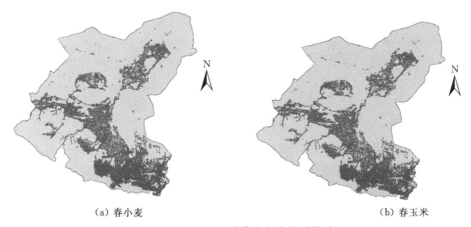

（a）春小麦　　　　　　　　　　　　　　　（b）春玉米

图 7.20　石羊河流域作物耗水量计算单元

（3）石羊河流域主要作物耗水量综合影响因子分析。将耗水计算单元上的耗水影响因子（海拔 Z、坡度 $Slope$、坡向 $Aspect$、生育期各站点参考作物需水量 ET_0、有效降雨量 P_e、活动积温 T、土壤干容重 ρ_s、饱和导水率 k_s）作为因子分析的原始变量。采用正态标准化法将选取的影响因子进行标准化处理：

$$L'_{ij} = \frac{L_{ij} - \overline{L}_j}{\sigma_j} \tag{7.34}$$

式中：L'_{ij} 为标准化后第 i 个耗水量计算单元第 j 个耗水量影响因子值；L_{ij} 为第 i 个耗水量计算单元第 j 个耗水量影响因子值；$\overline{L}_j$ 为第 j 个耗水量影响因子数据的平均值；σ_j 为第 j 个耗水量影响因子所有数据的标准差。

在对影响因子进行标准化处理的基础上，采用因子分析中的主成分分析法分析。因子分析的 KMO 和 Bartlett's 检验结果见表 7.11。春小麦和春玉米耗水影响因子的 KMO 值分别为 0.712 和 0.814，均满足大于 0.5 的要求，可以进行因子分析。Bartlett's 球形假设卡方统计值为分别为 16242.343 和 15189.717，自由度均为 28，P 值均满足 $P < 0.001$ 的要求。因此认为数据是单位矩阵的假设不成立，符合提取共同因子的前提条件，数据可以进行因子分析。

表 7.11　　　　　作物生育期耗水量影响因子 KMO 和 Bartlett's 检验

KMO 统计检验			0.712
春小麦	Bartlett's 球形检验	卡方统计值	16242.343
		自由度	28
		P	0
KMO 统计检验			0.814
春玉米	Bartlett's 球形检验	卡方统计值	15189.717
		自由度	28
		P	0

春小麦和春玉米生育期耗水量的因子分析结果均得到 4 个公共因子，各公共因子的贡献率见表 7.12，因子载荷矩阵见表 7.13。

表 7.12　　　　　　作物生育期耗水量公共因子的因子贡献率

作物种类	影响因子	矩阵旋转累计结果		
		权重	分类百分比/%	累计百分比/%
春小麦	因子 1：P_e、ET_0	0.52	42.63	42.63
	因子 2：T	0.17	13.45	56.08
	因子 3：$Slope$	0.16	12.88	68.96
	因子 4：A^*	0.15	12.55	81.51
春玉米	因子 1：P_e、T、ET_0	0.56	47.16	47.16
	因子 2：A^*	0.15	12.59	59.75
	因子 3：$Slope$	0.15	12.24	71.99
	因子 4：k_s	0.14	12.08	84.07

注　$A^* = \cos[(\pi/180)Aspect]$。

表 7.13   作物生育期耗水量影响因子分析因子载荷矩阵

作物种类	分类项	因子 1	因子 2	因子 3	因子 4
春小麦	ET_0	0.893	0.137	−0.231	−0.003
	P_e	−0.929	0.006	−0.055	−0.307
	Z	−0.842	−0.170	0.316	−0.053
	T	0.315	0.846	−0.050	−0.058
	$Slope$	−0.289	0.051	0.848	−0.111
	ρ_s	0.792	−0.077	0.325	0.031
	k_s	0.475	−0.551	−0.197	−0.177
	A^*	0.065	0.023	−0.100	0.976
春玉米	ET_0	0.843	0.014	−0.102	0.201
	P_e	−0.906	−0.007	0.151	−0.152
	Z	−0.808	−0.099	0.276	−0.116
	T	0.846	0.004	0.065	−0.206
	$Slope$	−0.319	−0.052	0.916	−0.030
	ρ_s	0.807	−0.056	0.153	−0.001
	k_s	0.341	−0.015	−0.033	0.920
	A^*	0.055	0.995	−0.049	−0.012

影响春小麦生育期耗水量的 4 个公共因子累加贡献率为 81.51%，超过了 80%，认为可以代表全部数据的信息。公共因子 1 中，生育期有效降雨 P_e 和参考作物需水量 ET_0 的因子载荷较大，将其定义为气象因子，其因子贡献率为 42.63%，权重为 0.52；公共因子 2 中生育期活动积温 T 的因子载荷较大，其因子贡献率为 13.45%，权重为 0.17；公共因子 3 中坡度的因子载荷较大，其因子贡献率为 12.88%，权重为 0.16；公共因子 4 中坡向的因子载荷较大，其因子贡献率为 12.55%，权重为 0.15。因此春小麦生育期耗水量综合影响因子为生育期有效降雨 P_e、参考作物需水量 ET_0、生育期活动积温 T、坡度和坡向。

影响春玉米生育期耗水量的 4 个公共因子累加贡献率为 84.07%，超过了 80%，认为可以代表全部数据的信息。公共因子 1 中，生育期有效降雨 P_e、活动积温 T 和参考作物需水量 ET_0 的因子载荷较大，将其定义为气象因子，其因子贡献率为 47.16%，权重为 0.56；公共因子 2 中坡向的因子载荷较大，其因子贡献率为 12.59%，权重为 0.15；公共因子 3 中坡度的因子载荷较大，其因子贡献率为 12.24%，权重为 0.15；公共因子 4 中土壤饱和导水率 k_s 的因子载荷较大，其因子贡献率为 12.08%，权重为 0.14。因此春玉米耗水综合影响因子为生育期有效降雨 P_e、活动积温 T、参考作物需水量 ET_0、坡向、坡度和土壤饱和导水率 k_s。

（4）石羊河流域主要作物分布式耗水模型建立。将作物耗水量综合影响因子与作物耗水量 ET_c 进行线性回归分析，建立石羊河流域主要作物分布式耗水模型，即：

春小麦：

$$ET_c=0.158P_e+1.10ET_0+0.06T+2.68A^*$$

$$+0.16Slope-154.19 \quad (R^2=0.537) \tag{7.35}$$

$$A^*=\cos[(\pi/180)Aspect]$$

式中：ET_c 为作物全生育期耗水量，mm；P_e 为作物生育期内有效降雨量，mm；ET_0 为参考作物蒸发蒸腾量，mm；T 为活动积温，℃；$Aspect$ 为坡向，(°)；$Slope$ 为坡度，(°)。

春玉米：

$$ET_c=-0.66P_e-0.01T+0.78ET_0-0.82A^*$$

$$+0.02Slope-7521.67k_s+91.20(R^2=0.954) \tag{7.36}$$

式中，k_s 为土壤饱和导水率，cm/s；其余符号意义同前。

将石羊河流域各站点作物耗水综合影响因子的统计数据以及试验计算数据代入主要作物分布式耗水模型，对春小麦和春玉米的 ET_c 值进行模拟，并将 ET_c 的模拟结果在石羊河流域范围内按 OK 插值法内插，春小麦和春玉米生育期 ET_c 模拟值空间分布如图 7.21所示。

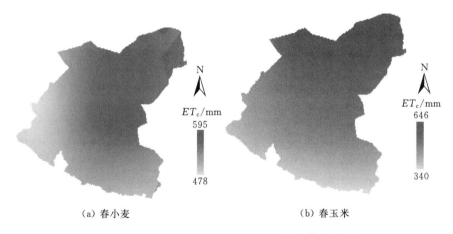

(a) 春小麦　　　　　　　　　　(b) 春玉米

图 7.21　石羊河流域作物生育期 ET_c 模拟值空间分布

将石羊河流域春小麦和春玉米生育期 ET_c 的多年平均实测值插值图 (图 7.14) 与模拟值插值图 (图 7.21) 进行对比，可以看出，春小麦生育期 ET_c 多年平均试验值的变化范围为 420~624mm，模拟值的变化范围为 478~595mm，两者均有从西南山区向东北平原区递增的趋势；春玉米生育期 ET_c 多年平均试验值的变化范围为 400~610mm，模拟值的变化范围为 340~646mm，两者西南山区均为低值区，东北平原区均为高值区。由此可见，石羊河流域主要作物分布式耗水模型的模拟结果与实测值接近。

3. 石羊河流域作物生产优势区域划分

(1) 石羊河流域作物水分生产函数与全生育期耗水量适宜区间。对石羊河流域各区县代表站点春小麦、春玉米灌溉试验中全生育期内耗水量与产量进行回归分析，得到水分生产函数，见表 7.14。利用式 (7.17) 和式 (7.22) 确定了流域春小麦和春玉米全生育期耗水量适宜区间，结果见表 7.15。

表 7.14　　　　　　　　　　石羊河流域春小麦和春玉米水分生产函数

作　物	站点	水分生产函数
春小麦	凉州	$Y=-0.269ET_c^2+287.754ET_c-72145.003$
	民勤	$Y=-0.442ET_c^2+524.614ET_c-150795.687$
	古浪	$Y=-0.148ET_c^2+146.271ET_c-34459.859$
	天祝	$Y=-0.293ET_c^2+253.267ET_c-51989.079$
	金昌	$Y=-0.485ET_c^2+448.459ET_c-993220.912$
春玉米	凉州	$Y=-0.424ET_c^2+414.408ET_c-95765.954$
	民勤	$Y=-0.355ET_c^2+435.895ET_c-128329.017$
	古浪	$Y=-0.206ET_c^2+197.486ET_c-43019.681$
	天祝	
	金昌	$Y=-0.413ET_c^2+400.241ET_c-89879.768$

注　天祝县在 2010 年以前未种植春玉米，无耗水试验资料及产量统计资料，故无水分生产函数。

表 7.15　　　　　石羊河流域春小麦和春玉米全生育期耗水量适宜区间　　　　　单位：mm

站点	春　小　麦		春　玉　米	
	ET_c^-	ET_c^+	ET_c^-	ET_c^+
凉州	517.88	534.86	475.25	488.69
民勤	584.09	593.45	601.24	613.94
古浪	482.53	494.16	456.98	479.33
天祝	479.87	504.45	—	—
金昌	485.93	492.21	466.50	484.55

（2）作物耗水量综合影响因子适宜区间。基于作物耗水量计算单元样本数据和作物全生育期耗水量适宜区间，根据式（7.23）计算得到石羊河流域各区县春小麦和春玉米耗水量综合影响因子适宜区间（表 7.16 和表 7.17）。

（3）石羊河流域作物生长分区结果。将因子分析得到的石羊河流域作物耗水量综合影响因

表 7.16　　　　　石羊河流域春小麦生育期耗水量综合影响因子适宜区间

站点	P_e/mm	ET_0/mm	$\geqslant0T$/℃	$Slope$/(°)	A^*
凉州	[97.86，132.84]	[496.66，540.90]	[1767.90，1968.40]	[3.71，36.56]	[0.02，1]
民勤	[31.04，69.33]	[521.36，563.72]	[1787.91，1889.14]	[0.00，1.55]	[-0.50，1]
古浪	[60.47，167.12]	[484.38，521.38]	[1510.12，1928.53]	[0.37，36.09]	[-0.93，1]
天祝	[68.60，167.12]	[486.90，526.42]	[1560.29，1952.06]	[0.70，36.09]	[-0.71，1]
金昌	[87.56，164.91]	[486.59，520.68]	[1546.77，1928.53]	[1.20，29.60]	[-0.55，1]

表 7.17　　　　　石羊河流域春玉米生育期耗水量综合影响因子适宜区间

站点	P_e/mm	$\geqslant10T$/℃	ET_0/mm	A^*	$Slope$/(°)	$k_s(10^{-5})$/(cm/s)
凉州	[132.32，177.50]	[2257.95，2635.90]	[658.42，678.55]	[-0.13，1]	[1.15，28.51]	[5.10，7.90]
民勤	[70.86，85.64]	[2819.57，2838.32]	[789.58，796.35]	[0.98，1]	[0.20，1.41]	[9.60，18.00]
古浪	[146.96，188.21]	[2173.18，2647.55]	[650.75，678.31]	[-0.85，1]	[0.64，40.00]	[3.60，9.90]
天祝	—	—	—	—	—	—
金昌	[139.74，183.66]	[2175.53，2641.78]	[653.78，678.55]	[-0.79，1]	[0.68，31.98]	[4.20，9.20]

子作为分区指标体系，考虑石羊河流域的地形地貌特点以及现有行政区划，将石羊河流域 95 个乡镇作为基本分区单元（图 7.22），利用系统聚类法，将石羊河流域划分为 27 个优化区域。其中，距离测度方法采用欧氏距离平方。对利用欧氏距离平方和离差平方和法得到的聚类谱系图进行分析得到了石羊河流域分区初始结果，按照"归纳相似性，区域差别性，照顾行政区界"的分区基本原则，对分区初始结果进行调整，将石羊河流域分为 27 个区，如图 7.23 所示，具体结果见表 7.18。根据以上分区结果，利用 ArcGIS10 软件中的分区统计功能，计算得到各分区基本参数见表 7.19。

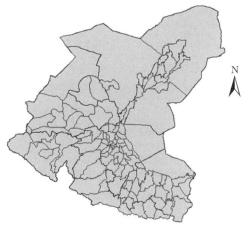

图 7.22　石羊河流域乡镇行政区划

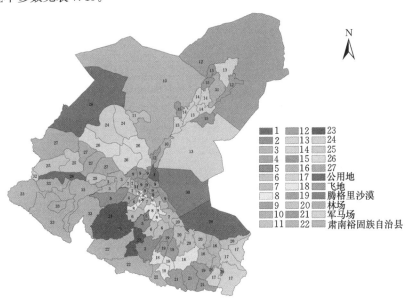

图 7.23　石羊河流域作物生长分区

表 7.18　　　　　　　　　　　　　石羊河流域作物生长分区结果

区县	分区	乡 镇 范 围
凉州	1	九墩乡
	2	张义镇
	3	丰乐镇、康宁乡、金山乡
	4	松树乡、柏树乡
	5	古城镇、韩佐乡、西营镇
	6	新华乡、黄羊镇、谢河镇
	7	永丰镇、五和乡、怀安乡、清源镇、高坝镇、吴家井乡
	8	金羊镇、金沙乡、清水乡、武南镇、东河乡、河东乡、金塔乡、和平镇
	9	双城镇、洪祥镇、四坝镇、下双乡、永昌镇、羊下坝镇、中坝镇、大柳乡、发放镇、长城乡

续表

区县	分区	乡 镇 范 围
民勤	10	红沙岗镇、重兴乡
	11	昌宁乡
	12	蔡旗乡、收成乡、东湖镇
	13	苏武乡、薛百乡、西渠镇、南湖乡
	14	双茨科乡、大滩乡、东坝镇、三雷镇
	15	红沙梁乡、泉山镇、大坝乡、夹河乡
古浪	16	大靖镇、民权乡
	17	裴家营镇、直滩乡、新堡乡、干城乡
	18	黄羊川镇、十八里堡乡、黑松驿镇、古丰乡
	19	泗水镇、定宁镇、古浪镇、横梁乡
	20	永丰滩乡、土门镇、西靖乡、黄花滩乡、海子滩镇
天祝	21	西大滩乡、东大滩乡、朵什乡
	22	毛藏乡、安远镇、哈溪镇
	23	旦马乡、祁连乡、大红沟乡
金昌	24	宁远堡镇、双湾镇
	25	焦家庄乡、南坝乡、新城子镇
	26	河西堡镇、朱王堡镇、水源镇
	27	红山窑乡、城关镇、东寨镇、六坝乡

注 由于肃南裕固族自治县缺乏作物耗水试验资料及产量统计数据，故未进行分区。

表 7.19　　　　　　　　　石羊河流域各作物分区基本参数

分区	春小麦			春玉米			A^*	$Slope$ /(°)	$k_s(10^{-5})$ /(cm/s)
	P_e/mm	ET_0/mm	$\geq 0T$/℃	P_e/mm	ET_0/mm	$\geq 10T$/℃			
1	39.35	536.81	1822.63	89.60	697.92	2644.82	1.00	0.17	1.90
2	114.97	492.82	1870.77	185.66	647.68	2446.42	0.89	7.11	4.30
3	57.83	510.005	1730.81	116.37	660.13	2365.12	−0.84	7.23	4.30
4	59.44	513.44	1808.47	121.48	664.20	2444.01	0.26	7.75	7.30
5	76.29	505.83	1830.00	143.18	655.58	2434.36	0.38	7.61	4.45
6	75.54	509.38	1813.26	142.15	656.13	2383.48	−0.05	1.69	4.78
7	55.01	519.26	1790.78	114.39	669.24	2438.45	0.56	0.77	4.77
8	60.48	516.64	1816.86	122.92	666.22	2451.58	−0.72	2.11	5.36
9	44.92	528.91	1800.58	99.02	683.75	2530.48	−0.14	0.28	3.23
10	34.72	549.92	1843.75	75.49	743.35	2777.85	0.92	0.44	10.15
11	33.46	546.12	1805.05	71.77	737.00	2663.61	−0.11	0.10	28.85
12	37.17	554.39	1826.91	78.29	745.07	2683.43	0.56	0.16	3.43
13	33.38	561.51	1856.69	70.77	778.51	2809.21	−0.83	0.15	9.43

续表

分区	春 小 麦			春 玉 米			A^*	$Slope$ /(°)	k_s (10^{-5}) /(cm/s)
	P_e/mm	ET_0/mm	$\geqslant 0T$/℃	P_e/mm	ET_0/mm	$\geqslant 10T$/℃			
14	33.86	563.32	1849.28	69.50	789.00	2781.47	0.73	0.09	10.88
15	34.39	562.28	1840.15	72.05	779.62	2745.49	−0.39	0.12	9.32
16	103.83	505.75	1789.22	159.67	668.20	2327.10	−0.92	3.25	5.40
17	129.45	498.52	1857.87	175.98	672.61	2455.29	0.81	3.93	5.40
18	125.56	493.25	1658.94	189.25	646.19	1943.98	0.43	7.97	4.55
19	104.45	501.30	1742.51	167.44	651.94	2187.98	0.41	5.52	5.78
20	82.96	512.70	1777.02	143.75	665.27	2319.78	−0.76	1.63	4.40
21	146.26	489.44	1685.63	—	—	—	−0.24	10.13	5.43
22	148.15	484.56	1704.76	—	—	—	−0.41	15.62	4.27
23	100.92	494.29	1897.53	—	—	—	0.07	13.15	3.63
24	38.57	532.15	1748.75	80.70	703.46	2525.33	−0.30	1.70	19.20
25	69.35	499.01	1582.84	126.06	656.03	2220.16	−0.86	7.29	6.03
26	40.57	528.85	1755.31	87.61	689.29	2519.96	−0.41	1.81	6.67
27	56.08	508.16	1640.98	109.00	660.46	2311.21	0.02	2.83	6.70

（4）石羊河流域作物生产优势区域。利用式（7.30）计算每个分区中作物耗水量综合影响因子与其适宜区间的距离，距离数值越小表示该区域内的作物耗水量综合影响因子与其适宜区间越接近，结果见表 7.20，则该区域内相对来说越适合种植这种作物，从而可以得到石羊河流域不同作物生产优势区域。

表 7.20　　石羊河流域各分区作物耗水量综合影响因子与其适宜区间距离

区县	分区	春小麦	春玉米	区县	分区	春小麦	春玉米
凉州	1	63.24	55.23	古浪	16	26.38	33.45
	2	49.88	34.11		17	25.19	37.91
	3	80.17	31.07		18	27.96	68.20
	4	54.66	14.70		19	20.59	38.50
	5	48.41	20.51		20	37.60	50.27
	6	57.24	23.07	天祝	21	40.82	—
	7	53.60	21.01		22	48.02	—
	8	75.58	24.46		23	33.11	—
	9	73.28	39.36	金昌	24	65.50	115.40
民勤	10	6.42	29.90		25	32.32	38.37
	11	13.32	109.74		26	43.16	61.00
	12	6.82	61.10		27	27.33	39.58
	13	9.15	135.04				
	14	7.54	27.72				
	15	8.67	105.13				

从表 7.20 可以看出，凉州区较适合种植春玉米，民勤县、古浪县、天祝县和金昌市较适合种植春小麦；将表 7.16、表 7.17 和表 7.20 中的数据进行对比分析可知，凉州区春小麦全生育期有效降雨 P_e 几乎不在其适宜区间里，而春玉米的各耗水综合影响因子绝大多数都在其适宜区间的范围内，所以凉州区较适合种植春玉米，其余区域则是春小麦的各耗水综合影响因子绝大多数都在其适宜区间的范围内，所以更适合种植春小麦。其中，民勤县春玉米和春小麦的距离差最大，可以认为民勤县适合种植春小麦的程度远大于适合种植春玉米的程度；凉州区春小麦和春玉米的距离差较大，可以认为凉州区适合种植春玉米的程度较大于适合种植春小麦的程度；古浪县和金昌市春玉米和春小麦的距离差较小，可以认为古浪县和金昌市均适合种植春小麦和春玉米，但在一定程度上更适合种植春小麦。第 10 区春小麦距离值最小，其耗水综合影响因子的所有值都在适宜区间范围内，最适合种植春小麦；第 4 区春玉米距离最小，其耗水综合影响因子值绝大部分都在适宜区间范围内，最适合种植春玉米。将石羊河流域春小麦和春玉米耕地上的生产优势区域绘制如图 7.24 所示，颜色越浅表示越适合种植这种作物。

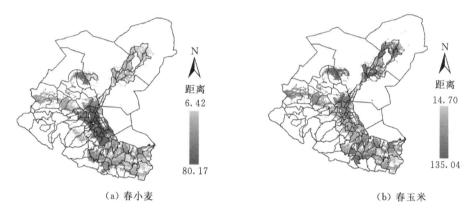

图 7.24　石羊河流域作物生产优势区域分布

4. 石羊河流域作物耗水时空格局优化

由于作物耗水量和耗水影响因子均具有不确定性，因此基于区间数理论建立石羊河流域作物耗水时空格局优化模型，考虑多年平均以及三种不同频率水文年，将各种不确定性因素以区间数的形式表示到模型中，并以 Lingo 软件进行求解。

（1）决策变量。以每个区域内主要农作物（春小麦和春玉米）的年种植面积为决策变量，记为 $x_{ij}^{\pm}$，即第 i 个区域内第 j 种作物的最优年种植面积，$i=1,2,\cdots,m$；$j=1,2,\cdots,n$。

（2）目标函数。以作物水分生产效益，即单位面积单位耗水量的净收益最大为目标函数：

$$\max f^{\pm} = \sum_{i=1}^{m} \sum_{j=1}^{n} \left(\frac{v_{ij} y_{ij} - c_{ij}}{ET_{ij}^{\pm}} \right) \frac{x_{ij}^{\pm}}{x_i^{\pm}} \tag{7.37}$$

式中：$f^{\pm}$ 为作物单位面积单位耗水量的净收益区间，元/(hm² · mm)；v_{ij} 为第 i 个区域内第 j 种作物的单价，元/kg；y_{ij} 为第 i 个区域内第 j 种作物的单位面积产量，kg/hm²；c_{ij} 为第 i 个区域内第 j 种作物的单位面积生产成本，包括种植成本和劳动成本，元/hm²；

$ET_{ij}^{\pm}$ 为第 i 个区域内第 j 种作物单位面积全生育期耗水量区间，mm；$x_{ij}^{\pm}$ 为第 i 个区域内第 j 种作物的最优年种植面积区间，hm^2；$x_i^{\pm}$ 为第 i 个区域内农作物的总播种区间，hm^2；m 为分区总数，此处 $m=27$；n 为作物种类，此处 $n=2$。

（3）约束条件。作物耗水时空格局优化模型的约束指标为：耕地面积、水资源量和经济指标。

1）耕地面积约束。春小麦和春玉米的年种植总面积应小于可供种植的耕地总面积：

$$\sum_{i=1}^{m}\sum_{j=1}^{n}x_{ij}^{\pm}\leqslant\lambda^{\pm}b \tag{7.38}$$

式中：$\lambda^{\pm}$ 为春小麦和春玉米的总种植比例区间；b 为总耕地面积，hm^2；其余符号意义同前。

2）水资源约束。作物生育期总耗水量不超过可利用的灌溉水总量：

$$\sum_{i=1}^{m}\sum_{j=1}^{n}m_{ij}x_{ij}^{\pm}\leqslant\lambda^{\pm}Q \tag{7.39}$$

式中：m_{ij} 为第 i 个区域内第 j 种作物的毛灌溉定额，m^3/hm^2；Q 为可利用灌溉水总量，m^3；其余符号意义同前。

3）经济指标约束。作物的总净收益应达到一定的经济指标：

$$\sum_{i=1}^{m}\sum_{j=1}^{n}(v_{ij}y_{ij}-c_{ij})x_{ij}^{\pm}\geqslant V \tag{7.40}$$

式中：V 为经济目标值，元；其余符号意义同前。

4）非负约束：

$$x_{ij}^{\pm}\geqslant0 \quad (i=1,2,\cdots,m;\ j=1,2,\cdots,n) \tag{7.41}$$

（4）模型主要参数取值。石羊河流域作物耗水时空格局优化模型的主要参数包括各区县主要农作物的单价、单产、生产成本、净收益、各区县农业可利用水资源量、不同水平年不同作物毛灌溉定额以及各分区作物耗水量区间。

1）主要农作物单价、单产、生产成本和净收益。

农作物单价来源于《2011 年中国农产品价格调查年鉴》，单产来源于《2011 年武威统计年鉴》和《2011 年金昌统计年鉴》，不同作物的生产成本来源于已有成果[26]，净收益为根据作物单价、单产和生产成本计算得出，见表 7.21。

表 7.21　　2011 年石羊河流域主要农作物单价、单产、生产成本和净收益

区县	春小麦				春玉米			
	单价 /(元/kg)	产量 /(kg/hm²)	生产成本 /(元/hm²)	净收益 /(元/hm²)	单价 /(元/kg)	产量 /(kg/hm²)	生产成本 /(元/hm²)	净收益 /(元/hm²)
凉州		6931.71	5250	10207.71		10660.52	5100	16647.46
民勤		7137.00	5274	10641.51		9685.41	8610	11148.24
古浪	2.23	4110.42	5250	3916.24	2.04	5446.70	5100	6011.27
天祝		3080.54	5250	1619.60		3753.00	5100	2556.12
金昌		5881.09	5550	7564.83		9873.01	6975	13165.94

2）各区县农业可利用水资源量。各区县农业可利用水资源量来源于甘肃省水利厅《石羊河流域重点治理规划报告》，见表 7.22。

表 7.22　　　　　　　　　　石羊河流域各区县农业可利用水资源量

区县	农业可利用水资源量/$10^4 m^3$	区县	农业可利用水资源量/$10^4 m^3$
凉州	54749	天祝	77
民勤	23505	金昌	21400
古浪	5895		

3）不同水平年不同作物毛灌溉定额。通过对 1975—2005 年作物全生育期有效降雨量统计资料进行频率分析，确定了三个不同水平年（$P=25\%$、$P=50\%$、$P=75\%$）各作物全生育期的有效降雨量值（表 7.23），根据该值选择典型年，以当年作物耗水量与有效降雨量的差值得到不同作物净灌溉需水量，继而得到不同作物净灌溉定额（表 7.24）。根据下式计算得到不同作物的毛灌溉定额：

$$m_{毛}=\frac{m_{净}}{\eta} \tag{7.42}$$

式中：$m_{毛}$ 为作物毛灌溉定额，m^3/hm^2；$m_{净}$ 为作物净灌溉定额，m^3/hm^2；η 为灌溉水利用系数。

表 7.23　　　　　石羊河流域不同水平年作物全生育期有效降雨量　　　　　单位：mm

区县	春 小 麦				春 玉 米			
	多年平均	$P=25\%$	$P=50\%$	$P=75\%$	多年平均	$P=25\%$	$P=50\%$	$P=75\%$
凉州	42.77	66.20	55.40	28.60	83.00	113.50	90.50	67.00
民勤	25.03	54.70	34.10	19.90	60.76	83.40	59.20	42.00
古浪	128.85	156.60	143.90	117.00	211.33	269.10	218.00	183.90
天祝	225.60	271.00	211.50	173.20	—	—	—	—
金昌	56.71	93.50	70.90	56.20	108.80	140.10	124.30	85.70

表 7.24　　　　　　石羊河流域不同水平年作物净灌溉定额　　　　　单位：m^3/hm^2

区县	春 小 麦				春 玉 米			
	多年平均	$P=25\%$	$P=50\%$	$P=75\%$	多年平均	$P=25\%$	$P=50\%$	$P=75\%$
凉州	5151	4464	4382	5178	4283	3751	3804	4505
民勤	5725	5406	5398	5784	5488	5275	5803	5734
古浪	3857	3322	3510	4238	2782	2170	2750	3069
天祝	2046	1689	2309	2853	—	—	—	—
金昌	4184	3560	4162	3962	3819	3622	3702	3898

石羊河流域各区县不同作物灌溉水利用系数来源于已有成果[27]，根据甘肃省水利厅《石羊河流域重点治理规划报告》，通过采取一些节水工程措施，可将灌溉水利用系数有所提高，见表 7.25，毛灌溉定额计算结果见表 7.26。

表 7.25　　　　　　　　　　石羊河流域各区县灌溉水利用系数

区县	灌溉水利用系数	提高后的灌溉水利用系数	区县	灌溉水利用系数	提高后的灌溉水利用系数
凉州	0.536	0.643	天祝	0.309	0.371
民勤	0.542	0.650	金昌	0.528	0.634
古浪	0.628	0.754			

表 7.26　　　　　　　石羊河流域不同水平年作物毛灌溉定额　　　　　单位：m^3/hm^2

区县	春 小 麦				春 玉 米			
	多年平均	$P=25\%$	$P=50\%$	$P=75\%$	多年平均	$P=25\%$	$P=50\%$	$P=75\%$
凉州	8011	6943	6815	8053	6661	5833	5916	7006
民勤	8808	8316	8304	8899	8444	8116	8928	8821
古浪	5116	4406	4655	5620	3690	2878	3647	4070
天祝	5516	4551	6222	7691	—	—	—	—
金昌	6600	5616	6565	6250	6023	5712	5838	6148

4）各分区作物耗水量适宜区间。根据石羊河流域主要作物分布式耗水模型，计算得到石羊河流域各分区作物全生育期耗水量适宜区间，见表 7.27。

表 7.27　　　　　　石羊河流域各分区作物全生育期耗水量适宜区间　　　　　单位：mm

区县	分区	春 小 麦		春 玉 米	
		ET_c^-	ET_c^+	ET_c^-	ET_c^+
凉州	1	539.63	539.63	526.42	526.42
	2	522.88	533.27	442.72	456.39
	3	499.14	506.05	494.66	495.09
	4	498.28	502.93	488.60	490.08
	5	504.28	549.05	466.64	481.87
	6	499.74	585.58	466.79	481.49
	7	505.94	606.64	490.57	507.64
	8	496.66	603.79	473.67	500.45
	9	519.22	574.12	507.25	522.63
民勤	10	554.14	564.58	554.62	603.02
	11	541.83	558.86	572.52	578.09
	12	547.79	558.72	543.27	641.27
	13	557.19	596.14	583.97	638.04
	14	574.15	590.52	600.68	617.57
	15	552.72	590.75	598.53	643.81

续表

区县	分区	春　小　麦		春　玉　米	
		ET_c^-	ET_c^+	ET_c^-	ET_c^+
古浪	16	518.48	519.61	473.50	481.40
	17	492.89	515.61	457.64	489.36
	18	505.32	520.21	436.79	453.19
	19	499.49	531.96	455.98	468.45
	20	523.98	577.54	473.44	500.62
天祝	21	474.36	483.01	—	—
	22	496.48	508.31		
	23	502.47	523.93	—	—
金昌	24	507.45	527.33	549.08	561.54
	25	480.26	488.83	483.41	496.41
	26	492.48	534.99	528.17	543.22
	27	478.24	492.74	506.15	514.18

（5）优化结果与分析。由于石羊河流域作物耗水时空格局优化模型中所含决策变量较少，模型结构相对较简单，在求解过程中直接分析各参数对决策变量的影响。借助 Lingo 软件，通过带入各区间参数的上下限，求出决策变量的区间解。但由于石羊河流域分区较细致，作物全生育期耗水量区间变化范围非常小，导致所求出的区间解变化范围也非常小，几乎退化为一般实数，所以优化结果以一般实数表示。由于天祝县在 2010 年以前未种植春玉米，缺乏作物耗水试验资料以及模型主要参数值，以相近的古浪县模型参数代替，进行求解。采用多年平均的参数值以及不同水平年的参数值所得优化结果见表 7.28，优化后全流域春小麦和春玉米的种植面积以及净收益与优化前（2011 年）对比结果见表 7.29。

表 7.28　　　　　　　　　石羊河流域各分区作物种植面积优化结果　　　　　　　单位：hm²

区县	分区	春　小　麦				春　玉　米			
		多年平均	$P=25\%$	$P=50\%$	$P=75\%$	多年平均	$P=25\%$	$P=50\%$	$P=75\%$
凉州	1	288.67	263.24	274.97	299.71	721.69	735.72	733.25	713.59
	2	1689.81	1540.92	1609.57	1754.38	4224.52	4306.64	4292.18	4177.10
	3	1285.66	1172.38	1224.61	1334.79	3214.16	3276.63	3265.63	3178.08
	4	806.88	735.79	768.57	837.72	2017.21	2056.42	2049.52	1994.57
	5	1344.81	1226.31	1280.95	1396.20	3362.01	3427.37	3415.86	3324.28
	6	2010.87	1833.69	1915.39	2087.72	5027.18	5124.90	5107.69	4970.75
	7	2778.33	2533.52	2646.40	2884.50	6945.82	7080.83	7057.06	6867.85
	8	3057.15	2787.77	2911.98	3173.97	7642.86	7791.43	7765.27	7557.07
	9	4856.79	4428.85	4626.16	5042.39	12141.97	12377.99	12336.44	12005.68

续表

区县	分区	春 小 麦				春 玉 米			
		多年平均	$P=25\%$	$P=50\%$	$P=75\%$	多年平均	$P=25\%$	$P=50\%$	$P=75\%$
民勤	10	237.77	232.19	240.82	249.13	216.16	220.53	213.50	205.55
	11	660.00	644.52	668.47	691.53	600.00	612.13	592.62	570.57
	12	1443.21	1409.35	1461.74	1512.15	1312.01	1338.54	1295.86	1247.65
	13	1806.36	1763.97	1829.54	1892.65	1642.14	1675.35	1621.93	1561.59
	14	1301.27	1270.74	1317.97	1363.43	1182.97	1206.89	1168.41	1124.94
	15	1237.86	1208.82	1253.75	1296.99	1125.33	1148.08	1111.48	1070.13
古浪	16	1593.67	575.39	448.34	143.04	1448.79	557.01	384.18	117.64
	17	4102.83	2766.21	185.17	1246.95	3729.85	2677.84	158.67	1025.45
	18	308.38	1717.26	2560.71	1956.56	280.34	1662.40	2194.26	1609.01
	19	3360.15	1722.83	4647.96	4102.75	3054.68	1667.80	3982.83	3373.97
	20	2568.42	4823.74	4440.89	5054.23	2334.93	4669.64	3805.39	4156.44
天祝	21	375.86	369.40	371.02	351.49	12.53	18.99	15.55	26.68
	22	410.36	403.31	405.08	383.76	13.68	20.73	16.97	29.13
	23	549.26	539.83	542.20	513.66	18.31	27.74	22.72	38.99
金昌	24	4151.51	3981.27	4410.92	4595.76	2767.68	2949.09	2460.08	2324.61
	25	2862.21	2744.84	3041.06	3168.49	1908.14	2033.21	1696.07	1602.67
	26	2910.21	2790.86	3092.17	3221.62	1940.14	2067.31	1724.39	1629.55
	27	10050.08	9556.72	10588.07	11031.75	6558.88	7079.05	5905.22	5580.04

表 7.29　　　　　　　　石羊河流域优化前后全流域种植面积和净收益

作物	优化前	优 化 后			
		多年平均	$P=25\%$	$P=50\%$	$P=75\%$
春小麦/hm²	66226.99	58048.38	55043.69	58764.46	61587.30
春玉米/hm²	67587.00	75443.96	77810.23	74393.04	72083.58
合计/hm²	133813.99	133492.34	132853.92	133157.50	133670.88
总净收益/万元	151996.10	156278.26	156986.95	155318.84	154403.88

　　从优化结果可以看出，凉州区需增加春玉米种植面积，其余区域则是增加春小麦种植面积，与前文得到的作物生产优势区域相符。总体看来，春玉米的种植面积较优化前均有所提高，这是因为春玉米虽然价格稍低，但其单产较高，单位面积净收益也较高。对于三种不同频率水文年，枯水年份春玉米的种植面积应大于春小麦的种植面积。在春小麦和春玉米总种植面积变化不大的情况下，按 2011 年市场价格计算，利用多年平均参数值优化后，全流域春小麦和春玉米的净收益较优化前增加了 4282.16 万元，净收益提高 2.82%；$P=25\%$ 水平年优化后，全流域春小麦和春玉米的净收益较优化前增加了 4990.85 万元，

净收益提高 3.28％；$P=50％$ 水平年优化后，全流域春小麦和春玉米的净收益较优化前增加了 3322.74 万元，净收益提高 2.19％；$P=75％$ 水平年优化后，全流域春小麦和春玉米的净收益较优化前增加了 2407.78 万元，净收益提高 1.58％。这说明在总种植面积基本不变的情况下，调整春小麦和春玉米的空间分布和种植面积，可以有效提高作物净收益，增加当地农民收入。

将优化后得到的石羊河流域春小麦和春玉米的最优年种植面积布局到其对应的生产优势区域，考虑耕地和地形因子的空间分布，得到优化后石羊河流域春小麦和春玉米的空间分布和种植比重如图 7.25 和图 7.26 所示。

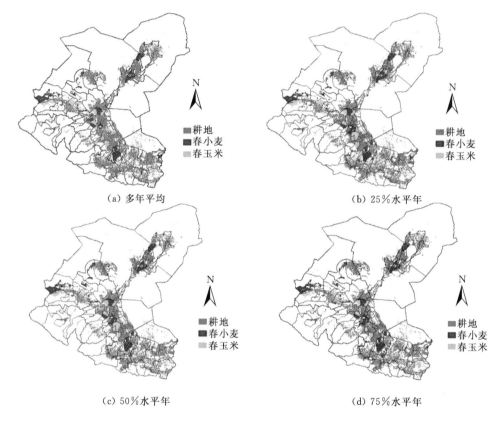

图 7.25　不同水平年优化后春小麦和春玉米的空间分布

基于优化的石羊河流域主要作物的种植面积和不同作物的适宜耗水量，得到石羊河流域不同水平年主要作物耗水空间格局，采用多年平均参数值和不同水平年参数值的优化结果，将作物耗水量布局到其对应的生产优势区域，优化后石羊河流域作物总耗水量的空间分布如图 7.27 所示。

从石羊河流域作物耗水量的优化结果可以看出，在总耗水量一定的情况下，通过优化可知，金昌市作为春小麦生产优势区域，适当增加其供水量，增加春小麦种植，可取得较好经济效益，其次是凉州区、古浪县、民勤县和天祝县；凉州区为春玉米生产优势区域，春玉米的种植面积较大，凉州区应增加春玉米种植，其次是金昌市、古浪县、民勤县和天祝县，主要原因是，在适宜的区域内实现了耗水的空间优化。而天祝县范围内主要是天然

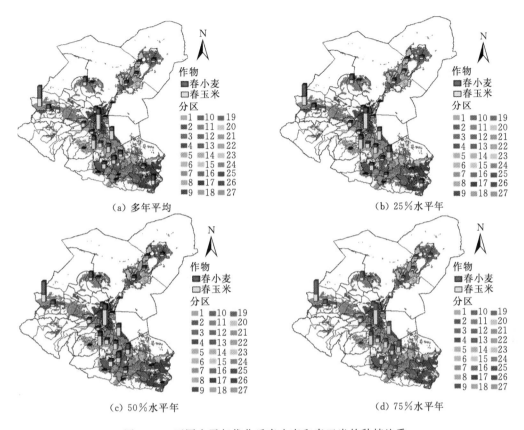

图 7.26　不同水平年优化后春小麦和春玉米的种植比重

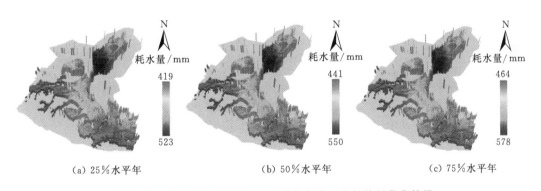

图 7.27　石羊河流域不同水文年作物耗水量空间格局优化结果

草地，耕地面积较少，农业可利用水资源也较少，所以其作物耗水量也最少。

参 考 文 献

［1］　周勉. 作物需水量与灌溉农业、气候变化的关系［J］. 江苏农学院学报，1987，8（1）：13－20.

［2］　吴景社. 区域节水灌溉综合效应评价方法与应用研究［D］. 杨凌：西北农林科技大学，2003.

［3］　吴景社，康绍忠，王景雷，等. 基于主成分分析和模糊聚类方法的全国节水灌溉分区研究［J］.

农业工程学报，2004，20（4）：64－68．

[4] 江苏省水利厅. 江苏省节水灌溉"十五"发展计划和 2015 年发展规划 [R]. 1999，6.

[5] 湖北省水利水电科学研究所，湖北省水利厅农水处. 湖北省节水灌溉"十五"计划及 2015 年发展规划 [R]. 1999，10.

[6] 浙江省灌排技术开发公司. 浙江省节水灌溉"十五"发展计划及 2015 年发展规划 [R]. 1999，12.

[7] 陈亚新，康绍忠. 非充分灌溉原理 [M]. 北京：水利电力出版社，1995.

[8] 钱蕴壁，李英能，杨刚，等. 节水农业新技术研究 [M]. 郑州：黄河水利出版社，2002.

[9] 姜灵峰，崔新强. 近 20 年我国农业气象灾害变化趋势及其原因分析 [J]. 暴雨灾害，2016，35 (2)：102－108.

[10] 于文静. 水资源开发逼近红线 [N]. 新华每日电讯，2015－03－23 (6).

[11] 张菊芳. 多元统计分析方法中的降维方法及其应用 [D]. 济南：山东大学，2004.

[12] 张尧庭. 多元统计分析选讲 [M]. 北京：中国统计出版社，2002.

[13] 金相郁. 中国区域划分的层次聚类分析 [J]. 城市规划汇刊，2004，150 (2)：23－28.

[14] Mutagh F. A survey of recent advances in hierarchical clustering algorithms [J]. The Computer Journal，1983，26 (4)：354－359.

[15] Unser M. Texture classification wavelet frames [J]. IEEE Transactions on Image Processing，1995，4 (11)：1549－1560.

[16] Mallat S G. A theory for multi－resolution signal decomposition：the wavelet representation [J]. IEEE Transactions on Pattern Analysis and Machine Intelligence，1989，11 (7)：674－693.

[17] 于秀林，任雪松. 多元统计分析 [M]. 北京：中国统计出版社，1999.

[18] Moore R E，Yang C T. Interval Analysis [M]. Technical Document LMSD，1959：285－875.

[19] Moore R E. Interval arithmetic and automatic error analysis in digital computing [D]. Stanford：Stanford University，1962.

[20] 李利华. 不确定性物流网络设计的区间规划模型与算法研究 [D]. 长沙：中南大学，2012.

[21] 徐剑波，宋立生，夏振，等. 基于 GARBF 神经网络的耕地土壤有效磷空间变异分析 [J]. 农业工程学报，2012，28 (16)：158－165.

[22] 佟玲. 西北干旱内陆区石羊河流域农业耗水对变化环境响应的研究 [D]. 杨凌：西北农林科技大学，2007.

[23] 赵鸿，王润元，王鹤龄，等. 西北干旱半干旱区春小麦生长对气候变暖响应的区域差异 [J]. 地球科学进展，2007，22 (6)：636－641.

[24] 何奇瑾，周广胜. 我国春玉米潜在种植分布区的气候适宜性 [J]. 生态学报，2012，32 (12)：3931－3939.

[25] 贾宏伟. 石羊河流域水分运动参数空间分布的试验研究 [D]. 杨凌：西北农林科技大学，2004.

[26] 粟晓玲. 石羊河流域面向生态的水资源合理配置理论与模型研究 [D]. 杨凌：西北农林科技大学，2007.

[27] 吕廷波. 西北干旱内陆区石羊河流域灌溉水利用率估算与评价 [D]. 北京：中国农业大学，2007.

第8章

中国北方主要作物需水量数字化图

为了科学合理地确定作物需水量和灌溉制度，中国投入了大量人力、物力进行了相关试验研究。20 世纪 80—90 年代，水利部曾组织全国 300 多个灌溉试验站进行了全国性的作物需水量协作研究，取得了一大批基础数据和科技成果，出版了《中国主要农作物需水量等值线图研究》等专著。这些研究成果在水利规划、设计管理等部门得到了广泛应用，取得了显著的社会和经济效益，为发展节水灌溉事业、调整农业结构、建立高效节水农业提供了基础数据支撑。但是受当时客观条件的限制，这些作物需水量试验数据从观测整理、分析计算到汇编成册及资料归档大都由手工完成，资料的存储和保管多采用传统的纸介质和简单的小型数据库，已不能适应现代科技的发展需要。随着作物需水量观测仪器设备的逐步改善与信息技术的快速发展和普及，对作物需水量等基础数据进行数字化采集和管理，实现基于 WebGIS 的中国北方主要作物数字化需水量可视化表达，对于中国灌溉水的科学管理、节水农业发展和水资源合理调配都具有重要意义。

8.1 作物需水量数字化图概述

8.1.1 作物需水量数字化图的涵义

数字化一词来源于英文 digital。按照英文的解释，意思是通过电子信号的改变后生成的信息赖以存在的形式[1]。简单地说，数字化就是将许多复杂多变的信息转变为以 "0" "1" 表示的二进制数序列形式的数字信号，经计算机编码处理并由数字信息设备传送到用户后，再由计算机还原成所需要的文字、图形、图像、声音、数据或控制指令的数字信息处理过程。

作物需水量数字化图就是采用现代信息技术将已采集到的作物需水量的文字、图像信息转化为能被计算机识别的数字符号，或是直接根据监测得到的不同空间站点的作物需水信息采用一定的方法进行空间化处理，从而实现作物需水信息的存储、检索、阅读、传输的电子化和可视化，用以揭示灌溉试验数据中所蕴涵的极其丰富的信息资源，为试验数据的深度利用和技术服务打下良好基础。

8.1.2 作物需水量数字化图的基本构成要素

作物需水量数字化图不是作物需水量纸质图的简单扫描，而是通过对作物需水量纸质图的深度加工或者对不同作物监测数据的空间化处理来实现知识发现，它是作物需水量一个新的时空表现形式。一个好的比较完整的作物需水量数字化图至少应包含以下主要部分：

（1）作物需水信息。它既是建设作物需水量数字化图的基础，也是作物需水量数字化图的核心内容。

（2）作物需水信息数据库。按照统一的格式存储不同地方、不同作物、不同时期的需水信息，它是实现快速查询的主要支撑条件。

（3）传输网络。提供作物需水信息传输的手段，是数据监测者与使用者之间的桥梁与纽带，相当于传统介质的流通渠道（如快递公司和新华书店）。

（4）显示终端（如显示器）。相当于传统介质的胶片或纸张，是数字化图的最终表现形式，当然数字化图是虚拟与现实的统一，它可以将不同时空尺度的作物需水信息进行融合分析并在屏幕上进行显示，也可以打印输出。

8.1.3 作物需水量数字化图的特点

作物需水量数字化图与传统的纸质图形相比具有以下无可比拟的优点。

（1）跨时空。在数字化需水量图中，用户可跨越时空发现和检索其需要的信息。人们不仅可以获取某个地方的作物需水量，而且还能获取某一灌区、地区甚至流域的作物需水量，同时，也可快速获取不同年份、不同生育期、不同水文年型的作物需水信息。

（2）交互性。数字化图突破了传统介质图的局限，用户可以在取得相应权限的情况下，采用人机交互的方式，通过组合检索功能选择自己感兴趣的作物或者自己需要的区域进行作物需水信息的浏览或下载。

（3）大信息量。与传统介质图形相比，数字化图提供的信息量更大。传统介质通常只能提供某一时空尺度的作物需水信息，而数字化图不仅能反映区域尺度作物需水总的分布趋势，甚至还能精确地获取某一坐标的作物需水信息，既能提供整个生育期的作物需水量，也能提供不同生育期的作物需水量。另外，数字化图还能通过用户的"放大"操作，将用户需要区域的详尽信息提供展示。

8.1.4 作物需水量数字化图的需求

数字化作物需水量图是数字水利、数字农业建设的基础。节水高效灌溉制度的制定和精细灌溉的实施需要快速获取作物需水量数据，传统的纸质图不仅精度低、误差大，而且标准化和规范化程度也较低，已不能满足当前水利设计及管理部门高效工作的需求。

数字化作物需水量图是全面推进灌溉试验工作的需要。全国各级灌溉试验站采用统一的监测计算方法、统一的报表内容，在规定时间内采用网络报送，实现需水信息传递网络化、处理自动化、发布与查询可视化，提高灌溉试验工作的质量和效率，全面推进灌溉试验工作的开展。

作物需水量数字化图可大幅提高相关部门的工作效率。中国有数以千计的中小型水行政主管部门和流域水管理机构、供水建设和环境保护机构、水利规划与设计研究机构，他们在水资源开发利用、管理与保护、规划设计制定和资源管理时都需要精度较高的作物需水量数据来保证质量。数字化作物需水量图将彻底改变以前查找资料需要翻阅大量纸质图的弊端，可大大提高工作效率。

作物需水量数字化是科学基础数据共享的需要。传统的纸质图集利用率低，保存管理困难，影响了数据共享。通过对作物需水信息的整理和数字化，采用统一格式存储和发布，有助于实现灌溉试验数据的共享。

8.2 中国北方主要作物需水量数据来源及标准化

数据是成图的基础与核心，数据来源影响到数据的准确性、数字化图的精确性和可靠性。作物需水量数据具有海量、多源、多尺度和多时相的特征，要充分挖掘和展示作物需水信息的时空分布特征，不仅需要作物生育期、作物系数及作物需水量等属性数据，而且还需要大量的空间数据。

8.2.1 数据来源

8.2.1.1 属性数据

作物需水量等基础属性数据主要获取渠道如下所述。

（1）全国灌溉试验数据库。中国在 20 世纪 80—90 年代曾组织全国性的作物需水量协作研究，试验站点多达 300 个，并在此基础上建立了全国作物需水量数据库，经过近 20 年的补充完善，此库已初具规模。

（2）国内相关文献。国内有关高校、水利和农业科研单位对所在地区主要作物进行了大量研究，特别是 20 世纪 80 年代以来，国内出版的相关书籍、发表的文章以及撰写的研究报告每年都以百篇的速度增长，通过对中国知网、超星数字图书馆和中国农业科学院图书馆的藏书进行检索，对文献中的作物需水数据进行了整理分析。

（3）常规气象资料计算。尽管中国灌溉试验站网体系已经初步建立，但在地形变化较大区域，试验站点仍难满足作物需水量分析之需。考虑到常规气象观测资料具有准确、可靠、时间较长以及分布面较广等特点，而且参考作物法估算作物需水量在我国也被证明具有较好的估算精度，因此在灌溉试验站点较少和地形变化较大的区域利用常规气象资料和参考作物法进行作物需水量的计算。

利用单作物系数法计算作物需水量。首先计算参考作物需水量 ET_0 和作物系数 K_c，然后根据 $ET_c = ET_0 K_c$ 计算作物需水量，所需数据包括气象数据和作物生育期数据。其中，对 ET_0 的计算采用 FAO Penman - Monteith 公式进行，采用分段单值平均作物系数法与附近灌溉试验站点数据综合确定作物系数[2]。

（4）不同水文年型的作物需水量。不同水文年的确定，一般是根据多年降水资料，利用皮尔逊-Ⅲ型曲线进行排频分析，这是目前比较通用的水文年确定方法，但在确定不同水文年的作物需水量时略有不同，此处采用段爱旺、孙景生、刘钰等在《北方地区主要农作物灌溉用水定额》[3]一书中介绍的不同水文年型作物需水量的确定方法来确定不同水文年的参考作物需水量和作物需水量：即利用皮尔逊-Ⅲ型曲线对年 ET_0 和 ET_c 进行频率分析，分别得出 $P=25\%$、$P=50\%$、$P=75\%$ 三个频率下的年 ET_0 和 ET_c，对应降雨量频率为 $P=75\%$、$P=50\%$、$P=25\%$ 水文年型下的年 ET_0 和 ET_c。

8.2.1.2 空间图形数据

作物需水量空间化过程中需要的空间数据，主要参照 1：400 万的全国政区图、水系图等（中国资源与环境数据光盘，中国科学院地理研究所资源与环境信息系统国家重点实验室，1996 年 6 月出版），利用美国联邦地质调查局的 HYAROIK 数据库中的 DEM，经过严格的几何校正、配准、投影变换处理。

同时，作物需水量与地理位置密切相关，要实现作物需水量的数字化，必须使每一个需水量数据都有其相应的坐标信息，借助 GPS 采集仪可以获取监测点经纬度坐标和高程。

8.2.2 数据处理及标准化

作物需水量数据来源多样，由于数据结构不同或使用过程中人为因素影响，原始数据常常存在重复或缺失，因此在数据入库之前必须对原始数据进行预处理。

8.2.2.1 作物需水量数据预处理

入库之前的数据处理通常包括填补遗漏的数据值、平滑有噪声数据、识别或除去异常值以及解决不一致问题。噪声数据是指数据中存在着错误或异常偏离期望值的数据，不完整数据是指感兴趣的属性没有值，不一致数据则是指数据内涵出现了不一致的情况。

（1）数据核查。数据在录入后，首先须对数据进行核查，以确保录入数据的准确性和真实性。数据准确性核查，可分两步进行：第一步，逻辑检查，可以利用程序及数据约束条件帮助纠正数据中的错误。如查找每个变量的最大值和最小值，如果某变量的最大值或最小值不符合逻辑，则可确定该数据有问题。例如当小麦的需水量的最大值大于 1000mm 或最小值为负值时，一定有误，可以利用软件查找，然后根据对应的标识值找出原始记录，更正该数据。第二步，数据核对，将原始数据与录入数据进行核对，并对错误数据进行更正，可以利用减法计算，两者相减为 0 表示正确，相反就需查找错误原因。

通常情况下，不同来源的数据往往会发生拓扑错误或者其他问题，人工检查费时、费力，ArcGIS 在 Data Management Tools 工具箱下提供了数据检查和修复工具。

另外，某些数据由于本身的一些问题，可能会导致逻辑上的错误。比如一些作物需水的监测点经纬度错误，致使需水量监测点落入渠系面中或者道路面上，如仅凭人工检查工作量大且效率较低。在 ArcMap 中，首先可通过 Select by Location 命令查找出不符合逻辑的点，然后按照实际情况在地图上进行处理，例如将其移动到真实位置，这时可先将属性表中高亮显示的数据（不符合逻辑的点）单独导出来，然后根据新导出来的 dbf 表格，进行一一调整即可。

（2）缺测数据处理。通常采用以下方法进行缺测遗漏数据的处理。

1）直接删除，即若发现某一属性值为空，则将此条记录排除在数据处理过程之外。

2）手工填补。这种方法比较耗时，仅适用于缺测量较少情况，对缺测较多的数据集可行性较差。

3）缺省值填补。对一个属性的所有缺测数据，均利用一个事先确定好的值来填补。但当一个属性缺测值较多时，可能会误导数据处理过程。

4）均值填补。计算一个属性的平均值，并用此值填补该属性内的所有缺测值。例如，当某一站点某一年某一旬的平均温度缺测，可以利用这个站点同旬的其他年份平均值进行填补。

5）最可能的值填补。利用统计分析等方法获取缺测数据。

（3）离群数据处理。当个别数据与群体数据严重偏离时，称为离群数据或极端数据。若有离群数据出现，可分为两种情况处理，如果确认数据有逻辑错误，又无法纠正，可直接删除。若无明显逻辑错误，可将该数据剔除前后各做一次分析，若两次分析结果相互矛盾则需剔除，但必须给出充分合理的解释。

（4）重复数据的处理。在进行作物需水量空间化处理时，需要大量的监测站点数据，由于工作人员粗心等原因，可能会出现多点重合的情况，如通过手工逐个查找，工作量很大，这时可以通过 ArcToolBox 工具下 Analysis Tools→Proximity→Point Distance 工具，在弹出来的 Point Distance 对话框中，将距离设定为 0，输入要素和附近要素都选择同一要素类即可查找出所有重合点，然后再进一步对重合点进行校核处理。

8.2.2.2　作物需水量数据标准化

数据的标准化、规范化是信息化的前提，它不但是实现数据共享的需要，而且也是在一个系统内保持数据连贯性、持续有效性的需要。作物需水信息的多源性主要表现为数据获取和来源的多样性，对这些来源不同的数据必须采用统一的格式或标准进行处理。

（1）数据格式及坐标系统的标准化。作物需水信息来源多样，加之采用不同的软件制作，导致存储格式也不尽相同。如站点格式多为 shp 格式，渠系格式多为 Autodesk 的 dwg 格式，还有利用 SuperMap 制作的 sdb 格式，以及 Sufer 制作的等值线。以上信息在入库之后还必须进行数据格式转换、地图投影变换、各类要素的空间处理、拓扑关系检查和属性信息的编辑修改等工作。

1）数据格式标准化。数据格式的转换可以利用工具箱中的自动数据转换工具（data interoperability tools）下的快速导入工具（quick import）将各种格式的数据导入到数据库中（geodatabase），同时也可以利用快速导出工具（quick export）发布成统一的格式。

2）坐标系统标准化。作物需水量数据的标准化不仅包括属性数据格式的标准化，还包括空间数据坐标的统一。例如高斯投影的政区图，以经纬度表示的气象、作物需水数据等，对于这些不同坐标体系的数据，要将它们正确匹配，相互叠加，就需要进行坐标转换处理。

在空间数据库中，同一个要素集中的要素类必须具有相同的地理参考（坐标系相同）。而各种矢量图形数据的数学基础（即所采用的投影坐标）往往并不相同，需要使用 ArcGIS 中的 Project 进行矢量数据投影转换，使得同一要素集中的要素类有统一的坐标系统。投影变换的方法主要有以下几种[1]：

a. 直接变换法：通过在两种投影之间直接建立解析关系式，实现一种投影向另一种投影变换，又称正解变换。

b. 反解变换：通过中间过渡的方法，由一种投影坐标 (x, y) 反解出地理坐标 (B, L)，然后再将地理坐标代入另一种投影的坐标公式中，从而实现由一种投影的坐标到另一种投影坐标的变换。

c. 数值变换：在两投影系之间建立线性方程组，根据两种投影在变换区的若干同名点，解算出方程组系数，从而实现由一种投影坐标到另一种投影坐标的变换。

（2）数据裁剪与整合。

1）数据裁剪。由于数据来源多样，区域大小不一，为避免对无关区域进行相关运算，对数据进行裁剪和整合就显得尤为必要。根据数据格式，裁剪可以分为矢量数据裁剪和栅格数据裁剪。如人民胜利渠灌区是位于豫北地区黄河下游比较重要的引黄灌区，在对人民胜利渠灌区的灌溉面积、需水量等数据进行相关运算时，就需要利用人民胜利渠灌区的边界对河南省或豫北地区进行裁剪。对这种矢量数据裁剪可直接利用 ArcToolBox→Analysis Tools→Extract→Clip 工具，在 Input Features 和 Clip Features 中分别选择豫北地区和人民胜利渠边界的文件，经过运算以后即可获得包括县区字段名称的人民胜利渠灌区大小的矢量文件。

如要对人民胜利渠灌区 DEM 或土壤类型等栅格数据进行处理，可在 ArcToolBox 中，采用 Spatial Analyst Tools→Extraction→Extract by Mask 进行掩模提取。

2）数据整合。在数据量较多且为图层要素时，如不同地市或不同省区图层的合并，这时 Excel 就无能为力，ArcGIS 提供了两种方法进行数据的合并操作：第一种是在 ArcCatalog 中选中要与其他要素类进行合并的要素类，右键单击"Load"→"Load Data"菜单命令，在弹出的对话框中选择需要进行合并的图层；第二种是利用 ArcToolBox 的 Data Management Tools→General→Merge 工具，打开合并对话框，选择输入要合并的要素图层，单击"OK"即可。

另外，对于分辨率较高的栅格数据，可能需要多景数据才能覆盖整个灌区，这时需要对多个栅格数据进行合并或整合，ArcToolBox 中提供的 Data Management Tools→Raster→Mosai（镶嵌）工具可以对多个栅格数据进行合并。

有几个地理处理工具可用于将多个栅格数据集镶嵌到单个栅格数据集中。这些工具是：

镶嵌：将多个输入栅格镶嵌到现有栅格数据集。

镶嵌至新栅格：将多个栅格数据集镶嵌至一个新的栅格数据集。

栅格目录转栅格数据集：将栅格目录的内容镶嵌至一个新的栅格数据集。这个工具通常是较快的方法，因此推荐使用。

工作空间转栅格数据集：将存储在指定工作空间的全部栅格数据集镶嵌至一个栅格数据集。它通常用来镶嵌数百个栅格数据集。

8.3 中国北方主要作物需水量的空间化处理

属性数据空间化作为一种信息可视化手段，近年来日益受到人们的关注。空间化技术是指在各类专题属性信息中提取空间信息，把表格和文本等属性数据用易于理解的可视化图形表达出来，使人们能够直观地认识、查询、分析利用这些属性信息[4]。空间化技术一般包括两个相互联系的过程：空间映射和图形表达[5]。其中，空间映射是将属性数据按照一定的方法映射到预定义的坐标空间中，再根据已知的测点数据采用合适的插值方法推算未知测点的数据。图形表达则是将空间映射后的数据以直观的图形化方法表现出来[6]。最简单、最直接的空间化方法是空间数据内插和矢量数据的栅格化，但简单的内插和栅格化并不是真正意义上的空间化，因为它并没有考虑影响统计数据或观测数据的地理环境要素，其结果的可靠性往往受到质疑[6]。

目前常用的插值方法主要有确定性内插法和地统计学内插法。这两类方法都根据空间相似性原理来进行插值，前者运用数学函数进行插值，以研究区域内部的相似性（如反距离加权，inverse distance weighted），平滑度（如径向基函数，radial basis functions）为基础，由已知样本点进行插值；后者依赖统计和数学两种方法，根据已知样本点的统计特征来进行插值。空间化处理方法的基本原理及详细介绍详见 5.2 节。

在对属性数据和空间数据库进行标准化处理后，可以根据中国北方地区不同作物需水量监测站点空间分布情况及作物需水量分布类型选择适宜的数字化方法。本节以中国北方地区冬小麦需水量数字化图的生成过程为例进行阐述。

8.3.1　基础数据获取及处理

8.3.1.1　DEM

从中国 DEM 中利用 ArcGIS 的空间分析扩展模块裁切出中国北方部分，其空间分辨率为 1km×1km，如图 8.1 所示。

图 8.1　中国北方地区 DEM

8.3.1.2　经纬度的获取

由于要分析作物需水量与经纬度之间的关系，因此必须获得每个栅格中心点的经纬度坐标。由于 DEM 是以公里坐标表示的，首先把 DEM 中的公里坐标通过坐标变换为经纬度坐标，然后在 MATLAB 中根据矩阵关系计算出每个栅格中心的经纬度坐标，如图 8.2 所示。

8.3.1.3　作物需水量的获取

从"全国灌溉试验资料数据库"中选择中国北方地区冬小麦作物需水量资料，此项工

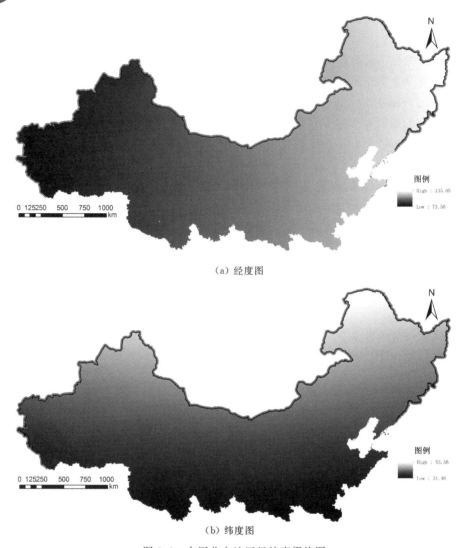

（a）经度图

（b）纬度图

图 8.2　中国北方地区经纬度栅格图

作可通过联合查询北方地区所属的省名字段如"河南省""河北省"和作物名称字段"冬小麦"获得。为了使选择的站点具有代表性，还应在 GIS 支持下结合政区图和地形图进行确定，初步确定站点数目为 148 个，如图 8.3 所示。

8.3.1.4　观测数据的离群值查找及分析

　　数据离群值分为全局离群值和局部离群值两大类。全局离群值是指对全体数据集而言，具有很高或很低值的观测样点。例如，在 100 个样点数据中，有 99 个样点的值为 200~300，而另外一个点的值为 1000，则这个点就为全局离群值。局部离群值是指对于整个数据集而言，观测样点的值属于正常，但与其相邻的点比较，它又偏高或偏低。如在 100 个样本数据中，第 50 个样点值为 120，但第 48~52 个样点的值为 140、142、120、143、139，则可认为，第 50 个样点的值为局部离群值。离群点的出现有可能就是真实异常值，也可能是由于不正确的测量或记录引起的。如果离群值是真实异常值，这个点可能

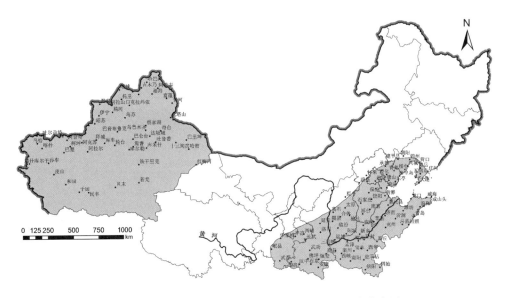

图 8.3　中国北方地区冬小麦需水量代表观测站点分布图

就是研究和理解这个现象的最重要的点。反之，如果它是由于测量或数据输入的明显错误引起的，在建立模型之前，它们就需要改正或剔除。离群值的寻找可以通过三种方式实现[7]：

（1）利用直方图查找离群值。离群值在直方图上表现为孤立存在或被一群显著不同的值包围。但需注意的是，在直方图中孤立存在或被一群显著不同的值包围的样点不一定是离群值。

（2）用半变异/协方差函数云图识别离群值。如果数据集中有一个异常高值的离群值，则与这个离群值形成的样点对，无论距离远近，在半变异/协方差函数云图中都具有很高的值。

（3）用 Voronoi 图查找局部离群值。用聚类和熵的方法生成的 Voronoi 图可用来帮助识别可能的离群值[8]。熵值是量度相邻单元相异性的指标。通常，距离近的事物比距离远的事物具有更大的相似性。因此，局部离群值可以通过高熵值的区域识别出来。同理，聚类方法也可将那些与它们周围单元不相同的单元识别出来。

根据图 8.3 所示站点的作物需水量数据，利用半变异函数云图查找离群值，其半变异函数云图如图 8.4 所示。

从图 8.4 可以看出，距离在 2698km 处，其半变异函数值最大为 83765，在半变异函数图上选中该点（图中最高点），发现该点是卢氏与阿拉山口两监测站点产生的，经过进一步分析发现，阿拉山口冬小麦生育期日照累计 1806h，而卢氏站为 1256h，两站小麦生育期最低温度累计相差 600℃，高温累计相差 1000℃，并且阿拉山口站点平均风速是卢氏站风速的 6 倍，生育期也比卢氏站多 70d，导致两地需水量差异较大，因此可以认为这两个站点为真实的离群值。

8.3.1.5　数据的正态分布检验

采用克立格方法进行估值方差的计算，只有在判断样本数据的分布类型后，才能选

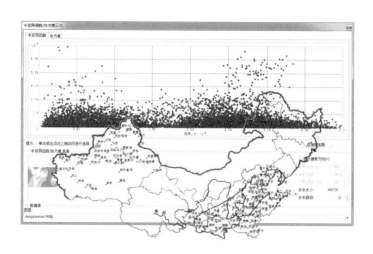

图 8.4　中国北方地区冬小麦需水量半变异函数云图

择合适的克立格方法，因此必须对样本数据进行分布类型检验，此处采用偏度峰度检验法。

偏度：
$$R = \frac{m_3}{S^3} \tag{8.1}$$

峰度：
$$P = \frac{m_4}{S^4} \tag{8.2}$$

其中：
$$S = \sqrt{\frac{1}{n}\sum_{i=1}^{n}(z_i - \bar{z})^2} \tag{8.3}$$

$$m_3 = \frac{1}{n}\sum_{i=1}^{n}(z_i - \bar{z})^3 \text{（样本 3 阶中心距）} \tag{8.4}$$

$$m_4 = \frac{1}{n}\sum_{i=1}^{n}(z_i - \bar{z})^4 \text{（样本 4 阶中心矩）} \tag{8.5}$$

如果 $|R| < 2\sqrt{6n}$ 且 $|P-3| < 2\sqrt{24/n}$，则作物需水量值样本可认为是正态分布，当为非正态分布时，可将其取对数后再计算偏度和峰度，若满足上述条件，则为对数正态分布，否则为其他分布。由于中国北方冬小麦种植区共有 148 个站点，位于西北地区的有 52 个站点，黄淮海等其他地区（下称中国北方东部地区）有 96 个站点，两个区域距离较远，适宜采用分区域绘制再镶嵌的方式得到中国北方地区的冬小麦需水量分布图。以中国北方东部地区为例，选择 96 个站点冬小麦需水量数据，其基本的统计分析结果见表 8.1。样本直方图和样本 QQ 分位图分别如图 8.5 和图 8.6 所示。

表 8.1　　　　　　　　　中国北方东部地区冬小麦需水量统计分析结果

样本数目/个	最大值/mm	最小值/mm	平均值/mm	中值/mm	标准差/mm	偏度	峰值	变异系数	$2\sqrt{6n}$	$2\sqrt{24/n}$
96	594.05	342.74	438.35	422.31	55.015	0.996	3.329	12.55%	48	1

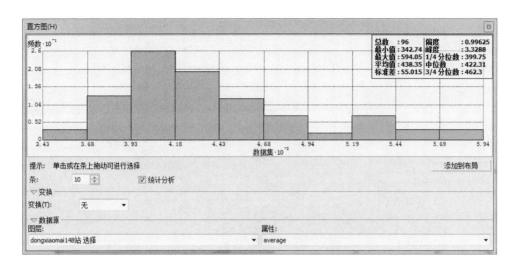

图 8.5 中国北方东部地区冬小麦需水量样本直方图

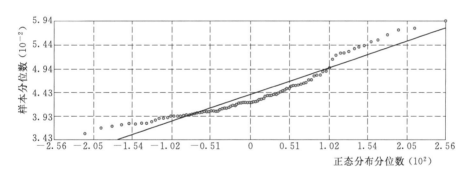

图 8.6 中国北方东部地区冬小麦需水量样本 QQ 分位图

从表 8.1 和图 8.5、图 8.6 可以看出，偏度和峰度满足要求，分位图近似于直线，因此可基本判定样本数据满足正态分布，可以运用上述方法进行冬小麦需水量的空间化处理。

8.3.2 中国北方东部地区冬小麦需水量分布的空间分析

8.3.2.1 中国北方东部地区冬小麦需水量分布的基本描述

根据表 8.1 中国北方东部地区 96 个站点冬小麦需水量数据统计分析结果可见，冬小麦需水量变异系数为 12.55%，极差范围较宽，达到 251.31mm（最大值-最小值），表明中国北方东部地区冬小麦需水量具有一定的变异性。

为了对作物需水量进行全局性的方向性分布分析，利用 ArcGIS 统计工具箱的度量空间分布工具集进行了标准差椭圆的确定[9]，以两个标准差确定的标准差椭圆如图 8.7 所示，该椭圆以东经 114.39°，北纬 36.60° 为中心，其长轴为东北-西南向，长度为 671.34km，短轴为西北-东南向，长度为 261.03km。因此北方东部地区冬小麦需水量在东北-西南向相关性大，西北东南向相关性小，这可能与地处该区的中国地势二、三阶梯分界线之一的太行山的走向有关，太行山基本呈现东北-西南走向，受太行山的阻隔影响，导致冬小麦需水量在西北-东南方向相关性较小。

图 8.7 标准差椭圆

8.3.2.2 中国北方东部地区冬小麦需水量的空间趋势分析

描述空间趋势是一个困难的问题，理论上，空间梯度均值是描述空间趋势的一个参数，但因不能从空间的角度反映出趋势，实际很少使用。一般经常使用的是趋势面分析，这是表示面状区域连续分布现象空间变化规律的主要方法。

趋势面分析方法是根据空间的抽样数据，拟合一个数学曲面，用该曲面反映空间分布的变化。数学上，趋势面分析的数学模型是曲面拟合问题。一般是使用多项式函数作为数学表达式，用多项式表示的面按最小二乘法原理对数据点进行拟合。

一次趋势的拟合，选用线性函数表达式 $y = b_0 + b_1 x_1 + b_2 x_2 + b_3 x_3$，其中：$b_0$、$b_1$、$b_2$、$b_3$ 为多项式系数。

许多情况下 y 不是 x_i 的线性函数，而是以更为复杂的方式变化。在这种情况下用二次或更高次的多项式：$y = b_0 + b_1 x_1 + b_2 x_1^2 + \cdots$ 来拟合更复杂的曲线。这里利用二次曲面法进行趋势面的拟合。

$$y = b_0 + b_1 x_1 + b_2 x_2 + b_3 x_3 + b_4 x_1 x_2 + b_5 x_1 x_3 + b_6 x_2 x_3 + b_7 x_1^2 + b_8 x_2^2 + b_9 x_3^2 \quad (8.6)$$

式中：x_1、x_2 和 x_3 分别为经度、纬度、高程；$x_1 x_2$、$x_1 x_3$ 和 $x_2 x_3$ 分别为经度纬度、经度高程和纬度高程的交互项；x_1^2、x_2^2 和 x_3^2 分别为各地形因子的二次项；b_0、b_1、$\cdots$、b_9 分别为上述因子的系数。利用 MATLAB 统计工具箱中的 RSTOOL 命令进行二次曲面中各项系数的计算，各项系数计算结果见表 8.2。该回归方程的检验结果见表 8.3。

表 8.2　　中国北方东部地区冬小麦需水量趋势面分析回归系数计算结果

系数	b_0	b_1	b_2	b_3	b_4	b_5	b_6	b_7	b_8	b_9
计算值	-5103.11	147.79	-174.33	3.67	3.95	-0.05	0.05	-1.25	-3.89	-0.16×10^{-3}

表 8.3　　　　　　　中国北方东部地区冬小麦需水量趋势面方程检验结果

T 回归分析		方　差　分　析			
R	0.6861		自由度	离差平方和	均方差
R^2	0.4707	回归分析	9	135307.37	15034.16
修正的 R^2	0.4153	残差	86	152152.61	1769.22
标准误差	42.0621	总计	95	287459.98	
观测值	96	F 观测值	8.4976	$F_{0.001}$	5.52×10^{-9}

从表 8.3 可以看出，趋势面方程拟合值与实际值相关系数达到 0.6861，并且 F 观测值 $= 8.4976 \gg F_{0.001} = 5.52 \times 10^{-9}$，由此说明该趋势面方程拟合效果比较显著。

从趋势面方程可以看出，冬小麦需水量与宏观地理因子有一定的关系，主要表现为随着经度的增加，作物需水量呈先减少后增加的趋势，而随着纬度的增加，作物需水量则呈先增加后稍微减少的趋势。从图 8.8 也可以看出，东西方向基本呈 U 形，可用二阶多项式进行拟合；南北方向基本呈直线，可用常量或一阶多项式进行拟合。

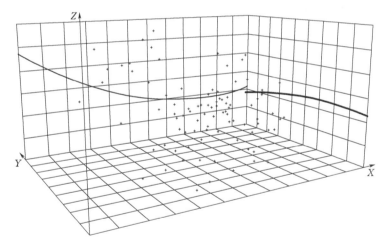

图 8.8　数据趋势分析图

另外，还采用地统计分析模块中的趋势分析工具对试验数据的趋势效应进行了分析，结果如图 8.8 和图 8.9 所示。

图 8.8 中 X 轴表示正东方向，Y 轴表示正北方向，Z 轴表示各观测站点观测值的大小。左后投影面上的细线表示东西向的全局性的趋势效应变化，呈 U 形，可用二阶曲线拟合，右后投影面上的粗线表示的是南北向全局性的趋势效应变化，近乎水平，基本无趋势。一般把趋势效应分成 0（没有趋势效应）、常量（区域化变量沿一定方向呈常量增加或减少）、一阶（区域化变量沿一定方向呈直线变化）、二阶或多阶（区域化变量沿一定方向呈多项式变化）。

图 8.9 是由地统计分析模块绘制的，显示中国北方东部地区冬小麦需水量分布特征的全局趋势。图中用颜色深浅代表相应的作物需水量，以经度、纬度为坐标系。这个全局趋势图的含义是：西北高东南低，西北-东南方向的变化非常明显，西南-东北方向的变化不

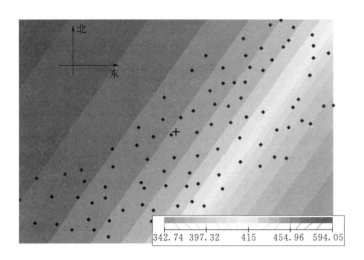

图 8.9　全局趋势分析图（单位：mm）

显著，和图 8.8 中的分析结论基本一致。

　　为了分析宏观地形因子与作物需水量之间的关系，还利用 96 个试验站点的数据进行了相关系数分析，分析结果见表 8.4。

表 8.4　　　　　　　　　　宏观地形因子与作物需水量相关性分析

相关系数	经度	纬度	高程	作物需水量
经度		0.67**	−0.75**	−0.40**
纬度	0.67**		−0.28**	−0.06
高程	−0.75**	−0.28**		0.40**
作物需水量	−0.40**	−0.06	0.40**	

注　　** 表示置信水平 99% 情况下达到极显著水平。

　　从表 8.4 可以看出，经度和高程与作物需水量相关系数均为 0.40，并且达到了极显著水平，纬度与作物需水量的相关系数只有 −0.06，说明纬度与作物需水量之间的关系不显著，不过也可看出经度、纬度与作物需水量均呈负相关，高程与作物需水量呈正相关，这与趋势面分析基本一致。

8.3.2.3　中国北方东部地区冬小麦需水量空间分布的各向异性分析

　　从上述全局性趋势分析可知，冬小麦需水量与经度存在较强的相关性，初步说明冬小麦需水量具有较强的各向异性，为了进一步探讨冬小麦需水量在不同方向上的变化，利用半变异函数云图作各向异性分析[10]（图 8.10）。

　　利用地统计分析模块分别绘制不同方向的半变异函数云图，以正北为 0°，顺时针方向旋转，则正东为 90°，正南为 180°，正西为 270°。

　　通常情况下，由于气候、地形等的影响，即使距离相同的两个站点，两者之间半变异函数也会有所不同，为了探究不同方向半变异函数的变化情况，本节以不同方向距离同为 350km 为例进行说明，典型方向的半变异函数值见表 8.5。

表 8.5　　　　　　　　　不同方向距离同为 350km 时的半变异函数值

方　向	0°	45°	56°	90°	146°
半变异函数值	2094	2790	2297	1627	1397

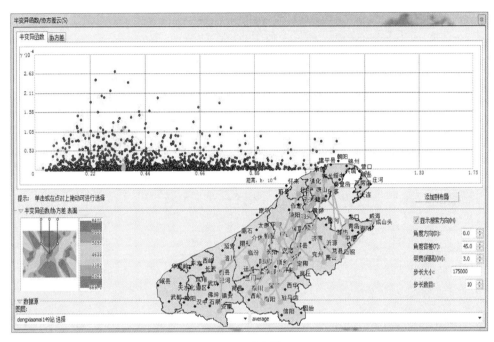

(a) 0°

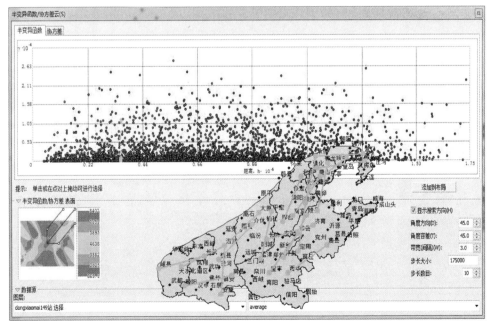

(b) 45°

图 8.10（一）　　不同方向的中国北方东部地区冬小麦需水量半变异函数云图

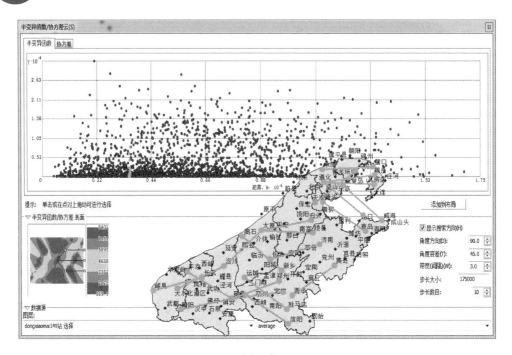

(c) 90°

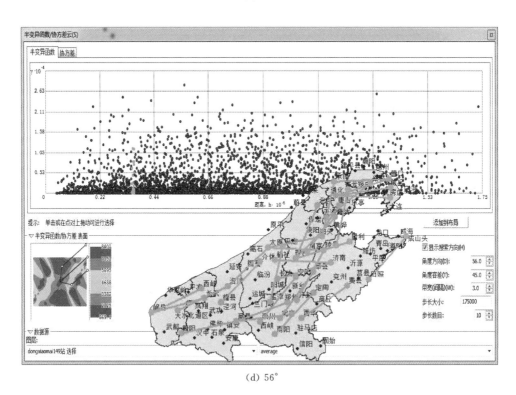

(d) 56°

图 8.10（二） 不同方向的中国北方东部地区冬小麦需水量半变异函数云图

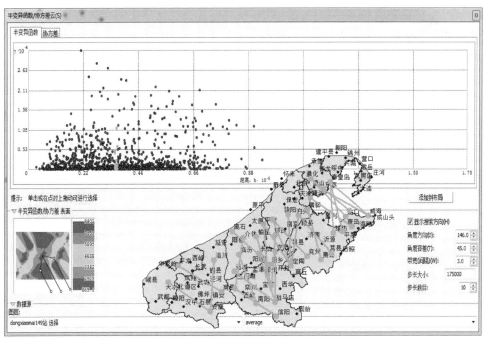

(e) 146°

图 8.10（三）　不同方向的中国北方东部地区冬小麦需水量半变异函数云图

从不同方向的半变异函数云图（图 8.10）可以看出，相同的距离间隔半变异函数值并不相同，总的来看，45°方向半变异函数较大，56°方向次之，146°和 90°较小。从表 8.5 可以看出，45°方向最大，146°方向最小，即东北-西南方向（东偏北 34°～45°）具有较强的方向效应，而与之垂直的 135°～146°方向，各站点的相关性较小。

8.3.2.4　中国北方东部地区冬小麦需水量空间化处理方法与筛选

这里根据 5.2 节介绍的作物需水量空间化处理方法，以中国北方东部地区冬小麦需水量为例，详细描述冬小麦需水量空间化处理方法的选择过程。

一般来说，各种空间化处理方法的误差平均值（ME）和误差均方根（RMS）总体最小者，具有较好的空间化效果[11-12]。为了选择合适的冬小麦需水量空间化处理方法，将两大类方法或同种方法不同拟合模型[13]、参数组合而成的空间化处理方法得到的 ME 和 RMS 列于表 8.6。

从表 8.6 可知，径向基函数、普通克立格的球状模型及指数模型三种处理方法相对较好。

通过对普通克立格空间化处理的球状模型和指数模型进一步对比分析（表 8.7）发现，虽然指数模型的均方根预测误差高于球状模型，但指数模型的标准平均值最接近于 0，平均标准误差最接近于均方根预测误差，标准均方根预测误差最接近于 1[14]，因此采用普通克立格进行空间化处理时，选用指数模型要优于球状模型。

对普通克立格空间化处理（指数模型）和径向基函数空间化处理两种方法进一步分析发现，径向基函数空间化处理的相对误差（6.45%）高于普通克立格空间化处理

（6.37%），相对误差＜15%的预测点个数相同，但普通克立格空间化处理方法相对误差不大于5%的样点个数（50）多于径向基函数插值（47），因此最终选择普通克立格（指数模型）空间化处理方法进行冬小麦需水量的空间化处理工作。

表8.6　　　不同空间化处理方法的误差平均值（ME）和误差均方根（RMS）

空间化处理方法		参　数　模　型	ME/mm	RMS/mm
传统方法	反距离加权空间化处理	指数为3.9	−0.73	37.34
	多项式空间化处理	指数为1	−0.04	48.78
	径向基函数空间化处理	Multiquadric函数参数为5.18	0.09	37.49
地统计学	简单克立格空间化处理	球状模型（二阶趋势分析）	−1.65	39.19
		指数模型（二阶趋势分析）	−0.99	39.20
		高斯模型（二阶趋势分析）	−1.43	39.06
		球状模型	−1.24	38.11
		指数模型	−0.84	38.41
		高斯模型	−0.99	38.27
		球状模型（一阶趋势分析）	−0.87	39.48
		指数模型（一阶趋势分析）	−0.43	39.46
		高斯模型（一阶趋势分析）	−0.76	39.32
	普通克立格空间化处理	球状模型	0.42	36.24
		指数模型	0.34	37.13
		高斯模型	0.55	36.68
		球状模型（二阶趋势分析）	−1.07	38.30
		指数模型（二阶趋势分析）	−0.92	38.68
		高斯模型（二阶趋势分析）	−1.12	38.36
		球状模型（一阶趋势分析）	−0.89	38.76
		指数模型（一阶趋势分析）	−0.75	38.97
		高斯模型（一阶趋势分析）	−0.94	38.73

表8.7　　　　　　　　普通克立格两种模型的误差分析

空间化处理模型	平均值/mm	均方根预测误差/mm	标准平均值/mm	标准均方根预测误差/mm	平均标准误差/mm
球状模型	0.4199	36.239	0.0102	0.8604	41.661
指数模型	0.3374	37.129	0.0093	0.9528	38.479

8.3.2.5　中国北方东部地区冬小麦需水量的数字化表达

利用筛选出的普通克立格（指数模型）方法进行冬小麦需水量的数字化表达，中国北方东部地区冬小麦多年平均需水量空间分布如图8.11所示，其标准差分布如图8.12所示。

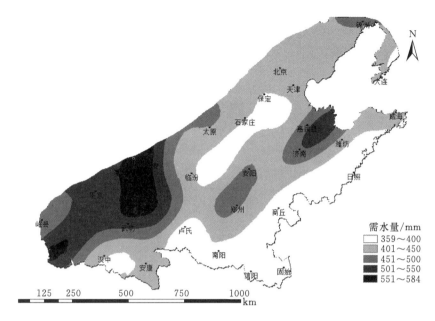

图 8.11　中国北方东部地区冬小麦多年平均需水量空间分布图

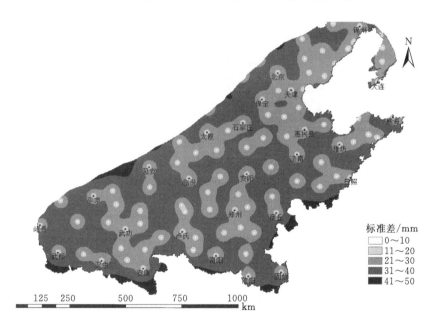

图 8.12　中国北方东部地区冬小麦多年平均需水量估值标准差分布图

8.4　中国北方主要作物数字化需水量图

根据 8.2 节所述的数据来源（不同作物只是采用的站点数目、位置以及种植的空间范围不同）和方法进行属性数据和空间数据的预处理，采用 8.3 节所述的数字化图生成过程得到中国北方主要作物数字化需水量图。

8.4.1　中国北方地区不同频率下全年 ET_0 数字化图

收集中国北方地区 331 个气象站数据，计算各站点自建站至 2012 年全年 ET_0 值，并计算各站点多年平均值和不同频率下全年 ET_0 值，得到不同频率下的全年总 ET_0 数字化如图 8.13 所示。

从图 8.13（a）可以看出，中国北方地区 331 站全年 ET_0 为 547～1415mm，高值区位于内蒙古河套灌区，低值区位于黑龙江大兴安岭地区。华北平原全年 ET_0 为 800～1000mm，除北京、河北北部、山西北部、山东南部、河南南部地区全年 ET_0 较低外，其余地区均高于 900mm。

从图 8.13（b）～（d）可以看出：50% 频率下，中国北方地区全年 ET_0 为 544～1391mm，空间分布与多年平均相似。25% 频率下，中国北方地区全年 ET_0 为 516～1340mm，低于多年平均，与多年平均相比，内蒙古河套灌区的高值区域缩小，黑龙江大兴安岭的低值区略微增加。华北平原全年 ET_0 基本为 800～900mm，仅在河北与山东接壤的滨海地区由于风速的影响，全

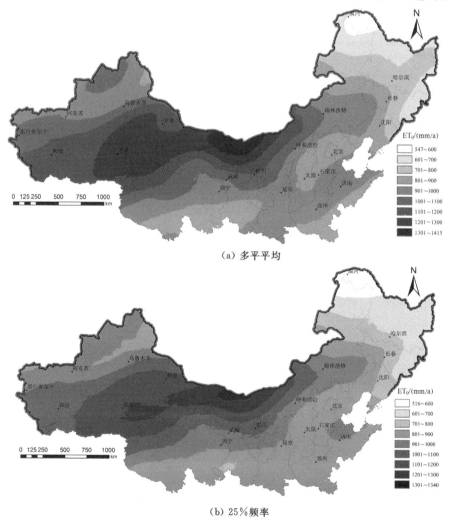

（a）多平平均

（b）25% 频率

图 8.13（一）　中国北方地区不同频率下的全年总 ET_0 数字化图

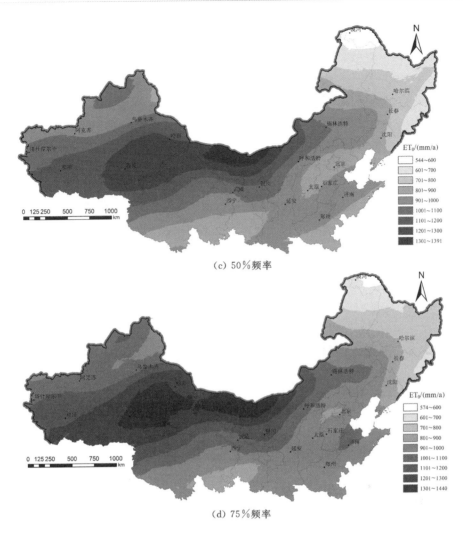

图 8.13（二）　中国北方地区不同频率下的全年总 ET_0 数字化图

年 ET_0 高于 900mm。东北三省全年 ET_0 为 516～900mm，辽宁、吉林全年 ET_0 分布与多年平均差异较小，黑龙江地区全年 ET_0 分布与多年平均差异较大，600～700mm 区域面积明显增加。

　　75％频率下，中国北方地区全年 ET_0 为 574～1440mm，高于多年平均，与多年平均相比，内蒙古河套灌区的高值区域明显增加，新疆塔里木盆地东部若羌附近全年 ET_0 由 1200～1300mm 增至 1300～1400mm，黑龙江大兴安岭的低值区略微缩小。华北平原全年 ET_0 基本为 900～1000mm，仅在河北与山东接壤的滨海地区全年 ET_0 高于 1000mm。

8.4.2　中国北方地区不同频率下冬小麦数字化需水量图

　　中国北方地区冬小麦适宜种植区内共有 148 站，各站点冬小麦需水量数据自建站至 2012 年，由于各站点建站年份不同，因而各站点需水量多年平均值选用年份不同，但均超过 42 年，且为近年连续数据。采用 8.3 节所述方法及步骤进行不同频率下冬小麦需水量的空间化处理，获得的中国北方地区不同频率下的冬小麦数字化需水量如图 8.14 所示。

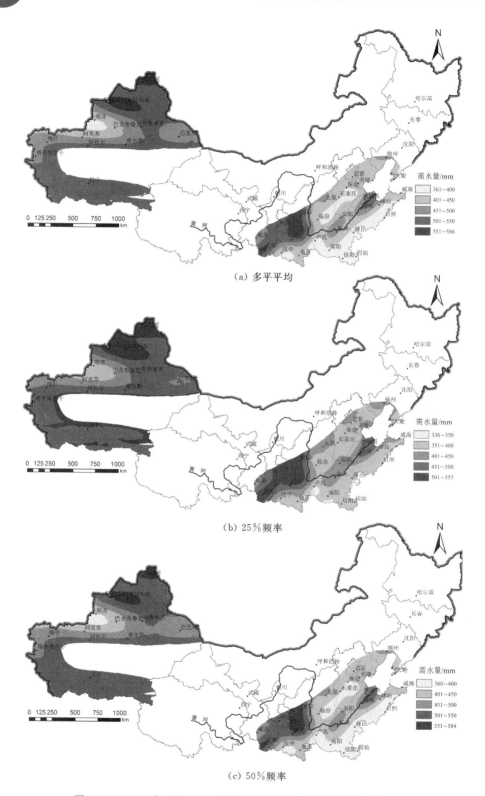

(a) 多平平均

(b) 25% 频率

(c) 50% 频率

图 8.14（一）　中国北方地区不同频率下的冬小麦数字化需水量图

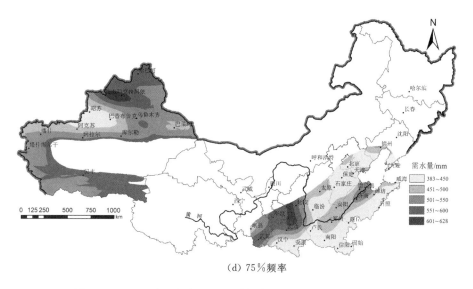

(d) 75％频率

图 8.14（二）　中国北方地区不同频率下的冬小麦数字化需水量图

　　从图 8.14（a）可以看出，中国北方地区冬小麦多年平均需水量为 361~586mm，主要分布在新疆内陆区、黄河中下游、海河流域和淮河流域北部。

　　冬小麦需水量在黄淮海流域存在显著的空间变异，中东部地区冬小麦多年平均需水量为 361~550mm，西部变化幅度相对较大，尤其是陕西省，冬小麦多年平均需水量为 361~586mm，整体上呈现从南向北逐渐增大的趋势。辽宁、河北、北京、天津、山东、山西、河南 7 省（直辖市）冬麦区多年平均需水量均低于 550mm，其中河北保定与山西临汾一带，有一低值封闭区，冬小麦多年平均需水量低于 400mm，山东省济南、惠民沿黄河两岸有一高值封闭区，冬小麦多年平均需水量高于 500mm，随后向四周逐渐降低至鲁南地区，其多年平均需水量已低于 400mm；河南省冬小麦多年平均需水量也以沿黄河两岸地区较高，超过 450mm，卢氏一带的豫西地区、商丘一带的豫东地区以及南阳、信阳、固始一带的豫南地区冬小麦多年平均需水量相对较低，低于 400mm；甘肃省冬小麦主要种植于陇东地区，多年平均需水量较高，超过 500mm。

　　新疆以天山为界分为北疆和南疆，南疆地区受塔克拉玛干大沙漠的影响，仅在塔里木盆地周围种植冬小麦，多年平均需水量为 500~550mm，越靠近沙漠需水量越高。北疆大部分地区冬小麦多年平均需水量低于 550mm，仅在克拉玛依附近有一个高值封闭区，冬小麦多年平均需水量高于 550mm，可能与附近的古尔班通古特沙漠有关；天山山脉西部的伊犁河谷为新疆年降雨量最大地区，相应冬小麦多年平均需水量最小，低于 400mm，随后向四周逐渐增加，沿着天山山脉东部巴里坤地区有一低值封闭区，冬小麦多年平均需水量为 450~500mm。

　　不同频率下冬小麦需水量空间分布如图 8.14（b）~（d）所示：50％频率下，中国北方地区冬小麦需水量为 360~584mm，空间分布与多年平均相似。25％频率下，中国北方地区冬小麦需水量为 336~553mm，低于多年平均，空间分布与多年平均稍有差异：河南大部分地区冬小麦需水量平均降低 50mm，卢氏一带的豫西地区、商丘一带的豫东地区以

413

及南阳和信阳、固始一带的豫南地区冬小麦需水量未显著降低，与其周边需水量降低地区形成一片需水量低于400mm的较大区域，其面积占到河南省面积的一半以上；河北保定与山西临汾一带的需水量低值封闭区面积向东扩展至冀辽边界、向南连接豫西地区。陕南地区冬小麦需水量低于400mm区域面积逐渐扩大，陕北地区冬小麦需水量高于550mm区域面积略微缩小。甘肃岷县附近区域冬小麦需水量平均降低50mm，介于400~450mm。

75%频率下，中国北方地区冬小麦需水量为383~628mm，高于多年平均，空间分布与多年平均稍有差异：除卢氏地区冬小麦需水量低于400mm外，豫西、豫东、豫南等地冬小麦需水量平均升高50mm，为400~450mm；沿黄河两岸的豫北地区冬小麦需水量为450~500mm，为河南地区冬小麦需水量较高区域；河北保定与山西临汾一带的需水量低值封闭区消失，冬小麦需水量为400~450mm；山东省济南、惠民沿黄河两岸的高值封闭区面积增加。陕南地区冬小麦需水量低于400mm区域消失，陕北部分地区冬小麦需水量高于600mm。

与多年平均相比，北疆克拉玛依高值封闭区在25%频率下消失，75%频率下增加；伊犁河谷仍为新疆地区冬小麦需水量最小区域，需水量小于350mm的区域仅在25%频率下存在。

8.4.3 中国北方不同频率下夏玉米数字化需水量图

中国北方地区夏玉米适宜种植区内共有124站，各站点夏玉米需水量数据自建站至2012年，由于各站点建站年份不同，因而各站点需水量多年平均值选用年份不同，但均超过43年，且为近年连续数据。采用8.3节所述空间化处理过程获得的中国北方地区不同频率下的夏玉米数字化需水量如图8.15所示。

从图8.15（a）可以看出，夏玉米多年平均全生育期需水量为270~560mm，种植区域除了新疆内陆区外，其他地区基本与冬小麦种植区域相近。

黄淮海流域夏玉米多年平均需水量为270~450mm，宁夏及其周边地区多年平均需水量高于450mm，其中宁夏中部地区及与其接壤的甘肃靖远、陕西横山一带多年平均需水

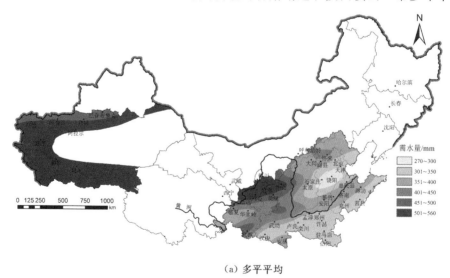

（a）多平平均

图8.15（一）　中国北方地区不同频率下的夏玉米数字化需水量图

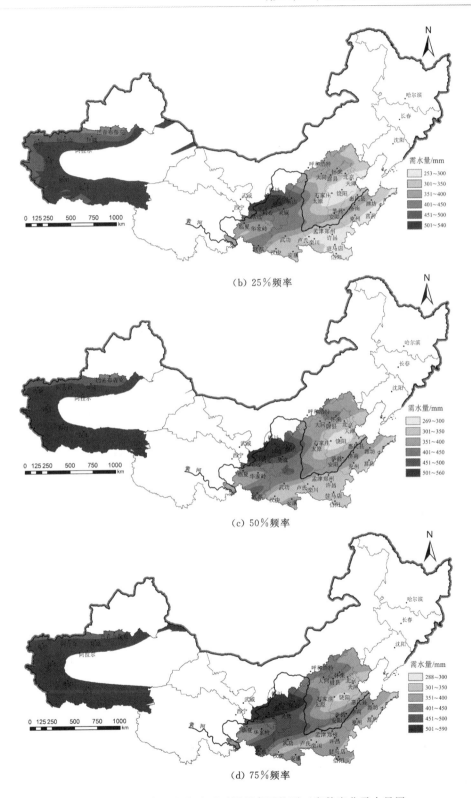

（b）25％频率

（c）50％频率

（d）75％频率

图 8.15（二）　中国北方地区不同频率下的夏玉米数字化需水量图

量最高，超过 500mm。石家庄、饶阳、南宫一带夏玉米多年平均需水量低于 300mm，是中国北方地区夏玉米需水量最低区。华北平原夏玉米多年平均需水量基本在 400mm 以下，河北张家口、怀来一带有一高值封闭区，需水量为 400～450mm；河南省夏玉米需水量基本被黄河分为两个区，黄河以北的豫北地区夏玉米需水量为 350～400mm，黄河以南地区为 300～350mm；山东省济南、莘县等沿黄河两岸地区需水量较高，为 350～400mm，其余地区均低于 350mm。陕西省夏玉米需水量跨度较大，陕北地区需水量较高，为 400～560mm，关中地区略低，为 350～500mm，陕南地区最低，为 300～400mm。陇东地区夏玉米需水量为 350～560mm，大部分地区为 400～450mm，甘南藏族自治州略低，夏玉米需水量为 350～400mm。南疆地区受塔克拉玛干大沙漠的影响，需水量明显高于黄淮海流域，大部分地区超过 500mm，仅在靠近天山山脉的西北部地区需水量略低，为 450～500mm。

不同频率下的夏玉米数字化需水量图如图 8.15（b）～（d）所示，50％频率下，中国北方地区夏玉米需水量为 269～560mm，空间分布与多年平均相似。25％频率下，中国北方地区夏玉米需水量为 253～540mm，低于多年平均，空间分布与多年平均稍有差异：需水量在 500mm 以上地区面积减小，需水量低于 300mm 地区面积明显增加，比如河南中南部地区、山东东南沿海地区需水量明显低于当地多年平均需水量；石家庄、饶阳一带的夏玉米需水量低值封闭区面积扩大，从山西榆社到天津渤海口的椭圆形区域，夏玉米需水量均低于 300mm；张家口、怀来一带的需水量高值封闭区由于需水量下降 50mm，而与周围地区连成一片；与多年平均相比，25％频率下，河南省夏玉米需水量平均下降 50mm，空间上自南向北呈增加趋势；山东省夏玉米需水量空间特征不变，仅需水量高值区面积减小，低值区面积增加；靠近天山山脉的新疆西北部地区夏玉米需水量整体下降 50mm。

75％频率下，中国北方地区夏玉米需水量为 288～590mm，高于多年平均，空间分布与多年平均稍有差异：石家庄、饶阳一带的夏玉米需水量低值封闭区面积缩小，张家口、怀来一带的需水量高值封闭区面积扩大，与内蒙古、山西需水量为 400～450mm 的地区连成一片；河南省大部分地区夏玉米需水量增加，平均上升 50mm，卢氏、栾川一带的豫西地区夏玉米需水量仍为 300～350mm；山东省沿黄河两岸地区夏玉米需水量平均增加 50mm，空间特征仍是自黄河分别向南、北减小。

8.4.4 中国北方不同频率下春玉米数字化需水量图

中国北方地区春玉米适宜种植区内共有 287 站，各站点春玉米需水量数据自建站至 2012 年，由于各站点建站年份不同，因而各站点需水量多年平均值选用年份不同，但均超过 43 年，且为近年连续数据。采用 8.3 节所述方法和过程获得的中国北方地区不同频率下的春玉米数字化需水量如图 8.16 所示。

图 8.16（a）中，中国春玉米适宜种植区较广，除青海外，中国北方地区所有省（自治区、直辖市）均适宜种植，春玉米多年平均需水量为 334～700mm，跨度较大，总体上西部高于东部，内蒙古西北部春玉米需水量较高，可能与其附近的巴丹吉林沙漠有关；以黄河中段为分界线，山西与陕西春玉米需水量差异较大，山西省春玉米多年平均需水量均低于 500mm，而陕西省则高于 500mm。

东北三省春玉米多年平均需水量较低，为 334～550mm，辽东、吉东地区低于 400mm，

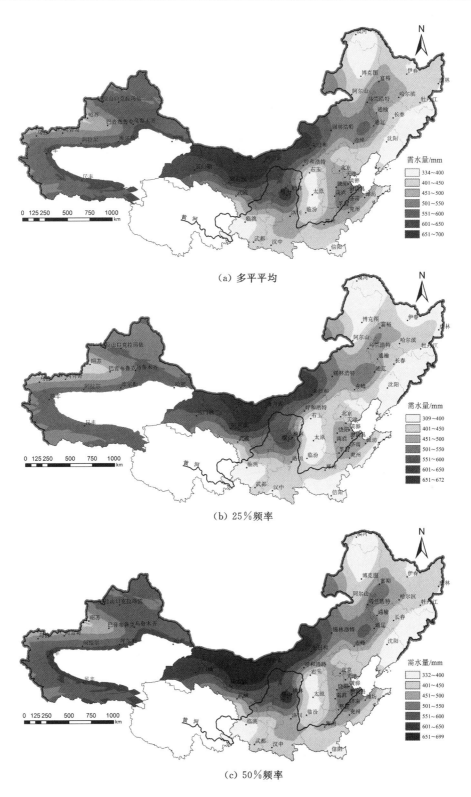

（a）多平平均

（b）25％频率

（c）50％频率

图 8.16 （一）　中国北方地区不同频率下的春玉米数字化需水量图

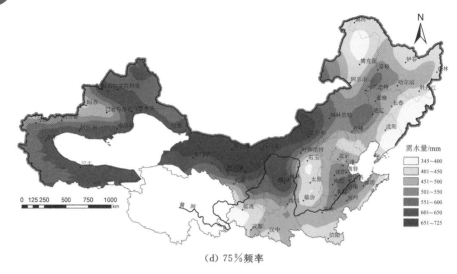

(d) 75%频率

图 8.16（二）　中国北方地区不同频率下的春玉米数字化需水量图

黑龙江漠河地区与内蒙古博克图之间有一低值封闭区，春玉米多年平均需水量低于400mm，与内蒙古接壤的黑龙江富裕地区则高于500mm，其余大部分地区多年平均需水量均为400～500mm。河北、河南、山西、山东四省大部分地区春玉米多年平均需水量为400～500mm，河北黄骅、饶阳、南宫及与其接壤的山东惠民、济南、莘县组成一个高值封闭区，春玉米多年平均需水量高于500mm；山西右玉与临汾之间有一狭长低值封闭区，需水量低于400mm，该区域地处山西省中心，且面积较大；河南省春玉米多年平均需水量自南向北呈增加趋势，豫南地区需水量低于400mm，豫北地区需水量高于450mm。陕西省大部分地区春玉米多年平均需水量为400～650mm，与内蒙古接壤的横山、榆林一带需水量较高。甘肃省春玉米多年平均需水量跨度较大，嘉峪关外与新疆接壤的玉门镇春玉米多年平均需水量超过600mm，而甘南藏族自治州则低于400mm。内蒙古地区位于中国北部边疆，由东北向西南斜伸，呈狭长形，横跨东北、华北、西北三大区，春玉米多年平均需水量为334～700mm，西部高于东部，全年太阳辐射量从东北向西南递增，降水量递减，与需水量分布趋势相同，由于地域辽阔，地形复杂，高原、山地、丘陵、平原与滩川地共存，春玉米需水量跨度较大，以阿拉善盟的拐子湖一带需水量最高，接近700mm；东北部的博克图地区则低于400mm。

新疆以一年一熟春玉米为主，多年平均需水量为400～650mm，天山山脉西部的伊犁河谷需水量最低，随着向四周外扩，需水量逐渐增加，大部分地区为500～600mm，在南疆塔克拉玛干沙漠四周春玉米多年平均需水量较高。

不同频率下的春玉米数字化需水量如图 8.16（b）～（d）所示：50%频率下，中国北方地区春玉米需水量为332～699mm，空间分布与多年平均相似。25%频率下，中国北方地区春玉米需水量为309～672mm，低于多年平均。整体上，与多年平均相比，春玉米需水量低于400mm 的低值区面积增加，高于650mm 的高值区面积减少，空间分布与多年平均稍有差异：黑龙江漠河与内蒙古博克图之间的需水量低值封闭区面积增加，需水量高于500mm 的黑龙江富裕地区面积缩小，黑龙江伊春、虎林地区春玉米需水量低值区面积增加，河北、河南、山西、山东四省大部分地区春玉米需水量为 400～500mm，豫中与豫南地区春玉米需水量低于 400mm，豫北地区春玉米需水量为 400～450mm；河北与山东接壤处的需水量为 500～550mm 的高值区消失，被需水量为 450～500mm 的封闭区所取代，面积相比略微增加；山西右玉与临汾之间需水量低于 400mm 的狭长低值封闭区面积增加，几近山西省全部面积。由于锡林浩特附近春玉米需水量变化较大，致使通辽与赤峰之间形成一椭圆形封闭区，需水量为 500～550mm。与内蒙古接壤的陕西横山、榆林一带的春玉米需水量高值封闭区消失，与其附近春玉米需水量为 550～600mm 的区域相连。

75% 频率下，中国北方地区春玉米需水量为 345～725mm，高于多年平均，整体上，与多年平均相比，春玉米需水量低于 400mm 的低值区面积减少，高于 650mm 的高值区面积增加，空间分布与多年平均稍有差异：黑龙江富裕与内蒙古乌兰浩特之间出现一椭圆形需水量为 550～600mm 的高值区，黑龙江虎林与哈尔滨之间区域春玉米需水量升高为 450～500mm，黑龙江漠河与内蒙古博克图之间的需水量低值区面积减小。河北、河南、山西、山东四省大部分地区春玉米需水量仍为 400～500mm，豫南地区春玉米需水量增加为 400～450mm，豫中地区春玉米需水量增加为 450～500mm，豫东北地区春玉米需水量增加为 500～550，河北与山东接壤处的春玉米需水量为 500～550mm 的高值区面积增加，北至天津、南至兖州、西至河南东北部、东至渤海，惠民与莘县之间出现一需水量为 550～600mm 的高值封闭区；山西右玉与临汾之间需水量低于 400mm 的狭长低值封闭区面积减小，需水量为 400～450mm 的区域面积也随之减小。濒临陕西、内蒙古边界地区春玉米需水量增加，与陕西横山、榆林地区连成一片需水量为 600～650mm 的高值区。

8.4.5　中国北方不同频率下棉花数字化需水量图

中国北方地区棉花适宜种植区内共有站点 168 个，各站点棉花需水量数据自建站至 2012 年，由于各站点建站年份不同，因而各站点需水量多年平均值选用年份不同，但均超过 41 年，且为近年连续数据。采用 8.3 节所述方法和过程得到的中国北方地区不同频率下的棉花数字化需水量如图 8.17 所示。

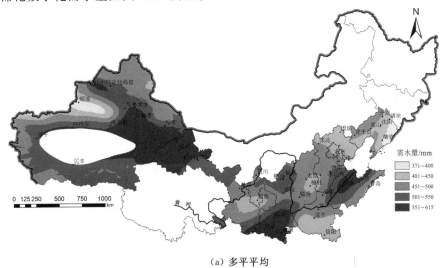

(a) 多平平均

图 8.17 （一）　中国北方地区不同频率下的棉花数字化需水量图

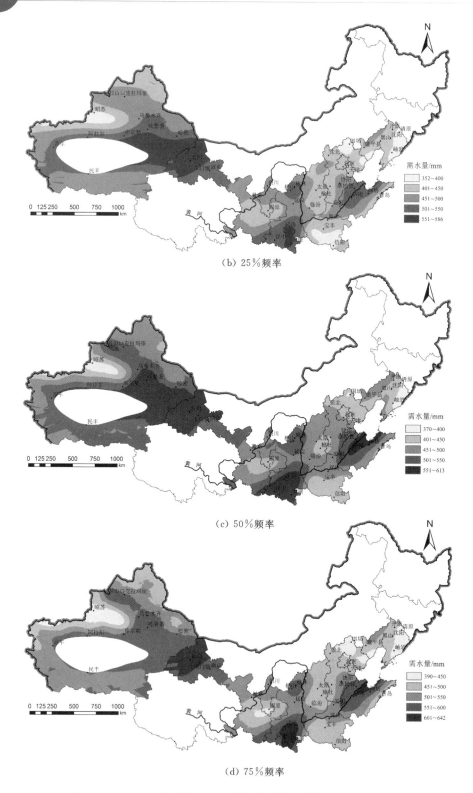

（b）25%频率

（c）50%频率

（d）75%频率

图 8.17（二）　中国北方地区不同频率下的棉花数字化需水量图

图 8.17（a）中，中国北方地区棉花多年平均需水量为 371～615mm，辽东地区棉花需水量最低，甘肃省西北部棉花需水量最高。根据中国北方地区棉花种植区的分布，棉区大体可分为：辽宁早熟棉区、黄河流域棉区和西北内陆棉区。辽宁早熟棉区多年平均需水量为 371～500mm，清原、岫岩一带的辽东地区棉花需水量最低。黄河流域棉区是中国主要产棉区，这一带棉花多年平均需水量为 400～600mm，沿黄河两岸棉区需水量较高，为450～600mm。山东、河南两省是棉花的主产区，河南省棉花需水量为 400～500mm，豫北高于豫南。山东省棉花需水量整体略高于河南省，为 450～600mm，棉花多年平均需水量变化规律性较强，以莱州湾为中心，逐渐向外扩散，需水量呈降低趋势，济南、惠民沿黄河两岸一带需水量较高。河北、山西两省棉花多年平均需水量多为 450～500mm，河北石家庄与山西榆社一带有一低值封闭区，棉花多年平均需水量为 400～450mm，冀北地区棉花多年平均需水量低于冀南。陕西省棉花多年平均需水量为 450～600mm，横山一带需水量较高。甘肃省棉花多年平均需水量为 400～615mm，跨度最大，甘肃南部及宁夏地区棉花多年平均需水量多为 450～500mm，以宁夏南部为中心，向甘肃省扩散的周边区域有一低值区，低于 450mm，甘肃南部与四川接壤地区则高于 500mm。

西北内陆棉区包括新疆及甘肃的河西走廊地区。河西走廊是中国内地通往新疆的要道，需水量沿着甘肃向新疆方向逐渐增加，甘肃西北部棉花多年平均需水量最高，超过600mm。天山山脉将新疆维吾尔自治区划为南疆和北疆，南疆由于"塔克拉玛干"大沙漠的影响，只有在沙漠边缘地区可以植棉，北疆气候湿润，种植业相比南疆发达，棉花需水量整体为 400～550mm，天山山脉西部的伊犁河谷棉花多年平均需水量则低于 450mm，随后向四周逐渐增加，在北疆阿拉山口、克拉玛依附近一个高值封闭区，棉花多年平均需水量超过 550mm。

不同频率下的棉花数字化需水量图如图 8.17（b）～（d）所示：50% 频率下，中国北方地区棉花需水量为 370～613mm，空间分布与多年平均相似。25% 频率下，中国北方地区棉花需水量为 352～586mm，低于多年平均，空间分布与多年平均稍有差异：需水量低于 400mm 地区面积明显增加，比如新疆的伊犁河谷、冀北围场、河南中部等地需水量明显低于多年平均需水量，辽东棉花需水量最低区面积西扩，多年平均需水量超过 600mm的地区在 25% 频率下已降至 586mm 以下；石家庄、榆社一带的低值封闭区面积扩大至河北与山西接壤的大部分地区；河南省黄河以北地区棉花需水量仍高于 450mm，黄河以南地区均低于 450mm，部分地区低于 400mm；25% 频率下的陕西省棉花需水量为 450～586mm，与多年平均相似，所不同的是，需水量高于 500mm 的区域面积明显减少，低于500mm 的区域面积明显增加；北疆阿拉山口、克拉玛依附近的高值封闭区棉花需水量至少降低 50mm，与四周地区连成一片。

75% 频率下，中国北方地区棉花需水量为 390～642mm，高于多年平均，空间分布与多年平均稍有差异：棉花需水量低于 400mm 的辽东地区区域面积缩小，超过 500mm 地区面积明显增加，南疆沙漠边缘、山东莱州湾及陕南、关中部分地区棉花需水量明显高于多年平均需水量；石家庄、榆社一带的低值封闭区，棉花需水量平均增加 50mm，与四周区域连成一片，封闭区消失；山东省棉花需水量高于 550mm 地区面积明显增加，500～550mm 需水量地区面积减少，450～500mm 需水量地区仅为日照、青岛、海阳等的沿海地区；陕西省棉花需水量为 500～644mm，整体增加 50mm，陕北的横山、榆林一带需水量高值区面积扩大，陕南的石泉、安康、关中的武功等地棉花需水量超过 600mm。

参 考 文 献

［1］ 石东源. 数字电力系统的数据建模及应用系统集成研究 ［D］. 武汉：华中科技大学，2002.

［2］ 宋妮，孙景生，王景雷，等. 基于 Penman 修正式和 Penman - Monteith 公式的作物系数差异分析 ［J］. 农业工程学报，2013，29（19）：88 - 97.

［3］ 段爱旺，孙景生，刘钰，等. 北方地区主要农作物灌溉用水定额 ［M］. 北京：中国农业科学技术出版社，2004.

［4］ 黎夏，刘凯. GIS 与空间分析-原理与方法 ［M］. 北京：科学出版社，2006.

［5］ 李赫赫. 长白山科学文献空间化表达及组织发布 ［D］. 长春：东北师范大学，2009.

［6］ 廖顺宝，李泽辉. 基于 GIS 的定位观测数据空间化 ［J］. 地理科学进展，2003，22（1）：87 - 93.

［7］ 汤国安，杨昕. ArcGIS 地理信息系统空间分析实验教程 ［M］. 北京：科学出版社，2006.

［8］ Poff Boris, Desta Assefa, Tecle Aregai. Spatial evaluation of precipitation in two large watersheds in north - central Arizona ［C］. Proceedings of the 2004 meetings of the Hydrology Section, Hydrology and water resources in Arizona and the Southwest, 2004：15 - 19.

［9］ Wang B J, Shi B, Inyang H I. GIS - Based quantitative analysis of orientation anisotropy of contaminant barrier particles using standard deviational ellipse ［J］. Soil and Sediment Contamination, 2008, 17 (4)：437 - 447.

［10］ Konstantin Krivoruchko. Introduction to spatial statistical data analysis in GIS ［M］. USA：ESRI Press, 2006.

［11］ Jeremy Mennis, Torrin Hultgren. Intelligent dasymetric mapping and its application to areal interpolation ［J］. Cartography and Geographic Information Science, 2006, 33 (3)：179 - 194.

［12］ Saffet Erdogan. A comparision of interpolation methods for producing digital elevation models at the field scale ［J］. Earth Surface Processes and Landforms, 2009, 34 (3)：366 - 376.

［13］ 夏学齐，陈骏，廖启林，等. 南京地区表土镉汞铅含量的空间统计分析 ［J］. 地球化学，2006，35（1）：95 - 102.

［14］ Liao D P, Peuquet D J, Duan Y K, et al. GIS approaches for the estimation of residential - level ambient PM concentrations ［J］. Environmental Health Perspectives, 2006, 114 (9)：1374 - 1380.

第9章

中国北方主要作物需水量信息查询系统

9.1 中国北方主要作物需水量信息查询系统及开发环境

9.1.1 系统概述

作物需水量是灌溉工程规划设计、灌溉用水管理、区域水资源优化配置的重要基础，其监测和估算涉及土壤、气象、作物、水资源等诸多信息，数据纷繁复杂。传统的手工处理方式由于工作量大，误录率高，分析检查困难，影响了作物需水量试验资料功能的进一步发挥。随着计算机和信息技术的快速发展，对作物需水量资料的整编速度和表达形式都提出了新要求，利用相关技术开发一套作物需水量试验资料整编和管理系统，不仅可大大减少试验人员的工作量，减少误录率，而且对于我国作物需水量试验资料的标准化管理和为广大用水户及基层水管人员提供相关技术咨询服务都具有重要意义[1,2]。

本章以全国灌溉试验总站多年作物需水量试验资料为基础，利用 ASP.NET 技术开发了一套作物需水量信息查询系统，以期能更好地为灌溉用水管理和节水灌溉事业服务。该系统与其他系统的区别在于，所采用的技术不同。以前开发的系统，主要是采用 C/S（Client/Server）模式，利用 ASP 技术，后台数据库采用 Microsoft Access，开发语言采用 Visual Basic。而本系统采用 B/S（Browser/Server）模式，基于目前比较流行的.NET 平台进行开发，使用 Microsoft SQL Server 2012 建立后台数据库，采用面向对象的程序设计语言 C♯进行编程。B/S 模式的信息管理系统基本上克服了 C/S 模式的不足，实现的三层结构不仅程序逻辑上结构清晰，而且对容易发生需求变更的业务逻辑部分实现了分离，因此具有更强的可扩展性和可维护性。

9.1.2 开发环境简介

9.1.2.1 硬件要求

为运行中国北方主要作物需水量信息查询系统，所要求的硬件设备的最低配置为：

2.83GHz CPU，4GB 内存。

9. 1. 2. 2 *软件要求*

为运行中国北方主要作物需水量信息查询系统，所需要的支持软件有：IIS 服务（在安装操作系统时可选，也可在安装操作系统后在"控制面板"→"添加、删除程序"→"添加 Windows 组件"中增加 IIS 服务）、Microsoft Windows XP 及以上、Microsoft SQL Server 2012、Microsoft. Net Framework 4. 0。

9. 1. 3 所用技术简介

该系统采用三层架构模式进行设计。系统设计是一项复杂的工程，必须选用合适的开发平台与多种计算机技术相结合才能够实现，概括起来主要包括以下几项。

9. 1. 3. 1 *系统资源要求*

该系统采用三层架构形式，客户端和服务器端采用统一的浏览器界面。用户的操作比较简单，计算机上只要安装了 IIS，并进行必要的设置后，计算机就可以既充当服务器端，又充当客户端，整个软件开发可以集中在一台计算机上进行，不必对客户端进行特殊的设置。本系统的开发工具如下所述。

操作系统：Windows XP 及以上

信息服务：IIS（Internet Information Server）8. 0

数据库：Microsoft SQL Server 2012

开发语言：Visual C♯

浏览器：IE（Internet Explorer）7. 0

开发工具：Visual Studio 2013

9. 1. 3. 2 *系统所用关键技术*

该系统基于 Internet 软件系统，采用 B/S 架构，运行在 . NET 框架内，以 Common Language Runtime（通用语言运行时）为 . NET 框架的运行基础。服务器端采用 ASP. NET 技术，用户端使用 HTTP 和 TCP/IP 协议，通过 Internet 连接到 IIS Web（网站）服务器上。IIS Web 服务器和 SQL Server 服务器通过局域网连接，也可以运行在同一台计算机上，后台采用面向对象的程序设计语言 C♯进行编程[3]。所用技术如下所述。

（1）IIS 简介。IIS（internet information server）是微软公司主推的服务器。ASP 执行的主要环境是 IIS，IIS 内置于 Windows 2003 操作系统中，它提供了很强的 Internet 服务功能。IIS 由三个服务器组成，即 Web 服务器、FTP 服务器和 SMTP 服务器[4]。

（2）. NET。为支持和满足系统的实用性与先进性的要求，并考虑到系统的应用和安全需求，从适应性、可扩展性、经济性等多方面综合评价，选择 Web Services 构建系统的服务架构，选择 Microsoft . NET 作为平台的技术体系。

Web Service 从本质上是一种应用计算模式，在 Internet 上共享数据和功能的手段，是一种面向服务的体系结构。Web Service 通过使用标准的互联网应用层协议（如超文本传输协议 HTTP 和 XML），提供计算机系统之间的通信，将软件功能表现在 Internet 上。在 Web Service 的体系中，软件应用被分割为高内聚、弱耦合的单项服务，分别提供特定的应用业务功能，并可以通过 Web 平台加以调用和访问。这些基于 Web 平台分布的可重用功能组件之间通过协同工作，最终灵活地构成实现特定功能的应用系统。

正是由于 Web Services 所具有的上述优点，因此采用该技术来构建服务架构，最大限度地实现各个功能组件的重用和分布，为系统的扩展及与其他系统的无缝集成奠定基础，实现信息资源的高度共享[5]。

1）Visual Studio. NET。. NET 的核心是 Web Services 技术，它提供了支持 Web Services 技术的运行与开发环境。Visual Studio. NET 是一个功能强大、高效并且可扩展的开发工具，用于迅速生成企业级 Web 应用程序、高性能桌面应用程序和移动应用程序。它把 Visual Basic. NET，Visual C＋＋. NET，Visual C♯. NET 都集成在一个开发环境中，这个共有的环境允许它们共享工具并且创建混合语言解决方案。在 Visual Studio. NET 中，可以从一种语言编写的类中派生出另一种语言编写的类，并且可以使不同语言开发的类相互调用[6]。

2）ADO. NET。ADO. NET 是全新的数据存取对象模型，它可以用来存取任何形式的数据源，用来设计简单的桌上型系统、C/S 结构的数据库应用程序。ADO. NET 又被称为 ActiveX 数据对象，它可以自动连接网络，并让 Web 数据访问变得更加简单和高效。它的一个主要创新是引入了数据集（dataset）。一个数据集是内存中提供数据关系图的高速缓冲区。数据集对数据源一无所知，它们可以由程序或通过从数据仓库中调入数据而被生成、填充。不论数据从何处获取，数据集都是通过使用同样的程序模板而被操作的，并且它使用相同的潜在数据缓冲区[7]。

（3）数据库存取技术。由于系统所包含的数据量较大，开发该系统选择 SQL Server 2012 作为后台数据库。SQL Server 是微软公司开发的一个关系数据库管理系统，以 Transact ＿ SQL 作为它的数据库查询和编程语言。SQL Server 可以在不同的操作平台上运行，支持多种不同类型的网络协议。SQL Server 在服务器端的软件运行平台是 Windows NT 及以上，在客户端可以是 Windows 系统，也可以采用其他厂商开发的系统，如 UNIX、Apple Macintosh 等。SQL Server 采用二级安全验证、登录验证及数据库用户账号和角色的许可验证。它支持两种身份验证模式：Windows NT 身份验证和 SQL Server 身份验证[8]。

（4）ArcGIS。ArcGIS for Desktop 是对地理信息进行编辑、创建及分析的 GIS 软件，提供了一系列的工具用于数据采集和管理、可视化、空间建模和分析以及高级制图。不仅支持单用户和多用户的编辑，还可以进行复杂的自动化工作流程。ArcGIS for Server 是一款功能强大的基于服务器的 GIS 产品，用于构建集中管理的、支持多用户的、具备高级 GIS 功能的企业级 GIS 应用与服务。它提供广泛的基于 Web 的 GIS 服务，以支持在分布式环境下实现地理数据管理、制图、地理处理、空间分析、编辑和其他的 GIS 功能[9,10]。

9.2　需求分析及数据库设计

9.2.1　系统设计思想及原则

中国北方主要作物需水量信息查询系统总的设计原则为：技术先进、性能可靠、使用方便、经济合理。技术上采用当前先进成熟的、实际检验过的技术。系统使用简单，免维护或少维护。为了节省开支，系统应充分利用灌区现有的水文、气象采集站点，减少开支。根据系统具有的综合性、网络性和集成性等主要特征，在系统的开发建设中还须考虑以下原则[11]。

9.2.1.1 可靠性原则

系统应保证长期安全地运行。系统中的硬软件及信息资源应满足可靠性设计要求。

9.2.1.2 安全性和完整性原则

系统采用 SQL Server 2012 数据库管理软件来实现数据库系统的安全性和完整性，系统可以实现数据导入、数据导出、数据编辑和数据处理等环节中畸形数据的完整性保护。系统应具有必要的安全保护和保密措施，有很强的应对计算机犯罪和病毒的防范能力。

9.2.1.3 容错性原则

系统应具有较高的容错能力，有较强的抗干扰性。对各类用户的误操作应有提示或自动消除的能力。

9.2.1.4 适应性原则

系统应对不断发展和完善的空间分析方法、试验方法和指标体系具有广泛的适应性。

9.2.1.5 可扩充性原则

系统的硬软件应具有扩充升级的余地，不可因硬软件扩充、升级或改型而使原有系统失去作用。

9.2.1.6 实用性原则

系统采用通用的 Windows 操作系统，绝大多数的设置、操作和界面都简单易懂，方便使用。在设计和开发阶段，不断吸取用户有益的建议和意见，始终把满足用户需求放在首位，使得系统真正符合用户需求。坚持跟踪、反馈、更新、完善的原则，使系统不断贴近业务实践的需要。

9.2.1.7 先进性原则

在实用的前提下，应尽可能跟踪国内外最先进的计算机硬软件技术、信息技术及网络通信技术，使系统具有较高的性能指标。在进行结构应用功能的设计和开发方面，既要符合项目框架的要求，又要考虑到信息收集、处理、查询过程中操作人员的实际情况，充分注意设计风格的统一性、界面的友好性、操作的简便性、性能的完善性、系统的可维护性和可扩展性等问题。

9.2.1.8 易操作性原则

在保证各项功能圆满实现的基础之上，贯彻面向最终用户的原则，建立友好的用户界面，使用户操作简便、快捷、灵活、直观，易于学习掌握。

9.2.2 需求分析

需求分析是指对要解决的问题进行详细的分析，弄清楚问题的要求，包括需要输入什么数据，要得到什么结果，最后应输出什么[12]。设计一个性能良好的数据库系统，首先应该明确应用环境对系统的要求，因而对信息的需求收集和分析是本系统开发的第一步。本系统采用了结构化的需求分析方法，即自顶向下、逐层分析系统，把一个处理功能的具体内容分解为若干子功能，每个子功能继续分解，直到把系统的工作过程表达清楚为止。

在处理功能逐步分解的同时，它们所用的数据也逐级分解，形成若干层次的数据流程图。本系统将需求分析分为功能需求和数据需求。

9.2.2.1　功能需求

中国北方主要作物需水量信息查询系统是一类规模较大的软件系统，对其进行需求分析的重点是调查、收集和分析用户在数据管理中的信息要求、处理要求、安全性与完整性要求。作物需水量的管理工作客观上是由一些存在着一定独立性的具体管理业务组成的。作物需水量信息查询系统模块结构化的客观基础是指系统的功能具有可划分性。在进行系统功能模块结构化设计时，必须对管理业务做全面的研究分析。对各项管理业务进行分门别类，把整体管理业务划分成一系列有较高独立性的子业务，以便在此基础上设计出独立性强的模块体系[13]。

在对系统进行全面分析的基础上，中国北方主要作物需水量信息查询系统大致分为以下几个功能。

（1）信息采集与录入。信息采集包括对气象资料数据、作物资料、作物需水量数据和作物灌溉量数据等实时数据信息进行采集，并通过网络传送、保存。

（2）信息查询。信息查询包括对气象资料数据、作物资料、作物需水量数据和作物灌溉量等信息的查询，以及对这些数据的统计图信息查询。

（3）信息编辑与维护。信息维护主要是实现对数据的增加、删除、修改、备份、导入与导出等功能，以保证信息的正确性和时效性。

（4）统计分析。对各项查询结果可通过图表的形式进行直观显示。

（5）成果发布。能进行地图的多层显示、漫游、放大、缩小及图层控制等操作；能实现基于地图的图查属性和属性查图的双向查询以及 SQL 复合查询。

9.2.2.2　数据需求

按照作物需水量在灌溉用水管理、工程维护管理、日常行政事务管理中的作用，可将系统的基本信息分为以下几类。

（1）站点数据。站点数据是用来描述站点信息资料，包括站点名称、站点编码、经度、纬度、高程等资料。

（2）气象数据。气象数据主要存放各地区的气象资料，包括降雨量、最高气温、最低气温、平均气温、相对湿度、平均风速、蒸发量和日照时数等资料。

（3）作物资料数据。作物资料数据主要存放各种作物的作物系数、根系活动层深度、作物生育期等资料。

（4）灌排数据。灌排数据主要存放灌溉时间、灌溉方式、含沙量、矿化度、流量、田间水利用系数、渠系水利用系数、灌溉水利用系数、灌水定额、排水量等资料。

（5）空间基础数据。空间基础数据指与空间数据有关的基础地图类数据。几乎所有的数据都具有空间信息的属性，但不是所有这些数据都是空间基础数据，只有当有较多其他的空间信息需要依赖某一空间数据定义时，该空间数据才被称为空间基础数据。

9.2.3　数据库设计

数据库技术是信息资源管理最有效的手段。数据库设计是对于一个给定的应用环境，构造最优的数据库模式，建立数据库及其应用系统，有效存储数据，满足用户信息要求和处理要求[8,14,15]。

9.2.3.1 数据库设计时需遵循的范式及原则

关系型数据库管理系统建立在关系理论的基础上,采用多个表来管理数据,每个表的结构遵循一系列"范式"进行规范化,以减少数据冗余。

范式就是为了避免数据库中的表出现数据冗余、数据不一致等现象,设计表时必须遵循的一些条件或规则。常用的范式有第一范式、第二范式和第三范式。

第一范式的含义是表中的属性应该是原子的,不能再进行分割。

第二范式的内容是在表中所有的非主键属性都依赖于主键属性,不允许出现不依赖于主键属性的非主键属性。例如,在中国北方主要作物需水量查询系统中的站点代码为主键属性,其他字段为非主键属性。一般地,如果在一个表中,只包含了一种实体的特征,那么该表非常有可能满足第二范式的要求。

第三范式在表中非主键属性之间不能有相互依赖关系。也就是说,非主键属性之间是相互无关的。例如,在气象日资料表中,包含了"站点编码"主键属性和"降雨量""最高温度""最低温度""平均温度"等非主键属性。由于非主键属性之间无相互依赖关系,因此,该气象日资料表的设计满足第三范式的要求。

9.2.3.2 数据的规范化处理

数据库规范化又称数据库或资料库正规化、标准化,是数据库设计中的一系列原理和技术,以减少数据库中数据冗余,增进数据的一致性。任何信息系统存储和处理的都是规范化的信息。信息不规范,不仅无法组织数据库,无法被应用软件加工处理,也无法在同级系统或上级系统之间实现信息共享。规范化目的是使结构更合理,消除插入、修改、删除异常,使数据冗余尽量小,便于插入、删除和更新。

规范化理论认为,一个关系型数据库中所有的关系,都应满足一定的规范。规范化理论把关系应满足的规范要求分为几级,满足最低要求的一级称为第一范式(1NF),在第一范式的基础上提出了第二范式(2NF),在第二范式的基础上又提出了第三范式(3NF),以后又提出了 BCNF(boyee-codd normal form)范式、4NF、5NF。一般设计的数据库都遵守前三个范式,因为范式越高,应满足的约束条件也越严格,而且会破坏完整性。在设计数据库时,要全面考虑各方面的问题,根据实际情况确定是否应该满足更高范式。

9.2.3.3 数据库设计的各个阶段

1. 需求分析阶段

需求收集和分析的结果是得到数据字典描述的数据需求和数据流图描述的处理需求。其重点是调查、收集与分析用户在数据管理中的信息要求、处理要求、安全性与完整性要求。分析和表达用户需求的方法主要包括自顶向下和自底向上两类方法。自顶向下的结构化分析方法(structured analysis,SA 方法)从最上层的系统组织机构入手,采用逐层分解的方式分析系统,并把每一层用数据流图和数据字典描述。数据流图表达了数据和处理过程的关系。系统中的数据则借助数据字典(data dictionary,DD)来描述[16,17]。

对系统数据库进行分解,气象资料主要包括以下几个属性:观测日期、站点名称、降雨量、最高气温、最低气温、平均气温、相对湿度、平均风速、蒸发量和日照时数。

站点资料主要包括以下几个属性：站点名称、站点编码、经度、纬度和高程。

2. 概念结构设计阶段

通过对用户需求进行综合、归纳与抽象，形成一个独立于具体 DBMS 的概念模型，可以用 E - R 图表示。概念模型用于信息世界的建模。概念模型不依赖于某一个 DBMS 支持的数据模型。概念模型可以转换为计算机上某一 DBMS 支持的特定数据模型。概念模型设计的一种常用方法为 IDEF1X 方法，它就是把实体-联系方法应用到语义数据模型中的一种语义模型化技术，用于建立系统信息模型[18]。

以气象实体和站点实体为例，所建立的 E - R 模型如图 9.1 所示。其中图中矩形框框起来的是站点和气象两个实体；菱形表示的是这两个实体之间的关系，数据 1 表示两者之间是 1：1 的关系，即一个站点对应一个气象实体，一个气象实体对应一个站点实体，在复杂的 E - R 模型当中，还有 $1：N$ 、$M：N$（一对多、多对多）的关系；椭圆标志的是实体的属性，从图 9.1 中可以看到，一个实体可以有多个属性；斜线是实体的主键。

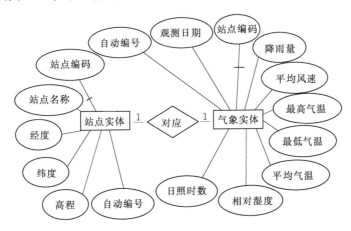

图 9.1 气象实体和站点实体 E - R 模型图

3. 逻辑结构设计阶段

将概念结构转换为某个 DBMS 所支持的数据模型（例如关系模型），并对其进行优化。设计逻辑结构应该选择最适于描述与表达相应概念结构的数据模型，然后选择最合适的 DBMS。将 E - R 图转换为关系模型实际上就是要将实体、实体的属性和实体之间的联系转化为关系模式，这种转换一般遵循如下原则：一个实体型转换为一个关系模式。实体的属性就是关系的属性，实体的码就是关系的码。数据模型的优化，确定数据依赖，消除冗余的联系，确定各关系模式分别属于第几范式。确定是否要对它们进行合并或分解。一般来说将关系分解为 3NF 的标准，即：表内的每一个值都只能被表达一次；表内的每一行都应该被唯一的标识（有唯一一键）；表内不应该存储依赖于其他键的非键信息。将图 9.1 的 E - R 模型图转换为某个 DBMS 所支持的关系数据模型，其中实体是表示所建立的关系，括号内为该关系中的属性，带下划线的属性为该关系的主键[19]。

站点实体（自动编号，<u>站点编码</u>、站点名称、经度、纬度、高程）。

气象实体（自动编号，观测日期、<u>站点编码</u>、降雨量、平均风速、最高气温、最低气温、平均气温、相对湿度、日照时数）。

4. 数据库物理设计阶段

为逻辑数据模型选取一个最适合应用环境的物理结构（包括存储结构和存取方法）。根据 DBMS 特点和处理的需要，进行物理存储安排，设计索引，形成数据库内模式。

以测站资料表、气象资料表、田块信息表和土壤物理指标表为例，设计的数据结构见表 9.1～表 9.4。

表 9.1　　测站资料表数据结构

字段名称	数据类型	备注	字段名称	数据类型	备注
Stadia _ Code	Varchar	站点编码	S _ High	Float	高程
Stadia _ Name	Varchar	站点名称	StartDate	Datetime	开始日期
S _ Longitude	float	经度	EndDate	Datetime	结束日期
S _ Latitude	float	纬度	TYPE	Varchar	站点类型

表 9.2　　气象资料表数据结构

字段名称	数据类型	备注	字段名称	数据类型	备注
Guid	Int	自动编号	TemMax	Float	最高温度
Stadia _ Code	Varchar	站点编码	TemMin	Float	最低温度
Date	Datetime	日期	AvgTem	Float	平均温度
Rainfall	Float	降雨量	Suntime	Float	日照时数
AvgWind	Float	平均风速	Humidity	Float	相对湿度

表 9.3　　田块信息表数据结构

字段名	数据类型	备注	字段名	数据类型	备注
ID	Int	自动编号	FieldCode	Int	田块编号
Stadia _ Code	Varchar	站点编码	FieldName	Varchar	田块名称
CropName	Varchar	作物名称	FieldArea	Float	田块面积

表 9.4　　土壤物理指标表数据结构

字段名称	数据类型	备注	字段名称	数据类型	备注
Field ID	Int	田块编号	Specific Weight	Float	土壤比重
Field Capacity	Float	田间持水量	Porosity	Float	孔隙度
Wilting	Float	凋萎含水量	Sand	Float	砂粒含量
Volume Weight	Float	土壤容重	Clay	Float	粘粒含量

5. 数据库实施阶段

运用 DBMS 提供的数据语言（例如 SQL）及其宿主语言（例如 C），根据逻辑设计和物理设计的结果建立数据库，编制与调试应用程序，组织数据入库，并进行试运行。数据库实施主要包括以下工作：用数字定义语言 DDL（data definition language）定义数据库结构、组织数据入库、编制与调试应用程序、数据库试运行等。DDL 用作建立数据表、设定字段、删除数据表、删除字段，管理所有有关数据库结构的东西。

6. 数据库运行和维护阶段

在数据库系统运行过程中必须不断地对其进行评价、调整与修改。内容包括数据库的转储和恢复、数据库的安全性、完整性控制、数据库性能的监督、分析和改进、数据库的重组织和重构造。

9.2.3.4　数据库设计

数据库设计是将现实空间的数据进行提取、抽象，最终在数据库中部署出来的过程集合。数据库设计需要遵循一定的设计流程以保证数据的可靠性和完整性。考虑到系统开销、系统维护以及系统运行效率等问题，本章所介绍的数据库结构是将系统中的空间数据（GIS 数据）与属性数据进行分离，即空间数据和属性数据分别存放在不同的关系数据库中，空间数据通过 ArcSDE 的 API 访问和操作，而属性数据由 ADO. NET 访问和操作。由于空间数据和属性数据在物理上的耦合性，需要对数据进行定期更新，通常一段时间内作物种植结构或工程布局变化不大，空间数据不需要经常更新，而属性数据则随作物生育期的不同而发生变化，通常需要经常变更。当空间数据发生变动时，只需要更新相应的空间数据拷贝，重新发布数据，而属性数据的更改不会影响已经发布的数据服务。因此，这样设计数据库在一定程度上提高了系统运行效率[20]。

要保证系统正常运行，需要调用多个参数，系统属性数据采用关系式数据库进行管理，主要包括：站点资料数据库（主要存放各个站点的测站资料，包括站点名称、站点编码、经度、纬度、高程等信息）；气象资料数据库（日气象数据、旬气象数据、月气象数据），包含降雨量、最高气温、最低气温、平均气温、相对湿度、平均风速、蒸发量和日照时数等资料；作物资料数据库，主要存放各种作物的作物系数、作物生育期等资料；作物需水量数据库包括日需水量表和旬需水量表；作物灌溉量数据库主要存放灌溉数据。数据库各表之间的关系如图 9.2 所示。从图 9.2 可以看出，要将各个表关联起来，需要通过

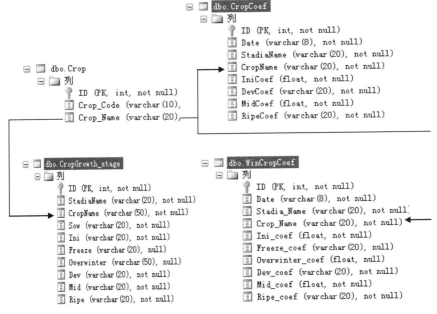

图 9.2　数据库各表之间关系图

SQL 提供的 INNER _ JOIN 语法，将作物表 Crop 与作物生育期表 Crop _ growth、作物需水量表 Crop _ water、作物灌溉表 Crop _ irrigation，通过记录 Crop _ Name 进行关联。

9.3 系统总体设计

系统总体设计的基本目的是回答"系统应该如何实现？"这个问题，因此总体设计又称为概要设计。总体设计是很有必要的，它可以站在全局高度上，花很少成本，从较抽象的层次上分析对比多种可能的系统实现方案和软件结构，从中选出最佳方案和最合理的软件结构，从而以较低成本开发出较高质量的软件系统。

9.3.1 系统设计目标

便于各级灌溉试验站工作人员录入和查询气象资料数据、作物资料、作物需水量数据和作物灌溉量数据，并可对这些数据进行特异性分析和图表显示。用户为各级灌溉试验站的数据处理人员或大中型灌区的用水计划部门[21]。

9.3.2 系统总体框架

9.3.2.1 系统架构

本系统采用三层架构进行设计，系统架构如图 9.3 所示。

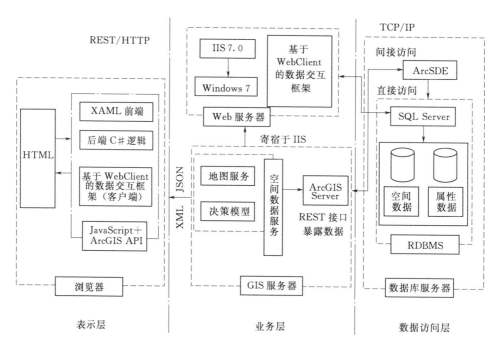

图 9.3 系统架构

（1）表示层（用户界面层）。表示层位于用户端，相当于用户界面，即 Internet Explorer 等 Web 浏览器，可以运行于 Windows XP 以上的各种版本的 Windows 操作系统，它负责管理用户的输入和输出，但并不负责解释其含义。

（2）业务层。业务层是上下两层的纽带，是系统核心部分，担当主要的应用处理。

它建立实际的数据库连接，根据用户的请求生成 SQL 语句检索或更新数据库，并把结果返回给客户端，这一层通常以动态链接库的形式存在，并注册到服务器的注册表中，它与用户界面层的通信接口符合某一特定的组建标准，可以用任何支持这种标准的工具开发。

（3）数据访问层。数据访问层位于最底层，主要处理应用层对数据的请求，负责实际的数据存储和检索。

三层架构设计的特点之一就是封装性，用户界面层通过统一的接口向应用层发送请求，应用层按照自己的逻辑规则在请求处理之后进行数据库操作，然后将数据库中的数据返回给用户界面层。用户界面与数据存储相互独立，用户界面层甚至可以不知道数据库的结构，而只是通过接口实现操作。这种方式的好处是增加了数据库的安全性，同时也降低了对用户界面层的开发要求。另外，系统的安全性也是必须考虑的问题，对于外部入侵及系统错误，由于采用了三层结构设计，数据库与用户界面分开设计等手段，提高了程序的安全性。对于人为操作失误，在程序设计上要进行必要的提醒[22-26]。

9.3.2.2　系统总体框架

采用模块化设计的思想，将系统的各个要素组合在一起，构成一个具有特定功能的子系统，将这个子系统作为通用性的模块与其他要素进行多种组合，构成新的系统，产生多种不同功能或相同功能、不同性能的一系列系统。也就是把整个系统划分为多个功能模块，每一模块提供不同的功能服务，对外能提供接口，通过相应的技术整合，将它们有机地结合起来，形成完整的一套系统，使系统具有很好的开放性，并且还可以对此系统进行相应的扩充和修改，以满足不同用户的需要。

模块化设计的好处是将整个功能进行分解，降低了各个功能模块之间的耦合性，当系统出现问题时，由于每个模块实现一个子功能，所以对于问题比较容易定位，只需要检查相应的功能模块，不必对整个系统进行排查。另外，用户可以重复使用模块，避免重复劳动，一个模块可以被多次使用，也便于标准化每个功能；同时也方便系统升级，要升级某项功能，只需升级某个模块，这样不容易出错，工作量会明显减少，效率会大大提高[27-29]。

依据模块化的设计思想，本系统主要分为以下几个功能模块：数据录入模块、数据编辑模块、数据查询模块、统计分析模块和地图发布模块。系统整体框架如图 9.4 所示。

9.3.3　界面设计原则

界面是否友好是系统实用性和易用性的一个关键因素。使用系统的用户不一定都是专业人员，因此用户界面设计要尽可能满足各种用户的需求，使系统具有较强的适用性。本系统采用 C♯进行开发，Windows 通用图形界面使计算机用户不必通过专门的学习就可以得心应手地使用系统软件。此外，它还是程序设计者在设计 Windows 程序界面时所必须遵循的标准，这在很大程度上减轻了程序设计者的负担，使他们能够把主要精力放在问题的求解和实现上，并且 C♯是一种可视化编程语言，更加简化了 Windows 程序界面的设计工作，只需要极少量的代码，就能实现标准 Windows 应用程序的界面。但如果不了解程序界面设计的一些原则，就难以设计和实现既符合一般标准又满足行业需求的界面。界面设计需要遵循一定的原则[30,31]，具体如下所述。

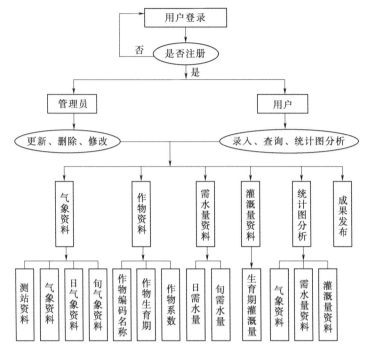

图 9.4　系统整体框架

9.3.3.1　简单明了

开发的界面要符合用户的操作习惯，界面风格统一，操作统一，简单明了。

9.3.3.2　美观协调

界面应该符合美学观点，让人感觉协调舒适，能在有效的范围内吸引用户的注意力。

9.3.3.3　界面色彩适宜

计算机屏幕的发光成像和普通视觉成像有很大的不同，应该注意这种差别，做出恰当的色彩搭配。对于需用户长时间使用的系统，应当使用户在较长时间使用后不至于感到视觉疲劳为宜。

9.3.3.4　窗体位置合理

屏幕对角线相交的位置是用户直视的地方，正上方四分之一处为易吸引用户注意力的位置，在放置窗体时应注意利用这两个位置。

9.3.3.5　名称规范

系统中的名称一定要规范，界面展示字段信息的多少与用户要求一致。如果不规范，字段多少不一样，会导致用户想要看见的与系统不一致。

9.4　系统详细设计

系统用户为各级灌溉试验站的数据处理人员、基层种粮大户、农民用水管理协会或大中型灌区的用水计划部门。开发本系统的目的是便于各级工作人员录入和查询气象资料日数据和旬数据（包括测站资料、降雨量、平均风速、最高温度、最低温度、平均温度、日照时间、相对湿度、蒸发量和气压);录入和查询作物资料(包括作物编码、作物名称,作物生育期资料,以及录入和查询作物系数资料);录入和查询作物需水量日数据和旬数据;录入和查询作物灌溉量日数据和旬数据,并可对这些数据进行特异性分析和图表显示。系统主要分为五大功能模块,即数据录入模块、数据编辑模块、数据查询模块、统计分析模块和成果发布模块,其功能具体如下所述。

9.4.1 数据录入模块

数据录入模块是中国北方主要作物需水量信息查询系统的一个关键处理模块,输入准确、方便易用是该模块最基本的要求,输入模块设计的好坏将会直接影响到系统的正常使用。设计输入模块时,首先要根据系统的实际需要,设计与建立简便易用的用户输入界面及相关的数据表结构,然后选择合适的程序设计语言,并根据信息输入的程序流程设计相应的程序代码。程序运行时,用户通过输入界面从键盘录入所要求的原始数据,所录入的数据符合要求时将被存储在指定的数据表文件当中,不满足要求时则不能保存到相应的数据表文件,而且应当有相应的提示信息[32,33]。

9.4.2 数据编辑模块

由于在实际操作过程中不能排除数据输入错误的可能性,所以在输入模块中设计简单的记录定位及数据修改功能也是非常必要的,而且应该考虑对明显的数据输入错误进行自动判断与处理的功能。为了尽可能消除输入过程中可能发生的失误,还可以在进行特定的操作时,使某些命令按钮或命令按钮组控件处于无效状态,而相应操作的一些控件必须处于可用的有效状态。

在中国北方主要作物需水量信息查询系统中,为了对录入的错误信息及时更正,专门设立了管理员权限,管理员主要对用户输入的数据进行更新、删除、修改等操作,包括对如下数据的管理:气象资料、作物资料、作物需水量资料和作物灌溉量资料,而一般的研究人员或用户,不具有对数据的更新、删除和修改等操作。如果想更新或修改某条记录,直接单击相关操作中的"编辑",如果想删除某条记录,直接单击相关操作中的"删除"就可以完成相应操作。页面右下角可以进行翻页,以查看相应记录。

9.4.3 数据查询模块

数据查询模块是中国北方主要作物需水量信息查询的主要功能模块之一,而数据查询是建立在对已有数据库或数据表基础上的查询,在建立了数据表结构并输入相关数据后,就可以进行查询界面设计和查询处理。在本系统中,设置了两种查询方式,一种是组合查询,用户可以通过下拉列表,选择不同的字段和关键字,进行组合查询[34,35];另一种是为了减少选择字段的烦琐性,用户可以查询全部记录,以查看其中的信息。由于设计页面有限,每页显示的记录设定为 10 条,用户可以通过翻页查看相应记录。

9.4.4 统计分析模块

统计分析模块的功能是通过从后台数据库中提取气象、作物需水量、作物灌溉量等数据,通过饼状图、柱状图或者折线图的形式显示出来,使用户更形象、更直观地查看数据的变化趋势[36,37]。

9.4.5 成果发布模块

成果发布模块主要实现了两种功能：一是通过属性信息查询，在地图上定位查询结果，称为属性查图；另一种方式是通过地图查找对象相关联的属性信息，称为图查属性。属性查图功能是一种模糊查询功能，即输入一个或多个关键字就可以从地图的某一个图层中查找到包含关键字的全部信息，查询结果将显示在结果显示框中，符合添加的对象会在地图中高亮显示；图查属性则是通过在地图上框选范围查询或单击地图对象进行查询[38-42]。

9.5 系统实现

9.5.1 注册登录

运行中国北方主要作物需水量信息查询系统，出现如图9.5所示的登录界面，如果是首次使用该系统，需要先进行注册，出现如图9.6所示的注册界面，注册后，出现登录界面，用户可以通过下拉框，从用户类型中选择其中一种形式进行登录，一种是管理员，管理员可以对录入的数据进行更新、删除、修改等操作；另一种是用户，用户可以进行不同数据的录入和查询操作。

图9.5 登录界面

9.5.2 数据录入

9.5.2.1 录入气象与站点资料

（1）录入气象资料。依次单击左侧的"气象资料管理"→"录入气象资料"，出现如图9.7所示的界面，将要录入的气象资料填好后，单击"提交"按钮，数据就被存入气象资料数据库当中，如果想批量导入，单击"批量导入数据"按钮，则直接进入批量导入界面，当批量导入气象资料时，需要将导入的Excel文件的sheet表命名为"weatherinfo"，才能成功导入，否则系统将会报错。

（2）录入测站资料。单击左侧的"气象资料管理"→"录入气象资料"→"录入测站资料"，出现如图9.8所示的界面，将要录入的测站资料填好后，单击"确认添加"按钮，

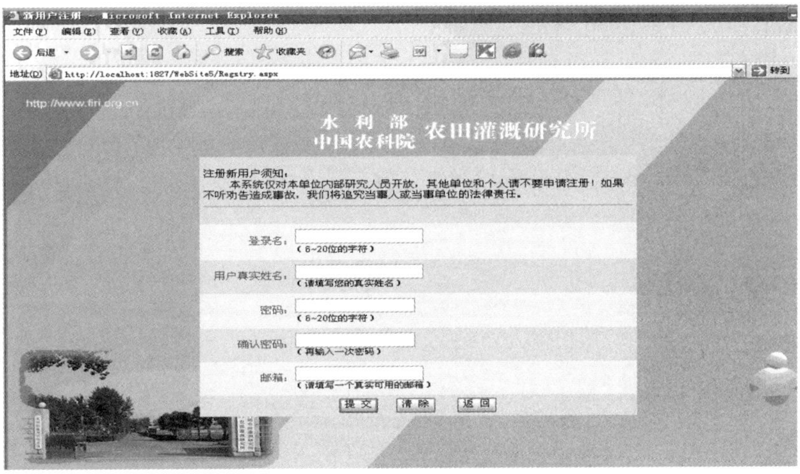

图 9.6　注册界面

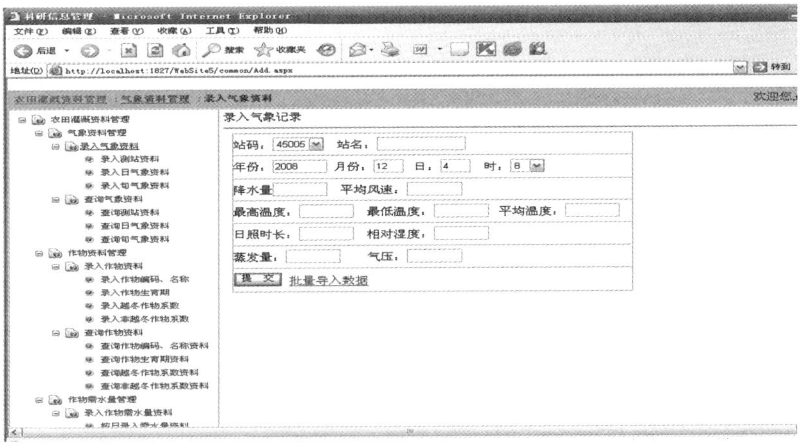

图 9.7　录入气象资料

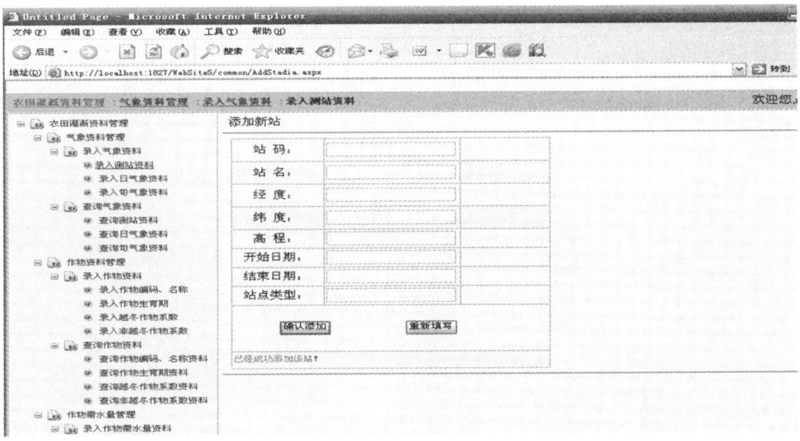

图 9.8　录入测站资料

数据就被存入测站资料数据库当中，如果输入过程中出错，也可以单击"重新填写"按钮，重新录入数据。

（3）录入日气象资料。依次单击左侧的"气象资料管理"→"录入气象资料"→"录入日气象资料"，出现如图 9.9 所示的界面，和录入气象资料类似，不同之处是，当批量导入日气象资料时，需要将导入的 Excel 文件的 sheet 表命名为"daydata"，才能成功导入，否则系统将会报错。

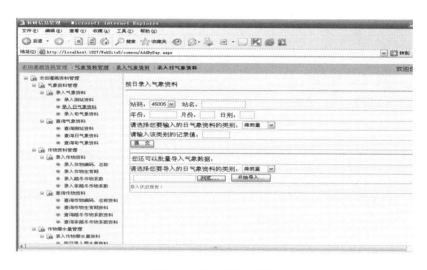

图 9.9　录入日气象资料

（4）录入旬气象资料。依次单击左侧的"气象资料管理"→"录入气象资料"→"录入旬气象资料"，出现如图 9.10 所示的界面，和录入气象资料类似，不同之处是，当批量导入旬气象资料时，需要将导入的 Excel 文件的 sheet 表命名为"xundata"，才能成功导入，否则系统将会报错。

图 9.10　录入旬气象资料

9.5.2.2　录入作物资料

（1）录入作物编码、名称。依次单击左侧的"作物资料管理"→"录入作物资料"→"录入作物编码、名称"，出现如图 9.11 所示的界面，将要录入的作物资料填好后，单击"提交"按钮，数据就被存入作物数据库当中；如果想批量导入，单击"开始导入"按钮，若导入成功，会有相应的状态报告，当批量录入作物名称、代码时，需要将导入的 Excel 文件的 sheet 表命名为"Crop"，否则系统将会报错。

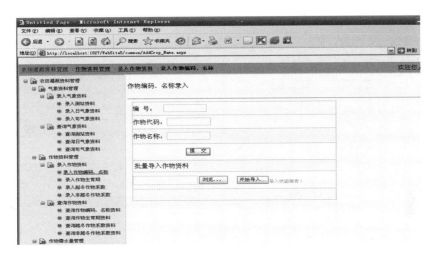

图 9.11　录入作物编码、名称

（2）录入作物生育期资料。依次单击左侧的"作物资料管理"→"录入作物资料"→"录入作物生育期"，出现如图 9.12 所示的界面，同录入作物编码、名称类似，不同之处是，当批量录入作物生育期资料时，需要将导入的 Excel 文件的 sheet 表命名为"Crop-Growth _ stage"，否则系统将会报错。

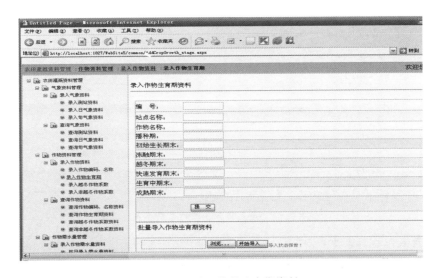

图 9.12　录入作物生育期资料

（3）录入越冬作物系数资料。依次单击左侧的"作物资料管理"→"录入作物资料"→"录入越冬作物系数"，出现如图 9.13 所示的界面，同录入作物编码、名称类似，不同之处是，当批量录入越冬作物系数资料时，需要将导入的 Excel 文件的 sheet 表命名为"WinCropCoef"，否则系统将会报错。

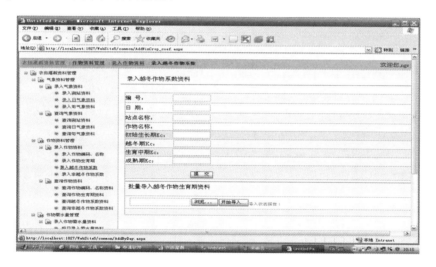

图 9.13　录入越冬作物系数资料

（4）录入非越冬作物系数资料。依次单击左侧的"作物资料管理"→"录入作物资料"→"录入非越冬作物系数"，出现如图 9.14 所示的界面，同录入作物编码、名称类似，不同之处是，当批量录入非越冬作物系数资料时，需要将导入的 Excel 文件的 sheet 表命名为"CropCoef"，否则系统将会报错。

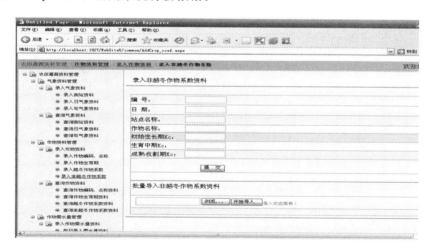

图 9.14　录入非越冬作物系数资料

9.5.2.3　录入作物需水量资料

（1）按日录入作物需水量资料。依次单击左侧的"作物需水量管理"→"录入作物需水量资料"→"按日录入需水量资料"，出现如图 9.15 所示的界面，将要录入的作物日需水量资料填好后，单击"提交"按钮，数据就被存入作物日需水量数据库当中；如果想批量导入，单击"开始导入"按钮，若导入成功，会有相应的状态报告。当批量录入作物日需水量资料时，需要将导入的 Excel 文件的 sheet 表命名为"DayWater"，否则系统将会报错。

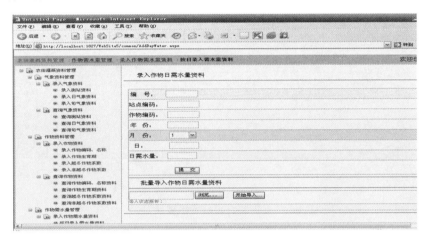

图 9.15 录入作物日需水量资料

（2）按旬录入作物需水量资料。依次单击左侧的"作物需水量管理"→"录入作物需水量资料"→"按旬录入需水量资料"，出现如图 9.16 所示的界面，同录入作物日需水量类似，不同之处是，当批量录入作物旬需水量资料时，需要将导入的 Excel 文件的 sheet 表命名为"XunWater"，否则系统将会报错。

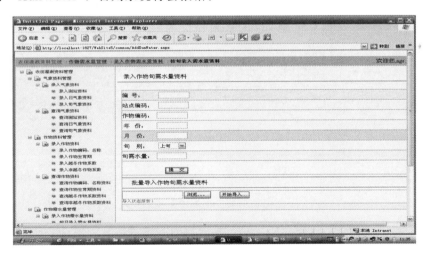

图 9.16 录入作物旬需水量资料

9.5.3 数据编辑

9.5.3.1 编辑测站与气象资料

（1）编辑测站资料（图 9.17）。测站资料的编辑包括站点编码、站点名称、经度、纬度、高程、开始日期、结束日期以及站点类型的编辑与管理。

图 9.17　测站资料管理

（2）编辑气象资料（图 9.18）。气象资料的编辑包括对降雨量、平均风速、最高温度、最低温度、平均温度、日照时间、相对湿度、蒸发量和气压的编辑和管理。

图 9.18　气象资料管理

（3）编辑日气象资料（图 9.19）。日气象资料的编辑包括日降雨量、日平均风速、日最高温度、日最低温度、日平均温度、日照时间、日相对湿度、日蒸发量的编辑和管理。其中的 1、2、…、31，分别对应该月的第 1 天、第 2 天、…、第 31 天。

（4）编辑旬气象资料（图 9.20）。对旬气象资料的编辑包括对旬降雨量、旬平均风速、旬最高温度、旬最低温度、旬平均温度、旬日照时数、旬相对湿度、旬蒸发量的编辑和管理。其中 1、2、3、4、…、36，分别对应 1 月上旬、1 月中旬、1 月下旬、2 月上旬、…、12 月下旬。

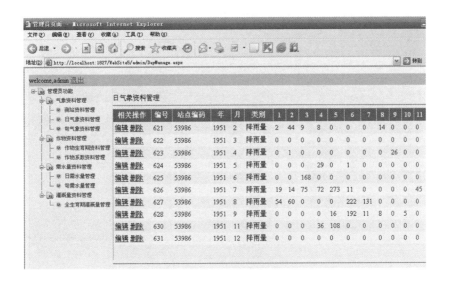

图 9.19 日气象资料管理

图 9.20 旬气象资料管理

9.5.3.2 编辑作物资料

作物资料编辑包括对作物编码、作物名称，作物生育期资料以及作物系数资料的管理。

（1）编辑作物编码及作物名称，如图 9.21 所示。

（2）编辑作物系数资料 K_c。

1）编辑越冬作物系数资料（图 9.22）。越冬作物系数资料包括对作物初始生长期 K_c、冻融期 K_c、越冬期 K_c、快速发育期 K_c、生育中期 K_c、成熟期 K_c 的编辑和管理。

2）编辑非越冬作物系数资料（图 9.23）。非越冬作物系数资料包括对作物初始生长期 K_c、快速发育期 K_c、生育中期 K_c、成熟期 K_c 的编辑和管理。

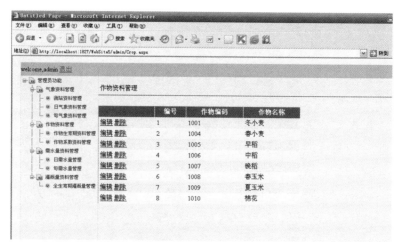

图 9.21　作物资料管理

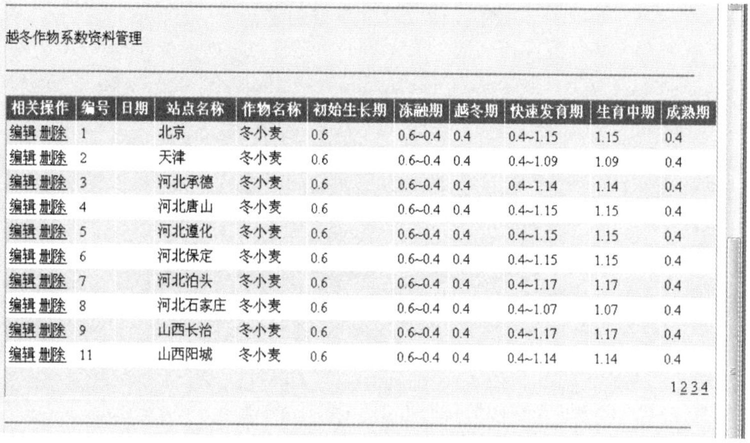

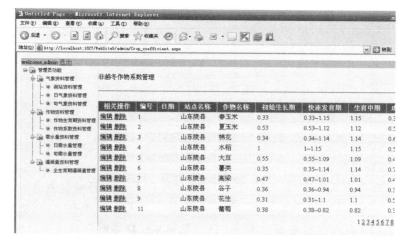

图 9.22　越冬作物系数资料管理

图 9.23　非越冬作物系数资料管理

9.5.3.3 编辑作物需水量资料

（1）编辑作物日需水量（图 9.24）。日需水量编辑是对作物每日需水量的管理，其中的 1、2、…、31，分别对应该月的第 1 天、第 2 天、…、第 31 天。

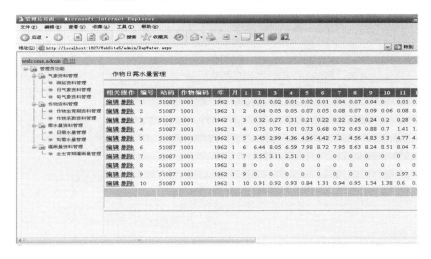

图 9.24　作物日需水量管理

（2）编辑作物旬需水量（图 9.25）。旬需水量编辑是对作物旬需水量的管理。其中 1、2、3、4、…、36，分别对应的是，1 月上旬、1 月中旬、1 月下旬、2 月上旬、…、12 月下旬。

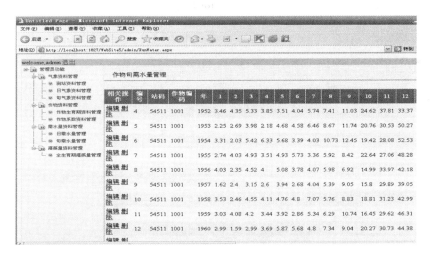

图 9.25　作物旬需水量管理

9.5.3.4 编辑作物灌溉量资料

全生育期灌溉量资料编辑就是对作物在整个生育期内的灌溉量进行管理。其中包括对日期、站点名称、作物名称、试验处理、测定方法、全生育期灌溉总量的管理（图 9.26）。

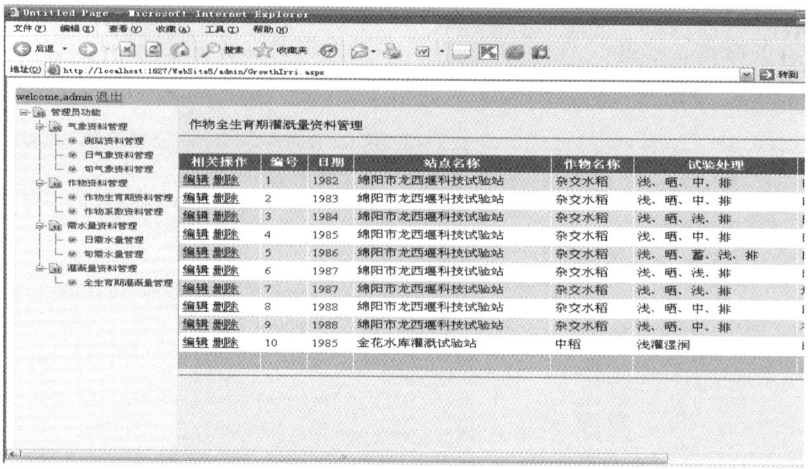

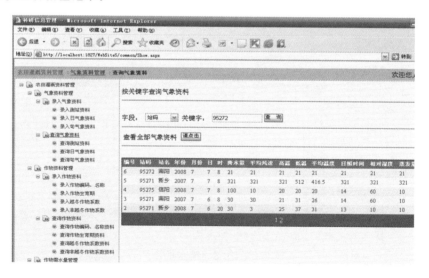

图 9.26　全生育期灌溉量资料管理

9.5.4　数据查询

9.5.4.1　查询气象资料

当录入气象资料后，用户要查看录入的数据，可通过依次单击左侧"气象资料管理"→"查询气象资料"进行查看。用户可以通过关键字查询相应记录，在"字段"下拉列表中选择相应字段，在"关键字"中输入相应的关键字，然后单击"查询"按钮，就可以查找到需要的记录。此外，用户还可以查看全部记录，如图 9.27 所示，页面右下角可以进行翻页，以便查看相应记录。

图 9.27　查询气象资料

（1）查询日气象资料（图 9.28）。与查询气象资料类似，用户要查看录入的日气象数据，可通过依次单击左侧"气象资料管理"→"查询气象资料"→"查询日气象资料"，进行查看，其他操作同"查询气象资料"。

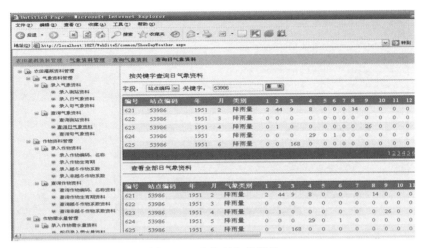

图 9.28　查询日气象资料

（2）查询旬气象资料（图 9.29）。与查询气象资料类似，用户要查看录入的旬气象数据，可通过依次单击左侧"气象资料管理"→"查询气象资料"→"查询旬气象资料"，进行查看，其他操作同"查询气象资料"。

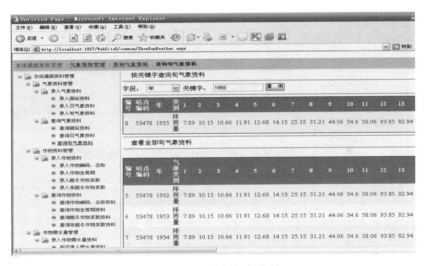

图 9.29　查询旬气象资料

9.5.4.2　查询作物资料

（1）查询作物编码、名称（图 9.30）。当录入作物资料后，用户要查看录入的数据，可通过依次单击左侧"作物资料管理"→"查询作物资料"→查询作物编码、名称资料进行查看，用户可以通过关键字查询相应记录，在"字段"下拉列表中选择相应字段，在"关键字"中输入相应的关键字，然后单击"查询"按钮，就可以查找到需要的记录。此外，用户还可以查看全部记录，页面下有相应页码，可以进行翻页，以便查看相应记录。

（2）查询作物生育期资料（图 9.31）。与查询作物编码、名称资料类似，当录入作物资料后，用户要查看录入的数据，可通过依次单击左侧"作物资料管理"→"查询作物资料"→"查询作物生育期资料"进行查看，其他操作同"查询作物编码、名称资料"。

447

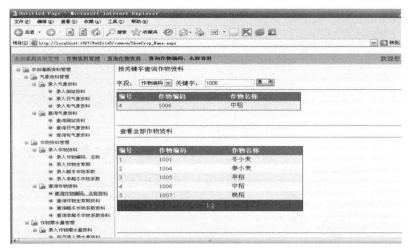

图 9.30　查询作物编码、名称

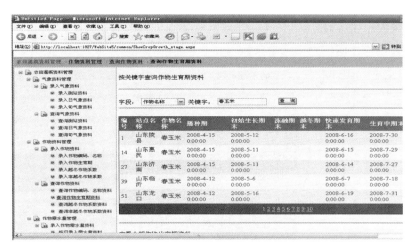

图 9.31　查询作物生育期资料

（3）查询越冬作物系数资料（图 9.32）。与查询作物编码、名称资料类似，当录入作物资料后，用户要查看录入的数据，可通过依次单击左侧"作物资料管理"→"查询作物资料"→"查询越冬作物系数资料"进行查看，其他操作同"查询作物编码、名称资料"。

（4）查询非越冬作物系数资料（图 9.33）。与查询作物编码、名称资料类似，当录入作物资料后，用户要查看录入的数据，可通过依次单击左侧"作物资料管理"→"查询作物资料"→"查询非越冬作物系数资料"进行查看，其他操作同"查询作物编码、名称资料"。

9.5.4.3　查询作物需水量资料

（1）按日查询作物需水量资料。当录入作物日需水量资料后，用户要查看录入的数据，可通过依次单击左侧"作物需水量管理"→"查询作物需水量资料"→"按日查询作物需水量资料"进行查看。用户可以通过关键字查询相应记录，在"字段"下拉列表中选择相应字段，在"关键字"中输入相应的关键字，然后单击"查询"按钮，就可以查找到需要的记录。此外，用户还可以查看全部记录，如图 9.34 所示，页面下面相应的数字，通过

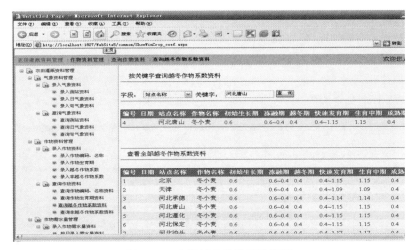

图 9.32　查询越冬作物系数资料

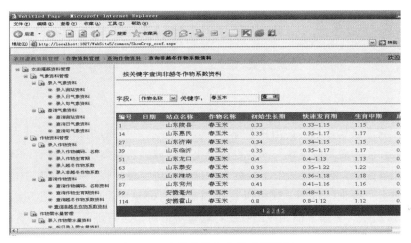

图 9.33　查询非越冬作物系数资料

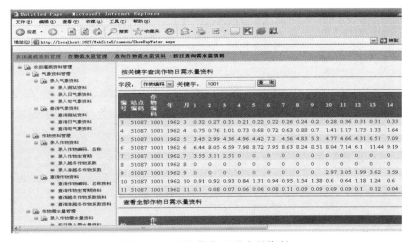

图 9.34　查询作物日需水量资料

单击可以进行翻页，以便查看相应记录。

（2）按旬查询作物需水量资料（图9.35）。与查询作物日需水量资料类似，当录入作物旬需水量资料后，用户要查看录入的数据，可通过依次单击左侧"作物需水量资料管理"→"查询作物需水量资料"→"按旬查询作物需水量资料"进行查看，其他操作同"按日查询作物需水量资料"。

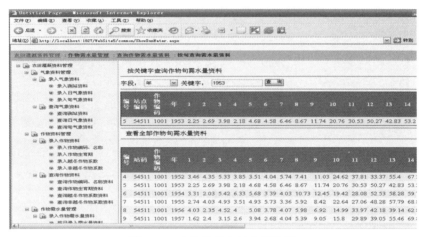

图9.35　查询作物旬需水量资料

9.5.4.4　查询作物灌溉量资料

当录入作物灌溉量资料后，用户要查看录入的数据，可通过依次单击左侧"作物灌溉量管理"→"查询作物灌溉量资料"→"查询全生育期灌溉量资料"进行查看，用户可以通过关键字查询相应记录，在"字段"下拉列表中选择相应字段，在"关键字"中输入相应的关键字，然后单击"查询"按钮，就可以查找到需要的记录。此外，用户还可以查看全部记录，如图9.36所示，页面下面相应的数字，通过单击可以进行翻页，以便查看相应记录。

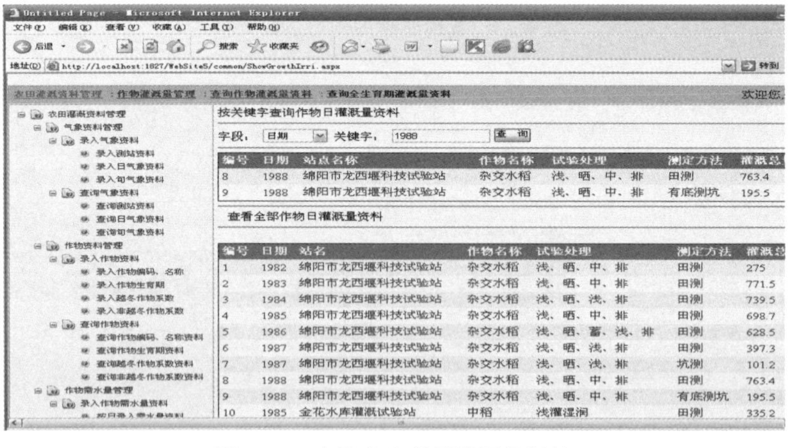

图9.36　查询全生育期灌溉量资料

9.5.5　统计分析

以"作物日需水量资料统计图分析"为例，当录入日需水量资料后，用户要查看录入

的数据，可通过依次单击左侧"数据统计图"→"需水量数据统计图"→"日需水量数据
统计图"进行查看，在"站点编码""作物编码""年""月"中分别输入记录值，然后单
击"绘制统计图"按钮，如图 9.37 所示，就可以查看到该条记录的折线图，如图 9.38
所示。

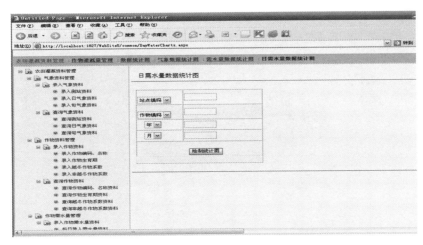

图 9.37 绘制日需水量数据统计图

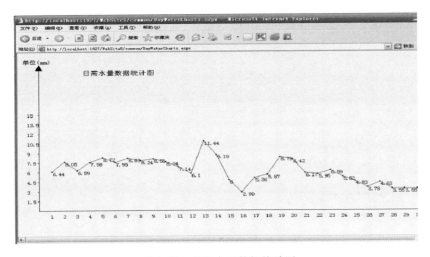

图 9.38 日需水量数据统计图

9.5.6 成果发布

系统利用 ArcGIS for Server 的地图发布功能，将作物需水量信息进行发布，实现各
种信息的动态可视化表达，使得操作人员既能够通过地图宏观了解作物需水量的总体情
况，又能对离散资料进行整合、分析和显示，以达到对作物需水信息的管理。目前，系统
可以查询四种作物（冬小麦、夏玉米、春玉米和棉花）、41 年（1971—2011 年）、不同频
率（25％、50％、75％、95％和多年平均）、不同年代（20 世纪 70 年代，80 年代，90 年
代，2000—2009 年，多年平均）的作物需水量（属性查询、图查属性）数据，具体界面
如图 9.39～图 9.42 所示。

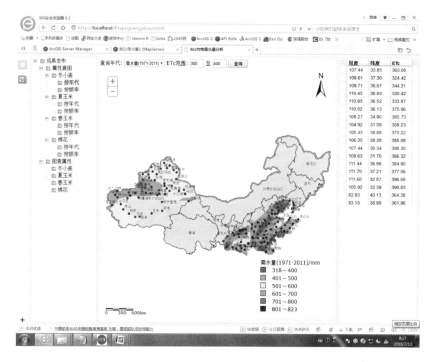

图 9.39　属性查询——中国北方多年平均冬小麦全生育期需水量

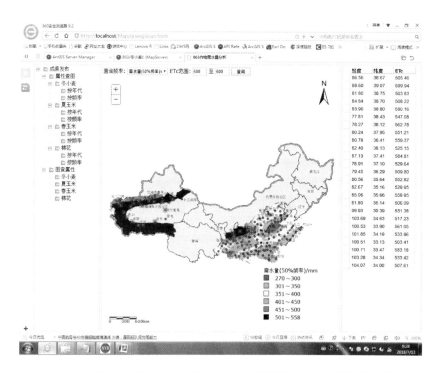

图 9.40　属性查询——中国北方 50％频率年夏玉米全生育期需水量

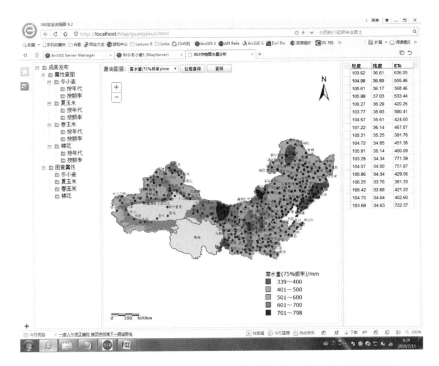

图 9.41　图查属性——中国北方 75% 频率年春玉米全生育期需水量

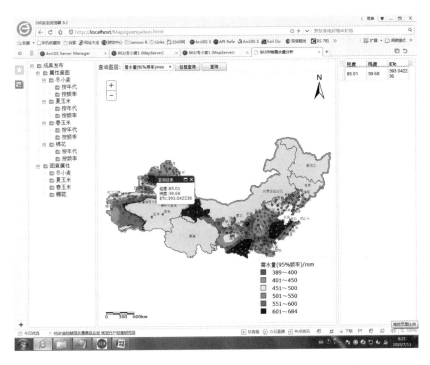

图 9.42　图查属性——中国北方 95% 频率年棉花全生育期需水量

参 考 文 献

［1］ 中华人民共和国水利部. 灌溉试验规范：SL 13—2015 ［S］. 北京：中国水利水电出版社，2015.

［2］ 康绍忠. 关于建设国家节水灌溉试验与监测网络的建议 ［J］. 中国农村水利水电，2002（12）：18－21.

［3］ 明日科技. Visual C♯开发技术大全 ［M］. 北京：人民邮电出版社，2007.

［4］ 互联网信息服务 ［EB/OL］. ［2018－03－07］. http：//baike. baidu. com/view/850. htm？fr＝ala0＿1.

［5］ 狄金森. ADO. NET 高级编程 ［M］. 北京：中国电力出版社，2002.

［6］ 姚姗姗. 基于. NET 框架的灌区管理信息系统开发与应用 ［D］. 南宁：广西大学，2006.

［7］ 罗福强，白忠建，杨剑. Visual C♯. NET 程序设计教程 ［M］. 北京：人民邮电出版社，2009.

［8］ 陈绍钧. SQL Server 2005 数据库管理入门与提高 ［M］. 北京：人民邮电出版社，2008.

［9］ ArcGIS for Desktop ［EB/OL］. （2013－08－03）［2018－03－07］. http：//baike. so. com/doc/6821222－7038306. html.

［10］ ArcGIS for Server ［EB/OL］. （2013－08－03）［2018－03－07］. http：//baike. so. com/doc/2922488－3083957. html.

［11］ 汤巧英. 灌区自动化监控和管理信息系统设计与实现 ［D］. 杭州：浙江工业大学，2009.

［12］ 张海藩. 软件工程导论 ［M］. 北京：清华大学出版社，2000.

［13］ 陈庆秋，耿六成. 灌区管理信息系统模块结构设计技术研究 ［J］. 华北水利水电学院学报，1997，18（3）：28－32.

［14］ 王珊，萨师煊. 数据库系统概论 ［M］. 北京：高等教育出版社，2006.

［15］ 康会光，马海军，李颖，等. SQL Server 2008 中文版标准教程 ［M］. 北京：清华大学出版社，2009：196－202.

［16］ 陈智芳，宋妮，王景雷. 基于 ASP. NET 的灌溉信息管理系统的设计与实现 ［J］. 节水灌溉，2009（10）：50－52.

［17］ 陈智芳，宋妮，王景雷. 节水灌溉管理与决策支持系统 ［J］. 农业工程学报，2009，28（supp2）：1－6.

［18］ Chen Z F，Song N，Wang J L，et al. A decision support system for water－saving irrigation management ［J］. Intelligent Automation and Soft Computing，2010，16（6）：923－934.

［19］ Chen Z F，Wang J L，Sun J S，et al. Water－saving irrigation management and decision support system based on WebGIS ［J］. Computer and Computing Technologies in Agriculture，V，2011：301－312.

［20］ 刘兴兵. 基于 WebGIS 技术的农田信息管理辅助决策系统 ［D］. 大庆：黑龙江八一农垦大学，2013.

［21］ 陈智芳，王景雷，刘祖贵，等. 基于 WebGIS 的多指标灌溉信息管理系统研究 ［J］. 中国农业科学，2013，46（9）：1781－1789.

［22］ 吴大刚，肖荣荣. C/S 结构与 B/S 结构的信息系统比较分析 ［J］. 情报科学，2003，21（3）：313－315.

［23］ 樊胜. C/S 与 B/S 的结构比较及 Web 数据库的访问方式 ［J］. 情报科学，2001，19（4）：443－445.

［24］ 何清林，张本成. 基于 ASP. NET 的区乡农业网站自动生成 ［J］. 计算机技术与发展，2007，7（11）：222－224.

［25］ 刘莹莹. 基于 WSN 智能温室实时监控与决策支持系统设计 ［J］. 北京农学院学报，2014，29

（2）：29－32.

[26] Gallaugher J M, Ramanathan S C. Choosing a client/server architectures - A comparison of two and three tier systems [J]. Information System Management, 1996, 13 (2): 7-13.

[27] 舒畅, 熊蓉, 傅周东. 基于模块化设计方法的服务机器人结构设计 [J]. 机电工程, 2010, 27 (2): 1-4.

[28] 陈航, 殷国富, 赵伟, 等. 工业机器人模块化设计研究 [J]. 机械, 2009, 36 (3): 56-58.

[29] 周盛雨, 孙辉先, 陈晓敏, 等. 基于模块化设计方法实现 FPGA 动态部分重构 [J]. 微计算机信息, 2008, 24 (2): 164-166.

[30] 王侃. VB 中界面的设计原则及美化 [J]. 常州工程职业技术学院学报, 2006 (3): 56-59.

[31] 柴乔林, 陈承文, 朱红. 如何使计算机更友好——谈人机界面设计 [J]. 计算机工程与设计, 2001, 22 (6): 63-65.

[32] 李国红. 管理信息系统数据输入模块的设计与实现——兼论会计科目的输入设计 [J]. 中国管理信息化, 2006, 9 (11): 19-22.

[33] 李国红. 数据输入模块的设计与实现——兼论读者数据表中的数据输入 [J]. 电脑知识与技术, 2007 (3): 606-609.

[34] 李国红. 数据查询模块的设计与实现——兼论读者数据表中的数据查询 [J]. 电脑知识与技术, 2007 (2): 307-309.

[35] 胡红武, 吴朗. 数据查询计算机化 [J]. 宜春学院学报, 2005, 27 (2): 53-55.

[36] 尚虎君, 汪志农, 柴萍. 节水灌溉管理数据库及其管理系统的研究与开发 [J]. 水土保持研究, 2002, 9 (2): 97-101.

[37] 孙庆恭, 杨新梅, 毛红霞. 一种基于 B/S 三层结构维护、查询及实现折线图的方法 [J]. 电力情报, 2001 (4): 31-34.

[38] 谈树成, 金艳珠, 冯龙, 等. 基于 RIA 的 WebGIS 斜坡地质灾害气象预报预警信息系统的设计与实现——以怒江为例 [J]. 地球学报, 2014, 35 (1): 119-125.

[39] 陈艳秋. 基于 WebGIS 的田间环境监测系统平台的设计与实现 [D]. 哈尔滨: 东北农业大学, 2012.

[40] 黄浩, 马友华, 江朝晖, 等. 基于 WebGIS 的移动土壤墒情监测系统设计 [J]. 地理空间信息, 2016 (2): 82-84.

[41] 刘洋洋. 基于 WebGIS 的现代农业发展综合管理决策系统设计与实现 [J]. 现代电子技术, 2016 (4): 76-80.

[42] 王莉莉, 巧云. 基于 WebGIS 技术的农业病虫害诊断决策系统分析 [J]. 北京农业, 2015 (28): 68-69.

第10章

作物水分动态响应模型与
有限水高效灌溉模式

土壤水分是作物生命活动的主要基础条件，作物一切生理过程都与水息息相关。当根系吸水不能满足作物地上部分蒸腾需水要求时，作物就发生了水分亏缺，对作物的生长发育产生影响。很早以来就存在着两种观点：一种观点认为在作物生长的各个生育阶段，任何程度的水分亏缺都将造成作物产量降低；另一种观点是作物生长的某些生育阶段，适当控制水分对于作物增产更为有效。实际上水分亏缺并不总是造成减产，例如轻度水分亏缺影响叶片扩张生长，但并不影响光合速率；又如在中度水分亏缺条件下，气孔导度降低引起蒸腾速率大幅度下降，而光合速率下降并不明显，因为水分散失对气孔开度的依赖大于光合速率对气孔的依赖。

随着水资源短缺加剧，水分胁迫对作物的影响及其提高水分生产率的机理已成为当前研究的热点，作物高效用水生理调控与非充分灌溉理论研究不断深入，灌溉调控已由传统的丰水高产型转向节水优产型灌溉[1]。大量研究表明，作物各个生理过程对水分亏缺的反应各不相同，而且水分胁迫可以改变光合产物的分配。同时一些研究还表明，水分胁迫并非完全是负效应，特定发育阶段、有限的水分胁迫对提高产量和品质是有益的，结果证明作物在某些阶段经受适度的水分胁迫，对于有限缺水具有一定的适应性和抵抗性效应。一般认为，作物在水分胁迫解除后，会表现出一定的补偿生长功能。在某些情况下，水分亏缺不仅不降低作物的产量，反而能增加产量、提高水分利用效率。

水分亏缺对作物生长过程的影响顺序是：生长→气孔→蒸腾→光合→运输，作物的生长对水分亏缺最敏感，而物质运输对水分亏缺反应迟钝，如一定程度的土壤干旱可以促进小麦的灌浆过程，提高其经济系数，只有持续干旱才会使物质运输受到抑制[2]。对作物直接产生影响的水分亏缺是作物体本身的水分状况，间接的才是土壤水分状况，因此作物本身的生理指标和生理变化如细胞渗透势、气孔开度、叶片水势、细胞汁液浓度是指示作物是否发生水分亏缺的最佳度量，比土壤水分指标更可靠[3]。

大量研究发现，根区土壤充分湿润的作物通常其叶气孔开度较大，以至于其单位水分

消耗所产生的 CO_2 同化物（即水分利用效率）较低。作物叶片光合作用与蒸腾作用对气孔的反应不同，在一般条件下，光合速率随气孔开度增大而增加，但当气孔开度达到某一值时，光合增加不明显，即达到饱和状态，而蒸腾耗水则随气孔开度增大而线性增加。因此，在充分供水、气孔充分打开的条件下，即使出现气孔开度一定程度上的缩窄，其光合速率不下降或下降较小，则可减少大量奢侈的蒸腾耗水，达到以不牺牲光合产物积累而大量节水的目的[4]。

10.1　作物对水分亏缺响应与缺水减产系数

10.1.1　作物产量与耗水量的关系

一般情况下作物产量与总耗水量之间存在一个直线或类似于直线的关系，也就是说随着作物耗水量增加，产出也增加，当达到作物最大耗水量时，产出也达到最大。特别是对于以收获整个植物体为经济产出的作物或植物，这个直线关系更明显，如苜蓿（图10.1)[5]，其茎叶均是产出的一部分。而对于粮食作物如小麦，产出主要看其籽粒产量，总耗水与籽粒产量的关系是一种曲线关系，如图 10.2 所示[6,7]，当耗水量较小时，随着耗水量增加，产量明显增加，而当耗水量增加到一定程度，产量随耗水量增加的幅度放缓，进而产量达到最高水平，而这时的耗水量并不是最高，最高耗水量并不对应最高产量。因此针对一些植物或作物，为了达到最优产出，供水不一定完全满足其耗水需要。对于一些蔬菜或果树，具有市场价值的产量与耗水量的关系曲线可能不同于上述情况。当耗水量小于一定水平，生产的产品可能品质太差而不具备市场价值，这时经济效益就为零。因此，需要根据不同作物及其经济产出决定其最优耗水量。

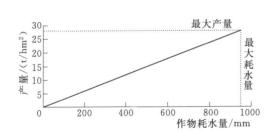

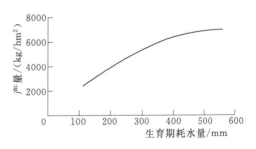

图 10.1　苜蓿产量与生育期耗水量关系
示意图（引自 Donald 等，1992[5]）

图 10.2　冬小麦籽粒产量与生育期总耗
水量的关系（河北栾城试验站
1987—2015 年平均结果）

不同作物产量与耗水量关系曲线是不同的，如图 10.3 所示为不同作物之间存在耗水量差异，而这种差异正好反映不同作物对水分亏缺的敏感程度，曲线越陡，这种作物或植物对缺水越敏感[8]。不仅不同作物存在对水分亏缺敏感差异，同一作物不同品种间也存在差异，同时这种关系随地点不同（天气和土壤差异）也出现变动。最终作物产量与耗水量的关系要取决于作物种类、作物品种和生产地点。

10.1.2　作物缺水减产系数

当土壤供水不能满足作物耗水需求时，作物发生水分亏缺，水分亏缺导致作物产量降

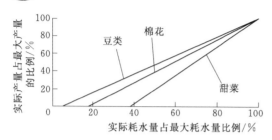

图 10.3　不同作物产量与耗水量的关系
（Hanson 等，1999[8]）

低。根据 Stewart 模型[9] 描述作物耗水量变化可能带来的对作物经济产量的影响，也就是产量反应系数（或减产系数）k_y：

$$1-\frac{y_a}{y_m}=k_y\left(1-\frac{ET_a}{ET_m}\right) \quad (10.1)$$

式中：y_a 为实际产量；y_m 为最大产量；k_y 为减产系数；ET_a 为实际作物耗水量；ET_m 为最大作物耗水量。

式（10.1）反映出不同供水水平可能导致的产量降低，也就是作物本身对水分亏缺的忍耐程度。k_y 可看作作物生长期间因为缺水导致耗水降低引起的减产系数。很多研究显示不同作物不同生育时期由于耗水降低导致减产系数不同，例如大豆营养生长、开花和结荚期缺水导致减产系数差异较大，在 0.58～1.76 范围变化，结荚期缺水导致产量降低幅度远高于开花期和营养生长期，营养生长期缺水减产系数较小[10]。表 10.1 给出了 FAO 推荐的不同灌溉方式下主要作物对水分亏缺的减产系数 k_y。

表 10.1　FAO 推荐的不同灌溉方式下主要作物对水分亏缺的减产系数 k_y（Kirda，2002[10]）

作物	生长时期	减产系数 k_y	灌溉方式
豆类	营养生长时期	0.57	沟灌
	产量形成时期	0.87	
	整个生育期	0.99	喷灌
棉花	花铃与产量形成	0.99	喷灌
	整个生育期	0.86	滴灌
	花芽形成期	0.75	地面灌
	开花期	0.48	沟灌
	花铃形成期	0.46	沟灌
	开花期	0.67	
	营养生长期	0.88	
花生	开花期	0.74	沟灌
玉米	整个生育期	0.74	喷灌
大豆	营养生长期	0.58	沟灌
向日葵	整个生长期	0.91	沟灌
	营养和产量形成期	0.83	
甜菜	整个生长期	0.86	沟灌
	产量形成和成熟期	0.74	
	营养和产量形成期	0.64	

续表

作物	生长时期	减产系数（k_y）	灌溉方式
马铃薯	营养生长期	0.40	沟灌
	开花期	0.33	
	块根膨大期	0.46	
	整个生育期	0.83	滴灌
小麦	开花和灌浆期	0.39	地面灌
	整个生育期	0.93	

作物生长发育、产量形成受多种因素影响，如气候、品种、地力和管理等，一定年份、一定地点及特定条件下的产量减产系数，不能代表较长年份、较大范围的产量减产系数，需要具体情况具体分析。气候条件是影响作物产量与耗水量关系的一个重要因素，在同一地点同一作物，干旱年份作物对缺水更敏感，湿润年份敏感系数小。表 10.2 表明，华北平原栾城试验站 2000—2010 年共 10 年冬小麦在旱作条件下与充分灌溉相比，水分亏缺导致的减产系数不同年份变异较大，从最干旱年的 1.0 到湿润年的 0.06，减产系数与生长季降水量存在显著相关关系。栾城试验站结果表明冬小麦在干旱年型下缺水导致的减产系数平均为 0.7347、常年为 0.6748、湿润年为 0.2036。一般湿润年份大气蒸发力小于干旱年份，水分亏缺导致的耗水量降低幅度小，对产量影响也较小。

表 10.2　　　　　不同年份华北平原栾城试验站畦灌条件下冬小麦的减产系数

年　　份	$1-y_a/y_m$	$1-ET_a/ET_m$	减产系数 k_y	季节降水量 /mm	降水年型
2000—2001	0.2767	0.3935	0.7031	85.1	平水年
2001—2002	0.2287	0.2828	0.8087	129.6	平水年
2002—2003	0.023	0.3977	0.0572	171.4	湿润年
2003—2004	0.0435	0.2041	0.2131	213.9	湿润年
2004—2005	0.1579	0.2723	0.5798	114.8	平水年
2005—2006	0.7321	0.7293	1.0040	50.1	干旱年
2006—2007	0.0679	0.2440	0.2784	157.0	湿润年
2007—2008	0.1098	0.4134	0.2656	212.2	湿润年
2008—2009	0.3060	0.5036	0.6077	80.1	平水年
2009—2010	0.2611	0.5611	0.4653	65.3	干旱年
多年平均	0.2207	0.4002	0.4983	128.0	—
湿润年平均	0.0611	0.3148	0.2036	188.6	—
干旱年平均	0.4966	0.6452	0.7347	57.7	—
平水年平均	0.2423	0.3631	0.6748	102.4	—

注　冬小麦生长季降水量小于 80mm 为干旱年型；80～150mm 为平水年型；大于 150mm 为湿润年型。

10.1.3　作物缺水减产系数空间分布格局

由于气象条件、土壤肥力、灌溉方式、耕作措施等因子对作物减产系数都有一定影响，作物在缺水条件下减产系数的空间分布变异也非常明显。蒸发力大的区域缺水对作物影响将更大，减产系数也就较大。k_y 与表征气象要素的大气蒸发力指标（ET_0）存在着某种经验关系。茹智等[11]通过建立 k_y 与 ET_0、土壤有效含水率之间的函数关系获得广西和

湖北各县水稻 k_y 值，并利用 surfer 软件绘制了广西和湖北水稻 k_y 等值线图。本节以我国冬小麦重要种植区海河流域为例，通过单点尺度所取得的 k_y 值，从点尺度向面尺度进行扩展，分析 k_y 空间分布规律，为区域灌水优化配置提供科学依据。

10.1.3.1　冬小麦 k_y 与生育期 ET_0 的关系

根据田间试验资料计算得到海河流域多个站点冬小麦生育期减产系数 k_y 值，将生育期 k_y 与根据 FAO 推荐的 Penmen－Monteith 公式[12]计算的冬小麦生育期参考作物蒸散量（ET_0，单位 mm）构建函数关系，经过拟合及比较，以 R^2（决定系数）最大及 Norm（残差平方和再开方）最小为原则，得到冬小麦生育期 k_y 与 ET_0 呈指数函数关系：

$$k_y = 0.6994 + 0.0049e^{0.0077ET_0} \quad (R^2 = 0.6217, Norm = 0.1089) \tag{10.2}$$

10.1.3.2　海河流域冬小麦 k_y 空间分布及县域差异

将 Penman－Monteith 公式计算得到的长时间序列（1950—2005 年）冬小麦生育期参考作物 ET_0 按从大到小的顺序进行排频，确定 ET_0 频率分别为 25%、50% 及 75% 的三个典型生长季，分别代表干旱年、平水年及湿润年型。基于 25%、50% 和 75% 三个典型生长季及多年平均冬小麦生育期 ET_0 的空间分布图，依据式（10.2），利用 ArcGIS 9.2 推求出对应的 k_y 空间分布图（图 10.4）。由图 10.4 可知，冬小麦 k_y 值在空间上呈现从海河

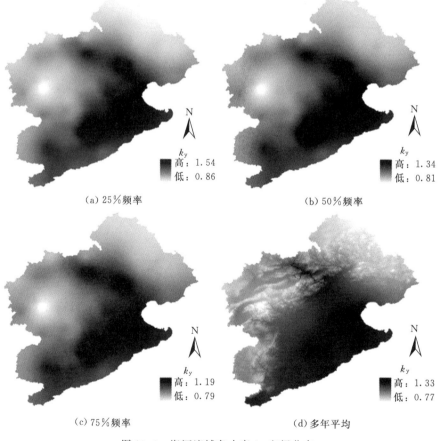

（a）25% 频率　　　　　　　　　　　　　　（b）50% 频率

（c）75% 频率　　　　　　　　　　　　　　（d）多年平均

图 10.4　海河流域冬小麦 k_y 空间分布

流域西部和北部山地向海河流域东南部平原地区增大趋势，对应于频率为 25%、50% 和 75% 的典型生长季，k_y 在空间上的变化范围分别为 0.86～1.54、0.81～1.34 和 0.79～1.19，多年平均 k_y 为 0.77～1.33[13]。从图 10.4 也可以看出，干旱类型的典型生长季 k_y 值比湿润类型的要大，即天气越干旱，作物产量对水分亏缺的敏感性越大。

　　结合 ArcGIS 9.2 及 GeoDa 的空间分析和空间统计方法，将前面得到的 k_y 数据与海河流域县域行政区划图形数据进行连接。依据相似性最大的数据分在同一级而差异性最大的数据分在不同级的原则，绘制 k_y 的四分位图（图 10.5），将海河流域县域 k_y 值划分为四种不同的类型（表 10.3）。

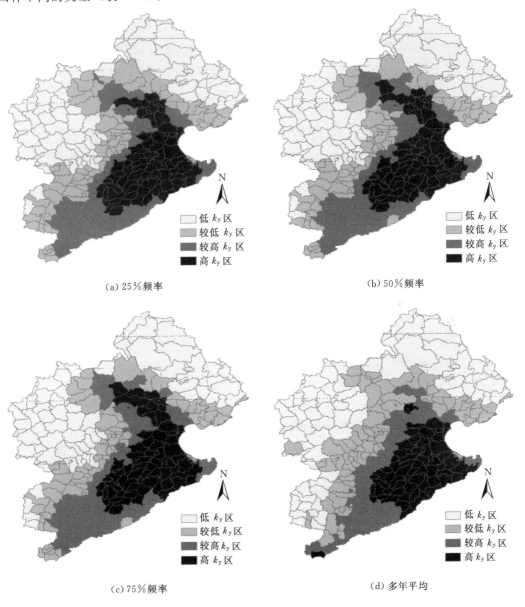

(a) 25% 频率　　　　　　　　　　　　　　　(b) 50% 频率

(c) 75% 频率　　　　　　　　　　　　　　　(d) 多年平均

图 10.5　海河流域县域冬小麦 k_y 差异分布

表 10.3 海河流域冬小麦生长季不同 ET_0 出现频率下 k_y 的取值范围

分区	多年平均 k_0	不同 ET_0 出现频率下 k_y		
		25%	50%	75%
低值区	<0.985	<1.057	<0.987	<0.932
次低值区	0.985~1.123	1.057~1.201	0.987~1.092	0.932~1.008
次高值区	1.123~1.175	1.201~1.293	1.092~1.167	1.008~1.064
高值区	>1.175	>1.293	>1.667	>1.064

基于 k_y 的空间分布格局，利用空间变异理论进行空间相关性和集聚性分析[14]，结果显示多年平均和三个典型生长季 k_y 的空间分布具有较强空间正相关，不是随机分布的，说明 k_y 值呈现明显的空间集聚特征，即 k_y 高值区与高值区相邻接，低值区与低值区相邻接。因此，对于缺乏试验资料的站点，可通过 ET_0 推算作物 k_y 值，基于 ET_0 的空间分布图，利用建立的函数关系推求 k_y 的空间分布。

10.2 主要大田作物对水分亏缺的动态响应与非充分灌溉模式

如果水分亏缺发生在作物不同生育期，作物对水分亏缺反应与发生水分亏缺的生育期对缺水的敏感性有密切关系，Jensen[15] 提出了一个关系式来描述作物不同生育时期水分亏缺对产量的影响，即水分亏缺指数 λ_i：

$$\frac{y_a}{y_m} = \prod_{i=1}^{n}\left(\frac{ET_i}{ET_{mi}}\right)^{\lambda_i} \tag{10.3}$$

式中：y_a 为作物实际产量；y_m 为充分供水时的最大产量；n 为作物生育时期数量，ET_i 为在第 i 个生育时期的实际耗水量；ET_{mi} 为在第 i 个生育时期没有水分亏缺时的最大耗水量；λ_i 为在第 i 个生育时期作物对缺水的敏感指数。

缺水敏感指数 λ_i 与作物减产系数 k_y 的不同在于前者可反映作物不同生育时期水分亏缺对作物产量影响，而后者是反映整个生育期水分亏缺对作物的影响，因此 λ_i 更适合于建立作物水分动态响应模型，为农田优化水分管理提供基础。

10.2.1 不同区域主要大田作物缺水对产量的影响与缺水敏感指数

10.2.1.1 华北中南部主要农作物缺水对产量的影响与缺水敏感指数

以中国农业科学院农田灌溉研究所试验观测资料为例，分析了华北中南部主要作物（冬小麦、夏玉米和棉花）不同生育期水分亏缺对产量的影响与缺水敏感指数。

1. 冬小麦不同生育期对水分亏缺的响应及缺水敏感指数

（1）不同生育期水分亏缺对冬小麦产量的影响。2006—2009 年中国农业科学院农田灌溉研究所河南新乡作物需水量试验场进行了冬小麦不同生育期水分条件对产量影响的试验，2006—2008 年两个生长季共设置五个水分处理，分别为适宜水分处理（整个生育期土壤水分控制下限为田间持水量的 65%）、播种—拔节期干旱（土壤水分控制下限为田间持水量的 40%）、拔节—抽穗期干旱（土壤水分控制下限为田间持水量的 40%）、抽穗—灌浆期干旱（土壤水分控制下限为田间持水量的 40%）、灌浆—成熟期干旱（土壤水分控制下限为田间持水量的 40%）。2008—2009 年生长季进一步设置轻旱（土壤水分控制下限为田间持水量的 50%）和重旱（土壤水分控制下限为田间持水量的 40%）处理。由表 10.4 可见，适宜水分处理的产量最高，显著高于其他处理，只有 2007—2008 年与播种—拔节期干旱的差异不显著，灌浆—成熟期干旱处理的产量显著低于其他处理。可见，在冬小麦生长前期的干旱减产最少，中期干旱次之，随着干旱时期后移，减产越多。因为受旱越早，复水后产生的补偿效应越大，受旱越晚，补偿效应越小，而灌浆—成熟期的干旱处理由于干旱时间长，即使复水，补偿效应亦很小，还易造成倒伏，导致千粒重进一步降低，故其产量最低。不同生育期干旱对产量性状的影响规律在年际间基本一致。

表 10.4   冬小麦不同生育期干旱处理下的产量性状（河南新乡大田试验）

年份	处 理	有效穗数 /(万穗/hm²)	株高 /cm	穗长 /cm	小穗数 /个	不孕小穗数 /个	穗粒数 /粒	千粒重 /g	产量 /(kg/hm²)	减产率 /%
2006—2007	适宜水分	656.7	78.35	9.21	19.33	2.00	33.93	37.96	8095.8a	—
	播种—拔节期干旱	623.9	78.03	9.35	18.67	2.48	33.63	39.29	7612.5b	5.97
	拔节—抽穗期干旱	565.3	76.49	9.63	19.40	3.33	35.07	41.72	7562.5b	6.59
	抽穗—灌浆期干旱	588.4	77.32	9.51	19.50	2.62	34.13	40.95	7291.7c	9.93
	灌浆—成熟期干旱	627.8	78.34	9.10	19.48	2.22	34.57	32.28	6650.0d	17.86
2007—2008	适宜水分	612.5	76.27	8.21	18.93	3.00	32.73	43.27	8325.0a	—
	播种—拔节期干旱	598.5	75.94	8.62	18.93	1.93	33.07	42.98	8025.0a	3.60
	拔节—抽穗期干旱	533.8	68.83	8.24	19.50	3.27	32.23	45.54	7568.8b	9.08
	抽穗—灌浆期干旱	543.8	70.04	8.59	19.87	2.60	34.97	43.99	7481.3b	10.13
	灌浆—成熟期干旱	572.5	72.71	8.90	19.47	2.23	34.30	40.81	7375.0c	11.41
2008—2009	适宜水分	568.8	79.34	9.10	18.83	2.20	37.23	41.74	7062.5a	—
	播种—拔节期轻旱	560.8	78.85	9.57	18.91	2.76	35.32	42.23	6794.17b	3.80
	播种—拔节期重旱	545.8	77.92	9.22	18.09	2.42	33.71	42.05	6554.17bc	7.20
	拔节—抽穗期轻旱	508.8	74.15	8.96	19.67	3.80	32.37	45.45	6607.5bc	6.44
	拔节—抽穗期重旱	517.5	70.57	8.93	18.73	3.07	31.67	43.28	6187.5de	12.39
	抽穗—灌浆期轻旱	536.3	75.28	9.45	19.23	2.80	36.07	42.57	6381.25cd	9.65
	抽穗—灌浆期重旱	540.0	72.89	8.87	19.07	3.37	31.63	40.77	6050.0e	14.34
	灌浆—成熟期轻旱	538.7	79.45	9.45	19.70	2.80	37.80	38.28	6231.25de	11.77
	灌浆—成熟期重旱	515.0	79.04	9.17	18.90	2.93	33.43	38.68	5387.5f	23.72

注　同一季节不同处理之间产量后面出现相同字母表示统计分析差异不显著（$P>0.05$）。

（2）不同灌水次数及其组合对冬小麦产量的影响。在河南新乡作物需水量试验场从 2006—2009 年在冬小麦三个生育期分别进行了不同灌溉次数及其组合试验（大田和测坑试验），每次灌水量 75mm，通过地面灌溉进行。2006—2007 年的大田试验结果表明（表 10.5），冬小麦随着灌水次数减少，有效穗数、穗长呈减少趋势，但对小穗数、不孕小穗数、穗粒数、千粒重的影响无明显规律，只灌灌浆水的处理有效穗数最少、穗长最短、不孕小穗数最少，只灌拔节水处理小穗数和穗粒数最多、千粒重最低。从产量来看，随着灌水次数减少，产量呈降低趋势，灌 3 水处理产量最高；灌 2 水的三个处理间产量无显著差异；在灌 1 水处理中，灌抽穗水处理产量最高，与灌灌浆水处理间无显著差异，灌拔节水产量最低，减产 17.73％。可见，在大田有降雨情况下，豫北地区冬小麦灌 2 水（拔节水、抽穗水）就能获得高产。

由 2007—2008 年防雨棚测坑试验结果（表 10.5）表明，随着灌水次数减少，有效穗数、穗长呈减少的趋势（灌 5 水的除外），只灌抽穗水、灌浆水的处理有效穗数最少、千粒重最高。从产量结果来看，灌 4 水的越冬、拔节、抽穗、灌浆水处理产量最高；灌 5 水的越冬、返青、拔节、抽穗、灌浆水处理的产量反而显著降低；在灌 4 水处理中，灌越冬水比灌返青水产量高 8.84％，达到了显著水平；在灌 3 水处理中，灌返青水、拔节水的产量要高些，也就是说前期的灌水有利于植株健壮生长和产量的形成，对于中后期，灌灌浆水产量略高于灌抽穗水的处理，但差异不显著，灌返青水、拔节水、灌浆水和灌返青

表 10.5　　　　　冬小麦不同灌水次数及其组合对冬小麦产量的影响（河南新乡）

年份	处 理	有效穗数/(万穗/hm²)	穗长/cm	小穗数/个	不孕小穗数/个	穗粒数/粒	千粒重/g	产量/(kg/hm²)	减产率/%
2006—2007 年大田试验	拔节、抽穗、灌浆水	587.4	9.06	18.67	2.07	36.33	43.34	8083.0a	—
	抽穗、灌浆水	543.2	9.18	18.40	2.83	35.83	45.30	7861.3ab	2.74
	拔节、灌浆水	561.5	9.27	18.30	3.43	36.27	43.23	7663.4bc	5.19
	拔节、抽穗水	604.4	8.79	18.43	3.07	33.07	42.05	7726.7bc	4.41
	灌浆水	529.4	8.45	17.67	1.60	36.13	43.86	7251.7d	10.28
	抽穗水	541.2	9.17	18.93	2.60	32.40	43.14	7457.5cd	7.74
	拔节水	534.1	8.53	19.20	3.00	36.33	37.88	6650.0e	17.73
2007—2008 年防雨棚测坑试验	越冬、返青、拔节、抽穗、灌浆水	587.5	8.95	19.13	3.13	32.47	42.01	7712.5bc	9.13
	越冬、拔节、抽穗、灌浆水	654.4	8.49	19.80	4.53	29.47	45.27	8487.5a	—
	返青、拔节、抽穗、灌浆水	647.5	8.59	19.40	4.00	30.27	41.74	7737.5bc	8.84
	拔节水、抽穗水、灌浆水	547.5	8.21	19.13	1.67	37.20	42.76	7350.0cd	13.40
	返青水、抽穗水、灌浆水	515.0	8.31	20.87	4.80	34.13	49.28	7825.0bc	7.81
	返青水、拔节水、灌浆水	567.5	9.20	19.67	2.47	37.00	40.88	8112.5ab	4.42
	返青水、拔节水、抽穗水	578.2	8.33	19.53	4.13	34.40	42.09	8037.5ab	5.30
	返青水、拔节水	532.7	8.23	19.20	2.53	30.87	46.91	7200.0d	15.17
	抽穗水、灌浆水	487.2	8.03	18.93	2.40	31.93	51.12	7062.5d	16.79
2008—2009 年防雨棚测坑试验	拔节水、孕穗水、灌浆水	538.3	9.42	18.08	2.72	35.55	41.68	6700.0a	—
	孕穗水、灌浆水	498.8	8.42	16.60	3.63	31.97	46.33	6012.5c	10.26
	拔节水、灌浆水	518.8	9.64	17.95	2.38	34.02	40.19	5696.88d	14.97
	拔节水、孕穗水	516.3	9.76	17.87	1.93	35.63	40.66	6268.75b	6.44
	孕穗水	465.0	8.45	15.73	3.00	31.10	46.03	5402.5e	19.37

注　同一季节不同处理之间产量后面出现相同字母表示统计分析差异不显著（$P > 0.05$）。

水、拔节水、抽穗水处理的产量均与产量最高的处理间无显著差异；灌 2 水处理间的产量差异不显著，减产 15.17%～16.79%，其中灌抽穗水、灌浆水处理的产量最低，减产 16.79%，由此表明，抽穗以前的灌水对产量更为重要。

2008—2009 年防雨棚下进行的不同灌水次数组合试验结果进一步表明（表 10.5），有效穗数和产量随着灌水次数减少呈减少趋势，孕穗前没有灌水的处理对有效穗数、穗长、小穗数、不孕小穗数、千粒重和产量影响最大，使得有效穗数少，株高最低、穗短、小穗数少，不孕小穗数最多，千粒重最大，减产很多（10.26%～19.37%），其中只灌孕穗水的产量最低，减产 19.37%；在灌 2 水的处理中，灌水时期越早的产量越高，它们间的产量差异达到了显著水平，其产量由大到小的次序为：拔节水、孕穗水＞孕穗水、灌浆水＞拔节水、灌浆水。从灌 3 水与灌 2 水处理的比较可以看出，灌拔节水、孕穗水、灌浆水的增产率分别为 10.26%、14.97% 和 6.44%，可见孕穗水的增产作用最大，拔节水次之，灌浆水最小。因此，不同年份的试验结果均表明，拔节—孕穗时期是决定冬小麦产量的关键时期。

（3）不同水分处理对冬小麦籽粒品质的影响。不同时期干旱处理对冬小麦籽粒品质具有显著影响。表 10.6 显示，灌浆—成熟期干旱处理的粗蛋白质、氨基酸总量、湿面筋含量、总磷量最高，分别比适宜水分处理提高 5.52%、11.72%、9.94% 和 1.5%，粗蛋白质和湿面筋含量与其他处理间的差异达到了显著水平，而蛋白质产量最低，比适宜水分处理降低 13.37%，而含钾量居中。拔节—抽穗期干旱处理的粗蛋白质、湿面筋含量、总磷和含钾量最低，其氨基酸总量也很低。不同处理的降落值差异较小，灌浆—成熟期干旱处理的降落值最大，比适宜水分处理高 6.1%，抽穗—灌浆期干旱次之，拔节—抽穗期干旱处理最小。拔节—抽穗期干旱处理的面团的形成时间和稳定时间最小，弱化度最大，且

表 10.6　冬小麦不同生育期干旱对郑麦 98（强筋麦）籽粒品质的影响（河南新乡）

品质指标	处理					CV /%
	适宜水分	播种—拔节期干旱	拔节—抽穗期干旱	抽穗—灌浆期干旱	灌浆—成熟期干旱	
蛋白质产量 /(kg/hm²)	1114.3	1025.2	996.7	1029.3	965.3	5.32
粗蛋白质/%	13.76	13.47	13.18	14.12	14.52	3.75
氨基酸总量/%	12.20	12.44	12.33	13.37	13.63	5.25
总磷/(g/kg)	4.01	4.03	3.96	4.03	4.07	1.43
钾/(g/kg)	4.18	4.21	3.47	3.88	3.87	7.68
湿面筋/%	31.20	31.43	31.13	32.73	34.30	4.02
降落值/s	426.0	437.3	424.0	450.0	452.0	2.87
形成时间/min	7.70	7.60	5.13	7.83	7.40	16.52
稳定时间/min	7.80	8.30	5.53	8.40	8.37	16.15
弱化度/(F.U.)	88.3	88.0	110.3a	95.0	92.7	9.8
吸水量/(mL/100g)	59.8b	61.0	61.4	60.5	60.7	1.14
出粉率/%	74.00	71.70	72.90	72.37	72.30	1.44

与其他处理间差异显著，而其他不同处理间无显著差异。与灌浆—成熟期干旱处理相比，拔节—抽穗期干旱处理因晚浇灌浆水使籽粒蛋白质、氨基酸和湿面筋含量分别降低9.23%、9.54%和9.24%，面团形成时间和稳定时间分别减少30.68%和33.93%，弱化度显著增加18.99%，其籽粒品质最差。与适宜水分处理相比，不同时期干旱均能增加面粉的吸水量，降低出粉率，播种—拔节期干旱处理的出粉率最低。

从不同品质性状的变异系数（CV）来看，吸水量、出粉率、总磷量的CV均很小（<2.0%），表明它们主要受品种遗传特性影响，土壤水分条件对其调控作用不大；降落值的CV低于3%，受品种遗传特性的影响也很大。蛋白质产量、粗蛋白质和湿面筋含量的CV亦较小（3.75%~5.32%），表明它们受遗传基因型的影响大些，而受土壤水分环境的影响小些。弱化度和钾的变异系数居中，分别为9.8%和7.68%。而面团形成时间、稳定时间具有很大的变异系数（16.15%~16.52%），说明这些因素对土壤水分状况很敏感，通过土壤水分调控，特别是冬小麦生长后期的水分调控，可有效改善面粉特性。

（4）冬小麦不同生育阶段的缺水敏感指数。根据上述不同生育期缺水对冬小麦产量影响结果，利用式（10.3）计算了冬小麦不同年份的缺水敏感指数，结果见表10.7。缺水敏感指数越大，表明缺水造成的减产越多，冬小麦拔节—抽穗期（2008年）、抽穗—灌浆期（2007年、2009年）的缺水敏感指数最大，越冬—返青期的最小，播种—越冬期也较小，年份间的差异可能是由气象条件或试验条件差异引起的。因此，冬小麦拔节—抽穗期和抽穗—灌浆期是冬小麦需水关键期，在拔节以前可以适当进行控水管理，只要保证需水关键期的水分供应就能获得较高产量。

表10.7 　　　　　　　　　　冬小麦不同生育阶段的缺水敏感指数 λ_i（河南新乡）

年份	生 育 阶 段					
	播种—越冬	越冬—返青	返青—拔节	拔节—抽穗	抽穗—灌浆	灌浆—成熟
2007	0.0736	0.0342	0.1368	0.2351	0.2859	0.2234
2008	0.1054	0.0624	0.1240	0.2752	0.2344	0.1536
2009	0.1092	0.0492	0.1235	0.2471	0.2637	0.1807
平均	0.0961	0.0486	0.1281	0.2525	0.2613	0.1859

2. 夏玉米不同生育期对水分亏缺的响应与缺水敏感指数

（1）不同生育期干旱对夏玉米产量性状的影响。利用2007—2009年中国农业科学院农田灌溉研究所在河南新乡作物需水量试验场获得的夏玉米不同生育期水分条件下产量结果，分析华北中南部夏玉米不同生育期缺水对其产量影响。夏玉米三个生长季共设9个水分处理，分别为：全生育期水分适宜（土壤水分控制下限为田间持水量的65%~70%）和轻旱（土壤水分控制下限为田间持水量60%），其他生育期苗期、拔节、抽雄和灌浆分为轻旱（土壤水分控制下限为田间持水量60%）和重旱（土壤水分控制下限为田间持水量的50%）。试验在有防雨棚的测坑中进行。由表10.8可以看出，不同生育期干旱对夏玉米的产量构成性状产生明显影响，在不同生育阶段，夏玉米受旱产量都表现为减产。不考虑连旱，单从生育阶段干旱来看，苗期受旱减产最少，为7.17%~27.08%；随着干旱时期的后移，减产加重，2007年为灌浆期干旱减产最多，为23.60%~36.57%，而2008—2009年是抽雄期干旱的穗粒数最少，减产最多，为16.34%~32.67%，灌浆期受旱减产 9.11％～22.45％。三年结果平均，适宜水分处理产量与其他处理间的差异都达到了显著水平，可见玉米对土壤水分亏缺较敏感，任何阶段出现水分亏缺都会造成显著减产，干旱越重，减产越多。

表 10.8　夏玉米不同生育期干旱处理对产量的影响（河南新乡防雨棚测坑试验）

年份	处　理	果穗长/cm	秃尖长/cm	果穗粗/cm	穗行数/行	穗粒数/粒	百粒重/g	产量/(kg/hm²)	减产率/%
2007	适宜水分	15.67	0.89	4.92	15.80	493.95	25.10	6695.0a	—
	苗期轻旱	15.87	1.17	4.98	16.27	443.18	25.97	6215.0b	7.17
	苗期重旱	15.79	1.03	4.94	14.93	405.52	26.26	5750.0cd	14.12
	拔节期轻旱	15.33	1.09	5.03	16.00	415.24	25.40	5695.0cd	14.94
	拔节期重旱	15.33	1.03	4.91	15.47	374.05	25.87	5225.0e	21.96
	抽雄期轻旱	16.11	0.91	4.80	15.13	432.00	25.57	5965.0bc	10.90
	抽雄期重旱	15.56	1.49	4.82	15.47	386.15	25.85	5390.0de	19.49
	灌浆期轻旱	14.60	1.05	4.54	14.40	427.58	22.15	5115.0e	23.60
	灌浆期重旱	15.20	1.07	4.49	14.67	367.91	21.38	4246.88f	36.57
	全生育期轻旱	14.61	1.00	4.68	15.87	308.46	20.46	3408.75g	49.09
2008	适宜水分	16.48	0.55	5.25	16.20	523.57	27.79	7857.0a	—
	苗期轻旱	15.89	0.57	5.15	15.40	483.52	26.84	7008.0b	10.81
	苗期重旱	15.06	0.69	5.03	15.00	464.91	26.17	6570.0cd	16.38
	拔节期轻旱	15.60	0.74	5.15	16.10	495.36	24.94	6671.3c	15.09
	拔节期重旱	15.05	0.82	5.07	16.00	455.15	23.24	5712.0e	27.30
	抽雄期轻旱	16.29	0.59	5.12	15.80	447.75	26.72	6460.5d	17.77
	抽雄期重旱	16.06	1.58	4.92	14.20	383.55	26.59	5507.3f	29.91
	灌浆期轻旱	16.34	1.22	5.07	15.40	497.74	26.57	7141.5b	9.11
	灌浆期重旱	16.18	1.62	4.95	14.90	471.91	26.17	6669.0c	15.12
	全生育期轻旱	14.24	2.34	4.27	13.20	279.60	22.83	3447.0g	56.13
2009	适宜水分	18.02	1.92	5.25	16.40	498.69	25.37	7590.0a	—
	苗期轻旱	16.64	1.44	4.98	15.60	461.82	24.69	6840.0b	9.88
	苗期重旱	13.99	1.03	4.71	12.40	380.63	24.89	5535.0e	27.08
	拔节期轻旱	15.85	1.56	4.88	15.60	469.23	22.86	6435.0c	15.22
	拔节期重旱	15.26	1.14	4.73	15.60	395.86	22.57	5360.0e	29.38
	抽雄期轻旱	16.55	1.46	5.04	16.40	463.03	22.86	6350.0c	16.34
	抽雄期重旱	15.93	2.72	4.96	16.40	349.98	24.34	5110.0f	32.67
	灌浆期轻旱	19.53	3.62	4.76	16.00	483.99	22.23	6455.0c	14.95
	灌浆期重旱	15.54	1.20	4.79	15.80	465.98	21.05	5885.8d	22.45
	全生育期轻旱	15.12	0.88	4.73	15.80	390.92	23.28	5460.0e	28.06

注　同一季节不同处理之间产量后面出现相同字母表示统计分析差异不显著（P＞0.05）。

（2）不同灌水次数及其组合对夏玉米产量性状的影响。在中国农业科学院农田灌溉研究所河南新乡作物需水量试验场 2007—2009 年夏玉米三个生育期分别进行了不同灌溉次数及其组合试验（有防雨棚的测坑试验），每次灌水量 90mm，通过地面灌溉进行。表 10.9 研究结果显示，玉米果穗长、果穗粗、穗粒数和产量随着灌水次数减少呈降低趋势，灌 4 水产量最高，显著高于其他处理；同样是灌 4 水，2009 年的产量最高，2007 年最低；灌 2 水产量最低，其中以苗期、抽雄水的产量最高，苗期、灌浆水处理产量最低，减产 45.38%，可见拔节水和抽雄水的重要性。在灌 3 水处理中，只要灌了抽雄水处理的产量都较高，其中在苗期、拔节、抽雄期灌水的处理产量最高，仅减产 6.83%~15.69%。通过灌 3 水处理与灌 4 水处理相比较，苗期、拔节期、抽雄期、灌浆期灌水的增产率分别为 7.88%、7.51%~23.21%、9.51%~29.43% 和 6.83%~15.69%；灌 2 水与灌 3 水处理间的比较亦可看出，拔节期、抽雄期、灌浆期的灌溉增产率分别为 13.12%~25.68%、31.16%~37.87% 和 12.44%~18.29%。不同生育时期灌水增产率与全生育期灌水次数的多少以及灌水次数的组合有关，增产率有随着灌水次数减少呈增加的趋势。以上分析可知，抽雄期是玉米灌溉增产幅度最高的时期，是玉米的需水关键期，其次是拔节期，在生产上只要保证玉米拔节期和抽雄期的需水要求就能获得较高产量。

（3）夏玉米不同生育阶段缺水敏感指数。根据上述不同生育期缺水对夏玉米产量影响结果，利用式（10.3）计算了冬小麦不同年份各生育期缺水敏感指数，结果见表 10.10。夏玉米

表 10.9　夏玉米不同灌水次数及其组合对产量性状的影响（河南新乡防雨棚测坑试验）

年份	灌 水 时 期	果穗长/cm	秃尖长/cm	果穗粗/cm	穗行数/行	穗粒数/粒	百粒重/g	产量/(kg/hm²)	减产率/%
2007	苗期、拔节、抽雄、灌浆 4 水	16.50	1.38	4.95	15.87	482.01	25.15	6546.5a	—
	苗期、拔节、抽雄 3 水	15.84	1.13	4.83	15.17	415.96	24.57	5519.2b	15.69
	苗期、拔节、灌浆 3 水	15.01	1.14	4.49	15.53	413.65	20.68	4619.8c	29.43
	苗期、拔节 2 水	15.13	1.13	4.45	15.40	316.47	20.21	3454.0d	47.24
2008	苗期、拔节、抽雄、灌浆 4 水	15.78	0.78	4.97	14.70	458.51	26.75	6624.0a	—
	苗期、拔节、抽雄 3 水	14.96	0.84	4.88	14.80	454.00	24.96	6120.0b	7.61
	苗期、拔节、灌浆 3 水	15.64	1.60	4.98	15.40	434.90	25.52	5994.0b	9.51
	苗期、抽雄、灌浆 3 水	14.78	0.86	4.84	15.60	392.04	24.03	5086.5c	23.21
2009	苗期、拔节、抽雄、灌浆 4 水	16.61	1.27	5.03	14.60	490.58	27.59	8120.0a	—
	拔节、抽雄、灌浆 3 水	17.20	1.22	5.07	15.60	494.97	25.19	7480.0b	7.88
	苗期、抽雄、灌浆 3 水	16.95	1.74	5.03	16.40	482.74	25.93	7510.0b	7.51
	苗期、拔节、灌浆 3 水	16.11	2.64	4.96	16.20	462.64	23.49	6520.0c	19.70
	苗期、拔节、抽雄 3 水	18.49	1.67	5.28	16.20	452.80	27.85	7565.0b	6.83
	苗期、拔节 2 水	16.22	2.14	4.83	15.80	388.02	21.63	5035.0d	37.99
	苗期、抽雄 2 水	16.15	0.83	4.82	15.80	461.03	23.50	6500.0c	19.95
	苗期、灌浆 2 水	15.62	2.32	4.88	15.80	273.46	27.03	4435.0e	45.38

注　同一季节不同处理之间产量后面出现相同字母表示统计分析差异不显著（$P > 0.05$）。

抽雄—灌浆期的缺水敏感指数最大，其次是拔节—抽雄期，播种—拔节期最小，因此拔节—灌浆这一阶段是玉米需水关键期，在农田水分管理上应满足该阶段的需水要求，而在其他生育阶段可以适当进行水分亏缺，特别是苗期，这样在不减产的情况下有利于提高水分利用效率。

表 10.10　　　　夏玉米不同生育阶段的缺水敏感指数 λ_i（河南新乡）

年份	生　育　阶　段			
	播种—拔节期	拔节—抽雄期	抽雄—灌浆期	灌浆—成熟期
2007	0.0764	0.2598	0.2772	0.1874
2008	0.1068	0.2642	0.3754	0.2344
2009	0.1207	0.2705	0.3082	0.2518
平均	0.1013	0.2648	0.3202	0.2245

3. 棉花不同生育期的缺水敏感指数

根据河南新乡 2010 年试验观测资料，棉花各生育阶段的缺水敏感指数结果见表 10.11。结果显示棉花缺水敏感指数 7—8 月较大，其中 8 月最大，说明棉花产量对 8 月缺水最敏感。棉花早期缺水敏感指数较低，这些时间可适当控制水分，控制棉花生长速度，以免影响后期棉花结桃数。

表 10.11　　　　棉花生育期各月缺水敏感指数 λ_i（河南新乡）

月　份	4—5	6	7	8	9	10
缺水敏感指数	0.0666	0.0160	0.2909	0.3444	0.1817	0.0554

10.2.1.2　华北中北部主要农作物缺水对产量的影响与缺水敏感指数

以位于华北中北部河北栾城试验站多年试验结果分析了主要作物冬小麦和夏玉米不同生育期水分亏缺对产量的影响以及不同生育期的缺水敏感指数。

1. 冬小麦对不同生育期水分亏缺的响应

（1）冬小麦耗水量与产量和水分利用效率的关系。在位于华北北部太行山山前平原的栾城试验站进行了冬小麦不同灌水次数的田间试验，具体试验处理见表 10.12。多年结果显示，冬小麦耗水量和产量及水分利用效率（WUE）之间是一个非线性关系，耗水量最大时，产量并非最高；水分利用效率在耗水量少时较高，而随着耗水量的增加，水分利用效率呈递减的趋势[6,7]（图 10.6）。

表 10.12　　　　冬小麦不同灌水次数试验设计（河北栾城）

处理及其代码	灌水时间和灌水量/mm				
	越冬前	拔节	孕穗	抽穗杨花	灌浆
生育期不灌水（I0）	—	—	—	—	—
灌水 1 次（I1）	—	70	—	—	—
灌水 2 次（I2）	—	70	—	60	—
灌水 3 次（I3）	60	70	—	60	—
灌水 4 次（I4）	60	70	60	—	60
灌水 5 次（I5）	60	70	60	60	60

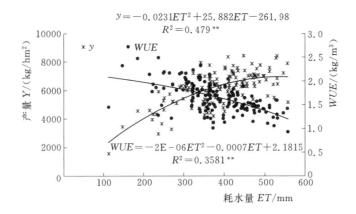

图 10.6 冬小麦多年不同灌水条件下耗水量（ET）与产量（Y）和
水分利用效率（WUE）的关系（河北栾城，1987—2016 年）[7]

作物并不是灌水越多越好，而是适度亏缺对干物质形成和向籽粒产量的转移更有利，特别是对于华北北部冬小麦，灌浆期短，灌浆后期容易受干热风影响，使产量潜力不能充分发挥，而在适度亏缺条件下冬小麦生长发育过程提前，灌浆期适度延长，更有利于花后干物质积累和向籽粒产量的转移[6,16]。图 10.7 列出了最近 7 个年度冬小麦生长季不同灌水次数下的产量，结果显示灌溉次数对产量影响与生育期降水量有关，平水年和湿润年型（生育期降水量高于 100mm），灌溉 1 水或 2 水就能取得最高产量；在干旱年，一般灌水 2～3 次产量可达到最高，随着灌水次数的增加产量反而出现降低趋势，充分说明作物灌水并不是越多越好。

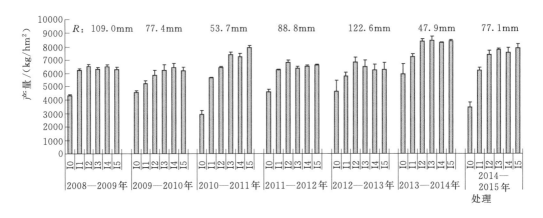

图 10.7 冬小麦不同季节降水（R）条件下不同灌水次数
产量变化（河北栾城）[7]

作物产量和 WUE 对供水条件响应与作物营养生长、生殖生长阶段干物质形成和向籽粒产量转移过程有关。一般来说，冬小麦抽穗前干物质积累、收获期总干物质量和抽穗后干物质积累随着耗水量的增加而增加，当耗水量增加到一定程度，生物量达到最高后，不再随着耗水量增加而增加。冬小麦最终产量与收获期生物量关系是二次曲线关系，在总生物量低时，随着生物量增加，冬小麦产量直线递增；当冬小麦生物量达到一定水平后，产量不再增加，反而下降，说明冬小麦最高产量的取得不需要达到最大生物量。同时作物经济产量与收获指数关系密切。冬小麦收获指数与灌浆期间干物质向籽粒产量的转移效率（$DMRE$）有明显相关关系，而 $DMRE$ 受到作物生育期水分条件影响。研究表明冬小麦生长期间需要适度的水分亏缺以取得最优生物量和最高经济产量[6]。

（2）冬小麦不同生育期水分亏缺对产量和产量构成的影响。作物不同生育时期水分亏缺和亏缺程度对产量和水分利用效率有明显影响，在防雨棚盆栽试验条件下，冬小麦从拔节到开花，中度（维持土壤含水量在田间持水量的 60%）和重度水分亏缺（维持土壤含水量在田间持水量的 50%）明显降低了产量，与充分灌水处理（维持土壤含水量在田间持水量的 75% 以上）相比，产量分别降低了 5%～10% 和 15%～20%；在拔节期间，轻度水分亏缺（维持土壤含水量在田间持水量的 68% 以上）对产量没有明显影响，而在孕穗抽穗期间，轻度水分亏缺也造成了减产。返青—起身期，中度和轻度水分亏缺反而提高了产量。构成冬小麦产量的三个因素是穗数、穗粒数和粒重。表 10.13 是盆栽试验各处理的穗粒数、千粒重以及有效穗数与充分供水小麦的比较，从拔节开始的各生育时期水分亏缺均减少了有效穗数。拔节后的重度水分亏缺处理和孕穗开花期的各水分亏缺处理降低了

表 10.13　冬小麦不同生育时期不同水分亏缺程度对其产量构成因素的影响

（河北栾城，盆栽试验）

年份	项目	对照	不同时期水分处理与对照相比减少（−）或增加（＋）的百分数（%）								
			返青—起身期			拔　节　期			孕　穗　期		
			轻度	中度	重度	轻度	中度	重度	轻度	中度	重度
1996 — 1997	千粒重	46.7	+0.7	+0.6	0	−1.4	−6.4	−17.9	−7.8	−9.2	−16.4
	有效穗数	33.9	−0.7	0	−0.9	+1.5	+2.4	−1.2	−1.4	−9.9	−17.1
	穗粒数	36.1	+1.3	3.4	−1.7	−5.3	0.2	−0.4	+0.5	+5.9	+3.9
1999 — 2000	千粒重	44.0	+22.0	+18.0	+25.0	−9.0	−2.2	+2.2	−9.0	−6.8	−16
	有效穗数	30.5	−25	−12	−27	7.7	−16	−26	−1.2	−2.3	−18
	穗粒数	36.8	−8.7	−5.6	−10	+6.5	+9.8	+4.2	+2.3	+3.5	+7.2

年份	项目	对照	不同时期水分处理与对照相比减少（−）或增加（＋）的百分数（%）					
			抽穗—开花期			灌　浆　期		
			轻度	中度	重度	轻度	中度	重度
1996 — 1997	千粒重	46.7	−6.4	−4.2	−8.5	−2.8	−4.2	−5.0
	有效穗数	33.9	−5.3	−12.5	−13.7	+1.6	−2.8	−2.8
	穗粒数	36.1	+3.0	+0.1	+1.3	−0.9	−5.6	−21.5
1999 — 2000	千粒重	44.0				+0.7	−1.2	+1.1
	有效穗数	30.5				+0.1	+1.7	−2.8
	穗粒数	36.8				+0.5	−0.7	−11.5

注　对照，整个生长季维持土壤含水量在田间持水量的 75% 以上；轻度水分亏缺，维持土壤含水量在田间持水量的 68% 以上；中度水分亏缺，维持土壤含水量在田间持水量的 60%；重度水分亏缺，维持土壤含水量在田间持水量的 50%。水分亏缺时期维持相应土壤含水量，非调亏时期与对照土壤含水量一致。

穗粒数，并随着水分亏缺程度加剧，穗粒数减少；灌浆期轻度水分亏缺对穗粒数没有影响，而对千粒重影响明显，随着亏缺程度增加，千粒重明显降低；孕穗、开花期水分亏缺增加了千粒重，表明作物在经历了一定程度干旱后可以促进后期干物质向籽粒转移而提高其经济产量。试验结果显示冬小麦在拔节—孕穗期的水分亏缺主要减少了有效穗数，孕穗—开花期间的水分亏缺减少了穗粒数，灌浆期间的水分亏缺使粒重显著降低。

理论上增加单位面积穗粒数即使粒重降低也能一定程度上增加产量，盆栽实验的结果表明产量与每盆穗粒数有明显正相关关系，而与千粒重、每穗粒数和小穗数关系不明显，说明在水分亏缺条件下冬小麦产量不仅受到每穗粒数影响，也受到单位面积穗数制约，是两个因素的共同作用决定了单位面积的穗粒数。

（3）灌水次数和灌水时间对冬小麦产量和水分利用效率影响。表 10.14 是河北栾城

表 10.14　冬小麦不同灌水次数下产量、耗水量和水分利用效率（河北栾城 2010—2014 年）

生长季	灌溉次数	产量 /(kg/hm²)	耗水量 /mm	水分利用效率 /(kg/m³)
2010—2011 年	0	3017.5d	237.0d	1.27c
	1	6141.0c	335.9c	1.83a
	2	6613.1b	378.6c	1.75a
	3	7845.0a	433.6b	1.81a
	4	7755.1a	546.2a	1.42b
	5	7920.5a	550.9a	1.44b
2011—2012 年	0	4597.2c	215.1c	2.14a
	1	6244.2b	320.0b	1.95a
	2	6796.9a	381.8b	1.78b
	3	6363.7b	412.5ab	1.54c
	4	6520.8b	473.5a	1.38c
	5	6618.6b	487.0a	1.36c
2012—2013 年	0	4629.8d	251.1c	1.84a
	1	5771.5c	321.9bc	1.79a
	2	6817.0a	364.5b	1.87a
	3	6483.0ab	383.0ab	1.69b
	4	6223.6b	385.1ab	1.62b
	5	6272.1b	442.0a	1.42c
2013—2014 年	0	5621.7c	261.5c	2.15a
	1	6965.4b	348.2bc	2.00ab
	2	7643.3a	440.3b	1.74b
	3	7981.4a	486.1ab	1.64bc
	4	7715.2a	588.4a	1.31c
	5	7687.0a	574.5a	1.34c

注　相同生长季不同处理之间同一因素后面相同字母表示统计分析差异不显著（$P > 0.05$）。

2010—2014 年冬小麦生育期不同灌水次数下产量和水分利用效率变化。结果表明，在播前底墒充足条件下，由于年际和季节降水量差异，不同灌水次数对冬小麦产量影响不同。冬小麦取得最高产量的灌水次数为 2～3 次，过多灌水并不显著增产，而水分利用效率随着灌水次数增多出现降低趋势。冬小麦取得最高产量的生育期耗水量为 420～480mm，随生育期气象条件的变化而变化。

在有限供水条件下，灌水时间对冬小麦产量也有明显影响。如图 10.8 所示，冬小麦在最小灌溉（生育期只灌溉 1 水），这一次水灌溉在播种前后维持播种时好的水分条件和这一次补充灌溉在冬小麦起身—拔节期对产量产生的影响不同，灌溉在播种前后的处理，9 个生长季节（2005—2014 年）的平均产量为 4820.6kg/hm²，水分利用效率 1.69kg/m³；而灌溉在拔节期，平均产量为 5920kg/hm²、水分利用效率 1.79kg/m³。灌水时间对作物产量和水分利用效率产生了影响[17]。

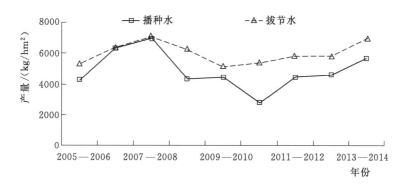

图 10.8　冬小麦全生育期只补充灌溉一次水灌水时间对产量的影响（河北栾城）

进一步分析表明（表 10.15），冬小麦生育期不灌水条件下产量与抽穗前降水量关系密切，而与整个生育期降水量相关不显著；如果在起身—拔节期增加一次灌水，灌浆期间降水量与产量相关关系显著；而在多次灌水条件下，降水与产量关系不明显，甚至是负相关。在缺水条件下，冬小麦在营养生长阶段需要一定水分供应，才能形成一定的生物量，并可促进地下部分根系形成，为灌浆期充分利用土壤储水打好基础，因而这个阶段耗水量的多少对最终产量影响明显。如果营养生长阶段水分条件差，作物地上生长发育受到影响，地

表 10.15　不同灌水处理下冬小麦不同生育期阶段降水与产量相关关系分析（河北栾城）

生长阶段	雨养	播种灌水 1 次	拔节灌水 1 次	生育期灌水 3 次
播种—返青期	NA	NA	NA	— *
返青—抽穗期	NA	+ * *	+ *	NA
抽穗—灌浆期	NA	NA	NA	NA
灌浆—成熟期	NA	NA	NA	NA
营养生长阶段	+ * *	+ *	NA	NA
生殖生长阶段	NA	NA	+ *	NA
全生育期	NA	+ * *	+ * *	NA

注　NA 为相关不显著；* 为相关显著 $P < 0.05$ 水平；* * 为相关显著 $P < 0.01$ 水平；+ 为正相关；— 为负相关。

下部分根系生长也较少，使作物不能充分利用深层土壤储水，最终冬小麦产量将显著降低[17]。表10.16显示出营养生长阶段干物质积累与产量相关关系明显，而生殖生长阶段则不明显。充分利用土壤储水是有限灌溉条件下冬小麦丰产的一个重要措施。

表10.16　　不同灌水处理下冬小麦不同阶段干物质生产与产量关系（河北栾城）

生长阶段	雨养	播种灌溉1水	拔节灌溉1水	灌溉3水
营养生长阶段	+ * *	NA	NA	NA
生殖生长阶段	NA	NA	NA	+ *
全生育期	+ * *	+ * *	+ *	+ * *

注　NA为相关不显著；* 为相关显著 $P<0.05$ 水平；* * 为相关显著 $P<0.01$ 水平；+为正相关；—为负相关。

根据气象资料分析，近年来华北北部冬小麦生长期间春季干旱发生概率大、持续时间增长，维持冬小麦一定程度营养生长对冬小麦稳产至关重要。因此，在限水灌溉条件下，冬小麦拔节期间一次灌水可显著促进冬小麦增产。由于冬小麦从播种到返青耗水量小，如果播种时墒情能够保证冬小麦出苗，冬小麦播种时的灌水可调整到拔节期，这对冬小麦产量形成更有利。2009—2016年栾城站的试验结果表明，冬小麦生长季没有灌水、苗期灌水1次、拔节期灌水1次和全生育期灌水3次平均产量分别为3215.8kg/hm²、4842.6kg/hm²、5890.9kg/hm²和6820.4kg/hm²，同样灌水1次的出苗水增产效果为1626.8kg/hm²，拔节水增产效果为2675.1kg/hm²。因此，冬小麦高效用水模式应根据降水条件，通过灌水时间调控营养生长，促进地下部分生长，生殖生长阶段充分利用土壤储水来实现。

（4）冬小麦不同生育期缺水敏感指数和适宜土壤水分下限指标。冬小麦不同生育时期对水分亏缺的敏感程度差异显著，表10.17是冬小麦返青后不同生育时期水分亏缺对其产量的影响，在返青—起身期和灌浆后期控制水分供应，冬小麦产量反而增加8.5%和1.1%。而拔节期间控制水分供应，产量降低幅度最大，表现为不同生育期对水分亏缺产生了不同反应。用式（10.3）分析冬小麦产量与各生育阶段耗水量关系的水分生产函数，计算得到冬小麦各生育期缺水敏感指数 λ_i，见表10.18。λ_i 越大，表明此阶段对水分亏缺更敏感，对产量影响也越大。表10.18表明冬小麦对水分最敏感的生育时期是拔节期，其次是孕穗至灌浆前期，而返青—起身期间和灌浆后期 λ_i 是负值，在这些生育期适当控制水分供应对产量更有利。特别是返青—起身期间，λ_i 的负值较大，原因可能是由于一般年份在试验所在的华北北部山前平原，冬小麦大多进行冬前灌水，再加上春季土壤处于消融阶段，利于土壤水分向土壤上层运动，土壤含水量较高，使春季无效分蘖增加，而削弱了后期的养分供应，最终影响产量，故 λ_i 负值偏大，与华北中南部的结果有所差异，这可能与不同区域气候、土壤和冬小麦品种不同有关。

表10.17　　冬小麦返青后不同生育期控制水分供应对产量影响（河北栾城）

水分亏缺时期	返青—起身期	拔节期	孕穗期	抽穗—灌浆期	灌浆后期	充分灌溉（对照）
产量/(kg/hm²)	7059	6196.5	6237	6378.8	6575.25	6503.3
与对照相比产量增减/%	+8.5	−4.7	−4.1	−1.9	+1.1	—

表 10.18　　　　用 Jensen 模型计算的冬小麦返青后各生育期缺

水敏感指数 λ_i（河北栾城）

生育时期	返青—起身期	拔节期	孕穗期	抽穗—灌浆期	灌浆后期
λ_i	−0.1213	0.3145	0.2721	0.1016	−0.087

不同生育期水分亏缺及其亏缺程度对冬小麦产量均有明显影响，因此在冬小麦不同生育期有其不等的土壤水分适宜范围和最大可能的水分亏缺程度，如果低于这个范围，将造成显著减产。根据河北栾城多年试验结果，冬小麦不同生育时期土壤水分适宜下限指标分别是：越冬前 0～50cm 土壤含水量不低于田间持水量的 60%；返青—起身期间 0～50cm 土壤含水量不低于田间持水量的 55%，但高于田间持水量的 80%～85% 时，会随着土壤含水量增加，产量降低。拔节期间 0～50cm 土壤含水量应高于田间持水量的 65%，孕穗期间 0～80cm 土壤含水量应不低于 60% 的田间持水量，抽穗—灌浆前期应维持 0～100cm 土壤含水量高于田间持水量的 60%，而灌浆后期低于田间持水量的 50%～55% 将不会造成冬小麦明显减产。

2. 夏玉米对不同生育期水分亏缺的响应

（1）灌水次数对夏玉米产量和水分利用效率的影响。在位于华北北部太行山山前平原的栾城试验站进行了夏玉米不同灌水次数的田间试验，具体试验处理见表 10.19。夏玉米生长在雨季，在降水达到一般年份水平时，生育期灌水 1 次可获得最高产量，随着灌水次数增多，水分利用效率呈递减趋势。表 10.20 列出了四个生长季夏玉米不同灌水次数的产量和水分利用效率，2011 年灌水 2 次取得最高产量。2012 年灌水 1 次产量最高；2013 年为生育期不灌产量最高；2014 年为灌水 3 次产量最高。夏玉米对灌水响应与生育期降水量及其分配有关，同时也受天气条件的影响。表 10.20 表明年际间夏玉米产量波动巨大，差异高达 45%，而灌水对玉米产量影响相比气候条件相对小一些。表 10.20 中的研究结果是在夏玉米灌出苗水情况下获得，由于冬小麦收获后上层土壤水分亏缺严重，玉米没有出苗水，不能及时出苗和建立群体，无法形成一定产量。在玉米灌出苗水后，随着夏季降水到来，一般降水年型下，夏玉米产量可较少受到灌水影响。表 10.20 也表明，夏玉米水分利用效率随着灌水次数增多降低明显。因此，对于夏玉米，在保证灌出苗水条件下，生育期再灌水 1～2 次可基本实现作物高产。

表 10.19　　　　　　　夏玉米不同灌溉次数试验设计（河北栾城）

处理及其代码	灌水时间和灌溉量/mm				
	拔节	大喇叭口	抽雄—吐絮期	灌浆早期	灌浆晚期
生育期不灌溉（I0）	—	—	—	—	—
灌溉 1 次水（I1）	—	70	—	—	—
灌溉 2 次水（I2）	—	70	—	60	—
灌溉 3 次水（I3）	—	70	60	60	—
灌溉 4 次水（I4）	60	70	60	60	—
灌溉 5 次水（I5）	60	70	60	60	60

表 10.20   2011—2014 年夏玉米不同灌溉次数下的产量、耗水量和
水分利用效率（河北栾城）

年份	灌水次数	产量/(kg/hm²)	耗水量/mm	水分利用效率/(kg/m³)
2011	0	6428.7b	265.8e	2.42a
	1	6440.6b	274.8e	2.34a
	2	6831.0a	320.8d	2.13a
	3	6446.9b	410.2c	1.57b
	4	6794.1a	459.4b	1.48b
	5	7032.2a	514.9a	1.37c
2012	0	9928.1b	448.3b	2.21a
	1	10125.0a	487.6b	2.08a
	2	9512.6b	539.5a	1.76b
	3	9302.5b	524.5a	1.77b
	4	9116.5b	530.3a	1.72b
	5	8810.9c	549.1a	1.60b
2013	0	7698.4a	351.5c	2.19a
	1	7470.1b	337.4c	2.21a
	2	7432.1b	370.3b	2.01a
	3	7342.4b	415.7a	1.77b
	4	7260.3b	397.5a	1.83b
	5	7229.2b	419.5a	1.72b
2014	0	9207.3c	232.1d	3.97a
	1	9847.6b	288.6c	3.41b
	2	9690.4b	292.6c	3.31b
	3	10069.8a	358.6b	2.81c
	4	9573.1c	381.4b	2.51c
	5	9477.5c	429.9a	2.20c

注 相同生长季不同处理之间同一因素后面相同字母表示统计分析差异不显著（$P > 0.05$）。

    在太行山山前平原，夏玉米生长季多年平均降水量在 334mm 左右，根据试验结果，达到最优产量时的农田耗水量在 350～450mm，两者相差 10～100mm。那么，在一般年份，夏玉米只需灌 1 次水就能保证最高产量。在降水较多年份，当夏玉米生育期降水超过 400mm 时，可以不灌水。但由于降水分配不均匀，在玉米播种和出苗时期降水稀少，而土壤干旱，灌溉是维持夏玉米高产的首要条件。通常情况下由于前季冬小麦在限量灌溉下对土壤水分利用，播种玉米时 1m 土层的土壤含水量接近凋萎湿度，没有灌溉的玉米会推迟其出苗时间直至降水，或出苗不齐，最终影响产量。因此，夏玉米的出苗水应该是华北北部夏玉米丰产稳产的首要灌溉需求。

    （2）夏玉米不同生育期缺水敏感指数和适宜土壤水分指标。夏玉米不同生育期对水分

亏缺和亏缺程度反应不同，用式（10.3）分析夏玉米不同生育时期对水分亏缺反应，结果见表 10.21。夏玉米不同生育期对缺水敏感指数 λ_i 值从大到小的顺序为抽穗—灌浆期、拔节—抽穗期、播种—拔节期、灌浆—成熟期，说明夏玉米缺水减产敏感阶段出现在抽穗—灌浆阶段，其次是拔节—抽穗阶段，最低值在灌浆—成熟阶段。这也符合夏玉米生长发育的实际情况，如果抽穗时缺水就会出现卡脖旱，缺水严重影响夏玉米的产量。拔节—抽穗阶段是夏玉米植株生长发育的关键时期，与后期产量形成关系很大，也应有充足土壤水分；苗期只有灌好造墒水，才能保证苗全苗壮，在苗全苗壮的基础上，夏玉米可以适当蹲苗，此期的 λ_i 值较后两个阶段小，适度缺水不会对夏玉米造成严重减产；灌浆后期夏玉米产量已基本形成，对水分亏缺不如前几个阶段那么敏感，λ_i 值也较小。所以在夏玉米苗全苗壮基础上，灌水时应首先保证夏玉米抽穗前期不缺水，才能使夏玉米不会造成严重减产。上述 λ_i 值变化规律与夏玉米缺水生理反应也是一致的，与该类型区的夏玉米灌溉生产实践相吻合。

表 10.21　用 Jensen 模型计算的夏玉米各生育阶段缺水敏感指数 λ_i （河北栾城）

生育期	播种—拔节期	拔节—抽穗期	抽穗—灌浆期	灌浆—成熟期
λ_i	0.1496	0.2061	0.3645	0.1116

由于降水年际和季节性分配不均，夏玉米灌溉制度不仅依赖于生育期总降水量的多少和作物不同生育期对缺水的敏感程度，也要依赖于其生长季节的降水分布。优化灌溉制度建立就是要解决灌水时间和灌水数量的问题。一般来说，定量化灌溉制度建立可通过三种方式实现：一是作物水分状况监测；二是土壤含水量测定；三是根据依赖于耗水量监测的水量平衡计算。三种方法中，根据土壤水分测定决定灌水时间是较常用的一种方法。栾城试验站多年试验结果表明，夏玉米苗期较耐旱，$0\sim60\text{cm}$ 土壤含水量可以维持较低的含水量，但不应低于田间持水量的 55%；拔节期对水分较敏感，$0\sim60\text{cm}$ 土壤含水量应保持在田间持水量的 65% 以上；抽雄吐丝期间因为是夏玉米对水分最敏感的生育时期，$0\sim80\text{cm}$ 土壤含水量应高于田间持水量的 70%$\sim$75%；灌浆前期 $0\sim1\text{m}$ 土壤含水量应不低于田间持水量的 65%$\sim$70%，灌浆后期 $0\sim1\text{m}$ 土层，土壤含水量可以降低到田间持水量的 60%。

10.2.1.3　西北河西走廊民勤绿洲区主要农作物的缺水敏感指数

根据多年试验资料分析得出西北河西走廊民勤绿洲区春小麦、玉米、棉花不同生育阶段缺水敏感指数见表 10.22。对于西北河西走廊绿洲区，春小麦对缺水最敏感时期是拔节—孕穗期、抽穗—灌浆期，而在播种至分蘖阶段适度水分亏缺对产量形成更有利。对于玉米，对缺水最敏感生育期是播种—抽穗期，其次是抽穗—灌浆期，灌浆后玉米对缺水敏感性降低。对于棉花，缺水最敏感时期发生在开花—吐絮期，其次是播种—现蕾期。

10.2.2　不同区域主要大田作物节水丰产高效非充分灌溉模式

10.2.2.1　华北北部山前平原区冬小麦、夏玉米非充分灌溉模式

1. 冬小麦"前控、中促、后保"调亏灌溉模式

针对华北北部冬小麦生长期间降水少、灌溉用水量大，而冬小麦不同生育期对水分敏感程度差异显著的特点，提出了冬小麦在足墒播种基础上，免越冬水、保拔节水，根据中

表 10.22　西北河西走廊民勤绿洲区主要作物不同生育阶段的缺水敏感指数 λ_i（甘肃石羊河流域）

作　物	生育期	λ_i	作　物	生育期	λ_i
春小麦	播种—分蘖期	-0.047	玉米	抽穗—灌浆期	0.115
	分蘖—拔节期	0.061		灌浆—乳熟期	0.005
	拔节—孕穗期	0.345		乳熟—成熟期	0.100
	孕穗—抽穗期	0.078	棉花	播种—现蕾期	0.245
	抽穗—灌浆期	0.101		现蕾—开花期	0.172
	灌浆—成熟期	0.110		开花—吐絮期	0.469
玉米	播种—抽穗期	0.193		吐絮—收获期	0.063

后期的降水情况浇抽穗—扬花水的冬小麦调亏灌溉模式。该模式配合"选择良种、精细整地、配方施肥、适期播种、缩行调冠、足墒播种、播后镇压、一喷综防"冬小麦节水高产栽培技术，可实现冬小麦生育期灌水次数比当地传统模式减少 1～2 次，农田耗水降低 40mm，产量提高 5％～10％，水分利用效率提高 15％以上。该模式的土壤水分控制指标是：越冬前 0～50cm 土壤含水量不低于田间持水量的 60％；返青—起身期间 0～50cm 土壤含水量不低于田间持水量的 55％，但高于田间持水量的 85％时，产量会随着土壤含水量的增加而降低。拔节期间 0～50cm 土壤含水量应高于田间持水量的 65％，孕穗期间 0～80cm 土壤含水量应不低于田间持水量的 60％，抽穗—灌浆前期应维持 0～100cm 土壤含水量高于田间持水量的 60％，而灌浆后期低于田间持水量的 50％将不会造成冬小麦明显减产。

2. 夏玉米"一水两用"节水灌溉模式

针对华北北部夏玉米苗期干旱、土壤蒸发量大，中期雨热同季，后期降水变率大的特点，提出了夏玉米充分利用冬小麦收获后的秸秆进行覆盖保墒、及时浇出苗水、中期追肥充分利用降水过程、后期根据降水情况适当灌溉实现"一水两用"的节水灌溉模式，并配合"选择良种、精量播种、机施种肥、秸秆覆盖、适当密植、化控防倒、适期晚收"的节水高产栽培技术模式，可实现夏玉米生长期棵间蒸发减少 30～40mm，产量提高 10％、水分利用效率提高 15％以上。该模式的土壤水分控制指标是：苗期 0～60cm 土壤含水量不应低于田间持水量的 55％；拔节期 0～60cm 土壤含水量不低于田间持水量的 65％；抽雄—吐丝期间 0～80cm 土壤含水量不低于田间持水量的 70％；灌浆前期 0～1m 土壤含水量应不低于田间持水量的 65％，后期 0～1m 土壤含水量不低于田间持水量的 60％。

10.2.2.2　华北南部冬小麦、夏玉米非充分灌溉模式

1. 喷灌条件下冬小麦、夏玉米非充分灌溉模式

喷灌条件下的非充分灌溉模式包括采用喷灌方式实现小定额灌水，农田地表覆盖秸秆保墒，运用非充分灌溉技术确定灌水时间和灌水量，配套水肥耦合技术提高肥料利用率。其特点是：采用喷灌方式提高输水效率与灌溉效率，实行小定额灌水，灌水定额 40～50mm，运用秸秆覆盖调控田间土壤水热状况，平抑地温，减少棵间蒸发，改善土壤理化性质，采用非充分灌溉技术确定适宜的灌水时间与灌水量。该技术模式适宜于小麦、夏玉米等大田作物。对于冬小麦，采用玉米秸秆覆盖，覆盖量为 4500～7500kg/hm²，可增产 4.25％～10.37％，减少耗水量

$4.5\%\sim10.4\%$，水分利用效率达到 $2.05\sim2.58kg/m^3$，提高 $6.77\%\sim17.42\%$。夏玉米采用麦秸覆盖，适宜覆盖量为 $6000\sim7500kg/hm^2$，可增产 $8.09\%\sim28.65\%$，减少耗水量 $5.31\%\sim21.57\%$，水分利用效率达到 $2.47\sim3.10kg/m^3$，提高 $13.48\%\sim32.72\%$。在夏玉米上采用秸秆覆盖的节水增产效果优于冬小麦，覆盖的节水增产效果在中轻度水分胁迫条件下较高，在适宜水分条件或高水分条件下较低。该模式主要有以下几类。

（1）冬小麦秸秆覆盖的非充分灌溉模式。冬小麦生育期采用非充分灌溉，一般需灌水 $2\sim3$ 次，喷灌灌水定额 $40\sim50mm$。具体灌水次数和灌水时间视水文年型、不同生育阶段的土壤墒情和苗情而定。在华北地区南部冬小麦生育期灌水管理技术与指标如下：

1）苗期。冬小麦耗水以棵间土壤蒸发为主，作物蒸腾所占比重较小，适宜的干旱胁迫有利于冬小麦根系深扎。苗期 $0\sim40cm$ 土层平均土壤含水量只要不低于田间持水量的 60% 就不需灌溉。一般在足墒播种情况下，土壤储水可以满足小麦苗期的用水需求；但如果是抢播且地太干（土壤含水量低于田间持水量的 60%），播后应浇蒙头水。

2）越冬期。保持适宜的土壤水分对保证小麦安全越冬、防止冻害有利，$0\sim40cm$ 土层土壤含水量宜保持在田间持水量的 60% 以上。

3）返青—起身期。只要 $0\sim60cm$ 土层平均土壤含水量不低于田间持水量的 55% 就不需要灌溉。此阶段若肥水过量，将会促进茎秆增长，旗叶及旗下叶显著增大，易导致小麦群体郁闭，同时，导致无效分蘖退化速度减慢。但对缺肥及长势较差麦田应实行补肥，采用喷灌补水，灌水量应控制在 $45mm$ 左右。

4）拔节—孕穗期。拔节—孕穗期是小麦营养生长与生殖生长并进时期，对水肥需求均比较敏感，是生产中小麦田间管理最重要的阶段。此阶段 $0\sim80cm$ 土层土壤含水量不应低于田间持水量的 65%，对几乎所有冬小麦种植区来说，这一阶段均需灌水并追肥。在灌水与施肥时间上，应掌握如下原则：群体偏小，缺肥干旱地块宜早浇，一般在拔节初期浇好；群体偏大，水肥供应适当的地块，可后移至拔节后期进行灌水追肥。拔节期小麦需水量比较大，灌水量可控制在 $45mm$ 左右。浇水前施入纯 N $105\sim120kg/hm^2$。

5）抽穗—扬花期。$0\sim80cm$ 土层平均土壤含水量应保持在田间持水量的 70% 以上。前期浇过孕穗水的此期可不灌，但如前期没有浇孕穗水，在扬花始期就应灌水，喷灌水量 $40\sim50mm$。

6）籽粒形成期。$0\sim80cm$ 土层平均土壤含水量应控制在田间持水量的 60% 以上，到了灌浆中期以后，冬小麦对水分亏缺敏感度降低，土壤水分只要不低于田间持水量的 55%，一般就不需进行灌溉。

（2）夏玉米秸秆覆盖的非充分灌溉模式。华北地区 70% 以上的年份，在麦收时土壤墒情都比较差，因此为了确保玉米出苗、全苗，必须浇好底墒水。一般可在麦收之前 $3\sim7d$ 浇麦黄水，具体浇水时间依据土壤质地而定，黏土地可早些浇，壤土稍后浇，砂土宜晚浇，以收小麦时农机能进地操作或玉米播种时有良好的墒情为标准，采用地面灌的灌水定额为 $75\sim90mm$，若采用喷灌方式最好不浇麦黄水，建议在玉米点种后及时喷 $40\sim50mm$ 出苗水以确保出苗。

夏玉米苗期对水分胁迫的抵抗能力较强，适宜的水分胁迫可起到蹲苗和抗旱锻炼的作用。因此，夏玉米苗期的水分管理以控为主，底墒水基本可满足苗期用水需求，只要 $0\sim$

40cm 土层平均土壤含水量不低于田间持水量的 55％时就不需灌溉。

拔节后夏玉米进入快速生长阶段，对水肥供应均比较敏感，保持适宜土壤水分有利于促进苗期控水补偿效应的产生。因此，0～80cm 土层土壤含水量宜保持在田间持水量的 65％以上。此阶段由于已进入雨季，灌溉仅仅是弥补短期天然降雨之不足，喷灌的灌水定额控制在 40～50mm。

抽雄—吐丝期为夏玉米日耗水最大时期，此期水分胁迫将导致严重减产。因此，抽雄—吐丝期土壤一定要保持湿润，0～80cm 土层平均土壤含水量一旦低于田间持水量的 70％就应及时灌水，灌水定额 40～50mm。

灌浆前期保持适宜的土壤水分可避免叶片衰老，增加叶片光合功能，0～80cm 土层平均土壤含水量不应低于田间持水量的 65％；进入乳熟期后，适度干旱有利于叶片光合同化物向籽粒运转，并防止贪青晚熟，0～80cm 土层的土壤水分只要不低于田间持水量的 55％就不需要灌溉。对绝大多数夏玉米种植区而言，灌浆成熟期正逢雨季，一般不需要灌溉，如遇干旱，可在灌浆中期补水一次，喷灌定额 45mm 左右。

（3）地膜覆盖大田作物的非充分灌溉模式。喷灌条件下地膜覆盖的非充分灌溉模式包括采用喷灌方式实现小定额灌水，农田地表覆盖地膜增温保墒，运用非充分灌溉技术确定灌水时间和灌水量，配套水肥耦合技术提高肥料利用率。其特点是：采用喷灌方式实行小定额灌水提高灌水效率，灌水定额 40～50mm，运用地膜覆盖调控田间土壤水热状况，抑制土壤棵间蒸发。该模式适宜于大田冬小麦、夏玉米、棉花等大田作物。一般整地后先铺地膜，然后打孔播种，也可以采用铺膜、播种一次作业机械。冬小麦采用地膜覆盖，可增产 6.56％～17.51％，减少耗水量 6.7％～13.0％，水分利用效率达到 2.38～2.79kg/m³，提高 9.15％～25.15％。夏玉米采用地膜覆盖，可增产 6.67％～24.93％，减少耗水量 8.71％～21.96％，水分利用效率达到 2.55～3.57kg/m³，提高 19.13％～32.12％。在夏玉米上采用地膜覆盖的节水增产效果优于冬小麦，同样，节水增产效果在中轻度水分胁迫条件下较高，在适宜水分条件或高水分条件下较低。该模式主要的技术操作规程与前面介绍的秸秆覆盖的非充分灌溉模式相似，只是覆盖方式为地膜覆盖，其他的灌水、施肥和田间管理措施均相同。

2. 地面灌溉条件下大田作物非充分灌溉模式

（1）秸秆覆盖下大田作物非充分灌溉模式。地面灌溉条件下冬小麦、夏玉米秸秆覆盖的非充分灌溉模式包括：采用地面畦灌方式灌水，通过提高畦块平整度以及改进畦田规格实行小定额灌水，畦宽 2～3m，畦长不超过 50m；实施非充分灌溉模式，灌水定额 60～75mm，运用秸秆覆盖调控田间土壤水热状况，平抑地温，减少棵间蒸发，改善土壤理化性质。该模式适宜于小麦、夏玉米、棉花等大田作物。对于冬小麦，采用玉米秸秆覆盖，覆盖量为 4500～7500kg/hm²，可增产 4.41％～14.13％，减少耗水量 6.55％～11.97％，水分利用效率达到 1.84～2.48kg/m³，提高 8.9％～18.9％。夏玉米的适宜秸秆覆盖量为 6000～7500kg/hm²，可增产 11.09％～23.71％，减少耗水量 9.7％～15.8％，水分利用效率达到 2.10～2.89kg/m³，提高 13.86％～29.16％。在夏玉米上采用秸秆覆盖的节水增产效果优于冬小麦，节水增产效果在中轻度水分胁迫条件下较高，在适宜水分条件或高水分条件下较低。

该模式主要的技术操作规程与前面介绍的喷灌条件下秸秆覆盖的冬小麦、夏玉米非充分灌溉模式大部分相同，只是其灌水方式为地面畦灌，每次灌水定额 60～75mm，作物不同生育期采用非充分灌溉的土壤水分控制下限指标与喷灌模式相同，其他田间管理措施如覆盖方式、施肥和田间管理措施也与喷灌模式相同。

（2）地膜覆盖下大田作物非充分灌溉模式。地面灌溉条件下地膜覆盖非充分灌溉模式的主要特点是：采用地面畦灌方式供水，通过提高畦块平整度实行小定额灌水，畦宽 2～3m，畦长不超过 50m；实施非充分灌溉模式，灌水定额 60～75mm，运用地膜覆盖调控田间土壤水热状况，抑制土壤棵间蒸发。该模式适宜于小麦、夏玉米、棉花等大田作物。对于冬小麦，采用地膜覆盖，可增产 8.92%～17.46%，减少耗水量 9.10%～15.65%，水分利用效率达到 1.95～2.50kg/m³，提高 8.99%～23.20%。夏玉米采用地膜覆盖可增产 8.88%～16.51%，减少耗水量 10.6%～16.20%，水分利用效率达到 2.28～3.47kg/m³，提高 12.92%～31.79%。在夏玉米上采用地膜覆盖的节水增产效果与冬小麦差异不大，其节水增产效果均在中轻度水分胁迫条件下最高，在适宜水分条件或高水分条件下较低。

10.2.2.3　西北河西走廊玉米、棉花非充分灌溉模式

1. 地膜覆盖玉米非充分灌溉模式

覆膜畦灌灌水技术是目前西北内陆干旱区大田玉米采用最多的灌水技术。该技术主要是将玉米田用土埂分隔成长条形小畦，同时在玉米上进行覆膜，将水引进畦中流动，并逐渐渗入土壤。该方法同时具有畦灌和覆膜两大技术的特点，既可减小灌溉水的地下渗漏量，又可在一定程度上降低田间的蒸发蒸腾量，但其耗水量仍较大，水分利用效率不高。膜下滴灌技术是对覆膜灌溉的一个重要改进，该方法为在膜内加装一根滴灌管道，一般分为一管 3 行或一管 4 行。玉米交替隔沟灌溉干旱年全生育期灌溉定额为 2100m³/hm²，比常规沟灌减少 30%以上，耗水量减少 10%以上，产量不降低，水分利用效率增加 30%，达 2.93kg/m³。该技术比小畦灌节水 50%，仅需当地常规畦灌的 40%水量，增产约 10%。采用交替隔沟灌水方式，在同等灌水量水平下，可增产 2.85%～3.96%。收获同等产量的玉米，交替隔沟灌溉比常规沟灌节水 33.3%以上。根据河西走廊绿洲区年降水 110mm 条件下的多年试验资料，该类地区推荐采用的地膜玉米节水高效灌溉模式及其他不同灌溉技术下的技术模式见表 10.23，与其他地面灌溉节水方式比较，隔沟交替灌溉具有明显的节水效果。

2. 地膜覆盖棉花非充分灌溉模式

甘肃河西干旱内陆区棉花生育期活动积温较低，大于 10℃的活动积温约为 3100℃，属超早熟地区，生产实践中多采取畦灌、地膜覆盖和矮秆密植技术，同时通过控制灌水抑制棉株生长。针对甘肃河西走廊特点，以提高霜前花比例和水分利用效率为核心，一般年份在现蕾、开花期灌 2 次水，干旱年花中期增加 1 次水，丰水年只在开始灌 1 次水，保持现蕾期土壤含水量不低于 55%田间持水量；花铃期不低于 45%田间持水量，吐絮至收获期可降至田间持水量 45%以下。推荐采用隔沟交替灌溉方式，苗期不灌水，若在特殊干旱年份冬季储水不足条件下，可在苗期补充灌水 1 次，灌水定额以 20～30mm 为宜。在平水年份，棉花生育期一般在需水关键期灌水 2 次，即初花期和花铃期各灌水 1 次，灌水定额为 30mm。一般干旱年份在现蕾期和盛花期各补充灌 1 次水，即生育期内灌水 4 次，

表 10.23　　西北河西走廊绿洲区大田玉米非充分灌溉模式（甘肃石羊河流域）

灌溉方式	水文年	灌水时间	产量/(kg/hm²)	灌溉定额/(m³/hm²)	耗水量/(m³/hm²)	水分利用效率/(kg/m³)
交替隔沟灌溉	湿润年	拔节、大喇叭口、抽雄、吐丝、灌浆始、灌浆中	11250～13500	1800	4000～4500	2.8～3.0
	干旱年	拔节、大喇叭口、抽雄、吐丝、灌浆始、灌浆中、乳熟	11250～13500	2100	4000～4500	2.8～3.0
常规沟灌	湿润年	拔节、大喇叭口、抽雄、吐丝、灌浆始、灌浆中	11250～13500	2700	4500～5000	2.5～2.7
	干旱年	拔节、大喇叭口、抽雄、吐丝、灌浆始、灌浆中、乳熟	11250～13500	3150	4500～5000	2.5～2.7
小畦灌	湿润年	拔节、大喇叭口、抽雄、吐丝、灌浆始、灌浆中	11250～12750	3600	5000～6000	2.3～2.1
	干旱年	拔节、大喇叭口、抽雄、吐丝、灌浆始、灌浆中、乳熟	11250～12750	4200	5000～6000	2.3～2.1
当地畦灌	湿润年	拔节、大喇叭口、吐丝、灌浆始	10500～12000	4200	5500～6500	1.9～1.8
	干旱年	拔节、大喇叭口、吐丝、灌浆始、灌浆中	10500～12000	5250	5500～6500	1.9～1.8
膜下滴灌	湿润年	出苗、拔节始、拔节中、大喇叭口、抽雄、吐丝、灌浆始、灌浆中、灌浆末、乳熟	13500～15000	2700	4000～5000	3.4～3.0
	干旱年	出苗、拔节始、拔节中、大喇叭口、抽雄、吐丝、灌浆始、灌浆中、灌浆末、乳熟	13500～15000	3000	4000～5000	3.4～3.0

特殊干旱年份可在现蕾期再补充灌 1 次水，灌水定额为 30.0～37.5mm，可满足不同阶段棉花生长需水要求，抑制贪青徒长，减少耗水量，促使棉花早熟、稳产、高产、优质。每公顷产皮棉 1500kg 以上，绒长 40mm 以上，衣分 35% 以上，显著提高棉花籽棉产量和霜前花比例，提高其水分利用效率和经济效益。若采用膜下滴灌，次灌水定额为 18mm，花期和铃期每 20d 和 15d 交替灌水 1 次，棉花霜前花产量可提高 10.6%，改善了皮棉品质。

膜下滴灌条件下根系分区交替灌溉的基本模式为：在膜下滴灌条件下，灌水定额为 180m³/hm² 时，花期和铃期分别每 20d 和 15d 交替 1 次。配套措施为：膜宽为 140cm，膜间距为 20cm，棉花行距为 35cm，株距为 25cm。滴灌试验采用内镶式薄壁滴灌带，以"一带两行"（一条滴灌带控制两行作物）方式布设毛管，以"一膜四行"方式种植。定苗时根据棉苗生长情况每孔选留 3～5 株。

10.2.2.4　新疆绿洲区膜下滴灌棉花非充分灌溉模式

该灌溉模式的特点是采用滴灌方式实现小定额局部灌溉，大大减少灌水量。当土壤水分达到棉花下限指标时进行滴灌，不同生育阶段的土壤水分控制下限指标为：苗期 60%（占田间持水量%）、蕾期 65%、花铃期 65%～70%、吐絮期 55%～60%。不同的生育期可采用不同的滴灌定额：苗期 20～25mm，花铃期 25～30mm，吐絮期 30～40mm。整地定植前（或播种前）可施用底肥：亩施有机肥 3～5t，纯氮 10kg，五氧化二磷 10kg，氧化钾 8kg。其追肥在不同生育期分次随灌水采用施肥罐进行随水施用。全生育期灌水 8～12 次，灌水 300～375mm。第一次灌水时间不能太迟，以 6 月上、中旬为宜，第一次灌水要充足，地表土层渗透均匀，以地面不能有积水和流动水出现为原则。棉花花铃期（7—8 月）要适当缩短灌水间隔，增加灌水量。苗期水（蕾期）：从棉花现蕾初期到开花（6 月上、中旬至 6 月下旬）灌水 2～4 次，灌水间隔 8～10d，每次灌水 22.5～45.0mm。花铃期：在棉花花铃期（7 月上旬至 8 月中下旬）灌水 8 次、灌水间隔 5～7d，每次灌水为 30～45mm。吐絮期：在棉花吐絮初期（9 月上旬）灌最后一次水，灌水量 30mm。具体灌水时间根据棉花不同生育阶段的土壤水分下限指标而定。

10.3　设施蔬菜不同阶段缺水对产量和品质的影响及节水调质高效灌溉模式

灌溉水调控对设施蔬菜病害防治、品质提升和水肥利用效率有重要影响，随着社会对有营养的高品质蔬菜需求增加，设施蔬菜提质增效灌溉调控日益受到重视。

10.3.1　温室番茄缺水对产量与品质的影响及缺水敏感指数

10.3.1.1　不同土壤水分控制指标对温室番茄产量影响

表 10.24 给出了河南新乡 2008—2009 年不同生育阶段土壤水分下限调控对温室番茄阶段产量影响，设四个土壤含水量下限水平，分别为 50%、60%、70% 和 80% 的田间持水量，番茄苗期、开花—坐果期、结果—采收期三个时期水分组合共 10 个处理。从表 10.24 可以看出，番茄产量形成过程总体趋势呈现出采摘前期少、中期大、后期减少的变化规律，大批果实成熟主要集在 6 月，但不同生育阶段土壤水分调控状况对番茄果实成熟早晚、影响程度不尽相同。充分供水处理（CK，各阶段水分下限指标为 80% 田间持水量）大批果实成熟主要集中到 6 月上中旬；苗期土壤水分过高（CK、T3）或过低（T1）虽没有明显降低总产量，但前期（6 月上旬之前）产量较低，番茄上市较晚；开花—坐果期水分亏缺（T4、T5）虽加速了果实成熟，提高了 5 月下旬产量，但伴随着后期产量大幅度降低；而高水分处理（T6）和轻度水分亏缺处理（T2）不仅提高了番茄总产量，而且前期产量相对提高；结果—采收期水分亏缺虽对前期产量无明显影响，但仍伴随着总产量的大幅度降低。T2 处理不仅可以高产，还可促进番茄提早成熟，从而提高番茄的经济效益[18]。

10.3.1.2　不同土壤水分控制指标对温室番茄果实品质的影响

表 10.25 给出了温室番茄不同生育阶段土壤水分控制指标对果实畸形果重、单果重、果实横径、果实纵径等外观品质。从中可以看出，番茄苗期过度水分亏缺（土壤水分下限指标控制在田间持水量的 50%～55%）虽对总产量没有显著影响，但果实总体偏小，不利于提高果实的外观品质。开花—坐果期过度水分亏缺（土壤水分下限指标控制在田间持水量的 65% 以下）易形成小果和畸形果，水分过高（土壤水分下限指标控制在田间持水量的 80%）亦不利于果实外观品质提高；结果—采收期过度水分亏缺（土壤水分下限指标控制在田间持水量的 65% 以下）使畸形果增加，且果实偏小。当土壤水分下限（占田间

表 10.24　　不同土壤水分下限控制对温室番茄阶段产量的影响（河南新乡）

年份	处理*	处理编号	收获时番茄产量/(t/hm²)					总产量/(t/hm²)
			5 月下旬	6 月上旬	6 月中旬	6 月下旬	7 月上旬	
2008	T50 - 70 - 70	T1	14.59	25.89	37.36	31.95	7.47	117.26
	T60 - 70 - 70	T2	18.41	32.62	38.21	22.83	9.70	121.77
	T70 - 70 - 70	T3	10.37	21.89	41.01	34.12	13.31	120.70
	T60 - 50 - 70	T4	25.91	25.55	32.55	13.74	9.73	107.48
	T60 - 60 - 70	T5	23.68	27.66	35.12	19.80	9.61	115.87
	T60 - 80 - 70	T6	16.02	31.28	39.95	25.92	8.67	121.84
	T60 - 70 - 50	T7	17.41	29.26	29.98	13.62	7.23	97.50
	T60 - 70 - 60	T8	18.47	29.46	32.61	17.44	7.44	105.42
	T60 - 70 - 80	T9	19.63	30.99	39.08	21.81	7.09	118.60
	T80 - 80 - 80	CK	14.59	23.45	30.89	41.76	8.27	118.96
2009	T50 - 70 - 70	T1	22.12	32.05	34.20	16.76	9.16	114.29
	T60 - 70 - 70	T2	25.90	32.12	36.01	13.67	9.11	116.81
	T70 - 70 - 70	T3	19.79	36.19	37.57	13.53	8.56	115.64
	T60 - 50 - 70	T4	29.94	26.31	26.34	10.93	11.82	105.34
	T60 - 60 - 70	T5	26.25	30.16	31.49	13.73	9.21	110.84
	T60 - 80 - 70	T6	24.89	36.54	36.08	11.08	8.47	117.06
	T60 - 70 - 50	T7	24.45	33.14	23.76	11.84	11.56	104.75
	T60 - 70 - 60	T8	24.93	35.81	34.59	8.22	7.79	111.34
	T60 - 70 - 80	T9	21.18	35.45	35.76	15.02	8.15	115.56
	T80 - 80 - 80	CK	10.67	31.19	39.22	25.63	8.72	115.43

注　处理*中的数字 50、60、70 和 80 表示土壤水分控制下限指标，为占田间持水量的百分比，如 T60 - 70 - 70 表示苗期、开花—坐果期、结果—采收期三个时期土壤水分控制下限分别为田间持水量的 60%、70% 和 70%。

表 10.25　　不同土壤水分下限控制指标对番茄果实外观品质的影响（河南新乡）

年份	处理*	处理编号	总产量/(t/hm²)	畸形果重/(t/hm²)	单果重/g	横径/cm	纵径/cm	单株果数/(个/株)
2008	T50 - 70 - 70	T1	117.26	3.07	147.03	6.55	5.28	13.16
	T60 - 70 - 70	T2	121.76	4.48	164.10	6.89	5.71	12.24
	T70 - 70 - 70	T3	120.71	6.41	159.72	6.85	5.52	12.47
	T60 - 50 - 70	T4	107.49	7.36	155.86	6.69	5.58	11.38
	T60 - 60 - 70	T5	115.87	4.39	159.72	6.74	5.52	11.97
	T60 - 80 - 70	T6	121.84	6.08	163.40	6.94	5.68	12.30
	T60 - 70 - 50	T7	97.50	5.12	148.08	6.70	5.46	10.86
	T60 - 70 - 60	T8	105.42	4.65	151.85	6.71	5.46	11.45
	T60 - 70 - 80	T9	118.59	3.97	163.69	7.03	5.72	11.95
	T80 - 80 - 80	CK	118.96	4.43	142.29	6.49	5.28	13.80

年份	处理*	处理编号	总产量 /(t/hm²)	畸形果重 /(t/hm²)	单果重 /g	横径 /cm	纵径 /cm	单株果数 /(个/株)
2009	T50－70－70	T1	114.28	6.42	149.76	6.66	5.11	12.43
	T60－70－70	T2	116.81	6.48	151.76	6.79	5.23	12.70
	T70－70－70	T3	115.64	6.45	150.54	6.62	5.15	12.68
	T60－50－70	T4	105.34	7.98	145.46	6.42	5.02	11.95
	T60－60－70	T5	110.83	5.93	148.98	6.53	4.99	12.28
	T60－80－70	T6	117.05	6.82	151.47	6.62	5.22	12.75
	T60－70－50	T7	104.75	8.11	145.25	6.59	5.01	11.90
	T60－70－60	T8	111.33	7.02	150.88	6.66	5.16	12.18
	T60－70－80	T9	115.55	5.29	153.71	6.81	5.28	12.40
	T80－80－80	CK	115.42	5.47	144.06	6.45	5.01	12.95

注　处理* 中的数字 50、60、70 和 80 表示土壤水分控制下限指标占田间持水量的百分比,如 T60－70－70 表示苗期、开花—坐果期、结果—采收期三个时期土壤水分控制下限分别为田间持水量的 60%、70% 和 70%。

持水量的百分比)控制在苗期 60%～65%、开花—坐果期 70%～75%、结果—采收期 70%～75% 时,在不降低番茄产量的同时,降低了番茄畸形果形成量,且果实较大,在一定程度上改善了番茄果实外观品质,进而有利于提高番茄商品价值。

不同土壤水分下限控制对番茄果实硬度影响不同,番茄果实硬度两年变化规律基本相同,以 2008 年为例,各处理番茄果实硬度变化范围在 2.13～2.75kg/cm²,开花—坐果期重度水分亏缺处理(T4)硬度最大,对照处理(CK)硬度最小,说明开花—坐果期水分亏缺对果实硬度影响最为显著。苗期水分亏缺对番茄果实硬度无明显影响,开花—坐果期和结果—采收期不同土壤水分下限控制对番茄果实硬度均有明显影响,果实硬度随土壤水分下限的增高而降低。

硝酸盐是作物氮素的主要来源,其含量水平反映作物氮素营养状况,在大多数情况下它是作物丰产优质的重要因素,但果实中过多硝酸盐危害人体健康。表 10.26 给出了不同土壤水分控制下限指标对番茄果实硝酸盐含量影响,硝态氮含量与土壤水分关系密切,水分亏缺越严重,果实内硝态氮含量越高。2008 年和 2009 年两年结果表明不同处理番茄硝酸盐含量变化范围分别在 120.33～183.48mg/kg 和 217.85～278.26mg/kg,果实硝酸盐含量均低于国家规定的一级标准,而番茄硝态氮含量均在可生食允许范围内。

可溶性蛋白质含量也是影响番茄果实品质的指标之一,不同生育阶段不同土壤水分下限控制对番茄果实可溶性蛋白质含量有一定影响,与 CK 处理相比,T2、T4、T5、T7 和 T8 处理可溶性蛋白质含量有所提高,但统计分析表明差异不显著(表 10.26)。由此说明,土壤水分调控对番茄果实可溶性蛋白含量影响较小,水分亏缺虽可在一定程度上提高番茄果实可溶性蛋白质含量,但过度水分亏缺对果实可溶性蛋白质含量提高效果并不显著。

不同土壤水分下限控制对番茄果实 VC 含量也产生影响,2009 年数据结果表明,开花—坐果期和结果—采收期不同土壤水分下限控制对番茄果实 VC 含量具有明显影响,与对照处理(CK)相比(表 10.26),开花—坐果期除高水分处理(T6)外,其余各水分处理

表 10.26　　不同土壤水分下限控制对番茄果实营养品质指标的影响（河南新乡）

年份	处理*	处理编号	硬度/(kg/cm²)	可溶性糖/%	酸度/%	糖酸比/%	硝酸盐/(mg/kg)	VC含量/(mg/kg)	可溶性蛋白质/%
2008	T50-70-70	T1	2.51	2.38	0.393	6.05	120.33	—	—
	T60-70-70	T2	2.39	2.30	0.392	5.87	127.90	—	—
	T70-70-70	T3	2.41	2.26	0.395	5.73	124.90	—	—
	T60-50-70	T4	2.75	2.73	0.477	5.73	183.48	—	—
	T60-60-70	T5	2.57	2.53	0.419	6.05	169.35	—	—
	T60-80-70	T6	2.29	2.06	0.349	5.89	122.09	—	—
	T60-70-50	T7	2.64	2.58	0.475	5.43	177.71	—	—
	T60-70-60	T8	2.50	2.43	0.429	5.67	156.74	—	—
	T60-70-80	T9	2.19	2.07	0.368	5.62	134.02	—	—
	T80-80-80	CK	2.13	2.07	0.366	5.65	123.32	—	—
2009	T50-70-70	T1	2.42	2.22	0.504	4.40	230.06	157.52	0.669
	T60-70-70	T2	2.42	2.35	0.514	4.57	230.51	151.28	0.704
	T70-70-70	T3	2.47	2.31	0.516	4.49	232.24	152.82	0.685
	T60-50-70	T4	2.53	2.75	0.653	4.21	278.26	174.68	0.701
	T60-60-70	T5	2.58	2.61	0.580	4.50	256.91	155.75	0.727
	T60-80-70	T6	2.22	2.10	0.506	4.15	225.39	138.74	0.654
	T60-70-50	T7	2.47	2.68	0.634	4.23	253.18	194.74	0.749
	T60-70-60	T8	2.37	2.51	0.585	4.30	246.47	174.38	0.688
	T60-70-80	T9	2.31	2.17	0.525	4.13	230.61	155.59	0.664
	T80-80-80	CK	2.25	2.08	0.513	4.06	217.85	141.74	0.663

注　处理*中的数字50、60、70和80表示土壤水分控制下限占田间持水量的百分比，如T60-70-70表示番茄苗期、开花—坐果期、结果—采收期三个时期土壤水分控制下限分别为田间持水量的60%、70%和70%。

均明显提高了番茄果实的VC含量，其大小顺序为：T4＞T5＞T2＞CK＞T6；结果—采收期各处理均明显提高了VC含量，其大小顺序为：T7＞T8＞T2＞T9＞CK，也就是说，不论开花—坐果期还是结果—采收期，水分亏缺均可提高番茄果实VC含量，且随着水分亏缺程度的增大而增大。从品质结果数据还可以看出，同一程度不同时期水分亏缺对果实VC含量的影响程度不同，结果—采收期重度（T7）和中度（T8）水分亏缺处理的VC含量较开花—坐果期重度（T4）和中度（T5）水分亏缺处理分别高出11.48%和11.97%，番茄果实VC含量高于开花—坐果期，说明在番茄结果—采收期进行水分亏缺更有利于番茄果实VC含量的提高。

10.3.1.3　温室番茄缺水敏感指数

相对于大田作物，蔬菜对水分亏缺比较敏感，缺水易造成减产。表10.27表明，番茄在开花—坐果期和结果—采收期的缺水敏感指数较大，苗期最小。开花—坐果期和结果—采收期是番茄需水关键期，而在苗期可以实施轻度水分亏缺。

表 10.27　　　　温室滴灌番茄不同生育阶段的缺水敏感指数 λ_i（河南新乡）

年份	不同生育阶段缺水敏感指数 λ_i		
	苗期	开花—坐果期	结果—采收期
2008	0.1083	0.4220	0.3836
2009	0.1327	0.3652	0.3974
平均	0.1205	0.3936	0.3905

10.3.1.4　温室番茄节水调质高效调控模式

温室作物不仅要关注不同节水条件下的产量，商品价值和经济效益也是需要考虑的重要因素[19]。在西北干旱区研究了不同生育阶段水分亏缺对膜下沟灌番茄产量与效益、市场品质的影响。不同水分处理分别为：苗期、开花和果实膨大期、果实成熟与采收期三个生育期，按照正常灌溉（N）、1/3 正常灌溉量（S）、2/3 正常灌溉量（M）三个水分水平，形成七个组合处理为：SNN（T1）、MNN（T2）、NSN（T3）、NMN（T4）、NNS（T5）、NNM（T6）、NNN（T7，CK）。

2008 年 1—7 月（2008 年冬春茬）和 2008 年 8 月至 2009 年 7 月（2008—2009 年越冬茬）在甘肃省武威市中国农业大学石羊河实验站的日光温室进行番茄调亏灌溉试验。试验采用不同生育阶段的灌水定额做处理因子，随机区组方式布置小区，共设 7 个处理，3 次重复，21 个小区（表 10.28）。从移栽后 3～4d 开始，当充分灌水处理（CK）计划湿润层（0～50cm）内的平均土壤含水量达到田间持水量的 75%时，开始灌水。灌水上限为田间持水量的 90%，灌水方式为膜下沟灌，灌水量用水表控制。为防止水分侧渗，小区间用深度 1m 的防渗膜进行隔离。

表 10.28　　　　温室番茄节水调质试验设计灌水定额　　　　单位：mm

年份与茬口	处理	移栽	苗期	开花和果实膨大期	果实成熟与采摘期	全生育期 148d
2008 年冬春茬	T1	21.0(1)	7.0(1)	21.0(4)	21.0(6)	238.0(12)
	T2	21.0(1)	14.0(1)	21.0(4)	21.0(6)	245.0(12)
	T3	21.0(1)	21.0(1)	7.0(4)	21.0(6)	196.0(12)
	T4	21.0(1)	21.0(1)	14.0(4)	21.0(6)	224.0(12)
	T5	21.0(1)	21.0(1)	21.0(4)	7.0(6)	168.0(12)
	T6	21.0(1)	21.0(1)	21.0(4)	14.0(6)	210.0(12)
	CK	21.0(1)	21.0(1)	21.0(4)	21.0(6)	252.0(12)
2008—2009 年越冬茬	T1	25.5(1)	8.5(1)	25.5(3)	25.5(15)	493.0(20)
	T2	25.5(1)	17.0(1)	25.5(3)	25.5(15)	501.5(20)
	T3	25.5(1)	25.5(1)	8.5(3)	25.5(15)	459.0(20)
	T4	25.5(1)	25.5(1)	17.0(3)	25.5(15)	484.5(20)
	T5	25.5(1)	25.5(1)	25.5(3)	8.5(15)	255.0(20)
	T6	25.5(1)	25.5(1)	25.5(3)	17.0(15)	382.5(20)
	CK	25.5(1)	25.5(1)	25.5(3)	25.5(15)	510.0(20)

注　括号内数值为相应生育阶段内的总灌水次数。

1. 不同灌水处理对温室番茄外观、储藏品质的影响

水分是果蔬品质形成的重要媒介物质，它不仅是各种营养物质的转运载体，而且也直接参与到细胞分裂、糖分转化等一系列生理生化过程中，调节着植物器官之间的营养分配，促进某些品质合成与转化酶的生成和活性，进而影响光合同化产物向果实的分配，提高果实可溶性固形物和糖分的含量[20-22]。番茄外观品质包括果实大小、形状与颜色，是消费者所具有的第一印象。试验结果（表 10.29）表明，水分亏缺对果形指数影响不显著，但对果实颜色却有显著影响，其中明度和灌水量成相反变化关系，任何生育期进行水分亏缺均降低番茄的色彩角，增加番茄红度。在番茄果实成熟与采收期亏水也可增加果皮颜色的饱和度。番茄硬度是与成熟度相关的重要品质指标，2008 年冬春茬，T5 和 T6 处理硬度较 CK 明显增加，分别为 6.53kg/cm² 和 6.24kg/cm²，比 CK 处理增加 16.8％和 11.6％。但在 2008—2009 年越冬茬，尽管 T5 处理的硬度比 CK 增加 7.6％，但差异不显著。在开花和果实膨大期、果实成熟与采收期实行 1/3 灌水量会降低番茄果实含水率，2008 年冬春茬 T5 处理果实含水率为 92.88％，比 CK 处理明显降低。在 2008—2009 年越冬茬，T3 和 T5 处理果实含水率分别为 92.20％和 92.05％，与 CK 处理差异显著。

表 10.29   日光温室不同灌水处理对番茄外观与储藏品质的影响（甘肃武威）

年份与茬口	处理编号	外 观 指 标			硬度 /(kg/cm²)	果实含水率 /％
		明度/％	色彩角/(°)	饱和度/％		
2008 年冬春茬	T1	44.07b	34.09ab	29.83c	5.48c	95.30ab
	T2	43.97b	34.53ab	31.11bc	5.57c	96.80a
	T3	43.60b	33.76b	31.49abc	5.85bc	95.03ab
	T4	43.30b	34.01ab	29.34c	5.66c	96.52a
	T5	43.47b	34.07ab	33.35ab	6.53a	92.88c
	T6	43.81b	34.52ab	33.77a	6.24ab	94.43bc
	CK	45.40a	36.20a	30.14c	5.59c	95.92ab
2008—2009 年越冬茬	T1	44.94ab	37.35b	25.30cd	5.90a	93.80a
	T2	45.05ab	35.54c	26.14bc	6.29a	93.90a
	T3	44.14bc	35.02c	27.56a	5.82a	92.20b
	T4	44.71b	35.47c	26.30bc	6.16a	93.25ab
	T5	43.27c	34.47c	27.55a	6.37a	92.05b
	T6	43.86bc	34.30c	26.63ab	5.98a	93.75ab
	CK	46.02a	39.95a	24.80d	5.92a	94.10a

注 相同生长季不同处理之间同一因素后面相同字母表示统计分析差异不显著($P>0.05$)。

番茄内在品质包含口感与营养两个方面，其中糖与酸的含量及其比例决定了番茄的口感好坏。表 10.30 的结果表明，果实成熟与采收期亏水可以显著增加番茄可溶性固形物（TSS）、可溶性糖与有机酸含量，而在苗期进行亏水，则对番茄糖分含量影响不大，处理之间差异不明显。T5 和 T6 处理增加番茄的有机酸含量，糖酸比略有增加。在番茄开花和果实膨大期、果实成熟与采收期亏水，可以增加番茄 VC 与番茄红素含量，同时增加番茄红度。

表 10.30　　　　日光温室不同灌水处理对番茄内在品质的影响（甘肃武威）

年份与茬口	处理编号	TSS /%	可溶性糖 /%	有机酸 /%	糖酸比	VC /(mg/100gFW)	番茄红素 /(mg/100gFW)
2008 年冬春茬	T1	5.38e	4.73c	0.42b	11.30ab	11.65d	7.32b
	T2	5.83d	5.21b	0.40b	13.00a	11.87d	7.03b
	T3	6.34c	4.84bc	0.38b	12.75ab	12.86cb	8.15a
	T4	5.75d	4.86bc	0.38b	12.64ab	12.17cd	7.01b
	T5	7.18a	6.34a	0.51a	12.44ab	15.08a	8.04a
	T6	6.79b	5.90a	0.49a	12.14ab	13.38b	8.33a
	CK	5.38e	4.56c	0.41b	11.11b	11.61d	6.90b
2008—2009 年越冬茬	T1	4.91d	3.78bc	0.43d	8.84a	10.57cd	7.00bc
	T2	5.12cd	3.54c	0.43d	8.29ab	10.50cd	7.14bc
	T3	5.52ab	3.95b	0.48c	8.16ab	10.80c	7.95b
	T4	4.92d	3.78bc	0.43d	8.69ab	10.12de	7.40b
	T5	5.79a	4.61a	0.52a	8.83a	12.60a	7.99a
	T6	5.41bc	4.38a	0.50b	8.71ab	11.69b	7.85a
	CK	4.92d	3.56c	0.43d	8.37ab	9.72e	6.98c

注　相同生长季不同处理之间同一因素后面相同字母表示统计分析差异不显著（$P > 0.05$）。

单果重是番茄重要的外观品质指标和产量构成因子，也是划分市场等级的主要依据。2008 年冬春茬，番茄成熟和采收期水分亏缺会增加小果数量，而在移栽后减少灌水，番茄大果产量和比例增加（表 10.31）。2008—2009 年越冬茬的产量分布和 2008 年冬春季具有相似规律。越冬季由于果实成熟与采收期较长、蒸发量大等原因，果实成熟与采收期进行 1/3 或 2/3 亏水处理，会显著降低番茄单果重，影响产量和经济效益，应尽量保证该阶段水分供应。果实大小还是消费者购买番茄时的重要外观评价指标，决定着消费者最终的购买意愿与效益。根据对消费者果实大小喜爱度调查结果，结合标准化产量值，计算得到单果大小喜好度值，T5 和 T6 处理单果重喜好度得分最低，分别为 1.06 和 1.20，比 CK 处理分别降低 35.4% 和 26.8%。2008—2009 年越冬茬的果实大小喜好度评价得分为 T4>T2>T1>CK>T3>T6>T5。从提高果实大小喜爱度得分、增加市场竞争力与经济效益的角度出发，应在越冬季番茄开花和果实膨大期适当减少灌水量，而保证果实成熟与采收期的灌水。

2. 不同灌水处理对温室番茄效益的影响

表 10.32 显示根据市场实际收购价格和实际产量计算的不同水分处理温室番茄经济毛效益和水分利用效率。结果表明，苗期减少 2/3 或 1/3 灌水与开花和果实膨大期减少 1/3 灌水量不但节水潜力大，而且总体经济效益高。对市场产量、毛效益与耗水量关系的研究表明，两者与耗水量均呈二次抛物线关系，耗水量大于 250mm 时，增加耗水量对市场产量和总效益的增加作用不明显，春夏茬番茄的经济耗水量在 250mm 左右。越冬茬番茄的市场产量和毛效益表现与冬春茬相似（表 10.29），总量约为冬春茬的 1.6 倍左右。苗期亏水有利于增加番茄大果的产量与比例，T1 和 T2 处理的市场产量分别比 CK 增加 16.13t/hm² 和 18.12t/hm²。

表 10.31　　　　日光温室不同灌水处理对番茄产量分布影响（甘肃武威）

年份与茬口	处理编号	单果重<60g 产量 /(t/hm²)	单果重<60g 占总产量 /%	60≤单果重<125g 产量 /(t/hm²)	60≤单果重<125g 占总产量 /%	125g≤单果重<250g 产量 /(t/hm²)	125g≤单果重<250g 占总产量 /%	单果重≥250g 产量 /(t/hm²)	单果重≥250g 占总产量 /%
2008 年冬春茬	T1	8.86bc	4.86bc	46.07a	25.30bc	102.78a	56.43ab	24.43a	13.41a
	T2	8.54bc	4.56c	44.10a	23.53c	107.54a	57.39a	27.21a	14.52a
	T3	8.54bc	6.06bc	59.47a	42.15a	65.12ab	46.16ab	7.95bc	5.63b
	T4	6.57c	3.63c	48.85a	26.99bc	103.55a	57.21a	22.03ab	12.17ab
	T5	17.91a	16.71a	40.24a	37.55ab	43.25b	40.36b	5.76c	5.37b
	T6	15.97ab	13.01ab	44.03a	35.85abc	51.40ab	41.85ab	11.41abc	9.29ab
	CK	8.88bc	4.90bc	46.68a	25.76bc	100.89ab	55.68ab	24.76a	13.66a
2008—2009 年越冬茬	T1	17.55b	5.75c	60.44c	19.78d	179.59a	58.78a	47.94a	15.69a
	T2	12.39c	4.10c	67.69c	22.39cd	179.68a	59.43a	42.59ab	14.09ab
	T3	15.75bc	6.72c	88.99ab	37.95b	108.19c	46.14c	21.55cd	9.19cd
	T4	13.87bc	4.95c	109.19a	38.98b	124.96c	44.61c	32.10bc	11.46bc
	T5	31.91a	17.06a	93.67ab	50.08a	48.82d	26.10d	12.63d	6.75d
	T6	30.45a	13.69b	104.00a	46.76b	65.62d	29.51d	22.33cd	10.04cd
	CK	16.85bc	5.84c	75.63bc	26.20b	149.29b	51.71b	46.92a	16.25a

注　相同生长季不同处理之间同一因素后面相同字母表示统计分析差异不显著（$P>0.05$）。

表 10.32　日光温室番茄不同灌水处理的市场产量、毛效益和水分利用效率（甘肃武威）

年份与茬口	处理编号	灌水量 /mm	耗水量 /mm	市场产量 /(t/hm²)	毛效益 /(万元/hm²)	灌溉水 WUE /(kg/m³)	总耗水 WUE /(kg/m³)	单方灌水效益 /(元/m³)	单方耗水效益 /(元/m³)
2008 年冬春茬	T1	238.0	261.76	173.28ab	32.69ab	72.81a	66.20a	137.37a	124.90a
	T2	245.0	276.90	178.84a	33.78a	73.00a	64.59a	137.89a	122.01a
	T3	196.0	223.45	132.53abc	24.75ab	67.62a	59.31a	126.28a	110.77a
	T4	224.0	254.77	174.44ab	31.80ab	77.87a	68.47a	141.99a	124.84a
	T5	168.0	213.32	89.24c	19.28b	53.12a	41.83a	114.73a	90.36a
	T6	210.0	242.86	106.84bc	20.66ab	50.88a	43.99a	98.39a	85.07a
	CK	252.0	290.90	172.32ab	32.61ab	68.38a	59.24a	129.42a	112.11a
2008—2009 年越冬茬	T1	494.9	569.10	287.97	48.22	58.19	50.60	97.44	84.76
	T2	503.4	588.00	289.96	49.02	57.60	49.31	97.37	83.38
	T3	460.7	518.00	218.74	38.41	47.48	42.23	83.37	74.16
	T4	486.2	540.40	266.25	47.17	54.76	49.27	97.01	87.29
	T5	255.5	326.90	155.12	29.47	60.71	47.45	115.36	90.13
	T6	383.0	458.90	191.95	35.85	50.12	41.83	93.60	78.32
	CK	512.0	584.40	271.84	44.63	53.09	46.52	87.18	76.39

注　相同生长季不同处理之间同一因素后面相同字母表示统计分析差异不显著（$P>0.05$）。

490

表 10.33　不同灌水处理日光温室番茄综合评价得分及综合水分利用效率（甘肃武威）

年份与茬口	处理编号	耗水量 /mm	总产量 /(t/hm²)	综合评价得分	水分利用效率 /(kg/m³)
2008 年 冬春茬	T1	261.76	182.14ab	1.95	69.60a
	T2	276.90	187.38a	2.49	67.77a
	T3	223.45	141.07abc	2.63	63.47a
	T4	254.77	181.01ab	2.41	71.09a
	T5	213.32	107.15c	1.95	50.36a
	T6	242.86	122.81bc	2.03	50.83a
	CK	290.90	181.20ab	1.73	62.23a
2008—2009 年 越冬茬	T1	569.08	305.53a	2.33	53.69ab
	T2	588.00	302.35a	1.98	51.42abc
	T3	517.97	234.49b	2.15	45.27c
	T4	540.36	280.12a	2.60	51.84abc
	T5	326.93	187.03c	2.63	57.21a
	T6	458.92	222.40bc	2.49	48.46bc
	CK	584.37	288.69a	1.79	49.40abc

注　相同生长季不同处理之间同一因素后面相同字母表示统计分析差异不显著（$P>0.05$）。

3. 温室番茄节水调质高效模式

对番茄在不同灌水条件下的品质、产量和效益进行综合评价并计算水分利用效率见表 10.33。结果表明，2008 年冬春茬，番茄开花和果实膨大期进行 1/3 灌溉水量的 T3 处理，综合评价得分为 2.63，比 CK 处理增加 52.0%，可以实现产量和品质的统一。2008—2009 年越冬茬和 2008 年冬春茬的变化规律相似，越冬茬在果实成熟期与采收期实行 1/3 灌水量处理可以达到产量和品质最优。研究结果显示通过合理灌溉，即实施在番茄开花和果实膨大期进行控水灌溉，在正常灌水量上减少 1/3，可实现温室番茄产量、水分利用效率和经济效益的统一。

10.3.2　温室茄子缺水对产量与品质的影响及缺水敏感指数

10.3.2.1　不同土壤水分下限控制对温室茄子产量和外观品质的影响

温室茄子土壤水分下限控制指标共设四个土壤含水量水平，分别为 50%、60%、70% 和 80% 的田间持水量，茄子苗期、开花—坐果期、结果—采收期三个时期不同土壤水分下限组合共 10 个处理。表 10.34 显示不同土壤水分下限控制温室茄子产量差异显著，苗期控制土壤含水量下限占田间持水量 70%、开花—坐果期占田间持水量 80%、结果—采收期占田间持水量 70% 条件下，可达到最高产量（处理 T7）；苗期、开花—坐果期和结果—采收期维持土壤含水量占田间持水量的 50% 时，都导致了显著减产，特别是结果—采收期水分亏缺对产量影响更明显。而维持整个生育期土壤水分下限占田间持水量的 80%（CK 处理），产量低于维持整个生育期 70% 田间持水量下限的产量，但任何生育期土壤水分低于 60％田间持水量，都对茄子产量产生影响。开花—坐果期和结果—采收期水分亏缺显著降低了单果重；开花—坐果期水分亏缺降低了坐果数，开花—坐果期是茄子对水分亏缺最敏感的时期。

表 10.34　　不同土壤水分下限控制对茄子产量和果实外观品质的影响（河南新乡）

处理 *	处理编号	总产量 /(t/hm²)	畸形果重 /(t/hm²)	单果重 /g	横径 /cm	纵径 /cm	单株果数 /(个/株)
T50－70－70	T1	38.21	0.736	249.56	7.98	11.56	4.09
T60－70－70	T2	41.25	0.200	259.38	8.16	11.59	4.06
T70－70－70	T3	43.53	0.317	266.06	8.32	12.07	4.09
T80－70－70	T4	43.85	0.934	277.85	8.44	12.04	4.02
T70－50－70	T5	35.47	0.138	244.37	8.02	11.38	3.36
T70－60－70	T6	37.38	0.413	252.68	8.14	11.63	3.71
T70－80－70	T7	44.36	0.515	269.94	8.36	12.05	4.11
T70－70－50	T8	34.26	0.703	247.50	8.15	11.31	3.76
T70－70－60	T9	39.27	0.427	256.82	8.36	11.72	3.90
T70－70－80	T10	43.66	0.866	273.09	8.47	12.21	4.08
T80－80－80	CK	42.60	0.677	269.24	8.39	12.09	4.02

注　处理 * 中的数字 50、60、70 和 80 表示土壤水分控制下限占田间持水量的百分比，如 T70－70－70 表示苗期、开花—坐果期和结果—采收期土壤水分控制下限分别为田间持水量的 70％、70％和 70％。

土壤水分下限控制在茄子苗期 60％～70％田间持水量、开花—坐果期 70％～80％田间持水量、结果—采收期 70％～75％田间持水量时，在不降低茄子产量的同时，降低了畸形果形成量，且果实较大，在一定程度上改善了茄子果实的外观品质，进而有利于提高茄子的商品价值。

10.3.2.2　不同土壤水分下限控制对温室茄子硬度和营养品质的影响

不同土壤水分下限指标对茄子果实硬度影响见表 10.35，茄子果实硬度变化范围为 $3.63\sim4.54$ kg/cm²；任何生育阶段进行土壤水分调亏，茄子硬度随土壤水分下限指标的增大均呈现出先降低后增加的变化趋势，说明水分过高或过低均可提高茄子果实的硬度。茄子硝酸盐含量变化范围为 $223.4\sim468.3$ mg/kg。研究结果表明，茄子除 T8 处理外，其余果实硝酸盐含量均低于国家规定的一级标准。可溶性蛋白质含量最高处理是取得最高产量的 T7 处理，说明茄子高产条件下可溶性蛋白质含量也较高；而可溶性糖含量则是随着产量降低而升高，缺水有助于提高茄子糖分含量。

10.3.2.3　温室茄子的缺水敏感指数

利用式 (10.3) 计算了温室茄子不同生育期缺水敏感指数 λ_i，见表 10.36。茄子在结果—采收期的水分敏感指数最大，其次是开花—坐果期，苗期最小。开花—坐果期和结果—采收期是茄子需水关键期，而在苗期可以实施轻度水分亏缺。

表 10.35　　　　不同土壤水分下限控制对茄子硬度和营养品质的影响（河南新乡）

处理*	处理编号	硬度 /(kg/cm²)	可溶性糖 /%	硝酸盐含量 /(mg/kg)	可溶性蛋白质含量 /(mg/kg)
T50-70-70	T1	4.22	2.54	362.4	2.59
T60-70-70	T2	3.83	1.44	315.5	2.26
T70-70-70	T3	3.92	1.33	267.2	1.99
T80-70-70	T4	4.45	1.30	244.5	2.16
T70-50-70	T5	4.53	2.48	421.0	2.36
T70-60-70	T6	4.03	1.41	333.3	2.28
T70-80-70	T7	4.54	1.38	256.5	2.95
T70-70-50	T8	3.93	1.56	468.3	2.5
T70-70-60	T9	3.72	1.39	339.8	2.37
T70-70-80	T10	4.06	1.32	263.8	2.32
T80-80-80	CK	3.63	1.24	223.4	1.86

注　处理* 中的数字 50、60、70 和 80 表示土壤水分控制下限占田间持水量的百分比，如 T70-70-70 表示苗期、开花—坐果期和结果—采收期土壤水分控制下限分别为田间持水量的 70%、70% 和 70%。

表 10.36　　　　温室滴灌茄子不同生育阶段的缺水敏感指数 λ_i（河南新乡）

年份	不同生育阶段缺水敏感指数 λ_i		
	苗期	开花—坐果期	结果—采收期
2008	0.1872	0.3674	0.4645
2009	0.1663	0.3906	0.4108
平均	0.1768	0.3790	0.4377

10.3.3　温室辣椒对水分亏缺的响应及节水调质高效灌溉模式

在西北干旱区甘肃武威中国农业大学石羊河试验站对温室辣椒进行了苗期、开花—坐果期、果实成熟期三个生育期不同水分处理，按照正常灌溉（维持主要根系层 80%～90% 田间持水量，N）、轻度水分亏缺（维持主要根系层 60%～80% 田间持水量，M）、重度水分亏缺（维持主要根系层 45%～60% 田间持水量，S），不同生育期不同水分组合，形成 7 个水分处理为：SNN（T1）、MNN（T2）、NSN（T3）、NMN（T4）、NNS（T5）、NNM（T6）、NNN（T7，CK）。从表 10.37 可以看出，在辣椒任何生育阶段缺水均会造成产量降低，但以果实成熟与采收期缺水对产量影响最大，其次为开花和果实膨大期，苗期缺水对产量影响最小。沟灌条件下，T5 与 T6 处理的产量分别为 106.27t/hm² 和 114.19t/hm²，比对照降低 16.9% 与 10.7%，与对照差异显著。苗期缺水的 T1 和 T2 处理产量虽然较 CK 略有降低，但差异不显著。CK 处理的毛效益最高，为 71.21 万元/hm²，比 T5 和 T6 增加 14.8% 和 11.8%，但只与 T5 处理差异显著。T5 处理的水分利用效率最高，为 24.73kg/m³；T4 处理最低，为 19.90kg/m³。T5 的单方耗水效益最大，为 144.34 元/m³，比 T1 和 CK 分别增加了 32% 和 28%。对滴灌辣椒的产量与效益分析表明，亏缺灌溉对滴灌辣椒产量和效益的影响与沟灌具有大致相似的规律。但在苗期、开花和果实膨大期实行水分亏缺对其产量影响不大，其中在苗期还略有增加。在果实成熟与采收期缺水仍显著降低辣椒产量。根据试验年份实际市场价格计算毛效益表明，T3 处理的毛效益最大，为 67.95 万元/hm²；其次为对照处理，为 66.18 万元/hm²；最小的为 T5 和 T1 处理，分别为 58.15 万元/hm² 和 64.44 万元/hm²，比对照降低 8.03 万元/hm² 和 1.74 万元/hm²，降幅 12.13％和 2.62％。

表 10.37　日光温室不同水分亏缺处理对辣椒产量、效益和水分利用效率的影响（甘肃武威）

灌溉方式	处理编号	灌水量/mm	耗水量/mm	总产量/(t/hm²)	毛效益/(万元/hm²)	灌溉水WUE/(kg/m³)	总耗水WUE/(kg/m³)	单方灌水效益/(元/m³)	单方耗水效益/(元/m³)
沟灌	T1	537.54	618.35	123.42abc	67.62a	22.96d	19.96c	125.80c	109.36bc
	T2	546.86	626.66	127.55ab	70.06ab	23.33d	20.35c	128.12c	111.80bc
	T3	444.32	518.76	118.60cd	65.06ab	26.69b	22.86ab	146.42b	125.41b
	T4	500.25	601.50	119.70bcd	65.60ab	23.93cd	19.90c	131.13bc	109.06c
	T5	332.46	429.74	106.27e	62.03b	31.97a	24.73a	186.58ac	144.34a
	T6	444.32	539.00	114.19d	63.67ab	25.70bc	21.19bc	143.30b	118.12bc
	CK	556.18	631.31	127.85a	71.21a	22.99d	20.25c	128.04c	112.80bc
滴灌	T1	305.54	428.44	114.94a	64.44a	37.62b	26.89a	210.91c	150.83b
	T2	310.19	407.98	114.77a	65.56a	37.00b	28.13a	211.36c	160.70b
	T3	265.21	407.72	115.10a	67.95a	43.40ab	28.27a	256.23bc	166.92b
	T4	290.03	409.94	112.33ab	66.16a	38.73b	27.41a	228.11bc	161.44b
	T5	178.87	281.78	92.50b	58.15	51.71a	32.77a	325.10a	206.19a
	T6	246.87	348.88	104.94ab	64.97a	42.51ab	30.11a	263.16b	186.66ab
	CK	314.86	412.74	112.22ab	66.18a	35.64b	27.19a	210.19c	160.36b

注　相同灌溉方式下不同处理之间同一因素后面相同字母表示统计分析差异不显著（P＞0.05）。

不同生育阶段实行水分亏缺对温室辣椒的品质影响显著，研究结果（表 10.38）表明，在果实成熟与采收期进行水分亏缺对辣椒品质改善最为明显。滴灌与沟灌结果相似，滴灌方式下，T5 和 T6 处理的辣椒素含量分别为 7.57mg/100gFW 和 6.87mg/100gFW，比 CK 处理增加了 48.14％和 34.44％。VC 含量分别比对照增加 11.22mg/100gFW 和 6.42mg/100gFW，处理间差异显著（LSD，P＜0.05）。采用滴灌方式后，T5 处理的可溶性固形物含量最大，其次为 T6，分别为 7.43％和 7.06％，但与沟灌不同，处理之间并没有达到显著差异水平。另外，在果实成熟与采收期缺水还降低了辣椒果实的含水率，增加辣椒的硬度，但处理间差异均未达显著水平。

综合上述研究结果，得到在温室辣椒的开花和果实膨大期进行 1/3 灌水量调亏，有利于促进辣椒采摘期提前，使辣椒及早上市，增加了收获期和市场高价期的重合度，提高总效益。滴灌与沟灌方式相比，辣椒产量和效益较沟灌略有降低，可以考虑适当增加滴灌的湿润比与灌水量以提高滴灌辣椒的产量与效益。

表 10.38　　　　　　　日光温室不同水分亏缺处理对辣椒品质的影响（甘肃武威）

灌溉方式	处理编号	辣椒素/(mg/100gFW)	可溶性固形物/%	VC 含量/(mg/100gFW)	果实硬度/(kg/cm²)	果实含水率/%
沟灌	T1	6.05bc	5.62d	121.27d	5.78ab	88.69a
	T2	5.38d	6.09bc	124.60cd	5.86ab	89.08a
	T3	5.99bc	6.42ab	136.37a	5.47ab	87.03a
	T4	6.42a	5.89cd	123.34d	5.78ab	87.52a
	T5	6.21ab	6.48a	136.07ab	5.96a	87.32a
	T6	5.91c	5.79cd	130.24bc	5.71ab	87.99a
	CK	4.13e	5.91cd	121.81a	5.01b	89.96a
滴灌	T1	6.66b	6.97a	127.66bc	5.61a	86.62a
	T2	5.85cd	6.92a	121.85c	5.79a	86.23a
	T3	6.57bc	6.97a	130.60ab	5.43a	86.50a
	T4	6.14bc	6.72a	129.30abc	5.33a	86.92a
	T5	7.57a	7.43a	136.80ab	5.83a	85.22a
	T6	6.87ab	7.06a	132.00a	5.47a	85.43a
	CK	5.11d	6.60a	125.58bc	5.30a	86.88a

注　相同灌溉方式下不同处理之间同一因素后面相同字母表示统计分析差异不显著（$P>0.05$）。

10.3.4　温室小型西瓜的缺水敏感指数与节水调质高效灌溉模式

根据西北农林科技大学灌溉试验站温室大棚 2007 年秋季和 2008 年春季试验结果，用式（10.3）分析温室小型西瓜不同生育时期缺水敏感指数，见表 10.39。结果表明温室小型西瓜缺水敏感指数 λ_i 果实膨大期＞开花—坐果期＞果实成熟期＞苗期，这与在土耳其对西瓜进行的灌溉试验研究结果，即开花—坐果期＞果实膨大期＞果实成熟期＞苗期的水分亏缺指数排序略有不同[19]，但都说明温室小型西瓜开花—坐果期和果实膨大期对水分亏缺最为敏感，若遇水分亏缺将会对产量造成不可挽回的影响。在苗期和果实成熟期可以实施一定的水分亏缺，不会对作物产量产生较大影响。

表 10.39　　　　　温室小型西瓜不同生育阶段的缺水敏感指数 λ_i（陕西杨凌）

年份	苗期	开花—坐果期	果实膨大期	果实成熟期
2007	0.021	0.177	0.212	0.068
2008	0.018	0.147	0.320	0.074

日光温室秋季小型西瓜在苗期和开花—坐果期采用 $0.75ET_p$（ET_p 为潜在耗水量）的灌水量，在膨大期提高到 $1.25ET_p$ 的灌溉水量，不仅可以获得较高产量，同时也达到了最大的水分利用效率，实现了高产与高效统一。过高和过低土壤含水量均不利于温室小型西瓜生长发育和产量形成。据此制定了温室小型西瓜在苗期、开花—坐果期、果实膨大期和果实成熟期分别采用 $0.75ET_p$、$0.75ET_p$、$1.25ET_p$ 和 $1.0ET_p$ 的灌溉模式可取得最优效果。

10.3.5　温室甜瓜缺水敏感指数与节水调质高效灌溉模式

在温室甜瓜不同生育阶段控制不同土壤水分下限对甜瓜的株高、叶片面积、茎粗和根系的生长影响较大。在前期适度控制水分使作物经受适度水分亏缺锻炼，复水后甜瓜的蔓、茎、叶、根等部分均能获得一定程度的补偿生长，使得其与充分供水处理之间差异减小或达到接近水平，但是补偿的程度与甜瓜生育阶段及复水程度有关。这样可以控制地上部分与地下部分的协调生长，防止植株徒长。在开花—坐果期灌水下限控制不宜过低，过低将使作物遭受严重水分亏缺，此阶段亏水程度较重或历时过长会造成坐果率低，抑制植株叶面积扩展，严重影响有机物积累。同时，该阶段亏水严重后期复水作物难以达到较好生长，将对后期甜瓜生长和产量产生不利影响。膨大期不宜亏水，这个时期亏水将对产量形成直接影响。后期水分控制宜低，主要控制甜瓜品质及防止水分过高裂果等现象。利用式（10.3）计算的温室甜瓜缺水敏感指数 λ_i 见表 10.40，λ_i 按照膨大期、开花—坐果期、成熟期、开花前期依次降低，这与甜瓜生长发育对水分需求规律相吻合。

表 10.40　　　　温室甜瓜不同生育阶段的缺水敏感指数 λ_i（陕西杨凌）

生育时期	开花前期	开花—坐果期	膨大期	成熟期
缺水敏感指数 λ_i	0.0120	0.4713	0.5771	0.0959

根据温室甜瓜不同生育阶段的缺水敏感指数 λ_i、生育期耗水特征和不同生育期水分亏缺对作物的补偿作用，日光温室膜下滴灌甜瓜生产中，可以按开花前期 55％田间持水量、开花—坐果期 65％田间持水量、膨大期 75％田间持水量和成熟期 55％田间持水量的灌水下限进行水分管理。基于蒸发皿蒸发量的膜下滴灌甜瓜设定以 2d 为灌溉周期，各生育期适宜采用的蒸发皿系数开花前期、开花—坐果期、膨大期和成熟期分别为 0.60、0.75、0.83 和 0.72，在这种灌溉模式下可以取得温室甜瓜高产、高效和高品质。

10.4　果树节水调质高效灌溉模式

果树生长期间水分过多或不足，不仅影响当年果实产量与品质，也影响来年果树结果状态，甚至还会影响果树寿命，缩短结果年限。果树适度缺水能促进根系深扎，抑制枝叶生长，减少剪枝量，并可提高果品含糖量及品质，达到提质节水目标[23-25]。

10.4.1　河西走廊干旱绿洲区葡萄节水调质高效灌溉模式

葡萄根系分区交替灌溉试验结果表明[26]，当灌水定额为 75％ET（ET 为葡萄生育期蒸散量），根系分区交替滴灌相比常规滴灌能提高可溶性固形物含量和糖酸比，并能够显著提前浆果的成熟时间。除后期 75％ET 的灌水量以外，前期亏水都能小幅提高浆果可溶性固形物含量。在根系分区交替灌溉条件下，前期亏水处理有提高果实糖分积累的趋势；在调亏灌溉条件下，前期重度缺水显著降低后期糖分积累，而前期适度缺水配合后期重度缺水则能有效提高果实含糖量，全生育期充分灌水降低了果实含糖量。

针对西北内陆干旱区河西走廊酿酒葡萄（梅鹿辄），进行了酿酒葡萄非充分灌溉模式研究，连续三年的田间试验结果表明，在沟灌条件下，酿酒葡萄全生育期灌溉需水量 270mm，全生育期耗水量为 360～390mm，明显低于玉米、小麦等粮食作物耗水量；在滴灌条件下，耗水量可降至 350mm 左右，灌溉需水量 195mm，比沟灌节约灌溉水 75mm（表 10.41）。

表 10.41　　　　　河西走廊酿酒葡萄的节水调质高效灌溉模式（甘肃武威）

灌溉方式	生育期	日　期	灌水量/mm
滴　灌	新梢生长期	5月上旬—6月上旬	30
	开花期	6月上旬—6月下旬	15
	浆果生长期	6月下旬—8月上旬	90
	浆果成熟期	8月上旬—9月中旬	60
	全生育期	5月上旬—9月中旬	195
沟　灌	新梢生长期	5月上旬—6月上旬	60
	开花期	6月上旬—6月下旬	75
	浆果生长期	6月下旬—8月上旬	90
	浆果成熟期	8月上旬—9月中旬	45
	全生育期	5月上旬—9月中旬	270

10.4.2　河西走廊干旱绿洲区苹果节水调质高效灌溉模式

　　研究发现河西走廊干旱绿洲区苹果生育期任何阶段的亏水处理都会造成该阶段耗水量减少，并对以后生育阶段缺水产生一定影响，从而导致全生育期耗水量降低。根据试验结果，在苹果树生育阶段前期进行调亏，对苹果产量影响较小。苹果前期进行调亏，可提高其外在品质；生育后期进行调亏，可以提高果实营养品质。苹果果实膨大期对缺水最敏感，其次是幼果生长期，成熟采收期对水分亏缺最不敏感[27,28]。苹果开花—坐果期耗水量与其他阶段相比偏大，一般由于苹果园冬灌使土壤积蓄大量水分，土壤蒸发在前期占主要作用；5月气温逐渐升高，功能叶生长加速，蒸腾作用明显增强，需水强度迅速增大，作物耗水量增大。9月中下旬，果实成熟，叶片开始老化，蒸腾作用明显降低，耗水量减少。在普通畦灌基础上，采用小区畦灌的方式可保证灌水相对均匀，减少深层渗漏，节约用水，较大水漫灌约能节水 30% 左右，相应的节水调质高效灌溉模式见表 10.42。河西走廊干旱绿洲区苹果树充分考虑节水优质高效的地面灌溉模式是生育期灌水 4 次，每次灌水量 100～125mm，生育期灌溉定额为 450mm。

表 10.42　　　　河西走廊干旱绿洲区苹果节水调质高效灌溉模式（甘肃武威）

灌水次序	灌水日期	灌水定额/mm	灌溉定额/mm
1	4月下旬	120	
2	5月下旬	125	
3	6月上旬	125	450
4	8月中旬	105	

10.4.3　河西走廊干旱绿洲区梨树节水调质高效灌溉模式

　　根据试验结果，在梨树生育阶段前期进行调亏，梨树产量减产较少。一般年份梨树萌芽展叶期以及在湿润年份开花—坐果期的轻重度调亏都能够增加梨树产量[27]。在生育阶段的前期进行调亏，梨树单果重增大，果实均匀度提高，有机酸含量降低，糖酸比增高，提高了梨树果实的外在和内在品质；而在梨树的生育后期进行调亏，可以提高果实可溶性固形物和

VC 含量，从而提高果实营养品质。根据式（10.3）计算的梨树不同生育期缺水敏感指数 λ_i 值从高到低的顺序为果实膨大期→幼果生长期→开花—展叶期→成熟—采收期，梨树与苹果树对缺水敏感规律相似，在果实膨大期对缺水最敏感，其次是幼果生长期，成熟—采收期对水分亏缺最不敏感。在分析河西走廊干旱绿洲区梨树阶段耗水量、土壤水分条件以及不同灌水时期对果树产量影响的基础上，制定了调亏灌溉条件下小区畦灌的梨树节水调质高效灌溉模式，见表 10.43。河西走廊干旱绿洲区梨树充分考虑节水优质高效的小区畦灌模式是生育期灌水 4 次，每次灌水量 50～110mm，生育期灌溉定额为 310mm。

表 10.43　　　河西走廊干旱绿洲区梨树节水调质高效灌溉模式（甘肃武威）

灌水次序	灌水日期	灌水定额/mm	灌溉定额/mm
1	5 月中旬	50	
2	6 月上旬	60	310
3	7 月下旬	90	
4	8 月上旬	110	

10.4.4　西北干旱区梨枣树节水调质高效灌溉模式

根据在陕西大荔 2005—2007 年试验研究结果，梨枣树萌芽展叶期对缺水不敏感，适合重度亏水调控；开花—坐果期和果实膨大期对缺水反应敏感，不适宜进行调亏；果实成熟期适宜适度水分亏缺，可实现"保水稳产，控水调质，以水提效"的灌溉综合效益最高目标。结合不同水文年降水资料与梨枣树耗水特性，在丰水年（25%）的开花—坐果期与果实膨大期分别灌水 30mm，灌水 2 次，灌溉定额为 60mm；在平水年（50%）的开花—坐果期与果实膨大期分别灌水 80mm 和 100mm，灌水 2 次，灌溉定额为 180mm；在一般干旱年（75%）的开花—坐果期、果实膨大期和果实成熟期分别灌水 100mm、100mm 和 40mm，灌水 3 次，灌溉定额为 240mm；在特旱年（95%）的萌芽展叶期、开花—坐果期、果实膨大期和果实成熟期分别灌水 50mm、110mm、120mm 和 60mm，灌水 4 次，灌溉定额为 340mm。果实膨大期可将灌水量分 2 次灌溉。具体梨枣树节水调质高效灌溉模式见表 10.44。

表 10.44　　　西北干旱区梨枣树节水调质高效灌溉模式（陕西大荔）

水 文 年 型		25%	50%	75%	95%
萌芽—展叶期	灌水定额/mm				50
	灌水时间				4 月上旬
开花—坐果期	灌水定额/mm	30	80	100	110
	灌水时间	5 月上旬	5 月上旬	5 月上旬	5 月上旬
果实膨大期	灌水定额/mm	30	100	100	120
	灌水时间	6 月中旬	6 月中旬	6 月中旬	6 月中旬
果实成熟期	灌水定额/mm		0	40	60
	灌水时间		7 月下旬	7 月下旬	7 月下旬
全生育期	灌水定额/mm	60	180	240	340
	灌水时间	2	2	3	4

参 考 文 献

[1]　康绍忠，杜太生，孙景生，等. 基于生命需水信息的作物高效节水调控理论与技术 [J]. 水利学报，2007，38 (6)：661－667.

[2]　山仑. 植物抗旱生理研究与发展半旱地农业 [J]. 干旱地区农业研究，2002，5 (1)：1－5.

[3]　Jensen C R，Mogensen M. Soil water matric potential rather than water content determines drought responses in field－grown lupin (Lupinus angustifolius) [J]. Australian Journal of Plant Physiology，1998，25 (3)：353－363.

[4]　张喜英. 提高农田水分利用效率的调控机制 [J]. 中国生态农业学报，2013，21 (1)：1－8.

[5]　Donald W，Grimes P，Wiley L，et al. Alfalfa yield and plant water relations with variable irrigation [J]. Crop Science，1992，32：1381－1387.

[6]　Zhang X Y，Chen S Y，Sun H Y，et al. Dry matter，harvest index，grain yield and water use efficiency as affected by water supply in winter wheat [J]. Irrigation Science，2008，27：1－10.

[7]　Zhang X Y，Qin W L，Chen S Y，et al. Responses of yield and WUE of winter wheat to water stress during the past three decades－a case study in the North China Plain [J]. Agricultural Water Management，2017，179：47－54.

[8]　Hanson B，Schwankl L，Fulton A. Scheduling Irrigations：When and How Much Water to Apply [R]. UC Division of Agriculture and Natural Resources Publication 3396 1999. P. 204. DOI：10. 1097/00010694－198905000－00009.

[9]　Doorenbos J，Kassam A H. Yield Response to Water [M]. United Nations Food and Agriculture Organization，Irrigation and Drainage Paper 33，Rome：1979.

[10]　Kirda C. Yield response factors of field crops to deficit irrigation，Deficit Irrigation Practices [J]. FAO Water Reports，2002，22：3－10.

[11]　茆智，崔远来，李新建. 我国南方水稻水分生产函数试验研究 [J]. 水利学报，1994，25 (9)：21－31.

[12]　Allen G，Pereira L，Raes D，et al. Crop Evapotranspiration－Guidelines for Computing Crop Water Requirements [M]. FAO Irrigation and Drainage Paper 56，Rome，Italy，1998.

[13]　李小娟，佟玲，康绍忠. 海河流域作物水分敏感系数空间分布 [J]. 农业工程学报，2013，29 (14)：82－89.

[14]　张仁铎. 空间变异理论及应用 [M]. 北京：科学出版社，2005.

[15]　Jensen M E. Water consumption by agricultural plants. In：T. T. Kozlowski ed. Water Deficit and Plant Growth [M]. New York：Academic Press，1968.

[16]　张喜英，裴冬. 几种作物的生理指标对土壤水分变动的阈值反应 [J]. 植物生态学报，2000，24 (3)：280－283.

[17]　Zhang X Y，Wang Y Z，Sun H Y，et al. Optimizing the yield of winter wheat by regulating water consumption during vegetative and reproductive stages under limited water supply [J]. Irrigation Science，2013，31 (5)：1103－1112.

[18]　王峰. 温室番茄产量与品质对水分亏缺的响应及节水调质灌溉指标 [D]. 北京：中国农业大学，2011.

[19]　刘军淇. 西北旱区日光温室蔬菜节水调制试验研究 [D]. 北京：中国农业大学，2011.

[20]　Nora L，Dalmazo G O，Nora F R，et al. Controlled water stress to improve fruit and vegetable postharvest quality. In：Isma：l M D，Mofizur R，Hiroshi H，eds. Water Stress [M]. Rijeka：Intech Open Science，2012，59－72.

［21］ Leskovar D，Xu C P，Agehara S，et al. Irrigation strategies for vegetable crops in water–limited environments ［J］. Journal of Arid Land Studies，2014，24（1）：133–136.

［22］ Costa J，Ortuño M，Chaves M. Deficit irrigation as a strategy to save water：Physiology and potential application to horticulture ［J］. Journal of Integrative Plant Biology，2007，49（10）：1421–1434.

［23］ Cui N B，Du T S，Kang S Z，et al. Regulated deficit irrigation improved fruit quality and water use efficiency of pear–jujube trees ［J］. Agriculture Water Management，2008，95（4）：489–497.

［24］ Ruiz–sanchez C，Domingo R，Castel J. Review：Deficit irrigation in fruit trees and vines in Spain ［J］. Spanish Journal of Agriculture Research，2010，8（S2）：S5–S20.

［25］ Goodwin I，Boland A. Scheduling deficit irrigation of fruit trees for optimizing water use efficiency ［J］. Deficit Irrigation Practices，FAO Water Reports，2002，22：67–78.

［26］ 陈峰. 西北旱区酿酒葡萄节水调质高效灌溉机理与模式研究 ［D］. 北京：中国农业大学，2011.

［27］ 刘晓志. 石羊河流域苹果梨液流变化规律与调亏灌溉机理研究 ［D］. 北京：中国农业大学，2011.

［28］ 关芳. 西北旱区调亏灌溉苹果树耗水规律与水分品质响应关系研究 ［D］. 北京：中国农业大学，2011.

第11章

温室作物节水调质高效灌溉优化决策方法

随着经济社会的发展和生活水平的提高，消费者对农产品品质的要求日益提高，而灌溉是北方旱区和设施农业中最为频繁的管理措施之一。目前，很多地区特色经济作物生产仍片面追求产量，仅仅依靠水、肥等资源的大量投入来追求高产，不仅水的利用效率不高，而且形成了高产量—低品质—低价格—低效益的恶性循环。如何对这些特色经济作物进行科学、合理地灌溉以达到节水、丰产、优质、高效的目的，是现代农业生产中迫切需要解决的科学问题。传统的非充分灌溉优化决策研究主要基于作物水分生产函数，寻求有限水量对作物产量贡献最大的生育时段，以确保获得总产量和效益最佳，或者追求有限水量条件下的产量损失最小。这种传统的只考虑作物产量为目标的非充分灌溉制度优化方法主要应用于粮食作物，如水稻、小麦、玉米等[1-5]，而对于需要综合考虑产量和品质为目标的温室果蔬作物并不适用。康绍忠[6]提出了通过灌溉调控提高作物品质的理论设想；杜太生和康绍忠[7]具体阐述了节水调质高效灌溉的生理学、生物学和工程学基础，并探讨了水分-品质响应关系的研究进展与存在的问题。在节水调质高效灌溉理论中，首先从作物水分-品质响应的生理机制出发，在筛选对水分敏感品质指标的基础上，建立作物水分-产量-品质函数关系；然后基于作物水分-产量-品质函数关系构建综合考虑作物产量和果实品质为目标的优化灌溉决策方法，并通过非线性规划、动态规划、目标规划等优化方法获得最优灌溉制度，调控果实的品质，从而保证在一定产量的前提下以较少的耗水量生产出更高质量的农产品，最终实现节水、丰产、优质、高效的目标。本章以西北内陆干旱区温室番茄为典型作物，在我们近年来开展的大量温室试验的基础上，探讨了基于水分-品质响应关系的温室作物节水调质高效灌溉优化决策方法。

11.1 基于水分-品质响应关系的节水调质高效灌溉

土壤水分状况对植物体内的信息流动及果蔬品质形成具有重要作用。灌溉是最频繁的农业管理措施之一，合理的灌溉管理是作物丰产和优质的保障。节水调质理论正是基于水分和作物品质的这种关系而提出的。所谓节水调质即是从作物水分品质响应的生理机制出发，通过精量实时亏缺灌溉，调控作物体内的信息流动，进而调控果实品质，在保证一定产量的前提下以较少的耗水量生产出更高质量的农产品，最终实现节水、丰产、优质、高效和对环境友好目标的新型节水模式。2011—2013 年，在位于甘肃省武威市的中国农业大学石羊河实验站的日光温室内进行了番茄调亏灌溉试验。试验用温室为非加热简易土墙温室。温室呈东西走向（长 76m，跨度 8m），内部作物沿南北方向种植，单个温室净种植面积 405m²。2011 年和 2012—2013 年，分别设置 6 个和 9 个水分处理，每个处理重复 3 次，分别有 18 个和 27 个小区，所有小区随机布置。小区呈南北走向，长 5.6m，宽 2.3m，分辖两沟两垄，垄宽 0.75m，沟宽 0.40m，沟深 0.20m。当充分灌溉处理（CK）土壤计划湿润层（0～0.5m）内的平均土壤含水量达到田间持水量的 75%±2% 时开始灌水，灌水上限为田间持水率的 90%±2%，灌水方式为膜下沟灌（图 11.1）。试验中番茄生育期划分为三个阶段：Stage Ⅰ（定植至第一穗花开始坐果）、Stage Ⅱ（第一穗花开始坐果至第一个果实成熟）和 Stage Ⅲ（第一个果实成熟至拉秧）。2011 年，在 Stage Ⅱ 和 Stage Ⅲ 进行连续亏水处理，一共设置五个水平，分别是处理 $F_{8/9}R_{8/9}$、$F_{7/9}R_{7/9}$、$F_{6/9}R_{6/9}$、$F_{5/9}R_{5/9}$ 和 $F_{4/9}R_{4/9}$，其灌水定额分别是充分灌溉（CK）的 8/9、7/9、6/9、5/9 和 4/9，分别命名为轻度、轻中度、中度、中重度和重度调亏处理。2012—2013 年，在 Stage Ⅱ 和 Stage Ⅲ 分别设置 1/3 和 2/3 充分灌水定额处理，对应 $F_{1/3}$、$F_{2/3}$、$R_{1/3}$ 和 $R_{2/3}$ 处理，并设置这两个阶段连续亏水处理，分别为 $F_{2/3}R_{2/3}$、$F_{2/3}R_{1/3}$、$F_{1/3}R_{2/3}$ 和 $F_{1/3}R_{1/3}$。试验中灌水量用水表控制。为防止水分侧渗，相邻小区间用深度 0.6m 的防渗膜进行隔离。

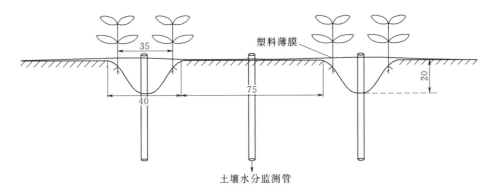

图 11.1　温室番茄膜下沟灌种植示意图（单位：cm）

11.1.1　作物单一品质指标对水分亏缺的响应

11.1.1.1　果实品质随番茄果实发育阶段变化规律

图 11.2 为 2012—2013 年温室番茄各灌溉处理果实品质指标干物质含量（DMC）、可溶性固形物（TSS）、还原性糖（RS）、有机酸（OA）、糖酸比（SAR）、维生素 C（VC）、硬度（Fn）以及果色指数（CI）随果实绿熟期、转色期和红熟期变化情况。充分灌溉处理番茄果实在成熟过程中 DMC 为 5.48%～5.63%，与充分灌溉相比，除 Stage Ⅱ 和 Stage Ⅲ 中度调亏处理 $F_{2/3}$ 和 $R_{2/3}$ 外，其他处理 DMC 都有不同程度提高。随着果实的不

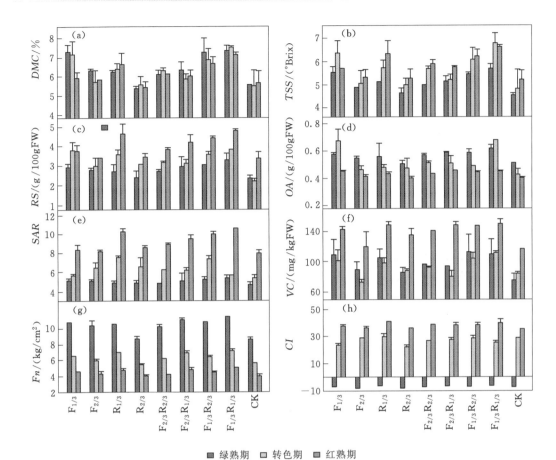

■ 绿熟期　■ 转色期　■ 红熟期

图 11.2　2012—2013 年温室番茄各灌溉处理果实品质指标随果实发育阶段变化情况

[CK 为充分灌溉，F、R 分别为果实生长期（Stage Ⅱ）和果实成熟期（Stage Ⅲ），

例如，$F_{1/3}R_{1/3}$ 为番茄果实生长期和果实成熟期灌水量均为充分灌溉的 1/3]

断成熟，果实可溶性固形物含量不断提高，充分灌溉时绿熟期、转色期和红熟期番茄果实 TSS 分别为 4.54°Brix、4.83°Brix 和 5.22°Brix。除 Stage Ⅱ 和 Stage Ⅲ 中度调亏处理 $F_{2/3}$ 和 $R_{2/3}$ 外，相比充分灌溉处理，其他处理果实在各发育阶段的 TSS 都有明显提高，其中以处理 $F_{1/3}$、$R_{1/3}$、$F_{1/3}R_{2/3}$ 和 $F_{1/3}R_{1/3}$ 提高最为显著。RS 随果实的不断成熟而逐渐增加，到红熟期达到最大值。Stage Ⅱ 和 Stage Ⅲ 重度调亏处理 $F_{1/3}$ 和 $R_{1/3}$ 以及连续调亏处理 $F_{2/3}R_{2/3}$、$F_{2/3}R_{1/3}$、$F_{1/3}R_{2/3}$ 和 $F_{1/3}R_{1/3}$ 都显著增加了绿熟、转色和红熟期果实 RS。随着果实的逐渐成熟果实 OA 不断下降，果实红熟期达到最小值。除 $R_{2/3}$ 外，与充分灌溉相比，其他处理绿熟、转色和红熟期果实 OA 都有不同程度增加，其中处理 $F_{1/3}$ 和 $F_{1/3}R_{1/3}$ 增加最为显著。果实 SAR 随着果实不断成熟而显著提高，在果实红熟期达到最大值。和充分灌溉相比，Stage Ⅲ 重度调亏处理 $R_{1/3}$ 以及 Stage Ⅱ 和 Stage Ⅲ 连续调亏处理 $F_{2/3}R_{1/3}$、$F_{1/3}R_{2/3}$ 和 $F_{1/3}R_{1/3}$ 显著提高了转色期和红熟期果实 SAR。绿熟期和转色期果实 VC 低，充分灌溉时，分别只有 75.0（mg/kgFW）和 84.6（mg/kgFW），进入红熟期后果实 VC 迅速增大至 117.6（mg/kgFW）。与充分灌溉相比，Stage Ⅱ 和 Stage Ⅲ 重度调亏处理 $F_{1/3}$ 和

$R_{1/3}$ 以及两阶段连续调亏处理 $F_{1/3}R_{2/3}$ 和 $F_{1/3}R_{1/3}$ 显著提高了绿熟、转色和红熟期果实 VC 含量。由绿熟期至红熟期，果实 Fn 显著降低。除 Stage Ⅲ 中度调亏处理 $R_{2/3}$ 外，与充分灌溉相比，其他处理都不同程度地增加了绿熟、转色和红熟期果实 Fn。果实由绿色逐渐变成红色过程中，CI 由负值升高为正值。在各调亏灌溉处理中，除 Stage Ⅱ 和 Stage Ⅲ 中度调亏处理 $F_{2/3}$ 和 $R_{2/3}$ 外，相比充分灌溉处理，其他处理都显著提高了红熟期果实 CI。

表 11.1 列出了 2012—2013 年番茄各灌溉处理各发育阶段果实品质指标双因素方差分析结果。番茄果实 TSS、RS、OA、SAR、VC、Fn 和 CI 受到果实发育阶段和灌溉处理两个因素的显著影响，而果实 DMC 只受灌溉处理的显著影响。在果实成熟过程中，由绿熟期至红熟期果实 TSS、RS、SAR、VC 和 CI 显著增大，果实 OA 和 Fn 显著减小，而 DMC 无显著性变化。与充分灌溉相比，大部分情况下 Stage Ⅱ 和 Stage Ⅲ 中度调亏处理 $F_{2/3}$ 和 $R_{2/3}$ 对绿熟、转色和红熟期果实的各项品质指标的影响并不明显，而其他处理都不同程度地提高了各品质指标。Veit - Köhler 等[8] 报道了由绿熟期到红熟期番茄果实 RS 和 VC 逐步提高，并且水分亏缺增加了绿熟、转色和红熟期番茄果实 RS 和 VC。Mitchell 等[9] 报道水分亏缺提高了各生长发育阶段番茄果实 TSS、RS 和 OA，并且在果实生长至开花 6 周以后果实 TSS 和 RS 随着果实继续生长而不断增大，OA 则逐渐减小。本节结果与前人报道的结果相一致。

表 11.1　2012—2013 年番茄各灌溉处理各发育阶段果实品质指标双因素方差分析结果
（DMC=干物质含量；TSS=可溶性固形物；RS=还原性糖；OA=有机酸；
VC=维生素 C；Fn=果实硬度；CI=果色指数；SAR=糖酸比）

因素	自由度	均方和以及 F 检验显著性							
		DMC /%	TSS /(°Brix)	RS/(g/ 100gFW)	OA/(g/ 100gFW)	SAR	VC/(mg/ kgFW)	Fn /(kg/cm^2)	CI
生育期	2	0.338	2.456	6.269	0.081	81.02	12079	159.18	10121
		ns	＊＊＊	＊＊＊	＊＊＊	＊＊＊	＊＊＊	＊＊＊	＊＊＊
灌溉处理	8	2.387	1.479	0.990	0.013	1.61	825	2.42	10
		＊＊＊	＊＊＊	＊＊＊	＊＊＊	＊＊＊	＊＊	＊＊＊	＊＊＊
生育期× 灌溉处理	16	0.194	0.119	0.141	0.004	0.73	82	0.29	5
		ns	ns	＊	＊＊	＊＊＊	ns	＊＊＊	＊＊＊
残差	27	0.164	0.113	0.067	0.001	0.13	100	0.04	1

注　ns 为 F 检验无显著性差异；＊ 为在 $P<0.05$ 水平下有显著性差异；＊＊ 为在 $P<0.01$ 水平下有显著性差异；＊＊＊ 为在 $P<0.001$ 水平下有显著性差异。

11.1.1.2　调亏灌溉对成熟番茄品质指标的影响

表 11.2 列出了 2011 年温室番茄各灌溉处理成熟果实的单项品质指标。F 检验结果表明调亏灌溉处理对成熟番茄果实各单项品质指标有显著性影响。Stage Ⅱ 和 Stage Ⅲ 连续轻度调亏处理 $F_{8/9}R_{8/9}$ 各单项品质指标与充分灌溉相比无显著性差异，而其他调亏处理都不同程度地提高了番茄果实各单项品质指标，并且提高幅度随调亏程度的增加而增大。充分灌溉条件下，成熟果实的可溶性固形物含量为 4.99°Brix，相比充分灌溉，Stage Ⅱ 和 Stage Ⅲ 连续轻中度至重度调亏处理（$F_{7/9}R_{7/9} \sim F_{4/9}R_{4/9}$）都显著增加果实可溶性固形物含量，增幅为 10.4% ～ 22.4%。充分灌溉时成熟果实还原性糖含量为 2.46(g/100gFW)，

Stage Ⅱ 和 Stage Ⅲ 连续中度至重度调亏处理（$F_{6/9}R_{6/9}$～$F_{4/9}R_{4/9}$）都显著增加了果实还原性糖含量，增加幅度为 16.3%～48.0%。成熟果实有机酸含量在充分灌溉时为 0.376（g/100gFW），而 Stage Ⅱ 和 Stage Ⅲ 连续轻中度至重度调亏处理（$F_{7/9}R_{7/9}$～$F_{4/9}R_{4/9}$）使果实有机酸含量显著提高了 5.9%～17.0%。充分灌溉条件下，成熟果实糖酸比为 6.55。由于 Stage Ⅱ 和 Stage Ⅲ 连续中度至重度调亏处理（$F_{6/9}R_{6/9}$～$F_{4/9}R_{4/9}$）使果实还原性糖增加幅度大于有机酸增加幅度，导致果实糖酸比显著提高，与充分灌溉相比，提高 7.0%～26.3%。在充分灌溉条件下，成熟果实的 VC 含量为 166.4（mg/kgFW），Stage Ⅱ 和 Stage Ⅲ 连续中度至重度调亏处理（$F_{6/9}R_{6/9}$～$F_{4/9}R_{4/9}$）显著提高了果实 VC 含量，增幅为 11.5%～23.1%。成熟果实硬度和果色指数在充分灌溉时分别为 5.43kg/cm² 和 32.5kg/cm²，Stage Ⅱ 和 Stage Ⅲ 连续轻中度至重度调亏处理（$F_{7/9}R_{7/9}$～$F_{4/9}R_{4/9}$）显著增加了果实硬度和果色指数，增幅分别为 7.6%～11.4% 和 10.2%～15.1%。

表 11.2　　　　　　2011 年温室番茄各灌溉处理成熟果实的单项品质指标

（*TSS*=可溶性固形物；*RS*=还原性糖；*OA*=有机酸；

VC=维生素 C；*Fn*=果实硬度；*CI*=果色指数；*SAR*=糖酸比）

年份	处理	TSS /(°Brix)	RS/(g/100gFW)	OA/(g/100gFW)	VC/(mg/kgFW)	Fn /(kg/cm²)	CI	SAR
2011	$F_{8/9}R_{8/9}$	4.86d	2.45d	0.374d	167.5d	5.45b	33.4c	6.53c
	$F_{7/9}R_{7/9}$	5.51c	2.59cd	0.398c	179.1cd	5.84a	35.8b	6.52c
	$F_{6/9}R_{6/9}$	5.67bc	2.86bc	0.407c	185.5bc	5.94a	36.3ab	7.01bc
	$F_{5/9}R_{5/9}$	5.76b	3.17b	0.423b	198.7ab	5.92a	36.7ab	7.50ab
	$F_{4/9}R_{4/9}$	6.11a	3.64a	0.440a	204.9a	6.05a	37.4a	8.27a
	CK	4.99d	2.46d	0.376d	166.4d	5.43b	32.5c	6.55c
F 检验显著性		***	***	***	**	***	***	**

注　**为 F 检验在 $P<0.01$ 水平下有显著性差异；***为在 $P<0.001$ 水平下有显著性差异；数值后不同的字母表示两者在 $P<0.05$ 水平下经 Duncan 检验有显著性差异。

表 11.3 列出了 2012—2013 年温室番茄各灌溉处理成熟果实单项品质指标。在充分灌溉条件下，成熟果实的干物质含量、可溶性固形物、还原性糖、有机酸含量和糖酸比分别为 5.63%、5.22°Brix、3.34（g/100gFW）、0.402（g/100gFW）和 7.98（g/100gFW），与充分灌溉相比，Stage Ⅱ 和 Stage Ⅲ 中度调亏处理 $F_{2/3}$ 和 $R_{2/3}$ 对果实的这些品质指标的影响差异不显著；Stage Ⅲ 重度调亏处理 $R_{1/3}$ 以及 Stage Ⅱ 和 Stage Ⅲ 连续调亏处理 $F_{1/3}R_{2/3}$ 和 $F_{1/3}R_{1/3}$ 都显著提高了果实干物质含量、可溶性固形物、还原性糖、有机酸含量和糖酸比，相比于充分灌溉，各品质指标提高幅度分别为 17.6%～26.6%、19.2%～27.0%、32.3%～43.4%、8.2%～12.4% 和 24.4%～32.7%；Stage Ⅱ 重度调亏处理 $F_{1/3}$ 以及 Stage Ⅱ 和 Stage Ⅲ 连续调亏处理 $F_{2/3}R_{2/3}$ 和 $F_{2/3}R_{1/3}$ 在数值上都不同程度地提高了果实干物质含量、可溶性固形物、还原性糖、有机酸含量和糖酸比，但并不是都有显著性差异。充分灌溉时成熟果实 VC 含量为 117.6（mg/kgFW），和充分灌溉相比，除 Stage Ⅱ 中度调亏处理 $F_{2/3}$ 外，其他处理都显著增加了果实的 VC 含量，增加幅度为 16.0%～29.0%。成熟果实番茄红素含量在充分灌溉条件下为 31.7（mg/kgFW），Stage

Ⅱ中度和重度调亏处理 $F_{2/3}$ 和 $F_{1/3}$ 以及 Stage Ⅲ中度调亏处理 $R_{2/3}$ 果实番茄红素含量与充分灌溉无显著性差异，而其他调亏处理显著提高了果实番茄红素含量，提高幅度为 26.8%～58.0%。在充分灌溉条件下，成熟番茄果实的硬度为 3.95kg/cm²，Stage Ⅱ和 Stage Ⅲ中度调亏处理 $F_{2/3}$ 和 $R_{2/3}$ 以及两阶段连续中度调亏处理 $F_{2/3}R_{2/3}$ 对成熟果实的硬度影响差异不显著，而其他处理和充分灌溉相比都显著增加了果实硬度，增加幅度为 13.7%～24.3%。成熟果实果色指数在充分灌溉时为 35.1，与充分灌溉相比，除 Stage Ⅱ和 Stage Ⅲ中度调亏处理 $F_{2/3}$ 和 $R_{2/3}$ 外，其他调亏处理都显著提高了果实果色指数，提高幅度为 7.7%～17.1%。

表 11.3　　　　2012—2013 年温室番茄各灌溉处理成熟果实单项品质指标
(*DMC*=干物质含量；*TSS*=可溶性固形物；*RS*=还原性糖；*OA*=有机酸；
VC=维生素 C；*Fn*=果实硬度；*CI*=果色指数；*SAR*=糖酸比；*Lyc*=番茄红素)

处理	DMC /%	TSS /(°Brix)	RS/[(g/ 100gFW]	OA/[(g/ 100gFW]	SAR	VC/ (mg/ kgFW)	Fn/(kg/ cm²)	CI	Lyc/(mg/ kgFW)
$F_{1/3}$	5.90bc	5.70bc	3.76bc	0.452ab	8.32de	143.6a	4.58abc	37.8bc	35.0cd
$F_{2/3}$	5.80bc	5.33c	3.39c	0.417de	8.15e	120.7bc	4.27cde	36.5cd	32.2d
$R_{1/3}$	6.62ab	6.33ab	4.63a	0.435bc	10.24a	150.2a	4.71ab	41.1a	50.1a
$R_{2/3}$	5.42c	5.28c	3.44c	0.400e	8.58de	136.4ab	4.00e	36.4cd	31.9d
$F_{2/3}R_{2/3}$	6.11bc	5.90abc	3.83bc	0.431cd	8.89cd	141.1a	4.16de	39.1abc	40.2bc
$F_{2/3}R_{1/3}$	6.00bc	5.78bc	4.20ab	0.457a	9.48bc	150.6a	4.75ab	38.9abc	44.0ab
$F_{1/3}R_{2/3}$	6.65ab	6.22ab	4.42ab	0.445abc	9.93ab	148.4a	4.49bcd	39.1abc	45.0ab
$F_{1/3}R_{1/3}$	7.13a	6.63a	4.79a	0.452ab	10.59a	151.7a	4.91a	40.1ab	46.2ab
CK	5.63c	5.22c	3.34c	0.402e	7.98e	117.6c	3.95e	35.1d	31.7d
F 检验 显著性	*	*	* *	* * *	* * *		* *	*	* * *

注　ns 为 F 检验无显著性差异；* 为在 $P<0.05$ 水平下有显著性差异；* * 为在 $P<0.01$ 水平下有显著性差异；* * * 为在 $P<0.001$ 水平下有显著性差异；数值后不同的字母表示两者在 $P<0.05$ 水平下经 Duncan 检验有显著性差异。

综合两年试验结果，与充分灌溉相比，番茄 Stage Ⅱ和 Stage Ⅲ连续轻度调亏处理 $F_{8/9}R_{8/9}$ 对成熟果实可溶性固形物、还原性糖、有机酸含量、糖酸比、VC 含量、果实硬度和果色指数没有显著性影响。Stage Ⅱ和 Stage Ⅲ中度调亏处理 ($F_{2/3}$ 和 $R_{2/3}$) 对除 VC 外的其他品质指标没有显著性影响。而 Stage Ⅱ和 Stage Ⅲ重度调亏处理 ($F_{1/3}$ 和 $R_{1/3}$) 以及两个阶段连续轻中度至重度调亏处理 ($F_{7/9}R_{7/9}$～$F_{4/9}R_{4/9}$ 和 $F_{2/3}R_{2/3}$～$F_{1/3}R_{1/3}$) 不同程度地增加了成熟果实的干物质含量、可溶性固形物、还原性糖、有机酸含量、糖酸比、VC 含量、番茄红素含量、果实硬度和果色指数。在相同调亏处理下，果实还原性糖、糖酸比、番茄红素、VC 等提高幅度较大，而果实有机酸、硬度和果色指数增加幅度相对较小。

11.1.2　水分对主要品质形成酶活性的调控机理

11.1.2.1　番茄叶片中蔗糖转化酶对可溶性糖的调控机理

糖分是影响番茄果实品质的重要因素。葡萄糖和果糖这两种己糖是番茄果实中糖分的主要存在形式，且它们的含量高于蔗糖的含量。蔗糖转化酶是将蔗糖水解转化成果糖和葡萄糖的蛋白质催化剂。蔗糖转化酶又根据其具体的最适反应 pH 值分为酸性蔗糖转化酶和中性蔗糖转化酶；其中酸性蔗糖转化酶又由于酶所在的位置不同分为细胞壁蔗糖转化酶和液泡蔗糖转化酶。2015 年在香港中文大学深圳研究院植物生长室进行了番茄水氮调控试验，控制环境温度为 25℃±3℃，湿度为 45%±5%，光照周期为 6：00—20：00，光照强度为 7000~8000Lx。番茄植株移植于直径为 11cm，高约 9.5cm 的盆内。种植番茄的基质体积比例为营养土：蛭石：珍珠岩＝3：2：1。基质持水量为 0.531cm³/cm³，设置灌水上限为持水量的 95%±2%，灌水下限为持水量的 65%±2%，控制处理的土壤含水量用 EM50 探头监测。实验设置两个水分处理，包括对照处理每次灌水 98mL，亏水处理每次灌水 49mL；两个氮素处理，包括全氮处理和缺氮处理。整个生育期共施肥 10 次，肥料主要是 M531 缺氮培养基和 M519 全营养培养基。实验共 7 个处理，每个处理 10 个重复，随机区组排列，每盆定植 1 株。具体处理情况见表 11.4。

表 11.4　　　　　　　　　　　　　2015 年盆栽番茄灌水、施肥设计

处　　理		开花—坐果期	果实膨大期	果实成熟期	氮处理
CK	$W_0 W_0 W_0 N_0$	W_0	W_0	W_0	
T1	$W_2 W_2 W_2 N_0$	W_2	W_2	W_2	
T2	$W_0 W_0 W_2 N_0$	W_0	W_0	W_2	N_0
T3	$W_0 W_0 W_0 N_0$	W_0	W_2	W_2	
T4	$W_2 W_0 W_0 N_0$	W_2	W_0	W_0	
T5	$W_0 W_0 W_0 N_1$	W_0	W_0	W_0	N_1
T6	$W_2 W_2 W_2 N_1$	W_2	W_2	W_2	

注　W_0 为对照灌水量，W_2 为 1/2 对照灌水量；N_0 为全氮处理，N_1 为缺氮处理。

图 11.3 是在不同水氮条件下不同生育期番茄叶片内的三种蔗糖转化酶活性。从图 11.3（a）中可以看出，T1、T2 和 T4 的液泡蔗糖转化酶明显高于其他处理，且 T1 和 T4 处理的中性蔗糖转化酶和细胞壁蔗糖转化酶活性也明显高于其他处理；T1 和 T4 处理对应的叶片中可溶性糖含量也明显高于其他处理，与三种蔗糖转化酶活性具有较好的一致性。由于果实绿熟期是果实膨大期的后期，果实转色期是果实成熟期的前期，所以图 11.3（b）和图 11.3（c）中的 T2 和 T4，图 11.3（d）和图 11.3（e）中的 T3 和 T4 均较好符合了上述的一致性规律。由此说明，水分胁迫能提高叶片中细胞壁蔗糖转化酶、液泡蔗糖转化酶和中性蔗糖转化酶这三种蔗糖转化酶的活性，且这三种蔗糖转化酶的活性具有一致性。叶片中可溶性糖含量与蔗糖转化酶活性有较好的一致性，水分胁迫通过提高蔗糖转化酶活性来实现对可溶性糖含量的调节，并以此增加渗透势，保证番茄植株正常代谢。在豆科作物叶片中发现酸性和中性蔗糖转化酶活性在中等水分胁迫条件下升高，在严重水分胁迫条件下下降[10]。这可能是过度的水分亏缺造成了酶蛋白的失活。

从图 11.3 还可以看出，各生育期受到亏水的处理［如图 11.3（a）中在开花—坐果期受亏水的 T1 处理］在恢复正常灌水后各蔗糖转化酶活性和可溶性糖含量均恢复到正常水平。研究木豆（cajanus cajan）的学者发现，经过 27d 的干旱胁迫后，木豆叶片中的淀粉和蔗糖含量几乎为零，而果糖和葡萄糖却有不同程度的提高；水分胁迫使蔗糖转

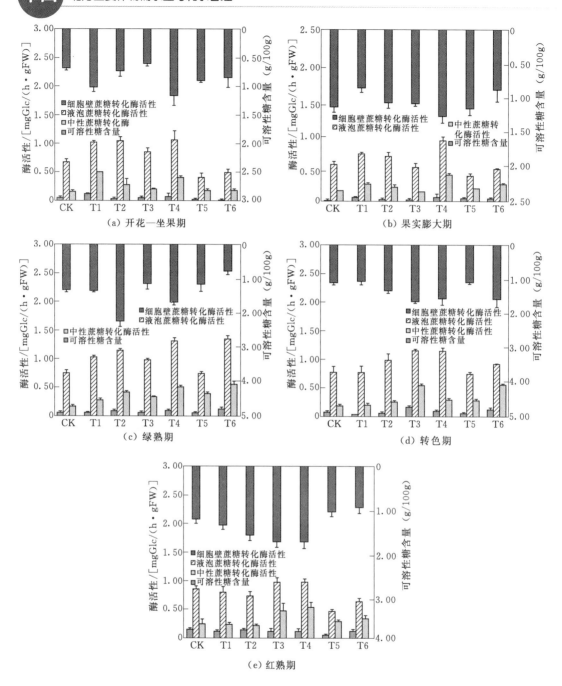

图 11.3 不同生育期番茄叶片中可溶性糖含量和各蔗糖转化酶活性关系
(CK 为对照，T1、T2、T3、T4 分别为番茄全生育期、果实成熟期、果实膨大期
和开花—坐果期亏缺灌溉，灌水量为对照处理的 1/2，T5 和 T6 为亏氮处理)

化酶活性显著提高，而在恢复灌水后，植株内的蔗糖转化酶活性又会迅速恢复到最初
水平[11]。由此可知，蔗糖代谢是动态的，是随干旱胁迫的一种反映。在受干旱胁迫的
植株中，尽管叶片中促进蔗糖合成的蔗糖磷酸合成酶活性提高，但水解蔗糖的蔗糖合

成酶和蔗糖转化酶活性同时也均被提高，此时相当于化学反应中的可逆反应达到了动态平衡状态。

综上所述，三种蔗糖转化酶对水分胁迫的响应具有敏感性和一致性，且酸性蔗糖转化酶占主导地位。蔗糖代谢是动态过程，随水分胁迫的变化而变化，蔗糖转化酶活性和叶片可溶性糖含量均能在水分胁迫恢复灌水后恢复常态。氮素缺乏通过影响蔗糖合成来影响可溶性糖含量，并不会对蔗糖转化酶引起较大影响。因此，水分胁迫对叶片内可溶性糖含量的调控机制为：水分胁迫造成番茄植株缺水，根系吸水困难，从而提高蔗糖转化酶的活性，使光合作用合成的蔗糖等大分子碳水化合物水解成小分子的果糖和葡萄糖，提高细胞中的渗透势，以增加根系的吸水能力，使番茄植株能够维持正常的吸水和生理代谢活动。

11.1.2.2　不同水氮对果实中蔗糖转化酶活性的影响及果实中可溶性糖含量的调控机理

表 11.5 为不同水氮条件下番茄各生育期蔗糖转化酶活性和可溶性糖含量。由于番茄果实的含水量占 90% 左右，果实中的水分含量并没有受到水分胁迫的影响，因此，果实中各种蔗糖转化酶活性在不同处理间并没有明显的差异。蔗糖转化酶活性没有提高使番茄果实中的可溶性糖含量同样没有增加，所以不同水分处理的可溶性糖含量之间没有明显差异。这也说明果实内与叶片一样，水分状况能调节蔗糖转化酶活性，从而控制果实内的可溶性糖含量。果实与叶片一样，可溶性糖含量的调节不仅与蔗糖转化酶一种酶有关，还与蔗糖磷酸合成酶和蔗糖合成酶有关。对香蕉成熟过程的研究表明，蔗糖和己糖间的平衡同时受到蔗糖合成酶和蔗糖转化酶在蔗糖水解时的调节作用[12]。另有研究说明：糖类汇强是指光合产物在汇器官被汇细胞积累糖类、生物合成和呼吸利用过程中的利用速度，糖类的积累受糖类汇强的影响[13]。根据上述定义可知，糖类汇强可以通过蔗糖在汇细胞质中

表 11.5　不同生育期各处理番茄果实中的各蔗糖转化酶活性和可溶性糖含量

处　　理		CK	T1	T2	T3	T4	T5	T6
果实绿熟期	CWIN	0.0315bc	0.0501a	0.0270c	0.0143d	0.0410ab	0.0260c	0.0355bc
	VIN	1.45cd	1.73ab	1.64bc	1.32d	1.64bc	1.28d	1.94a
	NIN	1.13c	1.17c	1.20bc	0.952d	1.41a	1.29b	1.12c
	SS	1.20bc	1.15c	1.18bc	1.25bc	1.31b	1.85a	1.94a
果实转色期	CWIN	0.169ab	0.197ab	0.136ab	0.271a	0.165ab	0.0879b	0.117ab
	VIN	2.24ab	2.40ab	2.44a	2.51a	2.43a	2.15bc	1.93c
	NIN	1.31b	1.68ab	1.48ab	2.12a	1.87ab	1.35ab	1.42ab
	SS	2.19b	1.83c	2.48b	2.17b	1.84c	3.42a	3.63a
果实红熟期	CWIN	0.191bc	0.170bc	0.490a	0.537a	0.295b	0.118c	0.231bc
	VIN	2.43a	2.51a	2.52a	2.46a	2.47a	2.24b	2.42a
	NIN	2.00c	1.94cd	2.83a	2.79a	2.36b	1.80d	2.23b
	SS	3.25bc	3.15bc	3.19bc	2.51c	2.25c	4.34ab	4.88a

注　CWIN 代表细胞壁蔗糖转化酶（cell wall – bound invertase），单位：mgGlc/(h·gFW)；VIN 代表液泡蔗糖转化酶（vacuolar invertase），单位：mgGlc/(h·gFW)；NIN 代表中性蔗糖转化酶（neutral invertase），单位：mgGlc/(h·gFW)；SS 代表可溶性糖（soluble sugar），单位：g/100g。

被酶水解降低浓度梯度或被转移到液泡中储存起来来调节，不同汇器官将蔗糖水解的酶分为蔗糖转化酶或蔗糖合成酶[14]。因此，这两种酶的活性使运输蔗糖的韧皮部和汇细胞之间保持一个蔗糖浓度梯度，酶活性越大，汇强就越强。

综上所述，果实中液泡蔗糖转化酶活性最高，中性转化酶与酸性转化酶同时发挥作用。随着番茄果实的成熟，蔗糖转化酶活性和可溶性糖含量均逐渐增加。果实中可溶性糖含量和蔗糖转化酶活性均高于叶片。氮素对果实中蔗糖转化酶活性没有显著影响，水分是控制蔗糖转化酶活性的关键因素，其具体的调控机制与叶片中一样：水分胁迫使蔗糖转化酶的活性提高，进而增加了蔗糖合成与水解平衡向水解方向移动，从而增加了可溶性糖含量。

11.2 水分敏感型品质指标优选与品质综合评价方法

作物品质是一个综合概念，是多个单一品质指标相互作用的结果。若要提高整体品质，就必须提高相互联系的、不可分割的各个组分，多角度进行综合评价。品质评价常用的数学方法有聚类分析、模糊综合评判、主成分分析、层次分析、灰色关联度法和 TOP-SIS 法等[7]。

11.2.1 作物单一品质指标对水分亏缺的敏感性分析

11.2.1.1 番茄单一品质指标之间的相关性分析

表 11.6 和表 11.7 为 2008 年冬春茬和 2008—2009 年越冬茬番茄果实各品质指标间的关系。结果表明，无论是冬春茬或越冬茬，三个外观品质指标之间的相关性均没有达显著

表 11.6　　　　　　　　2008 年冬春茬番茄果实各品质指标之间的相关性

品质指标	Q11	Q12	Q13	Q21	Q22	Q23	Q24	Q31	Q32	Q41	Q42
Q11	1.000										
Q12	−0.466	1.000									
Q13	0.288	0.436	1.000								
Q21	−0.378	0.947	0.536	1.000							
Q22	−0.694	0.885	0.367	0.915	1.000						
Q23	−0.830	0.795	0.043	0.740	0.878	1.000					
Q24	−0.011	0.624	0.887	0.680	0.601	0.233	1.000				
Q31	−0.132	0.862	0.542	0.843	0.651	0.601	0.492	1.000			
Q32	−0.406	0.883	0.458	0.964	0.904	0.780	0.595	0.758	1.000		
Q41	−0.531	0.940	0.374	0.961	0.938	0.871	0.550	0.783	0.979	1.000	
Q42	0.288	−0.653	−0.757	−0.800	−0.812	−0.530	−0.840	−0.528	−0.807	−0.743	1.000

注　Q11 为偏爱果产量比例；Q12 为偏爱果大小均匀度；Q13 为果色指数；Q21 为可溶性固形物；Q22 为可溶性糖；Q23 为有机酸；Q24 为糖酸比；Q31 为番茄红素；Q32 为维生素 C；Q41 为果实硬度；Q42 果实含水率，相关系数临界值 $R=0.754(P=0.05)$，$R=0.875(P=0.01)$。

水平，说明偏爱果产量比例（Q11）、偏爱果大小均匀度（Q12）和果色指数（Q13）分别从不同侧面反映了番茄的外观品质，互相不能替代。而在 2008 年冬春茬，口感品质的可溶性固形物（Q21）与可溶性糖（Q22）极显著相关（$P<0.01$），可溶性糖（Q22）和有机酸（Q23）显著相关（$P<0.05$），三个指标与糖酸比（Q24）之间不相关。番茄的两个营养品质指标之间关系显著（$P<0.05$），果实硬度和果实含水率呈负相关关系，但并未达显著水平。在 2008—2009 年越冬茬，除可溶性糖和有机酸关系极显著相关（$P<0.01$）外，其余品质指标的相关性（只限于同一品质类别内部比较）与冬春茬完全相似。说明无论是冬春茬或越冬茬，番茄平均单一品质指标的关系较为稳定，从不同侧面表现着番茄品质的优劣。

表 11.7　　　　　　2008—2009 年越冬茬番茄果实各品质指标之间的相关性

品质指标	Q11	Q12	Q13	Q21	Q22	Q23	Q24	Q31	Q32	Q41	Q42
Q11	1.000										
Q12	0.171	1.000									
Q13	−0.021	0.467	1.000								
Q21	−0.254	0.158	0.791	1.000							
Q22	−0.540	0.420	0.793	0.839	1.000						
Q23	−0.399	0.390	0.812	0.943	0.953	1.000					
Q24	0.049	0.445	0.542	0.229	0.468	0.296	1.000				
Q31	−0.066	0.547	0.870	0.907	0.839	0.938	0.336	1.000			
Q32	−0.531	0.159	0.823	0.881	0.946	0.912	0.426	0.775	1.000		
Q41	−0.135	−0.214	0.381	0.284	0.266	0.185	0.504	0.128	0.427	1.000	
Q42	−0.242	−0.351	−0.669	−0.767	−0.578	−0.679	−0.510	−0.802	−0.552	−0.134	1.000

注　表中番茄单一品质指标的代号意义同表 11.6，相关系数临界值 $R=0.754$（$P=0.05$），$R=0.875$（$P=0.01$）。

11.2.1.2　番茄单一品质指标对水分亏缺的敏感性分析

番茄单一品质对水分亏缺的敏感性是指植物水分从一种状态变化到另一状态时，单一品质指标变化幅度与水分变化量比值的大小，也即水分变化对品质指标的调节能力。变化幅度越大的指标，水分对其的调节能力就强，也即对水分亏缺敏感。研究品质指标的敏感性除了可以更加清楚地了解水分亏缺对单一品质的影响外，更重要的是确定哪些品质指标应该进入综合品质评价的指标体系，哪些不应该进入。

本节中的 7 个试验处理只有水分差异，其他条件均相同。因此，任何单一品质指标在处理间的显著差异均是由水分引起的，均应包含在品质对水分的敏感性计算当中。按照这种思路，本节 7 个处理应该有 $C_7^2=21$ 个水分差异状态，相应有 21 个水分敏感度数值，其平均值可用于度量在试验处理条件下番茄单一品质指标对水分改变的敏感性。但是为了克服不同单一品质指标间量纲和单位不同造成不可比较的问题，在计算敏感度之前，应该首

先对不同水分状态（处理）的品质指标和耗水量进行标准化，计算公式为

$$q_i' = \frac{q_i - \overline{q}}{\sigma} \quad (i = 1, 2, \cdots, 7) \tag{11.1}$$

式中：q_i' 为标准化后的番茄单一品质；q_i 为标准化前的番茄单一品质；$\overline{q}$ 为单一品质指标的处理平均值；σ 为单一品质指标的标准差，$\sigma = \sqrt{\dfrac{(q_i - \overline{q})^2}{n-1}}$。

$$ET_i' = \frac{ET_i - \overline{ET}}{\sigma} \quad (i = 1, 2, \cdots, 7) \tag{11.2}$$

式中：ET_i' 为标准化后的番茄耗水量；ET_i 为标准化前的番茄耗水量，mm；$\overline{ET}$ 为耗水量的处理平均值，mm；σ 为耗水量的标准差，$\sigma = \sqrt{\dfrac{(ET_i - \overline{ET})^2}{n-1}}$，mm。

敏感度计算公式为

$$S_j = \frac{1}{21} \sum_{k=1}^{21} \left| \frac{\Delta q_k'}{\Delta ET_k'} \right| \quad (j = 1, 2, \cdots, 11) \tag{11.3}$$

式中：S_j 为第 j 个品质指标的敏感度；$\Delta q_k'$ 为水分状态改变时，标准化后的番茄单一品质指标的差值（当两个处理间的品质指标差异为不显著时，$\Delta q_k' = 0$）；$\Delta ET_k'$ 为相应两种水分状态（处理）全生育期标准化耗水量的差值。

在两个生长周期内，果形指数在不同处理间的差异均不显著（$P > 0.05$），因此，果形指数对水分处理的敏感度为 0，不需要进行计算。而按式（11.1）～式（11.3）计算的其他品质指标的标准化结果和敏感性分析见表 11.8。结果表明，在两个生长周期内，不同品质指标对试验水分处理的敏感性不同。在 2008 年冬春茬，口感品质指标的平均敏感度最高，为 1.09，其次为营养、外观和储藏品质，平均敏感度分别为 0.77、0.70 和 0.50。在 2008—2009 年越冬茬，外观、营养、口感和储藏品质指标的平均敏感度分别为 2.22、1.58、1.01 和 0.80。这说明由于不同番茄生长周期的气候条件、植物习性和耗水量的差异，采用相同水分处理对番茄单一品质的影响程度并不相同。在冬春茬，口感品质对试验水分处理的敏感度最高，而在越冬茬，对水分处理敏感度最高的则为外观品质。在两个生长周期内，储藏品质对水分亏缺的敏感度均最低，说明果实硬度和含水率是水分调控能力最弱的品质指标，调控能力有限。

表 11.8　　　　　两个生长周期的番茄单一品质指标对水分敏感性分析

年份与茬口	Q11	Q12	Q13	Q21	Q22	Q23	Q24	Q31	Q32	Q41	Q42
2008 年冬春茬	0.57	0.96	0.59	1.24	1.17	1.11	0.84	0.87	0.68	0.88	0.12
2008—2009 年越冬茬	2.57	0.97	3.11	1.22	0.69	1.07	1.07	1.17	2.00	0	0.80

注　表中番茄单一品质的代号意义同表 11.6。

11.2.2　作物品质综合评价指标的构建

11.2.2.1　采用层次分析法（主观）确定番茄单一品质指标权重

层次分析法（AHP 法）在对复杂决策问题的本质、影响因素以及内在关系等进行深入分析的基础上，构建一个层次分析模型，然后根据人们对同一层次内因素重要性的主观判断，将决策的思维过程及因素重要性数量化，通过逐层计算，最终求出底层元素对最高层元素的满足或重要程度，从而为求解多目标、多准则或无结构特性的复杂决策问题，提供一种简便决策方法[15,16]。

根据确定的番茄品质评价指标及其关系，构建的品质评价层次模型如图 11.4 所示。从图中可以看出，评价层次共有三个层次，其中最高层为目标层，代表番茄的综合品质，中间层为准则层，表示品质划分的类别，评价的单一品质指标位于最下层。

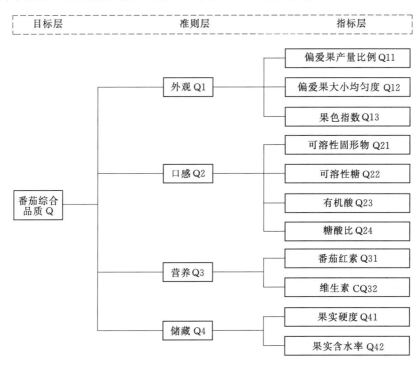

图 11.4　番茄综合品质 AHP 法评价的层次模型

在确定评价层次结构后，分别对 1000 名普通消费者和 25 位园艺专家进行品质类别关注度和指标重要性的问卷调查，共有 744 位消费者和 25 位园艺专家返回了有效问卷，调查有效率分别为 74.4% 和 100%。将多个消费者和园艺专家所形成的各层次判断矩阵进行几何平均，构成各准则层及指标层的判断矩阵，并计算各级别相应元素的局部权重和总体权重，并进行一致性检验，结果见表 11.9～表 11.14。结果表明，口感是消费者最关注的品质，其准则局部权重为 0.351（同时也为总体权重），其次为营养、外观和储藏品质，准则权重值分别为 0.249、0.204 和 0.196。在指标层当中，番茄红素的总体权重值最高，为 0.143，其次为果实硬度、糖酸比、VC、可溶性固形物，总体权重值分别为 0.121、0.114、0.106 和 0.092，有机酸和偏爱果产量比例的权重最低，分别为 0.060 和 0.044。

表 11.9　　　番茄综合品质评价的准则层判断矩阵和 AHP 权重计算结果

	判　断　矩　阵				W	矩阵特征值	一致性指数
	Q1	Q2	Q3	Q4			
Q1	1.00	0.56	0.82	1.07	0.204	$\lambda_{max}=4.000$	$CI=0$ $RI=0.900$ $CR=0$
Q2	1.77	1.00	1.40	1.76	0.351		
Q3	1.22	0.71	1.00	1.27	0.249		
Q4	0.94	0.57	0.79	1.00	0.196		

表 11.10　　　番茄综合品质评价的外观品质判断矩阵和 AHP 权重计算结果

	判　断　矩　阵			W	矩阵特征值	一致性指数
	Q11	Q12	Q13			
Q11	1.00	0.62	0.49	0.215	$\lambda_{max}=3.002$	$CI=0.001$ $RI=1.120$ $CR=0$
Q12	1.61	1.00	0.79	0.346		
Q13	2.05	1.27	1.00	0.439		

表 11.11　　　番茄综合品质评价的口感品质判断矩阵和 AHP 权重计算结果

	判　断　矩　阵				W	矩阵特征值	一致性指数
	Q21	Q22	Q23	Q24			
Q21	1.00	0.89	1.69	0.89	0.263	$\lambda_{max}=4.018$	$CI=0.006$ $RI=0.900$ $CR=0.007$
Q22	1.12	1.00	1.30	0.67	0.243		
Q23	0.59	0.77	1.00	0.53	0.170		
Q24	1.12	1.49	1.90	1.00	0.324		

表 11.12　　　番茄综合品质评价的营养品质判断矩阵和 AHP 权重计算结果

	判　断　矩　阵		W	矩阵特征值	一致性指数
	Q31	Q32			
Q31	1.00	1.36	0.576	$n<3$	矩阵具有自动完全一致性
Q32	0.74	1.00	0.424		

表 11.13　　　番茄综合品质评价的储藏品质判断矩阵和 AHP 权重计算结果

	判　断　矩　阵		W	矩阵特征值	一致性指数
	Q41	Q42			
Q41	1.00	1.62	0.618	$n<3$	矩阵具有自动完全一致性
Q42	0.62	1.00	0.382		

表 11.14　　　　　　　AHP 法确定的番茄单一品质指标权重

准则层	外观 (0.204)			口感 (0.351)				营养 (0.249)		储藏 (0.196)	
指标	Q11	Q12	Q13	Q21	Q22	Q23	Q24	Q31	Q32	Q41	Q42
权重	0.044	0.070	0.089	0.092	0.085	0.060	0.114	0.143	0.106	0.121	0.075

对番茄单一指标而言，其总体权重不但取决于准则权重，而且也取决于准则所包含的指标个数。例如，尽管口感品质的准则权重最大，但由于包含了四个单一品质指标，结果分配到每一指标的权重就相应较低，降低可溶性固形物、可溶性糖和有机酸指标的总体权重。储藏品质的准则权重虽然最低，但由于包含指标个数少，以致果实硬度的总体权重较高，为 0.121，为各项指标的第 2 重要指标。

11.2.2.2　采用熵权法（客观）确定番茄单一品质指标权重

在综合评价中，运用信息熵确定权重的基本思想就是根据指标在待评单位之间的变异程度确定的。变异程度越大，则该指标包含的信息量越多，在综合评价中所起的区分作用就越大，权值相应也较高。如果每个方案的某项指标值全相等或较为接近，则其提供的信息量也越低，对方案的区分能力越弱，权重也越小。

采用熵权法计算的番茄综合品质评价准则和指标权重结果如图 11.5 和表 11.15 所示。结果表明，采用两个生育期的实测数据所计算的番茄单一品质指标权重有所不同。但无论是冬春茬或越冬茬，口感品质均具有最大的评价权重，其次为营养和外观，最低为储藏品质。两个生长周期内，口感品质的评价准则权重分别为 0.633 和 0.513，储藏品质分别为 0.0752 和 0.026。在 2008 年冬春茬，可溶性糖、可溶性固形物和有机酸的权重值最高，分别为 0.225、0.181 和 0.179，偏爱果产量比例、果色指数和果实含水率的权重值最低，分别为 0.028、0.011 和 0.0002。在 2008—2009 年越冬茬，可溶性糖、有机酸、VC 和偏爱果大小均匀度的权重值最大，分别为 0.214、0.162、0.163 和 0.146，偏爱果产量比例、果实硬度和果实含水率指标的权重最小，分别为 0.036、0.025 和 0.001。这说明在试验灌水处理条件下，水分亏缺对口感品质指标的影响最显著，处理间差异最大，而对储藏品质的影响最小，指标在处理间的变异度最低，对外观和营养品质的影响程度介于口感和储藏之间。两个生长周期的指标权重相关系数为 0.77，说明在冬春茬或越冬茬，当灌水处理相似时，采用熵权法确定的权重具有一定稳定性，不因生长周期变化而改变。

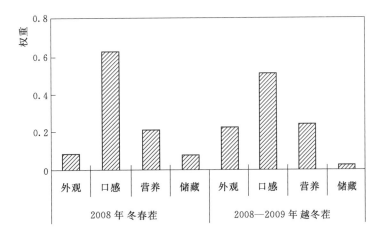

图 11.5　熵权法确定的番茄综合品质评价准则权重

年份与 茬口	指标	外　观			口　感				营　养		储　藏	
		Q11	Q12	Q13	Q21	Q22	Q23	Q24	Q31	Q32	Q41	Q42
2008 年 冬春茬	熵值	1.000	0.999	1.000	0.997	0.997	0.997	0.999	0.999	0.998	0.999	1.000
	权重值	0.028	0.042	0.011	0.181	0.225	0.179	0.048	0.092	0.121	0.075	0.0002
2008— 2009 年 越冬茬	熵值	1.000	0.998	1.000	0.999	0.998	0.998	1.000	0.999	0.998	1.000	1.000
	权重值	0.036	0.146	0.041	0.091	0.214	0.162	0.046	0.075	0.163	0.025	0.001

11.2.2.3 采用博弈理论（综合）确定番茄单一品质指标权重

指标权重对多指标综合评价的影响是决定性的，同样的指标选用不同的权重会得到不同的评价结果，合理确定指标权重是提高综合评价质量，获得实际评价排序的前提。采用主观赋权法（层次分析法）和客观赋权法（熵权法）确定权重各有利弊。主观赋权法过多考虑人们对指标重要性的判断，没有利用隐含在数据内部的变异信息；客观赋权法则过多考虑数据本身包含的信息，没有考虑人们对品质的喜爱和指标重要程度。要科学确定番茄单一品质指标权重，就需要把主观和客观方法确定的权重结合起来，用综合赋权法确定权重。鉴于此，采用基于博弈理论的综合赋权法[17,18]，将用 AHP 法得到的主观方法权重和熵权法得到的客观方法权重融合，最终得到一个均衡的单一指标权重，用于番茄综合品质的评价。

用熵权法确定的客观权重是由样本数据确定的，不同年份、不同生长周期的数据确定的同一指标权值不同。而用层次分析法确定的主观权重是由消费者和园艺专家对该品质类别的重视程度及该指标自身的价值决定的，因此不同年份、不同生育期的同一指标权重是相同的。当采用博弈理论将主观和客观两种方法确定的权重进行融合，将得到两组权重值。

根据上述的博弈理论权重确定方法，计算的 2008 冬春茬的集化模型为

$$\begin{bmatrix} 0.0993 & 0.0921 \\ 0.0921 & 0.1486 \end{bmatrix} \begin{bmatrix} a_1 \\ a_2 \end{bmatrix} = \begin{bmatrix} 0.0993 \\ 0.1486 \end{bmatrix} \tag{11.4}$$

求解上式得 $a_1 = 0.1705$，$a_2 = 0.8943$。将两者归一化得到：$a_1^* = 0.1601$，$a_2^* = 0.8399$。同理，2008—2009 年越冬茬的集化模型为

$$\begin{bmatrix} 0.0993 & 0.0882 \\ 0.0882 & 0.1396 \end{bmatrix} \begin{bmatrix} a_1 \\ a_2 \end{bmatrix} = \begin{bmatrix} 0.0882 \\ 0.1396 \end{bmatrix} \tag{11.5}$$

求解上式得 $a_1 = 0.2547$，$a_2 = 0.8391$。将两者归一化得到：$a_1^* = 0.2329$，$a_2^* = 0.7671$。由算得的 a_1^*、a_2^* 算出综合权重，结果如图 11.6 所示。

11.2.2.4 近似理想解法（TOPSIS）评价番茄综合品质

TOPSIS 方法的全称是近似理想解的排序方法，其基本原理是借助定义理想解和负理想解进行综合评价[19]。所谓理想解是一设想的最优方案，它的各个指标均为各待评方案

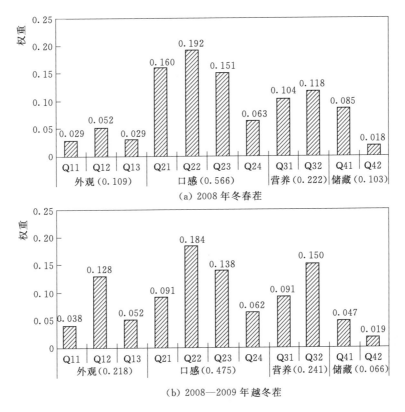

图 11.6　博弈论法确定的番茄单一品质指标权重

中的最优值，而负理想解是一设想的最坏方案，其指标值为各待评方案中的最坏值。然后求得任一方案与最优方案和最坏方案之间的距离，并由此计算该方案与最优方案的相对接近程度，以此对各方案优劣进行评价。计算的最优方案和理想解最近而与负理想解最远[20,21]。

在博弈论方法确定的单一品质指标权重基础上，运用 TOPSIS 方法计算的番茄综合品质见表 11.16，具体计算过程详见参考文献[22]。结果表明，两个生长周期的番茄综合品质评价结果相似。无论是冬春茬或越冬茬，在番茄果实成熟与采摘期采用 1/3 或 2/3 充分灌水量、在开花和果实膨大期采用 1/3 充分灌水量处理时，均有利于提高番茄的综合品质，而在苗期采用 1/3 或 2/3 充分灌水量、在开花和果实膨大期采用 2/3 充分灌水量处理时，番茄综合品质提高不明显。为了衡量采用 TOPSIS 方法评价番茄综合品质的效果，对综合品质排序和单一品质排序进行了 Spearman 相关分析。结果表明，在两个生长周期内，与综合指标排序呈正相关和负相关的指标个数均为 9 个和 2 个，分别占总指标个数的81.8%和18.2%。在 2008 年冬春茬，所有 Spearman 相关系数的总和为 5.33，其中，显著正相关的指标为 6 个，分别占总指标和正相关指标个数的54.5%和66.7%。在 2008—2009 年越冬茬，所有 Spearman 相关系数的总和为 5.03，呈显著正相关的指标为 7 个，分别占总指标个数的63.6%和77.8%。这说明无论冬春茬或越冬茬，采用 TOPSIS 方法确定的番茄综合品质指标与大多数单一品质指标的表现排序相吻合。

表 11.16　　　　　　　　TOPSIS 方法确定的不同灌水处理番茄综合品质及其排序

年份与茬口	处理	Q11	Q12	Q13	Q21	Q22	Q23	Q24	Q31	Q32	Q41	Q42	d_i^+	d_i^-	Q_i^*	排序
2008 年冬春茬	T1	0.143	0.136	0.143	0.126	0.130	0.141	0.138	0.139	0.130	0.134	0.143	0.033	0.008	0.196	6
	T2	0.141	0.138	0.142	0.138	0.143	0.133	0.144	0.133	0.136	0.136	0.143	0.028	0.011	0.288	4
	T3	0.154	0.143	0.147	0.148	0.133	0.129	0.145	0.154	0.145	0.142	0.143	0.027	0.015	0.359	3
	T4	0.147	0.140	0.145	0.135	0.133	0.128	0.150	0.133	0.137	0.137	0.143	0.031	0.009	0.229	5
	T5	0.136	0.152	0.145	0.168	0.174	0.169	0.150	0.152	0.168	0.161	0.142	0.005	0.036	0.874	1
	T6	0.136	0.155	0.143	0.159	0.162	0.163	0.146	0.158	0.151	0.153	0.143	0.011	0.028	0.724	2
	CK	0.142	0.135	0.135	0.126	0.125	0.138	0.127	0.131	0.133	0.135	0.144	0.035	0.006	0.148	7
	A^+	0.154	0.135	0.147	0.168	0.174	0.169	0.150	0.158	0.168	0.161	0.142				
	A^-	0.136	0.155	0.135	0.126	0.125	0.128	0.127	0.131	0.130	0.134	0.144				
	R	−0.46	−0.93*	0.54	1.00*	0.89*	0.43	0.36	0.79*	0.93*	0.93*	0.87*				
2008—2009 年越冬茬	T1	0.141	0.137	0.139	0.134	0.137	0.133	0.145	0.134	0.139	0.139	0.144	0.023	0.010	0.317	5
	T2	0.147	0.125	0.142	0.140	0.128	0.132	0.138	0.136		0.148	0.144	0.024	0.014	0.361	4
	T3	0.151	0.149	0.146	0.151	0.143	0.150	0.140	0.152	0.142	0.137	0.141	0.017	0.015	0.457	3
	T4	0.150	0.159	0.143	0.135	0.137	0.135	0.152	0.141	0.145	0.145	0.143	0.025	0.008	0.237	7
	T5	0.136	0.141	0.150	0.158	0.167	0.162	0.152	0.153	0.166	0.150	0.141	0.006	0.028	0.822	1
	T6	0.137	0.155	0.148	0.148	0.159	0.156	0.140	0.150	0.154	0.141	0.144	0.013	0.020	0.601	2
	CK	0.140	0.134	0.131	0.134	0.129	0.132	0.134	0.133	0.128	0.140	0.144	0.027	0.009	0.249	6
	A^+	0.151	0.125	0.150	0.158	0.167	0.162	0.152	0.153	0.166	0.150	0.141				
	A^-	0.136	0.159	0.131	0.134	0.128	0.132	0.134	0.133	0.128	0.137	0.144				
	R	−0.46	−0.04	0.79*	0.82*	0.76*	0.76*	0	0.76*	0.93*	0.25	0.46				

注　Q12 和 Q42 为越小越好指标，其他为越大越好指标，R 表示综合品质总排序与单一品质排序的 Spearman 相关系数，标 * 的表示在 $P < 0.05$ 水平显著。

11.2.2.5　主成分分析法评价番茄综合品质

主成分分析是一种对多指标问题进行分析评价的多元统计方法，它首先将多个指标简化为少数几个相互独立的主成分，然后以主成分的方差贡献率为权重，通过线性组合，构造出综合主成分，进而对评价对象进行优劣排序，达到综合评价的目的。运用 SAS8.2 软件 PRINCOMP 程序对单一品质指标标准化值的相关系数矩阵 R 进行主成分计算。结果表明，在 2008 年冬春茬，前四个主成分的累积方差贡献率为 91.74%，在 2008—2009 年越冬茬，前四个主成分的累积方差贡献率为 89.2%，包含了原始数据的大部分变异信息，选择前四个主成分作为主要主成分，可以起到降低变量个数且保留大部分原始信息的目的。例如，在 2008 年冬春茬，第 1 主成分 f1 单独综合了原始变异信息的 60.6%，主要包括可溶性固形物（Q21）、可溶性糖（Q22）、维生素 C（Q32）和果实硬度（Q41）等指标的变异信息，第 2 主成分 f2 则主要反映了偏爱果产量比例（Q11）、颜色指数（Q13）和糖酸比（Q24）的变异信息；而番茄红素（Q31）、果实含水率（Q42）的变异信息则主要由 f3 反映，偏爱果大小均匀度（Q12）和有机酸（Q23）由 f4 反映。采用主成分分析评价法计算的不同灌水处理的番茄综合品质及排序结果见表 11.17，结果表明，在 2008 年冬春茬，主成分分析法计算的不同灌水处理的综合品质和 TOPSIS 方法计算结果相似，即 T5、T6 和 T3 处理的综合品质仍最高，T1 和 CK 处理最低，但 T2 和 T4 处理的综合品质表现有所不同，T2 综合品质为 0.304，小于 T4 处理的 0.325，排序也由第 4 位降为第 5 位。在 2008—2009 年越冬茬，不同灌水处理的番茄综合品质表现与 TOPSIS 方法计算结果差异较大，但 T5、T6 和 T3 处理的综合品质仍最高，分别为 0.807、0.628 和 0.608，T1 和 CK 处理的综合品质最低，分别为 0.217 和 0.065，而 TOPSIS 方法的评价结果则是，CK 和 T4 处理的综合品质最低，分别为 0.249 和 0.237。

表 11.17　　　　　　主成分分析法确定的不同灌水处理番茄综合品质及其排序

年份与茬口	处理	主　成　分				d_i^+	d_i^-	Q_i^{**}	排序
		f1	f2	f3	f4				
2008 年冬春茬	T1	−1.82	−0.15	−0.33	−0.02	4.854	1.287	0.210	6
	T2	−1.02	0.14	−0.82	0.05	4.233	1.845	0.304	5
	T3	0.01	1.73	0.89	−0.67	3.355	2.938	0.467	3
	T4	−1.14	1.15	−0.63	−0.46	4.271	2.056	0.325	4
	T5	4.31	−0.01	−0.42	0.66	0.850	5.766	0.872	1
	T6	2.64	−0.71	0.74	−0.05	1.697	4.452	0.724	2
	CK	−2.99	−2.15	0.57	0.49	5.936	0.442	0.069	7
	权重	0.606	0.197	0.695	0.044				
	f_j^+	4.31	1.73	0.89	0.66				
	f_j^-	−2.99	−2.15	−0.82	−0.67				
2008—2009 年越冬茬	T1	−1.62	−0.25	0.01	−0.83	4.372	1.211	0.217	6
	T2	−1.82	−0.24	1.14	0.72	4.444	1.333	0.231	5
	T3	1.23	1.21	−0.95	1.65	2.217	3.440	0.608	3
	T4	−0.62	2.22	0.09	−0.93	3.548	2.285	0.392	4
	T5	4.04	−0.76	0.91	−0.21	1.278	5.344	0.807	1
	T6	1.92	−1.04	−0.97	−0.45	2.215	3.735	0.628	2
	CK	−3.13	−1.13	−0.23	0.05	5.495	0.383	0.065	7
	权重	0.546	0.147	0.106	0.093				
	f_j^+	4.04	2.22	1.14	1.65				
	f_j^-	−3.13	−1.13	−0.97	−0.93				

　　主成分分析法确定的番茄综合品质排序和单一品质排序的 Spearman 相关分析结果见表 11.18。结果表明，在两个生长周期内，与综合指标排序呈正相关和负相关的指标个数仍为 9 个和 2 个，分别占指标总数的 81.8% 和 18.2%。两个生长周期的 Spearman 相关系数总和分别为 5.72 和 6.28，与 TOPSIS 方法相比，分别提高 7.3% 和 24.9%。而且，两个生长周期中，呈显著正相关的相关系数均为 7 个，分别占总指标和正相关指标个数的

63.6%和 77.8%。这说明与 TOPSIS 方法相比，采用主成分分析法确定的番茄综合品质与单一品质指标表现的吻合度较高，更能体现不同处理间的品质排序。

表 11.18　主成分分析法确定的综合品质排序与单一品质排序的 Spearman 相关分析

年份与茬口	Q11	Q12	Q13	Q21	Q22	Q23	Q24	Q31	Q32	Q41	Q42
2008 年冬春茬	−0.36	−0.96*	0.64	0.96*	0.86*	0.36	0.79*	0.75*	0.96*	0.96*	0.76*
2008—2009 年越冬茬	−0.25	−0.57	1.00*	0.89*	0.82*	0.96*	0.46	0.96*	0.86*	0.39	0.76*

注　Q12 和 Q42 为越小越好指标，其他指标为越大越好指标，标 * 的表示在 $P<0.05$ 水平显著。

11.2.2.6　番茄综合品质组合评价

对同一个多指标决策问题，采用不同的评价方法，得到的方案优劣序列可能不同。但究竟哪一种方法的结论更为可信，常常难以取舍。组合评价法寻求多种综合评价方法的折中，将从不同角度考虑的评价方法结果整合，形成综合评价结果，以此对方案优劣进行评定。本节在传统加权平均组合评价法[23]的基础上，采用各方法标化序列与单一品质序列的相关系数总和归一化结果作为各评价方法的权重系数，计算每个评价单元的组合评价值。

表 11.19 为计算的评价方法权重、加权平均组合评价值及排序结果。结果表明，在 2008 年冬春茬和 2008—2009 年越冬茬，无论采用哪种评价方法，在果实成熟与采摘期采用 1/3 或 2/3 充分灌水量处理、在开花和果实膨大期采用 1/3 充分灌水量处理的番茄品质均最高，而在其他生育期亏水的番茄综合品质排序则可能随评价方法而有所不同。事后检验结果表明，组合评价法与原评价方法的 Pearson 相关系数均达到显著水平（$P<0.05$），平均相关系数分别为 0.994 和 0.966。说明加权平均组合评价法与原两种单一方法密切相关，很好地体现了原方法的评价信息（表 11.20）。

对组合评价排序与单一品质排序所做的 Spearman 相关系数分析（表 11.21）表明，在两个生长周期内，与综合指标排序呈显著正相关的指标个数均为 7 个，占总指标个数的 63.6%和 77.8%，相关系数总和分别为 5.33 和 6.28，说明无论在冬春茬或越冬茬，采用组合评价方法确定的番茄综合品质指标与大多数单一品质表现排序相吻合，评价结果的可

表 11.19　　组合评价法确定的不同灌水处理番茄综合品质及其排序

年份与茬口	处理	TOPSIS（权重 0.48）		主成分分析法（权重 0.52）		组合评价法	
		Q_i^*	排序	Q_i^{**}	排序	Q_i	排序
2008 年冬春茬	T1	0.196	6	0.210	6	0.203	6
	T2	0.288	4	0.304	5	0.296	4
	T3	0.359	3	0.467	3	0.415	3
	T4	0.229	5	0.325	4	0.279	5
	T5	0.874	1	0.872	1	0.873	1
	T6	0.724	2	0.724	2	0.724	2
	CK	0.148	7	0.069	7	0.107	7

续表

年份与茬口	处理	TOPSIS（权重 0.44）		主成分分析法（权重 0.56）		组合评价法	
		Q_i^*	排序	Q_i^{**}	排序	Q_i	排序
2008—2009 年越冬茬	T1	0.317	5	0.217	6	0.261	6
	T2	0.361	4	0.231	5	0.288	5
	T3	0.457	3	0.608	3	0.542	3
	T4	0.237	7	0.392	4	0.324	4
	T5	0.822	1	0.807	1	0.814	1
	T6	0.601	2	0.628	2	0.616	2
	CK	0.249	6	0.065	7	0.146	7

表 11.20 组合评价法事后检验结果

年 份	TOPSIS 方法	主成分分析法	平均相关系数
2008 年冬春茬	0.993	0.994	0.994
2008—2009 年越冬茬	0.950	0.981	0.966

信度较高。而且两个生长周期不同灌水处理的综合品质指标相关系数为 0.97，说明当采用相似的灌水处理时，番茄综合品质指标的排序具有较高的稳定性。结果还表明，当采用不同的评价方法时，虽然可以得到相同的排序结果，但实际的评价值会因方法不同而有所差异。加权组合评价法将方法优劣判断理论引入组合评价中，提出以各评价方法排序与单一品质排序的归一化权重系数作为判别原则，可以使组合结果更科学，更能体现不同评价单元之间的距离，相比其他组合评价方法，保距效果更佳。

表 11.21 组合评价法确定的综合品质排序与单一品质排序的 Spearman 相关分析

年份与茬口	Q11	Q12	Q13	Q21	Q22	Q23	Q24	Q31	Q32	Q41	Q42
2008 年冬春茬	−0.46	−0.93*	0.54	1.00*	0.89*	0.43	0.36	0.79*	0.93*	0.93*	0.87*
2008—2009 年越冬茬	−0.25	−0.57	1.00*	0.89*	0.82*	0.96*	0.46	0.96*	0.86*	0.39	0.76*

注 Q12 和 Q42 为越小越好指标，其他指标为越大越好指标，标 * 的表示在 $P < 0.05$ 水平显著。

11.3 作物综合品质–水分响应关系的量化

亏缺灌溉不仅减少了番茄灌水量，节约了灌溉成本，还不同程度地改善了果实品质，但同时也降低了产量。番茄产量和果实品质对不同生育阶段复杂的响应关系是影响亏缺灌溉在番茄实际生产中应用的关键因素。为了通过更加精准的亏缺灌溉管理实现番茄的节水优质高效生产，结合 2008—2009 年，2011 年和 2012—2013 年日光温室亏缺灌溉试验番茄耗水、品质数据，分析了番茄各单项品质指标和综合品质指数与番茄全生育期需水量以及各生育阶段相对水分亏缺的相关关系，建立了番茄水分–品质经验模型。2008—2009 年番茄试验是大茬，果实成熟期跨度长达近 4 个月，大约是 2011 年和 2012—2013 年试验果实成熟期的两倍。因此，为了保证试验数据的延续性和一致性，根据各自灌水周期特点，

2008—2009 年试验中番茄耗水、品质数据只统计至成熟期前两个月左右。

11.3.1 水分与作物品质的相关关系

11.3.1.1 水分与番茄单一品质指标的相关关系

图 11.7～图 11.13 分别为温室番茄果实可溶性固形物含量（TSS）、还原性糖含量（RS）、有机酸含量（OA）、糖酸比（SAR）、维生素 C 含量（VC）、果实硬度（Fn）和果色指数（CI）与全生育期相对耗水量（ET_a/ET_{ck}）以及 Stage Ⅱ 和 Stage Ⅲ 相对水分亏缺（$1-ET_{ai}/ET_{cki}$）的相关关系。结果表明，番茄果实各单一品质指标与全生育期相对需水量呈极显著负线性相关关系，且随着 Stage Ⅱ 和 Stage Ⅲ 相对水分亏缺的增大呈增加趋势。以图 11.7 为例，温室番茄果实相对可溶性固形物含量 TSS_a/TSS_{ck} 与全生育期相对耗水量 ET_a/ET_{ck} 呈极显著负线性相关关系（$P<0.01$），回归返程的斜率为 -0.60，决定系数 R^2 为 0.82。果实相对可溶性固形物含量随 Stage Ⅱ 相对水分亏缺的增大呈增加趋势，但线性回归关系不显著（$P>0.05$），决定系数 R^2 为 0.45；而与 Stage Ⅲ 相对水分亏缺呈显著正线性相关（$P<0.05$），回归方程斜率为 0.236，决定系数 R^2 为 0.63。这表明番茄果实可溶性固形物含量对 Stage Ⅲ 水分亏缺的敏感程度大于 Stage Ⅱ。

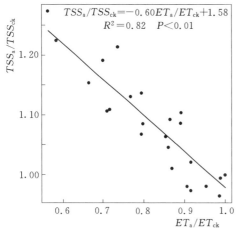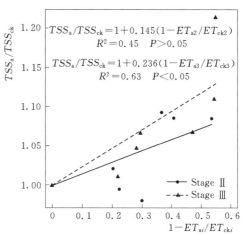

（a）相对可溶性固形物含量与全生育期相对耗水量的关系　（b）相对可溶性固形物含量与相对水分亏缺的关系

图 11.7　相对可溶性固形物含量与全生育期相对耗水量及 Stage Ⅱ 和 Stage Ⅲ 相对水分亏缺的相关关系

11.3.1.2 水分与番茄果实综合指数（Q）关系

番茄果实品质是一个综合的概念，单项品质指标的高低只能反映果实某方面的优劣，而全面地评价番茄果实品质的好坏，需要对果实品质进行综合评价，得出一个能综合反映果实品质的综合指数。本节采用简单实用的综合指数法计算果实品质的综合指数，其计算公式为

$$Q = \sum_{i=1}^{n} w_i \left(\frac{Q_a}{Q_{ck}} \right)_i \tag{11.6}$$

式中：Q 为品质综合指数；w_i 为第 i 个单项品质指标所占权重；$(Q_a/Q_{ck})_i$ 为第 i 个单项品质指标实际值与充分灌溉时数值的比值。

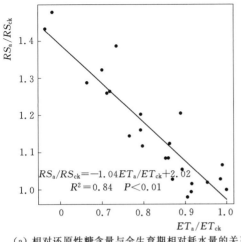
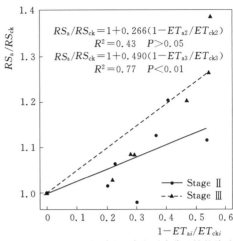

（a）相对还原性糖含量与全生育期相对耗水量的关系　　（b）相对还原性糖含量与相对水分亏缺的关系

图 11.8　相对还原性糖含量与全生育期相对耗水量及
Stage Ⅱ 和 Stage Ⅲ 相对水分亏缺的相关关系

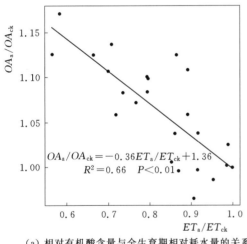
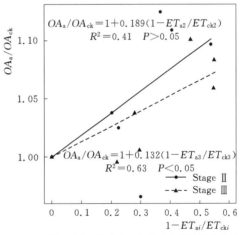

（a）相对有机酸含量与全生育期相对耗水量的关系　　（b）相对有机酸含量与相对水分亏缺的关系

图 11.9　相对有机酸含量与全生育期相对耗水量及
Stage Ⅱ 和 Stage Ⅲ 相对水分亏缺的相关关系

　　图 11.14 为温室番茄果实相对品质综合指数 Q_a/Q_{ck} 与全生育期相对耗水量 ET_a/ET_{ck} [图 11.14（a）] 以及 Stage Ⅱ 和 Stage Ⅲ 相对水分亏缺 $1-ET_{ai}/ET_{cki}$ [图 11.14（b）] 的相关关系。果实相对品质综合指数与全生育期相对耗水量呈极显著负线性相关关系（$P<0.01$），回归方程的斜率为 -0.63，决定系数 R^2 为 0.89。果实相对品质综合指数与 Stage Ⅱ 相对水分亏缺呈显著正线性相关（$P<0.05$），回归方程的斜率为 0.227，决定系数 R^2 为 0.67；而与 Stage Ⅲ 相对水分亏缺呈极显著正线性相关（$P<0.01$），回归方程的斜率和决定系数 R^2 分别为 0.368 和 0.94。这表明 Stage Ⅱ 和 Stage Ⅲ 水分亏缺都显著影响提高了番茄果实综合品质指数，而且 Stage Ⅲ 水分亏缺的影响程度要大于 Stage Ⅱ。

　　综上所述，番茄果实相对产量、各单项品质指标和品质综合指数都与全生育相对耗水

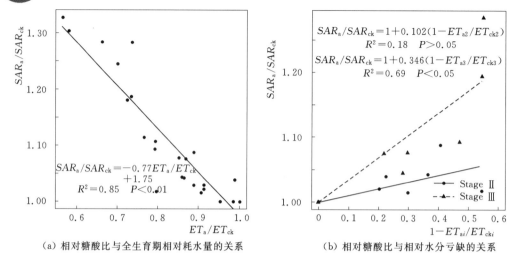

（a）相对糖酸比与全生育期相对耗水量的关系　　　（b）相对糖酸比与相对水分亏缺的关系

图 11.10　相对糖酸比与全生育期相对耗水量及
Stage Ⅱ 和 Stage Ⅲ 相对水分亏缺的相关关系

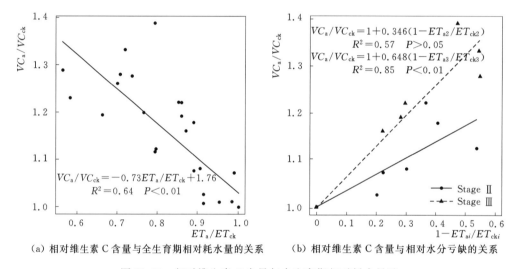

（a）相对维生素 C 含量与全生育期相对耗水量的关系　　（b）相对维生素 C 含量与相对水分亏缺的关系

图 11.11　相对维生素 C 含量与全生育期相对耗水量及
Stage Ⅱ 和 Stage Ⅲ 相对水分亏缺的相关关系

量呈极显著线性相关。其回归方程斜率绝对值的大小反映了其受植株耗水情况影响的敏感程度大小，回归方程斜率绝对值越大表示受植株耗水影响越敏感。综合上述分析结果，番茄各项品质指标受耗水影响敏感程度从大到小排序为：还原性糖（RS）＞糖酸比（SAR）＞维生素 C（VC）＞品质综合指数（Q）＞可溶性固形物（TSS）＞果实硬度（Fn）＞有机酸（OA）＞果色指数（CI），其相对值与全生育期相对耗水量回归方程斜率的绝对值分别为 1.04、0.77、0.75、0.73、0.63、0.60、0.41、0.36 和 0.35。番茄不同生育阶段的水分亏缺对品质的影响不同，各单项品质指标及品质综合指数相对值与不同生育阶段（Stage Ⅱ，Stage Ⅲ）相对水分亏缺的响应关系反映了番茄品质对不同生育阶段水分亏缺敏感程度的不同。各单项品质指标和品质综合指数相对值都与 Stage Ⅲ 相对水分亏缺呈显著正线性相

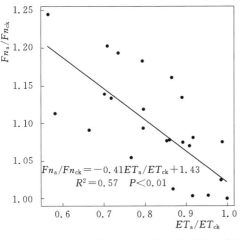

$$Fn_a/Fn_{ck} = -0.41ET_a/ET_{ck} + 1.43$$
$$R^2 = 0.57 \quad P < 0.01$$

（a）相对果实硬度与全生育期相对耗水量的关系

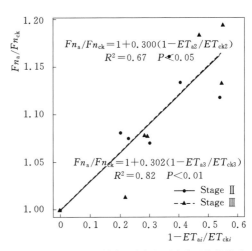

$$Fn_a/Fn_{ck} = 1 + 0.300(1 - ET_{a2}/ET_{ck2})$$
$$R^2 = 0.67 \quad P < 0.05$$

$$Fn_a/Fn_{ck} = 1 + 0.302(1 - ET_{a3}/ET_{ck3})$$
$$R^2 = 0.82 \quad P < 0.01$$

Stage Ⅱ
Stage Ⅲ

（b）相对果实硬度与相对水分亏缺的关系

图 11.12　相对果实硬度与全生育期相对耗水量及
Stage Ⅱ 和 Stage Ⅲ 相对水分亏缺的相关关系

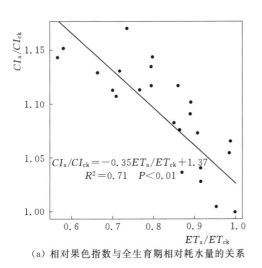

$$CI_a/CI_{ck} = -0.35ET_a/ET_{ck} + 1.37$$
$$R^2 = 0.71 \quad P < 0.01$$

（a）相对果色指数与全生育期相对耗水量的关系

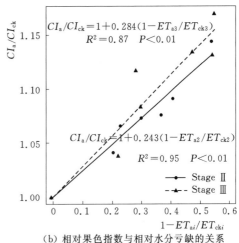

$$CI_a/CI_{ck} = 1 + 0.284(1 - ET_{a3}/ET_{ck3})$$
$$R^2 = 0.87 \quad P < 0.01$$

$$CI_a/CI_{ck} = 1 + 0.243(1 - ET_{a2}/ET_{ck2})$$
$$R^2 = 0.95 \quad P < 0.01$$

Stage Ⅱ
Stage Ⅲ

（b）相对果色指数与相对水分亏缺的关系

图 11.13　相对果色指数与全生育期相对耗水量及
Stage Ⅱ 和 Stage Ⅲ 相对水分亏缺的相关关系

关。虽然 TSS、RS、OA、SAR 和 VC 相对值与 Stage Ⅱ 相对水分亏缺回归关系不显著，但都呈现随水分亏缺程度增大而增大的趋势。在相同亏缺程度下，TSS、RS、SAR、VC、CI 和 Q 受 Stage Ⅲ 水分亏缺的影响要大于 Stage Ⅱ，OA 受 Stage Ⅱ 水分亏缺的影响要略大于 Stage Ⅲ，而 Fn 受 Stage Ⅱ 和 Stage Ⅲ 水分亏缺的影响程度类似。

11.3.2　基于水分-品质的经验模型

11.3.2.1　模型介绍

国内外学者对作物水分-产量函数关系进行了大量的研究，提出了多种作物水分-产量模型，而对水分与作物品质之间的函数关系的研究鲜有报道。由于目前还没有成熟的水

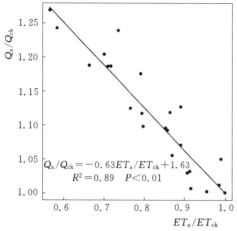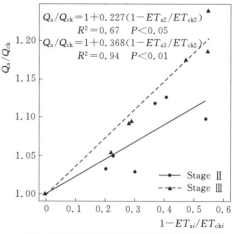

(a) 相对品质综合指数与全生育期相对耗水量的关系　　(b) 相对品质综合指数与相对水分亏缺的关系

图 11.14　相对品质综合指数与全生育期相对耗水量及
Stage Ⅱ 和 Stage Ⅲ 相对水分亏缺的相关关系

分-品质模型，本节基于番茄各品质指标与全生育期相对耗水量及各生育阶段相对水分亏缺关系，参考分阶段水分-产量模型的数学形式建立了 Additive 模型、Multiplicative 模型、Exponential 模型、Q＿Singh 模型、Q＿Minhas 模型和 Q＿Rao 模型 6 个水分-品质模型，并通过调亏灌溉试验数据对模型进行了校正和验证。虽然这些经验统计模型没有明确的物理意义，由于继承了水分-产量模型的特点，它们也可以通过品质水分亏缺敏感指数反映出作物品质指标对不同生育阶段水分亏缺的不同敏感程度。此外，本节番茄调亏灌溉试验中各生育阶段相对水分亏缺 $1-ET_{ai}/ET_{cki}$ 基本上控制在 0.5 以内，所以所建立的水分-品质模型的适用范围是 $0.5 \leqslant ET_{ai}/ET_{cki} \leqslant 1$，当超出该范围后模型不适宜用来反映番茄品质指标随各生育阶段水分亏缺的变化关系。

（1）Additive 模型

$$\frac{Q_a}{Q_m} = 1 + \sum_{i=1}^{n} Aq_i \left(1 - \frac{ET_{ai}}{ET_{mi}}\right) \tag{11.7}$$

（2）Multiplicative 模型

$$\frac{Q_a}{Q_m} = \prod_{i=1}^{n} \left(\frac{ET_{ai}}{ET_{mi}}\right)^{\lambda q_i} \tag{11.8}$$

（3）Exponential 模型

$$\frac{Q_a}{Q_m} = \exp\left[\sum_{i=1}^{n} \psi q_i \left(1 - \frac{ET_{ai}}{ET_{mi}}\right)\right] \tag{11.9}$$

（4）Q＿Singh 模型

$$\frac{Q_a}{Q_m} = \sum_{i=1}^{n} Cq_i \left[1 - \left(1 - \frac{ET_{ai}}{ET_{mi}} - C_0\right)^2\right] \tag{11.10}$$

（5）Q＿Minhas 模型

$$\frac{Q_a}{Q_m} = a_0 \prod_{i=1}^{n} \left[1 - \left(1 - \frac{ET_{ai}}{ET_{mi}} - C_0\right)^2\right]^{\delta q_i} \tag{11.11}$$

（6）Q_Rao 模型

$$\frac{Q_a}{Q_m} = b_0 \prod_{i=1}^{n}\left[1 - \gamma q_i\left(1 - \frac{ET_{ai}}{ET_{mi}} - C_0\right)^2\right] \tag{11.12}$$

在上述模型中，Q_a 为作物实际品质指标；Q_m 为充分灌溉条件下作物品质指标，本节中为充分灌溉处理的品质指标 Q_{ck}；ET_{ai} 为第 i 生育阶段作物实际耗水量；ET_{mi} 为充分供水条件下第 i 生育阶段耗水量，本节为充分灌溉处理时第 i 阶段耗水量 ET_{cki}；Aq_i、λq_i、ψq_i、Cq_i、δq_i 和 γq_i 分别是 Additive、Multiplicative、Exponential、Q_Singh、Q_Minhas 和 Q_Rao 模型在第 i 生育阶段作物品质水分亏缺敏感指数；C_0、a_0 和 b_0 是 Q_Singh、Q_Minhas 和 Q_Rao 模型中的经验系数，且三个模型中的 C_0 是相等的，为品质指标达到最大时各生育阶段相对水分亏缺的取值。

11.3.2.2　模型参数求解

使用 2008—2009 年和 2011 年番茄灌溉试验数据校正模型，求解模型参数。Additive、Multiplicative 和 Exponential 模型经过一定的数学变换可以转化为多元线性回归模型，然后采用最小二乘法求解回归系数，得到模型参数。Q_Singh、Q_Minhas 和 Q_Rao 模型形式较复杂，不能直接转化成多元线性回归模型，首先通过非线性拟合求解 Q_Singh 模型的参数，将所求的 C_0 代入 Q_Minhas 和 Q_Rao 模型中，然后通过非线性拟合求解模型中的其他参数。

表 11.22 列出了各水分-品质模型在拟合番茄果实可溶性固形物、还原性糖、有机酸、糖酸比、VC、果实硬度、果实指数和综合品质指数时的参数取值和模型拟合的标准残差（RSE）和决定系数（R^2）。由果实各品质指标与全生育期耗水量和生育阶段水分亏缺相关关系（图 11.7～图 11.13）可知，水分亏缺提高了番茄果实单项品质指标，因此 Multiplicative 模型的品质水分亏缺敏感指数出现负值是合理的。品质水分亏缺敏感指数表征了品质指标对不同生育阶段水分亏缺的敏感程度，绝对值越大表示越敏感。除有果实有机酸外，其他品质指标的水分亏缺敏感指数绝对值表现为 Stage Ⅲ 最大，Stage Ⅱ 其次，Stage Ⅰ 最小。Q_Singh、Q_Minhas 和 Q_Rao 模型在拟合水分与果实 VC 含量以及果实硬度关系时，在 Stage Ⅰ 出现了绝对值较大的负值，表明这三个模型不适用于模拟水分与果实 VC 含量和果实硬度关系。除 VC 和果实硬度外，这三个模型在拟合其他果实品质指标时有较好的拟合效果，RSE 和 R^2 分别为 0.029～0.071 和 0.55～0.87。就模拟拟合效果来说，除果实可溶性固形物和果色指数外，Multiplicative，Additive 和 Exponential 模型在拟合水分与果实品质指标和品质综合指数关系时效果总体上要优于 Q_Singh，Q_Minhas 和 Q_Rao 模型。

11.3.2.3　模型验证

为了检验水分-品质模型的预测效果，采用 2012—2013 年温室番茄调亏灌溉试验数据对各模型进行验证，并计算了一系列表征模型模拟效果的评价指标，包括实测值与模拟值过原点线性回归方程的斜率 b 和决定系数 R^2、均方根误差（$RMSE$）、平均绝对误差（AAE）、模型模拟效率（EF）和一致性指数（d_{IA}）。上述各项效果评价指标中，b、R^2，EF 和 d_{IA} 越接近 1 表明模型模拟效果越好，$RMSE$ 和 AEE 越小说明模型模拟效果越好。综合分析各水分-品质模型拟合和验证的结果（表 11.23），本节推荐采用 Multiplicative 模型模拟番茄水分与果实可溶性固形物、还原性糖、糖酸比和果实硬度的函数关系，采用Additive模型模拟番茄水分与果实有机酸、VC、果色指数和品质综合指数的函数关系。

表 11.22　　　　　各水分-品质模型参数求解结果及模型拟合

标准残差（*RSE*）和决定系数（*R*²）

品质指标	模 型	C_0	a_0（或 b_0）	品质水分亏缺敏感指数			*RSE*	R^2
				Stage Ⅰ	Stage Ⅱ	Stage Ⅲ		
可溶性固形物（*TSS*）	Q _ Singh	0.4437	—	0.1336	0.4186	0.6486	0.038	0.78
	Q _ Minhas	0.4437	1.1857	0.0694	0.3076	0.5251	0.037	0.79
	Q _ Rao	0.4437	1.1944	0.0864	0.3591	0.5614	0.037	0.79
	Multiplicative	—	—	0.0001	−0.1164	−0.1668	0.042	0.73
	Additive	—	—	0.0083	0.1558	0.2390	0.041	0.74
	Exponential	—	—	−0.0001	0.1443	0.2240	0.040	0.75
还原性糖（*RS*）	Q _ Singh	0.5772	—	0.1871	0.4880	0.7540	0.071	0.77
	Q _ Minhas	0.5772	1.3689	0.0523	0.2854	0.4933	0.071	0.77
	Q _ Rao	0.5772	1.4143	0.0883	0.3794	0.5802	0.067	0.79
	Multiplicative	—	—	−0.0718	−0.1949	−0.3256	0.055	0.86
	Additive	—	—	0.0749	0.2798	0.4902	0.061	0.82
	Exponential	—	—	0.0632	0.2468	0.4275	0.057	0.85
有机酸（*OA*）	Q _ Singh	0.3971	—	0.0892	0.5143	0.5514	0.037	0.65
	Q _ Minhas	0.3971	1.1268	−0.0105	0.3620	0.4247	0.036	0.68
	Q _ Rao	0.3971	1.1304	−0.0154	0.4021	0.4561	0.036	0.68
	Multiplicative	—	—	0.0116	−0.1266	−0.1164	0.032	0.75
	Additive	—	—	−0.0166	0.1699	0.1622	0.032	0.75
	Exponential	—	—	−0.0184	0.1596	0.1540	0.031	0.76
糖酸比（*SAR*）	Q _ Singh	0.5078	—	0.2209	0.3881	0.6826	0.051	0.76
	Q _ Minhas	0.5078	1.2564	0.1021	0.2533	0.4954	0.050	0.77
	Q _ Rao	0.5078	1.2865	0.1559	0.3225	0.5651	0.049	0.78
	Multiplicative	—	—	−0.0705	−0.1020	−0.2445	0.048	0.79
	Additive	—	—	0.0864	0.1471	0.3552	0.049	0.78
	Exponential	—	—	0.0729	0.1334	0.3214	0.047	0.80
维生素 C（*VC*）	Q _ Singh	0.4235	—	−0.2834	0.1612	1.3625	0.065	0.75
	Q _ Minhas	0.4235	1.1818	−0.3461	0.0207	0.9709	0.059	0.80
	Q _ Rao	0.4235	1.1578	−0.5375	−0.0144	0.9956	0.059	0.80
	Multiplicative	—	—	0.0364	−0.1266	−0.3700	0.065	0.76
	Additive	—	—	−0.1069	0.1460	0.5767	0.059	0.80
	Exponential	—	—	−0.0776	0.1486	0.5005	0.061	0.78

续表

品质指标	模 型	C_0	a_0（或 b_0）	品质水分亏缺敏感指数			RSE	R^2
				Stage Ⅰ	Stage Ⅱ	Stage Ⅲ		
果实硬度（Fn）	Q_Singh	0.3408	—	−0.2021	0.5065	0.8370	0.041	0.55
	Q_Minhas	0.3408	1.0973	−0.3340	0.2634	0.5883	0.036	0.66
	Q_Rao	0.3408	1.0917	−0.4245	0.2645	0.6104	0.036	0.65
	Multiplicative	—	—	0.0326	−0.1438	−0.1564	0.038	0.61
	Additive	—	—	−0.0667	0.1906	0.2229	0.035	0.67
	Exponential	—	—	−0.0579	0.1820	0.2087	0.036	0.65
果色指数（CI）	Q_Singh	0.3742	—	0.0224	0.4568	0.6961	0.030	0.74
	Q_Minhas	0.3742	1.1522	−0.0603	0.3169	0.5400	0.029	0.76
	Q_Rao	0.3742	1.1491	−0.0869	0.3258	0.5573	0.029	0.76
	Multiplicative	—	—	−0.0567	−0.1601	−0.1637	0.033	0.69
	Additive	—	—	0.0523	0.2139	0.2336	0.029	0.76
	Exponential	—	—	0.0513	0.2025	0.2191	0.030	0.74
品质综合指数（Q）	Q_Singh	0.4444	—	0.0411	0.4010	0.7859	0.033	0.85
	Q_Minhas	0.4444	1.1938	−0.0488	0.2576	0.5921	0.031	0.86
	Q_Rao	0.4444	1.1952	−0.0722	0.2926	0.6298	0.031	0.87
	Multiplicative	—	—	−0.0188	−0.1376	−0.2354	0.021	0.94
	Additive	—	—	0.0057	0.1831	0.3429	0.018	0.95
	Exponential	—	—	0.0056	0.1724	0.3138	0.018	0.96

表 11.23　2012—2013 年番茄相对品质指标各水分-品质模型模拟效果优劣指标

品质指标	模 型	b	R^2	RMSE	AAE	EF	d_{IA}
可溶性固形物（TSS）	Q_Singh	0.976	0.15	0.066	0.051	0.47	0.81
	Q_Minhas	0.974	0.06	0.066	0.051	0.46	0.80
	Q_Rao	0.976	0.13	0.066	0.051	0.48	0.81
	Multiplicative	0.984	0.77	0.039	0.032	0.82	0.94
	Additive	0.983	0.58	0.045	0.037	0.76	0.91
	Exponential	0.983	0.63	0.044	0.036	0.77	0.92
还原性糖（RS）	Q_Singh	0.990	0.50	0.088	0.069	0.68	0.89
	Q_Minhas	0.984	0.37	0.091	0.071	0.66	0.88
	Q_Rao	0.991	0.50	0.088	0.067	0.68	0.89
	Multiplicative	1.003	0.86	0.054	0.046	0.88	0.97
	Additive	0.999	0.74	0.062	0.049	0.84	0.95
	Exponential	0.998	0.78	0.060	0.046	0.85	0.95

品质指标	模 型	b	R^2	$RMSE$	AAE	EF	d_{IA}
有机酸 （OA）	Q _ Singh	0.999	0.47	0.038	0.032	0.45	0.85
	Q _ Minhas	0.996	0.42	0.035	0.029	0.53	0.86
	Q _ Rao	0.998	0.46	0.035	0.029	0.53	0.86
	Multiplicative	1.004	0.62	0.035	0.026	0.53	0.88
	Additive	1.004	0.64	0.030	0.024	0.65	0.90
	Exponential	1.004	0.64	0.031	0.024	0.63	0.90
糖酸比 （SAR）	Q _ Singh	0.977	0.45	0.069	0.051	0.64	0.88
	Q _ Minhas	0.973	0.31	0.071	0.051	0.61	0.86
	Q _ Rao	0.977	0.43	0.069	0.050	0.64	0.88
	Multiplicative	0.985	0.88	0.037	0.023	0.89	0.97
	Additive	0.984	0.76	0.045	0.033	0.85	0.95
	Exponential	0.983	0.79	0.044	0.031	0.85	0.95
维生素 C （VC）	Q _ Singh	0.996	0.74	0.054	0.038	0.73	0.93
	Q _ Minhas	0.990	0.69	0.055	0.042	0.71	0.92
	Q _ Rao	0.994	0.69	0.056	0.043	0.70	0.92
	Multiplicative	1.006	0.66	0.090	0.059	0.24	0.87
	Additive	1.001	0.76	0.065	0.046	0.60	0.92
	Exponential	1.004	0.73	0.072	0.050	0.51	0.91
果实硬度 （Fn）	Q _ Singh	0.977	−1.32	0.082	0.069	0.03	0.61
	Q _ Minhas	0.973	−2.17	0.080	0.069	0.05	0.60
	Q _ Rao	0.974	−2.11	0.080	0.069	0.06	0.60
	Multiplicative	0.982	0.63	0.048	0.039	0.66	0.90
	Additive	0.981	0.49	0.051	0.043	0.62	0.88
	Exponential	0.982	0.52	0.050	0.042	0.63	0.88
果色指数 （CI）	Q _ Singh	1.017	0.26	0.047	0.039	0.17	0.76
	Q _ Minhas	1.015	0.21	0.044	0.038	0.29	0.77
	Q _ Rao	1.016	0.22	0.044	0.038	0.29	0.77
	Multiplicative	1.021	0.67	0.049	0.030	0.09	0.84
	Additive	1.020	0.71	0.042	0.031	0.35	0.87
	Exponential	1.021	0.69	0.045	0.033	0.23	0.85
品质综合 指数（Q）	Q _ Singh	0.991	0.53	0.053	0.041	0.65	0.89
	Q _ Minhas	0.988	0.46	0.053	0.040	0.65	0.88
	Q _ Rao	0.990	0.49	0.052	0.039	0.66	0.89
	Multiplicative	1.000	0.90	0.031	0.023	0.88	0.97
	Additive	0.997	0.90	0.027	0.022	0.91	0.98
	Exponential	0.998	0.90	0.028	0.023	0.90	0.97

11.4　基于作物生理响应机制的品质模型

成熟番茄果实中水分约占鲜重的 95％，干物质占 5％左右，其中糖分占干物质的 50％左右[24,25]。果实可溶性糖含量是番茄最重要的品质指标之一，它不仅直接决定了果实的甜度，对果实的整体风味也有重要影响[24-27]。外界环境因素（温度、相对湿度等）和农艺管理措施（灌溉、剪枝疏果等）是果实可溶性糖含量的重要影响因素[28]。水分亏缺引起的胁迫改变果实同化物输入、糖分代谢转化和果实水分平衡，从而影响果实可溶性糖含量。虽然目前有很多研究报道了水分亏缺改变了果实可溶性糖含量[8,9,29,30]，但是对其机理尚存在不同的解释：有研究认为水分亏缺改变了糖分代谢过程，增加了果实中糖分的总量[8]；而有研究认为水分亏缺仅仅减少了果实中的水分含量，从而影响果实糖分浓度[29,30]。基于过程模拟的动态模型通过数学物理方程将植物生长、环境因素和农艺管理的影响与果实糖分代谢的一系列生理过程相结合，为定量研究果实可溶性糖含量对外界环境和管理措施的响应提供了很好的方法[31]。2014 年在法国国家农业研究院 PACA 中心位于法国南部城市阿维尼翁的一个连栋玻璃温室中进行番茄亏缺灌溉试验。试验采用了两个番茄品种，一个是高可溶性糖和 VC 含量的樱桃番茄品种"Cervil"，另外一个是低可溶性糖和 VC 含量的大果鲜食番茄品种"Levovil"。两个试验品种于 7 月初播种，番茄幼苗于 8 月 5 日以 2 株/m² 的密度种植于温室盆内，每个品种的植株都分成两个小区，分别对应充分灌溉（Control）和水分亏缺（WD）两个试验处理，一共有 4 个小区。番茄植株由自动滴灌系统进行水分供应，两个品种之间水分供应一致。充分灌溉处理灌水量根据每日潜在需水量加上 20％～30％的排水量要求确定，水分亏缺处理植株灌水量控制为充分灌溉水量的 30％左右。两个品种植株从 8 月 25 日（移栽后 20d）开始水分亏缺处理，直至 12 月 2 日（移栽后 119d）试验结束，在此之前所有植株都接受充分水分供应，图 11.15 显示了试验过程中充分灌溉和水分亏缺处理灌水量逐日变化情况。植株的养分供应、病虫害控制、授粉、剪枝等措施都按照当地商业种植模式进行，各小区间不设差异。为了校正和

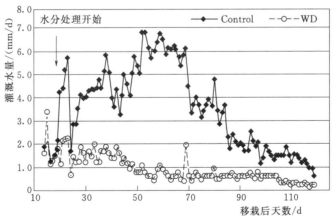

图 11.15　2014 年温室番茄充分灌溉（Control）和
水分亏缺（WD）处理灌水量逐日变化

验证番茄果实糖分机理模型和果实生长与糖分耦合模型，同时还搜集了法国国家农业研究院园艺中心（PSH）研究人员在番茄品种"Cervil"和"Levovil"果实生长和糖分累积研究的三组试验数据，分别命名为 Nadia、Capucine HL 和 Capucine LL。每组数据都包含两个品种番茄果实生长过程中鲜重、干重、干重可溶性糖和淀粉含量以及鲜重可溶性糖和淀粉含量的变化情况。Nadia 数据的具体试验方案参考已发表文章[32]，Capucine HL 和 Capucine LL 分别对应同一个试验中植株果实高负载量（high crop load）和低负载量（low crop load）两个处理，该试验的具体试验方案参考已发表文章[33]。

11.4.1 果实糖分机理模型（TOM-SUGAR）

11.4.1.1 番茄果实糖分机理模型（TOM-SUGAR）介绍

Génard 和 Souty[34] 最早在桃果实上建立了 SUGAR 模型。它基于果实碳平衡模拟了果实生长中糖分组成和含量的变化过程。根据 SUGAR 模型建模思想，即果实碳平衡以及碳在两种化合物之间的转化速率与源物质的碳总量成比例，考虑番茄果实糖分代谢特点本研究建立了番茄果实糖分机理模型（TOM-SUGAR 模型）。图 11.16 为完整 TOM-SUGAR 模型示意图，它描述了番茄果实中碳代谢的主要生理过程，碳元素主要以蔗糖的形式由韧皮部进入果实，部分糖分通过呼吸作用为果实生长提供能量和某些结构性物质而消耗并以 CO_2 的形式流出果实，剩余的碳元素通过代谢以蔗糖、葡萄糖、果糖、淀粉和其他含碳化合物如有机酸、蛋白质、细胞壁物质等形式留在果实中。蔗糖进入番茄果实后经蔗糖转化酶和蔗糖合成酶的作用分解成葡萄糖和果糖，同时葡萄糖和果糖在磷酸蔗糖合成酶的作用下也能合成蔗糖；并且葡萄糖和果糖之间还能相互转化；在腺苷二磷酸葡萄糖焦磷酸化酶的作用下葡萄糖合成淀粉，同时在淀粉酶和无机焦磷酸酶作用下淀粉又能分解成葡萄糖；另外，葡萄糖和果糖通过呼吸作用合成果实生长所需的其他含碳化合物并产生 CO_2 流出果实。参数 $k_0(t)$ 表示以蔗糖形式进入果实的碳的比例，番茄果实的碳同化物主

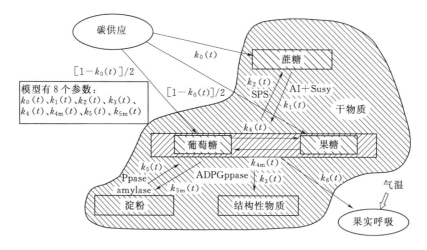

图 11.16　番茄果实糖分代谢和碳平衡示意图

SPS—磷酸蔗糖合成酶；AI—蔗糖转化酶；Susy—蔗糖合成酶；amylase—淀粉酶；

Ppase—无机焦磷酸酶；ADPGppase—腺苷二磷酸葡萄糖焦磷酸化酶

要以蔗糖形式由韧皮部输入，因此 $k_0(t)=1$。模型假设碳在两种化合物之间的转化速率与源物质的碳总量成比例，例如淀粉中的碳转化为葡萄糖中的碳的转化速率与淀粉中的碳总量成比例，用参数 $k_5(t)$ 来表示。同样的，其他参数 $k_1(t)$、$k_2(t)$、$k_3(t)$、$k_4(t)$、$k_{4m}(t)$、$k_{5m}(t)$ 表示了碳在蔗糖、葡萄糖、果糖、淀粉和其他含碳化合物之间的转化速率。$k_6(t)$ 为葡萄糖和果糖通过呼吸作用转化为 CO_2 流出果实的比例，由于果实呼吸速率可以通过果实干物质、温度、维持呼吸系数和生长呼吸系数计算，因此不把 $k_6(t)$ 作为模型参数。

　　完整 TOM－SUGAR 模型将番茄果实中糖分划分为蔗糖、葡萄糖和果糖，虽然能够详细地模拟果实生长过程中糖分组成的变化，但很大程度地增加了模型的复杂性，从而降低了模型的实用性。模型的复杂程度增加不仅体现在模型结构更复杂、参数增多、校正难度和模型不确定性增大等，还表现在模型校正时需要的实验数据更加详细具体。试验数据和以往研究表明在番茄果实中还原性糖（葡萄糖和果糖）是最主要的糖分，占总含糖量的 $80\%\sim90\%$，而蔗糖所占比例很小[35,36]。另外，在描述番茄果实品质时一般以可溶性糖或还原性糖含量表示果实含糖量。为了降低模型应用门槛，提高模型适用性，对完整 TOM－SUGAR 模型进行了简化，果实中的糖分不再细分为蔗糖、葡萄糖和果糖，而是统一称作可溶性糖（soluble sugars）。图 11.17 为简化后 TOM－SUGAR 模型示意图，简化后模型把蔗糖、果糖和葡萄糖统一称作为可溶性糖，三种糖分作为一个整体，不再考虑着三者之间的转化关系，但依然考虑碳在可溶性糖与淀粉及结构性含碳化合物之间的转化，遵循了碳平衡原则。简化的 TOM－SUGAR 模型中控制果实中碳在可溶性糖、淀粉和其他含碳化合物之间转化的参数只有 $k_3(t)$、$k_5(t)$ 和 $k_{5m}(t)$，很大程度地减小了模型结构复杂程度和模型校正的难度。另外，简化后模型校正的数据要求也更容易得到满足，试验分析中只需要可溶性糖和淀粉含量数据，并且果实可溶性糖和淀粉含量数据能够较容易地获取。模型具体方程参考陈金亮的研究[37]。

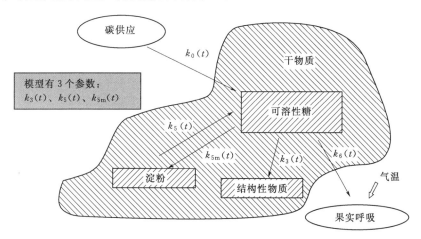

图 11.17　简化后的番茄果实糖分代谢和碳平衡示意图

11.4.1.2　模型参数率定及求解

　　在 TOM－SUGAR 模型中 $k_3(t)$、$k_5(t)$ 和 $k_{5m}(t)$ 三个参数控制了果实内可溶性糖、

淀粉和其他含碳化合物之间代谢转化过程，其数值随着果实生长发育而变化。采用搜集的三组试验数据（Nadia、Capucine HL 和 Capucine LL）计算 $k_3(t)$、$k_5(t)$ 和 $k_{5m}(t)$，图 11.18 和图 11.19 分别显示了模型参数 $k_3(t)$、$k_5(t)$ 和 $k_{5m}(t)$ 随番茄品种"Cervil"和"Levovil"果实年龄即开花后有效积温（DDAA）、平均气温（Temp）和果实干重相对增长率（RGR）的动态变化规律。结果表明，两个品种的模型参数表现出相似的变化规律。三个参数随平均气温均无明显的变化规律。$k_3(t)$ 随着 DDAA 增大而不断减小，开始时减小迅速，随后减小趋势放缓，最后参数趋近于 0，而 $k_3(t)$ 随 RGR 的增大而逐渐增大。在假定 $k_{5m}(t)$ 为常数时（如 0.5），$k_5(t)$ 随着 DDAA 的增大先缓慢增大，到果实生长后期快速增大，而 $k_5(t)$ 随着 RGR 的增大先迅速下降，随后趋近于一个稳定值。在假定 $k_5(t)$ 为常数时（如 0.5），$k_{5m}(t)$ 随 DDAA 的增大逐渐减小，最后趋近于 0，而 $k_{5m}(t)$ 随 RGR 增大首先快速增大，随后趋于一个稳定值。番茄果实生长初期，进入果实的糖分主要用于结构性物质如纤维素、蛋白质等的合成，此时果实干重相对增长率最大；随着果实的生长发育，果实干重相对增长率不断下降，果实也逐渐积累糖分和淀粉；在开花后 25～30d 果实淀粉含量到峰值，随后淀粉分解速度大于合成速度，淀粉含量降低而糖分含量增加，到果实成熟时果实内淀粉含量趋近于 0，可溶性糖含量达到最大值，而此时果实干重相对增长率接近于 0[38,39]。因此，TOM - SUGAR 模型参数 $k_3(t)$、$k_5(t)$ 和 $k_{5m}(t)$ 随 DDAA 和 RGR 的动态变化规律符合番茄果实糖分代谢规律。

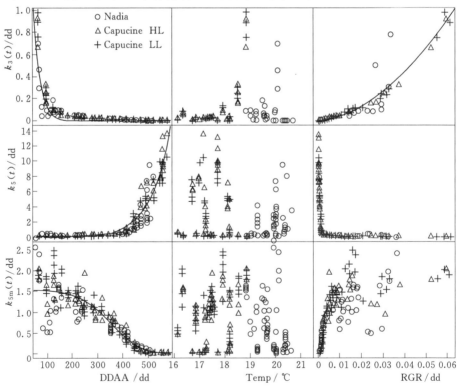

图 11.18　模型参数 $k_3(t)$、$k_5(t)$ 和 $k_{5m}(t)$ 随"Cervil"
果实年龄、气温以及果实干重相对增长率的动态变化

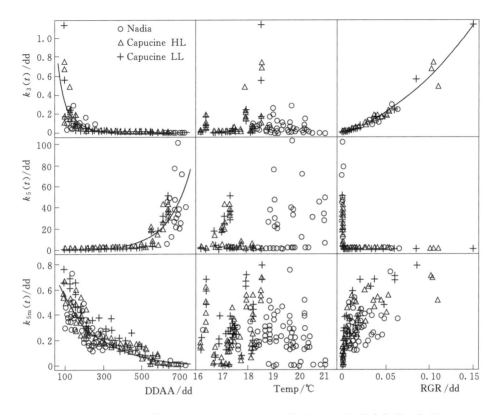

图 11.19 模型参数 $k_3(t)$、$k_5(t)$ 和 $k_{5m}(t)$ 随 "Levovil" 果实年龄、气温
以及果实干重相对增长率的动态变化

11.4.1.3 模型拟合效果及验证

为了评价 TOM-SUGAR 模型的拟合效果，分别对比了三组数据（Nadia、Capucine HL 和 Capucine LL）番茄果实干重可溶性糖含量（SSC）和淀粉含量（STC）以及果实鲜重可溶性糖含量（$FSSC$）和淀粉含量（$FSTC$）的实测值和模型模拟值，并且计算了多个表征模型模拟效果的评价指标，包括平均绝对误差（AAE）、均方根误差（$RMSE$）、相对均方根误差（$RRMSE$）、模型模拟效率（EF）。上述模型效果评价指标中，EF 越接近 1 表明模型模拟效果越好，AEE、$RMSE$ 和 $RRMSE$ 越小说明模型模拟效果越好。

图 11.20 显示了数据源（Capucine LL）"Cervil" 果实生长过程中干重可溶性糖含量、淀粉含量以及果实鲜重可溶性糖含量和淀粉含量实测值与 TOM-SUGAR 模型模拟值对比。表 11.24 列出了模型拟合 "Cervil" 果实干重可溶性糖含量（SSC）、淀粉含量（STC）以及果实鲜重可溶性糖含量（$FSSC$）、淀粉含量（$FSTC$）的效果评价指标。整体来说模型能够较好地模拟 "Cervil" 果实生长过程中可溶性糖含量和淀粉含量的变化规律。例如在 Capucine LL 数据中，模型模拟 SSC 和 STC 时 $RRMSE$ 分别为 13.3% 和 13.5%，均值为 13.4%；而在模拟 $FSSC$ 和 $FSTC$ 时 $RRMSE$ 分别为 17.9% 和 18.6%，均值为 18.2%。经比较，模型在模拟 Capucine LL 数据时效果最好，Capucine HL 次之，Nadia 数据最差（由于数据量大，图表较多，本书中以举例为主，未做详细描述），这种

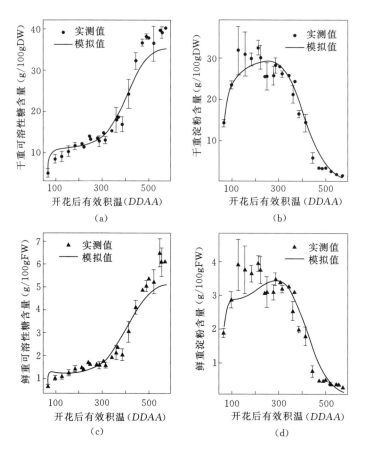

图 11.20　淀粉含量以及鲜重可溶性糖含量和淀粉含量
实测值与模型模拟值对比
（数据来源：Capucine LL）

差异可能主要是由试验数据误差造成的。但是鉴于果实生长过程中糖分代谢模拟的复杂性，目前模型的模拟误差在可接受的范围内。而且，模型在模拟各组数据果实生长过程中可溶性糖和淀粉含量时有很高的模拟效率（EF），数值都在 0.75 以上。因此，TOM - SUGAR 模型在番茄品种"Cervil"上的表现很好。

表 11.24　模型拟合"Cervil"果实干重可溶性糖含量（SSC）、淀粉含量（STC）以及果实
鲜重可溶性糖含量（$FSSC$）、淀粉含量（$FSTC$）的效果评价指标

数据来源	拟合变量	平均绝对误差（AAE）	均方根误差（$RMSE$）	相对均方根误差（$RRMSE$）	模型模拟效率（EF）
Capucine LL	SSC	2.11	2.78	0.133	0.944
	STC	1.92	2.49	0.135	0.950
	均值	2.02	2.64	0.134	0.947
	$FSSC$	0.35	0.50	0.179	0.925
	$FSTC$	0.33	0.43	0.186	0.900
	均值	0.34	0.46	0.182	0.912

11.4.2　果实生长与糖分耦合模型

11.4.2.1　番茄果实生长模型介绍

番茄果实的生长来源于水分和干物质的积累[40]。水分由韧皮部和木质部进入番茄果实，而由果实表皮通过蒸腾作用散失[41]。图 11.21 为番茄虚拟果实生长模型示意图，它模拟了番茄果实在细胞分裂结束后进入由细胞膨大主导的快速生长阶段的生长过程。一般来说，番茄果实在开花后 10d 左右细胞分裂基本结束，开始进入为期 3~5 周的快速生长期，此时果实细胞数量不再明显增加，果实的增大主要来源于细胞的膨大[42]。果实生长模型将快速生长阶段的番茄果实虚拟为一个由一群数量固定细胞集合成的"大细胞"，这个"大细胞"被选择性生物膜包裹，通过韧皮部和木质部与植株相连。水分由植株与果实内部水势差驱动通过韧皮部和木质部透过生物膜进入果实，一部分积累在果实内部，另一部分通过蒸腾由果实表面散失到外界空气中。碳同化物主要以蔗糖的形式经韧皮部进入果实，除部分由呼吸作用消耗通过 CO_2 的形式排放到空气中，剩余在果实内部的碳同化物经代谢后划分为可溶性糖和其他含碳化合物（如组成细胞壁的化合物、淀粉、有机酸等）。果实中水分和糖分的累积改变了果实的水势（包括渗透势和膨压），从而影响水分和糖分的输入。同时水分和糖分的累积造成果实的膨大，而果实的膨大又与果实膨压密切相关，在系统复杂的反馈调节下果实实现水分和糖分输入、果实水势和果实膨大生长的协调与平衡。控制果实水分和糖分输入和流出以及果实膨大的模型方程详见参考文献 [37]。

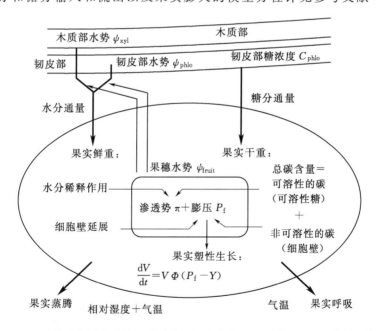

图 11.21　番茄虚拟果实生长模型示意图（改编自 Bertin 等，2006[43]发表结果）

11.4.2.2　番茄果实生长与 TOM - SUGAR 模型耦合

Fishman 和 Génard[44]建立了果实生长模型并用在桃果实膨大阶段的生长模拟，Liu 等[36]将 Fishman 和 Génard 建立的果实生长模型用于番茄果实生长模拟。虽然 Liu 等根据番茄果实生长特点对模型进行了一定的改进，但是在计算果实可溶性糖含量时仍采用了原模型中的办法，即假定果实可溶性糖与干物质量成一定比例 Z。Fishman 和 Génard 以及 Liu 等根据试验数据将这个比例 Z 分别定为 0.61 和 0.52。上节建立的番茄果实糖分模型 TOM - SUGAR 在输入果实干重和鲜重的变化过程的情况下可以输出果实可溶性糖含量，而果实生长模型可以输出果实干重和鲜重的变化过程，因此可以考虑将 TOM - SUGAR 模型与果实生长模型相结合，构建一个番茄果实生长与糖分耦合模型。耦合模型输入变量与原始果实生长模型一样，相比于原始模型，耦合模型将果实可溶性糖计算方法从经验公式变成了 TOM - SUGAR 模型，在原始模型中可溶性糖含量 $C_f = Zs/w$，耦合模型采用如下公式计算：

$$C_f = \frac{C_{sol}}{c_{sol}w} \tag{11.13}$$

$$\frac{dC_{sol}}{dt} = U_s c_{suc} + k_5(t)C_{sta} - [k_3(t) + k_{5m}(t)]C_{sol} - R_f c_{sol} \tag{11.14}$$

$$\frac{dC_{sta}}{dt} = k_{5m}(t)C_{sol} - k_5(t)C_{sta} \tag{11.15}$$

$$\frac{dC_{syn}}{dt} = k_3(t)C_{sol} \tag{11.16}$$

$$k_3(t) = \lambda \left[\frac{U_s - R_f}{s} \right]^n \tag{11.17}$$

$$k_5(t) = k_5 \tag{11.18}$$

$$k_{5m}(t) = k_{5m0} / \left(1 + \exp \frac{DDAA - u_{5m}}{\tau_{5m}} \right) \tag{11.19}$$

$$DDAA = DDAA_0 + \int (T - C)dt \tag{11.20}$$

式中：C_{sol}、C_{sta} 和 C_{syn} 分别为果实中以可溶性糖、淀粉和其他含碳化合物形式存在的碳总量；c_{sol} 和 c_{suc} 分别为单位质量可溶性糖和蔗糖碳含量；λ、n、k_5、k_{5m0}、u_{5m}、τ_{5m} 为 TOM - SUGAR 模型参数；$DDAA$ 为果实开花后有效积温；$DDAA_0$ 为初始果实开花后有效积温；C 为番茄果实发育起点温度，取为 8℃[45]。

11.4.2.3　模型模拟效果与模型验证

图 11.22 显示了不同试验数据条件下（Capucine HL、Capucine LL）"Cervil"果实生长过程中果实鲜重、果实干重、干重可溶性糖含量、干重淀粉含量、鲜重可溶性糖含量和淀粉含量动态变化实测值与模型模拟值的对比。表 11.25 列出了模型模拟"Cervil"果实干重（DM）、鲜重（FM）、干重可溶性糖含量（SSC）、干重淀粉含量（STC）以及鲜重可溶性糖含量（FSSC）、淀粉含量（FSTC）的效果评价指标平均绝对误差（AAE）、均方根误差（RMSE）、相对均方根误差（RRMSE）和模型模拟效率（EF）。模型能够很好地模拟不同试验条件下"Cervil"果实鲜重、干重、可溶性糖含量和淀粉含量的变化过程。模型能够很好地模拟"Cervil"不同果实负载量和不同水分供应条件下果实鲜重以及干重的差别，低果实负载量（Capucine LL）果实鲜重和干重明显大于高负载量（Capucine HL）

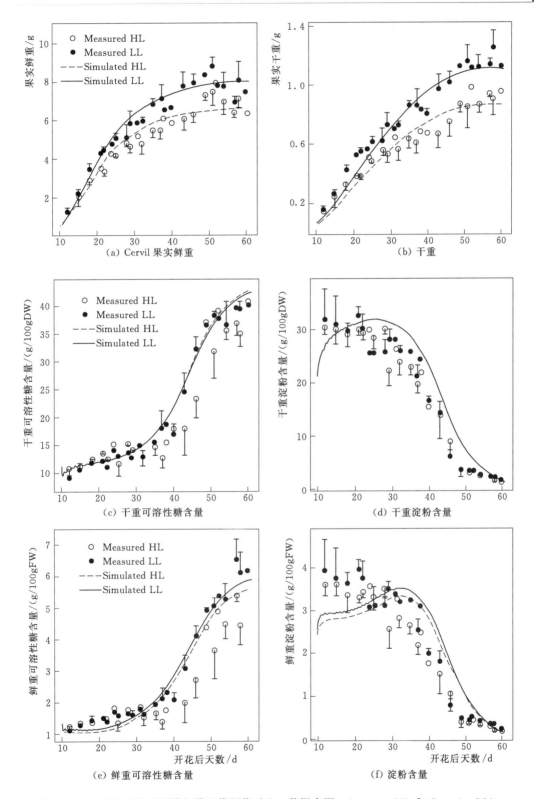

图 11.22　动态变化实测值与模型模拟值对比（数据来源：Capucine HL 和 Capucine LL）

[图 11.22 （a）、（b）]。对于 Capucine HL 和 Capucine LL 两组数据，模型很好地模拟了 Capucine LL 果实干重和鲜重可溶性糖含量，$RRMSE$ 分别为 7.7％和 10.6％；但模型在果实生长后期高估了 Capucine HL 果实干重和鲜重可溶性糖含量，$RRMSE$ 分别为 18.2％和 24.0％，使得模型不能很好地模拟不同果实负载量情况下果实含糖量的差异 [图 11.22 （c）、（e）]；模型在果实生长初期低估了果实干重和鲜重淀粉含量，而在果实生长中后期高估了果实淀粉含量 [图 11.22 （d）、（f）]，Capucine HL 干重和鲜重淀粉含量的 $RRMSE$ 分别为 23.9％和 27.9％，Capucine LL 干重和鲜重淀粉含量的 $RRMSE$ 分别为 21.5％和 24.5％。

表 11.25　模型模拟"Cervil"果实干重（DM）、鲜重（FM）、干重可溶性糖含量（SSC）、
干重淀粉含量（STC）以及鲜重可溶性糖含量（$FSSC$）、
淀粉含量（$FSTC$）的效果评价指标

数据来源	拟合变量	平均绝对误差（AAE）	均方根误差（$RMSE$）	相对均方根误差（$RRMSE$）	模型模拟效率（EF）
Capucine HL	FM	13.60	17.77	0.227	0.821
	DM	0.73	1.00	0.242	0.738
	SSC	2.43	2.90	0.110	0.105
	STC	1.23	1.39	0.177	0.900
	$FSSC$	0.16	0.21	0.140	−0.748
	$FSTC$	0.07	0.09	0.182	0.924
Capucine LL	FM	16.56	21.71	0.201	0.873
	DM	1.05	1.44	0.229	0.798
	SSC	1.79	2.36	0.088	0.588
	STC	2.01	2.77	0.288	0.773
	$FSSC$	0.15	0.19	0.115	−0.463
	$FSTC$	0.17	0.24	0.376	0.704

11.5　温室作物节水调质优化灌溉决策

优化灌溉决策是非充分灌溉领域中的重要研究课题之一。传统的非充分灌溉理论中，在有限灌溉水量情况下一般以作物水分生产函数为基础，将作物产量最大或损失最小作为目标函数，通过线性规划、动态规划、非线性规划等优化方法和技术求得最优非充分灌溉制度，实现有限水资源的合理利用。这种只考虑产量为目标的优化灌溉决策方法主要适用于收获籽粒干重作为最终产量的粮食作物如水稻、小麦、玉米等。对于果蔬类作物如番茄，消费者对产量的需求已接近饱和，而对果实品质的要求日益提高。因此传统的单纯考虑产量为目标的优化灌溉决策方法已不能适应当前番茄生产中的水分管理，而需要构建综合考虑产量和果实品质为目标的优化灌溉决策方法。结合 2008—2009 年，2011 年和 2012—2013 年日光温室亏缺灌溉试验番茄耗水、产量和品质数据，对比研究了基于番茄

水分-产量-品质-价格关系的最大效益优化灌溉决策和基于番茄水分-产量-品质经验模型的目标规划优化灌溉决策方法，并制定了不同设计情景下的番茄节水调质优化灌溉制度。

11.5.1　基于水分-产量-品质-价格关系的最大效益优化灌溉决策

11.5.1.1　番茄价格与果实品质综合指数关系

番茄的价格除了受市场供需情况影响外，主要取决于果实的品质。目前实践中并没有建立成熟的价格与品质定量关系，根据按质定价理论，一种商品价格的确定以标准质量商品的价格为参照按其品质的优劣进行差别定价，优质高价，劣质低价[46]。通过品质差异计算不同商品价格差异时受到多方面因素的影响，如市场供需情况，消费者偏好情况，社会经济发展水平等，并没有一致的观点，有研究认为商品价格增加幅度要低于品质增加幅度，也有研究认为商品价格的差异应不小于其品质的差异[47]。基于以上考虑，本节以充分灌溉番茄的价格作为参照，假设番茄价格随果实品质综合指数的增加而线性增加，并设置不同的比例系数 R 来表示价格增加的不同幅度，具体计算公式为

$$P_a = P_m \left[1 + R \left(\frac{Q_a}{Q_m} - 1 \right) \right] \tag{11.21}$$

式中：P_a、P_m 分别为实际生产和充分灌溉条件下番茄的价格；Q_a、Q_m 分别为实际生产和充分灌溉条件下番茄果实品质综合指数，一般情况下充分灌溉番茄果实品质综合指数 Q_m 为 1；R 为价格比例系数，表示价格随品质综合指数增加的幅度，数值越大增加幅度越大，当 R 小于 1 时表示价格增加幅度小于品质综合指数的增加幅度。

图 11.23 显示了在不同价格比例系数 R 情况下番茄相对价格（P_a/P_m）与果实品质综合指数（Q_a）的关系。

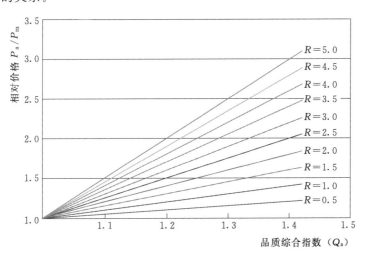

图 11.23　不同价格比例系数 R 情况下番茄相对价格（P_a/P_m）
与品质综合指数（Q_a）的关系

11.5.1.2　最大效益优化灌溉决策方法

（1）目标函数：以效益最大为目标，效益等于番茄产量与价格的乘积，即

$$\max F = Y_a P_a \tag{11.22}$$

式中：F 为番茄生产的效益，元/hm²；Y_a 为实际生产中番茄产量，kg/hm²；P_a 为番茄

实际价格，元/kg。

（2）水分-产量函数关系：通过作物水分生产函数 Minhas 模型计算番茄相对产量，即

$$\frac{Y_a}{Y_m} = \prod_{i=1}^{n} \left[1 - \left(1 - \frac{ET_{ai}}{ET_{mi}} \right)^2 \right]^{\delta_i} \tag{11.23}$$

式中：Y_a 为番茄实际产量，kg/hm^2；Y_m 为番茄最大产量，即充分灌溉条件下的产量，kg/hm^2；ET_{ai} 为第 i 生育阶段实际耗水量，mm；ET_{mi} 为第 i 阶段最大耗水量，即作物获得最大产量时耗水量，取为充分灌溉条件下耗水量，mm；δ_i 为第 i 生育阶段产量水分亏缺敏感指数。

（3）水分-品质函数关系：通过水分-品质函数 Additive 模型计算番茄果实相对品质综合指数：

$$\frac{Q_a}{Q_m} = 1 + \sum_{i=1}^{n} Aq_i \left(1 - \frac{ET_{ai}}{ET_{mi}} \right) \tag{11.24}$$

式中：Q_a 为番茄实际品质综合指数；Q_m 为充分灌溉时番茄品质综合指数；Aq_i 为第 i 生育阶段品质水分亏缺敏感指数。

（4）番茄价格与品质综合指数关系：

$$P_a = P_m \left[1 + R \left(\frac{Q_a}{Q_m} - 1 \right) \right] \tag{11.25}$$

式中：P_a、P_m 分别为实际生产和充分灌溉条件下番茄的价格；Q_a、Q_m 分别为实际生产和充分灌溉条件下番茄的品质综合指数；R 为价格比例系数。

（5）其他约束条件：

$$W_i = 1000 H_i (\theta_i - \theta_w) \tag{11.26}$$

$$W_{i+1} = W_i + P_i + m_i + G_i - ET_{ai} \tag{11.27}$$

$$0.5 ET_{mi} \leqslant ET_i \leqslant ET_{mi} \tag{11.28}$$

$$\theta_w \leqslant \theta_i \leqslant \theta_{fc} \tag{11.29}$$

$$\theta_{a0} = \theta_0 \tag{11.30}$$

在上述优化模型中，Y_m、P_m 分别为充分灌溉条件下番茄的产量和价格，它们根据不同的品种、地域和季节等因素是变化的，并不是一个确定的数值，因此优化模型目标函数求解得到的效益 F 是一个相对值，即实际生产的效益与充分灌溉条件下效益的比值。

11.5.1.3 最大效益优化灌溉决策方法的求解结果

和非充分灌溉优化决策方法求解一样，首先根据 4 年温室番茄调亏灌溉试验结果确定温室番茄各生育阶段最大耗水量、土壤计划湿润层深度、土壤田间持水率和土壤凋萎系数。温室番茄 Stage I、Stage II 和 Stage III 最大耗水量分别取为 60mm、90mm 和 175mm，土壤计划湿润层深度取为 0.5m，土壤田间持水率 θ_{fc} 为 $0.36cm^3/cm^3$，土壤凋萎系数 θ_w 取为 $0.16cm^3/cm^3$。不同初始计划湿润层土壤含水率和不同价格比例系数 R 条件下，最大效益优化灌溉决策方法有不同的求解结果。本节中，考虑 2 种初始计划湿润层土壤平均体积含水率（$\theta_0 = 70\% \theta_{fc}$ 和 $90\% \theta_{fc}$）和 9 种价格比例系数（$R = 0$、0.5、1.0、1.5、2.0、2.5、3.5 和 4.5），一共组成 18 组情景，分别求解各情景下优化灌溉决策方法的结果。最

大效益优化灌溉决策方法属于非线性规划模型，采用 LINGO 9.0 软件求解。

图 11.24 和图 11.25 分别显示了初始计划湿润层土壤平均含水率为 $70\%\theta_{fc}$ 和 $90\%\theta_{fc}$ 时不同价格比例系数 R 情景下番茄各生育阶段最优灌水量、相对产量、品质综合指数和相对效益。当价格比例系数 R 等于 0 时，此时效益最大化的优化目标相当于最大化相对产量，显然在充分灌溉即各生育阶段最大耗水量得到满足时相对产量达到最大值，因此当 R 等于 0 时的最优灌溉决策就是充分灌溉。当初始计划湿润层土壤平均含水率为 $90\%\theta_{fc}$ 时，可供作物利用的土壤水量大约为 80mm，其不仅能满足 Stage Ⅰ 最大耗水量 60mm，剩余 20mm 水量还能供后续生育阶段使用，所以 Stage Ⅰ 灌溉水量为 0。而初始计划湿润层土壤平均含水率为 $70\%\theta_{fc}$ 时，初始土壤中可供作物利用的水量只有 45mm，不能满足 Stage Ⅰ 的最大耗水量，需要进行灌溉。价格比例系数 R 相同时，两种初始计划湿润层土壤含水率情景下番茄 Stage Ⅲ 最优灌水量相同，而初始计划湿润层土壤平均含水率 $90\%\theta_{fc}$ 时 Stage Ⅱ 最优灌水量比土壤平均含水率为 $70\%\theta_{fc}$ 时小 20mm，这是因为前者初始土壤可用水量比后者多 20mm。随着价格比例系数 R 的不断增大，最大效益优化灌溉决策方法求得的番茄各生育阶段最优灌水量逐渐减小，相对产量逐渐减小，品质综合指数和相对效益逐渐增大。相比于充分灌溉，基于水分-产量-品质-价格关系的最大效益优化灌溉决策方法求得的优化灌溉制度虽然降低了番茄产量，但是提高了果实品质综合指数，增加了番茄生产的效益，并且减少了灌溉水量。例如当价格比例系数 R 为 2.0 时，初始计划湿润层土壤含水率为 $70\%\theta_{fc}$ 时，与充分灌溉相比，最大效益优化灌溉决策方法得到的最优灌溉制度虽然降低了 10% 的产量，但是将果实品质综合指数和效益分别提高了 14.0% 和 15.2%，并且减少了 26.9% 的灌水量。

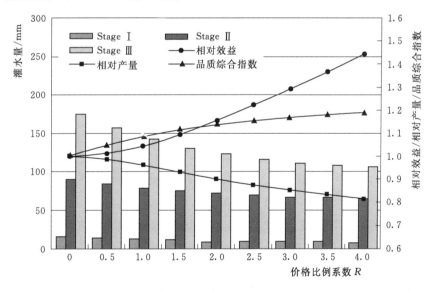

图 11.24　初始计划湿润层土壤含水率为 $70\%\theta_{fc}$ 时不同价格比例系数 R 情景
下番茄各生育阶段最优灌溉水量、相对产量、品质综合指数和相对效益

综上所述，生产实践中在不同的价格比例系数 R 和土壤初始可供作物利用水量情况下，最大效益优化灌溉决策方法可以为生产者提供最优的灌溉管理决策，使其获得最大的

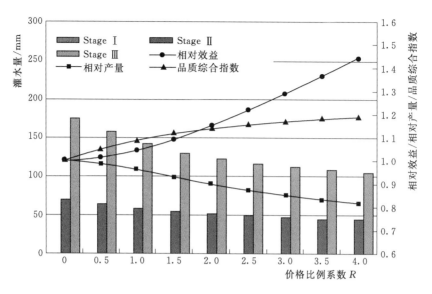

图 11.25　初始计划湿润层土壤含水率为 $90\%\theta_{\mathrm{fc}}$ 时不同价格比例系数 R 情景下
番茄各生育阶段最优灌溉水量、相对产量、品质综合指数和相对效益

生产效益。基于番茄水分-产量模型的非充分灌溉优化决策方法根据可利用水量"被动"地采用亏缺灌溉，而基于番茄水分-产量-品质-价格关系的最大效益优化灌溉决策方法则是"主动"进行亏缺灌溉，即使在可利用水量充足的情况下也会"主动"地采取亏缺灌溉的策略以获得最大效益。因此最大效益优化决策模型得到的优化灌溉制度不仅能够提高番茄生产效益，还可以节约灌溉用水，降低生产成本。

11.5.2　基于水分-产量-品质经验模型的目标规划优化灌溉决策

11.5.2.1　目标规划优化灌溉决策方法

（1）目标函数：各个优化目标的实际值与各自设定达到的目标值偏差最小为目标函数，即

$$\min \sum_{j=1}^{l} P_j \sum_{i=1}^{m} (w_{ij}^+ d_i^+ + w_{ij}^- d_i^-) \tag{11.31}$$

式中：P_j 为优先因子，反映优化目标之间的不同重要性，将目标分成顺序等级，其与权重的概念不同，它并不表示数量关系，而是表明目标之间的优先等级，因此有 $P_j \gg P_j+1$，即第 j 等级的目标要绝对优于第 $j+1$ 等级的目标；d_i^+ 为第 i 目标与其目标值之间的正偏差；d_i^- 为第 i 目标与其目标值之间的负偏差，显然正负偏差均为正值且不能共存，至少有一个为 0，即 d_i^+，$d_i^- \geqslant 0$，且 d_i^+，$d_i^- = 0$；w_{ij}^+、w_{ij}^- 分别为正负偏差的权重，表示决策者对正负偏差的不同偏好。

（2）目标约束：给番茄相对产量和各单项品质指标相对值设定目标值，分别建立目标约束条件：

$$\prod_{i=1}^{n} \left[1 - \left(1 - \frac{ET_{ai}}{ET_{mi}} \right)^2 \right]^{\delta_i} + YD^- - YD^+ = Y_0 \tag{11.32}$$

$$YD^-, YD^+ \geqslant 0, \quad YD^- YD^+ = 0 \tag{11.33}$$

式中：Y_0 为番茄相对产量目标值；YD^- 为相对产量实际值与目标值的负偏差；YD^+ 为相对产量实际值和目标值的正偏差；ET_{ai} 为第 i 生育阶段实际耗水量，mm；ET_{mi} 为第 i 阶段最大耗水量，即作物获得最大产量时耗水量，取为充分灌溉条件下耗水量，mm；δ_i 为第 i 生育阶段产量水分亏缺敏感指数。

$$\prod_{i=1}^{n}\left(\frac{ET_{ai}}{ET_{mi}}\right)^{\lambda q_{TSSi}} + TSSD^- - TSSD^+ = TSS_0 \tag{11.34}$$

$$\prod_{i=1}^{n}\left(\frac{ET_{ai}}{ET_{mi}}\right)^{\lambda q_{RSi}} + RSD^- - RSD^+ = RS_0 \tag{11.35}$$

$$1 + \sum_{i=1}^{n} Aq_{OAi}\left(1 - \frac{ET_{ai}}{ET_{mi}}\right) + OAD^- - OAD^+ = OA_0 \tag{11.36}$$

$$\prod_{i=1}^{n}\left(\frac{ET_{ai}}{ET_{mi}}\right)^{\lambda q_{SARi}} + SARD^- - SARD^+ = SAR_0 \tag{11.37}$$

$$1 + \sum_{i=1}^{n} Aq_{VCi}\left(1 - \frac{ET_{ai}}{ET_{mi}}\right) + VCD^- - VCD^+ = VC_0 \tag{11.38}$$

$$\prod_{i=1}^{n}\left(\frac{ET_{ai}}{ET_{mi}}\right)^{\lambda q_{Fni}} + FnD^- - FnD^+ = Fn_0 \tag{11.39}$$

$$1 + \sum_{i=1}^{n} Aq_{CIi}\left(1 - \frac{ET_{ai}}{ET_{mi}}\right) + CID^- - CID^+ = CI_0 \tag{11.40}$$

$$TSSD^-, TSSD^+ \geqslant 0, \quad TSSD^- TSSD^+ = 0 \tag{11.41}$$

$$RSD^-, RSD^+ \geqslant 0, \quad RSD^- RSD^+ = 0 \tag{11.42}$$

$$OA^-, OA^+ \geqslant 0, \quad OA^- OA^+ = 0 \tag{11.43}$$

$$SARD^-, SARD^+ \geqslant 0, \quad SARD^- SARD^+ = 0 \tag{11.44}$$

$$VCD^-, VCD^+ \geqslant 0, \quad VCD^- VCD^+ = 0 \tag{11.45}$$

$$FnD^-, FnD^+ \geqslant 0, \quad FnD^- FnD^+ = 0 \tag{11.46}$$

$$CID^-, CID^+ \geqslant 0, \quad CID^- CID^+ = 0 \tag{11.47}$$

式中：TSS_0、RS_0、OA_0、SAR_0、VC_0、Fn_0 和 CI_0 分别为果实相对可溶性固形物、还原性糖、有机酸、糖酸比、VC、果实硬度和果色指数目标值；$TSSD^-$、RSD^-、OAD^-、$SARD^-$、VCD^-、FnD^- 和 CID^- 分别为相对可溶性固形物、还原性糖、有机酸、糖酸比、VC、果实硬度和果色指数实际值与目标值的负偏差；$TSSD^+$、RSD^+、OAD^+、$SARD^+$、VCD^+、FnD^+ 和 CID^+ 分别为相对可溶性固形物、还原性糖、有机酸、糖酸比、VC、果实硬度和果色指数实际值与目标值的正偏差；λq_{TSSi}、λq_{RSi}、Aq_{OAi}、λq_{SARi}、Aq_{VCi}、λq_{Fni} 和 Aq_{CIi} 为第 i 阶段可溶性固形物、还原性糖、有机酸、糖酸比、VC、果实硬度和果色指数水分亏缺敏感指数。

$$\sum_{i=1}^{n} m_i + QMD^- - QMD^+ = QM_0 \tag{11.48}$$

$$QMD^-, QMD^+ \geqslant 0, \quad QMD^- QMD^+ = 0 \tag{11.49}$$

式中：m_i 为第 i 生育阶段实际灌水量；QM_0 为灌水总量目标值；QMD^- 和 QMD^+ 分别为灌水总量实际值与目标值的负偏差和正偏差。

（3）其他绝对约束：

$$W_i = 1000 H_i (\theta_i - \theta_w) \tag{11.50}$$

$$W_{i+1} = W_i + P_i + m_i + G_i - ET_{ai} \tag{11.51}$$

$$0.5 ET_{mi} \leqslant ET_i \leqslant ET_{mi} \tag{11.52}$$

$$\theta_w \leqslant \theta_i \leqslant \theta_{fc} \tag{11.53}$$

$$\theta_{a0} = \theta_0 \tag{11.54}$$

11.5.2.2　情景设计

假设初始计划湿润层土壤平均含水率为 $70\% \theta_{fc}$，设置番茄产量、品质和灌水量之间不同的优先等级顺序，具体情景设计如下：

情景 1：产量达到所要求目标水平时，首先最大化内在品质指标（InQ），其次最大化外在品质指标（ExQ），最后最小化灌水总量。第一优先级：番茄相对产量不小于某一目标值（分别设置 0.90、0.85、0.80 和 0.75）；第二优先级：内在品质指标（可溶性固形物、还原性糖、有机酸、糖酸比、VC）最大；第三优先级：外在品质指标（果实硬度、果色指数）最大；第四优先级：灌水总量最小。

情景 2：产量达到所要求目标水平时，首先最大化外在品质指标，其次最大化内在品质指标，最后最小化灌水总量。第一优先级：番茄相对产量不小于某一目标值（分别设置 0.90、0.85、0.80 和 0.75）；第二优先级：外在品质指标（果实硬度、果色指数）最大；第三优先级：内在品质指标（可溶性固形物、还原性糖、有机酸、糖酸比、VC）最大；第四优先级：灌水总量最小。

情景 3：产量达到所要求目标水平时，首先最大化品质综合指数（Q），然后最小化灌水总量。第一优先级：番茄相对产量不小于某一目标值（分别设置 0.90、0.85、0.80 和 0.75）；第二优先级：品质综合指数最大。第三优先级：灌水总量最小。

11.5.2.3　优化灌溉决策方法求解

根据目标之间优先等级顺序，使用序贯算法求解目标规划。序贯算法的核心思想是根据目标优先级的先后次序，将目标规划问题分解成一系列的单目标规划问题，然后再依次求解，具体求解程序如下：

首先，只考虑优先等级最高的目标而忽略其他目标，使目标函数最小即优先等级最高的目标偏差最小，这是一个有约束的单目标最小化问题，可采用 Lingo 9.0 软件通过线性或非线性规划求解。其次，在上一步求得解答后，再考虑次一级优先等级的目标，在这步计算中，为了保证前面优先级目标已达到的偏差最小值不被破坏，将上一步求解得到的偏差最小值作为前面优先级目标偏差的上限，把它作为新的约束条件添加到优化模型中。然后求解新的模型，得到新的一组解和目标函数值。如此继续下去直到最后一级目标，求得优化模型最优解。

对于如下目标规划模型：

$$\min \sum_{j=1}^{l} P_j \sum_{i=1}^{m} (w_{ij}^+ d_i^+ + w_{ij}^- d_i^-) \tag{11.55}$$

$$\text{s. t.} \begin{cases} \sum_{q=1}^{n} a_{pq} x_q \leqslant b_p & (p = 1, \cdots, k) \\ \sum_{q=1}^{n} c_{iq} x_q + d_i^- - d_i^+ = d_i^o & (i = 1, \cdots, m) \\ x_q \geqslant 0 & (q = 1, \cdots, n) \\ d_i^+, d_i^- \geqslant 0 & (i = 1, \cdots, m) \end{cases} \tag{11.56}$$

令 $t = 1, 2, \cdots, l$，上述目标规划序贯解法的数学表达式如下：

$$\min z = \sum_{i=1}^{m} (w_{it}^+ d_i^+ + w_{it}^- d_i^-) \tag{11.57}$$

$$\text{s. t.} \sum_{q=1}^{n} a_{pq} x_q \leqslant b_p \quad (p = 1, \cdots, k) \tag{11.58}$$

$$\sum_{q=1}^{n} c_{iq} x_q + d_i^- - d_i^+ = d_i^o \quad (i = 1, \cdots, m) \tag{11.59}$$

$$\sum_{i=1}^{m} (w_{si}^- d_i^- + w_{si}^+ d_i^+) \leqslant z_s^* \quad (s = 1, \cdots, t-1) \tag{11.60}$$

$$x_q \geqslant 0 \quad (q = 1, \cdots, n) \tag{11.61}$$

$$d_i^+, d_i^- \geqslant 0 \quad (i = 1, \cdots, m) \tag{11.62}$$

式中：z_s^* 为最优目标值。

当 $t=1$ 时，式（11.60）为空约束，此时优化模型只需满足绝对约束条件。

和非充分灌溉优化决策方法和最大效益优化灌溉决策方法一样，根据 4 年温室番茄调亏灌溉试验结果，温室番茄 Stage Ⅰ、Stage Ⅱ 和 Stage Ⅲ 最大耗水量分别取为 60mm、90mm 和 175mm，土壤计划湿润层深度取为 0.5m，土壤田间持水率 θ_{fc} 为 0.36cm³/cm³，土壤凋萎系数 θ_w 取为 0.16cm³/cm³。

11.5.2.4　优化灌溉决策方法求解结果

图 11.26 和表 11.26 分别显示了情景 1 和情景 2 条件下目标规划优化灌溉决策方法得到的番茄各生育阶段最优灌水量和相应的最优相对产量、相对品质指标以及品质综合指数。在不同相对产量目标值和不同内在品质指标和外在品质指标优先等级条件下，Stage Ⅰ 最优灌溉水量都为 0，Stage Ⅲ 最优灌水量大于 Stage Ⅱ。无论内在品质指标和外在品质指标优先等级如何，随着相对产量目标值的减小，目标规划优化灌溉决策方法得到的各生育阶段最优灌水量逐渐减少，优化后的相对产量逐渐减小，而各单项品质指标相对值和品质综合指数逐渐增大。在相对产量目标值相同时，情景 2 条件下目标规划优化灌溉决策方法求得的 Stage Ⅲ 最优灌水量大于情景 1 条件下最优灌水量，而 Stage Ⅱ 最优灌水量小于情景 1 条件下最优灌水量，但两种情景下灌水总量接近。例如在相对产量目标值为不小于 0.85 情况下，情景 2 条件下 Stage Ⅱ 和 Stage Ⅲ 最优灌水量分别为 59.7mm 和 122.2mm，最优相对产量、可溶性固形物、还原糖、有机酸、糖酸比、VC、果实硬度和

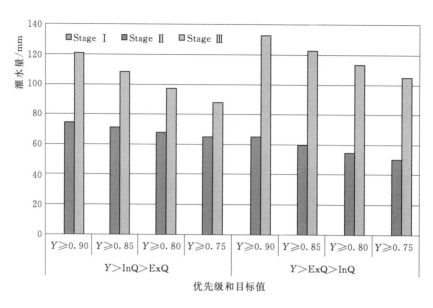

图 11.26　情景 1 和情景 2 条件下目标规划优化决策得到的番茄
各生育阶段最优灌溉水量

果色指数分别为 0.85、1.114、1.252、1.107、1.154、1.237、1.133 和 1.159；情景 1
条件下 Stage Ⅱ 和 Stage Ⅲ 最优灌水量分别为 71.3mm 和 108.1mm，最优相对产量、可溶
性固形物、还原糖、有机酸、糖酸比、VC、果实硬度和果色指数分别为 0.85、1.114、
1.259、1.098、1.168、1.264、1.126 和 1.150；与充分灌溉相比，两种情况下灌水总量
减少了 35%左右，产量都降低了 15%，但是各单项品质指标都有不同程度的提高。果实
各品质指标提高的程度与目标规划的优先等级相关，情景 1 条件下优化后果实还原性糖、糖
酸比和 VC 提高幅度大于情景 2 条件，而果实有机酸、果实硬度和果实指数提高幅度小于情
景 2 条件。因此在生产实践中，种植者可根据消费者对内在品质和外在品质的不同偏好，设
置针对性的目标值和优先等级，根据目标规划优化灌溉决策方法采取不同的优化灌溉制度，
可以在消耗相近灌水量和取得相同产量的同时获得不同的果实内在品质和外在品质。

表 11.26　　　　情景 1 和情景 2 条件下优化灌溉制度得到的番茄相对产量、
品质指标和品质综合指数

优先级	目标值	优化 Y	优化 TSS	优化 RS	优化 SAR	优化 Fn	优化 VC	优化 OA	优化 CI	优化 Q
Y＞ InQ＞ ExQ	Y≥0.90	0.90	1.087	1.203	1.131	1.099	1.217	1.080	1.124	1.140
	Y≥0.85	0.85	1.114	1.259	1.168	1.126	1.264	1.098	1.150	1.175
	Y≥0.80	0.80	1.139	1.314	1.204	1.151	1.304	1.114	1.172	1.207
	Y≥0.75	0.75	1.164	1.369	1.240	1.177	1.339	1.128	1.191	1.238
Y＞ ExQ＞ InQ	Y≥0.90	0.90	1.087	1.197	1.120	1.104	1.192	1.087	1.131	1.135
	Y≥0.85	0.85	1.114	1.252	1.154	1.133	1.237	1.107	1.159	1.170
	Y≥0.80	0.80	1.139	1.304	1.186	1.160	1.273	1.124	1.182	1.201
	Y≥0.75	0.75	1.164	1.357	1.218	1.187	1.305	1.140	1.203	1.231

图 11.27 和表 11.27 分别显示了情景 3 条件下目标规划优化灌溉决策方法得到的番茄各生育阶段最优灌水量和对应的最优相对产量、相对品质指标以及品质综合指数。在不同相对产量目标值情况下，目标规划优化灌溉决策方法得到的 Stage Ⅰ 最优灌水量都为 0，Stage Ⅲ 最优灌水量大于 Stage Ⅱ，且都随着相对产量目标值的减小而减小。随着相对产量目标值的减小，Stage Ⅱ 灌水量占总灌水量的比例逐渐增大，相应的最优相对单项品质指标和品质综合指数也逐渐增大。当相对产量目标值不小于 0.90、0.85、0.80 和 0.75时，最大化品质综合指数得到的 Stage Ⅱ 最优灌水量分别为 72.5mm、68.3mm、64.6mm和 61.4mm，Stage Ⅲ 最优灌水量分别为 122.9mm、110.7mm、100.4mm 和 91.2mm，最优相对产量为 0.90、0.85、0.80 和 0.75，最优品质综合指数分别为 1.140、1.176、1.208 和 1.239。与充分灌溉相比，产量分别减少了 10%、15%、20% 和 25%，但品质综合指数分别增加了 14.0%、17.6%、20.8% 和 23.9%，并且灌水总量分别减少了30.2%、36.1%、41.1%和45.5%。

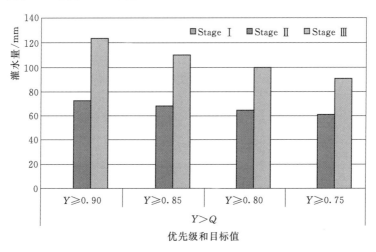

图 11.27　情景 3 条件下目标规划优化灌溉决策方法得到的番茄各生育阶段最优灌水量

表 11.27　情景 3 条件下优化灌溉制度得到的番茄最优相对产量、品质指标和品质综合指数

优先级	目标值	优化 Y	优化 TSS	优化 RS	优化 SAR	优化 Fn	优化 VC	优化 OA	优化 CI	优化 Q
Y>Q	Y≥0.90；maxQ	0.90	1.088	1.203	1.130	1.101	1.214	1.082	1.127	1.140
Y>Q	Y≥0.85；maxQ	0.85	1.115	1.260	1.166	1.129	1.260	1.101	1.154	1.176
Y>Q	Y≥0.80；maxQ	0.80	1.140	1.314	1.202	1.155	1.300	1.118	1.176	1.208
Y>Q	Y≥0.75；maxQ	0.75	1.165	1.369	1.237	1.181	1.335	1.132	1.197	1.239

通过确定番茄产量和各品质指标不同的目标值和假设番茄产量、果实品质和灌溉用水之间不同的优先等级，设置了不同的目标规划情景，采用基于番茄水分-产量-品质经验模型的目标规划优化灌溉决策方法得到了各种情景下最优的灌溉策略。在实际生产中，在不同的市场供需、消费者喜好和水资源供需等情况下，生产者通过目标规划优化灌溉决策方法能够实现个性化和多样化的温室番茄灌溉决策支持管理。

11.5.3 温室作物节水调质高效灌溉模式决策支持系统开发

11.5.3.1 系统总体设计

在上述研究的基础上，研发了温室作物节水调质高效灌溉模式决策支持系统，其技术路线如图 11.28 所示，系统的具体内容如图 11.29 所示，总体结构如图 11.30 所示。

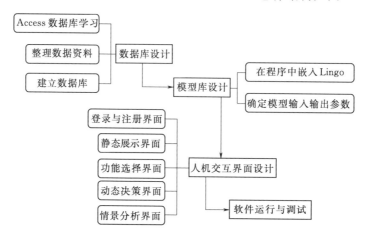

图 11.28　温室作物节水调质高效灌溉模式决策支持系统技术路线图

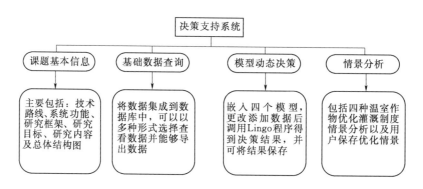

图 11.29　温室作物节水调质高效灌溉模式决策支持系统主要内容

11.5.3.2 系统开发与运行环境

本系统基于 .net 平台开发，采用面向对象的程序设计语言 C♯进行编程，使用 Visual Studio 2005 开发工具，系统运行环境为 .net framework。

C♯作为一种编程语言，其设计宗旨在于在 .net framework 上运行各种应用程序。C♯简单、功能强大、类型安全，而且是完全面向对象的，其工作界面如图 11.31 所示。

11.5.3.3 数据库

本系统使用 Access 数据库存储数据，Access 是一个数据库管理系统，在 Access 数据库中将窗体、查询、报表、宏、模块联合使用可以解决许多问题，是一项重要的 Access 数据库开发技巧。数据包含用户信息与石羊河试验站番茄室内数据、温室番茄果实品质数据、温室番茄耗水量与产量数据，以及温室番茄、西瓜、甜瓜和辣椒的需水量与缺水敏感系数、优化灌溉制度等 11 张表。数据库名为 decision.mdb，存放于 D:\ DB 下。数据维护管理直接在 decision.mdb 中操作。用户信息表中储存了注册用户的信息，用于用户登

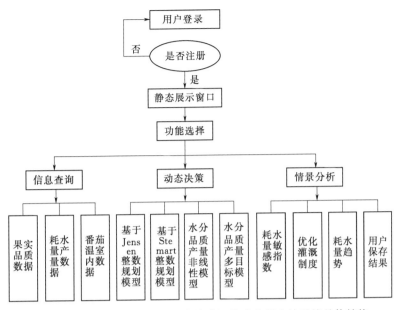

图 11.30　温室作物节水调质高效灌溉模式决策支持系统总体结构

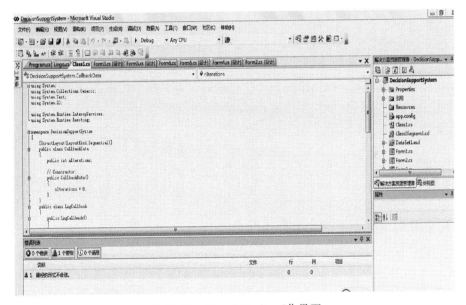

图 11.31　Visual Studio 工作界面

录时的身份验证。果实品质数据表中每个果实品质指标为一个字段，果实品质数据主要包含了番茄的 TSS、可溶性总糖、有机酸、糖酸比、番茄红素、VC、果实硬度、果实含水率、亮度、饱和度、色彩角、受欢迎果比例以及果实变异系数。可以方便数据维护人员增加 11 年以后的数据。各期耗水量产量表字段分别为各个时期的灌水量和耗水量以及产量及水分利用效率，随着试验的继续，新增的实验数据可以直接加入到表中，无需进行大的调整。番茄室内数据表分别保存了 2008 年与 2009 年温室每日平均温度、湿度、风速与辐射数据。

此外数据库还包括技术路线图、总体结构图、模型文本展示、研究目标、研究内容与研究框架等，以 pdf 格式存放于 D：\DB 下。

在 C♯ 程序内，数据均以数据集（dataset）形式保存（图 11.32）。可以把 DataSet 当成内存中的数据库，DataSet 是不依赖于数据库的独立数据集合。即使断开数据链路，或者关闭数据库，DataSet 依然是可用的。

图 11.32　C♯ 中的数据集

11.5.3.4　模型库

本系统模型库包含温室作物灌溉制度优化模型，为了便于修改，使用优化软件 Lingo 编写，在 Lingo 程序中设置参数接口供 C♯ 程序调用（图 11.33）。

```
MODEL:
SETS:
STAGE/1 2 3/:WS,WE,QS,QE,ET,ETM,ETX,M,SY;
ENDSETS
INIT:
W=0;
RY=1;
ENDINIT
DATA:
ETM=@pointer(1);
ETX=@pointer(2);
SY=@pointer(3);
W=@pointer(12);
WE=,,0;
QM=@pointer(4);
@pointer(5)=ET;
@pointer(6)=M;
@pointer(7)=QS;
@pointer(8)=QE;
@pointer(9)=WS;
@pointer(10)=WE;
@pointer(11)=RY;
ENDDATA
MAX=((ET(1)/ETM(1))^SY(1))*((ET(2)/ETM(2))^SY(2))*((ET(3)/ETM(3))^SY(3));
WS(1)=W;
@FOR(STAGE(I):
    WS(I)-WE(I)+20*M(I)=ET(I));
```

图 11.33　预设接口的温室番茄 Lingo 程序

11.5.3.5　系统功能模块

决策支持系统是在管理信息系统和基于模型的信息系统基础上发展起来的可形式化、可模型化、层次较高的信息系统，追求的目标是有效性。本着有效性的原则，系统功能主要包括用户注册与登录、信息查询、动态决策与情景分析几个方面。

1. 用户注册与登录

打开系统后，首先弹出用户登录窗口，输入正确的用户名与密码即可登录，新用户需要注册用户名与密码后再进行登录（图 11.34）。

图 11.34　用户登录与注册界面

2. 信息查询

用户登录后选择功能页面，在弹出的功能选择框中选择信息查询功能进入信息查询界面（图 11.35），信息查询界面包括四个板块：果实品质数据、日光温室耗水量产量数据、番茄室内数据与番茄室内数据。在果实品质数据与耗水量产量数据查询区域，由于参数繁多，故选用复选框（Check Box 控件），用户选择时间后，勾选需要的选项，进行查阅，数据通过报表（Report Viewer 控件）生产图表、折线图或柱状图，使用户更加直观地了

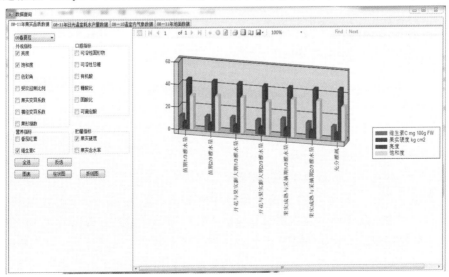

图 11.35　信息查询界面

解试验结果。

此外信息查询界面还包含导出数据功能,生成报表后,用户单击工具栏中的导出按钮,就可以将生成的信息报表另存。

3. 模型决策

用户在功能页面选择动态决策后,弹出动态决策窗口,动态决策界面包含四个模块,分别为:基于 Jensen 模型的整数规划模型、基于 Stewart 模型的整数规划模型、综合考虑番茄产量和品质非线性规划模型与综合考虑番茄产量和品质的多目标规划模型。每种作物优化灌溉区域都包含输入区域与输出区域,输入区域包括作物耗水量的区间值、作物水分敏感系数、土壤初始含水量与可分配水量。其中作物耗水量的区间值与作物水分敏感系数都被赋予初始值,数据来源为石羊河试验站的试验资料,用户也可以根据实际情况进行改动。确认输入信息完整准确后,单击结果输出按钮,系统自动调用相应 lingo 程序,在结果区域输出相应的作物灌溉制度以及预测的相对产量或相对效益。用户单击界面右下角的保存结果按钮,可以将输入与输出数据进行保存,在后面的情景分析中对比查看,从而辅助用户更加周全地制定作物灌溉制度(图 11.36)。

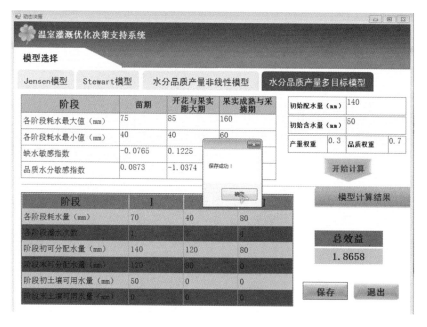

图 11.36　动态决策界面

4. 情景分析

情景分析是辅助用户进行决策的重要界面,界面包含四个区域,从不同角度为用户提供信息,供用户参考(图 11.37)。需水量与作物敏感系数区域,分别包含番茄、西瓜、甜瓜与辣椒四种作物的需水量与作物水分敏感系数数据,可供没有数据条件的区域进行参考。作物灌溉制度优化区域包含前文中各种作物模型计算后的优化数据,在下侧的报表区域,用户选择分配水量单击显示图像,即可直观地看到作物在指定分配水量情况下的实际耗水量区间。作物耗水量产量趋势区域,用户选择作物后,出现优化结果,在下侧报表区域，用户选择作物生育阶段，单击显示图像，即可生成用户所选生育阶段内，随着可分配水量变化，实际耗水量上下限的变化趋势。报表具有导出功能，用户可以根据需要将报表以 Excel 或 pdf 格式导出。最后一个区域为用户保存结果区域，该模块记录了用户在动态决策界面中保存的输入与输出数据，用户可将数据进行对比分析，不需要的数据可直接删除，单击下方的导出功能，选择的优化结果可直接导入到 Excel 表中。

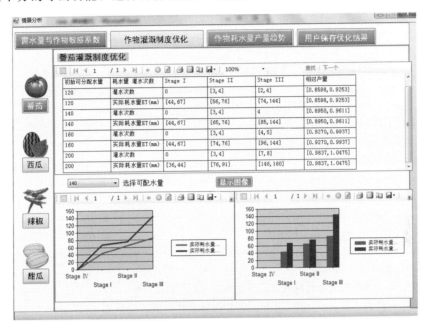

图 11.37　情景分析界面

参 考 文 献

[1]　Shangguan Z P, Shao M A, Horton R, et al. A model for regional optimal allocation of irrigation water resources under deficit irrigation and its applications [J]. Agricultural Water Management, 2002, 52 (2): 139-154.

[2]　Shang S H, Mao X M. Application of a simulation based optimization model for winter wheat irrigation scheduling in North China [J]. Agricultural Water Management, 2006, 85 (3): 314-322.

[3]　刘增进, 李宝萍, 李远华, 等. 冬小麦水分利用效率与最优灌溉制度的研究 [J]. 农业工程学报, 2004, 20 (4): 58-63.

[4]　崔远来, 李远华, 李新健, 等. 非充分灌溉条件下稻田优化灌溉制度的研究 [J]. 水利学报, 1995 (10): 29-34.

[5]　张兵, 袁寿其, 李红, 等. 基于最优保留策略遗传算法的玉米小麦优化灌溉模型研究 [J]. 农业工程学报, 2005, 21 (7): 25-29.

[6]　康绍忠. 采用节水调质高效灌溉提高作物品质 [J]. 中国水利, 2009 (21): 13.

[7]　杜太生, 康绍忠. 基于水分-品质响应关系的特色经济作物节水调质高效灌溉 [J]. 水利学报, 2011, 42 (2): 245-252.

[8]　Veit-Köhler U, Krumbein A, Kosegarten H. Effect of different water supply on plant growth and

fruit quality of Lycopersicon esculentum [J]. Journal of Plant Nutrition and Soil Science, 1999, 162 (6): 583 – 588.

[9] Mitchell J, Shennan C, Grattan S. Developmental changes in tomato fruit composition in response to water deficit and salinity [J]. Physiologia Plantarum, 1991, 83 (1): 177 – 185.

[10] Ozbahce A, Tari A F. Effects of different emitter space and water stress on yield and quality of processing tomato under semi – arid climate conditions [J]. Agricultural Water Management, 2010, 97 (9): 1405 – 1410.

[11] 齐红岩. 番茄光合运转糖-蔗糖的运转、代谢及其相关影响因素的研究 [D]. 沈阳: 沈阳农业大学, 2003.

[12] Fils – Lycaon B, Julianus P, Chillet M, et al. Acid invertase as a serious candidate to control the balance sucrose versus (glucose+fructose) of banana fruit during ripening [J]. Scientia Horticulturae, 2011, 129 (2): 197 – 206.

[13] Doehlert D C. Sink strength: dynamic with source strength [J]. Plant, Cell & Environment, 1993, 16 (9): 1027 – 1028.

[14] Basson C E, Groenewald J H, Kossmann J, et al. Sugar and acid – related quality attributes and enzyme activities in strawberry fruits: Invertase is the main sucrose hydrolysing enzyme [J]. Food Chemistry, 2010, 121 (4): 1156 – 1162.

[15] Saaty T L. Decision making with the analytic hierarchy process [J]. International Journal of Services Sciences, 2008, 1 (1): 83 – 98.

[16] Vaidya O S, Sushil K. Analytic hierarchy process: An overview of applications [J]. European Journal of Operational Research, 2006, 169 (1): 1 – 29.

[17] 陈加良. 基于博弈论的组合赋权评价方法研究 [J]. 福建电脑, 2003, (9): 15 – 16.

[18] 李慧伶, 王修贵, 崔远来, 等. 灌区运行状况综合评价的方法研究 [J]. 水科学进展, 2006, 17 (4): 543 – 548.

[19] Hwang C, Yoon K. Multiple attribute decision making: methods and applications: a state – of – the – art survey [J]. New York: Springer – Verlag, 1981: 1 – 259.

[20] Chamodrakas I, Alexopoulou N, Martakos D. Customer evaluation for order acceptance using a novel class of fuzzy methods based on TOPSIS [J]. Expert Systems with Applications, 2009, 36 (4): 7409 – 7415.

[21] Wang J R, Fan K, Wang W S. Integration of fuzzy AHP and FPP with TOPSIS methodology for aeroengine health assessment [J]. Expert Systems with Applications, 2010, 37 (12): 8516 – 8526.

[22] 王峰. 温室番茄产量与品质对水分亏缺的响应及节水调质灌溉指标 [D]. 北京: 中国农业大学, 2011.

[23] 彭猛业, 楼超华, 高尔生. 加权平均组合评价法及其应用 [J]. 中国卫生统计, 2004, 21 (3): 146 – 149.

[24] Davies J N, Hobson G E, McGlasson W. The constituents of tomato fruit—the influence of environment, nutrition, and genotype [J]. Critical Reviews in Food Science & Nutrition, 1981, 15 (3): 205 – 280.

[25] Stevens M A, Kader A A, Algazi M. Genotypic variation for flavor and composition in fresh market tomatoes [J]. Journal American Society for Horticultural Science, 1977, 102: 680 – 689.

[26] Stevens M A. Inheritance of tomato fruit quality components. In: Janick J, ed. Plant Breeding Reviews [J]. Hoboken: John Wiley & Sons Inc, 1986: 273 – 311.

[27] Georgelis N, Scott J, Baldwin E. Relationship of tomato fruit sugar concentration with physical and

chemical traits and linkage of RAPD markers [J]. Journal of the American Society for Horticultural Science, 2004, 129 (6): 839 – 845.

[28] Génard M, Lescourret F, Gomez L, et al. Changes in fruit sugar concentrations in response to assimilate supply, metabolism and dilution: a modeling approach applied to peach fruit (Prunus persica) [J]. Tree Physiology, 2003, 23 (6): 373 – 385.

[29] Mitchell J, Shennan C, Grattan S, et al. Tomato fruit yields and quality under water deficit and salinity [J]. Journal of the American Society for Horticultural Science, 1991, 116 (2): 215 – 221.

[30] Ho L, Grange R, Picken A. An analysis of the accumulation of water and dry matter in tomato fruit [J]. Plant, Cell & Environment, 1987, 10 (2): 157 – 162.

[31] Génard M, Bertin N, Borel C, et al. Towards a virtual fruit focusing on quality: modelling features and potential uses [J]. Journal of Experimental Botany, 2007, 58 (5): 917 – 928.

[32] Bertin N, Causse M, Brunel B, et al. Identification of growth processes involved in QTLs for tomato fruit size and composition [J]. Journal of Experimental Botany, 2009, 60 (1): 237 – 248.

[33] Massot C, Génard M, Stevens R, et al. Fluctuations in sugar content are not determinant in explaining variations in vitamin C in tomato fruit [J]. Plant Physiology and Biochemistry, 2010, 48 (9): 751 – 757.

[34] Génard M, Souty M. Modeling the peach sugar contents in relation to fruit growth [J]. Journal of the American Society for Horticultural Science, 1996, 121 (6): 1122 – 1131.

[35] Guichard S, Bertin N, Leonardi C, et al. Tomato fruit quality in relation to water and carbon fluxes [J]. Agronomie, 2001, 21 (4): 385 – 392.

[36] Liu H F, Génard M, Guichard S, et al. Model – assisted analysis of tomato fruit growth in relation to carbon and water fluxes [J]. Journal of Experimental Botany, 2007, 58 (13): 3567 – 3580.

[37] 陈金亮. 番茄果实生长和糖分模拟及节水调质优化灌溉决策研究 [D]. 北京：中国农业大学, 2016.

[38] Davies J, Cocking E. Changes in carbohydrates, proteins and nucleic acids during cellular development in tomato fruit locule tissue [J]. Planta, 1965, 67 (3): 242 – 253.

[39] Schaffer A A, Petreikov M. Sucrose – to – starch metabolism in tomato fruit undergoing transient starch accumulation [J]. Plant Physiology, 1997, 113 (3): 739 – 746.

[40] Lee D. Vasculature of the abscission zone of tomato fruit: implications for transport [J]. Canadian Journal of Botany, 1989, 67 (6): 1898 – 1902.

[41] Lee D. A unidirectional water flux model of fruit growth [J]. Canadian Journal of Botany, 1990, 68 (6): 1286 – 1290.

[42] Ho L, Hewitt J. Fruit development. In: Atherton J, Rudich J, eds. The Tomato Crop [J]. Netherlands: Springer, 1986: 201 – 239.

[43] Bertin N, Bussieres P, Génard M. Ecophysiological models of fruit quality: a challenge for peach and tomato. In: Marcelis L F M, Stanghellini C, Heuvelink E ed. III International Symposium on Models for Plant Growth, Environmental Control and Farm Management in Protected Cultivation [J]. Wageningen: ISHS, 2006: 633 – 646.

[44] Fishman S, Génard M. A biophysical model of fruit growth: simulation of seasonal and diurnal dynamics of mass [J]. Plant, Cell & Environment, 1998, 21 (8): 739 – 752.

[45] Scholberg J, McNeal B L, Jones J W, et al. Growth and canopy characteristics of field – grown tomato [J]. Agronomy Journal, 2000, 92 (1): 152 – 159.

[46] 虞怀平. 正确地理解与实施按质论价 [J]. 价格理论与实践, 1988 (2): 13 – 15.

[47] 杨宏道, 张泓铭. 进一步搞好按质论价, 提高经济效益——从上海市工业品按质论价情况谈起 [J]. 价格理论与实践, 1984 (6): 31 – 36.

第12章

变化环境下的作物耗水管理对策

全球环境变化是由人类活动和自然过程相互交织的系统驱动所造成的一系列陆地、海洋与大气的生物物理变化。根据政府间气候变化专门委员会（IPCC）的定义，气候变化是指无论基于自然变化抑或是人类活动所引致的任何气候变动。联合国气候变化框架公约（UNFCCC）则指出，气候变化是经过一段相当时间的观察，在自然气候变化之外由人类活动直接或间接地改变全球大气组成所导致的气候改变。通常人们更加关注的是人类燃烧化石燃料排放大量二氧化碳等温室气体而造成的全球气候改变。近现代的气候变化是呈一种波动、上升的态势，加之下垫面条件改变、植树造林与垦荒、农村城镇化、灌区开发等人类活动的影响以及覆盖种植、节水栽培、灌溉技术革新、保墒抑蒸剂应用、抗旱节水作物新品种采用等人类生产实践的变化，给农业生产中作物耗水管理带来新的挑战。变化环境下的作物耗水管理在满足一定产量（或生物量）或收益前提下，通过遗传改良、生理调控、群体适应、灌溉技术改进、水资源的优化配置与种植结构调整达到区域耗水最小的目标。

12.1 利用高水分利用效率品种减少作物耗水

12.1.1 品种改良与品种间的水分利用效率差异

在灌溉农业中，提高水分利用效率不仅表现在提高灌溉水的利用效率，也表现在增加储存在土壤中的水资源利用效率以及作物吸收水分后的利用效率。从20世纪以来人们就认识到植物之间和作物不同品种之间存在水分利用效率差异，并开展了产生这种差异的遗传及生理生态特征的研究[1]。很多研究表明干旱条件下籽粒产量、收获指数与水分利用效率呈明显的正相关关系；作物的生理特征如渗透调节、叶片水势、冠层温度可作为作物品种耐旱和抗旱的指标[2,3]；作物干旱敏感指数与品种的产量潜力密切相关；作物的光合效率与产量关系密切，而这种关系又受到同化物质分配和利用的影响；同时，在极端水分亏缺状态下，品种的物候期成为决定其是否能生成经济产量的重要因素。国内外的研究均表明作物品种间存在水分利用效率和抗旱耐旱抗逆性的差异，而这种差异与其生理形态表现有一定相关关系，但针对不同作物和不同的生长条件，其相关性并不是恒定不变的[4]。例如，我国华北平原是优质小麦主产区，但各地所用冬小麦品种繁杂，在推广品种中较注重产量和品质，对品种的水分利用效率考虑较少。同时，不同品种在不同水分条件下的变化也有很大差异。随着水资源短缺的加剧，不同品种水分利用效率的表现也应作为品种推广的一个重要指标。

很多研究报道更换一次良种，一般可增产 10％左右[5]。以河北平原冬小麦品种变迁与产量提高的相关关系为例，近 30 年来，冬小麦品种大致经历了 3～4 次更换。小麦品种特性发生了显著变化，主要表现在产量性状和一些生理生态指标得到改进，丰产潜力提高。20 世纪 70—90 年代，除了气候的影响，小麦产量基本呈线性增加。许多研究人员对过去和现在的小麦品种产量潜力进行了比较[6,7]，研究目标主要是通过测定产量来确定小麦在遗传上的变化。其数据的获得：一是靠相对长时期的品种试验，包括品种选育；二是对过去和现在的品种同时种植，进行品种比较试验。第二种方法通常提供了更多的直接进行比较的信息，尤其是产量构成因素。

有研究指出，现在冬小麦品种的高产量，主要与单位面积上较高的籽粒数和增加的收获指数有关[6,7]，一些研究结果表明千粒重是增加的[8]，而另一些研究则认为千粒重是减少的[9]。单位面积上的籽粒数增加，主要是由于穗粒数的增加，或者是由于穗粒数和单位面积上的穗数两者共同作用的结果。目前，对地上部分生物量的研究结果也不尽相同。有的结果表明[10]地上部分生物量没有变化，或者增加不多，而有的研究指出[11]生物量减少了 10％。

为了进一步研究不同年代审定冬小麦品种的产量、农艺性状与水分利用效率差异，在中国科学院栾城生态农业试验站，选取河北省 20 世纪 70 年代至今广泛种植的、具有代表性的冬小麦品种，对其产量、产量构成及生理生态指标的变化进行研究[4,6,12]，探讨产量与各指标的相关性，研究生物措施对产量和水分利用效率的影响。

12.1.1.1 不同冬小麦品种生育期的变化

2004—2005 年，冬小麦生长季选择河北省从 20 世纪 70 年代至今主要推广的 14 个冬小麦品种进行研究（表 12.1）。按照冬小麦品种种植的年代不同，试验共设置 4 个处理，分别为 20 世纪 70—80 年代的品种、20 世纪 80—90 年代的品种、20 世纪 90 年代的品种和 2000 年至今的品种。田间小区种植，小区面积为 $10m^2$，随机排列，各处理均重复三次。采用人工等行播种，行距 15cm，播种量 $160kg/hm^2$。冬小麦生育期间，肥水条件充足。冬小麦生育期降水量为 114.2mm，灌溉量为 180mm。其他栽培管理与大田水平一致。表 12.1 显示不同年代审定品种拔节期、抽穗期和开花期相对较稳定，与年型有关。观测结果显示从 20 世纪 70 年代审定品种到现在品种，开花期有提前趋势，平均提前 3～4d，开花期提前利于灌浆期延长，对增加小麦粒重和收获指数有正效应[6]。

12.1.1.2 不同冬小麦品种的产量表现

在一定程度上，作物产量的提高是由于品种的更新。图 12.1 是在当前水肥条件下，不同年代冬小麦品种产量的变化曲线。随品种更替，产量水平显著提高。不同年代冬小麦品种平均产量差异达到了极显著水平（$P<0.01$），20 世纪 80—90 年代的平均产量较

表 12.1　　　　　　河北省不同年代冬小麦主栽品种主要生育期开始时间

品　种	主要种植年代	主要生育期开始时间		
		拔节期	抽穗期	开花期
津丰 1 号	20 世纪 70—80 年代	4 月 7 日	4 月 25 日	5 月 2 日
冀麦 1 号	20 世纪 70—80 年代	4 月 8 日	4 月 28 日	5 月 4 日
泰山 1 号	20 世纪 70—80 年代	4 月 10 日	4 月 27 日	5 月 2 日
冀麦 3 号	20 世纪 70—80 年代	4 月 12 日	4 月 29 日	5 月 6 日
冀麦 7	20 世纪 80—90 年代	4 月 9 日	4 月 28 日	5 月 6 日
冀麦 24	20 世纪 80—90 年代	4 月 10 日	4 月 29 日	5 月 5 日
冀麦 26	20 世纪 80—90 年代	4 月 8 日	4 月 26 日	5 月 2 日
冀麦 30	20 世纪 80—90 年代	4 月 5 日	4 月 24 日	5 月 1 日
冀麦 36	20 世纪 90 年代	4 月 8 日	4 月 28 日	5 月 4 日
冀麦 38	20 世纪 90 年代	4 月 10 日	4 月 27 日	5 月 5 日
衡 4041	20 世纪 90 年代	4 月 10 日	4 月 28 日	5 月 4 日
石 4185	2000 年至今	4 月 5 日	4 月 27 日	5 月 4 日
石 7221	2000 年至今	4 月 5 日	4 月 27 日	5 月 4 日
6365	2000 年至今	4 月 8 日	4 月 29 日	5 月 6 日

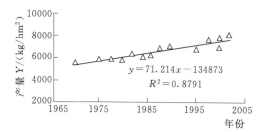

图 12.1　不同年代审定冬小麦品种在
当前水肥条件下的产量

20 世纪 70—80 年代提高了 10.1%，20 世纪 90 年代较 20 世纪 80—90 年代增加了 11.1%，2000 年以后的品种产量仍在稳步提高，平均较 20 世纪 90 年代增加 9.8%。

在小麦产量构成因素中，不同年代品种的平均穗粒数和千粒重差异不显著，但平均穗粒数有增加趋势，20 世纪 90 年代以后较 20 世纪 70—80 年代平均每穗增加了 2 粒。单位面积上平均粒数在不同年代间差异极显著（$P<0.01$）。30 多年来冬小麦品种更新，单位面积上的平均粒数逐渐增加。与 20 世纪 70—80 年代相比，20 世纪 80—90 年代单位面积上的平均粒数提高了 18.8%，20 世纪 90 年代增加了 49.8%。而 2000 年以后，单位面积上的平均粒数与 20 世纪 90 年代相比没有显著差异[12]。

12.1.1.3　不同年代审定冬小麦品种的农艺性状表现

由表 12.2 可以看出，不同年代的冬小麦品种差异极显著的性状还有：株高、生物学产量和收获指数。20 世纪 80—90 年代平均株高比 20 世纪 70—80 年代降低了 7.8%，20 世纪 90 年代较 80—90 年代降低了 7.6%，20 世纪 90 年代以前平均株高在 80cm 以上，20 世纪 90 年代以后保持在 70~75cm。30 多年来，冬小麦平均生物产量逐渐增加，2000 年以后的平均生物产量较 20 世纪 70—80 年代、20 世纪 80—90 年代和 20 世纪 90 年代分别提高了 27.8%、16.9% 和 10.0%。平均收获指数在不同年代间差异极显著，由 20 世纪 70—80 年代的 0.42 增加到 2000 年以后的 0.49，提高了 16.7%。平均结实小穗数在不同年代间差异并不显著，但有增加趋势，由 20 世纪 70—80 年代的 17.8 个增加到 2000 年以后的 19.5 个，增加了 9.6%。

表 12.2　不同年代冬小麦品种在当前肥水条件下产量、产量构成因素及其他性状的平均值

种植年代	产量/(kg/hm²)	穗粒数	千粒重/g	株高/cm	结实小穗数	生物学产量/(kg/hm²)	收获指数
20 世纪 70—80 年代	5851.59a	36.4	43.5	88.1a	17.8	12995.73a	0.42a
20 世纪 80—90 年代	6443.55b	36.8	40.4	81.2b	18.3	14209.02ab	0.44bc
20 世纪 90 年代	7160.19c	39.1	38.4.	75.0c	18.6	15091.91bc	0.47cd
2000 年以后	7863.23d	39.0	41.1	72.2c	19.5	16603.60c	0.49d
F 值	33.14**	0.23	2.08	15.52**	1.46	6.60**	15.05**

注　表中竖列数字后面相同字母表示统计分析差异不显著（P>0.05）。

12.1.1.4　不同年代审定冬小麦品种的水分利用效率（WUE）

在中国科学院栾城生态农业试验站对不同年代审定的冬小麦品种在相同条件下种植，研究其水分利用效率随品种改良的变化[4,6]。研究结果显示不同年代品种在充分灌溉条件下品种间生育期耗水量没有明显区别，但由于新品种比老品种产量显著提高，新品种的 WUE 显著高于老品种（图 12.2）。从较早审定品种到最近审定的小麦品种 WUE 提高 37%。品种改良带来的 WUE 提高与收获指数和籽粒产量呈显著正相关关系。在相同生长条件下，高收获指数的品种更能有效利用水分。研究也发现，

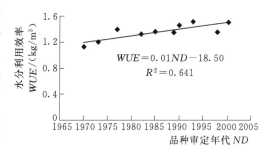

图 12.2　不同年代审定冬小麦品种在当前充分供水条件下水分利用效率变化

在充分供水条件下，具有较小根冠比的品种，可减少用于根系生长的碳水化合物消耗，提高 WUE，WUE 与根冠比呈负相关关系。研究结果显示品种选育提高作物产量过程也是提升 WUE 的过程。

12.1.2　现代品种水分利用效率差异

12.1.2.1　现代冬小麦品种产量和水分利用效率差异

2002—2004 年，在河北省栾城试验站进行了 16 个冬小麦品种的产量和水分利用效率的对比分析[4]，进一步确定现代品种间存在的产量和水分利用效率差异。试验分两种灌水处理：充分灌溉和调亏灌溉。试验期间冬小麦生长季降水较多（2002—2003 年生育期降水量 168mm，2003—2004 年生育期降水量 219mm），充分灌溉处理只灌一水（2002—2003 年）和两水（2003—2004 年），调亏灌溉处理没有进行灌溉（2002—2003 年）和进行了一次灌溉（2003—2004 年）。

表 12.3 显示，在 2002—2003 年生长季，16 个品种间存在着明显的水分利用效率差

异，最高的石新 733 比烟 361 的水分利用效率高 37％，产量高 38％。在灌一水和不灌水条件下，各品种的表现有一定的差异，有些品种在不灌水条件下的产量反而比灌水条件下高，如邯 3475；而有些相反，如邯 6172。2002—2003 年冬小麦生长季节灌浆期阴天多，冬小麦普遍减产，除了石新 733 产量超过 6000kg/hm²，其他品种均小于 6000kg/hm²。2003—2004 年冬小麦生长季降水多，生长条件适宜，各品种的产量比 2002—2003 年都有所提高。

表 12.3　　　　　　不同冬小麦品种在不同灌水条件下的产量和水分利用效率

品 种	2002—2003 年生长季				2003—2004 年生长季			
	灌溉 1 水		不灌水		灌溉 2 水		灌溉 1 水	
	产量 /(kg/hm²)	WUE /(kg/m³)	产量 /(kg/hm²)	WUE /(kg/m³)	产量 /(kg/hm²)	WUE /(kg/m³)	产量 /(kg/hm²)	WUE /(kg/m³)
9905	5004	1.47	5133	1.69	6773	1.81	6474	1.68
烟 361	4641	1.34	4800	1.46	6480	1.69	6570	1.54
科农 208	5304	1.69	4823	1.62	5322	1.36	5949	1.46
科农 213	5175	1.52	5168	1.6	5577	1.57	5921	1.49
大粒 2 号	5360	1.5	5378	1.68	6971	1.47	6041	1.56
5358	5660	1.72	5430	1.76	5655	1.6	5385	1.49
石新 733	6416	1.84	5952	2.03	6647	1.64	6659	1.72
8901	5390	1.56	5433	1.94	5697	1.46	5861	1.45
6365	5453	1.64	5319	1.77	6248	1.68	6698	1.69
邯 6172	5930	1.78	5193	1.66	6044	1.58	6467	1.66
4185	5574	1.53	5064	1.6	6137	1.74	6695	1.74
莱 3279	4826	1.48	4719	1.57	5301	1.48	5448	1.58
6203	5133	1.53	5064	1.66	5127	1.33	5991	1.54
邯 3475	5160	1.45	5612	1.84	6536	1.64	6579	1.65
高优 503	5297	1.47	5211	1.64	5861	1.65	6218	1.49
9204	5849	1.54	5385	1.68	5879	1.41	6795	1.64

注　各处理 4 个重复，小区面积 30m²，次灌水量为 60mm。

表 12.3 显示，在 2003—2004 年冬小麦生长条件比较适宜季节，灌溉 1 水和灌溉 2 水处理的 16 个品种中，产量比较好的品种是石新 733、9905、邯 3475、烟 361、6365、4185 和 9204，水分利用效率比较好的品种是 4185、9905、石新 733、6365 和邯 3475；如果同时考虑水分利用效率和产量，那么在气候年型比较好的情况下选择 4185、石新 733、6365 和邯 3475 不仅产量高，而且水分利用效率也比较好。如果把两年的结果进行平均，在利于冬小麦和不利于冬小麦生长的两个生长季节，无论灌水量多少，石新 733 产量和水分利用效率明显高于其他品种，其次水分利用效率高的是 6365。目前在当地种植条件下

选择石新 733 和 6365 对于农田水分利用效率的提高会有明显促进作用。

现代品种 *WUE* 与品种的产量和收获指数呈显著正相关关系（图 12.3 和图 12.4），同时开花日期早的品种，*WUE* 也较高[4]，表明在华北冬小麦灌浆期较短条件下，开花日期早的品种可延长灌浆期，利于干物质向经济产量转移，提高收获指数。栾城试验站的长期定位试验结果也显示，小麦产量的增加是品种、土壤肥力和气候条件共同作用的结果[13]，其中品种更新的贡献大于 50%。华北平原近 30 年的育种不仅提高了冬小麦产量，也显著提高了水分利用效率。现代品种间存在显著 *WUE* 差异，并与一些生理生态特征指标有明显关系（表 12.4），可用一些指标作为筛选高产节水品种的依据，如叶片和籽粒碳 13 同位素分辨率（△¹³C）、冠层温度等。研究结果显示选择节水高产品种是提升农田水分利用效率的重要途径。

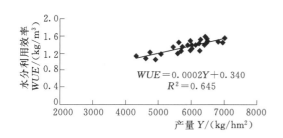

图 12.3　冬小麦不同品种水分利用效率
（*WUE*）与产量水平的关系

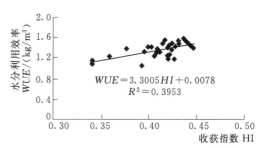

图 12.4　冬小麦不同品种收获指数与水分
利用效率（*WUE*）的相关关系

表 12.4　　冬小麦不同品种产量与水分利用效率表现与品种的生理生态特征关系

灌溉情况	叶片水势	冠层温度	叶片△¹³C	籽粒△¹³C	叶片光合速率	叶面积指数
旱作	*	* * *	* *	* *	ns	*
1 次水	*	* * *	*	*	*	ns
2 次水	*	* *	ns	ns	*	ns

注　* 表示在 $P=0.05$ 水平下显著；* * 表示在 $P=0.01$ 水平下显著；* * * 表示在 $P=0.001$ 水平下显著；ns：相关不显著。

12.1.2.2　夏玉米不同品种产量和水分利用效率差异

在栾城试验站于 2013—2014 年进行的夏玉米 16 个现代品种产量和水分利用效率比较结果显示（表 12.5），最高产量玉米品种比最低产量玉米品种 2013 年高 33.2%、2014 年高 41.3%，2014 年也是一个夏玉米高产年型，品种高产潜力更易发挥。高产品种水分利用效率比低产品种分别提高 31.2% 和 43.8%，玉米品种产量与水分利用效率呈显著正相关关系（图 12.5），与冬小麦品种表现相似，选用高产玉米品种过程也是提高作物水分利用效率的过程。

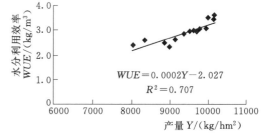

图 12.5　不同夏玉米品种产量与水分
利用效率的相关关系

表 12.5　　　　　　　不同品种夏玉米产量、耗水和水分利用效率比较

品种名称	2013 年			品种名称	2014 年		
	产量/(kg/hm²)	耗水/mm	WUE/(kg/m³)		产量/(kg/hm²)	耗水/mm	WUE/(kg/m³)
邯丰 08	6648.6	391.6	1.70	邯丰 08	7284.1	332.7	2.19
中科 11	7142.3	426.1	1.68	蠡玉 35	8663.2	396.8	2.18
蠡玉 68	7187.0	417.9	1.72	浚单 20	8692.0	329.9	2.63
三北 21	7245.5	413.2	1.75	中科 11	9089.2	369.7	2.46
蠡玉 35	7265.8	466.4	1.56	先玉 335	9127.6	335.3	2.72
浚单 20	7306.1	303.9	2.40	京单 38	9421.5	362.6	2.60
冀农 1	7486.5	324.7	2.31	丰玉 4 号	9478.9	338.5	2.80
先玉 688	7489.7	365.3	2.05	冀农 1 号	9504.8	370.9	2.56
忻玉 101	7493.4	332.6	2.25	登海 605	9511.2	378.0	2.52
中单 909	7504.9	404.5	1.86	华农 866	9803.2	395.7	2.48
联丰 20	7577.4	364.2	2.08	兆丰 268	9856.7	360.2	2.74
冀丰 223	7655.9	373.1	2.05	郑单 958	9881.5	399.4	2.47
京单 28	7831.4	339.3	2.31	联丰 20	10009.3	322.4	3.10
郑单 958	8221.8	425.6	1.93	屯玉 808	10089.7	322.1	3.13
先玉 335	8359.3	404.0	2.07	肃玉 1 号	10231.5	435.1	2.35
登海 605	8858.7	396.8	2.23	三北 21	10289.3	327.0	3.15

12.2　通过生理调控减少作物奢侈蒸腾耗水

12.2.1　基于作物生命需水信息的高效用水调控理论

12.2.1.1　作物生长冗余调控与缺水补偿效应理论

　　作物在其生长发育方面存在着大量冗余，包括株高、叶面积、分蘖或分枝、繁殖器官、甚至细胞组分和基因结构等，而且这种冗余随着辅助能量（如水、肥）的增加而增大[38]。生长冗余，本是作物适应波动环境的一种生态对策，以便增大稳定性，减少物种灭绝危险，但这种固有的冗余特性在人类可以对环境施加影响并对物种加以保护条件下，则变成了高产栽培中的浪费和负担[39]。植物生理学家研究提出的作物生长冗余理论、同化物转移的"库源"学说以及缺水对禾谷类作物不同生理功能影响的先后顺序（细胞扩张、气孔运动、蒸腾运动、光合作用、物质运输），从分子水平上为作物不同生育期亏缺灌溉定量化和可操作化的深层次研究提供了理论基础。合理的灌溉能够调控作物根系生长发育，使茎、根、叶各部分不产生过量生长，控制作物各部分最优生长量，维持根冠间协调平衡比例，可以实现提高经济产量和水分利用效率的目的。此外，适时适度亏水不仅可以有效地控制营养生长，使更多的光合同化产物输送到生殖器官，而且节省了大量工时，便于田间的栽培管理及密度的进一步增加[40]。

　　任何一种节水方法在达到节水目的前提下，必须保证对产量不会产生太大影响。现代

节水高效灌溉的技术瓶颈就在于如何通过系统的生命水分信息监测与诊断对作物耗水状况进行最优调控，从而最大限度的充分利用作物在经受水分胁迫时的"自我保护"作用和水分胁迫解除后的"补偿"作用。大量研究表明，水分胁迫并非完全是负效应，特定发育阶段、有限的水分胁迫对提高产量和品质是有益的。作物在水分胁迫解除后，会表现出一定的补偿生长功能[41]，适度的水分亏缺不仅不降低作物的产量，反而能增加产量、提高水分利用效率。因此，在作物生长发育的某些阶段主动施加一定程度的水分胁迫，能够影响光合同化产物向不同组织器官的分配，以调节作物生长进程。例如，在陕西长武对玉米进行的调亏灌溉试验，苗期重度调亏、拔节期中度调亏处理可在保持相同产量水平下使玉米的水分利用效率显著提高[42]。在河北栾城试验站的研究结果表明，一些作物的生理生态指标对土壤水分有一个明显的阈值，例如谷子、高粱、冬小麦的气孔导度、叶水势和光合速率在一定土壤含水量范围内并不随着土壤含水量的降低而发生明显变化，只有当土壤含水量低于一定程度时，才随着土壤湿度的降低而减少。不同作物此阈值下限存在差异，高粱在大于 45% 田间持水量的根层土壤湿度条件下，气孔阻力和叶水势基本维持恒定；谷子的这个指标在 50% 田间持水量，而冬小麦这个指标在 60% 田间持水量，如图 12.6 所示[43]。对于作物干物质积累和分配过程，也存在同样的水分响应规律。作物并不是灌水越多越好，而是适度亏缺对干物质形成和向籽粒产量的转移更有利，特别是对于华北冬小麦，灌浆期短，灌浆后期容易受干热风影响，使产量潜力不能充分发挥。而在适度亏缺条件下冬小麦生长发育过程提前，灌浆期适度延长，更有利于花后干物质积累和向籽粒产量的转移[44,45]。

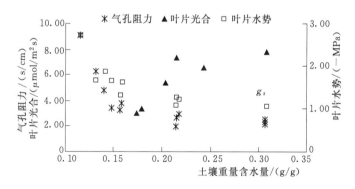

图 12.6　冬小麦气孔阻力、叶片光合、叶片水势随土壤
含水量的变化（河北栾城）

作物生长冗余调控与缺水补偿效应在灌溉管理上应用，产生了许多新的概念和方法，如限水灌溉、非充分灌溉与调亏灌溉等，灌溉制度由传统的丰水高产型转向节水优产型和节水调质型，其中果树调亏灌溉是应用成功的一个例子[46,47]。一般果树果实生长可分为三个阶段（图 12.7），第一和第三阶段果实生长快，第二阶段较慢；而对应的枝条生长在第一和第二阶段快，第三阶段基本停止生长。依据果树营养性（枝条）生长与果实生长速度的差异性，在果实生长的第一阶段后期（约开花后 4 周）和第二阶段，在此期间严格控制灌水次数及灌水量，使植株承受一定的水分亏缺，改变植物的生理生化过程，调节光合产物在不同器官之间的分配，减少营养器官冗余；到果实快速生长的第三阶段，对植株恢

复充分灌溉，使果实迅速膨大，是实现在不明显降低产量前提下，提高水肥利用效率和改善果实品质的有效水分调控途径。Goodwin 和 Boland 研究发现，在桃树适宜调亏灌溉时期减少 50％灌水量对产量没有影响，但可减少 30％以上的夏季果树修剪量[48]。

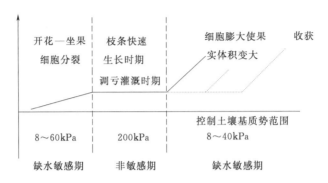

图 12.7 不同生长阶段果树枝条和果实对缺水的敏感性及
不同时期土壤水分控制下限指标示意图

12.2.1.2 根冠通信理论

20 世纪 80 年代以后的大量研究表明，作物在叶片水分状况无任何变化之前，其地上部分对土壤干旱就已经有了反应，这种反应几乎与土壤水分亏缺效应同时发生[49]。由此可见，当土壤水分下降时，作物必定能够"感知"根系周围土壤水分状况，并以一定方式将信息传递至地上部，从而调节作物生长发育的机制，使地上部做出各种反应。可以简单设想处于相对较干燥土壤中的部分根系会产生某些化学信号，这些信号在总的水流量和叶片水分状况尚未发生变化时就传递到地上部发挥作用，随着土壤继续变干，越来越多的根系产生更大强度的化学信号物质，从而使作物地上部能够随土壤水分的可利用程度来调整自身的生长发育和生理过程[50]。根冠通信理论为在作物不同根系空间上进行亏缺调控灌溉提供了理论基础。

现在人们已经普遍接受气孔导度受土壤含水量控制是通过根的化学信号而不是依赖于叶水势这一观点。根系化学信号是作物体内平衡和优化水分利用的预警系统，国内外学者对干旱条件下根源化学信号的类型、产生与运输进行了大量的研究，发现土壤干旱时根系能够合成并输出多种信号物质，这些信号能够以电化学波或以具体的化学物质的形式从受干的细胞中输出，它能够从产生部位向作用部位输送。尽管调控地上部的根源信号物质有很多，但最普遍、研究最多也最令人信服的是脱落酸（ABA）[51]。大量研究表明，根系受到干旱胁迫时能迅速合成 ABA，其含量因植物种类不同而成几倍甚至几十倍增加，而且根系合成 ABA 的量与根系周围的水分状况密切相关。Dodd 等研究结果表明根系 ABA含量可作为测量根系周围土壤水分状况的一个指标[52]。梁建生等的试验结果也证明了这一点[53]，而且进行复水处理，干旱诱导合成的 ABA 即迅速降到对照水平。一些研究发现作物木质部 ABA 浓度与根系 ABA 含量间存在近线性关系，表明木质部 ABA 浓度可以作为根源 ABA 的定量指标，并用以直接反映根系感应土壤环境的能力[54]。以上这些结果均表明，ABA 具有控制气孔、感知土壤水分可利用状况、调控作物营养生长与生殖生长，从而实现最优化调节的作用[55]。从这一意义上讲，根系化学信号物质的合成是根系对土壤不良环境做出的即时响应。在此基础上发展了根系分区交替灌溉（Alternate Partial Rootzone Irrigation，APRI）理论与技术[32]，其原理如图 12.8 所示，通过作物根系交替湿润与干旱，促进位于干旱土壤中的根系产生 ABA 信号，调节气孔开度，减少"奢侈"蒸腾，提高水分利用效率，实现节约灌溉水而不减产，并提高作物品质的目标。

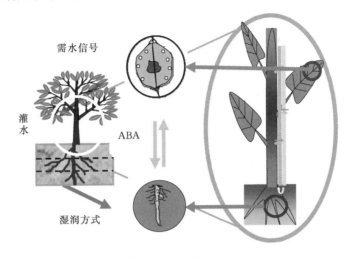

图 12.8　分根交替灌溉控制根信号和作物气孔导度示意图

12.2.1.3　作物控水调质理论

作物品质与品种、施肥、气候、水分、生长环境等多种因素有关，而水分是实现对作物品质改善的媒体和介质。有关研究表明，在作物某些生育阶段通过控制水分，改善植株代谢，促进光合产物向经济产量分配，可以改善产品品质。例如，灌水虽然增加了西红柿产量却降低了果实内糖、有机酸等可溶性含量而降低了果实品质[56]；在桃树营养生长季节，仅维持较低水平的土壤水势，而在果实膨大期实行充分灌溉，在节约大量用水同时也改善了果品的品质[48,57]。陈秀香等研究了四个水分处理条件下加工番茄的产量和果实品质[58]，结果表明，加工番茄的产量、品质与土壤含水量密切相关，灌溉下限指标过高或过低均会影响产量及番茄红素、可溶性固形物、可溶性糖、可溶性酸等品质指标，土壤水分下限指标控制在田间持水量 70%～75% 的处理的加工番茄产量最高，品质较好，水分利用效率最高，既能实现高产高效，又可实现节约灌溉。杜太生在甘肃河西走廊内陆干旱绿洲区的田间试验结果也表明[32]，采用根系分区交替灌溉技术，灌水定额为 37.5mm 时隔沟交替灌溉棉花的霜前花产量较常规沟灌提高了 35.5%，灌水定额为 24mm 时交替滴灌的霜前花产量较常规滴灌提高了 10.63%，该技术明显增加了棉花纤维长度，改善了皮棉品质。

12.2.1.4　作物有限水量最优分配

在供水不足条件下，把有限的水量在作物间或作物生育期内进行最优分配，允许作物在水分非敏感期经受一定程度的水分亏缺，把有限的水灌到对作物产量贡献最大的水分敏感期所在的生育阶段，以获得最大的总产量和效益，即解决有限水量在生育阶段的最佳分配问题[59]。因此，要确定出各生育阶段缺水对产量的影响，尽可能减少在对作物产量最敏感的生育阶段内的缺水，使减产降低到最低程度。同时对相同时段生长的作物，减产系数最高的要优先供水，允许牺牲局部，以获得总产量最高或纯收益最佳。该理论主要包括不同作物缺水敏感指数的确定、作物水分-产量模型以及优化灌溉模型等内容。关于有限灌溉水在作物间和作物生育期不同生育时段间的优化分配问题，国外在编制不同亏水度作物生长模拟模型的基础上，将作物水分-产量模型广泛地应用于灌溉系统的模拟，提出了各种不同配水计划的预测效果，制定了相应的作物非充分灌溉模式与实施操作技术[60]。国内在这方面虽然也做了大量的研究工作，但大多数的优化配水结果多是针对某一具体作物或灌区，需要形成较通用的非充分灌溉设计软件以及基于网络、面向基层水管人员或农户使用的非充分灌溉设计软件，与实施非充分灌溉制度相适应的低定额灌溉的先进地面灌水方式及相应配套设备与产品相结合，才能使作物有限水量分配工作应用到实际。

12.2.2 通过施用抗蒸腾剂调控作物生命需水过程

降低作物奢侈蒸腾是提高作物水分生产力的重要途径。作物叶片光合速率（P_n）与蒸腾速率（T_r）对气孔导度（g_s）的敏感性不同，P_n、T_r 均随 g_s 增大而增加，但当 g_s 达到某一值时，P_n 增加不再明显，而 T_r 继续线性增加，此时存在奢侈蒸腾。若用外源调节物质对气孔行为进行合理调控，可寻求最优的气孔状态来实现叶片光合同化能力与蒸腾速率之间的最佳协调，达到叶片水平的高效用水。

抗蒸腾剂是降低奢侈蒸腾最常用的外源调节物质之一，其主要目的是通过调控叶片 g_s 来降低奢侈蒸腾。探索抗蒸腾剂的调控机理，对作物抗旱节水及提高水分利用效率具有重要意义。在"十二五"国家 863 计划课题"作物生命需水过程控制与高效用水生理调控技术及产品"的资助下，新疆汇通旱地龙腐殖酸有限责任公司开发了一种多功能生物抗蒸腾剂 FZ（由植物骆驼刺提取碱性精油并加入锌硼和氮磷钾等元素复配）。为了研究该抗蒸腾剂对大豆水分利用的调节作用机制以及施用时适宜的土壤水分条件，在中国农业大学石羊河实验站开展了膜下滴灌大豆不同亏水处理喷施试验，研究在不同亏水条件下喷施 FZ 对大豆叶片气孔开度、气孔频数、g_s、P_n、T_r、超氧化物歧化酶（Superoxide Dismutase，SOD）和过氧化物酶（Peroxidase，POD）活性等生理特性和耗水、产量的影响。

12.2.2.1 不同水分条件下抗蒸腾剂对大豆叶片酶活性的影响

植物逆境胁迫时细胞内会产生过剩的自由基，引发或加剧膜脂过氧化作用，造成细胞膜系统的损伤。超氧化物歧化酶（SOD）和过氧化物酶（POD）是植物细胞膜酶促防御系统的重要保护酶，是植物抗逆的生理基础之一。在干旱胁迫条件下，SOD、POD 的酶活性可以作为植物抗旱性的一个指标。

图 12.9 是不同水分条件下大豆结荚期喷施 FZ 后第 1 天叶片 SOD 和 POD 酶活性的情况。从图中可以看出，常规灌溉条件下，喷施 FZ 叶片 SOD 和 POD 酶活性分别是 440U/(g·min) 和 788U/(g·min)，而喷水（CK）下分别是 318U/(g·min) 和 592U/(g·min)，喷施 FZ 分别提高叶片 SOD 和 POD 酶活性 38% 和 33%。这与 Shakirova、张志杰和栾白在大豆和小麦上施用黄腐酸（FA）和 SA 的结果相似。亏缺灌溉条件下，喷施 FZ 使叶片 SOD 和 POD 酶活性有所提高但不显著，这可能是因为此时低水平的土壤含水率达到下限，即田持的 40%，亏水较为严重，此时土壤含水率是影响叶片 SOD 和 POD 酶活性的主要限制因子。所以常规灌溉条件下喷施 FZ 可显著提高叶片 SOD 和 POD 酶活性，提高大豆的抗旱性。

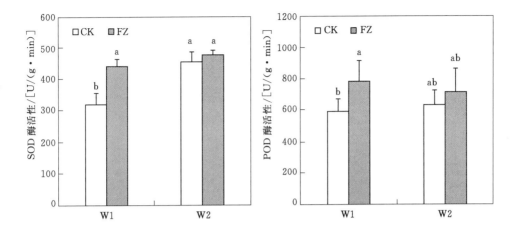

图 12.9　不同水分条件下大豆结荚期喷施 FZ 对叶片 SOD 和 POD 酶活性的影响

[W1—常规灌溉；W2—亏缺灌溉；CK—喷施清水；FZ—喷施 FZ；小写字母不同代表
处理间差异显著，$P<0.05$；SOD 活性单位以抑制 NBT 光化还原 50% 所需酶量为
1 个酶活单位（U）；POD 以每 min OD 值升高 0.01 为 1 个酶活性单位（U）]

12.2.2.2　不同亏水条件下 FZ 对叶片 g_s、P_n、T_r 和 WUE_{in} 的影响

1. 不同生育期喷施 FZ 的效应

图 12.10 是在大豆结荚期、鼓粒初期和鼓粒末期喷施 FZ 后第 1 天叶片 g_s（气孔导度）、T_r（蒸腾速率）、P_n（光合速率）和 WUE_{in}（叶片瞬时水分利用效率）的变化情况。常规灌溉条件下，在结荚期、鼓粒初期和鼓粒末期喷施 FZ 均未显著影响叶片 g_s、T_r、P_n，但在结荚期喷施 FZ 提高 WUE_{in} 27%，达显著水平。亏缺灌溉条件下，在结荚、鼓粒初和鼓粒末期喷施 FZ 均降低叶片 g_s、T_r、P_n，但是 P_n 降低幅度小于 T_r 降低幅度，因而提高 WUE_{in}，其中在结荚期喷施 FZ 使得 T_r 降低 37%，P_n 降低 22%，WUE_{in} 提高 25%，均达显著水平；在鼓粒初期喷施 FZ 使 g_s、T_r、P_n 分别降低 11%、4%、9%，WUE_{in} 提高 8%，但是均未达显著水平。因此无论是常规灌溉还是亏缺灌溉条件在结荚期喷施 FZ 后第 1 天叶片瞬时水分利用效率均显著提高，这可能是因为 FZ 中含 N、P、K 等元素而结荚期大豆生长最为旺盛，需要养分最多。

2. 喷施 FZ 不同天数后的效应

图 12.11 是 2013 年 7 月 21 日结荚期喷施 FZ 不同天数后叶片光合特性的变化情况。常规灌溉条件下，结荚期喷施 FZ 后叶片 P_n 有所提高，可能是因为 FZ 中添加了氮磷钾和多种微量元素，提高了单位叶面积内羧化酶的总活性，促进光合作用。另外，常规灌溉条件下喷施 FZ 显著提高叶片 POD 酶活性。POD 酶除了清除超氧自由基外还与光合作用有关，它能消除光呼吸过程中产生对植物有害的 H_2O_2，这对植物光合作用的顺利进行提供了保障。g_s 在喷施 FZ 后第 7 天提高 34%，达显著水平，到第 10 天和 13 天 P_n 提高幅度降低。亏缺灌溉条件下，喷施 FZ 降低 g_s 和 T_r，且在喷施 FZ 后第 7 天达显著水平，而 P_n 无显著降低，WUE_{in} 有所提高。

12.2.2.3　不同水分条件下喷施 FZ 对叶片气孔开度和气孔频数的影响

图 12.12 是不同水分条件下鼓粒初期喷施 FZ 和 CK 后第 1 天大豆叶片背轴面生物显

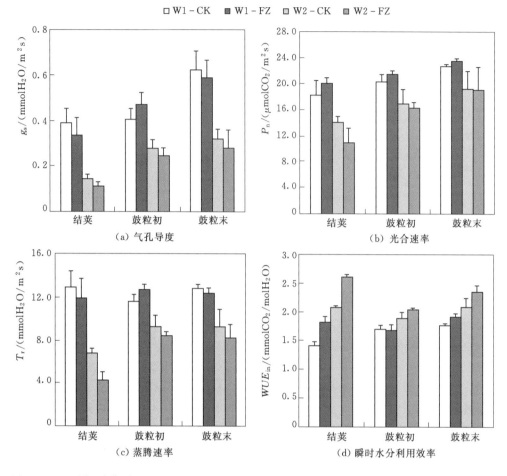

图 12.10　不同生育期喷施 FZ 对大豆气孔导度、光合速率、蒸腾速率及瞬时水分利用效率的影响

W1—常规灌溉；W2—亏缺灌溉；CK—喷施清水；FZ—喷施 FZ

微镜扫描，图 12.13 是对应的各处理大豆叶片气孔开度和气孔频数。常规灌溉条件下，FZ 和 CK 叶片平均气孔开度分别是 $5.12\mu m$ 和 $4.79\mu m$，平均气孔频数分别是 497 个/mm^2 和 507 个/mm^2。与 CK 相比，FZ 使叶片气孔开度增大 7%，而气孔频数减小 2%。亏缺灌溉条件下，FZ 和 CK 叶片平均气孔开度分别是 $3.40\mu m$ 和 $4.05\mu m$，平均气孔频数分别是 309 个/mm^2 和 359 个/mm^2。与 CK 相比，FZ 使叶片平均气孔开度和气孔频数分别降低 16% 和 14%。亏缺灌溉条件下鼓粒初期喷施 FZ 减小气孔开度并关闭部分气孔来降低 g_s，而常规灌溉条件下鼓粒初期喷施 FZ 气孔开度增大最终 g_s 提高，但均未达显著水平。

12.2.2.4　不同亏水条件下喷施 FZ 对生物量、产量、总耗水和 WUE 的影响

表 12.6 是不同水分条件下从结荚期至鼓粒期连续 3 次喷施 FZ 对最终生物量、产量、总耗水和 WUE 的影响情况。由表可知，常规灌溉条件下，从结荚期至鼓粒期连续 3 次喷施 FZ 较 CK 分别提高子粒产量和 WUE 23% 和 22%，且达显著水平，而亏缺灌溉条件下效果不显著，这与喷施 FZ 对叶片 g_s、P_n、T_r 等气体交换参数和抗氧化

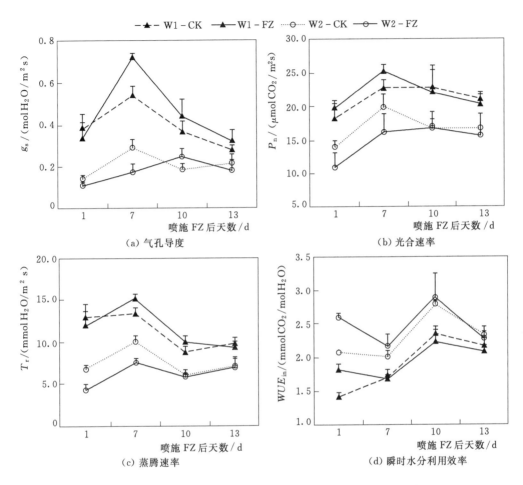

图 12.11　结荚期喷施 FZ 不同天数后大豆气孔导度、光合速率、
蒸腾速率及瞬时水分利用效率的变化情况

W1—常规灌溉；W2—亏缺灌溉；CK—喷施清水；FZ—喷施 FZ

表 12.6　不同水分条件下喷施 FZ 对大豆最终生物量、产量、总耗水和 WUE 的影响

灌溉水平	处理	最终生物量 /(g/株)	产量 /(kg/hm²)	总耗水 /mm	WUE /(kg/m³)
W1	CK	60.79±2.90a	3020±320b	386.38±29.39a	0.79±0.12b
	FZ	67.09±12.57a	3700±90a	384.92±0.43a	0.96±0.02a
W2	CK	48.42±5.67b	2690±260b	287.74±11.04b	0.93±0.07ab
	FZ	48.34±9.74b	2590±110b	298.82±14.38b	0.87±0.07ab

注　W1—常规灌溉；W2—亏缺灌溉；CK—喷施清水；FZ—喷施 FZ；生物量指收获时单株大豆叶和茎的干重；产量指收获时籽粒的干重；WUE 指水分利用效率；同一灌溉水平下竖列同一因素数值后面的字母不同表示处理间差异显著（$P < 0.05$）。

酶活性的影响一致。这可能是因为常规灌溉条件下结荚期喷施 FZ 显著提高叶片 SOD 和 POD 酶活性。

W1－CK W1－FZ

W2－CK W2－FZ

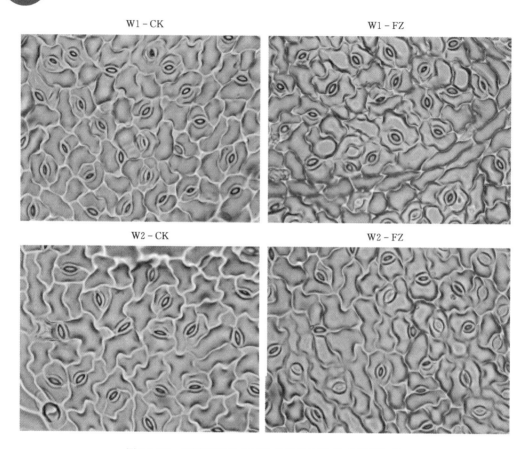

图 12.12 不同处理的大豆叶片背轴面生物显微镜扫描

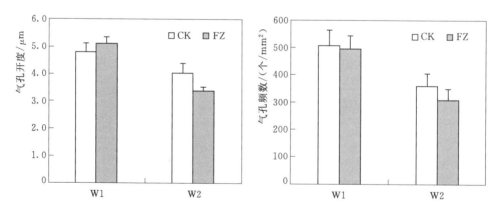

图 12.13 不同水分条件下鼓粒初期喷施 FZ 对大豆气孔开度和气孔频数的影响

W1—常规灌溉；W2—亏缺灌溉；CK—喷施清水；FZ—喷施 FZ

虽然在喷后第 7 天 T_r 有增大，但是总耗水和最终生物量未受显著影响，而子粒产量和 WUE 显著提高。而亏缺灌溉条件下，喷施 FZ 对叶片 SOD 和 POD 酶活性影响较小，虽然鼓粒初期喷施 FZ 降低了气孔开度，但是对气孔频数、g_s、T_r 和 P_n 等参数影响并不显著，最终生物量、产量、总耗水和 WUE 均无显著变化。

　　上述研究结果显示，常规灌溉条件下，喷施 FZ 可以显著提高抗氧化酶（SOD 和
POD）的活性，对气孔开度、气孔频数和气体交换参数没有显著影响；从结荚期到鼓粒
期连续 3 次喷施 FZ 分别显著提高籽粒产量和水分利用效率 23％和 22％。亏缺灌溉条件
下，结荚期喷施 FZ 后 7 天内气孔导度和蒸腾速率显著降低，但是光合速率和瞬时水分利
用效率影响不显著，对最终生物量、耗水、子粒产量和 WUE 影响亦不显著。

　　尽管新研制的生物抗蒸腾剂 FZ 在旱区亏缺灌溉条件下施用并未对大豆产生预期的显著效
果，但是不失为一种成功的尝试。因为在旱区常规灌溉条件下施用 FZ 可以显著提高籽粒产量
和水分利用效率。但是要在旱区大面积推广应用还需在多种作物和多种气候条件下研究。

12.3　通过群体调控提升作物产量和水分利用效率

　　作物高效用水群体结构主要是采用使群体适应的方法进行调节，达到合理、高效利用
有限水资源的目的。群体适应主要包括改变播期、增减密度、调整种植结构、改进轮作方
式及实行间套混种等技术方法降低土壤蒸发量和作物无效蒸腾量[18]。不同的种植密度、
行距与行向具有不同的冠层结构和根系结构，从而改变了作物对光能、土壤水分和养分利
用过程，提高了光、热、水分和养分的利用效率。

12.3.1　通过缩行种植减少冬小麦土壤蒸发

　　与宽行种植相比，缩行种植可以提高作物的产量，主要归结于对光的竞争早和对光的
截获率高。在生长过程中，缩行种植的作物叶面积指数较高，群体郁闭快，对光的竞争较
早[19]。Flenet 认为行距影响冠层的消光系数，随着行距的增加消光系数降低，窄行种植
条件下，更大的光截获率是增加产量的决定因素[20]。孙宏勇等（2006）对冬小麦不同行
距的研究表明，随着行距加大，小麦叶倾角减小，冠层结构对光的截获能力减小[21]。窄
行种植改善了作物的冠层结构和根系分布，有利于充分利用土壤水分，封闭的冠层有效减
少了土壤无效蒸发，有利于作物和田间水分利用效率提高。

12.3.1.1　不同种植行距对冬小麦叶面积指数的影响

　　在中国科学院栾城试验站进行了冬小麦四个行距（7.5cm、15cm、22.5cm 和 30cm）的田
间试验[19]，从冬小麦返青至成熟，不同行距冬小麦的叶面积指数（LAI）呈抛物线变化趋势
（图 12.14），在冬小麦生长早期阶段，由于植株矮小，叶面积也较小，各处理的 LAI 差异不显
著，随着作物生长，不同处理间 LAI 呈现显著差异。起身期四个行距处理冬小麦 LAI 分别为
1.3、0.95、0.9 和 0.44，处理间差异显著。拔节期以后，随着冬小麦生长进入盛期，行距较小
的处理开始出现封垄，而行距大的处理仍有相当部分土壤裸露。拔节后期行距 7.5cm 处理的
LAI 达到 3.0，其他各行距处理分别为 2.74、2.43 和 2.06。到抽穗期各处理 LAI 达到最大值，
至灌浆期 LAI 保持在较高且比较稳定的水平上，以后随着作物成熟，生理活动下降，LAI 下
降。但是在整个生长期间 7.5cm 行距处理 LAI 均为最高，30cm 行距最低。

12.3.1.2　不同种植行距对冬小麦冠层覆盖度的影响

　　作物 LAI 是估算作物耗水最重要的植物生理参数，同时也是反映作物覆盖度和生物
量的良好指标。作物覆盖度即为绿叶的垂直投影面积与土地总面积之比。图 12.15 为
LAI 和冠层覆盖度的同期测量变化比较，各行距处理的叶面积指数和作物冠层覆盖度随

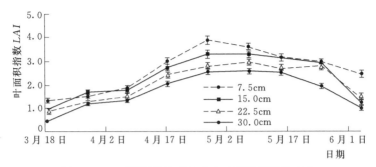

图 12.14 不同行距处理冬小麦叶面积指数的变化

冬小麦生育期变化规律和趋势完全一致，窄行距冠层覆盖度均高于同期宽行距的冠层覆盖度，说明作物覆盖度与叶面积指数具有良好的相关性。在冬小麦生长初期，LAI 低，作物透光率相应较高，覆盖度低；作物生长中期（拔节期和抽穗期）随着 LAI 达到最大，作物行间已基本封垄，覆盖度也增加到最大，同时这一阶段的棵间蒸发量也相应降低。不同处理作物叶面积指数及地面覆盖度的差异必然会引起田间蒸腾量和蒸发量的差异。

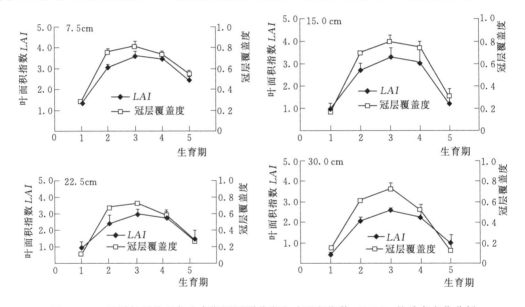

图 12.15 不同行距处理各生育期冠层覆盖度和叶面积指数（LAI）的动态变化分析
1—返青期；2—拔节期；3—抽穗期；4—灌浆期；5—成熟期

12.3.1.3 窄行种植对冬小麦棵间土壤蒸发的影响

窄行处理的小麦 LAI 大，透光率小，封垄早，行间裸露土壤面积小且时间短，这些都会影响麦田的行间土壤蒸发。为了分析比较冬小麦不同种植行距对作物耗水及棵间蒸发的影响，分别于 2003 年（4 月 1 日—6 月 10 日）和 2005 年（3 月 5 日—6 月 11 日）冬小麦生长期内，利用微型蒸渗仪对棵间土壤蒸发进行了逐日观测[19]，结果如图 12.16 所示。可以看出，4 种行距下，棵间蒸发随行距增大而逐渐增加，即 30cm＞22.5cm＞15cm＞7.5cm。表明行距加宽，作物棵间土壤蒸发消耗增加，缩小行距可以有效抑制棵间蒸发。在播种量一定情况下，合理安排作物种植行距，通过改变作物群体结构，影响作物冠层覆盖度，进而改变太阳辐射达到作物行间的比例，减小能量输入，抑制蒸发。在每次降水或灌溉过后的几天，棵间蒸发的差异表现尤为明显。从累积蒸发量来看，2003 年观测期内 7.5cm、15cm、22.5cm 和 30cm 行距处理累积值分别为 41.3mm、51.3mm、54.4mm 和 61.1mm，最宽行距比最窄行距高 47.9%；2005 年 4 个行距处理蒸发累积值分别为 47.2mm、48.8mm、55.4mm 和 63.9mm，最宽行距比最窄行距高 35.4%。

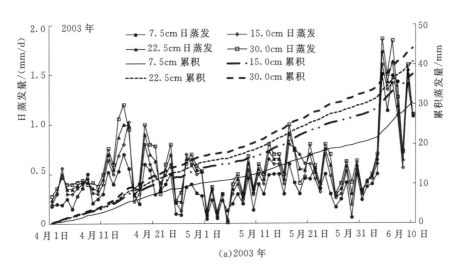

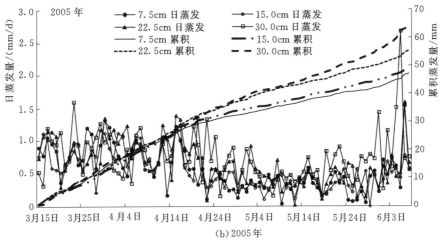

图 12.16　2003 年和 2005 年不同行距处理冬小麦棵间日蒸发量和
累积蒸发量的逐日变化

12.3.1.4　不同行距下冬小麦耗水、棵间蒸发在各生育阶段的变化

表 12.7 为根据实测数据计算的两个年份中，冬小麦各个生育时期土壤蒸发与耗水量的日平均值[19]。2003 年和 2005 年不同行距麦田土壤蒸发具有相同的变化规律，均为小-大-小的规律，越冬期由于气温和地温较低，小麦基本停止生长，表层土壤处于冻结状态，土壤蒸发较小，返青后随着气温升高和灌溉增多，土壤蒸发增大，后期随着地上冠层的封

垄，地下深层根系增多，以耗深层土壤水为主，表层土壤处于干燥状态，土壤蒸发逐渐降低。

表 12.7　　　　　不同行距处理冬小麦各生育阶段土壤蒸发量与耗水量的变化

年份	项　目	行距/cm	出苗—越冬期	越冬—返青期	返青—拔节期	拔节—抽穗期	抽穗—灌浆期	灌浆—成熟期	全期
2002—2003	日蒸发量 E/(mm/d)	7.5	—	0.26	0.27	0.52	0.19	0.36	0.32
		15.0	—	0.29	0.37	0.68	0.32	0.49	0.43
		22.5	—	0.32	0.39	0.78	0.34	0.53	0.47
		30.0	—	0.35	0.42	0.89	0.36	0.57	0.52
	日耗水量 ET/(mm/d)	7.5	—	0.59	1.19	4.61	4.16	2.60	2.63
		15.0	—	0.62	1.26	4.93	4.39	2.84	2.81
		22.5	—	0.84	1.25	4.67	5.32	2.51	2.92
		30.0	—	0.54	1.31	4.26	5.82	2.68	2.92
	E/ET	7.5	—	0.44	0.23	0.11	0.04	0.14	0.19
		15.0	—	0.47	0.29	0.14	0.07	0.17	0.23
		22.5	—	0.38	0.31	0.17	0.06	0.21	0.23
		30.0	—	0.65	0.32	0.21	0.06	0.21	0.29
2004—2005	日蒸发量 E/(mm/d)	7.5	0.24	0.26	0.89	0.52	0.26	0.53	0.45
		15.0	0.20	0.27	0.95	0.62	0.29	0.6	0.49
		22.5	0.26	0.34	1.03	0.83	0.46	0.71	0.61
		30.0	0.33	0.38	1.07	0.95	0.5	1.02	0.71
	日耗水量 ET/(mm/d)	7.5	0.33	0.68	1.55	3.54	3.59	2.97	2.11
		15.0	0.26	0.65	1.63	3.71	3.9	2.9	2.18
		22.5	0.30	0.75	1.75	3.62	4.25	3.22	2.32
		30.0	0.37	0.63	1.8	3.52	4.69	2.97	2.33
	E/ET	7.5	0.72	0.39	0.57	0.15	0.07	0.18	0.35
		15.0	0.77	0.41	0.58	0.17	0.07	0.21	0.37
		22.5	0.84	0.45	0.59	0.23	0.11	0.22	0.41
		30.0	0.88	0.60	0.59	0.27	0.11	0.34	0.47

2002—2003 年 7.5cm、15cm、22.5cm 和 30cm 行距的麦田全生育期总蒸发量分别为 89.2mm、104.4mm、111.9mm 和 122.1mm，总平均棵间蒸发强度分别为 0.32mm/d、0.43mm/d、0.47mm/d 和 0.52mm/d。行距越大土壤蒸发越大。7.5cm 行距分别比 15cm、22.5cm 和 30cm 行距土壤蒸发减少 15.2mm、22.7mm 和 32.9mm，抑制率分别为 14.6%、20.3% 和 26.9%。以生产上通用的 15cm 行距为对照，7.5cm 行距的麦田土壤蒸发减少 15.2mm，抑制率为 14.6%，22.5cm 和 30cm 行距的土壤蒸发增加 7.5mm、17.7mm，增加 7.2% 和 17.0%。2004—2005 年 7.5cm、15cm、22.5cm 和 30cm 行距的麦田全生育期的总蒸发量分别为：98.1mm、131.9mm、163.4mm 和 191.3mm，总平均

棵间蒸发强度分别为 0.45mm/d、0.49mm/d、0.61mm/d 和 0.71mm/d。7.5cm 行距分别比 15cm、22.5cm 和 30cm 行距蒸发减少 33.8mm、65.3mm 和 93.2mm，抑制率分别为 25.6％、40.0％和 48.7％。以生产上通用的 15cm 行距为对照，7.5cm 行距的麦田的土壤蒸发减少 33.8mm，抑制率为 25.6％，22.5cm 和 30cm 行距的土壤蒸发增加 31.5mm、59.4mm，增加 23.9％和 45.0％。

　　不同行距处理的耗水量与土壤蒸发具有相同规律，即随着行距增大，耗水量增大，但各处理之间差异不显著。15cm、22.5cm 和 30cm 行距的耗水强度比 7.5cm 行距分别高 6.8％、11.0％和 11.0％（2002—2003 年）和 3.3％、10.0％和 10.4％（2004—2005年）。棵间蒸发占总耗水量比例（E/ET）变化规律为，随着行距的增大蒸发占耗水的比例增大。2002—2003 年从小麦越冬到小麦成熟，各处理的 E/ET 分别为 19.3％、23.0％、22.8％和 29.0％；2004—2005 年从出苗-成熟全生育期各处理的 E/ET 分别为 35％、37％、41％和 47％。总体趋势仍为随着行距增大，E/ET 逐渐增大，缩小行距有利于减少麦田的无效损耗，有利于节水农业的实施。E/ET 值在不同年份间的差别主要是降水和田间灌溉量的差异所引起的，2002—2003 年冬小麦生长期间降水 171.4mm，灌溉量为 109.0mm；2004—2005 年冬小麦生长期间降水 114.8mm，灌溉量为 210.0mm，后一个年份灌水量较多，增加了土壤蒸发的比例。

12.3.1.5　不同种植行距对冬小麦产量和水分利用效率的调控效果

　　节水农业的最终目的是提高单位水资源的农业产出效率，在农田尺度上就是提高作物对土壤水分的利用效率。不同行距对冬小麦 WUE 影响结果（表 12.8）表明，缩小行距有利于抑制土壤无效蒸发，使土壤耗水减少。在灌溉量相同条件下，窄行距处理的耗水量小于宽行距处理，WUE 高于宽行距处理。2002—2003 年 7.5cm 行距的冬小麦 WUE 比 15cm、22.5cm 和 30cm 的 WUE 分别提高 7.4％、14.4％和 16.9％。2004—2005 年降雨量较低，窄行距的土壤蒸发明显减少，加上小麦产量的明显差异，窄行距的 WUE 比 15cm、22.5cm 和 30cm 的水分利用效率分别提高 28.7％、33.8％和 41.3％。3 种不同降雨年型下，7.5cm 行距的 WUE 平均比 15cm、22.5cm 和 30cm 分别提高 10.0％、11.6％和 14.0％。

表 12.8　　　　　　　不同行距处理的冬小麦耗水量与产量及水分利用效率

年份 （小麦品种）	行距 /cm	土壤耗水 /mm	降雨量 /mm	灌溉量 /mm	总耗水量 /mm	产量 /(kg/hm²)	WUE /(kg/m³)
2002—2003 年 （石 4185）	7.5	68.88	171.4	109.0	349.3	5553.61	1.59
	15.0	91.64	171.4	109.0	372.0	5505.83	1.48
	22.5	100.82	171.4	109.0	381.2	5297.49	1.39
	30.0	120.76	171.4	109.0	401.2	5455.83	1.36
2003—2004 年 （石新 733）	7.5	96.68	214.1	110.0	420.8	7421.52	1.76
	15.0	88.29	214.1	110.0	412.4	7537.98	1.83
	22.5	94.88	214.1	110.0	419.0	7996.86	1.91
	30.0	85.31	214.1	110.0	409.4	7872.54	1.92

续表

年份 （小麦品种）	行距 /cm	土壤耗水 /mm	降雨量 /mm	灌溉量 /mm	总耗水量 /mm	产量 /(kg/hm²)	WUE /(kg/m³)
2004—2005 年 （石新 733）	7.5	29.17	114.8	175.0	319.0	6450.00	2.02
	15.0	46.05	114.8	175.0	335.8	5272.60	1.57
	22.5	54.77	114.8	175.0	346.7	5236.80	1.51
	30.0	62.21	114.8	175.0	354.1	5052.85	1.43

一般年型下，因缩小行距可以抑制蒸发，更多水分可用于作物蒸腾，窄行种植的冬小麦产量比宽行距的高（表 12.9）。2002—2003 年和 2003—2004 年，不同行距产量之间没有显著差异，2004—2005 年，窄行距产量明显高于宽行距处理，7.5cm 处理的产量与其他 3 个行距处理产量差异达到显著水平（$P<0.01$）。产量的这种变化表现在产量构成三要素方面，窄行距处理具有高的亩穗数和较低的穗粒数和千粒重，而宽行距处理则具有较低的亩穗数和相对较高的穗粒数和千粒重。不同行距之间冬小麦产量没有明显差异。但由于窄行距减少了土壤蒸发，WUE 得到提高。研究结果显示，生产上可以尽量减少小麦种植行距，与宽行距相比，产量不减，但减少土壤无效蒸发，提高 WUE。

表 12.9　　　　　　　　　不同行距处理冬小麦产量构成与收获指数分析

年份 （小麦品种）	行　距	千粒重 /g	穗粒数	穗数 /(个/m²)	产量 /(kg/hm²)	收获指数
2002—2003 年 （石 4185）	7.5cm	31.4a	28.8a	614.1a	5553.61a	0.469a
	15.0cm	32.9a	29.3a	571.1b	5505.83a	0.447a
	22.5cm	32.2a	28.0a	587.5b	5297.49a	0.466a
	30.0cm	32.9a	31.0a	534.9b	5455.83a	0.457a
	显著性	NS	NS	＊＊	NS	NS
	LSD (at 0.01)	—	—	362.3	—	—
2003—2004 年 （石新 733）	7.5cm	38.5b	29a	664.7a	7421.52a	0.462b
	15.0cm	41.5a	30a	625.4b	7537.98a	0.463b
	22.5cm	41.0ab	31a	629.1bc	7996.86a	0.489ab
	30.0cm	42.2a	33a	565.3c	7872.54a	0.496a
	显著性	＊	NS	＊	NS	＊
	LSD (at 0.05)	2.9	—	453.6	—	0.031
2004—2005 年 （石新 733）	7.5cm	35.9a	23.7a	758.0a	6450.00a	0.494a
	15.0cm	36.4a	19.7b	735.3a	5272.60b	0.462a
	22.5cm	36.2a	22.1a	654.6a	5236.80b	0.484a
	30.0cm	36.3a	23.5a	592.3a	5052.85b	0.472a
	显著性	NS	＊＊	NS	＊	NS
	LSD (at 0.05 or 0.01)	—	2.3	—	958.4	—

注　不同的字母表示在 0.05 水平下差异显著，＊和＊＊表示在 0.05 和 0.01 水平下差异显著。
　　同一生长季竖列内不同处理数值后面同一字母代表统计分析差异不显著（$P>0.005$）。

12.3.2　通过密度调控提高玉米产量

合理密植是指单位面积土地上种植适当的株数，建立合理作物群体，使之有效的利用光、热、水、气和养分，协调群体和个体之间的竞争，达到穗多、粒重、穗大，从而提高群体产量。作物产量是由单位面积上的有效穗数、每穗粒数和粒重组成。有效穗数由种植密度决定，是产量构成因素中最活跃的因素，受人为因素影响较大，而穗粒数和粒重主要受作物和品种的遗传因素决定，相对较稳定。作物高产栽培中，密度是影响产量的关键因素[22]。种植密度较低的条件下，个体发育好，穗粒数和千粒重较高，但穗数较低，单位面积的产量较低；种植密度过大时，穗数虽然增加，但由于单株生产能力降低，产量也不高。密度过稀和过密都不利于产量提高，要获得较高的产量，必须通过合理密植协调产量三要素之间的矛盾，充分利用光温水资源，发挥个体和群体的最大产量潜力。

玉米密度与产量有较大关系，玉米适宜种植密度随生态条件、品种、栽培措施、耕作方式等不同而有差异[23]。侯旭光和冯勇在哲盟农研所用"平展型"（折单 7 号）和"紧凑型"（掖单 4 号）进行种植密度试验，结果表明 2 个品种获得最高理论产量时"平展型"品种比"紧凑型"品种的密度低 4.5 万株/hm²，分别为 7.6～8.1 万株/hm² 和 9.2～9.8万株/hm²。密度超过这个范围，产量反而下降[24]。马瑞霞等研究了高水肥条件下紧凑型玉米（郑单 958）和平展型玉米（豫玉 25）的产量随密度的变化规律，郑单 958 在 9 万株/hm² 时产量最高，豫玉 25 在 4.5 万株/hm² 时产量最高。在最高产量时，紧凑型玉米品种的叶面积指数、干物质积累量和经济系数均高于平展型玉米品种[25]。通过优化玉米密度提高玉米产量的过程，也是提高农田水分利用效率的过程。

12.3.2.1　不同种植密度对夏玉米产量的影响

2003—2006 年，在中国科学院栾城站进行了夏玉米不同密度的试验（5.3 株/m²、6.0 株/m²、6.7 株/m²、7.5 株/m² 和 8.2 株/m²），2003—2004 年的夏玉米品种为掖单20，2005—2006 年为郑单 958。不同种植密度对不同年份夏玉米产量的影响如图 12.17 所示。可以看出，不同年份和不同品种的产量不同，2004 年和 2006 年的产量低于 2003 年和 2005 年的产量。郑单 958 的产量高于掖单 20。2 个品种最适密度均为 7.5 株/m²。图12.18 显示不同密度对不同年份夏玉米百粒重的影响，4 年的结果基本相同，百粒重随着密度的增加而降低。2004 监测的种植密度对夏玉米空秆率影响结果显示，随着密度增加，

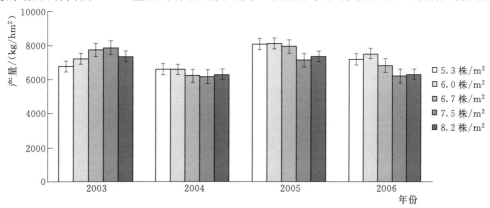

图 12.17　不同种植密度对不同年份夏玉米产量的影响

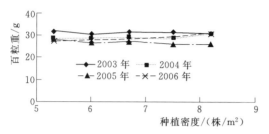

图 12.18　不同种植密度对不同年份
夏玉米百粒重的影响

空秆率依次为 3.0%、4.0%、4.0%、3.7%和 4.7%，空秆率随密度的增加呈增加趋势，种植密度 8.2 株/m² 的空秆率最高。

12.3.2.2　不同种植密度对夏玉米冠层结构的影响

种植密度的不同会形成不同的冠层结构，影响作物对光的吸收和同化能力。表 12.10 为用 CI－110 冠层分析仪测定的夏玉米冠层结构参数，各处理间的叶面积在苗期基本没有差别，拔节后期的叶面积指数（*LAI*）呈现抛物线形，6.7 株/m² 的叶面积指数最大，小于或大于该密度下 *LAI* 均降低。散射辐射透过率（*TCDP*）是描述太阳光以散射形式经过作物冠层到达地面辐射程度的参数。它反映了太阳散射光经过不同群体结构的穿透能力或作物群体对散射光的截获情况。可以看出随着生育期的推进 *TCDP* 逐渐减小，也随着密度的增加而减小。直接辐射透过率是描述太阳光以平行光的形式经过作物冠层到达地面的辐射程度的参数。它反映了太阳直射光经过不同群体结构的穿透能力或作物群体对直射光的截获情况。随着生育进程的推进，叶面积指数增加，辐射投射系数（*TCRP*）逐渐减小。某一生育时期里，高度角从 7.5°～67.5°，即玉米冠层的上部到下部，*TCRP* 明显减小，主要是因为上部叶片生长茂密，影响了下部受光。拔节后期，同一部位的 *TCRP* 特别是中下层的 *TCRP* 随着密度的增加明显减小。

表 12.10　　　　　　　　　　夏玉米不同种植密度对冠层结构的影响

时期	种植密度 /(株/m²)	叶面积指数 *LAI*	散射辐射透过率 *TCDP*	辐射投射系数 *TCRP*				
				7.5°	22.5°	37.5°	52.5°	67.5°
苗期	5.3	0.80	0.57	0.80	0.73	0.63	0.51	0.31
	6.0	0.82	0.54	0.73	0.67	0.60	0.50	0.33
	6.7	0.84	0.55	0.79	0.71	0.62	0.50	0.31
	7.5	0.83	0.57	0.85	0.75	0.63	0.49	0.29
	8.2	0.83	0.59	0.83	0.76	0.66	0.52	0.32
大喇叭 口期	5.3	1.33	0.44	0.66	0.59	0.50	0.39	0.23
	6.0	1.47	0.39	0.64	0.56	0.46	0.33	0.16
	6.7	1.48	0.39	0.72	0.60	0.46	0.30	0.12
	7.5	1.34	0.32	0.50	0.45	0.38	0.29	0.16
	8.2	1.14	0.39	0.64	0.57	0.47	0.34	0.16

12.3.3　通过冬小麦夏玉米生育期调控提高周年产量和 *WUE*

在华北北部冬小麦和夏玉米一年两茬种植区域，冬小麦和夏玉米一年两熟制是华北平原粮食的主要种植模式，两茬作物存在着内在的耦联关系，如品种的搭配、播种与收获时间的偶联，水肥的当前效果和后效等，都影响两茬作物的产量和水分利用效率的提高。从作物的特性来看，冬小麦是耐低温作物，而夏玉米是喜温作物，从高产潜力分析，玉米显著高于小麦。生产上可通过推迟小麦播种时间采用中熟玉米品种或推迟玉米收获，延长玉米的生育期，提高玉米产量潜力，实现两茬作物的均衡增产[26]。

12.3.3.1　不同播期对冬小麦生育期积温的影响

2002—2005 年在中国科学院栾城生态农业试验站进行了冬小麦 6 个播期试验[27]，分别为从 10 月 5—30 日，每隔 5 天一个播期。随着播种时间推迟，冬小麦生育期积温减少。2002—2003 年冬小麦生长期间的气温较低，只有 10 月 5 日和 10 月 10 日播种的小麦生育期大于 0℃积温高于 1800℃，10 月 10 日及其之后播种的小麦生育期 0℃以上的积温都低于 1800℃。2003—2004 年和 2004—2005 年小麦生育期温度较高，只有 10 月 25 日和 10 月 30 日播种的小麦 0℃以上的积温低于 1800℃（表 12.11）。

表 12.11　　　　　　　　不同播期对冬小麦生育期积温的影响

年份	播　　期	10 月 5 日	10 月 10 日	10 月 15 日	10 月 20 日	10 月 25 日	10 月 30 日
2002—2003	播种—出苗的天数/d	8	8	13	18	22	37
	播种—出苗日平均气温/℃	16.3	16.9	9.6	7.1	5.9	3.4
	播种—出苗零度以上积温/℃	130.5	134.9	125.4	127.3	129.3	126.0
	播种—越冬零度以上积温/℃	381.6	313.0	256.1	193.9	152.1	126.0
	冬前单株分蘖数	2.18	1.0	1.0	1.0	1.0	1.0
	小麦全生育期积温/℃	1885.7	1817.1	1737.4	1675.2	1633.4	1607.3
2003—2004	播种—出苗的天数/d	8	10	8	9	9	19
	播种—出苗日平均气温/℃	14.8	13.7	14.8	14.8	14.4	6.39
	播种—出苗零度以上积温/℃	118.3	137.5	118.7	133.2	129.95	121.5
	播种—越冬零度以上积温/℃	477.7	402.0	347.5	278.6	216.4	145.4
	冬前单株分蘖数	2.5	1.6	1.0	1.0	1.0	1.0
	小麦全生育期积温/℃	2062.6	1987.0	1932.4	1863.5	1801.4	1730.3
2004—2005	播种—出苗的天数/d	8	10	9	11	11	12
	播种—出苗日平均气温/℃	17.6	12.6	13.5	11.7	11.2	10.5
	播种—出苗零度以上积温/℃	141.1	125.9	121.1	128.5	123.2	126.0
	播种—越冬零度以上积温/℃	573.35	492.15	419.35	348.25	286.7	244.4
	冬前单株分蘖数	2.05	1.45	1.2	1.0	1.0	1.0
	小麦全生育期积温/℃	2082.7	2001.5	1928.7	1857.6	1796.0	1753.7

冬小麦播种—出苗一般需要 110～120℃的积温，播种早的冬小麦由于气温高，出苗所需要的时间短，晚播种的小麦由于气温低，出苗所需要的时间长。推迟播种时间使播种到出苗所需时间延长，10 月 5 日播种的小麦出苗需要 8 天时间，而 10 月 15 日以后播种的小麦出苗需要 10 天以上。小麦出苗时间主要与积温有关，平均气温为 16℃时，出苗需要 7～8 天，积温达到 120℃以上，平均气温为 13℃左右时需要 10 天左右，平均气温低于 10℃时，小麦出苗需要的时间更长。

从栽培学角度上看，冬前壮苗是小麦高产的基础条件，而积温是影响壮苗的重要因素。播期越晚，冬前积温减少，小麦叶片和分蘖减少甚至无分蘖。冬小麦形成一个分蘖需要 80℃ 的积温。试验结果表明，冬前积温低于 350℃ 时，没有形成分蘖。2002—2003 年只有 10 月 5 日播种的小麦，冬前积温超过 350℃，有 2 个分蘖。其他处理均没有分蘖。2003—2004 年和 2004—2005 年冬前积温较高，10 月 10 日播种的小麦也有分蘖。生产上把冬前积温大于 400℃ 作为形成壮苗的依据[28]，按此标准划分，2002—2003 年 5 个处理的小麦都没有达到壮苗的标准，2003—2004 年只有 10 月 5 日和 10 月 10 日播种的小麦达到了壮苗的标准。2004—2005 年 10 月 5 日和 10 月 15 日播种的小麦达到了壮苗的标准。

小麦到达抽穗期的生物学积温，由于不同年份气温不同，影响了小麦到达抽穗的时间。例如试验中的 3 个年份，冬小麦从播种到抽穗分别需要 112d、110d 和 120d，不同处理的差异达到 0.05 的显著水平，最早播种和最晚播种积温的最大差分别为 136.6℃、229.3℃ 和 146.6℃。10 月 5 日和 10 月 10 日播种的小麦抽穗时间几乎相同，10 月 15 日和 10 月 20 日播种的小麦抽穗期比 10 月 5 日和 10 月 10 日播种的小麦推迟 2d，10 月 25 日和 10 月 30 日播种的小麦抽穗期推迟 4d。每年的 5 月到 6 月上旬是小麦的灌浆期，通常这时候最容易遇到干热风，干热风的到来会使所有小麦在 6 月 10 日左右全部成熟，而抽穗较晚的小麦灌浆期缩短，没有正常成熟，影响产量潜力的发挥。

12.3.3.2 不同播期对冬小麦产量和产量构成的影响

不同播期对冬小麦产量及其构成的影响见表 12.12，随着冬小麦播种时间推迟，穗粒

表 12.12　　　　　　　　　　不同播期对冬小麦产量及其构成的影响

年份	播　期	穗数/(个/m²)	千粒重/g	穗粒数/(个/穗)	收获指数	产量/(kg/hm²)
2002—2003	10 月 5 日	699.2ns	37.0ns	19.76a	0.469a	4942.2a
	10 月 10 日	700.2ns	36.8ns	19.39a	0.467a	4745.1a
	10 月 15 日	693.1ns	35.6ns	19.26a	0.450a	4442.4b
	10 月 20 日	683.9ns	35.4ns	19.27a	0.444a	4428.6b
	10 月 25 日	685.4ns	35.0ns	18.37a	0.446a	3964.9c
	10 月 30 日	711.5ns	34.8ns	16.63b	0.438b	3909.4c
2003—2004	10 月 5 日	734.7ns	35.7a	24.77a	0.483ns	6316.0a
	10 月 10 日	737.2ns	35.3a	24.64a	0.481ns	6387.4a
	10 月 15 日	742.9ns	34.9ab	24.52a	0.463ns	6160.8a
	10 月 20 日	731.8ns	33.8abc	24.09a	0.467ns	5888.5ab
	10 月 25 日	741.5ns	33.6c	24.53a	0.460ns	5937.7ab
	10 月 30 日	755.2ns	32.9c	22.91b	0.449ns	5446.6b
2004—2005	10 月 5 日	729.3b	37.3a	22.07a	0.499ns	5708.5a
	10 月 10 日	713.5b	36.8ab	21.95a	0.492ns	5641.4a
	10 月 15 日	721.8b	36.6ab	20.17a	0.490ns	5223.2ab
	10 月 20 日	720.2b	35.2b	20.98a	0.492ns	5214.9ab
	10 月 25 日	737.9b	34.9bc	19.55ab	0.487ns	4996.6b
	10 月 30 日	743.5a	34.8c	18.13b	0.485ns	4429.3c

注　同一生长季竖列内不同处理数值后面同一字母代表统计分析差异不显著（$P > 0.005$）。

数和千粒重减少，造成小麦产量降低。2002—2003 年播期处理为 10 月 5 日和 10 月 10 日，10 月 15 日和 10 月 20 日、10 月 25 日和 10 月 30 日，播种行距为 15cm。结果显示，小麦产量没有显著差异。2003—2004 年 10 月 15 日之前播种的小麦产量之间没有显著差异。2004—2005 年的产量结果与 2003—2004 年的相似。以 10 月 5 日为对照，10 月 10 日、10 月 15 日、10 月 20 日、10 月 25 日和 10 月 30 日播种的小麦 3 年平均减产 1.1%、6.7%、8.5%、12.2% 和 18.8%。2002—2003 年、2003—2004 年和 2004—2005 年冬小麦产量结果表明，从 10 月 10 日后播种的小麦，每推迟一天播种，产量分别降低 0.8%、0.6% 和 0.9%，3 年平均每晚播一天产量降低 0.5%。冬小麦的播种时间和小麦减产成正相关关系（图 12.19）。

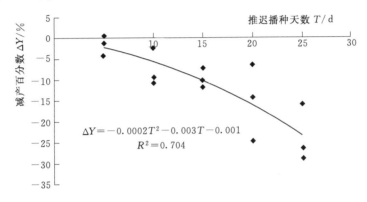

图 12.19　2002—2005 年冬小麦随播期推迟产量减产率和
播种时间的相关关系

12.3.3.3　推迟收获对玉米生育期积温的影响

根据夏玉米品种生育期不同，可分为三类：早熟品种、中熟品种和晚熟品种。当日平均气温大于 20℃ 时，早熟玉米品种的生育期为 85～100 天，中熟品种为 100～120 天，玉米灌浆最适宜的日均温为 22～24℃，最低为 15℃；中熟品种需要 ≥10℃ 的积温为 2400～2700℃，早熟品种为 2100～2400℃，晚熟品种需要 2700℃ 以上。推迟玉米收获时间可以提高玉米的粒重，从而提高玉米产量。玉米粒重增加速率与温度成直线关系[29,30]，在 25～32℃ 的气温条件下粒重的增加速率为 0.3mg/（粒·d·℃），在 10～25℃ 气温条件下玉米粒重的增加速率为 0.3mg/（粒·d·℃）。在发现 12～19℃ 范围内，玉米粒重的增加速率与温度成非线性关系[31]。一些研究表明，当气温超过 25℃ 或低于 16℃ 时，会影响酶的活性限制蛋白质的累积，从而降低灌浆速率。当气温低于 15℃ 玉米停止灌浆。由于气温是波动的，所以生产上应该选择 10d 的平均气温来确定玉米的灌浆限制温度。

华北北部夏玉米生产上习惯于 9 月下旬开始收获，9 月底夏玉米虽已停止生长，但灌浆仍在进行。中国科学院栾城生态系统试验站的研究结果显示[27]，玉米不同收获期（从 9 月 20 日至 10 月 15 日每隔 5d 的 6 个收获期）粒重随收获期推迟而增加，从 9 月底到 10 月初夏玉米粒重的增长速率为 0.12mg/（粒·d·℃），粒重的增加与生物学积温有明显的正相关关系（$P<0.01$，图 12.20）。不同收获期对夏玉米产量的影响见表 12.13，随着收获期的推迟，玉米产量逐渐增加，两者呈显著的正相关关系（$P<0.01$，图 12.21），处理

间的产量差异显著。随收获时间的推迟玉米的增产速率逐渐变慢，第一个 5d 的平均增长速率为 0.58%/d，第二、第三、第四和第五个 5d 的平均增长率分别为 0.39%/d、0.25%/d、0.15%/d 和 0.1%/d。

表 12.13　　　　　　　　　不同收获期对夏玉米产量的影响　　　　　　　　单位：kg/hm²

年份	9月25日	9月30日	10月5日	10月10日	10月15日	10月20日
2003	7145.8d	7369.7c	7542.5bc	7626.5b	7695.5ab	7738.4a
2004	6973.3d	7170.0cd	7307.4bc	7439.1ab	7503.4ab	7540.1a
2005	7466.3b	7668.4b	7792.2ab	7855.8a	7892.6a	7923.2a

注　同一生长季横行内不同处理数值后面同一字母代表统计分析差异不显著（$P > 0.05$）。

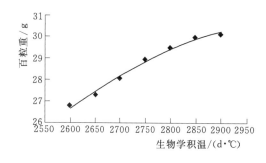

图 12.20　夏玉米粒重与生物学积温的关系

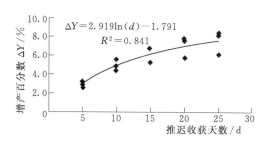

图 12.21　夏玉米产量与推迟收获天数的关系
（2002—2005 年）

12.3.3.4　夏玉米收获与冬小麦播种时间对作物水分利用效率的影响

作物耗水和 WUE 不同年份存在差异，并随不同种植和收获时间发生变化。2002—2003 年冬小麦耗水量低于 2003—2004 年和 2004—2005 年，主要是因为 5 月的寡照不仅降低了水分的利用，同时降低了冬小麦的产量，表 12.14 为播种时间对冬小麦耗水量的影响，结果表

表 12.14　　　夏玉米收获时间和冬小麦播种时间对耗水量和水分利用效率的影响

年份	冬小麦播期	10月5日	10月10日	10月15日	10月20日	10月25日	10月30日
	夏玉米收获期	9月25日	9月30日	10月5日	10月15日	10月20日	10月25日
2002—2003 年	冬小麦耗水量 ET/mm	403.5	400.5	390.8	370.8	352.1	347.2
	冬小麦水分利用效率 WUE/(kg/m³)	1.22	1.18	1.14	1.19	1.13	1.13
	夏玉米耗水量 ET/mm	409.3	422.5	434.1	438.2	444.0	452.7
	夏玉米水分利用效率 WUE/(kg/m³)	1.75	1.74	1.74	1.74	1.73	1.71
	周年总耗水量 ET/mm	812.8	823.0	824.9	809.0	796.1	799.9
2003—2004 年	冬小麦耗水量 ET/mm	456.6	421.7	387.2	373.1	371.0	367.7
	冬小麦的水分利用效率 WUE/(kg/m³)	1.38	1.51	1.59	1.58	1.60	1.48
	夏玉米的耗水量 ET/mm	389.4	400.5	416.1	422.1	435.8	443.4
	夏玉米水分利用效率 WUE/(kg/m³)	1.79	1.79	1.76	1.76	1.72	1.70
	周年总耗水量 ET/mm	846.0	822.2	803.3	795.2	806.8	811.1

续表

年份	冬小麦播期	10月5日	10月10日	10月15日	10月20日	10月25日	10月30日
	夏玉米收获期	9月25日	9月30日	10月5日	10月15日	10月20日	10月25日
2004—2005年	冬小麦耗水量 ET/mm	478.3	464.4	465.3	427.7	436.4	439.2
	冬小麦水分利用效率 WUE/(kg/m³)	1.19	1.21	1.12	1.22	1.14	1.01
	夏玉米耗水量 ET/mm	419.5	430.4	442.9	453.5	463.0	469.9
	夏玉米水分利用效率 WUE/(kg/m³)	1.78	1.78	1.76	1.73	1.70	1.69
	周年总耗水量 ET/mm	897.8	894.8	908.2	881.2	899.4	909.1

明，冬小麦的耗水量随着播种时间的推迟而降低，平均每延迟一天播种耗水量降低 2.12mm，而夏玉米的耗水量随着收获的延迟而增加，平均每延迟一天收获耗水量每天增加 1.33mm。冬小麦和夏玉米两季晚播晚收全年可减少 20mm 的耗水。3 个年度的夏玉米试验的 6 个处理之间 WUE 没有明显差异，说明夏玉米收获时间对 WUE 没有影响。对于冬小麦，6 个处理的水分利用效率在 2002—2003 年和 2003—2004 年存在显著差异，而 2004—2005 年各处理之间的 WUE 差异不显著。2002—2003 年和 2003—2004 年 WUE 最高处理分别为 10 月 5 日播种和 10 月 15 日播种。3 年结果显示冬小麦和夏玉米 WUE 与冬小麦播种时间和夏玉米收获时间的相关性受气候年型影响。

12.4　调控作物耗水的灌溉技术改进措施

传统的灌水技术仅考虑土壤水分在不同生育期的调控或水量的优化配置，较少考虑不同根区水分调控对作物需水过程及根系吸收功能提高对水分利用效率的影响。已有研究表明[17,32]，改变作物根系区域的土壤湿润方式，调节根土系统的生产功能，基于作物生命需水信息进行主动的灌溉调控能在不明显减少甚至提高作物产量的情况下大大节省灌水量，从而提高水分和养分的利用率。2010—2014 年，在位于甘肃省武威市的中国农业大学石羊河实验站进行了畦灌（BI）、常规沟灌（CFI）及隔沟交替灌溉（AFI）三种灌溉模式下制种玉米耗水规律、生长及根系吸水特征田间试验，探讨了不同灌水技术改进措施对玉米耗水、产量和水分利用效率的调控效果。供试作物为制种玉米，播种前人工起垄，沟长 100m，垄顶宽 50cm，沟底宽 20cm，沟深 20cm，试验布置如图 12.22 所示。铺设宽 140cm、厚 0.005mm 的白色聚乙烯地膜，以增加地温，减少蒸发，保证出苗率。母本播种日期分别为 2012 年 4 月 21 日、2013 年 4 月 22 日和 2014 年 4 月 18 日，父本在母本播后 4d 和 7d 分两次播种，母本和父本种植比例为 5:1，即每隔 5 行母本种 1 行父本，保证母本正常授粉。采用全覆膜垄上双行种植的方式，行向为东西走向，行距和株距分别为 50cm 和 18～20cm。为保证出苗，播前灌一次水，灌水量以满沟而不淹没垄为准。出苗后及时放苗，避免光照过强而灼伤幼苗，在拔节末期对母本提前抽雄，"摸苞带叶，清除干净"，防止母本雄穗未净而自交从而影响种子质量。

2012 年和 2013 年设置三种灌水方式，分别为常规沟灌（CFI）、隔沟交替灌（AFI）和畦灌（BI）对比试验；2014 年只设隔沟交替灌溉 1 种灌水方式。不同年份制种玉米全生育期灌水情况见表 12.15。2012 年 AFI 试验灌水量设计为 225mm，实际灌水量为 225.2mm，

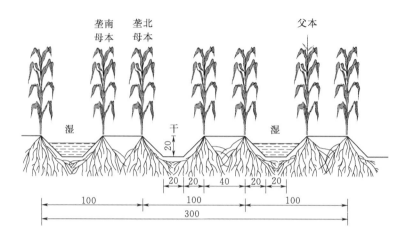

图 12.22　制种玉米沟灌田间试验布置图（单位：cm）

表 12.15　　　　　　　　　不同年份制种玉米全生育期灌水情况

年份	处理	不同日期的灌水量/mm											
2010	日期	5月2日	6月23日	7月14日	7月25日	8月7日	8月20日						
	CFI	60	55	55	55	55	55						
	AFI	60	36.7	36.7	36.7	36.7	36.7						
2012	日期	6月4日	6月12日	6月26日	7月8日	7月15日	8月8日	8月15日	8月21日	8月23日	8月26日	8月31日	9月5日
	CFI-1	48.8		48.8		48.8	65.0			65.0		48.8	
	CFI-2	33.8		33.8		33.8	45.0			45.0		33.8	
	AFI-1-1	33.8	22.5	33.8	45.0		45.0		33.8				
	AFI-1-2	33.8	33.8	33.8	45.0			45.0				33.8	
	AFI-2-1	33.8	33.8	22.5	33.8		33.8		33.8			22.5	22.5
	AFI-2-2	33.8	33.8	22.5	33.8			33.8			33.8	22.5	22.5
	BI	67.5		67.5		67.5	90.0			90.0		67.5	
2013	日期	6月9日	6月23日	7月1日	7月13日	7月18日	7月28日	8月6日	8月13日	8月18日	8月27日		
	CFI	36.7		55.0		35.0		48.3		50.0			
	AFI	18.4	18.3	27.5	27.5	17.5	17.5	24.2	24.1	25.0	25.0		
	AFI$_{(M/2)}$	9.2	9.2	13.8	13.8	8.8	8.8	12.1	12.1	12.5	12.5		
	BI	82.4		119.7		118.2		121.2		115.2			
2014	日期	5月21日	6月14日	7月10日	7月14日	7月24日	8月1日	8月10日	8月22日	8月30日			
	CFI	45.0		50.0		40.0		50.0					
	AFI	45.0		25.0		25.0	20.0	20.0	25.0	25.0			
	AFI$_{(M/2)}$	22.5		12.5		12.5	10.0	10.0	12.5	12.5			
	BI		45.0	50.0		40.0		50.0					

全生育期灌水 8 次。2013 年 AFI 和 CFI 两个处理的设计灌水量均为 225mm，实际灌水量均为 225mm，其中 CFI 灌水 5 次，AFI 灌水 10 次，BI 处理按照当地农民经验灌水，实际灌水量为 556.7mm，共灌水 5 次。2014 年 AFI 处理按照灌水上下限控制灌水，灌水下限为田持的 65%～70%，灌水上限为田持的 95%～100%，当年实际灌水量为 185mm，全生育期灌水 7 次。

12.4.1　不同地面灌溉方式对作物耗水的调控效应

12.4.1.1　灌溉方式对制种玉米茎液流的调控效应分析

图 12.23 为各灌水方式下制种玉米日茎流量的季节变化情况。可见，各灌水方式下玉米茎流均与参考作物蒸发蒸腾量的变化趋势相同，但各灌水方式日茎流量差异明显，其大小关系为：CFI 日茎流＞AFI 日茎流＞BI 日茎流。CFI 全生育期的日茎流量变化范围为 80.8～884.0mL/d，观测期内日均值为 498.1mL/d；AFI 全生育期的日茎流变化范围为 47.1～786.5mL/d，观测期内日均值为 455.7mL/d；BI 全生育期的日茎流量范围为 38.5～629.1mL/d，均值为 337.7mL/d。CFI 和 AFI 的茎流值均为垄两侧植株茎流的平均值。两种灌水方式的灌溉定额相同，但 CFI 的日茎流量显著大于 AFI。隔沟交替灌溉属于局部灌溉，在整个生育期，始终有一侧处于水分胁迫的状态，并使北侧母本（NFP）日茎流量明显小于南侧母本（SFP），而常规沟灌则为均匀灌溉，垄两侧植株日茎流量比较接近，因而 CFI 的平均日茎流量要高于 AFI 南北侧植株茎流均值。虽然传统畦灌的灌溉定额（556.7mm）远大于沟灌（225mm），但其灌溉水利用率比较低，另外 2013 年制种玉米遭受病虫害，BI 处理植株叶片枯萎和死亡最为严重，这些均是畦灌条件下茎流明显偏低的原因。

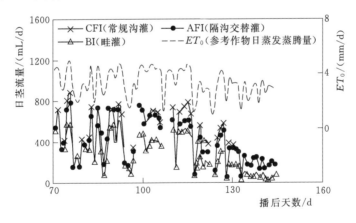

图 12.23　不同灌水方式下制种玉米日茎流量的季节变化

图 12.24 和图 12.25 为不同灌水方式母本和父本瞬时茎流量与太阳辐射（R_s）、气温（T_a）、相对湿度（RH）和空气水汽压差（VPD）的关系。不同灌水方式的母本和父本茎流量均与 R_s 和 VPD 呈线性关系，与 T_a 和 RH 分别呈幂函数和指数函数关系。各灌水处理的母本和父本茎流量与各气象因素均极显著相关（$P<0.001$），即 R_s、VPD、T_a 和 RH 均是影响常规沟灌、隔沟交替灌和畦灌条件下制种玉米瞬时茎流量的重要因素。CFI 和 AFI 处理的母本茎流量与各气象因素的决定系数 R^2 无显著差异，但与 BI 处理存在明

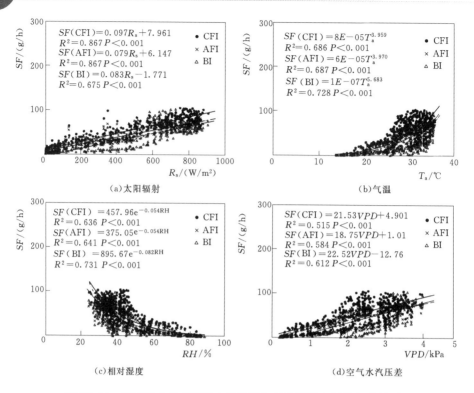

图 12.24　不同灌水方式下母本茎流量与气象因素之间的相关关系

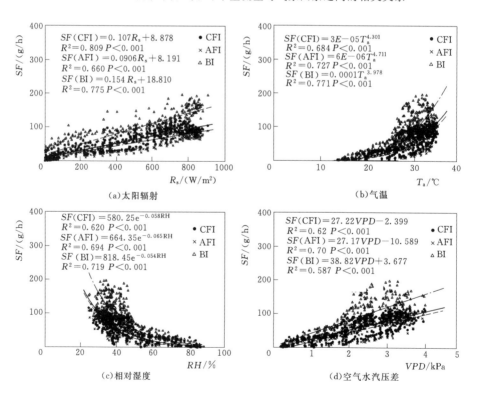

图 12.25　不同灌水方式下父本茎流量与气象因素之间的相关关系

显差异。各灌水处理的父本茎流量与气象因素的决定系数 R^2 差异明显。CFI 处理父本茎流量与太阳辐射的 R^2 为 0.809，明显高于其他气象因素；而在 BI 处理中，父本茎流量与太阳辐射、空气温度和相对湿度的决定系数 R^2 均在 0.71 以上，明显高于水汽压差的决定系数 （$R^2 = 0.587$）。

表 12.16 为灌浆期各灌水处理制种玉米瞬时茎流与气象因素的回归分析结果。在灌浆期内，CFI 和 BI 处理中母本和父本茎流与 R_s 的偏相关系数较其他气象因素均为最大，表明 R_s 为影响常规沟灌和畦灌条件下母本和父本瞬时茎流的最主要因子，该结论与 AFI 处理的一致。此外，在 CFI 处理中，影响母本茎流的主要因素为 R_s 和 T_a，而影响父本茎流的主要因素为 R_s、T_a 和 RH；在畦灌条件下，母本茎流的主要影响因素为 R_s、RH 和 VPD，父本茎流的主要影响因素为 R_s 和 T_a；同样在灌浆期，AFI 处理的父本和母本瞬时茎流的主要影响因素则只是 R_s。

表 12.16　　　　　　　　不同灌水方式下制种玉米茎流与气象因素的回归方程

灌水方式	植株	回归方程	相关系数	样本数	偏相关系数			
					R_s	T_a	RH	VPD
CFI	母本	$SF = -26.13 + 0.08R_s + 1.99T_a - 0.14RH - 3.88VPD$	0.88**	555	0.91**	0.22**	-0.05	-0.06
	父本	$SF = -164.60 + 0.08R_s + 5.43T_a + 1.02RH - 7.74VPD$	0.56**	555	0.66**	0.29**	0.20**	-0.06
BI	母本	$SF = -81.51 + 0.07R_s - 0.76T_a + 0.93RH + 28.35VPD$	0.75**	555	0.76**	-0.05	0.20**	0.26**
	父本	$SF = -61.20 + 0.11R_s + 3.80T_a - 0.03RH - 2.24VPD$	0.83**	555	0.83**	0.27**	-0.01	-0.03

注　　** 表示在 $P < 0.01$ 条件下显著。

综上所述，在大气蒸发能力相同的情况下，灌水方式能够显著改变制种玉米蒸腾耗水情况，而且茎流与气象因素的相关关系也会受到灌水方式的影响，使不同灌溉条件下制种玉米茎流的主要驱动因素存在明显差别。

12.4.1.2　灌水技术参数对制种玉米耗水量的影响分析

2010 年试验分别对 CFI 和 AFI 设置了三个坡度处理：1.5‰、2.0‰ 和 3.0‰，编号分别为 CFI-1、CFI-2 和 CFI-3 （常规沟灌），AFI-1、AFI-2 和 AFI-3 （隔沟交替灌溉）。不同处理下的玉米耗水量采用水量平衡法计算。

研究结果表明 （表 12.17），在常规沟灌条件下，玉米全生育期耗水量平均为 444.44mm，耗水强度为 3.02mm/d；隔沟交替灌溉处理中，玉米全生育期耗水量平均为 342.07mm，耗水强度为 2.33mm/d。其中，常规沟灌比隔沟交替灌溉多灌水 183.00mm，但总耗水仅高 102.37mm，说明在隔沟交替灌溉条件下，交替控制部分根区湿润和干燥明显刺激了根系吸收的补偿效应，增强了其从土壤中吸收水分的能力。也可以看到，常规沟灌拔节期与苗期玉米耗水强度相差不大，这主要是因为玉米苗期的地面蒸发量较大，进入拔节期后由于玉米植株的覆盖减少了地面蒸发。而隔沟交替灌溉处理中玉米拔节期耗水强度还略小于苗期，这除了作物覆盖后地表蒸发量较小的缘故外，更主要是经过两次灌水后隔沟交替灌溉减少地面蒸发的效果开始体现，提高了水分利用效率，减少了无效耗水量。隔沟交替灌溉和常规沟灌耗水量最大的阶段都在抽穗灌浆期，耗水强度分别为 2.90mm/d 和 4.29mm/d，一方面因为大气温度较高，地面蒸发量大；另一方面也是因为这期间是玉米生长发育及干物质积累的重要阶段，水分需求较大。

表 12.17　　　　　　　　不同沟灌模式下各生育期制种玉米耗水量（2010 年）

处理	地面坡度/‰	苗期（5月1日—6月4日）		拔节期（6月4日—7月16日）		抽穗灌浆期（7月16日—8月14日）		成熟期（8月14日—9月15日）		全生育期（5月1日—9月15日）	
		总耗水/mm	耗水强度/(mm/d)	总耗水/mm	耗水强度/(mm/d)	总耗水/mm	耗水强度/(mm/d)	总耗水/mm	耗水强度/(mm/d)	总耗水/mm	耗水强度/(mm/d)
CFI-1	1.5	81.75	2.40	105.95	2.52	119.45	4.12	123.99	3.87	431.14	2.93
CFI-2	2.0	89.70	2.64	112.60	2.68	117.80	4.06	129.31	4.04	449.41	3.06
CFI-3	3.0	96.45	2.84	119.75	2.85	126.10	4.35	110.48	3.45	452.78	3.08
AFI-1	1.5	82.62	2.43	90.29	2.15	84.69	2.92	88.91	2.78	346.50	2.36
AFI-2	2.0	82.67	2.43	99.51	2.37	83.27	2.87	79.32	2.48	344.77	2.35
AFI-3	3.0	76.20	2.24	89.28	2.13	83.99	2.90	85.47	2.67	334.95	2.28

对于不同灌溉模式制种玉米产量及考种指标来说，制种玉米种子质量的好坏是影响玉米品质与产量的关键。杂交制种中，种子的整齐度、纯度等问题是实际生产中的关键问题。因此试验中选取测产的植株进行严格的考种、测产，记录玉米籽粒产量、百粒重等指标（表 12.18）。在成熟期，各处理间玉米百粒重无显著差异，基本在 40g 左右；总产量方面，AFI-1-2 及 AFI-2-1 处理的产量最高，达到了 12.95t/hm² 和 12.68t/hm²，BI 小畦灌溉的产量较之其他处理明显偏低，仅为 10.50t/hm²。这是由于在平地种植中，作物的根系在膜下透气性差，易发生短期缺氧的现象，会影响作物的生长和关键时期光合作物的转化。从表中可见，在将灌溉定额减少 30% 左右的情况下，常规沟灌 CFI-2 仍能比 CFI-1 增产 2.7%；隔沟交替灌溉 AFI 在比常规沟灌 CFI-1 减少 33.3% 的情况下，产量变化幅度为 -1.38%～8.96%；在隔沟交替灌溉 AFI 比常规沟灌 CFI-2 灌溉定额相同时，产量变化幅度在 -4.21%～6.41%。总体来讲，隔沟交替灌溉处理在灌水量减少 33.3%

表 12.18　　　　　　　　不同灌溉模式制种玉米考种指标（2012 年）

处理	单穗重/(kg/穗)	穗粗/cm	穗长/cm	秃尖长/cm	行数/(行/株)	百粒重/(g/株)
CFI-1	0.13a	13.92ab	14.24a	0.62a	12a	38.26a
CFI-2	0.12a	14.09a	14.35a	0.67a	12a	40.69a
AFI-1-1	0.11a	13.59b	13.71a	0.56a	12a	37.90a
AFI-1-2	0.12a	14.01ab	14.09a	0.63a	12a	37.84a
AFI-2-1	0.12a	14.00ab	13.92a	0.54a	12a	42.85a
AFI-2-2	0.12a	14.19a	13.71a	0.62a	12a	41.06a
BI	0.12a	13.87ab	13.66a	0.69a	12a	41.55a

注　同一列数据后面字母相同表示统计分析差异不显著（$P > 0.05$）。

的情况下，若能调整灌水时间，保证玉米的关键需水期灌水，可以较常规沟灌达到减产很少甚至增产的效果。从产量上来看，小畦灌溉在灌水量大的情况下仍有减产现象，常规沟灌和隔沟交替灌溉分别比小畦灌溉增加了 9.68%～17.1%。这说明小畦灌增加了作物的冗余耗水，在畦灌经过整改即在平整土地、长畦变短畦、宽畦改窄畦等之后，对比沟灌仍存在易超量灌溉、渗漏量大且产量不增等缺点。

对水分利用效率和灌溉水利用率（表 12.19）的统计表明，不同处理间的差异显著（$P<0.05$），AFI 四个处理的 WUE_I 均超过了 5.17kg/m³，其中 AFI-2-1 的 WUE_I 为最高，达到了 5.63kg/m³，而 CFI-1（灌溉定额为 325mm）的灌溉水利用率为 3.63kg/m³，CFI-2（灌溉定额为 225mm）的灌溉水利用率为 5.39kg/m³。对比不同灌溉模式间，沟灌均比小畦灌溉水平（2.33kg/m³）要高。各处理的水分利用效率也遵循这个趋势，除在成熟期未有灌水的处理 AFI-1 以外，其余 AFI 处理的 WUE_{ET} 均达到了 3.50kg/m³ 以上。从不同沟灌灌水方式来看，隔沟交替灌溉水分利用效率要比常规沟灌高。这说明隔沟交替灌溉在提高灌溉水利用率和水分利用效率方面有着显著的效果。而设定适当的灌水时间和适当的灌水量从而确定合适的灌溉制度，选择合适的坡度，形成良好的下垫面条件也是提高水分利用效率的重要因素。

表 12.19　　不同灌溉模式制种玉米产量及水分利用效率对比（2012 年）

处理	灌水/mm	耗水/mm	产量/(t/hm²)	WUE_{ET}/(kg/m³)	WUE_I/(kg/m³)
CFI-1	325	424.80b	11.79	2.77b	3.63c
CFI-2	225	362.07c	12.12	3.34a	5.39a
AFI-1-1	225	361.74c	11.63	3.21ab	5.17ab
AFI-1-2	225	360.95c	12.95	3.59a	5.76a
AFI-2-1	225	358.58c	12.68	3.53a	5.63a
AFI-2-2	225	350.01c	12.31	3.52a	5.47a
BI	450	623.38a	10.50	1.68c	2.33d
当地 CFI	225	—	11.58		5.15ab
当地 AFI	225	—	11.22		4.99b
当地 BI	454	—	9.97		2.20d

注　ET 为总耗水量，WUE_{ET}、WUE_I 分别为以实测玉米产量计算的总水分利用效率和灌溉水利用率；表中数据为各处理 3 个重复的平均值，a、b、c 等字母表示同一列数据在 $P_{0.05}$ 水平下的统计显著性（LSD）。

12.4.2　不同灌溉方式对制种玉米根系分布与吸水特征的调控效应

根系吸水是农田 SPAC 系统中水分传输的起始环和关键一环，它保障作物生长发育和新陈代谢的正常进行，也是构成陆面水文循环的重要部分。2013—2014 年针对三种灌溉方式〔畦灌（BI）、常规沟灌（CFI）和交替沟灌（AFI）〕以及交替沟灌的 1/2 灌溉水量处理〔AFI$_{(M/2)}$〕条件下玉米根系分布和根系吸水特征进行了深入研究。

12.4.2.1　不同灌溉方式下制种玉米根系长度及空间密度分布特征

图 12.26 显示了四种不同灌溉条件下玉米植株南北两侧（S 和 N）根长总量分布。由图可知，畦灌和常规沟灌方式下，玉米各生育阶段的根系分布趋势相似，且南北两侧根系

分布均匀对称，但常规沟灌比畦灌下的玉米根长总量高 [图 12.26 (a)、(b)]，各生育阶段分别提高 16.3%、13.4% 和 9.2%，增长速率随生育期逐渐降低。可见，相比畦灌，常规沟灌有助于玉米根系生长，在生育前期和中期更为显著。而对于交替沟灌 [图 12.26 (c)]，生育前期，玉米两侧根系分布未见明显的差异，中后期两侧根系分布差异明显：中期玉米植株北侧根总长为 91.0m，而南侧根总长为 70.3m，北侧比南侧高 29.5%；相反，后期南北两侧根总长分别为 66.2m 和 56.7m，南侧比北侧高 16.8%。当交替沟灌的灌溉水量减少一半时 [图 12.26 (d)，AFI(M/2) 处理]，玉米根长总量明显增加，各生育阶段比 AFI 处理总根长高出的百分比分别为 23.4%、19.6% 和 21.8%。同样 AFI(M/2) 处理下，南北两侧玉米根系也表现为交替性不均匀增长。

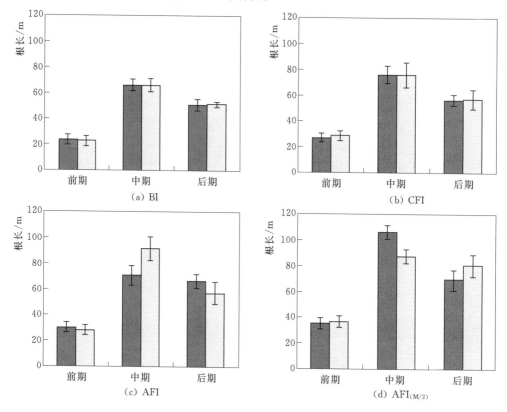

(a) BI   (b) CFI

(c) AFI   (d) AFI(M/2)

图 12.26　不同灌溉条件下玉米不同生育期两侧总根长比较
■ S（南侧）；■ N（北侧）

图 12.27 为不同灌溉条件下玉米不同生育阶段根系垂直剖面分布情况。畦灌条件下，玉米根系主要分布于表层土壤，随土壤深度呈减少的梯度分布。各生育阶段玉米根长密度在 0~20cm 分别为 0.65cm/cm³、0.82cm/cm³ 和 0.92cm/cm³。南北（S 和 N）两侧根系分布较为均匀对称，玉米生育前期根系下扎最大深度为 70cm，其根长密度为 0.04cm/cm³；生育中期，根系下扎最大深度为 90cm，对应的根长密度为 0.05cm/cm³；生育后期，玉米根系下扎最大深度达到 100cm，但其根长密度仅为 0.05cm/cm³。

相比之下，常规沟灌和交替沟灌田间挖沟起垄的方式改变了土壤剖面结构，进而改变了

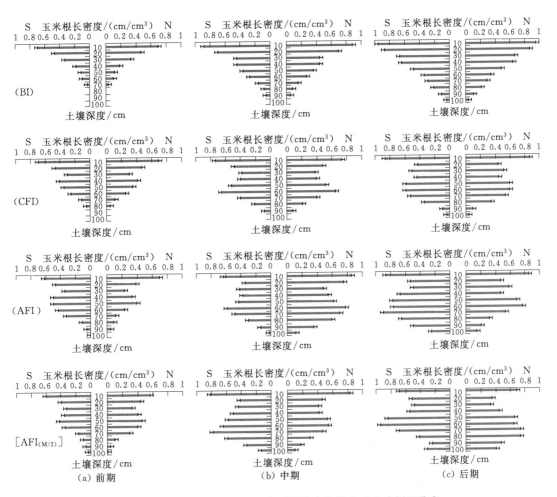

图 12.27　不同灌溉条件下玉米不同生育阶段根系垂直剖面分布

土壤的湿润方式和作物的根系分布模式。常规沟灌和交替沟灌下玉米根系主要分布于 0~10cm 和 40~80cm 土层，主要是因为 20~30cm 深度为垄和沟的连接处，在其特殊的土壤剖面下，玉米根系在沟下错综交汇使 40cm 以下土壤区域根系再次密集。如在玉米生育中期，AFI 下，0~10cm 和 60~70cm 深度的土层玉米根长密度最大；在 CFI 下，玉米最大的根长密度在 0~10cm 和 50~60cm；而在 BI 下最大根长密度出现在 0~20cm 土层。当交替沟灌的灌水量减少一半时，即 $AFI_{(M/2)}$ 处理下，玉米根系分布密度明显增大，主要表面在中下层土壤，如生育后期，50~90cm 土层的玉米根长密度介于 0.37~0.91cm/cm³，均值为 0.69cm/cm³。相比其他灌溉处理，其根系的分布深度最深，大于 100cm。同时显然可见，相比畦灌和常规沟灌，交替沟灌下［AFI 和 $AFI_{(M/2)}$］玉米两侧根系交替性地不均匀向下增长。

在同一生育期，玉米根系分布深度在不同的灌溉条件下一般表现为 $AFI_{(M/2)}$＞AFI＞CFI＞BI，如在拔节期，$AFI_{(M/2)}$ 条件下玉米根系分布最深为 100cm，AFI 下为 90cm，CFI 下为 80cm，而 BI 下为 70cm。相比 CFI，在 AFI 和 $AFI_{(M/2)}$ 条件下，玉米根系在南北相邻两侧的分布是不均匀不对称的，但在 BI 与 CFI 下是相对对称的。形成这一结果的主要原因是：

交替沟灌改变了土壤的湿润方式，刺激了根系向深层土壤和干旱侧生长。

图 12.28 为不同灌溉条件下玉米根系水平方向分布情况。图中横坐标 0 点位置即为玉米植株位置，两侧即为距植株的距离。由图 12.28 可见，畦灌和常规沟灌［图 12.28（a）、（b）］下，玉米植株两侧土壤剖面根系分布均匀对称，而交替沟灌下［图 12.28（c）、（d）］，玉米根系分布不均匀，且根长密度较畦灌和常规沟灌下的大，这一结果与上述垂直剖面根系分布所得结果一致。此外，由图 12.28 可知，在水平方向上，玉米根系分布在植株生长位置密度最大，离植株越远根长密度越小。不同灌溉条件下，各生育阶段玉米根密度分布差异明显，尤其是交替沟灌下，生育前期与中后期玉米根长密度差异更为显著，各时期最大根长密度分别为 $0.74cm/cm^3$、$1.47cm/cm^3$ 和 $1.30cm/cm^3$；在同一生育期，不同灌溉处理下的根长密度也存在较大差异，如在生育中期，四种灌溉条件下玉米根长密度最大值分别为 $0.85cm/cm^3$、$1.04cm/cm^3$、$1.22cm/cm^3$ 和 $1.47cm/cm^3$。

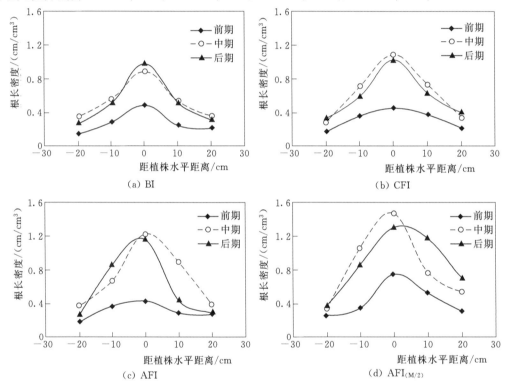

图 12.28　不同灌溉条件下玉米根系水平方向分布

综上所述，在灌溉定额一定条件下，灌水方式的不同造成了制种玉米植株根系生长过程的差异。交替沟灌在干湿交替过程中很好地发挥了根系补偿作用，能够刺激根系向深层土壤和干旱侧区域生长，并有效地协调了地上部和地下部生长关系。

12.4.2.2　不同灌溉方式下制种玉米根系吸水特征

图 12.29 为用氢氧同位素测定值计算得到的 2013—2014 年不同灌溉条件下玉米各时期不同土层水分对玉米根系吸水的贡献比例。频率直方图中，相对收敛（存在峰值）的图所在土壤空间位置即为玉米主要吸水来源。比如，前期［图 12.29（a）］，交替沟灌 AFI

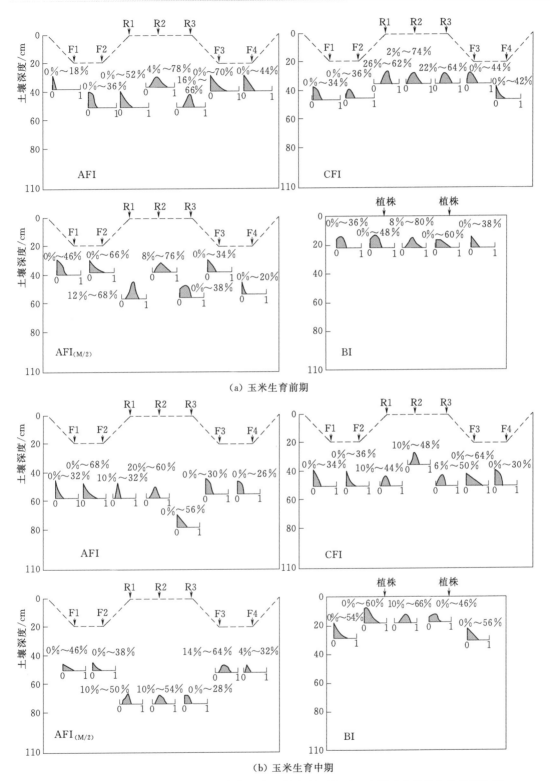

图 12.29（一）　不同时期不同灌溉条件下各土壤空间区域对玉米根系水分吸收的贡献比例

（土壤剖面中频率直方图表示对应土壤空间区域对玉米根系水分吸收的贡献比例）

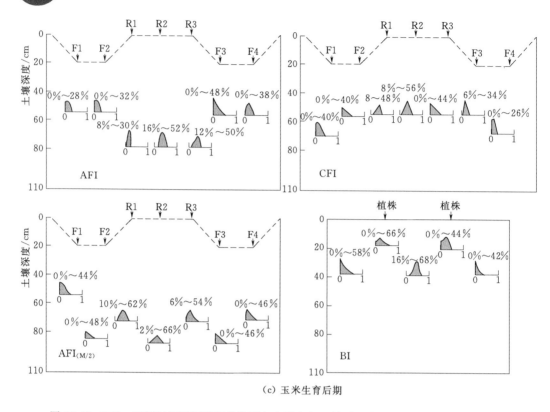

图 12.29（二）　不同时期不同灌溉条件下各土壤空间区域对玉米根系水分吸收的贡献比例
（土壤剖面中频率直方图表示对应土壤空间区域对玉米根系水分吸收的贡献比例）

下玉米根系吸水的贡献比例频率直方图中，R2 和 R3 下方 20～40cm 和 40～60cm 的土壤区域的水分贡献比例图相对收敛，表明玉米主要吸收垄位 R1 下方 20～40cm 和 R2 下方 40～60cm 土壤区域的水分，吸收比例分别为 4%～78% 和 16%～66%，最大可能贡献比例（峰值）分别为 38% 和 48%，因此，AFI 条件下，玉米生育前期主要吸收垄位 R2 下方 20～40cm 和 R3 下方 40～60cm 土壤区域的水分，吸收比例约为 38% 和 48%。同理，在 CFI 灌溉条件下，玉米主要吸收垄位 R2 和 R3 下方 20～40cm 土壤区域的水分，吸收比例分别为 2%～74% 和 22%～64%，最大可能贡献比例（峰值）为 34% 和 42% ［图 12.29（a），CFI］。AFI(M/2) 灌溉条件下，玉米主要吸收垄位 R1 下方 40～60cm 和 R2 下方 20～40cm 土壤区域的水分，吸收比例约为 44% 和 36% ［图 12.29（a），AFI(M/2)］。BI 条件下，玉米根系主要吸水来源于株间下方 0～20cm 土层的水分，吸收比例约为 40% ［图 12.29（a），BI］。

生育中期 ［图 12.29（b），AFI］，玉米主要吸收沟中 F2 和垄位 R2 下方 40～60cm 土壤区域的水分，吸收最大可能比例分别为 22% 和 40% ［图 12.29（b），AFI］；在 CFI 灌溉条件下，玉米主要吸收垄位 R1 下方 40～60cm 和 R2 下方 20～40cm 土壤区域的水分，吸收比例分别为 10%～44% 和 10%～48%，最大可能贡献比例（峰值）为 30% 和 34% ［图 12.29（b），CFI］。AFI(M/2) 灌溉条件下，玉米主要吸收垄位 R1 和 R2 下方 60～80cm 土壤区域的水分，吸收比例约为 32% 和 32% ［图 12.29（b），AFI(M/2)］。BI 条件下，玉米根系主要吸水来源于株间下方 0～20cm 土层的水分，吸收比例约为 46％〔图 12.29 (b)，BI〕。

生育后期〔图 12.29（c），AFI〕，玉米主要吸收沟中 R2 和垄位 R3 下方 40～80cm 土壤区域的水分，吸收最大可能比例分别为 36％和 38％；在 CFI 灌溉条件下，玉米主要吸收沟中 R1 和垄位 R2 下方 40～80cm 土壤区域的水分，吸收最大可能比例分别为 34％和 36％。AFI$_{(M/2)}$ 灌溉条件下，玉米主要吸收垄位 R1 和 R2 下方 60～80cm 土壤区域的水分，吸收比例约为 36％和 40％。BI 条件下，玉米根系主要吸水来源于株间下方 0～40cm 土层的水分，吸收比例约为 46％。

综合垂直方向和每土层的水平方向对玉米水分利用进行分析，研究 AFI 灌溉前后各土壤空间区域对玉米水分利用的贡献比例范围（图 12.30）。灌水前 1 天〔图 12.30（a）〕玉米根系吸水主要来源于 40～80cm 土层，其中贡献最大的土壤空间位置在 R1、R2、R3 下 60～80cm 位置，贡献范围分别为 12％～50％，16％～52％，8％～30％。灌水后 1 天〔图 12.30（b）〕，玉米水分利用最大依次在 R3 下 0～20cm 位置〔用 R3－（0～20cm）表示，下同〕、F3－（20～40cm）、F4－（20～40cm），贡献率分别为 32％～78％、14％～64％、18％～60％，干燥区域土壤对玉米水分贡献相对减少。灌水后 3 天〔图 12.30（c）〕，随着水分的下渗，玉米根系吸水主要来源位置也下移，其中贡献最大的为 R3－（20～40mm）14％～60％，F3－（40～60cm）8％～54％和 F4－（40～60cm）8％～52％。灌水后 7 天〔图 12.30（d）〕，玉米水分利用基本恢复到灌溉前的水平，水分主要来源于 40～80cm，贡献

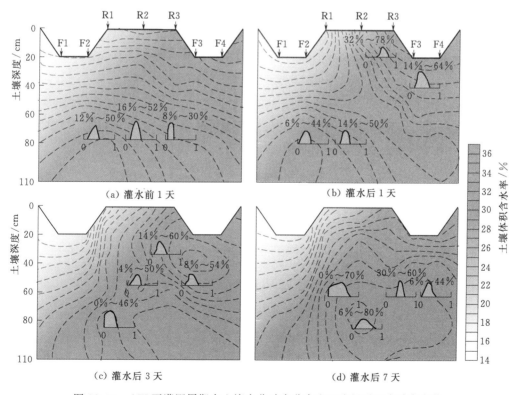

图 12.30　AFI 下灌溉周期内土壤水分动态分布和玉米根系吸水动态变化

较大的为 R1－(40~60cm)0%~70%、R2－(60~80cm)6%~80%和 R3－(40~60cm)30%~60%。因此，结合灌水周期内土壤水分动态变化和玉米根系吸水模式，表明，玉米根系吸水模式在较小的灌溉周期内随土壤水分变化而变化，玉米吸收湿润根区的水分比例增加。

综上研究结果表明，在沟灌条件下［AFI，AFI$_{(M/2)}$ 和 CFI］，玉米主要吸收较深层的土壤水分，而在传统的畦灌（BI）方式下，玉米主要吸收表层 0~20cm 土壤水分。在同一生育期内，玉米主要吸水深度表现为：AFI$_{(M/2)}$＞AFI＞CFI＞BI。对于整个生育期而言，不同灌溉条件下玉米根系吸水模式与根系分布模式紧密联系，即吸水深度与根系分布深度和根系密度具有良好的正相关性，可见，在玉米生育期内影响其根系吸水的主导因素是根系分布。然而，在一个较小灌溉周期内（约一周），玉米根系吸水模式随土壤水分变化而变化，随根区土壤水分含量的增加根系吸水比例增加，可见，在较小的灌溉周期内影响玉米根系吸水的主导因素是土壤水分含量。相比其他的灌溉方式，交替沟灌 AFI 可有效地提高玉米吸收湿润侧和较深层的土壤水分，从而减少渗漏损失[33]。

12.4.2.3 不同灌溉条件对制种玉米水分利用效率的影响

2013—2014 年不同灌溉条件下制种玉米产量和水分利用效率见表 12.20。交替沟灌下（AFI）玉米产量显著高于常规沟灌（CFI）和畦灌（BI）处理下的产量，两年产量分别为 6139.79kg/hm² 和 7397.08kg/hm²。对比传统的畦灌方式 BI，AFI 在 2013 年和 2014 年分别提高产量 24.5%和 30.4%，而当灌溉水量减少一半时 AFI$_{(M/2)}$ 与传统的灌溉方式 BI 下的产量差异不明显，如 2014 年，AFI$_{(M/2)}$ 和 BI 下玉米产量分别为 5105.02kg/hm² 和 5673.03kg/hm²。对比常规沟灌（CFI），AFI 在 2013 年和 2014 年分别提高产量 17.0%和 30.2%。四种处理中，交替沟灌下的水分利用效率最高：2013 年 AFI$_{(M/2)}$ 的总水分利用效率（WUE_{ET}）和灌溉水分利用效率（WUE_I）均最大，分别为 1.764kg/m³ 和 2.938kg/m³；2014 年最大 WUE_{ET} 出现在 AFI 而最大的 WUE_I 出现在 AFI$_{(M/2)}$ 处理，分别为 1.551kg/m³ 和 5.797kg/m³。相反，BI 处理下玉米的水分利用效率最低，与 CFI 处理的玉米水分利用效率无显著差异，而 AFI 水分利用效率提高了 13.3%~33.8%。

表 12.20　　　　　2013—2014 年不同灌溉条件下制种玉米产量和水分利用效率

年份	处理	产量 /(kg/hm²)	降水 /mm	ET /mm	WUE_{ET} /(kg/m³)	WUE_I /(kg/m³)
2013	AFI	6139.79 a	68.4	374.5 a	1.639 b	2.154 b
	CFI	5247.53 b	68.4	362.6 a	1.447 bc	1.841 c
	BI	4931.82 bc	68.4	363.6 a	1.356 c	1.730 c
	AFI$_{(M/2)}$	4201.62 c	68.4	238.2 b	1.764 a	2.938 a
2014	AFI	7397.08 a	241.0	476.9 b	1.551 a	4.227 b
	CFI	5681.23 b	241.0	489.4 ab	1.159 c	3.246 c
	BI	5673.03 b	241.0	493.7 b	1.151 c	3.242 c
	AFI$_{(M/2)}$	5105.02 b	241.0	389.5 c	1.301 b	5.797 a

　　进一步分析各处理条件下制种玉米考种测产的相关参数（表 12.21）。各处理玉米单株产量差异的分布情况与穗粒数的差异分布情况相近，均表现为 AFI 显著大于其他处理。然而相比之下，各处理下的穗长差异分布有所不同，表现为交替沟灌的两个水分处理 [AFI 和 AFI$_{(M/2)}$] 下穗长最长，均显著长于 CFI 和 BI 处理下的穗长，如 2014 年，AFI 和 AFI$_{(M/2)}$ 的平均穗长分别 15.44cm 和 15.29cm，而 CFI 和 BI 的玉米平均穗长分别为 14.88cm 和 14.68cm。各处理下的玉米百粒重分布情况表现为，BI 和 CFI 条件下的百粒重显著大于 AFI$_{(M/2)}$ 的百粒重，而与 AFI 相比，未见显著差异。表明畦灌和常规沟灌下玉米的单株籽粒较少产量较低，但其籽粒较为饱满，交替沟灌下的穗长较长籽粒较多，但籽粒不饱满。这可能与不同灌溉方式下玉米在生殖生长过程根系吸水特性差异有较大的关系。收获指数在各处理间的差异情况与产量的水分利用效率分布情况相似，均表现为交替沟灌下的收获指数显著大于传统的畦灌和常规沟灌下的收获指数。

表 12.21　　　　　不同灌溉条件下制种玉米考种测产参数（2013—2014 年）

年份	处理	单株产量/g	穗粒数	穗长/cm	百粒重/g	收获指数
2013	AFI	61.40 a	149 a	13.87 a	29.25 a	0.39 a
	CFI	52.48 b	132 b	12.44 b	29.24 a	0.35 b
	BI	49.32 bc	138 b	12.87 b	30.06 a	0.31 c
	AFI$_{(M/2)}$	42.02 c	110 c	13.33 a	26.73 b	0.37 a
2014	AFI	73.97 a	276 a	15.44 a	27.08 a	0.41 a
	CFI	56.81 b	254 b	14.88 b	28.64 b	0.39 b
	BI	56.73 b	229 c	14.68 b	27.86 b	0.35 c
	AFI$_{(M/2)}$	52.05 b	201 c	15.29 a	26.37 c	0.39 b

　　综上表明，相比传统的灌溉方式畦灌（BI）和常规沟灌（CFI），交替沟灌（AFI）显著提高了玉米的产量；当灌水量减少一半时，玉米产量未见明显减少；同时水分利用效率 WUE 和收获指数显著提高。

　　结合以上不同灌溉条件下的玉米根系吸水特征，形成这一结果的原因可能是交替沟灌提高了玉米在湿润侧和深层土壤的根系吸水量（4%～26%），减少因为灌溉下渗而浪费的水量，从而促进了玉米的生长和产量形成，提高了水分利用效率。AFI 和 AFI$_{(M/2)}$ 能提高水分利用效率还可以通过其特殊的土壤水分分布来解释[34,35]。AFI 和 AFI$_{(M/2)}$ 存在一个向上梯度的土壤水分含量分布，而相反 CFI 的土壤水分分布剖面呈现竖起向下的梯度，因此 AFI 条件下，土壤水分主要储存在作物根区，提高了土壤中可利用的水分含量减少了灌溉下渗浪费的水分。对于 AFI$_{(M/2)}$，康绍忠等[36]研究表明，当灌水量减少 50% 时，玉米的总耗水量减少了 21.0%～35.1%，然而产量却没有显著减少。那么，玉米是从哪吸收"充足"的水分而不减少产量呢？这很大可能是玉米除了充分吸收根区土壤水分外，还能够提取根区以下（>110cm）的土壤储存水分[37]，提高了"额外"的吸收比例。本节 2014 年的结果中可以说明这一可能性，因为玉米的产量相比传统灌溉方式未见明显减少。然而，在 2013 年，玉米的产量有所减少主要是因为生育期内降雨量只有 68.4mm，而 2014 年为 241.0mm（表 12.20）。说明降水也在一定程度上影响着玉米水分利用效率。从表 12.20 可知，2013 年 AFI$_{(M/2)}$ 条件下的总水分利用效率 WUE_{ET} 最高，而 2014 年为 AFI 的 WUE_{ET} 最高；2013 年和 2014 年两年的 WUE_I 均为 AFI$_{(M/2)}$ 最高，结合两年的降雨量表明了降水在 2014 年的补给使 AFI 条件下的 WUE_I 相对于 AFI$_{(M/2)}$ 有所降低。

12.5 调控区域作物耗水的种植结构与水资源优化配置策略

减少区域作物耗水，实现农业高效用水是一个宏大的系统工程，也是一个相互关联的技术体系[61]。在一个灌区内，农作物的生产，不但涉及空间上作物种植面积的调整，还涉及时间上不同生育期的配水。特别是在干旱缺水地区，有限的灌溉水资源往往不足以使所有的作物都能得到充分灌溉，存在作物之间争水的矛盾，对于同一种作物，在生育期内不同的生育阶段也存在着灌溉水的优化配置问题。50% 的潜在节约水量可以通过灌溉水的管理来实现[62]，因此通过种植结构和灌溉制度的优化来减少耗水对缓解缺水矛盾具有重大意义。

作物时空耗水优化问题可由两层或两层以上优化结构的模型来解决。郭宗楼[63]提出了多种作物间水量分配的双层动态规划迭代方法，第一层为单作物灌溉制度的优化模型，第二层为作物之间的灌水优化分配模型。崔远来、李远华[64]建立了一个对有限水量在多种作物间进行优化分配的两层分解协调模型。这两种方法均采用了两次动态规划的方法优化作物间的配水和单作物的灌溉制度，但没有对作物的种植结构进行优化。Shangguan 等[62]针对杨凌示范区建立了一个大系统递阶系统模型，优化了作物的种植结构、作物间的配水和单作物的灌溉制度，模型包含三层，每层模型均采用动态规划，结构比较复杂，程序编写比较繁琐。本节采用大系统递阶分析原理，建立了包含两层结构的优化模型。第一层为作物耗水的时间分配模型，即单作物灌溉制度的优化，采用动态规划求解，第二层为作物耗水空间优化模型，即作物种植结构和灌溉定额的优化，采用非线性优化方法求解。

12.5.1 种植结构和灌溉配水优化的两层模型

12.5.1.1 模型概述

基于大系统递阶分析原理，建立灌区作物种植结构、灌溉定额以及灌溉制度的优化模型。模型具有两层结构：第一层是单作物的生育期内各生育阶段灌溉配水的优化；第二层是灌区内作物种植结构以及灌溉定额的优化。从灌区层面开始，先对作物 i 分配一定的灌溉定额 Q_i，用动态规划对作物 i 的灌溉制度进行优化，得到相应定额的单产，然后以一定的水量为间隔，不断变化灌溉定额，得出一系列灌溉定额和相对应的单产，再拟合作物 i 的水分生产函数 Y_i，将作物 i 的水分生产函数 Y_i 返回到第二层，建立以灌区总净效益为目标函数的非线性优化模型，优化作物 i 的种植面积和灌溉定额，再将优化出的灌溉定额返回第一层，优化出作物 i 的最优灌溉制度。两层模型均用 MATLAB 编程实现。模型的结构如图 12.31 所示。

12.5.1.2 第一层模型——单作物优化灌溉制度模型

单作物灌溉制度的优化是将有限的灌水量最优地分配给作物的各个生育阶段，使其产量达到最高。本层模型基于 Jensen 模型，利用动态规划来实现。

（1）阶段变量。以各生育阶段为阶段变量 $n(n=1,2,3,\cdots,N)$。

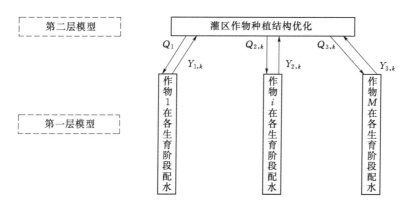

图 12.31　灌区作物种植结构、灌溉定额以及灌溉制度优化模型结构示意图

（2）状态变量。共有两个状态变量，一是各生育阶段的可利用灌溉水量，记为 q_n（mm），另一个是在这个生育阶段土壤计划湿润层中总可用水量，记为 S_n（mm）。

$$S_n = 10000\gamma H_n(\theta_n - \theta_w) \tag{12.1}$$

式中：γ 为土壤干容重，g/cm^3；H_n 为计划湿润层深度，m；θ_n 为在 n 生育阶段计划湿润层中土壤平均含水率，%；θ_w 为凋萎系数，%，约为田间持水量的 60%。

（3）决策变量。每个生育阶段的灌溉水量 d_n（mm）（$n=1,2,\cdots,N$）。

（4）系统方程。水量分配方程：

$$q_n = q_{n-1} + R_n - d_n - L_n \tag{12.2}$$

式中：q_n 为 n 生育阶段末的可利用灌溉水量，mm；q_{n-1} 为 n 生育阶段初的可利用灌溉水量，mm；R_n 为 n 生育阶段增加的灌溉水量，mm，本节取为 0；d_n 为 n 生育阶段的灌溉水量，mm；L_n 为 n 生育阶段除灌溉外用于其他用途的水量，mm，本节取为 0。

计划湿润层中的土壤水平衡方程：

$$S_n + ET_n + k_n = S_{n-1} + \eta d_n + p_n + CK_n \tag{12.3}$$

式中：S_n 为在 n 生育阶段末可利用土壤水量，mm；S_{n-1} 为在 n 生育阶段初可利用土壤水量，mm；ET_n 为 n 生育阶段的耗水量，mm；k_n 为渗漏量，mm，本节取为 0；p_n 为有效降雨量，mm；η 为有效灌溉水利用系数；CK_n 为地下水补给量，mm，本节取为 0。

（5）目标函数。根据 Jensen 模型，以单位面积的相对产量最大为目标函数：

$$F^* = \max\left(\frac{Y_a}{Y_m}\right) = \max\prod_{n=1}^{N}\left(\frac{ET_n}{ET_{mn}}\right)^{\lambda_n} \tag{12.4}$$

式中：Y_m 为作物的最高产量；Y_a 为作物的实际产量；λ_n 为生育阶段 n 的作物敏感指数；ET_{mn} 为第 n 个生育阶段充分灌溉条件下的耗水量，mm。

（6）约束条件。各生育阶段的决策灌水定额不超过该阶段的可利用灌溉水量约束：

$$0 \leqslant d_n \leqslant q_n \tag{12.5}$$

全生育期灌溉定额和其他用水之和不超过作物分配水量与净增加水量之和约束：

$$\sum_{n=1}^{N}(d_n + L_n - R_n) \leqslant Q_i \tag{12.6}$$

各阶段的可利用灌溉水量不超过该阶段总的剩余可用水量约束：

$$0 \leqslant q_n \leqslant Q_i + \sum_{n=1}^{N} (R_n - L_n - d_n) \tag{12.7}$$

式中：Q_i 为灌区分配给作物 i 的灌溉定额，mm。

作物的实际耗水量介于最小耗水量和最大耗水量之间约束：

$$0 \leqslant ET_n \leqslant ET_{mn} \tag{12.8}$$

计划层土壤含水率在凋萎系数和田间持水量之间约束：

$$\theta_w \leqslant \theta_n \leqslant \theta_f \tag{12.9}$$

式中：θ_f 为田间持水率，%。

（7）初始条件。种植时的初始土壤水分为 θ_0；作物 i 的第一个生育阶段初的可利用水量 $q_0 = Q_i (\text{mm})$。

（8）递推方程。本模型是一个含有两个状态变量和一个决策变量的动态规划方程。递推等式如下：

$$F_n^*(q_n, \theta_n) = \max \left[\left(\frac{ET_n}{ET_{mn}} \right)^{\lambda_n} F_{n+1}^*(q_{n+1}, \theta_{n+1}) \right] \quad (n = 1, 2, \cdots, N-1) \tag{12.10}$$

$$F_N^*(q_N, \theta_N) = \max \left(\frac{ET_N}{ET_{mN}} \right)^{\lambda_N} \tag{12.11}$$

其中 $F_{n+1}^*(q_{n+1}, \theta_{n+1})$ 为在状态变量 q_n 和 θ_n 下，确定灌水量 d_n 时，余留阶段所得最大相对产量。

（9）模型的求解。对于单作物优化灌溉制度模型用动态规划递阶逼近法（DPSA）来求解。步骤如下：

1）把可利用土壤水量 S_n 看作是各生育阶段初的虚拟轨迹（已知量），可利用水量 q_n 看作是各生育阶段初的状态变量，将它们按生育阶段划分为 N 层。于是这个二维动态规划问题就变成了利用普通的动态规划方法便可求解的一维模型。求解该模型得到最优的状态变量序列 $\{q_n^*\}$ 和决策变量序列 $\{d_n^*\}$（$n = 1, 2, \cdots, N$）。

2）将得到的 $\{q_n^*\}$ 和 $\{d_n^*\}$ 的值固定，在给定的条件下寻求最优的土壤可用水量 S_n 和相应的灌溉用水量 d_n'。将第二个状态变量 S_n 按生育阶段分为 N 层，求解模型得到最优的状态序列 $\{S_n^*\}$ 和最优决策序列 $\{d_n'\}$（$n = 1, 2, \cdots, N$）。

3）将第一步假设虚拟轨迹结果 $\{S_n\}$ 和第二步优化的结果 $\{S_n^*\}$ 进行比较。如果不相同，则前面两个步骤再重新进行优化，直到达到相同的函数值（有一定的精度限制）。

用不同的虚拟轨迹来计算，得到相同的方案，说明模型是合理的，优化的结果是最优的。

（10）作物水分生产函数。运用上述模型优化得出一系列的作物产量和相应的灌溉水量，将灌溉水量单位由 mm 转化成 m^3 后，再进一步拟合出作物的水分生产函数。

$$Y_i = a_i Q_i^2 + b_i Q_i + c_i \tag{12.12}$$

式中：Y_i 为 i 作物的单产，kg/hm^2；a_i、b_i 和 c_i 为水分生产函数的系数。

12.5.1.3　第二层模型——作物种植结构优化和作物间配水优化模型

在第一层模型求出单作物水分生产函数的基础上，本阶段运用非线性优化计算出各种作物的种植面积和灌溉定额。该层模型以灌区各作物净效益之和最大为目标函数，以各作物的种植面积和灌溉定额为决策变量。

（1）目标函数

$$F = \sum_{i=1}^{M} (p_i Y_i - C_i - p_{水} Q_i) x_i \tag{12.13}$$

式中：p_i 为作物 i 的单价，元/kg；C_i 为单位面积作物的种子、肥料及劳动力成本，元/hm^2；$p_{水}$ 是水价，元/m^3；x_i 为作物 i 的种植面积，hm^2。

（2）约束条件。产量约束：

$$Y_i x_i \geqslant t w_i \tag{12.14}$$

式中：Y_i 为作物 i 的单产 kg/hm^2；t 为当地人口，人；w_i 为作物 i 的人均最低需求量，kg/人。

面积约束：作物 i 的种植面积不低于最低规划面积 A_i（hm^2）；灌区的种植面积不高于有效灌溉面积 A（hm^2）。

$$x_i \geqslant A_i \tag{12.15}$$

$$\sum_{i=1}^{M} x_i \leqslant A \tag{12.16}$$

灌水量约束：作物 i 的灌溉定额不大于充分灌溉定额 D_i；各作物的灌溉水量之和不大于灌区可用灌溉水量 Q。

$$Q_i \leqslant D_i \tag{12.17}$$

$$\sum_{i=1}^{M} x_i Q_i \leqslant Q \tag{12.18}$$

（3）模型的求解。第二层模型为非线性规划问题，用 MATLAB 语言编写非线性优化程序，运行便可得出各种作物的优化种植面积和优化灌溉定额。

将每种作物的优化灌溉定额代入第一层模型，最终确定了作物的优化灌溉制度。

12.5.2　模型在民勤灌区的应用

12.5.2.1　民勤灌区概况

民勤位于甘肃省西北部，属典型的荒漠绿洲，生态环境极为脆弱，干旱少雨，蒸发强烈，境内无自产地表水[65]，全年日照 3208h，平均相对湿度 45%[66]，多年平均降水量不足 110mm，年蒸发量 2644mm，蒸发量是年降水量的 24 倍以上[67]。从 20 世纪 50 年代以来，由于石羊河上游的垦区拦蓄引水和对水资源的过度使用，进入民勤盆地的地表水资源大大减少，人均水资源占有量不足 300m^3，成为缺水十分严重的地区。为了维持当地工农业用水，不得不超采地下水，导致地下水水位持续下降，致使植被大片死亡，加速了荒漠化进程。民勤县是以农业为主的地区，农业用水占总用水的绝大部分。通过种植结构和灌溉制度的优化来减少耗水对缓解民勤地区缺水矛盾具有重大意义。

12.5.2.2　基本资料

选取民勤 8 种主要作物，根据 1953—2008 年的降雨资料，以 75% 保证率为例计算。

（1）潜在耗水量。根据民勤 75% 保证率代表年（1997 年）ET_0 及 8 种主要作物的作物系数 K_c[68]，按照各个作物的生育阶段[69]进行累加 [式（12.19）]，推算出以下 8 种作物各生育阶段的潜在耗水量，见表 12.22。

表 12.22 民勤主要作物生育期的潜在耗水量 ET_m

单位：mm

生育阶段	白兰瓜			辣椒			棉花			苜蓿		
	日期	生育期	ET_m	日期	生育期	ET_m	日期	生育期	ET_m	日期	生育期	ET_m
1	5月6日—6月24日	播种—开花	65.28	5月25日—6月30日	定植—苗期	255.49	4月30日—6月15日	播种—现蕾	48.97	4月15日—4月30日	返青—分枝	45.72
2	6月25日—7月4日	开花—膨瓜	41.89	7月1日—7月21日	苗期—开花坐果	135.12	6月16日—7月13日	现蕾—开花	120.34	5月1日—5月15日	分枝—现蕾	78.95
3	7月5日—8月5日	膨瓜—定型	219.56	7月22日—8月10日	开花坐果—盛果期	196.78	7月14日—9月13日	开花—吐絮	216.42	5月16日—6月15日	现蕾—开花	189.58
4	8月6日—8月20日	定型—成熟	104.07	8月11日—8月22日	盛果期—盛果后期	114.64	9月13日—10月20日	吐絮—拔杆	21.42	6月16日—6月25日	开花初期	68.65
5										6月26日—8月5日	第2茬	158.99
6										8月6日—9月30日	第3茬	151.92

生育阶段	西瓜			小麦			玉米			籽瓜		
	日期	生育期	ET_m	日期	生育期	ET_m	日期	生育期	ET_m	日期	生育期	ET_m
1	5月31日—6月27日	苗期—伸蔓	115.92	3月14日—5月15日	播种—拔节	167.18	7月21日—8月7日	苗期—伸蔓	115.92	5月1日—6月20日	播种—拔节	107.83
2	6月28日—7月11日	伸蔓—开花坐果	89.49	5月16日—5月30日	拔节—孕穗	123.47	8月8日—8月27日	伸蔓—开花坐果	89.49	6月21日—7月5日	拔节—孕穗	46.38
3	7月12日—7月19日	开花坐果—生长盛期	108.19	5月31日—6月19日	孕穗—抽穗	118.99	8月28日—9月20日	开花坐果—生长盛期	108.19	7月6日—7月31日	孕穗—抽穗	130.11
4	7月20日—8月1日	生长盛期—成熟期	130.43	6月20日—7月1日	抽穗—灌浆	109.08	9月21日—10月17日	生长盛期—成熟期	130.43	8月1日—8月20日	抽穗—灌浆	55.73
5				7月2日—7月20日	灌浆—成熟	69.05					灌浆—成熟	
6												

$$ET_m = \sum ET_0 K_c \qquad (12.19)$$

（2）有效降雨量。根据 75% 保证率代表年的日有效降雨量资料及各作物的生育阶段时间推算出 8 种作物各个生育阶段的有效降雨量，见表 12.23。

表 12.23　　　　　　民勤主要作物各生育阶段的有效降雨量 P_n　　　　　单位：mm

生育阶段	白兰瓜	辣椒	棉花	苜蓿	西瓜	小麦	玉米	籽瓜
1	0	0	0	0	0	6.78	17.29	0
2	0	0	0	0	0	0	25.15	0
3	17.29	17.29	42.44	0	0	0	6.19	17.29
4	25.15	25.15	6.19	0	17.29	0	0	25.15
5				17.29		0		
6				31.34				

（3）水分敏感指数。根据李霆[69]及康绍忠等[70]资料整理得到民勤 8 种主要作物的水分敏感指数，见表 12.24。

表 12.24　　　　　　民勤主要作物各生育阶段的水分敏感指数 λ

生育阶段	白兰瓜	辣椒	棉花	苜蓿	西瓜	小麦	玉米	籽瓜
1	0.169	0.106	0.245	0	0.18	0.061	0.193	0.108
2	0.265	0.163	0.172	0.7364	0.342	0.345	0.115	0.062
3	0.375	0.196	0.469	0.491	0.221	0.078	0.005	0.256
4	0.033	0.228	0.063	0.3589	0.467	0.101	0.1	0.001
5				0.0331		0.11		
6				0.3267				

（4）作物经济指标。根据文献 [70] 及现状市场经济信息和实地调查等得到作物的最高产量、单价和单位面积种植成本，见表 12.25。

表 12.25　　　　　　作物的最高产量、单价和单位面积种植成本

项目	白兰瓜	辣椒	棉花	苜蓿	西瓜	小麦	玉米	籽瓜
最高产量 Y_m/(kg/hm²)	51033	17912.5	1530	14700.6	39049	7581	9225	2758.5
单价 P_i/(元/kg)	2	7	18	2	1.5	2	1.8	8
种植成本 C_i/(元/hm²)	19500	39900	15000	18000	19500	10500	11250	15000

（5）现状种植面积及灌溉定额。根据武威统计年鉴等资料[71]，民勤 8 种作物的现状种植面积和灌溉定额见表 12.26。

表 12.26　　　　　　现状和优化的作物种植面积及灌溉定额

项目	白兰瓜	辣椒	棉花	苜蓿	西瓜	小麦	玉米	籽瓜
现状种植面积/hm²	947	2567	12667	11300	500	15633	6053	5467
现状灌溉定额/(m³/hm²)	5600	6800	5400	9000	5400	7000	5000	3400
优化种植面积/hm²	7585	5333	16670	7761	1000	10335	3449	3000
优化灌溉定额/(m³/hm²)	3852	5223	4000	9000	4130	7000	4037	2000

（6）其他资料。在民勤地区，土壤干容重取 $1.46g/cm^3$，田间持水量为 23%，初始含水量取为 19%，根据《石羊河流域近期重点治理规划》，灌溉水利用系数取为 0.62，农业水价为 0.2 元$/m^3$。现状年民勤县总人口 31.5 万人，农业人口 26.44 万人，大牲畜 9.65 万头，小牲畜 77 万头，每头大牲畜每天需要 10kg 鲜饲草，每头小牲畜每天需要 5kg 鲜饲草，10kg 鲜饲草折合成 1kg 干苜蓿计算。根据民勤地区实际情况，为保证本地区不致过度依赖外地粮食，设定人均年需小麦 250kg，玉米 100kg，不足的部分需要从外地调入。据民勤辣椒及棉花市场实际需求，辣椒需 85741t，棉花需 20810t。

12.5.2.3 计算结果

优化的作物种植面积和灌溉定额见表 12.26，优化后的作物灌溉定额见表 12.27。

表 12.27　　　　　　　　　优化后的作物灌溉定额　　　　　　　　　单位：m^3/hm^2

生育阶段	白兰瓜	辣椒	棉花	苜蓿	西瓜	小麦	玉米	籽瓜
1	1200	0	800	0	0	2600	1000	1400
2	0	2200	1000	1400	1600	2000	2200	600
3	2600	1600	2200	3200	1000	2000	800	0
4	0	1400	0	0	1600	0	0	0
5				2400		400		
6				2000				

12.5.3　结果分析

12.5.3.1　作物种植结构优化策略

现状年和优化后作物种植面积如图 12.32 所示，白兰瓜、辣椒、棉花、西瓜等种植面积有不同程度的增加，其余作物种植面积都有所减少。民勤地区光照充足，昼夜温差大，有利于瓜果糖分的积累[72]，白兰瓜是当地的传统瓜类作物，种植技术比较成熟，知名度比较高，经济效益比较好；近年民勤地区温室大棚种植技术发展迅速，其中温室辣椒产业基本形成规模，市场需求及经济效益都很好；棉花的生理特点比较适宜民勤这种降水较少的地区，其品质和产量都比较好，且市场需求较大，故这三种作物种植面积增幅较大。民勤特殊的气候条件，使得民勤西瓜品质比较优良，在原有的基础上面积有所增加。苜蓿耗水量比较大，这与民勤水资源紧缺的现状相矛盾，故在保证本地大小牲畜基本需求的条件

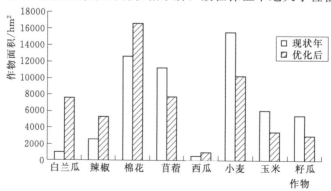

图 12.32　现状年和优化后作物种植面积柱状图

下，种植面积有所减少，小麦、玉米等粮食作物及籽瓜经济效益比较低，在保证当地一定需求的情况下，种植面积降幅较大，粮食不足部分可由外地调入。

12.5.3.2　作物间水资源优化分配

优化前后各作物的耗水量见表 12.28。与现状耗水量相比，白兰瓜、辣椒、西瓜耗水分别增加了 2514.7 万 m^3、1152.6 万 m^3 和 205.8 万 m^3，棉花、苜蓿、小麦、玉米、籽瓜耗水分别减少了 602.3 万 m^3、3296.9 万 m^3、3767.1 万 m^3、1734.2 万 m^3 和 1405.9 万 m^3。优化后耗水量最多的作物是苜蓿、小麦和棉花，占总耗水的 71%。

表 12.28	优化前后各作物的耗水量					单位：万 m^3
作物	现　状		优　化		现状耗水	优化耗水
	有效降雨	灌溉用水	有效降雨	灌溉用水		
白兰瓜	40.2	530.3	163.5	2921.7	570.5	3085.2
辣椒	108.9	1745.6	221.7	2785.4	1854.5	3007.1
棉花	628.7	6840.2	198.5	6668.0	7468.8	6866.5
苜蓿	549.5	10170.0	437.7	6984.9	10719.5	7422.6
西瓜	8.6	270.0	71.4	413.0	278.6	484.4
小麦	106.0	10943.1	47.5	7234.5	11049.1	7282.0
玉米	300.4	3026.5	200.4	1392.4	3326.9	1592.7
籽瓜	232.0	1858.8	84.9	600.0	2090.8	684.9
合计	1974.3	35384.5	1425.6	28999.9	37358.7	30425.4

12.5.3.3　区域耗水分析

从表 12.28 可以看出，现状年（2009 年）民勤 8 种作物总灌溉用水为 35384.5 万 m^3，利用有效降雨 1974.3 万 m^3，通过模型优化计算，8 种作物灌溉用水量为 28999.9 万 m^3，利用有效降雨 1425.6 万 m^3；现状作物总耗水 37358.7 万 m^3，模型优化后作物总耗水 30425.4 万 m^3。通过种植结构优化和灌溉制度优化减少灌溉用水 6384.6 万 m^3，减少灌区耗水 6933.3 万 m^3，占现状灌溉耗水量的 18.6%，这对于水资源极度紧缺的民勤地区具有重大的现实意义。

12.5.3.4　经济效益分析

据甘肃经济信息资料，民勤县现状年（2009 年）农业总产值为 15.94 亿元，依据本节种植成本和水价计算出农业净效益为 6.55 亿元。经模型优化后，农业总产值可达 21.93 亿元，农业净效益达 10.80 亿元。与现状年比较，农业总产值增加了 5.99 亿元，农业净效益增加了 4.25 亿元，农民人均收入增加 1607 元。说明通过种植结构优化和灌溉制度优化，大幅提高了农民的收入，这样既推动了当地经济的发展，又使当地农民获得了实惠。

综上所述，依据大系统递阶分析原理，建立了同时优化作物种植结构、作物灌溉定额和作物灌溉制度的数学模型，概念明确，求解方便，可降低问题的维数，代表了区域农业灌溉用水优化配置研究的发展方向[73]。模型的第一层采用动态规划，优化了单作物的灌溉制度，第二层采用非线性优化，优化了灌区各作物的灌溉定额和种植面积，与现状相比，在总种植面积不变的条件下，优化模型减少了区域灌溉耗水量 6933.3 万 m³，同时提高了净效益 4.25 亿元。这样既给出了研究区作物种植面积，又给出了具体的灌溉时间和灌水量，适用面比较广。通过模型的应用，不但大量节约了农业用水，而且较大幅度提高了经济效益。

参 考 文 献

[1] Siddique K，Tennant D，Perry M W，et al. Water use and water use efficiency of old and modern wheat cultivars in a mediterranean – type environment [J]. Australian Journal of Agricultural Research，1990，41（3）：431 – 447.

[2] Badran A E. Drought resistance indices and path analysis in some wheat genotypes [J]. World Applied Sciences Journal，2014，30（12）：1870 – 1876.

[3] Ruara B，Surya K G，Dhruba B T，et al. Genetic diversity and association of physio – morphological traits for drought resistance in wheat（Triticum aesitivum）[J]. Studies in Health Technology & Informatics，2015，7（6）：177 – 184.

[4] Zhang X Y，Chen S Y，Sun H Y，et al. Water use efficiency and associated traits in winter wheat cultivars in the North China Plain [J]. Agricultural Water Management，2010，97（8）：1117 – 1125.

[5] Xiao D P，Tao F L. Contributions of cultivars，management and climate change to winter wheat yield in the North China Plain in the past three decade [J]. European Journal of Agronomy，2014，52：112 – 122.

[6] Zhang X Y，Chen S Y，Sun H Y，et al. Root size，distribution and soil water depletion as affected by cultivars and environmental factors [J]. Field Crops Research，2009，114：75 – 83.

[7] Zhou Y，He Z H，Sui X X，et al. Genetic improvement of grain yield and associated traits in the Northern China winter wheat region from 1960 to 2000 [J]. Crop Science，2007，47：245 – 253.

[8] Tian Z W，Jing Q，Dai T B，et al. Effects of genetic improvements on grain yield and agronomic traits of winter wheat in the Yangtze River Basin of China [J]. Field Crops Research，2011，124（3）：417 – 425.

[9] Matus I，Mellado M，Pinares M，et al. Genetic Progress in Winter Wheat Cultivars released in Chile from 1920 to 2000 [J]. Chilean Journal of Agricultural Research，2012，72（3）：303 – 308.

[10] Austin R B，Bingham J，Blackwell，et al. Genetic improvements in winter wheat yields since 1900 and associated physiological changes [J]. Journal of Agricultural Science，1980，94（94）：675 – 689.

[11] Beche E，Benin G，da Silva C L，et al. Genetic gain in yield and changes associated with physiological traits in Brazilian wheat during the 20th century [J]. European Journal of Agronomy，2014，61：49 – 59.

[12] 王振华，张喜英，陈素英，等. 不同年代冬小麦品种产量性状和生理生态指标差异分析 [J]. 中国生态农业学报，2007，15（3）：75 – 79.

[13] Zhang X Y，Wang S F，Sun H Y，et al. Contribution of cultivar，fertilizer and weather to yield variation of winter wheat over three decades：A case study in the North China Plain [J]. European Journal of Agronomy，2013，50：52 – 59.

[14] Jones H G. Crop characteristics and the ratio between assimilation and transpiration [J]. Journal of Applied Ecology，1976，13（2）：605 – 622.

[15] Wajahatullah K，Balakrishnan P，Donald S. Photosynthetic responses in corn and soybean to foliar

application of salicylates [J]. Journal of Plant Physiology，2003，160（5）：485 - 492.

[16] Francini A，Lorenzini G，Nali C. The Antitranspirant Di - 1 - p - menthene，a potential chemical protectant of ozone damage to plants [J]. Water Air & Soil Pollution，2011，219（1）：459 - 472.

[17] Zhang X Y，Zhang X Y，LIU X W，et al. Improving winter wheat performance by foliar spray of ABA and FA under water deficit conditions [J]. Journal of Plant Growth Regulation，2016，35 （1）：83 - 96.

[18] 山仑. 植物抗旱生理研究与发展半旱地农业 [J]. 干旱地区农业研究，2002，5（1）：1 - 5.

[19] Chen S Y，Zhang X Y，Sun H Y，et al. Effects of winter wheat row spacing on evapotranspiration， grain yield and water use efficiency [J]. Agricultural Water Management，2010，97（8）：1126 - 1132.

[20] Flenet F，Kiniry J R，Board J E，et al. Row spacing effects on light extinction coefficients of corn， sorghum，soybean，and sunflower [J]. Agronomy Journal，1996，88（2）：185 - 190.

[21] 孙宏勇，刘昌明，张喜英，等. 不同行距对冬小麦麦田蒸发、蒸散和产量的影响 [J]. 农业工程 学报，2006，22（3）：22 - 26.

[22] 刘伟，吕鹏，苏凯，等. 种植密度对夏玉米产量和源库特性的影响 [J]. 应用生态学报，2010， 21（7）：1737 - 1743.

[23] 张郑伟，王䫆玮，路运才. 不同类型玉米品种产量和品质相关性状对种植密度的响应 [J]. 中国 农学通报，2015，31（27）：53 - 58.

[24] 侯旭光，冯勇. 玉米种植密度若干问题的分析 [J]. 内蒙古农业科技，1992，（6）：22 - 23.

[25] 马瑞霞，张爱芹，刘文成. 种植密度对不同类型夏玉米生产力和主要生理指标的影响 [J]. 中国 农学通报，2006，22（5）：171 - 173

[26] 吕丽华，梁双波，张丽华，等. 播期、收获期对玉米生长发育及冠层性状的调控 [J]. 玉米科 学，2015，23（6）：76 - 83.

[27] Sun H Y，Zhang X Y，Chen S Y，et al. Effects of harvest and sowing time on the performance of the rotation of winter wheat - summer maize in the North China Plain [J]. Industrial Crops & Products，2007，25（3）：239 - 247.

[28] 吕丽华，梁双波，张丽华，等. 不同小麦品种产量对冬前积温变化的响应 [J]. 作物学报，2016， 42（1）：149 - 156.

[29] Muchow W R C. Temperature and solar radiation effects on potential maize yield across locations [J]. Agronomy Journal，1990，82（2）：338.

[30] Tollenaar M，Bruulsema T W. Efficiency of maize dry matter production during periods of complete leaf area expansion [J]. Agronomy Journal，1988，80：580 - 585.

[31] Brooking I R. Effect of temperature on kernel growth rate of maize grown in a temperate maritime environment [J]. Field Crops Research，1993，35（2）：135 - 145.

[32] 杜太生. 干旱荒漠绿洲区作物根系分区交替灌溉的节水机理与模式研究 [D]. 北京：中国农业大 学，2006.

[33] Wu Y J，Du T S，Li F S，et al. Quantification of maize water uptake from ifferent layers and root zones under alternate furrow irrigation using stable oxygen isotope [J]. Agricultural Water Man-agement，2016，168：35 - 44.

[34] Du T S，Kang S Z，Zhang J H，et al. Deficit irrigation and sustainable water - resource strategies in agriculture for China's food security [J]. Journal of Experimental Botany，2015，66（8）：2253 - 2269.

[35] Kang S Z，Zhang J H. Controlled alternate partial root - zone irrigation：its physiological conse-quences and impact on water use efficiency [J]. Journal of Experimental Botany，2004，55（407）： 2437 - 2446.

[36] Kang S Z, Liang Z S, Hu W, et al. Water use efficiency of controlled alternate irrigation on root-divided maize plants [J]. Agricultural Water Management, 1998, 38 (1): 69 - 76.

[37] Kang S Z, Hu X T, Goodwin I, et al. Soil water distribution, water use, and yield response to partial root zone drying under a shallow groundwater table condition in a pear orchard [J]. Scientia Horticulturae, 2002, 92 (3): 277 - 291.

[38] 王会肖, 刘昌明. 作物光合、蒸腾与水分高效利用的试验研究 [J]. 应用生态学报, 2003, 14 (10): 1632 - 1636.

[39] Dodd I C. Ehizosphere manipulations to maximize "crop per drop" during deficit irrigation [J]. Journal of Experimental Botany, 2009, 60 (9): 2454 - 2459.

[40] 盛承发. 生长的冗余——作物对于虫害超越补偿作用的一种解释 [J]. 应用生态学报, 1990, 3 (1): 26 - 30.

[41] 张喜英. 提高农田水分利用效率的调控机制 [J]. 中国生态农业学报, 2013, 21 (1): 1 - 8.

[42] 康绍忠, 史文娟, 胡笑涛, 等. 调亏灌溉对于玉米生理指标及水分利用效率的影响 [J]. 农业工程学报, 1998, 14 (4): 82 - 87.

[43] 张喜英, 裴冬, 由懋正. 几种作物的生理指标对土壤水分变动的阈值反应 [J]. 植物生态学报, 2000, 24 (3): 280 - 288.

[44] 蔡焕杰, 康绍忠, 张振华, 等. 作物调亏灌溉的适宜时间与调亏程度的研究 [J]. 农业工程学报, 2000, 16 (3): 24 - 27.

[45] Zhang X Y, Chen S Y, Sun H Y, et al. Dry matter, harvest index, grain yield and water use efficiency as affected by water supply in winter wheat [J]. Irrigation Science, 2008, 27 (1): 1 - 10.

[46] Costa J, Ortuño M, Chaves M. Deficit irrigation as a strategy to save water: Physiology and potential application to horticulture [J]. Journal of Integrative Plant Biology, 2007, 49 (10): 1421 - 1434.

[47] Ruiz-sanchez C, Domingo R. Review: deficit irrigation in fruit trees and vines in Spain [J]. Spanish Journal of Agricultural Research, 2010, 8 (S2): S5 - S20.

[48] Goodwin I, Boland A. Scheduling deficit irrigation of fruit trees for optimizing water use efficiency [J]. Deficit Irrigation Practices, FAO Water Reports, 2002, 22: 67 - 78.

[49] Bates L M, Hall A E. Stomatal closure with soil water depletion not associated with change in bulk leaf water stress [J]. Oecologia, 1981, 50 (1): 62 - 65.

[50] Cramer M D, Hawkins H J, Verboom G A. The importance of nutritional regulation of plant water flux [J]. Oecologia, 2009, 161 (1): 15 - 24.

[51] Liang J, Zhang J, Wong M H. How do roots control xylem sap ABA concentration in response to soil drying [J]. Plant and Cell Physiology, 1997, 38 (1): 10 - 16.

[52] Dodd I C, Davies W J, Belimov A A, et al. Manipulation of soil: plant signalling networks to limit water use and sustain plant productivity during deficit irrigation - a review [J]. Acta Horticulturae, 2008, 792: 233 - 239.

[53] 梁建生, 张建华. 根系逆境信号 ABA 的产生和运输及其生理作用 [J]. 植物生理学通讯, 1998, 34 (5): 329 - 338.

[54] Heilmerier H, Schulze E D, Jiang F, et al. General relations of stomatal responses to xylem sap abscisic acid (ABAxyl) under stress in the rooting zone: a global perspective [J]. Flora, 2007, 202 (8): 624 - 636.

[55] Wilkinson S, Hartung W. Food production: reducing water consumption by manipulating long-distance chemical signalling in plants [J]. Journal of Experimental Botany, 2009, 60 (7): 1885 - 1891.

[56] Baselge Y J. Response of processing tomato to three different levels of water and nitrogen applications [J]. Acta Horticulturae, 1993, 335: 149 - 153.

[57] Avars J E, Phene C J, Hutmacher R B, et a1. Subsurface drip irrigation of row crop: A review of 15 year of research at water management research laboratory [J]. Agricultural Water Management, 1999, 42 (1): 1 - 27.

[58] 陈秀香, 马富裕, 方志刚, 等. 土壤水分含量对加工番茄产量和品质影响的研究 [J]. 节水灌溉, 2006 (4): 1 - 4.

[59] Zhang X Y, Wang Y Z, Sun H Y, et al. Optimizing the yield of winter wheat by regulating water consumption during vegetative and reproductive stages under limited water supply [J]. Irrigation Science, 2013, 31 (5): 1103 - 1112.

[60] 杨静, 王玉萍, 王群, 等. 非充分灌溉的研究进展及展望 [J]. 安徽农业科学, 2008, 36 (8): 3301 - 3303.

[61] 石培泽, 马金珠. 干旱区节水灌溉理论与实践——武威市农业灌溉综合节水科学试验 [M]. 兰州: 兰州大学出版社, 2004.

[62] Shangguan Z P, Shao M A, Horton R. A model for regional optimal allocation of irrigation water resources under deficit irrigation and its applications [J]. Agricultural Water Management, 2002, 52 (2): 139 - 154.

[63] 郭宗楼. 灌溉水资源最优分配的 DP - DP 法 [J]. 水科学进展, 1994, 5 (4): 303 - 308.

[64] 崔远来, 李远华. 作物缺水条件下灌溉供水量最优分配 [J]. 水利学报, 1997, 6 (3): 37 - 42.

[65] 常兆丰, 韩福贵, 刘克峰. 民勤县节水型农业系统优化模型分析 [J]. 农业系统科学与综合研究. 2010, 26 (2): 227 - 231.

[66] 张翠芳, 牛海山. 民勤三项农业节水措施的相对潜力估算 [J]. 农业工程学报, 2009, 25 (10): 7 - 12.

[67] 安智海, 叶静颖. 生态环境脆弱地区的旅游开发——以甘肃省民勤县为例 [J]. 资源环境与发展, 2009 (2): 41 - 45.

[68] 佟玲. 西北干旱内陆区石羊河流域农业耗水对变化环境响应的研究 [D]. 杨凌: 西北农林科技大学, 2007.

[69] 李霆. 石羊河流域主要农作物水分生产函数及优化灌溉制度的初步研究 [D]. 杨凌: 西北农林科技大学, 2005.

[70] 康绍忠, 粟晓玲, 杜太生, 等. 西北旱区流域尺度水资源转化规律及其节水调控模式——以甘肃石羊河流域为例 [M]. 北京: 中国水利水电出版社, 2009.

[71] 武威市统计局. 2004—2005 武威市统计年鉴 [M]. 兰州: 甘肃科学技术出版社, 2006.

[72] 王锋, 康绍忠, 王振昌. 甘肃民勤荒漠绿洲区调亏灌溉对西瓜水分利用效率、产量与品质的影响 [J]. 干旱地区农业研究, 2007, 25 (4): 123 - 129.

[73] 张长江, 徐征和, 负汝安. 应用大系统递阶模型优化配置区域农业水资源 [J]. 水利学报, 2005, 36 (12): 1480 - 1485.

第13章

基于作物生命需水信息的高效用水
调控技术与产品研发及应用

　　中国农业节水的最大潜力在田间，通过各种田间节水措施提高作物水分生产率是节水农业发展的关键，也是节水灌溉发展的基础。田间是水分转化的场所，灌溉水输送到田间转化为土壤水后才能为作物所利用，最终转化为经济产量。作物吸收的水分中仅有1%～2%用于作物器官的形成，其他绝大部分水分以叶片蒸腾和棵间蒸发的方式向大气散失，因此作物蒸发蒸腾是农业生产耗水的主要形式。从当前世界发达国家农业节水的发展趋势来看，传统的仅仅追求单产最高的丰水高产型农业正在向节水高效优质型农业转变，作物灌溉也由传统的丰水高产型灌溉向节水优产型非充分灌溉转变[1]。目前人们已更多地考虑如何挖掘作物自身的生理节水潜力和创造高效用水环境，即利用作物遗传和生态生理特性以及干旱胁迫信号 ABA 的响应机制，通过时间（生育期）或空间（水平或垂直方向的不同根系区域）上的主动根区水分调控，减少田间蒸发蒸腾损失，以达到节水、高效、优质的目的[2,3]。基于作物生命需水信息的高效用水调控理论与技术正是实现上述目标的重要基础和有效途径[4,5]。

13.1　基于作物生命需水信息的作物高效节水调控技术与产品研究体系

　　要实现基于作物生命需水信息的作物高效节水调控技术，需要作物生命需水信息采集、作物生命需水指标、水分-产量-品质-效益综合调控、灌溉预报、生理调控制剂、田间灌溉技术、决策支持系统等各方面技术的耦合与集成，如图 13.1 所示。

　　（1）作物生命需水信息采集与估算方法的筛选及改进。综合比较不同尺度作物生命需水信号采集与估算的涡度相关法、波文比-能量平衡法、遥感监测法、茎液流＋棵间蒸发测定法、水量平衡法、作物系数法以及理论模拟法，确定各种方法在不同类型区的应用条件，改进现有监测和估算方法，选择适合不同类型区、不同尺度条件下作物生命需水信

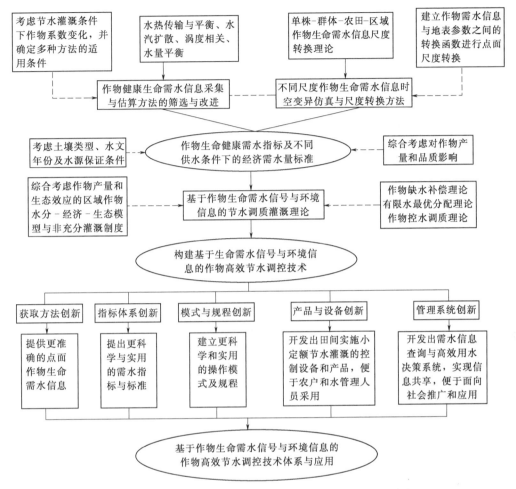

图 13.1　基于作物生命需水信息的作物高效节水调控技术示意图

息采集与估算的最优方法以及节水灌溉条件下作物生命需水量的估算方法[5]。

（2）作物生命需水信息的时空变异特征与尺度转换技术。根据不同尺度下作物生命需水信息的时空变异特征，在 GIS 支持下基于 DEM 获取宏观地形因子（经度、纬度、高程）和微观地形因子（坡度、坡向、遮蔽度），采用空间插值法完成各气象因子栅格数据库的建立，在此基础上分析气象因子、地形因子与作物生命需水信息之间的定量关系；考虑尺度效应的作物生命需水信息采样策略，确定合适的观测尺度，制定不同尺度条件下作物生命需水信息采样时间间隔和采样站点的空间分布；建立不同尺度、不同下垫面条件的作物需水转换方法。

（3）节水灌溉条件下作物生命需水指标与经济需水量标准。利用先进的实验设施与土壤、作物、气象观测手段，通过节水灌溉条件下作物需水量试验研究，获取主要大田作物与特色经济作物节水灌溉条件下的生命需水过程、需水量指标体系以及保障一定产量水平和品质标准的不同生育阶段最低需水量；制定不同类型区、不同水文年份、不同供水保证率下主要农作物的经济需水量标准[6]。

（4）作物水分-产量-品质-效益耦合模型与节水调质高效灌溉模式。从作物水分-品质响应的生理机制出发，在筛选水分敏感型品质参数基础上，综合考虑"优质优价"和不同农产品消费终端的"品质期望"与潜在市场价值，通过精量实时亏缺灌溉调控作物体内的信息流动，进而调控果实品质。将水分调控对品质指标的影响定量化，建立作物水分-品质-产量-效益综合模型，从而保证一定产量前提下以较少的耗水量生产出更高质量的农产品。结合节水指标、产量指标与经济效益指标，确定不同指标合理的权重（隶属度），借助熵权理论、灰色关联度分析、层次分析、模糊数学等方法建立定量化的灌溉决策模式，形成节水调质高效灌溉模式[7]，从而在保证一定产量的前提下以最低的耗水量生产出最高质量农产品，最终使农户获得较高的经济效益。

（5）数字化主要作物生命需水量信息管理系统。构建不同类型区、不同水文年份主要农作物生命需水量数据库与不同供水条件下的作物经济需水量数据库、不同类型区参考作物需水量计算模型库、主要农作物节水条件下作物生命需水量计算模型与作物、气象、土壤等参数库；运用 GIS 划定各分析单元，选择典型计算代表点，构建数字化主要农作物需水量等值线图及其网上查询与信息管理系统，实现主要作物生命需水信息管理与查询。

（6）适于田间小定额高效节水灌溉的施灌控制技术与设备。依据作物生命需水要求，实现作物高效灌溉的技术包括：大田宽行作物（棉花、玉米）、果树与蔬菜细流沟灌及大田密植作物交替隔畦灌方式下的灌水技术参数与实施技术；柔性和硬性多出口输水管、脉冲沟灌发生器等配套灌水器材；减少灌溉后土壤蒸发的制剂或产品；开发和改进适合大田小定额灌溉的透水软管、负压灌溉渗水管；开发针对温室作物、经济作物水肥一体化的微灌技术与设备等。

（7）智能式高效节水灌溉信息管理与预报器。筛选可以较为真实地模拟植物叶片失水的材料，研制面向农户的简便式高效节水灌溉预报器，确定不同作物各个生长时期内的高效节水灌溉预警阈值；开发基于先进的现代掌上电脑（PDA）、面向灌区基层技术与管理人员的智能式高效节水灌溉信息管理与预报器，服务于农业生产。

（8）基于作物生命需水信息的高效节水灌溉决策支持系统。以全国灌溉试验数据库为基础，筛选确定主要农作物的水分生产模型系统；研制高效节水灌溉条件下适合不同区域的土壤墒情及作物水分预报模型系统；构建不同尺度下作物需水信息的耦合识别及其定量模型，研究基于多指标智能决策技术和 GIS 支持下的非充分灌溉优化决策软件；以互联网为依托，采用专家系统构建技术和面向对象的语言，进行软件的二次开发与应用系统集成，形成一套基于网络、方便用户使用的作物高效节水灌溉决策支持系统。

在基于生命需水信息的作物高效节水调控技术中还需要考虑如下问题：①作物需水信息的株间差异；②作物根系生长微环境的变化；③作物需水信息指标在不同水文年份表达的差异；④区域多种植物组合后的需水信息的表达；⑤作物需水信息在区域节水调控中的应用。对作物生长冗余调控理论、作物缺水补偿效应理论、作物控水调质理论和作物有限水量最优配置理论体系需要进行系统深入研究，如作物生长冗余调控理论中作物各阶段最适宜生长量及其与水分的关系、作物优化群体布局与根冠关系等；作物缺水补偿效应的最优控制阶段与控制水平；作物控水调质理论中品质与各阶段的水分供应的关系和水分控制技术；作物有限水量最优配置理论的作物水分关系以及优化方法等。通过上述问题的解决将实现基于生命需水信息的作物高效节水调控理论的创新与突破[5]。

13.2 用于作物高效用水调控的非充分灌溉预报器

精确实施农田灌溉对提高灌溉用水效率有重要意义。基于作物生命需水信息的高效用水技术实施依赖于作物水分状况的准确预报,特别是让灌溉管理人员和灌溉实施者掌握农田水分动态和作物用水规律。在实施灌溉管理过程中,灌溉管理人员和用户面对形势不同,需要不同决策手段满足灌溉决策需求,据此开发了面向管理人员和用户的智能式非充分灌溉预报器。面向管理人员的智能式非充分灌溉预报器具有灌溉预报和数据库查询功能;面向用户的非充分灌溉预报器,提供基于土壤水势的非充分灌溉自动控制装置,可以设定不同目标水势,并且可同时控制土壤水分上下限,无须考虑不同土壤质地的差异,不需要设定灌水时间,可有效避免因灌水过量而造成的水分损失和肥料淋失。

13.2.1 面向灌区管理人员的智能式非充分灌溉预报器

面向灌区管理人员的非充分灌溉预报器包括节水宣传、数据查询、灌区量水、作物需水量、灌水方法和非充分灌溉预报决策等构成,如图 13.2 所示。其中非充分灌溉预报决

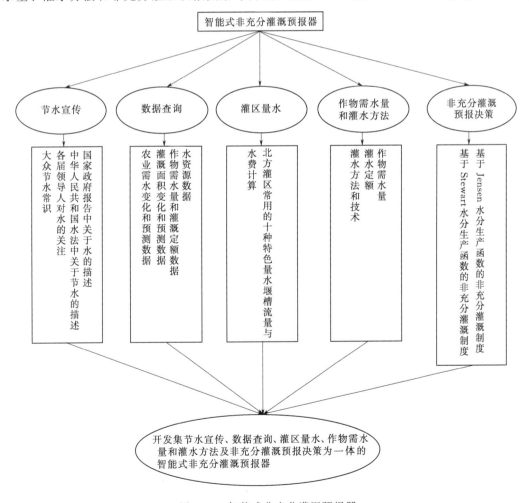

图 13.2 智能式非充分灌溉预报器

策是预报器的核心，包括利用双作物系数法计算非充分灌溉条件下的作物需水量[8]，以及通过农田水量平衡方程进行灌溉决策预报。通过选择和输入系统界面要求参数，可计算出当前土壤含水率，向用户提示是否需要灌水以及灌水量；另外还可判断微灌条件下灌水周期的长短，提示用户是否需要调整计划土壤湿润层的深度。数据查询部分包括计算所需的气象参数，各类土壤水分常数和蒸发参数，由作物种类、灌水方式、生育阶段的不同组合确定土壤计划湿润层、土壤上下限含水量等。

数据查询内容充实、结构清晰，易于查阅和查询，包括水资源数据、作物需水量和灌溉定额数据、灌溉面积变化和预测数据，以及农业需水变化和预测数据等，如图 13.3 所示。

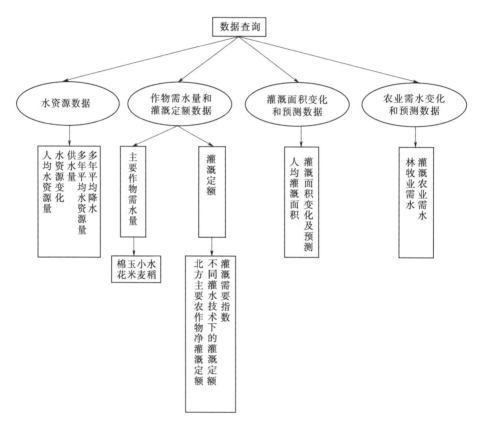

图 13.3　数据查询内容结构

在灌区量水子系统中提供了北方灌区常用十种特色量水堰槽流量计算和水费计算。操作人员根据界面上的参数要求输入值，具体流量和水费计算如图 13.4 所示（此流程图适用于其他堰槽流量和水费计算）。在计算流量时，当参数输入不符时，会出现错误提示，包括无输入值的"请输入值"提示框、输入值为非数值的"输入值中有非数字"和有些参数输入不能为零的"输入值不能为零"提示框，单击"确定"按钮后，先前的输入值清空，参数输入框重新获得焦点，等待再次输入。

非充分灌溉预报器根据基于农田水量平衡函数的决策支持以及不同参数，可实现通过

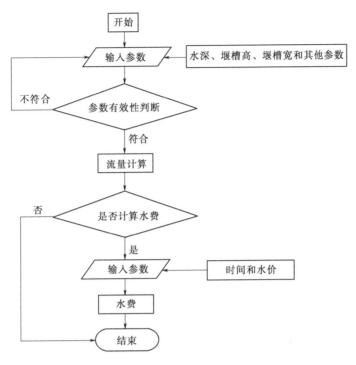

图 13.4　灌区量水流量和水费计算流程简图

人机对话界面对模型进行选择，同时还要对不同农作物所对应的不同数据进行输入，实现快速决策。本系统采用 PDA 手持式设备作为硬件环境。不同于 PC 个人电脑，PDA 手持式设备将程序及其数据全部存储在内存中。PDA 设备具有诸多优点：PDA 设备方便携带与钱包一样大小可以随身携带，且 PDA 设备启动快速可以即时完成任务；PDA 设备可以方便记事，其内含的待办事项、通讯录、便签等功能可以满足商务人士的需要；目前，最新的 PDA 设备甚至可以使用 Skype 软件进行电话通信；PDA 的功能增强，存储容量增大，运算速度加快，也保证了在 PDA 上存储大量数据并开发决策支持系统是可行的。非充分灌溉预报器应用过程中各功能的界面情况如图 13.5 所示。开机后，单击"开始"下拉菜单，选择"非充分灌溉预报器"一项，即可启动灌溉预报器开始界面。

面向灌区管理人员的非充分灌溉预报器的数据查询功能，包括一年中每日气象数据：日平均最高气温（T_{max}）、最低气温（T_{min}）、日平均最高相对湿度（RH_{max}）、日平均最低相对湿度（RH_{min}）、h 米高的平均风速（u_h）、日照时数（n），海拔高度（Z）、纬度（φ）以及降雨量（P）和灌水量（I）。包括由作物种类-灌水方式-生育阶段相对应确定的各参数以及不同质地土壤的不同参数。使用者可以方便快捷地查询到相关数据表格。查询时可通过单击模块主界面上树形目录的各子条目，即可进入相应的数据查询表格界面。

灌溉决策部分是非充分灌溉预报器的重要功能，进行灌溉决策目的是根据不同地区气象条件、土壤条件、作物种类等来指导该地区高效利用灌溉水，预报土壤水分状况、判断灌水时间，使缺水对作物造成的影响降到最低，并尽可能减少灌溉用水量。基于 PDA 决策支持

预报器开始界面

预报器主界面

节水宣传界面

数据查询界面

灌溉预报界面

相关法规界面

图 13.5　非充分灌溉预报器各功能界面示意图

子系统具有决策迅速准确、携带容易、操作简便等优点，非常适合在农业生产一线的工作者和技术人员使用。对于决策支持子系统采用目前决策支持系统常用的基于逻辑的 DSS 结构，主要包括数据析取、模型存储、决策过程控制以及人机对话部分。用户通过选择作物种类、灌水方式等信息，并输入海拔高度、作物高度等信息便可以进行决策预报。此时，本系统读取数据库中的数据并进行计算，最终显示计算结果。非充分灌溉预报器灌溉预报流程如图 13.6 所示，非充分灌溉预报器灌溉预报参数输入和结果实例如图 13.7 所示。

　　作物灌溉制度的优化，是以作物水分生产函数为依据，寻求有限水量在作物生育阶段的最优分配（本节指产量最大），分别以 Jensen 乘法模型和 Stewart 加法模型为基础构造的目标函数进行模型求解及比较。以作物水分生产函数 Jensen 乘法模型和 Stewart 加法模型为基础构造目标函数，运用动态规划和线性规划方法，建立了非充分灌溉条件下冬小麦、春小麦、棉花和夏玉米的优化灌溉制度，解决了可供水量在各生育期合理分配的问题；编制了可视化的程序界面，只要输入不同地区程序界面所需的相关参数，就可制定出适合于该地区的优化灌溉制度，操作简单，具有适用性。优化灌溉制度可指导供水量优先在作物关键需水期灌水，而且灌水量相对较大以满足相应生育阶段的需水；在满足了关键需水期的需水后，再考虑次关键需水期，依次类推。优化灌溉制度还可指导在不同的缺水程度下如何在时间上分配水量，以使减产量最小，且可直接估计减产损失。根据优化灌溉制度绘制的供水量和相对产量图可以得到任何在充分供水量之内相对应的相对产量值。

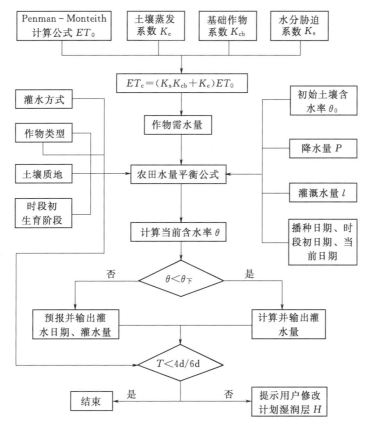

图 13.6　非充分灌溉预报器灌溉预报流程

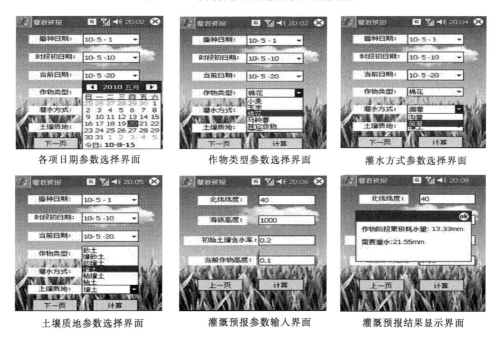

图 13.7　非充分灌溉预报器灌溉预报参数输入和结果实例

图 13.8 所示为非充分灌溉制度推理决策图,具体步骤:①首先选择模型,根据模型的不同,选择不同的求解方法;②模型选定后,对研究的作物选择,该系统提供了北方常见的四种农作物;③选定作物类型后,根据界面要求输入参数,包括:水量数据、作物数据、气象数据、水文数据、土壤数据;④参数输入后,根据编制的系统进行决策,最后得出有限水量在作物生育阶段的最优分配。

13.2.2 面向农户的简易式非充分灌溉预报器

非充分灌溉技术是在缺水条件下以追求作物水分利用效率最高、兼顾作物产量与品质的现代节水灌溉技术。该技术推广的关键是要有一种能够有效控制土壤水分上下限的灌水方法。相对于土壤体积含水量或重量含水量,土壤基质势被普遍认为更能表征土壤水分对于作物的有效性。因而,为了农户方便应用,可以通过控制土壤基质势的上下限来控制土壤水分的上下限,用于田间非充分灌溉预报和自动控制灌溉。

13.2.2.1 依据土壤基质势的非充分灌溉预报和控制方法

依据土壤基质势的变化,通过一定方法和装置,可以实现当土壤基质势达到预设值时,开始和停止灌溉,达到灌溉预报和自动控制的目的,可通过下述步骤实现(具体流程如图 13.9 所示)。

(1)利用连接电接点压力表的张力计测量土壤基质势大小。

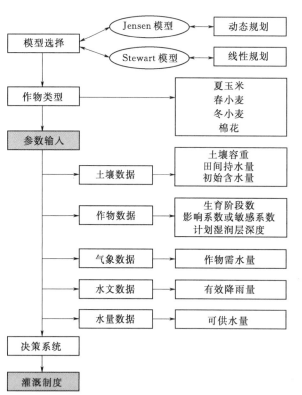

图 13.8 非充分灌溉制度推理决策图

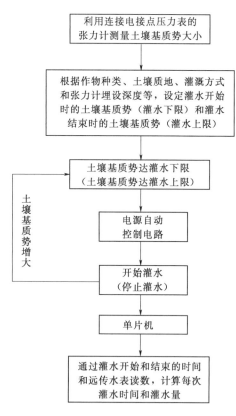

图 13.9 依据土壤基质势的非充分灌溉预报和控制方法示意图

（2）根据作物种类、土壤质地、灌溉方式和张力计埋设深度设定灌水开始时的土壤基质势（灌水下限）和灌水结束时的土壤基质势（灌水上限）；灌水下限和灌水上限的值，可根据田间试验资料或参考相关资料，将其编成纸质表格或存储于单片机中供使用者使用。

（3）随着作物耗水，土壤基质势逐渐减小，当土壤基质势达到灌水下限时，通过电源自动控制电路，开始灌水，并通过单片机记录开始灌水时间和远传水表读数。

（4）随着灌水进行，土壤基质势增大，当土壤基质势达到灌水上限时，通过电源自动控制电路，停止灌水，并通过单片机记录停止灌水时间和远传水表读数。

（5）根据记录的开始灌水和停止灌水的时间及远传水表读数，计算出每次灌水时间和灌水量。设作物全生育期灌水次数为 n，第 i 次灌水开始时间为 t_{i1}，灌水结束时间为 t_{i2}，灌水开始时远传水表读数 W_{i1}，灌水结束时远传水表读数 W_{i2}，则第 i 次灌水时间 $t_i = t_{i2} - t_{i1}$，灌水量为 $W_i = W_{i2} - W_{i1}$。

13.2.2.2　依据土壤基质势的非充分灌溉预报装置

面向农户依据土壤基质势的灌溉预报和控制装置包括陶土头、连接管、集气管、橡皮塞、电接点压力表、电源自动控制电路、单片机和远传水表等（图 13.10）。该装置可以实现灌溉预报和自动控制，尤其对于非充分灌溉技术，可以通过电接点压力表上的旋钮，简单快捷地设定作物不同生育期的土壤基质势，并且通过单片机和远传水表，获得灌水时间、每次灌水量、总灌水量，为田间灌溉科学试验和科学灌溉管理提供依据。装置可以满足不同用户的需求，如果用户只需要实现灌溉预报和自动控制，则不需要安装远传水表和单片机，直接使用张力计、电接点压力表和电源自动控制电路就可以实现；如果用户需要灌溉时间、每次灌水量、总灌水量等数据，例如水管部门需要依据灌水量收取水费，田间灌溉试验需要知道作物全生育期的灌水定额、灌溉定额等资料，则需要在灌溉预报和自动控制的基础上利用远传水表和

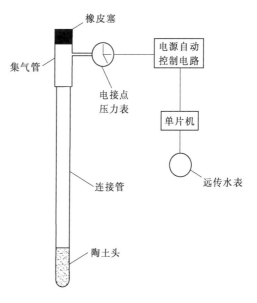

图 13.10　依据土壤基质势的非充分灌溉预报和控制装置

单片机，实现灌水资料自动获取的功能。该系统结构简单、设计灵活、成本低、使用维护简便、可以根据用户需求进行设计。

13.2.2.3　依据土壤基质势实现自动灌溉控制

依据土壤基质势的非充分灌溉预报和自动灌溉控制装置包括两部分：水泵启动与停止、灌水时间与灌水量自动获取装置。水泵启动与停止自动控制装置主要由接触器和继电器组成，与电接点压力表和水泵连接，实现灌水的自动控制和给单片机发送信号的功能。灌水时间与灌水量自动获取装置主要由单片机、液晶显示和远传发讯水表组成。通过单片

机设计的程序，根据水泵的启动与停止，记录灌水开始时间和灌水结束时间，得出灌水持续时间；根据远传发讯水表的干簧管发出的脉冲信号获取每次灌水开始水表读数和灌水结束水表读数，得出每次灌水量。通过单片机上的按钮和液晶显示屏，用户可以查询灌水开始时间、灌水结束时间、灌水持续时间、灌水开始水表读数、灌水结束水表读数和每次灌水量。

根据使用张力计进行灌溉预报和控制的方法，及电接点压力表的特点，设计的自动灌溉控制系统如图13.11所示。首先依据作物适宜的土壤基质势，通过电接点压力表上的调节旋钮设定灌水下限和上限。当需要手动控制时，开关SA与手动接点接通，需要灌水时按下开关SC，交流接触器KM线圈带电，常开接点KM闭合自锁，交流接触器KM的主触点闭合，电源电路接通开始灌水，当需要停止灌水时，将开关SB断开即可。当使用自动控制时，开关SA与自动接点接通，随着作物耗水，土壤基质势逐渐减小，电接点压力表的指针逆时针转动，当土壤基质势达到设定的灌水下限时，中间继电器KA1线圈带电，常开接点KA1闭合，交流接触器KM线圈带电，常开接点KM闭合，交流接触器KM主触点闭合，电源电路接通，水泵开始工作，配电箱上的绿灯亮。当水泵工作时，与水泵电路连接的单片机自动记录灌水开始时间，灌水开始时远传水表读数。随着灌水的进行，土壤基质势开始增大，电接点压力表的指针顺时针转动，当土壤基质势达到设定的灌水上限时，中间继电器KA2线圈带电，常闭接点KA2断开，交流接触器KM线圈失电，接触器主触点断开，电源电路断开，水泵停止工作，配电箱上绿灯熄灭。当水泵停止工作时，

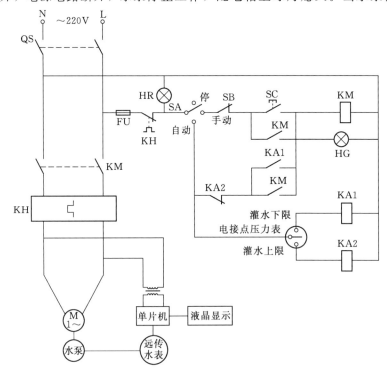

图 13.11　依据土壤基质势实现自动灌溉控制系统图

SA、SB、SC—开关；KM—交流接触器；KA—中间继电器

与水泵电路连接的单片机自动记录灌水结束时间，灌水结束时远传水表的读数。

另外，可以利用霍尔接近开关对电接点压力表进行改进，将电接点压力表由高压触点控制，转变成低压无触点控制，从而发挥霍尔接近开关优点，提高灌溉预报和控制的安全性和稳定性。改进的方法是在电接点压力表的上下限指针上分别固定两个霍尔接近开关，在压力表的指针上固定霍尔接近开关的磁铁。压力表的指针到达灌水下限处的霍尔接近开关，指针上磁铁的磁场作用于传感器，导通半导体，霍尔接近开关处于开的状态。随着灌水进行，土壤基质势增大，当土壤基质势达到灌水上限时，压力表的指针到达灌水上限处的霍尔接近开关，指针上磁铁的磁场作用于传感器，导通半导体，霍尔接近开关处于开的状态，利用自动控制电路或单片机即可控制水泵停止灌水。考虑到霍尔接近开关磁力对水表读数影响，在进行霍尔接近开关选择时，选择磁力强度偏小的接近开关，减小磁铁吸力影响。利用改装后的压力表测量张力计中的压力来实现自动控制具有使用寿命长、结构简单、无火花干扰、无转换抖动、无触点磨损和抗干扰能力强等优点。

通过单片机、远传水表、液晶屏实现灌水时间与灌水量的自动获取。单片机利用远传水表发出的脉冲信号记录通过水表的水量，根据水泵的启停信号自动记录灌水开始时间和灌水结束时间。并且通过与单片机连接的液晶屏显示灌水开始时间、灌水结束时间、每次灌水时间及灌水开始时水表读数、灌水结束时水表读数、每次灌水量，用户可以利用单片机上的按钮进行查询。另外，在使用装置前还可以利用串口进行时间、水表读数的初始化设置。远传水表的原理是，紧贴其玻璃表面上安装有水表传感器，在水表读数表盘上安装有感应指针。工作时，感应指针每转一周，通过无源器件组成的双稳态磁开关电路，输出一个开关信号，反映通过水表的水量。单片机根据远传水表发出的脉冲信号，记录通过水表的水量。通过电源电路的开闭，向单片机发送开闭信号，并记录电源电路开闭时的时间和水表读数，即灌水开始和结束时的时间及水表读数，单片机计算并通过液晶显示屏显示灌水时间和灌水量。

本装置的优点是：①通过监测土壤基质势来反映作物的缺水程度，受土壤质地影响较小且更加直观；②对于非充分灌溉技术，可以通过电接点压力表上的旋钮，简单快捷地设定作物不同生育期的土壤基质势，实现非充分灌溉预报和控制；③系统结构简单、设计灵活、成本低、使用维护方便、可以满足多种用户需求。

13.3　基于网络的作物高效用水调控非充分灌溉决策支持系统

用于作物高效用水调控的非充分灌溉决策支持系统在国外研究与应用开始于 20 世纪 70 年代末[9]。一个完整的节水灌溉管理决策支持系统应包括模拟土壤-作物-大气系统水分过程的模型库；支持模型运算必需的各种静态和动态数据库；反映不同地区自然生态条件等作物栽培和用水管理经验知识以及具有知识推理机制的知识库；使系统结构更加清晰，为求解模型提供算法的方法库系统，用于各系统间传送、转换命令和数据；为灌溉用水管理者参与制定决策、提供知识咨询的人机友好界面等。为满足全球信息化的要求，该系统必须在 Internet/Intranet 环境中进行发布和共享。实现这样的功能要集成计算机技术、3S 技术、人工智能、人工神经网络、多媒体、数据挖掘技术、数据仓库技术和网络技术等。目前,国内外的非充分灌溉预报与决策支持系统研究及其应用软件的开发还远远未能综合应用这些技术达到多重功能,这些技术将随着计算机、运筹学、统计学等学科发展而不断发展,同时伴随非充分灌溉理论的发展而不断深入。因此,有理由相信,基于土壤水分、作物水分和气象信息的智能化非充分灌溉预报及其决策支持系统的发展与应用前景将非常广阔。

研发的基于网络技术的非充分灌溉决策支持系统根据网络技术原理,选择 TCP/IP 协议组建网络,采用 B/S(Browser/Server)体系结构,运用 ASP 技术,应用动态链接库的技巧,选用 Microsoft SQL Server 作为数据库管理系统,使用 VBScript、Visual Basic 6.0 等语言编程,实现了基于网络技术的非充分灌溉决策支持系统的各个功能[10]。本系统是由数据库管理系统和模型库管理系统组成(图 13.12)。数据库管理系统主要包括三个数据库(气象数据库、水资源数据库、灌溉数据库)。其数据包括全国 400 个基本气象站 1950—2000 年逐日气象资料,山西、陕西、河北和河南 4 省共 32 个灌溉试验站的冬小麦、夏玉米、棉花及部分经济作物从 1953—1989 年的灌溉制度试验资料,1990—2000 年

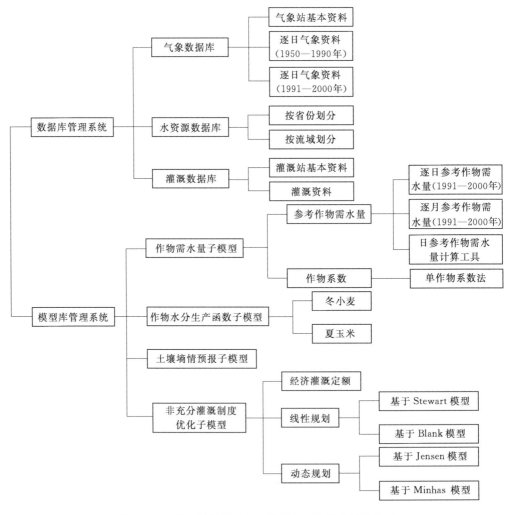

图 13.12　基于网络的非充分灌溉决策支持系统结构图

的水资源公报资料。模型库管理系统主要包括四个模型库（作物需水量子模型、作物水分生产函数子模型、土壤墒情预报子模型、非充分灌溉制度优化子模型）。该系统应用于非充分灌溉研究中，可显著提升农业节水技术含量，有利于促进节水农业的产业化发展，同时也为网络技术和计算机技术等高新技术在农业节水领域的应用打下了基础。

13.3.1　数据库管理系统

数据是减少决策不确定因素的根本所在，是决策支持系统（DSS）的基础，数据资料不但可提供查询功能，而且可提供给模型库管理系统作为模型调式的依据。因此，资料的收集与整理显得尤为重要。基于网络技术的非充分灌溉决策支持系统数据库由气象数据库、水资源数据库和灌溉数据库组成。数据库中收集的资料经过数据的完整性、有效性及可靠性检验之后，存储在服务器的 SQL Server 数据库中。

13.3.1.1　数据库分类

1. 气象数据库

气象数据库收集了全国 400 个气象测站 1950—2000 年的逐日气象资料及测站基本资料。气象站基本资料包括气象站的测站代码、测站名称、省名、经度（东经）、纬度（北纬）、海拔等资料。图 13.13 为客户端查询气象站基本资料查询界面。逐日气象资料包括测站代码、测站名称、经度（东经）、纬度（北纬）、海拔、年、月、日、日平均气压、日均蒸发量、日均日照时数、日降水量、日积雪深度、日均气温、日均水汽压、日均风速等资料。

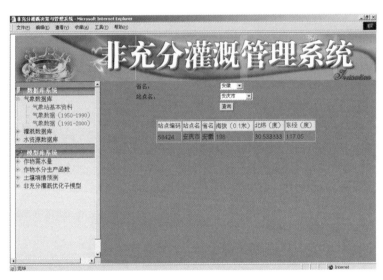

图 13.13　客户端查询气象站基本资料查询界面

2. 灌溉数据库

灌溉数据库收集了山西、陕西、河北和河南 4 省共 32 个灌溉试验站的灌溉站基本资料及 1953—1988 年各个灌溉试验站不同阶段的小麦、玉米、棉花和部分经济作物不同生育期的灌水量、耗水量、产量等灌溉实验资料，用于作物水分生产函数子模型的计算。

灌溉试验站基本资料包括站点编码、站点名、省名、经度（东经）、纬度（北纬）、多年平均气温、多年平均蒸发、土质、田间持水量、土壤容重、有机质含量、全氮量、全钾量、全磷量、含盐量、地下水埋深、地下水矿化度等资料。图 13.14 为客户端查询灌溉试验站基本资料查询界面。

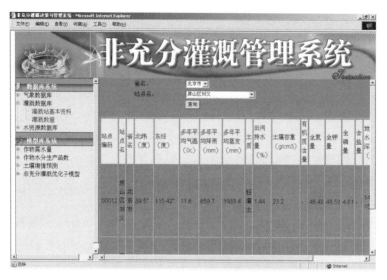

图 13.14　客户端查询灌溉试验站基本资料查询界面

灌溉试验资料包括省名、测站代码、测站名称、作物名称、年份、处理、生育期名称、开始年份、开始月份、开始日期、结束年份、结束月份、结束日期、生育期天数、降雨量、测量月份、测量日期、土壤湿度、灌溉月份、灌溉日期、灌水定额、耗水量、产量、方法等资料。图 13.15 为客户端查询灌溉试验资料查询界面。

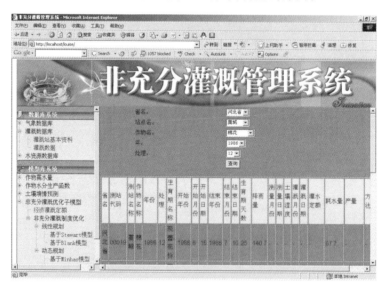

图 13.15　客户端查询灌溉试验资料查询界面

3. 水资源数据库

水资源数据库收集了 1994—2001 年全国 31 个省（自治区、直辖市），九个流域的水资源量、蓄水动态、供需水量、地表水体水质等资料。该数据库设计为可按省份查询或按流域划分查询上述内容。图 13.16 为服务器上数据库管理系统（Microsoft SQL Server 2000）中水资源数据库界面。当按流域方式查询时，数据库中收集了我国水资源一级分区共 9 个流域的数据资料。其中有北方五个流域（松辽流域、海河流域、淮河流域、黄河流域、西北诸河流域），南方四个流域（长江流域、珠江流域、东南诸河流域、西南诸河流域）。当按省份方式查询时，数据库中收集了中国除香港特别行政区、澳门特别行政区和台湾省以外的 31 个省（自治区、直辖市）的数据资料。

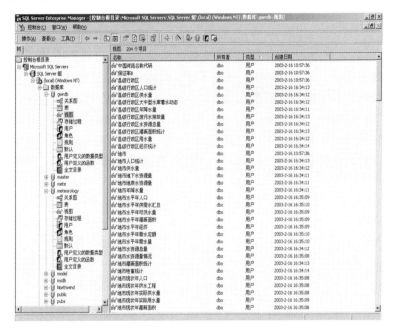

图 13.16　非充分灌溉决策支持系统水资源数据库界面

数据库中的资料可分为四个主要方面：水资源量、蓄水动态、供需水量和地表水体水质。其中，水资源量包括地表水资源量、地下水资源量、年降水量，蓄水动态包括大中型水库蓄水动态，供需水量包括水平年可供水量、水平年需水量、水平年需水定额，地表水体水质包括河流水质、省界水体水质、湖泊水库、水库水质、废污水排放量等。

13.3.1.2　数据库结构设计

根据数据库设计方法要求，非充分灌溉决策支持系统数据库结构采用规范化的设计，统一代码和编码。数据库由各种表和文档组成，如根据气象数据库分类，具体结构见表 13.1。字段名采用英文名称的缩写，数据类型主要有字符型、数值型、日期型等。允许空，表示该字段是否允许缺省，表中关键字不允许缺省。其他各数据库的结构与气象数据库分类相似。

非充分灌溉决策支持系统选用 Microsoft SQL Server 2000 作为数据库管理系统。结构化查询语言（SQL）Server 数据库管理系统是一种完全的客户机/服务器系统。在这种计算模式下，大量的数据库操作是在服务器端进行的，这种操作减少了网络上的负载，从而使网络传输量大大减少，提高网络的使用效率。因此，数据库管理系统（DBMS）的运行速度不受工作站速度的制约。同时，SQL 企业管理器（SQL enterprise manager）是基

表 13.1   非充分灌溉决策支持系统气象数据库结构表

字段名	数据类型	长度	允许空	中文简称	说明
Sitecd	Char	5	N	测站代码	关键字
Sitenm	Nvarchar	255		测站名称	
Addvnm	Nvarchar	255		省名	
Nlat	Numeric	9		北纬	
Elong	Numeric	9		东经	
Elev	Numeric	9		海拔	

于 Windows 的可视化管理和监控平台，利用它可以很方便地管理数据库资源、用户活动、服务器配置和数据库备份等。而 SQL Server 增强的内置数据复制为在整个组织机构内分布准确的信息提供了一个强大且可靠的方式，不仅可以复制给 Microsoft SQL Server 数据库，也可以复制给 DB2、Oracle、Sybase 和 Microsoft Access。同时，Microsoft SQL Server 数据库管理系统与其他数据库管理系统相比，其为开发人员提供了更大的灵活性、更精确的数据和对系统资源更有效的使用。图 13.17 为非充分灌溉决策支持系统数据库管理系统结构图。

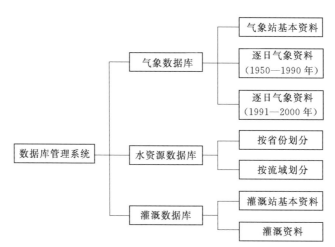

图 13.17 非充分灌溉决策支持系统数据库管理系统结构图

13.3.2 作物需水量确定

13.3.2.1 逐日和月参考作物需水量

作物需水量的正确估算对非充分灌溉决策支持系统显得尤为重要。近年来，国内外普遍推荐采用的方法是首先利用气象因子计算参考作物需水量，然后再用作物系数来修正得到作物某生育阶段的实际作物需水量。参考作物需水量（reference crop evapotranspiration），ET_0 为一种假想的参考作物冠层的蒸发蒸腾速率，假设作物高度为 0.12m，固定的叶面阻力为 70s/m，反射率为 0.23，非常类似于表面开阔、高度一致、生长旺盛、完全覆盖地面而不缺水的绿色草地的蒸发蒸腾速率[11]。参考作物需水量只与气象因素有关，一般采用经验公式或半理论半经验公式估算。计算参考作物需水量的方法很多，如辐射法、彭曼公式法（Penman 法）、彭曼-蒙蒂斯公式法（Penman - Monteith 法）、蒸发皿法等。本决策系统选用联合国粮食与农业组织（Food and Agriculture Organization of the U-nited Nations，FAO）出版的《灌溉与排水分册》第 56 册中（FAO-56）推荐的 Penman-Monteith 公式计算逐日和逐月参考作物需水量。Penman-Monteith 使用的气象数据皆为易于测量或易由常规测量数据得到的标准气象数据。因此，Penman-Monteith 公式目前已经成为世界各国、各地区计算参考作物需水量的一个标准公式。

Penman-Monteith 公式逐日 ET_0 计算所需的气象数据包括日最高温度、日最低温度、风速、日照时数、相对湿度等及相应气象测站的空间数据（经度、纬度、高程）。月平均参考作物需水量可通过逐日参考作物需水量计算，得出逐月 ET_0 值（平均法）；或者直接用月平均气象数据计算得到月平均 ET_0，其两者不同之处在于，用逐月气象资料计算时，土壤热通量的计算不能忽略不计，而用逐日气象资料计算，土壤热通量可忽略不计。例如，用平均法得到的山西省逐月参考作物需水量和直接用月平均气象数据计算的逐月参考作物需水量之间的线性回归公式为 $y=1.0025x-0.0413$，决定系数为 0.9991，相关系数为 0.9995。因此，可以利用两者之间良好的线性回归关系用逐日参考作物需水量预测逐月参考作物需水量。

13.3.2.2　作物系数

参考作物需水量是相对于一定的参照作物而言，并不能代表实际农田蒸发蒸腾量。由于农作物类型和土壤水分状况与参照作物情况不同，从而使作物实际蒸发蒸腾和参考蒸发蒸腾有较大差异。通常把某一时段作物实际蒸发蒸腾（ET_c）与参考蒸发蒸腾（ET_0）之比称为作物系数（K_c）。作物系数代表了作物和参考作物需水量之间的差异，这个差异即可用一个系数 K_c 来反映，即所谓的"单作物系数"；也可分解为两个系数 K_{cb} 和 K_e（分别描述土壤蒸发和作物蒸腾的差异）来反映，即"双作物系数"[12]。一般来说，单作物系数法用于低频率的实时灌溉规划、设计和管理，而双作物系数法主要用于土壤水量平衡研究。非充分灌溉决策支持系统因要实现网上实时计算功能，故选择 FAO-56 中推荐参数较少的单作物系数法计算[12]。

FAO-56 中建议将作物的生育期分为四个阶段：初期阶段、发育阶段、中期阶段、后期阶段。其中初始阶段为从播种开始到地面覆盖率达到 10% 为止；发育阶段为从初始阶段结束到地面覆盖率达到 80% 左右为止；中期阶段为从发育阶段结束到作物成熟开始为止；后期阶段为从中期阶段结束到作物生理成熟或收获为止。表 13.2 为 FAO-56 推荐的冬小麦、玉米及棉花的各生育阶段在半湿润半干旱地区充分供水条件下的作物系数，其中初期阶段与发育阶段的作物系数合并为前期阶段。而农田实际作物系数需要根据冠层大小、土壤湿度等进行订正。

表 13.2　　　　主要作物各生育阶段作物系数（引自 FAO-56，1998 年）

作　物　名　称		前期阶段	中期阶段	后期阶段	最大作物高度/m
冬小麦	越冬期	0.40	1.15	0.25	1.00
	非越冬期	0.70	1.15	0.25	1.00
玉　米		0.30	1.20	0.60	2.00
棉　花		0.35	1.15	0.7	1.20

13.3.2.3　作物需水量计算

图 13.18 为作物需水量子模型结构图，其中逐日参考作物需水量（1991—2000 年）模块和逐月参考作物需水量（1991—2000 年）模块是根据 FAO - 56 推荐的 Penman - Monteith 公式法，利用数据库中的气象资料计算所得，其结果同样存储在 SQL Server 数据库中，方便用户查询。逐日参考作物需水量计算工具模块和单作物系数法模块分别根据 FAO - 56 推荐的 Penman - Monteith 公式法和单作物系数法实现。决策者只需按照网站上其模块所示要求，输入所需参数，即可得到相应结果。图 13.19 和图 13.20 所示为两个模块的运行示意图。

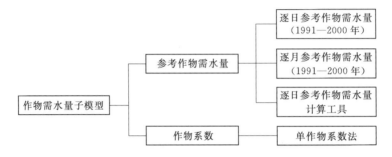

图 13.18　非充分灌溉决策支持系统作物需水量子模型结构图

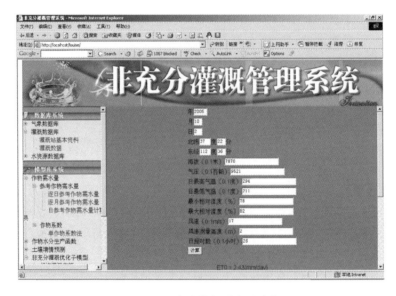

图 13.19　逐日参考作物需水量计算界面

13.3.3　作物水分生产函数获取

在水资源亏缺情况下，灌溉目标不但要获得高产，而且要获得最优的经济效益。当水量有限时，便会产生灌溉水量在作物不同生育阶段或对不同作物如何分配以获得灌溉最大经济效益的问题。作物产量与水分关系的微观揭示和宏观量化分析是农业水管理的理论和应用基础。作物产量与水分因子之间的关系称为作物水分生产函数（crop water production function，CWPF），其数学表达式实质上是在一定的科学试验及经验的基础上建立起来的。作物水分生产函数的数学模型多种多样，大体可以分为两类：静态模型和动态模

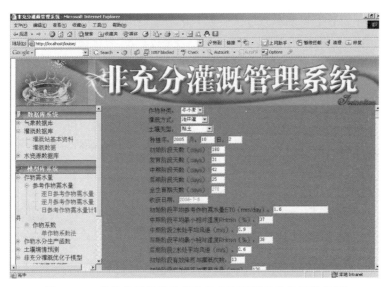

图 13.20　单作物系数法计算作物生育期逐日作物系数界面

型。静态模型研究的历史较长，结构相对简单，所需的实测数据较少，是目前应用最多的模型。这类模型主要分为两类：全生育期水分数学模型和分生育阶段水分数学模型[13]。其中全生育期水分生产函数考虑作物整个生育阶段耗水量与产量的关系，视各生育阶段水分亏缺对作物产量的影响具有同等作用；生育阶段水分生产函数考虑了各生育阶段水分亏缺对作物产量的影响具有不同等作用。全生育期灌水量的数学模型，常见的为抛物线形式，受气候条件、土壤类型、灌溉、作物种类和品种等因素的影响，对不同地区经验系数相差较大，需由试验资料经回归分析确定。

全生育期灌水量的数学模型采用灌水量作为水分的代表指标，结构简单，使用方便，利于从数量经济角度研究水量投入的生产效率，在宏观经济分析中得到了广泛应用。但灌水量在田间有一定量的损失，并非作物实际利用的水分，因此在构成作物产量与水分关系中灌水量并非最佳自变量。全生育期腾发量的数学模型主要有线性模型、非线性模型等，体现了作物整个生育期腾发量与作物产量的关系，二次曲线模型较线性模型更能体现作物缺水对产量的影响关系。但全生育期模型忽略了水分在不同生育阶段的亏缺状况对作物产量的影响各不相同的实际情况。

生育阶段水分生产函数的数学模型包含供水时间和数量两方面的影响，又称为时间水分生产函数。生育阶段水分生产函数建模是将作物的连续生长过程划分为若干个不同生育阶段，认为在相同生育阶段水分具有等效性，在不同生育阶段才具有变化。一般以单个生育阶段水分的数学模型为基础，又分为加法模型和乘法模型，如图 13.21 所示。图中各符号所代表意义如下：Y_a 为各生育阶段实际产量；Y_m 为最高产量；ET_a 为第 i 生育阶段作物实际腾发量；ET_m 为第 i 生育阶段作物最大腾发量；λ_i 为作物不同生育阶段缺水对产量的敏感性指数，$i=1,2,3,\cdots,n$，由于 $ET_a/ET_m \leqslant 1$，一般 $\lambda_i \geqslant 0$，故 λ_i 值越大，将会使连乘后的 Y_a/Y_m 值越小，即表示对产量的影响越大，反之，λ_i 越小 Y_a/Y_m 值越大，即表示对产量的影响越小；i 为作物的第 i 个生育阶段；n 为生育阶段总数。S_{YF} 为播种延迟的减产损失系数；L_F 为由于营养生长期水分过多引起倒伏造成的减产损失系数；a_0 为实际缺水量以外的其他因素对 Y_a/Y_m 的修正系数，$a_0 \leqslant 0$；b_0 为常数；K_i 为作物不同生育阶段缺水对产量的敏感性系数（乘函数），其物理意义为相对亏水量为单位数值时的相对减产比值。

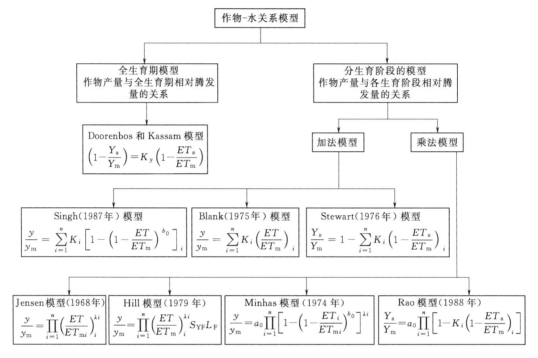

图 13.21　不同类型作物水分生产函数模型

随着计算机的广泛应用和田间精确作物耗水测定技术的进步，利用计算机和作物-水模型（model of crop response to water，MCRW）对作物生长过程的产量变化进行模拟，或将这种数学模型用于限水灌溉的目标规划和约束条件，可直接对灌溉系统水管理进行模拟和预测，使 MCRW 从田间节水应用进入宏观决策领域，成为大系统模拟模型的一个重要组成部分[38]。MCRW 建模的关键之一是模型参数的推求，其主要参数一般指标是模型的水分敏感指数。可通过实际田间试验结果进行模型求解，获取相关参数。非充分灌溉决策支持系统提供了主要作物不同生育期的水分敏感指数。

13.3.4　非充分灌溉制度优化

13.3.4.1　经济灌溉定额

经济灌溉定额是单目标优化条件下的灌溉定额，主要用于非充分灌溉田间用水总量的节水评估。

1. 产量-耗水量呈线性关系

中国干旱、半干旱地区的许多灌溉试验表明，中低生产水平的灌溉，当全生育期用水总量有一定亏缺时，产量-耗水量（Y-ET）或产量-灌溉水量（Y-M）具有线性关系。目标函数为

$$\max B = \frac{V}{M}(YC_y - K_a - MC_w) \tag{13.1}$$

$$M = ET - P_0 \tag{13.2}$$

$$Y = a_1 M + b_1 \quad 或 \quad Y = a_1' ET + b_1' \tag{13.3}$$

式中：V 为可供给灌区某种作物生育期的总水量（即有限水量），m^3；M 为相应于 Y 的灌溉定额，m^3/hm^2；Y 为相应于 M 的某作物产量，kg/hm^2；ET 为该作物相应于 Y 的耗水量，m^3/hm^2；C_y 为该作物的单位产量价格，元/kg；C_w 为灌溉水的水价，元/m^3；K_a 为农业生产总投入（生产费＋管理费），元；B 为该作物的总净效益，元；P_0 为该作物生育期有效降雨量，m^3/hm^2；a_1 为经验系数，每立方米水的生产效率；b_1 为经验系数，不灌溉时的产量（Y_0）；a_1'、b_1' 为经验系数。

对目标函数求极值，令 $\text{d}B/\text{d}M = 0$ 可得经济灌溉定额 M^*。在有限水供应条件下，$VC_w = \text{Const}$，$\text{d}Y/\text{d}M = a_1$，得

$$\frac{\text{d}B}{\text{d}M} = VC_y \frac{\text{d}(Y/M)}{\text{d}M} - VK \frac{(\text{d}M^{-1})}{\text{d}M} = -VC_y \frac{Y}{M^2} + VC_y \frac{a_1}{M} + V \frac{K_a}{M^2} \tag{13.4}$$

令 $\text{d}B/\text{d}M = 0$，得到

$$M^* = \frac{C_y Y - K_a}{a_1 C_y} \tag{13.5}$$

将 $Y = a_1' ET + b_1'$ 代入，得到

$$M^* = \frac{a_1'}{a_1} ET + \frac{b_1' C_y - K_a}{a_1 C_y} \tag{13.6}$$

上式表明在 Y - M 或 Y - ET 呈线性关系时，经济灌溉定额 M^* 与水价 C_w 无关，并可求得该水量 V 条件下，作物最优灌溉面积 $A^* = V/M^*$。图 13.22 为经济灌溉定额（产量-耗水量呈线性关系）计算界面。

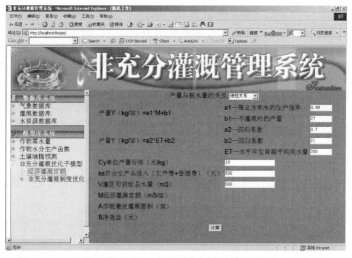

图 13.22　经济灌溉定额（产量-耗水量呈线性关系）计算界面

2. 产量-耗水量（Y - ET）呈非线性关系

在产量达到较高水平时，Y - ET 或 Y - M 呈非线性关系，常见为二次抛物线形 $Y = a_2 M^2 + b_2 M + C_2$ 和 $Y = a_2' ET^2 + b_2' ET + C_2'$，根据优化目标采用的不同评价准则，投入产出分析有以下两种，分别为净效益（单位面积）最大和效益费用比（单位面积）最大，图 13.23 为经济灌溉定额（产量-耗水量呈非线性关系）计算界面。

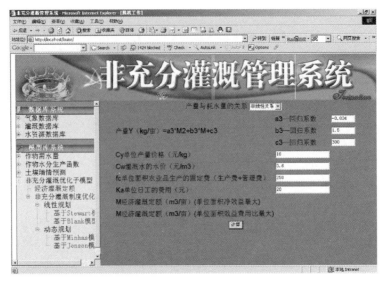

图 13.23 经济灌溉定额（产量-耗水量呈非线性关系）计算界面

净效益（单位面积）最大目标函数为

$$B = C_y Y - C_w M - C_c Y - F_c \tag{13.7}$$

以小麦为例：

$$C_y = C_{y1} + C_{y2} L, \quad C_c Y = K(M/K_1 + K_3 Y/K_2) \tag{13.8}$$

式中：C_y 为农产品的综合单价；C_{y1} 为小麦籽实单价，元/kg；C_{y2} 为小麦秸秆单价，元/kg；L 为小麦秸秆产量与籽实产量的比例；C_w 同前，含水资源费、电费等；C_c 为生产单位农产品不包括水、电费的其他可变费用；M/K_1 为浇地用工数，如某地面灌溉，灌区按 $K_1 = 750$，即按浇地 $750\,\mathrm{m^3/hm^2}$，用 1 个工日计；$K_3 Y/K_2$ 为收割、脱粒、晒干、入库总用工数，可按 $K_2 = 250\mathrm{kg}$ 小麦为标准，$K_3 = 4$ 个工日计；F_c 为单位面积农业产品生产的固定费（生产费＋管理费）。

式（13.7）可改写为

$$B = (C_{y1} + C_{y2} L) Y - C_w M - K_a \left(\frac{M}{K_1} + K_3 \frac{Y}{K_2} \right) - F_c \tag{13.9}$$

令 $\mathrm{d}B/\mathrm{d}M = 0$，将 $Y = a_2 M^2 + b_2 M + C_2$ 代入，得净效益最大的 opt $M_1 = M_1^*$

$$M_1^* = \frac{W b_2 - N}{-2 a_2 W} \tag{13.10}$$

其中：

$$W = C_{y1} + C_{y2} L - K_3 \frac{K_a}{K_2} \tag{13.11}$$

$$N = C_w + \frac{K_a}{K_1} \tag{13.12}$$

效益费用比（单位面积）最大目标函数为

总产值：

$$B_1 = Y(C_{y1} + C_{y2} L) \tag{13.13}$$

总费用：

$$C = C_w M + K_a \left(\frac{M}{K_1} + K_3 \frac{Y}{K_2} \right) + F_c \tag{13.14}$$

则效益费用比（简称益本比）：$T = B_1/C$，令 $\mathrm{d}T/\mathrm{d}M = 0$，也可得益本比为最大时的经济灌溉定额 $\mathrm{opt}M_2 = M_2^*$，舍去其中不合题意的一个根，将 $Y = a_2M^2 + b_2M + C_2$ 代入：

$$M_2^* = \frac{-2a_2F_c - \sqrt{(2a_2F_c)^2 - 4N(b_2F_c - NC_2)a_2}}{2a_2N} \tag{13.15}$$

13.3.4.2　非充分灌溉制度优化

基于作物水分生产函数的非充分灌溉制度优化是以作物水分生产函数为依据，寻求有限水量在作物生育阶段的最优分配的一个多阶段决策过程。它的目标是通过灌溉供水时间或供水数量的合理调节，使得有限水资源能生产出尽可能高的产量。国际上提出过数十种作物水分生产函数模型，本决策系统选用最常用的 Jensen（1968）模型、Blank（1975）模型和 Stewart（1977）模型。根据目标函数（作物水分生产函数）选择的不同，可分别用动态规划和线性规划两种方法求解。下面所有公式中出现过的符号与前面相同。

1. 线性规划法

（1）基于 Stewart 模型的非充分灌溉制度优化。

$$\max\left(\frac{Y_a}{Y_m}\right) = 1 - \sum_{i=1}^{n} K_i\left(1 - \frac{ET_a}{ET_m}\right)_i \tag{13.16}$$

令

$$b_i = \frac{K_i}{ET_{mi}} \tag{13.17}$$

$$B = 1 - \sum_{i=1}^{n} K_i + \sum_{i=1}^{n} K_i \frac{P_{0i}}{ET_{mi}} \tag{13.18}$$

设各生育阶段 $i = 1, 2, \cdots, n$；相应灌水定额为 $d_1, d_2, \cdots, d_n$ 即未知的决策变量。约束条件：

$$(d + P_0)_i = (ET_a)_i \tag{13.19}$$

式中：P_0 为各生育阶段有效降雨量；d 为各生育阶段分配的灌水量。

（2）基于 Blank 模型的非充分灌溉制度优化。

$$\max\left(\frac{Y_a}{Y_m}\right) = \sum_{i=1}^{n} K_i\left(\frac{ET_a}{ET_m}\right)_i \tag{13.20}$$

令

$$b_i = \frac{K_i}{ET_{mi}} \tag{13.21}$$

$$B = \sum_{i=1}^{n} K_i \frac{P_{0i}}{ET_{mi}} \tag{13.22}$$

设各生育阶段 $i = 1, 2, \cdots, n$；灌水定额为 $d_1, d_2, \cdots, d_n$ 即未知的决策变量。约束条件：

$$(d + P_0)_i = (ET_a)_i \tag{13.23}$$

式中：P_0 为各生育阶段有效降雨量；d 为各生育阶段分配的灌水量。

（3）线性规划法求解步骤。

上述所应用的基于 Stewart 和 Blank 模型的非充分灌溉制度优化问题最终是简化为解线性规划（linear programming，LP）问题。本决策系统在求解这个线性规划时，采用了目前应用最广泛的二阶段单纯形法，通过编程实现网上实时计算的功能，图 13.24 为基于 Stewart 模型的运行界面。

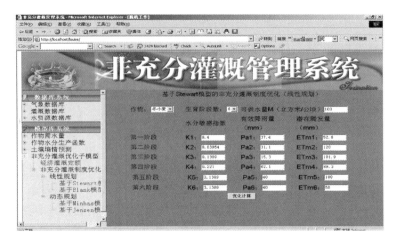

图 13.24 基于 Stewart 模型的运行界面

2. 动态规划法（基于 Jensen 模型）

目标函数：

$$F = \max\left(\frac{Y_a}{Y_m}\right) = \max \prod_{i=1}^{n} \left(\frac{ET_a}{ET_m}\right)_i^{\lambda_i} \tag{13.24}$$

约束条件：

$$0 \leqslant d_i \leqslant q_i \quad (i = 1, 2, \cdots, n) \tag{13.25}$$

$$\sum_{i=1}^{n} d_i = M \tag{13.26}$$

$$ET_{\min,i} \leqslant ET_i \leqslant ET_{\max,i} \tag{13.27}$$

式中：d_i 为第 i 生育阶段灌水量，m^3/hm^2；q_i 为第 i 生育阶段可供水量，m^3/hm^2；M 为全生育期内单位面积可分配的总水量，m^3/hm^2。

（1）土壤含水量约束。

$$\theta_{swp} \leqslant \theta_i \leqslant \theta_f \tag{13.28}$$

式中：θ_i 为土壤含水量，cm^3/cm^3；θ_{swp} 为凋萎系数，cm^3/cm^3；θ_f 为田间持水量，cm^3/cm^3。

（2）初始条件：设作物播种时土壤含水量已知：$\theta_1 = \theta_0$，则有 $i = 1$ 时，可利用的土壤水量为

$$W_1 = 10000 H \gamma (\theta_0 - \theta_{swp}) \tag{13.29}$$

式中：H 为计划湿润层深度，m；γ 为土壤干容重，g/cm^3；W_1 为计划湿润层内可供作物利用的总有效水量，m^3/hm^2。

第一时段初，可用于分配的灌溉总水量，即限定的灌溉定额：

$$q_1 \leqslant M_0 \tag{13.30}$$

（3）状态转移方程：

水量分配方程：

$$q_{i+1} = q_i - d_i \tag{13.31}$$

土壤计划湿润层水量平衡方程：在考虑有效降雨、深层渗漏（S）和地下水补给（K_g）条件下为

$$W_{i+1} = W_i + P_{oi} + K_{gi} + d_i - S_i \tag{13.32}$$

式中：S_i 为深层渗漏量，$\mathrm{m^3/hm^2}$；K_{gi} 为地下水补给量，$\mathrm{m^3/hm^2}$。

（4）递推方程。

上述问题为一个二维动态规划问题，本系统通过采用逐次渐近法（DPSA）编程实现网上实时计算基于 Jensen 模型的非充分灌溉制度优化的问题，运行界面示意图如图 13.25 所示。

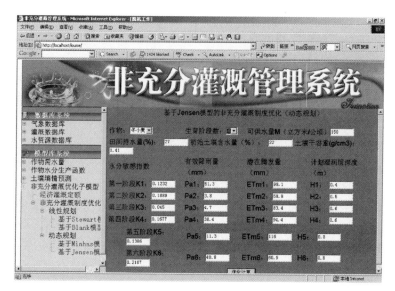

图 13.25　基于 Jensen 模型的非充分灌溉制度优化运行界面示意图

13.3.5　基于网络技术的非充分灌溉决策支持系统集成

DSS 完成对各种资源的有效集成，形成决策方案或者生成辅助决策信息。在网络环境下，为了完成对地理上分布的决策资源的存取和访问，必须制定资源的统一接口规范以及决策资源的运行规范。接口规范定义了 DSS 资源的对外表示。接口规范不仅可以使得不同决策资源集成体之间可以互相交流，而且允许 DSS 集成体能够自由地访问和存取网络环境下不同的决策资源。运行协议定义了 DSS 应用如何集成资源以及如何存取资源。运行协议规范化了决策资源的访问，使得不同 DSS 系统之间能够共用同一个资源集成体。DSS 资源接口是网络环境下决策支持系统集成的基础。这里的接口主要指具体的资源存放于网络中各个服务器上，而实例记录了问题与决策资源之间的联结关系。资源的具体实现形式可以根据需要自行设计或共享其他决策资源。在运行时，决策实例向服务器发送资源请求操作，由服务器完成实际的资源存取、运行和调度，并把结果传送给客户端的决策实例。DSS 资源接口屏蔽了具体的资源实现上的差异，在网络上表现为统一的、一致的行为和属性。它是实现决策资源共享的基础，同时也能够促进决策资源的有效集成。

13.3.5.1　Browser/Server 体系结构的选用

在网络平台上要实现应用，开发应用系统采用什么结构是一件至关重要的事。随着 Internet/Intranet 技术和应用的发展，WWW 服务成为核心服务，用户通过浏览器（Browser）漫游世界。随着浏览器技术的发展，用户通过浏览器上的资源定位器（URL）

不仅能进行超文本的浏览查询，而且还能进行文件上下传输等工作。也就是说，用户在浏览器统一的界面上能完成网络上各种服务和功能。20世纪90年代中期逐渐形成发展的基于浏览器、WWW服务器和应用服务器的计算结构称为B/S（Browser/Server）体系结构，在B/S体系结构系统中，用户通过浏览器向分布在网络上的许多服务器发出请求，服务器对浏览器的请求进行处理，将用户所需信息返回到浏览器。B/S结构简化了客户机的工作，客户机上只需配置少量的客户端软件。服务器将担负更多的工作，对数据库的访问和应用程序的执行将在服务器上完成。浏览器发出请求，而其余如数据请求、加工、结果返回以及动态网页生成等工作全部由Web Server完成。实际上B/S体系结构是把二层C/S结构的事务处理逻辑模块从客户机的任务中分离出来，由Web服务器单独组成一层来负担其任务，这种结构不仅把客户机从沉重的负担和不断对其提高的性能的要求中解放出来，也把技术维护人员从繁重的维护升级工作中解脱出来。

13.3.5.2　数据库接口系统

数据是减少决策不确定因素的根本所在，是DSS的基础，因此，数据库系统是决策支持系统不可缺少的重要组成部分。这个数据库应能够适应管理者的广阔的业务范围，不仅能够提供企业内部数据，而且能够提供企业外部数据。目前基于关系型的数据库管理系统已经得到普遍的应用，基于关系型的数据查询语言SQL也已经成熟，数据访问的标准如Microsoft的ODBC、SQL Server，Sun的JDBC以及Borland的BDE等已经得到了普遍的应用，而且目前大多数数据库管理系统（DBMS）都支持远程网络访问的TCP/IP协议。该系统选择了Microsoft的SQL Server 2000作为数据库管理系统。

现实数据表示的是过去已经发生了的事实，因此数据必然是面向历史的。该系统利用各种模型，就可以把面向过去的数据变换成面向现在或者将来的有意义的信息。模型是对现实问题的抽象，在DSS中模型被广义地描述为可执行的计算机程序。在DSS中，不仅要对单一模型进行管理和运行，而且要支持模型的有机组合、协调运行。另外，由于模型的种类繁多，类别差别很大，使得模型的统一规范化的表示变得尤为重要。模型的规范化不仅影响模型的存储方式、运行方式、组合结构，而且也直接影响到模型管理系统和模型服务器的体系结构。所以模型的规范化工作是设计和实现服务器的重要工作。

13.3.5.3　模型库管理系统

模型库管理系统MBMS（model base management system）是为生成模型和管理模型提供一个用户友好环境的计算机软件系统。模型管理系统涉及的人员有两种：模型建造者和最终决策者（模型使用者）。模型建造者负责构造基于领域知识的模型，并根据具体的要求对系统进行修改。模型建造者除了要熟悉问题的范畴之外还得熟悉整个系统的技术部件和功能。而决策者通过运行系统，综合利用系统中的模型来帮助他们分析、解决问题，做出决策。决策者通过信息咨询界面对信息需求进行说明和解释。系统通过人机交互帮助用户理解问题，并将问题分解成更容易求解的小问题，然后利用一个推理过程搜索解决问题的途径，构造相应的求解模型序列进行求解，以满足决策者的要求。系统维护人员通过系统维护界面来维护模型库和数据库，保证系统能够适应不断发展变化的决策环境。

应用ASP开发环境，可以促进DSS在决策资源的共享、管理和组织、决策运行过程的标准化等方面的发展，该系统模型服务器应用ASP开发环境、采用Browser/Server结构结合 Visual Basic 6.0 提供的动态链接库（DLL），来完成模型服务器、数据库服务器、客户端系统之间的数据和信息的交流。

13.3.5.4　人机交互系统

该系统的开发都是基于网络的，所以系统的界面都是浏览器形式，使用者只需单击适当的按钮，即可完成操作。当使用者向服务器端提出请求时，服务器执行 ASP 页面中的脚本程序，然后由服务器将 ASP 的输出转化为 HTML 形式，通过 Internet 返回给客户端的浏览器。该系统其优点为这是一个通用的网上应用程序，没有地域、时间等限制，只需根据各模型所需参数，输入当地的实际资料，即可运算。

13.3.5.5　DSS 集成开发运行环境

该系统的 DSS 是网络环境下的决策支持系统，因此整个系统的开发是在 ASP 环境下完成的。ASP 是一种服务器端脚本编写环境，使用它可以将 VBScript 和 JavaScript 这两种脚本语言在服务器端整合之后嵌入 HTML（hypertext markup language，超文本链接标示语言），然后由网络资源服务器（internet information server，IIS）执行。即当浏览器（用户）向 Web 服务器提出"请求"调用一个 ASP 文件时，ASP 脚本开始运行，Web 服务器调用 ASP，将被请求的 ASP 文件从头读到尾，执行其中的所有脚本命令，然后动态生成一个 HTML 页面，由 Web 服务器传送回浏览器。由于 ASP 的脚本是在服务器端解释执行的，因此开发者不需考虑浏览器是否支持 ASP，用户也看不到他们正在浏览页面的脚本程序，对系统的安全性有一定的保障作用。该决策系统在编程过程中，并没有采用在 ASP 中使用脚本语言完全实现 DSS 的功能，而是使用 Visual Basic 6.0 语言将主要功能以动态链接库（dynamic link language，DLL）的形式予以实现。其重要目的将功能模块与主调用程序分开，由此在保证接口不变的情况下，对 DLL 的修改可不影响主程序的调用，十分有利于今后模型的扩展和升级换代。基于网络技术的非充分灌溉决策支持系统已发布到互联网上。不受地域和时间等限制地使用该系统的各个功能。系统运行主界面如图 13.26 所示。

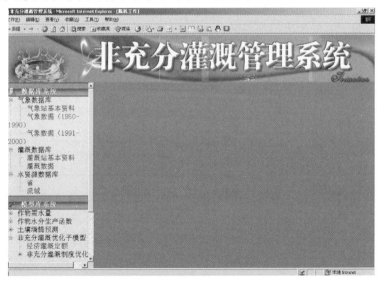

图 13.26　非充分灌溉决策支持系统运行主界面

13.4　作物高效用水调控制剂研制与应用

13.4.1　新型多功能生物抗蒸腾剂研制原理和制备过程

抗蒸腾剂是一类喷施于作物叶面、能够降低作物蒸腾速率、有效控制作物体内水分散失的化学物质，可用于作物高效用水调控。研究表明水分胁迫可导致作物体内脯氨酸含量增加，脯氨酸能引发作物渗透调节，使作物能够保持较高渗透势，从而适应缺水环境[14]。因此，干旱条件下脯氨酸积累有利于作物应对干旱条件。曾凡江等[15]的研究发现，骆驼刺在面对水分胁迫时，体内可溶性糖和脯氨酸保持较高含量可使骆驼刺应对干旱条件。骆驼刺是豆科多年生草本或半灌木属植物，广泛分布于内陆干旱地区，是一类优良野生豆科牧草，在新疆境内有 160 万 hm² 以上的分布面积，是新疆盐化低地草甸植被中具有代表性的植被类型之一。骆驼刺具有抗寒、抗旱、耐盐碱和抗风沙等特性，并具有适应性强、分布广、面积大的特点。通过化学成分分析，骆驼刺中含有黄酮类、生物碱类、甾醇类、脂肪族类、氨基酸类及多糖类等多种活性成分，以骆驼刺为原料，经历了 5 年的不断更新改进，研制出以骆驼刺碱性精油为主成分的新一代多功能生物抗蒸腾剂。

根据刘玉花等[16]的方法对骆驼刺碱性精油进行提取，将骆驼刺干燥，清理去杂质，粉碎过筛，加入一定比例的 KOH 溶液。根据刘广成等[17]的研究结果，随着 KOH 浓度的增高，精油获得率呈现先增加后降低趋势，5% KOH 溶液的浸提效果最好。在不同 KOH 溶液/粉状骆驼刺添加比条件下，精油获得率也呈现先增加后降低的趋势，添加比为 8:1 的浸提效果最好。而浸泡时间以大于 72h 为宜。在室温条件下浸泡后，放入超声波反应器中反应 40min，提取完后进行蒸馏。浓缩得到的挥发油用乙醚萃取，乙醚挥发后再经无水硫酸钠干燥至恒重，得到骆驼刺精油。采用超声波提取法提取的骆驼刺碱性精油呈色油状液体，具有刺激性气味，易溶于水和其他有机溶剂中，比水略重，在空气中久置或光线照射会逐渐氧化变质，使其比重增加，颜色变深。提取的精油中含氨基酸 18 种，占精油总含量的 5.47%。含量较高的为天门冬氨酸、谷氨酸、亮氨酸和脯氨酸，其中，在作物抗旱中起决定性作用的脯氨酸的含量为 0.46%。骆驼刺精油中氨基酸含量见表13.3。

表 13.3　　　　　　　　　　　　　骆驼刺精油中氨基酸含量

氨基酸名称	天门冬氨酸	苏氨酸	丝氨酸	谷氨酸	甘氨酸	丙氨酸	胱氨酸	缬氨酸	异亮氨酸
含量/%	0.6	0.27	0.31	0.64	0.33	0.34	0.04	0.32	0.25

氨基酸名称	苯丙氨酸	组氨酸	赖氨酸	精氨酸	脯氨酸	亮氨酸	酪氨酸	脱落酸	甜菜碱
含量/%	0.32	0.31	0.36	0.26	0.46	0.48	0.18	2.25μg/mL	9.20mg/mL

新型多功能生物抗蒸腾剂制备过程中添加 0.5 亿/mL 的抗旱菌剂，由新疆农业科学院微生物应用研究所提供，所用菌株 *Paenibacillus wulumuqiensis* Y24 来源于该所耐辐射菌种资源库。该菌为革兰氏阳性菌、好氧、运动性、菌体杆状、周生鞭毛、有内生孢子形成、biolog GN2 板检测该菌可利用的碳源为：环糊精、糊精、甘露聚糖、吐温 40、吐温 80、醋酸、γ-羟基丁酸、α-酮戊二酸、丙酮酸、琥珀酰胺酸、琥珀酸、2-脱氧腺苷、肌苷和 D-洛酮糖。在 PDA 培养基上菌落呈圆形、边缘整齐、凸起、光滑、粉红色、不透

明、黏稠不易挑起。经测定该菌产抗生素、多糖，具有抗旱、抗病、促生等应用潜力。多功能复合有机微生物抗蒸腾剂与不添加微生物抗旱菌的抗蒸腾剂产品相比，前者在调节抗旱酶系活性方面的效果及作用更显著。

由新疆汇通旱地龙腐殖酸有限责任公司利用生物技术从抗旱植物骆驼刺中提取、研发生产的多功能生物抗蒸腾剂，以精油为主要原料，并添加植物抗旱营养（黄腐殖酸钾、脱落酸等）与酶感元素（钾及微量元素）研制的复合型纯生物抗蒸腾剂，具有保持和提高植物细胞亲和力和保水能力的作用，能够防止细胞脱水，促进植物抗旱耐旱能力提升。

13.4.2　新型多功能生物抗蒸腾剂性能指标和应用效果

历经 5 年试验研制成功的"FZ-多功能生物抗蒸腾剂"和"FA-新型植物抗蒸腾剂"，已建成液体反应、发酵、复配、包装生产体系生产线，开始批量生产，其主要技术指标与旱地龙相比在有机质含量、氮磷钾总量等方面都表现出明显优势（表 13.4），主要技术指标见表 13.5。两种多功能生物抗蒸腾剂在不同地区、不同作物上应用，均有一定程度的抗旱节水作用，喷施后增产效果为 10.6%~21.3%，节水 13.0%~17.0%，水分利用效率提高 11.0%~17.0%，节水增产作用明显，在新疆多种作物应用效果见表 13.6[17]。

表 13.4　　多功能生物抗蒸腾剂与旱地龙相比主要技术指标变化

技术指标 ＼ 产品名称	FA 新型植物抗蒸腾剂	旱地龙	差异
有机质含量/(g/L)	≥50	≥20	+30
氮磷钾总量/(g/L)	≥80	≥20	+60
pH 值（250 倍液）	≥4.0	≥2.0	+2.0
水不溶物/(g/L)	≤20	≤50	−30
微量元素/(g/L)	≥10	0	+10

表 13.5　　　　FZ-多功能生物抗蒸腾剂主要技术指标

项　　目	指　　标
有机质含量/(g/L)	≥20
有效活菌数 (cfu)ᵃ亿/mL	≥0.5
杂菌率/%	≤15.0
粪大肠菌群数/(个/mL)	≤100
蛔虫卵死亡率/%	≥95
总养分 (N+P₂O₅+K₂O)/(g/L)	≥60
微量元素 (Zn+B+Mn)/(g/L)	≥5（每种元素含量不低于 0.5g/L）
pH 值	5.5~8.5
汞及化合物（以 Hg 计）/(mg/kg)	≤5
砷及化合物（以 As 计）/(mg/kg)	≤75
镉及化合物（以 Cd 计）/(mg/kg)	≤10
铅及化合物（以 Pb 计）/(mg/kg)	≤100
铬及化合物（以 Cr 计）/(mg/kg)	≤150

a　含两种以上的微生物的复合微生物肥料，每种有效菌的数量不得少于 0.01 亿/mL。

表 13.6			2013 年骆驼刺碱性精油用于作物抗旱的试验效果					%
作　物	棉花	冬小麦	春小麦	大豆	甜菜	哈密瓜	枣树	核桃
增产	12～21	11～18	10～16	10～14	8～12	9～14	11～19	11～15
水分利用效率提高	10～14	10～16	8～14	11～13	9～12	10～15	13～17	13～16

13.5　田间小定额非充分灌溉技术与控制设备

在中国用水结构中，农业灌溉用水占总用水量的份额虽然呈下降趋势，但仍是用水大户[18,19]，全国可利用水资源的 2/3 仍用于灌溉。随着工农业生产和城镇生活用水增加，水资源供需矛盾日益突出。在水资源短缺情况下，如何提高灌溉水利用率，关系到国家粮食安全和农业持续发展。节水灌溉，就是要改变千百年来传统的灌溉习惯，改粗放灌溉为精细灌溉、改不重视降雨利用为充分利用降雨。按作物基于生命需水的高效灌溉制度，在高效利用降雨前提下，适时适量地进行科学灌溉，用较少的水取得较高的产出效益[1,5]。基于作物生命需水的田间小定额非充分灌溉技术是实现农田节水灌溉的重要手段。

小定额灌溉技术可解决我国灌溉农田灌水定额大、灌溉效率低，根层水分渗漏带来养分淋失和面源污染等问题，通过灌溉方式改变以及灌溉产品和设备开发，实现大田作物灌水定额减少，使灌溉水在土壤中分配实现土壤水分、作物根系、土壤养分在空间和时间上的耦合，提高灌溉水利用率[20]。实施大田作物小定额灌溉的技术包括畦田平整、改变畦田规格、局部灌溉以及利用田间控灌设备实现灌水量的降低，具有以下优越性：①局部灌溉条件下，减少土壤湿润面积，降低棵间无效蒸发损失；②小定额灌溉可以实现"小水勤灌"，创造水肥根在空间上的耦合，提高水肥利用效率；③降低水分从根层的渗漏损失，减少养分淋失带来的面源污染；④对于持水能力差的土壤，尤其适宜采用小定额灌溉技术。

13.5.1　新型空间局部湿润灌溉技术

作物非充分灌溉生理调控与调亏灌溉技术往往需要较小的灌水定额，现有的灌水方法，特别是地面灌溉一般不能满足这种要求。作物根区局部控水无压地下灌溉技术、覆膜侧渗沟灌技术、垄膜沟种涌泉灌溉技术、移动式农田小定额施灌技术等可解决这一难题，实现田间小定额高效灌溉。

13.5.1.1　作物根区局部控水无压地下灌溉技术

根区局部控水无压地下灌溉技术（简称无压灌溉）是从空间湿润方式上调控局部根区土壤水分，以土壤吸力和作物蒸腾力为系统动力，湿润出水孔口周围作物根系层，满足作物需水要求，并随着作物不同生育期耗水量不同，自动调节进入作物根系层的水量；它是以作物为本的"主动灌溉"方式，无须外来动力作为输水动力，它与传统精耕细作相结合，既具有滴灌和地下渗润技术的特点，又具有自己独特的创新优势，使水-肥-气-热与植物之间得到良好的统一与协调。对温室大棚黄瓜、番茄、辣椒等一系列作物应用效果试验研究表明，根区局部控水无压地下灌溉技术具有明显的节能、节水、优质、高产的综合效应[21-25]。

1. 作物根区局部控水无压地下灌溉技术参数

非饱和土壤具有基质势或吸力，这个基质势或吸力能产生一种驱动力将水从较低位置的水源"吸入"到较高的位置，在吸力作用下的水流现象被称为"毛管"上升现象。随着土壤变干，土壤势能减小，吸力增加。传统灌溉水源的高程高于出水口的高程，或者灌溉系统由水泵加压。然而，非饱和土壤水势较低，为负值，小于输水毛管出水口内的水势，也就是说在毛管出水口内和非饱和土壤的界面存在着水势梯度，因此，水势梯度就是无压灌溉水分运动的驱动力，装置如图 13.27 所示。

（1）孔口出水量。单孔出水量受孔径影响最大，孔径越大，单孔出水量越大。如图 13.28 所示为出水孔径 4mm 的负压灌溉瞬时水分入渗量与入渗时间的关系，随着入渗时间增加，入渗量呈指数降低。

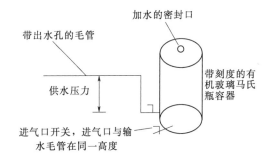

图 13.27　作物根区局部控水无压
地下灌溉装置图

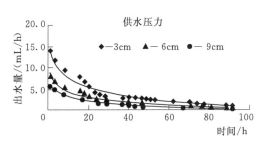

图 13.28　出水孔径 4mm 的负压灌溉瞬时水分
入渗量与入渗时间的关系

（2）土壤含水率变化。土壤湿润体的直径随出水口孔径和压力的变化而变化。孔径越大，压力越大，湿润体直径也越大。水平（x）方向与垂直（z）方向上湿润距离的瞬时推进速度可以根据与时间 t 的幂函数 $x = \alpha t^{\beta}$ 和 $z = \alpha t^{\beta}$ 确定，表 13.7 是土壤湿润体水平距离、垂直距离和灌溉时间的拟合结果。通过不同孔径、孔口压力、湿润锋、土壤含水率、地温等要素的试验确定无压灌溉适宜出水口孔径为 6～8mm、压力变化范围为 -4～6cm，适宜埋深为 15～30cm。

表 13.7　　　　土壤湿润体水平距离、垂直距离和灌溉时间的拟合结果

出水孔径 /mm	压力 /mm	$x = \alpha t^{\beta}$			$z = \alpha t^{\beta}$		
		α	β	R^2	α	β	R^2
6	4	5.5558	0.3081	0.9875	8.9224	0.2669	0.9932
	2	4.3899	0.3315	0.9726	5.9878	0.3315	0.9684
	0	3.0855	0.3765	0.9928	4.1899	0.3558	0.9476
	-3	2.4352	0.3513	0.9747	3.4025	0.3185	0.9811
	-6	2.3123	0.3498	0.9927	3.4905	0.3005	0.9846
	-9	2.3614	0.2815	0.9811	3.1009	0.2827	0.9806

2. 作物根区局部控水无压地下灌溉技术大田应用效果

(1) 无压灌溉根区土壤含水量变化。以番茄为例，无压地下灌溉 0～60cm 的土壤含水量以 0～30cm 层次水分最活跃，其中 10～30cm 变幅最大，40～60cm 变幅较小（5%左右）；番茄全生育期不仅利用了表层 0～30cm 水分，也使 40～60cm 的土壤水分向上运动，补给根系，被作物利用。与常规沟灌相比，沟灌番茄作物全生育期只利用了表层 0～30cm 水分，60～90cm 的土壤水分始终保持在较高状态，没有被作物利用（图 13.29）。

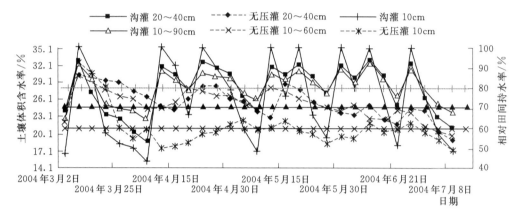

图 13.29　无压灌溉番茄与沟灌番茄生育期不同土层水分变化特征

(2) 作物蒸腾、气孔导度和光合速率变化。研究发现，无压灌溉番茄与沟灌番茄相比，前者能够降低作物蒸腾量、减小作物气孔导度，减少水分消耗（图 13.30），但并不降低作物光合速率。同时无压灌溉降低了温室内部湿度，提高了棚内温度。同期棚内湿度比沟灌降低 4.1%，温度提高 1.08℃，利于番茄生长和减少病虫害的发生。

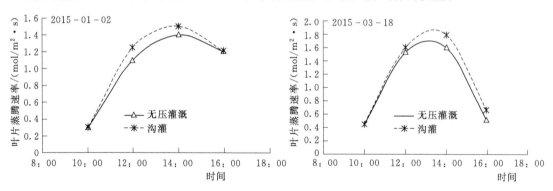

图 13.30　番茄无压灌溉与传统沟灌叶片蒸腾日变化对比

(3) 作物产量与生育期耗水量。2004 年黄瓜生育期无压灌溉与沟灌相比，灌水量减少了 26.9%，耗水量减少了 16.4%；番茄无压灌溉与沟灌相比，灌水量减少了 40%，耗水量减少了 26.9%，如图 13.31 所示。2005 年无压灌溉番茄灌水量减少了 20%，耗水量减少了 12.4%。

(4) 无压灌溉对作物品质和效益影响。陕西杨凌的研究结果表明黄瓜无压灌溉与沟灌相比，维生素含量提高了 75.17%，可溶性糖含量提高了 11.1%，无机磷含量提高了

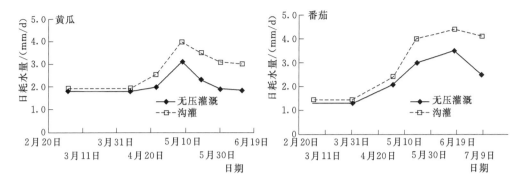

图 13.31　2004 年黄瓜和番茄无压灌溉和沟灌条件下生育期日耗水量变化

24.48%；番茄无压灌溉与沟灌相比，维生素含量提高了 77.12%，可溶性糖含量提高了 3.29%，无机磷含量基本持平，总糖含量提高了 38.4%。通过生产应用显示：在宽 7m、长 60m 的塑料大棚中种植西瓜、西红柿、黄瓜等经济作物，采用无压地下灌溉技术，黄瓜和西红柿的产量（单棚 420m²）分别达到 4569kg、5704kg，比沟灌节水 34.9%，产值分别为 6078 元和 6229 元，产出与投入比为 5，经济效益显著。

13.5.1.2　覆膜侧渗沟灌技术

1. 覆膜侧渗沟灌技术特性

覆膜侧渗沟灌技术是在灌水沟底部全部或部分覆上不透水膜或具有一定程度透水性的防渗材料，以减小沟底的垂向入渗和沟的表面糙率，增大侧向入渗，加快水流在沟中的推进速度，提高灌水均匀度，实现小定额灌溉，达到节约用水目的[26-29]。覆膜侧渗沟灌技术可解决沟底垂向渗漏大，水流推进慢的缺点，在满足作物水量需求前提下，减少深层渗漏损失，改变沟灌入渗湿润体的仿锤体形式为低平抛物体形式，灌水定额减小，灌水效率和灌水均匀度提高。该项技术投资小、操作简单、易于被农民所接受。

2. 覆膜侧渗沟灌技术灌溉水入渗特性

田间试验测定结果显示，覆膜侧渗沟灌灌水沟边坡系数及湿周对覆膜侧渗沟灌的入渗特性有明显影响。边坡系数越大，水平入渗速率大于垂向入渗速率；不论水平入渗距离还是垂向入渗距离均随着湿周的增大而增大。而灌水沟中水深对覆膜侧渗沟灌入渗影响不显著；在相同计划灌水定额（45mm）情况下，覆膜侧渗沟灌入渗历时明显长于一般不覆膜传统沟灌，入渗速率相应减小；在相同计划灌水定额条件下，一般传统无覆膜沟的垂向入渗深度大于覆膜侧渗沟，而水平向入渗深度小于覆膜侧渗沟灌，且入渗历时短，入渗速率大。如图 13.32 所示，入渗体形状由椭球体型变成了低平抛物体形状，相应减小了土壤深层渗漏，提高了灌溉效率。土壤含水量分布与湿润锋运移趋势一致，如图 13.33 所示，随着沟的水平向距离及垂向深度的增加，土壤含水量减小。在土层深度为 37cm 时的土壤含水量为 28%，然后土壤含水量逐渐减小，土壤含水量分布优于普通沟灌情况，含水量分布比较均匀。根据覆膜侧渗沟灌水分入渗特性，可以用修正的 Richards 方程进行数值模拟，并采用迦略金有限元方法对定解方程进行数值计算，模拟结果如图 13.34 所示。

3. 覆膜侧渗沟灌技术地表水流动特性

大田观测结果表明，普通沟灌和覆膜侧渗沟灌的水流推进过程和消退过程具有相同的

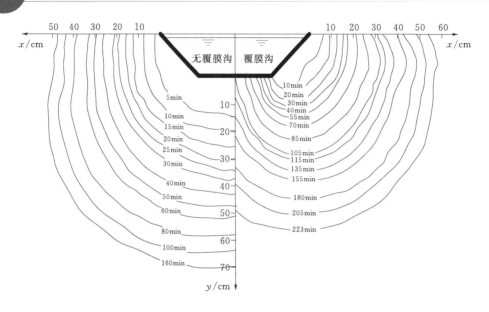

图 13.32 无覆膜沟与覆膜沟湿润锋运移过程对比

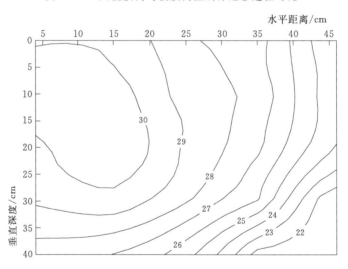

图 13.33 覆膜侧渗沟灌灌水结束后土壤含水量分布等值线
（图中数字为土壤重量含水量，%）

变化特征，即入沟流量和灌水时间越大，其推进长度和推进速度越大，反之亦然，但在条件相同情况下，覆膜侧渗沟灌比普通沟灌的推进距离多 50% 左右，推进速度可达到普通沟灌的 3 倍，且沟中水深很快达到稳定；消退过程明显加长，约是普通沟灌的 2 倍。使得沿沟长方向的积水入渗时间分布更趋均匀（表 13.8）。通过实测资料计算，覆膜侧渗沟灌灌水均匀度较普通沟灌有所提高，普通沟灌为 70% 左右，而覆膜侧渗沟灌在 80% 以上。通过对灌水后 48h 土壤含水量分布测定发现，在地表下 10～40cm 深度覆膜侧渗沟灌的侧向入渗明显大于普通沟灌，土壤含水量高，入渗距离大，并且垂向入渗减小，土壤含水量分布具有小于普通沟灌的趋势。通过建立的运动波模型对覆膜侧渗沟灌进行了地表水流的

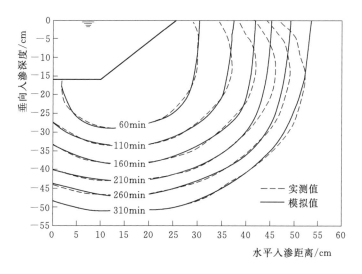

图 13.34　覆膜侧渗沟灌土壤入渗模拟与实测结果比较

数值模拟，结果显示，当灌水沟粗糙系数和土壤导水率减小时，推进时间均相应减小，而覆膜侧渗沟灌通过灌水沟底覆膜既减小了灌水沟的粗糙系数，也减小了入渗参数，使水沟中水流推进速度加快，提高了灌水均匀度。

表 13.8　覆膜侧渗沟灌和普通常规沟灌水流消退过程和灌水均匀度实测数据对比

沟长 /m	入沟流量 /(L/s)	推进长度/m		消退时间/min		灌水均匀度	
		普通沟灌	覆膜侧渗沟灌	普通沟灌	覆膜侧渗沟灌	普通沟灌	覆膜侧渗沟灌
40.0	0.22	13.5	34.6	17.0	24.1	0.755	0.873
48.8	0.84	34.0	48.8	17.0	28.3	0.794	0.892
48.8	0.23	17.5	28.0	11.0	19.1	0.763	0.888
48.8	0.84	40.0	48.8	13.3	18.8	0.755	0.861
48.8	0.17	22.0	36.4	12.0	18.4	0.720	0.870

4. 覆膜侧渗沟灌系统优化参数

覆膜侧渗沟灌的技术参数主要是沟长、入沟流量、灌水时间。经优化分析得到入沟流量为 1.0L/s，沟长为 70m，灌水时间为 110min。其灌水质量指标可达到：用水效率 97.53%、储水效率 74.56%、灌水均匀度 85.29%。另外，在三个灌水技术参数中，灌水时间对灌水质量的影响最大，其次是入沟流量，影响最小的是沟长。三个灌水技术参数的交互作用影响不大，其影响程度由大到小依次为入沟流量与灌水时间组合、入沟流量与沟长组合、灌水时间与沟长组合。

5. 覆膜侧渗沟灌的节水效果与灌水均匀性评价

在条件相同情况下，覆膜侧渗沟灌较普通沟灌节水，节水效率均达 35%以上，并且灌水沟间距增大，有利于减小灌水定额，灌水定额越小，节水效率越大，见表 13.9。通过测定灌水后土壤含水量分布状况计算的灌水均匀度，见表 13.10。覆膜侧渗沟灌的均匀度均大于0.85，而普通沟灌在相同灌水条件下灌水均匀度都不足0.80，覆膜侧渗沟灌比普通沟灌具有较高的灌水均匀度。

表13.9   覆膜侧渗沟灌与普通沟灌节水效果对比

灌水沟类型	沟距/m	最大推进长度/m	入沟流量/(L/s)	灌水时间/min	实际灌水定额/(m³/hm²)	节水效率/%
普通沟灌	0.6	17.5	0.23	75	985.65	37.50
覆膜侧渗沟灌		28.0			616.05	
普通沟灌	1.2	17.3	0.25	61	440.70	49.86
覆膜侧渗沟灌		34.5			220.95	
普通沟灌	0.6	33.2	0.44	70	927.75	38.52
覆膜侧渗沟灌		54.0			570.3	
普通沟灌	1.2	38.0	0.41	87	938.70	37.70
覆膜侧渗沟灌		61.0			584.70	

表13.10   覆膜侧渗沟灌和普通沟灌灌水均匀度对比

入沟流量/(L/s)	灌水均匀度		入沟流量/(L/s)	灌水均匀度	
	普通沟灌	覆膜侧渗沟灌		普通沟灌	覆膜侧渗沟灌
0.12	0.712	0.856	0.45	0.772	0.882
0.17	0.720	0.870	0.60	0.778	0.884
0.22	0.735	0.873	0.70	0.783	0.887
0.25	0.741	0.872	0.78	0.789	0.889
0.29	0.750	0.873	0.84	0.794	0.892
0.38	0.764	0.879	1.10	0.799	0.905

6. 覆膜侧渗沟灌田间应用

通过大田玉米覆膜侧渗沟灌技术田间试验发现，在灌水前，垄上土壤含水量的变化两种灌水方式基本相同，覆膜侧渗沟灌略微高于普通常规沟灌，这是由于在灌水沟中覆膜起到了集雨的作用，使得垄上土壤含水量增加较大。灌水后，覆膜侧渗沟灌的土壤含水量高于普通常规沟灌26%左右；在灌水前覆膜侧渗沟灌和普通常规沟灌的株高、叶面积差别不大，覆膜侧渗沟灌的各项指标略微偏大一些。进行灌水处理后，覆膜侧渗沟灌处理条件下的作物（玉米）各项指标及最终产量均明显高于普通常规沟灌，见表13.11。覆膜侧渗沟灌在小定额供水条件下比在较大灌水定额条件下较常规沟灌表现得更具有优势，为进行小定额地面灌溉提供了一条有效途径。

13.5.1.3 垄膜沟种涌泉灌溉技术

垄膜沟种方式下的涌泉灌溉可实现小定额非充分灌溉技术在大田作物上的应用，具体是：毛管地上布设，灌水器交错布置，分向两沟供水。研究结果表明：沟垄宽40cm、底宽30cm情况下，采用毛管布设间距70cm、灌水器间距2m双向布设方式，用出流量60L/h的灌水器，单位面积投资最省，灌水均匀度可达到90%以上。垄膜沟种涌泉灌溉

表 13.11　　　　两种灌水定额下覆膜侧渗沟灌和普通常规沟灌对玉米
株高和叶面积动态及产量的影响

| 灌溉方式 | 普通常规沟灌 | | | | 覆膜侧渗沟灌 | | | |
| 灌水定额 测定日期 | $450m^3/hm^2$ | | $750m^3/hm^2$ | | $450m^3/hm^2$ | | $750m^3/hm^2$ | |
	株高/cm	叶面积/(cm²/株)	株高/cm	叶面积/(cm²/株)	株高/cm	叶面积/(cm²/株)	株高/cm	叶面积/(cm²/株)
2004 - 07 - 14	30	140	30	140	29	140	29	140
2004 - 07 - 21	55	230	55	230	55	225	55	225
2004 - 07 - 27	85	451	85	451	87	458	87	458
2004 - 08 - 3	134	578	134	578	132	578	132	578
2004 - 08 - 15	227	596	227	596	226	601	226	601
2004 - 08 - 30	229	727	229	727	229	729	229	729
2004 - 09 - 17	228	707	249	762	232	718	251	770
产量/(kg/hm²)	5246.2		5583.5		5769.3		6002.8	

的冬小麦、夏玉米耗水规律、水分生产率结果显示（表 13.12 和表 13.13），涌泉灌冬小麦耗水量为 374.5～388.0mm，而普通地面灌冬小麦产量如果要达到 7500kg/hm²，耗水量应为 450～525mm，涌泉灌溉小麦节水效果显著。其主要节水原因：一是灌水定额和灌溉定额小；二是由于垄上有地膜，棵间蒸发量大大减少，尤其是冬前和返青前期。从水分生产率看，两个处理小麦的水分生产率均达到 2.1kg/m³ 以上，说明已达到非常高的水平。从表 13.13 中可以看出，沟种两行玉米处理，夏玉米耗水量仅 360.4mm，产量达到了 8800.5kg/hm²，水分生产率达到 2.44kg/m³，其节水增产效果非常显著。在沟种一行玉米条件下，则不利于玉米产量和水分生产率的同步提升。

表 13.12　　　　垄膜沟种方式下涌泉灌冬小麦耗水量与耗水规律

处理	生育期	天数/d	耗水量/mm	耗水强度/(mm/d)	籽粒产量/(kg/hm²)	水分生育率/(kg/m³)
沟种二行	播种—越冬期	41	11.9	0.29	7888.5	2.11
	越冬—返青期	80	16.8	0.21		
	返青—拔节期	33	72.2	2.19		
	拔节—抽穗期	23	91.0	3.96		
	抽穗—收获期	45	182.6	4.06		
	全生育期	222	374.5	1.69		
沟种三行	播种—越冬期	41	13.9	0.34	8178.0	2.11
	越冬—返青期	80	17.1	0.21		
	返青—拔节期	33	91.5	2.77		
	拔节—抽穗期	23	101.8	4.43		
	抽穗—收获期	45	163.7	3.64		
	全生育期	222	388.0	1.75		

表 13.13　　垄膜沟种方式下涌泉灌夏玉米田耗水量、产量及水分利用效率

处　理	生育期	天数 /d	耗水量 /mm	耗水强度 /(mm/d)	籽粒产量 /(kg/hm²)	水分生育率 /(kg/m³)
沟种二行	播种—拔节期	59	92.5	1.57	8800.5	2.44
	拔节—抽穗期	20	72.2	3.61		
	抽穗—灌浆期	11	78.3	7.12		
	灌浆—收获期	33	117.4	3.56		
	全生育期	123	360.4	2.93		
沟种一行	播种—拔节期	59	100.2	1.70	6074.3	1.40
	拔节—抽穗期	20	68.3	3.42		
	抽穗—灌浆期	11	82.5	7.50		
	灌浆—收获期	33	181.1	5.49		
	全生育期	123	432.4	3.52		

13.5.2　大田作物地面灌溉条件下小定额灌溉实施技术

地面灌溉因其投资较低，工程简单，易于实施等特点，仍是世界上特别是发展中国家广泛采用的一种灌水方法，占全世界灌溉面积的90％以上。中国则有95％以上的灌溉面积依然采用传统地面灌溉技术。传统地面灌溉技术如畦灌、沟灌、格田灌、漫灌，由于管理粗放，沟、畦规格不合理等，导致田间水浪费十分严重。据河南省调查，豫东平原井灌区的畦块，畦长小于50m的只占9.1％，超过100m的占45％，平均100m；畦宽小于4m的只占14％，大于6m的占34％，平均4m，田间水利用率只有0.7左右[30]。中国不少地区仍沿用大畦大水漫灌的旧习，不仅造成水资源严重浪费，还引起肥效降低和根层水分渗漏带来的养分淋失和面源污染等。

先进的喷灌、微灌、滴灌等灌水技术能有效控制灌水量，实现小定额灌溉，但中国的经济实力和广大农村地区的技术管理水平较低的现实，大田作物大面积推广喷、微灌等先进灌水技术还受到很大限制，因此在今后相当长的一段时间内，地面灌溉仍然是当前和未来主要的灌溉方式，优化改进地面灌溉方式是提高农田灌溉水利用效率的主要措施。发达国家为改进和提高地面灌溉方式，将许多高新技术加入到传统的地面灌溉技术中，如激光平地技术、控制交替灌溉技术和波涌灌技术等。中国优化地面灌溉技术主要有小畦灌溉、畦田平整、沟灌、隔沟（畦）灌溉、波涌灌溉、膜孔灌溉以及利用田间控灌设备等。

13.5.2.1　小畦灌溉

小畦灌溉是中国北方一些灌区从灌溉实践中摸索出来的一种节水型地面灌水技术，在河北、河南、山东、陕西等省均有相当规模的推广和应用。小畦灌溉的特点是水流程短，灌水均匀，可显著减少深层渗漏，提高灌水均匀度和田间水利用效率，减小灌水定额，达到节水和增产的目的[31]。国内外大量试验也证明[32]，畦灌用水量随时间和畦长的增加而增大，增加的过多水量造成田间深层渗漏。宝鸡峡灌区进行深层渗漏的对比试验，灌水定额小于675m³/hm²，基本不发生深层渗漏，灌水定额825～990m³/hm²时约有150m³/hm²的水产生深层渗漏，灌水定额1350m³/hm²时，有一半水成为深层渗漏水。山东和陕西一些灌区畦灌试验资料表明，当畦长为 30～50m 时，灌水定额一般在 675～900m³/hm²，当畦长 80～100m 时，灌水定额一般在 1200m³/hm² 以上。李金山和范永申在石津灌区的结果也说明，在特定条件下，单宽流量在 2.5～5.6L/(s•m)，畦长小于 75m 时，只要设计合理，灌水定额不会超过 900m³/hm²。当畦长小于 50m 时，灌水定额一般不超过 675m³/hm²，比长畦灌节水 30% 以上，即节省了水量又可提高灌水均匀度和灌溉效率[33]。研究认为，小畦灌在畦长 30～50m 时均匀度可达 90% 左右[34]。畦长小于 50m，灌水定额一般不超过 450m³/hm²，同时提出长畦分段灌溉可以达到小畦灌溉同样的节水效果。长畦分段灌溉，拓展了小畦灌的思路，可在长畦上直接进行小畦灌，减小或免除了分割畦田的横垄，省工省地，畦长的调节更加灵活，可以根据需要选择合适的灌水定额和均匀度。

在华北平原北部井灌区，一般单井出水量都是确定的，且地面坡度变化也不大。小畦灌溉比较普及，但小畦的规格大小仍影响灌水用量和灌水效率。研究发现在井灌区机井出水量为 30～40m³/h 的条件下，不同宽度的畦田流经距离与灌溉水量的关系如图 13.35 所示，畦田宽度在 2m、3m、4m 和 5m 条件下，灌相同水量的畦田面积相差较大。根据河北栾城试验结果，一次灌溉水量 60～70mm 比较经济有效，在上述四个畦田宽度下，畦田面积分别为 36～46m²、43～58m²、55～69m²、47～65m²，4m 宽的小畦

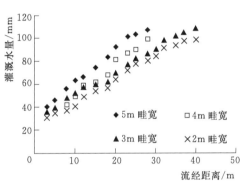

图 13.35　畦宽 2m、3m、4m 和 5m 水流流经距离与灌溉水量的关系（河北栾城）

面积大，比较经济。那么在地面灌溉、单井出水量 30m³/h 的条件下，用 4m 宽的畦田，畦田长度 15～17m，就能实现次灌水量 60～70mm 的小定额灌水要求。

畦灌的灌水效率与土壤质地也有很大关系，特别是在沙性强的土壤上，合适的畦田规格可极大的促进灌溉效率的提高。沙质土壤在畦长和入畦流量不变情况下，畦宽由 1.8m 减小到 1.2m，灌水定额可由 117mm 减少到 73.5mm；在畦宽和入畦流量不变时，畦长由 135m 缩短为 50m，其灌水定额可由 119mm 减少到 65.7mm[35]。在河南封丘的试验结果显示，当地普遍应用的畦田规格是平均 667m² 地一个灌溉畦，畦宽 4m，长度 100～200m 不等，每次灌溉用水超过 1500m³/hm²，不仅导致了灌溉水的浪费，而且引起养分淋失，造成面源污染。通过低压管道输水技术，在田间中部增设出水口，外接塑料软管输水，畦田规格设置为 4m×20m，每次灌溉用水量可减小到 900m³/hm²，次节约灌溉水 40% 以上，节水效果明显[36]。小畦灌的灌水定额减少到 600～675m³/hm²，相应要求灌水周期由 30 多天缩短到 20～25 天，灌水次数增加 1 次。实践证明小畦灌溉与大水漫灌相比，节省灌溉水 40%～50%，提高灌溉水利用率 15%～20%[37]。

据张掖地区乌江灌区试验点测定不同灌水定额对土壤养分淋失情况分析，灌水定额 450～600m³/hm²，表层 20cm 土层不致发生养分淋失现象；灌水定额达到 1050～1200m³/hm²，表层土壤养分淋失 8%～10%；定额达到 1350～1500m³/hm²，耕作层 40cm 土层养分淋失

$3\%\sim11\%$；定额达到 $1800\sim2100\mathrm{m^3/hm^2}$，作物根系活动层 $60\sim80\mathrm{cm}$ 土层养分淋失 $30\%\sim35\%$。干旱地区各种不同土壤的合理灌水定额为 $600\sim750\mathrm{m^3/hm^2}$，高产小麦的灌水技术，要求灌水定额控制在 $675\sim750\mathrm{m^3/hm^2}$[38]。

贾树龙等[34]在壤质潮土上，采用田间小区试验和 $^{15}\mathrm{N}$ 尿素微区试验，发现在不追肥情况下，大水漫灌比适量水灌溉增产作用并不显著。追施尿素后进行大水漫灌，产量反而比适量水灌溉处理有所降低，大水漫灌明显降低了追肥肥效。每次灌水 $1050\mathrm{m^3/hm^2}$，追肥利用率最高，损失率最低。灌水 $600\mathrm{m^3/hm^2}$ 和 $1500\mathrm{m^3/hm^2}$ 处理，追肥利用率分别比灌水 $1050\mathrm{m^3/hm^2}$ 处理降低 4.74% 和 0.64%，损失率分别增加 4.63% 和 5.54%。控制追肥后的灌水量是防止肥料渗漏，提高肥效的关键措施。灌水定额为 $1050\mathrm{m^3/hm^2}$ 时，追肥利用率最高，损失率最低。

13.5.2.2 隔畦灌

隔畦灌溉是指采取适当宽度（较常规畦窄）的畦和常规畦进行依次间隔的田间排列，灌溉时只对常规畦灌溉，窄畦不灌水，通过灌溉畦田的水分向相邻非灌溉畦田水分的入渗提供作物需要的水分，也因为非灌溉畦田地表维持干燥状态减少土壤无效蒸发损失，提高农田水分利用效率。在河北栾城试验站的试验结果显示，在固定隔畦灌溉条件下，在每两个 $2\mathrm{m}$ 宽灌溉畦田中间分别增加 $1\mathrm{m}$、$1.5\mathrm{m}$ 和 $2\mathrm{m}$ 宽的非灌溉畦，对非灌溉畦田的冬小麦产量影响见表 13.14，隔畦灌可显著减少灌水用量，而对产量的影响小于对灌水用量的影响。非灌溉畦田规格对最终作物产量有一定影响，非灌溉畦田规格越小，对产量的影响也越小。结果显示灌溉畦向非灌溉畦的表层侧渗距离可达 $90\mathrm{cm}$（图 13.36）[35]，非灌溉畦田距离灌溉畦田 $30\mathrm{cm}$ 内根层土壤水分与灌溉畦田无差异，距离灌溉畦 $60\mathrm{cm}$ 处的土壤含水量开始小于灌溉区，因此隔畦灌中的非灌区宽度以 $1\sim1.2\mathrm{m}$ 为宜。$1\mathrm{m}$ 宽的非灌溉畦对产量影响较小，并可每次减少灌溉水量 $25\mathrm{mm}$，平均减少农田耗水量 $22\mathrm{mm}$。因此，在水分匮乏地区，大田作物地面灌溉可在两个灌溉畦中间增加一个合适规格的非灌溉畦，以减少每次灌水用量和减少地面无效蒸发损失。

表 13.14　　　　固定隔畦灌对冬小麦灌溉用水和产量的影响（河北栾城）

隔畦灌溉方式	畦田安排	小区灌水次数/次	小区灌溉水量/mm	折合大田灌溉量/mm	小区产量/(kg/hm²)
固定隔畦灌，生育期灌水 1 次	2m 宽灌溉畦	2	150	—	6981.0
	2m 宽非灌溉畦	0	0	75	6903.0
	1.5m 宽非灌溉畦	0	0	86	7020.0
	1m 宽非灌溉畦	0	0	100	7569.0
	对照（4m 宽畦全部灌溉）	2	150	150	7311.0
固定隔畦灌，生育期灌水 2 次	2m 宽灌溉畦	1	75	—	7332.0
	2m 宽非灌溉畦	0	0	38	6858.0
	1.5m 宽非灌溉畦	0	0	43	7212.0
	1m 宽非灌溉畦	0	0	51	7273.5
	对照（4m 宽畦全部灌溉）	1	75	75	7383.0

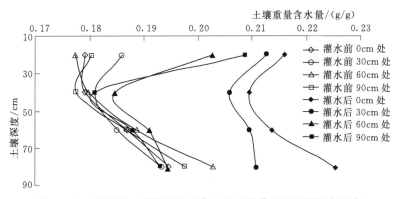

图 13.36　固定隔畦灌条件下非灌溉畦距离灌溉畦不同径向距离
灌水 5d 后土壤含水量的变化（河北栾城）

马俊永等[36]在壤质潮土条件下进行了隔畦灌溉种植小麦的节水效应试验，结果表明 0～60cm 土层重量含水量 20% 情况下，60mm 灌水量侧渗距离可达 50～70cm；非灌溉畦的土壤水分含量随与灌溉畦距离的增加而降低；非灌溉畦的小麦产量也随与灌溉畦距离的加大而减少；生产上较适宜的非灌溉畦宽为 1.0～1.4m。1.4m 畦宽隔畦灌溉的水分生产率，比不灌水高 18.1%、比灌 1 水高 22%、比灌 2 水高 21.3%。

王韶华等[37]在位于山西潇河北干渠中游，土壤为黏壤土的试验研究结果表明，间隔畦宽度对产量影响十分明显。随着间隔畦宽的增加，产量也呈直线下降趋势，隔畦宽每增加 10cm，减产约 150kg/hm²，相关系数 R 高达 0.99。在灌水畦宽相同条件下，隔畦灌溉比不设隔畦，单方灌水产量和水分生产率可提高 15% 和 10% 左右。隔畦宽度（1.0m、1.2m、1.4m 和 1.6m）中，单方灌水产量和水分生产率的提高随隔畦宽度的增加而降低，以 1.0m 的隔畦宽度单方灌水产量和水分生产率为最高，与不设隔畦灌溉相比，单方灌水产量和水分生产率分别提高 28.5% 和 15.9%，效果显著。

刘群昌、王韶华等[37,38]在山西潇河水利管理局灌溉试验站进行了隔畦灌溉适宜的土壤及灌水量研究。在黏壤土、壤土和砂性土三类土壤中，砂性土因渗漏量大，不适宜进行隔畦灌；壤土侧渗效果好，在灌水 4～5 天后，灌溉畦与非灌溉畦（隔畦）土壤含水量基本接近，可达到隔畦灌溉的目的。隔畦中湿润锋距离与灌水后时间呈线性关系，灌水畦灌水量越大，在窄畦中的湿润锋越远，但灌水定额增大到 1050m³/hm² 以后，因渗漏量增加，湿润锋距离增加不明显。

13.5.2.3　沟灌与隔沟灌

沟灌是地面灌方法之一，是在作物行间开挖灌水沟，灌溉时由输水沟或毛渠将灌溉水引入田间垄沟，水在流动过程中主要借重力作用和毛细管作用，从灌水沟沟底和沟两侧入渗，以湿润垄沟周围土壤的地面灌水方法。沟灌比较适宜中等透水性的土壤。适宜于沟灌的地面坡度一般为 0.005～0.02。地面坡度不宜过大，否则，水流流速快，容易使土壤湿润不均匀，达不到预定的灌水定额。传统的沟灌灌溉量大浪费严重。目前，在传统沟灌的基础上发展的隔沟灌、交替隔沟灌、波涌沟灌、膜缝沟灌等沟灌新技术，可以实现小定额灌溉，节水效果显著。

小麦在垄播沟灌条件下节约灌溉水 25%～30%，增产 5%～10%，可提高冬小麦的水分利用效率。一些研究结果表明[39]，垄作沟灌小麦，灌溉水的利用率较传统平作提高18.9%～32.2%，氮肥利用率提高12.7%～13.7%。垄作栽培由于改善了田间通风透光条件，光能利用率较传统平作提高10.0%～13.2%。贾建明等[40]在河北栾城进行了夏玉米不同灌溉方式的试验，结果表明，采用沟播沟灌方式可以用较少灌水量取得与常规畦灌同样的产量，说明沟播沟灌是一种有效的节水途径。

隔沟灌是顺序间隔一条灌水沟供水的节水型沟灌方式，进行隔沟交替灌或局部湿润灌溉。试验结果表明，隔沟灌与全灌相比，产量相近，但水分利用效率增加了12.44%，用水量只有全灌的一半。隔沟灌适用于缺水地区或必须采用小定额灌溉的季节，如夏玉米和棉花在幼苗期需水量小，可以采用隔沟灌溉。一些研究结果表明[40]，交替隔沟灌的入渗速率与推进速率之比高达1.97，而常规沟灌的较小，只有0.91。采用交替隔沟灌溉的大豆，节水29%以上。棉花采用隔沟灌溉省水38%，灌水量相同时，采用隔沟灌溉可增产48%，隔沟灌溉的水分利用效率比常规沟灌高15%。

控制性根系分区交替隔沟灌是对传统沟灌方式的一种改进[41]，指每条灌水沟在两次灌水之间实行干湿交替，且顺序间隔一条灌水沟供水的节水型沟灌。从每次灌水的灌水定额来看，交替隔沟灌的灌水量仅为常规沟灌的1/2～2/3，灌水定额较小，并且渗入沟中的水分在土壤中还有着比较明显的侧向入渗，减少土壤蒸发和深层渗漏。同时，通过根区干湿交替，促进控制气孔开度的ABA信号产生，可抑制叶片奢侈蒸腾耗水。采用交替隔沟灌水方式，在同等灌水量水平下，其产量明显高于常规灌溉[42]。

河北栾城试验站的结果显示，沟灌在全灌和隔沟情况下灌水定额比对照地面灌分别少35%和50%（表13.15），沟灌是田间实施小定额灌溉的一个有效措施。在同样实施沟灌条件下，冬小麦播种在垄上，灌溉在沟内的每次灌溉用水量要少一些；而播种在沟内的小麦影响水流速度，所需要的灌溉水量比垄作的高。但冬小麦无论垄作或沟播最终产量小于平播的对照，原因可能是垄作或沟播形成的垄所占面积降低了小麦的有效穗数（降低幅度在7%），而最终影响产量。沟灌更适合于稀植作物如玉米，根据河北栾城试验站的结果，玉米在沟灌方式下，一次灌溉仅用常规灌水量的一半（47.9%），特别是玉米出苗水用沟灌节水效果明显。华北地区小麦玉米连作种植条件下，小麦收获后秸秆覆盖夏玉米，玉米出苗水在有秸秆条件下用水量大，这一次灌溉因无冠层覆盖，蒸发损失大。改用沟灌后，可显著降低次灌溉水量，并减少地面蒸发损失。

表13.15　　　　　冬小麦垄播和沟播条件下隔沟灌和全灌对冬小麦产量
和水分利用效率的影响（河北栾城）

处　理	垄播（隔沟灌）	垄播（全灌）	沟播（隔沟灌）	沟播（全灌）
灌水量/mm	43.00	68.00	67.00	111.00
总耗水量/mm	363.00	375.70	387.40	410.90
产量/(kg/hm²)	7252.00	7351.00	7175.00	7354.00
WUE/(kg/m³)	2.00	1.96	1.85	1.79

沟灌不仅能减小灌溉量，提高灌溉水的利用效率，还能提高肥料的吸收率和利用效率。Lehrsch等[43]研究结果显示交替隔沟灌溉在维持作物产量的同时，可使土壤氮的吸收

增加 21%。Skinner 等[44]认为交替隔沟灌并将肥料施于沟内可减少肥料淋溶的可能性，与常规灌溉相比交替沟灌施肥条件下土壤硝态氮含量在营养生长期和生殖生长期较高。韩艳丽和康绍忠[45]用桶栽试验（1/2 固定灌水，1/2 交替灌水与均匀灌水），进行了控制性分根交替灌溉对玉米养分吸收的影响研究。结果表明：交替供水方式较均匀灌水方式单位耗水量氮利用率提高 4.54%，磷利用率提高 4.54%，节水 27.6%，水分利用效率提高 5.3%。

13.5.2.4　波涌灌溉

波涌灌溉也称间歇灌溉，采用大流量、快速推进、间断地向沟（畦）放水的灌水方式。波涌灌溉与传统的连续水流沟（畦）灌溉相比，灌溉水流不再是一次推进到沟（畦）的末端，而是分段地由首端推进至末端，在一个灌水过程中包括几个间歇供水周期。波涌灌溉停水期间地表会形成致密层，土壤的这种表面边界条件的变化使得土壤入渗率和地面粗糙率减少，有利于提高灌水效率及灌水均匀度。

波涌灌溉是 20 世纪 70 年代末由美国学者提出的一种地面灌水新技术，通过周期性的供水，使水流呈波涌状推进，与传统地面灌溉相比，具有省水、灌水均匀、灌水效率高、灌溉均匀性好等优点。我国对波涌灌溉研究开始于 20 世纪 80 年代末期，重点进行了波涌管地面水流特性、土壤入渗特性、波涌灌技术参数确定等基础理论研究。孙西欢和王文焰研究表明[46]，在波涌沟灌条件下，水流的逐次推进导致了田间土壤的间歇入渗，间歇积水入渗较连续积水入渗具有明显的减渗性，减渗性的存在使得沟道推进流量增大，加之间歇水流引起的田面粗糙率减小，使得水流推进速度较连续沟灌为快，因而灌水定额小于连续沟灌，且灌水均匀度高于连续沟灌，这使得波涌沟灌较连续沟灌灌水量明显降低。波涌沟灌较连续沟灌供水推进速度提高了 9%~22%，灌水均匀度提高了 18%~23%，灌水定额减小了 8.3%~18.2%。

刘群昌等[47]对波涌灌技术的田间适应性进行了研究，认为土壤质地（土壤入渗性能）、田块规格、田面坡度、入畦（沟）流量、田间微地形条件等参数均可影响田间波涌灌技术。在壤类土质条件下，适宜于波涌畦灌技术应用的田间组合条件是：畦长 100~350m、畦面坡度 0.0005~0.005、入畦单宽流量 2~4L/(s·m)、畦块田面平整精度指标小于 3cm。适宜于波涌沟灌方法应用的田间组合条件是：沟长 100~350m、沟坡 0.0001~0.01、入沟流量 1.5~3L/s、沟面平整精度指标小于 4cm。

13.5.3　新型大田作物小定额控灌设备与技术

13.5.3.1　一种可移动式农田小定额施灌车

为了解决大田作物冬小麦、夏玉米等条播作物的小定额精量控制灌溉，研发了一种可移动农田的小定额灌溉装置，该装置适于一般潜水泵机井，可以实现定时、定量灌溉，比喷灌和传统的滴灌设备更简易，而且成本低廉。图 13.37 为可移动式农田定额灌溉装置结构示意图，该装置主要由车架和行走轮等组成，车架上设置移动扶手，车上设置有分水管，分水管上设置灌水带卷绕支撑。分水管与移动灌水带连接，其进水口连接输水管，输水管再与供水支管的快装插接头相连。灌水带上分布迷宫流道或灌水孔，灌水带与作物行距对应，稀植作物每两行作物中间设置一条灌水带，密植作物可每 4 行设置一条灌水带。在实际应用中，分水管可兼作灌溉车行走轮的车轴，或者在车架上架设分水管。分水管设置的移动灌水带与作物行距布局相一致。同时设置供水支管，供水支管上均匀分段设置快装插接头，一端连接水源的供水管。分水管中部设置输水管与供水支管接口相连。灌溉车就位后打开供水阀门，完成一块地段的灌溉，再继续进入下一块地的灌溉。灌溉方式简单、方便，不需要专业人员现场安装。

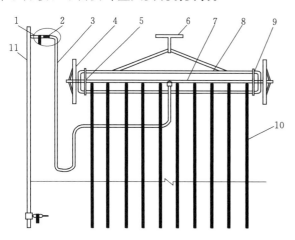

图 13.37　可移动式农田定额灌溉装置结构示意图

1—阀门；2—快装插接头；3—输水管；4—卷盘；
5—卷绕支撑；6—手柄；7—分水管；8—移动扶手；
9—车架；10—灌水带；11—供水支管

本灌溉装置的特色是：可准确按照作物的需水量实现均匀、定量、低压水流灌溉和小定额灌溉；一般出水量 $20\sim50\text{m}^3/\text{h}$ 的机井均可使用，单车灌溉小区作业面积为 $150\sim350\text{m}^2$，定量灌水量 $15\sim60\text{mm}$，适合各种作物不同生育期灌溉，尤其适用于土壤沙性强、有秸秆覆盖的地块灌水使用，可降低灌水用量，增加灌溉均匀度，提高灌溉效率；可大幅度降低实施小定额灌溉的一次性投入和运行管理成本，利用现在华北北部平原已经基本普及的低压管道设施，即在田间仅铺设供水总管、供水支管，投入少量灌溉车和灌水带的费用即可反复使用，

成本低廉，可操作性强，应用方便。移动灌溉方法使用的灌水带较短，对水压均衡度要求较低，可在灌水带上设置迷宫短流道或直接打孔使用，大幅降低灌水带的制造成本。

13.5.3.2　低重力大口径大田作物微喷系统

简便易行、价格低廉的大田作物小定额灌溉控灌设备将为节约大田作物灌溉用水提供有利保证。微灌可变浇地为浇作物，是目前经济作物和蔬菜上常用的节水灌溉方式，但现有的微灌灌溉设施不适合大田作物，原因是成本高，需要的压力大，过滤装备的性能要求高，影响了微灌设备在大田作物上的应用。针对这个问题，研制了适合大田作物使用的低重力大口径微喷带和可调压的大田作物小定额灌溉控灌设备。

本系统的特色是：在田间输水支管上连接灌溉带，输水支管与灌水带之间设置压力流量补偿器。可设置固定与移动结合的灌溉管网，每条灌水带前方设置低成本的自动调节水压和流量补偿器，保证每条喷灌带可覆盖 $2\sim5\text{m}$ 宽度的面积，长 70m 灌水带的压力和流量基本恒定，大幅度地降低了灌溉调压设备的制造成本，使大田小定额灌溉成为可能，比地面灌溉少用水 50%。本系统结构简单，制造成本低，由于在喷灌带前方设置压力流量补偿器，有效避免了系统水压的变化造成的喷灌不均匀和喷灌带容易损坏的大田微灌瓶颈问题，适于在农村推广应用。

考虑到大田作物的灌溉成本和农民的承受能力，对于有些作物实施移动喷灌，在大田沿垄沟方向设置供水管，供水管上均匀分段设置快装插接头，供水管一端连接水源，供水管另一端与输水支管通过软管连接；输水支管和喷灌带架持在配有卷轮的小车上，在田间实施分段移动喷灌。如在小车上架持设置 $1\sim3$ 根喷灌带的输水支管，喷灌带的覆盖面大约 10m×

80m，一块地喷灌完成后将喷灌带卷起到下一地块继续喷灌（图 13.38 和图 13.39）。

目前利用微喷带直接连接输水管道进行灌溉，需要的压力小于一般的喷灌系统。利用微喷系统可实现在限水灌溉下的小定额灌溉。但低压微喷系统需要考虑灌溉管布置间

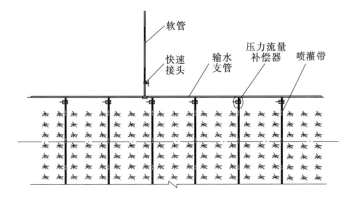

图 13.38　低重力大口径大田作物微喷系统装置示意图

隔，间隔大，造价低，但影响灌溉均匀度，有些位置不能均匀得到灌溉水。微喷带间隔 2m 时，距离微喷带不同位置得到的灌溉水量相差在 10%～20%；间距 60cm，灌溉均匀度可满足密植作物如冬小麦的要求，但缩小铺设间隔会增加成本。冬小麦微喷条件下，喷灌带安装间距在 1.2m 左右比较合适，太小增加了成本，太大灌溉均匀度降低。

灌溉设施在田间应用，需要考虑大田作物种植收获问题，例如华北大田作物种植以冬小麦和夏玉米为主，冬小麦收获后夏玉米种植等田间操作涉及机械

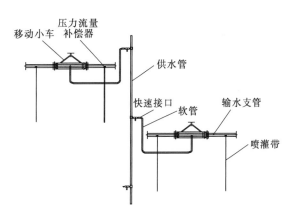

图 13.39　低重力大口径大田作物
移动微喷装置示意图

化问题，各种灌溉设施存在会影响机械收获和播种，需要把灌溉设施收起和重新铺设，增加了劳动力投入。另外，各种灌溉设施的材料费用、铺设费用、输水管道、首部枢纽、阀门等配套器材相对于粮食价格，成本较高。随着水资源亏缺加剧，如果未来水资源作为一个商品，收取水资源费，灌溉用水成本增加，会激励农民采取节水灌溉技术。

大田作物小定额灌溉技术普及，面临的主要问题是一次性投入成本和维护成本较高；特别是对于一年两季作物，铺设于田间的灌溉设施形成对机械收获、播种的干扰，灌溉设施的收起和重新铺设增加了应用普及难度，需要机械化的配套措施解决灌溉系统铺设和回收问题，才能使一些效率高的灌溉技术普及应用。

13.5.3.3　精准小定额枕灌设备

夏玉米播种后出苗早晚直接影响其产量的高低，通常是在冬小麦收获后立即播种夏玉米，此时土壤含水量往往很低，不能出苗，需要给玉米种子供水才能出苗。目前用于玉米

出苗水的灌溉方式通常为畦灌，其灌水量为70～80mm，由于灌溉用水量大，造成灌溉水浪费，在井灌区造成灌溉周期长，最长的播种10d后由于不能灌溉而使玉米出苗推迟。针对这一问题，设计了一种玉米小定额灌溉方法及专用设备，即在玉米行间铺设渗灌储水带（充满水后像枕头，也称为枕灌），可减少玉米出苗水用量，使玉米及时出苗，产量增加并可自由调控灌水定额，提高灌溉水利用率。

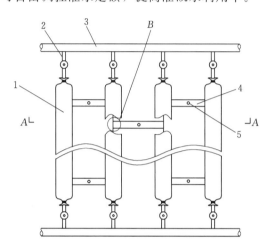

图13.40 玉米小定额灌溉专用设施的结构示意图
1—渗灌储水带；2—阀门；3—给水管；
4—连接杆；5—定位钉

玉米小定额灌溉专用设施，包括在玉米行间纵向铺设的渗灌储水带，渗灌储水带为柔性管带状结构，其底部设置渗灌孔，渗灌储水带一端或两端连接给水管，储水带的母线方向设置纵向筋，纵向筋上纵向分布定位孔，相邻的渗灌储水带之间设置连接杆，连接杆的两端分别与相邻渗灌储水带的定位孔配合，连接杆配合可插入土层并使其定位的定位钉。渗灌储水带的截面周长为700～900mm，渗灌孔的直径为5～10mm，渗灌储水带一端或两端连接的给水管上设置阀门（图13.40），可有效使渗灌储水带固定于玉米田间，避免被风刮跑影响灌溉效果。

渗灌储水带从玉米播种到收获一直放置于玉米行间，除特别用于玉米出苗时小定额灌溉外，玉米生育期内还能根据玉米生长需水规律和降雨分布特点，适时适量进行灌溉，渗灌储水带铺设于玉米行间还具有覆盖作用，可有效减少行间土壤无效蒸发，保持土壤水分，抑制行间杂草丛生等优点。玉米小定额灌溉专用设施在玉米收获前收回，来年再用，一般可用3～5年。该方法结构简单、使用方便，节能、节水、成本低。该设备也可用于冬小麦灌溉，冬小麦实施四密一稀播种，枕灌带可铺设于宽行中，每个枕灌带灌溉两边的两行小麦，灌溉后枕灌带也可起到覆盖土壤表面减少土壤蒸发作用。

参 考 文 献

[1] Geerts S，Raes D. Review：Deficit irrigation as an on-farm strategy to maximize crop water productivity in dry areas [J]. Agricultural Water Management，2009，96（9）：1275-1284.

[2] Hetherington A M，Woodward F I. The role of stomata in sensing and driving environmental change [J]. Nature，2003，424（6951）：901-908.

[3] William J，Davies S，Wilkinsonl B. Stomatal control by chemical signalling and the exploitation of this mechanism to increase water use efficiency in agriculture [J]. New Phytologist，2002，153（3）：449-460.

[4] 康绍忠，张建华，梁宗锁，等. 控制性作物根系分区交替灌溉：一种新的农田节水调控思路 [J]. 干旱地区农业研究，1997，15（1）：1-6.

［5］　康绍忠，杜太生，孙景生，等. 基于生命需水信息的作物高效节水调控理论与技术 ［J］. 水利学报，2007，38（6）：661-667.

［6］　王景雷，孙景生，张寄阳，等. 基于 GIS 和地统计学的作物需水量等值线图 ［J］. 农业工程学报，2004，20（5）：51-54.

［7］　刘浩，孙景生. 设施栽培作物高效用水理论与技术研究进展 ［J］. 中国农村水利水电，2014，（1）：36-40.

［8］　Allen R G，Pereira L S，Raes D，et al. Crop Evapotranspiration – Guidelines for Computing Crop Water Requirements ［M］. FAO Irrigation and Drainage Paper 56，1998. Rome，Italy.

［9］　陈玉民，肖俊夫，王宪杰，等. 非充分灌溉研究进展及展望 ［J］. 灌溉排水，2001，20（2）：73-75.

［10］　白薇. 基于网络技术的非充分灌溉决策支持系统研究 ［D］. 北京：中国农业大学，2008.

［11］　Allen R G，Pereira L S. Estimating crop coefficients from fraction of ground cover and height ［J］. Irrigation Science，2009，28：17-34.

［12］　赵丽雯，吉喜斌. 基于 FAO-56 双作物系数法估算农田作物蒸腾和土壤蒸发研究——以西北干旱区黑河流域中游绿洲农田为例 ［J］. 中国农业科学，2010，43（19）：4016-4026.

［13］　李远华. 节水灌溉理论与技术 ［M］. 武汉：武汉水利电力大学出版社，1999.

［14］　Bittelli M. Reduction of transpiration through foliar application of chitosan ［J］. Agricultural and Forest Meteorology，2001，107：167-175.

［15］　曾凡江，李向义，张希明. 极端干旱条件下多年生植物水分关系参数变化特性 ［J］. 生态学杂志，2010，29（2）：207-214.

［16］　刘玉花，常军民，王岩，等. 天山花楸果实的提取工艺研究 ［J］. 时珍国医国药，2012（11）：805-2806.

［17］　刘广成，罗勇，董凤姣，等. 骆驼刺碱性精油的提取、成分分析及抗旱机理研究 ［J］. 新疆农垦科技，2014，11：41-43.

［18］　陈亚新，康绍忠. 非充分灌溉原理 ［M］. 北京：水利电力出版社，1995.

［19］　李保国，彭世琪. 1998—2007 年中国农业用水报告 ［M］. 北京：中国农业出版社，2009：63-71.

［20］　王晓娟，李周. 灌溉用水效率及影响因素分析 ［J］. 中国农村经济，2005，7：11-18.

［21］　雷廷武，江培福. 负压自动补给灌溉原理及可行性试验研究 ［J］. 水利学报，2005，36（3）：298-303.

［22］　陈新明，蔡焕杰，赵伟霞，等. 作物根区局部控水无压灌溉的土壤水动力学原理 ［J］. 农业机械学报，2006，36（11）：80-83.

［23］　刘明池. 负压自动灌水蔬菜栽培系统的建立与应用 ［D］. 中国农业科学院，2001.

［24］　王燕，蔡焕杰，陈新明，等. 根区局部控水无压地下灌溉对番茄生理特性及产量、品质的影响 ［J］. 中国农业科学，2007，40（2）：322-292.

［25］　单志杰，蔡焕杰，陈新明，等. 无压灌溉埋管深度的机理性研究及大田试验 ［J］. 中国农村水利水电，2007（3）：44-48.

［26］　诸葛玉平，张玉龙，李爱峰，等. 保护地番茄栽培渗灌灌水指标的研究 ［J］. 农业工程学报，2002，18（2）：53-57.

［27］　张书函，许翠平，丁跃元，等. 渗管深埋条件下日光温室渗灌技术初步研究 ［J］. 中国农村水利水电，2002（1）：30-34.

［28］　Bogle C R. Comparison of subsurface trickle and furrow irrigation on plastic – mulched and bare soil for tomato production ［J］. Journal of the American Society for Horticultural Science，1989，114（1）：40-43.

［29］ 张国祥. 地下滴灌（渗灌）的技术状况与建议 ［J］. 地下水，1996，18（2）：51 - 54.

［30］ 赵竞成. 沟、畦灌溉技术的完善与改进 ［J］. 中国农村水利水电，1998（3）：6 - 9.

［31］ 李金山，范永申. 小畦灌节水效果试验研究 ［J］. 中国农村水利水电，2006（9）：13 - 17.

［32］ 徐鹏. 浅析小畦灌法的应用 ［J］. 陕西水利，2012（6）：169 - 170.

［33］ 张智勇，柳晓龙. 提高地面灌水技术要素 ［J］. 甘肃农业，2001（3）：30 - 31.

［34］ 贾树龙，王泽文，古伯贤，等. 灌溉定额对小麦产量、追肥肥效及损失的影响 ［J］. 核农学报，1991，5（4）：210 - 214.

［35］ 高丽娜. 中国北方缺水地区典型农田小定额灌溉调控机理研究 ［D］. 石家庄：中国科学院遗传与发育生物学研究所农业资源研究中心，2009.

［36］ 马俊永，李科江，曹彩云. 小麦隔畦灌溉种植的节水效应研究 ［J］. 河北农业科学，2005，9（4）：18 - 21.

［37］ 王韶华，刘群昌，苏轶醒. 隔畦灌溉初步试验研究 ［J］. 节水灌溉，2007（3）：14 - 18.

［38］ 刘群昌，王韶华，苏轶醒. 隔畦灌溉适宜的土壤及灌水量研究 ［J］. 节水灌溉，2007（6）：39 - 42.

［39］ 王旭清，王法宏，董玉红，等，小麦垄作栽培的肥水效应及光能利用分析 ［J］. 山东农业科学，2002（4）：3 - 5.

［40］ 贾建明，李志宏，张喜英，等. 不同种植方式沟播沟灌对夏玉米生长发育的影响 ［J］. 河北农业科学，2010，14（12）：14 - 15.

［41］ Green S R，Clothier B E. Root water uptake by Kiwifruit vines following partial wetting of the root zone ［J］. Plant and Soil，1995，173（2）：317 - 328.

［42］ 孙景生，康绍忠，蔡焕杰，等. 交替隔沟灌溉提高农田水分利用效率的节水机理 ［J］. 水利学报，2002，33（3）：64 - 68.

［43］ Lehrsch G A，Sojka R E，Westermann D T. Nitrogen placement，row spacing，and furrow irrigation water positioning effects on corn yield ［J］. Agronomy Journal，2000，92（6）：1266 - 1275.

［44］ Skinner R H，Hanson J D，Benjamin J G. Root distribution following spatial separation of water and nitrogen supply in furrow irrigated corn ［J］. Plant and Soil，1998，199（2）：187 - 194.

［45］ 韩艳丽，康绍忠. 控制性分根交替灌溉对玉米养分吸收的影响 ［J］. 灌溉排水，2001，20（2）：5 - 7.

［46］ 孙西欢，王文焰. 波涌沟灌节水机理与效果的试验分析 ［J］. 农业工程学报，1997，13（4）：53 - 57.

［47］ 刘群昌，许迪，谢崇宝，等. 波涌灌溉技术田间适应性分析 ［J］. 农业工程学报，2002，18（1）：35 - 40.